Prime Numbers

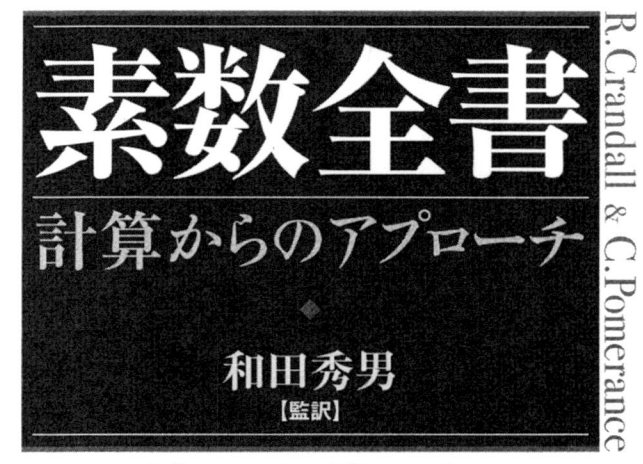

素数全書

計算からのアプローチ

和田秀男

【監訳】

A Computational Perspective

R. Crandall & C. Pomerance

朝倉書店

監訳者

和田秀男 　上智大学名誉教授

訳者

木田雅成 　電気通信大学情報理工学部
松尾和人 　情報セキュリティ大学院大学情報セキュリティ研究科
木村巌 　富山大学理工学研究部
佐藤篤 　東北大学大学院理学研究科
長谷川雄之 　室蘭工業大学大学院ひと文化系領域

Prime Numbers
A Computational Perspective
Second Edition

Richard Crandall
Carl Pomerance

Translation from the English language edition:
Prime Numbers by Richard Crandall and Carl Pomerance
Copyright ©2001, 2005 Springer-Verlag New York Inc.
Springer is a part of Springer Science+Business Media
All Rights Reserved

訳者まえがき

この本は Richard Crandall および Carl Pomerance 著 *Prime Numbers — A Computational Perspective*, Second Edition, Springer, 2005 の翻訳である.

著者の Pomerance は 100 編以上の優れた論文を発表している解析的整数論の大家であり,一方の Crandall は幅広い領域で活躍する計算科学者で,Apple Distinguished Scientist の称号を持っている.この2人によって,まえがきにもあるように素数の理論的な側面と計算の側面の研究の隙間を埋めようという意図で企画されたのが本書である.現代の整数論で,計算機が欠かせないツールとなっている現状を考えると,本書はまさに待望の本といってもよいのではないだろうか.

ここで取り上げられる話題は,古典的な素数分布の理論から始まり,大きな自然数の素数判定法,初期の方法から最新の方法にいたる素因子分解のアルゴリズム,長整数の高速計算など非常に広範囲にわたり,素数と関連する理論,計算,そしてその応用のほぼすべてをカバーしているのではないかと思われるほどである.著者たちは「素数の完全な全体像を描ける人など世界中どこにもいない」とこの本の中で述べているが,それがこの2人に関しては謙遜に聞こえてしまうような博識ぶりをこの本では存分に味わうことができる.さらに暗号理論などの素数の応用の方面も十分な解説がなされている.標準的な整数論の本にのっているような事実や,テクニカルな定理の証明の中には省略されているものもあるが,本書の特徴である計算に関連した事柄については,証明もアルゴリズムも詳しく書かれている.特に数体篩法による素因子分解法や楕円曲線を用いた素数判定法の解説は圧巻である.

本書は,程度の差はあるが,仮定されている予備知識も最小限にとどめられており,またどの章もある程度独立に書かれている.読者は興味のおもむくまま,好きな章から読んでみることをお薦めする.それがどこであっても,多くの未知の事柄に遭遇しながら,楽しく読み進められるであろう.また,研究者であれば,研究の材料になるような多くの未解決問題もそこかしこに見つかるであろう.

このように非常にすぐれたユニークな本であって,日本語の類書がほとんどないので,この本の翻訳の依頼があったとき,その意義を考え,喜んで引き受けた.その後,和田・木田が中心となって,次のような分担のもとで翻訳を進めた.

訳者まえがき

まえがき，第 1 章	木田雅成
第 2 章，第 3 章	木村巖
第 4 章，第 5 章	佐藤篤
第 6 章，第 8 章，補遺	和田秀男
第 7 章	長谷川雄之
第 9 章	松尾和人

原著の TeX ファイルを元に翻訳を進めたが，翻訳を始めて 3 年の年月がかかってしまった．著者たちの教養あふれる原文をなるべく損なわないようにと私たちが努力した結果と考えていただければ幸いである．

術語の訳語は日本数学会編集の数学辞典を参考にできるだけ統一した．人名は原文のままを基本としたが，読みやすさを考慮して，カナに直したものも一部ある．また原著の誤り，ミスプリントは気がつくかぎり訂正した．また，素数の計算の記録については，なるべく最新のデータを訳注の形で補ってある．参考文献には日本語の文献を加え，邦訳があるものはそれを付け加えた．なお，演習問題には原著の方針を尊重し，解答を付けていない．読者が自ら問題に取り組むことで，本文の理解を深め，研究を深めるきっかけとしていただきたい．

オリジナルの TeX 原稿を提供してくださった Springer 社，また私たちの質問に迅速，丁寧な返答をくださり，さらに日本語版への序文まで書いてくださった著者たちに深く感謝したい．

この翻訳が，実験整数論，計算整数論，また暗号などの応用の研究の発展に寄与することができるならば，私たち訳者の苦労が報われたということになろう．

当初の予定より，だいぶ遅れてしまったが，6 人の協力で訳し終え，ほっとしたところである．

2010 年 6 月

和田秀男
木田雅成

私たちに自分で考える方法をユニークでかつすばらしいやり方で教えてくれた私たちの両親 Janice, Harold, Hilda, Leon に本書を捧げる.

まえがき

　私たちが本書で達成しようと試みたのは，素数に関する問題について，「理論」と「実験」の間の接点を見出す (さらにできれば橋を架ける) ことである．もちろん，ここでは整数論と計算機実験のことを言っているのである．素数に関する抽象的な性質を述べた素晴らしい本はたくさんある．この分野の研究に携わるものは誰でも，それぞれ自分の好みの古典を大切にしているであろう．一方で，計算機実験の分野は比較的最近登場したものである．計算機科学は，すでに間違いなく 4 回から 5 回の「計算機革命」を現在までに経ているという観点からみると，決して若い学問ではないけれども，その一方で，素数を理論的に決定することは，何世紀も，さらには何千年も前から考えられてきたことなのである．そこで，私たちは有名な古典的アイディアに基づきながらも，現代的な計算の視点から書かれた本があってもよいと考えたのである．

この本のねらいと取り扱う範囲

　この本の二人の著者の専門分野は本質的に互いに補完しあうような関係にあって，この本はそれらをひとつにまとめたものである．(一方の著者 (Richard Crandall) はどちらかといえば計算機を専門とし，もう一人の著者 (Carl Pomerance) は理論を専門としている．) 最初のいくつかの章では，いくつかのアルゴリズムはその中で扱われてはいるが，主に理論的な部分を扱っている．この本を読み進めていくにつれて，アルゴリズムの方面に明らかに比重が移っていくのがわかるであろう．理論的な話をするときでも，計算についての話のときでも，私たちは素数に関する研究の最先端の状況を伝えることを目標とした．その一方で，すべての分野のもっとも深い部分まで探索することはやらなかった．その理由は，もしそうするならば，本の分量が 10 倍ほどにも増えるというばかりではなく，第 1 章の一番最初で指摘しているように，素数の完全な全体像を描ける人はどこにもいないと言ってよいからである．さらに，どんな「二人の」研究者のチームをもってしても，素数のすべてを知るということを達成することはできないと言ってよいであろう．私たち二人のチームに関しても，このことが完全にあてはまるのである．私たちは，素数に関する多くのさらにすすんだ話題について言及したが，その詳細については完全な取扱いをすることは望むべくもなかった．さらに，この本が出版されるまでに，この本で取り上げたいろいろな素数に関する記録がぬりかえられてしまうこともまた明らかであろう．事実，このまえがきを書いている時点でも，記録はぬりかえられているのである．この本の執筆の最後の段階で，私たちは電子工学者が「競合状態」とよぶ状態にある意味で陥ってしまった．つまり，この本の編集の進み具合と同じくら

い，あるいはそれよりも速くインターネットや人々の口を通じて素数に関する結果が私たちのもとに飛び込んできたのである．そこで，私たちはある時点で打ち切ることを決心せざるを得なかった．（そのかわりに，それこそ分刻みで更新されているウェブサイトのアドレスをいくつかあげておいた．）このような競合状態は，特に計算機を相手にするのだからなおさら，この種の本を書く際には自然に入り込んでくるものなのである．

問題および研究問題

　問題は各章の終わりにほぼ本文で扱うテーマの順序に並べてある．その範囲は非常にやさしいものから，極端に難しいものに及ぶ．素数の研究の最先端の状況を伝えるひとつの手段として，研究の薫りのする問題を多く取り入れることに努めた．これらの問題は「研究問題」として，各章の「問題」の後におかれている．（しかしながら，本文中で言及するときは，通常の問題も研究問題も区別せずに単に「問題」とよぶことにする．）もちろん通常の問題がすべてやさしい問題であるといっているわけではなくて，むしろ，研究問題と名前をつけたものに関しては，長い時間をかけて研究し，できれば関連研究に続くようなものを想定している．

アルゴリズムと擬似コード

　私たちは，時にはフラストレーションの限界まで作業し，多大な努力を傾注して，アルゴリズムのコードを現在本文に書かれた形にした．ひとつの見方をいえば，正式な「擬似コード」（計算機で実行はできないが，人間には読みやすい形でかかれたプログラム）は現在取り返しのつかないほど荒廃の状況にある．今日，ほとんどの本は擬似コードを含むといってよいが，読みやすさと記法の節約の間の不整合が支配的である．それは，あたかもその両方を実現することがまるで不可能であるかのようである．

　このバランスをとるため，私たちがこの本の擬似コードの元になるものとして選んだのは C 言語のスタイルである．この本のアルゴリズムのいろいろな種類の構文をどのように解釈したらよいのかを示した具体例を補遺にあげておいた．

　次の 2 点が達成できていれば，私たちは擬似コードの設計において成功したといえるであろう．

(1) 私たちが書いたアルゴリズムから，すぐに実際のプログラムを作ることができる．

(2) すべての読者にとって，アルゴリズムの記述が明確である．

　私たちは何人かの有能なプログラマーにこの本のアルゴリズムを実際のプログラムに直してくれるように依頼することまでやった．これによって上にあげた 1 つ目のゴールである (1) が達成されているか，ある程度確かめようと思ったわけである．（そうやって実装されたプログラムは Mathematica のプログラムの形で，ウェブサイト http://www.perfsci.com から取得可能である．）だが，上で述べた注意からも推測されうるように，数学と擬似

まえがき vii

コードの完全に満足できる形の共生は，より人間に近い計算機が登場する時代がきて初めて実現されるものなのであろう．

第 2 版についてのノート

　この第 2 版の題材や主題は以下にあげるいくつかのものにその源を発している．まず第一は，第 1 版の賢明なる読者たちである．彼らからは，いろいろな間違いを教えてもらったし，また説明を明確にすることを求められたり，ときには新しい考え方を教えられたりもした．私たちは，彼らに深く感謝する．第二に，計算整数論のあらゆる局面での進展によって新しく得られた数々の成果である．それらをこの新しい版に含めることにした．第三に私たち両著者が携わっている教育である．講義やその準備を通じて第 1 版の内容を拡充していったのである．誤りの修正をし，読者にわかりやすくするために説明を加え，計算による記録を (2005 年の初めの時点にまで) 更新したという以外にも，この第 2 版にはいくつかのアルゴリズムが加えられていて，そのアルゴリズムは，上で述べたように，私たちが確立した擬似コードの形で掲載してある．そうして加えられたアルゴリズムのうちには，胸が躍るような新たな発見も含まれている．

　計算の観点からこの第 2 版に加えられたものの例を以下にあげておく．

- 2005 年 4 月時点での知られている最大の素数をあげた (表 1.2 をみよ)．それには Mersenne 素数の探索の状況も加えてある．
- 双子素数や，素数からなる長い等差数列，また大きな数の素数判定が成功したことなどの素数に関する種々の記録を更新した (例えば第 1 章とその章末の問題を見よ)．
- 最近の因数分解の記録を与えた (そのすべてを含んではいないが，大部分は含んでいる．また準指数時間の方法によるものも含んでいる) (1.1.2 項を見よ)．
- 最近の離散対数，楕円離散対数の記録を与えた (離散対数に対しては 5.2.3 項を，楕円離散対数については 8.1.3 項を見よ)．
- Riemann 予想の検証に関して，新しく検証がすすんだ上限を与えた (1.4.2 項を見よ)．

アルゴリズムの観点からこの第 2 版に加えられたものは以下のようなものである．

- 新しく得られた多項式時間の素数判定法である AKS 法の理論とアルゴリズムを，その新しく改良されたものとともに，与えた (4.5 節を見よ)．
- 整数からなる大きな集合から，小さな素数の因子しか持たないような数をとりだす高速な方法であって，篩に適するような整然とした構造をもたないような集合にでも適用可能な Bernstein によるアルゴリズムを載せた (3.3 節を見よ)．
- ごく最近開発された非常に効率のよい gcd 計算法である Stehlé–Zimmermann のアルゴリズムを与えた (アルゴリズム 9.4.7 を見よ)．
- 楕円曲線の点の個数の計算 (7.5.2 項)，スマートカードに使われる楕円曲線の代数

(例えば問題 8.6),非常に多くの元に対する高速フーリエ変換 (9.5.2 項の終わり)などの「工学的なアルゴリズム」の分野の新しい結果に言及した.
- 計算整数論において重要性が増していることに鑑み,非正規高速フーリエ変換をアルゴリズム 9.5.8 として明確に述べ説明した (問題 1.62 も見よ).

この第 2 版で紹介した新しい理論的な結果としては次のようなものがある.
- 素数だけからなるいくらでも長い等差数列があるということを証明した Green と Tao によるセンセーショナルな結果について議論した (1.1.5 項の終わりを見よ).
- $x^p + y^q = z^r$ かつ $1/p + 1/q + 1/r \leq 1$ をみたすような互いに素な正の整数の冪数 x^p, y^q, z^r がたかだか有限個しかないであろうという Fermat–Catalan 予想の現状について議論した.これらの冪数のうちのひとつが 1 である特別な場合に,ただひとつの解 $8 + 1 = 9$ だけがあるという Mihăilescu のすばらしい定理についても取り上げた.この結果により,もともとの形の Catalan 予想が解決されたことになる (8.4 節を見よ).

各章末の問題はいろいろなやりかたで変更されている.新しい問題も付け加えてある.それは,しばしば本文に加えられた新しいアルゴリズムのためのものである.いくつかの問題は改良されている.例をあげれば,第 1 版のいくつかの問題で,「X をするための方法を発見せよ」となっていたところで,この第 2 版では,「X をどのようにしてやるかのアウトラインを考えよ.さらにこの方法を拡張して (より難しい)Y をできるようにせよ」というような言い方に変更した.

謝辞

私たちは多くの同僚,友人,支持者の方々に深い感謝の意を表したい.その中には第 1 版の賢明な読者たちも含まれている.その方たちのお名前をここにあげさせていただく.S. Arch, E. Bach, D. Bailey, A. Balog, M. Barnick, P. Bateman, D. Bernstein, F. Beukers, O. Bonfim, D. Bleichenbacher, J. Borwein, D. Bradley, N. and P. Bragdon, R. Brent, D. Bressoud, D. Broadhurst, N. Bruin, Y. Bugeaud, L. Buhler, G. Campbell, M. Campbell, D. Cao, P. Carmody, E. Catmull, H. Cohen, D. Copeland, D. Coppersmith, J. Cosgrave, H. Darmon, T. Day, K. Dilcher, J. Doenias, G. Effinger, N. Elkies, T. Engelsma, J. Essick, J. Fessler, J. Fix, W. Galway, B. Garst, M. Gesley, G. Gong, A. Granville, D. Griffiths, R. Harley, E. Hasibar, D. Hayes, D. Hill, U. Hofmann, N. Howgrave-Graham, J. Huang, S. Jobs, A. Jones, B. Kaliski, W. Keller, M. Kida, K. Kim, J. Klivington, K. and S. Koblik, D. Kohel, D. Kramer, A. Kruppa, S. Kurowski, S. Landau, A. Lenstra, H. Lenstra, M. Levich, D. Lichtblau, D. Lieman, I. Lindemann, D. Loebenberger, M. Martin, E. Mayer, F. McGuckin, M. Mignotte, P. Mihăilescu,

まえがき

V. Miller, D. Mitchell, V. Mitchell, T. Mitra, P. Montgomery, W. Moore, V. Müller, G. Nebe, A. Odlyzko, H. Oki, F. Orem, J. Papadopoulos, N. Patson, A. Perez, J. Pollard, A. Powell, J. Powell, L. Powell, J. Renze, P. Ribenboim, B. Salzberg, A. Schinzel, T. Schulmeiss, J. Seamons, J. Shallit, M. Shokrollahi, J. Solinas, L. Somer, D. Stehlé, D. Symes, D. Terr, E. Teske, A. Tevanian, R. Thompson, M. Trott, S. Wagon, S. Wagstaff Jr., M. Watkins, P. Wellin, N. Wheeler, M. Wiener, T. Wieting, J. Williams, P. Winkler, S. Wolfram, G. Woltman, A. Wylde, A. Yerkes, A. Zaccagnini, Z. Zhang, and P. Zimmermann. これらの人たちは技術，理論，文章，倫理，計算，デバッグ，原稿準備などの分野において様々な貢献をしてくれた．永年にわたる友人であり同僚である Joe Buhler には特別な感謝の気持ちを表したい．彼は無私でそして誰にもまねができないような博学さで，この本の執筆中に生じた理論あるいは計算に関するたくさんの問題について私たちを助けてくれた．これらすべての素晴らしい仲間たちの助けがなければ，この本はこれほど良いものにはなっていなかったであろうと思われるのである．

オレゴン州ポートランドにて　　　　　　　　　　　リチャード・クランドール
ニューハンプシャー州ハノーヴァーにて　　　　　　カール・ポメランス

日本語版へのまえがき

The wonderful thing about mathematics is its universality. Prime numbers are especially universal, being appreciated not only world wide, but for millennia as well. In our book we have attempted to capture the excitement surrounding prime numbers. We especially focus on the applications of prime numbers and the many algorithms, some of intrinsic beauty in their own right, that make dealing with huge numbers possible and practical.

This Japanese language edition is essentially the same as the second edition of the book, published in 2005, but a number of errata have been corrected, some of them discovered in the process of translation. We are very grateful to the Japanese translators, Professors Hideo Wada, Kazuto Matsuo, Masanari Kida, Atsushi Sato, Iwao Kimura, and Yuji Hasegawa, for working with us concerning these corrections.

数学で素晴らしいのはその普遍性でしょう．素数はとりわけ普遍的です．現在世界中で愛されているばかりでなく，何千年にもわたって愛されてきたのですから．この本で私たちは素数をめぐる興奮を捕らえようとしました．私たちがとりわけ力をいれたのは，素数のいろいろな応用と，それ自身が本来もっている美しさに加えて，巨大な数を

まえがき

実際に扱うことを可能にした多くのアルゴリズムです．

　この日本語版は 2005 年に出版された原著第 2 版と本質的に同じものですが，翻訳中に見つかった数々の誤りが訂正されています．私たちはこれらの訂正にかかわってくれた日本語版の翻訳者の方々に深く感謝をします．

2009 年 3 月

リチャード・クランドール
カール・ポメランス

目 次

1. **素数の世界** 1
   1.1 基本的な問題とその進展 2
      1.1.1 初等整数論の基本定理と初等整数論の基本問題 2
      1.1.2 技術的な進歩とアルゴリズムの進歩 2
      1.1.3 素数の無限性 7
      1.1.4 漸近関係式と O 記法など 9
      1.1.5 素数の分布 11
   1.2 有名な予想と興味深い未解決問題 15
      1.2.1 双子素数 15
      1.2.2 k 個組素数予想と仮説 H 19
      1.2.3 Goldbach 予想 20
      1.2.4 凸性の問題 22
      1.2.5 素数を表す式 23
   1.3 特殊な形をした素数 24
      1.3.1 Mersenne 素数 24
      1.3.2 Fermat 数 31
      1.3.3 個数が少ないと推測される素数の系列 35
   1.4 解析的整数論 37
      1.4.1 Riemann のゼータ関数 38
      1.4.2 計算による進展 43
      1.4.3 Dirichlet の L 関数 45
      1.4.4 指数和 49
      1.4.5 スムーズな数 54
   1.5 問題 56
   1.6 研究問題 83

2. **数論的な道具** 94
   2.1 モジュラ演算 94
      2.1.1 最大公約数と逆元 94
      2.1.2 冪乗 97

2.1.3	中国式剰余定理	98
2.2	多項式計算	100
2.2.1	多項式に対する最大公約因子	100
2.2.2	有限体	103
2.3	平方と多項式の根	108
2.3.1	平方剰余	108
2.3.2	平方根	111
2.3.3	多項式の根を求めること	115
2.3.4	2次形式による数の表現	119
2.4	問題	121
2.5	研究問題	126

3. 素数と合成数の判別 … 130

3.1	試し割り法	130
3.1.1	可除性テスト	130
3.1.2	試し割り法	131
3.1.3	現実的な考察	132
3.1.4	理論的な考察	133
3.2	篩	134
3.2.1	素数を判別するための篩	134
3.2.2	Eratosthenes 擬似コード	135
3.2.3	素因子表を作成するための篩	136
3.2.4	完全な素因子分解を得るための篩	136
3.2.5	スムーズな数を識別するための篩	137
3.2.6	多項式を篩う	138
3.2.7	理論的考察	139
3.3	スムーズな数の識別	141
3.4	擬素数	145
3.4.1	Fermat 擬素数	145
3.4.2	Carmichael 数	147
3.5	概素数と証拠	149
3.5.1	n の最小証拠	155
3.6	Lucas 擬素数	158
3.6.1	Fibonacci 擬素数と Lucas 擬素数	158
3.6.2	Grantham の Frobenius テスト	161
3.6.3	Lucas テストと 2次 Frobenius テストの実装	162
3.6.4	理論的な検証とより強い判定法	166

        3.6.5　一般 Frobenius テスト ･････････････････････････････････ 168
　3.7　素数を数える ･･ 169
        3.7.1　組合せ的方法 ･･･････････････････････････････････････ 169
        3.7.2　解析的方法 ･･･ 174
　3.8　問　　　題 ･･ 178
　3.9　研 究 問 題 ･･ 185

4.　素数判定法 ･･･ 190
　4.1　$n-1$ 法 ･･ 190
        4.1.1　Lucas の定理と Pepin テスト ･････････････････････････ 190
        4.1.2　部分的な分解の利用 ･････････････････････････････････ 192
        4.1.3　簡潔な証明書 ･･･ 196
　4.2　$n+1$ 法 ･･ 199
        4.2.1　Lucas–Lehmer テスト ･･･････････････････････････････ 199
        4.2.2　改良された $n+1$ 法と組み合わせ n^2-1 法 ･･････････ 203
        4.2.3　剰余類に含まれる因子 ･･･････････････････････････････ 204
　4.3　有限体の利用 ･･ 208
　4.4　Gauss 和と Jacobi 和 ･･････････････････････････････････････ 213
        4.4.1　Gauss 和法 ･･ 213
        4.4.2　Jacobi 和法 ･･ 219
　4.5　Agrawal, Kayal, Saxena による素数判定法 (AKS 法) ･･････････ 220
        4.5.1　1 の冪根を利用した素数判定法 ････････････････････････ 221
        4.5.2　アルゴリズム 4.5.1 の計算量 ･･････････････････････････ 225
        4.5.3　Gauss 周期を用いた素数判定法 ･･･････････････････････ 228
        4.5.4　4 次多項式時間の素数判定法 ･････････････････････････ 233
　4.6　問　　　題 ･･ 239
　4.7　研 究 問 題 ･･ 244

5.　指数時間の素因子分解アルゴリズム ･････････････････････････････ 246
　5.1　平　方　数 ･･ 247
        5.1.1　Fermat 法 ･･･ 247
        5.1.2　Lehman 法 ･･ 248
        5.1.3　因子の篩い分け ･･･････････････････････････････････････ 250
　5.2　モンテカルロ法 ･･ 250
        5.2.1　Pollard のロー法 ･･･････････････････････････････････ 250
        5.2.2　離散対数に対する Pollard のロー法 ･･････････････････ 253
        5.2.3　離散対数に対する Pollard のラムダ法 ････････････････ 255

5.3	baby step と giant step ……………………………… 257
5.4	Pollard の $p-1$ 法 ……………………………… 258
5.5	多項式評価法 ……………………………… 260
5.6	2元2次形式 ……………………………… 261
5.6.1	2次形式の基本事項 ……………………………… 261
5.6.2	2次形式による表示を利用した分解法 ……………… 264
5.6.3	合成と類群 ……………………………… 267
5.6.4	特異形式と素因子分解 ……………………………… 271
5.7	問　　題 ……………………………… 274
5.8	研究問題 ……………………………… 279

6. 準指数時間素因子分解アルゴリズム ……………………………… 284
- 6.1 2次篩法 ……………………………… 284
  - 6.1.1 基本2次篩法 ……………………………… 284
  - 6.1.2 基本2次篩法: 要約 ……………………………… 288
  - 6.1.3 高速行列法 ……………………………… 290
  - 6.1.4 大きな素数のバリエーション ……………………………… 292
  - 6.1.5 複多項式 ……………………………… 294
  - 6.1.6 同一の初期化 ……………………………… 295
  - 6.1.7 Zhang の特殊2次篩法 ……………………………… 297
- 6.2 数体篩法 ……………………………… 299
  - 6.2.1 基本数体篩法: 戦略 ……………………………… 299
  - 6.2.2 基本数体篩法: 指数ベクトル ……………………………… 301
  - 6.2.3 基本数体篩法: 計算量 ……………………………… 305
  - 6.2.4 基本数体篩法: 障害物 ……………………………… 307
  - 6.2.5 基本数体篩法: 平方根 ……………………………… 310
  - 6.2.6 基本数体篩法: アルゴリズムのまとめ ………………… 312
  - 6.2.7 数体篩法: さらなる考察 ……………………………… 313
- 6.3 厳密な素因子分解 ……………………………… 320
- 6.4 離散対数の指数計算法 ……………………………… 321
  - 6.4.1 有限素体上の離散対数 ……………………………… 321
  - 6.4.2 離散対数, スムーズな多項式およびスムーズな代数的整数 ……… 323
- 6.5 問　　題 ……………………………… 324
- 6.6 研究問題 ……………………………… 332

7. 楕円曲線を使った方法 ……………………………… 335
- 7.1 楕円曲線の基本事項 ……………………………… 335

- 7.2　楕円曲線上の演算 339
- 7.3　Hasse, Deuring, Lenstra の定理 350
- 7.4　楕円曲線法 352
  - 7.4.1　基本楕円曲線法アルゴリズム 353
  - 7.4.2　楕円曲線法の最適化 356
- 7.5　楕円曲線上の点の数え上げ 364
  - 7.5.1　Shanks–Mestre 法 364
  - 7.5.2　Schoof 法 369
  - 7.5.3　Atkin–Morain 法 376
- 7.6　楕円曲線素数判定法 (ECPP) 386
  - 7.6.1　Goldwasser–Kilian の素数判定法 387
  - 7.6.2　Atkin–Morain の素数判定法 390
  - 7.6.3　高速楕円曲線素数判定法 (fastECPP) 392
- 7.7　問　　題 393
- 7.8　研究問題 399

8. 遍在する素数 406
- 8.1　暗号理論 406
  - 8.1.1　Diffie–Hellman の鍵交換 406
  - 8.1.2　RSA 暗号システム 408
  - 8.1.3　楕円曲線暗号システム (ECC) 410
  - 8.1.4　コイン投げのプロトコル 415
- 8.2　乱数生成 416
  - 8.2.1　合同式法 417
- 8.3　準モンテカルロ法 422
  - 8.3.1　ディスクレパンシー理論 423
  - 8.3.2　特定の準モンテカルロ列 425
  - 8.3.3　ウォール街の素数？ 427
- 8.4　ディオファントス問題 432
- 8.5　量子計算 435
  - 8.5.1　量子チューリング機械入門 436
  - 8.5.2　素因子分解の Shor 量子アルゴリズム 438
- 8.6　素数についての興味深い逸話的な学際的な文献 440
- 8.7　問　　題 445
- 8.8　研究問題 450

9. 長整数の高速演算アルゴリズム ... 456
9.1 小学校で習う筆算 ... 456
9.1.1 乗算 ... 456
9.1.2 2乗算 ... 457
9.1.3 除算 (div) と剰余算 (mod) ... 458
9.2 法演算の拡張 ... 460
9.2.1 Montgomery 法 ... 460
9.2.2 Newton 法 ... 463
9.2.3 特殊な法 ... 468
9.3 冪乗 ... 471
9.3.1 基本2進階梯 ... 472
9.3.2 冪階梯の拡張 ... 474
9.4 gcd と逆元計算の拡張 ... 476
9.4.1 2進 gcd アルゴリズム ... 477
9.4.2 特殊逆元アルゴリズム ... 479
9.4.3 巨大変数に対する再帰的 gcd アルゴリズム ... 480
9.5 長整数乗算 ... 487
9.5.1 Karatsuba 法と Toom–Cook 法 ... 487
9.5.2 フーリエ変換アルゴリズム ... 491
9.5.3 畳み込み理論 ... 503
9.5.4 離散荷重変換法 ... 508
9.5.5 数論変換法 ... 513
9.5.6 Schönhage 法 ... 517
9.5.7 Nussbaumer 法 ... 518
9.5.8 乗算アルゴリズムの計算量 ... 521
9.5.9 中国式剰余定理の応用 ... 523
9.6 多項式演算 ... 525
9.6.1 多項式乗算 ... 525
9.6.2 高速多項式逆演算と高速多項式剰余演算 ... 526
9.6.3 多項式の評価 ... 529
9.7 問題 ... 534
9.8 研究問題 ... 550

A. 擬似コード ... 556

参考文献 ... 563

索引 ... 595

1. 素数の世界

　素数の概念はあまたの知的概念のなかでも，一種の独特な世界に属している．つまり単純かつ簡潔な定義を持つにも関わらず，詳しく見れば想像もできないほどの複雑さを内包しているような概念のひとつなのである．素数の基本的な定義は子供にもわかるが，その完全な全体像を描ける人はどこにもいないだろう．現代では，数学者たちが素数の深い性質を理解しようと，昔と変わらぬ理論的な探求をしている一方で，莫大な労力と資金・資源が素数に関する計算の分野に向けられている．そこでの問題は，新たな素数を発見したり，素数を特徴づけたり，あるいは素数の数学以外の分野への応用を開発することである．この本で扱うのは，もっぱら，この素数の計算にかかわる側面である．しかしながら，計算アルゴリズムを解析し，正当化し，またその実用性を明確にするために理論的な側面にしばしば踏み込んでいくことになるだろう．

　素数の定義は単純である．正の整数 p が素数であるとは，p の正の約数が 1 と p の 2 つに限ることをいう．整数 n が合成数であるとは，$n > 1$ であって，かつ n が素数でないことをいう．（1 は素数でも合成数でもないと考える．）よって整数 n が合成数であるための必要十分条件は，非自明な分解をもつこと，すなわち 1 より大きく n より小さい 2 つの整数 a, b を使って $n = ab$ と書けることである．この素数の定義は極めて簡単だけれども，そこから生じる素数の数列 $2, 3, 5, 7, \ldots$ は関心を向けるに値するまったく自明ではない対象になる．素数に関する美しい性質，知られている結果，あるいはまだ解かれていない予想などは非常に多岐にわたる．そこで，素数に関する理論のなかでも，理論的に興味深いものや，とても美しいもの，あるいは実用的だと思われるものをこの本では取り上げることにする．その中で，素数自身の研究に密接に関係している合成数の因数分解という重要な問題にも取り組むことになろう．

　この章では，素数とそれををとりまく脇役たち，またそれらについて古くから知られている事柄を紹介することにする．

1.1 基本的な問題とその進展

1.1.1 初等整数論の基本定理と初等整数論の基本問題

素数は自然数のかけ算における構成元素である．それは次の定理からわかる．

定理 1.1.1 (初等整数論の基本定理)．　任意の自然数 n は次のような一意的な素因子分解 (素因数分解) をもつ．
$$n = p_1^{a_1} p_2^{a_2} \cdots p_k^{a_k}.$$
ここで，冪指数 a_i は正の整数で $p_1 < p_2 < \cdots < p_k$ は素数である．

(n 自身が素数のときは，定理における n の分解は，$k=1$ かつ $a_1 = 1$ という特別な場合になる．$n=1$ のときは，0 個の素数の積と考えることによって，定理はそのまま成り立つ.) 定理 1.1.1 の証明は自然に 2 つの部分に分かれる．つまり，n の素因子分解ができるということの証明と，その一意性の証明である．素因子分解が可能であることを証明するのはとてもやさしい．(実際，素因子分解を持たないような最小の数を考えて，それらをより小さい数に分解することによって，矛盾を導けばよい.) 一意性の証明はもう少しデリケートで，それは Euclid の「最初の定理」とよばれるより簡単な結果から導かれる (問題 1.2 を見よ)．

初等整数論の基本定理から，「初等整数論の基本問題」とでもよぶべき問題があらわれる．それは，与えられた整数 $n > 1$ の素因子分解を実際に求める問題である．さて，以下ではいろいろな計算に関する問題の現況に目を向けることにしよう．

1.1.2 技術的な進歩とアルゴリズムの進歩

本当の意味での大きい数は存在しない．すべての具体的に与えられた数は「小さい」といえる．なぜなら，どれだけ桁数を増やしても，冪指数をあげても，その数より小さい自然数は高々有限個だし，その数より大きい自然数は無限にあるからである．そのような小さな数ばかりを相手にしているという非難はあろうが，われわれは少なくとも，昔は扱えなかったような大きな数を扱えるように努力をしていると言うことはできる．そして，実際様々な注目すべき進展がなされているのである．因数分解できるようになった数の桁数は 30 年前に比べて約 8 倍になったし，また，特別な工夫をしなくても，素数であることを証明することのできる数の桁数は 500 倍にもなったのである．

計算の進歩には 2 つの側面があることを意識するのは重要である．1 つは技術的な進歩であり，もう 1 つはアルゴリズムの設計に関する進歩である．計算の進歩は，確かに計算機のハードウェアの質と規模の拡大によっているのであるが，そのすべてをハードウェアに帰すべきではない．例えば，もし 1975 年以前に知られていたアルゴリズムしか使えないとすれば，今日のすばらしい計算機の性能をもってしても，40 桁程度の数の

1.1 基本的な問題とその進展

素因子分解や，素数であることの証明を実行するのがやっとであろうと思われる．

現時点で，どの程度のことが実行可能なのであろうか．特殊な形をしていない数であれば，10 進数にして約 170 桁の数を因数分解することができる．また，特殊なアルゴリズムを使わないで，素数であることを証明できるのは，10 進数にしておよそ 15000 桁である．*Scientific American* 誌に連載されていた M. Gardner によるコラム「数学ゲーム」に登場した次の問題は，129 桁の挑戦問題として有名なものである．[Gardner 1977].

$$\begin{aligned}\text{RSA}129 = &11438162575788886766923577997614661201021829672124236\backslash\\&25625618429357069352457338978305971235639587050589890\backslash\\&7514759929002687 9543541.\end{aligned}$$

この数字はその当時，生まれたばかりの RSA 暗号 (第 8 章を参照せよ) のテストケースとして設定されたものである．この RSA129 を分解するのに 4 京年 (4×10^{16} 年) かかると見積もる人もいた．しかし，1994 年に RSA129 は 2 次篩法 (第 6 章を見よ) を使って，D. Atkins, M. Graff, A. Lenstra, P. Leyland によって因数分解された．実際の RSA129 の分解は

$$3490529510847650949147849619903898133417764638493387843990820577$$
$$\times$$
$$32769132993266709549961988190834461413177642967992942539798288533$$

で与えられ，暗号化されたメッセージは "THE MAGIC WORDS ARE SQUEAMISH OSSIFRAGE"[*1)] であった．

ここ 10 年において，因数分解やその関連分野における画期的な仕事が他にも多くなされた．一例をあげれば，数体篩法が現在ではもっとも強力な因数分解法として確立した．この第 2 版の出版時点で[*2)]数体篩法によって 10 進 174 桁の RSA576 が因数分解されている．また特別な形をした数に特化した数体篩法である特殊数体篩法による記録は 10 進 248 桁に達している．楕円曲線法によっても，10 進 59 桁の素因子をもつ数が分解されている (ただし，見つかった素因子は与えられた数の最大素因子ではない)．このような記録は頻繁に更新されているウェブサイト [Zimmermann 2000] に集められている．以下では，このような記録をよりくわしく述べることにする．

もうひとつの興味深い仕事に Fermat 数と呼ばれる $F_n = 2^{2^n} + 1$ の形をした数の約数の発見がある．Fermat 数自身については 1.3.2 項でくわしく研究する．F_9, F_{10}, F_{11} のような小さな Fermat 数は今や完全に分解されている．その一方で，いくつかのより

[*1)] 訳注：訳すと，「魔法の言葉は血を見ると気分が悪くなるヒゲワシだ」となる．ヒゲワシは獰猛で，もっとも squeamish でない動物だと思われていることを前提にした一種のジョークである．
[*2)] 訳注：この翻訳は 2005 年に発行された原著第 2 版を底本としている．

巨大な F_n について，大きな約数が見いだされている．Fermat 数の大きさに応じて，小さい Fermat 数については数体篩法が，より大きい Fermat 数については楕円曲線法がこの問題の解決に使われた (第 6 章，第 7 章を見よ)．30, 40 桁，あるいはそれよりも大きい約数がこの方法で発見されている．また，この本のいろいろな部分で紹介されている様々な方法を使えば，F_{24} くらいの大きさの Fermat 数に対して，素数判定を行うことができる．ここで，F_{24} は 10 進で 500 万桁以上の数である．このすばらしい進展もまたハードウェア，ソフトウェア，アルゴリズムのいずれもの発展によりもたらされたものである．将来的に実現の可能性のある技術と思われている量子計算機が実現されれば，数十年のうちに因数分解は信じがたいほど高速に実行できるようになる可能性もある．量子計算については 8.5 節でとりあげる．

先に述べたように，素数は暗号理論に登場する．暗号理論は，通常の文章を暗号化したり，暗号文を解読することを扱う学問分野である．多くの暗号システムは因数分解やそれに類する整数論的な問題に依存して作られているので，技術あるいはアルゴリズムの進展は最も重要なものになってきている．素数判定，あるいは素数であることの証明の方が，素因子分解よりはるかに簡単であるという現状は暗号学者にとって幾らかの慰めになっている．これを書いている時点で，素数であることが証明された最も大きな数は，途方もなく大きい Mersenne 素数 $2^{25964951} - 1$ である[*1)]．この数は数の詰まった分厚い本のようなものだと思うことができる．このような巨大な数の高速演算に使えるアルゴリズムについては第 9 章でとりあげる．しかしながら，ここでもアルゴリズムの高速化とともに，ハードウェアの改善が重要な役割を果たしている．この二人三脚の 1 つの例として，最新のもっとも大きな素数を見つけ出した計算について述べよう．2004 年現在，$2^q - 1$ の形をした 1 個の素数の候補に対して，素数であることを証明，あるいは合成数であることを証明するのに，標準的なパーソナルコンピュータでおよそ 1 週間かかる (最新の状況についてはウェブサイト [Woltman 2000] を見よ)．一方，わずか 10 年前の状況を見ると，$2^{20000000}$ くらいの大きさの数の素数判定に，その当時の標準的なパーソナルコンピュータでは 10 年間くらいの時間が必要であったと思われる．もちろん，この大きな差にはハードウェアとアルゴリズムの双方が，ともに寄与している．もうひとつ例をあげよう．21 世紀の始まりの時点で，適正なソフトウェアを備えた標準的なワークステーションによって，10 進 100 万桁の 2 つの数を数分の 1 秒でかけあわせることができる．9.5.2 項の終りで説明するように，適切に設計されたクラスター計算機では，10 億桁の 2 つの数のかけ算もおよそ 1 分間で計算可能である．

Mersenne 型とよばれるこれらの数の $2^q - 1$ という特別な形によって，素数判定が高速にできる．Mersenne 数に対しては，非常に高速な Lucas–Lehmer 法が存在するのである．この方法については第 4 章で扱う．こういった特別な形を持たないランダムな素数についてはどういう状況にあるだろうか．最近では，数千桁のランダムな数に対して

[*1)] 訳注：この本の出版以後，新たに見つかったものについては，1.3.1 項の脚注を見よ．

も素数であることを証明することができる．その実装の多くの部分は F. Morain の先駆的な仕事によるものである．彼は A. Atkin らのアイディアを使って，効率の良い楕円曲線素数判定法を開発した．この方法については，より新しい高速楕円曲線素数判定法とともに，第 7 章において議論する．楕円曲線素数判定法によるすばらしい成果の典型的なもののひとつは Mayer と Morain によって，2 つの世紀の転換点でなされた，2196 桁の数 $(2^{7331} - 1)/458072843161$ が素数であることの証明である ([Morain 1998] を参照せよ)．15071 桁もある Leyland 数

$$4405^{2638} + 2638^{4405}$$

が高速楕円曲線素数判定法によって素数であることがわかったという Franke, Kleinjung, Morain, Wirth たちによる発表は世間を驚かせた (2004 年 7 月)．

これらの現代の因数分解の記録や，素数判定の記録と並んで，より特殊な形の素数に関する記録を破るために多くの試みが続けられている．例えば，p と $p+2$ がともに素数であるような双子素数の新しい大きな組であったり，素数からなる長い等差数列 $\{p, p+d, \ldots, p+kd\}$ であったり，あるいはまた，その他の特定のパターンをもつ素数といったものがときおり発見されるのである．それに類する素数を見つけるためのいくつもの探索が現時点でも行われているのである．その具体的な対象としては，例えば，Wieferich 素数，Wilson 素数，あるいはまた Wall-Sun-Sun 素数といったものがある．本書では，いくつかの節で，本書の主旨にあう計算上の問題を含む場合に，これらの試みのうちのいくつかにふれることにする．

詳細は述べないが，この素数の計算の分野にはいわば「カルチャー」とよぶべき側面もあることも読者は認識すべきである．このような素数や因数分解の記録の本としては，例えば [Ribenboim 1996] が読みやすくておもしろい．また S. Wagstaff, Jr. による Cunningham 数，つまり $b^n \pm 1$ ($b \leq 12$) の形をした数の因数分解に関する詳細なニュースレターもあり，その要約は [Wagstaff 2004] に掲載されている．この本の執筆時点 (2005 年はじめ) における，因数分解の記録をいくつか以下に述べよう．

- 5.4 節で紹介する Pollard の $p-1$ 法によって，2003 年に P. Zimmermann は，2 つの数 $6^{396} + 1$ と $11^{260} + 1$ のそれぞれが (別の) 57 桁の因子を持つことを発見した．

- 7.4.1 項で紹介する楕円曲線法によって，2003 年に $2^{997} - 1$ の 57 桁の因子 ([Wagstaff 2004] 参照)，また $8 \cdot 10^{141} - 1$ の 58 桁の因子が R. Backstrom によって発見された．さらには $10^{233} - 1$ の 59 桁の因子が 2005 年に B. Dodson によって発見された．(これらの記録の桁数において $p-1$ 法が楕円曲線法と近い位置にいるのは驚くべきことで，過去 10 年をみても珍しいことである．)

- 2001 年の終りに，3 個の大きな素数を使う形の 2 次篩法 (6.1 節を見よ) を使って，$2^{803} - 2^{402} + 1$ の 135 桁の合成数部分が因数分解された．これは 2 次篩法の最後のあがきとでもよぶべきものであるように思われる．というのも，より新しい数体

篩法と特殊数体篩法がこのような大きさの数にはより適した方法であると考えられているからである.
- 先に述べた一般数体篩法によって 174 桁の RSA576 と呼ばれる数が因数分解された. 特別な形をした数に適用可能な, 特殊数体篩法 (6.2.7 項参照) を使って 200 桁を越える数が因数分解されている. 現在の記録は 248 桁の $2^{821} + 2^{411} + 1$ である.

これらの因数分解記録の詳細については先に引用した Wagstaff のニュースレターに書かれている. この本の他の場所にも, 例えばアルゴリズム 7.4.4 のあとの例などに, この本の第 1 版が出版された時点での少し古い記録がのせてある. 第 2 版でもこれらをそのままにしておいたのは, 幾らかの歴史的な意味があると考えたからである. それに何と言っても, ある問題に関する進展そのものを知るだけでなく, その過程をたどるのもまた興味深いことだからである.

21 世紀の幕開けにあたる現在において, 大規模な分散計算は普通のことになってきた. 一般的な解説としては [Peterson 2000] がよい. その他の大きな数に関する解説としては [Crandall 1997a] がある. 後者においては, 「全世界, 人類の全歴史あわせると, どれくらいの演算を行ってきたか」という問いに対するおおよその答えが与えられている. ここで演算とは, and などの論理演算に加えて, たし算, かけ算などを含む基本的な演算のことを指している. この答えは, この本で取り上げるいろいろな問題に関係している. その答えは, 「モルの法則」とでも呼びうるものである. 簡単にいうと, 人類の歴史を通じてすべての計算機で行われた演算の回数は, 西暦 2000 年の世紀の変り目において, およそ 1 モル回であるというのである. すなわち化学にででくるアボガドロ定数 $6 \cdot 10^{23}$ (およそ 10^{24} とみよう) がその回数である. 産業界や, 政府が主導する大規模計算は神秘的に感じられ, 畏敬の念を起こさせるのが常なのであるが, 実はこの 1 モル, 10^{24} 回もの計算の多くは, 莫大な台数のパーソナルコンピュータが行ったものなのである. このことから, 10^{50} くらいの整数を試し割り算によって, 素因子を見つけることは, 今まで行われてきた計算をそっくり繰り返すことになるくらいの計算量になるという意味で, ほとんど絶望的であるということができる. 比較をする意味で例をあげれば, 現在の最先端の因数分解や素数証明で使われるのはおおよそ 10^{16} から 10^{18} 回くらいの演算である. 例えばまた, 2003 年にピクサー社とディズニーによって製作された, 全編にわたって計算機で描画されたグラフィックスを使っている「ファインディング・ニモ」では 10^{18} くらいの演算回数が必要であった. 非常におもしろいのは, このようなヘラクレス的な計算機の使用によって, 得られる結果が極端に違うということである. 一方では, 数の因子であったり, あるいはもっと極端に「素数」または「合成数」のようなたった 1 つの短い答えを得ることもあれば, もう一方ではこのような 1 ビットの答えと全く関係のないキャラクターが登場する劇場公開用のアニメーション映画ができたりするのである. さらに, このような 10^{18} もの演算を含む計算がこれまで行われた全計算のほんの千万分の 1 に過ぎないことも興味深い事実である.

1.1.3 素数の無限性

大きい素数の発見は現代の技術と最新のアルゴリズムの賜物であるが，その一方でどれだけ大きい素数を発見してもその発見の歴史に終止符が打たれることはないということは太古から知られてきたことである．事実，紀元前 300 年に，その当時エジプトのアレクサンドリア大学の教授であった Euclid は素数が無限にあることを証明した [Archibald 1949]．この業績は素数の抽象的な理論の先駆けといってよいものであろう．次の定理の有名な証明は本質的に Euclid のものである．

定理 1.1.2 (Euclid). 素数は無限個ある．

証明．素数が有限個しかないとせよ．p を最大の素数とする．全ての素数の積に 1 を加えたもの
$$n = 2 \cdot 3 \cdot 5 \cdots p + 1$$
を考える．すると，n は 2 から p のどの素数でも割っても 1 あまるので，これらの素数では割りきれない．よって仮定から，n は任意の素数で割りきれないことになり，定理 1.1.1 に反する．したがって，素数が有限であるとした前提は正しくない． □

Euclid 自身は定理 1.1.1 をはっきりとした形では述べていないということは指摘しておいたほうが良いかもしれない．しかし，この定理の主張の一部である「1 より大きい全ての整数はある素数で割りきれる」ことを Euclid は知っていた．そしてこの部分こそが上の定理 1.1.2 で使われているところである．

この古典的な定理には，その述べ方，証明の両方において様々な変形が存在する (1.3.2 項および 1.4.1 項を見よ)．ここではそのようなもののうちのひとつを取り上げる．それによって，初等整数論の基本定理 (定理 1.1.1) それ自身が素数の分布についての情報を持っているということを強調したいのである．すべての素数の集合を $\mathcal{P}$ で表す．実変数 x に対して，素数の数え上げ関数を
$$\pi(x) = \#\{p \leq x : p \in \mathcal{P}\}$$
で定義する．すなわち，$\pi(x)$ は x を越えない素数の個数を表す．さて，p_i を i 番目の素数とし a_i を非負整数とするとき，正の整数 x に対して，
$$\prod p_i^{a_i} \leq x$$
の解の個数は，初等整数論の基本定理によって，ちょうど x 個である．一方，各因子 $p_i^{a_i}$ は x を越えてはならないから，指数 a_i として可能なのは，0 を含めて，$\lfloor 1+(\ln x)/(\ln p_i)\rfloor$ で上から押さえられる．これから
$$x \leq \prod_{p_i \leq x} \left\lfloor 1 + \frac{\ln x}{\ln p_i} \right\rfloor \leq \left(1 + \frac{\ln x}{\ln 2}\right)^{\pi(x)}$$

が得られる．これから $x \geq 8$ をみたす，すべての x について

$$\pi(x) > \frac{\ln x}{2 \ln \ln x}$$

であることがすぐに導かれる．この下界はそれほどよくないけれども，これによって素数の無限性が初等整数論の基本定理から直接導かれたことになる．

Euclid が定理 1.1.2 の証明で使ったアイディアは，今までにある素数から新しい素数を作り出すというものであった．このようにしてすべての素数が得られるだろうか．この問題はいくつかに解釈できる．

(1) 素数の列 $q_1, q_2, \ldots$ を，$q_1 = 2$ からはじめて，q_{k+1} を $q_1 \cdots q_k + 1$ の最小の素因子として帰納的に定義する．この数列 (q_i) はすべての素数を含むだろうか．

(2) 素数の列 $r_1, r_2, \ldots$ を，$r_1 = 2$ からはじめて，r_{k+1} を次のように帰納的に定義する．d を積 $r_1 \cdots r_k$ の約数を動かしたとき $d+1$ の約数として現れる数のうち，それまでに現れていない最小の素数を r_{k+1} とする．この数列 (r_i) はすべての素数を含むだろうか．

(3) 素数の列 $s_1, s_2, \ldots$ を $s_1 = 2, s_2 = 3$ からはじめて，ある $s_i s_j + 1$ $(1 \leq i < j \leq k)$ の素因子で，それより以前に現れていない最小のものを s_{k+1} と帰納的に定義する．この数列 (s_i) はすべての素数を含むだろうか．またこの数列 (s_i) は無限列だろうか．

問題 (1) の数列 (q_i) は Guy と Nowakowski によって研究され，そのあと Shanks によっても研究された．[Wagstaff 1993] において，この数列の 43 項目までが計算されている．この数列のこれより先の項を計算するために問題となるのは，巨大な整数を因数分解しなければならないことである．$q_1 \cdots q_{43} + 1$ ですら，すでに 180 桁にもなるのである．

問題 (2) の数列 (r_i) が全ての素数を含むことを，最近 Pomerance が未出版の論文の中で証明した．実際，$i \geq 5$ については，r_i は i 番目の素数になる．その証明は，最初のおよそ 100 万項については計算機による探索を行い，そのあとの項に対して，解析的整数論のある評価式を適用するものである．解析的整数論については，この章のあとの方で述べることにしよう．この証明は計算機によるアプローチが有用であることを示す多くの例のひとつである．

問題 (3) の数列 (s_i) については無限数列かどうかも知られていないが，それが無限数列であって，全ての素数を含むことはほとんど確かなことに思われる．これまでに，この問題に計算機の方面から取り組んだ人がいるかどうか私たちは知らないが，もしかしたら，読者であるあなたがやってみたいと思われるかもしれない．この問題はオーストラリア国立大学の M. Newman によるものである．

このようにして，素数に関する最も基本的で，最も古くからある考え方から出発しても，研究の最先端の周辺にまで到達することが可能なのである．

1.1.4 漸近関係式と O 記法など

漸近密度に関する結果や計算量の評価がこのあとたくさん出てくるので，ここで，この本で使われる関数の漸近挙動を表す記法を導入しておこう．

$$\lim_{N\to\infty} f(N)/g(N) = 1$$

が成立するとき

$$f(N) \sim g(N)$$

と書いて，「f は N が無限大に近づくとき，漸近的に g に等しい」という．また，ある正の数 C があって，すべての N，あるいは与えられたある集合の元であるようなすべての N に対して，不等式

$$|f(N)| \leq C|g(N)|$$

が成り立っているとき

$$f(N) = O(g(N))$$

と書き，「f は g の O (ビッグ・オー) である」という．また

$$\lim_{N\to\infty} f(N)/g(N) = 0$$

が成り立って，片方の関数がもう片方よりずっと大きいときに，

$$f(N) = o(g(N))$$

と書き，「f は g の o (スモール・オー)[*1] である」という．

これらの記法の例をいくつかあげよう．x を越えない素数の個数を表す関数 $\pi(x)$ は，明らかに，すべての正の x に対して x を越えることはない．このとき

$$\pi(x) = O(x)$$

であるといえる．一方，

$$\pi(x) = o(x) \qquad (1.1)$$

が成り立つ．ただし，この式はそれほど明らかではなくて，証明にもいくらか手間がかかる (問 1.11 と問 1.13 に 2 通りのやりかたをのせておいた)．上の式 (1.1) から，非常に大きいところでは，素数はまばらに分布していて，先にいけば行くほど，よりまばらになっていくことがわかる．$\mathcal{A}$ を自然数の部分集合とし，$A(x)$ で x を超えない $\mathcal{A}$ の元の個数を表すことにする．$\lim_{x\to\infty} A(x)/x = d$ が成り立つとき，d を集合 $\mathcal{A}$ の漸近密度とよぶ．この定義を使うと，式 (1.1) は，素数の漸近密度が 0 であることを意味している．自然数の任意の部分集合が漸近密度を持つわけではないことは注意しておくべきである．つまり定義式の極限が存在しないこともありうるのである．ひとつだけ例をあ

[*1] 訳注: 原文では little-o であるが，日本語ではこのように言うことが多いようである．

げると，10進で偶数の桁数をもつ自然数の全体の集合は漸近密度を持たない．

本書を通じて，アルゴリズムの計算量を議論するときは，もっぱら O 記法を使うことにする．つまり，筆者によってはビット計算量を表すのに O_{b}，一方で演算計算量を表すのに O_{op} を使い分けることがあるが，そういうことを本書ではやらないということである．よってアルゴリズムの計算量を O を使って評価するときはいつでもそれがビット計算量なのか演算計算量なのかを明示するように努めることにする．注意しなければいけないのは，これら2つの量が必ずしも比例するものではないことである．なぜなら，演算計算量はそれが和であるのか，積であるのか，あるいは if 文の中に出てくるような比較であるのかによって，そのビット計算量は異なるからである．例えば，第9章で見るように基本的な高速フーリエ変換を使ったかけ算では，その被演算子が (ある適当な底で) D 桁の数のとき，$O(D \ln D)$ の浮動小数点演算が必要である．その一方で被演算子のビット数の和が n であるときに，ビット計算量が $O(n \ln n \ln \ln n)$ であるような方法が存在するのである．したがって，このような場合には，明確な比例関係は存在しないし，桁数，底，それとビットサイズ n の間の関係は，(特に浮動小数点での誤差評価が計算に現れる場合には) 明らかではない．このような比較が自明でないものとしては Riemann のゼータ関数の計算もある．その値を D 桁まで正しく計算するのに，ある方法によれば，$O(D)$ 回の演算が必要になる．しかしながら，これは，全精度，すなわち D 桁全精度の演算を使った場合の話である．ここで D 桁 (あるいはそれに比例するビット数) の精度を得るために必要なビット計算量はこれよりもずっと早く大きくなる．もちろん次のような当り前な比較は可能である．つまり，2つの大きな整数をかけあわせるのには，ただ1回の (高精度の) 演算が必要である．しかしこれを実現するのには非常にたくさんのビット操作が一般には必要である．このように，表面上は，この2つの計算量には明確な関係はない．この2つの計算量の評価がそれほど違うのであれば，どちらか片方が他方に比べて優れていたり，あるいはより精密なものであったりということはないのだろうか，というふうに思われるかもしれない．実際は片方が他方より優れているということは必ずしもないのである．例えば，使っている機器 (ハードウェアとソフトウェア) が，すべてのたし算かけ算で D 桁全精度を実現しているのであれば，演算計算量に目が向くであろうし，一方で，大きな計算の途中で必要精度が動的に変わるような，特別で，しかも最適化されたビット計算量をもつ演算を一から設計したいのであれば，ビット計算量の評価に注目することになるだろう．一般に，ビット計算量と演算計算量は多くの場合に簡単には比較できない種類のものであるということは記憶にとどめておくべき前提である．

「実行時間」という言葉もよく使われているので，この本でも「ビット計算量」と同じ意味で使うことにする．もちろん，この2つが等価であることは，計算機が必要とする実計算時間はそれを行うのに必要なビット演算の回数に比例するという前提に基づいている．将来，量子計算，超並列処理，ワード指向演算アーキテクチャといったものの進展に伴って，この等価性は崩れる可能性があるが，この本では実行時間とビット計算

量は同じ意味であると仮定するのである．同じようにして，「多項式時間」計算量は，そのビット演算の回数が被演算子の入力ビット数のある定まった冪で，上からおさえられることをいう．だから，例えば今日，広く使われている因数分解アルゴリズム (楕円曲線法，2 次篩法，数体篩法) はそのいずれもが多項式時間ではない．その一方で，単純な足し算，かけ算，冪の計算などは多項式時間である．例えば冪乗 $x^y \bmod z$ の計算において，正整数である被演算子 x, y, z が同程度の大きさであれば素朴なサブルーチンを使うと，ビット計算量は $O(\ln^3 z)$ になる．したがって，この計算は多項式時間である．同様にして最大公約数の計算も多項式時間である．

1.1.5 素数の分布

1737 年 L. Euler は素数が無限個あることの新しい証明を発見した．彼が示したのは素数の逆数の和が発散することであり，このことからこの和が無限個の項を含まなければならないことが結論できる (問題 1.20)．

19 世紀半ばには，P. Chebyshev が次の定理を証明し，素数の数え上げ関数の大きさのオーダーを決定した．

定理 1.1.3 (Chebyshev). 正の数 A, B があって，すべての $x \geq 3$ に対して，次の式が成り立つ．
$$\frac{Ax}{\ln x} < \pi(x) < \frac{Bx}{\ln x}.$$

この定理 1.1.3 は例えば $A = 1/2, B = 2$ で成立する．Gauss は 1791 年 (当時の Gauss は 14 歳である) に $\pi(x)$ の漸近挙動に関する予想をしたのであるが，それから Chebyshev の定理にいたる半世紀の間に，この Gauss の予想に関してはほとんど進展がなかったのである．その意味でこの Chebyshev の結果は目覚しい結果であるといえる．ここで述べた Gauss の予想は現在では「素数定理」として有名なものである．

定理 1.1.4 (Hadamard, de la Vallée Poussin). $x \to \infty$ のとき，
$$\pi(x) \sim \frac{x}{\ln x}.$$

これを見ると，Chebyshev は素数定理の解決の一歩手前にいたように思われるかもしれない．事実，Chebyshev は，もし $\pi(x)$ がある $Cx/\ln x$ に漸近的に近づくならば，この定数 C は 1 でなくてはならないことも知っていたのである．しかし，素数定理の本当の難しさは極限 $\lim_{x \to \infty} \pi(x)/(x/\ln x)$ の存在を示すことにある．この最後のステップの証明は半世紀のち 1896 年になって J. Hadamard と C. de la Vallée Poussin によって独立になされた．彼らが実際に証明したのは，ある正の数 C に対して，
$$\pi(x) = \operatorname{li}(x) + O\left(xe^{-C\sqrt{\ln x}}\right) \tag{1.2}$$

が成り立つということである．ここで li(x) は以下の式で定義される対数積分関数である．

$$\mathrm{li}(x) = \int_2^x \frac{1}{\ln t}\, dt \qquad (1.3)$$

(この積分の少し変形したものの定義については問題 1.36 を見よ)．部分積分法を使えば (あるいは L'Hôpital の定理を使えばもっと簡単である)，li$(x) \sim x/\ln x$ であることが簡単に示せるので，この素数定理の強い形から定理 1.1.4 の形が導かれる．誤差 $\pi(x) - \mathrm{li}(x)$ の大きさについては，素数定理の証明以降，活発に研究されている問題であって，現在ではほんの少しだけ改良されている．1.4 節でもう一度，素数定理に関する話題に戻ることにする．ただ，ここでは，仮説に基づいた議論[*1)]を使って，有用な素数定理の言い替えを述べておくことにする．それは，大きな数 x をランダムに選んだとき x が素数である「確率」はおよそ $1/\ln x$ であるというものである．

Gauss がどのようにして，この驚くべき予想にたどり着いたのかを考えてみるのはおもしろい．彼は素数の表を調べているうちに，この予想が頭にうかんだということになっている．数が大きくなってくると，素数がどんどん少なくなってくるというのは表を見ると明らかではあるが，一方で，部分部分での分布は非常に不規則であることがわかる．そこで，Gauss がやったのは，長さ 1000 のブロックに分けて素数の個数を勘定することである．このことによって低いレベルでの不規則性が減って，法則性を見出すことができたのだ．その法則が x の近くでランダムに選んだ整数が素数である「確率」がおよそ $1/\ln x$ であるというものだったわけである．このことから Gauss は $\pi(x)$ の評価に対数積分関数を使うのが適当であるとの考えに至ったのである．

Gauss の $\pi(x)$ に関する考察は 1700 年代後半に遡るが，彼は何十年も後になるまでそれを公表することがなかった．その間に Legendre は Gauss とは独立に素数定理を次のような形で予想した．

$$\pi(x) \sim \frac{x}{\ln x - B}. \qquad (1.4)$$

ここで $B = 1.08366$ である．B をどのように選んだところで，$x/\ln x \sim x/(\ln x - B)$ が成り立っているから，この B をこめた結果を使うか Gauss の近似 li(x) を使うのかを決めるのは，どちらの選択の方がよい評価を与えるかということだけである．実際には Gauss の評価の方が断然よいのである．式 (1.2) から $|\pi(x) - \mathrm{li}(x)| = O(x/\ln^k x)$ がすべての $k > 0$ について成り立つ (ここで O 定数は k の選びかたに依存する)．

$$\mathrm{li}(x) = \frac{x}{\ln x} + \frac{x}{\ln^2 x} + O\left(\frac{x}{\ln^3 x}\right)$$

[*1)] 訳注: 原文では heuristic. 解析的整数論で heuristic と言った場合には，対象がランダムに分布していると仮定した上での確率的な議論を指すことが多い．この場合では，例えば素数がランダムに分布しているという仮説に基づいた議論を行っている．このように仮説を伴った議論や，厳密に証明ができるとは限らない確率的，経験的な議論をする際にこの言葉 heuristic を使う．またアルゴリズムが heuristic であるという場合，必ずしもうまくいくわけではないが確率的，経験的にはうまくいくアルゴリズムを本書ではさす．heuristic を発見的と訳す場合がある．

によって，(1.4) での，B の最良の選択は Legendre によるものではなくて $B=1$ である．これから得られる評価

$$\pi(x) \approx \frac{x}{\ln x - 1}$$

は電卓での計算に役に立つ．

素数の個数の表 1.1 をみると，$\mathrm{li}(x)$ による近似がどれほどよいものであるのかをより実感することができる．

x	$\pi(x)$
10^2	25
10^3	168
10^4	1229
10^6	78498
10^8	5761455
10^{12}	37607912018
10^{16}	279238341033925
10^{17}	2623557157654233
10^{18}	24739954287740860
10^{19}	234057667276344607
10^{20}	2220819602560918840
10^{21}	21127269486018731928
10^{22}	201467286689315906290
$4 \cdot 10^{22}$	783964159847056303858

表 1.1 素数数え上げ関数 $\pi(x)$ の値．最近ではネットワークを通じた分散計算が $\pi(x)$ を計算する問題にも使われるようになってきている．

例えば $x = 10^{21}$ を見てみよう．M. Deléglise, J. Rivat, P. Zimmermann たちの先行研究に基づいた X. Gourdon の計算によれば，

$$\pi\left(10^{21}\right) = 21127269486018731928$$

である．その一方で

$$\mathrm{li}\left(10^{21}\right) \approx 21127269486616126181.3$$

と

$$\frac{10^{21}}{\ln(10^{21}) - 1} \approx 21117412262909985552.2$$

がわかる．この $\mathrm{li}(x)$ による近似は驚嘆すべき精度である．

この $\mathrm{li}(x)$ による近似の精確さについては，Riemann 予想 (予想 1.4.1 とその後の注を見よ) との関連で，この章の後の節でもう一度ふれることにする．

この表 1.1 のうちで，もっとも新しい計算結果である $\pi(10^{22})$ と $\pi(4 \cdot 10^{22})$ は

X. Gourdon と P. Sebah [Gourdon and Sebah 2004] によるものであるが,彼らは $\pi(10^{23})$ を計算する過程で,局所的な篩による数値が一致しないというプログラムの不具合を最近見つけた.したがって,この不具合が修正されるか,この値を検証するための独立な計算がなされるまでは,彼らが計算した $\pi(10^{22})$ と $\pi(4 \cdot 10^{22})$ の値は暫定的なものと考えるべきであろう.

歴史的に重要なもうひとつの問題は,どの剰余類 $a \bmod d$ に素数が含まれるか,また素数が含まれる剰余類について,どれだけの密度で素数が含まれているかという問題である.もし a と d が共通の素因子を持てば,その素因子は,剰余類 $a \bmod d$ のすべての元を割る.したがってこの剰余類はこの 1 つの素数以外には素数を含み得ない.次の重要な古典的結果によれば,剰余類が無限個の素数を含むための唯一の障害となるのはこの共通素因子なのである.

定理 1.1.5 (Dirichlet). a と d が互いに素な整数 (つまり共通の素因子をもたない整数) であって,$d > 0$ であれば,等差数列 $\{a, a+d, a+2d, \ldots\}$ は無限個の素数を含む.さらに,この等差数列に含まれる素数の逆数和は無限大になる.

このすばらしい (そして決して自明でない) 定理は現在ではより詳しく改良されている.つまり,与えられた互いに素な整数 a, d $(d > 0)$ に対して,剰余類 $a \bmod d$ に含まれていて x を越えない素数の個数を $\pi(x; d, a)$ で表すことにすると,

$$\pi(x; d, a) \sim \frac{1}{\varphi(d)} \pi(x) \sim \frac{1}{\varphi(d)} \frac{x}{\ln x} \sim \frac{1}{\varphi(d)} \operatorname{li}(x) \tag{1.5}$$

が成り立つことが知られている.ここで φ は Euler 関数である.すなわち $\varphi(d)$ は $[1, d]$ の中の d と互いに素な整数の個数を表す.d を法とする剰余類のうち d と互いに素でないものは高々ひとつしか素数を含み得ないことを思い出すと,それらの有限個の素数以外はすべて残りの $\varphi(d)$ 個の法 d の剰余類に振り分けられていなければならないが,(1.5) によれば,その各々の剰余類に漸近的に見れば公平に振り分けられているのである.したがって,(1.5) は直感的にも妥当なものである.後ほど,この漸近誤差項に関する重要な精密化について議論することにする.(1.5) は「算術級数の素数定理」として知られている.

ちなみに,等差数列をなす素数の集合に関する問題も同様に興味深い.例をあげると,

$$\{1466999, 1467209, 1467419, 1467629, 1467839\}$$

は公差 $d = 210$ の等差数列をなす 5 つの素数である.より小さな素数からなる,より長い数列として $\{7, 37, 67, 97, 127, 157\}$ がある.素数にマイナスの符号をつけたものを許せば,この例の左側に $\{-113, -83, -53, -23\}$ を付け加えることができるようになるのもおもしろい.等差数列の中の素数については問題 1.41, 1.42, 1.45, 1.87 を参照せよ.

ごく最近,素数からなる等差数列でいくらでも長さの長いものが存在することが証明

された．これは非常にセンセーショナルな結果である．その証明はこのような問題に対する攻撃のやり方として従来から広く受け入れられている方法にのっとったものではなく，調和解析からの道具をもちこみ，全く新しい地平を開いたものである．素数を攻略するための道具に他の分野からの新しい方法が加わった心躍る歴史上の 1 ページであるといえよう．詳細については，[Green and Tao 2004] を見よ．S が自然数の部分集合で，その逆数和が発散するとき，S の中から数を選んで，いくらでも長い等差数列を作ることができるだろうというのが昔から知られている Erdős と Turán の予想である．Euler の定理によってすべての素数の逆数和は発散するので ((1.19) あたりの議論，さらには問題 1.20 を見よ)，この Erdős–Turán 予想が正しければ，素数だけからなるいくらでも長い等差数列ができることになる．つまり，素数からなるいくらでも長い等差数列ができるということを特徴づけている唯一の性質は素数の逆数和が発散することであるというのが，ここでの思想あるいは推測なのである．残念ながら，Green と Tao は素数の別の性質を証明の中で使っているので，Erdős–Turán 予想自体はいまだ未解決のままである．

Green と Tao は，一見したところ使えそうにもない Szemerédi の定理を彼らの証明の中で使っている．この定理は Erdős–Turán 予想の弱い形であって，自然数の部分集合 S が自然数の正の配分を含むとき，すなわち $S \cap [1, x]$ の $\{1, 2, \ldots, \lfloor x \rfloor\}$ に対する比の上極限が正であるとき，S はいくらでも長い等差数列を含まなくてはならないことを主張している．素数全体の集合は自然数の正の配分にはならないので，この定理は適用できないように見える．しかしながら Green と Tao は自然数の世界の拡張をいくらか許すような形の Szemerédi の定理を証明したのである．その上で，この Szemerédi の定理の拡張が成り立つような集合で，その中に素数全体を含み，かつ素数が正の配分をもつようなものを構成したのである．これらの Green と Tao の成果はとりわけすぐれたものであると言わざるをえない．

1.2 有名な予想と興味深い未解決問題

前節では，素数の定義は非常に簡単であるにもかかわらず，素数に関する問題は非常に難しいものになりうることを見てきた．この節では，歴史上有名なさまざまな問題を取り上げる．これらの問題を学べば学ぶほど，素数に関する問題の深遠さをより正しく理解することになるであろう．

1.2.1 双子素数

差が 2 である素数の組である双子素数について考えよう．そのようなものの例をみつけるのは簡単である．例えば，11, 13 あるいは 197, 199 がそれにあたる．大きな双子素数をみつけるのはやさしくはないが，可能ではある．最近発見されたそのような組をいくつか列挙しよう．

$$835335 \cdot 2^{39014} \pm 1$$

は 1998 年に R. Ballinger と Y. Gallot によって発見された.

$$361700055 \cdot 2^{39020} \pm 1$$

は 1999 年に H. Lifchitz によって発見された. 2000 年に発見されたものは 2 つあって,ひとつは H. Wassing, A. Járai, K.-H. Indlekofer の 3 人によって発見された

$$2409110779845 \cdot 2^{60000} \pm 1$$

で, もうひとつは P. Carmody による

$$665551035 \cdot 2^{80025} \pm 1$$

である ([Caldwell 1999] を見よ). 現在の最高記録は

$$2003663613 \cdot 2^{195000} \pm 1$$

である.

　双子素数は無限個あるだろうか. さらには, あたえられた上限以下の双子素数の組の個数を漸近的に評価することは可能であろうか. 若き Gauss ならやったであろう仮説に基づいた発見的な議論を使って考えてみよう. Gauss は x の近くのランダムな数が素数である確率はおよそ $1/\ln x$ であると推測し, その結果 $\pi(x) \approx \int_2^x dt/\ln t$ であると予想したのであった (1.1.5 項を見よ). もしここで x の近くの 2 つの数を選んだ場合はどうなるだろうか. もし, これが独立な事象であれば, 両方が素数である確率はおよそ $1/\ln^2 x$ でなくてはならない. そこで, $\mathcal{P}$ を素数全体の集合として, 双子素数の数え上げ関数を

$$\pi_2(x) = \#\{p \leq x \ : \ p, p+2 \in \mathcal{P}\}$$

で定義するならば

$$\pi_2(x) \sim \int_2^x \frac{1}{\ln^2 t}\,dt$$

が成り立つであろう. しかしながら, p と $p+2$ が同時に素数になることが独立な事象であると考えるのは真実味を欠いているといわざるをえない. 事実, 片方が素数であることはもう一方が素数である確率に影響をあたえる. 例をあげるならば, すべての 2 より大きい素数 p は奇数であるから, $p+2$ もまた奇数である. このことによって, $p+2$ が素数である確率は高まる. つまり, あらかじめ奇数であることが保証されていない数に比べると, ランダムな奇数が素数になる確率は 2 倍になる. しかし, この奇数であるという性質は, 素数であることを証明したい数がみたすべき最初の性質にすぎない. つまり q を素数として, 与えられた大きな素数が q で割れないことを q テストを通過すると呼ぶことにすると, p がランダムな素数で, $q > 2$ であるとき, $p+2$ が q テストを通

過する確率は $(q-2)/(q-1)$ である.実際,(1.5) から p が $\varphi(q) = q-1$ 個の法 q の剰余類に入る確率はすべての類について等しくて,そのうち,q と素な $p+2$ が入る可能性のある類はちょうど $q-2$ 個である.一方で,なんの制約もないランダムな整数が q テストを通過する確率は $(q-1)/q$ である.以上の仮説に基づいた考察にしたがって,上で導いた式を「補正係数」$2C_2$ を使って修正しよう.ここで,C_2 は「双子素数定数」と呼ばれるもので,

$$C_2 = \prod_{2<q\in\mathcal{P}} \frac{(q-2)/(q-1)}{(q-1)/q} = \prod_{2<q\in\mathcal{P}} \left(1 - \frac{1}{(q-1)^2}\right) \tag{1.6}$$

で定義され $C_2 = 0.6601618158\ldots$ の値をもつ.このとき,われわれの予想は

$$\pi_2(x) \sim 2C_2 \int_2^x \frac{1}{\ln^2 t}\, dt \tag{1.7}$$

の形になる.あるいはより簡単に

$$\pi_2(x) \sim 2C_2 \frac{x}{\ln^2 x}$$

としてもよいだろう.この2つの漸近関係式が実際に同値であることは部分積分を使って示すことができる.しかし (1.7) で,より複雑に見えるような式を書いておいたのは理由があって,それは $\pi(x) \approx \mathrm{li}(x)$ がそうであったように,この式が極めてよい近似を与えるからである.

(1.7) で $x = 5.4\cdot 10^{15}$ ととって近似をしてみよう.[Nicely 2004] によれば,

$$\pi_2\left(5.4\cdot 10^{15}\right) = 5761178723343$$

である.一方で,

$$2C_2 \int_2^{5.4\cdot 10^{15}} \frac{1}{\ln^2 t}\, dt \approx 5761176717388$$

が得られる.われわれの行った発見的なアプローチがいかに有効であるかがわかるであろう.ごく最近 P. Sebah は [Gourdon and Sebah 2004] において

$$\pi_2\left(10^{16}\right) = 10304195697298$$

であることを発表している.

数値の上ではこのように大変確からしいけれども,実際のところ双子素数の組が無限個あるかどうか,いいかえれば $\pi_2(x)$ が有界でないかどうかは,いまだわかっていない.これはすべての数学のなかでも大きな未解決問題のひとつである.この問題の解決に最も近いと思われるのは 1966 年に証明された Chen Jing-run の定理である ([Halberstam and Richert 1974] を見よ).彼の定理は $p+2$ が素数であるか,または 2 個の素数の積になるような素数 p が無限にあることを主張している.

1915 年に V. Brun は双子素数に関する上界を与える次の注目すべき結果を証明した．

$$\pi_2(x) = O\left(x\left(\frac{\ln\ln x}{\ln x}\right)^2\right). \tag{1.8}$$

また彼はその 1 年後に上の式の $\ln\ln x$ が 1 で置き換えられることも示した ([Halberstam and Richert 1974] を見よ)．したがって，双子素数予想 (1.7) はある意味では部分的に解決されているともいえる．(1.8) から次の結果を導くことができる (問題 1.50 を見よ)．

定理 1.2.1 (Brun). 双子素数の組のいずれかに属するような素数の逆数和は有限である．すなわち，$p+2$ も素数になるような素数 p の集合を $\mathcal{P}_2$ と表すことにすると，

$$\sum_{p\in\mathcal{P}_2}\left(\frac{1}{p}+\frac{1}{p+2}\right) < \infty$$

が成り立つ．

(異なる 2 つの双子素数の組に属する素数は 5 だけである．したがって 1/5 は上の和に二度現れる．もちろんこれは収束に影響しない．) 1.1.5 項で見たように，素数の逆数のすべてをたしあわせると，ゆっくりではあるが発散していくことを考えあわせると，Brun の定理は注目すべき結果である．この定理に出てくる和

$$B' = (1/3 + 1/5) + (1/5 + 1/7) + (1/11 + 1/13) + \cdots$$

は Brun 定数として知られている．この定理から，双子素数の集合は無限集合かもしれないが，素数全体の集合に比べるとずっと疎らでなくてはならないということがわかる．

この双子素数に付随する興味深い話題に Brun 定数 B' の数値計算がある．この話題については長い歴史があって，現在この計算の王座にあるのは Nicely である．彼の論文 [Nicely 2004] によれば，Brun 定数はおそらく

$$B' \approx 1.902160583$$

であるようだ．この数値は与えられている桁までは正しいと推測されている．この評価は，10^{16} までの双子素数の逆数和を非常に正確に計算し，和の最後の部分を評価するために (1.7) を使って無限和に補外することによって得られている．(2004 年の時点で B' について何の仮定もなしに証明されていることは 1.83 よりほんの少し大きく，2.347 よりほんの少し小さい数であるということだけである．) 1995 年に Nicely は Brun 定数に関する計算をしているときに，ペンティアム・プロセッサーの浮動小数点に関する現在では有名になった欠陥を発見した．この発見によって，ペンティアムの製造元であるインテルは巨額の負担を余儀なくされた．Brun の素晴らしい定理がこのような科学技術上の重大な事件を引き起こすことになろうとは，1909 年の時点で彼自身は思いもかけなかったであろうことはいうまでもない．

1.2.2 k 個組素数予想と仮説 H

前項で述べた双子素数予想は「k 個組素数予想」の特別な場合である．また，この k 個組素数予想は「仮説 H」の特別な場合になっている．これらのいくぶん謎めいた名前をもつ予想について説明しよう．

k 個組素数予想は k 個の 1 次式 $a_1n + b_1, \ldots, a_kn + b_k$ が無限個の n に対して同時に素数を表すために整数 $a_1, b_1, \ldots, a_k, b_k$ がみたすべき条件は何かという問題に端を発している．Dirichlet による定理 1.1.5 の前半部は，この問題で $k = 1$ とした場合にあたることがわかる．また 2 つの 1 次式 $n, n+2$ に対するこの問題から双子素数の予想が導かれることもわかる．

a_i, b_i がみたすべき必要条件を求めてみることから始めよう．まず，$a_i = 0$ となる i がある場合には，1 次式の個数が少ない問題に帰着できるので除外して考えてもよい．その場合は明らかにすべての i について $a_i > 0$ と $\gcd(a_i, b_i) = 1$ が成り立たなければならない．しかし，$n, n+1$ の場合を考えてみるとすぐわかるように，この条件は十分条件ではない．n と $n+1$ の両方が素数になるような整数 n は無数には存在しないのである．n か $n+1$ のいずれかは常に偶数であるから，素数 2 がこの 2 つの数が同時に素数になることを妨げている．これを一般化すると，もうひとつ別の必要条件が見つかる．その条件は各素数 p に対して，ある n の値があって，すべての $a_in + b_i$ が p で割れないというものである．この条件は $p > k$ をみたす p に対しては，$\gcd(a_i, b_i) = 1$ という仮定から，自動的に成り立つ．k 個組素数予想 [Dickson 1904] はこれらの条件が十分条件でもあるということを主張している．

予想 1.2.1 (k 個組素数予想). 整数 $a_1, b_1, \ldots, a_k, b_k$ を $a_i > 0$, $\gcd(a_i, b_i) = 1$ がすべての $1 \leq i \leq k$ について成立し，かつ $p \leq k$ をみたす任意の素数 p に対して，ある整数 n があってどの $a_in + b_i$ は p で割れないようなものとする．このとき無限個の正の整数 n に対して $a_in + b_i$ はすべて素数になる．

k 個組素数予想は，1 次式がいつ素数を表すかを問題にしているが，Schinzel の仮説 H [Schinzel and Sierpiński 1958] は整数係数の任意の既約多項式を使った予想である．この予想は既約多項式を 1 つだけ使った Bouniakowski の予想の一般化にもなっている．

予想 1.2.2 (仮説 H). $f_1, \ldots, f_k$ を最高次係数が正であるような整数係数既約多項式とする．さらに任意の素数 p に対して，ある整数 n があって，$f_1(n), \ldots, f_k(n)$ のどれもが p で割り切れないと仮定する．このとき無限個の正の整数 n に対して $f_i(n)$ は同時に素数になる．

仮説 H の特別な場合として有名なものに，ひとつの多項式 $n^2 + 1$ を考えた場合がある．双子素数の場合と同じように，$n^2 + 1$ の形をした素数が無限個あるかどうかは知ら

れていない．それどころか，仮説 H が成り立つことが知られているのは Dirichlet による定理 1.1.5 の場合だけなのである．

(1.8) を証明するときに使われた Brun の方法を一般化して使うと，仮説 H において $f_i(n)$ が同時に素数になるような n の分布について，おおざっぱに予想された大きさの上界を証明することができる．この話題に関しては [Halberstam and Richert 1974] を見よ．

2 変数の多項式に関しては，1 変数のときより多くのことがわかっている場合がある．例えば，Gauss は $a^2 + b^2$ の形をした素数が無数に存在することの証明を与えている．つい最近では，[Friedlander and Iwaniec 1998] において，$a^2 + b^4$ の形の素数が無限個あることも示されている．

1.2.3　Goldbach 予想

1742 年，C. Goldbach は Euler にあてた手紙の中で，5 より大きい任意の整数は 3 つの素数の和で表せるだろうという考えを述べている．(例えば，$6 = 2 + 2 + 2$ であるし $21 = 13 + 5 + 3$ である．) Euler はその返信で，2 より大きいすべての偶数が 2 つの素数の和として表されれば，この Goldbach の予想が成り立つと書いた．この Euler の言ったことが現在 Goldbach 予想とよばれているものである．この予想はまさに加法的整数論とよばれる分野に属する問題である．加法的整数論は整数がどのようにいろいろな和に分割できるかを研究する分野である．この予想がしゃくにさわるのは，この予想に類する他の多くの加法的整数論の予想が同様に，計算機実験による結果や仮説に基づいた議論により得られる結果がこの予想を圧倒的に支持するものであることである．実際のところ，大きな偶数を 2 つの素数の和に書き表す方法は非常にたくさん見つかる傾向にある．

偶数 n を 2 つの素数の和に書き表す方法の個数を

$$R_2(n) = \#\{(p, q) \,:\, n = p + q;\, p, q \in \mathcal{P}\}$$

と書くことにしよう．上でやったような仮説に基づいた議論を採用すれば，偶数 n に対して，

$$R_2(n) \sim \sum_{p \leq n-3} \frac{1}{\ln(n-p)}$$

であることが推論できる．なぜなら x の近くのランダムな数が素数である確率はおよそ $1/\ln x$ であるからである．しかし Chebyshev の定理 1.1.3 を使うと (問題 1.40 を見よ)，このような和は $\sim n/\ln^2 n$ になることを証明することができるからである．もどかしいところは，Goldbach 予想を解決するには，すべての偶数 $n > 2$ について $R_2(n)$ が正であることを言いさえすればいいということだ．(1.7) での議論をたどることによって，上の仮説に基づいた議論を精密にすることができて，偶数 n に対して

$$R_2(n) \sim 2C_2 \frac{n}{\ln^2 n} \prod_{p|n, p>2} \frac{p-1}{p-2} \tag{1.9}$$

が得られる．ここで C_2 は (1.6) で定義された双子素数定数である．Brun の方法を使うと，$R_2(n)$ が (1.9) の右辺の O をとったものであることが証明できる（[Halberstam and Richert 1974] を見よ）．

(1.9) を数値で確かめてみよう．$R_2(10^8) = 582800$ であり，一方 (1.9) の右辺はおよそ 518809 である．

$$\mathcal{R}_2(n) = 2C_2 \int_2^{n-2} \frac{dt}{(\ln t)(\ln(n-t))} \prod_{p|n, p>2} \frac{p-1}{p-2} \tag{1.10}$$

によって $\mathcal{R}_2(n)$ を定義すると，これは漸近的に同値な式であって，$n = 10^8$ での値を求めるとおよそ 583157 となって，より近い値が得られる．

双子素数の場合と同様に Chen [Chen 1966] は Goldbach 予想に関しても，次の深い内容をもつ定理を証明している．十分大きな任意の偶数は，素数ともうひとつの素数の和であるか，あるいは素数と 2 個の素数の積である数の和のどちらかに表すことができる．

1930 年代の終わり頃から，「ほとんどすべて」の偶数が Goldbach 予想によって予想される $p+q$ の形に書けることが知られていた（[Ribenboim 1996] を見よ）．ここで「ほとんどすべて」というのは，偶数であって，2 つの素数の和として表せないものは 0 の漸近密度をもつという意味である（漸近密度の定義については，1.1.4 項を見よ）．現在では Goldbach 予想の形の表現を持たない例外的な偶数で，x 以下のものは，ある $c > 0$ を用いて $O\left(x^{1-c}\right)$ となることが知られている（問題 1.41 を見よ）．

Goldbach 予想は [Deshouillers et al. 1998] において，10^{14} までの数について成立することが確かめられている．さらに，$4 \cdot 10^{14}$ までの数については [Richstein 2001] で，10^{17} までの数については [Silva 2005] で確かめられている．確かに，4 から 10^{17} までの偶数はすべて 2 つの素数の和で書けるのである．

Euler が指摘したように，任意の 2 より大きい偶数が 2 つの素数の和として表されるという主張の系として，すべての 5 より大きい奇数は 3 つの素数の和として表されるという主張が導かれる．この 2 つ目の主張は「3 項 Goldbach 予想[*1]」として知られているものである．加法的整数論のこの種の問題は難しいものであるにもかかわらず，Vinogradov は 1937 年にこの 3 項 Goldbach 予想を次に述べる漸近的な意味で解決してしまったのである．すなわち，彼は，すべての十分大きな奇数 n は 3 つの素数の和 $n = p + q + r$ と表せることを証明した．1989 年には Chen と Y. Wang はこの「十分大きな」という部分が，実際に $n > 10^{43000}$ としてよいことを証明した（[Ribenboim 1996] を見よ）．Vinogradov は

[*1] 訳注: 奇数に関する Goldbach 予想 (odd Goldbach conjecture) あるいは 3 素数問題ともよばれる．

$$R_3(n) = \#\{(p,q,r) \; : \; n = p+q+r; \, p,q,r \in \mathcal{P}\} \tag{1.11}$$

とするとき，漸近的に

$$R_3(n) = \Theta(n) \frac{n^2}{2\ln^3 n}\left(1 + O\left(\frac{\ln\ln n}{\ln n}\right)\right) \tag{1.12}$$

が成り立つことを証明した．ここで Θ は 3 項 Goldbach 予想の特異級数とよばれているもので，

$$\Theta(n) = \prod_{p \in \mathcal{P}}\left(1 + \frac{1}{(p-1)^3}\right)\prod_{p|n,\,p\in\mathcal{P}}\left(1 - \frac{1}{p^2 - 3p + 3}\right)$$

で定義される．奇数 n に対して，$\Theta(n)$ が正の定数で下から押さえられることを示すのはそれほど難しくない．この特異級数は，もうひとつ別の興味深い形で与えることもできる (問題 1.68 を見よ)．Vinogradov の取り組みは解析的整数論の極めて優れた模範となっている．(その核心となるアイディアについては 1.4.4 項で概観する．)

[Zinoviev 1997] では，拡張 Riemann 予想 (予想 1.4.2) を仮定した上で，3 項 Goldbach 予想がすべての 10^{20} 以上の奇数 n に対して成立することが証明されている．さらに Saouter は [Saouter 1998] において，通常の Goldbach 予想がその当時 $4\cdot 10^{11}$ までチェックされていたことをうまく利用して，3 項 Goldbach 予想が 10^{20} 以下のすべての奇数に対して何の仮定もなしに成立することを示した．よって，Zinoviev の定理とあわせると，拡張 Riemann 予想の成立を仮定すれば，3 項 Goldbach 予想は完全に解けたことになる．

Vinogradov の定理から，2 以上の整数が k 個以下の素数の和として表せるような数 k が存在することがわかる．実は Vinogradov の定理が証明されるより前に G. Shnirel'man は，全く違う方法でこの系を証明した．Shnirel'man は Brun の篩法を使って，2 つの素数の和で表せる偶数の集合は正の漸近密度をもつ部分集合を含むことを証明した．(この結果は，ほとんどすべての偶数が 2 つの素数の和で表せるという結果よりも前に証明されている．) そして彼はこの結果だけを使うことによって上で述べた数 k の存在を証明したのである (問題 1.44 にその証明のひとつのやり方をあげた)．この数 k のうち最小のもの k_0 は現在 Shnirel'man 定数とよばれている．Goldbach 予想が正しければ，$k_0 = 3$ である．拡張 Riemann 予想を仮定すると，3 項 Goldbach 予想が成立することがわかっているので，この仮定のもとで $k_0 \leq 4$ となる．何の条件も仮定せずに証明できる最上の評価は O. Ramaré (Ramaré 1995) により得られたもので，$k_0 \leq 7$ である．Ramaré の証明は計算解析的整数論を駆使したもので，その一部は R. Rumely との共同研究である．

1.2.4 凸性の問題

ある特定の領域，あるいはある特定の制約条件下での素数の密度に関する理論的な問題は，素数についてのいろいろな問題が産み出される場所になっている．例えば，素数

が他に比べて著しく密に分布しているような領域はあるだろうか．あるいは著しく疎に分布している領域はどうであろうか．時として以下に述べるようなおもしろいジレンマが表面化することもある．次に述べるのは，Hardy と Littlewood による素数の分布の凸性に関する古くから知られている予想である．

予想 1.2.3. $x \geq y \geq 2$ をみたす整数 x, y について，$\pi(x+y) \leq \pi(x) + \pi(y)$ が成り立つ．

一見したところ，この予想は妥当なものであるように思える．何といっても，素数は疎らになっていく傾向があるから，区間 $[0, y]$ よりも区間 $[x, x+y]$ にある素数の数の方が少ないと考えても当然であろう．しかし驚くべきことに，予想 1.2.3 は k 個組素数予想 1.2.1 と両立しないのである [Hensley and Richards 1973]．

それでは，一体どちらの予想が正しいのだろうか．もしかしたら，両方とも正しくないのかもしれないが，現在では Hardy–Littlewood の凸性予想 1.2.3 が正しくなくて，k 個組素数予想が正しいと一般的には考えられている．凸性予想が正しくないことを示すには，$\pi(x+y), \pi(x), \pi(y)$ が実際に計算できて，しかも $\pi(x+y) > \pi(x) + \pi(y)$ が成り立つような整数 x と y を見つければ良いだけだから，非常に簡単に思われるかもしれない．実際簡単に思われるし，実際そうであるかもしれないが，この凸性予想を否定するのに必要な x は非常に大きいということもありうる (この話題に関しては問題 1.92 を見よ)．

1.2.5 素数を表す式

多項式

$$x^2 + x + 41$$

が $0 \leq x \leq 39$ の範囲の x に対して素数の値をとるということを Euler が見つけて以来，素数を表す式は愛好家に人気のある話題である．現代の計算機を活用すれば，この他にも，ある種の多項式が，ある範囲において高い確率で素数の値をとることを実験的に確かめることができる (問題 1.17 を見よ)．ここにあげるのは確かにおもしろいけれども，計算を目的とするならば，その価値を疑わざるをえないような種類の素数を表す式である (問題 1.5 と問題 1.77 を見よ)．

定理 1.2.2 (素数を表す式の例). すべての正の整数 n に対して，

$$\left\lfloor \theta^{3^n} \right\rfloor$$

が素数になるような実数 $\theta > 1$ が存在する．また，ある実数 α を選ぶと，n 番目の素数は

$$p_n = \lfloor 10^{2^{n+1}}\alpha \rfloor - 10^{2^n} \lfloor 10^{2^n}\alpha \rfloor$$

で与えられる.

最初の結果は短い区間内での素数の分布に関する非自明な定理 [Mills 1947] から導かれる結果であるが, 2番目の結果は, 10進展開 $\alpha = \sum p_m 10^{-2^{m+1}}$ が矛盾なく定義されている事実から簡単に導かれる.

このような式は, それが自明あるいはほとんど自明なものであっても, 見栄えがよいことがある. Wilson の定理とその逆 (定理 1.3.6) を使うと,

$$\pi(n) = \sum_{j=2}^{n} \left(\left\lfloor \frac{(j-1)!+1}{j} \right\rfloor - \left\lfloor \frac{(j-1)!}{j} \right\rfloor \right)$$

を証明することができるが, 素数の数え上げ関数 $\pi(n)$ に関する理論において, この式にはっきりとした価値があるわけではないのである. その他の素数を表す式, 素数の数え上げの式を章末に問題としてのせておいた.

素数を表す式はたしかに面白いけれども, 相対的に言えば, 役に立たない. しかしながら, これに関しては有名な反例がある. つまり整数係数の多変数多項式に整数解があるかどうかを決定するような確定的なアルゴリズムはあるだろうかという, Hilbert の第 10 問題の最終的な解決に, 整数係数の多変数多項式で, 正の整数を代入したときの値のうち正のものがちょうど素数全体の集合に一致するような多項式の構成が使われている (8.4 節を見よ).

1.3 特殊な形をした素数

ここで特殊な形をした素数というのは, 素数 p のうち, 興味深く, そしてしばしばエレガントな代数的な分類をもつもののことをいう.

$$M_q = 2^q - 1, \quad F_n = 2^{2^n} + 1$$

で定義される Mersenne 数 M_q や, Fermat 数 F_n は素数になることがあって, このようなものの代表的な例になる. これらの数はそれ自身興味深い対象であるとともに歴史的に見ても興味深い. そしてこれらの数の研究は計算整数論の研究の大きな推進力となってきたのである.

1.3.1 Mersenne 素数

何世紀にもわたって, Mersenne 素数を探すことは研究課題になってきた (あるいはそれは単なる楽しみだといってよいかもしれない). 指数 q に関しては, 簡単に述べられる制約条件がたくさん知られていて, Mersenne 素数 $M_q = 2^q - 1$ を探すのに役立つ. 最初に述べるべき結果は次のものである.

1.3 特殊な形をした素数

定理 1.3.1. $M_q = 2^q - 1$ が素数ならば q は素数である．

証明．c が合成数で，d をその非自明な約数とすれば，$2^c - 1$ は自明でない約数 $2^d - 1$ を持つ． □

この定理から，Mersenne 素数を探すには，指数 q が素数のものだけに注目すればよいことになる．大切なのはこの定理の逆が成り立たないということである．例をあげると，11 は素数であるが，$2^{11} - 1$ は素数でない．この定理が実用上重要なのは，Mersenne 素数を探索するときに，素数指数だけを考えることによって，多くの指数を探索の対象から除外できるからである．

さらに M_q の素因子になる可能性のある数が次の定理からわかるので，Mersenne 素数の候補となるものの範囲をより狭めることができる．

定理 1.3.2 (Euler). q を 2 より大きい素数とする．$M_q = 2^q - 1$ の任意の素因子は mod q で 1 に合同である．さらに，mod 8 では ± 1 に合同でなくてはならない．

証明．q を 2 より大きい素数とし，r を $2^q - 1$ の素因子とする．このとき $2^q \equiv 1 \pmod{r}$ が成り立つ．q は素数であるから，$2^h \equiv 1 \pmod{r}$ を成り立たせる最小の正の指数 h は q 自身でなくてはならない．よって，法 r の零でない剰余類のなす位数 $r - 1$ の乗法群において，2 の剰余類の位数は q である．群の元の位数は群の位数を割るから，$r \equiv 1 \pmod{q}$ がただちに得られる．q は奇素数だから，より強い $q \mid \frac{r-1}{2}$ が得られる．よって，$2^{\frac{r-1}{2}} \equiv 1 \pmod{r}$ である．Euler の規準 (2.6) によって，2 は法 r の平方剰余である．第 2 補充則 (2.10) から，$r \equiv \pm 1 \pmod 8$ でなくてはならない． □

これから，Mersenne 素数を探すには次のようにするのが一般的である．冪 q の候補になる適当な素数の集合 Q から出発する．$q \in Q$ に対して，$r \equiv 1 \pmod q$ と $r \equiv \pm 1 \pmod 8$ をみたす小さな素数 r をいろいろとってみて，

$$2^q \equiv 1 \pmod{r}$$

であるかどうかをチェックする．これが成り立てば Q から取り除く．残ったものに対して，有名な Lucas–Lehmer 法を適用することにより，素数であるかどうかの厳密な判定を行う (4.2.1 項を見よ).

表 1.2 は，この本を書いている時点で知られている Mersenne 素数の表である．

1979 年から 1996 年の間に，D. Slowinski は，$2^{44497} - 1$ から $2^{1257787} - 1$ までの Mersenne 素数のうち，$2^{110503} - 1$ を除いた 7 個を発見した．（そのうち最初のものは H. Nelson と共同でみつけ，最後の 3 個は P. Gage との共同の仕事である．）ここで除外した $2^{110503} - 1$ は W. Colquitt と L. Welsh Jr. が 1988 年に発見した．連続した Mersenne 素数の発見に関する記録はいまだに R. Robinson が持っている．彼は $2^{521} - 1$

2^2-1	2^3-1	2^5-1	2^7-1
$2^{13}-1$	$2^{17}-1$	$2^{19}-1$	$2^{31}-1$
$2^{61}-1$	$2^{89}-1$	$2^{107}-1$	$2^{127}-1$
$2^{521}-1$	$2^{607}-1$	$2^{1279}-1$	$2^{2203}-1$
$2^{2281}-1$	$2^{3217}-1$	$2^{4253}-1$	$2^{4423}-1$
$2^{9689}-1$	$2^{9941}-1$	$2^{11213}-1$	$2^{19937}-1$
$2^{21701}-1$	$2^{23209}-1$	$2^{44497}-1$	$2^{86243}-1$
$2^{110503}-1$	$2^{132049}-1$	$2^{216091}-1$	$2^{756839}-1$
$2^{859433}-1$	$2^{1257787}-1$	$2^{1398269}-1$	$2^{2976221}-1$
$2^{3021377}-1$	$2^{6972593}-1$	$2^{13466917}-1$	$2^{20996011}-1$
$2^{24036583}-1$	$2^{25964951}-1$		

表 1.2 これまでに知られている Mersenne 素数 (2005 年 4 月現在). 10 進での桁数は 1 桁のものから, 700 万桁を超すものまである.

から始まる 5 つを 1952 年にみつけた. $2^{1398269}-1$ は 1996 年に J. Armengaud と G. Woltman によって発見され, $2^{2976221}-1$ は 1997 年に G. Spence と Woltman が発見した. $2^{3021377}-1$ は 1998 年に R. Clarkson, Woltman, S. Kurowski らによって発見され, D. Slowinski が素数であることの再検証を, 別のコンピュータと別のプログラムを使って行った. その後, 1999 年には素数 $2^{6972593}-1$ が N. Hajratwala, Woltman, Kurowski によって発見され, E. Mayer と D. Willmore がそれを検証した. $2^{13466917}-1$ の発見は 2001 年の 11 月で, M. Cameron, Woltman, Kurowski によってなされた. その検証は, Mayer, P. Novarese, G. Valor による. 2003 年 11 月には M. Shafer, Woltman, Kurowski が $2^{20996011}-1$ を発見した. $2^{24036583}-1$ が発見されたのは 2004 年 5 月で J. Findley, Woltman, Kurowski によるものである. その後 2005 年 2 月には M. Nowak, Woltman, Kurowski が $2^{25964951}-1$ を発見した. 最後の 2 つの Mersenne 素数はいずれも 700 万桁を超す素数である[*1].

上の表の大きい方から 8 個の Mersenne 素数を見つけるのには, 無理数底離散荷重変換という高速乗法計算法が使われている (この方法については第 9 章の定理 9.5.18 とアルゴリズム 9.5.19 を見よ). この方法を使うことにより, 探索の効率は以前の少なくとも倍になった.

現在でも, Mersenne 素数を探す際に, ときには「運を天にまかす」方法がとられていることは言っておくべきであろう. つまり, ランダムな素数 q を選んで, したがって, ランダムな候補 2^q-1 についてチェックをすることが行われているのである. (実際, 上の表の Mersenne 素数のうちのあるものは, 上で述べたように, 大小の順序が逆になって発見されている.) もちろん, 系統だった探索も行われていて, これを書いている時点では $q \leq 12830000$ をみたすすべての q についてチェックが完了している. これらの q の

[*1] 訳注: 2009 年 2 月現在, 新たに 4 つの Mersenne 素数が見つかっている. $2^{30402457}-1$ (Boone, Cooper. 2005 年), $2^{32582657}-1$ (Boone, Cooper. 2006 年), $2^{37156667}-1$ (Elvenich. 2008 年), $2^{43112609}-1$ (E. Smith. 2008 年) がそれである. 最大のものの桁数は 12978189 である.

うち多くのものに対しては，Mersenne 数の実際の素因子が見つかって，合成数であることがわかる．例えば，q が mod 4 で 3 に合同な素数であって，かつ $p = 2q+1$ も素数であれば，$p|M_q$ である (問題 1.47, 1.81 も見よ)．残りの q に対しては，Lucas–Lehmer 法 (4.2.1 節を見よ) が使われるのである．M_q の素因子が見つからなかったすべての $q \leq 9040000$ に対して，Lucas–Lehmer 法を 2 回適用することによりチェックが行われている (頻繁に更新されているウェブサイト [Woltman 2000] を参照せよ)．

1.1.2 項で述べたように，$M_{25964951}$ は現在知られている最大の Mersenne 素数というだけではなく，素数であることが証明された史上最大の整数でもある．近年，素数であることが証明された最大の整数の座は，ほぼ例外なく常に Mersenne 素数が占めてきた．その数少ない例外のひとつは，1989 年に Amdahl Six というグループが見つけた素数

$$391581 \cdot 2^{216193} - 1$$

である ([Caldwell 1999])．この数はその当時知られていた最大の Mersenne 素数 $2^{216091} - 1$ より大きい．しかしながら，この数が現在知られている Mersenne 素数でない最大の素数というわけではない．それは，Young が 1997 年に素数 $5 \cdot 2^{240937} + 1$ を，そして 2001 年には Cosgrave が素数

$$3 \cdot 2^{916773} + 1$$

を発見しているからである．事実，現在知られている素数のうち 5 番目に大きいものは Mersenne 型ではなくて

$$5359 \cdot 2^{5054502} + 1$$

である．この数は，2003 年に R. Sundquist が見つけた[*1]．

Mersenne 素数は古くからある完全数の問題にも深い関係がある．完全数とは，自身を除いた正の約数の和が自身に一致する正の整数のことである．例をあげると，$6 = 1+2+3$ や $28 = 1+2+4+7+14$ は完全数である．「完全」であることは次のようにも述べることができる．$\sigma(n)$ で n の正の約数の和を表すことにすると，n が完全数であるための条件は $\sigma(n) = 2n$ となる．次の有名な定理によって，偶数の完全数はすっかり特徴づけられる．

定理 1.3.3 (Euclid–Euler). 偶数 n が完全数であるための必要十分条件は n が Mersenne 素数 $M_q = 2^q - 1$ を使って，

$$n = 2^{q-1} M_q$$

の形になっていることである．

[*1] 訳注: 2009 年 2 月現在，知られている最大の素数は先の訳注であげた Mersenne 素数 $2^{43112609} - 1$ である．知られている素数の中で Mersenne 型でないもので一番大きいものは $19249 \cdot 2^{13018586} + 1$ で第 9 位である．最新のデータは [Caldwell 1999] で得られる．

証明. $n = 2^a m$ を偶数とせよ. ここで m は n の最大の奇数の約数とする. したがって, n の約数は $0 \le j \le a$ と $d|m$ を使って $2^j d$ の形になる. D を m の約数から m 自身を除いたものの和とし, $M = 2^{a+1} - 1 = 2^0 + 2^1 + \cdots + 2^a$ とおく. すると, n の約数の和は $M(D + m)$ となる. さて M が素数で, $M = m$ ならば, $D = 1$ となり, したがって n のすべての約数の和は $M(1 + m) = 2n$ となる. これから n は完全数となる. これで前半の証明ができた. もう半分を証明するために, $n = 2^a m$ が完全数であるとしよう. このとき $M(D + m) = 2n = 2^{a+1}m = (M+1)m$. この式の両辺から Mm を引くと,

$$m = MD$$

を得る. $D > 1$ ならば, D と 1 は m より小さい m の相異なる約数になって, D の定義に矛盾する. よって $D = 1$ が得られ, m はしたがって素数で $m = M = 2^{a+1} - 1$ となる. □

この定理の前半は Euclid によって証明され, 後半はその 2000 年ほどあとになって, Euler によって証明された. 明らかに, 新しく Mersenne 素数が発見されると, ただちに新しい (偶数の) 完全数が生まれることになる. 他方, 奇数の完全数が存在するかどうかは, 今だにわかっていない. 一般には, そのようなものは存在しないと思われている. この分野の研究の多くは明らかに計算によるものである. もし奇数の完全数 n があれば, $n > 10^{300}$ でなくてはならないことが [Brent et al. 1993] によって知られている. またそのとき n は少なくとも 8 個の異なる素因子を持たなければならないことが E. Chein と P. Hagis によって独立に証明されている. [Ribenboim 1996] を見よ. さらに完全数のことが知りたければ, 問題 1.30 を見よ.

Mersenne 素数に関しては, 多くの興味深い未解決問題が残っている. Mersenne 素数が無数に存在するかどうかはわかっていない. さらには, q が素数であるときに合成数になる Mersenne 数 M_q が無限個あるかどうかさえわかっていない. しかし, この 2 番目の主張は k 個組素数予想 1.2.1 から導かれることがわかっている. 実際, $q \equiv 3$ (mod 4) が素数であって, $2q + 1$ も素数ならば, $2q + 1$ が M_q を割りきることを証明するのはやさしい. 例えば, 23 は M_{11} を割りきる. 予想 1.2.1 を仮定すれば, このような素数 q は無数に存在することになる.

Mersenne 数に関しては, いろいろなおもしろい予想が提出されている. 例として P. Bateman, J. Selfridge, S. Wagstaff, Jr. による「新しい Mersenne 予想」をあげよう. Mersenne が 1644 年に $2^q - 1$ が素数になるような q で $29 \le q \le 257$ の範囲にあるものは $31, 67, 127, 257$ に限るという主張をしたことに, この新しい予想は端を発している. (これよりも小さい q については, その当時においても, 完全にわかっていたし, さらには $2^{37} - 1$ が合成数であることも知られていた.) 29 以下の素数 q では 11 と 23 以外のものがすべて Mersenne 素数を与えることを考えれば, Mersenne がこのような疎らな数の列を予測し得たことは驚嘆に値する. 実際, 彼はそのような値が疎にしか存

在しないという点では正しかったし，冪 31 と 127 が素数を与えていることも正しく予想した．しかし，$61, 89, 107$ は抜け落ちていた．Mersenne がどのようにして，わずか 5 つの間違いがあるにしても，この主張に到達しえたのかは誰にも本当のことはわからない．しかし，Mersenne 素数を与える奇数の指数で 29 以下のものは，2 の冪から 1 離れているか，あるいは 4 の冪から 3 離れているかのいずれかであることには気付いていて (リストに入っていない素数 11 と 23 はこの性質をみたさない)，Mersenne はこのリストで，このパターンを続けたのであろう．(Mersenne が書き落としてしまった 61 はたぶん「実験誤差」のようなものであろう．) [Bateman et al. 1989] の著者たちは，次の新しい Mersenne 予想を提案している．(a)「素数 q が 2 の冪から 1 離れているか，あるいは 4 の冪から 3 離れている」(b)「2^q-1 は素数である」(c)「$(2^q+1)/3$ は素数である」の 3 つの条件のうち 2 つがみたされれば，残りの条件がしたがうというのがその内容である．いったん，小さな数から離れてしまうと，素数 q がこれらのうちの 2 条件をみたすことは極めて難しくなる．そして，たぶん 127 より大きいところでは，もうそういうことは起こらないのではないかと思われる．たぶん，この予想は正しいであろうが，今のところは，わずかな素数についての検証に基づいた主張であるというに過ぎない．

それからまた，すべての素数 q に対して，Mersenne 数 M_q が，平方因子をもたない (すなわち，1 より大きい平方数で割れない) であろうという予想がある．しかし，この予想が無限個の q に対して成り立つかどうかすら証明されていない．ある M_q (q は素数) の素因子になっている素数全体の集合を $\mathcal{M}$ で表す．$\mathcal{M}$ の元で x 以下のものの個数が $o(\pi(x))$ であることがわかっている．また，一般 Riemann 予想を仮定すると，$\mathcal{M}$ の元の逆数の和が収束することを示すことができる [Pomerance 1986]．

また，仮説に基づいた発見的な議論によって，M_q が素数になるような素数 q で x 以下のものの個数は $\sim c \ln x$ であることを示すことができる．ここで，$c = e^\gamma / \ln 2$ で，γ は Euler の定数である．この式からは，例えば，区間 $[x, 10000x]$ には平均して 23.7 個の q があることがわかる．12000000 までの Mersenne 指数に対する計算機によるチェックが十分であるものと仮定すると，M_q が素数となる q で $[x, 10000x]$ に入っているものの実際の個数は $x = 100, 200, \ldots, 1200$ に対して，$23, 24, 25$ のいずれかであって，大体の場合は 24 になっている．実際に，これだけ数値が一致するにもかかわらず，c の「正しい」値が $2/\ln 2$ か何かだと主張している人もいまだにいる．はっきりした定理が実際に証明されるまでは，なにも確実にはわからないのである．

素数定理 1.1.4 にしたがって，$M_q = 2^q - 1$ に近いランダムな数が素数である確率がおよそ $1/\ln M_q$ であるという仮説から出発しよう．その一方で，M_q が素数である確率と，同じくらいの大きさのランダムな数が素数である確率を比べなくてはならない．定理 1.3.2 にすでに示されているように，これらの確率が等しいということは考えにくい．しかし，しばらくの間，この定理がもたらす複雑な事情を無視して，単に M_q が $[1, q]$ の範囲に素因数を持たないということだけを使うことにしよう．ここで，q は大体

$\lg M_q$ である (この本では $\lg$ は $\log_2$ を意味する). x の近くのランダムな数で, その最小の素因子が $\lg x$ を越えるようなものが素数である確率はどれくらいだろうか. この質問には, 何の仮定もなしに厳密に答えることができる. まず x の近くのランダムな数の最小素因子が $\lg x$ を越える確率を考えよう. 直感的にいえば, その確率は

$$P := \prod_{p \leq \lg x} \left(1 - \frac{1}{p}\right)$$

であるべきであろう. というのも, 素数 p がランダムな数の素因子になる確率は $1/p$ であって, これらは大体において独立であるべき事象であるからである. もっとも, それらは完全に独立なわけではない. 例えば, $[1, x]$ 区間の数が区間 $(x^{1/2}, x]$ に入っている2つの素数で割れることはない. しかしながら, 純粋に確率的な議論によって, $[1, x]$ に入っている数のうち正の配分の数が実際に上の性質を持っていることがわかるのである. ただ, 非常に小さい素数を扱うときと, 今の場合は $\lg x$ 以下の素数を扱うときには, この仮説に基づいた議論を正当化し証明することができるのである. さて, x に近い素数はこの篩を通り抜ける. つまり, $p \leq \lg x$ をみたす任意の素数 p で割れない. よって, x の近くの数 n がこの $\lg x$ の篩を通り抜けてしまっているのであれば, n が素数である確率は $1/\ln x$ から

$$\frac{1}{P \ln x}$$

に跳ね上がる. P の漸近的な振る舞いはわかっている. Mertens の定理 (定理 1.4.2 を見よ) によれば, $x \to \infty$ のとき, $1/P \sim e^\gamma \ln \lg x$ である. したがって, M_q が素数である「確率」は $e^\gamma \ln \lg M_q / \ln M_q$ であると結論づけてよいであろう. ここで, この式は $e^\gamma \ln q/(q \ln 2)$ に非常に近い. この式の $q \leq x$ をみたす素数 q に関する和をとると, Mersenne 素数を与えるような素数の指数で x 以下のものの個数は, $c = e^\gamma / \ln 2$ とするとき, 漸近的には $c \ln x$ で与えられると考えられるであろう.

元に戻って, 定理 1.3.2 を使って, より精密に議論しようとするならば, M_q が持ちうる素因子が非常に限られているということだけではなくて, この定理の条件をみたす素数はより高い確率で M_q を割る可能性があるということも考慮に入れなくてはならない. 例をあげるならば, $p = kq+1$ が素数で $p \equiv \pm 1 \pmod 8$ であるならば, $p|M_q$ となる確率は $1/p$ ではなくて, むしろずっと大きい $2/k$ であると結論することも可能である. ただ, この2つの判断基準はどうも相殺しあっているようである. つまり素因子になりうる素数が限られていることと, その限られた素数ではより高い確率で実際に素因子になるということが均衡した状態にあるということである. そして, この方法で評価しても上で得たのと同じ評価式にたどり着くのである. この本の最初の版では, これよりずっと難しい議論が行われていたが, ここでは省略することにする.

1.3.2 Fermat 数

Fermat 数 $F_n = 2^{2^n} + 1$ は有名な数であって，Mersenne 数と同様に，何世紀もの間，詳しい研究の対象となってきた．1637 年，Fermat は F_n が常に素数になると主張した．そして，$F_4 = 65537$ までの初めの 5 つは実際に素数になっている．しかし，ここでは，Fermat が珍しく誤りを犯している．それもひどいといってもいいような誤りを犯しているのである．つまり，現在までに判定されたものでは，その 5 つ以外のどの F_n をとっても，すべて合成数なのである．最初に合成数であることがわかったのは F_5 で，Euler がその因数分解を与えた．

Gauss は，Fermat 素数について次の注目すべき定理を証明している（これもまた彼がまだ十代だった頃の結果である）．Gauss が証明したのは，正 n 角形が定規とコンパスで作図できるためには，n の最大の奇数の約数が異なる Fermat 素数の積になることが必要かつ十分であるという事実である．もし $F_0, \ldots, F_4$ で Fermat 素数がすべて尽くされていると仮定すると，作図可能な正 n 角形は n が $n = 2^a m$ の形で，$m | 2^{32} - 1$ をみたしているものに限るということになる．なぜなら最初の 5 つの Fermat 素数の積は $2^{32} - 1$ になるからである．

次の定理は 2 の冪より 1 だけ大きい素数を探すには，Fermat 数の中だけを探せば十分であることを主張している．

定理 1.3.4. $p = 2^m + 1$ が奇素数ならば，m は 2 の冪である．

証明．a を m の最大の奇数の約数として，$m = ab$ と表そう．このとき p は $2^b + 1$ を約数に持つ．したがって，p が素数になるための必要条件は $p = 2^b + 1$ となること，すなわち $a = 1$ かつ $m = b$ で，これは 2 の冪である． □

Mersenne 数の場合と同じように，Fermat 数の素因子の形にも制限をつけることができる．

定理 1.3.5 (Euler, Lucas). $n \geq 2$ のとき，$F_n = 2^{2^n} + 1$ の素因子 p は $p \equiv 1 \pmod{2^{n+2}}$ をみたさなくてはならない．

証明．r を F_n の素因子とし，h を $2^h \equiv 1 \pmod{r}$ をみたす最小の正の整数とする．このとき $2^{2^n} \equiv -1 \pmod{r}$ であるから，$h = 2^{n+1}$ を得る．定理 1.3.1 の証明と同じようにして，2^{n+1} が $r - 1$ の約数となることがわかる．$n \geq 2$ であるから，$r \equiv 1 \pmod{8}$ となる．この条件と (2.10) により，2 は法 r の平方剰余になる．よって，$h = 2^{n+1}$ は $\frac{r-1}{2}$ を割りきる．このことから定理の主張は明らかである． □

この定理を使うことによって，Euler は F_5 の約数を見つけることができたのである．そして，これが，Fermat の不運な予想のけちのつきはじめであった．（Euler が証明し

$F_0 = 3 = P$
$F_1 = 5 = P$
$F_2 = 17 = P$
$F_3 = 257 = P$
$F_4 = 65537 = P$
$F_5 = 641 \cdot 6700417$
$F_6 = 274177 \cdot 67280421310721$
$F_7 = 59649589127497217 \cdot 5704689200685129054721$
$F_8 = 1238926361552897 \cdot P$
$F_9 = 2424833 \cdot 7455602825647884208337395736200454918783366342657 \cdot P$
$F_{10} = 45592577 \cdot 6487031809 \cdot 4659775785220018543264560743076778192897 \cdot P$
$F_{11} = 319489 \cdot 974849 \cdot 167988556341760475137 \cdot 3560841906445833920513 \cdot P$
$F_{12} = 114689 \cdot 26017793 \cdot 63766529 \cdot 190274191361 \cdot 1256132134125569 \cdot C$
$F_{13} = 2710954639361 \cdot 2663848877152141313 \cdot 3603109844542291969 \cdot$
$\phantom{F_{13} =}\ 3195460208205516432206725 13 \cdot C$
$F_{14} = C$
$F_{15} = 1214251009 \cdot 2327042503868417 \cdot 168768817029516972383024127016961 \cdot C$
$F_{16} = 825753601 \cdot 188981757975021318420037633 \cdot C$
$F_{17} = 31065037602817 \cdot C$
$F_{18} = 13631489 \cdot 81274690703860512587777 \cdot C$
$F_{19} = 70525124609 \cdot 646730219521 \cdot C$
$F_{20} = C$
$F_{21} = 4485296422913 \cdot C$
$F_{22} = C$
$F_{23} = 167772161 \cdot C$
$F_{24} = C$

表 1.3 最初の 25 個の Fermat 数について 2005 年 4 月現在知られていること．P は素数であることが，また C は合成数であることがそれぞれ証明されていることを示す．さらに数字で書かれている因数はすべて素数である．素数であるか合成数であるかが判定できていない最小の Fermat 数は F_{33} である．

たのは定理 1.3.5 より弱い $p \equiv 1 \pmod{2^{n+1}}$ であった．しかし 641 が F_5 の約数であることを見つけるにはこれで十分だった．）今日に至るまで，途方もなく大きな Fermat 数の約数をみつけるためにこの定理 1.3.5 は非常に役に立っている．

Mersenne 数がそうであったように，Fermat 数にも，それが素数であるか合成数であるかを判定し証明することのできる非常に効率の良い判定法がある．それは Pepin の判定法あるいは Fermat 余因数に対する陶山の判定法である．これらについては，定理 4.1.2 および問題 4.5, 4.7, 4.8 を見よ．

Pepin と陶山の判定法を含む様々な方法の組合せによって，あるいは最新の素因子分解法を適用することによって，いろいろな Fermat 数が因数分解されている．その中には完全に分解されたものもあれば，部分的にしか分解されていないものもある．あるいは，実際の因数分解はわからないが，合成数だということはわかっているものもある．

F_n ($n \leq 24$) の現在の状況を表 1.3 にまとめておいた[*1)].

表 1.3 の中で理論的に興味の深い点をまとめておこう．(Fermat 数の因数分解に有効な素因子分解アルゴリズムについては第 5 章，第 6 章，第 7 章で述べることにする．)

(1) F_7 は連分数法を使って因数分解された [Morrison and Brillhart 1975]．また F_8 は Pollard のロー法の変形を使って因数分解された [Brent and Pollard 1981].
(2) F_9 の目を見張るような大きさの 49 桁の素因子は数体篩法によって発見された [Lenstra et al. 1993a].
(3) F_{10} が楕円曲線法によって完全に分解され ([Brent 1999])，それより以前に F_{11} が，これもまた Brent によって分解されているので，完全な因数分解がわかっていない最小の Fermat 数は F_{12} である．
(4) F_{13} の分解に出てくる 2 個の大きな素因子と，F_{15} と F_{16} の大きな素因子はいずれも楕円曲線法を改良した方法を使って近年発見されたものである [Crandall 1996a], [Brent et al. 2000]．この方法については 7.4.1 項で議論する．この方法で見つかった最も新しい約数は，F_{18} の 23 桁の因子である．これは 1999 年に，R. McIntosh と C. Tardif によって発見された．
(5) $F_{14}, F_{20}, F_{22}, F_{24}$ は (表の中の C も含めて)，この本を書いている時点では，「純粋な」合成数である．その意味は，これらの数が素数でないということはわかっているが，これらの数の約数はただのひとつもわかっていないということである．しかしながら，この文脈での「純粋な」合成数という概念には，概念的な難しさがつきまとう．問題 1.82 を見よ．
(6) Pepin の判定法によって F_{14} が合成数であることが示された [Selfridge and Hurwitz 1964]．F_{20} についても [Buell and Young 1988] が同じ方法で合成数であることを示している．
(7) F_{22} は合成数であることがわかっている [Crandall et al. 1995]．この場合はその検証についておもしろいことがおこった．ハードウェア，ソフトウェア，地理的位置のどれをとっても完全に独立な南アメリカの研究チーム [Trevisan and Carvalho 1993] が Pepin の判定法を使って，F_{22} に関する全く同じ結果を得たのである．実際に彼らは法 F_n の最小非負剰余をとり，さらに 3 個の互いに素な法 2^{36}, $2^{36}-1$, $2^{35}-1$ で考えることによって，同じ Selfridge–Hurwitz 剰余を得たのである．こうすることによって，エラーの確率がおよそ 2^{-107} くらいの，一種のパリティー・チェックを行ったことになる．このような巨大な計算にはエラーのおそれがつきまとうものであるが，今の場合は 2 つの独立なチームが行った計算が一致するということで，F_{22} が合成数であることはほとんど疑いのないものになっている．
(8) F_{24} が合成数であることと，F_{23} の大きな因子が合成数であることは 1999 年から

[*1)] 訳注: Fermat 数の因数分解については，原著の執筆時点と 2009 年 2 月の時点での違いは，この表の範囲では 1 つもない．

2000 年にかけて Crandall, Mayer, Papadopoulos [Crandall et al. 2003] によっ
て示された．この場合には，まず (a) 浮動小数点を使った (「波面法」とでも呼ぶ
べき) Pepin テストを2つ独立に Mayer と Papadopoulos が行い，1999 年の 8
月に Mayer, Papadopoulos の順に終了した．さらに (b) Pepin の 2 乗チェーン
を，畳み込み法を使った整数計算でチェックを行うことで，計算の正しさを確保し
ている．したがって，合成数であることはほとんど間違いないと考えられる．「波
面法」などの詳細については問題 4.6 を見よ．
(9) F_{24} から先，$n = 32$ までの F_n については，少なくともひとつの真の約数を持つ
ことがわかっている．これらの約数は，定理 1.3.5 で候補を絞りこんだ上で，た
めし割り算を行うことで発見されたものである．(一番最近の発見は，A. Kruppa
と T. Forbes による 2001 年の F_{31} の約数 46931635677864055013377 の発見で
ある．) したがって，合成数か素数かがわかっていない最初の Fermat 数は F_{33} と
いうことになる．従来型の計算機と Pepin テストを使って，F_{33} の判定をするこ
とになると，次の氷河期のずっと先までかかってしまうだろう．よって，将来的
に巨大な Fermat 数を相手にするには，なにより新しいアルゴリズムの発見が必
要である．

Fermat 数にはまだまだおもしろい問題がある．非常に大きな合成数の Fermat 数 F_n
を探すのもひとつの挑戦である．例えば，W. Keller は F_{23471} が $5 \cdot 2^{23473} + 1$ で割り
切れることを証明した．最近では，J. Young が F_{213319} の約数 $3 \cdot 2^{213321} + 1$ をみつけ
た ([Keller 1999] を見よ)．さらに，最近のことであるが，J. Cosgrave は Y. Gallot に
よる優れたソフトウェアを使って，F_{382447} が $3 \cdot 2^{382449} + 1$ で割り切れることを発見し
た (問題 4.9 を見よ)．これらの研究者がどれほど一生懸命にこれらの約数を探したかは，
Cosgrave のみつけた素因子それ自身が現在知られている最も大きな素数の一角をなし
ていることからも想像に難くない．[Dubner and Gallot 2002] によれば，K. Herranen
は一般化された Fermat 素数

$$101830^{2^{14}} + 1$$

を発見し，また S. Scott's は巨大な素数

$$48594^{2^{16}} + 1$$

を発見した．これらも同じ系列の仕事と考えられる．[Keller 1999] には Fermat 数に関
するいろいろな計算の概説がある．

おもしろいことに，Fermat 数を使うと，素数の無限性を主張する定理 1.1.2 に新た
な別証を与えることができる．すなわち，Fermat 数はすべて奇数で，$F_0, F_1, \ldots, F_{n-1}$
の積は $F_n - 2$ になることから，F_n の任意の素因子が，それより前の F_j を割り切らな
いことがすぐにわかる．したがって，無限に多くの素数があることが導かれる．

仮説に基づいた議論によって，$n \leq x$ をみたす Fermat 素数 F_n の個数を示唆するよ
うな漸近式が得られるだろうか．実は，Mersenne 素数の場合と同じ種類の議論をする

と，Fermat 素数の個数の有限性が得られる．これは $n/2^n$ の和の収束からわかる．というのも，この式は F_n が素数である (仮説に基づいた) 確率に比例するからである．この種の仮説に基づいた議論を本当に深刻に受け取るならば，F_4 の後には Fermat 素数がないということを示唆しているのかもしれない．ここで F_4 というのは Fermat がそこまで計算して，自信たっぷりに，それより大きい Fermat 数がすべて素数であると予想した地点である．先に Mersenne 素数の密度を評価した時と同様な考え方によって，H. Lenstra は，F_n が素数である「確率」はおよそ

$$\frac{e^\gamma \lg b}{2^n} \tag{1.13}$$

であると述べている．ここで，b は F_n の素因子として可能なものの「現時点での限界」である．この可能な素因子について，何もわかっていないならば，最小の下限 $b = 3 \cdot 2^{n+2} + 1$ を分子の計算に使うことになる．そうすると，F_n が素数である確率はおおよそ $n/2^n$ くらいだと推測される．(ちなみに，一般化された Fermat 数 $b^{2^n} + 1$ についても同様な確率的な議論が [Dubner and Gallot 2002] で行われている．) このような確率論的な見地にたてば，やはり Fermat の推測は正しくないと考えられる．

1.3.3 個数が少ないと推測される素数の系列

稀にしか存在しないと推測される素数の系列でおもしろいものをいくつかあげよう．ここで，「推測される」という言い方を使ったのは，それらについては厳密な密度の評価という意味では，ほとんど何もわからないが，実験的な証拠や，仮説に基づいた議論によって，その個数の少なさが推測されるからである．さて，任意の奇素数 p に対して，Fermat の小定理によって $2^{p-1} \equiv 1 \pmod{p}$ が成り立つ．それでは，これよりも強い

$$2^{p-1} \equiv 1 \pmod{p^2} \tag{1.14}$$

をみたす素数があるだろうか．これをみたす素数を Wieferich 素数とよぶ．Fermat の大定理ともよばれる Fermat 予想のいわゆる第 1 の場合を考えるときに，この特別な素数は現れるのである．すなわち，Wieferich は論文 [Wieferich 1909] において，p が xyz を割らない素数であるとの仮定のもとで，

$$x^p + y^p = z^p$$

に解があるならば，p は (1.14) をみたさなくてはならないことを証明した．言い換えれば，p が Wieferich 素数であるのは，Fermat 商

$$q_p(2) = \frac{2^{p-1} - 1}{p}$$

が mod p で 0 になるときである．$q_p(2)$ が mod p で 0 になる「確率」はおよそ $1/p$ と考えられる．素数の逆数和は発散する (問題 1.20 を見よ) から，Wieferich 素数は無限に

多くあると推測することもできよう.あるいは,素数の逆数和は極めてゆっくりと収束するので,Wieferich 素数は非常に少なくて,その間隔も長いのだろうとも推測できる.

1093 と 3511 の 2 つの Wieferich 素数は昔から知られていた.Crandall, Dilcher, Pomerance の 3 人は Bailey に計算の助けをかりて,$4 \cdot 10^{12}$ 以下にはこれ以外に Wieferich 素数がないことを証明した [Crandall et al. 1997].McIntosh はこの結果をさらに $16 \cdot 10^{12}$ にまで拡張した.3511 より先に Wieferich 素数が存在するのかどうかはわかっていない.また,Wieferich 素数でない素数が無限にあるかどうかもわかっていない (問題 8.19 を見よ).

個数が少ないと推測される素数の系列の 2 番目のものに話を移そう.まずはじめに,古典的な結果とその逆の結果を定理として述べておく.

定理 1.3.6 (Wilson–Lagrange). p を 1 より大きい整数とする.このとき,p が素数であるための必要十分条件は

$$(p-1)! \equiv -1 \pmod{p}$$

が成り立つことである.

この定理をみると,

$$(p-1)! \equiv -1 \pmod{p^2} \tag{1.15}$$

が成り立つことがあるかどうかを問いたくなる.この合同式が成り立つような素数を Wilson 素数とよぶ.素数 p に対して,Wilson 商を

$$w_p = \frac{(p-1)!+1}{p}$$

と定義すると,これが $\bmod\ p$ で消えることが p が Wilson 素数であることと同じになる.再び,p が Wilson 素数になる「確率」はおよそ $1/p$ となるべきであるが,$5 \cdot 10^8$ 以下には,$5, 13, 563$ 以外の Wilson 素数が存在しないということがわかっているので,Wilson 素数が少ししかないことは,経験的には明らかである.

3 番目の系列は Wall–Sun–Sun 素数である.それは,

$$u_{p-\left(\frac{p}{5}\right)} \equiv 0 \pmod{p^2} \tag{1.16}$$

をみたす素数 p として定義される.ここで u_n は n 番目の Fibonacci 数である (その定義は問題 2.5 を見よ).また $\left(\frac{p}{5}\right)$ は $p \equiv \pm 1 \pmod 5$ のとき 1 で,$p \equiv \pm 2 \pmod 5$ のときは -1, 最後に $p = 5$ のときは 0 を表す.Wieferich 素数や Wilson 素数のときと同じく,合同式 (1.16) は $\bmod\ p$ では常に成り立つ.R. McIntosh は $3.2 \cdot 10^{12}$ 以下にはいかなる Wall–Sun–Sun 素数も存在しないことを証明した.Wall–Sun–Sun 素数もまた,Fermat 予想の第 1 の場合を考えるときに登場する.つまり,p が xyz を割らな

いとき，$x^p + y^p = z^p$ が成り立てば，p は合同式 (1.16) をみたさなければならないのである [Sun and Sun 1992].

Wieferich 素数，Wilson 素数，Wall–Sun–Sun 素数を探すにあたっては，計算上の興味深い問題がいくつも生じる．この種のいろいろな問題については，章末の問題で議論することにして，ここではいくつかの際立った点をリストアップする．まず，mod p^2 での計算は，各剰余類を組 $(a, b) = a + bp$ と考えることによって，うまく実行できる．かけ算は

$$(a, b) * (c, d) \equiv (ac, (bc + ad) \pmod{p}) \pmod{p^2}$$

によって定義される演算 $*$ を考えればよく，この関係式によって，この節に登場した稀な素数の探索に必要な計算はすべてサイズ p の演算として実行することができる．次に，階乗にはいろいろな計算効率をあげる方法があって，例えば第 9 章で述べる算術級数に基づいた積や，多項式の値を求める方法がそれにあたる．例えば $p = 2^{40} + 5$ に対しては

$$(p-1)! \equiv -1 - 533091778023 p \pmod{p^2}$$

となることが階乗に関連する多項式の値を求めることによってわかる [Crandall et al. 1997]．したがって，この p は Wilson 素数ではないが，それでもこの例は古典的な Wilson の定理の Lagrange による逆の主張が，今日のコンピュータを使うことによって，少なくとも 12 桁の素数の判定に使うことができるということを示していて興味深い．

これらの稀な素数を探していると，ときどき「間一髪」とでも表現すべき数に出会うことになる．これらの数が唯一重要性を持つとすれば，たぶん Fermat 商や Wilson 商などの統計に関して推定的に信じられていることを確認するということにおいてであろう．このようなニアミスの例を，その (残念ながら 0 でない) 小さな商とともにあげると，

$$p = 76843523891, \qquad q_p(2) \equiv -2 \pmod{p},$$
$$p = 12456646902457, \qquad q_p(2) \equiv 4 \pmod{p},$$
$$p = 56151923, \quad w_p \equiv -1 \pmod{p},$$
$$p = 93559087, \quad w_p \equiv -3 \pmod{p}$$

となる．これらの商が法 p で消えることが「ストライク」を表していて，探していた素数が見つかったことを示すのであった．

1.4 解析的整数論

解析的整数論は連続体の解析学と (明らかに離散な対象をもつ) 整数論が融合したものである．この分野では，積分や複素解析といった解析学からの道具を自然数に関する真実を探り出すのに自由に使うことができる．この節ではこの美しくかつ強力な対象について述べることにする．解析的整数論はアルゴリズムの研究に役立つばかりではなく，

それ自身が多くのアルゴリズムに関するおもしろい問題の源泉となっている．以下では解析的理論のハイライトをざっと眺めていこう．

1.4.1 Riemann のゼータ関数

Euler が巧妙に使った

$$\zeta(s) = \sum_{n=1}^{\infty} \frac{1}{n^s} \tag{1.17}$$

の本質を熟考し，変数 s に複素数を許すという強い一般性を持った形で考察したのは，19世紀半ばにおける Riemann のすばらしい思考の飛躍であった．この無限和は $\mathrm{Re}(s) > 1$ で絶対収束し，全複素平面に解析接続される．さらに，$s = 1$ という唯一の点を除いて正則になる．$s = 1$ では，1位の極を持ち，そこでの留数は1である．(つまり $(s-1)\zeta(s)$ は全平面で解析的になって，その $s = 1$ における値は1である．) $\zeta(s)$ が右半平面 $\mathrm{Re}(s) > 0$ に解析接続されるのをみるのはやさしい．実際，$\mathrm{Re}(s) > 1$ に対して，等式

$$\zeta(s) = \frac{s}{s-1} - s \int_1^{\infty} (x - \lfloor x \rfloor) x^{-s-1}\, dx$$

が成り立つが，この右辺は $\mathrm{Re}(s) > 0, s \neq 1$ をみたす領域でも意味を持つ．よって，この積分表現をこの領域での $\zeta(s)$ の定義だと思えば良いのである．この等式を見れば，特異点 $s = 1$ で上に述べたように振る舞うこともわかるし，その他に ζ が正の実軸上には零点を持たないことなども見て取れる．この等式の他にも，すべての複素数 s に対してゼータ関数の定義を与えるような解析的な表現が存在する．

(実変数 s の) ゼータ関数と素数が関係があることは，Euler 自身が気づいていた．それは初等整数論の基本定理である定理1.1.1の解析学を使った表現と考えられる次の美しい定理である．

定理 1.4.1 (Euler). $\mathcal{P}$ を全素数の集合とする．$\mathrm{Re}(s) > 1$ に対して，

$$\zeta(s) = \prod_{p \in \mathcal{P}} (1 - p^{-s})^{-1} \tag{1.18}$$

が成り立つ．

証明．「Euler 因子」$(1 - p^{-s})^{-1}$ は幾何級数の和 $1 + p^{-s} + p^{-2s} + \cdots$ に書き換えることができる．これらの別々の数列の和のすべてをかけあわせる操作を考える．かけあわせたあとの一般項は $\prod_{p \in \mathcal{P}} p^{-a_p s}$ になる．ここで，各 a_p は非負の整数で，有限個の a_p を除いて0である．したがって，一般項は自然数 n を使って n^{-s} と表される．定理1.1.1によれば，それぞれの n はただ一度だけ現れる．これから右辺と左辺が等しいことがわかり，証明が終わる． □

ゼータ関数の特殊値を表す閉じた式がいろいろ知られている．その中には Euler によってすでに知られていたものもある．例えば，

$$\zeta(2) = \pi^2/6,$$
$$\zeta(4) = \pi^4/90$$

のようなものである．一般に偶数の n に対しては $\zeta(n)$ の閉じた式が知られている．一方，2 より大きい奇数 n に対しては，ひとつの閉じた式も知られていない．しかし，素数の研究の分野での，Riemann のゼータ関数の真の力は，$\mathrm{Re}(s) \leq 1$ における関数の性質の中に存在する．この領域では

$$\zeta(0) = -1/2$$

のような閉じた形の特殊値の表示が可能な場合がある．次にあげるのは ζ の理論的な応用に関する重要な事柄である．

(1) $s \to 1$ のとき，$\zeta(s) \to \infty$ となることから，素数の無限性が導かれる．
(2) $\zeta(s)$ が直線 $\mathrm{Re}(s) = 1$ 上に零点を持たないことから素数定理 (定理 1.1.4) が導かれる．
(3) ζ の「臨界領域」$0 < \mathrm{Re}(s) < 1$ での性質によって，素数の分布を深く捕らえることができる．例えば素数定理における本当の誤差項がわかる．

(1) に関していえば，定理 1.1.2 を次のように証明することができる．

素数の無限性の別証明．$\zeta(s)$ を実変数 s で，$s > 1$ の領域で考える．(1.17) から，明らかに $\zeta(s)$ は $s \to 1^+$ のとき発散する．なぜなら調和級数 $\sum 1/n$ が発散するからである．事実 $s > 1$ において

$$\zeta(s) > \sum_{n \leq 1/(s-1)} n^{-s} = \sum_{n \leq 1/(s-1)} n^{-1} n^{-(s-1)}$$
$$\geq e^{-1/e} \sum_{n \leq 1/(s-1)} n^{-1} > e^{-1/e} |\ln(s-1)|$$

となる．もし，有限個しか素数がなかったとすると，(1.18) の積は $s \to 1^+$ のとき有限の極限を持ってしまうことになり，矛盾が生じる． □

この証明は素数の逆数和が発散することの証明にも使える．実際

$$\ln \left(\prod_{p \in \mathcal{P}} (1 - p^{-s})^{-1} \right) = -\sum_{p \in \mathcal{P}} \ln(1 - p^{-s}) = \sum_{p \in \mathcal{P}} p^{-s} + O(1) \quad (1.19)$$

が $s > 1$ で一様に成立する．$s \to 1^+$ のとき (1.19) の左辺が ∞ に近づくことと，$s > 1$ ならば $p^{-s} < p^{-1}$ であることを考えれば，無限和 $\sum_{p \in \mathcal{P}} p^{-1}$ は発散する (問題 1.20 と

比較せよ). Dirichlet による定理 1.1.5 の証明も, 同様のやり方によるものである. これについては 1.4.3 項を見よ.

ちなみに, $1/p$ の部分和に関してはさらにいろいろなことを導くことができる. (今後 $p \in \mathcal{P}$ をわざわざ書くことはしないことにして, 特に断らない限り, p は素数を表すことにする.)

定理 1.4.2 (Mertens). $x \to \infty$ のとき,

$$\prod_{p \leq x}\left(1 - \frac{1}{p}\right) \sim \frac{e^{-\gamma}}{\ln x} \tag{1.20}$$

が成り立つ. ここで, γ は Euler 定数である. この関係式の対数をとると,

$$\sum_{p \leq x} \frac{1}{p} = \ln \ln x + B + o(1) \tag{1.21}$$

が得られる. ここで, B は Mertens 定数とよばれ

$$B = \gamma + \sum_{p}\left(\ln\left(1 - \frac{1}{p}\right) + \frac{1}{p}\right)$$

で定義される.

この定理の証明は [Hardy and Wright 1979] にある. この定理は素数定理 (定理 1.1.4) の系としても得られるが, 素数定理よりは簡単で, 事実, 素数定理の証明よりも前から知られていた. もちろん素数定理を使えば, より詳しい情報が得られる. つまり, (1.20) と (1.21) の誤差項を小さくすることができる. ついでに言っておけば, Mertens 定数 B の計算は, 興味深いと同時に骨の折れる問題である (問題 1.90).

素数のある性質が, Riemann のゼータ関数の性質として捕らえることができるということをこれまでに見てきた. ここで, $0 < \mathrm{Re}(s) < 1$ をみたす領域, すなわち「臨界領域」におけるゼータ関数の振る舞いにさらに踏み込んでいけば, 素数の分布の細かな揺れに関するより詳しい情報を知ることができる. 実際, 臨界領域における $\zeta(s)$ の零点に依存するような形で $\pi(x)$ を具体的に表す式を書き下すことができる. われわれは, この事実を $\pi(x)$ に関係するある関数に対して説明することにする. この関数の方が解析的整数論においてはより自然な対象である. 次のようにして定義される関数 $\psi_0(x)$ を考える. この関数は $x = p^m$ でないときは次の $\psi(x)$ で定義される.

$$\psi(x) = \sum_{p^m \leq x} \ln p = \sum_{p \leq x} \ln p \left\lfloor \frac{\ln x}{\ln p} \right\rfloor. \tag{1.22}$$

また $x = p^m$ のときは $\psi_0(x) = \psi(x) - \frac{1}{2}\ln p$ と定義する. すると, $x > 1$ に対して

$$\psi_0(x) = x - \sum_{\rho} \frac{x^\rho}{\rho} - \ln(2\pi) - \frac{1}{2}\ln\left(1 - x^{-2}\right) \qquad (1.23)$$

が成り立つ ([Edwards 1974], [Davenport 1980], [Ivić 1985] を見よ). この式で和は $\zeta(s)$ の零点 ρ で $\mathrm{Re}(\rho) > 0$ をみたすものをわたる. この和は絶対収束せず, 零点 ρ は臨界領域の両方の垂直方向に無限にのびて分布しているので, この和は $|\rho| < T$ をみたす ρ に関する有限和を $T \to \infty$ と極限をとったものとして理解する必要がある. さらに零点 ρ が $\zeta(s)$ の重複零点のときは, 適切な重複度を勘定にいれて和をとるものとする. (もっとも, $\zeta(s)$ のすべての零点は単純零点であると多くの人が予想している.)

Riemann による次の予想は, 全数学とまではいえないまでも, すべての数論の分野において, 中心的な位置を占める予想となっている.

予想 1.4.1 (Riemann 予想). 臨界領域 $0 < \mathrm{Re}(s) < 1$ 内の $\zeta(s)$ の零点はすべて直線 $\mathrm{Re}(s) = 1/2$ 上にある.

Riemann 予想には, さまざまな同値な定式化が知られている. そのひとつには, すでに 1.1.5 項でふれた. もうひとつ別のものとして, Mertens 関数

$$M(x) = \sum_{n \leq x} \mu(n)$$

によるものを考えよう. ここで, $\mu(n)$ は Möbius 関数で, n が平方因子を持たず, かつその素因子の個数が偶数個のときは 1, n が平方因子を持たず, かつその素因子の個数が奇数個のときは -1, n が平方因子を持つときは 0 と定義されるものである (例えば, $\mu(1) = \mu(6) = 1, \mu(2) = \mu(105) = -1, \mu(9) = \mu(50) = 0$ となる). 関数 $M(x)$ は Riemann のゼータ関数と

$$\frac{1}{\zeta(s)} = \sum_{n=1}^{\infty} \frac{\mu(n)}{n^s} = s \int_1^\infty \frac{M(x)}{x^{s+1}}\,dx \qquad (1.24)$$

という関係で結び付いている. この式は $\mathrm{Re}(s) > 1$ において成り立っている. 興味深いことに, Mertens 関数の挙動は, 意味深長であって, 次の同値性が知られているのである. (以下において, O を使うときは, それが含む定数は ϵ にだけ依存するものとする.)

定理 1.4.3. 素数定理は

$$M(x) = o(x)$$

と同値である. また Riemann 予想は

$$M(x) = O\left(x^{\frac{1}{2}+\epsilon}\right)$$

が任意の固定された $\epsilon > 0$ について成り立つことと同値である.

Mertens 関数をみると，Möbius μ 関数がランダムなコイン投げのような形で M の和に寄与しているようなランダムウォークのようなものを思い浮かべるかもしれない．その関数が重要な定理 (素数定理) と重大な予想 (Riemann 予想) にこのような形で関わってくるのは，なんともすばらしいとしか言いようがない．定理 1.4.3 における同値性は他にもいろいろな言い方で述べることができる．そのひとつは von Mangoldt によるエレガントな結果で，素数定理は

$$\sum_{n=1}^{\infty} \frac{\mu(n)}{n} = 0$$

と同値であるというものである．ちなみに，関係式 (1.24) に現れる和が $\mathrm{Re}(s) > 1$ で絶対収束することをみるのは難しくない．難しいのは $s = 1$ での和の正確な評価なのである (問題 1.19 を見よ)．1859 年に Riemann は任意の固定された $\epsilon > 0$ に対して，

$$\pi(x) = \mathrm{li}(x) + O\left(x^{1/2+\epsilon}\right) \qquad (1.25)$$

が成立すると予想した．この予想は Riemann 予想と等価であり，したがって必然的に定理 1.4.3 の 2 番目の主張とも同値である．事実，式 (1.25) は $\zeta(s)$ が領域 $\mathrm{Re}(s) > 1/2 + \epsilon$ で零点を持たないという主張と同値である．$\epsilon < 1/2$ をみたすどのような ϵ に対しても，(1.25) が正しいことは証明されていない．

1901 年に H. von Koch は Riemann 予想が正しいための必要十分条件が

$$|\pi(x) - \mathrm{li}(x)| = O(\sqrt{x} \ln x)$$

が成り立つことであることを示すことにより，(1.25) をいくらか精密にした．実際，$x \geq 2.01$ に対しては，主張の中の O 定数として 1 がとれるのである．問題 1.37 を見よ．

p_n を n 番目の素数とする．(1.25) によって，Riemann 予想が正しければ，固定された $\epsilon > 0$ について

$$p_{n+1} - p_n = O\left(p_n^{1/2+\epsilon}\right)$$

が成り立つ．注目すべきことに $p_{n+1} - p_n = O\left(p_n^{0.525}\right)$ であることが，R. Baker, G. Harman, J. Pintz によって，何の仮定もなしに証明されている．しかし，より詳しい予想もある．Cramér の有名な予想は，

$$\limsup_{n \to \infty} (p_{n+1} - p_n) / \ln^2 n = 1$$

が成り立つだろうと主張している．A. Granville はこの上限の値について，疑問を投げかけている．彼は少なくとも $2e^{-\gamma} \approx 1.123$ くらいの大きさになるのではないかと言っているのである．100 以上の素数に対して $(p_{n+1} - p_n) / \ln^2 n$ の最も大きい値として知られているものは $p_n = 113$ のときの ≈ 1.210 である．この商の値で次に大きいものとして知られているのは，$p_n = 1327$ のときの ≈ 1.175 と，$p_n = 1693182318746371$ の

ときの ≈ 1.138 である．最後の結果は B. Nyman によって最近発見された．

隣接する素数の間の隔たり $p_{n+1} - p_n$ は，素数の局所的なランダムさを印象的に提示するが，平均すると $\sim \ln n$ になる．この事実は素数定理 (定理 1.1.4) から従う．先の段落で述べた Cramér–Granville による予想が正しければ，この隔たりは $\ln^2 n$ の大きさに無限回達するが，それ以上にはなることはないということになる．けれども，現状で証明することができる最良の結果は，$p_{n+1} - p_n$ が少なくとも

$$\ln n \ln \ln n \ln \ln \ln \ln n / (\ln \ln \ln n)^2$$

の大きさに無限回達するというものである．これは，P. Erdős と R. Rankin による古い結果である．

$p_{n+1} - p_n$ を下から評価することも考えられる．双子素数予想によれば，$(p_{n+1} - p_n)/\ln n$ の下極限は 0 になる．だが，ごく最近に至るまで，これに関する最良の結果は H. Maier によるもので，この下極限は高々 $1/4$ より少しだけ小さい定数であるというものであった．この本の第 2 版の印刷中にすばらしい結果が D. Goldston, J. Pintz, C. Yildirim によってアナウンスされた[*1]．それによれば $(p_{n+1} - p_n)/\ln n$ の下極限はまさに 0 なのである．

1.4.2 計算による進展

Riemann 予想は現在までのところ未解決のままである．しかし，数十年に及ぶ技術の発展と，大量の計算時間をかけることによって，臨界領域にある (虚数部分が正の方向に増える順序で並べて) 最初の 15 億個の零点が臨界線 $\mathrm{Re}(s) = 1/2$ 上にあることがわかっている [van de Lune et al. 1986]．有限桁 (それは大きい桁数かもしれないが) の精度の演算によって，零点を数値的に確定できるということは非常に不思議なことのように思われるが，それは，ゼータ関数が内包しているある種の対称性によって可能になっているのである．実際には，いろいろな高さ T までの零点の個数 (つまり，$\sigma + it$ の形の零点でその虚数部分が $t \in (0, T]$ をみたすもの) を正しく勘定した上で，ゼータ関数が臨界線上に零点を持つとき，またそのときに限って零点を持つようなある実関数の符号変化を調べることによって，これを実現している．その符号変化が勘定した零点の個数と一致していれば，その高さ T までのすべての零点が正しくとらえられたことになるのである [Brent 1979]．

Riemann のゼータ関数の臨界線上の零点の計算で現在最も進んでいるのは [Gourdon and Sebah 2004] で与えられているものである．そこでは Riemann 予想が 10^{13} 番目の零点まで確かめられている．Gourdon は $t = 10^{24}$ の周辺の 20 億個の零点も計算している．この先進的な仕事では 3.7.2 項で述べる並列ゼータ法を変形したものが使われている [Odlyzko and Schönhage 1988]．現在行われている Riemann 予想の検証の分野

[*1] 訳注: D. Goldston, J. Pintz and C. Y. Yildirim. Primes in tuples. Ann. of Math. (2). 170: 819–862, 2009.

におけるもう一人の重要なパイオニアは S. Wedeniwski である．彼は ZetaGrid 並列計算プロジェクト [Wedeniwski 2004] を推進している[*1]．

同じ系列の属する別の結果として，Mertens 予想

$$|M(x)| < \sqrt{x} \qquad (1.26)$$

が最近解決されたことがある．残念なことに，この予想は正しくないことがわかったのである．この予想ははじめ右辺が $\frac{1}{2}\sqrt{x}$ で置き換えられるだろうというものであったが，1963 年に Neubauer によって正しくないことが最初に証明された．その後，H. Cohen が x が最小の反例

$$M(7725038629) = 43947$$

を発見した．しかし，上記 (1.26) の形の Mertens 予想は [Odlyzko and te Riele 1985] において

$$\limsup x^{-1/2} M(x) > 1.06,$$
$$\liminf x^{-1/2} M(x) < -1.009$$

が示されて，最終的に否定的に解決されることになった．Pintz は $10^{10^{65}}$ より小さな x に対して，比 $M(x)/\sqrt{x}$ が 1 より大きいことを示している [Ribenboim 1996]．また t_n がランダム，かつ独立に ± 1 をとるとき，ランダムウォークの総和関数 $m(x) = \sum_{n \leq x} t_n$ が

$$\limsup \frac{m(x)}{\sqrt{(x/2) \ln \ln x}} = 1$$

を (確率 1 で) みたすことが，確率論を使った議論によって示されている．よって，Möbius μ 関数が何らかの意味で十分なランダム性を持っていれば，$M(x)/\sqrt{x}$ が非有界になることが期待されるのである．

Riemann のゼータ関数の計算的なもうひとつの応用に，素数の数え上げ関数 $\pi(x)$ の大きな x に対する評価がある．この問題についてはこのあと 3.7.2 項において取り上げることにする．

解析的整数論には O 評価が頻出する．計算をする立場からいえば，このような評価はつねに問題となる．つまり，O のところにはどんな定数が隠れているのか，またどういう範囲で得られた不等式が正しいのだろうかという問題である．例えば，詳しい形の素数定理から，十分大きい n に対しては n 番目の素数は $n \ln n$ を越えることがわかる．小さな n に対してもこのことが成り立つのを確かめるのは難しくない．では，これはいつでも成り立つのだろうか．この問題に答えるには，その解析的な証明を丹念に読んで，出てくるいろいろな O 定数をより詳しい評価で書き換えなくてはならない．そうすることによってはじめて，主張に登場する「十分大きな」という言葉をしっかり具体的にと

[*1] 訳注: このプロジェクトはすでに終了したようである．

らえることができたことになるのである．このようなタイプの分析による定数の具体化により，n 番目の素数がいつでも $n \ln n$ より大きいことが [Rosser 1939] において実際に示されている．後年 Schoenfeld との共同研究によって，素数に関する多くの具体的な評価が証明された．これらの共同研究は興味深く，そして非常に有用な計算解析的整数論の一分野につながっていくのである．

1.4.3　Dirichlet の L 関数

Riemann のゼータ関数を Dirichlet 指標で「ひねる」ことができる．この謎めいた言葉の意味を説明するために，Dirichlet 指標の説明からはじめよう．

定義 1.4.4. D を正の整数とし，χ が以下の条件をみたす整数から複素数への関数であるとき，χ は法 D の Dirichlet 指標であるという．

(1) すべての整数 m,n に対して，$\chi(mn) = \chi(m)\chi(n)$ が成り立つ．
(2) χ は法 D で周期的である．
(3) $\chi(n) = 0$ となるのは $\gcd(n,D) > 1$ の場合で，その場合に限る．

例えば $D > 1$ が奇数のとき，Jacobi 記号 $\left(\frac{n}{D}\right)$ は法 D の Dirichlet 指標である（定義 2.3.3 を見よ）．

χ が法 D の Dirichlet 指標であって，$\gcd(n,D) = 1$ であるならば，$\chi(n)^{\varphi(D)} = 1$ となる，すなわち $\chi(n)$ が 1 の冪根であることは定義から簡単に示せる．実際 $\chi(n)^{\varphi(D)} = \chi\left(n^{\varphi(D)}\right) = \chi(1)$ となる．ここで，最後の等式は，$\gcd(n,D) = 1$ に注意すると，Euler の定理（(2.2) を見よ）によって，$n^{\varphi(D)} \equiv 1 \pmod{D}$ が成り立つことから導かれる．さらに，$\chi(1) = \chi(1)^2$ と $\chi(1) \neq 0$ から，$\chi(1) = 1$ がわかるから結論が出る．

χ_1 が法 D_1 の Dirichlet 指標で，χ_2 が法 D_2 の Dirichlet 指標ならば，$\chi_1\chi_2$ は法 $\mathrm{lcm}\,[D_1,D_2]$ の Dirichlet 指標になる．ただし，ここで $(\chi_1\chi_2)(n)$ は $\chi_1(n)\chi_2(n)$ の意味である．よって，法 D の Dirichlet 指標は積について閉じている．実際，これらは乗法で群になる．単位元は法 D の主指標 χ_0 であり，それは $\gcd(n,D) = 1$ のときは $\chi_0(n) = 1$，その他のときは 0 と定義されるものである．法 D の指標 χ の逆元は，複素共役 $\overline{\chi}$ になる．

整数と同じように，指標も本質的にただ 1 つのやり方で分解できる．D が $p_1^{a_1}\cdots p_k^{a_k}$ と素因子分解されるとすると，指標 $\chi \pmod{D}$ は $\chi_1\cdots\chi_k$ のように一意的に分解できる．ここで，χ_j は $\mathrm{mod}\,p_j^{a_j}$ の指標である．

さらに，素数冪を法に持つ指標は構成するのも理解するのもたやすい．$q = p^a$ を奇素数の冪か，2 または 4 であるとする．$\mathrm{mod}\,q$ の原始根が存在するので，その 1 つを g としよう．（法 D の剰余類のうち D と素な剰余類の作る乗法群 $\mathbf{Z}_D^*$ が巡回群になるとき，その生成元のことを法 D の原始根とよぶ．この群が巡回群になるための必要十分条件は D が 4 で真には割れなくて，しかも 2 つの相異なる奇素数で割りきれないことであ

る．）このとき $g \pmod{q}$ の冪は q と素な法 q の剰余類をすべてつくす．そこで，1 の $\varphi(q)$ 乗根をとって，η とよぶことにすると，指標 $\chi \pmod{q}$ が条件 $\chi(g) = \eta$ で一意的に決まる．この議論から，異なる指標 $\chi \pmod{q}$ が $\varphi(q)$ 個あることがわかる．

$q = 2^a$ ($a > 2$) の場合はもう少し難しい．というのも，このときは原始根がないからである．けれども，$5 \pmod{2^a}$ の位数は $a > 2$ のとき，いつも 2^{a-2} であり，また，位数 2 の元 $2^{a-1} - 1$ は 5 で生成される巡回部分群に含まれていない．したがって，これら 2 つの元 5, $2^{a-1} - 1$ の剰余類は mod 2^a の奇数の剰余類のなす乗法群の自由生成元になる．したがって，1 の 2^{a-2} 乗根 η と $\varepsilon \in \{1, -1\}$ を選ぶことによって，$\pmod{2^a}$ の指標 $\chi \pmod{2^a}$ を $\chi(5) = \eta$, $\chi(2^{a-1} - 1) = \varepsilon$ によって 1 つ決めることができる．$\chi \pmod q$ の指標は，この場合も $\varphi(q)$ 個ある．

したがって，法 D の指標はちょうど $\varphi(D)$ 個あることになる．以上の証明によって，指標をどのように構成すれば良いかが実際にわかるだけではなく，法 D の指標全体のなす群が，法 D の剰余類のうち，D と素な剰余類のなす乗法群 $\mathbf{Z}_D^*$ に同型であることもわかる．Dirichlet 指標に関する短い旅のしめくくりに，次の 2 つの互いに双対的な関係にある等式を書いておこう．これらの式は，ある種の直交関係を表している．

$$\sum_{\chi \pmod{D}} \chi(n) = \begin{cases} \varphi(D), & n \equiv 1 \pmod{D} \text{ のとき} \\ 0, & n \not\equiv 1 \pmod{D} \text{ のとき,} \end{cases} \tag{1.27}$$

$$\sum_{n=1}^{D} \chi(n) = \begin{cases} \varphi(D), & \chi \text{ が法 } D \text{ の主指標のとき} \\ 0, & \chi \text{ が法 } D \text{ の指標で主指標でないとき.} \end{cases} \tag{1.28}$$

ここで，この項の主題である Dirichlet の L 関数の話題に戻ろう．χ を法 D の Dirichlet 指標とするとき，

$$L(s, \chi) = \sum_{n=1}^{\infty} \frac{\chi(n)}{n^s}$$

とおく．この和は $\mathrm{Re}(s) > 1$ をみたす領域で収束し，χ が主指標でなければ，(1.28) から，収束領域は $\mathrm{Re}(s) > 0$ になる．(1.18) と同様に

$$L(s, \chi) = \prod_p \left(1 - \frac{\chi(p)}{p^s}\right)^{-1} \tag{1.29}$$

が成り立つ．この式から，$\chi = \chi_0$ が法 D の主指標なら $L(s, \chi_0) = \zeta(s) \prod_{p|D}(1 - p^{-s})$ となって，$L(s, \chi_0)$ はほぼ $\zeta(s)$ に等しいものになる．

Dirichlet はこの L 関数を算術級数の素数定理 1.1.5 を証明するのに使った．そのアイディアは，(1.19) でやったように (1.29) の対数をとって，

$$\ln(L(s, \chi)) = \sum_p \frac{\chi(p)}{p^s} + O(1) \tag{1.30}$$

がすべての Dirichlet 指標 χ に対して，$\mathrm{Re}(s) > 1$ で一様に成り立つということである．

このとき a が D と素な整数なら

$$\sum_{\chi \pmod{D}} \overline{\chi}(a) \ln(L(s,\chi)) = \sum_{\chi \pmod{D}} \sum_p \frac{\overline{\chi}(a)\chi(p)}{p^s} + O(\varphi(D))$$
$$= \varphi(D) \sum_{p \equiv a \pmod{D}} \frac{1}{p^s} + O(\varphi(D)) \qquad (1.31)$$

となる．ここで 2 番目の等式は (1.27) が成り立つことと，$ba \equiv 1 \pmod{D}$ となる b をとると $\overline{\chi}(a)\chi(p) = \chi(bp)$ が成り立つことから導かれる．したがって，等式 (1.31) に，剰余類 $a \pmod{D}$ に含まれる素数 p を分離するのに必要なからくりがあるわけである．ここで，(1.31) の左辺が，$s \to 1^+$ のときに無限大になることが示せれば，$p \equiv a \pmod{D}$ をみたす素数が無限個あることがわかることになるし，実際，その逆数和が無限になることも導かれる．左辺のうち主指標 χ_0 に対応する項は無限大になることはすでにわかっているが，残りの項がこれをキャンセルしてしまう可能性は否定できない．よって，χ が主指標でない法 D の指標であるときに $L(1,\chi) \neq 0$ であることを示すのが，定理 1.1.5 の証明の核心である．その証明については [Davenport 1980] を参照せよ．

$\zeta(s)$ の零点が素数全体の分布について多くを語っていたように，Dirichlet の L 関数 $L(s,\chi)$ の零点は剰余類内の素数の分布に関する情報をたくさん含んでいる．実際，Riemann 予想は次の形に拡張される．

予想 1.4.2 (拡張 Riemann 予想). χ を任意の Dirichlet 指標とする．$\text{Re}(s) > 0$ をみたす領域にある $L(s,\chi)$ の零点は垂直な直線 $\text{Re}(s) = \frac{1}{2}$ 上にある．

さらに一般的で，より一般の代数的な領域に関連する一般 Riemann 予想もあることに注意しておく．ただし，この本では上に述べた拡張 Riemann 予想に議論を絞ることにしよう．(この 2 つの予想，拡張 Riemann 予想と一般 Riemann 予想の違いを定性的に述べると次のようになる．つまり，一般 Riemann 予想の本質的な主張は，すべての一般的なゼータ関数的な関数で，ある興味深い領域に零点を持たないと当然期待されるようなものは実際にどんな零点も持たないというものである [Bach and Shallit 1996]．) 予想 1.4.2 は計算整数論の分野にも重要である．例えば，この予想を仮定すると，次の定理が成り立つ．

定理 1.4.5. 拡張 Riemann 予想が正しいと仮定する．このとき，任意の正の整数 D と任意の主指標でない指標 $\chi \pmod{D}$ に対して，正の整数 $n < 2\ln^2 D$ で $\chi(n) \neq 1$ をみたすものと，正の整数 $m < 3\ln^2 D$ で $\chi(m) \neq 1$ と $\chi(m) \neq 0$ をみたすものが存在する．

この結果は [Bach 1990] で与えられたものである．拡張 Riemann 予想の仮定のもと

で，この両方の評価が $O\left(\ln^2 D\right)$ であることを最初に証明したのは N. Ankeny で 1952 年のことである．定理 1.4.5 は，拡張 Riemann 予想の仮定のもとで多項式時間になる素数判定法の根拠を与える定理であり，その他にもいろいろな状況で役に立つ定理である．

拡張 Riemann 予想に関しても計算を使ったチェックは行われているが，Riemann 予想ほどには進んでいない．法 13 までのすべての指標 χ に対しては，高さ 10000 まで予想が正しいことがわかっており，また法 72 までのすべての指標 χ とその他いくつかの法の指標に対して，高さが 2500 まで予想が確かめられている [Rumely 1993]．[Ramaré and Rumely 1996] では，これらの計算を使うことによって，ある剰余類の中の素数の分布の具体的な評価が得られている．(最近の未発表の計算において，Rumely は拡張 Riemann 予想を，9 までの法のすべての指標に対して，高さ 100000 まで検証している．) ちなみに拡張 Riemann 予想を使うと，算術級数に対する素数定理 (1.5) の誤差項の具体的な評価が得られる．すなわち，$x \geq 2$, $d \geq 2$, $\gcd(a,d) = 1$ に対して，拡張 Riemann 予想の仮定の下で

$$\left| \pi(x;d,a) - \frac{1}{\varphi(d)} \operatorname{li}(x) \right| < x^{1/2}(\ln x + 2\ln d) \tag{1.32}$$

が成り立つ．ここで，誤差項の良い上界が，ただ単に存在することがいえるだけではなくて，実際に具体的に与えられているということは注意すべき大事なことである．この種の厳しい有界条件があって初めて，計算と理論を結び付けて，いろいろな予想を解決できるのである．また，拡張 Riemann 予想の下では，$d > 2$ かつ $\gcd(d,a) = 1$ のとき $p < 2d^2 \ln^2 d$ をみたす素数 $p \equiv a \pmod{d}$ が存在することもわかる (これらの事実および拡張 Riemann 予想の下で成立するいろいろな関連する結果については [Bach and Shallit 1996] を見よ)．もともとの素数定理の場合と同じく，拡張 Riemann 予想に依存しない $\pi(x;d,a)$ の評価はそれほど精密ではない．例えば，次の定理は何の予想にも依存しない定理のうちで歴史的に重要なものである．

定理 1.4.6 (Siegel–Walfisz). 任意の数 $\eta > 0$ に対して，正の数 $C(\eta)$ があって，$d < \ln^\eta x$ をみたすすべての互いに素な正の整数 a,d に対して

$$\pi(x;d,a) = \frac{1}{\varphi(d)} \operatorname{li}(x) + O\left(x \exp\left(-C(\eta)\sqrt{\ln x}\right)\right)$$

が成り立つ．ここに含まれる O 定数は絶対的である．

この定理および，これに関連する定理についての議論は [Davenport 1980] にある．興味深いことに，定理 1.4.6 に登場する $C(\eta)$ は，どのような $\eta \geq 1$ に対しても計算されていない．さらにいえば，定理の証明の方法からは，この定数は計算できないのである．(指摘しておかなければいけないのは，$1 \leq \eta < 2$ の範囲では $\pi(x;d,a) - \frac{1}{\varphi(d)} \operatorname{li}(x)$ の明示的な誤差評価が数値的に可能なことである．しかし，その誤差の評価は定理 1.4.6

ほど良くない．$\eta \geq 2$ に対しては，このような明示的な誤差評価は全く知られていない．すなわち主要項の o を明示的にできないのである．）Siegel–Walfisz 型の誤差の限界は拡張 Riemann 予想を仮定して得られるものには届かないが，それにもかかわらず，1.4.4 項で述べる他の解析的な方法と結び付けると，このような評価は核心を衝いた意味を持つようになる．

ここでの議論の最後に $\pi(x;d,a)$ に関する別の種類の定理を述べよう．より微妙でより深い問題は，自明でない下界であることが多い．しかし，もし上界だけを問題にするとしたらどうであろう．この種の問題は解析的整数論において篩法として知られている一連のテクニックに向いているのである．計算整数論における篩（これについては例えば 3.2 節を見よ）と同じように，これらの方法の出発点は Eratosthenes の篩である．しかし，その見地はまったく異なる．これらの方法によって，例えば Brun は (1.8) を証明することができたのである．篩法を使うと，非常に美しく，数値的にも明確な不等式を証明できることがある．その中でも，もっともすばらしい結果の 1 つに [Montgomery and Vaughan 1973] による次の形の Brun–Titchmarsh 不等式がある．

定理 1.4.7 (Brun–Titchmarsh 不等式). d,a が $\gcd(a,d)=1$ をみたす正の整数であるとき，すべての $x>d$ に対して

$$\pi(x;d,a) < \frac{2x}{\varphi(d)\ln(x/d)}$$

が成り立つ．

1.4.4 指　数　和

Riemann のゼータ関数や解析的整数論に現れる特別な数論的関数の先には，また別の種類の重要なものがある．それは指数和である．これらの和は一般に特殊関数や数の集合に関する情報，とりわけスペクトル的な情報を含んでいるといってよいであろう．したがって，指数和は複素フーリエ解析と数論の強力な橋渡しを提供する．実数値関数 f と，実数 t および整数 $a<b$ に対して，

$$E(f;a,b,t) = \sum_{a<n\leq b} e^{2\pi i t f(n)} \tag{1.33}$$

とおく．このような指数和の各項の絶対値は 1 であるが，それらの項は複素平面内ではいろいろ異なる向きを向いている可能性がある．もしこれらの向きがある適切な意味でランダムであったり，相関性がなかったりすると，これらの項の間でキャンセルがおきることが期待され，$|E|$ が自明な評価 $b-a$ よりもずっと小さくなりうる．したがって，$E(f;a,b,t)$ はある意味で数列 $(tf(n))$, $a<n\leq b$ の小数部分の分布を測っているのである．事実，H. Weyl の有名な定理（[Weyl 1916] を見よ）によれば，数列 $(f(n))$, $n=1,2,\ldots$ が法 1 で一様分布しているための必要十分条件は，すべての整数

$h \neq 0$ に対して $E(f; 0, N, h) = o(N)$ が成り立つことである．小数部分の分布は，つねにその底流をなしているのだが，指数和の理論は数論のより多くの分野にわたって広い応用を持つ．ここでは，素数の研究の分野での指数和の有用性を簡単にまとめておくことにする．そして，その最後に Vinogradov による 3 項 Goldbach 予想の解決に簡単に，定性的にふれる．

指数和の理論は Gauss を端緒とする．その後 Weyl の極めて重要な仕事によって，理論の進展に加速がつくことになった．Weyl はある具体的なクラスの和に関してどのようにしたらその厳密な上界が得られるかを示したのである．特に，Weyl は単純だが強力な評価法を発見した．それは，和 E の絶対値の冪の評価である．基本となる考察は

$$|E(f; a, b, t)|^2 = \sum_{n \in (a, b]} \sum_{k \in (a-n, b-n]} e^{2\pi i t (f(n+k) - f(n))} \tag{1.34}$$

である．ここで，この式の冪の部分には f の微分のようなものが現れているので，これにより，f が多項式である場合には，再帰的に次数を減らすことによって，$|E|$ のある限界が求まるのである．この指数の次数を下げるやり方は，有用で興味深いものである．例えば問題 1.66 とそこで引用されている問題を見よ．

指数和を使って取り組むことのできる重要な解析的な問題に，Riemann のゼータ関数の増大の問題がある．実部 σ を固定して，実数 t を動かすときに $\zeta(\sigma + it)$ を評価する問題である．この問題は和

$$\sum_{N < n \leq 2N} \frac{1}{n^{\sigma + it}}$$

の評価に帰着され，その評価は指数和

$$E(f; N, 2N, t) = \sum_{N < n \leq 2N} e^{-it \ln n}$$

の評価に基づいて行われる．ここで，実数値関数 f は具体的に $f(n) = -(\ln n)/(2\pi)$ で与えられている．Weyl の仕事を拡張することにより，[van der Corput 1922] では，$\zeta(\sigma + it)$ を t の非自明な冪で評価できるような方法が確立されている．例えば，Riemann のゼータ関数の臨界線 $\sigma = 1/2$ 上での大きさは，$t \geq 1$ のときに

$$\zeta(1/2 + it) = O(t^{1/6})$$

と評価できる．[Graham and Kolesnik 1991] を見よ．この指数は近年続々と引き下げられている．例えば [Bombieri and Iwaniec 1986] は評価 $O\left(t^{9/56 + \epsilon}\right)$ を与えており，また [Watt 1989] によって $O\left(t^{89/560 + \epsilon}\right)$ が得られている．どんな $\epsilon > 0$ に対しても，$\zeta(1/2 + it) = O(t^\epsilon)$ が成り立つであろうという予想があって，Lindelöf 仮説とよばれている．この予想からも素数の分布についての結果が得られ，そのひとつは以下の [Yu 1996] によるものである．p_n で n 番目の素数を表すことにすると，Lindelöf 仮説のもとで

1.4 解析的整数論

$$\sum_{p_n \leq x}(p_{n+1}-p_n)^2 = x^{1+o(1)}$$

が成り立つ．何の予想も仮定せずに知られている結果のうち最良のものは，任意の $\epsilon > 0$ に対して $O\left(x^{23/18+\epsilon}\right)$ が成立するという D. Heath-Brown の結果である．Lindelöf 仮説が成立するという仮定のもとで成り立つこの Yu の定理から，各 $\epsilon > 0$ に対して，x 以下の整数 n であって区間 $(n, n+n^\epsilon)$ に素数が含まれるような n の個数は $\sim x$ になることがわかる．ちなみに Riemann 予想と Lindelöf 仮説の間には関係があって，前者から後者が導かれる．

指数和を使って，数値的に具体的な評価を得ることも，簡単ではないにせよ，可能ではある．最近の仕事のなかで偉業とよべるのは論文 [Ford 2002] で示された

$$|\zeta(\sigma+it)| \leq 76.2 t^{4.45(1-\sigma)^{3/2}} \ln^{2/3} t$$

が $1/2 \leq \sigma \leq 1$ と $t \geq 2$ に対して成り立つという定理である．この種の結果によって，ゼータ関数の零点のない領域を具体的に数値的に求めたり，様々な素数の現象に関連する数値による具体的な評価を得たりすることができる．

素数の加法的理論については，もうひとつ別の指数和の重要なクラスがあって，それは

$$E_n(t) = \sum_{p \leq n} e^{2\pi itp} \tag{1.35}$$

で定義されるものである．ここで，p は素数をわたるものとする．ある有限領域上での $E_n(t)$ を含む積分が素数の深い性質と関連があることがわかっている．事実 Vinogradov は十分大きな奇数はすべて 3 個の素数の和でかけることを証明する際に，n を 3 つの素数の和で表すときの表し方の個数はちょうど

$$R_3(n) = \int_0^1 \sum_{n \geq p,q,r \in \mathcal{P}} e^{2\pi it(p+q+r-n)} dt \tag{1.36}$$

$$= \int_0^1 E_n^3(t) e^{-2\pi itn} dt$$

で与えられるというすばらしい所見から出発している．Vinogradov の証明は先行する Hardy と Littlewood の研究 (記念碑的な全集 [Hardy 1966] を見よ) の拡張である．彼らの「円周法」は解析的整数論における大傑作である．この理論は本質的に指数和と Goldbach 予想のような加法的整数論の一般的な問題とを関連づけるものである．

ここで少し時間を割いて，Vinogradov による積分 (1.36) の評価方法を概観しよう．指針となる見方は，素数の分布と，$E_n(t)$ に埋め込まれているスペクトル的な情報とに強い対応が存在するということである．さて，n を越えない素数の中で，等差数列 $\{a, a+d, a+2d, \ldots\}$ ($\gcd(a,d) = 1$) に含まれるものに関する

$$\pi(n; d, a) = \frac{1}{\varphi(d)} \pi(n) + \epsilon(n; d, a)$$

という形をした一般的な評価式が得られていると仮定せよ．そして，この評価がよい，すなわち誤差項 ϵ が与えられている問題に対して十分に小さいと仮定する．(このような評価として，拡張 Riemann 予想を仮定した上で成り立つ (1.32) と，それより弱いが仮定のいらない定理 1.4.6 を与えたのであった.) このとき，有理数 $t = a/q$ に対して，次のように和 (1.35) の評価を行う．

$$\begin{aligned}
E_n(a/q) &= \sum_{f=0}^{q-1} \sum_{p \equiv f \pmod{q},\ p \leq n} e^{2\pi i p a/q} \\
&= \sum_{\gcd(f,q)=1} \pi(n;q,f) e^{2\pi i f a/q} + \sum_{p|q,\ p \leq n} e^{2\pi i p a/q} \\
&= \sum_{\gcd(f,q)=1} \pi(n;q,f) e^{2\pi i f a/q} + O(q).
\end{aligned}$$

ここで，gcd に関する和は $f \in [1, q-1]$ で q と素な元にわたるものとする．このような評価は，分母 q が比較的小さなときに，よりいっそうの価値を持つことがわかる．そのような場合には，ある剰余類に入る素数に関する与えられている評価を使うと，

$$E_n(a/q) = \frac{c_q(a)}{\varphi(q)} \pi(n) + O(q + |\epsilon| \varphi(q))$$

が得られる．ここで，$|\epsilon|$ は q と素なすべての剰余 f をわたるときの $|\epsilon(n;q,f)|$ の最大値であって，c_q は良く研究されている Ramanujan 和

$$c_q(a) = \sum_{\gcd(f,q)=1} e^{2\pi i f a/q} \tag{1.37}$$

である．この Ramanujan 和には，後で離散畳み込み法の紹介をするときに式 (9.26) にあるような形で再び出会うことになろう．ここでは [Hardy and Wright 1979] によって

$$c_q(a) = \frac{\mu(q/g) \varphi(q)}{\varphi(q/g)}, \quad g = \gcd(a,q) \tag{1.38}$$

が成り立つことに注意しておく．特に a, q が互いに素のときには，きれいな評価式

$$E_n(a/q) = \sum_{p \leq n} e^{2\pi i p a/q} = \frac{\mu(q)}{\varphi(q)} \pi(n) + \epsilon' \tag{1.39}$$

が得られる．ここで，総合誤差 ϵ' は複雑な形で a, q, n に依存しており，そしてもちろん剰余類内の素数の分布に関する定理としてどれを選ぶかにも依存している．このようにして，素数の基本的なスペクトル的性質を見つけ出すことができた．すなわち，q が小さいとき指数和の大きさは実際に小さくできて，その大きさは自明な評価 $\pi(n)$ に μ/φ を掛けただけ小さくなるということである．このように大きさが小さくなるのは，もちろん，周期的な振動を持つ項の間にキャンセルが生じることによる．関係式 (1.39) はこ

の現象の量を測っているのである.

Vinogradov は上に述べた小さな q を使った評価を次のような方法で活用した. 適当に大きい B に対して, $Q = \ln^B n$ で限界をきめて, $1 \leq q \leq Q$ をみたすときに q が「小さい」と思うことにする.(「大きな」q に対しては, $Q < q < n/Q$ という範囲だけを考えれば十分であることがわかる.)ここで小さな $q \in [1, Q]$ に対して積分変数 t が有理数 a/q の近くにあるとき, (1.36) の被積分関数は「共鳴」を表している. t の動くこの領域は伝統的に「優弧」とよばれる. $q \in (Q, n/Q)$ としたとき $t \approx a/q$ をみたすもの(「劣弧」とよばれる)をわたる積分の残りの部分は「雑音」と思うことができて,それをコントロールする,つまり押さえることが必要になる. デリケートな式変形によって,

$$R_3(n) = \frac{n^2}{2\ln^3 n} \sum_{q=1}^{Q} \frac{\mu(q) c_q(n)}{\varphi^3(q)} + \epsilon'' \tag{1.40}$$

の形の積分評価に到達する. ここで,和は優弧からくる共鳴和であり,一方で, ϵ'' は,先の等差数列の評価誤差に加えて,劣弧からくる雑音の誤差もすべて含むものである. この誤差 ϵ'' と限界 Q の有限性が手におえないものでない限り,代数的な計算をもう少しすることによって,最終的な 3 項 Goldbach の評価 (1.12) が上の式の $q \in [1, Q]$ にわたる和にすでに現れていることがわかるのである(問題 1.68 を見よ).

Vinogradov の最高の業績は,すべてをこめた誤差 ϵ'' の劣弧上の部分の上界を求めたことである. 定理の形で述べると, $\gcd(a, q) = 1$, $q \leq n$ であって,実数 t が a/q に近い,つまり $|t - a/q| \leq 1/q^2$ をみたすならば,絶対定数 C があって,

$$|E_n(t)| < C \left(\frac{n}{q^{1/2}} + n^{4/5} + n^{1/2} q^{1/2} \right) \ln^3 n \tag{1.41}$$

が成り立つ. これは深い結果で,その証明の現代的な書き直しが R. Vaughan(下記の参考文献を見よ)によってなされた今でも数論的関数のこみいった扱いが必要になる難しいものである. この評価は非常に強力である. というのも,定理における $q \in (Q, n/Q)$ と実数 t に対して, $E_n(t)$ の大きさは,和の項の総数 $\pi(n)$ に対数の冪の因子をかけた分だけ小さくなっているからである. このようにして,劣弧から来る雑音は十分低く押さえられ, 3 項 Goldbach 評価が十分な厳密さで得られる.(この方法が強力であるとはいっても,同様な方法では, 2 項 Goldbach 予想にはまったく手が届かない. それは同様な誤差項 ϵ'' がより多くの雑音を含む成分から成るため,評価することが非常に難しいからである.)

まとめると, (1.39) の評価が優弧の「共鳴」に使われ, (1.40) の主要項である和の部分を与える. その一方で,評価 (1.41) によって,劣弧の雑音が抑えられ,すべての誤差を含む ϵ'' をコントロールすることが可能になる. そして, (1.40) から,最終的な 3 項 Goldbach の評価 (1.12) が得られる. ここでの説明は定性的なものであるから,この問題と関連する加法的な問題に関する厳密で納得のいく証明については,以下の文献を参

照してほしい．[Hardy 1966]，[Davenport 1980]，[Vaughan 1977, 1997]，[Ellison and Ellison 1985, Theorem 9.4]，[Nathanson 1996, Theorem 8.5]，[Vinogradov 1985]，[Estermann 1952]．

これまで見てきたように，指数和の評価は極めて強力である．このテクニックが援用可能な応用は Goldbach 予想に限らず，さらに加法的問題の領域をも越えて広がっている．この本のあとの部分で，Gauss が 2 次の和に関してやった基礎的な仕事を見ることにしよう．例えば定義 2.3.6 には，2 次式 f に対する (1.33) が別の形で含まれている．また 9.5.3 項では，連続的な積分の対照的な位置にあるものとして，離散的な畳み込みの問題を扱い，本文，練習問題を通じて，信号処理，特に離散スペクトル解析がどのように解析的整数論と関係しているかを示すことにする．さらに，指数和からは，魅力的でかつ教育的な計算実験や研究問題が現れてくる．読者のために，関連する問題番号をここにあげておく．1.35, 1.66, 1.68, 1.70, 2.27, 2.28, 9.41, 9.80．

1.4.5 スムーズな数

スムーズな数は計算をするという観点から見れば，非常に重要であって，特に因数分解をするときには大切な概念である．さらに，スムーズな数には理論的な方面においても魅力的な応用があり，その一例としては，われわれがすでにふれた Waring 問題への応用がある [Vaughan 1989]．基本的な定義から始めよう．

定義 1.4.8. y より大きい素因子を持たない正の整数を，y スムーズであるという．

スムーズな数が役に立つ理由は何であろうか．それほど大きくない y について，y スムーズな数はかけ算の構造が単純で，その一方で，驚くべきほどにたくさんあるということがその基本的な理由である．例えば $[1, x]$ にある素数のうち区間 $[1, \sqrt{x}]$ に入るものは無視できるくらい小さな割合であるにも関わらず，x が十分大きければ $[1, x]$ 区間に入る数のうち 30% が $\sqrt{x}$ スムーズになるのである．スムーズな数が驚くべき高い頻度で現れることを説明する別の例として次のものがある．x までの $(\ln^2 x)$ スムーズな数の個数は，十分大きな x については $\sqrt{x}$ より大きい．

これらの例を見ると，スムーズな数の数え上げ関数は研究する価値があるように思われる．

$$\psi(x, y) = \#\{1 \leq n \leq x : n \text{ は } y \text{ スムーズ}\} \tag{1.42}$$

と定義しよう．基本的な展望を得るのに不可欠なのは 1930 年に証明された Dickman の定理である．

定理 1.4.9 (Dickman). 固定された任意の実数 $u > 0$ に対して，

$$\psi(x, x^{1/u}) \sim \rho(u) x$$

1.4 解析的整数論

をみたす実数 $\rho(u) > 0$ が存在する．

さらに Dickman はこの関数 $\rho(u)$ をある微分方程式の解として記述している．つまり，この関数は $[0, \infty)$ で定義された連続関数で次の 2 条件をみたすただ 1 つのものである．1 つ目の条件は (A) $0 \leq u \leq 1$ に対して $\rho(u) = 1$ であり，もう 1 つの条件は (B) $u > 1$ に対して $\rho'(u) = -\rho(u-1)/u$ である．とくに，$1 \leq u \leq 2$ をみたす u については，$\rho(u) = 1 - \ln u$ となるが，$u > 2$ に対しては $\rho(u)$ の初等関数による閉じた表示は知られていない．$\rho(u)$ を数値的に近似することは可能で (問題 3.5 と比較せよ)，急速に 0 に減衰することはすぐにわかる．事実，その減衰は u^{-u} よりも幾らか速いが，この u^{-u} はさまざまな計算量の議論において，$\rho(u)$ の簡単でかつそれほど悪くない評価を与えるのに使うことができる．実際，

$$\ln \rho(u) \sim -u \ln u \tag{1.43}$$

が成り立つ．

$u = \ln x / \ln y$ を固定するか，あるいは上からおさえた状態で，x, y を無限大にするときの $\psi(x, y)$ の挙動を調べるのは定理 1.4.9 を使うとうまくいく．その一方で，$\psi\left(x, x^{1/\ln \ln x}\right)$ や $\psi\left(x, e^{\sqrt{\ln x}}\right)$ や $\psi\left(x, \ln^2 x\right)$ などといった式はどのように評価したら良いのだろうか．このような式の評価は，準指数時間の因数分解アルゴリズムの理論的な研究が初めて行われた 1980 年ごろに非常に重要なものになってきた (第 6 章を見よ)．[Canfield et al. 1983] は，

$$\psi\left(x, x^{1/u}\right) = xu^{-u+o(u)} \tag{1.44}$$

を示すことによって，このギャップを埋めたのである．この式は $u \to \infty$ のとき一様で，$u < (1-\epsilon) \ln x / \ln \ln x$ のときに成り立つ．(1.43) から，$\rho(u) = u^{-u+o(u)}$ であることがわかるので，この評価は期待されたものと一致していることに注意をしておこう．したがって，$y > \ln^{1+\epsilon} x$ で x が大きいときには $\psi(x, y)$ の悪くない評価が得られたことになる．(より小さな y についても同様な評価があるが，この本で必要になることはない．)

$\psi(x, y)$ については，不等式による具体的な評価も与えることができる．例えば，[Konyagin and Pomerance 1997] において，

$$\psi\left(x, x^{1/u}\right) \geq \frac{x}{\ln^u x} \tag{1.45}$$

が，すべての $x \geq 4$ と $2 \leq x^{1/u} \leq x$ について成り立つことが示されている．$c > 1$ を固定して，$x^{1/u} = \ln^c x$ であるときは，具体的でない評価もかなりよい (問題 1.72, 3.19, 4.28 を見よ)．

上で述べたように，スムーズな数はいろいろな因数分解のアルゴリズムに登場する．したがって，この本の残りの部分でもこの流れでスムーズな数について議論することになる．第 3 章では，与えられた整数の集合の中からスムーズな数を選びだす問題を考える．スムーズな数については最近の概説論文 [Granville 2004b] により多くの記述がある．

1.5　問　題

1.1.　N を正の整数とする．N と公約素因子をもたないような $[2,\cdots,N-1]$ 内の整数はどれもが素数であるという性質をもつような N で最大のものは何か．また，$\sqrt{N}$ より小さいすべての整数で割りきれる最大の整数 N は何か．

1.2.　2 つの整数の積が素数 p で割れるための必要十分条件は，その一方が p で割れることである．これが Euclid の「最初の定理」である．これを証明せよ．また定理 1.1.1 がこの定理の系として得られることを示せ．

1.3.　正の整数 n が素数であるための必要十分条件が

$$\sum_{m=1}^{\infty}\left(\left\lfloor\frac{n}{m}\right\rfloor-\left\lfloor\frac{n-1}{m}\right\rfloor\right)=2$$

で与えられることを示せ．

1.4.　$x\geq 2$ をみたす整数 x について

$$\pi(x)=\sum_{n=2}^{x}\left\lfloor\frac{1}{\sum_{k=2}^{n}\lfloor\lfloor n/k\rfloor k/n\rfloor}\right\rfloor$$

を証明せよ．

1.5.　素数を表す式は，計算をするという面からは非実用的であったとしても，教育的な価値を持つことがある．n 番目の素数を表す Gandhi の公式

$$p_n=\left\lfloor 1-\log_2\left(-\frac{1}{2}+\sum_{d|p_{n-1}!}\frac{\mu(d)}{2^d-1}\right)\right\rfloor$$

を証明せよ．ひとつのわかりやすいやり方は，2 進展開 $1=(0.11111\ldots)_2$ に対して，Eratosthenes の篩 (第 3 章を見よ) を数式処理的に適用することである．

1.6.　定理 1.1.2 の証明の方法を精密化することによって，素数の数え上げ関数 $\pi(x)$ の (比較的弱い) 下界を求めることができる．そのために

$$p\#=\prod_{q\leq p}q=2\cdot 3\cdots p$$

で定義される「p の素階乗[*1)]」を考える．ここで積は素数 q をわたって取るものとする．

[*1)]　訳注: 原語では primorial. 素数をわたる階乗 (factorial) に由来する造語である．

Euclid の証明にしたがって，$n \geq 3$ のとき，n 番目の素数 p_n が
$$p_n < p_{n-1}\#$$
をみたすことを示せ．次に，帰納法を使って，
$$p_n \leq 2^{2^{n-1}}$$
を証明せよ．これから $x \geq 2$ に対して，
$$\pi(x) > \frac{1}{\ln 2}\ln\ln x$$
が成り立つことを結論せよ．

また，素階乗素数 $p\# + 1$ を計算の立場から研究するのはそれ自体興味深いことである．最近見つかった大きな素階乗素数の例としては，C. Caldwell が 1999 年に見つけた $42209\# + 1$ がある．これは 10 進で 1 万 8000 桁以上ある素数である．

1.7. 法 4 で 3 に合同な素数が無数にあることを
$$n = 2^2 \cdot 3 \cdot 5 \cdots p - 1$$
の形の数を考えることによって証明せよ．法 3 で 2 に合同な素数に対して同様な証明を発見せよ (問題 5.22 と比較せよ)．

1.8. 法 4 で 1 に合同な素数が無数にあることを
$$(2 \cdot 3 \cdots p)^2 + 1$$
の形の数を考えることによって証明せよ．法 3 で 1 に合同な素数に対して同様の証明を発見せよ．

1.9. a, n を自然数とし，$a \geq 2$ とする．$N = a^n - 1$ とおく．乗法群 $\mathbf{Z}_N^*$ における $a \pmod N$ の位数が n であることを示せ．またこのことから，$n | \varphi(N)$ が成立することを導け．これを使って，n が素数ならば，n を法として，1 に合同な素数が無数にあることを証明せよ．

1.10. $\mathcal{S}$ を素数の空でない集合とし，$\mathcal{S}$ の元の逆数和 S が有限であると仮定する．さらに $\mathcal{A}$ を $\mathcal{S}$ に含まれるどのような元でも割れないような自然数全体の集合とする．$\mathcal{A}$ が e^{-S} より小さい漸近密度をもつことを証明せよ．特に，$\mathcal{S}$ の逆数和が無限であれば，$\mathcal{A}$ の密度は 0 になることを示せ．法 4 で 3 に合同な素数の逆数和が無限であることを使って，2 つの互いに素な平方数の和として表される数の集合の漸近密度が 0 であることを示せ (問題 1.91, 5.16 を見よ)．

1.11. 素数全体の逆数和が無限大になる事実から出発し，問題 1.10 を使って，素数全体の集合の漸近密度が 0 であること，すなわち $\pi(x) = o(x)$ が成り立つことを示せ．

1.12. 本文で述べたように，ランダムな正の整数 x が素数である「確率」はおよそ $1/\ln x$ である．素数定理を仮定して，この確率論的なアイディアを厳密な形で述べよ．

1.13. 3.7.1 項で素数の個数の数え上げに関連して登場する

$$\phi(x,y) = \#\{1 \leq n \leq x : n \text{ の任意の素因子は } y \text{ より大きい}\}$$

について，

$$\phi(x, \sqrt{x}) = \pi(x) - \pi(\sqrt{x}) + 1$$

が成り立つことを示せ．つぎに，古典的な Legendre の関係式

$$\pi(x) = \pi(\sqrt{x}) - 1 + \sum_{d|Q} \mu(d) \left\lfloor \frac{x}{d} \right\rfloor \tag{1.46}$$

を証明せよ．ただし，Q は素数の積

$$Q = \prod_{p \leq \sqrt{x}} p$$

を表すものとする．この種の組合わせ論的な議論によって，Legendre が当時やったように，$\pi(x) = o(x)$ であることを示すことができる．そのために，

$$\phi(x,y) = x \prod_{p \leq y} \left(1 - \frac{1}{p}\right) + E$$

を示せ．ここで誤差項 E は $O(2^{\pi(y)})$ である．この最後の関係式と，素数の逆数和が発散する事実を使って，$x \to \infty$ のとき，$\pi(x)/x \to 0$ であることを証明せよ (問題 1.11 の方法と比較せよ).

1.14. 初等整数論の基本定理 1.1.1 から出発して，固定された任意の $\epsilon > 0$ に対して，n の約数の個数 $d(n)$ (それにはつねに 1 と n を含めて数える) は

$$d(n) = O(n^\epsilon)$$

をみたすことを示せ．ここに含まれる O 定数はどのように ϵ に依存しているだろうか．この問題を解決するためには，まず，固定された ϵ に対して，$d(q) > q^\epsilon$ をみたす素数冪 q が高々有限個しかないことを示すことからはじめると良いかもしれない．

1.15. すべての Mersenne 数の逆数和を考察する．つまり $M_n = 2^n - 1$ (n は正の整数) として，

$$E = \sum_{n=1}^{\infty} \frac{1}{M_n}$$

を考える．問題 1.14 で定義された約数関数 d を含む次の式を証明せよ．

$$E = \sum_{k=1}^{\infty} \frac{d(k)}{2^k}.$$

実際，この和は 1 次より速い収束をもつ和に書き換えることができる．そのために，

$$E = \sum_{m=1}^{\infty} \frac{1}{2^{m^2}} \frac{2^m+1}{2^m-1}$$

が成り立つことを証明せよ．ちなみに，この数 E はいくつかの点で良く研究されている．例えば，[Erdős 1948], [Borwein 1991] によって，E が無理数であることが証明されている．しかしながら，閉じた式は知られていない．E のより深い性質を探求するための可能性のあるアプローチのひとつは [Bailey and Crandall 2002] で与えられている．

この和を Mersenne 素数に限ってとることにして，表 1.2 がその中の最後のものまでが網羅されていると仮定すると (実際に網羅されているかどうかはわかっていないことは断っておかなければならない)，

$$\sum_{M_q \in \mathcal{P}} \frac{1}{M_q}$$

について何桁まで知ることができるだろうか．

1.16. Euler の多項式 x^2+x+41 は，$-40 \le x \le 39$ をみたす x について，素数を値に持つ．そこで $f(x)$ が整数係数の定数でない多項式ならば，$f(x)$ が合成数になるような x が無数にあることを示せ．

1.17. いつでも素数を生成するとは限らないが，ある区間においては，高い確率で素数を作り出す多項式が存在する．[Dress and Olivier 1999] によって発見された多項式

$$f(x) = x^2 + x - 1354363$$

は $x \in [1, 10^4]$ をみたすランダムな整数に対して，$|f(x)|$ が 1/2 以上の確率で素数になる．このことを計算によって示せ．これによって，おもしろいことに，もし 7 桁の「電話番号」1354363 が覚えられれば，頭の中に何千個もの素数を作り出す補助記憶装置を持っていることになる．

1.18. 素数の数列 $2, 3, 5, 11, 23, 47$ を考える．最初のものを除くと，他のものは 1 つ前のものの 2 倍から 1 だけ増減したものになっている．どのような素数から始めても，このような性質を持つ素数の無限数列が作れないことを示せ．

1.19. 本文で述べたように，関係式

$$\frac{1}{\zeta(s)} = \sum_{n=1}^{\infty} \frac{\mu(n)}{n^s}$$

が $\mathrm{Re}(s) > 1$ について成り立つ (和は絶対収束する). このことを証明せよ. しかしながら, $s \to 1$ の極限はそれほどやさしくない. それは

$$\sum_{n=1}^{\infty} \frac{\mu(n)}{n} = 0$$

であって, 素数定理と同値になる. これに関する良い練習問題が2つある. その1つは, 数値実験を通じて,

$$\sum_{n \leq x} \frac{\mu(n)}{n}$$

のオーダーの評価を x の関数として与えよ. 2つ目は, なぜこの和が $x \to \infty$ のときに消えるのか, 少なくとも仮説に基づいた論拠を与えよ. 最初のオプションとして, μ 関数自身を効率的に実装するのは計算機を使うおもしろい問題である. 2番目のオプションとして,

$$1 - \sum_{p \leq x} \frac{1}{p} + \sum_{pq \leq x} \frac{1}{pq} - \cdots$$

の最初の何項かを考え, 大きな x に対して和が 0 に近づいていく理由を考えてもよい. 興味深いことに, J. Gram が 1884 年に実際にやったように ([Ribenboim 1996]), この和が $x \to \infty$ のとき有界になることは素数定理に頼らなくとも証明することができる.

1.20. すべての $x > 1$ に対して,

$$\sum_{p \leq x} \frac{1}{p} > \ln \ln x - 1$$

が成り立つことを証明せよ. ここで p は素数をわたるものとする. これから, 素数が無数にあることを導け. ひとつのやり方として, 次の2つの中間的なステップの証明からこれを導いてもよいであろう.

(1) $\displaystyle\sum_{n=1}^{\lfloor x \rfloor} \frac{1}{n} > \ln x$ を示せ.

(2) $\displaystyle\sum \frac{1}{n} = \prod_{p \leq x} \left(1 - \frac{1}{p}\right)^{-1}$ を示せ. ここで, 左辺の和は x を越える任意の素数で割れないような自然数 n をわたる.

1.21. 二項定理の一般化である多項定理を使って, 任意の正の整数 u と任意の実数 $x > 0$

に対して，

$$\frac{1}{u!}\left(\sum_{p\leq x}\frac{1}{p}\right)^u \leq \sum_{n\leq x^u}\frac{1}{n}$$

が成り立つことを示せ．ここで p は素数をわたり，n は自然数をわたるものとする．この不等式を $u = \lfloor \ln\ln x \rfloor$ として使うことにより，$x \geq 3$ に対して，

$$\sum_{p\leq x}\frac{1}{p} \leq \ln\ln x + O(\ln\ln\ln x)$$

が成り立つことを示せ．

1.22. 与えられた階乗を割る素数の最高冪を考えることによって，

$$N! = \prod_{p\leq N} p^{\sum_{k=1}^{\infty}\lfloor N/p^k \rfloor}$$

を証明せよ．ただし，積は素数 p をわたるものとする．次に，

$$e^N = \sum_{k=0}^{\infty} N^k/k! > N^N/N!$$

から導かれる不等式

$$N! > \left(\frac{N}{e}\right)^N$$

を使って，

$$\sum_{p\leq N}\frac{\ln p}{p-1} > \ln N - 1$$

を証明せよ．これから素数が無限個あることを結論づけよ．

1.23. Stirling の公式

$$N! \sim \left(\frac{N}{e}\right)^N \sqrt{2\pi N}$$

と問題 1.22 の方法を使って

$$\sum_{p\leq N}\frac{\ln p}{p} = \ln N + O(1)$$

を示せ．これから，素数の数え上げ関数 $\pi(x)$ が $\pi(x) = O(x/\ln x)$ をみたすことを導け．さらに，$\pi(x) \sim cx/\ln x$ がある c について成り立つなら，$c = 1$ となることを示せ．

1.24. Chebyshev の定理 1.1.3 から，n 番目 $(n \geq 2)$ の素数 p_n に関する評価

$$Cn\ln n < p_n < Dn\ln n$$

を導け．ただし，C, D は絶対定数である．

1.25. P. Erdős はまだ 10 代の頃に，次の Chebyshev 型の不等式を証明した．任意の $x > 0$ に対して，
$$\prod_{p \leq x} p < 4^x.$$
この結果の証明を与えよ．まずはじめに奇数 x について証明すれば十分であることに注意したほうがよいであろう．あとは，
$$\prod_{n+1 < p \leq 2n+1} p \leq \binom{2n+1}{n} \leq 4^n$$
を使った帰納法で証明すればよい．

1.26. 問題 1.25 を使って，$\pi(x) = O(x/\ln x)$ を証明せよ (問題 1.23 と比較せよ)．

1.27. Bertrand の仮説として知られている，次の Chebyshev による定理を証明せよ．正の整数 N に対して，区間 $(N, 2N]$ には少なくともひとつの素数が存在する．次にあげる有名な短詩によって，Bertrand の仮説は整数論の伝説の一部となった．

> *Chebyshev said it,*
> *we'll say it again:*
> *There is always a prime*
> *between N and $2N$.*

ここに証明のひとつのやり方のアウトラインをあげておこう．$N < p \leq 2N$ をみたす素数 p の積を P とする．$P > 1$ を示すことが目標である．P が $\binom{2N}{N}$ を割ることを示せ．Q を $\binom{2N}{N} = PQ$ で決める．q を素数とし，q^a が Q を割る最大の q 冪であるとするとき，$a \leq \ln(2N)/\ln q$ であることを示せ．さらに，Q の最大素因子は $2N/3$ を越えないことを示せ．問題 1.25 を使って，
$$Q < 4^{\frac{2}{3}N} 4^{(2N)^{1/2}} 4^{(2N)^{1/3}} \cdots 4^{(2N)^{1/k}}$$
を示せ．ただし，$k = \lfloor \lg(2N) \rfloor$ である．
$$P > \binom{2N}{N} 4^{-\frac{2}{3}N - (2N)^{1/2} - (2N)^{1/3} \lg(N/2)}$$
を導け．さらに，帰納法によって，$N \geq 4$ に対して $\binom{2N}{N} > 4^N/N$ であることを示し，$N \geq 250$ ならば $P > 1$ であることを導け．N がそれ以外のときは，直接的な議論によって，問題を解決せよ．

1.28. 問題 1.25 において，すべての $x > 0$ に対して $\prod_{p \leq x} p < 4^x$ が成り立つことを

見た．この問題では，この素数の積の具体的な下界

$$\prod_{p \leq x} p > 2^x \quad (任意の\ x \geq 31\ に対して)$$

を証明する．素数定理は区間 $[1, x]$ にある素数の積が $e^{(1+o(1))x}$ であることに同値であるが，この問題や問題 1.25 のような完全に具体的になった定数を含む形の不等式を得ることはいまだに興味深い問題である．

正の整数 N に対して，

$$C(N) = \frac{(6N)!N!}{(3N)!(2N)!(2N)!}$$

とおく．

(1) $C(N)$ が整数であることを示せ．
(2) p が $p > (6N)^{1/k}$ をみたす素数ならば，p^k は $C(N)$ を割らないことを示せ．
(3) 問題 1.25 と問題 1.27 のアイディアを使って，

$$\prod_{p \leq 6N} p > C(N)/4^{(6N)^{1/2}+(6N)^{1/3}\lg(1.5N)}$$

を示せ．

(4) Stirling の公式 (あるいは数学的帰納法) を使って，すべての N について $C(N) > 108^N/(4\sqrt{N})$ が成立することを示せ．
(5) $x \geq 2^{12}$ に対して $\prod_{p \leq x} p > 2^x$ を示せ．
(6) 2^{12} から 31 までのギャップを計算によって埋めよ．

1.29. 問題 1.28 を使って，すべての $x \geq 5$ について，$\pi(x) > x/\lg x$ であることを示せ．この式では自然対数ではなくて，2 を底とする対数が出てくるので，$\pi(x)$ に関するこの不等式をユーモアをこめて，「コンピュータ科学者のための素数定理」とよんでも良いかもしれない．問題 1.25 を使って，すべての $x > 0$ に対して，$\pi(x) < 2x/\ln x$ であることを示せ．ここのところでは，まず等式

$$\pi(x) = \frac{\theta(x)}{\ln x} + \int_2^x \frac{\theta(t)}{t\ln^2 t}\,dt$$

を示しておくのが良いかもしれない．ただし，$\theta(x) := \sum_{p \leq x} \ln p$ である．この問題の以上の 2 つの部分から定理 1.1.3 が証明されることに注意せよ．

1.30. この問題は計算と理論がうまく調和した問題である．$\sigma(n)$ で n の正の約数の和を表すとする．定理 1.3.3 に先立つ議論から，n が完全数であるための必要十分条件が $\sigma(n) = 2n$ で与えられることを思い出しておこう．このとき，以下の問いに答えよ．ただし，この問題では $n = p_1^{t_1} \cdots p_k^{t_k}$ を n の素因子分解とする．

(1) 完全数であるための条件 $\sigma(n) = 2n$ に同値な条件を p_i, t_i だけで書け．
(2) (1) で得た関係式を使って，手計算あるいは少しだけ計算機を使って，奇数の完全数の下界を求めよ．例えば，任意の奇数の完全数が 10^6 より大きいことを示せ．この下界はもっと大きくてももちろん良い．
(3) $\sigma(12) = 28$ のように，$\sigma(n) > 2n$ をみたす数を過剰数という．手計算あるいは計算機による簡単な探索によって，奇数の過剰数をみつけよ．奇数の過剰数は 3 で割れなくてはいけないだろうか．
(4) 奇数 n に対して，もう少しで完全数になる可能性を研究せよ．例えば（たぶん計算機を使って）$10 < n < 10^6$ の任意の奇数 n に対して $|\sigma(n) - 2n| > 5$ が成り立つことを示せ．
(5) $\sigma(n)$ がほとんどいつも偶数になるのはなぜかを説明せよ．実際，$n \leq x$ をみたす数のうち $\sigma(n)$ が奇数になるものの個数は $\lfloor\sqrt{x}\rfloor + \lfloor\sqrt{x/2}\rfloor$ で与えられることを証明せよ．
(6) 任意の固定された整数 $k > 1$ に対して，$k|\sigma(n)$ をみたす整数 n の集合の漸近密度が 1 であることを示せ．（ヒント：Dirichlet による定理 1.1.5 を使え．）$k = 4$ の場合は一般の場合より簡単である．この簡単な場合を使って，奇数の完全数の集合の漸近密度が 0 であることを示せ．
(7) 自然数 n に対して $s(n) = \sigma(n) - n$ とせよ．ただし $s(0) = 0$ としておく．したがって，n が過剰数であるための必要十分条件は $s(n) > n$ である．$s^{(k)}(n)$ で s を n に k 回繰り返し適用した関数を表すことにする．Dirichlet の定理 1.1.5 を使って，次の H. Lenstra による定理を証明せよ．任意の自然数 k を与えたとき，

$$n < s^{(1)}(n) < s^{(2)}(n) < \cdots < s^{(k)}(n) \qquad (1.47)$$

をみたす n が存在する．この不等式の鎖が「すべての」k について成立するような n が存在するかは知られていないし，数列 $(s^{(k)}(n))$ が有界でないような n も知られていない．2 番目の性質が確定していない最小の n は 276 である．P. Erdős は，固定された任意の k に対して，$n < s(n)$ であるが，(1.47) が成り立たないような n の集合の漸近密度が 0 であることを示した．

1.31. [Vaughan 1997] $c_q(n)$ を (1.37) で定義された Ramanujan 和とするとき，n が完全数であるための必要十分条件は

$$\sum_{q=1}^{\infty} \frac{c_q(n)}{q^2} = \frac{12}{\pi^2}$$

であることを証明せよ．

1.32. [Copeland and Erdős 1946] において次のことが示されている．10 進で書かれた素数をそのまま順にくっつけた数

$$0.235711131719\ldots$$

は 10 進で正規である．その意味は，この数に現れる任意の k 個の連続した桁は「平等な」漸近頻度 10^{-k} をもつということである．部分的な結果である任意の k 桁の数は無限回現れることを示せ．

実際，2つの数字の有限列が与えられたとして，2番目の数字の列の最後の桁が $1, 3, 7, 9$ のいずれかであれば，1番目の数字の列で始まって，2番目の数字の列で終わるような素数が無数にあることを示せ．ただし，その間にはさまる数はどんなものでもよいとする．

(1.5) から明らかなように，10 進の最後の桁が $1, 3, 7, 9$ のいずれかであるような素数の相対密度は $1/4$ である．それでは，最初の桁が与えられた数になるような素数は同様の矛盾なく定義された相対密度を持つか．

1.33. この問題では，問題 1.32 で定義した数の与えられた底に関する正規性の概念と，問題 1.35 で定義される一様分布の概念を使う．さて，Fermat 数を最初のものから順番に自然対数をとった数列を実数の擬似ランダム数列と思うことにする．このとき次の定理を証明せよ．もしこの数列が法 1 で一様分布しているならば，実数 $\ln 2$ は底 2 で正規である．この定理の逆は真だろうか．

実は，現在に至るまで，$\ln 2$ が正規であることは，どの整数の底に対してもわかっていないことをここで注意しておこう．π, e などの歴史上知られている基本的な定数についても，残念ながら同じことがいえる．つまり，問題 1.32 でやったような人工的な数の並びでない限り，正規性はなかなか証明ができない性質なのである．正規性や一様分布に関するきちんとした記述のある標準的な文献は [Kuipers and Niederreiter 1974] である．$\ln 2$ のように具体的かつ基本的な定数の正規性に関しては [Bailey and Crandall 2001] に議論がある．

1.34. 素数定理を使うか，あるいは Chebyshev の定理 1.1.3 を使うことにより，素数 p, q を使って p/q と書ける有理数が正の実数の中で稠密であることを示せ．

1.35. Vinogradov の定理によれば，p_n を素数を自然な順で並べた数列とするとき，任意の無理数 α に対して，数列 (αp_n) は法 1 で一様分布している．ここでの一様分布の意味は，N 個の素数まで動かしたときに区間 $[a, b) \subset [0, 1)$ に何回入るかを $\#(a, b, N)$ で表すことにするとき，$N \to \infty$ となれば $\#(a, b, N)/N \sim (b - a)$ が成り立つという意味である．この Vinogradov の定理に基づいて，次のことを証明せよ．無理数 $\alpha > 1$ と集合

$$S(\alpha) = \{\lfloor k\alpha \rfloor : k = 1, 2, 3, \ldots\}$$

に対して，素数の個数を勘定する関数

$$\pi_\alpha(x) = \#\{p \leq x \ : \ p \in \mathcal{P} \cap S(\alpha)\}$$

は，
$$\pi_\alpha(x) \sim \frac{1}{\alpha}\frac{x}{\ln x}$$
をみたす．α が有理数のときは π_α はどのような振る舞いをするか．

この問題の拡張として，Vinogradov の一様分布定理自身を 1.4.4 項の指数和のアイディアを使って証明することができる．一様分布数列のスペクトル的な性質に関する Weyl の有名な定理 [Kuipers Niederreiter 1974, Theorem 2.1] を使うと，無理数 α と任意の整数 $h \neq 0$ に対して，
$$E_N(h\alpha) = \sum_{p \leq N} e^{2\pi i h \alpha p}$$
が $o(N)$ であることを示すことに問題を帰着させることができる．これは α の適当な有理数近似を見つけて，$h\alpha$ に十分良い近似が与えられているなら，本文中の (1.39) を使い，それ以外の α については (1.41) を使うことによって，上の指数和を評価すれば証明できる．この問題に関しては [Ellison and Ellison 1985] がおもしろく読める．

さらには，
$$\pi_c(x) = \#\{n \in [1,x] : \lfloor n^c \rfloor \in \mathcal{P}\}$$
の研究にも指数和が使える．仮説を伴った議論によれば，漸近挙動は
$$\pi_c(x) \sim \frac{1}{c}\frac{x}{\ln x}$$
であることが期待される．まず最初に，素数定理を使って，$c \leq 1$ に対してこの漸近式が成立することを示せ．指数和のテクニックを使って，ある $c > 1$ に対してこの漸近式が成り立つことを示せ．なお，例えば，この漸近関係式が $1 < c < 12/11$ をみたすすべての c について成立するという Piatetski-Shapiro の定理が知られている [Graham and Kolesnik 1991].

1.36. 素数の研究をしていると，まさに仰天するような大きい数に出くわすことがある．そのようなもの例として Skewes 数
$$10^{10^{10^{34}}}, \quad e^{e^{e^{e^{7.705}}}}$$
がある．このうち 2 番目のものは $\mathrm{li}_0(x)$ を $\int_0^x dt/\ln t$ で定義したときに，$\pi(x) > \mathrm{li}_0(x)$ が成り立つ最初の x の上限として現れる．(最初のものは Riemann 予想について Skewes が証明した有名な条件付きの評価に現れる．) 被積分関数の $t = 1$ における特異点のために，$x > 1$ に対して「主値」
$$\mathrm{li}_0(x) = \lim_{\epsilon \to 0}\left(\int_0^{1-\epsilon}\frac{1}{\ln t}dt + \int_{1+\epsilon}^x \frac{1}{\ln t}dt\right)$$
をとる．この関数 $\mathrm{li}_0(x)$ は $c \approx 1.0451637801$ とするとき $\mathrm{li}(x) + c$ をみたす．Skewes

が上の評価を得る以前に，J. Littlewood は，$\pi(x) - \mathrm{li}_0(x)$ に ($\pi(x) - \mathrm{li}(x)$ にも同じく) 符号変化があって，しかも符号が無限回変わることを示していた．

「Skewes の世界」への楽しい一歩は，上にあげた 2 番目の Skewes 数を 10 を底とする指数で表すことである (いいかえれば，式に出てくる e を 10 でうまく置き換えていくのである．1 番目の Skewes 数はすでにそのような形になっている)．この問題に関する最近の参考文献は [Kaczorowski 1984] である．また $\pi(x) > \mathrm{li}_0(x)$ が成り立つ最小の x に関する最新の評価は [Bays and Hudson 2000a, 2000b] で示された $x < 1.4 \cdot 10^{316}$ である．事実，彼ら 2 人は最近，A. Odlyzko に提供を受けたゼータ関数の 10^6 個の零点のデータを使って，ある $x \in (1.398201, 1.398244) \cdot 10^{316}$ に対して $\pi(x) > \mathrm{li}_0(x)$ が成り立つことを証明している．

$\pi(x) > \mathrm{li}_0(x)$ となるような x を実際に見つけて，それを証明するために研究者たちはまだどれくらいかかるだろうかと考えてみるのはおもしろい問題である．例えば，30 年のうちに $\pi(x)$ 自身の計算がどこまで進むかを想像するのはおもしろい．素数の個数を数えるアルゴリズムについては，3.7 節で取り上げるが，現状を述べておけば $\pi(10^{21})$ かあるいはそれより少し大きいところまでが限界である (ただし新しい結果は頻繁に現れる)．

さらに別の方向に空想を進めよう．数値計算あるいは物理学の話題でこのような巨大な数が自然に現れるものを思い浮かべてみよ．この遊びの参考文献に [Crandall 1997a] がある．この文献には，途方もないとしか言いようがない物理学の話題が載っている．例えば，1 人の人間が 1 年の間に偶然に，まるごと，生きたままで，どこも損なわれることなく火星にまで量子トンネル効果で送られてしまう確率は，A をアボガドロ数 (1 モル，約 $6 \cdot 10^{23}$) とするとき，A^{-A} よりずっと小さいわけではないというのだ．素数に関連した確率的な話で，Skewes 数ほど高く冪が積み上がったものが必要になるものを見つけ出すのは難しい．

ちなみに，いろいろな技術的な理由によって，現代の多くの数値計算システムあるいは数式処理システムで，対数積分関数 li_0 を効率よく計算する最良の方法は $\mathrm{Ei}(\ln x)$ を使うものである．ここで，

$$\mathrm{Ei}(z) = \int_{-\infty}^{z} t^{-1} e^t \, dt$$

は標準的な指数積分関数で，$t = 0$ の特異点では主値をとると仮定する．さらに li はわれわれの定義では (1.3) で与えられ，積分範囲は 2 から始まっているが，注意すべきなのは，著者によってはわれわれの li_0 を表すのに li を使っているということである．この本の記法で li と li_0 を使うことにして，この計算上のアドバイスをまとめると次の式になる．

$$\mathrm{li}(x) = \mathrm{li}_0(x) - \mathrm{li}_0(2) = \mathrm{Ei}(\ln x) - \mathrm{Ei}(\ln 2) \approx \mathrm{Ei}(\ln x) - 1.0451637801.$$

1.37. [Schoenfeld 1976] において，Riemann 予想の仮定のもとで，

$$|\pi(x) - \mathrm{li}_0(x)| < \frac{1}{8\pi}\sqrt{x}\,\ln x$$

という精密な評価が $x \geq 2657$ について成り立つことが示されている．ここで $\mathrm{li}_0(x)$ は問題 1.36 で定義されたものである．計算によって，表 1.1 のデータはどれも Riemann 予想に反しないことを示せ．直接的な計算と，$\mathrm{li}(x) < \mathrm{li}_0(x) < \mathrm{li}(x) + 1.05$ が成立するという事実を使って，Riemann 予想の仮定のもとで，本文に出てきた不等式

$$|\pi(x) - \mathrm{li}(x)| < \sqrt{x}\,\ln x \tag{1.48}$$

が $x \geq 2.01$ に対して成り立つことを証明せよ．(1.25) に関連する議論から，(1.48) は Riemann 予想と同値である．さらに，(1.48) は初等的な言葉で述べられた主張であることに注意しよう．つまりその主張を理解するには素数の定義と自然対数と積分くらいしか必要がない．したがって，(1.48) は微積分学の講義においても説明することのできる Riemann 予想の定式化である．

1.38. $\psi(x)$ を (1.22) で定義されたものとする．[Schoenfeld 1976] において，Riemann 予想から $x \geq 73.2$ に対して

$$|\psi(x) - x| < \frac{1}{8\pi}\sqrt{x}\,\ln^2 x$$

が得られることが示されている．直接，計算することによって，Riemann 予想の仮定のもとで，$x \geq 3$ に対して

$$|\psi(x) - x| < \sqrt{x}\,\ln^2 x$$

が成り立つことを示せ．問題 1.37 を使って，Riemann 予想が，すべての整数 $n \geq 3$ に対して

$$|L(n) - n| < \sqrt{n}\,\ln^2 n \tag{1.49}$$

が成立するという初等的な主張に同値であることを示せ．ここで，$L(n)$ は $1, 2, \ldots, n$ の最小公倍数の自然対数である．(1.48) が微積分学のクラス向けの Riemann 予想の定式化であるとすれば，たぶん (1.49) は微積分学の予備コース向けといえるかもしれない．というのも，この定式化では最小公倍数と自然対数の概念しか登場しないのである．

1.39. (1.25) で予想された形の素数定理を使って，任意の十分大きい 2 つの立方数の間には必ず素数があることを証明せよ．(1.48) とそれに関する計算によって（ふたたび Riemann 予想の仮定のもとで），任意の 2 つの正の立方数の間には素数が存在することを証明せよ．Ingham は 1937 年に十分大きな任意の 2 つの立方数の間に素数があることを何の仮定もなしに証明した．また，Cheng は 1999 年に $e^{e^{15}}$ 以上の立方数についてこの定理が正しいことをやはり無条件で証明している．

1.40. 和が素数をわたるとき $\displaystyle\sum_{p \leq n-2} 1/\ln(n-p) \sim n/\ln^2 n$ を示せ．

1.41. 2つの素数の和として表すことのできない x 以下の偶数の個数は，ある定数 c を用いて $O(x^{1-c})$ と書けるという定理を使うことによって，等差数列をなす素数の 3 個組が無数に存在することを示せ (この問題に関する別のアプローチについては問題 1.42 を見よ).

1.42. $R_2(2n)$ を本文と同じく，素数 p,q を使って $p+q=2n$ と表すときの表し方の個数とし，$\mathcal{R}_2(2n)$ を (1.10) で与えられたものとする. このとき指数和の理論から

$$\sum_{n\leq x}(R_2(2n)-\mathcal{R}_2(2n))^2 = O\left(\frac{x^3}{\ln^5 x}\right) \qquad (1.50)$$

が成り立つことが知られている [Prachar 1978]. さらに Brun の篩法によって,

$$R_2(2n) = O\left(\frac{n\ln\ln n}{\ln^2 n}\right)$$

がわかっている. このとき $\mathcal{R}_2(2n)$ もまた同じ O 関係式をみたすことを示せ. これらの評価式を使って，$2p$ (p は素数) の形をした数で，2 つの相異なる素数の和として表せないものの集合は，素数全体の集合の中で，相対漸近密度が 0 になることを示せ. すなわち，これらの例外的な素数で $p\leq x$ をみたすものは $o(\pi(x))$ である. さらに

$$A_3(x) = \#\left\{(p,q,r)\in\mathcal{P}^3 \ : \ 0 < q-p = r-q; q\leq x\right\}$$

とせよ. すなわち，$A_3(x)$ は 3 項からなる素数の等差数列 $p<q<r$ ($q\leq x$) の個数である. $x\geq 2$ に対して,

$$A_3(x) = \frac{1}{2}\sum_{p\leq x, p\in\mathcal{P}}(R_2(2p)-1) \sim C_2\frac{x^2}{\ln^3 x}$$

となることを示せ. ただし，C_2 は (1.6) で定義された双子素数定数である.

計算に目を転じて，与えられた x に対して $A_3(x)$ の正確な値を計算するための効率的なアルゴリズムを開発せよ. それによって次を確かめよ. $A_3(3000) = 15482$ (つまり，真ん中の素数が 3000 を越えないような等差数列をなす素数の異なる 3 つ組が 15482 個あるということである), $A_3(10^4) = 109700$, $A_3(10^6) = 297925965$. (この最後の値は R. Thompson が計算した.) この計算を進めるには少なくとも 2 つの方法がある. その 1 つは Eratosthenes の篩の変形を使うもので，もう 1 つは (問題 1.67 で説明する) フーリエ変換を使うものである. 上で述べた A_3 の漸近式は 10^6 において，16% も低い. $x^2/\ln^3 x$ を

$$\int_2^x\int_2^{2t-2}\frac{1}{(\ln t)(\ln s)(\ln(2t-s))}\,ds\,dt$$

で置き換えると，置き換えられた式は，10^6 において 0.4% 以内の誤差にとどまる. こ

の重積分が良い評価を与える理由を説明せよ.

1.43. $4 \cdot 10^{11}$ までの偶数に対して, 2 項 Goldbach 予想が成り立っていることを使って, 7 以上 10^{20} 以下の奇数に対して, 3 項 Goldbach 予想を確かめるための計算が [Saouter 1998] で述べられている. 現在では, 2 項 Goldbach 予想は $4 \cdot 10^{14}$ までの偶数に対して正しいことがわかっている. このことから, Saouter による 3 項 Goldbach 予想に関する上限を, 例えば 10^{23} に伸ばすための計算を記述せよ.

ちなみに, Goldbach 予想の関する研究によって特別な報償が得られるかもしれない. というのもドキアディスによる小説「ペトロス叔父とゴールドバッハの予想」[*1)] に関連して, この本の出版社は 1,000,000 ドルの賞金を (2 項) Goldbach 予想の証明に対して提供することを 2000 年に発表したのである. しかしながら, この賞は請求者のいないまま 2002 年に終了してしまった.

1.44. この問題では, 1.2.3 項で議論した次の Shnirel'man の結果の証明をする (あるいは少なくとも証明を完成させる). 主張は集合 $S = \{p+q : p, q \in \mathcal{P}\}$ が「下からの正の密度」を持つということである (この言葉遣いは以下で明確にされる). 本文と同様に, 素数 p, q で $n = p+q$ の形に表すやり方の個数を $R_2(n)$ とする. このとき

(1) Chebyshev の定理 1.1.3 から, ある正の定数 A_1 があって, 十分大きな x に対して,
$$\sum_{n \leq x} R_2(n) > A_1 \frac{x^2}{\ln^2 x}$$
が成立することを導け.

(2) たくさんの難しい証明を避けるために,
$$\sum_{n \leq x} R_2(n)^2 < A_2 \frac{x^3}{\ln^4 x}$$
が $x > 1$ について成立することをすっかり認めてしまおう. ここで A_2 はある定数である. この結果は Selberg や Brun の篩といった高度な技法を使って証明される [Nathanson 1996].

(3) (1), (2) と Cauchy–Schwarz の不等式
$$\left(\sum_{n=1}^{x} a_n b_n\right)^2 \leq \left(\sum_{n=1}^{x} a_n^2\right)\left(\sum_{n=1}^{x} b_n^2\right)$$
(この式は任意の実数 a_n, b_n に対して正しい) を使って, ある正の定数 A_3 があって,
$$\#\{n \leq x : R_2(n) > 0\} > A_3 x$$

[*1)] 訳注: 酒井武志氏による邦訳がある (早川書房 2001 年).

が十分大きな x に対して成り立つことを証明せよ．この種の評価のことを集合 S に対する「下からの正の密度」とよんだのである．(ヒント: $a_n = R_2(n)$ とし，(b_n) として適当な 0, 1 からなる数列をとる.)

本文で述べたように，Shnirel'man はこの密度の下からの評価から，彼の有名な結果，すなわち，ある固定された s に対して，2 以上のすべての整数は高々 s 個の素数の和として表されるという結果が導かれることを証明した．興味深いのは，(2) で与えられたような Goldbach 型の表現の個数の「上限」が証明の鍵になっていることである．それはもちろん，そのような上限によって，表現の個数がコントロールされている，つまり十分多くの偶数 n がこのような表現を持つように個数が広く分布しているということが明らかになるからである (この基本的な評価方法のさらなる応用については問題 9.80 を見よ).

1.45. k 個組素数予想 1.2.1 を仮定して，任意の k に対して，k 個の連続した素数からなる等差数列があることを証明せよ．

1.46. Mersenne 素数 $2^2-1, 2^3-1, 2^5-1$ はそれぞれ双子素数の片割れになっている．表 1.2 にある既知の Mersenne 素数でこの性質をみたすものは他にあるか．

1.47. q を Sophie Germain 素数とする．つまり，$s = 2q+1$ も素数であるとする．もし，$q \equiv 3 \pmod 4$ かつ $q > 3$ であれば，Mersenne 数 $M_q = 2^q - 1$ は s で割れて，合成数になることを証明せよ．大きな Sophie Germain 素数として，Kerchner と Gallot が発見した
$$q = 18458709 \cdot 2^{32611} - 1$$
がある[*1)]．このとき $2q+1$ はまた素数である．この問題から Mersenne 数 M_q は合成数になるが，それは非常に巨大で 10 進でほぼ 10^{10^4} 桁の数である．

1.48. Mersenne 数の間の次の関係式を証明せよ．
$$\gcd(2^a - 1, 2^b - 1) = 2^{\gcd(a,b)} - 1.$$
これから，相異なる素数 q, r に対して，Mersenne 数 M_q, M_r は互いに素であることを結論せよ．

1.49. W. Keller が証明した F_{24} の因子 p の下からの評価
$$p > 6 \cdot 10^{19}$$
を使って，式 (1.13) から F_{24} が素数である推定確率を求めよ (この数が素数でないことはすでにわかっているけれども，この結果を知らないものとして解け)．任意の Fermat

---

[*1)] 訳注: 2009 年 2 月現在，最大の q は $48047305725 \cdot 2^{172403} - 1$ である．

数の素因子についてわかっていることを使って (つまり，可能性のある素因子が特別な形をしていることや，いくつかの小さな Fermat 数の知られている性質を使って)，F_4 より先には，もう Fermat 素数がひとつもない確率を評価せよ．

1.50. 定理 1.2.1 を Brun の評価 (1.8) を仮定した上で証明せよ．

1.51. n を $n = 3 \cdot 5 \cdots 101$ (連続する奇素数の積) とする．この奇数 n に対して，Vinogradov の $R_3(n)$ に関する評価を使うと，n を 3 個の素数の和として表す表し方は何通りくらいになるか (問題 1.68 を見よ)．

1.52. 直接計算することによって，10^8 が 2 つの底 2 の擬素数 (その定義については 3.4 節を見よ) の和には書けないことを証明せよ．一方，その計算の副産物として，素数 p と底 2 の擬素数である奇数 P_2 を使って，
$$10^8 = p + P_2 \text{ または } P_2 + p$$
と表す方法はちょうど 120 通りあることもわかるであろう (これはプログラムのよい検証にもなる)．このような表し方の中で，見事なのは
$$10^8 = 99999439 + 561$$
である．ここに現れる 561 は有名な最小の Carmichael 数である (3.4.2 項を見よ)．2 以外の他の底をとると，10^8 は 2 つの擬素数の和として表されるだろうか．与えられた n に対して，さまざまな種類の $p + P_b$ の形の「擬表現」はいくつくらいあると確率的には期待されるだろうか．

1.53. 素数 p の 2 進展開において，すべての 1 が等差数列をなすような位置に出てくるとき，p は Wieferich 素数になり得ないことを示せ．この系として，Mersenne 素数も Fermat 素数も，Wieferich 素数になり得ないことを証明せよ．

1.54. u^{-1} で法 p での乗法についての逆元を表すことにするとき，奇素数 p に対して
$$\sum_{p/2 < u < p} u^{-1} \equiv \frac{2^p - 2}{p} \pmod{p}$$
を証明せよ．

1.55. Wilson–Lagrange の定理 1.3.6 を使って，$p \equiv 1 \pmod{4}$ をみたす任意の素数 p に対して，合同式 $x^2 + 1 \equiv 0 \pmod{p}$ が解けることを証明せよ．

1.56. Wilson 素数に関係する次の定理を証明せよ．g が素数 p の原始根であるとき，Wilson 商は

$$w_p \equiv \sum_{j=1}^{p-1} \left\lfloor \frac{g^j}{p} \right\rfloor g^{p-1-j} \pmod{p}$$

をみたす．つぎに，この結果を使って，$g = 2$ が原始根であるような素数 p が Wilson 素数であるかどうかを判定するアルゴリズムを与えよ．ただし，かけ算は使わずに，たし算，引き算，比較だけを使え．

1.57. 次のようにして，双子素数と Wilson–Lagrange の定理を結び付けることができる．p を 1 より大きい整数とする．p と $p+2$ が双子素数の組であるための必要十分条件は

$$4(p-1)! \equiv -4 - p \pmod{p(p+2)}$$

が成り立つことである．Clement によるこの定理を証明せよ．

1.58. 次にあげる「Mertens のパラドックス」はどのようにしたら解消できるだろうか．x を大きな整数とし，x が素数である「確率」を考える．良く知られているように，素数であるかどうかは $\sqrt{x}$ を越えない素因子を持つかどうかで決まる．ところが，定理 1.4.2 から，$\sqrt{x}$ 以下のすべての素数を確率論的に篩にかけると，最終的に p が素数になる確率は

$$\prod_{p \leq \sqrt{x}} \left(1 - \frac{1}{p}\right) \sim \frac{2e^{-\gamma}}{\ln x}$$

になるように思われる．(1.46) において，床関数[*1)]を単純に取り除くと同じ評価に再び到達する．しかし一方で，素数定理によれば x が素数である正しい漸近確率は $1/\ln x$ である．ただし $2e^{-\gamma} = 1.1229189\ldots$ である．どうしたらこのパラドックスは解消されるだろうか．

Eratosthenes の篩はランダムよりも効率的であるということが言われてきた．このことがこの「パラドックス」について考えをめぐらせるひとつの方法である．実際，この解決のためにどのように考えたらよいのかについて，興味深い研究がなされている．例えば [Furry 1942] では，与えられた区間 $[x, x+d]$ に Eratosthenes の篩を適用したときの振る舞いの解析がなされていて，この区間内のどれくらいの合成数が見逃されてしまうかについて驚くべき事実が明らかにされている．[Bach and Shallit 1996, p. 365] にこの問題に関する歴史的な要約がある．

1.59. 関係式 (1.24) が，積分が収束するときにはいつでも成立することを使って，$M(x) = O(x^{1/2+\epsilon})$ ならば Riemann 予想が成り立つことを証明せよ．

1.60. 素数定理と Riemann のゼータ関数の挙動がどれくらい関係あるのかを示す簡潔

[*1)] 訳注: floor function. 記号 $\lfloor x \rfloor$ で表される関数で x 以下の最大の整数を表す．例えば $\lfloor 5.3 \rfloor = 5$, $\lfloor -5.3 \rfloor = -6$ である．一方，天井関数 (ceiling function)$\lceil x \rceil$ は x 以上の最小の整数を表すのに用いられる．

な方法がある．関係式
$$-\frac{\zeta'(s)}{\zeta(s)} = s \int_1^\infty \psi(x) x^{-s-1} \, dx$$
を使って，
$$\psi(x) = x + O(x^\alpha)$$
であれば，$\zeta(s)$ が半平面 $\text{Re}(s) > \alpha$ では零点を持たないことを示せ．これは，素数定理の評価における本質的な誤差と ζ の零点の関係を示している．

より難しい逆の向きを考えるために，ζ が半平面 $\text{Re}(s) > \alpha$ で零点を持たないと仮定しよう．等式 (1.23) を見て，
$$\sum_{\text{Im}(\rho) \leq T} \frac{x^\rho}{|\rho|} = O(x^\alpha \ln^2 T)$$
を証明せよ．この証明は非自明でそれ自身興味深いものである [Davenport 1980]．最後に任意の $\epsilon > 0$ について
$$\psi(x) = x + O\left(x^{\alpha+\epsilon}\right)$$
が成り立つことを結論せよ．以上の議論によって，Riemann による予想
$$\pi(x) = \text{li}(x) + O(x^{1/2} \ln x)$$
が，ときに「Riemann 予想の素数定理による形」と考えられる理由がはっきりする．

1.61. この問題では臨界線上での Riemann のゼータ関数の値を計算する方法を示そう．問題は，それを実行する公式の実装と，以下で与えられるいくつかの高い精度で計算された値と計算値の比較と検証を行うことである．ここでは，できるだけコンパクトに，有名な Riemann–Siegel の公式を説明する．この公式は一見したところ扱いにくいように思われるが，いったん公式の威力に気づけば，その複雑さなどほんの些細なものに思えてくるであろう．実際，この公式こそが，最初の 15 億個の (正の虚部をもつ) 零点が臨界線上にあることを示すのに使われたものなのである．(そして並列化のための変形を施した式が，限界を押し上げるために使われた．本文と問題 1.62 を見よ．)

まず Hardy 関数を定義するのが最初のステップである．
$$Z(t) = e^{i\vartheta(t)} \zeta(1/2 + it).$$
ここで
$$\vartheta(t) = \text{Im}\left(\ln \Gamma\left(\frac{1}{4} + \frac{it}{2}\right)\right) - \frac{1}{2} t \ln \pi$$
であって，これにより Z は臨界線上の (つまり実の t に対して) 実の値をとる関数になる．さらに，Z の符号変化は ζ の零点に対応している．したがって，実数 $a < b$ に対して，$Z(a), Z(b)$ が異符号であれば，区間 (a, b) に少なくとも 1 つ零点があることになる．

さらに都合のよいことに

$$|Z(t)| = |\zeta(1/2 + it)|$$

が成り立っている．注意しておきたいのは，研究をすすめるにあたって，Riemann 予想の数値的な検証においてそうであったように，実数値関数 Z をもっぱら使ってもよいし，あるいはガンマ関数などの適切な数値評価を使って元に戻すことによって，臨界線上の ζ 自身の値を求めて使ってもよい．

Riemann–Siegel の公式の使い方は [Brent 1979] で与えられている．$\tau = t/(2\pi)$, $m = \lfloor\sqrt{\tau}\rfloor$, $z = 2(\sqrt{\tau} - m) - 1$ とせよ．このとき効率の良い計算ができる式は

$$Z(t) = 2\sum_{n=1}^{m} n^{-1/2} \cos(t \ln n - \vartheta(t))$$
$$+ (-1)^{m+1} \tau^{-1/4} \sum_{j=0}^{M} (-1)^j \tau^{-j/2} \Phi_j(z) + R_M(t)$$

で与えられる．ここで M はその先を切り捨てるために選ばれた整数で，Φ_j は $j \geq 0$ に対して関数 Φ_0 とその微分を使って定義された整関数である．また $R_M(t)$ は誤差である．実際には $M = 2$ ととると，この値に対して

$$\Phi_0(z) = \frac{\cos(\frac{1}{2}\pi z^2 + \frac{3}{8}\pi)}{\cos(\pi z)},$$
$$\Phi_1(z) = \frac{1}{12\pi^2} \Phi_0^{(3)}(z),$$
$$\Phi_2(z) = \frac{1}{16\pi^2} \Phi_0^{(2)}(z) + \frac{1}{288\pi^4} \Phi_0^{(6)}(z)$$

とする必要がある．見かけの複雑さにも関わらず，この公式が実際の計算にすぐに適用可能なものになっていることは強調しておくべきであろう．実際に，誤差 R_2 は厳密に評価できて，任意の $t > 200$ に対して

$$|R_2(t)| < 0.011 t^{-7/4}$$

が成り立つ．$M > 2$ に対する高位の評価も [Gabcke 1979] によって最初に発見されているが，この R_2 だけでも，20 年間にもわたって実際に計算を行う人たちの役に立っているのである．

$M = 2$ に対する Riemann–Siegel の公式を実装してみよ．そして既知の値

$$\zeta(1/2 + 300i) \approx 0.4774556718784825545360619$$
$$+ 0.6079021332795530726590749\, i,$$
$$Z(1/2 + 300i) \approx 0.7729870129923042272624525$$

に対してテストを実行せよ．これらの値は与えられた小数の精度まで正確である．自

分が作ったプログラムを使って $1/2 + 300i$ に最も近い零点を見つけよ．この零点は $t \approx 299.84035$ をみたしているはずである．$M = 2$ の近似レベルのままで，ほんの短時間で
$$\zeta(1/2 + 10^6 i) \approx 0.0760890697382 + 2.805102101019\, i$$
であることが確かめられるはずである．

正しく動作する Riemann–Siegel の公式のプログラムで武装すると，解析的整数論の裏付けを持ったすばらしい計算の世界が開けてくる．実軸から離れた領域での ζ の値の計算の実際的な方法の詳細については [Brent 1979], [van de Lune et al. 1986], [Odlyzko 1994], [Borwein et al. 2000] を見よ．Riemann–Siegel の公式は威力があって，かつ重要であるのだが，虚部が大きいときには他の効率のよい計算方法があることも指摘しておくべきであろう．事実，Riemann–Siegel 級数がもともと持っている漸近的な性格を避けて，不完全ガンマ関数の値，あるいはある積分の鞍点に基づく明らかに収束する展開を使うことができるのである．他のやり方については [Galway 2000], [Borwein et al. 2000], [Crandall 1999c] で議論されている．

1.62. 問題 1.61 の Riemann–Siegel の公式と，$s = \sigma + it$ が臨界半直線上にない場合の同様の計算法から，適当な切り捨てのための定数 m (典型的な場合は $m \sim \sqrt{t}$) に対して，
$$S_m(s) = \sum_{n=1}^{m} \frac{1}{n^s}$$
という形の和を実際の計算に使うことができるのは明らかであろう．アルゴリズム 9.5.8 としてのせた非正規高速フーリエ変換アルゴリズムを使って，等差数列をなす s の値に対して $S_m(s)$ を計算する方法を考えよ．つまり $k = 0, \ldots, K-1$ として，
$$s = \sigma + ik\tau$$
に対して，
$$S_m(\sigma + ik\tau) = \sum_{n=1}^{m} \frac{1}{n^\sigma} e^{-ik\tau \ln n}$$
となる．この式から各々の長さが K の (m/K) 非正規高速フーリエ変換を使うという発想が思い浮かぶ．幸運なことに，この方法によって，すべての $k \in [0, K-1]$ に対して，
$$O(m \ln K)$$
回の演算で和 S_m を計算することができる．ここで，必要な精度は (対数のオーダーではあるが) 付随する O 定数に入り込んでくる．長さ m を K 回たす素朴なやりかたでやれば $O(mK)$ かかるので，この方法はめざましい改良である．

このような高速化は Riemann 予想の検証だけではなく，素数の個数を解析的な方法で

数えることにも使える．ちなみに，この非正規高速フーリエ変換による方法は，[Odlyzko and Schönhage 1988] における並列計算の方法と，計算量的にいえば，本質的に同値である．しかしながら，高速フーリエ変換に精通している人や，あるいは (その内部で非正規高速フーリエ変換の呼び出しが可能な) 効率のよい高速フーリエ変換のためのソフトウェアが利用できる人にとっては，この問題の方法は興味をそそるものに違いない．

1.63. (1.22) で定義された $\psi(x)$ が，x を越えないすべての正の整数の最小公倍数の対数に等しいことを示せ．素数定理が $\psi(x) \sim x$ に同値であることを示せ．ちなみに，[Deléglise and Rivat 1998] において，$\psi(10^{15})$ が $999999997476930.507683\ldots$ であることが示されている．これは関係式 $\psi(x) \sim x$ の数値例として興味深いものになっている．実際，誤差 $|\psi(x) - x|$ は大まかにいって $x = 10^{15}$ では $\sqrt{x}$ くらいであることがわかる．これは Riemann 予想の仮定のもとで期待される誤差になっている．

1.64. (1.22) で定義された ψ 関数を使って，素数の分布と Riemann のゼータ関数の臨界零点を結び付ける計算をせよ．まず以前から知られている等式 (1.23) から出発して，最初の $2K$ 個の臨界零点の数表を作れ (そのうちの K 個は正の虚部をもつ)．それによって得られる $\psi(x)$ に対する近似値を，例えば整数でない $x \in (2, 1000)$ に対して評価せよ．行った計算をチェックするために，$K = 200$ とし，$\psi^{(K)}$ で $2K$ 個の零点から上で求めた近似を表すことにすると，驚くべき不等式

$$\left|\psi(x) - \psi^{(200)}(x)\right| < 5$$

が x のとりうるすべての値に対して成立していることを確認せよ．これが意味するのは，仮説に基づいていえば，最初の 200 個の臨界零点とその共役が $(2, 1000)$ における素数の出現頻度をほんの少しの取りこぼしを除いて決定しているということである．さらに，x に対する誤差をプロットすると，うまい具合に 0 の辺りをほんの少しだけ変動する．したがってこの近似は平均的に非常によいといえる．次の問題を考えてみよ．与えられた x の範囲に対して，そのすべての範囲において，$|\psi - \psi^{(K)}| < 1$ が成り立つようにするには，おおよそ何個くらいの臨界零点が必要だろうか．もうひとつ計算の問題をあげよう．つぎの Riemann 予想を仮定して得られる近似式 ([Ellison and Ellison 1985])

$$\psi(x) = x + 2\sqrt{x} \sum_t \frac{\sin(t \ln x)}{t} + O\left(\sqrt{x}\right)$$

は数値的にどれくらい良い近似になっているのかを考えよ．ここで t は臨界零点の虚部を動く．実際に素数の個数を数える際に使われる同様の解析的なアプローチについては 3.7 節，特に問題 3.50 を見よ．

1.65. 問題 1.64 と同様，この問題でも Riemann のゼータ関数の零点のデータベースが必要になる．臨界直線に付随するあらゆる計算スキームに対して有効な検査法がいくつ

か知られている．この問題で扱うのは，そのようなもののうちの1つである．Riemann 予想を仮定すると，次の関係式が得られる ([Bach and Shallit 1996, p. 214] を見よ)．

$$\sum_\rho \frac{1}{|\rho|^2} = 2 + \gamma - \ln(4\pi).$$

ここで ρ は臨界直線上の零点のすべてをわたるものとする．以下の方法によって，この関係式をできる限り良い精度で数値的に検証せよ．

(1) ある T を選んで，$|t| \leq T$ をみたすすべての零点 $\rho = 1/2 + it$ についての和を計算する方法．

(2) 同じ $|t| \leq T$ に対する和を計算するのであるが，その際に，残りの無限個の項を含む和を，零点の近似的な分布に関して知られている公式 ([Edwards 1974], [Titchmarsh 1986], [Ivić 1985]) による評価を付け加えて計算する方法．

関連する問題として，問題 1.61 (ζ の値の計算について)，問題 8.34 (Riemann 予想に関連する計算について) がある．

1.66. 一般のものより簡単なある種の指数和に対して使うことができる興味深い解析がある．このような指数和に対する評価，特にその上界は，多くの場合に非常におもしろい方法で応用される．奇素数 p と整数 a, b, c に対して，

$$S(a, b, c) = \sum_{x=0}^{p-1} e^{2\pi i (ax^2 + bx + c)/p}$$

で指数和を定義する．Weyl の関係式 (1.34) を使って，

$$|S(a, b, c)| = 0,\ p,\ \text{あるいは } \sqrt{p}$$

を証明せよ．さらに，$|S|$ がこれらの3つの各々の値をとるのはいつなのかを a, b, c に関する条件で与えよ．これを拡張して，p を合成数 N に置き換えたときの $|S|$ に関する結果を導け．いくらか注意をすれば，a と N が互いに素でない場合も扱うことができる．ここで述べているのは Gauss 和の評価に対するひとつのアプローチであることに注意しておく (問題 2.27, 2.28 を見よ)．

さて，この基本的なアプローチを次は「3次指数和」

$$T(a) = \sum_{x=0}^{p-1} e^{2\pi i a x^3 / p}$$

に適用せよ．ここで，p は任意の素数で a は任意の整数である．明らかに $0 \leq |T(a)| \leq p$ が成り立つ．0 または p に対する等号が成立するための p, a の条件を記述せよ．次に $a \not\equiv 0 \pmod{p}$ がみたされていれば，つねに上界を与える不等式

$$|T(a)| < \sqrt{p^{3/2} + p} < 2p^{3/4}$$

が成り立つことを証明せよ．式 (1.34) より，いくらか深いところに立ち入るならば，最良の評価 $O\left(p^{1/2}\right)$ を得ることができることに注意しておく ([Korobov 1992, Theorem 5], [Vaughan 1997, Lemma 4.3])．しかしながら，3/4 という冪のままでも，いくつかの興味深い結果を導くことが可能である．事実，$T(a) = o(p)$ を示すだけでも，$p \to \infty$ としたときに法 p の立方数が一様分布に近づくことがわかる (問題 1.35 を見よ)．指数和の上界を与えると，ある別の和の「下界」を与えることができるということにも注意をしておく．このテーマのさらなる展開については，問題 9.41 と 9.80 を見よ．

1.67. (1.36) で与えた式は，素数に関する興味深い主張の中で，積分によって与えることのできる関係式のほんの一例にすぎない．

$$E_N(t) = \sum_{p \leq N} e^{2\pi i t p}$$

と書くことにして，次のそれぞれの同値性を示せ．

(1) 双子素数が無限にあることは，$N \to \infty$ としたときに積分

$$\int_0^1 e^{4\pi i t} E_N(t) E_N(-t)\, dt$$

が発散することと同値である．

(2) 等差数列の中の素数の3つ組 (問題 1.41, 1.42 を見よ) が無限にあることは，$N \to \infty$ としたときに，積分

$$\int_0^1 E_N^2(t) E_N(-2t)\, dt$$

が発散することと同値である．

(3) (2 個の素数に関する) Goldbach 予想は，

$$\int_0^1 e^{-2\pi i t N} E_N^2(t)\, dt \neq 0$$

が偶数 $N > 2$ について成り立つことと同値である．さらに，3項 Goldbach 予想は

$$\int_0^1 e^{-2\pi i t N} E_N^3(t)\, dt \neq 0$$

が $N > 5$ をみたす奇数に対して成り立つことと同値である．

(4) Sophie Germain 素数 (つまり素数 p であって $2p+1$ も素数になるもの) が無数に存在することは，$N \to \infty$ としたときに，積分

$$\int_0^1 e^{2\pi i t} E_N(2t) E_N(-t)\, dt$$

が発散することと同値である．

1.68. 1.4.4 項で述べたように，指数和と，Vinogradov による 3 項 Goldbach 問題の解決 (1.12) に現れる特異級数 Θ の間には関係がある．$\Theta(n)$ の Euler 積表示が収束することを証明せよ (n が偶数のときはどうなるか)．さらに，その収束値が絶対収束する和

$$\Theta(n) = \sum_{q=1}^{\infty} \frac{\mu(q)}{\varphi^3(q)} c_q(n)$$

に等しいことを証明せよ．ここで Ramanujan 和 c_q は (1.37) で定義されたものである．このときに μ, φ, c が乗法的であることは有用である．ただし最後の関数が乗法的であるという意味は，$\gcd(a,b) = 1$ ならば $c_a(n)c_b(n) = c_{ab}(n)$ が成り立つということである．さらに，$Q = \ln^B n$ における B を十分大きくとると，和 (1.40) は ∞ までではなく，Q までだけでとっていることから生じる誤差項は，3 項 Goldbach の評価において無視できるようなものであることを示せ．

次に n を s 個の素数の和として表す表し方の個数 $R_s(n)$ の評価を以下のようにして導け．$s > 2, n \equiv s \pmod{2}$ に対して，

$$R_s(n) = \frac{\Theta_s(n)}{(s-1)!} \frac{n^{s-1}}{\ln^s n} \left(1 + O\left(\frac{\ln \ln n}{\ln n}\right)\right)$$

が成立することが知られている．ここで，一般的な特異級数は指数和の理論から

$$\Theta_s(n) = \sum_{q=1}^{\infty} \frac{\mu^s(q)}{\varphi^s(q)} c_q(n)$$

で与えられる．この特異級数を Euler 積の形に変形せよ．その結果は $s = 3$ のときは本文のものと一致していなくてはならない．正の定数 C_1, C_2 があって，すべての $s > 2$ と $n \equiv s \pmod{2}$ に対して

$$C_1 < \Theta_s(n) < C_2$$

が成り立つことを確かめよ．こうして得られたものは $s = 2$ のとき，(1.9) の (予想であって証明されていない) 特異級数と一致するか．何世紀にもわたって問題になってきたのは，もちろん，その部分ではなくて誤差項の部分である．この誤差項の解析は 20 世紀の間ほぼずっと魅力的な問題であり続け，その新しい限界がほぼ数年おきに更新されてきたのである．例えば，論文 [Languasco 2000] には，これらの一連の歴史的結果があげられていて，一般 Riemann 予想の仮定のもとで得られる任意の $s \geq 3$ に対する精密な誤差評価も含まれている．

計算機を使う選択問題として，(1.12) の特異級数に対する，例えば $n = 10^8 - 1$ のときのよい数値を与えよ．またその値を Vinogradov の評価 (1.12) を使った $R_3(n)$ の実際の値と比較せよ．2 つの値をもっと近くするために，$n^2/\ln^3 n$ をある積分で取り替えた方がよいだろうか．本文にある $R_2(10^8)$ の正確な値に関する議論と比較せよ．

1.69. 集合 S を
$$S = \{n\lfloor \ln n \rfloor : n = 1, 2, 3\ldots\}$$
で定義する．任意の十分大きな整数が $S+S$ に入ること，すなわち，S に入っている 2 つの数の和に書けることを証明せよ．(証明は，組合せ論と中国式剰余定理 (2.1.3 項を見よ) によってもできるし，あるいはこの本の別の場所で議論される畳み込み法によっても可能である．) 221 より大きい任意の整数は $S+S$ に入るか．集合
$$T = \{\lfloor n \ln n \rfloor : n = 1, 2, 3, \ldots\}$$
を考えるとき，25 より大きい任意の整数は $T+T$ に入るか．

n 番目の素数は漸近的に $n \ln n$ であるから，これらの結果が意味するのは，Goldbach 予想が，素数が疎らにしか存在しないということだけによって否定されることはないということである．この周辺にはおもしろい問題があふれるほどある．例えば，整数の集合 U で，U の n 番目の元は漸近的に $n \ln n$ になり，かつ $U+U$ に含まれる数の集合が漸近密度 0 を持つようなものが見つけられるだろうか．

1.70. この問題には指数和に関する理論的な側面と計算の側面の両方が含まれている．すべての問題は，本文で E_N と書いた和に関するものである．この和に関しては，すでに
$$E_N(a/q) = \sum_{p \leq N} e^{2\pi i p a/q} \approx \frac{\mu(q/g)}{\varphi(q/g)} \pi(N)$$
という評価が得られている．ただし，$g = \gcd(a, q)$ である．注意しておきたいのは，この近似が主に $g = 1$ であって，しかも q が小さいときに役に立つものであるということである．理論的な事柄から始めよう．

(1) $q = 2$ とする．このとき E_N に対する上の評価が $a = 0, 1$ のときに自明なものになるのはなぜかを説明せよ．

(2) $q = 3$ とする．$a = 1, 2$ に対して，複素平面上のベクトルの図を使って，上の評価が成立するしくみを説明せよ．

(3) $q = 4$ とする．ある a の値については，上の評価の右辺が実際に 0 になってしまうことに注意する．このような場合に，(例えば (1.32) のような条件付きの) 誤差評価を使うことによって，$E_N(a/4)$ の 0 にならない，より精密な評価を $a = 1, 3$ に対して与えよ．

これらの理論的な例によって，小さな q に対する指数和の基本的な振る舞いが明らかになる．

計算機を使ったアタックとして，次の手順にしたがって，E_N の振る舞いを数値的に調べよ．

(1) $N = 10^5$, $q = 31$ と選んで，$p \leq N$ をみたす素数についての和を直接計算することによって，$a \in [0, q-1]$ に対する E の値の表を作成せよ．(結果として，作成された表には q 個の複素数が並ぶはずである．)

(2) 各 $a \in [0, q-1]$ に対して，$\pi(N)\dfrac{\mu(q/g)}{\varphi(q/g)}$ の値からなる第 2 の表を作れ．

(3) 例えばグラフを書くことによって，この 2 つの表を比較せよ．最初の表には，2 番目の表と比べると，いくらか「雑音」が含まれるけれども，2 つの表はかなりの程度一致しているはずである．2 つの表の間のずれは理論と合致するものだろうか．

(4) 2 番目の表は，$a = 0$ のところの成分に問題がある他は，非常に滑らかである．これがなぜかを説明せよ．最後に，ある 2 進信号 (つまり 0 と 1 だけが含まれる信号) に高速フーリエ変換を適用することによって，最初の表を得る方法を説明せよ．

その他に，(例えば小さい N に対して) 数値積分を行うことによって，問題 1.67 で予想されている同値条件を確かめてみるのも興味ある課題である．

1.71. 以下のことを検証せよ．10^{100} 以下には 35084 個の 4 スムーズな数がある．x を越えない 4 スムーズな数の個数は，ある定数 c に対して，

$$\psi(x, 4) \sim c \ln^2 x$$

をみたすことを示せ．また c の具体的な値を与えよ．さらにこの誤差の評価をできるだけよいものにせよ．この式を一般化して，任意の $y \geq 2$ に対して，正の数 c_y があって，y は固定して，$x \to \infty$ とするとき

$$\psi(x, y) \sim c_y \ln^{\pi(y)} x$$

が成立することを示せ．

1.72. 式 (1.45) のあとに述べた主張，つまり具体的に与えられていない下界も「よい」ものであるという主張が確かめられるような数値実験を行え．

1.73. 実験による方法で 10 進 100 桁のランダムな整数のすべての素因子が 10^{10} 以下である確率を近似的に計算せよ．このような試みには，[Bernstein 1998] の方法を使ってもよいであろう．なお，定理 1.4.9 から導かれる確率は $\rho(10) \approx 2.77 \times 10^{-11}$ である．

1.74. (例えば，大きさが x の) ランダムな整数が，ひとつの素因子を除いて，B を越えない素因子を持ち，かつ，その B を越える素因子が区間 $(B, C]$ に入っている確率を近似的に求めよ．この問題は素因数分解法で，「第 2 段階」にまで進むものに対して重要な意味をもつ．この第 2 段階とは，第 1 段階が最初の上限 B までを (そのアルゴリズムに依存した意味において) やりつくしてしまった後に，まだ見つかっていない素因子を $(B, C]$ の中で探索するという段階である．C を B よりもかなり大きくとるのが，いろいろな素因数分解法の実装において一般的である．というのも，この第 2 段階の演算は第 1 段階よりずっと軽いものであるのが普通だからである．関連する考え方については問題 3.5 を見よ．

1.75. ここにあげる問題からは，おもしろい計算の課題がでてくる．連分数

$$c = 1/3 + \cfrac{1}{1/5 + \cfrac{1}{1/7 + \cdots}}$$

を考える．ここにはすべての奇素数の逆数が自然な順序で現れるものとする．c が矛盾なく定義されていることを示すのは難しくない．(実際，分子がすべて 1 であるような単純連分数においては，そこに現れる数の和，いまの場合は $1/3 + 1/5 + \cdots$ が発散するときに，その連分数が収束することがわかる．) まず第一に，定数 c の近似値を計算せよ．第二に，c が 1 でないことの数値的な (しかし厳密な) 証明を与えよ．第三に，次のちょっと変わった思いつきについて調べよ．すべての素数を使っても，つまり分数を $1/2 + \frac{1}{1/3 + \cdots}$ のように始めてもその結果はほとんど同じ値になる．仮りに，この 2 つの連分数が同じ値をとるとすると，その値は $c = \left(1 + \sqrt{17}\right)/4$ になることを証明せよ．より精密な数値実験を行うことによって，c が実際にこの代数的な値と一致するかどうかを考えてみよ．

1.76. 以下の漸近関係式は [Bredihin 1963] で証明された注目すべき定理の系として得られる．n が 2 の冪だとすると，不定方程式の解の個数

$$N(n) = \#\{(x, y, p) \ : \ n = p + xy; p \in \mathcal{P}; x, y \in \mathbf{Z}^+\}$$

は次の漸近関係式をみたす．

$$\frac{N(n)}{n} \sim \frac{105}{2\pi^4}\zeta(3) \approx 0.648\ldots.$$

計算機を使うという立場に立って，次の課題を考えよ．第一に，実際に解を計算することによって，この漸近関係式を確かめよ．第二に，n が 2 の冪であるという条件をおとすと，上の式に現れる定数 105 を一般には

$$315 \prod_{p \in \mathcal{P},\ p | n} \frac{(p-1)^2}{p^2 - p + 1}$$

で置き換えるべきであることを，実験，理論あるいはその両方を使って証明してみよ．

1.6 研 究 問 題

1.77. Mills の定理 (定理 1.2.2 の前半部分) に関連して，具体的な数 θ と大きな数 n で $j = 1, 2, \ldots, n$ に対して $\left\lfloor \theta^{3^j} \right\rfloor$ が素数になるようなものを見つけよ．例えば，具体的に有理数 $\theta = 165/92$ をとったとき，

$$\left\lfloor \theta^{3^1} \right\rfloor, \left\lfloor \theta^{3^2} \right\rfloor, \left\lfloor \theta^{3^3} \right\rfloor, \left\lfloor \theta^{3^4} \right\rfloor$$

はすべて素数になるが,残念なことに $\lfloor\theta^{3^5}\rfloor$ が合成数になってしまうことを示せ. $n=5$ まで,あるいはもっと先まですべて素数になるような簡単な有理数 θ を見つけることができるだろうか.素数の (有限または無限の) 数列 $q_1 < q_2 < \dots$ で,ある数 θ を使って $q_j = \lfloor\theta^{3^j}\rfloor$ $(j = 1, 2, \dots)$ となっているものを「Mills 数列」とよぶことにしよう.有限 Mills 数列はつねに無限 Mills 数列に拡張できるだろうか.(ここで,θ は必ずしも同じものをとらなくてもよいが,最初の有限個の素数の列は,そのままで引き継ぐものとする.) もしそうなら,任意の素数 p に対して,p から始まる無限 Mills 数列があることになる.Mills 自身が [Mills 1947] でとった方法を使うと,十分大きな q_1 に対して,このより一般的な問題を解決することが可能かもしれない ([Ellison and Ellison 1985, p. 31] も見よ).もちろん,このより一般的な問題が正しくないならば,数値例によってそれを証明することが可能かもしれない.Mills の定理において,θ として 1.3 より少しだけ大きいものをとればよいと [Weisstein 2005] には報告されている.このことは,無条件では証明されていない.よって,この予想を証明することを研究問題としよう.

1.78. 数列 $(\lfloor\theta^n\rfloor)$ がすべて素数になるような実数 $\theta > 1$ は存在するだろうか.これをみたす θ はありそうにもないが,私たち著者はこれを支持する結果を知らない.$\theta = 1287/545$ ととると,最初の 8 個の冪の整数部分は 2, 5, 13, 31, 73, 173, 409, 967 となり,すべて素数である.もっと長い鎖を発見せよ.もし無限に続く鎖があるなら,ある α を使って,$p = \lfloor\alpha\rfloor$, $q = \lfloor\alpha^2\rfloor$, $r = \lfloor\alpha^3\rfloor$ と表せるような素数の 3 つ組 p, q, r が無数に存在することになる.このような素数の 3 つ組 p, q, r はたぶん無数にあるだろうし,それを証明するのもそれほど難しいことではないのかもしれない.だが,これに関しても私たちはそのような結果を知らない.一方で,$p = \lfloor\alpha\rfloor$, $q = \lfloor\alpha^2\rfloor$ の形をした素数の組 p, q が無数にあることは知られている.この結果は [Balog 1989] にある.

1.79. 数列 $\mathcal{A} = (a_n)$ に対して,$D(\mathcal{A})$ で,新たな数列 $(|a_{n+1} - a_n|)$ を表すことにする.素数のなす数列 $\mathcal{P}$ に対して,数列 $D(\mathcal{P})$, $D(D(\mathcal{P}))$ などを考える.これらの数列はすべて 1 から始まるだろうか.Odlyzko は最初の $3 \cdot 10^{11}$ 個の数列に対してこのことを確かめている ([Ribenboim 1996]).しかし一般には証明されていない.

1.80. $(2^n + 1)/3$ の形をした大きな素数を発見せよ.その際にこの数が持つ可能性のある小さな因子に関する適用可能な定理を使え.R. McIntosh が最近見つけた 3 個の例は

$$p = (2^{42737} + 1)/3, \quad q = (2^{83339} + 1)/3, \quad r = (2^{95369} + 1)/3$$

である.これらの数は素数であると推定される数,いわゆる「概素数[*1)]」(第 3 章を見

[*1)] 訳注: probable prime. 高い確率で素数であると考えられるが,素数であることの証明ができていない数のこと.なお,この本では登場しないが,加法的整数論の分野ではこの言葉は,小さな数 k を決めたとき,重複を含めて高々 k 個の素因子しか持たない数を表すことがある.この場合,対応する英語は almost prime である.

よ) である．まだ本当に素数であるかどうかは証明されていない (そしてこれらの数には当分の間は手が届かない可能性もある).

1.81. 非自明な素因子をひとつ実際に見つけることによって，Mersenne 素数の候補となる数 $M_p = 2^p - 1$ が素数でないことを証明できることがしばしばある．今日，到達できる最も大きな Mersenne 数を視野にいれて，そのような因子を見つけるソフトウェアを作れ．M_p の因子として知られている形を使って，候補を逐次的に探索することになるだろう．例えば，そのソフトウェアによって

$$460401322803353 \mid 2^{20295923} - 1$$

が成り立つことが確かめられるべきである．このような大きな Mersenne 数に関する話題については問題 1.82 を見よ．

1.82. 数値的に手が届く領域である $2^{20000000}$ の付近で，因子の探索によるものではない合成数証明の試みが少なくともひとつ行われていて，それは Lucas–Lehmer の素数判定法を使ったものである．G. Spence によるその結果は，$2^{20295631} - 1$ が合成数であるというものである (まだ検証はされてはいない)．この原稿を書いている時点では，この数は真の素因子が知られていないという意味で「純粋な合成数」である．この巨大な Mersenne 数は F_{24} と比べても大きい．この F_{24} については最近，合成数であることが証明された．この F_{24} に関する結果はいくつかの独立な計算の実行によって注意深く検証されたものであり，その意味ではこの数がいまだに最大の純粋な合成数であるといってもよいかもしれない．

これらの考察によって，ひとつの研究問題がもたらされる．まず最初に注意しておきたいのは，この「純粋な合成数に関するゲーム」には，気になるディレンマがあることである．それは，L. Washington が [Lenstra 1991] で指摘したように，もし C が合成数だと証明されたならば $2^C - 1, 2^{2^C - 1} - 1$ なども自動的に合成数になるという主張が明らかに成り立つからである．よって，これらの数の連鎖の因子についての新しい知識がないと，「最大の純粋な合成数」という概念は意味がはっきりしないものになってしまうのである．第二に，$C \equiv 3 \pmod{4}$ であって，かつ $2C + 1$ が素数であるならば，この素数 $2C + 1$ は $2^C - 1$ の約数になることがわかる．つまり，このような C は純粋な合成数 (つまり因子がみつかっていない) であるかもしれないが，連鎖の次にある数 $2^C - 1$ の因子が具体的にわかってしまうのである．さて研究問題は次のものである．$C \equiv 3 \pmod{4}$ をみたす整数 C で，C の約数は知られていなくて，またそれを見つけるのも難しいもので，しかも $2C + 1$ が素数であることが証明できるような C を見つけ，その C が合成数であることを証明せよ．そうすると，$2^C - 1$ の具体的な約数がわかったことになる．この問題の難しいところは，C の因数分解の情報なしに $2C + 1$ が素数であることを証明するところである．これは $C + 1$ の因数分解を使う第 4 章の方法で可能になるかもしれない．

1.83. Mersenne 素数や Fermat 素数は無限個あるかどうかまだわかっていないけれども，これらとは別の特別な形をした数で，いくらか結果が知られているものがある．$C_n = n2^n + 1$ を n 番目の Cullen 数とよぶ．Cullen 数とそれに類する数はいろいろな研究を豊富に産み出す格好の場所になっている．

研究の方向としてひとつ考えられるものは計算機を使ったものである．Cullen 素数を発見せよ．たぶん，そのためにはまず Cullen 数に対する素数判定法を開発する必要があるかもしれない．以下で説明する Sierpiński 数についても同様な課題が考えられる．

合成数である Cullen 数が無数にあることを証明するのは，有益で，しかも簡単な練習問題である．例えば，p を奇素数とするとき，C_{p-1} に注目すればよい．それとは別に，$n \equiv 1, 2 \pmod{6}$ であるときは C_n はつねに 3 で割れ，$n \equiv 3, 4, 6, 17 \pmod{20}$ のときには，C_n は 5 で割れる．一般に，C_n が素数 p で割りきれるような n は，法 $p(p-1)$ で $p-1$ 個の剰余類をしめることを示せ．C_n が合成数になるような整数 n の集合は，篩法によって，漸近密度 1 であることが示されている [Hooley 1976]．

少なくとも何かが知られているような，もうひとつ別の数の系列として，Sierpiński 数を考えよう．これは，すべての正の整数 n に対して $k2^n + 1$ が合成数になるような数 k として定義される．Sierpiński はこのような k が無数にあることを証明した．この Sierpiński の定理を証明せよ．実際には，Sierpiński が証明したように，$k2^n + 1$ がすべての正の整数 n に対して合成数になるような整数 k からなる無限等差数列があることを証明せよ．これまでに知られているすべての Sierpiński 数はこのような無限等差数列の 1 つの項になっている．例えば，現在知られている最小の Sierpiński 数は $k = 78557$ であるが，これは Sierpiński 数からなる無限等差数列に含まれる．そのような数列を見つけてみるのもおもしろいであろう．計算整数論における興味深い未解決問題の 1 つとして，この 78557 が最小の Sierpiński 数かどうかを決定する問題がある．(Erdős と Odlyzko は，この問題とは反対に，奇数 k の集合であって，この集合の任意の元 k に対して，少なくともひとつの n があって，$k2^n + 1$ が素数になるような集合で正の漸近密度をもつものがあることを示した．[Guy 1994] を見よ．)

1.84. $n = k2^q \pm 1$ の形をした大きな素数を計算機で探索せよ．あるいは $+$ と $-$ を両方使って双子素数の組を探索せよ．指数 q を固定して，小さな k を走らせて探すものとしよう．そのために n が明らかに合成数となるような k を取り除きたいと思うだろう．まず，上限 B を固定して，奇素数 $p \leq B$ からなる基底を使った篩によって，どのような k が取り除けるかを正確に記述せよ．第二に実用上大切な次の問題に答えよ．もし k がこの篩を通り抜けたとき，いろいろな仮説の成立を仮定して計算される n が素数である「確率」はどれくらいか．

第 3 章には，このような素数の探索を最適化するための実際の作業に役立つ道具が載せてある．そこでは k の値に対する篩と生き残った候補 $k2^q \pm 1$ に対する素数判定の実行との間に生ずるトレードオフを最良にすることが考察される．q, k に関するある条

件のもとで，比較的高速でしかも確定的な素数判定法がいくつか知られていることも注意しておこう (第 4 章を見よ).

1.85. n 個組素数の研究は興味深いと同時に困難だが取り組みがいのあるものである．3 つ組素数 $\{p, p+2, p+4\}$ が 1 つしかないという簡単な結果を証明せよ．次に，a, b を 3 つ組素数 $\{p, p+a, p+b\}$ が無数にあると思われるようにとって，その中の素数の 3 つ組を効率的に発見するアルゴリズムを記述せよ．そのような a, b のひとつの可能性としては $a=2, b=6$ があって，これに対して，

$$p = 2^{3456} + 5661177712051$$

から始まる 3 つ組素数がある．これは T. Forbes によって 1995 年に発見され，F. Morain が 1998 年にこれらの数が素数であることを証明した [Forbes 1999].

次に 4 つ組についてであるが，$\{p, p+2, p+6, p+8\}$ が 4 つ組素数を多く含むであろうことを発見的な議論によって確認せよ．現在知られているこの形の 4 つ組の中で最大のものに含まれる素数は，1000 桁を越える巨大な素数である [Forbes 1999].

次に，$\{p, p+2, p+6, p+8, p+12, p+14\}$ の形の 6 つ組素数がたった 1 つしかないことを証明せよ．そして，$p=11$ からはじまる素数の 7 つ組 $\{p, p+2, p+6, p+8, p+12, p+18, p+20\}$ があることに注意せよ．この形をもつ，別の 7 つ組を見つけよ．

私たちが知る限りでは，この形をもつ 7 つ組のうち最大のものは，1997 年に Atkin がみつけたもので，最初の項が

$$p = 4269551436942131978484635747263286365530029980299077\backslash$$
$$5938011114100367923769\mathrm{l}$$

で始まるものである．

1.86. 次の式で定義される Smarandache–Wellin 数を研究せよ．

$$w_n = (p_1)(p_2)\cdots(p_n).$$

ここでの記法は，w_n は連続する素数を 10 進で書いたものを単純につなぎ合わせたものという意味である．例えば，w_n の最初のいくつかを書いてみると，2, 23, 235, 2357, 235711, ... となる．

まず，w_n のうちには無限個の合成数があるというすでに知られた事実を証明せよ．(ヒント: $\pi(x; 3, 1) - \pi(x; 3, 2)$ が +, - どちらの方向にも有界ではないという Littlewood によって証明された事実を使え.) 次に x を越えない Smarandache–Wellin 素数の個数に対する漸近評価を求めよ (仮説に基づいた発見的な議論を含んでもよいし，証明ができなくてもよい).

ちなみに，最初の「小さくない」Smarandache–Wellin 素数の例は

$$w_{128} = 23571113171923\ldots 719$$

である. w_{128} は何桁の数か. ちなみに, この例でも十分大きいのであるが, さらに大きな素数 (少なくとも素数と推定される数, 概素数) の例が知られている [Wellin 1998], [Weisstein 2005].

1.87. 次の簡単な事実を証明せよ. それぞれが k より大きい k 個の素数が等差数列をなすとき, その公差 d は k を越えない任意の素数で割りきれる. 素数からなる長い等差数列を発見せよ. 1995 年時点での記録は $k = 22$ であった [Pritchard et al. 1995] が, 最近 2004 年になって

$$56211383760397 + k \cdot 44546738095860$$

が $k \in [0, 22]$ をみたす整数に対して, すべて素数になることが [Frind et al. 2004] によって示された. したがって, 現在の記録は 23 個である[*1]. 上記の数列の公差 $d = 44546738095860$ を因数分解してみることによって, 最初にあげた k の約数に関する主張を確かめよ.

等差数列をなす連続する素数の個数 j を発見せよ. 現在の記録は $j = 10$ で, これは M. Toplic [Dubner et al. 1998] が発見した. その数列は $\{P + 210m : m = 0, \ldots, 9\}$ であって, その最初の項は

$$P = 100996972469714247637786655587969840329509324689190041\\1803603417758904341703348882159067229719$$

である. この $j = 10$ の例については興味深い主張がある. 対応する箇所を [Dubner et al. 1998] から引用する.

何人もの人がわれわれに $10 + 1 = 11$ であることを指摘してくれたが, 等差数列をなす 11 個の連続した素数を見つけるのは非常に難しいと考えざるをえない. 素数の間の最小の間隔は 210 ではなくて, 2310 にもなり, 最適化された探索をするとしても, それに登場する数は何百桁もの数になる. われわれに必要なのは, 新しいアイディアあるいは現在より 1 兆倍高速な計算機である. このことから, この 10 個の素数からなる数列が, ずっと将来にわたって, 記録でありつづけるであろうと期待されるのである.

1.88. [Honaker 1998] 61 が $67 \cdot 71 + 1$ を割り切ることに注意しよう. これより大きい

[*1] 訳注: 2010 年 4 月現在, この記録は 26 個までのびている. その記録は $43142746595714191 + 23681770 \cdot 223092870 \cdot k$ ($k = 0, 1, 2, \cdots, 25$) である. PrimeGrid project (http://www.primegrid.com/) を見よ.

連続する3個の素数 $p<q<r$ で $p|qr+1$ をみたすものはあるだろうか．D. Gazzoni は電子メールの中でこのような3つ組が高々有限個しか存在しないであろうと述べている．発見的な議論をしてみよう．p, p' が連続する素数であるとすると，$p'-p=O(\ln^2 p)$ であることが予想されている．$p'-p=O(p^c)$ がある $c<1/2$ について成り立つというより弱い形の主張 (それも証明はされてはいないが) だけを仮定してみよう．すると，p, q, r が連続する素数で $q=p+s$ と $r=p+t$ となっているならば，$st=O(p^{2c})$ が成立する．しかしながら，$qr+1=(p+s)(p+t)+1 \equiv st+1 \pmod{p}$ であるから，p が十分大きければ $qr+1 \not\equiv 0 \pmod{p}$ となる．

1.89. 定理 1.3.1 の逆は成立しないが，以前は q が Mersenne 素数ならば 2^q-1 も同様に Mersenne 素数になるのではないかと思われていた．この制限つきの逆の主張を 2^q-1 が合成数になるような Mersenne 素数 q を見つけることによって否定せよ．(この問題を解決するには，表 1.2 がそこにのっている最大のものまでの Mersenne 素数をすべて尽くしていると仮定した上で，この表をじっくり調べてみればよい．) 関連する可能性としては，

$$c_1 = 2^2-1 = 3, \quad c_2 = 2^{c_1}-1 = 7, \quad c_3 = 2^{c_2}-1 = 127$$

と続く数がすべて素数になるかというものがあり，これはいまだ未解決である．c_5 がすでに 10^{37} 桁以上もあることからわかるように，この数列は極めて速く増加する．このことは，因数分解法で頼りになるのは試し割り算法だけであることを示しているように思われるし，またこのささいな技法すら従来の計算機上では適用不可能のように思われる．(この懐疑的な態度を裏付けるために，例えば c_5 の因数が c_4 より大きくなることを示してみるのもよいだろう．)

このような審美的な予想の延長線上で，本文で述べた「新しい Mersenne 予想」に関連して，J. Selfridge は3つの数

$$2^{B(31)}-1, \quad 2^{B(61)}-1, \quad 2^{B(127)}-1$$

が素数か合成数かを決定することにそれぞれ 1000 ドルの賞金を用意している．ここで $B(p)=(2^p+1)/3$ である．このような Mersenne 数に取り組むためのプログラムを書きはじめる前に，これらの数がどれほど巨大な数かをまず最初に熟考してみた方がよいであろう．

1.90. この問題では，定理 1.4.2 にでてくる Mertens 定数 B の近似値を計算する．最初に，公式

$$B = 1 - \ln 2 + \sum_{n=2}^{\infty} \frac{\mu(n) \ln \zeta(n) + (-1)^n (\zeta(n)-1)}{n}$$

を証明せよ ([Bach 1997b] を見よ)．次に，

$$\gamma + \ln 2 - 1 = \sum_{n=2}^{\infty} (-1)^n \frac{\zeta(n) - 1}{n}$$

から，上の無限和の一部が本質的に Euler 定数であることに注意して，$\zeta(n)$ を高速に近似する既知の方法 ([Borwein et al. 2000] を見よ) を利用することにより，この幾何級数的に収束する級数を使って，

$$B \approx 0.26149721284764278375542683860869585905156664826120\ldots$$

のような近似値を計算せよ．もし B の定義式だけを直接に使うとしたら，B の必要な近似値を得るために，いくつの素数がいるかを評価せよ．ちなみに，このように素数を明示的に含まない高速に収束する級数表示をもつような定数がこれ以外にもある．このような「与しやすい」定数のひとつとして (1.6) で与えられている双子素数定数 C_2 がある．その他にも，Artin 定数

$$A = \prod_p \left(1 - \frac{1}{p(p-1)}\right) \approx 0.3739558136\ldots$$

がこの仲間に入る．Artin 定数は，予想によれば，2 を原始根とするような素数の密度を表している (より一般的な予想が [Bach and Shallit 1996] にある)．C_2 や A，例えばその他にも，等式 (1.12) で与えられている特異級数などの興味深い定数について，上の Mertens 定数でやったように素数の実際の値に頼らない形で，ある程度の精度までの近似値を求めよ．しかし，このようなものの仲間に入らない大事な定数がある．それは Brun 定数で，この定数については，多項式時間で近似値を計算するアルゴリズムはいまだ知られていない．[Borwein et al. 2000] において，上記のような Riemann のゼータ関数の値の計算の応用が総合的に取り扱われている．Mertens 級数を高速化する興味深い方法が [Lindqvist and Peetre 1997] で与えられている．

1.91. Landau が証明した定理 (Ramanujan も独立に同じ結果を得ている) によれば，$a^2 + b^2$ の形に表せる数 n の漸近密度は

$$\#\{1 \leq n \leq x : r_2(n) > 0\} \sim L \frac{x}{\sqrt{\ln x}}$$

で与えられる．ここで，Landau–Ramanujan 定数 L は

$$L = \frac{1}{\sqrt{2}} \prod_{p \equiv 3 \pmod 4} \left(1 - \frac{1}{p^2}\right)^{-1/2} = 0.764223653\ldots$$

で与えられる．計算という観点からでてくる問題として，次のものをあげよう．例えば，問題 1.90 に倣って，L を高精度で計算する高速アルゴリズムはどのようにすれば得られるだろうか．関連する文献として [Shanks and Schmid 1966] と [Flajolet and Vardi

1996] がある．無理数 $z = \sum_{n \geq 0} 1/2^{n^2}$ が超越的であること (それはまだ未証明である) と，この定数 L には興味深い関係がある [Bailey et al. 2004].

1.92. 必要な計算を行うことにより，凸性予想 (予想 1.2.3) が k 個組素数予想 (予想 1.2.1) と両立しないことを証明せよ．参考論文は [Hensley and Richards 1973] である．注目すべきことに，この論文の著者たちは k 個組素数予想を仮定すると，

$$\pi(y + 20000) - \pi(y) > \pi(20000)$$

が成り立つような整数 y が存在することを示したのである．この 2 つの予想が両立しないことを示すには，区間 $(0, 20000]$ に $\pi(20000)$ 個よりたくさんの元を含む「適格な」集合が存在することを証明すればよい．ここで，整数の集合が適格であるとは，任意の素数 p に対して，その集合の元では代表されないような，法 p の剰余類が存在することである．有限集合 S が適格であるとき，k 個組素数予想が成り立てば，任意の $s \in S$ に対して，$n+s$ が素数となるような整数 n が無数にある．よって，Hensley と Richards の結果は次のことを示すことにより導かれる．各素数 $p \leq 20000$ に対して，ある剰余類 a_p があって，a_p に法 p で合同な数を区間 $(0, 20000]$ からすべて追い出した後に残ったものの集合 (それは適格である) は大きくて，$\pi(20000)$ 個よりもたくさんの元を含む．もっとよい例は [Vehka 1979] で得られている．そこでは，区間 $(0, 11763]$ の中の 1412 個の元からなる適格な集合が見つかっている．一方で $\pi(11763) = 1409$ である．N. Jarvis は 1996 年に Brigham Young 大学での修士論文の中で，もともとの Hensley と Richards による計算の 20000 を 4930 まで落とすことに成功した．区間 $(0, y]$ の部分集合で $\pi(y)$ 個以上の元からなる適格な集合があるような最小の y が何であるかはまだわかっていない．しかし，[Gordon and Rodemich 1998] において，その数 y が少なくとも 1731 より大きいことが示されている．[Bressoud and Wagon 2000] の中の，ある特定の密な適格な集合に対する興味深い解析が，実際に計算をする際の指針となる．S. Wagon は Jarvis の 4930 をさらに 4893 に落とすことに成功している．この最初の y についての最新の評価として $2077 < y \leq 3159$ が知られている [Engelsma 2004].

このような大きな適格な集合を凸性予想の実際の反例にするのは非常に難しい問題のように思われる．k 個組素数予想自身を証明するのを別にして，凸性予想を否定的に解決する望みがあるとすれば，長くて密な素数の集まりを直接的に見つけることになるのかもしれない．しかし，この点について，計算解析的整数論を過小評価するべきではない．結局のところ，この本のあとの部分 (3.7.2 項) で述べるように，非常に大きな x に対して，原理上は $\pi(x)$ の評価が得られているのである．たぶんいつか，適切な差 $\pi(x+y) - \pi(x)$ の下からの評価が，そこに含まれるすべての素数を知ることなく計算機を使って求められて，この魅力的な両立性の問題にもかたがつくことであろう．

1.93. 素朴に考えれば，p が Wilson 素数かどうかは，直接 $1, \ldots, p-1$ を mod p^2 し

ながら，全部かけ合わせていくことで確かめられる．しかし，この方法が非常に冗長であることが次のようにしてわかる．N が偶数ならば，等式

$$N! = 2^{N/2}(N/2)!\,N!!$$

を使うことができる．ここで，$N!!$ は $[1, N-1]$ に入るすべての奇数の積を表すものとする．$(p-1)!$ を計算するのに素朴な方法でやると必要な約 p 回の $\mod p^2$ でのかけ算が，この式を使うことにより，$3p/4$ 回のかけ算に減らすことができることを証明せよ．

もし，例えば，偶奇の類だけではなくて，さらに N より小さい数での合同類を考えるといったかたちで，より精密な階乗を含む等式を利用することにすると，p 回のかけ算はどれくらいまで減らすことができるだろうか．

1.94. 素数 p と $1 < m < p$ に対して成立する Granville の等式

$$\prod_{j=1}^{m-1}\binom{p-1}{\lfloor jp/m\rfloor} \equiv (-1)^{(p-1)(m-1)/2}(m^p - m + 1) \pmod{p^2}$$

を使うことによって，p が Wilson 素数であるかのテストをどのように高速化できるかを調べよ．この公式を始めとする高速化の公式は [Crandall et al. 1997] で議論されている．

1.95. n の異なる素因子の数を表す $\omega(n)$ の統計的な期待値を調べよう．$\omega(n)$ の統計的な性質を明らかにする初等的な美しい議論が知られている．例えば，有名な Erdős–Kac の定理によれば，

$$\frac{\omega(n) - \ln\ln n}{\sqrt{\ln\ln n}}$$

が漸近的に平均が 0 で分散が 1 の Gauss の正規分布に従うことがわかる．つまり u を越えない統計値をもつ自然数 n の集合の漸近密度は $\frac{1}{\sqrt{2\pi}}\int_{-\infty}^{u} e^{-t^2/2}\,dt$ で与えられる．この定理に関する歴史については [Ruzsa 1999] を見よ．

これらの結果は深いものではあるが，初等的な議論に基づいている．美しい形式的な等式

$$\sum_{n=1}^{\infty}\frac{2^{\omega(n)}}{n^s} = \frac{\zeta^2(s)}{\zeta(2s)}$$

を使った，解析学からのアプローチについて探求せよ．この解析を使ったアプローチに関して，おもしろくてためになる練習問題をひとつあげよう．上のゼータ関数の等式から直接，$s \to 1$ の極限を考えることによって，素数が無限個あることを証明せよ．この解析学からの攻撃によって，ω 関数に関してはどのような情報をさらに集めることができるだろうか．

さらに，J. Selfridge による魅力的な予想を (あらゆる可能な方法を使って) 研究してみよう．彼の予想は Fermat 数の異なる素因子の個数 $\omega(F_n)$ は n に関して単調な非減

少関数ではないというものである．表 1.3 によれば，この予想は，現在知られている限りでは，意味のないものではないことがわかる．(Selfridge は F_{14} が因数分解されて，非常に少ない因子しか持たないことがわかって，この予想が解決してしまうのではないかと思っている．) この予想は，ある意味ではわれわれの手が届く範囲を越えている．というのも，この予想を十分に検証するのに足りるほどには，Fermat 数を因数分解できないからである．その一方で，仮説に基づいた発見的な議論を使うことによって，Selfridge 予想が成立する「確率」を出すことは可能かもしれない．一見したところでは，この確率が 0 であることが期待できるのではないだろうか．それは，Fermat 数が 1 つ前のもののほぼ「平方」になっていることを考えあわせてもそうである．実際，Erdős–Kac の定理から，2 つのランダムな整数 a, b で $b \approx a^2$ となっているものに関して，$\omega(b) \geq \omega(a)$ となるのはほぼ五分五分であることがわかるのである．

2. 数論的な道具

この章では，素数と素因子分解の研究に使える，数論的，またアルゴリズム的な基本ツールに焦点を当てる．この章の古典的なアルゴリズムの，様々な現代的拡張を含む，より広範な整数のアルゴリズムについては，9章で詳述する．読者は，その節を必要に応じて，特に計算論的な複雑性や最適化が最重要なときには，参照されたい．

2.1 モジュラ演算

素数と素因子分解の研究全体を通して見ると，数学における最大の発明の1つが，数を法 N で考えることである，ということを，モジュラ演算は常に思い起こさせてくれる．そうすることで，整数の無限性を，剰余の有限集合に効果的に縮約できる．素数に関する多くの定理が，法 p に関する簡約を含んでおり，素因子分解のほとんどの試みが，分解しようとしている整数 N に関する法 N での剰余を用いている．

用語の使い方について述べておこう．本書で $x \pmod{N}$ と書いたら，最小非負の剰余 $x \bmod N$ を意味する．括弧抜きの mod の記法は，アルゴリズムのステップや機械での操作を考えるときに便利である（操作の記法についてはさらに 9.1.3 項で述べている）．よって，$x^y \bmod N$ と書いたら，x の y 乗を $[0, N-1]$ に簡約したものを意味する．x が N と互いに素なとき，指数 y に負の値を許し，よって，$x^{-1} \bmod N$ は簡約された逆元を表す，などである．

2.1.1 最大公約数と逆元

この項では，計算数論のもっとも古い操作の1つである，最大公約数を与える関数 $\gcd(x, y)$ を計算するためのアルゴリズムを提示する．密接に関連するのは，逆元の問題，すなわち $x^{-1} \bmod N$ の値を求めることで，これは（もし存在すれば）$y \in [1, N-1]$ で $xy \equiv 1 \pmod{N}$ なる唯一の整数を与える．gcd と逆元を取る操作との結び付きは，次の基本的な結果に基づく明らかなものである．

定理 2.1.1 (最大公約数の線形関係式)．x, y が整数で，どちらも 0 ではないとする．

整数 a, b が存在して，

$$ax + by = \gcd(x, y). \tag{2.1}$$

証明．a, b を整数とし，$ax + by$ の形の正の整数のうち（そのようなものは確かに存在する．例えば $x^2 + y^2$），最小正のものを g とする．$g = \gcd(x, y)$ であることを示そう．明らかに x, y の公約数は $g = ax + by$ を割る．よって，$\gcd(a, b)$ は g の約数である．g が x を割らないとする．すると $x = tg + r$, $0 < r < g$ となる整数 r が存在する．$r = (1 - ta)x - tby$ であるから，g の定義に反する．よって g は x を割る．同様に g は y を割る．すなわち $g = \gcd(x, y)$． □

式 (2.1) と，逆元との関連は明らかである：x, y が正の整数で $\gcd(x, y) = 1$ とすると，$ax + by = 1$ を解くことができて，よって

$$b \bmod x, \quad a \bmod y$$

はそれぞれ，$y^{-1} \bmod x$ と $x^{-1} \bmod y$ である．

しかし，定理 2.1.1 の証明に，計算するという観点から見て明らかに欠けているのは，式 (2.1) の解 a, b をどのようにして見つけるのか，という方法である．ここでは，基本的かつ古典的な方法，古典的なアプローチにおける有名かつもっとも重要な，Euclid のアルゴリズムを考えることから始めよう．これは，ほぼ間違いなく最古の計算スキームの1つであり，紀元前 300 年に遡る．このアルゴリズムとそれに続くものにおいて，2つの変数 x, y の更新を

$$(x, y) = (f(x, y), g(x, y))$$

とする．これは，ペア (x, y) が，ペア (f, g) の値で置き換えられるが，その値の計算に，元の (x, y) が用いられる，という意味である．同様にして，より長いベクトルの関係式 $(a, b, c, \ldots) = \ldots$ は，左辺のすべての成分を，それらを使って計算した右辺の値に置き換える（ベクトルの成分を更新するこのルールについては，付録で議論する）．

アルゴリズム 2.1.2 (最大公約数に関する Euclid のアルゴリズム). 整数 x, y で $x \geq y \geq 0$, $x > 0$ なるものについて，このアルゴリズムは $\gcd(x, y)$ を返す．

1. [Euclid ループ]
    while($y > 0$) $(x, y) = (y, x \bmod y)$;
    return x;

興味深いのは，この極めて簡潔でエレガントなアルゴリズムが，計算量の解析という観点からは，それほど簡単でないことである．このアルゴリズムの詳細な振舞いについては，興味深い未解決問題がいまだに残ってはいるものの，基本的計算量は次の定理で与えられる：

定理 2.1.3 (Lamé, Dixon, Heilbronn). $x > y$ を区間 $[1, N]$ 内の整数とする．このとき，Euclid のアルゴリズム 2.1.2 のステップ数は

$$\left\lceil \ln\left(N\sqrt{5}\right) / \ln\left(\left(1+\sqrt{5}\right)/2\right) \right\rceil - 2$$

を超えない．また，ループの回数の（すべての x, y に関する）平均は，漸近的に

$$\frac{12 \ln 2}{\pi^2} \ln N.$$

この定理の最初の部分は，Euclid のアルゴリズム 2.1.2 と単純連分数 (問題 2.4 を見よ) との，また，第 2 の部分は，連分数の測度論との関係をそれぞれ与えている．

もし x, y がほぼ N の大きさで，古典的な「法」をとる操作を Euclid のアルゴリズム 2.1.2 と組み合わせれば，gcd をとる操作の全体の計算量は

$$O\left(\ln^2 N\right)$$

ビット操作であり，本質的には引数の桁数の 2 乗で与えられる（問題 2.6 を見よ）．本書の最後の章で見るように，この計算量は，単に速い mod 操作を使うのではなく，現代的な手法により本質的な改良が可能である．

Euclid のアルゴリズムは，逆元を求める問題に拡張可能である．実際，Euclid のアルゴリズムは関係式 (2.1) に完全な解答を与えることができる：

アルゴリズム 2.1.4 (gcd と逆元を求めるための拡張 Euclid のアルゴリズム). 整数 x, y で，$x \geq y \geq 0$ かつ $x > 0$ を満たすものについて，このアルゴリズムは整数の 3 つ組 (a, b, g) で，$ax + by = g = \gcd(x, y)$ を満たすものを返す．（よって，$g = 1$ かつ $y > 0$ なら，剰余 $b \pmod{x}$, $a \pmod{y}$ はそれぞれ $y \pmod{x}$, $x \pmod{y}$ の逆元である．）

1. [初期化]
    $(a, b, g, u, v, w) = (1, 0, x, 0, 1, y);$
2. [拡張 Euclid ループ]
    while($w > 0$) {
        $q = \lfloor g/w \rfloor;$
        $(a, b, g, u, v, w) = (u, v, w, a - qu, b - qv, g - qw);$
    }
    return $(a, b, g);$

このアルゴリズムは gcd と同時に 2 つの逆元を返す（入力された 2 つの整数が互いに素で正のとき）ので，数値計算ソフトウェアで広く使われている．このアルゴリズムとそれに関連する話題の詳細については，[Cohen 2000], [Knuth 1981] で取り上げられている．現代的な拡張については，第 9 章で取り上げている．そこでは，漸近的により高

速な gcd アルゴリズム，より高速な逆元計算，特別な法に関する逆元などについて触れる．最後に，2.1.2 項で，「やさしい逆元計算法」(関係式 (2.3)) を与える．これは計算機に実装する際の候補となるだろう．

2.1.2　冪　　乗

m を任意の正の整数とする．a, m が互いに素なら

$$a^{\varphi(m)} \equiv 1 \pmod{m} \tag{2.2}$$

が成立する，というのが，Euler の有名な定理である．特に素数 p について

$$a^{p-1} \equiv 1 \pmod{p}$$

であることは，直接的な，最初の（しかし絶対ではない）素数判定としてしばしば用いられる．素数の研究において，冪乗の計算は重要な操作であることがポイントで，われわれは特に，法を取る計算での冪乗の計算に興味がある．冪乗の多くの応用の中でも特筆すべきは，逆元を見つける直截な方法である．つまり，$a^{-1} \pmod{m}$ が存在すれば，常に次が成立する：

$$a^{-1} \bmod m = a^{\varphi(m)-1} \bmod m. \tag{2.3}$$

この逆元の計算法は，計算機への実装を考えたとき，アルゴリズム 2.1.4 と比肩しうる．

x の n 乗を計算するのに，文字どおり n 個の x を $x * x * \cdots * x$ と掛け算する必要が必ずしもない，ということは，計算論的に重要な観察である．劇的に効果的な（特に大きな冪に対して），再帰的冪乗計算アルゴリズムで，容易に書き下すことができ同時に理解しやすいものを以下で与える．われわれが冪乗を計算するのは，整数，有限体の元，多項式，またその他の物である．アルゴリズムの中では，x がある半群の元である，すなわち，$x * x * \cdots * x$ が定義されていることしか求めない．

アルゴリズム 2.1.5 (再帰階梯冪乗計算法). 半群の元 x と自然数 n が与えられたとき，x^n を計算することがゴールである．

1. [再帰的関数 pow]

    $pow(x, n)$ {
    　　if($n == 1$) return x;
    　　if(n even) return $pow(x, n/2)^2$;　　　// 偶数の場合の分岐．
    　　return $x * pow(x, (n-1)/2)^2$;　　　// 奇数の場合の分岐．
    }

このアルゴリズムは再帰的でコンパクトであるが，しかし実際に実装するにあたっては，本質的にこれと同値で，大きな，配列に記憶されている引数についてより適切な，9.3.1 項の階梯法を考慮すべきである．アルゴリズム 2.1.5 で，関数が再帰的に呼び出

されていることを実証するために，$3^{13} \pmod{15}$ を考えてみる．$n = 13$ については，計算操作の順序は次のようにになる：

$$3 * pow(3,6)^2 = 3 * \left(pow(3,3)^2\right)^2$$
$$= 3 * \left(\left(3 * pow(3,1)^2\right)^2\right)^2.$$

$x^n \bmod m$ を計算するとき，法演算が，偶・奇，双方の分岐で起きる．法が例えば $m = 15$ なら，上記の最後の冪の連鎖から，答えは $3^{13} \bmod 15 = 3 \cdot \left((-3)^2\right)^2 \bmod 15 = 3 \cdot 6 \bmod 15 = 3$ となる．重要な観察は，3 回の平方と 2 回の積があり，この操作回数は指数 n の 2 進展開と密接に関係するということである．これは n そのものの値よりは劇的に小さい．実際，x, n が m 程度の大きさで，$x^n \bmod m$ を計算するのに，素朴な乗算・加算とアルゴリズム 2.1.5 とを使うと，冪乗の計算には $O(\ln^3 m)$ 回のビット操作で十分である（問題 2.17 と 9.3.1 項を見よ）．

2.1.3 中国式剰余定理

中国式剰余定理（CRT）は，巧妙な，また大変古いアイディアである．ある整数を，その小さな剰余の系から復元することができる，というものである．CRT は，紀元前 1 世紀の孫子に知られていた [Hardy and Wright 1979], [Ding et al. 1996]．実際，古代の伝説的な応用は，軍隊の兵士の人数を数えることであった．n 人の兵隊がいるとして，7 人ずつの行列に並ばせ，$n \bmod 7$ を見る．次に 11 人ずつ並ばせて $n \bmod 11$ を見る，などとする．そのような小さな剰余を「十分に」取れば，n の正しい値を読み取ることができる．法として素数を取る必要はなく，法がペアごとに互いに素であれば十分である．

定理 2.1.6 (中国式剰余定理 (CRT)). $m_0, \ldots, m_{r-1}$ を正で，2 つの数のどのペアも互いに素な法とする．それらの積を $M = \Pi_{i=0}^{r-1} m_i$ とする．r 個の剰余 n_i も与えられているとする．すると，r 個の関係式と不等式

$$n \equiv n_i \pmod{m_i}, \quad 0 \leq n < M$$

は唯一の解を持つ．さらに，この解は次の値の，M を法とする最小剰余として明示的に与えられる：

$$\sum_{i=0}^{r-1} n_i v_i M_i.$$

ただし $M_i = M/m_i$ で，v_i は $v_i M_i \equiv 1 \pmod{m_i}$ で与えられる数である．

簡単な例を見て記号をはっきりさせよう．$m_0 = 3$, $m_1 = 5$, $m_2 = 7$ とする．積は $M = 105$ で，$n_0 = 2$, $n_1 = 2$, $n_2 = 6$ とする．われわれは $n < 105$ の範囲で次の解を求めたい：

$$n \equiv 2 \pmod{3},\ n \equiv 2 \pmod{5},\ n \equiv 6 \pmod{7}.$$

まず M_i を求める:
$$M_0 = 35,\ M_1 = 21,\ M_2 = 15.$$

ついで,逆元を次のように求める:
$$v_0 = 2 = 35^{-1} \bmod 3, \quad v_1 = 1 = 21^{-1} \bmod 5, \quad v_2 = 1 = 15^{-1} \bmod 7.$$

最終的に,
$$\begin{aligned} n &= (n_0 v_0 M_0 + n_1 v_1 M_1 + n_2 v_2 M_2) \bmod M \\ &= (140 + 42 + 90) \bmod 105 \\ &= 62. \end{aligned}$$

実際,62 mod 3, 5, 7 はそれぞれ,所期の剰余 2, 2, 6 を与える.

古代から,CRT アルゴリズムには様々な応用があった.それらのいくつかは第 9 章とその章末の問題で議論する.ここでは,CRT がある種の並行性を持つことを観察しよう.複数のコンピュータが,それぞれが小さな数 m_i を法として計算し,それらの結果から最終結果の数値が再構成される.例えば,x, y が高々 100 桁の数とする.すると,素数の法 $\{m_i\}$ の集合で,それらの積 M が $M > 10^{200}$ なるものを,積の計算に使うことができる:i 番目のコンピュータが $((x \bmod m_i) * (y \bmod m_i)) \bmod m_i$ を計算すれば,最終的な値 $x * y$ は CRT からわかる.同様に,1 つのコンピュータチップ上でも,小さな法に関する算術を,異なる演算器で並行して行うことができる.

これからわかることは,再構成問題がもっとも重要ということである.実際,n の再構成が CRT 計算の難しい局面である.しかし,注意すべきは,多くの計算に対して小さな法が固定されているなら,1 度だけ,一定量の事前計算をしておくことが可能になることである.定理 2.1.6 で,M_i と逆元 v_i とを 1 回のみ計算しておけば,異なる剰余の集合 $\{n_i\}$ に対して,それらを将来の計算に用いることができると期待できる.実際,積 $v_i M_i$ を事前計算しておくこともできる.r 個の並列計算ノードを持つコンピュータは,$\sum n_i v_i M_i$ を $O(\ln r)$ ステップで再構成できる.

CRT のデータを統合する別の方法,例えば,1 回ごとに 1 つの部分法 (partial modulus) を構成する方法,もある.そのような方法の 1 つが Garner アルゴリズム [Menezes et al. 1997] であり,これも事前計算を用いることができる.

アルゴリズム 2.1.7 (事前計算による CRT 再構成 (Garner)). 定理 2.1.6 の用語で,$r \geq 2$ が固定され,ペアごとに互いに素な法 $m_0, \ldots, m_{r-1}$ でそれらの積が M になっているものと,剰余の族 $\{n_i \pmod{m_i}\}$ とが与えられているとする.このアルゴリズムは,与えられた剰余を持つ唯一の $n \in [0, M-1]$ を返す.事前計算のステップの後 ($\{m_i\}$ が不変のとき),そのような n を求めるためにこのアルゴリズムに再突入することができる.

1. [事前計算]
    for$(1 \leq i < r)$ {
        $\mu_i = \prod_{j=0}^{i-1} m_j;$
        $c_i = \mu_i^{-1} \bmod m_i;$
    }
    $M = \mu_{r-1} m_{r-1};$
2. [与えられた剰余 $\{n_i\}$ についての再突入点]
    $n = n_0;$
    for$(1 \leq i < r)$ {
        $u = ((n_i - n)c_i) \bmod m_i;$
        $n = n + u\mu_i;$ // $0 \leq j \leq i$ に対して $n \equiv n_j \pmod{m_j}$.
    }
    $n = n \bmod M;$
    return $n;$

このアルゴリズムは定理 2.1.6 の素朴な適用より効率的であることが示される (問題 2.8 を見よ). さらに, 固定された法 M について, 繰り返し CRT 計算を行うとき, アルゴリズム 2.1.7 の [事前計算] を 1 度だけ実行し, $r-1$ 個の整数を保存しておけば, 効率的に再計算ができる.

9.5.9 項で, CRT 再構成アルゴリズムを, 事前計算による利点のみならず, 高速な整数乗算法も用いた形で述べる.

2.2 多項式計算

モジュラ演算のためのアルゴリズムの大半が, 多項式の世界でもほぼ完全な類似を保って成立する.

2.2.1 多項式に対する最大公約因子

2.1.1 項で述べた, Euclid による整数 gcd と, 法演算の逆元を計算するアルゴリズムの, 多項式に対する類似を次に述べよう. 多項式について述べる場合, まず最初の問題は係数をどこに取るかである. われわれは有理数係数の多項式全体 $\mathbf{Q}[x]$, もしくは有限体 $\mathbf{Z}_p$ を係数にする多項式の全体 $\mathbf{Z}_p[x]$, もしくはその他の体を係数とする場合を扱う. また, 必ずしも体にはならない環を係数にする多項式を扱うこともある. 例えば $\mathbf{Z}[x]$ や n が素数でない場合の $\mathbf{Z}_n[x]$ のように.

考えようとしている領域が曖昧なので, 基本方針に戻って, より原始的な概念である商と余りにまで戻るのがいいだろう. F を体として, $F[x]$ 内の多項式を扱うなら, 通常の整数の場合とまったく同じように, 余り付きの割り算ができる. すなわち, $f(x), g(x)$

が $F[x]$ の元で，f は 0 でないとする．すると，$F[x]$ の元 $q(x), r(x)$ が一意に定まり，次のようになる：

$$g(x) = q(x)f(x) + r(x) \text{ かつ}, \quad r(x) = 0 \text{ または } \deg r(x) < \deg f(x). \qquad (2.4)$$

さらに，高校で習ったように筆算を使って商 $q(x)$ を構成し，$r(x)$ と $q(x)$ とを得ることができる．この方法について考えてみると，一般の可換環では成り立たない，体であるという特殊性に依る唯一の性質は，割る多項式 $f(x)$ の最高次係数が可逆である，ということである．よって，R が単位元を持つ可換で，$R[x]$ の元である多項式を考えるときは，割る多項式の最高次係数が可逆であるとき，すなわち乗法に関して逆元を持つとき，に限って商と余りを求めることができる．

例えば，多項式環 $\mathbf{Z}_{10}[x]$ において，x^2 を $3x+2$ で割ることを考える．3 の $\mathbf{Z}_{10}$ での逆元（これはアルゴリズム 2.1.4 で求められる）は 7 である．商として $7x+2$，余りに 6 を得る．

和については，$f(x), g(x)$ が $R[x]$ の元で，R は単位元を持つ可換環とし，f の最高次係数は R の単数とする．このとき一意に $q(x), r(x)$ が $R[x]$ に存在して，式 (2.4) が成立する．$r(x) = g(x) \bmod f(x)$ と書くことにする．多項式の剰余については 9.6.2 項を見よ．

より一般の場合の $R[x]$ 内の 2 つの多項式について，その最大公約元を定義することもできるが，以下ではずっと簡単な $F[x]$（ここで F は体）の場合のみに議論を制限する．この状況では，アルゴリズムも理論も，整数の場合とほとんど同じである（R が必ずしも体でない場合の最大公約元についての議論は 4.3 節を見よ）．2 つとも 0 ではない多項式について，それらの多項式としての最大公約元を，両方の多項式を割り切る最大次数の多項式として定義する．この定義を満たすどの多項式も，F の 0 でない元を掛ければやはり同じ定義を満たす．話を標準化するために，これらの多項式のうちモニック，すなわち最高次係数が 1 であるものを取ることとする．記号 $\gcd(f(x), g(x))$ を使うときには常にこの特定の多項式を示すこととする．よって，$\gcd(f(x), g(x))$ は $f(x)$ と $g(x)$ の公約元のうち最大次数を持つモニックな多項式である．0 でない多項式をモニックにするには，最高次係数の逆元を掛ければよい．

アルゴリズム 2.2.1 (多項式の gcd)．$F[x]$ 内の，どちらも 0 でない 2 つの多項式 $f(x), g(x)$ に対し，このアルゴリズムは $d(x) = \gcd(f(x), g(x))$ を返す．

1. [初期化]
   $u(x), v(x)$ を，$\deg u(x) \geq \deg v(x)$ または $v(x)$ が 0 であるように $f(x), g(x)$ を並べたものとする．
2. [Euclid ループ]
   while($v(x) \neq 0$) $(u(x), v(x)) = (v(x), u(x) \bmod v(x))$;

3. [モニックにする]
    c を $u(x)$ の最高次係数とする；
    $d(x) = c^{-1} u(x)$;
    return $d(x)$;

よって，例えば，$\mathbf{Q}[x]$ から $f(x), g(x)$ を
$$f(x) = 7x^{11} + x^9 + 7x^2 + 1,$$
$$g(x) = -7x^7 - x^5 + 7x^2 + 1$$
のように取ると，Euclid ループでの計算は
$$(7x^{11} + x^9 + 7x^2 + 1,\ -7x^7 - x^5 + 7x^2 + 1)$$
$$\to (-7x^7 - x^5 + 7x^2 + 1,\ 7x^6 + x^4 + 7x^2 + 1)$$
$$\to (7x^6 + x^4 + 7x^2 + 1,\ 7x^3 + 7x^2 + x + 1)$$
$$\to (7x^3 + 7x^2 + x + 1,\ 14x^2 + 2)$$
$$\to (14x^2 + 2,\ 0)$$
のようになり，$u(x)$ の最後の値は $14x^2 + 2$，gcd $d(x)$ は $x^2 + \frac{1}{7}$ となる．もちろんすべての計算は多項式環 $F[x]$ で行われていると理解する．よって上の例では，もし $F = \mathbf{Z}_{13}$ ならば $d(x) = x^2 + 2$ であるし，もし $F = \mathbf{Z}_7$ ならば $d(x) = 1$ である．また，$F = \mathbf{Z}_2$ ならばループは 1 つ前で終わり，$d(x) = x^3 + x^2 + x + 1$ である．

多項式の gcd に関して，多項式の逆元が必要になる．整数の場合の逆元と同じ記号で，与えられた f, g と，$d(x) = \gcd(f(x), g(x))$ に対して
$$s(x) f(x) + t(x) g(x) = d(x)$$
となる $s(x), t(x)$ を求める．

アルゴリズム 2.2.2 (多項式の拡張 gcd)． F を体とする．$F[x]$ 内の，両方が 0 ではない多項式 $f(x), g(x)$ が与えられ，$\deg f(x) \geq \deg g(x)$ または $g(x) = 0$ のとき，このアルゴリズムは $F[x]$ 内の元 $(s(x), t(x), d(x))$ で，$d = \gcd(f, g)$ かつ $sf + tg = d$ を満たすものを返す．（記号の繁雑を避けるため，以下では変数 x を略す）．

1. [初期化]
    $(s, t, d, u, v, w) = (1, 0, f, 0, 1, g)$;
2. [拡張 Euclid ループ]
    while($w \neq 0$) {
        $q = (d - (d \bmod w))/w$;   // q は $d \div w$ の商．
        $(s, t, d, u, v, w) = (u, v, w, s - qu, t - qv, d - qw)$;
    }

3. [モニックにする]
　　　c を d の最高次係数とする;
　　　$(s, t, d) = (c^{-1}s, c^{-1}t, c^{-1}d)$;
　　　return (s, t, d);

もし $d(x) = 1$ で, $f(x), g(x)$ のどちらも 0 でないなら, $s(x)$ は $f(x) \pmod{g(x)}$ の逆元で, $t(x)$ は $g(x) \pmod{f(x)}$ の逆元である. 上述の素朴な多項式の剰余算を用いると, このアルゴリズムの計算量は $O(D^2)$ 回の体の演算である. ここで D は入力された多項式の次数のうち大きい方である. [Menezes et al. 1997] を見よ.

2.2.2 有限体

無限体の例は, 有理数体 **Q**, 実数体 **R**, 複素数体 **C** がある. 本書ではしかし, 有限体について主に考える. 例として：p が素数なら, 体

$$\mathbf{F}_p = \mathbf{Z}_p$$

は p で割った剰余 $0, 1, \ldots, p-1$ からなり, 演算は通常の剰余演算である.

与えられた体 F と $F[x]$ 内の正の次数を持つ多項式 $f(x)$ について, 剰余環 $F[x]/(f(x))$ を考えることができる. $F[x]/(f(x))$ の元は $F[x]$ の部分集合で $\{g(x) + f(x)h(x) : h(x) \in F[x]\}$ の形をしたものである. $g(x) + (f(x))$ と書くことにする. イデアル $(f(x))$ による剰余類で, 代表元 $g(x)$ を持つものである (実際には, その剰余類に属する任意の多項式が, その剰余類の代表元となり得る. よって $g(x) + (f(x)) = G(x) + (f(x))$ となるのは, $G(x) \in g(x) + (f(x))$ のとき, そのときに限り, これはある $h(x) \in F[x]$ が存在して $G(x) - g(x) = f(x)h(x)$ となるとき, そのときに限り, これはさらに $G(x) \equiv g(x) \pmod{f(x)}$ となるとき, そのときに限る. つまり, 剰余類を使うというのは, 合同を考えることの高級な表現だと考えられる). 各剰余類は, 標準的な代表元を持つ. つまり, 一意で自然な選択として, 0 もしくは, $\deg f(x)$ よりも次数の低い元である.

剰余類を, 代表元の和や積で足したり掛けたりできる：

$$\begin{aligned}\bigl(g_1(x) + (f(x))\bigr) + \bigl(g_2(x) + (f(x))\bigr) &= g_1(x) + g_2(x) + (f(x)),\\ \bigl(g_1(x) + (f(x))\bigr) \cdot \bigl(g_2(x) + (f(x))\bigr) &= g_1(x)g_2(x) + (f(x)).\end{aligned}$$

加法と乗法に関するこのルールにより, $F[x]/(f(x))$ は F と同型な体を含む環になる. 元 $a \in F$ は剰余類 $a + (f(x))$ と同一視される.

定理 2.2.3. もし F が体で $f(x) \in F[x]$ が正の次数を持つなら, $F[x]/(f(x))$ は $f(x)$ が $F[x]$ で既約であるとき, そのときに限り体になる.

この定理により, 古い体から新しい体を作ることができる. 例えば, 有理数体 **Q** から始

めて，$\mathbf{Q}[x]$ 内の既約多項式 x^2-2 を考える．$a,b \in \mathbf{Q}$ について，剰余類 $a+bx+(f(x))$ を単に $a+bx$ と書こう．加法と乗法は次のようになる：

$$(a_1+b_1x)+(a_2+b_2x) = (a_1+a_2)+(b_1+b_2)x,$$
$$(a_1+b_1x)\cdot(a_2+b_2x) = (a_1a_2+2b_1b_2)+(a_1b_2+a_2b_1)x.$$

つまり，多項式についての通常の加法と乗法を行えるが，$x^2=2$ という関係式で簡約する．われわれは新しい体

$$\mathbf{Q}\left[\sqrt{2}\right] = \{a+b\sqrt{2} : a,b \in \mathbf{Q}\}$$

を「創造」したのである．

このアイディアを，有限体 $\mathbf{F}_7$ から始めて試してみよう．例えば $f(x)=x^2+1$ を取ったとする．次数 2 の多項式が体 F で既約なのは，F に解を持たないときで，そのときに限る．試してみると x^2+1 は $\mathbf{F}_7$ で解を持たず，よってこの体上で既約である．したがって定理 2.2.3 によって，$\mathbf{F}_7[x]/(x^2+1)$ は体である．その元を，$a,b \in \mathbf{F}_7$ に対して $a+bi$ と略記する．$i^2=-1$ である．この新しい体は，49 個の元を持つ．

より一般に，p が素数で $f(x) \in \mathbf{F}_p[x]$ が既約で次数 $d \geq 1$ を持つなら，$\mathbf{F}_p[x]/(f(x))$ は再び有限体となり，p^d 個の元を持つ．興味深いことに，「すべての」有限体（同型を除いて）はこのようにして構成される．

有限体と，$\mathbf{Q}$ や $\mathbf{C}$ のような体との重要な差違は，有限体の中で，1 を自身に繰り返し足すと，0 を得るということである．実際，何回足して 0 になるかという回数は，素数になる．そうでないなら，0 でない 2 つの元を掛けて 0 を得ることになる．

定義 2.2.4. 体の標数とは，1 の加法に関する位数（それが無限でなければ）であり，1 の加法に関する位数が無限大なら，標数は 0 であるとする．

上に述べたように，体の標数は，それが正ならば素数である．標数が 2 の体は，応用において特別な役割がある．これは主に，そのような体での演算が単純であることによる．有限体に関して，今後必要となる古典的な性質をいくつか以下にまとめておく：

定理 2.2.5 (有限体に関する基本的な結果)**.**
(1) 有限体 F は 0 でない標数を持ち，それは素数である．
(2) a,b が標数 p の有限体 F の元なら，$(a+b)^p = a^p+b^p$．
(3) どの有限体も，ある正整数 k があって，p^k 個の元を持つ．ここで p は標数である．
(4) 素数 p と指数 k が与えられたとき，p^k 個の元を持つ体が（同型を除いて）ただ 1 つ存在する．この体を $\mathbf{F}_{p^k}$ と書く．

(5) $\mathbf{F}_{p^k}$ は,各 $j|k$ に対して $\mathbf{F}_{p^j}$ (と同型な有限体)をただ1つ部分体として含み,それ以外の部分体を持たない.
(6) $\mathbf{F}_{p^k}$ の0でない元全体のなす乗法群 $\mathbf{F}_{p^k}^*$ は巡回群である.つまり,ある元が存在して,その元の冪乗の全体が,乗法群全体と一致する.

乗法群 $\mathbf{F}_{p^k}^*$ は,冪乗,冪根ならびに暗号を研究するにあたって重要な概念である.

定義 2.2.6. 体 $\mathbf{F}_{p^k}$ の原始根とは,その冪乗の全体が,群 $\mathbf{F}_{p^k}^*$ 全体と一致するような元である.すなわち,巡回群 $\mathbf{F}_{p^k}^*$ の生成元である.

例えば,上で構成した49個の元を持つ体,言い換えると $\mathbf{F}_{7^2}$ では,$3+i$ が原始根である.

n 個の元からなる巡回群は,全部で $\varphi(n)$ 個の生成元を持つ.ここで φ は Euler 関数である.よって,有限体 $\mathbf{F}_{p^k}$ は $\varphi(p^k-1)$ 個の原始根を持つ.

原始根を見つける1つの方法は,次の結果を用いることである.

定理 2.2.7 (原始根の判定)**.** $\mathbf{F}_{p^k}^*$ の元 g が原始根であるのは,p^k-1 の任意の約数 q について

$$g^{(p^k-1)/q} \neq 1$$

であるときで,そのときに限る.

p^k-1 が素因子分解可能ならば,このテストは原始根を見分ける有効な手段である.したがって,原始根を見つける簡単なアルゴリズムは次のようになる:ランダムに $g \in \mathbf{F}_{p^k}^*$ を取り,p^k-1 の各素因子 q ごとに冪乗 $g^{(p^k-1)/q} \bmod p$ を計算する.もしいずれかが1になれば,別の g を取る.もし冪乗がいずれも1にならなければ,定理 2.2.7 によりこれは原始根である.

本書の大半は $\mathbf{F}_p$ の算術に充てられるが,高次の素数冪個の元からなる体についても折々考慮する.一般の $\mathbf{F}_{p^k}$ の算術は込み入っているが,興味深いことにいくつかのアルゴリズムは,そのような高次の体でより優れたパフォーマンスを発揮する.上で見たように,有限体 $\mathbf{F}_{p^k}$ を,$\mathbf{F}_p[x]$ における k 次既約多項式 $f(x)$ から構成した.どのようにするのかについて,もう少し述べておこう.

$\mathbf{F}_{p^k}$ の任意の元 a は,$a^{p^k}=a$ を満たす.言い換えると,a は $x^{p^k}-x$ の根である.実際,この多項式は $\mathbf{F}_{p^k}$ で,重複なく1次因子に分解する.このアイディアを,$x^{p^k}-x$ が,$\mathbf{F}_p[x]$ 上の次数が k を割り切るすべてのモニック既約多項式の積であることを見るのに使うことができる.これによって,$\mathbf{F}_p[x]$ 内の,次数がちょうど k であるモニック既約多項式の個数 $N_k(p)$ の公式を得ることができる:まず恒等式

$$\sum_{d|k} dN_d(p) = p^k$$

を書くことから始める．Möbius の反転公式により

$$N_k(p) = \frac{1}{k} \sum_{d|k} p^d \mu(k/d) \tag{2.5}$$

を得る．ここで μ は Möbius 関数で，1.4.1 項で議論した．最後の和が $d = k$ の項で支配されるのは容易にわかる．よって $N_k(p)$ は大体 p^k/k である．つまり，$\mathbf{F}_p[x]$ 内の次数 k のモニック多項式 k 個について 1 つが既約である．したがって，これらのうちのひとつをランダムに探索すると，$O(k)$ 回の試行で成功するはずである．しかし，ではどのようにして既約多項式であることがわかるだろうか？ 答は次の結果のようになる．

定理 2.2.8. $f(x)$ は $\mathbf{F}_p[x]$ の元で正の次数 k を持つとする．次は同値である：
(1) $f(x)$ は既約．
(2) $j = 1, 2, \ldots, \lfloor k/2 \rfloor$ に対して $\gcd(f(x), x^{p^j} - x) = 1$．
(3) 各 $q|k$ に対して，$x^{p^k} \equiv x \pmod{f(x)}$ かつ $\gcd(f(x), x^{p^{k/q}} - x) = 1$．

この定理は，次の 2 つの既約性判定テストの背後にあるものであるが，その証明は問題 2.15 とする．

アルゴリズム 2.2.9 (既約性判定テスト 1). 与えられた素数 p と k 次多項式 ($k \geq 2$) $f(x) \in \mathbf{F}_p[x]$ に対して，このアルゴリズムは $f(x)$ が $\mathbf{F}_p$ 上既約か否かを判定する．
1. [初期化]
   $g(x) = x$;
2. [テストループ]
   for($1 \leq i \leq \lfloor k/2 \rfloor$) {
   　　$g(x) = g(x)^p \bmod f(x)$;　　　　　// アルゴリズム 2.1.5 による冪乗．
   　　$d(x) = \gcd(f(x), g(x) - x)$;　　　　// アルゴリズム 2.2.1 による
   　　　　　　　　　　　　　　　　　　　　　// 多項式の gcd．
   　　if($d(x) \neq 1$) return NO;
   }
   return YES;　　　　　　　　　　　　　　// f は既約．

アルゴリズム 2.2.10 (既約性判定テスト 2). 与えられた素数 p，k 次多項式 ($k \geq 2$) $f(x) \in \mathbf{F}_p[x]$ と，相異なる素数 $q_1 > q_2 > \ldots > q_l$ で k を割り切るものに対して，このアルゴリズムは $f(x)$ が $\mathbf{F}_p$ 上既約か否かを判定する．
1. [初期化]
   $q_{l+1} = 1$;
   $g(x) = x^{p^{k/q_1}} \bmod f(x)$;　　　　// アルゴリズム 2.1.5 による冪乗．

2. [テストループ]
   for($1 \leq i \leq l$) {
   $d(x) = \gcd(f(x), g(x) - x);$ // アルゴリズム 2.2.1 による
                                    // 多項式の gcd.

   if($d(x) \neq 1$) return NO;
   $g(x) = g(x)^{p^{k/q_{i+1}-k/q_i}} \bmod f(x);$ // アルゴリズム 2.1.5
                                                     // による冪乗.
   }
3. [最後の合同式]
   if($g(x) \neq x$) return NO;
   return YES;   //f は既約.

この章で述べた素朴な算術サブルーチンを使うと，アルゴリズム 2.2.9 は，大きな k に対して，アルゴリズム 2.2.10 よりも遅くなる．というのは，より多くの多項式の gcd を，以前述べたアルゴリズムにより計算しなければならないからである．しかし，多項式の gcd を計算するより洗練されたアルゴリズム（[von zur Gathen and Gerhard 1999, Sec. 11.1] を見よ）を使うことによって，2 つの方法は同じくらいの実行時間になる．

ここで体の演算法を要約しておこう．$\mathbf{F}_p$ 上の次数 k の既約多項式 $f(x)$ があるとする．任意の $a \in \mathbf{F}_{p^k}$ は

$$a = a_0 + a_1 x + a_2 x^2 + \cdots + a_{k-1} x^{k-1} \quad (a_i \in \{0, \ldots, p-1\})$$

と表される．つまり，a を $\mathbf{F}_p^k$ のベクトルとして表している．明らかに，そのようなベクトルは p^k 個ある．加法は通常のベクトルの足し算である．しかし演算はもちろん各成分ごとに p を法として行う．積はもう少し複雑である：単に多項式の積ではあるが，しかし座標の演算を法 p について行うだけではなく，次数の高い多項式を $f(x)$ を法として簡約しなければならない．言い換えると，$a * b$ を $\mathbf{F}_{p^k}$ で計算するには，単に多項式の積 $a(x)b(x)$ を計算し，この過程で係数が $p-1$ を越えれば係数を法 p で簡約し，さらに多項式 $f(x)$ を法として簡約し，また必要に応じて法 p で簡約しなければならない．基本的には，制約なしに積 $a(x)b(x)$ を計算し，法 $f(x)$ で簡約し，さらに最後に法 p の計算をしても最終結果は一致する．しかし，途中での整数の積はコントロールできないだろう．特に掛け算をする多項式がたくさんある場合には，適切な時点で適宜，p に関する法を取るのがもっともよい．

標数 2 の体，ここでは，$\mathbf{F}_{16}$ での計算の具体例を挙げよう．われわれの公式 (2.5) によると，$\mathbf{F}_2[x]$ の既約な 4 次の多項式はちょうど 3 つある．実際に $x^4 + x + 1$, $x^4 + x^3 + 1$, ならびに $x^4 + x^3 + x^2 + x + 1$ がそれらであることは直ぐにわかる．どれを使っても $\mathbf{F}_{16}$ が得られるが，最初のものが，x の高い冪を $f(x)$ で簡約するには，$x^4 = x + 1$ という簡潔な規則で済むので都合がよい（標数 2 で考えているので $-1 = 1$ であることを

思い出しておこう). 典型的な元 $a_0 + a_1 x + a_2 x^2 + a_3 x^3$, $a_i \in \{0,1\}$, を 2 進表記で $(a_0 a_1 a_2 a_3)$ と略記する. 法 2 で成分ごとに加えるのは,「排他的論理和」を取るのと同じことである. 例えば

$$(0111) + (1011) = (1100).$$

積 $a * b = (0111) * (1011)$ の計算は, 成分の畳み込みを行うことでシミュレートできる. まず長さ 7 の文字列 (0110001) を得る (これを $(c_0 c_1 c_2 c_3 c_4 c_5 c_6)$ とすると, $c_j = \sum_{i_1 + i_2 = j} a_{i_1} b_{i_2}$ であって, 和は $\{0,1,2,3\}$ 内で和が j であるペア i_1, i_2 を渡る). 最終的な答を得るには, 6, 5, 4 の位置にある 1 をこの順に取って, 法 $f(x)$ の規則で置き換える. つまり, 6 の位置にある 1 を 2 と 3 の位置にある 1 と置き換え, 排他的論理和を取って, (0101000) を得る. つまり,

$$(0111) * (1011) = (0101)$$

を得る. これは小さな例だが, 多項式を用いた一般の体の演算の基本概念はすべてここにある.

2.3 平方と多項式の根

2.3.1 平方剰余

まず定義から始めよう.

定義 2.3.1. 互いに素な整数 m, a で, m は正なものについて, a が法 m で平方剰余であるとは, 合同式

$$x^2 \equiv a \pmod{m}$$

が整数 x という解を持つことをいう. この合同式が解を持たないとき, a は法 m で平方非剰余という.

平方剰余, 非剰余は $\gcd(a, m) = 1$ のときのみ定義される. よって例えば $0 \pmod{m}$ は常に平方であるが, 平方剰余でも平方非剰余でもない. 別の例は, $3 \pmod 9$ である. これは平方ではないが, 3 と 9 が互いに素ではないので, 平方非剰余とは考えない. 法が素数ならば, 互いに素でないのは 0 だけである. これが次の定義の中に 1 つの場合として含まれている.

定義 2.3.2. 奇素数 p に対して, Legendre 記号 $\left(\frac{a}{p}\right)$ は次のように定義される:

$$\left(\frac{a}{p}\right) = \begin{cases} 0, & a \equiv 0 \pmod{p} \text{ のとき}, \\ 1, & a \text{ が法 } p \text{ で平方剰余のとき}, \\ -1, & a \text{ が法 } p \text{ で平方非剰余のとき}. \end{cases}$$

よって，Legendre 記号は $a \not\equiv 0 \pmod{p}$ が法 p で平方か否かを表す．これと密接に関係するが，ある重要な点で異なるのが，Jacobi 記号である：

定義 2.3.3. 奇数の自然数 m（素数でもそうでなくてもよい）と，任意の整数 a に対して，Jacobi 記号 $\left(\frac{a}{m}\right)$ は，（一意的な）素因子分解

$$m = \prod p_i^{t_i}$$

により

$$\left(\frac{a}{m}\right) = \prod \left(\frac{a}{p_i}\right)^{t_i}$$

で定義される．ここで $\left(\frac{a}{p_i}\right)$ は Legendre 記号であり，$\left(\frac{a}{1}\right) = 1$ と理解する．

すべての整数 a に対して，$\chi(a) = \left(\frac{a}{m}\right)$ で定義された関数は，法 m の指標である；1.4.3 項を見よ．奇数の合成数 m に対して，Jacobi 記号 $\left(\frac{a}{m}\right)$ は $x^2 \equiv a \pmod{m}$ が解を持たない場合も $+1$ となることがありうる．例えば

$$\left(\frac{2}{15}\right) = \left(\frac{2}{3}\right)\left(\frac{2}{5}\right) = (-1)(-1) = 1$$

であるが，2 は法 15 に対して平方でない．しかし，もし $\left(\frac{a}{m}\right) = -1$ であれば，a は m と互いに素で，$x^2 \equiv a \pmod{m}$ は解を持たない．そして $\left(\frac{a}{m}\right) = 0$ は $\gcd(a, m) > 1$ のとき，そのときに限る．

記号 $\left(\frac{a}{m}\right)$ が，原理的には計算可能であることは明らかである．m を素因子に分解し，元にある Legendre 記号を，合同式 $x^2 \equiv a \pmod{p}$ が解を持つかを，すべての可能性について虱潰しにすればよい．しかし，Legendre 記号と Jacobi 記号が大変便利なのは，それらを実際に計算することが大変容易で，事実，素因子分解も素数判定も虱潰しの探索も必要ないからである．次の定理は，Legendre 記号と Jaboci 記号の美しい性質を述べている．これらの値を計算することは，最大公約数の計算なみにやさしいことがわかる．

定理 2.3.4 (Legendre 記号と Jacobi 記号の関係). p を奇素数，m, n を任意の正の奇数（素数にもなりうる），a, b を整数とする．素数を法とする平方剰余に関する Euler の規準は次のとおり：すなわち

$$\left(\frac{a}{p}\right) \equiv a^{(p-1)/2} \pmod{p}. \tag{2.6}$$

乗法的な関係

$$\left(\frac{ab}{m}\right) = \left(\frac{a}{m}\right)\left(\frac{b}{m}\right), \tag{2.7}$$

が成立する．また，特別な関係式

$$\left(\frac{-1}{m}\right) = (-1)^{(m-1)/2}, \qquad (2.9)$$

$$\left(\frac{2}{m}\right) = (-1)^{(m^2-1)/8} \qquad (2.10)$$

が成り立つ．

さらに，互いに素な m, n に対して，平方剰余記号の相互法則が成り立つ：

$$\left(\frac{m}{n}\right)\left(\frac{n}{m}\right) = (-1)^{(m-1)(n-1)/4}. \qquad (2.11)$$

すでに (2.6) で見たように，$|a| < p$ なら，Legendre 記号 $\left(\frac{a}{p}\right)$ は，素朴な演算と，アルゴリズム 2.1.5 により，$O\left(\ln^3 p\right)$ のビット演算で計算できる．問題 2.17 を見よ．しかし，より効率的に計算でき，素数を識別する必要すらない．

アルゴリズム 2.3.5 (Legendre・Jacobi 記号の計算). 与えられた奇数 m と，整数 a に対して，このアルゴリズムは Jacobi 記号 $\left(\frac{a}{m}\right)$ を計算する．m が奇素数ならば，これは Legendre 記号の値である．

1. [簡約ループ]
```
    a = a mod m;
    t = 1;
    while(a ≠ 0) {
        while(a even) {
            a = a/2;
            if(m mod 8 ∈ {3,5}) t = -t;
        }
        (a, m) = (m, a);                         // 変数の交換.
        if(a ≡ m ≡ 3 (mod 4)) t = -t;
        a = a mod m;
    }
```
2. [終了]
```
    if(m == 1) return t;
    return 0;
```

このアルゴリズムは，最大公約数を計算するアルゴリズム 2.1.2 と同程度の時間しか

かからないことは明らかであり，$|a| < m$ ならば $O\left(\ln^2 m\right)$ のビット操作ですむ．

本書の様々な箇所で，Legendre 記号と指数和との重要な関係を用いる．この関係の研究は大変深い．まず，次の定義から始めて，われわれは1つの中心的な，かつ有益な結果を述べることとする．

定義 2.3.6. 2次 Gauss 和 $G(a;m)$ を，整数 a と正整数 N について，

$$G(a;N) = \sum_{j=0}^{N-1} e^{2\pi i a j^2/N}$$

で定める．

この和は（共役が必要かもしれないが），第9章のあちこちで用いられる，離散フーリエ変換（DFT）である．より一般の形（指数和）は，素数判定（4.4節を見よ）で用いられる．ここで引用する中心的な結果により，Legendre 記号との重要な関係が見られる．

定理 2.3.7 (Gauss). 奇素数 p と整数 $a \not\equiv 0 \pmod{p}$ に対して，

$$G(a;p) = \left(\frac{a}{p}\right) G(1;p).$$

またより一般に，正の整数 m に対して，

$$G(1;m) = \frac{1}{2}\sqrt{m}(1+i)(1+(-i)^m).$$

初めの主張は実際非常にやさしい．読者は参考文献を見ずに証明を試みられたい．定理の2つの主張により，和のフーリエ逆変換ができる．よって，$a \not\equiv 0 \pmod{p}$ についての Legendre 記号を次のように計算できる：

$$\left(\frac{a}{p}\right) = \frac{c}{\sqrt{p}} \sum_{j=0}^{p-1} e^{2\pi i a j^2/p} = \frac{c}{\sqrt{p}} \sum_{j=0}^{p-1} \left(\frac{j}{p}\right) e^{2\pi i a j/p}. \tag{2.12}$$

ここで $p \equiv 1, 3 \pmod{4}$ に応じて $c = 1, -i$ である．これによって，Legendre 記号は，本質的に自分自身の離散フーリエ変換（DFT）であることがわかる．Gauss 和を実際に計算することについては，問題 1.66, 2.27, 2.28, 9.41 を見よ．

2.3.2 平方根

最大公約数，逆元（実際は -1 乗），さらに正の整数乗を求めるアルゴリズムが得られたので，素数を法として平方根を求める問題に立ち戻ろう．以下で見るように，これらの技術は実際には，剰余の高い冪乗を計算するものである．よってわれわれの仕事は，

実数の平方根を取るのとはまったく異なっている.

奇素数 p に対して,合同式

$$x^2 \equiv a \not\equiv 0 \pmod{p}$$

の可解性は Legendre 記号 $\left(\frac{a}{p}\right)$ の値で記述されるのであった.$\left(\frac{a}{p}\right) = 1$ のときに重要な問題は,「平方根」x を求めることである.これは 2 つあるはずで,一方は他方の (法 p での) マイナスである.この平方根を計算するアルゴリズムを 2 つ与える.どちらを使っても効率的に計算できるが,実装の際に異なる問題が起こる.

最初のアルゴリズムは,Euler の規準 (2.6) から出発する.素数 p が法 4 で 3 と合同で,$\left(\frac{a}{p}\right) = 1$ なら,Euler の規準から $a^t \equiv 1 \pmod{p}$,ここで $t = (p-1)/2$ である.すると $a^{t+1} \equiv a \pmod{p}$ であり,この場合 $t+1$ は偶数なので,平方根として $x \equiv a^{(t+1)/2} \pmod{p}$ を取ることができる.確かに,平方根問題に対するこの極めて簡潔な解法は一般化できる.しかし,そう簡単ではない.一般に $p-1 = 2^s t$,(t は奇数),と書く.Euler の規準 (2.6) は $a^{2^{s-1}t} \equiv 1 \pmod{p}$ を保証するが,しかし $A = a^t \pmod{p}$ については何も言っていない.

いや,何かしらは言っている.法 p での A の乗法的な位数は 2^{s-1} である.d が法 p で平方非剰余,$D = d^t \bmod p$ としよう.すると Euler の規準 (2.6) から D の法 p での乗法的な位数はちょうど 2^s である,というのは,$D^{2^{s-1}} \equiv -1 \pmod{p}$ だから.同じことが $D^{-1} \pmod{p}$ にも言えて,つまりその乗法的位数は 2^s である.乗法群 $\mathbf{Z}_p^*$ は巡回群であるから,A は D^{-1} が生成する巡回部分群の元で,さらに A は D^{-1} の偶数冪である.つまり,ある整数 μ が $0 \leq \mu < 2^{s-1}$ に存在して,$A \equiv D^{-2\mu} \pmod{p}$ となる.A を代入して,$a^t D^{2\mu} \equiv 1 \pmod{p}$ となる.a をこの合同式に掛けて,法 p での a の平方根を $a^{(t+1)/2} D^\mu \pmod{p}$ として得ることができる.

このアイディアをアルゴリズムにするために,次の 2 つの問題を解かねばならない.

(1) 平方非剰余 $d \pmod{p}$ を見つける.
(2) 整数 μ で $A \equiv D^{-2\mu} \pmod{p}$ を満たすものを見つける.

問題 (1) は簡単で,問題 (2) が難しいように見える.というのは,法 p での平方非剰余はたくさんあって,われわれはそのうち,どれか 1 つが必要なだけであるから.一方,問題 (2) については,ある特定の整数 μ があって,それが必要なのである.ある意味でこういった考えは正しい.しかし,実際には,平方非剰余を見つける,速くて,数学的に厳密,かつ確定的な方法は知られていない.この手詰まりを,われわれはランダムアルゴリズムで迂回する.問題 (2) は,極めて困難な離散対数問題 (第 5 章を見よ) の一例であるが,ここでわれわれが直面している例についていえば,簡単である.次のアルゴリズムは 1891 年の A. Tonelli によるもので,先行する Gauss の仕事に基づいている.

アルゴリズム 2.3.8 (法 p での平方根). 奇素数 p と,整数 a で $\left(\frac{a}{p}\right) = 1$ なるものが与えられたとき,このアルゴリズムは $x^2 \equiv a \pmod{p}$ の解 x を返す.

1. [最も簡単な場合をチェック: $p \equiv 3, 5, 7 \pmod{8}$]
    $a = a \bmod p$;
    if($p \equiv 3, 7 \pmod{8}$) {
        $x = a^{(p+1)/4} \bmod p$;
        return x;
    }
    if($p \equiv 5 \pmod{8}$) {
        $x = a^{(p+3)/8} \bmod p$;
        $c = x^2 \bmod p$;   // なので $c \equiv \pm a \pmod{p}$.
        if($c \neq a \bmod p$) $x = x 2^{(p-1)/4} \bmod p$;
        return x;
    }
2. [$p \equiv 1 \pmod{8}$ の場合]
    $d \in [2, p-1]$ with $\left(\frac{d}{p}\right) = -1$ なる整数をランダムに取る；
                                                    // アルゴリズム 2.3.5 で Jacobi 記号を計算.
    $p - 1 = 2^s t$, t は奇数，と表す；
    $A = a^t \bmod p$;
    $D = d^t \bmod p$;
    $m = 0$;   // 上で述べたように，m は 2μ である.
    for($0 \leq i < s$){   // $i = 1$ から始めてよい．本文を見よ.
        if($(AD^m)^{2^{s-1-i}} \equiv -1 \pmod{p}$) $m = m + 2^i$;
    }   // $AD^m \equiv 1 \pmod{p}$ である.
    $x = a^{(t+1)/2} D^{m/2} \bmod p$;
    return x;

このアルゴリズムには次のような興味深い点がある．まず，$p \equiv 1 \pmod{8}$ の場合——最も難しい場合——が，実はすべての場合を扱っていることがわかる．（$p \equiv 5 \pmod{8}$ の場合は $d = 2$ として扱っている．また $p \equiv 3 \pmod{4}$ の場合は，指数 m が 0 で，d の値は必要ない．）第 2 に，このアルゴリズムには $A^{2^{s-1}} \equiv 1 \pmod{p}$ というチェックが組み込まれていて，よって m が偶数であることが保証される．これが成り立たないとすると，$\left(\frac{a}{p}\right) = 1$ とならない[*1]．したがってこのアルゴリズムは，この仮定 $\left(\frac{a}{p}\right) = 1$ を要求しない代わりに，ループにおいて，$i = 0$ のときに問題の剰余が -1 となったら，ブレークするように修正することもできるだろう．剰余 a が平方剰余か非剰余か未知のときに，もし a の平方根を繰り返しとるなら，アルゴリズム 2.3.8 にこの問題を決めさせ

[*1] 訳注：[$p \equiv 1 \pmod{8}$ の場合] の for ループの最初は，$m = 0$，$i = 0$ であるから，$(AD^m)^{2^{s-1-i}} = A^{2^{s-1}} \equiv a^{(p-1)/2} \equiv \left(\frac{a}{p}\right) = 1$．よって，$m = i = 0$ のときは for ループ内の if 文は実行されず，よって m には常に 2 冪が加算される．

ようと考えたくなるかもしれない．しかし，非剰余が現れるなら，最初にアルゴリズム 2.3.5 を走らせて a の指標の値を見て，計算量的により高価なアルゴリズム 2.3.8 を非剰余に対して適用することを避ける方が，平均的には速い．

上で注意したように，素数 p に対して平方非剰余 d を見つける多項式時間の確定的なアルゴリズムは知られていない．しかし，拡張 Riemann 予想（ERH）を仮定するなら，$d < 2\ln^2 p$ なる平方非剰余が存在することを示すことができる：定理 1.4.5 を参照のこと．したがって，この範囲で虱潰しに探索すれば，多項式時間で平方非剰余を見つけることができる．拡張 Riemann 予想（ERH）の下で，素数 p に対する平方剰余の平方根を，確定的多項式時間で見つけることができるのである．理論的な観点から興味深いことに，R. Schoof は固定された a に対して，平方根を計算する，確定的で多項式時間のアルゴリズムを導いた [Schoof 1985]．（ビット計算量は p の長さについて多項式であるが，a の長さについては指数関数的である．よって a が固定されていれば，このアルゴリズムが多項式時間である，ということは正しい．）理論的には極めて著しいこの事実にもかかわらず，非零の剰余 $d \pmod{p}$ の半数が $\left(\frac{d}{p}\right) = -1$ を満たすということから，数回のランダムな試行により適切な d が見つけられるだろうと考えたくなる．実際，ランダム試行の予期される回数は 2 回である．アルゴリズム 2.3.8 の計算量は，様々な冪乗計算が支配的であり，よって $O(s^2 + \ln t)$ 回のモジュラー演算だけある．素朴な算術演算のサブルーチンを用いるとして，最悪の場合（s が大きい場合），$O\left(\ln^4 p\right)$ 回のビット操作となる．しかし，アルゴリズム 2.3.8 をたくさんの素数の法 p について適用するなら，それらにわたる平均的な場合を考える方が良いだろう．そのときは $O\left(\ln^3 p\right)$ 回のビット操作に過ぎない．というのは，$p-1$ が 2 の高い冪で割り切れる p が非常に少ないからである．

次のアルゴリズムはアルゴリズム 2.3.8 の最悪の場合よりも，漸近的には速い．有限体 $\mathbf{F}_{p^2}$ の算術の美しい応用であり，M. Cipolla による 1907 年の発見である．

アルゴリズム 2.3.9 (法 p での平方根の，$\mathbf{F}_{p^2}$ での算術を用いた計算). 与えられた奇素数 p と，法 p での平方剰余 a に対して，このアルゴリズムは $x^2 \equiv a \pmod{p}$ の解 x を返す．
1. [ある平方非剰余な数を見つける]
    ランダムな整数 $t \in [0, p-1]$ で $\left(\frac{t^2-a}{p}\right) = -1$ なるものを見つける；
    // アルゴリズム 2.3.5 を使って Jacobi 記号の値を計算する．
2. [$\mathbf{F}_{p^2} = \mathbf{F}_p(\sqrt{t^2-a})$ において平方根を見つける]
    $x = (t + \sqrt{t^2-a})^{(p+1)/2}$;   // $\mathbf{F}_{p^2}$ での算術を用いる．
    return x;

ランダムな t の値が，[ある平方非剰余な数を見つける] のステップで成功する確率は $(p-1)/2p$ である．元 $x \in \mathbf{F}_{p^2}$ が実は $\mathbf{F}_{p^2}$ の部分体 $\mathbf{F}_p$ の元であり，また $x^2 \equiv a$

(mod p) を満たすことを示すのは難しくない．（実際，2番目の主張は x が $\mathbf{F}_p$ の元であることを導く．なぜなら，a は $\mathbf{F}_{p^2}$ で持つのと同じ平方根を，$\mathbf{F}_p$ でも持つから．）

体の演算について，一言注意をしておく．今考えている $\mathbf{F}_{p^2}$ の場合は，2.2.2項の内容から期待されるように，特に簡単である．$\omega = \sqrt{t^2 - a}$ とする．考えている体を

$$\mathbf{F}_{p^2} = \{x + \omega y : x, y \in \mathbf{F}_p\} = \{(x, y)\}$$

のように表すと，すべての演算は次のルールに基づいて行われる：

$$\begin{aligned}(x,y) * (u,v) &= (x + y\omega)(u + v\omega) \\ &= xu + yv\omega^2 + (xv + yu)\omega \\ &= (xu + yv(t^2 - a), xv + yu).\end{aligned}$$

ここで，$\omega^2 = t^2 - a \in \mathbf{F}_p$ であることに注意．もちろん，x, y, u, v, t, a は法 p での剰余としてみており，上の式は常にこの法に対して簡約されている．本書で述べる，どの2進階梯冪乗演算も，[$\mathbf{F}_{p^2}$ において平方根を見つける]の x の計算において使用することができる．平方根についての同値なアルゴリズムが，[Menezes et al. 1997] で与えられている．その方法によれば，平方非剰余 $b^2 - 4a$ を見つけて，$\mathbf{F}_p[x]$ の多項式 $f(x) = x^2 - bx + a$ と定めれば，求める根が $r = x^{(p+1)/2} \bmod f$ と（多項式の法演算によって）求められる．$p \equiv 3, 5, 7 \pmod{8}$ という特別の場合，これらの特別なアルゴリズムが必要ないこと，これはアルゴリズム 2.3.8 で見た，に注意せよ．よって平均的なパフォーマンスが少し上がる．

アルゴリズム 2.3.9 の計算量は，（素朴な演算を仮定して）$O(\ln^3 p)$ 回のビット操作である．これは漸近的にアルゴリズム 2.3.8 の最悪の場合より良い．しかしながら，$\mathbf{F}_{p^2}$ での演算用に修正された冪乗階梯計算の実装に気が進まないなら，漸近的には遅いアルゴリズムも通常は十分役に立つ．ついでながら，もう1つ別の，しかし同値な，Lucas 数列を用いた平方根計算の方法がある（問題 2.31 を見よ）．

ここで，次の大変興味深いことを注意しておく．つまり，一般の合成数である法に対して，平方剰余の平方根を計算する速い方法は知られていない．後で見るように，これは本質的に，法を素因子分解することに同値である（問題 6.5 を見よ）．

2.3.3 多項式の根を求めること

平方根の存在と，それを計算することを議論してきたが，ここでは有限体上の任意の次数の多項式の根を計算することを考えよう．有限体を $\mathbf{F}_p$ と固定するが，多くのことが一般の有限体に拡張される．

$g \in \mathbf{F}_p[x]$ を多項式とする．つまり，整数を法 p で簡約した係数を持つ多項式である．g の $\mathbf{F}_p$ での根を求めたい．そのために，$g(x)$ を，$g(x)$ と $x^p - x$ との最大公約因子とに置き換えることから始める．というのも，後者の多項式は，以前見たように，a が $\mathbf{F}_p$ のすべての元を走るときの $x - a$ の積と等しいのである．もし $p > \deg g$ なら，第一に

$x^p \bmod g(x)$ をアルゴリズム 2.1.5 で計算する．もし最大公約因子の次数が 2 を越えないなら，上で考えてきた方法によって問題は解決する．次数が 2 以上なら，さらにランダムにとった $a \in \mathbf{F}_p$ に対して，$(x+a)^{(p-1)/2} - 1$ との最大公約因子を計算する．$\mathbf{F}_p$ のある特定の元 $b \neq 0$ が $(x+a)^{(p-1)/2} - 1$ の根である確率は $1/2$ である．よって，$g(x)$ をより次数の小さい 2 つの多項式の積に分解できる可能性がある．これは，再帰的なアルゴリズムを示唆するが，それが以下で述べるものである．

アルゴリズム 2.3.10 ($\mathbf{F}_p$ 上の多項式の根)． p を奇素数とする．0 でない多項式 $g \in \mathbf{F}_p[x]$ に対して，$\mathbf{F}_p$ 内の g の根 r の集合（重複度は除いて）を返す．集合 r は大域的で，再帰呼び出しの間，必要なだけ元の追加ができるものとする．

1. [初期設定]
   $r = \{\ \}$;   // 根の集合は空集合からスタート．
   $g(x) = \gcd(x^p - x, g(x))$;   // アルゴリズム 2.2.1 を使う．
   if($g(0) == 0$) {   // 0 が根かチェック．
       $r = r \cup \{0\}$;
       $g(x) = g(x)/x$;
   }
2. [再帰的に呼び出し，戻る]
   $r = r \cup roots(g)$;
   return r;
3. [再帰関数 $roots()$]
   $roots(g)$ {
       もし $\deg(g) \leq 2$ ならば，アルゴリズム 2.3.8 または 2.3.9 の 2 次（あるいはそれ以下）の公式を使い，r に g のすべての根を付け加えて，戻る；
       while($h == 1$ or $h == g$) {   // ランダムな分解．
           ランダムに $a \in [0, p-1]$ を選ぶ;
           $h(x) = \gcd((x+a)^{(p-1)/2} - 1, g(x))$;
       }
       $r = r \cup roots(h) \cup roots(g/h)$;
       return;
   }

ランダムな分解のループでの $h(x)$ の計算は，アルゴリズム 2.1.5 を用いて，まず最初に $(x+a)^{(p-1)/2} \bmod g(x)$ を計算する（もちろん係数は法 p に関して簡約する）ことでより容易にできる．ランダムな a が $g(x)$，（ここで $\deg(g) \geq 3$）の分解に成功する確率は，p が大きいときには，少なくとも $3/4$ であることが示される．次数 2 の多項式に対しても，ランダムな分解というアイディアは適用可能であることを注意しておこ

2.3 平方と多項式の根

う．よって，われわれは第3の平方根アルゴリズムを得たのである！（もし $g(x)$ が次数 2 なら，[再帰関数 $root()$] のステップで，ランダムに選んだ a が g を分解する確率は少なくとも $(p-1)/(2p)$ である．）このアルゴリズムの様々な実装に関する詳細が [Cohen 2000] で論じられている．このアルゴリズムは，実際には多項式を因子分解していないことを注意しておく．例えば，多項式 f は 2 つの，$\mathbf{F}_p$ に根を持たない既約多項式の積かもしれない．多項式を実際に因子分解することには，Berlekamp のアルゴリズムがある．[Menezes et al. 1997], [Cohen 2000] を見よ．しかし，多くの重要なアルゴリズムが，われわれが見たように根を求めることだけを必要としている．

合成数を法とする多項式の根を見つける問題を考えよう．法を $n = ab$ とし，a と b は互いに素とする．整数 r で $f(r) \equiv 0 \pmod{a}$ なるものと，整数 s で $f(s) \equiv 0 \pmod{b}$ なるものがあったとする．このとき，r と s に"対応する" $f(x) \equiv 0 \pmod{ab}$ の根を見つけることができる．すなわち，整数 t がもし $t \equiv r \pmod{a}$ と $t \equiv s \pmod{b}$ とを同時に満たすとすると，$f(t) \equiv 0 \pmod{ab}$ である．そして，そのような t は中国式剰余定理により求めることができる；定理 2.1.6 を見よ．よって法 n が素因子分解できるなら，そして素数冪の法の場合を解決できるなら，一般の場合を解決することができる．

素数冪の法に対する多項式の合同式に注意を集中しよう．任意の多項式 $f(x) \in \mathbf{Z}[x]$ と任意の整数 r とについて，多項式 $g_r(x) \in \mathbf{Z}[x]$ で次を満たすものが存在する：

$$f(x+r) = f(r) + xf'(r) + x^2 g_r(x). \tag{2.13}$$

これは，$f(x+r)$ の Taylor 展開からも，また次の形の 2 項定理からも証明される：

$$(x+r)^d = r^d + dr^{d-1}x + x^2 \sum_{j=2}^{d} \binom{d}{j} r^{d-j} x^{j-2}.$$

アルゴリズム 2.3.10 を，$f(x) \equiv 0 \pmod{p}$ の解（が存在すればだが）を見つけるのに使うことができる．問題は，この解を様々な k についての p^k の解に「持ち上げる」することが，どのようにしてできるか，である．法 p^i での解を見つけることができたとしよう．例えば $f(r) \equiv 0 \pmod{p^i}$．このとき，$f(t) \equiv 0 \pmod{p^{i+1}}$ となる解 t で，$t \equiv r \pmod{p^i}$ なるものを見つけたい．t を $r + p^i y$ と書いて，y について解くことを考える．式 (2.13) で，$x = p^i y$ とすると，

$$f(t) = f(r + p^i y) \equiv f(r) + p^i y f'(r) \pmod{p^{2i}}$$

となる．整数 $f'(r)$ が p で割り切れなければ，2.1.1 項の方法で次の合同式を解くことができる：

$$f(r) + p^i y f'(r) \equiv 0 \pmod{p^{2i}}.$$

言い換えると，両辺を p^i で割って（$f(r)$ が p^i で割り切れることに注意），法 p^i での $f'(r)$ の逆元を見つけ，$y = -zf(r)p^{-i} \bmod p^i$ とする．よって，われわれは望んだ以上

のことを成し遂げた. すなわち法 p^i から法 p^{2i} へ直ちに移動したのである. しかし, それには整数 r で, $f'(r) \not\equiv 0 \pmod{p}$ なるものの存在を仮定することが必要だった. 一般には, もし $f(r) \equiv f'(r) \equiv 0 \pmod{p}$ なら, $t \equiv r \pmod{p}$ で $f(t) \equiv 0 \pmod{p^2}$ なるものは存在しない. 例えば, $f(x) = x^2 + 3$ で $p = 3$ の場合を考えよう. 根 $x = 0$, つまり $f(0) \equiv 0 \pmod{3}$ を得る. しかし $f(x) \equiv 0 \pmod{9}$ は解なしである. 多項式の根がより高次の冪を持つ法に持ち上がる条件については, [Cohen 2000] の 3.5.3 項を見よ.

上に述べた方法は, ドイツ人数学者 K. Hensel にちなんで, Hensel 持ち上げとして知られている. この議論は本質的に, $f(x) = 0$ が「p 進数」として存在するための判定法を与えている. 解が存在するのは, $f(r) \equiv 0 \pmod{p}$ かつ $f'(r) \not\equiv 0 \pmod{p}$ なる整数 r が存在するときである. われわれにとってより重要なのは, このアイデアを, 素数の高い冪に関する, 多項式の合同式を解くのに使うことである. 上の議論を次のようにまとめよう:

アルゴリズム 2.3.11 (Hensel 持ち上げ). 多項式 $f(x) \in \mathbf{Z}[x]$, 素数 p, そして整数 r で, 条件 $f(r) \equiv 0 \pmod{p}$ なるものが (おそらくはアルゴリズム 2.3.10 により) 与えられていて, かつ $f'(r) \not\equiv 0 \pmod{p}$ を満たしているとする. このアルゴリズムは, 整数の列 $r_0, r_1, \ldots$ で, $i < j$ ならば $r_i \equiv r_j \pmod{p^{2^i}}$ かつ $f(r_i) \equiv 0 \pmod{p^{2^i}}$ を満たすものを, 構成する方法を記述する. 記述は繰り返しに基づいていて, つまり, r_0 を与え, ついで r_{i+1} を, いかにして既知である r_i の関数として見つけるかを述べる.
1. [最初の項]
$r_0 = r$;
2. [関数 $newr()$ は r_{i+1} を r_i により与える]
$newr(r_i)$ {
$x = f(r_i)p^{-2^i}$;
$z = (f'(r))^{-1} \bmod p^{2^i}$;   // アルゴリズム 2.1.4 による.
$y = -xz \bmod p^{2^i}$;
$r_{i+1} = r_i + yp^{2^i}$;
return r_{i+1};
}

$j \geq i$ に対しては $r_j \equiv r_i \pmod{p^{2^i}}$ であることに注意. よって列 (r_i) は p 進数として $f(x)$ の根に収束する. 実際, Hensel 持ち上げは, 9.2.2 項で論じる Newton 法の p 進バージョンとみなされる.

2.3.4 2次形式による数の表現

楕円曲線や素数判定のような応用に重要になる問題へ戻ろう．これは，与えられた正整数 d と奇素数 p に対して，2次のディオファントス表示

$$x^2 + dy^2 = p$$

を見出す問題であり，あるいは，判別式 $D < 0$, $D \equiv 0, 1 \pmod 4$ をもつ虚2次の整環において，次の形式 [Cohen 2000] を見出すことでもある：

$$x^2 + |D|y^2 = 4p.$$

これらのディオファントス問題に対する美しいアプローチがある．次の2つのアルゴリズムは美しいばかりでなく，非常に効率的でもある．最近まで，このアルゴリズムは Cornacchia に帰せされてきたが，実際には 1855 年に H. Smith が発見したことが知られている．

アルゴリズム 2.3.12 (p を $x^2 + dy^2$ の形に表す: **Cornacchia–Smith 法**). 奇素数 p と, p で割り切れない正整数 d に対して, このアルゴリズムは $p = x^2 + dy^2$ が整数解を持つか否か, 持てばその解を返す.

1. [可解性のテスト]
    if($\left(\frac{-d}{p}\right) == -1$) return { };   // 空集合を返す：解なし.
2. [最初の平方根]
    $x_0 = \sqrt{-d} \bmod p$;   // アルゴリズム 2.3.8 または 2.3.9 により.
    if($2x_0 < p$) $x_0 = p - x_0$;   // 根を正規化.
3. [Euclid 鎖を初期化]
    $(a, b) = (p, x_0)$;
    $c = \lfloor \sqrt{p} \rfloor$;   // アルゴリズム 9.2.11 により.
4. [Euclid 鎖]
    while($b > c$) $(a, b) = (b, a \bmod b)$;
5. [最終報告]
    $t = p - b^2$;
    if($t \not\equiv 0 \pmod d$) return { };   // 空集合を返す.
    if(t/d not a square) return { };   // 空集合を返す.
    return $(\pm b, \pm\sqrt{t/d})$;   // 解を見つけた.

これにより計算ディオファントス問題を解くことができた．整数の平方根探索ルーチン（アルゴリズム 9.2.11）が重要な2ヶ所で用いられていることに注意．2回目の呼び出し—t/d が完全平方であるか否かの判定—は，アルゴリズム 9.2.11 の後で議論したようにすることもできるだろう．ついでながら，アルゴリズム 2.3.12 がうまくいくこと

の証明は，[Cohen 2000] の言によると「いささか骨の折れる」ことである．H. Lenstra によるエレガントな議論が，[Schoof 1995] に収められている．また，アルゴリズム設計者の視点からの明晰な説明が [Bressoud and Wagon 2000, p. 283] にある ($d = 1$ の場合)．

第二の場合，すなわち，ディオファントス方程式 $x^2 + |D|y^2 = 4p$, $D < 0$ は次のように扱うことができる [Cohen 2000]．まず $D \equiv 0 \pmod 4$ なら x は偶数で，したがって問題は $(x/2)^2 + (|D|/4)y^2 = p$ を解くことに帰着する．これはすでに済んでいる．もし $D \equiv 1 \pmod 8$ なら，$x^2 - y^2 \equiv 4 \pmod 8$ となり，よって x, y はどちらも偶数．よって先の方法を使うことができる．上の議論によって，次のアルゴリズムを $D \equiv 5 \pmod 8$ のときにのみ使えばよい．しかし実は $D \equiv 0, 1 \pmod 4$ の場合にも使えることがわかる．

アルゴリズム 2.3.13 ($4p$ を $x^2 + |D|y^2$ と表す (修正 Cornacchia–Smith 法))． 与えられた素数 p と $-4p < D < 0$ かつ $D \equiv 0, 1 \pmod 4$ に対して，このアルゴリズムは，「解がない」と返すか，もしくは存在すれば解 (x, y) を返す．

1. [$p = 2$ の場合]
    if($p == 2$) {
        if($D + 8$ は平方数) return ($\sqrt{D+8}, 1$);
        return { };   // 空集合を返す：解なし．
    }
2. [可解性のテスト]
    if($\left(\frac{D}{p}\right) \neq 1$) return { };   // 空集合を返す．
3. [最初の平方根]
    $x_0 = \sqrt{D} \bmod p$;   // アルゴリズム 2.3.8 または 2.3.9 によって．
    if($x_0 \not\equiv D \pmod 2$) $x_0 = p - x_0$;   // $x_0^2 \equiv D \pmod{4p}$ であることを
                                                           // 保証する．
4. [Euclid 鎖の初期化]
    $(a, b) = (2p, x_0)$;
    $c = \lfloor 2\sqrt{p} \rfloor$;   // アルゴリズム 9.2.11 によって．
5. [Euclid 鎖]
    while($b > c$) $(a, b) = (b, a \bmod b)$;
6. [最終報告]
    $t = 4p - b^2$;
    if($t \not\equiv 0 \pmod{|D|}$) return { };   // 空集合を返す．
    if($t/|D|$ は平方でない) return { };   // 空集合を返す．
    return ($\pm b, \pm \sqrt{t/|D|}$);   // 解を見つけた．

繰り返しになるが，このアルゴリズムは $x^2 + |D|y^2 = 4p$ に対して，「解がない」と返すか，若しくは本質的に一意であるような解を返す．

2.4 問　　題

2.1. 16 は，任意の奇数を法として，8 乗数であることを示せ．

2.2. 最小公倍数 $\text{lcm}(a,b)$ は
$$\text{lcm}(a,b) = \frac{ab}{\gcd(a,b)}$$
を満たすことを示せ．また，この公式を 2 つ以上の引数が与えられた場合に拡張せよ．素数定理を用いて，1 から（大きな）n までの lcm の適切な評価を与えよ．

2.3. $\omega(n)$ で n の相異なる素因子の個数を表す．正の平方因子を持たない整数 n に対して，次を示せ：
$$\#\{(x,y) : x, y \text{ は正の整数で } \text{lcm}(x,y) = n\} = 3^{\omega(n)}.$$

2.4. Euclid のアルゴリズムと，単純連分数との関係を，Lamé の定理（定理 2.1.3 の前半）の証明の見方から研究せよ．

2.5. Fibonacci 数は $n \geq 1$ に対して $u_0 = 0, u_1 = 1$，さらに $u_{n+1} = u_n + u_{n-1}$ により定義される．次の著しい関係式を示せ：
$$\gcd(u_a, u_b) = u_{\gcd(a,b)}.$$
これは，他の様々な事柄とともに，$n > 1$ ならば u_n と u_{n+1} が互いに素であることを示す．そして，もし u_n が素数ならば，n が素数であることもわかる．逆の主張に対する反例を見つけよ（すなわち，素数 p で u_p が合成数であるようなものを見つけよ）．Fibonacci 数をいくつか数値的に検証することで，$u_n \pmod{u_{n+1}}$ の逆元に関する一般的な公式を推測—そして証明—せよ．

Fibonacci 数は本書の他の場所でも現れる．例えば，1.3.3 項，3.6.1 項，また問題 3.25, 3.41, 9.50 など．

2.6. $x \approx y \approx N$ に対して，古典的な余り付き割り算を使い，Euclid のアルゴリズムのビット計算量が $O(\ln^2 N)$ であることを示せ．$x = qy + r$ となる商と剰余の対 q, r を見つけるには，$O((1 + \ln q) \ln x)$ だけのビット操作が必要になることを見ておくこと，また商は Euclid ループの最中，ある仕方で制約されることを観察しておくと，役立つだろう．

2.7. アルゴリズム 2.1.4 が意図したとおりに動くことを示せ．つまり，正しい gcd と逆元の対が返ることを示せ．次の問いに答えよ：正しい，唯一の逆元を与えるために，いつ返値の a, b を（その必要があれば）$a \bmod y$ と $b \bmod x$ に簡約せねばならないか？

2.8. 加減乗除を学校で教わる筆算で行うとして，定理 2.1.6 を素朴に適用すると，使われている法演算が少なくとも $O\left(\ln^2 M\right)$ 回のビット操作を必要とするが，アルゴリズム 2.1.7 を使うと，m を m_i の最大値として $O\left(r \ln^2 m\right)$ で済むことを示せ．

2.9. 漸近的に速い，事前計算付き中国式剰余定理アルゴリズム 9.5.26 を実装せよ．これを使って，十分多くの小さな素数を法として，2 つの数を，例えば 10 進で 1000 桁の整数の掛け算を実行せよ．

2.10. 問題 1.48 に従って，中国式剰余定理の法として，互いに素な指数に対する Mersenne 数を使うことができる（Mersenne 数自身が素数である必要はない）．そのような法をとることに，計算論的にはどのような利点があるだろうか（9.2.3 項も見よ）．$(2^a - 1)^{-1}$ $(\bmod\ 2^b - 1)$ の逆元を見つける簡単な方法はあるだろうか？

2.11. 関係式 (2.3) から導かれる，「直接的な逆元計算」アルゴリズムの計算量を求めよ．$a^{-1} \bmod m$ を求めるために，この方法を使うべき状況，あるいは，アルゴリズム 2.1.4 を使うべき状況があるだろうか？

2.12. $N_k(p)$ を，$\mathbf{F}_p[x]$ 上の次数 k のモニック既約多項式の個数とする．式 (2.5) を使って，任意の素数 p と任意の正整数 k に対して

$$p^k/k \geq N_k(p) > p^k/k - 2p^{k/2}/k$$

であることを示せ．また，常に $N_k(p) > 0$ であることも示せ．

2.13. 式 (2.5) は $\mathbf{F}_{p^n}[x]$ の k 次既約多項式の個数を与える公式に一般化できるか？

2.14. アルゴリズム 2.2.2 が有限体の演算でも役立つ，つまり，$\mathbf{F}_{p^n}$ の元の乗法的逆元を見つけることに使われることを示せ．

2.15. 定理 2.2.8 を示せ．

2.16. アルゴリズム 2.3.8 と 2.3.9 を，有限体 $\mathbf{F}_{p^n}$ での平方元の平方根を見つけるのに使えるよう，適切に拡張せよ．

2.17. 指数 n の 2 進展開を考えることにより，アルゴリズム 2.1.5 の計算量は $O(\ln n)$ であることを示せ．x, n が同じサイズ m で，われわれは $x^n \bmod m$ を計算したいとし，古典的な，掛け算をして法演算を繰り返すという計算法を使うとき，全体のビット計算

2.4 問題

量は m のビット幅の 3 乗で伸びることを示せ.

2.18. 例えば，$N = pq$ が相異なる 2 つの素数の積で，$x^y \bmod N$ を計算したいとしよう．2 進階梯冪乗法と中国式剰余定理とを組み合わせて，スタンダードな $(\bmod N)$ に基づく階梯法よりも速く，所期の冪乗を計算するアルゴリズムを述べよ．

2.19. 「レピュニット」数（すべての桁が 1 である数）$r_{1031} = (10^{1031} - 1)/9$ は 1031 個の 1 からなる 10 進数で，素数であることが知られている．$7, -7$ のどちらが，このレピュニットに関する平方剰余かを相互法則を用いて決めよ．さらに，その平方剰余の，$\bmod r_{1031}$ に関する平方根を求めよ．

2.20. 定理 2.3.4 の適切な結果を使って，任意の素数 $p > 3$ に対して

$$\left(\frac{-3}{p}\right) = (-1)^{\frac{(p-1) \bmod 6}{4}}$$

であることを示せ．$p \neq 2, 5$ に対して，$\left(\frac{5}{p}\right)$ についても同様の閉じた表示を与えよ．

2.21. 素数 $p \equiv 1 \pmod{4}$ に対して，$[1, p-1]$ 内の平方剰余の和が $p(p-1)/4$ に等しいことを示せ．

2.22. a が平方でない整数とする．このとき無限個の素数 p に対して $\left(\frac{a}{p}\right) = -1$ であることを示せ．（ヒント：まず a が正の奇数とする．整数 b で，$\left(\frac{b}{a}\right) = -1$ かつ $b \equiv 1 \pmod{4}$ であるものが存在することを示せ．次に，任意の正整数で $n \equiv b \pmod{4a}$ なるものが $\left(\frac{a}{n}\right) = -1$ を満たすことを示し，素数 p で $\left(\frac{a}{p}\right) = -1$ を満たすもので割り切れることを示せ．無限個の素数がこのようにして現れることを示せ．その後で，a が偶数の場合，負の場合を考えよ．）

2.23. 問題 2.22 を使って，$f(x)$ が $\mathbf{Z}[x]$ の 2 次既約多項式なら，$f(x)$ が $\mathbf{Z}_p[x]$ で既約であるような素数 p が無限個あることを示せ．$x^4 + 1$ は $\mathbf{Z}[x]$ で既約であること，しかし任意の $\mathbf{Z}_p[x]$ で可約であることを示せ．3 次の多項式ではどうか？

2.24. Jacobi 記号 $\left(\frac{a}{m}\right)$ を計算するアルゴリズムを，アルゴリズム 9.4.2 の 2 進 gcd 法を参考に開発せよ．

2.25. 証明せよ：素数 p で $p \equiv 3 \pmod{4}$ なるものについて，与えられた $x \not\equiv 0 \pmod{p}$ の 2 つの平方根のうち，一方は平方剰余，他方は平方非剰余になる．（平方剰余である平方根を主平方根という．）主平方根の応用については，問題 2.26 と 2.42 を見よ．

2.26. $\mathbf{Z}_n^*$ で，$\mathbf{Z}_n$ の元で n と互いに素なものの全体がなす乗法群を表す．

(1) n は奇数でちょうど k 個の相異なる素因子を持つとする．J で，$x \in \mathbf{Z}_n^*$ であって，Jacobi 記号の値が $\left(\frac{x}{n}\right) = 1$ であるものの全体を表し，S で $\mathbf{Z}_n^*$ の平方元の全体を表す．J は $\mathbf{Z}_n^*$ の部分群で $\varphi(n)/2$ 個の元を持ち，S は J の部分群であることを示せ．

(2) $\mathbf{Z}_n^*$ の平方元たちは，$\mathbf{Z}_n^*$ にちょうど 2^k 個の平方根を持つことを示し，$\#S = \varphi(n)/2^k$ を導け．

(3) n は Blum 整数，すなわち，相異なる素数 p, q で $p, q \equiv 3 \pmod 4$ なるものの積 $n = pq$ とする．(Blum 整数は暗号理論で重要である．[Menezes et al. 1997]，また本書の 8.2 節を見よ．) (1), (2) から，$\#S = \frac{1}{2}\#J$ であり，S の元はちょうど 4 つの平方根を持つ．そのうちただ 1 つだけが S に含まれることを示せ．

(4) Blum 整数 $n = pq$ に対して，2 乗する関数 $s(x) = x^2 \bmod n$ は S の置換であることを示せ．またその逆関数が
$$s^{-1}(y) = y^{((p-1)(q-1)+4)/8} \bmod n$$
であることを示せ．

2.27. 定理 2.3.7 を使って，関係式 (2.12) の 2 つの等式を示せ．

2.28. 有名な平方剰余記号の相互法則 (2.11) を証明しよう．p, q を相異なる奇素数とする．定義 2.3.6 から始めて，G が乗法的であることを示せ．つまり，$\gcd(m, n) = 1$ なら，次が成立：
$$G(m; n)\, G(n; m) = G(1; mn).$$
(ヒント：$mj^2/n + nk^2/m$ は $(mj+nk)^2/(mn)$ と，—ある特定の意味で—似ている．)
このことと，定理 2.3.7 から，(素数 p, q に対して，) 次を結論せよ：
$$\left(\frac{p}{q}\right)\left(\frac{q}{p}\right) = (-1)^{(p-1)(q-1)/4}.$$
これらは，指標和の潜在能力の，特に秀でた例である．実際，このアプローチは，相互法則に至る，より効果の高い方法の 1 つである．この結果を，$\left(\frac{2}{p}\right)$ に関する定理 2.3.4 の公式へと拡張せよ．このアプローチを，より一般の相互法則 (すなわち，互いに素な m, n についての) 定理 2.3.4 に拡張できるか？ ちなみに，素数でない m, n に対して，Gauss 和を，問題 1.66 のテクニック，もしくは参考文献の [Graham と Kolesnik 1991] に解説されている方法を使って，閉じた形に計算することはできる．

2.29. この問題は，Gauss 和を取り扱う技術を磨くためのものである．目的は，素数 p についての平方剰余のなかで，与えられた長さの等差数列の個数を数えることである．長さ 3 の等差数列の個数は次の式で与えられる：
$$A(p) = \#\left\{(r, s, t) : \left(\tfrac{r}{p}\right) = \left(\tfrac{s}{p}\right) = \left(\tfrac{t}{p}\right) = 1;\ r \neq s;\ s - r \equiv t - s \pmod p \right\}.$$

注意すべきは，$0 \leq r,s,t \leq p-1$ としていることであり，自明な等差数列 (r,r,r) は無視しており，また 0 は平方剰余とはしない．例えば，$p = 11$ のときは，平方剰余が $\{1,3,4,5,9\}$ であり，全部で $A(11) = 10$ 個の長さ 3 の等差数列がある．（そのうちの 1 つは $4,9,3$ で，よって法 11 に関する折り返しを許す．また降下列 $5,4,3$ も許す．）

初めに，次を示せ：

$$A(p) = -\frac{p-1}{2} + \frac{1}{p} \sum_{k=0}^{p-1} \sum_{r,s,t} e^{2\pi i k(r-2s+t)/p}.$$

ここで各 r,s,t は平方剰余を走る．次に，関係式 (2.12) を使って

$$A(p) = \frac{p-1}{8}\left(p - 6 - 2\left(\frac{2}{p}\right) - \left(\frac{-1}{p}\right)\right)$$

を示せ．最後に，興味深い式

$$A(p) = (p-1)\left\lfloor \frac{p-2}{8} \right\rfloor$$

を導くことにより，等差数列の数え上げを完成させよ．より長い数列にこの問題を拡張することは興味深い．別の方向として，与えられた長さの等差数列が，すべての剰余 $\{1, 2, 3, \ldots, p-1\}$ のランダムな半分の中に存在する確率はどれくらいだろうか？（問題 2.41 を見よ）．

2.30. 平方根を求めるアルゴリズム 2.3.8 と 2.3.9 が正しく動くことを証明せよ．

2.31. 次のアルゴリズム（アルゴリズム 2.3.9 を髣髴とさせるだろう）で，奇素数 p に対する平方根 $(\bmod\ p)$ を求めることができることを示せ．x を平方剰余とし，この平方根を求めたいとする．特別の Lucas 数列 (V_k) を，$V_0 = 2, V_1 = h$，そして $k > 1$ に対しては

$$V_k = hV_{k-1} - xV_{k-2}$$

で定義する．ここで，h は $\left(\frac{h^2-4x}{p}\right) = -1$ を満たす整数である．すると x の平方根は

$$y = \frac{1}{2}V_{(p+1)/2} \pmod{p}$$

で求められる．Lucas 数列は，2 進 Lucas チェーンにより求めることができる．アルゴリズム 3.6.7 を見よ．

2.32. アルゴリズム 2.3.8 または 2.3.9，あるいは他の変種を実装して，次のそれぞれ方程式を解け：

$$x^2 \equiv 3615 \pmod{2^{16}+1},$$
$$x^2 \equiv 5525125564304860169840822237 \pmod{2^{89}-1}.$$

2.33. アルゴリズム 2.3.8 をどのように拡張すれば，いくつかの冪乗計算を避けることができるか述べよ．例えば事前計算を使うのはどうか．

2.34. 奇素数 p に対する原始根は平方非剰余であることを証明せよ．

2.35. アルゴリズム 2.3.12（または，2.3.13）が正しく働くことを示せ．本文でほのめかしたように，証明は簡単とは言えない．まず特別な場合，すなわち $p \equiv 1 \pmod{4}$ に対して $p = a^2 + b^2$ の場合に証明するとよいだろう．この表示は常に解を持ち，一意である．

2.36. 素数を法として平方根を計算するアルゴリズムを得ているので，$n = pq$ が異なる 2 つの素数の積として与えられているとき，法 n での平方根を与えよ（中国式剰余定理が有効である）．素数冪 $n = p^k$ に対しては，どのようにすれば平方根を得ることができるだろうか？ さらに n の完全な素因子分解が既知の場合，どのようにすれば平方根を得ることができるか？

n の素因子が未知の場合は，平方根を得ることは大変難しい．これはほとんど n を素因子分解することに匹敵する．問題 6.5 を見よ．

2.37. 奇素数 p に対して，$ax^2 + bx + c \equiv 0 \pmod{p}$，ただし $a \not\equiv 0 \pmod{p}$，の解の個数は $1 + \left(\frac{D}{p}\right)$ であることを示せ．$D = b^2 - 4ac$ は判別式である．$1 + \left(\frac{D}{p}\right) > 0$ のときにそれらすべての根を求めるアルゴリズムを与えよ．

2.38. 素数 p で，その p に関する最小原始根が，p の 2 進桁数を越えるようなものを見つけよ．そのような素数の例を，Mersenne 素数から探し出せ．（つまり，$p = M_q = 2^q - 1$ の形の素数で，その最小原始根が q を越えるもの．）これらの例は，最小原始根が $\lg p$ を越えうることを示す．これらの線に沿った探求については，問題 2.39 を見よ．

2.5 研 究 問 題

2.39. 原始根を求めるアルゴリズムを実装し，最小原始根の統計的な頻度を調べてみよ．

最小原始根の研究は極めて興味深い．一般 Riemann 予想（GRH）を仮定すると，2 は無限個の素数に対して原始根である．実際，正の密度 $\alpha = \prod(1 - 1/p(p-1)) \approx 0.3739558$ を持つ．ただし積はすべての素数をわたる（問題 1.90 参照）．再び GRH を仮定すると，2 ではなく 3 を原始根とするような素数が正の密度を持つことが示される．[Hooley 1976] を見よ．素数 p に対する最小原始根は $O((\ln p)(\ln \ln p))$ 程度の大きさと予想されている．[Bach 1997a] を見よ．GRH の下で，素数 p に対する最小原始根は $O\left(\ln^6 p\right)$ 程度であることが知られている．[Shoup 1992] を見よ．素数 p に対する最小原始根は，何も仮定せずに，任意の $\epsilon > 0$ について $O(p^{1/4+\epsilon})$ であることが示されていて，ある正

定数 c が存在して，無限個の素数 p に対して最小原始根は $c\ln p \ln\ln\ln p$ を越えることが知られている．後の結果は S. Graham と C. Ringrose によるものである．最小原始根についての研究は，最小平方非剰余の研究に似ていなくもない．この方向については，問題 2.41 を見よ．

2.40. 中国式剰余定理を，見掛け上は離れた領域と思われる，整数の畳み込み，高速 Fourier 変換そして公開鍵暗号といった分野で使うことについて考察せよ．参考文献としては [Ding et al. 1996] が良い．

2.41. Legendre 記号の統計的な特性について考えてみよう．奇素数 p について，$N(a,b)$ で，連続する 2 つの剰余類の Legendre 記号の値が (a,b) であるようなものの個数を表す．つまり，$x \in [1, p-2]$ なる整数 x で

$$\left(\left(\frac{x}{p}\right), \left(\frac{x+1}{p}\right)\right) = (a,b)$$

を満たすものの個数を表すのである．a, b は可能な ± 1 の組み合わせを表す．次を示せ：

$$4N(a,b) = \sum_{x=1}^{p-2}\left(1 + a\left(\frac{x}{p}\right)\right)\left(1 + b\left(\frac{x+1}{p}\right)\right).$$

よって，

$$N(a,b) = \frac{1}{4}\left(p - 2 - b - ab - a\left(\frac{-1}{p}\right)\right)$$

が成立することを示せ．連続する平方剰余の対の個数が，$p \equiv 1, 3 \pmod 4$ に応じて $(p-5)/4, (p-3)/4$ であるという系を示せ．$N(a,b)$ の公式を用いて，各素数 p に対して，合同式

$$x^2 + y^2 \equiv -1 \pmod p$$

が解を持つことを示せ．

$N(a,b)$ の公式の満足すべき性質の 1 つは，Legendre 記号を「ランダムなコイン投げ」で生成された列だと見なしたときに，期待通り，与えられた $(\pm 1, \pm 1)$ が約 $p/4$ の割合で起きていることである．

これらは実際に意味をなす．Legendre 記号はある意味でランダムである．しかし別の意味では，まったくランダムというわけではない．次の和を評価しよう：

$$s_{A,B} = \sum_{A \leq x < B}\left(\frac{x}{p}\right).$$

これはわれわれが仮定するところのある経験的な意味において，$N = B - A$ ステップのランダムウォークと考えられる．定理 2.3.7 の後の注意に従い，次を示せ：

$$|s_{A,B}| \leq \frac{1}{\sqrt{p}} \sum_{b=1}^{p-1} \left| \frac{\sin(\pi N b/p)}{\sin(\pi b/p)} \right| \leq \frac{1}{\sqrt{p}} \sum_{b=1}^{p-1} \frac{1}{|\sin(\pi b/p)|}$$

最後に，Polya–Vinogradov の不等式：

$$|s_{A,B}| < \sqrt{p} \ln p.$$

を得る．実際には，この不等式は，Legendre 記号をより一般の（単位指標でない）指標に置き換えたものとして述べられることが多い．この魅力的な不等式は，平方剰余・非剰余を数える際の「統計的な変動幅」が，勝手な初期値 $x = A$ について，「分散」項 $\sqrt{p}$ （掛ける $\log$ 項）で抑えられていることを述べている．さらに強いことを証明できる．例えば，[Cochrane 1987] の不等式を使えば，

$$|s_{A,B}| < \frac{4}{\pi^2}\sqrt{p}\ln p + 0.41\sqrt{p} + 0.61$$

を得る．さらに GRH を仮定すると，$s_{A,B} = O\left(\sqrt{p}\ln\ln p\right)$ を得る．[Davenport 1980] を見よ．いずれにせよ，連続する N 個の整数のうち，$N/2 + O(p^{1/2}\ln p)$ 個が法 p に関して平方非剰余である．同時に，法 p に関する最小平方非剰余は上から，悪くても $\sqrt{p}\ln p$ で抑えられることがわかる．この興味深い不等式のその他の帰結は [Hildebrand 1988a, 1988b] で論じられている．

2 次の指標に制限された Polya–Vinogradov の不等式からわかることは，コイン投げで生成される列のすべてが Legendre 記号の列ではないということである．この不等式から，p が大きなとき，例えば $(1, 1, 1, \ldots, -1, -1, -1)$ という列（つまり，初めの半分は 1, 後の半分は -1 という列）は Legendre 記号の値の列としては起き得ないことがわかる．一方の記号に対して他方の記号が，$O\left(\sqrt{p}\ln p\right)$ 以上に上回るような列を作ることもできない．しかし，真にランダムなコイン投げゲームならば，任意の 1, -1 の列が許される．Legendre 記号ゲームがそうであるように，1 と -1 の個数が等しくなるという制約を課すとしても，Legendre 記号のゲームとしては起き得ないコイン投げ列が極めて多数存在する．しかしながら，ある意味では，Polya–Vinogradov の不等式は，Legendre 記号の列を，可能な列の全体の中に位置付けているともいえる．これは，われわれがランダムなコイン投げの列に期待していたことである．コイン投げのアナロジーという観点からすると，ついでながら，法 p に関する最小平方非剰余の期待される値はどれほどだろうか？ この方面については問題 2.39 を見よ．ランダムと推定される平方剰余についての拘束条件については，問題 2.29 の末尾に付した注を見よ．

2.42. ここに大変に魅力的な研究路線がある．年を経て荘厳な，算術幾何平均（AGM）の理論を用いて，われわれが「離散算術幾何平均（DAGM）」とでも呼ぶべき理論を考えてみよう．解析的な AGM に思い至るのは，Gauss, Legendre, Jacobi による解析学の離れ業であった．それは，エレガントな反復

$$(a, b) \mapsto \left(\frac{a+b}{2}, \sqrt{ab}\right),$$

つまり，実数の対 (a, b) を，これらの，それぞれ算術平均と幾何平均からなる対に置き換えること，の漸近的な固定点である．古典的な AGM はこの 2 つの数の収束先 c である．実際，$(c, c) \mapsto (c, c)$ であり，適切に初期値 a, b を選ぶことにより，この操作の繰り返しは安定する．この操作は楕円積分の理論，円周率 π の，文字通り 10 億桁以上計算すること，その他の話題と関係している．[Borwein and Borwein 1987] を見よ．

しかし，この操作を実数に対して行うのではなく，素数 $p \equiv 3 \pmod{4}$ の剰余に対して行うことを考えよう．このとき $x \pmod{p}$ が平方根を持てば，いわゆる主根を持つ（よって平方根を曖昧さなく取ることができる．問題 2.25 を見よ）．法 p に関する DAGM の理論を構築せよ．もしそれが存在するなら，$\sqrt{ab}$ を主根として取るが，しかし ab が平方非剰余のとき，あらかじめ固定した平方非剰余 g に対して $\sqrt{gab}$ を取りたいこともあるだろう．興味深い理論的な論点は以下のとおり：DAGM は興味を引くようなサイクル構造を持つか？ また DAGM と古典的・解析的な AGM と何らかの関係があるだろうか？ もし方一そういうものがあるなら，その思いがけない離散的・解析的対象の間の関係によって，ある有限超幾何級数の値（問題 7.26 に現れる）を効率よく計算する新しい方法を得ることができるだろう．

3. 素数と合成数の判別

与えられた大きな数が素数か合成数かを，どのようにして素早く判別することができるだろうか？ この章では，この基本的な問題に答えよう．

3.1 試し割り法

3.1.1 可除性テスト

可除性テストは数 n の 10 進表記に適用する，簡単な手続きである．これによって，特定の小さな数によって n が割り切れるか否かを決めることができる．例えば，n の最後の桁が偶数なら n もそうである．（実際，非数学者はこれを偶数の定義として採用することがある．2 で割り切れることではなく．）同様に，最後の桁が 0 か 5 なら n は 5 の倍数である．

2 や 5 に対する可除性テストの簡単な性質は，もちろん 2 や 5 が，われわれの数の表記体系の基数 10 の素因子であることによる．他の数についての可除性テストはやや複雑になる．次によく知られているテストはおそらく，3 または 9 に対するものだろう：n の各桁の和は $n \pmod 9$ に合同である．よって，各桁を足し合わせ，3 もしくは 9 で割ることで，n そのものが 3 もしくは 9 で割り切れるかがわかる．これは，10 は 9 よりも 1 多いという事実に基づいている．もしわれわれが数を基数 12 について表記すれば，その数の基数 12 についての各桁の和は，法 11 で元の数と合同である．

一般に，桁に基づく可除性テストは，割れるかどうかを判定したい因子の，基数に関する乗法的な位数が増えるに連れて複雑になっていく．例えば，$10 \pmod{11}$ の位数は 2 であり，よって 11 については簡単な可除性テストがある．n の各桁の交代和は，$n \pmod{11}$ と合同である．7 については，10 の位数が 6 になり，そのような簡便な可除性テストはない．しかしややこしいものならある．

計算という観点から見ると，素数 p についての特別な可除性テストと p で割って商と剰余を得ることとに大差はない．割り算については，試し割りの因子 p で割り算をするための，p の性質に応じた特別の公式や法則のようなものはない．コンピュータを使う場合，または大量の手計算の場合にも，いろいろな素数 p で試し割りをするのは，簡単

で，かつ，様々な可除性テストをするのと同じくらい効率的である．

3.1.2 試し割り法

試し割りは，連続的に試しの因子で n を割ってみて，部分的に，もしくは完全に n を因子分解することである．最初の素数 2 から始めて，n を 2 で割り切れなくなるまで n を割りつづける．ついで，次の素数 3 で同じことを，まだ因子分解されていない成分に試す．以下同様である．もし試そうとする素数が，まだ因子分解されていない成分の平方根より大きくなったら，おしまいにする．なぜなら，このときまだ因子分解されていない成分は，素数であるから．

例を見よう．自然数 $n = 7399$ が与えられたとする．試し割りとして，2, 3, 5 を試して，どれも素因子でないことがわかる．次の選択肢は 7 で，これは素因子である．商は 1057 である．もう一度 7 を試すと，再び割り切れる．商は 151 である．次の素因子は 11 で，これは素因子ではない．さらに次は 13 だが，これは 151 の平方根より大きい．つまり 151 は素数である．よって 7399 の素因子分解は $7^2 \cdot 151$ である．

試し割り因子がすべて素数である必要はない．合成数の試し割り因子 d を試そうとするとき，d のすべての素因子がすでに n から取り去られていたら，単に d は n の約数ではないということである．つまり，多少の時間を無駄にするが，素因子分解を見つけるという無駄を強いられることはない，ということである．

例として $n = 492$ を考える．試しに 2 で割ってみて，それが約数であることがわかる．商は 246 である．再び 2 で割り，商 123 を得る．もう一度割っても約数ではない．ついで 3 で割り商 41 を得る．3, 4, 5, 6 で割ってもそれらは約数ではない．次は 7 で，これは $\sqrt{41}$ より大きいので，素因子分解 $492 = 2^2 \cdot 3 \cdot 41$ を得る．

ご近所の数 491 を考えよう．試し割りを 2, 3 から始めて 22 までやって，どれも約数でないことがわかる．次は 23 だが $23^2 > 491$ であり，よって 491 は素数である．

少々スピードを上げるために，2 の後の素数はいずれも奇数であることを使う．つまり，試し割りの約数としては 2 と奇数を考えれば良い．491 の場合，4 から 22 までの偶数での試し割りをしなくてよくなる．2 と，それ以上の奇数による試し割りを記述すると次のようになる：

アルゴリズム 3.1.1 (試し割り)． 整数 $n > 1$ が与えられているとする．このアルゴリズムは n の素因子からなるマルチセット $\mathcal{F}$ を返す．(「マルチセット」とは，集合であるが，元の繰り返しを許すものである．つまり，重複度込みの集合.)

1. [2 で割る]
$\mathcal{F} = \{\ \}$;　　　　　　　　　　　　　　　　　// 空のマルチセット.
$N = n$;
while($2|N$) {
　　$N = N/2$;

$$\mathcal{F} = \mathcal{F} \cup \{2\};$$
}
2. [メインの割り算ループ]
　　$d = 3;$
　　while($d^2 \leq N$) {
　　　　while($d|N$) {
　　　　　　$N = N/d;$
　　　　　　$\mathcal{F} = \mathcal{F} \cup \{d\};$
　　　　}
　　　　$d = d + 2;$
　　}
　　if($N == 1$) return $\mathcal{F};$
　　return $\mathcal{F} \cup \{N\};$

　素数は, 3 の後では, 法 6 で 1 または 5 と合同である. 最後に試した数がどちらかかに応じて, 4, 2 を交互に加えていくことで, 次の試し割りの数を得ることができる. これは「車輪」の特別な場合であり, これは加法命令の有限列を, 不定回数繰り返すことである. 例えば, 5 の後は, すべての素数は法 30 での 8 個の剰余類のいずれかに属する. これらの剰余類を縦断するための車輪は, (7 から始めるとして)

$$4, 2, 4, 2, 4, 6, 2, 6$$

である. この車輪は急速に複雑になっていく. 例えば, 30 より小さいすべての素数と互いに素な数を縦断するための車輪を得るには, 1021870080 個の数からなる列が必要になる. そして, 単に 2, 3 という 2 つの素数に基づく車輪 2, 4 に比べると, 50% をわずかに越える節約しかできない. (詳しくは, 2 と 3 と互いに素な数の 52.6% が 30 より小さい素因子を持つのである.) このように得る所の少ない車輪を使うのは些かおかしい. 合成数による試し割りで時間を無駄にすることを気にするなら, 試し割りに使う素数のリストをあらかじめ生成する方が簡単であるし効率が良い. 次の項ではそのようなリストを用意する効率の良い方法を見るであろう.

3.1.3　現実的な考察
　試し割り法を素数判定法として使うのは, n がそれほど大き過ぎなければ, まったく理に適っている. もちろん, 「大き過ぎる」かどうかは議論の余地がある. そういう判断は, 計算機の速さや, どのくらいの計算時間を見込んでいるかに依存する. また, ときどきそのような計算をするのか, あるいは他のアルゴリズムの中から試し割りを幾度も呼び出すのか, でも変わってくる. 今時のワークステーションでなら, ごくおおざっぱにいって, 1 分以内に試し割り法で素数であることが判定できる 10 進桁数は, 13 桁を

越えないだろう．ワークステーションで 1 日掛ければ，19 桁の数を素数判定できるかもしれない．（こういった常識的な判断はもちろん，考えている時代での，計算機の能力に依存する）．

試し割り法は，上で議論したように，部分的な素因子分解 $n = FR$ を得るには効率的な方法であろう．実際，試し割りの上限 $B \geq 2$ を固定するごとに，すべての数の少なくとも 4 分の 1 が，B よりも大きい約数 F で，かつその素因子が B を越えないもののみからなる．問題 3.4 を見よ．

試し割りは，スムーズな数，または大きな素因子を持たない数を識別するには，簡単で効果的な方法である．定義 1.4.8 を見よ．

あるパラメータ B に対して，「スムーズさの判定法」を持っていると便利なことがある．与えられた数 n が B スムーズか否か，つまり n が B を越える素因子を持っていないか否か，である．B までの試し割り法は，n が B スムーズであることだけではなく，n の最大の B スムーズな約数の素因子分解を与える．

本章で強調するのは，素数か合成数かの判定を与えることであり，素因子分解をすることではない．スムーズさの判定法についてのこれ以上の議論は，よって，後にまわすことにする．

3.1.4 理論的な考察

数 n を完全に素因子分解するのに，試し割り法を使うとしよう．最悪の場合の実行時間はどれほどになるだろうか？　これは簡単で，最悪の場合というのは n が素数のときであり，約数の候補として $\sqrt{n}$ までのすべての数をとることになる．約数の候補として素数のみをとるとしても，約数の候補の個数はおおよそ $2\sqrt{n}/\ln n$ である．2 と奇数を約数の候補として使うなら，割り算は約 $\frac{1}{2}\sqrt{n}$ 回になる．もし，上で議論した「車輪」を使うなら，定数 $\frac{1}{2}$ は小さな定数に置き換えられる．

よって，これが，素数判定法としての試し割り法の実行時間である．合成数 n の完全な素因子分解を得るためのアルゴリズムとしての計算量はどうだろうか？　この場合も，最悪の場合はほぼ $\sqrt{n}$ だけ掛かり，それは素数の 2 倍になっている場合である．また，合成数の素因子分解について，平均的な場合の計算量を問うこともできる．この場合もほぼ $\sqrt{n}$ である．というのは，平均的な場合が，大きな素因子を持つ合成数の場合により支配されてしまうからである．しかしそのような数は珍しい．これら 50% の最悪の数を除いて，残りの標準的な数の完全な素因子分解を，試し割り法で得ることを考えてみるのは興味深い．これは，n^c であることがわかる．ここで $c = 1/(2\sqrt{e}) \approx 0.30327$ である．問題 3.5 を見よ．

この章の残りと次の章で見るように，素数を判別することは，一般の場合の素因子分解よりもかなり簡単である．特に，素数を判別するのに，試し割り法よりずっと良いいろいろな方法がある．よって，試し割り法を素因子分解の方法として使うなら，n の分解されていない因子が見つかるたびに，より高速な素数判定を呼び出すべきである．し

たがって，試し割り法の最後の段階は，最後に残った因子が素数であることがわかったときには飛ばすことができる．合成数 n の試し割り法で完全に素因子分解するのに掛かる時間は，本質的に n の2番目に大きな素因子の平方根となる．

この場合もやはり，平均的な場合は，疎な集合により支配される．これは，同じ程度の大きさの2つの素数の積となっている数である．平均的には $\sqrt{n}$ 程度の計算時間になる．しかし，50%の悪い数を捨てると，残りの数に対してはもう少し小さな見積りが得られる．それは n^c 程度で，$c \approx 0.23044$ である．

3.2 篩

篩は，大きく，かつ等間隔にならんだ整数の集合に含まれる各整数が，素数であることを決定する，またはそれらを素因子分解するのに，大変効果的な手段となりうる．平均的には，この集合の各整数ごとに費やされる算術操作の回数は大変小さく，また本質的に有界である．

3.2.1 素数を判別するための篩

大半の読者は Eratosthenes の篩をよくご存知と思う．もっともよく知られている形では，与えられた数 N までの素数を見つけるための道具として述べられる．まず，2 から N までの数に対応する $N-1$ 個の "1" からなる配列から始める．最初の1は "2" に対応し，よって 4, 6, 8 などなどに対応する1は0に替える．次の1は "3" の位置にある．そしてこれを，6, 9, 12 などなどの位置にある1を0に替える命令とみる（すでに0になっている要素はそのままにしておく）．この調子で続ける．次の要素の1が "p" に対応しているなら，$2p, 3p, 4p, \ldots$ に対応する1を0に替えていく．しかし，もし p が $p^2 > N$ となるほど大きくなったら，この手続きを停止する．この終了点は，p で篩を掛けようとしても，1から0に替えるべき要素がない，ということに気づくことで，容易に検出できる．この時点で，1である要素は N を越えない素数に対応し，一方0である要素は合成数に対応する．

$2p, 3p, 4p, \ldots$ という列を見ていくとき，最初の数 p から始めて，N を越える数に到るまで次々に p を足していく．よって，篩にあたって必要な算術的な操作はすべて加法である．Eratosthenes の篩でのステップの回数は，$\sum_{p \leq N} N/p$ に比例する．ここで p はすべての素数にわたる．一方で

$$\sum_{p \leq N} \frac{N}{p} = N \ln \ln N + O(N) \tag{3.1}$$

が知られている．[Hardy and Wright 1979] の定理 427 を見よ．よって N までの数を篩うのに必要なステップ数は $\ln \ln N$ に比例する．$\ln \ln N$ は確かに無限大に発散するが，大変ゆっくりとである．例えば，$N \leq 10^{9565}$ に対して $\ln \ln N < 10$ である．

コンピュータで篩を実行する際の最大の制約は，消費されるメモリがあまりにも莫大であることである．しばしば，2 から N までの配列を小領域に細分せねばならない．しかし，小領域の長さが $\sqrt{N}$ を下回ると，Eratosthenes の篩の効率は低下し始める．長さが M の小領域を，$\sqrt{N}$ 以下の素数で篩うのに必要な時間は，

$$M \ln \ln N + \pi\left(\sqrt{N}\right) + O(M)$$

に比例する．ここで $\pi(x)$ は x 以下の素数の個数である．素数定理によって $\pi\left(\sqrt{N}\right) \sim 2\sqrt{N}/\ln N$ であるから，この項は，M が小さいときに「主要項」$M \ln \ln N$ よりもずっと大きくなりうる．実際，$\left[N, N + N^{1/4}\right]$ という区間のすべての素数を，この区間の数を逐一調べるよりもずっと速く見つけることは未解決問題である．この問題は，問題 3.46 とした．

3.2.2 Eratosthenes 擬似コード

与えられた区間内の素数を見つける，通常の Eratosthenes の篩を実装する具体的な擬似コードを与えよう．

アルゴリズム 3.2.1 (実際的な Eratosthenes の篩). このアルゴリズムは区間 (L, R) 内のすべての素数を，B 個の奇数に関して，次々に素数ビットを設定していくことで求める．次のように仮定する：L, R は偶数であり，$R > L$，$B \mid R - L$ かつ，$L > P = \lceil \sqrt{R} \rceil$．また，$\pi(P)$ 個の素数 $p_k \leq P$ の表が使えるものとする．

1. [オフセットの初期化]
   for($k \in [2, \pi(P)]$) $q_k = \left(-\frac{1}{2}(L + 1 + p_k)\right) \bmod p_k$;
2. [ブロックの処理]
   $T = L$;
   while($T < R$) {
       for($j \in [0, B-1]$) $b_j = 1$;
       for($k \in [2, \pi(P)]$) {
           for($j = q_k$; $j < B$; $j = j + p_k$) $b_j = 0$;
           $q_k = (q_k - B) \bmod p_k$;
       }
       for($j \in [0, B-1]$) {
           if($b_j == 1$) report $T + 2j + 1$;   // 素数 $p = T + 2j + 1$ を出力.
       }
       $T = T + 2B$;
   }

このアルゴリズムは (L, R) 内の素数を見つけるのに使えるし，また単に正確に何個あ

るかを数えるのに使うことができる．ただし，素数の個数を数える，より洗練された方法を 3.7 節で述べる．車輪を使うことについては 3.1 節で述べたが，それにより多少，篩のアルゴリズム 3.2.1 を改良することができる（問題 3.6 を見よ）．

3.2.3 素因子表を作成するための篩

ごくわずかの変更で，Eratosthenes の篩を，N までの素数を同定するだけではなく，N までの合成数の最小素因子を与えるようにすることができる．次のようにすればよい．素数 p が合成数に行き当たったとき，"1" を "0" に替える代わりに，"1" を "p" に替えるのである．ただし，すでにより小さい素数に変わっているときには，何もせずにおく．

この篩にかかる時間は，Eratosthenes の基本的な篩と同じであるが，より多くのメモリ領域が必要となる．

素因子表は，その中の数の完全な素因子分解を得るのに使うこともできる．例えば，12033 の箇所を見ると 3 が記入されている．つまり 12033 の最小素因子は 3 だということである．10233 を 3 で割って 4011 を得る．この数の箇所にも 3 が記入してあり，3 で割ると 1337 である．その箇所には 7 が書いてあるから 7 で割って 191 を得る．その箇所には 1 が書いてあるので，191 は素数である．つまりわれわれは，素因子分解

$$12033 = 3^2 \cdot 7 \cdot 191$$

を得る．

素因子表は，当然ながら，コンピュータ時代よりもずっと以前からあった．大変な手計算による素因子表は，電子計算機が発明される前の幾十年にわたって，数論において数値的な考察を行う研究者には手放せないものであった．

3.2.4 完全な素因子分解を得るための篩

ふたたび，もう少しの記憶容量を使って，しかし時間の消費の追加はほとんどなく，Eratosthenes の篩を，m の要素に隣接する要素が，m の完全な素因子分解であるように，変更することができる．そのためには，素数 p を，$p, 2p, 3p, \ldots, p\lfloor N/p \rfloor$ の箇所のリストに追加していけば良い．また，$p \leq \sqrt{N}$ なる素数 p について，素数冪 p^a で篩を掛けなければならない．ここで p^a は N を越えない範囲とする．p^a の各倍数ごとに，新たな p のコピーを追加していく．$\left(\sqrt{N}, N\right]$ の範囲の素数での篩を避けるため，割り算をしてよい．

例えば $N = 20000$ とする．$m = 12033$ の項目で何が起きるかを追いかけてみよう．3 で篩を掛けるとき，12033 の箇所にある 1 を 3 に替える．9 で篩を掛けるとき，12033 の箇所にある 3 を，3,3 に替える．7 で篩を掛けるとき，12033 の箇所にある 3,3 を 3,3,7 に替える．篩を終えるときに，つまり 139 までのすべての素数と，これらの素数の高次の冪で 20000 を越えないものでの篩が終わった時点で，篩の各箇所を見て，そこにあるリストをそれぞれ掛ける．12033 の箇所では，$3 \cdot 3 \cdot 7$ より 63 を得る．12033 を 63 で

割ると商は 191 であり，これもリストに載せる．よって 12033 の箇所のリストは最終的に 3, 3, 7, 191 となる．これが 12033 の完全な素因子分解を与える．

3.2.5 スムーズな数を識別するための篩

完全な素因子分解を得るための Eratosthenes の篩の使い方を，より簡単にして，区間 $[2, N]$ 内のすべての B スムーズな数を識別するための道具にすることもできる（定義 1.4.8 を見よ）．まず $2 \leq B \leq \sqrt{N}$ と仮定する．上の項のように，素因子分解のための篩を実行する．しかし，次の 2 点の簡易化を行う：(1) B を越える素数 p に対して p^a についての篩は行わない，(2) それぞれの箇所のリストの積が，その箇所の数と一致しなければ，商を得るための除算は行わない．B スムーズ数は，リストにある素数の積と，その場所の数とが一致するものに他ならない．

もう少し簡単にするために，それぞれの数に対して，その数の箇所に 1 を書いておく．p^a がその数を割り切るときに，その数の箇所に書いてある数に，p を掛けるのである．もしわれわれが，B スムーズな数を拾い上げることにだけ興味があるなら，素因子のリストを随時保持している必要はない．篩の最後の時点で，その場所の一時的な積が，その場所の数に一致しているのが B スムーズな数である．

例えば，$B = 10$, $N = 20000$ とする．12033 に対応する箇所は，1 から始めて，順に 3, 9 と変わり，最後に 63 になる．よって 12033 は 10 スムーズではない．しかし，12000 の箇所は，順に 2, 4, 8, 16, 32, 96, 480, 2400 と変わり，最後に 12000 になる．つまり 12000 は 10 スムーズである．

この篩をより高速にする 1 つの重要な方法は，篩の各箇所での演算を対数で行うことである．対数の真の値を計算するには，無限精度の計算が必要になるが，しかしここでは真の値は必要ない．例えば，2 を底とする対数の，もっとも近い整数を使おう．12000 に対してこれは 14 である．$\lg 2 \approx 1$ という近似（実は真の値だが）も使えば，$\lg 3 \approx 2, \lg 5 \approx 2, \lg 7 \approx 3$ である．すると，12000 に対応する箇所では，1, 2, 3, 4, 5, 7, 9, 11, 13 の様に変化する．この値は，12000 がスムーズな数であることを認識するための目標である 14 に十分近い．一般的に言って，われわれが B スムーズな数を探すときに，$\lg B$ より小さい誤差は特段の問題を引き起こさない．

上述のように対数の近似値を使う大きな利点を見ておこう．まず，扱う数が大変小さくて済む．第二に，必要な算術は加算であり，多くのコンピュータ上では，乗算や除算に比べてずっと高速である．また対数関数は大きな引数に対してもゆっくりとしか増加しない．よって，篩において，近い数に対しては，同じ対数になる．例えば，12000 に対して対数の値が 14 であることを見た．この同じ数が，$2^{13.5}$ から $2^{14.5}$ に用いられる．つまり，11586 から 23170 の間の整数に対してである．

この種の篩の，素因子分解アルゴリズムへの重要な応用を後に見る．そして，6.4 節で議論するように，スムーズな数を見つけるための篩は，離散対数アルゴリズムのあるものにおいても必須である．これらの状況では，完璧な篩を実行することは必要ない．

むしろ，大半の B スムーズな数を，本当は B スムーズでない数を誤ってそう判別してしまうことがそれほどないように，識別することができれば良い．これはまた，篩をさらにスピードアップできるアイディアのもとになる．p での篩で消費される時間は，篩の長さと $1/p$ の積に比例する．特に，小さな素数がもっとも時間を食う．しかしそれらの対数はほとんど和に寄与しない．よって，これら小さな素数で篩うことを割愛してもよいだろう．ただし，多少誤りが増えることは許した上で．上の例で，例えば 2, 3, 4, 5 を法とする篩を割愛する．これら 2, 3, 5 のより高い冪での篩は，7 の冪での篩と同様に実行する．これによって 10 スムーズな数を識別できる．12000 における和は 3, 4, 5, 9, 11 となり，これは 12000 が 10 スムーズであると報告するのに十分なほど，実際の値 14 に近い．つまり 12000 は見過ごされない．しかし，これを見つけ出すのに一番手間の掛かる部分を避けることができたのである．

3.2.6 多項式を篩う

$f(x)$ を整数係数の多項式とする．$f(1), f(2), \ldots, f(N)$ という数を考えよう．このリストの中から素数を選び出したい，または，このリストの数に対する因子の表を作りたい，または，このリストの中で B スムーズな数を見つけたい，とする．これらすべての仕事は，篩によって容易に達成される．実際，多項式 $f(x) = 2x + 1$ という特別の場合を，われわれはすでに見ている．素数を探索する際には，奇数を篩うので実質上は十分であることに注意しよう．

列 $f(1), f(2), \ldots, f(N)$ を篩うにあたって，$1, 2, \ldots, N$ に対応する配列の各要素を 1 で初期化する．重要な観察は，素数 p と数 a に対して $f(a) \equiv 0 \pmod{p}$ が成り立つなら，任意の整数 k に対して $f(a + kp) \equiv 0 \pmod{p}$ が成り立つということである．もちろん，それぞれの p に対して，高々 $\deg f$ 個のそのような解 a が存在し，よって，異なる算術級数 $\{a + kp\}$ が同じ数だけ存在する．

多項式 $f(x) = x^2 + 1$ について例を見てみよう．われわれは，整数 x で $1 \leq x \leq N$ なるものに対して，$x^2 + 1$ という形の素数を見つけたい．素数 $p \leq N$ それぞれについて，$x^2 + 1 \equiv 0 \pmod{p}$ という合同式を解く（2.3.2 項を参照）．$p \equiv 1 \pmod{4}$ のときには，解が 2 つある．一方 $p \equiv 3 \pmod{4}$ なら解は存在しない．また $p = 2$ なら解はただ 1 つ存在する．各素数 p と解 a ($a^2 + 1 \equiv 0 \pmod{p}, 1 \leq a < p$) に対して，剰余類 $a \pmod{p}$ を N まで篩い，1 を 0 に替える．しかし，一番最初の a が素数 p 自身に一致している可能性がある．これは，$a < \sqrt{p}$ をチェックしても調べられるし，あるいは $a^2 + 1$ を計算してそれが p と一致するかを見ても良い．もちろん，$p = a^2 + 1$ の場合は，その場所は 1 のままにしておかなければならない．

この篩は実際に機能する．というのは，$a^2 + 1 \equiv 0 \pmod{p}$ は，すべての整数 k について $(a + kp)^2 + 1 \equiv 0 \pmod{p}$ のとき，そのときに限って成り立つからである．（実際は $1 \leq a + kp \leq N$ である k のみが必要である．）

通常の Eratosthenes の篩との重要な違いは，素数を検出するためにどのくらい先ま

で調べなくてはならないかである．一般的な原則は，列 $f(1), f(2), \ldots, f(N)$ の最大の数の平方根までの素数で篩を掛けることである．（これらの数が正であることを仮定している）．多項式 x^2+1 の場合は，Eratosthenes の篩の場合の $\sqrt{N}$ までとは異なり，N までの素数で篩を掛けなくてはならないということである．

素数を見つけるために，x^2+1 を x が N まで動かして篩を掛けるための時間は，合同式 $x^2+1 \equiv 0 \pmod{p}$ の解を見つけた後でならば，通常の Eratosthenes の篩の時間とほぼ同じである．これは正しくないように思われるかもしれない．まず，2 つの剰余類に対して篩を掛けるべき素数がたくさんある．また，$\sqrt{N}$ までではなく，N までのすべての素数を考えなくてはならない．最初の反論に対する返答は，確かにその通りである，となる．しかし，どの剰余類に対しても篩を掛けなくても良い素数もたくさんあるのである．次の反論に対して鍵となる事実は，$\sqrt{N}$ から N までの素数の逆数和は，N が大きくなるときに有界である，ということである（これは漸近的に $\ln 2$ である）．よって，余分な篩に掛かる時間は $O(N)$ である．つまり，ここでわれわれが主張するのは，

$$\sum_{p \leq \sqrt{N}} \frac{1}{p} = \ln \ln N + O(1)$$

のみならず，

$$\frac{1}{2} + 2 \sum_{p \leq N, \ p \equiv 1 \pmod{4}} \frac{1}{p} = \ln \ln N + O(1)$$

が成り立つということである（[Davenport 1980] の第 7 章を見よ）．

多項式の連続する値を篩に掛けることができるのは，B スムーズな数を調べるに当たっても重要である．3.2.5 項を見よ．そこでのアイディアは，この項に自然に応用できる．

3.2.7 理論的考察

Eratosthenes の篩の計算量 $N \ln \ln N$ は，巧妙な議論で幾分か引き下げることができる．次のアルゴリズムは Mairson と Pritchard による（[Pritchard 1981] を見よ）．これは $O(N/\ln \ln N)$ ステップしか要しないし，各ステップは帳簿付けか，高々 N の整数を加えることだけである．（Eratosthenes の篩の基本的な擬似コードが，3.2.2 項にある．）

アルゴリズム 3.2.2 (巧妙な Eratosthenes の篩). 数 $N \geq 4$ が与えられているとする．このアルゴリズムは，$[1, N]$ 内の素数の集合を与える．p_l で l 番目の素数を表す．$M_l = p_1 p_2 \cdots p_l$ とし，S_l で，$[1, N]$ 内の数で M_l と互いに素な数全体の集合を表す．もし $p_{m+1} > \sqrt{N}$ なら，$[1, N]$ 内の素数の全体は，$(S_m \setminus \{1\}) \cup \{p_1, p_2, \ldots, p_m\}$ であることに注意せよ．このアルゴリズムは，程々のサイズの k を初期値として，$m = \pi(\sqrt{N})$ まで，再帰的に $S_k, S_{k+1}, \ldots, S_m$ を見つける．

1. [セットアップ]

    k を整数で，$M_k \leq N/\ln N < M_{k+1}$ なるものとする;

$m = \pi(\sqrt{N})$;

通常の Eratosthenes の篩（アルゴリズム 3.2.1）を使って，素数 $p_1, p_2, \ldots, p_k$ を求める．そして $[1, M_k]$ の中で M_k と互いに素な整数全体の集合を求める；

2. [車輪を転がす]

M_k に対する「車輪」を転がして（3.1 節を見よ），S_k を求める；
$S = S_k$;

3. [ギャップを見つける]

for($l \in [k+1, m]$) {
$\quad p = p_l = 1$ より大きい S の元で最小の数；　　　　// この時点で，$S = S_{l-1}$.
$\quad S \cap [1, N/p]$ の元で連続するものの間のギャップの集合 G を見つける；
$\qquad\qquad$ // ギャップである数は G 内で 1 度だけカウントされる．
$\quad$ 集合 $pG = \{pg : g \in G\}$ を見つける；
$\qquad\qquad$ //「再帰階梯冪乗計算法」（アルゴリズム 2.1.5）を使う．

4. [特別な集合を見つける]

集合 $pS \cap [1, N] = \{ps : ps \le N, s \in S\}$ を次のようにして見つける：もし s, s' が S の連続する 2 元で $s'p \le n$ かつ sp はすでに計算済みなものとすると，
$ps' = ps + p(s' - s)$;
// $s' - s$ は G の元で，数 $p(s' - s)$ はすでに [ギャップを見つける] のステップで計算済みである．よって ps' は，引き算（$s' - s$ を求めるために），表引き（$p(s' - s)$ を見つけるために），そして足し算によって求められる．（S の最小の数は 1 で，よって ps の最初の数は p 自身であるから，一切計算の必要はない．）

5. [次の集合 S を見つける]

$S = S \setminus (pS \cap [1, N])$;　　　　　　　　　　// ここで $S = S_l$ である．
$l = l + 1$;
}

6. [$[1, N]$ 内の素数の集合を返す]

return $(S \setminus \{1\}) \cup \{p_1, p_2, \ldots, p_m\}$;

各集合 S_l は $[1, N]$ 内の数で，$p_1, p_2, \ldots, p_l$ と互いに素であるものからなる．よって，1 の次の最初の数は $l+1$ 番目の素数 p_{l+1} である．アルゴリズム 3.2.2 の演算の数を数えよう．[セットアップ] のステップでの計算回数は $O((N/\ln N) \sum_{i \le k} 1/p_i) = O(N \ln \ln N / \ln N)$ である．（実際は $\ln \ln N$ の項は $\ln \ln \ln N$ にすることができるが，今の議論には必要ない．）[車輪を転がす] のステップでの計算回数は，$\#S_k \le \lceil N/M_k \rceil \varphi(M_k) = O(N\varphi(M_k)/M_k)$ である．ここで φ は Euler 関数．分数 $\varphi(M_k)/M_k$ は $i = 1$ から k までの $1 - 1/p_i$ の積に等しい．Mertens の定理 1.4.2 により，これは漸近的に $e^{-\gamma}/\ln p_k$ である．さらに，素数定理によって，p_k は漸近的に $\ln N$ に等しい．よって [車輪を転が

す] のステップでの計算回数は，$O(N/\ln\ln N)$ である．

残っているのは，[ギャップを見つける] と [特別な集合を見つける] のステップでの計算回数を数えることである．$S = S_{l-1}$ で，$G_l = G$ としよう．$S \cap [1, N/p_l]$ の元の個数は，Mertens により $O(N/(p_l \ln p_{l-1}))$ である．よって，集合 G_l をすべて見出すための計算回数は，

$$\sum_{l=k+1}^{m} N/(p_l \ln p_{l-1}) = O(N/\ln p_k) = O(N/\ln\ln N)$$

の定数倍でおさえられる．g が G_l の元のときに，gp_l を再帰階梯冪乗計算法で計算するために必要な加法の回数は，$O(\ln g) = O(\ln N)$ である．g が G_l のすべての元を走るときの和は高々 N/p_l で，よって G_l の元の個数は $O\left(\sqrt{N/p_l}\right)$ である．したがって，[ギャップを見つける] のステップでの加算の総数は，

$$\sum_{l=k+1}^{m} \sqrt{\frac{N}{p_l}} \ln N \leq \sum_{i=2}^{\lfloor\sqrt{N}\rfloor} \sqrt{\frac{N}{i}} \ln N \leq \int_{1}^{\sqrt{N}} \sqrt{\frac{N}{t}} \ln N \, dt = 2N^{3/4} \ln N$$

の定数倍でおさえられる．[特別な集合を見つける] のステップでの計算回数の見積りについては，それほど大雑把にはできない．これらのそれぞれの操作は，集合から元を取り除くという，単純な帳簿付けである．どの元も 2 回以上取り除かれることはないから，[特別な集合を見つける] のステップでのすべての繰り返しの中での，元を取り除く操作の総数を数えれば良い．しかし，この総数は，集合 S_k の元の個数引く $\left[\sqrt{N}, N\right]$ 内の素数の個数である．これは，われわれがすでに $O(N/\ln\ln N)$ と見積もった，$\#S_k$ で抑えられる．

3.3 スムーズな数の識別

多くの数論的アルゴリズムに含まれる，非常に重要なサブルーチンが，与えられた数のリストからスムーズな数を識別することを必要としている．これらスムーズな数を認識する方法はたくさんある．というのは，任意の因子分解アルゴリズムがこの仕事をこなすからである．しかし，例えば試し割り法のような因子分解アルゴリズムは，因子分解しようとしている数の，より小さな素因子を，より大きな素因子よりも先に見つける．このような方法は，y スムーズでない数を，完全に因子分解する前に取り除いてしまうことができる．このような性質を持つ因子分解法としては，試し割り法，Pollard のロー法，Lenstra の楕円曲線法がある．後の 2 つの方法については，本書の後の方で議論する．スムーズさの判定法としてこれらのアルゴリズムを使う場合，これら 3 つの因子分解法は，大雑把には次のような計算量を持つ：試し割り法は，対象となる数ごとに $y^{1+o(1)}$ 回の操作が必要になる．ロー法は $y^{1/2+o(1)}$ 回であり，楕円曲線法は $\exp((2\ln y \ln\ln y)^{1/2}) = y^{o(1)}$ 回の操作である．ここで「操作」とは，スムーズさを判定しようとしている数と同じ程

度の大きさの数に対する，算術的なステップの数である．（ロー法と楕円曲線法に対する計算量の評価は，仮説に基づいた議論であることを指摘しておく．）

スムーズな数を識別するのに，篩を使うことができることが時々あり，その場合は大変高速である．例えば，連続する整数の列もしくは，より一般に，整数係数の（次数の低い）多項式の連続する値が与えられているときに，この列の長さ L が $\geq y$ を満たしているとする．その最大の数を M としたとき，L 個の数のそれぞれ 1 つを y スムーズか否か検査するのに掛かるのは，1 つあたり大体 $L \ln \ln M \ln \ln y$，または $\ln \ln M \ln \ln y$ 回のビット操作である．（因子 $\ln \ln M$ は，3.2.5 項で議論したように，対数の概算値から起きる．）実際，篩はあまりに高速なので，実行時間については，実際の計算よりも，数をメモリから呼び出す時間の方が支配的である．

この項では，D. Bernstein([Bernstein 2004d] を見よ) による重要な新しい方法を議論する．この方法は，少なくとも y 個の数からなる任意の集合からスムーズな数を識別でき，それぞれの数に対する処理時間は篩なみに速い．実際，それぞれの数ごとに，その数が高々 M だとすれば $(\ln^2 y \ln M)^{1+o(1)}$ だけのビット操作である．この計算量を達成するためには，巨大整数の算術に，高速フーリエ変換や，それと同値な対合のテクニックを使わねばならない（第 9 章，ならびに [Bernstein 2004e] を見よ）．

Bernstein 法を，スムーズさの上限 y として 20 を，対象となる数として $1001, 1002, \ldots, 1008$ を取って解説する．（連続した数であることは重要ではない．解説を理解するのが容易になるようそうしたまでである）．少し試すとわかるように，このリストの中で 20 スムーズな数は最初と最後，つまり 1001 と 1008 である．アルゴリズムからはこのことがわかるだけではなくて，リストの中の数の，最大の 20 スムーズな因子もわかる．

この例に適用される Bernstein のアルゴリズムの方針は次のようになる．まず最初に，20 以下の素数の積，つまり 9699690 を求める．次にこの積を，リストにある 8 つの数を法として簡約する．例えば x がリストにある数として，$9699690 \bmod x = r$ となったとする．このとき $r = ab$ で，$a = \gcd(9699690, x)$ かつ $\gcd(b, x) = 1$ とできる．x の素因子分解のどの素数についても，その冪指数が 2^e で上からおさえられるなら，$\gcd(r^{2^e} \bmod x, x)$ は x の 20 スムーズ部分である．われわれが考えている場合では，$2^{2^4} > 1008$ であるから $e = 4$ を取ることができる．$x = 1008$ について何が起きるか見てみよう．まず $r = 714$ である．次に $714^{2^i} \bmod 1008$ を $i = 1, 2, 3, 4$ について計算し，$756, 0, 0, 0$ を得る．もちろん，最初に 0 を見た時点で止めてよい．というのは，そのことから 1008 が 20 スムーズであることがわかるからである．このアイディアを $x = 1004$ に適用すると，$r = 46$ であり，必要となる冪は $108, 620, 872, 356$ である．$\gcd(356, 1004)$ を見ると 4 である．これは確かに大きな回り道であるが，後で見るように，この方法は綺麗にスケールする．さらに，1 つの数にだけ注目するのではあまり面白くなく，すべての数を一斉に相手にすることが良いことも後で見るだろう．

20 までの素数の積 9699690 を，「積の木」から構成する．[Bernstein 2004e] を見よ．

3.3 スムーズな数の識別

これは単なる2進木である：

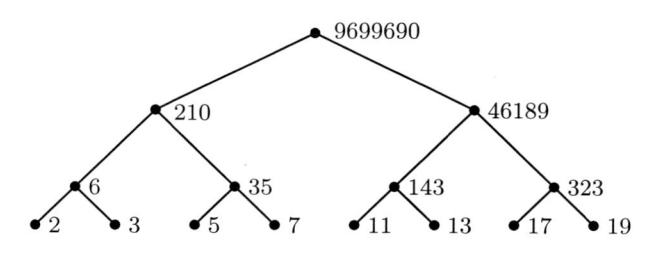

```
                    9699690
                   /       \
                210          46189
               /   \        /     \
              6     35    143      323
             / \   / \   /  \     /   \
            2   3 5   7 11  13  17    19
```

$\mathcal{P} = \{2, 3, 5, 7, 11, 13, 17, 19\}$ の積の木

葉から始めて，2進木を根に向かって掛け算していく．根のラベルは，すべての葉の積 $P = 9699690$ である．

スムーズさを判定したい数全体を x が動くときに，剰余 $P \bmod x$ を求めたい．もしそれぞれの x に対して個別に剰余を求めると，P が巨大なため，この操作は大変時間が掛かる．そうする代わりに，まず x をすべて掛けてしまう．素数についてそうしたように，積の木を作る．しかし，P よりも大きい積を作る必要はない．そのような大きな積を，単にアスタリスクで表すことにする．数 $1001, 1002, \ldots, 1008$ から作られる積の木 T を考える：

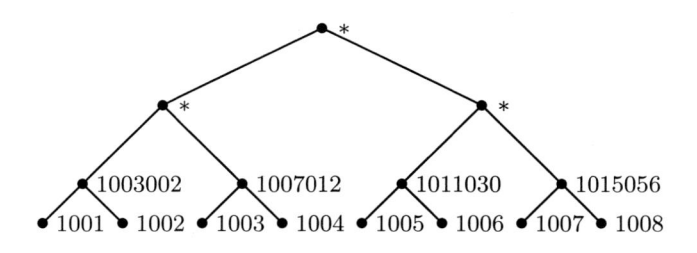

```
                       *
                    /     \
                  *         *
                 / \       / \
           1003002 1007012 1011030 1015056
            / \    / \    / \    / \
         1001 1002 1003 1004 1005 1006 1007 1008
```

$\mathcal{X} = \{1001, 1002, \ldots, 1008\}$ の積の木 T

次に数 P を，T の各ラベルを法として簡約しながら，「剰余の木」を作る ([Bernstein 2004e] を見よ)．一般には，与えられた数 P と積の木についての剰余の木 $P \bmod T$ は，T の各ラベルを P で割った余りに置き換えたものである．このラベルの付け直しは，T の根のラベル R を，$P \bmod R$ に置き換えることで達成される．そして，葉の方に向かって，葉のラベルを親の新しいラベルで割った余りで置き換えることで全体の置き換えが達成される．最初の積の木の例，つまり $1001, \ldots, 1008$ からなる積の木 T と $P = 9699690$ について解説しよう．明らかに T に現れるアスタリスクを P にしてよい．

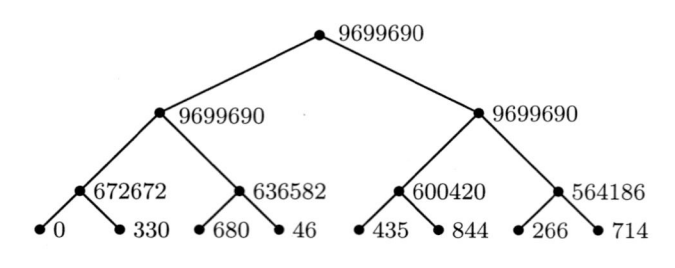

剰余の木 $P \bmod T$

われわれがスムーズさを判定したいそれぞれの x に対して，剰余の木の対応する葉の値は $P \bmod x$ である．この剰余を取って，必要とされるだけ，次々と x を法として平方する．最後に，最終結果と x との最大公約数を取る．値が 0 になるということは，x が P 内の素数たちに対してスムーズということである．非零な値は，P 内の素数たちに対してスムーズになるような，x の最大の約数である．この美しいアルゴリズムの擬似コードは以下のようになる．

アルゴリズム 3.3.1 (一括スムーズテスト (Bernstein))． 正の整数の有限集合 $\mathcal{X}$ と，素数の有限集合 $\mathcal{P}$ が与えられているとする．各 $x \in \mathcal{X}$ に対して，このアルゴリズムは $\mathcal{P}$ に含まれる素数の積からなる最大の約数を返す．

1. [積の木を計算する]
   $\mathcal{P}$ についての積の木を計算する；
   $\mathcal{P}$ 内の素数の積を P とする；
                // $\mathcal{P}$ についての積の木のルートは P である．
   $\mathcal{X}$ についての積の木 T を計算する．ただし高々 P まででよい；
2. [剰余の木の計算]
   剰余の木 $P \bmod T$ を計算する；   // 記号は本文で述べたもの．
3. [スムーズな部分を見つける]
   e を $\max \mathcal{X} \leq 2^{2^e}$ を満たす最小の正整数とする；
   for($x \in \mathcal{X}$){
     剰余の木 $P \bmod T$ で $P \bmod x$ を求める；
                // さらに法を計算する必要はない．
     $r = P \bmod x$;
     $s = r^{2^e} \bmod x$;   // s を，連続して平方し剰余を取る計算で求める．
     $g = \gcd(s, x)$;
     return "x の $\mathcal{P}$ からなる最大の約数は g である"；
   }

Bernstein のアルゴリズム 3.3.1 は計算数論のレパートリーに対する，重要な追加である．スムーズさが問題になるような，他の様々なアルゴリズムのスピードを向上させるのに大いに使用され得る．1つの例として，Atkin–Morain の素数判定法 (アルゴリズム 7.6.3) における，[位数を素因子分解する] のステップがある．アルゴリズム 3.3.1 は，篩が，例えば 2 次篩法や数体篩法因子分解アルゴリズムなどがもっとも適切であるような状況であっても，役に立つ (第 6 章を見よ)．実際の所，これらのアルゴリズムにおいて，スムーズな数の寄与率は非常に小さくなる可能性があって，その場合には，部分的にだけ篩を掛けることには利点がある．(つまり，因子基底に含まれる小さな素数のことは忘れてしまう．これらは大いにメモリの読み出しに関わる．) そして，篩を，大きなスムーズ因子を持つ候補を報告するように改造し，その後，報告されたより小さい，しかし依然としてたくさんの元を持つ集合に，アルゴリズム 3.3.1 を適用する．小さな素数を篩から取り除くというアイディアは，[Pomerance 1985] にすでに見られる．しかし，アルゴリズム 3.3.1 では，より積極的にこのアイディアが用いられている．

3.4 擬 素 数

「もし n が素数ならば，n について S が正しい」という類の定理を得ているとしよう．ここで S は，容易に検証できるような算術的な命題である．大きな数 n が与えられて，その数 n が素数か合成数かを知りたいとすると，われわれはまず，S が n に対して成り立つかを調べるだろう．主張が成り立たないなら，われわれは n が合成数であることを証明したことになる．しかし，主張が成り立ったとしても，n は素数かもしれないし，合成数かもしれない．というわけで，われわれは S 擬素数という概念を，合成数ではあるが S が成り立つような数，と定義する．

1つの例としては，「もし n が素数なら，n は 2 であるか，または n は奇数である」が挙げられる．この算術的な性質は，確かに容易にチェックできる．しかし一方で，容易に見て取れるように，この性質は素数であることの強い証拠とは到底言えない．というのは，本当の素数に対して，このテストについて擬素数である数はあまりにもたくさんあるからである．よって，「擬素数」という概念が有用なものであるためには，ある適切な意味で，それが珍しいものである必要がある．

3.4.1 Fermat 擬素数

剰余 $a^b \pmod{n}$ が高速に計算できるという事実 (アルゴリズム 2.1.5 を見よ) は，数論におけるアルゴリズムで基本的である．Fermat の小定理が特に，素数と合成数とを区別する手段として有用である．

定理 3.4.1 (Fermat の小定理)． n が素数なら，任意の整数 a に対して，次が成立：

$$a^n \equiv a \pmod{n}. \tag{3.2}$$

Fermat の小定理の証明は, 初等数論のどのテキストにも出ているだろう. 特に簡単な証明の 1 つは, a に関する帰納法を, $(a+1)^n$ の 2 項定理と合わせて使うものである. a が n と互いに素のとき, (3.2) の両辺を a で割って, 次を得る:

$$a^{n-1} \equiv 1 \pmod{n}. \tag{3.3}$$

よって, (3.3) が, n が素数で, a を割らないときに成り立つ.

合成数 n が (Fermat) 擬素数とは, (3.2) が成り立つときをいう. 例えば, $n = 91$ は底 3 に対する擬素数である. 91 は合成数で, $3^{91} \equiv 3 \pmod{91}$ であるから. 同様に, 341 は底 2 に関する擬素数である. 底 $a = 1$ は興味の薄いものである. というのは, 任意の合成数が底 1 に関する擬素数であるから. われわれは以下, $a \geq 2$ と仮定する.

定理 3.4.2. 整数 $a \geq 2$ を固定するごとに, a を底とする, x と等しいか小さい Fermat 擬素数の個数は $x \to \infty$ のとき $o(\pi(x))$ である. つまり, Fermat 擬素数は素数と比べて珍しい.

合同式 (3.3) で定義された擬素数について, この定理は [Erdős 1950] で初めて証明された. (3.2) で定義される, より大きいかもしれないクラスの擬素数については, [Li 1997] で初めて証明された.

定理 3.4.2 から, Fermat 合同式を素数と合成数の区別に使うことは, 潜在的には非常に便利であることがわかる. しかし, これは Erdős の証明のだいぶ以前から, 経験的に知られていた.

(3.3) を, $a = n - 1$ として満たす奇数については, この合同式は n について, 特に何も言っていない. (3.3) がペア n, a について成り立つとき, ただし $1 < a < n - 1$ とするが, n は底 a に関する概素数という. よって, n が素数ならば, 任意の $1 < a < n - 1$ を満たす整数 a を底として, n は概素数である. 定理 3.4.2 は, a を固定すると, a を底とする大半の概素数が, 実際に素数であることを主張している. よってわれわれは, 合成数の疎な集合と, $a + 1$ を越えるすべての素数を含む集合と, 残りの, $a + 1$ を越える合成数すべての集合との元を見分ける, 簡単なテストを手に入れた.

アルゴリズム 3.4.3 (概素数テスト). 整数 $n > 3$ と, 整数 a で $2 \leq a \leq n - 2$ を満たすものを与えられたとする. このアルゴリズムは, "n は a を底とする概素数である" もしくは, "n は合成数である" のいずれかを返す.

1. [冪剰余の計算]
    $b = a^{n-1} \bmod n$;   // アルゴリズム 2.1.5 を使う.
2. [判定を返す]
    if($b == 1$) return "n は a を底とする概素数である";
    return "n は合成数である";

3.4 擬素数

固定した底 a について，擬素数（つまり，合成数である概素数）がまばらに分布していることを見た．しかし，にもかかわらず，無限に存在するのである．

定理 3.4.4. 各 $a \geq 2$ に対して，a を底とする Fermat 擬素数は無限個存在する．

証明. p が $a^2 - 1$ を割らない任意の奇素数とするとき，$n = \left(a^{2p} - 1\right) / \left(a^2 - 1\right)$ が底 a に対する擬素数であることを示す．例えば，$a = 2$ で $p = 5$ のとき，上の式は $n = 341$ を与える．最初に，

$$n = \frac{a^p - 1}{a - 1} \cdot \frac{a^p + 1}{a + 1}$$

に注意する．よって n は合成数である．(3.2) を素数 p に使い，両辺を 2 乗すれば $a^{2p} \equiv a^2 \pmod{p}$ を得る．よって p は $a^{2p} - a^2$ を割り切る．仮定から p は $a^2 - 1$ を割り切らず，また $n - 1 = \left(a^{2p} - a^2\right) / \left(a^2 - 1\right)$ であるから，p が $n - 1$ を割り切ることが結論される．$n - 1$ についての第二の事実を，次のようにして示すこともできる：恒等式

$$n - 1 = a^2(a^{2p-4} + a^{2p-6} + \cdots + 1)$$

によって，$n - 1$ は，同じ符号を持つ偶数個の項の和であることが分かり，よって $n - 1$ は偶数でなくてはならない．ここまでで，2 も p も $n - 1$ の約数であることがわかったから，$2p$ も約数でなければならない．すると $a^{2p} - 1$ は $a^{n-1} - 1$ の約数である．しかし，$a^{2p} - 1$ は n の倍数である．よって (3.3) が成り立ち，したがって (3.2) が成り立つ． □

3.4.2 Carmichael 数

素数を合成数から見分ける簡単で高速な方法を探すために，Fermat テストを様々な底 a について組み合わせることを考えよう．例えば，341 は底 2 についての擬素数である．しかし底 3 については擬素数ではない．また，91 は底 3 では擬素数だが，底 2 ではそうではない．多分，底 2 と 3 について同時に擬素数であるような数は存在しないか，または，おそらく，そのような合成数が存在したとしても，底の有限集合が存在して，それらのすべてについて同時に擬素数であるような数は存在しないのではなかろうか．これが本当だったらどんなにいいだろう．そうすれば，素数の判定は簡単な計算の問題になる．

しかし，$561 = 3 \cdot 11 \cdot 17$ は，底 2, 3 について Fermat 擬素数であるだけでなく，すべての底 a に対して擬素数である．そのような数が存在するというのは衝撃的であるが，しかし確かに存在するのである．これらは，1910 年に R. Carmichael によって最初に発見され，彼の名を取ってよばれている．

定義 3.4.5. 合成数 n で，任意の整数 a に対して $a^n \equiv a \pmod{n}$ を満たすものを Carmichael 数とよぶ．

Carmichael 数を，その素因子分解から識別することは容易にできる．

定理 3.4.6 (Korselt の判定法). 整数 n が Carmichael 数であるのは，n が正の，平方因子を持たない合成数で，n の各素因子 p に対して $p-1$ が $n-1$ を割りきるとき，そのときに限る．

補注. A. Korselt はこの Carmichael 数の判定法を 1899 年に述べていて，これは Carmichael が最初の例に行き当たる 11 年前である．おそらく Korselt は，そのような例が存在しないと確信しており，その証明の最初のステップとして上の判定法を示したのだろう．

証明. まず，n が Carmichael 数とする．すると n は合成数である．p を n の素因子とする．$p^n \equiv p \pmod{n}$ であるから，p^2 は n を割り切らない．よって，n は平方因子を持たない．a を法 p に対する原始根とする．$a^n \equiv a \pmod{n}$ であるから，$a^n \equiv a \pmod{p}$ となり，よって $a^{n-1} \equiv 1 \pmod{p}$ である．しかし $a \pmod{p}$ は位数が $p-1$ だから，$p-1$ は $n-1$ を割り切る．

さて，逆に n が合成数で，平方因子を持たず，かつ，n の各素因子 p について $p-1$ が $n-1$ を割るような数とする．任意の整数 a について，$a^n \equiv a \pmod{n}$ が成り立つことを示そう．n は平方因子を持たないから，任意の整数 a と，n の各素因子 p に対して $a^n \equiv a \pmod{p}$ を示せばよい．よって，$p|n$ で，a を任意の整数としよう．a が p で割り切れなければ，$a^{p-1} \equiv 1 \pmod{p}$ であり ((3.3) によって)，また $p-1$ が $n-1$ を割り切るので，$a^{n-1} \equiv 1 \pmod{p}$ を得る．よって，$a^n \equiv a \pmod{p}$ である．しかしこの合同式は a が p で割り切れるときにも明らかに成立する．よって，任意の a について成り立つ．これで定理が証明された． □

Carmichael 数は無数に存在するだろうか？再び，素数判定については不幸なことに，答えはイエスである．これは，[Alford et al. 1994a] により示された．P. Erdős は，1956 年に，Carmichael 数が無数に存在するのみならず，われわれが期待するほどに珍しくはない，というヒューリスティックな（証明されていない経験則にもとづく）推論を与えた．つまり，$C(x)$ を x までの Carmichael 数の個数とする．Erdős は，任意の $\varepsilon > 0$ に対して，ある $x_0(\varepsilon)$ が存在して，$C(x) > x^{1-\varepsilon}$ が任意の $x \geq x_0(\varepsilon)$ について成り立つのではないかと予想した．Alford, Granville, そして Pomerance らの証明は，Erdős の経験則から出発して，さらに新しい内容を含んでいる．

定理 3.4.7. (Alford, Granville, Pomerance). Carmichael 数は無数に存在する．特に，x が十分大きいとき，x を越えない Carmichael 数の個数 $C(x)$ は，$C(x) > x^{2/7}$ を満たす．

証明は本書の範囲を越える．[Alford et al. 1994a] を見よ．

定理 3.4.7 での「十分大きい」は計算されていないが，おそらくそれは，96 番目の Carmichael 数 8719309 であろう．[Pinch 1993] における計算によると，$x \geq 10^{15}$ に対して $C(x) > x^{1/3}$ となることはありそうである．10^{15} においてすでに，105212 個の Carmichael 数が存在する．Erdős は $x \geq x_0(\varepsilon)$ について $C(x) > x^{1-\varepsilon}$ と予想したが，$C(x) > x^{1/2}$ となる x も知られていない．

素数定理に相当する，「Carmichael 数定理」のようなもの，つまり $C(x)$ の漸近公式，はあるだろうか？ 今のところ，その公式がどういった式になるかを述べる予想すら存在しない．しかし，より弱い予想ならばある．

予想 3.4.1 (Erdős, Pomerance). x を越えない Carmichael 数の個数 $C(x)$ は $x \to \infty$ のとき
$$C(x) = x^{1-(1+o(1)) \ln \ln \ln x / \ln \ln x}$$
を満たす．

x までの，底 2 に対する擬素数の個数 $P_2(x)$ についても同じ式が予想されている．十分大きい数 x に対して，どちらも次の式を満たす，ということは証明されている．[Pomerance 1981] を見よ：
$$C(x) < x^{1 - \ln \ln \ln x / \ln \ln x},$$
$$P_2(x) < x^{1 - \ln \ln \ln x / (2 \ln \ln x)}.$$

3.5 概素数と証拠

前節で考えた Fermat 擬素数は，容易にチェックでき，また各底 $a > 1$ について，素数に比べて擬素数の方が少ない（定理 3.4.2）といった点で良いものである．

しかし，Carmichael 数という合成数が存在していて，それらを合成数から区別するのに，(3.2) は役に立たないのであった．上で見たように，無数に Carmichael 数が存在する．また，小さな素因子を持たない Carmichael 数が無数に存在する．([Alford et al. 1994b] を見よ）．よって，そのような数に対しては，少しだけ強い判定法 (3.3) でさえも計算論的には貧弱である．

理想的には，擬素数が存在しないような簡単なテストが望ましい．これが不可能であれば，われわれが望むのは，テストの族であって，各合成数は，その族に含まれる，固定された正の割合のテストたちに対しては擬素数ではない，そのようなものである．Fermat 族はこの条件を満たさない．というのは，無数に Carmichael 数が存在するからである．しかし，Fermat の小定理（定理 3.4.1）のわずかに異なるバージョンがこの条件を満たす．

定理 3.5.1. n を奇素数, $n-1 = 2^s t$ で t は奇数とする. a が n で割り切れなければ, 次のいずれかが成り立つ:

$$\begin{cases} a^t \equiv 1 \pmod{n} \text{ であるか} \\ 0 \leq i \leq s-1 \text{ であるようなある } i \text{ について } a^{2^i t} \equiv -1 \pmod{n}. \end{cases} \quad (3.4)$$

定理 3.5.1 の証明は, (3.3) の形の Fermat の小定理と, 奇素数 n に対して, $x^2 \equiv 1 \pmod{n}$ の $\mathbf{Z}_n$ での解は $x \equiv \pm 1 \pmod{n}$ のみ, という事実だけを使う. 詳細は読者に委ねよう.

概素数の類似として, 底 a に関する強概素数を定義しよう. これは奇数 $n > 3$ であって, $1 < a < n-1$ なるある a について (3.4) が成り立つものである. 底 a に関する強概素数は自動的に概素数であり, かつまた, $a+1$ よりも大きい素数は, 底 a に関する強概素数であるから, この 2 つの概念の違いは, より少ない合成数が強概素数テストを通過するだろう, という点だけである.

アルゴリズム 3.5.2 (強概素数テスト). 奇数 $n > 3$ が与えられ, $n = 1 + 2^s t$ (t は奇数) と表されているとする. また $1 < a < n-1$ なる整数 a が与えられているとしよう. このアルゴリズムは, "n は底 a に関する強概素数" もしくは "n は合成数" のいずれかを返す.
1. [$n-1$ の奇数部分]
    $b = a^t \bmod n;$ // アルゴリズム 2.1.5 を使う.
    if($b == 1$ or $b == n-1$) return "n は底 a に関する強概素数";
2. [$n-1$ の 2 冪]
    for($j \in [1, s-1]$) {   // j はダミーのカウンタ.
        $b = b^2 \bmod n;$
        if($b == n-1$) return "n は底 a に関する強概素数";
    }
    return "n は合成数";

このテストは, [Artjuhov 1966/67] で最初に示唆され, さらに十年ほど経って, J. Selfridge が再発見し, 普及させた.

(3.4) が特定の a について成り立たないことから, 奇数 n が合成数であることを示すことができるか, その可能性について考えてみよう. 例えば, 前項で 341 が底 2 に関する擬素数であることを見た. しかし, (3.4) は $a = 2$ と $n = 341$ については成立しない. 実際, $340 = 2^2 \cdot 85$ であり, $2^{85} \equiv 32 \pmod{341}$, またさらに, $2^{170} \equiv 1 \pmod{341}$ である. 32 は 1 $\pmod{341}$ の非自明な平方根である.

次に $n = 91$ と $a = 10$ というペアについて考えよう. $90 = 2^1 \cdot 45$ であり, $10^{45} \equiv -1 \pmod{91}$ であるから, (3.4) が成立する.

定義 3.5.3. n が，底 a に関する強擬素数であるとは，n が奇の合成数で，$n-1 = 2^s t$ (t は奇数) と書いたときに (3.4) が成り立つこととする．

よって，341 は底 2 に関する強擬素数ではないが，91 は底 10 に関する強擬素数である．J. Selfridge は定理 3.5.1 を擬素数テストとして用いることを，1970 年代の初期に提案した．また「強擬素数」という語を作り出したのも彼である．n が底 a に関する強擬素数なら，n は底 a に関する擬素数であることは明らかである．逆が成り立たないことは，$n = 341, a = 2$ という例からわかる．

奇数の合成数 n について，次のように定義しよう：

$$\mathcal{S}(n) = \{a \pmod{n} : n \text{ は底 } a \text{ に関する強擬素数 }\}. \tag{3.5}$$

そして，$S(n) = \#\mathcal{S}(n)$ とする．次の定理は，[Monier 1980] と [Rabin 1980] によって独立に発見された．

定理 3.5.4. 奇の合成数 $n > 9$ に対して，$S(n) \leq \frac{1}{4}\varphi(n)$ が成立．

$\varphi(n)$ は Euler 関数の n での値である．これは，$[1, n]$ 内の整数で，n と互いに素なものの個数である．つまり，群 $\mathbf{Z}_n^*$ の位数．n の素因子分解が既知ならば，$\varphi(n)$ を計算するのは容易である：$\varphi(n) = n \prod_{p|n}(1 - 1/p)$ で，ここで p は n の素因子を走る．

定理 3.5.4 を証明する前に，なぜこれが重要な結果なのかを見ておこう．奇数 n が素数か合成数かを判定したいときに，ある a で $1 < a < n - 1$ なるものに対して，(3.4) が成り立つかチェックするだろう．もし (3.4) が成り立たないなら，n が合成数であることを証明したことになる．このような a を，n が合成数であることの証拠という．次のように形式的な定義をする．

定義 3.5.5. n が奇数の合成数で，a は $[1, n-1]$ 内の整数で (3.4) が成り立たないようなものとする．このとき，a は n の証拠であるという．よって，奇数の合成数 n に対して，証拠とは，n がその数を底として強擬素数ではないような底である．

n の証拠は，よって，n が合成数であることの，簡潔な証明の鍵となる．

定理 3.5.4 から，n が奇数の合成数なら，$[1, n-1]$ 内のすべての整数の，少なくとも 3/4 が n の証拠であることが従う．強擬素数テストは非常に高速に実行できるので，特定の数 a が n の証拠となるか否かは容易に決めることができる．奇数の合成数に対して，証拠を生成するのは大変容易な仕事のように見える．実際，確率アルゴリズムを用いれば，これは確かにその通りである．次に述べるものは，しばしば「Miller–Rabin テスト」として引用される．しかしながら，すぐにわかるように，これはランダムに選んだ a に対するアルゴリズム 3.5.2 である．([Miller 1976] による元々のテストは，もう

少し複雑で,かつ,ERH に基づく確定的なものだった.以下に述べるような確率的アルゴリズムを示唆したのは,[Rabin 1976, 1980] である.)

アルゴリズム 3.5.6 (ランダム合成数テスト). 奇数 $n > 3$ が与えられているとする.この確率的アルゴリズムは,n に対する証拠を見つけようとし,よって,n が合成数であることを示そうとする.もし a が証拠なら,(a, YES) を返し,そうでないなら,(a, NO) を返す.
1. [証拠の候補を選ぶ]
    ランダムな整数を $a \in [2, n-2]$ として選ぶ;
    アルゴリズム 3.5.2 により,n が a を底とする強概素数か否かを判定する;
2. [宣言]
    if(n が a を底とする強概素数である) return (a, NO);
    return (a, YES);

定理 3.5.4 により,$n > 9$ が奇数の合成数なら,アルゴリズム 3.5.6 が n についての証拠を生成するのに失敗する確率は $< 1/4$ である.何人たりとも,われわれがアルゴリズム 3.5.6 を繰り返し実行することを妨げることはできない.奇数の合成数 n の証拠を,アルゴリズム 3.5.6 の k 回の独立な試行で発見しそびれる確率は $< 1/4^k$ である.よって明らかに,k を大きくとることで,この確率は 0 同然に小さくすることができる.

アルゴリズム 3.5.6 は,合成数を識別するのに極めて効率的な方法である.しかし,これを奇素数に適用したときには何が起きるのだろうか? もちろん,証拠を生成することには失敗する.というのは,定理 3.5.1 が,素数は証拠を持たないことを主張しているからである.

n が大きな奇数で,n が素数か合成数か知らないとしよう.アルゴリズム 3.5.6 を 20 回繰り返して試し,いずれも証拠の生成に失敗したとする.何が言えるだろうか? n が素数か合成数かという点については,実際は何も結論できない.もちろん,n が素数であると強く予想をすることは理に適っている.与えられた合成数に対して,アルゴリズム 3.5.6 を 20 回繰り返し,証拠の生成に失敗する確率は 4^{-20} を下回る.これは,1 兆回に 1 回より少ない.よって,n はどう考えても素数らしい.しかしそれは証明はされていないし,実際そうでないこともありうる.

素数であることが強く示唆されるこれらの数を,素数であると証明する戦略については,第 4 章を見よ.しかしながら,現実的な応用では,ほとんど素数であることが確からしいが,それが実際に証明されたわけではない数を使うだけで十分幸せであろう.この心づもりで,多くの人たちが,アルゴリズム 3.5.6 を「素数判定」とよぶのだろう.このテストで生成された数を,H. Cohen の言にしたがって,「工業水準素数」とよぶのが,おそらくはより正確である.

次のアルゴリズムは,素数かもしれない乱数を生成するのに用いられる.

アルゴリズム 3.5.7 (「工業水準素数」生成). 整数 $k \geq 3$ と整数 $T \geq 1$ が与えられているとする. この確率的アルゴリズムは, ランダムな k ビット整数 (つまり, 区間 $[2^{k-1}, 2^k)$ 内の整数) で, アルゴリズム 3.5.6 の T 回の繰り返しでも合成数であるとは判定されなかったものを返す.

1. [候補を選ぶ]
    ランダムな奇数 n を区間 $(2^{k-1}, 2^k)$ から選ぶ;
2. [強概素数テストを実施]
    for($1 \leq i \leq T$) {   // i はダミー変数.
        アルゴリズム 3.5.6 により n の証拠の発見を試みる;
        if(n に対する証拠が見つかった) goto [候補を選ぶ];
    }
    return n;   // n は「工業水準素数」.

面白い質問がある：アルゴリズム 3.5.7 で生成された数が合成数である確率はどれほどだろうか？ この確率を $P(k,T)$ としよう. 定理 3.5.4 から直ちにわかって, $P(k,T) \leq 4^{-T}$ と考える人もあるだろう. しかしながら, この推論は間違っている. $k = 500, T = 1$ としよう. 素数定理 (定理 1.1.4) によって, ランダムな 500 ビット整数が素数である可能性は, 173 回の試行につき 1 回である. 明らかに, 確率 1/173 の事象が起きる前に, 1/4 の確率の事象を目撃することの方がありそうなことであるから, アルゴリズム 3.5.7 が合成数を生成することは, 5 分 5 分よりもずっとありそうなことだと思われる. しかし実際には, 定理 3.5.4 は最悪の場合の評価であり, 大半の奇数の合成数に対して証拠の割合は 3/4 よりもずっと大きいのである. [Burthe 1996] で, 確かに $P(k,T) \leq 4^{-T}$ であることは示されている.

アルゴリズム 3.5.7 で, k が大きければ, $T = 1$ であってもよい結果が得られる. [Damgård et al. 1993] において, $P(k,1) < k^2 4^{2-\sqrt{k}}$ であることが示されている. 特定の大きな k について, 同論文の中でよりよい結果を与えている. 例えば, $P(500,1) < 4^{-28}$ である. したがって, 奇の 500 ビット整数をランダムに選び, その数がランダム強概素数テストを 1 回だけでもパスすれば, それが合成数である確率は 0 と言っていいほど小さい確率である. よって, 最も微妙な実際上の応用を除けばほとんど常に, その数を「素数」と扱ってよいだろう.

定理 3.5.4 を証明する前に, いくつか補題を用意しておこう.

補題 3.5.8. n が奇数の合成数で, $n - 1 = 2^s t$ (t は奇数) とする. $\nu(n)$ を, p が n の素因子を走るときに, $2^{\nu(n)}$ が $p - 1$ を割り切る最大の整数とする. もし n が, 底 a に対する強擬素数なら, $a^{2^{\nu(n)-1}t} \equiv \pm 1 \pmod{n}$.

証明. もし $a^t \equiv 1 \pmod{n}$ なら, 結論が成り立つのは明らか. $a^{2^i t} \equiv -1 \pmod{n}$ と

仮定し，p を n の素因子とする．すると $a^{2^i t} \equiv -1 \pmod{p}$ である．k が $a \pmod{p}$ の位数（つまり，k は $a^k \equiv 1 \pmod{p}$ となる最小正整数）とすると，k は $2^{i+1}t$ を割り切るが，k は $2^i t$ を割り切らない．よって，k の素因子分解における 2 の冪は，2^{i+1} に等しい．一方，k は $p-1$ を割り切るから，$2^{i+1} | p-1$ である．これが n の各素因子 p に成り立つから，$i+1 \leq \nu(n)$ である．したがって，$a^{2^{\nu(n)-1}t} \equiv 1 \pmod{n}$ または $-1 \pmod{n}$ が，$i+1 < \nu(n)$ または $i+1 = \nu(n)$ に応じて成り立つ． □

次の補題を述べるために

$$\overline{S}(n) = \left\{ a \pmod{n} : a^{2^{\nu(n)-1}t} \equiv \pm 1 \pmod{n} \right\}, \quad \overline{S}(n) = \#\overline{\mathcal{S}}(n) \qquad (3.6)$$

とおく．

補題 3.5.9. 補題 3.5.8 での記号と，(3.6) を用いる．$\omega(n)$ で n の異なる素因子の個数を表す．このとき，次が成立：

$$\overline{S}(n) = 2 \cdot 2^{(\nu(n)-1)\omega(n)} \prod_{p|n} \gcd(t, p-1).$$

証明． $m = 2^{\nu(n)-1}t$ とし，n の素因子分解を $p_1^{j_1} p_2^{j_2} \cdots p_k^{j_k}$ （ここで $k = \omega(n)$）としよう．各 $i = 1, 2, \ldots, k$ について $a^m \equiv 1 \pmod{p_i^{j_i}}$ のとき，そのときに限って $a^m \equiv 1 \pmod{n}$ である．奇素数 p と正整数 j について，法 p^j に関する剰余の群 $\mathbf{Z}_{p^j}^*$ は，位数 $p^{j-1}(p-1)$ の巡回群である．つまり，法 p^j での原始根が存在する．（この定理は 1.4.3 節の終わりで注意されている．また，ほとんどの初等数論のテキストに載っているだろう．定理 2.2.5 も参照せよ．）したがって，$a^m \equiv 1 \pmod{p_i^{j_i}}$ の解 $a \pmod{p_i^{j_i}}$ の個数は次で与えられる：

$$\gcd(m, p_i^{j_i-1}(p_i-1)) = \gcd(m, p_i-1) = 2^{\nu(n)-1} \cdot \gcd(t, p_i-1).$$

（最初の等式は，m が $n-1$ を割り切るから，m は p_i では割り切れないことから従う）．中国式剰余定理により，$a^m \equiv 1 \pmod{n}$ の解 $a \pmod{n}$ の個数は，

$$\prod_{i=1}^{k} \left(2^{\nu(n)-1} \cdot \gcd(t, p_i-1) \right) = 2^{(\nu(n)-1)\omega(n)} \prod_{p|n} \gcd(t, p-1)$$

であることがわかる．

証明を完結させるには，$a^m \equiv -1 \pmod{n}$ にもちょうど同じ数の解が存在することを示さなければならない．$a^m \equiv -1 \pmod{p_i^{j_i}}$ は，$a^{2m} \equiv 1 \pmod{p_i^{j_i}}$ かつ $a^m \not\equiv 1 \pmod{p_i^{j_i}}$ と同値であることに注意しよう．$2^{\nu(n)}$ は p_i-1 を割り切るので，上で見たように，$a^m \equiv -1 \pmod{p_i^{j_i}}$ の解の個数は次で与えられる：

$$2^{\nu(n)} \cdot \gcd(t, p_i - 1) - 2^{\nu(n)-1} \cdot \gcd(t, p_i - 1) = 2^{\nu(n)-1} \cdot \gcd(t, p_i - 1).$$

よって,$a^m \equiv 1 \pmod{n}$ の解の個数とちょうど同じだけ,$a^m \equiv -1 \pmod{n}$ も解を持つ.よって補題は示された. □

定理 3.5.4 の証明. 補題 3.5.8 と (3.6) から,n が 9 より大きい奇数の合成数のときに,$\overline{S}(n)/\varphi(n) \leq 1/4$ を示せば十分である.補題 3.5.9 より,

$$\frac{\varphi(n)}{\overline{S}(n)} = \frac{1}{2} \prod_{p^a \| n} p^{a-1} \frac{p-1}{2^{\nu(n)-1} \gcd(t, p-1)}$$

を得る.ただし,$p^a \| n$ という記号は,p^a が n の素因子分解に現れるちょうどの冪乗であることを意味する.積の各因子 $(p-1)/(2^{\nu(n)-1} \gcd(t, p-1))$ は偶数であるから,$\varphi(n)/\overline{S}(n)$ は整数である.加えて,$\omega(n) \geq 3$ ならば,$\varphi(n)/\overline{S}(n) \geq 4$ である.もし $\omega(n) = 2$ かつ n が平方因子を持つなら,各 p^{a-1} についての積は少なくとも 3 であり,よって $\varphi(n)/\overline{S}(n) \geq 6$ である.

さて $n = pq$ で,$p < q$ がそれぞれ素数だとしよう.もし $2^{\nu(n)+1} | q-1$ なら,$2^{\nu(n)-1} \gcd(t, q-1) \leq (q-1)/4$ かつ $\varphi(n)/\overline{S}(n) \geq 4$ である.よって $2^{\nu(n)} \| q-1$ としよう.$n-1 \equiv p-1 \pmod{q-1}$ に注意すると,$q-1$ は $n-1$ を割らない.このことから,奇素数で,$n-1$ を割り切る冪よりも高い冪まで $q-1$ を割り切るものが存在することがわかる.つまり,$2^{\nu(n)-1} \gcd(t, q-1) \leq (q-1)/6$ である.この場合,$\varphi(n)/\overline{S}(n) \geq 6$ がいえる.

最後に,$n = p^a$ で $a \geq 2$ としよう.このとき,$\varphi(n)/\overline{S}(n) = p^{a-1}$ であり,よって $\varphi(n)/\overline{S}(n) \geq 5$ が $p^a = 9$ のときを除いて成り立つ. □

3.5.1 n の最小証拠

定理 3.5.4 で,奇数の合成数 n が,区間 $[1, n-1]$ に,少なくとも $3n/4$ 個の証拠を持つことを見た.$W(n)$ で,n の最小の証拠を表そう.$W(n) \geq 2$ である.実際は,ほとんどすべての奇数の合成数について,$W(n) = 2$ である.これは定理 3.4.2 から直ちに導かれる.次の定理は,無数の奇数の合成数 n に対して $W(n) \geq 3$ であることを述べている.

定理 3.5.10. p が 5 よりも大きい素数であれば,$n = (4^p + 1)/5$ は 2 を底とする強擬素数である.よって,$W(n) \geq 3$.

証明. まず,n が合成数であることを示そう.$4^p \equiv (-1)^p \equiv -1 \pmod 5$ であるから,n は整数である.n が合成数であることは,次の恒等式から従う:

$$4^p + 1 = (2^p - 2^{(p+1)/2} + 1)(2^p + 2^{(p+1)/2} + 1).$$

$2^{2p} \equiv -1 \pmod{n}$ なので，m が奇数なら $2^{2pm} \equiv -1 \pmod{n}$ であることがわかる．しかし $n-1 = 2^2 t$ (t は奇数) と書けて，さらに t は p の倍数である（これは Fermat の小定理 3.4.1 からわかる）．したがって，$2^{2t} \equiv -1 \pmod{n}$ であり，よって n は底 2 に関する強擬素数である． □

$W(n)$ がいくらでも大きな値をとるのかという疑問は自然なものである．実際，この問題は大変重要である．もし，それほど大きくない数 B で，すべての奇数の合成数 N が $W(n) \leq B$ を満たすようなものがあれば，素数か否かを判定するという主題すべてが自明なものになってしまう．すべての $a \leq B$ に対して (3.4) が成り立つかをチェックし，もし成り立てば n は素数である．残念ながら，そのような B は存在しない．次の結果は，[Alford et al. 1994b] で示された．

定理 3.5.11. 奇数の合成数 n で，
$$W(n) > (\ln n)^{1/(3 \ln \ln \ln n)}$$
を満たすものが無数に存在する．実際，x 以下の n で上の条件を満たすものは，x が十分大きければ，少なくとも
$$x^{1/(35 \ln \ln \ln x)}$$
だけ存在する．

一様な上限 B は存在しないが，ゆっくりと増加する n の関数で，常に $W(n)$ よりも大きいものがおそらく存在するだろう．[Miller 1976] に基づいて，[Bach 1985] において次が示された．

定理 3.5.12. 拡張 Riemann 予想（ERH）の下で，任意の奇数の合成数 n に対して $W(n) < 2 \ln^2 n$ が成立する．

証明． n を奇数の合成数とする．問題 3.19 で見るように，n が素数の平方で割り切れるなら，$W(n) < \ln^2 n$ である．この事実はまた，証明されていない仮説には一切よらない．よって，n は平方因子を持たないと仮定しよう．p が n の素因子で，$p-1 = 2^{s'} t'$ (t' は奇数) とする．補題 3.5.8 の証明での考察と同じく，もし (3.4) が成り立つなら，$(a/p) = -1$ となるのは $a^{2^{s'-1}t} \equiv -1 \pmod{n}$ のときで，そのときに限る．n は奇数の合成数で，平方因子を持たないから，n は相異なる奇素数たちで割り切れる．それらを p_1, p_2 としよう．$i = 1, 2$ に対して $p_i - 1 = 2^{s_i} t_i$ (t_i は奇数) と書く．$s_1 \leq s_2$ としてよい．$\chi_1(m) = \left(\frac{m}{p_1 p_2}\right), \chi_2(m) = \left(\frac{m}{p_2}\right)$ とする．よって，χ_1 は法 $p_1 p_2$ での，χ_2 は法 p_2 での指標である．初めに，$s_1 = s_2$ の場合を考える．拡張 Riemann 予想の下で，定理 1.4.5 から，正数 $m < 2 \ln^2(p_1 p_2) \leq 2 \ln^2 n$ であって，$\chi_1(m) \neq 1$ となるものが存在す

る. すると $\chi_1(m) = 0$ または -1 である. もし $\chi_1(m) = 0$ なら, m は p_1 または p_2 で割り切れる. つまり, m が証拠であるということである. $\chi_1(m) = -1$ とする. このとき $\left(\frac{m}{p_1}\right) = 1, \left(\frac{m}{p_2}\right) = -1$ であるか, その逆である. 一般性を失わず, 前者が成り立つと仮定してよい. すると, 上で注意したように, もし (3.4) が成り立てば, $m^{2^{s_2-1}t} \equiv -1 \pmod{n}$ となり, これは $s_1 = s_2$ より $\left(\frac{m}{p_1}\right) = -1$ を導く. これは矛盾であり, よって m は n の証拠である. さて, 今度は $s_1 < s_2$ と仮定する. 再び, 定理 1.4.5 から, 自然数 $m < 2\ln^2 p_2 < 2\ln^2 n$ で $\left(\frac{m}{p_2}\right) = \chi_2(m) \neq 1$ となるものが存在することがわかる. もし $\left(\frac{m}{p_2}\right) = 0$ なら, m は p_2 で割り切れ, よって証拠である. もし $\left(\frac{m}{p_2}\right) = -1$ なら, 上と同様に, m が証拠でないなら $m^{2^{s_2-1}t} \equiv -1 \pmod{n}$ である. すると, 補題 3.5.8 から, $2^{s_2}|p_1 - 1$ であり, よって $s_2 \leq s_1$, これは矛盾である. よって m は n の証拠であり, これで証明が完結する. □

無条件になら何が証明できるのだろうか. 明らかに, $W(n) \leq n^{1/2}$ である. というのは, 奇数の合成数 n の最小の素因子は n の証拠であるから. [Burthe 1997] で, 奇数の合成数 $n \to \infty$ のとき, $W(n) \leq n^{c+o(1)}$ が示されている. ここで $c = 1/(6\sqrt{e})$ である. Heath-Brown が最近, $c = 1/10.82$ を示している ([Balasubramanian and Nagaraj 1997] も見よ).

Miller の素数判定法を述べてこの節を締めくくろう. これは定理 3.5.12 に基づき, もし拡張 Riemann 予想が成り立つなら, 素数判定が確定的多項式時間で可能であることを述べている.

アルゴリズム 3.5.13 (Miller の素数判定法). 奇数 $n > 1$ が与えられたとする. このアルゴリズムは n が素数である (YES) もしくは合成数である (NO) を決定しようとする. もし NO が返されたなら, n が合成数であることが確定する. もし YES が返されたなら, n は素数であるか, もしくは拡張 Riemann 予想が誤りである.

1. [証拠の上限]
$W = \min\{\lfloor 2\ln^2 n \rfloor, n - 1\};$
2. [強概素数テスト]
　　for($2 \leq a \leq W$) {
　　　　アルゴリズム 3.5.2 により, n が底 a に関する強概素数か否かを決定する;
　　　　if(n は底 a に関する強概素数でない) return NO;
　　}
　　return YES;

3.6 Lucas 擬素数

ここに至る2つの項で使ったアイディアの多くは有限体の概念を導入することによって一般化できる．慣例では Lucas 擬素数は2項間漸化式によって帰納的に決まる数列の言葉で定式化されてきた．しかしながら，この擬素数の構成は有限体の言葉を使って定式化することによって，現代的になるばかりではなく，アドホックな概念であるという認識から抜け出して，より一般的な体へも簡単に一般化できる概念となる．

3.6.1 Fibonacci 擬素数と Lucas 擬素数

Fibonacci 数列 $0,1,1,2,3,5,\ldots$ に現れる素因子には面白い法則性がある．以下では $j=0$ から始めて，この数列の第 j 項を u_j とする．

定理 3.6.1. n が素数ならば

$$u_{n-\varepsilon_n} \equiv 0 \pmod{n} \tag{3.7}$$

が成り立つ．ただし，ε_n は，$n \equiv \pm 1 \pmod{5}$ のとき $\varepsilon_n = 1$，また $n \equiv \pm 2 \pmod{5}$ のときは $\varepsilon_n = -1$，残った $n \equiv 0 \pmod{5}$ のときは $\varepsilon_n = 0$ と定義される数である．

補注． 読者の方々は関数 ε_n の正体に気付かれたに違いない．これは Legendre 記号 $\left(\frac{n}{5}\right)$ に他ならない．定義 2.3.2 を見よ．

定義 3.6.2. 合成数 n が (3.7) をみたすとき，Fibonacci 擬素数とよぶ．

例をあげると，10 と互いに素な最小の Fibonacci 擬素数は 323 である．
Fibonacci 擬素数テストはただ単に興味深いというだけのものではない．以下で見るように，このテストは非常に大きな数に対しても実行可能なのである．実際，以前議論した擬素数テストと比べても，Fibonacci 擬素数テストの実行時間は2倍でしかない．さらに底2に関する通常の擬素数テストと組み合わせて使うことによって，法5で ± 2 に合同な合成数に対して非常に有効である．実際，底2に関する擬素数であって，かつ同時に Fibonacci 擬素数にもなるような数で $n \equiv \pm 2 \pmod{5}$ をみたすものは見つかっていないのである．問題 3.41 を見よ．

定理 3.6.1 を証明をみると，少しも余分な考察をすることなく，より一般的な結果を導けることがわかる．Fibonacci 数列は漸化式 $u_j = u_{j-1} + u_{j-2}$ をみたし，その特性多項式は $x^2 - x - 1$ である．そこで，$f(x) = x^2 - ax + b$ という特性多項式をもつ漸化式で決まる，より一般の数列を考えることにしよう．ここで，a,b は整数で $\Delta = a^2 - 4b$ は平方数ではないとする．

$$U_j = U_j(a,b) = \frac{x^j - (a-x)^j}{x - (a-x)} \pmod{f(x)},$$
$$V_j = V_j(a,b) = x^j + (a-x)^j \pmod{f(x)} \tag{3.8}$$

によって U_j, V_j を定義する．この定義において，$(\mathrm{mod}\ f(x))$ は $\mathbf{Z}[x]$ において $f(x)$ で割った余りの意味である．数列 $(U_j), (V_j)$ は，ともに多項式 $x^2 - ax + b$ に付随する漸化式，すなわち

$$U_j = aU_{j-1} - bU_{j-2}, \quad V_j = aV_{j-1} - bV_{j-2}$$

をみたす．また (3.8) から，最初の項が

$$U_0 = 0,\ U_1 = 1, \quad V_0 = 2,\ V_1 = a$$

であることがわかる．(3.8) からは明らかではないかもしれないが，このことから (U_j), (V_j) が整数列になることがわかる．

定理 3.6.1 の類似として次の結果を得る．定理 3.6.1 は，この定理で $a = 1, b = -1$ とした特別な場合に対応している．

定理 3.6.3. a, b, Δ を上記のようにとり，数列 $(U_j), (V_j)$ を (3.8) によって定義する．p が $\gcd(p, 2b\Delta) = 1$ をみたす素数であれば，

$$U_{p-\left(\frac{\Delta}{p}\right)} \equiv 0 \pmod{p} \tag{3.9}$$

が成り立つ．

$\Delta = 5$ で p が奇数のときは $\left(\frac{5}{p}\right) = \left(\frac{p}{5}\right)$ であるから，定理 3.6.1 の後の補注が正しいことがわかる．n が奇素数のときは，Jacobi 記号 $\left(\frac{\Delta}{n}\right)$ (定義 2.3.3) は Legendre 記号に一致するので，定理 3.6.3 を擬素数テストとして使うことができる．

定義 3.6.4. $\gcd(n, 2b\Delta) = 1$ をみたす合成数 n に対して，$U_{n-\left(\frac{\Delta}{n}\right)} \equiv 0 \pmod{n}$ が成り立つとき，n を $x^2 - ax + b$ に関する Lucas 擬素数とよぶ．

数列 (U_j) は多項式を法 $x^2 - ax + b$ で簡約して得られており，さらに定理 3.6.3 と定義 3.6.4 はこの数列の n を法とする性質に関するものであるから，実際は剰余環 $R = \mathbf{Z}_n[x]/(x^2 - ax + b)$ の数列を扱っていることになる．少しでも具体的に理解するために，この剰余環の完全代表系を具体的に書いておくと

$$\{i + jx : i, j\ \text{は}\ 0 \le i, j \le n-1\ \text{をみたす整数}\}$$

となる．ここで代表系の足し算は $\mathrm{mod}\ n$ のベクトルとして行い，掛け算は $x^2 = ax - b$ を使って行う．つまり

$$(i_1 + j_1 x) + (i_2 + j_2 x) = i_3 + j_3 x,$$
$$(i_1 + j_1 x)(i_2 + j_2 x) = i_4 + j_4 x$$

とするとき,

$$i_3 = i_1 + i_2 \pmod{n}, \qquad j_3 = j_1 + j_2 \pmod{n},$$
$$i_4 = i_1 i_2 - b j_1 j_2 \pmod{n}, \quad j_4 = i_1 j_2 + i_2 j_1 + a j_1 j_2 \pmod{n}$$

となる.

ここで定理 3.6.3 を証明しよう. p を $\left(\frac{\Delta}{p}\right) = -1$ をみたす奇素数とする. このとき Δ は $\mathbf{Z}_p$ で平方数にはならないので, 判別式 Δ を持つ多項式 $x^2 - ax + b$ は $\mathbf{Z}_p$ 上既約である. よって, $R = \mathbf{Z}_p[x]/(x^2 - ax + b)$ は p^2 個の元をもつ有限体 $\mathbf{F}_{p^2}$ に同型である. 部分体 $\mathbf{Z}_p \ (=\mathbf{F}_p)$ の元は, 代表元 $i + jx$ のうち $j = 0$ をみたすもので代表される剰余類として区別することができる.

$\mathbf{F}_{p^2}$ から $\mathbf{F}_{p^2}$ の関数で, 任意の元をその p 乗に送る関数 σ (これを Frobenius 自己同型とよぶ) は次のよい性質を持つ. まず $\sigma(u+v) = \sigma(u) + \sigma(v)$, $\sigma(uv) = \sigma(u)\sigma(v)$ が成り立ち, さらに $\sigma(u) = u$ が成立するための条件は u が部分体 $\mathbf{Z}_p$ の元であることになる. これらの性質は二項定理と Fermat の小定理 ((3.2) を見よ) から簡単に導くことができる.

$\mathbf{Z}_p$ に根を持たない多項式 $x^2 - ax + b$ が根を持つように体 $\mathbf{F}_{p^2}$ を作ったわけであるが, どの代表元 $i + jx$ がその根になるのであろうか. それは x 自身と $a - x \ (= a + (p-1)x)$ である. x も $a - x$ も $\mathbf{Z}_p$ の元でなく, σ は $f(x) = x^2 - ax + b$ の根の置換を引き起こすので,

$$\left(\tfrac{\Delta}{p}\right) = -1 \text{ のとき : } \begin{cases} x^p \equiv a - x \pmod{(f(x), p)}, \\ (a - x)^p \equiv x \pmod{(f(x), p)} \end{cases} \tag{3.10}$$

が成り立つ. このとき $x^{p+1} - (a-x)^{p+1} \equiv x(a-x) - (a-x)x \equiv 0 \pmod{(f(x), p)}$ となるから, (3.8) から $U_{p+1} \equiv 0 \pmod p$ となることがわかる.

p が $\left(\frac{\Delta}{p}\right) = 1$ をみたす素数のときには, (3.9) の証明はもっとやさしい. この場合, $x^2 - ax + b$ は $\mathbf{Z}_p$ に 2 つの根を持つから, 環 $R = \mathbf{Z}_p[x]/(x^2 - ax + b)$ は有限体にはならない. 体ではなく, $\mathbf{Z}_p \times \mathbf{Z}_p$ と同型になるから, 任意の元の p 乗はその元自身になる. よって

$$\left(\tfrac{\Delta}{p}\right) = 1 \text{ のとき : } \begin{cases} x^p \equiv x \pmod{(f(x), p)}, \\ (a - x)^p \equiv a - x \pmod{(f(x), p)} \end{cases} \tag{3.11}$$

となる. 仮定 $\gcd(p, b) = 1$ により $x(a-x) \equiv b \pmod{f(x)}$ が成り立つから x と $a - x$ は環 R で可逆な元となることに注意せよ. これから R では $x^{p-1} = (a-x)^{p-1} = 1$ が成り立つ. したがって, (3.8) から $U_{p-1} \equiv 0 \pmod p$ が導かれる. 以上で定理 3.6.3 の証明が終わった.

問題 3.26 によれば，Lucas 擬素数を扱うときには，多項式 $x^2 - x + 1$ を除外して考える方がよい．同様の問題は多項式 $x^2 + x + 1$ でも起きるので，この多項式も除外して考えることにする．平方数でない判別式を持つその他の多項式は除外することなく考えることにする．(1 の冪根を根とする有理数体上で既約でモニックな多項式は $x^2 \pm x + 1$ に限るのである．)

3.6.2 Grantham の Frobenius テスト

p 乗写像として定義される Frobenius 自己同型が Lucas テストで果たした重要な役割は J. Grantham による新しい判定法において，舞台の中央に出て行くことになる．このテストでは，多項式 $x^2 - ax + b$ のかわりに，任意の多項式を使うことができるが，2次式の場合に限っても，Lucas テストよりも強いテストになる．Grantham のアプローチの優れた点のひとつは漸化式によって定義された数列との関係を断ち切ったことにある．以下では 2 次式について，このテストを説明する．一般の場合は 3.6.5 項で少しだけ触れることにする．Frobenius 擬素数について，もっと知りたければ [Grantham 2001] を見よ．

定理 3.6.3 の証明の過程において (3.10) と (3.11) が出てくる．定理 3.6.3 では，これらの合同式から得られる情報の一部だけを使うにすぎない．Frobenius テストでは，その威力をそのままの形で使うのである．

定義 3.6.5. a, b を $\Delta = a^2 - 4b$ が平方数にならないような整数とする．$\gcd(n, 2b\Delta) = 1$ をみたす合成数 n が $f(x) = x^2 - ax + b$ に関する Frobenius 擬素数であるとは

$$x^n \equiv \begin{cases} a - x \pmod{(f(x), n)}, & \left(\frac{\Delta}{n}\right) = -1 \text{ のとき}, \\ x \pmod{(f(x), n)}, & \left(\frac{\Delta}{n}\right) = 1 \text{ のとき} \end{cases} \quad (3.12)$$

をみたすことである．

一見すると，(3.10) と (3.11) の内の半分を放棄してしまっているかのように思われるが，そうではないのである．問題 3.27 を見よ．

2 次式に関する Frobenius 擬素数の判定は Lucas 数列 $(U_m), (V_m)$ を使って簡単に与えることができる．

定理 3.6.6. a, b を $\Delta = a^2 - 4b$ が平方数にならないような整数とし，n を $\gcd(n, 2b\Delta) = 1$ をみたす合成数とする．このとき n が $x^2 - ax + b$ に関する Frobenius 擬素数になるための必要十分条件は

$$U_{n - \left(\frac{\Delta}{n}\right)} \equiv 0 \pmod{n} \text{ かつ } V_{n - \left(\frac{\Delta}{n}\right)} \equiv \begin{cases} 2b, & \left(\frac{\Delta}{n}\right) = -1 \text{ のとき}, \\ 2, & \left(\frac{\Delta}{n}\right) = 1 \text{ のとき} \end{cases}$$

が成立することである．

証明. $f(x) = x^2 - ax + b$ とせよ. (3.8) からすぐに導かれる式

$$2x^m \equiv (2x - a)U_m + V_m \pmod{(f(x), n)}$$

を使う. そうすると, 定理の合同式から $\left(\frac{\Delta}{n}\right) = -1$ のとき $x^{n+1} \equiv b \pmod{(f(x), n)}$ が, また $\left(\frac{\Delta}{n}\right) = 1$ のとき $x^{n-1} \equiv 1 \pmod{(f(x), n)}$ が導かれる. 後者の場合はすぐに $x^n \equiv x \pmod{(f(x), n)}$ がわかる. 前者の場合は, $x(a-x) \equiv b \pmod{(f(x), n)}$ によって, $x^n \equiv a-x \pmod{(f(x), n)}$ となる. したがって, n は $f(x)$ に関する Frobenius 擬素数である.

次に n が $f(x)$ に関する Frobenius 擬素数であるとしよう. 問題 3.27 により, n は $f(x)$ に関する Lucas 擬素数になる. つまり $U_{n-\left(\frac{\Delta}{n}\right)} \equiv 0 \pmod{n}$ が成り立つ. よって上にあげた式から, $2x^{n-\left(\frac{\Delta}{n}\right)} \equiv V_{n-\left(\frac{\Delta}{n}\right)} \pmod{(f(x), n)}$ となる. $\left(\frac{\Delta}{n}\right) = -1$ のときを考える. このとき $x^{n+1} \equiv (a-x)x \equiv b \pmod{(f(x), n)}$ であるから $V_{n+1} \equiv 2b \pmod{n}$ が成立する. 最後に $\left(\frac{\Delta}{n}\right) = 1$ のときを考える. x は $(f(x), n)$ を法として可逆だから, $x^{n-1} \equiv 1 \pmod{(f(x), n)}$ となる. これから $V_{n-1} \equiv 2 \pmod{n}$ がでる. □

$x^2 - x - 1$ に関する最初の Frobenius 擬素数 n は 4181 であって (これは 19 番目の Fibonacci 数である), $\left(\frac{5}{n}\right) = -1$ となる最初のものは 5777 である. これから, Lucas 擬素数が Frobenius 擬素数であるとは限らないことがわかる. つまり, Frobenius テストはより強いテストである. 事実, Frobenius 擬素数テストは非常に効果的なのである. 例えば, $x^2 + 5x + 5$ に対しては $\left(\frac{5}{n}\right) = -1$ をみたす Frobenius 擬素数 n の例はまったく知られていない. もっとも, そのような数があることは予想されている. 問題 3.42 を見よ.

3.6.3 Lucas テストと 2 次 Frobenius テストの実装

Lucas テストの実行時間は通常の擬素数テストの約 2 倍であり, Frobenius テストの実行時間は約 3 倍である. だが, 素朴なやり方をすれば, 実行時間はここに述べたものより若干長くなる. この 2 倍, 3 倍という定数を実現するには, ちょっとした工夫をする必要がある.

引き続き a, b は整数で $\Delta = a^2 - 4b$ が平方数にならないものとし, 数列 $(U_j), (V_j)$ を (3.8) で定義する. まず最初に注意しておきたいのは, 数列 (V_j) だけを扱えば十分であるということである. V_m と V_{m+1} がわかっていれば, U_m は等式

$$U_m = \Delta^{-1}(2V_{m+1} - aV_m) \tag{3.13}$$

によって直ちにわかるからである. 次に注意するのは, 大きな m についても V_m の値はそれ以前の値から, 次の簡単な関係式を使うことによって容易に計算できるということである. すなわち $0 \leq j \leq k$ に対して,

$$V_{j+k} = V_j V_k - b^j V_{k-j} \tag{3.14}$$

が成り立つ．

さて，$b=1$ であるとしよう．2つの特別な場合 $k=j$ と $k=j+1$ について式 (3.14) を書き下しておこう．

$$V_{2j} = V_j^2 - 2, \quad V_{2j+1} = V_j V_{j+1} - a \quad (b=1 \text{のとき}). \tag{3.15}$$

よって，いったん2つの値 $V_j \pmod{n}$, $V_{j+1} \pmod{n}$ がわかれば，$V_{2j} \pmod{n}$, $V_{2j+1} \pmod{n}$ の組か，あるいは $V_{2j+1} \pmod{n}$, $V_{2j+2} \pmod{n}$ の組が (3.15) によって計算できる．それぞれの場合に必要な計算は，法 n での掛け算が2回と，法 n での足し算が2回である．V_0, V_1 から出発して，再帰的に (3.15) を使えば，すべての V_m, V_{m+1} の組が計算できる．例えば，m が 97 であったとせよ．0,1 から 97,98 に至る経路は次のようになる：

$$0,1 \to 1,2 \to 3,4 \to 6,7 \to 12,13 \to 24,25 \to 48,49 \to 97,98.$$

この数列の動かし方には2つの種類があって，ひとつは $a, a+1$ を $2a, 2a+1$ に動かすやり方であり，もうひとつは $a, a+1$ を $2a+1, 2a+2$ に動かすやり方である．終着点 $m, m+1$ から出発して経路を逆にたどると，どちらのやり方を選択すればよいかが簡単に見つかる．もう1つ別のやさしい方法は m を2進展開して，2進表示の桁を最上位ビットから最下位ビットに向かって読む方法である．0があったら最初のタイプの動かし方をして，1があったら，2番目のタイプの動かし方をするのである．例えば，97 の2進展開は 1100001 であるから，2番目の動かし方を2回やった後，最初のタイプを4回，その後に2番目のタイプをもう一度やることになる．

このような数列の鎖 (チェーン) を2進 Lucas チェーンとよぶ．この話題に関して，詳しいことは [Montgomery 1992b] と [Bleichenbacher 1996] を見よ．以上のアイディアをまとめた擬似コードは次のようになる．

アルゴリズム 3.6.7 (Lucas チェーン)． x_j から x_{2j} を計算する規則と，x_j, x_{j+1} から x_{2j+1} を計算する規則が与えられた数列 $x_0, x_1, \ldots$ について，このアルゴリズムは与えられた正の整数 n に対して (x_n, x_{n+1}) の組を計算する．n は2進で $(n_0, n_1, \ldots, n_{B-1})$ と与えられているとする．ここで n_{B-1} が最上位ビットである．あらかじめ与えられている2つの規則を $x_{2j} = x_j * x_j$ および $x_{2j+1} = x_j \circ x_{j+1}$ で表すことにする．アルゴリズムの for() ループ内の各ステップである負でない整数 j に対して $u = x_j, v = x_{j+1}$ が成立している．

1. [初期化]

    $(u, v) = (x_0, x_1);$

2. [ループ]

    for($B > j \geq 0$) {
        if($n_j == 1$) $(u, v) = (u \circ v, v * v);$
            else $(u, v) = (u * u, u \circ v);$

}
　return (u, v);　　　　　　　　　　　　　　　// (x_n, x_{n+1}) を返す.

ここで条件 $b = 1$ を緩めることを考える．つまり一般の $x^2 - ax + b$ に戻って考えることにする．$a = cd, b = d^2$ であれば，等式

$$V_m(cd, d^2) = d^m V_m(c, 1)$$

を使うことによって，$b = 1$ の場合に直ちに帰着することができる．より一般的に，b が平方数，例えば $b = d^2$ であって，$\gcd(n, b) = 1$ がみたされていれば，d^{-1} を法 n での d の乗法に関する逆元とするとき，

$$V_m(a, d^2) \equiv d^m V_m(ad^{-1}, 1) \pmod{n}$$

が成り立つ．よって，この場合もまた $b = 1$ の場合に帰着される．b が必ずしも平方数ではない完全に一般の場合には，数列 V_m を倍のところまで行くと，あたかも新しい数列 V_j に移ったようにみえる．実際，

$$V_{2m}(a, b) = V_m(a^2 - 2b, b^2)$$

が成り立ち，この2番目の数列の b にあたる数は平方数になるのである．したがって，$\gcd(n, b) = 1$ であれば，A を $A \equiv b^{-1} V_2(a, b) \equiv a^2 b^{-1} - 2 \pmod{n}$ をみたす整数とすれば，

$$V_{2m}(a, b) \equiv b^m V_m(A, 1) \pmod{n} \tag{3.16}$$

が成り立つ．同様に

$$U_{2m}(a, b) \equiv a b^{m-1} U_m(A, 1) \pmod{n}$$

となるから，(3.13) を使うことによって (a, b として $A, 1$ をとる．したがって (3.13) の新しい Δ は $A^2 - 4$ になる)，

$$U_{2m}(a, b) \equiv (a\Delta)^{-1} b^{m+1} \bigl(2V_{m+1}(A, 1) - A V_m(A, 1)\bigr) \pmod{n} \tag{3.17}$$

を得る．

　上で述べた2進 Lucas チェーンの計算法は，n が b と互いに素で，A を法 n で考えた整数と考えるときに，$V_m(A, 1) \pmod{n}$, $V_{m+1}(A, 1) \pmod{n}$ の組を効率的に計算するために使うことができる．したがって，(3.16) および (3.17) によって，$V_{2m}(a, b), U_{2m}(a, b)$ $\pmod{n}$ を計算することができる．そして，これらの式を使うと，$2m = n - \left(\frac{\Delta}{n}\right)$ として，与えられた数 n が $x^2 - ax + b$ に関する Lucas 擬素数あるいは Frobenius 擬素数であるかを判定することができる．

　以上のことを定理にまとめておこう．

定理 3.6.8. a, b, Δ, A を上記の通りとし，n は $2ab\Delta$ と互いに素な合成数とする．このとき n が $x^2 - ax + b$ に関する擬素数であるための必要十分条件は

$$AV_{\frac{1}{2}(n-(\frac{\Delta}{n}))}(A, 1) \equiv 2V_{\frac{1}{2}(n-(\frac{\Delta}{n}))+1}(A, 1) \pmod{n} \tag{3.18}$$

が成立することである．さらに，n が $x^2 - ax + b$ に関する Frobenius 擬素数であるための必要十分条件は上の条件が成り立つとともに

$$b^{(n-1)/2} V_{\frac{1}{2}(n-(\frac{\Delta}{n}))}(A, 1) \equiv 2 \pmod{n} \tag{3.19}$$

が成り立つことである．

上で見たように，$m = \frac{1}{2}\left(n - \left(\frac{\Delta}{n}\right)\right)$ に対して，$2\lg n$ 回以下の n を法とする掛け算と，$\lg n$ 以下の n を法とする足し算によって，$V_m(A, 1), V_{m+1}(A, 1)$ の組は n を法として計算することが可能である．n を法とする掛け算のうち半分は n を法とした平方の計算である．Fermat テストもやはり，2 進展開を使うアルゴリズム 2.1.5 を利用することによって，$\lg n$ 回の n を法とする平方の計算と，それ以外に $\lg n$ 回以下の n を法とする掛け算が必要となる．(3.18) から Lucas テストに必要な時間は Fermat テストの高々 2 倍であることがわかる．(3.19) を適用するにあたっては，$b^{(n-1)/2} \pmod{n}$ も計算しなくてはならない．このことから，(2 次多項式を使った) Frobenius テストに必要な時間は Fermat テストの高々 3 倍になる．

Fermat テストや強 Fermat テストと同じように，Lucas テストや Frobenius テストに関しても，適用する数 n が素数か合成数かは，あらかじめわかっているわけではない．以下の擬似コードは本項の議論をふまえたものである．

アルゴリズム 3.6.9 (Lucas 概素数テスト). 整数 n, a, b, Δ であって，$\Delta = a^2 - 4b$ および Δ が平方数でなく，$n > 1$, $\gcd(n, 2ab\Delta) = 1$ をみたすものが与えられているとする．このアルゴリズムは n が素数であるか，あるいは $x^2 - ax + b$ に関する Lucas 擬素数であるとき，「n は パラメータ a, b に関する Lucas 概素数」を返し，それ以外の場合は，「n は合成数」を返す．
1. [補助的なパラメータ]
   $A = a^2 b^{-1} - 2 \bmod n$;
   $m = \left(n - \left(\frac{\Delta}{n}\right)\right)/2$;
2. [2 進 Lucas チェーン]
   アルゴリズム 3.6.7 を，初期値 $(V_0, V_1) = (2, A)$ と，計算規則 $V_{2j} = V_j^2 - 2 \bmod n$ と $V_{2j+1} = V_j V_{j+1} - A \bmod n$ を使って適用して，数列 $(V_0, V_1, \ldots, V_m, V_{m+1})$ の最後の 2 つの項を計算する；
3. [判定]
   if($AV_m \equiv 2V_{m+1} \pmod{n}$) return "$n$ は パラメータ a, b に関する Lucas 概素数";

return "n は合成数";

Frobenius 概素数テストでは，[判定] のステップが

3'. [Lucas テスト]
　　if($AV_m \not\equiv 2V_{m+1}$) return "n は合成数";

と変わり，さらに新しいステップ

4. [Frobenius テスト]
　　$B = b^{(n-1)/2} \bmod n$;
　　if($BV_m \equiv 2 \pmod{n}$) return "n はパラメータ a, b に関する Frobenius 概素数";
　　return "n は合成数";

が付け加わる点だけが変更すべきところである．

3.6.4 理論的な検証とより強い判定法

$x^2 - ax + b$ が $\mathbf{Z}$ 上で既約で，かつ $x^2 \pm x + 1$ でなければ，$x^2 - ax + b$ に関する Lucas 擬素数は素数に比べて非常にまれにしかない ($x^2 \pm x + 1$ を除外する理由については，問題 3.26 を見よ)．この結果は [Baillie and Wagstaff 1980] にある．この方向での最良の結果は [Gordon and Pomerance 1991] において示されているものである．$x^2 - ax + b$ に関する Frobenius 擬素数は，同じ多項式に対する Lucas 擬素数の部分集合であるから，よりいっそう少ないと考えられる．

任意の既約多項式 $x^2 - ax + b$ に対して，無限に多くの Lucas 擬素数が存在することが知られている．さらに，無限に多くの Frobenius 擬素数があることも知られているのである．この結果は Fibonacci 擬素数の場合は [Lehmer 1964] で証明され，一般の Lucas 擬素数の場合は [Erdős et al. 1988] で示されている．さらに Frobenius 擬素数の場合の証明は [Grantham 2001] にある．Grantham による Frobenius 擬素数の無限性の証明は $\left(\frac{\triangle}{n}\right) = 1$ の場合に限って通用する．例えば，Fibonacci 数の場合の $x^2 - x - 1$ のように，$\left(\frac{\triangle}{n}\right) = -1$ をみたす Frobenius 擬素数が無限個あることがわかっているような 2 次式がいくつか知られている ([Parberry 1970] および [Rotkiewicz 1973] を見よ)．最近になって，Rotkiewicz は $\Delta = a^2 - 4b$ が平方数でないような任意の $x^2 - ax + b$ に対して，$\left(\frac{\triangle}{n}\right) = -1$ をみたす Lucas 擬素数 n が無数にあることを証明している．

強擬素数 (3.5 節を見よ) の類似物として，強 Lucas 擬素数や強 Frobenius 擬素数がある．n を $b\Delta$ を割らない奇素数とする．環 $R = \mathbf{Z}_n[x]/(f(x))$ において ($\left(\frac{\triangle}{n}\right) = 1$ の仮定の下で)，$z^2 = 1$ ではあるが $z \neq \pm 1$ となることが起こりうる．例えば，$f(x) = x^2 - x - 1$, $n = 11$, $z = 3 + 5x$ の場合がそうである．しかしながら，$(x(a-x)^{-1})^{2m} = 1$ であれば，簡単な計算によって (問題 3.30 を見よ)，$(x(a-x)^{-1})^m = \pm 1$ でなくてはならないことがわかる．(3.10) と (3.11) により，R において $(x(a-x)^{-1})^{n-\left(\frac{\triangle}{n}\right)} = 1$ が成り

3.6 Lucas 擬素数

立つ．したがって，奇数 t を使って，$n - \left(\frac{\Delta}{n}\right) = 2^s t$ と書くと，

$$(x(a-x)^{-1})^t \equiv 1 \pmod{(f(x), n)},$$

あるいは $0 \leq i \leq s-1$ をみたすある i に対して

$$(x(a-x)^{-1})^{2^i t} \equiv -1 \pmod{(f(x), n)}$$

が成り立つ．このことから

$$U_t \equiv 0 \pmod{n},$$

あるいは $0 \leq i \leq s-1$ をみたすある i に対して

$$V_{2^i t} \equiv 0 \pmod{n}$$

が成り立つ．$b\Delta$ と互いに素な奇数の合成数 n に対してこの条件が成り立つとき，n を $x^2 - ax + b$ に関する強 Lucas 擬素数とよぶ．$x^2 - ax + b$ に関する任意の強 Lucas 擬素数は，この多項式に関する Lucas 擬素数であることが簡単にわかる．

[Grantham 2001] において，2次式だけでなく，一般の多項式に関する強 Frobenius 擬素数テストが考えられている．ここでは，$\left(\frac{\Delta}{n}\right) = -1$ のときに，2次の場合を説明する．n を $b\Delta$ を割らない奇素数とし，$\left(\frac{\Delta}{n}\right) = -1$ をみたすものとする．$n^2 - 1 = 2^S T$ と書く．(3.10) および (3.11) から $x^{n^2-1} \equiv 1 \pmod{n}$ となるから，

$$x^T \equiv 1 \pmod{n}$$

が成り立つか，または $0 \leq i \leq S-1$ をみたす，ある i に対して

$$x^{2^i T} \equiv -1 \pmod{n}$$

が成り立つ．$x^2 - ax + b$ に関する Frobenius 擬素数 n に対して，この条件が成り立つとき，n を $x^2 - ax + b$ に関する強 Frobenius 擬素数とよぶ．(上の合同式からは n が Frobenius 擬素数であることが導かれないので，Frobenius 擬素数であることを強 Frobenius 擬素数であることの条件に付け加えるのである．) [Grantham 1998] において，$x^2 - ax + b$ に関する強 Frobenius 擬素数 n は，$\left(\frac{\Delta}{n}\right) = -1$ のときには，同じ多項式に対する強 Lucas 擬素数であることが示されている．

通常の Lucas テストと同様に，強 Lucas テストの実行時間もまた通常の擬素数テストの2倍の時間でおさえられる．[Grantham 1998] において，強 Frobenius テストの実行時間が通常の擬素数テストの3倍の時間で実行できることが示されている．強 Frobenius 擬素数テストが興味深いのは次にあげる [Grantham 1998] の結果による．

定理 3.6.10. n を平方数でもなく，また 50000 までの任意の素数で割れない合成数だと仮定する．このとき，2次多項式 $x^2 - ax + b$ において，a, b を $[1, n]$ で，$\left(\frac{a^2 - 4b}{n}\right) = -1$ と $\left(\frac{b}{n}\right) = 1$ をみたしながら動かすとき，n が強 Frobenius 擬素数になるようなものは高々 $1/7710$ である．

この結果は Monier-Rabin の定理 (定理 3.5.4) と対比すべきであろう. この定理によれば, 3 回のランダム強擬素数テストをすると, 合成数が見逃される確率は高々 1/64 になる. 一方, 定理 3.6.10 を使えば, ほぼ同じ実行時間で, 合成数が見逃される確率は 1/7710 にまで減少するのである. [Zhang 2002] において, 最近考えだされたテストについても, ここで述べておく. このテストでは強概素数テストと Lucas テストを組み合わせることにより, あるわずかな場合を除いて, 2 次 Frobenius テストを上回る結果を導きだしている.

3.6.5　一般 Frobenius テスト

ここまでは Grantham の 2 次式を使った Frobenius テストについて考察をしてきた. ここでは, $\mathbf{Z}[x]$ の任意のモニックな多項式を使う一般化のアイディアについて簡単に説明しよう.

$f(x)$ を $\mathbf{Z}[x]$ の次数 $d \geq 1$ のモニックな多項式とする. $f(x)$ が既約であることは必ずしも仮定しなくてよい. $f(x)$ の判別式 $\mathrm{disc}(f)$ を割らない奇素数 p をとる. (モニックな d 次多項式 $f(x)$ の判別式は $f(x)$ とその微分の終結式を $(-1)^{d(d-1)/2}$ 倍することによって得られる. この終結式は, $i = 1, \ldots, d-1$ に対しては, i, j 成分を $f(x)$ の x^{j-i} の係数とし, $i = d, \ldots, 2d-1$ に対しては, $f'(x)$ の $x^{j-(i-d+1)}$ の係数として作った $(2d-1) \times (2d-1)$ 行列の行列式として定義される. ただし x のある冪が現れないときには, それに対応する行列の成分は 0 にするものとする.) $\mathrm{disc}(f) \neq 0$ となるための必要十分条件は $f(x)$ が正の次数の重複因子を含まないことであるから, p が $\mathrm{disc}(f)$ を割らないという仮定から f が重複因子を持たないことが自動的に導かれる.

多項式の係数を法 p で考えることによって, $f(x)$ を $\mathbf{F}_p[x]$ の元と見ることができる. 混同を避けるため, このように考えた多項式を $\overline{f}(x)$ で表すことにする. 以下の式で定義される $\mathbf{F}_p[x]$ の多項式 $F_1(x), F_2(x), \ldots, F_d(x)$ を考える.

$$F_1(x) = \gcd(x^p - x, \overline{f}(x)),$$
$$F_2(x) = \gcd(x^{p^2} - x, \overline{f}(x)/F_1(x)),$$
$$\vdots$$
$$F_d(x) = \gcd(x^{p^d} - x, \overline{f}(x)/(F_1(x) \cdots F_{d-1}(x))).$$

このとき次の主張が成り立つ.

(1) $i = 1, \ldots, d$ について, i は $\deg(F_i(x))$ を割る.
(2) $i = 1, \ldots, d$ について $F_i(x)$ は $F_i(x^p)$ を割る.
(3) S を

$$S = \sum_{i \text{ は偶数}} \frac{1}{i} \deg(F_i(x))$$

とおくと,

$$(-1)^S = \left(\frac{\mathrm{disc}(f)}{p}\right)$$

が成り立つ.

$F_i(x)$ は $\overline{f}(x)$ の次数 i の既約因子をかけ合わせたものであるから, その次数は i の倍数になり, 主張 (1) が成立する. 主張 (2) は $\mathbf{F}_p[x]$ の任意の多項式に対して成立する. 主張 (3) を示すには少しばかりトリックが必要である. そのアイディアは多項式 $\overline{f}(x)$ の $\mathbf{F}_p$ 上の Galois 群を考えることにある. Frobenius 自己同型 (それは $\overline{f}(x)$ の分解体の元をその p 乗したものに写す) は $\overline{f}(x)$ の分解体内の根の置換を引き起こす. それぞれの既約因子へのその作用は巡回置換になるから, よって全体の置換の符号は -1 を偶数次数の既約因子の個数乗したものである. すなわち Frobenius 自己同型の符号は $(-1)^S$ に一致する. 一方, Galois 理論の基本を使うと, 重根を持たない多項式の Galois 群が偶置換ばかりからなるための必要十分条件は, 多項式の判別式が平方数になることである. したがって, Frobenius 自己同型の符号は Legendre 記号 $\left(\frac{\mathrm{disc}(f)}{p}\right)$ に一致する. これで 3 番目の主張がわかった.

Grantham のアイディアはこれらの主張を数値的に確かめることが可能で, しかもそれはたやすいということである. たとえ, p が素数であることが確かめられなくても, これが可能なのである. これらの 3 つの主張のうち 1 つでも成り立たないものがあれば, その時点で p が合成数であることがわかる. これが Frobenius テストの核心である. n は合成数であるが, Frobenius テストによってそれがわからないとき, n を $f(x)$ に関する Frobenius 擬素数とよぶ.

詳しくことは [Grantham 1998, 2001] を参照せよ.

3.7 素数を数える

素数定理 (定理 1.1.4) は $p \leq x$ なる素数 p の個数 $\pi(x)$ を近似的に与える. この近似値と真の値を 1.1.5 項でしたように比べることは興味深い. 次の計算

$$\pi(10^{21}) = 21127269486018731928$$

は 10^{21} までの素数を実際に計算して数えたわけではない. そうするには多すぎるからである. ではどのように計算したのだろうか. 次の項で, 素数を数える組合せ的方法と解析的方法の, 2 つの興味深い方法を示そう.

3.7.1 組合せ的方法

ここでは Lagarias, Miller および Odlyzko によるエレガントな組合せ的方法を示そう. この方法の起源は Meissel および Lehmer である. [Lagarias et al. 1985], [Deléglise and Rivat 1996] 参照. この方法で, $\pi(x)$ の計算を $O\left(x^{2/3+\epsilon}\right)$ の計算量と $O\left(x^{1/3+\epsilon}\right)$ の記憶場所により行うことができる.

素数の列 $p_1, p_2, p_3, \ldots$ を $p_1 = 2, p_2 = 3, p_3 = 5, \ldots$ とする.

$$\phi(x, y) = \#\{1 \leq n \leq x \,:\, n \text{ を割る素数は } y \text{ より大きい }\}$$

と置く. よって $\phi(x, p_a)$ は Erathosthenes の篩を区間 $[1, x]$ に適用し, $p_1, p_2, \ldots, p_a$ までの素数で篩い分けたあとに残る数の個数である. $\sqrt{x}$ までの篩で残る数は 1 および $(\sqrt{x}, x]$ にある素数なので次の式が得られる:

$$\pi(x) - \pi\left(\sqrt{x}\right) + 1 = \phi\left(x, \sqrt{x}\right).$$

このアイディアを使えば $\pi(x)$ の計算は $O(x \ln \ln x)$ の時間と $O\left(x^{1/2} \ln x\right)$ の記憶場所でできることが容易にわかる. (これから簡単のために, $\ln x$ や $\ln \ln x$ の因子をより大きな $O(x^\epsilon)$ に置き換える. x^ϵ は少しがんばれば, 対数因子や 2 重対数因子に置き換えられることは容易にわかる.)

篩は素数の個数だけでなく, 素数を特定できるが, 素数の個数だけが目的ならば, より速くできるであろう.

$\phi(x, y)$ を素因子の個数により細分しよう.

$$\phi_k(x, y) = \#\{n \leq x \,:\, n \text{ は } y \text{ より大きな素因子をちょうど } k \text{ 個持つ }\}$$

と置こう. よって $x \geq 1$ のとき $\phi_0(x, y)$ は 1, $\phi_1(x, y)$ は $(y, x]$ にある素数の個数, $\phi_2(x, y)$ は $pq \leq x$ なる数の個数である. ここで p, q は $y < p \leq q$ なる素数である. 明らかに

$$\phi(x, y) = \phi_0(x, y) + \phi_1(x, y) + \phi_2(x, y) + \cdots$$

であり, $y^k \geq x$ ならば $\phi_k(x, y) = 0$ である. よって

$$\phi\left(x, x^{1/3}\right) = 1 + \pi(x) - \pi\left(x^{1/3}\right) + \phi_2\left(x, x^{1/3}\right) \tag{3.20}$$

となる. よって $\pi(x)$ の値は $\phi\left(x, x^{1/3}\right)$, $\phi_2\left(x, x^{1/3}\right)$ および $\pi\left(x^{1/3}\right)$ がわかればよい.

$\pi\left(x^{1/3}\right)$ の計算はもちろん Eratosthenes の篩を使い新しいことはない. 次に (3.20) でやさしいものは $\phi_2\left(x, x^{1/3}\right)$ の計算で, 次の式を使う.

$$\phi_2(x, x^{1/3}) = \binom{\pi(x^{1/3})}{2} - \binom{\pi(x^{1/2})}{2} + \sum_{x^{1/3} < p \leq x^{1/2}} \pi(x/p). \tag{3.21}$$

ここで和記号のなかの p は素数である. なぜ (3.21) が成り立つか証明しよう. まず $\phi_2\left(x, x^{1/3}\right)$ は $x^{1/3} < p \leq q$ かつ $pq \leq x$ となる素数の対 p, q の個数である. よって $p \leq x^{1/2}$ となる. p を固定すると素数 q は $[p, x/p]$ の区間を動く. よって q の個数は $\pi(x/p) - \pi(p) + 1$ である. よって

$$\phi_2(x, x^{1/3}) = \sum_{x^{1/3} < p \leq x^{1/2}} (\pi(x/p) - \pi(p) + 1)$$

$$= \sum_{x^{1/3}<p\leq x^{1/2}} \pi(x/p) - \sum_{x^{1/3}<p\leq x^{1/2}} (\pi(p)-1)$$

となる. 最後の和は

$$\sum_{\pi(x^{1/3})<j\leq \pi(x^{1/2})} (j-1) = \sum_{j=1}^{\pi(x^{1/2})} (j-1) - \sum_{j=1}^{\pi(x^{1/3})} (j-1)$$

$$= \binom{\pi(x^{1/2})}{2} - \binom{\pi(x^{1/3})}{2}$$

となり, (3.21) が証明された.

(3.21) を使って $\phi_2\left(x, x^{1/3}\right)$ を計算するために, $\pi\left(x^{1/3}\right)$, $\pi\left(x^{1/2}\right)$ および $\pi(x/p)$ の和を計算しよう. すでに $\pi\left(x^{1/3}\right)$ は計算されている. $\pi\left(x^{1/2}\right)$ の計算も単純な Eratosthenes の篩を使って計算できる. ただこのアルゴルズムを使うために, 約 $x^{1/3}$ の記憶領域を使う. (3.21) における和 $\pi(x/p)$ において, $x/p < x^{2/3}$ に注意しよう. よって, 単純な Eratosthenes の篩で $\pi(x/p)$ の和を総計 $O\left(x^{2/3+\epsilon}\right)$ の時間で計算できる. 次のように $O\left(x^{1/3+\epsilon}\right)$ の記憶領域を使って計算する. 篩の分割のために $N \approx x^{1/3}$ としよう. つまり一度に $x^{1/2}$ より始まる N の長さの区間を見ることにしよう. すでに $\pi(z)$ まで計算されているとして, (保管されている $x^{1/3}$ までの素数を使って) 区間 $[z, z+N)$ にあるさまざまな x/p に対する $\pi(x/p)$ を計算し, $\pi(z+N)$ が計算される. いろいろな $\pi(x/p)$ の値は, 総和に加えたあとは, 残す必要はない. x/p がこの区間に入る p を探すために $\left(x^{1/3}, x^{1/2}\right]$ にある区間 $(x/(z+N), x/z]$ を別に篩い分ける. この区間の長さは N より短いので問題はなく, $x^{1/4}$ までの素数を使って $O\left(x^{1/3+\epsilon}\right)$ の時間でできる. z が大きいとき, 区間 $(x/(z+N), x/z]$ は短くなり, 時間の節約ができる (全体の計算量は変わらない). それは長さ N の区間を篩にかけ保管し, より大きないくつかの区間で使えばよい.

式 (3.20) を使って $\pi(x)$ を計算するためには, $\phi\left(x, x^{1/3}\right)$ の計算が残っている. 一見したところでは, x 回の処置が必要に思える. なぜなら $[1, x]$ の区間を $x^{1/3}$ までの素数で Eratosthenes の篩にかけ, 残った数を数えるからである. アイディアは $\phi\left(x, x^{1/3}\right)$ の計算をたくさんの小さな問題に直すことである. 次の $b \geq 2$ に対する再帰式から始めよう.

$$\phi(y, p_b) = \phi(y, p_{b-1}) - \phi(y/p_b, p_{b-1}). \tag{3.22}$$

証明はやさしいので問題 3.33 として残す. $\phi(y,2) = \lfloor (y+1)/2 \rfloor$ なので (3.22) を何回も使い, 結局はいろいろな y に対する $\phi(y,2)$ になる. 例えば

$$\phi(1000, 7) = \phi(1000, 5) - \phi(142, 5)$$
$$= \phi(1000, 3) - \phi(200, 3) - \phi(142, 3) + \phi(28, 3)$$
$$= \phi(1000, 2) - \phi(333, 2) - \phi(200, 2) + \phi(66, 2)$$

$$-\phi(142,2)+\phi(47,2)+\phi(28,2)-\phi(9,2)$$
$$=500-167-100+33-71+24+14-5$$
$$=228.$$

この式より $\phi(x,p_a)$ を 2^{a-1} 項の和として表せるであろう．事実，最後の行は包除原理を $p_2p_3\cdots p_a$ つまり最初の $a-1$ 個の奇素数の積の約数に適用したものである．よって

$$\phi(x,p_a)=\sum_{n|p_2p_3\cdots p_a}\mu(n)\phi(x/n,2)=\sum_{n|p_2p_3\cdots p_a}\mu(n)\left\lfloor\frac{x/n+1}{2}\right\rfloor$$

となる．ここで μ は Möbius 関数である．1.4.1 項を参照せよ．

$a=\pi(x^{1/3})$ に対して 2^{a-1} 項は多すぎるので，x までの篩のほうが安楽に思える．しかし $n>x$ となる n を考えなくても良い．なぜなら $\phi(x/n,2)=0$ となるからである．この「切り詰め」で項の数は $O(x)$ までになり，単なる篩と互角になる．このアイディアに手を入れると，O 定数をかなり小さくできる．$2\cdot3\cdot5\cdot7\cdot11=2310$ なので，$x=0,1,\ldots,2309$ までの $\phi(x,11)$ の表を作っておけば，どのような $\phi(x,11)$ もすぐ計算できる: それは $\varphi(2310)\lfloor x/2310\rfloor+\phi(x\bmod 2310,11)$ となる．ここで φ は Euler 関数である．繰り返し (3.22) を，b が 11 までになるか，または y/p_b が 1 より小さくなったとき止めると，

$$\phi(x,p_a)=\sum_{\substack{n|p_6p_7\cdots p_a\\n\le x}}\mu(n)\phi(x/n,11)$$

が得られる．$a=\pi\left(x^{1/3}\right)$ のとき，項の数は約 cx となる．ここで $c=\rho(3)\zeta(2)^{-1}\prod_{i=1}^{5}p_i/(p_i+1)$，$\rho$ は Dickman 関数 (1.4.5 項参照)，ζ は Riemann のゼータ関数（よって $\zeta(2)^{-1}=6/\pi^2$）．この c の表現は n が $x^{1/3}$ より大きな素因子を持たないことや，n には平方因子がなく n は 12 より小さな素因子がないことを使った．$\rho(3)\approx0.0486$ を使うと $c\approx0.00987$ が得られる．a を $\pi\left(x^{1/4}\right)$ までに下げると（そして $\phi_2\left(x,x^{1/4}\right)$ に加え，$\phi_3\left(x,x^{1/4}\right)$ を計算するとすると）定数 c の表現において $\rho(3)$ の代わりに $\rho(4)\approx0.00491$ を使えば $c\approx0.000998$ となる．この技法は原理的に Meissel の方法であり，Lehmer により改良された．[Lagarias et al. 1985] 参照．

しかし目標は計算量を $O\left(x^{2/3+\epsilon}\right)$ まで下げることである．別の切り詰めかたを使おう．つまり (3.22) の繰り返しを $\phi(y,p_b)$ が次の場合に止めることである．

(1) $p_b=2$ かつ $y\ge x^{2/3}$，または
(2) $y<x^{2/3}$．

ここで y はある $n|p_2p_3\cdots p_a$ に対する x/n である．(1) 型の項の数は $x^{1/3}$ を超えない．なぜなら $n<x^{1/3}$ だからである．(2) 型の項の数を数えるために，$\phi(x/n,p_b)$ の階層の「親」は項 $\phi(x/n,p_{b+1})$ または項 $\phi(x/(n/p_{b+1}),p_{b+1})$ であることに注意しよう．

3.7 素数を数える

あとのケースは p_{b+1} が n の最小の因子であり，$n/p_{b+1} \leq x^{1/3}$ のときのみ起こる．前者は決して起こらない．なぜなら (2) 型の切り詰めですでに止まっているからである．よって (2) 型の項の数は多くて $m \leq x^{1/3}$ および p_{b+1} が m の最小の因子より小さいような対 m, p_b の個数である．これはせいぜい $x^{1/3}\pi(x^{1/3})$ であり，よって (2) 型の項の個数は $x^{2/3}$ より小さい．

整数 $m > 1$ に対して次のように置こう．

$$P_{\min}(m) = m \text{ の最小素因子}.$$

上記の切り詰めにより，次の式が得られる．

$$\phi(x, p_a) = \sum_{\substack{m | p_2 p_3 \cdots p_a \\ m \leq x^{1/3}}} \mu(m) \left\lfloor \frac{x/m+1}{2} \right\rfloor \tag{3.23}$$

$$- \sum_{\substack{m | p_2 p_3 \cdots p_a \\ 1 < m \leq x^{1/3}}} \mu(m) \sum_{\substack{p_{b+1} < P_{\min}(m) \\ p_{b+1}m > x^{1/3}}} \phi\left(\frac{x}{mp_{b+1}}, p_b\right).$$

式 (3.23) を $a = \pi(x^{1/3})$ として使おう．(3.23) の最初の和は (1) 型の項に対応し，すぐ計算できる．篩のために，奇数で平方因子を持たない $m \leq x^{1/3}$ からなる表 $\mathcal{T}$ を用意しよう．$\mu(m)$ の値と最小の素因子 (二重和で利用される) も並べる．(篩にかける場所は $x^{1/3}$ までの奇数で入り口に 1 を入れておく．素数で篩うとき，篩われる場所にこの素数を一番小さな素数として記憶し，場所の入り口に -1 を掛ける．$x^{1/3}$ までの素数で篩い，最後に $p \leq x^{1/6}$ に対して平方の p^2 で篩い，入り口を 0 とする．終わったとき，0 でない入り口が平方因子を持たない数であり，入り口は μ であり，記憶された素数は最小の素因子である．) この表 $\mathcal{T}$ を用意するのに必要な時間と場所は $O(x^{1/3+\epsilon})$ であり，(3.23) の最初の和の計算時間は $O(x^{1/3+\epsilon})$ である．

大切な論点は (3.23) の二重和の計算である．最初に $O(x^{2/3+\epsilon})$ の時間と場所を使う方法を述べる．次に $O(x^{1/3+\epsilon})$ へ区分けする方法を述べる．表 $\mathcal{T}$ の 1 より大きい m と $p_{b+1} < P_{\min}(m)$ かつ $mp_{b+1} > x^{1/3}$ なる b に対して $\mu(m), \lfloor x/(mp_{b+1}) \rfloor$，$b$ の表 $\mathcal{T}'$ を用意しよう．すべての $\lfloor x/(mp_{b+1}) \rfloor$ は $x^{2/3}$ より小さいことに注意しよう．区間 $[1, x^{2/3}]$ を $x^{1/3}$ 以下の素数で篩おう．b の段階で $p_1, p_2, \ldots, p_b$ で篩い分けているので，$y \leq x^{2/3}$ に対して $\phi(y, b)$ がわかる．$y = \lfloor x/(mp_{b+1}) \rfloor$ のときが必要である．

しかし，$p_1 p_2 \cdots p_b$ と素な数を知ることと y までにいくつあるかを知ることは別である．後者はさらに計算が必要である．すべての b で計算すると計算量は $O(x^{1+\epsilon})$ となるであろう．この問題は 2 進データ構造により解決する．$i = 0, 1, \ldots, \lfloor \lg x^{2/3} \rfloor$ に対して，次の区間を考える．

$$I_{i,j} = \left((j-1)2^i, j2^i \right].$$

j は $I_{i,j} \subset [1, x^{2/3}]$ である正整数である．これらの区間の総数は $O(x^{2/3})$ である．各

の区間 $I_{i,j}$ に対して

$$A(i,j,b) = \#\{n \in I_{i,j} : \gcd(n, p_1 p_2 \ldots p_b) = 1\}$$

と置く．アイディアは次の通り．固定した b に対してすべての $A(i,j,b)$ を計算する．これらが計算されたら，$\lfloor x/(mp_{b+1}) \rfloor$ の 2 進表現を用い，適当な $A(i,j,b)$ を加え，$\phi(\lfloor x/(mp_{b+1}) \rfloor, p_b)$ を計算する．

そこで，$A(i,j,b)$ をいかにそれ以前の値 $A(i,j,b-1)$ から計算するか示そう．(ここで最初の値 $A(i,j,0)$ を 2^i にする)．$i=0$ のとき，区間 $I_{0,j}$ は整数 j しか含まない．よって $A(0,j,b)$ は，もし j が $p_1 p_2 \cdots p_b$ と素ならば 1 とし，そうでなければ 0 とする．整数 $l \leq x/p_b$ に対して lp_b を含む区間 $I_{i,j}$ に対応する $A(i,j,b)$ を更新する．lp_b を含むそのような区間の数は $O(\ln x)$ である．もし $j=lp_b$ に対して $A(0,j,b-1)=0$ ならば，更新は必要ない．もし $j=lp_b$ に対して $A(0,j,b-1)=1$ ならば，関連ある $A(i,j,b)$ を $A(i,j,b-1)-1$ とする．更新するデータの数は $O\left(x^{2/3}(\ln x)/p_b\right)$ なので，$p_b \leq x^{1/3}$ に対して和を取ると，見積もりは $O\left(x^{2/3+\epsilon}\right)$ となる．

上記の方法に必要な場所は $O(x^{2/3+\epsilon})$ である．$O(x^{1/3+\epsilon})$ まで縮小するために，k を $x^{1/3} \leq 2^k < 2x^{1/3}$ となる整数とし，区間 $\left[1, x^{2/3}\right]$ を 2^k の大きさのブロックに細分する．最後のブロックは短いかもしれないし，$x^{2/3}$ を少し越えるかもしれない．r 番目のブロックは $\left((r-1)2^k, r2^k\right)$ よって区間 $I_{r,k}$ である．そのブロックに達したとき，すべての $b \leq \pi\left(x^{1/3}\right)$ に対して $\phi\left((r-1)2^k, p_b\right)$ が保管されている．次に計算されている表 T を用いて $\lfloor x/(mp_{b+1}) \rfloor$ が r 番目のブロックに入る $\mu(m), \lfloor x/(mp_{b+1}) \rfloor$, b を見つけることができる．$i \leq k$ に対して（それ以上の i は必要ない）区間 $I_{i,j}$ がきちんと r 番目のブロックに入るように合わせる．すべてが前と同じように進み，$b, \lfloor x/(mp_{b+1}) \rfloor$ が r 番目のブロックに入るときの $\phi(x/(mp_{b+1}), p_b)$ およびすべての b に対して次のブロックのために $\phi(r2^k, p_b)$ を計算する．計算された値 $\phi(x/(mp_{b+1}), p_b)$ は保管しないで，$\mu(m)$ を掛け，(3.23) の右辺の 2 番目の和に加える．r 番目のブロックにおいて，すべての $p_b \leq x^{1/3}$ に対してこの仕事をするために必要な時間と場所は $O(x^{1/3+\epsilon})$ である．値 $\phi\left(r2^k, p_b\right)$ は前の値 $\phi((r-1)2^k, p_b)$ に上書きし，よって使われる場所は $O\left(x^{1/3+\epsilon}\right)$ である．すべてのブロックの個数は $x^{1/3}$ を超えないので，この計算のすべての時間は予告したように，$O\left(x^{2/3+\epsilon}\right)$ である．

実際にはいろいろな時間を早める工夫がある．[Lagarias et al. 1985] および [Deléglise and Rivat 1996] 参照．

3.7.2 解 析 的 方 法

素数を数えるための，原理的には非常に有効な，解析的方法を述べよう．最近の発展と共にアイディアは [Lagarias and Odlyzko 1987] にある．これは Riemann のゼータ関数が，ある意味で素数の性質を体現しているという事実を利用するというものである．Euler 積の公式 (1.18) の形式的な操作を次のように行う．対数を取ることから出発

3.7 素数を数える

しよう．

$$\ln \zeta(s) = \ln \prod_{p \in \mathcal{P}} (1 - p^{-s})^{-1} = -\sum_{p \in \mathcal{P}} \ln(1 - p^{-s}).$$

そして対数級数を導入する．

$$\ln \zeta(s) = \sum_{p \in \mathcal{P}} \sum_{m=1}^{\infty} \frac{1}{mp^{sm}}. \tag{3.24}$$

すべての操作は $\mathrm{Re}(s) > 1$ のとき正当 (二重和も交換できる) であるが，$\ln \zeta$ の偏角は連続的に変化する，と解釈する注意が必要である．(最近の慣習では $\ln \zeta(2)$ を正の実数とし，垂直に $2 + i\,\mathrm{Im}(s)$ まで動き，次に s まで動く線の沿って ζ の変数を動かし，その対数を定める．)

式 (3.24) を使って素数を数えるために，$\pi(x)$ と同じではないが似ている関数を定義しよう．特に，x を越えない素数冪にわたる和を考えよう．すなわち

$$\pi^*(x) = \sum_{p \in \mathcal{P},\ m>0} \frac{\theta(x - p^m)}{m}. \tag{3.25}$$

ここで $\theta(z)$ は Heaviside 関数で，変数 z が正，零，負に応じて $1,\ 1/2,\ 0$ となる．θ は x を越えない素数冪 p^m に関する和だけでなく，x が本当に p^m に等しいときは，$1/(2m)$ を加えることを意味する．次の段階は Perron の公式を援用することである．これは負でない実数 x，正の整数 n，固定された $\sigma > 0$ およびくまなく動く $t = \mathrm{Im}(s)$ からなる路 $\mathcal{C} = \{s : \mathrm{Re}(s) = \sigma\}$ に対しての次の式である．

$$\frac{1}{2\pi i} \int_{\mathcal{C}} \left(\frac{x}{n}\right)^s \frac{ds}{s} = \theta(x - n). \tag{3.26}$$

ただちに，与えられた路 (しかし $\ln \zeta$ の特異点を避けるために $\sigma > 1$) に対して

$$\pi^*(x) = \frac{1}{2\pi i} \int_{\mathcal{C}} x^s \ln \zeta(s) \frac{ds}{s} \tag{3.27}$$

が得られる．この式は $\pi(x)$ の解析的な平均値を与える．例えば，x が素数冪でないとき，式 (3.25) より

$$\pi^*(x) = \pi(x) + \frac{1}{2}\pi\left(x^{1/2}\right) + \frac{1}{3}\pi\left(x^{1/3}\right) + \cdots$$

となる．この級数で，$2^n > x$ のとき $\pi\left(x^{1/n}\right)/n$ は直ちに消える．

少なくとも原理的には，$\pi(x)$ が線積分 (3.27) と $\pi(\sqrt{x})$ から始まる比較的やさしい計算 $\pi\left(x^{1/n}\right)$ よりわかる．また，線積分による表示を再帰的に使うこともできるであろう．なぜなら $\pi^*(x) - \pi(x)$ の最初の項は $\pi^*\left(x^{1/2}\right)/2$ になるなど．π^* の計算より π を導く次の反転公式もある (ふたたび x は素数冪でないとする)．

$$\pi(x) = \sum_{n=1}^{\infty} \frac{\mu(n)}{n} \pi^* \left(x^{1/n} \right).$$

このように解析的取り扱いは数値積分に帰着されるが，これには問題も多い．まず第一に ζ を十分精度を持つように計算しなければならない．第二に，線積分をどこまですればよいかという厳格な範囲が必要である．あとの問題に取り組もう．ζ 自身は十分正確に計算できるとして，$x = 100, \sigma = 3/2$ としよう．数値積分は $T \in \{10, 30, 50, 70, 90\}$ に対してそれぞれ，

$$\pi^*(100) \approx \text{Re}\, \frac{100^{3/2}}{\pi} \int_0^T \frac{100^{it}}{3/2 + it} \ln \zeta(3/2 + it)\, dt$$
$$\approx 30.14,\ 29.72,\ 27.89,\ 29.13,\ 28.3$$

となり，あまり良くない．手で直接 $\pi^*(100)$ を計算すると，$428/15 \approx 28.533\ldots$ となる．さらに点検すると，積分の範囲 T の関数としての値は混沌として真の値のまわりをうろついている．厳密な誤差評価は，予期されるように，容易ではない (問題 3.37 参照).

[Lagarias and Odlyzko 1987] での提案は，解析的取扱いの欠点を論じ，原理的に修正する．ζ それ自身の評価については Riemann–Siegel の公式が最も高速であるとして推薦されている．事実 s の虚部 t が十分大きいならば，この公式だけが昔から大きな力を持っている (ただし最近，Riemann–Siegel の興味ある変種についての研究がなされ，それについては問題 1.61 の終わりのほうでふれた). そのうえ [Odlyzko and Schönhage 1988] に，変数 s の虚部が大きくなるときの $\zeta(s)$ の値の並列計算の案がある．この並列計算は数値積分にまさに必要なものである．最近の Riemann–Siegel の公式の変種を含む要約については [Borwein et al. 2000] およびそこにある文献も参照のこと．いろいろな変数の値に対して同時に計算する各種アルゴリズムが [Crandall 1998] にある．ζ の計算の加速のアイディアは FFT, 多項式評価や Newton 法を使うもので，s のさまざまな値の $\zeta(s)$ の同時計算に使える．この本でも問題 1.61 を通して少なくとも $\zeta(s+it)$ の 1 つの値を $O\left(t^{1/2+\epsilon}\right)$ の操作で与えるさまざまな方法を示した．

線積分の遅い収束に関して，賢い策略は滑らかな (「断熱的」と呼ぶべきか) 遮断関数を援用することである．この関数は，修正された線積分の収束を速めるものである．この現象はフーリエ解析で滑らかな関数に変えることでスペクトルのバンド幅を狭くすることと同類である．重要な Lagarias–Odlyzko 等式は (これから x は素数冪でないとする)

$$\pi^*(x) = \frac{1}{2\pi i} \int_{\mathcal{C}} F(s,x) \ln \zeta(s)\, ds + \sum_{p \in \mathcal{P},\, m > 0} \frac{\theta(x-p^m) - c(p^m, x)}{m} \tag{3.28}$$

である．ここで c, F は Mellin 変換の対である：

$$c(u,x) = \frac{1}{2\pi i} \int_{\mathcal{C}} F(s,x) u^{-s}\, ds,$$

$$F(s,x) = \int_0^\infty c(u,x) u^{s-1}\,du.$$

この式の重要性を理解するために，遮断関数 $c(u,x)$ を $\theta(x-u)$ としよう．すると $F(s,x) = x^s/s$ となり，(3.28) の最後の項は零になり，π^* の初めの表現 (3.27) となる．さて $u \in [0, x-y)$ では 1 を保ち，$u \in (x-y, x]$ では滑らかに (零へ) 減少し，$u > x$ では消える連続な遮断関数 $c(u,x)$ の族を考えよう．計算の効率を上げるために y を $\sqrt{x}$ の大きさとしよう．上記の関係式は次のようにも書ける．

$$\pi(x) = \frac{1}{2\pi i} \int_C F(s,x) \ln \zeta(s)\,ds \qquad (3.29)$$
$$- \sum_{p \in \mathcal{P},\, m > 1} \frac{\theta(x - p^m)}{m} + \sum_{p \in \mathcal{P},\, m > 0} \frac{\theta(x - p^m) - c(p^m, x)}{m}.$$

確かに最後の和は $O(\sqrt{x})$ 項しかないのでやさしい．最後の前の和は $\pi(x)$ と $\pi^*(x)$ の差を表しているが，やはり $O(\sqrt{x})$ 項しかない．

さて $u \in (x-y, x]$ では次のように減衰すると仮定しよう．

$$c(u,x) = 3\frac{(x-u)^2}{y^2} - 2\frac{(x-u)^3}{y^3}.$$

これは $c(x-y, x) = 1$ かつ $c(x, x) = 0$ であり，c 関数として必要な条件を備えている．c の Mellin 変換は次のようになる．

$$\frac{y^3}{6} F(s, x) = \qquad (3.30)$$
$$\frac{-2x^{s+3} + (s+3)x^{s+2}y + (x-y)^s(2x^3 + (s-3)x^2 y - 2sxy^2 + (s+1)y^3)}{s(s+1)(s+2)(s+3)}.$$

やや不格好だが，この表現により素数をより効率的に数えることができる．まず右辺の分母は $O(t^4)$ であり，勇気づけられる．例として，(3.29) を $x = 100, y = 10$ として数値積分してみよう．積分の範囲を同じ $T \in \{10, 30, 50, 70, 90\}$ とすると，結果は

$$\pi(100) \approx 25.3,\ 26.1,\ 25.27,\ 24.9398,\ 24.9942$$

となる．これは $\pi(100) = 25$ なので，満足すべき結果である．(しかし T が十分大きくなるまえは，混沌とした動きはまだある)．Lagarias および Odlyzko が Mellin 対 c, F の，より一般的なパラメータを含む型を提案していることを指摘しておく．しかも，どのようにパラメータを最適化するかということも示している．$\pi(x)$ のこの計算量は，$O(x^{1/2 + \epsilon})$ の時間と，$O(x^{1/4 + \epsilon})$ の記憶領域を使うか，または記憶領域が制限されているときには，指数部はそれぞれ $3/5 + \epsilon, \epsilon$ となる．

現時点では，今までに述べた組合せ的方法に匹敵する解析的方法の結果はない．しかしこの難局は，時間が解決するだろう．事実，[Galway 1998] は $n = 13$ と多分 14 に

対する $\pi(10^n)$ の値が，ある遮断関数 c と普通の倍精度浮動小数演算を使った数値積分で可能である，と報告した．解析的方法で現在の限界，たとえば $x \approx 10^{21}$ やそれ以上の計算をするには，おそらく 100 ビットの高精度が必要であろう．必要な精度は遮断関数を使っての詳細な誤差評価により定まる．Galway 関数は Mellin 対としてすばらしいもので，(3.30) の型の F より効率的な遮断関数である．

$$c(u,x) = \frac{1}{2}\mathrm{erfc}\left(\frac{\ln\frac{u}{x}}{2a(x)}\right)$$

としよう．ここで erfc は標準的な誤差関数で，

$$\mathrm{erfc}(z) = \frac{2}{\sqrt{\pi}}\int_z^\infty e^{-t^2}\,dt$$

であり，a はあとで効率化のために定める．この c 関数は $u \sim x$ で滑らかに消えていくが，ともかく a で調整できる．Mellin 対は

$$F(s,x) = \frac{x^s}{s}e^{s^2 a(x)^2} \tag{3.31}$$

である．$s = \sigma + it$ のとき F の減衰は $e^{-t^2 a^2}$ で (計算のためには) すばらしい．数値的な実験は満足すべきものである．式 (3.29) を $x = 1000$，減少関数 $a(x) = (2x)^{-1/2}$，$\sigma = 3/2$ および積分の範囲 $T \in \{20, 40, 60, 80, 100, 120\}$ で使うと，引き続く値

$$\pi(1000) \approx 170.6,\ 169.5,\ 170.1,\ 167.75,\ 167.97,\ 167.998,$$

は真の値 $\pi(1000) = 168$ と非常に良く合う．さらに計算の途中で，混沌とした収束状態は，定性的にいえば，それほどはっきりとは現れない．

ところで $\zeta(s)$ を臨界帯の右でしか使っていないが，この帯の中で素数を数える方法もある．問題 3.50 参照．

3.8 問　　題

3.1. この章の冒頭の議論にしたがって，$S_B(n)$ で n の B 進展開に現れる数字の和を表すことにする．例えば $B = 7$ といった特定の底 B について生じる面白い現象がある．$S_7(p)$ が合成数となるような最小の素数 p を見つけよ (その大きさに読者は驚かれることであろう)．つぎに $p < 16000000$ をみたす素数について，$S_7(p)$ のとりうる合成数の値をすべて求めよ (そのような値は驚くべきほど少ない)．ここで次にあげる 2 つ自然な問題が生じるが，その解答はいまだに得られていないようである．与えられた底 B に対して，$S_B(p)$ が素数 (あるいは合成数) になるような p は無数にあるだろうか．もちろんこの問題の少なくとも 1 つについての答えは肯定的である．

3.2. 他の分野の考え方が素数の理論に役に立つことが時々ある．そのようなものの 1

つである [Golomb 1956] で与えられた珠玉の結果をみてみよう．そこでは Fermat の小定理 3.4.1 を証明するために，うまい組み合せ論的な議論が使われており，さらには目に見える仕掛けも用意されているのである．

素数 p が与えられているとして，p 個のビーズを使ってネックレスを作ることにする．どの1つのネックレスにも，n 個の違った色のビーズを使えるが，単色のネックレスを作ってはいけないものとする．

(1) まずネックレスを輪にしないで直線においたとき，$n^p - n$ 通りの異なるものができることを証明せよ．

(2) 上でできた直線のネックレスを輪にしたときに区別のできるネックレスは $(n^p-n)/p$ 通りあることを証明せよ．

(3) Fermat の小定理 $n^p \equiv n \pmod{p}$ を証明せよ．

(4) p が素数であることはどこで使ったのか考えてみよ．

3.3. $n > 1$ であって，かつ $\gcd(a^n - a, n) = 1$ がある整数 a について成立するとき，n は合成数であるばかりではなく，素数冪でもないことを証明せよ．

3.4. $B \geq 2$ に対して，B より大きい約数をもつ整数で，その約数が B を超えない素因子だけを含むようなものの漸近密度を d_B とする．つまり $N(x, B)$ によって，そのような約数をもつ正の整数で x を超えないものの個数を表すことにして，$d_B = \lim_{x \to \infty} N(x, B)/x$ と定義する．

(1) 等式
$$d_B = 1 - \prod_{p \leq B}\left(1 - \frac{1}{p}\right) \cdot \sum_{m=1}^{B} \frac{1}{m}$$
が成立することを示せ．ただし，和はすべての素数をわたる．

(2) $d_B > d_7$ となるような最小の B を求めよ．

(3) Mertens の定理 (定理 1.4.2) を使って，$\lim_{B \to \infty} d_B = 1 - e^{-\gamma} \approx 0.43854$ であることを証明せよ．ここで γ は Euler 定数である．

(4) [Rosser and Schoenfeld 1962] において，$x \geq 285$ であれば，$e^\gamma \ln x \prod_{p \leq x}(1-1/p)$ の値が $1 - 1/(2\ln^2 x)$ と $1 + 1/(2\ln^2 x)$ の間にあることが示されている．この事実を使って，すべての $B \geq 2$ に対して $0.25 \leq d_B < e^{-\gamma}$ が成り立つことを証明せよ．

3.5. c を実数として，整数 n であって，その最大の素因子が n^c を超えないようなものの集合を考える．c をこの集合の漸近密度が $1/2$ になるように選ぶ．$c = 1/(2\sqrt{e})$ であることを示せ．他の分野にもまたがった興味深い参考文献として [Knuth and Trabb Pardo 1976] がある．

つぎに整数 n でその2番目に大きい素因子 (そのようなものがあったとして) が n^c を

超えないものの集合を考える．c をこの集合の漸近密度が $1/2$ になるように決める．このとき c は方程式

$$I(c) = \int_c^{1/2} \frac{\ln(1-u) - \ln u}{u} du = \frac{1}{2}$$

の解であることを示せ．またこの方程式を数値計算によって解いて c の近似値を求めよ．この数値計算の現代的なやりかたで興味深いものとして，まずこの積分が

$$I(c) = \frac{1}{12}\left(-\pi^2 + 6\ln^2 c + 12\text{Li}_2(c)\right)$$

に等しいことを示すやり方がある．これを示せ．この式には多重対数関数 $\text{Li}_2(c) = c/1^2 + c^2/2^2 + c^3/3^2 + \cdots$ が登場している．次に Li_2 を高精度で計算することが可能なソフトウェアを使って，Newton 法による求解プログラムを実装せよ．この方法で実質的に数値積分を実行するのを避けることができるのである．この方法によって，例えば

$$c \approx 0.23043660131599974571471085700604655750807544\ldots$$

といった値が得られるはずである．ここで，数値は与えられたところまで正確である．

もう1つ別の面白い方向としては，c を入力として，整数 $n \in [1, x]$ であって，その2番目に大きい素因子が n^c を超えないものの個数を高速に数えるアルゴリズムの設計がある．（ここで2個より小さい素因子しか持たないような n は数えなくてよい．）上に与えた c の具体的な値に対しては，$[1, 1000]$ の範囲に 548 個の条件をみたす n があるが，理論的に導かれる個数は 500 個である．もっと大きな x に対して，この個数を勘定してみよ．

3.6. 基本となる Eratosthenes の篩のアルゴリズム 3.2.1 を改良せよ．例えば，3 より大きい素数 p は $p \equiv \pm 1 \pmod{6}$ をみたすことを使って，使用するメモリーを削減し，高速化せよ．また6よりも大きい法を使って同じことをやってみよ．

3.7. 定理 3.4.6 の Korselt の判定法を使って，手計算あるいは計算機によって，いくつかの Carmichael 数を見つけよ．

3.8. 任意の合成数の Fermat 数 $F_n = 2^{2^n} + 1$ は底 2 に対する Fermat 擬素数であることを証明せよ．合成数である Fermat 数が底 3 に対する Fermat 擬素数となることは可能だろうか．（私たち著者はこのような例を知らないが，それが起こりえないという証明も持ち合わせていない．）

3.9. この問題では，ある擬素数の計算を通じて得られたデータに対する心情的な評価を検証する．

20 世紀の半ば，D. Lehmer とその配偶者の E. Lehmer は計算と理論の大家のチームとして，(その他の数多くの概念とともに) 素数判定の概念を手動計算機を使って開拓し

ていった．例をあげれば，彼らは自宅の機械式計算機を毎日少しずつ数ヶ月にわたって使い続けることによって，1 が連続して現れる数（レピュニット数）$(10^{23} - 1)/9$ のような数が素数であることを証明したのである．彼ら夫婦は皿をジャバジャバ洗うのと，ガリガリ素数判定をやるのとを交代でやったのであろう．もちろん，後年になってからは Lehmer 夫妻も電子計算機を使ってずっと大きな数を扱うことができるようになった．

ここで問題にするのは，D. Lehmer が 1969 年に学生の質問に対する答えの中で言及したある統計的なデータのことである．そのやり取りは次のようなものであった．「Lehmer 先生，これまでの素数を研究してきて，擬素数を素数だと思いこんでしまったことはありますか（ここでの擬素数は底を 2 にとった Fermat テストをくぐり抜けてしまう合成数のことである）」．この質問に対する Lehmer の答えは考えうる限りで最も簡潔なものであった．「たった一度だけ」．質問は，この「たった一度だけ」というのは統計的な意味を持つ数であろうかということである． 10^n の範囲において，底 2 の擬素数はどのくらい密に存在するのであろうか．より確かであると思われるのは，例えば 3 で割れないような，底 2 の擬素数を考える方が間違いが少ないであろう．つまり問題の対象を，どんな小さな素数の約数も持たないような底 2 に対する擬素数に変更するのがよいかもしれない．この種の問題に関する参考文献としては [Damgård et al. 1993] がある．

3.10. 定理 3.4.4 の証明内の式を $a = 2$ として適用するときに，p として最初にとることが許されるのは 5 である．このとき，その公式から $n = 341$ が得られ，これは 1 番目の底 2 に関する擬素数である．また $a = 3$ として適用するならば，最小の p になるのは 3 であって，公式から最初の底 3 に関する擬素数 $n = 91$ が得られる．大きな a については，このパターンが続かないことを示せ．実際，もう二度と起き得ないことを示せ．

3.11. n が Carmichael 数ならば n は奇数で，少なくとも 3 個の素因子をもつことを証明せよ．

3.12. 合成数 n が Carmichael 数であるための必要十分条件は n と互いに素な任意の整数 a に対して $a^{n-1} \equiv 1 \pmod{n}$ が成り立つことであることを示せ．

3.13. [Beeger] p を素数とするとき，p を 2 番目に大きい素因子として持つような Carmichael 数はたかだか有限個しか存在しないことを示せ．

3.14. 任意の正の整数 n に対して，
$$\mathcal{F}(n) = \left\{ a \pmod{n} : a^{n-1} \equiv 1 \pmod{n} \right\}$$
と定義する．

(1) $\mathcal{F}(n)$ が法 n の既約剰余類全体のなす群 $\mathbf{Z}_n^*$ の部分群になることを示せ．またそれが真の部分群になるための必要十分条件は n が Carmichael 数でない合成数であることを証明せよ．

(2) [Monier, Baillie–Wagstaff] $F(n) = \#\mathcal{F}(n)$ とおく.

$$F(n) = \prod_{p|n} \gcd(p-1, n-1)$$

が成立することを示せ.

(3) $F_0(n)$ によって, $a^n \equiv a \pmod{n}$ をみたす剰余類 $a \pmod{n}$ の個数を表すことにする. 上の (2) のように, $F_0(n)$ の公式を求めよ. $F_0(n) < n$ ならば, $F_0(n) \leq \frac{2}{3}n$ が成り立つことを示せ. また $n \neq 6$ かつ $F_0(n) < n$ であるとき, $F_0(n) \leq \frac{3}{5}n$ となることを示せ. ($F_0(n) = \frac{3}{5}n$ をみたす n が無数にあるかどうか, あるいは $\varepsilon n < F_0(n) < n$ が無数に多くの n に対して成立するような $\varepsilon > 0$ が存在するかどうかは, いずれも現在まで知られていない.)

ここで注意したいのは, $h(n)$ が無限大に近づく任意の関数であれば, $F(n) < \ln^{h(n)} n$ をみたす数 n の集合は漸近密度 1 をもつことである [Erdős and Pomerance 1986].

3.15. [Monier] 補題 3.5.8 と 3.5.9 の記号の下で, (3.5) で定義された $S(n)$ が

$$S(n) = \left(1 + \frac{2^{\nu(n)\omega(n)} - 1}{2^{\omega(n)} - 1}\right) \prod_{p|n} \gcd(t, p-1)$$

で与えられることを示せ.

3.16. [Haglund] n を奇数の合成数とする. $\overline{\mathcal{S}}(n)$ が $\mathcal{S}(n)$ で生成される $\mathbf{Z}_n^*$ の部分群に一致することを証明せよ.

3.17. [Gerlach] n を奇数の合成数とする. $\mathcal{S}(n) = \overline{\mathcal{S}}(n)$ が成立するための必要十分条件は, n が素数の冪であるか, あるいは n が法 4 で 3 に合同な素数で割り切れることであることを証明せよ. このことから $\mathcal{S}(n)$ が $\mathbf{Z}_n^*$ にならないような奇数の合成数 n の集合は無限集合であるが, 漸近密度は 0 であることを導け (問題 1.10, 1.91, 5.16 を見よ).

3.18. 奇数 n と, n で割れない整数 a が与えられていて, n は底 a に関する擬素数であるが, 底 a に関する強擬素数ではないと仮定する. a と n を入力として, n の非自明な因子分解を出力する多項式時間アルゴリズムを記述せよ.

3.19. [Lenstra, Granville] n がある素数の平方で割り切れる奇数であるとき, n に対する最小の証拠 $W(n)$ は $\ln^2 n$ より小さいことを示せ (ヒント: (1.45) を使え). この問題は問題 4.28 で再び取り上げられる.

3.20. Carmichael 数の非自明な分解を多項式時間で与えることが期待される確率的アルゴリズムを記述せよ.

3.21. 奇数の合成数 n が底 a に関する Euler 擬素数であるとは，a と n が互いに素であって，
$$a^{(n-1)/2} \equiv \left(\frac{a}{n}\right) \pmod{n} \tag{3.32}$$
が成り立つことである．ここで，$\left(\frac{a}{n}\right)$ は Jacobi 記号である (定義 2.3.3 を見よ)．Euler 規準 (定理 2.3.4) によれば，奇素数 n は (3.32) をみたしている．n が底 a に関する強擬素数であれば，n は底 a に関する Euler 擬素数であることを示せ．また，n が底 a に関する Euler 擬素数であれば，n は底 a に関する擬素数であることを示せ．

3.22. [Lehmer, Solovay–Strassen] n を奇数の合成数とする．n が Euler 擬素数となるような剰余 $a \pmod{n}$ 全体の集合は $\mathbf{Z}_n^*$ の真部分群になることを示せ．このことから，このような底 a の個数は高々 $\varphi(n)/2$ であることを導け．

3.23. アルゴリズム 3.5.6 に倣って，問題 3.22 を使った確率的合成数判定テストを作れ (このテストはしばしば Solovay–Strassen 素数判定法とよばれる)．問題 3.21 を使うことによって，このアルゴリズムよりアルゴリズム 3.5.6 の方が優れていることを示せ．

3.24. [Lenstra, Robinson] n が奇数で，ある整数 b に対して $b^{(n-1)/2} \equiv -1 \pmod{n}$ が成立しているとする．このとき $a^{(n-1)/2} \equiv \pm 1 \pmod{n}$ をみたす任意の整数 a に対して，n は $a^{(n-1)/2} \equiv \left(\frac{a}{n}\right) \pmod{n}$ をみたすことを示せ．このことと，問題 3.22 を使って，次を示せ．n が奇数の合成数で，n と互いに素なすべての a に対して，$a^{(n-1)/2} \equiv \pm 1 \pmod{n}$ が成り立っているとき，$a^{(n-1)/2} \equiv 1 \pmod{n}$ が実際すべての n と素な a について成立する．このような数は必然的に Carmichael 数になる．問題 3.12 を見よ．(Carmichael 数の集合が無限集合であることの証明から，奇数の合成数 n で，n と素なすべての a について $a^{(n-1)/2} \equiv \pm 1 \pmod{n}$ が成り立つものは無数にあることが導かれる．最初の例は Ramanujan のタクシーのナンバープレートのエピソードに登場する数 1729 である．)

3.25. 323 以下に 7 個の Fibonacci 擬素数があることを示せ．

3.26. 6 と互いに素な任意の合成数は $x^2 - x + 1$ に関する Lucas 擬素数であることを示せ．

3.27. (3.12) が成立するとき，
$$(a-x)^n \equiv \begin{cases} x \pmod{(f(x), n)}, & \text{if } \left(\frac{\Delta}{n}\right) = -1, \\ a - x \pmod{(f(x), n)}, & \text{if } \left(\frac{\Delta}{n}\right) = 1 \end{cases}$$
も成立することを示せ．特に，$f(x) = x^2 - ax + b$ に関する Frobenius 擬素数は，$f(x)$

に関する Lucas 擬素数でもあることを示せ.

3.28. 3.6.5 項の意味での $f(x) = x^2 - ax + b$ に関する Frobenius 擬素数の定義は, 3.6.2 項の定義に一致することを示せ.

3.29. a, n を正の整数とし, n は奇素数で a と互いに素とする. このとき, n が底 a に関する Fermat 擬素数であるための必要十分条件は, n が多項式 $f(x) = x - a$ に関する Frobenius 擬素数であることを証明せよ.

3.30. a, b を $\Delta = a^2 - 4b$ が平方数にならないような整数とする. $f(x) = x^2 - ax + b$ とし, n を $b\Delta$ を割らない奇素数とする. $R = \mathbf{Z}_n[x]/(f(x))$ とおく. R において $(x(a-x)^{-1})^{2m} = 1$ が成立すれば, R において $(x(a-x)^{-1})^m = \pm 1$ が成立することを示せ.

3.31. $x^2 - ax + b$ に関する Frobenius 擬素数は, b に関する Euler 擬素数 (問題 3.21 を見よ) でもあることを示せ.

3.32. 3.6.3 項の様々な等式が正しいことを検証せよ.

3.33. 漸化式 (3.22) が成り立つことを証明せよ.

3.34. $a = \pi\left(x^{1/3}\right)$ であるとき, (3.23) に現れる二重和の項数が $O\left(x^{2/3}/\ln^2 x\right)$ であることを示せ.

3.35. $O\left(x^{1/3+\epsilon}\right)$ の空間容量をもつ M 台 ($M < x^{1/3}$) の計算機があるならば, 3.7 節の素数の個数を数えるアルゴリズムは M 倍に高速化しうることを示せ.

3.36. 解析的な関係式 (3.27) の積分の $\ln \zeta$ を, 「素数ゼータ」関数とでもいうべき

$$\mathcal{P}(s) = \sum_{p \in \mathcal{P}} \frac{1}{p^s}$$

で置き換えることにより, 修正された個数関数 $\pi^*(x)$ に対する公式 (3.27) の左辺は整数でない x に対して, π 関数そのものになる. このことを示せ. 次にこの結果が無駄であるどころか, ある意味で実際に役立つ. これを見るために, 関係式

$$\mathcal{P}(s) = \sum_{n=1}^{\infty} \frac{\mu(n)}{n} \ln \zeta(ns)$$

が $\operatorname{Re} s > 1$ に対して成り立つことを示し, また大きな整数 n に対して, 比較的簡単に $\zeta(ns)$ を計算できることを, 定量的に記述せよ.

3.9 研究問題

3.37. T, α, β を正の実数とするとき,
$$\int_T^\infty \frac{e^{it\alpha}}{\beta + it}\, dt$$
の実部の大きさの理論的な上限を評価することにより, 関係式 (3.27) の積分の $\mathrm{Im}(s) > T$ からくる部分の上界を決定せよ. 次に真の値からある $\pm \epsilon$ の精度で値を得るにはどのくらい大きな T について $\pi^*(x)$ の計算を行う必要があるかを記述せよ. 素数の個数を数えるためのずっと効率の良い方法に対する類似の評価については, 問題 3.38, 3.39 を見よ.

3.38. Lagarias–Odlyzko の遮断関数 $c(u, x)$ として $1, 0$ での値を結ぶ直線という具体的なものを考えてみることにする. 実際には, $y = \sqrt{x}$ に対して, $u \le x - y, u \in (x-y, x], u > x$ のそれぞれの場合に応じて, $c = 1, (x-u)/y, 0$ と定義する. Mellin 変換で対になる関数が
$$F(s, x) = \frac{1}{y} \frac{x^{s+1} - (x-y)^{s+1}}{s(s+1)}$$
であることを示せ. また
$$\pi^*(x) \approx \mathrm{Re} \int_0^T F(s, x) \ln \zeta(s)\, dt$$
に基づいて, $\pi(x)$ の正しい値を計算する際の T の上界を問題 3.37 と同様にして導け. この遮断関数 c を使って $\pi(x)$ の正しい値をいくつか計算してみよ.

3.39. 対応する F が (3.31) で定義される Galway 関数に関連して, Riemann のゼータ関数が素数に関するすべての秘密を内包しているにもかかわらず, x を越えない素数の総数を勘定する際には, ゼータを $x^{1/2}$ ぐらいの大きさの虚部までについて知るだけで足りてしまうという見解を厳密に検証せよ.

3.40. 部分積分を用いて, (3.31) で定義された F が, 与えられた c の Mellin 変換になっていることを示せ.

3.9 研究問題

3.41. 底 2 に関する擬素数であって, かつ Fibonacci 擬素数になるような整数 $n \equiv \pm 2 \pmod 5$ を見つけよ. Pomerance, Selfridge, Wagstaff は最初の例に \$620 を提供する (素因子分解も同時に与えなくてはならない). 賞金は 3 人から提供されるのだが, 等分ではない. つまり Selfridge が \$500, Wagstaff が\$100, Pomerance が \$20 を提供する. もしこのような n がないという証明が得られた場合も, 3 人は\$620 を支払うことに合意しているが, Pomerance と Selfridge はその提供額を交換することになっている.

3.42. x^2+5x+5 に対する Frobenius 擬素数であるような合成数 n で $\left(\frac{5}{n}\right)=-1$ をみたすものをその因子分解とともに発見せよ. 最初の例に対して J. Grantham は \$6.20 の賞金を支払う.

3.43. 奇数の合成数 n に対して定義され最小の証拠を与える関数 $W(n)$ を考える. $W(n)$ がある数の冪に決してなり得ないことを示すのは比較的やさしい. これを証明せよ. この他にも $W(n)$ の値になり得ない数があるだろうか. $W(n)=k$ をみたす n が存在するとき, n_k でそのようなもののうち最小の n を表すことにする. このとき

n_2	=	9	n_{12}	>	10^{16}
n_3	=	2047	n_{13}	=	2152302898747
n_5	=	1373653	n_{14}	=	1478868544880821
n_6	=	134670080641	n_{17}	=	3474749660383
n_7	=	25326001	n_{19}	=	4498414682539051
n_{10}	=	307768373641	n_{23}	=	341550071728321
n_{11}	=	3215031751			

となる. (これらの値を計算したのは D. Bleichenbacher である. [Jaeschke 1993], [Zhang and Tang 2003], 問題 4.34 も参照せよ.) S. Li は

$$n=1502401849747176241$$

のとき $W(n)=12$ であることを示している. したがって, n_{12} が存在することがわかる. n_{12} の値を求め上の表を拡張せよ. Bleichenbacher の計算を使うと, この他の n_k は存在するならば 10^{16} を越える数でなくてはならないことがわかる.

3.44. 単純な試し割り算アルゴリズム 3.1.1 の代わりに使える可能性のある方法として, 分解したい数 N と (たぶん過大な) gcd 計算を使う方法を研究せよ. 例えば, ある B の階乗が計算できるものとして, 分解するために $\gcd(B!,N)$ を計算するのが一例である. このようなアルゴリズムによって, 完全な素因子分解が得られるにはどのように完成させたらよいかを考えよ. このアルゴリズムを完成させる仕事は自明なものではない. 例えば N の k^2 ($k<B$) という因子をとりだすには 1 つの階乗では十分ではないかもしれないことに注意せよ.

他にも複雑な問題がある. 通常の階乗を使う代わりに連続する素数をかけ合わせた部分「素階乗」(問題 1.6 を見よ) を使って $\{B_i\}$ を作って $\gcd(B_i, N)$ を計算する方がよいだろうか.

3.45. N と $N+N^{1/4}$ の間にある数が素数であるかどうか判定するのにかかる最悪の上界を $f(N)$ とする. まず $N^{1/4}$ 以下で素数を篩にかけることによって, 区間 $[N, N+N^{1/4}]$ に入る数で $N^{1/4}$ までの素因子を持たないものが残る. 残った数の個数は $O(N^{1/4}/\ln N)$

3.9 研究問題

である．したがって，この区間のすべての素数をみつけるのにかかる時間の上限は $O(N^{1/4}f(N)/\ln N) + O(N^{1/4}\ln\ln N)$ である．この仕事を $o(N^{1/4}f(N)/\ln N)$ あるいは $O(N^{1/4}\ln\ln N)$ の時間で行う方法はあるだろうか．

3.46. 上で議論した通常の Eratosthenes の篩は素数の最終的なリストを集めるのを除けば，それまでに必要な領域が $O(N^{1/2})$ であるように分割することができる．しかもこれは時間計算量である $O(N\ln\ln N)$ のビット演算を犠牲にせずに実現可能である．さて，$o(N)$ のビット演算と，$O(N^{1/2})$ の領域だけを使って，N までの素数の表を作ることは可能であろうか．アルゴリズム 3.2.2 は時間の上限はみたしているが，空間の上限はみたしていない (論文 [Atkin and Bernstein 2004] はこの問題をほぼ解決している).

3.47. 3.7.2 項のフォーマリズムの流れにそって，区間 $[x, x+\Delta]$ に素数が含まれないために x, Δ がみたすべき積分の条件を Riemann のゼータ関数を含む形で与えよ．与えられた x, Δ に対して，区間 $[x, x+\Delta]$ に素数が含まれるか含まれないかを，数値的に，しかし何も予想を仮定しないで，判定するのにこの判定法がどのように使われるかを記述せよ．もちろん，このギャップの分析に何らかの理論的なものが入り込むとすれば，それはすばらしいことであろう．

3.48. T を合成数 n に対して，確率 $p(n)$ で n が合成数であることの証明を与えるような確率的判定法とする．(素数の入力に対しては，この判定法は，合成数である証明が見付けられなかったと出力して終了する．) n が合成数の集合を無限大に近づくときに $p(n) \to 1$ となり，さらに n に対して T を適用するのにかかる時間が，ある k を固定して，k 種の擬素数判定法を n に適用するよりも短いような T は存在するであろうか．

3.49. 平方因子を持たない正の整数 n で，12 と互いに素なものに対して，$n \bmod 12$ の値により，以下の式で $K(n)$ を定義する．

$$K(n) = \#\{(u,v) \ : \ u > v > 0; n = u^2 + v^2\}, \quad \text{for } n \equiv 1, 5 \pmod{12},$$
$$K(n) = \#\{(u,v) \ : \ u > 0, \ v > 0; n = 3u^2 + v^2\}, \quad \text{for } n \equiv 7 \pmod{12},$$
$$K(n) = \#\{(u,v) \ : \ u > v > 0; n = 3u^2 - v^2\}, \quad \text{for } n \equiv 11 \pmod{12}.$$

このとき [Atkin and Bernstein 2004] において証明された定理によれば，n が素数であるための必要かつ十分な条件は $K(n)$ が奇数であることである．まず，この定理を証明せよ．その際に正の整数 n を 2 つの平方数の和として表すやり方は

$$r_2(n) = 4 \sum_{d|n, \ d \text{ odd}} (-1)^{(d-1)/2}$$

通りあること (あるいはそれに関連する事実) を使ってもよいであろう．ここでは，u や v が負になる場合も含めて $n = u^2 + v^2$ とあらわす表し方を数えている．例えば

$r_2(25) = 12$ である.

研究問題は次のものである. この Atkin–Bernstein の定理を利用し, 多くの n に対して K の偶奇性を一挙に判定することによって, ある区間に入る素数に対する効率的な篩を作ることができるだろうか ([Galway 2000] を見よ).

もう一つの問題は, $r_2(n)$ の何か他の表し方, 例えば Riemann のゼータ関数と関係する様々な式を使うと, 効率的な篩や素数判定法を創出することが可能だろうかというものである. r_2 と ζ を結びつけるのに必要な式については [Titchmarsh 1986] を見よ.

さらにもう 1 つの研究問題は次のようなものである. 与えれた半径 $\sqrt{n}$ をもつ (上にあげた 3 つの) 格子の領域内の格子点をすべて数え上げて, $K(n)$ をある半径の数値的不連続面として表すことが, どの程度困難であるかを考えるものである. このやり方は一見, 力任せののやり方に思えるけれども, 実際には, 格子点を驚くべき速さで正確に数える効率的なやり方が存在するのである. それは有名な Gauss の円問題 (与えられた半径の円内にいくつの格子点があるのかという問題) の解析から得られるのである. この関連で, 次にあげる格子点を使った別の定理を示せ. 平方因子をもたない $n \equiv 1 \pmod{4}$ をみたす整数 n が素数であるための必要十分条件は $r_2(n) = 8$ であることである. 解析的な Bessel の公式を使って格子点を数えることによって $n = 13$ が素数であることを示す出発点となるべき簡単な実験が [Crandall 1994b, p. 68] にのっている.

3.50. この章の最後の話題である解析を使った素数の個数の数え上げには, Riemann のゼータ関数が登場している. 問題 1.60 に従って, 次のような研究の道筋を検討してみよ. そこでは臨界領域の右側ではなく, 臨界領域の中でのゼータ関数の情報を使うことになる.

(1.23) と似た形で, (3.25) の関数 π^* を含む, Riemann–von Mangoldt の公式

$$\pi^*(x) = \mathrm{li}_0(x) - \sum_\rho \mathrm{li}_0(x^\rho) - \ln 2 + \int_x^\infty \frac{dt}{t(t^2-1)\ln t}$$

から出発せよ. ただし, 問題 1.36 で述べたように, 信頼できる結果を得るためには Ei を使う必要があることなどの計算上の注意を想起せよ. ここで, 零点 ρ は Riemann の臨界零点で, この和は実部に関する和の 2 倍で置き換えてもよい.

このとき研究問題は, Riemann の臨界零点の情報を使って, $\pi(x)$ をきわめて精密に評価する高速な計算アルゴリズムをみつけることである. 例えばいくつかの零点を使うと, 使った零点の数に応じて決まる値 x までは少なくとも, $\pi(x)$ を整数値の階段関数として計算できるであろう. この問題を次のように拡張するのは難しい問題である. 与えられた x に対して, すべての整数 $n \in [2, x]$ に対して, $\pi(n) = \lfloor \pi_a(n+1/2) \rfloor$ が成立するような近似 $\pi_a(x)$ を計算するには, どのくらいまで臨界線上の ρ を計算しなくてはならないであろうか.

少なくとも $O(\sqrt{x})$ 個の ρ の値が必要であるという理論的な根拠を期待しているので

あるが，ここでは与えられた範囲 x までの近似を正確に行う具体的な関数 $\pi_a(x)$ をみつけることが主眼である．

Riemann の臨界零点を素数の数え上げに利用することに関する参考文献には [Riesel and Göhl 1970] と [Borwein et al. 2000] がある．

4. 素数判定法

　第 3 章では合成数を迅速に見分けるための確率的な方法を述べた．そのような判定法を潜り抜けた数は，素数なのかもしれないし，合成数であると証明し損ねただけなのかもしれない．運悪く合成数である証拠が見つかることなど予想だにしない人は，素数であると納得することになる．しかし，そのことは証明された事実ではなく，数値実験に裏打ちされた予想に過ぎない．本章で扱うのは，素数であると真に判定するための方法である．なお，楕円曲線を用いた素数判定法については 7.6 節で述べる．

4.1　$n-1$ 法

　小さい数が素数かどうかは試し割り算により判定できるが，大きい数に対してはもっとよい方法がある (使用する計算機にもよるが，概ね 10^{12} 以下の数に対しては試し割り算が有効である)．その中のひとつである $n-1$ 法は，最も単純な擬素数判定法でもあった Fermat の小定理 (定理 3.4.1) に基づくもので，n ではなく $n-1$ の分解を考えるという意外とも思われる方法である．

4.1.1　Lucas の定理と Pepin テスト
　まずは 1876 年の E. Lucas によるアイディアから始めよう．

定理 4.1.1 (Lucas の定理).　整数 a, n が $n > 1$ および

$$\begin{cases} a^{n-1} \equiv 1 \pmod{n}, \\ a^{(n-1)/q} \not\equiv 1 \pmod{n} \quad (q \text{ は } n-1 \text{ の任意の素因子}) \end{cases} \tag{4.1}$$

をみたすならば，n は素数である．

証明．　a の $\mathbf{Z}_n^*$ における位数は，(4.1) の最初の条件より $n-1$ の因子であるが，2 番目の条件より $n-1$ の真の因子ではない．したがって a の位数は $n-1$ である．一方，Euler の定理 (2.2) より a の位数は $\varphi(n)$ の因子でもあるから，$n-1 \leq \varphi(n)$ でなければならな

い．いま仮に n が合成数であるとし p をその素因子とすると，n と p は共に $\{1, 2, \ldots, n\}$ に属する n とは素でない数であるから，Euler 関数の定義より $\varphi(n) \leq n - 2$ となる．これは $n - 1 \leq \varphi(n)$ に反するから，n は素数でなければならない． □

補注． 上に述べたような定理 4.1.1 の定式化は Lehmer による．Lucas の元々の結果では，q は $n - 1$ の任意の真の因子となっていた．

Lucas の定理における仮定 (4.1) は素数と無関係ではない．a のような数は原始根と呼ばれ，すべての素数は原始根をもつのである．すなわち，n が素数ならば乗法群 $\mathbf{Z}_n^*$ は巡回群となる (定理 2.2.5 を参照のこと)．なお，素数 n が $n > 200560490131$ をみたすとき，$\{1, 2, \ldots, n-1\}$ に含まれる原始根の個数は $n/(2 \ln \ln n)$ を超えることが知られている．その証明については問題 4.1 を見よ (200560490131 とは，最初の 11 個の素数の積に 1 を加えたもので，これも素数となる)．

このことより，$n > 200560490131$ が素数であるならば，(4.1) をみたす数は確率的アルゴリズムにより容易に見つけられることがわかる．つまり，$1 \leq a \leq n - 1$ なる整数 a をランダムに選ぶことを繰り返せば，だいたい $2 \ln \ln n$ 回以下の試行で求めるものが見つかるはずである．

素数の原始根を見つけるための確定的な多項式時間アルゴリズムは知られていない．しかし，Lucas の定理を用いて素数判定を行う際の主たる障害は，原始根 a を見つけることではなく，$n - 1$ の素因数分解を求めることである．知っての通り，分解するのが大変な数は多々存在する．ただしすべての数がそうだという訳ではない．例えば，2 の冪より 1 だけ大きいような素数を探すことを考えよう．定理 1.3.4 で見たように，そのような素数は $F_k = 2^{2^k} + 1$ の形でなければならない．F_k は Fermat 数と呼ばれ，Fermat はそれらはすべて素数であると予想していた．

1877 年，Pepin は次の定理のような Fermat 数の素数判定法を与えた．

定理 4.1.2 (Pepin テスト). $k \geq 1$ に対し，Fermat 数 $F_k = 2^{2^k} + 1$ が素数であるためには $3^{(F_k - 1)/2} \equiv -1 \pmod{F_k}$ が成り立つことが必要かつ十分である．

証明． まず合同式が成り立っているとすると，$n = F_k$ と $a = 3$ は (4.1) をみたすから，Lucas の定理 4.1.1 により F_k は素数である．逆に F_k が素数であるとする．2^k が偶数であることより $2^{2^k} \equiv 1 \pmod 3$ となるから，$F_k \equiv 2 \pmod 3$ である．一方 $F_k \equiv 1 \pmod 4$ であるから，Legendre 記号 $\left(\frac{3}{F_k}\right)$ は -1 となり，3 は F_k を法として平方非剰余である．よって Euler の規準 (2.6) より求める合同式が得られる． □

Pepin 自身が示したのは 3 の代わりに 5 (かつ $k \geq 3$) としたもので，3 が使えることは Proth と Lucas が指摘した．詳しくは [Williams 1998] や問題 4.5 を参照のこと．

本書を執筆している時点で, Pepin テストが適用できた最大の F_k は F_{24} で, 1.3.2 項で述べたように F_{24} は合成数である. さらには, F_4 から先の Fermat 数の中で素数か否かが判明したものは, すべて合成数であると判定されている.

4.1.2 部分的な分解の利用

Lucas の定理 4.1.1 を用いて素数判定を行う際, 一般に最も大変なのは $n-1$ の完全な素因子分解を求めることである. それでは, $n-1$ の部分的な分解, 例えば

$$n-1 = FR \text{ かつ } F \text{ の素因子分解は完全にわかっている} \tag{4.2}$$

といった情報を役立てることはできないだろうか. F がそこそこ大きく, かつ n が実際に素数である場合には, (4.1) に似た条件を用いて n の素数判定を行うことができる. 初めに述べる次の結果からは, n の素因子に関する情報を引き出すことができる.

定理 4.1.3 (Pocklington). (4.2) の下で, 整数 a で

$$\begin{cases} a^{n-1} \equiv 1 \pmod{n}, \\ \gcd(a^{(n-1)/q} - 1, n) = 1 \quad (q \text{ は } F \text{ の任意の素因子}) \end{cases} \tag{4.3}$$

をみたすものが存在するとする. このとき n の各素因子は F を法として 1 に合同である.

証明. p を n の素因子とする. a^R の $\mathbf{Z}_p^*$ における位数は, (4.3) の最初の条件より $(n-1)/R = F$ の因子であるが, 2番目の条件より F の真の因子ではない. したがって a^R の位数は F である. よって F は群 $\mathbf{Z}_p^*$ の位数である $p-1$ を割り切る. □

系 4.1.4. (4.2) と (4.3) の下で, $F \geq \sqrt{n}$ ならば n は素数である.

証明. 定理 4.1.3 より n の各素因子は F を法として 1 に合同であるから, 特に F よりも大きい. ところが $F \geq \sqrt{n}$ であるから, n の各素因子は $\sqrt{n}$ よりも大きいことになる. よって n は素数でなければならない. □

次の結果は, 比較的小さな F に対しても有効である.

定理 4.1.5 (Brillhart, Lehmer, Selfridge). (4.2) と (4.3) の下で, $n^{1/3} \leq F < n^{1/2}$ であるとし, $n = c_2 F^2 + c_1 F + 1$ を n の F 進展開とする (c_1, c_2 は $[0, F-1]$ 内の整数). このとき, n が素数であるためには $c_1^2 - 4c_2$ が平方数ではないことが必要かつ十分である.

証明. $n \equiv 1 \pmod{F}$ より n の F 進展開における「一の位」は 1 であることがわかる

から，n が $c_2F^2 + c_1F + 1$ と展開されることは問題ない．いま n は合成数であるとする．定理 4.1.3 より，n のすべての素因子は F を法として 1 に合同であるから，$n^{1/3}$ よりも大きい．したがって，n は次のようにちょうど 2 個の素数の積に分解される．

$$n = pq, \quad p = aF + 1, \quad q = bF + 1, \quad a \leq b.$$

このとき

$$c_2F^2 + c_1F + 1 = n = (aF+1)(bF+1) = abF^2 + (a+b)F + 1.$$

これから $c_2 = ab$ と $c_1 = a + b$ が導ければ，$c_1^2 - 4c_2$ は平方数ということになる．

まず $F^3 \geq n > abF^2$ より $ab \leq F - 1$ である．これより $a + b \leq F - 1$ または $a = 1, b = F - 1$ が成り立つことがわかる．後者の場合には $n = (F+1)((F-1)F+1) = F^3 + 1$ となり $F \geq n^{1/3}$ に反するから，ab と $a + b$ は共に F より小さい正の整数である．よって，F 進展開の一意性より，求める $c_2 = ab$ と $c_1 = a + b$ を得る．

逆に $c_1^2 - 4c_2$ が平方数であるとき，$c_1^2 - 4c_2 = u^2$ とすると

$$n = \left(\frac{c_1 + u}{2}F + 1\right)\left(\frac{c_1 - u}{2}F + 1\right).$$

$c_1 \equiv u \pmod{2}$ であるから右辺の因子は共に整数である．また $c_2 > 0$ より $|u| < c_1$ が従うから，この分解は自明ではない．よって n は合成数である． □

定理 4.1.5 を素数判定に用いるためには，整数 $c_1^2 - 4c_2$ が平方数かどうかを迅速に見分けることが必要である．その方法はアルゴリズム 9.2.11 により与えられる．

次の結果は，さらに小さな F に対しても有効である．

定理 4.1.6 (Konyagin, Pomerance). $n \geq 214$ とし，(4.2) と (4.3) の下で，$n^{3/10} \leq F < n^{1/3}$ であるとする．n の F 進展開を $c_3F^3 + c_2F^2 + c_1F + 1$ とし，$c_4 = c_3F + c_2$ と置く．このとき，n が素数であるためには次の 2 つの条件が成り立つことが必要かつ十分である．

(1) $t = 0, 1, 2, 3, 4, 5$ に対して $(c_1 + tF)^2 + 4t - 4c_4$ は平方数ではない．
(2) 多項式 $vx^3 + (uF - c_1v)x^2 + (c_4v - dF + u)x - d \in \mathbf{Z}[x]$ は $aF + 1$ が n の非自明な因子となるような整数根 a をもたない．ただし，u/v は c_1/F の (連分数展開から得られる) 近似分数で，条件 $v < F^2/\sqrt{n}$ の下で v が最大であるようなものである．また $d = \lfloor c_4v/F + 1/2 \rfloor$．

証明． n の各素因子は F を法として 1 に合同である (定理 4.1.3) から，n が合成数であることと $n = (a_1F + 1)(a_2F + 1)$ なる正の整数 $a_1 \leq a_2$ が存在することは同値である．いま n は合成数であるとし，(1) と (2) が成り立っているとする．このとき，まず

$$n = c_4F^2 + c_1F + 1 = a_1a_2F^2 + (a_1 + a_2)F + 1$$

より
$$a_1 a_2 = c_4 - t, \quad a_1 + a_2 = c_1 + tF \tag{4.4}$$
となるような整数 $t \geq 0$ が存在することがわかるが，条件 (1) より $t \geq 6$ でなければならない．したがって
$$a_2 \geq \frac{a_1 + a_2}{2} \geq \frac{c_1 + 6F}{2} \geq 3F$$
となり，
$$a_1 < \frac{n}{a_2 F^2} \leq \frac{n}{3F^3}. \tag{4.5}$$
また，(4.4) より
$$t \leq \frac{a_1 + a_2}{F} \leq \frac{a_1 a_2 + 1}{F} < \frac{c_4}{F} < \frac{n}{F^3}. \tag{4.6}$$
さらに，(4.4) より次もわかる．
$$a_1 c_1 + a_1 tF = a_1^2 + c_4 - t. \tag{4.7}$$

さて，条件 (2) の記号を用いると，(4.7) より
$$\begin{aligned}
a_1 u + a_1 tv - \frac{c_4 v}{F} &= a_1 v\left(\frac{u}{v} - \frac{c_1}{F}\right) + (a_1 c_1 + a_1 tF)\frac{v}{F} - \frac{c_4 v}{F} \\
&= a_1 v\left(\frac{u}{v} - \frac{c_1}{F}\right) + (a_1^2 + c_4 - t)\frac{v}{F} - \frac{c_4 v}{F} \\
&= a_1 v\left(\frac{u}{v} - \frac{c_1}{F}\right) + (a_1^2 - t)\frac{v}{F}.
\end{aligned} \tag{4.8}$$

また，(4.5), (4.6) と $t \geq 6$ より
$$|a_1^2 - t| < \max\{a_1^2, t\} \leq \max\left\{\frac{1}{9}\left(\frac{n}{F^3}\right)^2, \frac{n}{F^3}\right\} \leq \frac{1}{6}\left(\frac{n}{F^3}\right)^2. \tag{4.9}$$
$u/v = c_1/F$ である場合には，(4.8) と (4.9) より
$$\left|a_1 u + a_1 tv - \frac{c_4 v}{F}\right| = |a_1^2 - t|\frac{v}{F} < \frac{1}{6}\left(\frac{n}{F^3}\right)^2 \frac{v}{F} < \frac{n^2}{6F^7} \cdot \frac{F^2}{\sqrt{n}} = \frac{n^{3/2}}{6F^5} \leq \frac{1}{6} \tag{4.10}$$
となる．$u/v \neq c_1/F$ のときには，u'/v' を u/v の次の (c_1/F の) 近似分数とすれば
$$v < \frac{F^2}{\sqrt{n}} \leq v', \quad \left|\frac{u}{v} - \frac{c_1}{F}\right| \leq \frac{1}{vv'} \leq \frac{\sqrt{n}}{vF^2}$$
となるから，(4.5), (4.8) ならびに (4.10) の計算より
$$\left|a_1 u + a_1 tv - \frac{c_4 v}{F}\right| \leq a_1 v \frac{\sqrt{n}}{vF^2} + \frac{1}{6} < \frac{n^{3/2}}{3F^5} + \frac{1}{6} \leq \frac{1}{2}.$$
したがって，いずれの場合にも $d' = a_1 u + a_1 tv$ と置けば $|d' - c_4 v/F| < 1/2$ が成り立つ．つまり $d' = \lfloor c_4 v/F + 1/2 \rfloor$ となり，これより $d = a_1 u + a_1 tv$ がわかる．(4.7) に

a_1v を掛けて
$$va_1^3 - c_1va_1^2 - a_1^2 tvF - a_1tv + c_4a_1v = 0$$
を得るが，さらに $-a_1tv = ua_1 - d$ を用いると
$$va_1^3 + (uF - c_1v)a_1^2 + (c_4v - dF + u)a_1 - d = 0.$$
これは条件 (2) に反する．以上で n が合成数ならば (1) か (2) のどちらかは成り立たないことが示せた．

次に n は素数であるとし，$t \in \{0, 1, 2, 3, 4, 5\}$ と整数 u に対して $(c_1+tF)^2-4c_4+4t = u^2$ が成り立ったとすると，
$$n = (c_4 - t)F^2 + (c_1 + tF)F + 1$$
$$= \left(\frac{c_1 + tF + u}{2}F + 1\right)\left(\frac{c_1 + tF - u}{2}F + 1\right).$$
n は素数であるから，これは自明な分解でなければならない．すなわち
$$c_1 + tF - |u| = 0$$
となるが，これより $c_4 = t$ が従う．他方 $c_4 \geq F \geq n^{3/10} \geq 214^{3/10} > 5 \geq t$ であるから，これは矛盾である．よって (1) が成り立たないのならば n は合成数でなければならない．なお，n が素数ならば (2) が成り立つことは明らかである． □

定理 4.1.5 と同様に，定理 4.1.6 を素数判定に用いるのであれば，アルゴリズム 9.2.11 が平方数の判定に使える．加えて，条件 (2) に現れた 3 次式の整数根を求めるには Newton 法や分割統治法が使える．次に，定理 4.1.3 から定理 4.1.6 までをひとつのアルゴリズムに具体化してみよう．

アルゴリズム 4.1.7 ($n-1$ 法). $n \geq 214$ を整数とし，$F \geq n^{3/10}$ に対して (4.2) が成り立っているとする．この確率的アルゴリズムは，n が素数 (YES) か合成数 (NO) かを判定する．

1. [Pocklington テスト]
    $a \in [2, n-2]$ をランダムに選ぶ;
    if($a^{n-1} \not\equiv 1 \pmod{n}$) return NO;   //$n$ は合成数.
    for(素数 $q \mid F$) {
        $g = \gcd\left((a^{(n-1)/q} \bmod n) - 1, n\right)$;
        if($1 < g < n$) return NO;
        if($g == n$) goto [Pocklington テスト]
    }   // for() ループの通過は (4.3) の成立を意味する.
2. [F が大きい場合]
    if($F \geq n^{1/2}$) return YES;

3. [F が中程度の場合]
   if($n^{1/3} \leq F < n^{1/2}$) {
       n を F 進展開: $n = c_2 F^2 + c_1 F + 1$;
       if($c_1^2 - 4c_2$ は平方数でない) return YES;
       return NO;
   }
4. [F が小さい場合]
   if($n^{3/10} \leq F < n^{1/3}$) {
       定理 4.1.6 の条件 (1), (2) が成り立っていれば, return YES;
       return NO;
   }

アルゴリズム 4.1.7 は確率的ではあるが, 返り値である YES (n は素数) や NO (n は合成数) は厳密なものである. なお, ステップ [Pocklington テスト] における高次の冪 $a^{(n-1)/q} \bmod n$ や $a^{n-1} \bmod n$ の計算には, アルゴリズム 2.2.10 のような方法を用いて労力を節約した方がよい.

4.1.3 簡潔な証明書

素数判定の最終的な目標は, 入力された素数が真に素数であることの短い証明を迅速に見つけることである. だが, そもそも短い証明は存在するのだろうか. もし存在しないのであれば, このような努力は無駄ということになる. 実は, すべての素数 p に対してそのような証明が存在することが示せるのである. それが以下に述べる V. Pratt が「簡潔な証明書」と呼んだ方法である.

実際, Lucas の定理 4.1.1 に基づく短い証明は常に存在する. $p-1$ の完全な素因子分解と原始根 a が何らかの方法で見つかりさえすれば条件 (4.1) は即座に確かめられるから, このことは明らかに思われるかもしれない.

しかし, 証明を完了するためには $p-1$ が完全に素因子分解できたこと, すなわち (4.1) の q が本当に素数であることを確かめる必要がある. つまり, p 以外の数に対しても素数判定を繰り返し行う必要があり, そのために計算量が発散してしまう恐れが生じる. 証明の核心は, 最悪の場合を想定して計算量を評価することにある.

その前に, Lucas の定理 4.1.1 をもう少し実用的なものに書き直しておこう. $p-1$ の素因子 q のうち, $q=2$ だけを他の素因子とは別に扱うのである. つまり, $a^{(p-1)/2}$ は p を法として ± 1 に合同で, $a^{(p-1)/2} \equiv -1 \pmod{p}$ であれば $a^{p-1} \equiv 1 \pmod{p}$ は自動的に成り立つ. また, $q \neq 2$ を $p-1$ の素因子とするとき, $m = a^{(p-1)/2q}$ と置けば, $m^q \equiv -1 \pmod{p}$ と $m^2 \equiv 1 \pmod{p}$ から $m \equiv -1 \pmod{p}$ が従う (このことは p が素数でなくとも正しい). よって $a^{(p-1)/q} \not\equiv 1 \pmod{p}$ を示すためには $a^{(p-1)/2q} \not\equiv -1 \pmod{p}$ を示せば十分である. 以上より次の結果を得る.

定理 4.1.8. $p>1$ を奇数とし，整数 a で

$$\begin{cases} a^{(p-1)/2} \equiv -1 \pmod{p}, \\ a^{(p-1)/2q} \not\equiv -1 \pmod{p} \quad (q \neq 2 \text{ は } p-1 \text{ の任意の素因子}) \end{cases} \tag{4.11}$$

をみたすものが存在するとする．このとき p は素数である．逆に p を奇素数とするとき，p の任意の原始根 a は条件 (4.11) をみたす．

ここで「Lucas 木」とでも呼ぶべきものを描いてみよう．それは奇素数を頂点とする根つき木で，p を根 (第 0 段) とする．また，第 $k-1$ 段 ($k > 0$) に素数 q があるとき，第 k 段には $q-1$ の素因子 $r \neq 2$ が q と結んで配置される．例えば，$p = 1279$ に対する Lucas 木は次のようになる．

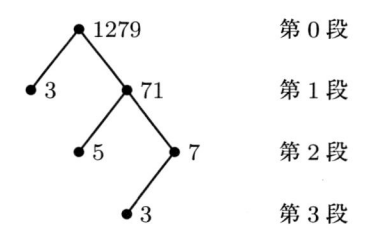

```
        •1279           第 0 段
       /    \
     •3     •71         第 1 段
           /    \
         •5     •7      第 2 段
                \
                •3      第 3 段
```

定理 4.1.8 と Lucas 木を用いて p を素数であると証明するために必要な (p を超えない整数を用いた) 法乗算の回数を $M(p)$ とする．ただし，冪の計算には冪階梯 (アルゴリズム 2.1.5) を用いる．

例えば，$p = 1279$ のときには，少なくとも次のような合同式を確認する必要がある．

$$3^{1278/2} \equiv -1 \pmod{1279}, \qquad 3^{1278/6} \equiv 775 \pmod{1279},$$
$$3^{1278/142} \equiv 498 \pmod{1279},$$
$$2^{2/2} \equiv -1 \pmod{3},$$
$$7^{70/2} \equiv -1 \pmod{71}, \qquad 7^{70/10} \equiv 14 \pmod{71},$$
$$7^{70/14} \equiv 51 \pmod{71},$$
$$2^{4/2} \equiv -1 \pmod{5},$$
$$3^{6/2} \equiv -1 \pmod{7}, \qquad 3^{6/6} \equiv 3 \pmod{7},$$
$$2^{2/2} \equiv -1 \pmod{3}.$$

これらの冪の計算には，冪階梯を用いて，次の回数だけ法乗算を行うことになる．

$$1278/2 : 16$$
$$1278/6 : 11$$
$$1278/142 : 4$$
$$2/2 : 0$$
$$70/2 : 7$$
$$70/10 : 4$$
$$70/14 : 3$$
$$4/2 : 1$$
$$6/2 : 2$$
$$6/6 : 0$$
$$2/2 : 0.$$

よって，冪階梯を使えば，必要な法乗算は全部で 48 回で，$M(1279) = 48$ となる．

次の結果は，本質的には [Pratt 1975] による．

定理 4.1.9. 任意の奇素数 p に対し，$M(p) < 2 \lg^2 p$．

証明. まず，$N(p)$ を p に関する Lucas 木における奇素数の (重複度も込めた) 個数とし，$N(p) < \lg p$ を示す．この不等式は $p = 3$ のときには明らかに成り立つ．いま，不等式が p より小さいすべての奇素数に対して成り立っているとする．もし $p - 1$ が 2 の冪ならば $N(p) = 1 < \lg p$．また $p - 1$ が奇素数 $q_1, \ldots, q_k$ を因子とする場合には，帰納法の仮定より

$$N(p) = 1 + \sum_{i=1}^{k} N(q_i) < 1 + \sum_{i=1}^{k} \lg q_i = 1 + \lg(q_1 \cdots q_k) \leq 1 + \lg\left(\frac{p-1}{2}\right) < \lg p.$$

よって $N(p) < \lg p$ は常に成り立つ．

さて，$r < p$ を p に関する Lucas 木に現れる奇素数とすると，その Lucas 木には $r \mid q - 1$ と $q \leq p$ をみたす (r とは異なる) 素数 q も現れる．p の素数判定のためには，適当な a に対して $a^{(q-1)/2r} \not\equiv -1 \pmod{q}$ が成り立つことと，適当な b に対して $b^{(r-1)/2} \equiv -1 \pmod{r}$ が成り立つことを示す必要がある．ここで，冪階梯を用いた m 乗の計算に必要な法乗算の回数は高々 $2 \lg m$ であるから，上で述べた計算に要する法乗算の回数は

$$2\lg\left(\frac{q-1}{2r}\right) + 2\lg\left(\frac{r-1}{2}\right) < 2\lg q - 4 < 2\lg p$$

を超えない．よって

$$M(p) < 2\lg\left(\frac{p-1}{2}\right) + (N(p) - 1) 2 \lg p < 2 \lg p + (\lg p - 1) 2 \lg p = 2 \lg^2 p$$

と求める不等式を得る． □

より効率的な計算法を用いれば，係数の 2 を取り除くことも可能である．一方，Lucas 木を用いた素数判定に必要な法乗算の回数の下からの評価はよくわかっていない．例えば，無数に多くの素数 p に対して $c \lg^2 p$ 回以上の法乗算が必要となるような，定数 $c > 0$ が存在するかどうかはわかっていない．$M(p) = o(\lg^2 p)$ をみたす素数 p が無数に存在するかどうかも不明である．しかし，定理 7.6.1 ([Pomerance 1987a] も参照のこと) から，任意の素数 p の素数判定が法乗算を高々 $O(\lg p)$ 回しか用いないで行えるような方法が，原理上は存在することがわかっている．存在するとなれば知りたくなるのが人情だが，そのような短い証明を見つけることはやさしくはない．

4.2 $n+1$ 法

前節で述べた $n-1$ 法によって n が素数であることを示す際，最も大変なのは $n-1$ の完全に分解された因子で比較的大きなものを見つけることである．Fermat 数のように特殊な形をした n に対しては，そのような問題は生じない．Pepin テストが得られたのは，このような事情による．他の形をした n, 例えば Mersenne 数 $M_p = 2^p - 1$ のように $n+1$ の素因子分解がわかっているような数に対しても，同じようなことができないだろうか．実は，そのような情報も n の素数判定に役立てることができるのである．

4.2.1 Lucas–Lehmer テスト

$a, b \in \mathbf{Z}$ とし，
$$f(x) = x^2 - ax + b, \quad \Delta = a^2 - 4b \tag{4.12}$$
と置く．3.6.1 項で述べた Lucas 数列 $(U_k), (V_k)$ を思い出そう．
$$U_k = \frac{x^k - (a-x)^k}{x - (a-x)} \pmod{f(x)}, \quad V_k = x^k + (a-x)^k \pmod{f(x)}. \tag{4.13}$$
これらは次数をもたない多項式，すなわち整数であった．

定義 4.2.1. 上の記号の下で，n を $\gcd(n, 2b\Delta) = 1$ なる正の整数とするとき，$U_r \equiv 0 \pmod{n}$ をみたす最小の正の整数 r を n の出現順位といい，$r_f(n)$ で表す．

この出現順位 (rank of appearance) という概念は幽霊順位 (rank of apparition) と呼ばれることもあるが，Ribenboim によれば，これはフランス語の apparition (出現と幽霊の両方の意味がある) の誤訳だそうである．出現順位と幽霊には何の関係もない．

(4.13) から直ちにわかるように，数列 (U_k) は整除性を保つ．すなわち，$k \mid j$ ならば $U_k \mid U_j$ が成り立つ ($U_k = U_j = 0$ の場合も含む)．また，$\gcd(n, 2b\Delta) = 1$ であるとき，$U_j \equiv 0 \pmod{n}$ は $j \equiv 0 \pmod{r_f(n)}$ と同値であることも示せる．よって定理 3.6.3 により次がわかる．

定理 4.2.2. f, Δ は (4.12) の通りとし, p を $2b\Delta$ を割らない素数とする. このとき $r_f(p) \mid p - \left(\frac{\Delta}{p}\right)$. ($\left(\frac{\cdot}{p}\right)$ は定義 2.3.2 で定めた Legendre 記号である.)

定理 4.1.3 の類似物として, 次を得る.

定理 4.2.3 (Morrison). f, Δ は (4.12) の通りとし, 整数 $n > 0$ は $\gcd(n, 2b) = 1$ と $\left(\frac{\Delta}{n}\right) = -1$ をみたすとする. このとき, $n + 1$ の因子 F で

$$\begin{cases} U_{n+1} \equiv 0 \pmod{n}, \\ \gcd(U_{(n+1)/q}, n) = 1 \quad (q \text{ は } F \text{ の任意の素因子}) \end{cases} \tag{4.14}$$

をみたすものが存在するならば, n の任意の素因子 p に対して $p \equiv \left(\frac{\Delta}{p}\right) \pmod{F}$ が成り立つ. 特に, $F > \sqrt{n} + 1$ ならば n は素数である. ($\left(\frac{\cdot}{n}\right)$ は定義 2.3.3 で定めた Jacobi 記号である.)

証明. p を n の素因子とすると, (4.14) より F は $r_f(p)$ を割り切ることがわかるから, 定理 4.2.2 より $p \equiv \left(\frac{\Delta}{p}\right) \pmod{F}$ となる. また, $F > \sqrt{n} + 1$ であるとき, n の各素因子 p は $p \geq F - 1 > \sqrt{n}$ をみたすから, n は素数でなければならない. □

定理 4.2.3 を用いて素数判定を行うためには, (4.12) の f として適切なものを見つける必要がある. アルゴリズム 4.1.7 で a をランダムに選んだのと同様に, (4.12) の a, b はランダムにとってよい. 次の結果が示唆するように, n が素数であったとき, 適切な a, b が見つかるまでの試行回数はそれほど多くはない.

定理 4.2.4. p を奇素数とし, 条件 $\left(\frac{\Delta}{p}\right) = -1$ と $r_f(p) = p + 1$ をみたす $a, b \in \{0, 1, \ldots, p - 1\}$ の組の個数を N とする. ただし f, Δ は (4.12) により定める. このとき $N = \frac{1}{2}(p - 1)\varphi(p + 1)$.

証明は読者への問題としておく (問題 4.12). 定理 4.2.4 から, n が奇素数で a, b を $\{0, 1, \ldots, n - 1\}$ からランダムに選ぶ (ただし $a = b = 0$ は除く) とき, $r_f(n) = n + 1$ をみたす f が見つかるまでの試行回数の期待値は $2(n + 1)/\varphi(n + 1)$ であることがわかる. $n > 892271479$ ならば, この期待値は $4\ln\ln n$ よりも小さい. 詳しくは問題 4.16 を参照のこと.

(4.13) の数列 V の方を用いて素数判定を行うこともできる.

定理 4.2.5. f, Δ は (4.12) の通りとし, n を $\gcd(n, 2b) = 1$ と $\left(\frac{\Delta}{n}\right) = -1$ をみたす正の整数とする. このとき, $n + 1$ の偶数の因子 F で

$$\begin{cases} V_{F/2} \equiv 0 \pmod{n}, \\ \gcd(V_{F/2q}, n) = 1 \quad (q \neq 2 \text{ は } F \text{ の任意の素因子}) \end{cases} \tag{4.15}$$

をみたすものが存在するならば，n の任意の素因子 p は $p \equiv \left(\frac{\Delta}{p}\right) \pmod{F}$ をみたす．特に，$F > \sqrt{n} + 1$ ならば n は素数である．

証明．奇素数 p が U_m と V_m を共に割り切ったとする．このとき (4.13) より $x^m \equiv (a-x)^m \pmod{(f(x), p)}$ と $x^m \equiv -(a-x)^m \pmod{(f(x), p)}$ がわかるから，$x^m \equiv 0 \pmod{(f(x), p)}$. したがって $b^m \equiv (x(a-x))^m \equiv 0 \pmod{(f(x), p)}$ となり，p は b を割り切ることがわかる．よって，n が $2b$ と互いに素であることと $U_{2m} = U_m V_m$ より

$$\gcd(U_{2m}, n) = \gcd(U_m, n) \cdot \gcd(V_m, n).$$

つまり，(4.15) の初めの条件より $U_F \equiv 0 \pmod{n}$ と $\gcd(U_{F/2}, n) = 1$ が得られる．さて，$q \neq 2$ を F の素因子とすると，$U_{F/q} = U_{F/2q} V_{F/2q}$ は n と互いに素である．実際，$U_{F/2q}$ は $U_{F/2}$ を割り切り，$\gcd(U_{F/2q}, n) = 1$ であるから，(4.15) の 2 番目の条件より $\gcd(U_{F/q}, n) = 1$ でなければならない．以上より，n の任意の素因子 p は $r_f(p) = F$ をみたすことが定理 4.2.3 の証明と同様にしてわかり，これより $p \equiv \left(\frac{\Delta}{p}\right) \pmod{F}$ を得る． □

$n-1$ 法が Fermat 数に適合したように，$n+1$ 法を Mersenne 数に適用すれば，高速な素数判定法が得られる．

定理 4.2.6 (Mersenne 素数に対する Lucas–Lehmer テスト). 数列 (v_k) を $v_0 = 4$ と $v_{k+1} = v_k^2 - 2$ により定める．このとき，奇素数 p に対して，$M_p = 2^p - 1$ が素数であるためには $v_{p-2} \equiv 0 \pmod{M_p}$ が成り立つことが必要かつ十分である．

証明．$f(x) = x^2 - 4x + 1$ と置くと $\Delta = 12$ となる．また $M_p \equiv 3 \pmod{4}$ と $M_p \equiv 1 \pmod{3}$ より，$\left(\frac{\Delta}{M_p}\right) = -1$ がわかる．そこで $F = 2^{p-1} = (M_p + 1)/2$ に対して定理 4.2.5 を適用することを考える．このとき (4.15) は $V_{2^{p-2}} \equiv 0 \pmod{M_p}$ という簡単な条件になる．また $x(4-x) \equiv 1 \pmod{f(x)}$ より

$$V_{2m} \equiv x^{2m} + (4-x)^{2m} \equiv (x^m + (4-x)^m)^2 - 2x^m(4-x)^m \equiv V_m^2 - 2 \pmod{f(x)}$$

((3.15) を参照のこと). よって $V_1 = 4$ より $V_{2^k} = v_k$ がわかり，定理 4.2.5 より $v_{p-2} \equiv 0 \pmod{M_p}$ ならば M_p は素数である．

逆に $M = M_p$ は素数であるとする．このとき $\left(\frac{\Delta}{M}\right) = -1$ であることより $\mathbf{Z}[x]/(f(x), M)$ は有限体 $\mathbf{F}_{M^2}$ と同型になることがわかる．よって M 乗写像は有限体 $\mathbf{Z}[x]/(f(x), M)$ の自己同型を与え，これより $x^M \equiv 4 - x \pmod{(f(x), M)}$ がわか

る (定理 3.6.3 の証明を参照のこと). さて, $(x-1)^{M+1}$ を 2 通りの方法で計算してみよう. まず, $(x-1)^2 \equiv 2x \pmod{f(x)}$ と, Euler の規準から $2^{(M-1)/2} \equiv \left(\frac{2}{M}\right) \equiv 1 \pmod{M}$ となることより,

$$(x-1)^{M+1} \equiv (2x)^{(M+1)/2} = 2 \cdot 2^{(M-1)/2} x^{(M+1)/2}$$
$$\equiv 2x^{(M+1)/2} \pmod{(f(x), M)}.$$

次に

$$(x-1)^{M+1} = (x-1)(x-1)^M \equiv (x-1)(x^M-1) \equiv (x-1)(3-x)$$
$$\equiv -2 \pmod{(f(x), M)}.$$

上の 2 式より $x^{(M+1)/2} \equiv -1 \pmod{(f(x), M)}$, すなわち $x^{2^{p-1}} \equiv -1 \pmod{(f(x), M)}$ がわかる. これを自己同型で写すと $(4-x)^{2^{p-1}} \equiv -1 \pmod{(f(x), M)}$ が得られるから, $U_{2^{p-1}} \equiv 0 \pmod{M}$ となる. いま仮に $U_{2^{p-2}} \equiv 0 \pmod{M}$ が成り立ったとすると, $x^{2^{p-2}} \equiv (4-x)^{2^{p-2}} \pmod{(f(x), M)}$ となり,

$$-1 \equiv x^{2^{p-1}} \equiv x^{2^{p-2}}(4-x)^{2^{p-2}} \equiv (x(4-x))^{2^{p-2}} \equiv 1^{2^{p-2}} \equiv 1 \pmod{(f(x), M)}$$

と矛盾が生じる. したがって $U_{2^{p-2}} \not\equiv 0 \pmod{M}$ となり, $U_{2^{p-1}} = U_{2^{p-2}} V_{2^{p-2}}$ より $V_{2^{p-2}} \equiv 0 \pmod{M}$ がわかる. ところがすでに見たように $V_{2^{p-2}} = v_{p-2}$ であるから, $v_{p-2} \equiv 0 \pmod{M}$ となる. □

アルゴリズム 4.2.7 (Mersenne 素数に対する Lucas–Lehmer テスト). p を与えられた奇素数とする. このアルゴリズムは $2^p - 1$ が素数 (YES) か合成数 (NO) かを判定する.
1. [初期化]
    $v = 4$;
2. [Lucas–Lehmer 数列の計算]
    for($k \in [1, p-2]$) $v = (v^2 - 2) \bmod (2^p - 1)$;   // k はダミーカウンタ.
3. [剰余の確認]
    if($v == 0$) return YES;   // $2^p - 1$ は素数.
    return NO;   // $2^p - 1$ は合成数.

第 1 章で触れ, またアルゴリズム 9.5.19 の前後で議論するように, Lucas–Lehmer テストは一定の成功を収めた著名な判定法である. この判定法は驚くほど単純であるが, ステップ [Lucas–Lehmer 数列の計算] における $p-2$ 回の 2 乗算の繰り返しを効率よくする余地が残されている.

4.2.2 改良された $n+1$ 法と組み合わせ n^2-1 法

$n-1$ 法は，$n-1$ の大きな因子で素因数分解がわかっているものがある場合には有効に機能した．同様に，$n+1$ 法を適用するためには，$n+1$ の大きな因子で完全に分解されたものを見つける必要がある．本項では定理 4.2.3 を改良して定理 4.1.5 と似た結果を導く．その際に必要とされる $n+1$ の完全に分解された因子は，立方根よりも大きければよい．(定理 4.1.6 と同様のアイディアを使えば，3/10 乗根まで改良することもできる．) その後，$n-1$ の因子と $n+1$ の因子 (つまり n^2-1 の因子) を組み合わせた判定法にも触れる．

定理 4.2.8. f, Δ は (4.12) の通りとし，n を $\gcd(n, 2b) = 1$ と $\left(\frac{\Delta}{n}\right) = -1$ をみたす正の整数とする．また，$n+1$ は $n+1 = FR$ (ただし $F > n^{1/3}+1$) と分解され，(4.14) が成り立っているとする．さらに $R = r_1 F + r_0$ を R の F 進展開とする $(0 \leq r_i \leq F-1)$．このとき，n が素数であるためには，$x^2 + r_0 x - r_1$ と $x^2 + (r_0 - F)x - r_1 - 1$ がいずれも正整数の根をもたないことが必要かつ十分である．

$R < F$ である場合には $r_1 = 0$ となり，どちらの 2 次式も正整数の根をもたない．したがって，定理 4.2.8 は定理 4.2.3 の最後の主張を含んでいる．

証明. 定理 4.2.3 より，n のすべての素因子 p は $p \equiv \left(\frac{\Delta}{p}\right) \pmod{F}$ をみたす．したがって，n が合成数であるならば，$n = pq$ と 2 個の素数の積に分解されなければならない．実際，仮に n が 3 個以上の素数の積に分解されたとすると $n \geq (F-1)^3$ となり仮定に反する．そのとき $-1 = \left(\frac{\Delta}{n}\right) = \left(\frac{\Delta}{p}\right)\left(\frac{\Delta}{q}\right)$ となるから，必要ならば p, q を入れ換えることにより，$\left(\frac{\Delta}{p}\right) = 1$, $\left(\frac{\Delta}{q}\right) = -1$ がわかる．よって p, q は正の整数 c, d を用いて $p = cF+1$, $q = dF-1$ と書ける．ここで，$(F^2+1)(F-1) > n$ と $(F+1)(F^2-1) > n$ より $1 \leq c, d \leq F-1$ がわかる．また

$$r_1 F + r_0 = R = \frac{n+1}{F} = cdF + d - c$$

より $d - c \equiv r_0 \pmod{F}$．これより $d = c + r_0$ または $d = c + r_0 - F$ がわかる．そこで $d = c + r_0 - iF$ (i は 0 または 1) とすると

$$r_1 F + r_0 = c(c + r_0 - iF)F + r_0 - iF$$

より $r_1 = c(c + r_0 - iF) - i$, すなわち

$$c^2 + (r_0 - iF)c - r_1 - i = 0$$

が従う．つまり $i = 0, 1$ のいずれかに対して $x^2 + (r_0 - iF)x - r_1 - i$ は正整数の根をもつ．以上で十分性が示せた．

逆に，$x^2 + (r_0 - iF)x - r_1 - i$ が $i = 0$ または $i = 1$ に対して正整数の根 c をもった

とすると，上の計算を逆に辿ることにより $cF+1$ は n の因子であることがわかる．ところが $n \equiv -1 \pmod{F}$ であって，また仮定より $F > 2$ がわかるから，n は合成数となる． □

F に関する条件は $F \geq n^{3/10}$ まで改良することができる．証明は定理 4.1.6 とまったく同様なので，問題としておく (問題 4.15)．

定理 4.2.9. $n \geq 214$ とし，仮定は定理 4.2.8 と同様 (ただし F の範囲は $n^{3/10} \leq F \leq n^{1/3} + 1$) とする．また，$n+1 = c_3 F^3 + c_2 F^2 + c_1 F$ を $n+1$ の F 進展開とし，$c_4 = c_3 F + c_2$ と置く．このとき，n が素数であるためには，次の 2 つの条件が成り立つことが必要かつ十分である．
(1) $|t| \leq 5$ なる整数 t に対して $(c_1 + tF)^2 - 4t + 4c_4$ は平方数ではない．
(2) 多項式 $vx^3 - (uF - c_1 v)x^2 - (c_4 v - dF + u)x + d$ は $aF + 1$ が n の非自明な因子となるような整数根 a をもたず，多項式 $vx^3 + (uF - c_1 v)x^2 - (c_4 v + dF + u)x + d$ は $bF - 1$ が n の非自明な因子となるような整数根 b をもたない．ただし，u/v は c_1/F の (連分数展開から得られる) 近似分数で，条件 $v < F^2/\sqrt{n}$ の下で v が最大であるようなものである．また $d = \lfloor c_4 v/F + 1/2 \rfloor$．

次の結果は，$n-1$ の因子と $n+1$ の因子を組み合わせて用いた，n の素数判定法である．

定理 4.2.10 (Brillhart, Lehmer, Selfridge). n を正の整数，$F_1 \mid n-1$ とし，適当な整数 a_1 と $F = F_1$ に対して (4.3) が成り立っているとする．また f, Δ は (4.12) の通りとし，$\gcd(n, 2b) = 1$, $\left(\frac{\Delta}{n}\right) = -1$, $F_2 \mid n+1$, および $F = F_2$ に対して (4.14) が成り立っているとする．さらに F を F_1, F_2 の最小公倍数とする．このとき，n の各素因子は F を法として 1 または n に合同である．特に，$F > \sqrt{n}$ で $n \bmod F$ が n の非自明な因子でないならば，n は素数である．

F_1, F_2 が共に偶数であるときには $F = \frac{1}{2} F_1 F_2$ となり，そうでないときには $F = F_1 F_2$ となる．

証明． p を n の素因子とすると，定理 4.1.3 より $p \equiv 1 \pmod{F_1}$ であり，定理 4.2.3 より $p \equiv \left(\frac{\Delta}{p}\right) \pmod{F_2}$ である．$\left(\frac{\Delta}{p}\right) = 1$ の場合には $p \equiv 1 \pmod{F}$ となり，$\left(\frac{\Delta}{p}\right) = -1$ の場合には $p \equiv n \pmod{F}$ となる．なお最後の主張は容易． □

4.2.3 剰余類に含まれる因子

$F < n^{1/2}$ であるとき，定理 4.2.10 から何が言えるだろうか．もしも n の素因子のうち F を法として 1 または n に合同であるようなものが迅速に見つけられるのであれ

4.2 $n+1$ 法

ば，定理を役立てることができる．[Lenstra 1984] による次のアルゴリズムは，$F/n^{1/3}$ がそれほど小さくない場合には，そのような高速な方法を与える．

アルゴリズム 4.2.11 (剰余類に含まれる因子). n, r, s を与えられた正の整数で $r < s < n$ と $\gcd(r, s) = 1$ をみたすものとする．このアルゴリズムは，n の因子で s を法として r に合同であるようなもののリストを作成する．

1. [初期化]
   $r^* = r^{-1} \bmod s$;
   $r' = nr^* \bmod s$;
   $(a_0, a_1) = (s, r'r^* \bmod s)$;
   $(b_0, b_1) = (0, 1)$;
   $(c_0, c_1) = (0, r^*(n - rr')/s \bmod s)$;

2. [数列の計算]
   数列 $(a_i), (q_i)$ を $a_i = a_{i-2} - q_i a_{i-1}$ および $0 \leq a_i < a_{i-1}$ (i が偶数の場合)，$0 < a_i \leq a_{i-1}$ (i が奇数の場合) により定める．$a_t = 0$ (t は偶数) となったら終了;
   数列 $(b_i), (c_i)$ ($i = 0, 1, \ldots, t$) を $b_i = b_{i-2} - q_i b_{i-1}$，$c_i = c_{i-2} - q_i c_{i-1}$ により定める;

3. [ループ]
   for $(0 \leq i \leq t)$ {
     $c \equiv c_i \pmod{s}$ かつ $|c| < s$ (i が偶数の場合)，$2a_i b_i < c < a_i b_i + n/s^2$ (i が奇数の場合) なる整数 c に対し，連立方程式

   $$xa_i + yb_i = c, \quad (xs + r)(ys + r') = n \tag{4.16}$$

   を x, y について解く;
     非負の整数解 (x, y) が見つかったら，report $xs + r$;
   }

このアルゴリズムの正当性は次の定理により保証される．

定理 4.2.12 (Lenstra). アルゴリズム 4.2.11 により，s を法として r と合同であるような n の因子はすべて求められる．さらに，$s \geq n^{1/3}$ ならば，実行には $O(\ln n)$ 回の整数 (サイズは $O(n)$) の算術演算，および $O(\ln n)$ 回の整数 (サイズは $O(n^7)$) の平方根の整数部分の計算を要する．

証明． 初めに数列 $(a_i), (b_i)$ の簡単な性質を見る．まず明らかに

$$a_i > 0 \quad (0 \leq i < t), \quad a_t = 0. \tag{4.17}$$

また
$$b_{i+1}a_i - a_{i+1}b_i = (-1)^i s \quad (0 \le i < t). \tag{4.18}$$

実際, (4.18) は $i=0$ で成り立つ. また $i-1$ (ただし $0 < i < t$) のときに成り立つと仮定すれば
$$\begin{aligned}b_{i+1}a_i - a_{i+1}b_i &= (b_{i-1} - q_{i+1}b_i)a_i - (a_{i-1} - q_{i+1}a_i)b_i \\ &= b_{i-1}a_i - a_{i-1}b_i \\ &= (-1)^i s.\end{aligned}$$

よって帰納法により (4.18) を得る.

さらに
$$b_0 = 0, \quad b_i < 0 \ (i \text{ が } 0 \text{ 以外の偶数のとき}), \quad b_i > 0 \ (i \text{ が奇数のとき}). \tag{4.19}$$

実際, (4.19) は $i=0,1$ で成り立ち, $b_i = b_{i-2} - q_i b_{i-1}$ と $q_i > 0$ を用いれば, $i-1$ と $i-2$ の場合から i の場合が導ける. よって帰納法により (4.19) を得る.

いま $xs+r \ (x \ge 0)$ を n の因子とし, この因子が上のアルゴリズムにより見つかることを示す. r' の定義より $n = (xs+r)(ys+r')$ となるような $y \ge 0$ が存在する. この y について
$$xa_i + yb_i \equiv c_i \pmod{s} \quad (0 \le i \le t). \tag{4.20}$$

実際, (4.20) は $i=0$ では明らかであり, $n=(xs+r)(ys+r')$ と c_1 の定義より $i=1$ でも成り立つ. $i>1$ に対しても, 数列 $(a_i),(b_i),(c_i)$ の定義を用いれば, 帰納法により成り立つことがわかる.

ここまでに述べたことより, $|xa_i + yb_i| < s$ をみたす偶数 i の存在, または $2a_i b_i < xa_i + yb_i < a_i b_i + n/s^2$ をみたす奇数 i の存在を示せばよいことがわかる. そのことが示せれば, (4.20) より, $xa_i + yb_i$ はアルゴリズム 4.2.11 のステップ [ループ] で計算される c のひとつに一致することになる. つまり, ステップ [ループ] により x,y は見つけ出せることになる.

$xa_0 + yb_0 = xa_0 \ge 0$ と $xa_t + yb_t = yb_t \le 0$ より
$$xa_i + yb_i \ge 0, \qquad xa_{i+2} + yb_{i+2} \le 0$$

となるような偶数 i の存在がわかる. $|xa_i + yb_i| < s$ なる偶数 i が存在するなら示すべきことは何もないので, 上の i に対して $xa_i + yb_i \ge s$ と $xa_{i+2} + yb_{i+2} \le -s$ が成り立っているとする. このとき (4.17), (4.18), (4.19) より
$$xa_i \ge xa_i + yb_i \ge s = b_{i+1}a_i - a_{i+1}b_i \ge b_{i+1}a_i$$

となり, $x \ge b_{i+1}$ を得る. また
$$yb_{i+2} \le xa_{i+2} + yb_{i+2} \le -s = b_{i+2}a_{i+1} - a_{i+2}b_{i+1} < b_{i+2}a_{i+1}$$

より $y > a_{i+1}$. したがって

$$xa_{i+1} + yb_{i+1} > 2a_{i+1}b_{i+1}.$$

さらに $(x - b_{i+1})(y - a_{i+1}) \geq 0$ となることより

$$xa_{i+1} + yb_{i+1} \leq xy + a_{i+1}b_{i+1} < a_{i+1}b_{i+1} + \frac{n}{s^2}.$$

以上によりアルゴリズムが正当であることが示された.

実行時間に関する主張は定理 2.1.3 とアルゴリズム 2.1.4 から従う. これらの結果から, r^* の計算に要する時間は $t = O(\ln n)$ 以内であることがわかる. また, $s \geq n^{1/3}$ ならば, (4.16) は各 i に対して高々 2 つの c について解けばよい. あとで見るように, そのような方程式を解くためには $O(1)$ 回の算術演算と平方根の計算を要する. よって, 全部で $O(\ln n)$ 回の算術演算と平方根の計算が必要である.

あとは平方根を求める整数のサイズの評価が残っている. x, y が (4.16) の解であることと $u = a_i(xs + r)$, $v = b_i(ys + r')$ が 2 次式

$$T^2 - (cs + a_i r + b_i r')T + a_i b_i n$$

の 2 つの根を与えることは同値で, この式が整数根をもつためには

$$\Delta = (cs + a_i r + b_i r')^2 - 4a_i b_i n$$

が平方数であることが必要かつ十分である. ここで $\Delta = O(n^7)$ であることを示そう. $B = \max\{|b_i|\}$ と置き, $B < s^{5/2}$ であることを示す. この不等式が示せれば, c, a_i, r, r' の絶対値がすべて $2s$ 以下であることより $\Delta = O(n^7)$ が従う. ($|c| < 2s$ であることは, i が偶数ならば $|c| < s$ であることと, i が奇数のときには区間 $(2a_i b_i, a_i b_i + n/s^2)$ が整数を含むならば $0 < a_i b_i < n/s^2 \leq s$ となることからわかる.)

さて,

$$|b_i| = |b_{i-2}| + q_i |b_{i-1}| \quad (i = 2, \ldots, t)$$

より

$$B = |b_t| < \prod_{i=2}^{t}(1 + q_i) < 2^t \prod_{i=2}^{t} q_i$$

がわかる. 一方, $a_{i-2} \geq q_i a_{i-1}$ $(i = 2, \ldots, t)$ であるから

$$s = a_0 \geq \prod_{i=2}^{t} q_i.$$

したがって $B < 2^t s$ となる. また, 定理 2.1.3 より $t < \ln s / \ln((1 + \sqrt{5})/2)$ であるから, $2^t < s^{3/2}$. これより求める評価が得られる. $\square$

補注．上で述べたアルゴリズムにおける平方根の計算にはアルゴリズム 9.2.11 が使える．$s < n^{1/3}$ のときにもアルゴリズム 4.2.11 は有効だが，平方根を求める回数の評価は $O(n^{1/3}s^{-1}\ln n)$ になる．

定理 4.2.10 において $F/n^{1/3}$ がそれほど小さくない場合には，定理とアルゴリズム 4.2.11 は高速な素数判定法として用いることができる．一般に，アルゴリズム 4.2.11 が素数判定に使えるのは，n の各素因子が適当な $i \in [1,k]$ に対して $r_i \pmod{s}$ に合同であるとわかっているときである．ただし，s と r_i は $\gcd(r_i, s) = 1$，$0 < r_i < s$，ならびに $s \geq n^{1/3}$ をみたすとする．このときアルゴリズム 4.2.11 を k 回用いれば，n の非自明な因子が見つかるか，見つからずに n が素数であると証明されることになる．なお $s \geq \sqrt{n}$ のときにはアルゴリズム 4.2.11 を使う必要はない．実際，どの r_i も n の非自明な因子でないならば，n の各素因子は $\sqrt{n}$ を超えることになり，n は素数となる．

[Coppersmith 1997]（および [Coppersmith et al. 2004]）の結果を用いれば，$\gcd(r, s) = 1$ かつ $s > n^{1/4+\epsilon}$ の場合に有効な形にアルゴリズム 4.2.11 を改良することができる．Coppersmith の論文では A. Lenstra, H. Lenstra, L. Lovasz による高速な格子基底簡約法が使われている．この格子基底簡約法は実際に有効であることが多く，Coppersmith のアルゴリズムは実用的と言えるだろう．Howgrave-Graham が教えてくれたところによれば，例えば $s > n^{0.29}$ ならば実際に使えるそうである．この方法は，理論的には確定的であり多項式時間で動くのであるが，実行時間は ϵ の選び方に依存し，ϵ を小さくとれば実行時間は長くなる．2004 年の末，この方法を複合的に用いた素数判定法により，J. Renze は 37511 番目の Fibonacci 数 (7839 桁ある) は素数であることを示した．素数であるような Fibonacci 数については，問題 4.37 も参照のこと．

s が $n^{1/4}$ 以下である場合に，n の因子で s を法として r に合同であるようなものを求める効率のよいアルゴリズムを見つける問題は，今のところ未解決である．

それとは別の興味深い未解決問題もある．$D(n, s, r)$ で n の因子で s を法として r に合同であるようなものの個数を表す．このとき，与えられた $\alpha > 0$ に対し，n, s, r が条件 $\gcd(r, s) = 1$ と $s \geq n^\alpha$ の下で動くときに $D(n, s, r)$ を評価することは可能だろうか．$\alpha > 1/4$ に対しては可能であることが知られているが，$\alpha = 1/4$ に対しては未解決である．詳しくは [Lenstra 1984] を見よ．

4.3 有限体の利用

本節で扱うのは理論的な話であり，実用的な素数判定法を与えることは意図していない．説明するアルゴリズムは満足のいく計算量の評価をもつが，ここで述べるものの他にも，より実用的に改良された複雑なアルゴリズムもある．その中のいくつかについては次節で述べる．

前節までに述べたこと，特に定理 4.2.10 やアルゴリズム 4.2.11 により，$n^2 - 1$ の完全

に分解された因子 F で $F \geq n^{1/3}$ をみたすものが得られれば,n が素数かどうかは効率的かつ厳密に判定できることがわかる.ちなみに,$F_1 = \gcd(F, n-1)$, $F_2 = \gcd(F, n+1)$ とすると $\mathrm{lcm}(F_1, F_2) \geq \frac{1}{2}F$ が成り立つから,定理 4.2.10 における F は $F \geq \frac{1}{2}n^{1/3}$ をみたす.本節では [Lenstra 1985] の方法を述べる.これは $n^I - 1$ (I は正の整数) の完全に分解された因子 F を利用する方法で,$F \geq n^{1/3}$ かつ I がそれほど大きくない場合に有効である.

アルゴリズムの説明に入る前に,使用するサブルーチンについて述べておく.$n > 1$ を整数とし,1変数多項式環 $\mathbf{Z}_n[x]$ を考える.多項式の変数は x で,係数は整数を n を法として考えたものである.$\mathbf{Z}_n[x]$ のイデアルとは,空でない部分集合で加法と $\mathbf{Z}_n[x]$ の元による乗法について閉じているものをいう.例えば,$f, g \in \mathbf{Z}_n[x]$ とするとき,af ($a \in \mathbf{Z}_n[x]$) の形の多項式の全体や $af + bg$ ($a, b \in \mathbf{Z}_n[x]$) の形の多項式の全体はイデアルである.前者を (f を生成元とする) 単項イデアルという.後者のイデアルは,単項であることもあれば,そうでないこともある.例えば $n = 15$, $f(x) = 3x+1$, $g(x) = x^2 + 4x$ とすると,f, g が生成するイデアルは $\mathbf{Z}_{15}[x]$ 全体,すなわち 1 が生成する単項イデアル,に一致する.(このイデアルが 1 を含むことは $f^2 - 9g = 1$ からわかる.)

定義 4.3.1. $f, g \in \mathbf{Z}_n[x]$ が互いに素であるとは,それらが生成するイデアルが $\mathbf{Z}_n[x]$ 全体に一致する,すなわち $af + bg = 1$ となるような $a, b \in \mathbf{Z}_n[x]$ が存在することをいう.

容易にわかるように,$\mathbf{Z}_n[x]$ のすべてのイデアルが単項であるためには n が素数であることが必要かつ十分である (問題 4.19 を見よ).次のアルゴリズムは,Euclid のアルゴリズム (アルゴリズム 2.2.1) の単なる言い換えに過ぎないが,$f, g \in \mathbf{Z}_n[x]$ が生成するイデアルのモニックな生成元を見つけるか,あるいは n の非自明な因子を与える.$h \in \mathbf{Z}_n[x]$ が生成する単項イデアルが f, g が生成するイデアルに一致し,さらに h がモニックであるとき,$h = \gcd(f, g)$ と表す.つまり f, g が $\mathbf{Z}_n[x]$ において互いに素であることは $\gcd(f, g) = 1$ と同値である.

アルゴリズム 4.3.2 (単項生成元の探索). 整数 $n > 1$ と $f, g \in \mathbf{Z}_n[x]$ (g はモニック) が与えられたとする.このアルゴリズムは,n の非自明な分解を与えるか,あるいはモニックな $h \in \mathbf{Z}_n[x]$ で $h = \gcd(f, g)$ なるもの,すなわち f, g が生成するイデアルに一致する単項イデアルの生成元 h を与える.ただし $f = 0$ または $\deg f \leq \deg g$ であると仮定する.

1. [零多項式か確認]
   if($f == 0$) return g;
2. [余りつき除算の実行]
   c を f の最高次係数とする;
   アルゴリズム 2.1.4 を用いて $c^* \equiv c^{-1} \pmod{n}$ を計算する.ただし,その結果 n

の非自明な分解が得られた場合には，return その分解;
$f = c^* f;$ // n を法として計算．したがって得られる f はモニック．
$r = g \bmod f;$ // 余りつき除算ができるのは f がモニックだから．
$(f, g) = (r, f);$
goto [零多項式か確認];

有限体を用いた素数判定法を支えるのは次の定理である．

定理 4.3.3 (Lenstra). n, I, F を $n > 1$ と $F \mid n^I - 1$ をみたす正の整数とし，$f, g \in \mathbf{Z}_n[x]$ は次の3つの条件をみたすとする．
(1) $g^{n^I-1} - 1$ は $\mathbf{Z}_n[x]$ において f で割り切れる．
(2) $g^{(n^I-1)/q} - 1$ と f は $\mathbf{Z}_n[x]$ において互いに素 (q は F の任意の素因子)．
(3) $g, g^n, \ldots, g^{n^{I-1}}$ の任意の基本対称式は f を法として $\mathbf{Z}_n$ のある元に合同．
このとき，n の各素因子 p に対し，整数 $j \in [0, I-1]$ で $p \equiv n^j \pmod{F}$ をみたすものが存在する．

定理の仮定が成り立っているとき，剰余類 $n^j \pmod{F}$ ($j = 0, 1, \ldots, I-1$) の中に n の自明でない因子が存在しないならば n は素数ということになる．この考え方を発展させたものをすぐ後に述べる．

証明． p を n の素因子とする．$f_1 \in \mathbf{Z}_p[x]$ を f の $\mathbf{Z}_p[x]$ における既約因子とすると，$\mathbf{Z}_p[x]/(f_1) = K$ は $\mathbf{Z}_p$ の有限次拡大を与える．$\bar{g}$ を g の K における像とすると，仮定 (1), (2) より $\bar{g}^{n^I-1} = 1$ と $\bar{g}^{(n^I-1)/q} \neq 1$ (q は F の任意の素因子) が成り立つ．したがって $\bar{g}$ の K^* (有限体 K の乗法群) における位数は F で割り切れる．また仮定 (3) より $h(T) = (T - \bar{g})(T - \bar{g}^n) \cdots (T - \bar{g}^{n^{I-1}}) \in K[T]$ は $\mathbf{Z}_p[T]$ に属する．さて，$\mathbf{Z}_p[T]$ に属する多項式が α を根とするとき，α^p もその多項式の根となる．よって $h(\bar{g}^p) = 0$ となり，適当な $j = 0, 1, \ldots, I-1$ に対して $\bar{g}^p = \bar{g}^{n^j}$ が成り立つ．$\bar{g}$ の位数は F の倍数であったから，$p \equiv n^j \pmod{F}$ がわかる． □

定理 4.3.3 に関連して，いくつかの疑問が湧いてくる．まず，素数 n に対して定理のような f, g は常に存在するのだろうか．また，f, g の存在が保証されたとしても簡単に見つけられるのだろうか．さらに，条件 (1), (2), (3) は容易に確かめられるのだろうか．

初めの疑問は容易に解決する．すなわち，n を素数とするとき，既約な I 次式 $f \in \mathbf{Z}_n[x]$ と f では割り切れない $g \in \mathbf{Z}_n[x]$ は常に (1) と (3) をみたす．実際，f が既約な I 次式ならば $K = \mathbf{Z}_n[x]/(f)$ は n^I 個の元よりなる体となるから，(1) は乗法群 K^* における Lagrange の定理 (有限群の任意の元は，群の位数乗すれば単位元になる) に過ぎない．また，(3) は $K/\mathbf{Z}_n$ の Galois 群が n 乗 Frobenius 自己同型で生成されることから

従う．つまり，Galois 群は $K \ni \alpha \mapsto \alpha^{n^j} \in K$ $(j = 0, 1, \ldots, I-1)$ なる I 個の写像よりなるが，$g, g^n, \ldots, g^{n^{I-1}}$ の対称式はこれらの写像により不変であるから $\mathbf{Z}_n$ に属さなければならない．これは (3) を意味する．

$g \not\equiv 0 \pmod{f}$ なる g が常に (2) もみたすとは限らないが，K^* は巡回群であり，任意の生成元は (2) をみたす．さらに，生成元の個数は極めて多いため，求める g を見つけるのに長い時間はかからない．具体的には，n と f は上の通りとするとき，ランダムに選んだ $g \in \mathbf{Z}_n[x]$ (ただし $g \neq 0$, $\deg g < I$) が (2) をみたす確率は少なくとも $\varphi(n^I - 1)/(n^I - 1)$ であるから，求める g が見つかるまでの試行の期待値は $O(\ln \ln (n^I))$ となる．

それでは f についてはどうだろう．そもそも $\mathbf{Z}_n[x]$ に既約な I 次式は存在するのだろうか．与えられた多項式が既約であると迅速に判定できるだろうか．あるいは既約多項式を高速に探せるのだろうか．これらはすべて肯定的に解決される．実際，(2.5) より I 次の既約多項式は豊富に存在することがわかり，I 次の多項式のおおよそ I 個に 1 個は既約である．詳しくは問題 2.12 を見よ．また，アルゴリズム 2.2.9 またはアルゴリズム 2.2.10 により多項式が既約かどうかは効率よく判定できる．

以上の考察をアルゴリズムに具体化しておく．

アルゴリズム 4.3.4 (有限体を用いた素数判定). n, I, F を $F \mid n^I - 1$ と $F \geq n^{1/2}$ をみたす与えられた正の整数とし，F の素因子分解は完全にわかっているとする．この確率的アルゴリズムは n が素数か合成数かを判定する．前者の場合には「n は素数である」と出力し，後者の場合には「n は合成数である」と出力する．

1. [I 次の既約多項式の探索]

    アルゴリズム 2.2.9 またはアルゴリズム 2.2.10，および gcd の計算にはアルゴリズム 4.3.2 を用いて，モニックな I 次式 $f \in \mathbf{Z}_n[x]$ で (n が素数である場合には) 既約となるものをランダムに探す．すなわち，どちらかのアルゴリズムで既約と判定されるか，あるいは gcd を計算する段階で n の非自明な分解が見つかるまで，多項式をランダムに選んで判定を行うことを続ける．n の非自明な分解が見つかった場合，return "n は合成数";   // n が素数であれば多項式 f は既約．

2. [生成元の探索]

    モニックかつ $\deg g < I$ なる $g \in \mathbf{Z}_n[x]$ をランダムに選ぶ;
    if($1 \neq g^{n^I - 1} \bmod f$) return "$n$ は合成数";
    for(素数 $q \mid F$) {
        アルゴリズム 4.3.2 を用いて $\gcd(g^{(n^I - 1)/q} - 1, f)$ を計算．その際 n の非自明な分解が見つかった場合には，return "n は合成数";
        if($\gcd(g^{(n^I - 1)/q} - 1, f) \neq 1$) goto [生成元の探索];
    }

3. [対称式の確認]
$(T-g)(T-g^n)\cdots(T-g^{n^{I-1}}) = T^I + c_{I-1}T^{I-1} + \cdots + c_0$ を $\mathbf{Z}_n[x,T]/(f(x))$
内で計算. // 係数 c_j は $\mathbf{Z}_n[x]$ に属し,deg $c_i < I$ をみたすようにとる.
for($0 \leq j < I$) if(deg $c_j > 0$) return "n は合成数";

4. [因子の探索]
for($1 \leq j < I$) {
$n^j \bmod F$ が n の非自明な因子である場合,return "n は合成数";
}
return "n は素数";

n を素数とするとき,アルゴリズム 4.3.4 により n が素数であると判定するためには,サイズ n の整数の算術演算を $O(I^c + \ln^c n)$ 回行うことになる.ただし c は正の定数である.(合成数が入力された場合の計算時間については触れないことにする.)

与えられた素数 n に対し,I, F としてはどのような数を選ぶべきなのだろうか.基準は次のようになっている.まず F は $F \geq n^{1/2}$ をみたすように大きく,かつ完全に素因子分解できるように選ばなければならない.また $F \mid n^I - 1$ でなければならないが,I はあまり大きくてはいけない (そうしないとアルゴリズムが速くならない).I として 1 や 2 を選べることもあるが,そうすると本章の初めの方で述べた判定法になってしまう.なお,ステップ [因子の探索] のサブルーチンとしてアルゴリズム 4.2.11 を使うのであれば $F \geq n^{1/3}$ であってもよい.そこで,アルゴリズム 4.3.4 はそのように修正されたと仮定する.残る問題は上の基準に適合する I, F が選べるかどうかである.

興味深いことに,$n^I - 1$ の小さな素因子は難なく求められることが多い.例えば $I = 12$ とすると,n が $65520 = 2^4 \cdot 3^2 \cdot 5 \cdot 7 \cdot 13$ と素であれば $n^I - 1$ は 65520 で割り切れる.より一般に,素数の冪 q が n と素で $\varphi(q) \mid I$ をみたすならば $q \mid n^I - 1$ が成り立つ.このことは Euler の定理 (2.2) の主張に他ならない.(q が 4 より大きい 2 の冪の場合には $\frac{1}{2}\varphi(q) \mid I$ を仮定するだけでよい.) $n^I - 1$ のそのような「小さな」因子は何か意味があるのだろうか.実はそれらは役に立つのである.例えば $I = 7! = 5040$ とすると,n が 2521 以下の素数で割り切れないならば,$n^{5040} - 1$ は

$$1532198678885444328466261273566361138001043122577 1200 =$$
$$2^6 \cdot 3^3 \cdot 5^2 \cdot 7^2 \cdot 11 \cdot 13 \cdot 17 \cdot 19 \cdot 29 \cdot 31 \cdot 37 \cdot 41 \cdot 43 \cdot 61 \cdot 71 \cdot 73 \cdot$$
$$113 \cdot 127 \cdot 181 \cdot 211 \cdot 241 \cdot 281 \cdot 337 \cdot 421 \cdot 631 \cdot 1009 \cdot 2521$$

で割り切れる.よって,アルゴリズム 4.3.4 で $I = 5040$ としたものは,$3.5 \cdot 10^{156}$ 以下の (かつ 2521 より大きい) n の素数判定に用いることができる.

上の $I = 5040$ とした例から,一般に与えられた n に対して $n^I - 1$ が「小さな」因子を多くもつように I を選ぶのは簡単なことのように見えるかもしれない.実際,次の定理 [Adleman et al. 1983] が成り立つ.証明には解析的整数論の深い結果を用いる.

定理 4.3.5.　$I(x)$ を平方因子をもたない正の整数 I で条件

$$\prod_{p-1|I} p > x$$

(左辺は $p-1 \mid I$ なる素数 p すべての積) をみたす最小のものとする．このとき定数 c が存在して，すべての $x > 16$ に対して $I(x) < (\ln x)^{c \ln \ln \ln x}$ が成り立つ．

$x > 16$ としたのは $\ln \ln \ln x$ を正にするためである．また I が平方因子をもたないとする必要はない．上のような形に述べたのは次節のアルゴリズムのためである．

系 4.3.6.　正の定数 c' が存在して，アルゴリズム 4.3.4 により素数 n が実際に素数であると判定するための実行時間は $(\ln n)^{c' \ln \ln \ln n}$ より小さい．

対数関数を 3 回合成したものは非常にゆっくりと発散するから，この実行時間の上界は「ほとんど」$\ln^{O(1)} n$ に等しく，つまり「ほとんど」多項式時間である．

4.4　Gauss 和と Jacobi 和

1983 年，Adleman, Pomerance, Rumely [Adleman et al. 1983] は実行時間の上界が $(\ln n)^{c \ln \ln \ln n}$ (c は正の定数) であるような素数判定法を発表した．ただし n は入力する素数を表す．その証明には定理 4.3.5 と Jacobi 和の数論的な性質が用いられる．与えられた判定法には，確率的方法と確定的方法の 2 種類がある．前者の方が簡潔かつ実用的であるが，どちらの方法も計算量の評価は変わらない．本章で述べる他のアルゴリズムと同様に，確率的 APR 法により素数と判定された数は真に素数である．確定的でないのは実行時間の予測だけである．

アルゴリズムの進展には 2 つの方向がある．ひとつはより実用的な判定法を見つけることで，もうひとつは実用性には欠けるがより簡潔な方法を見つけることである．後者に属するものとして，ここでは H. Lenstra [Lenstra 1981] による確定的な Gauss 和法について説明する．

4.4.1　Gauss 和法

2.3.1 項では 2 次指標に対する Gauss 和について述べた．ここでは一般の Dirichlet 指標に対する Gauss 和を考える．q を素数，g を q の原始根，ζ を $\zeta^{q-1} = 1$ をみたす複素数とするとき，法 q の指標 χ を $\chi(g^k) = \zeta^k$ により定めることができる (q で割り切れるような m に対しては，当然 $\chi(m) = 0$ と定める)．(指標の定義や性質については 1.4.3 項を見よ．) このように定めた指標 χ に対し，Gauss 和 $\tau(\chi)$ を

$$\tau(\chi) = \sum_{m=1}^{q-1} \chi(m)\,\zeta_q^m = \sum_{k=1}^{q-1} \chi(g^k)\,\zeta_q^{g^k} = \sum_{k=1}^{q-1} \zeta^k\,\zeta_q^{g^k}$$

により定義する. ただし $\zeta_n = e^{2\pi i/n}$ (この数は 1 の原始 n 乗根である).

法 q の指標としての χ の位数は $q-1$ の因子である. $q-1$ の素因子 p に対し, 位数がちょうど p であるような指標を求めることを考えよう. そのような指標 $\chi_{p,q}$ は, 次のように具体的に構成できる. すなわち, $g = g_q$ を q の最小原始根として $\chi_{p,q}(g_q^k) = \zeta_p^k$ と定めれば, 上で述べたように法 q の指標が得られる (ζ_p は $\zeta_p^{q-1} = 1$ をみたすことに注意せよ). $m \not\equiv 0 \pmod{q}$ ならば $\chi_{p,q}(m)^p = 1$ であること $\chi_{p,q}(g_q) \neq 1$ より, $\chi_{p,q}$ の位数はちょうど p となる. この指標に対して

$$G(p,q) = \tau(\chi_{p,q}) = \sum_{m=1}^{q-1} \chi_{p,q}(m)\,\zeta_q^m = \sum_{k=1}^{q-1} \zeta_p^k\,\zeta_q^{g^k} = \sum_{k=1}^{q-1} \zeta_p^{k \bmod p}\,\zeta_q^{g^k \bmod q}$$

と置く. (この定義で $p=2$ としたものが定義 2.3.6 と同等であることは問題 4.20 からわかる.)

上のような複素数の和が数論と関係するようには思えないかもしれないが, われわれが興味があるのは Gauss 和 $G(p,q)$ の数論的な性質である. Gauss 和 $G(p,q)$ は環 $\mathbf{Z}[\zeta_p, \zeta_q]$ に属するが, この環の元は $\sum_{j=0}^{p-2}\sum_{k=0}^{q-2} a_{j,k}\,\zeta_p^j\,\zeta_q^k\ (a_{j,k} \in \mathbf{Z})$ なる形に一意的に表せる. よって $\mathbf{Z}[\zeta_p, \zeta_q]$ の元が n を法として合同であるということを次のように定めることができる. すなわち, 上のように表示したときのすべての係数が n を法として合同であるときに, それらは合同であると定義すればよい. なお α が $\mathbf{Z}[\zeta_p, \zeta_q]$ に属するならば, その複素共役 $\bar{\alpha}$ も $\mathbf{Z}[\zeta_p, \zeta_q]$ に属する.

実際の計算では ζ_p, ζ_q を記号のように扱うことが重要である. Lucas 数列を考えたときに 2 次式の根を記号だと思ったのと同様に, ここでは ζ_p, ζ_q を規則

$$x^{p-1} + x^{p-2} + \cdots + 1 = 0, \quad y^{q-1} + y^{q-2} + \cdots + 1 = 0$$

に従った記号 x, y のように扱う. それにより浮動小数点計算が回避できる.

まずは Gauss 和のよく知られた性質から始めよう.

補題 4.4.1. p, q を $p \mid q-1$ をみたす素数とするとき, $G(p,q)\,\overline{G(p,q)} = q$.

証明. $\chi = \chi_{p,q}$ とすると,

$$G(p,q)\,\overline{G(p,q)} = \sum_{m_1=1}^{q-1} \sum_{m_2=1}^{q-1} \chi(m_1)\,\overline{\chi(m_2)}\,\zeta_q^{m_1-m_2}.$$

m_2 の q を法とする (乗法に関する) 逆元を m_2^{-1} で表すことにすると, $\overline{\chi(m_2)} = \chi(m_2^{-1})$ となる. また $m_1 m_2^{-1} \equiv a \pmod{q}$ ならば $\chi(m_1)\,\overline{\chi(m_2)} = \chi(a)$ と $m_1 - m_2 \equiv (a-1)m_2$

$(\mathrm{mod}\ q)$ が成り立つ. したがって

$$G(p,q)\overline{G(p,q)} = \sum_{a=1}^{q-1}\chi(a)\sum_{m=1}^{q-1}\zeta_q^{(a-1)m}.$$

右辺の内側の和は, $a=1$ のときには $q-1$ であり, $a>1$ のときには -1 となる. よって

$$G(p,q)\overline{G(p,q)} = q-1 - \sum_{a=2}^{q-1}\chi(a) = q - \sum_{a=1}^{q-1}\chi(a).$$

最後の和は (1.28) より 0 となるから, これで補題が示された. □

Fermat の小定理の類似物とも見なせる次の結果は, Gauss 和を用いた素数判定法の可能性を示唆している.

補題 4.4.2. p,q,n を $p\mid q-1$ と $\gcd(pq,n)=1$ をみたす素数とする. このとき

$$G(p,q)^{n^{p-1}-1} \equiv \chi_{p,q}(n) \pmod{n}.$$

証明. $\chi = \chi_{p,q}$ とする. n は素数であるから, 多項定理より

$$G(p,q)^{n^{p-1}} = \left(\sum_{m=1}^{q-1}\chi(m)\zeta_q^m\right)^{n^{p-1}} \equiv \sum_{m=1}^{q-1}\chi(m)^{n^{p-1}}\zeta_q^{mn^{p-1}} \pmod{n}.$$

ここで Fermat の小定理より $n^{p-1}\equiv 1 \pmod{p}$ となるから, $\chi(m)^{n^{p-1}} = \chi(m)$. したがって, n の q を法とする (乗法に関する) 逆元を n^{-1} で表すことにすると,

$$\sum_{m=1}^{q-1}\chi(m)^{n^{p-1}}\zeta_q^{mn^{p-1}} = \sum_{m=1}^{q-1}\chi(m)\zeta_q^{mn^{p-1}} = \sum_{m=1}^{q-1}\chi(n^{-(p-1)})\chi(mn^{p-1})\zeta_q^{mn^{p-1}}$$
$$= \chi(n)\sum_{m=1}^{q-1}\chi(mn^{p-1})\zeta_q^{mn^{p-1}} = \chi(n)\,G(p,q).$$

ただし, $\chi(n^p) = \chi(n)^p = 1$ であることと, m が q を法とする既約剰余類を動くときに mn^{p-1} も同じ範囲を動くことを用いた. 以上より

$$G(p,q)^{n^{p-1}} \equiv \chi(n)\,G(p,q) \pmod{n}.$$

q^{-1} を q の n を法とする (乗法に関する) 逆元として, 最後の式の両辺に $q^{-1}\overline{G(p,q)}$ を掛けると, 補題 4.4.1 により求める式が得られる. □

次の補題のように, 特別な条件の下では合同式が等式に置き換えられる.

補題 4.4.3. 自然数 m,n が $n\nmid m$ および $\zeta_m^j \equiv \zeta_m^k \pmod{n}$ をみたすとき, $\zeta_m^j = \zeta_m^k$.

証明. 合同式に ζ_m^{-k} を掛けることにより, $\zeta_m^j \equiv 1 \pmod{n}$ の場合を考えれば十分である. さて, $\prod_{l=1}^{m-1}(x - \zeta_m^l) = (x^m - 1)/(x - 1)$ より $\prod_{l=1}^{m-1}(1 - \zeta_m^l) = m$ となるから, $l = 1, 2, \ldots, m-1$ に対して $\zeta_m^l \not\equiv 1 \pmod{n}$ が成り立つ. これより直ちに主張が得られる. □

定義 4.4.4. p, q を相異なる素数とする. $\alpha \in \mathbf{Z}[\zeta_p, \zeta_q] \setminus \{0\}$ を $\alpha = \sum_{i=0}^{p-2} \sum_{k=0}^{q-2} a_{ik} \zeta_p^i \zeta_q^k$ と書くとき, 係数 a_{ik} の最大公約数を $c(\alpha)$ で表す. また $c(0) = 0$ と置く.

以上の準備の下で, Gauss 和を用いた確定的な素数判定法は次のように述べられる.

アルゴリズム 4.4.5 (Gauss 和法). $n > 1$ を与えられた整数とする. この確定的アルゴリズムは n が素数か合成数かを判定する. 前者の場合には「n は素数である」と出力し, 後者の場合には「n は合成数である」と出力する.

1. [初期化]
    $I = -2$;
2. [準備]
    $I = I + 4$;
    試し割り算で I の素因子を求める. ただし I が平方因子をもつ場合には goto [準備];
    F を $q - 1 \mid I$ なる素数 q すべての積とする. ただし $F^2 \leq n$ の場合には goto [準備];
    // この時点で I, F は平方因子をもたず, $F > \sqrt{n}$ をみたす.
    n が IF の素因子の場合には, return "n は素数";
    $\gcd(n, IF) > 1$ の場合には, return "n は合成数";
    for(素数 $q \mid F$) q の (正の) 最小原始根 g_q を求める;
3. [概素数判定]
    for(素数 $p \mid I$) $n^{p-1} - 1 = p^{s_p} u_p$ (ただし $p \nmid u_p$) と分解;
    for($p \mid I$, $q \mid F$, $p \mid q - 1$ をみたす素数 p, q) {
        条件「ある整数 j に対して $G(p,q)^{p^{w(p,q)} u_p} \equiv \zeta_p^j \pmod{n}$」をみたす最小の正の整数 $w(p,q) \leq s_p$ をとる. そのような整数 $w(p,q)$ が見つからない場合には, return "n は合成数";
    } // 環 $\mathbf{Z}[\zeta_p, \zeta_q]$ における形式的な計算 (本文を見よ).
4. [最大指数の計算]
    for(素数 $p \mid I$) $w(p)$ を $p \mid q - 1$ をみたす素数 $q \mid F$ に関する $w(p,q)$ の最大値とし, $w(p) = w(p,q)$ なる素数 q で最小のものを $q_0(p)$ とする;
    for($p \mid I$, $q \mid F$, $p \mid q - 1$ をみたす素数 p, q) 整数 $l(p,q) \in [0, p-1]$ で $G(p,q)^{p^{w(p)} u_p} \equiv \zeta_p^{l(p,q)} \pmod{n}$ なるものを求める;
5. [互いに素か確認]
    for(素数 $p \mid I$) {

4.4 Gauss 和と Jacobi 和

$$H = G(p, q_0(p))^{p^{w(p)-1}u_p} \mod n;$$
  for($0 \leq j \leq p-1$) {
    if($\gcd(n, c(H - \zeta_p^j)) > 1$) return "$n$ は合成数";
  }   // 記号は定義 4.4.4 の通り.
}

6. [因子の探索]
   $l(2) = 0$;
   for(奇素数 $q \mid F$) 中国式剰余定理 (定理 2.1.6) を用いて

$$\text{各素数 } p \mid q-1 \text{ に対して } l(q) \equiv l(p,q) \pmod{p}$$

なる整数 $l(q)$ を構成する;
中国式剰余定理を用いて

$$\text{各素数 } q \mid F \text{ に対して } l \equiv g_q^{l(q)} \pmod{q}$$

なる整数 l を構成する;
for($1 \leq j < I$) $l^j \mod F$ が n の非自明な因子である場合, return "n は合成数";
return "n は素数";

補注. 条件 $F > \sqrt{n}$ を除外して, 因子を求めるのにはアルゴリズム 4.2.11 を用いてもよい. $F \geq n^{1/3}$ であるならばアルゴリズムの速さに影響はない.

定理 4.4.6. アルゴリズム 4.4.5 は素数か合成数かを正確に判定する. また, 実行時間は正の定数 c を用いて $(\ln n)^{c \ln \ln \ln n}$ と評価される.

証明. まず, ステップ [準備] で素数または合成数と判定された場合には, その結論は間違いなく正しい. また, ステップ [概素数判定] の合成数判定が正しいのは補題 4.4.2 による. ステップ [互いに素か確認] で最大公約数が 1 でないときには, その公約数は n の非自明な因子を与えるから, n は合成数である. ステップ [因子の探索] の合成数判定が正しいのも明らかである. よって, [互いに素か確認] までのステップを潜り抜けた合成数がステップ [因子の探索] で必ず分解されることを示せばよい.

n を合成数, r をその最小の素因子とし, n はステップ 1 からステップ 4 までを潜り抜けたとする. まず

$$p^{w(p)} \mid r^{p-1} - 1 \quad (p \text{ は } I \text{ の任意の素因子}) \tag{4.21}$$

が成り立つことを示そう. $w(p) = 1$ のときには明らかであるから, $w(p) \geq 2$ とする. いま $l(p,q) \neq 0$ なる q が存在したとすると, 補題 4.4.3 より

$$G(p,q)^{p^{w(p)}u_p} \equiv \zeta_p^{l(p,q)} \not\equiv 1 \pmod{n}$$

となる．$(\mathrm{mod}\ n)$ を $(\mathrm{mod}\ r)$ に置き換えても同様である．したがって，$G(p,q)$ の r を法とする (乗法的な) 位数を h と置けば $p^{w(p)+1} \mid h$ が成り立つ．ところが補題 4.4.2 より $h \mid p(r^{p-1}-1)$ がわかるから，この場合には求める $p^{w(p)} \mid r^{p-1}-1$ が得られる．そこで，すべての q が $l(p,q)=0$ をみたすとする．この場合には，ステップ [互いに素か確認] の計算より

$$G(p,q_0)^{p^{w(p)}u_p} \equiv 1 \pmod{r}$$

および，任意の j に対して

$$G(p,q_0)^{p^{w(p)-1}u_p} \not\equiv \zeta_p^j \pmod{r}$$

が成り立つ．したがって $G(p,q_0)$ の r を法とする位数を h と置けば $p^{w(p)} \mid h$ となる．また，整数 m,j に対して $G(p,q_0)^m \equiv \zeta_p^j \pmod{r}$ が成り立つならば $\zeta_p^j = 1$ でなければならない．よって補題 4.4.2 より $G(p,q_0)^{r^{p-1}-1} \equiv 1 \pmod{r}$ となり，$h \mid r^{p-1}-1$ がわかる．以上で，すべての場合に (4.21) が示された．

(4.21) から，各素数 $p \mid I$ に対して

$$\frac{r^{p-1}-1}{p^{w(p)}u_p} = \frac{a_p}{b_p}, \qquad b_p \equiv 1 \pmod{p} \tag{4.22}$$

をみたす整数 a_p, b_p が存在することがわかる．そこで，整数 a で各 $p \mid I$ に対して $a \equiv a_p \pmod{p}$ をみたすものをとり，

$$r \equiv l^a \pmod{F} \tag{4.23}$$

を示そう．ステップ [因子の探索] に関する主張は，この合同式から従う．実際，$F > \sqrt{n} \geq r$ より，r は $l^a \pmod{F}$ の正の最小剰余に一致することがわかり，r は n の非自明な因子としてステップ [因子の探索] で見つかることになる．

$\chi_{p,q}$ と l の定義より，$q \mid F$ と $p \mid q-1$ をみたす素数 p, q に対して

$$G(p,q)^{p^{w(p)}u_p} \equiv \zeta_p^{l(p,q)} = \zeta_p^{l(q)} = \chi_{p,q}(g_q^{l(q)}) = \chi_{p,q}(l) \pmod{r}$$

が成り立つ．したがって (4.22) と補題 4.4.2 より

$$\chi_{p,q}(r) = \chi_{p,q}(r)^{b_p} \equiv G(p,q)^{(r^{p-1}-1)b_p} = G(p,q)^{p^{w(p)}u_p a_p}$$
$$\equiv \chi_{p,q}(l)^{a_p} = \chi_{p,q}(l^a) \pmod{r}$$

となり，補題 4.4.3 を用いて

$$\chi_{p,q}(r) = \chi_{p,q}(l^a)$$

を得る．さて，I の素因子 p のうち $p \mid q-1$ をみたすものに関して $\chi_{p,q}$ の積をとったものを χ_q と置く．χ_q は法 q の指標を与え，その位数は，$q-1 \mid I$ と I が平方因子をも

たないことより,$\prod_{p|q-1} p = q-1$ となる.ところが法 q の指標で位数が $q-1$ であるようなものは $\mathbf{Z}_q$ 上の単射を定める (問題 4.24 を参照のこと) から,

$$\chi_q(r) = \prod_{p|q-1} \chi_{p,q}(r) = \prod_{p|q-1} \chi_{p,q}(l^a) = \chi_q(l^a)$$

より $r \equiv l^a \pmod{q}$ が従う.この合同式は各素数 $q \mid F$ について成り立ち,F は平方因子をもたないから,(4.23) が得られる.以上でアルゴリズム 4.4.5 の正当性が示された.

アルゴリズムの実行時間が I の適当な冪を上界にもつのは明らかであるから,実行時間に関する主張は定理 4.3.5 から直ちに従う. □

別な考察を行えば,I が平方因子をもたないという仮定を外した形に Gauss 和法を拡張することもできる.そのように仮定を弱くできれば,より速い判定法が得られる.他に乱数を用いるという高速化もあるが,確定性は失われる.Gauss 和を用いた素数判定法で適度に高速なものについては,比較的新しい [Schoof 2004] が参考になる.

4.4.2 Jacobi 和法

上では Gauss 和法の実用的な改良について触れたが,主要な改良は Gauss 和を用いない (!) というものである.Gauss 和に替わるものとしては,Adleman, Pomerance, Rumely の元々の判定法と同じく Jacobi 和が用いられる.Gauss 和 $G(p,q)$ は環 $\mathbf{Z}[\zeta_p, \zeta_q]$ に属する数であり,この環で n を法とする合同を扱うためには $(p-1)(q-1)$ 個の係数それぞれについて合同を考える必要があった.実際の運用では,素数 p は非常に (例えば $\ln n$ よりも) 小さくとれることもあるが,素数 q の方は多少 $((\ln n)^{c \ln \ln \ln n}$ 程度には) 大きくなってしまう.これから導入する Jacobi 和 $J(p,q)$ は,より小さい環 $\mathbf{Z}[\zeta_p]$ に属する数で,それに関わる計算はずっと高速に行える.

4.4.1 項で定めた指標 $\chi_{p,q}$ を思い出そう.p, q は $p \mid q-1$ をみたす素数であった.以下では p は奇素数であると仮定する.$b = b(p)$ を $(b+1)^p \not\equiv b^p + 1 \pmod{p^2}$ をみたす最小の正の整数とする.([Crandall et al. 1997] で示されているように,10^{12} 以下の p に対しては $b=2$ となっている.ただし $p=1093$ と $p=3511$ は例外で,それらに対しては $b=3$ となっている.おそらく,すべての素数 p に対して $b(p)$ は 2 または 3 であると思われる.なお,$b(p) < \ln^2 p$ が成り立つことは示されている.問題 3.19 を参照のこと.)

Jacobi 和 $J(p,q)$ は

$$J(p,q) = \sum_{m=1}^{q-2} \chi_{p,q}\bigl(m^b(m-1)\bigr)$$

と定義される.この数が素数判定と関連するのは次の一般論による.n を p とは異なる奇素数とし,f を n の $\mathbf{Z}_p^*$ における位数とする.このとき $\mathbf{Z}[\zeta_p]$ のイデアル (n) は $(p-1)/f$ 個の素イデアル $\mathcal{N}_1, \mathcal{N}_2, \ldots, \mathcal{N}_{(p-1)/f}$ の積に分解され,各素イデアルのノルムは n^f と

なる．また，$\alpha \in \mathbf{Z}[\zeta_p]$ が $\mathcal{N}_j$ には属さないとき，整数 a_j が存在して $\alpha^{(n^f-1)/p} \equiv \zeta_p^{a_j}$ (mod $\mathcal{N}_j$) をみたす．Jacobi 和法では，Gauss 和法で現れたのと同じ素数 p, q $(p > 2)$ について，$\alpha = J(p, q)$ が上の合同式をみたすかどうかを確かめる．実行するためには素イデアル $\mathcal{N}_j$ を決定する必要があるが，それらは多項式 $x^{p-1} + x^{p-2} + \cdots + 1$ の n を法とする分解 $h_1(x)h_2(x)\cdots h_{(p-1)/f}(x)$ ($h_j(x)$ は f 次の既約多項式) から求められる．すなわち，$\mathcal{N}_j$ として n と $h_j(\zeta_p)$ が生成するイデアルをとることができる．これらの計算は n が素数でないとしても始めることができて，うまくいかなかった場合には n は合成数であると判定されることになる．

判定法の完全な記述は [Adleman et al. 1983] で見ることができる．実用的にしたものや他の改良については [Bosma and van der Hulst 1990] を参照せよ．

4.5 Agrawal, Kayal, Saxena による素数判定法 (AKS 法)

2002 年 8 月，M. Agrawal, N. Kayal, N. Saxena の 3 人は，確定的かつ多項式時間の驚くべき素数判定法を公表した．現在この方法は AKS 法として知られている．アルゴリズム 3.5.13 で見たように，拡張 Riemann 予想の下では，そのような判定法の存在がわかっていた．また，アルゴリズム 3.5.6 (いわゆる「Miller–Rabin テスト」) では，合成数であることを高い確率で見破るランダムアルゴリズムで多項式時間のものを述べた．入力された素数を多項式時間で素数と判定することが期待されるランダムアルゴリズム (7.6 節で触れる Adleman–Huang 法) も知られていた．さらに，定理 4.4.6 やアルゴリズム 4.4.5 で見たように，「ほとんど多項式」時間の上界 $(\ln n)^{c \ln \ln \ln n}$ をもつ素数判定法も存在する．「ほとんど多項式」と呼ぶのは，指数である $\ln \ln \ln n$ の増加が極めて緩やかであるため，実用上は有界であると考えて問題ないからである．($\ln \ln \ln n$ が発散することは「証明済みであるが観測されたことはない」といった感覚である．)

この新たな判定法は，多くの研究者により解決に近づいてきた素数判定法の問題に理論的な決着をつけたという理由で素晴らしいだけではなく，極めて単純な判定法であったという点でも注目を集めた．著者の 2 人である Kayal と Saxena は，卒業研究としてこの問題に取り組み，公表の 3 箇月前に学士号を受けている．その後，多くの方面からの提案を受けて，Agrawal も加えた 3 人でさらに単純な判定法を公表した．これらの 2 通りの方法は，[Agrawal et al. 2002] と [Agrawal et al. 2004] で見ることができる．

本節では，Agrawal–Kayal–Saxena による 2 番目のアルゴリズムと最近の進展について紹介する．本書の執筆時点では，AKS 法が巨大な数の素数判定法として実用的なものになるのかどうかはわかっていない．最も可能性があるのは，最後に述べる 4 次多項式時間法である．

4.5.1 1 の冪根を利用した素数判定法

n を素数とするとき,任意の多項式 $g(x) \in \mathbf{Z}[x]$ に対して

$$g(x)^n \equiv g(x^n) \pmod{n}$$

が成り立つ.特に,任意の $a \in \mathbf{Z}$ について

$$(x+a)^n \equiv x^n + a \pmod{n}. \tag{4.24}$$

さらに,(4.24) と $\gcd(a,n) = 1$ をみたす a が存在するならば,n は素数でなければならない (問題 4.25 を見よ).つまり (4.24) は素数であるための必要十分条件を与える.問題は,最もやさしい $a = 1$ の場合に限っても,(4.24) が成り立っているかどうかを迅速に確かめる方法がないということである.左辺に含まれる項の個数が多過ぎるのである.

モニックな多項式 $f(x) \in \mathbf{Z}[x]$ を任意にとるとき,任意の整数 a について,(4.24) から

$$(x+a)^n \equiv x^n + a \pmod{f(x), n} \tag{4.25}$$

は自動的に従う.つまり,n が素数ならば,(4.25) は任意の $a \in \mathbf{Z}$ と $f(x) \in \mathbf{Z}[x]$ に対して成り立つ (ただし $f(x)$ はモニックとする).また,$\deg f(x)$ がそれほど大きくない場合には,(4.25) は短時間で確認できる.例えば,$a = 1$,$f(x) = x - 1$ の場合を考えると,(4.25) は 2 を底とする Fermat 合同式

$$2^n \equiv 2 \pmod{n}$$

と同値になる.しかし,これまでに見たように,この合同式は n が素数であるための必要条件であって十分条件ではない.つまり,$f(x)$ を法とする合同を考えると,高速化はされるものの素数判定には使えなくなってしまうようにも思われる.

ところが (4.25) は広範な一般性をもち,$f(x)$ は別に 1 次式でなくともよい.例えば $f(x) = x^r - 1$ (r は小さめの数) とすることもできて,この場合には議論は 1 の r 乗根に関するものになる.本質的には,r を適切 (ただし $\ln n$ の適当な冪を上界にもつ必要がある) に選んで,ある ($\ln n$ の冪を上界にもつ) 値以下の a に対して (4.25) を確かめさえすればよい.

この新たな素数判定法は非常に単純かつ直接的であるため,細かい議論は後回しにして,まず擬似コードを述べてしまおう.

アルゴリズム 4.5.1 (Agrawal–Kayal–Saxena (AKS) 法). $n \geq 2$ を与えられた整数とする.この確定的アルゴリズムは n が素数か合成数かを判定する.
1. [冪乗数テスト]
    n が平方数や高次の冪乗数の場合,return "n は合成数";
2. [準備]
    n の $\mathbf{Z}_r^*$ における位数が $\lg^2 n$ を超えるような最小の整数 r を求める;

n が $[2, \sqrt{\varphi(r)} \lg n]$ 内に非自明な因子をもつ場合, return "n は合成数";
// φ は Euler 関数.

3. [2 項合同式]
  for($1 \leq a \leq \sqrt{\varphi(r)} \lg n$) {
   if($(x+a)^n \not\equiv x^n + a \pmod{x^r - 1, n}$) return "$n$ は合成数";
  }
  return "n は素数";

ステップ [冪乗数テスト] の平方数テストにはアルゴリズム 9.2.11 が使えて, 高次の冪乗数テストには Newton 法の類似物を使えばよい (問題 4.11 を参照のこと). その際には n が a^b ($b \leq \lg n$) なる形に表せるかどうかだけを調べればよい. (実は, 問題 4.28 で見るように, ステップ [冪乗数テスト] は完全に省略してもよい.) ステップ [準備] における整数 r は, $\lg^2 n$ を超える整数を順に探索することにより見つけることができる. その際に $1 < \gcd(r,n) < n$ となる r が見つかれば, もちろん n は合成数であると証明されるから, アルゴリズムはそのことを反映した形に修正してもよい. そのように修正すれば, 続く n の因子の探索は $[2, \sqrt{\varphi(r)} \lg n]$ ではなく $[2, \lg^2 n]$ なる範囲で行えば十分である. r が見つかった時点で n が $(\lg^2 n, r]$ 内に非自明な因子をもたないことはわかっていて, また $r > \sqrt{\varphi(r)} \lg n$ となっているからである. ステップ [準備] は n の小さな因子の探索も兼ねているため, $\sqrt{n}$ 以下のすべての候補を調べ尽くした結果として n が素数であると示されることも起こり得る. この場合には, もちろんステップ [2 項合同式] へと進む必要はないが, このようなことは n が極めて小さいときにしか起こり得ない. AKS 法の実装に関する注意については, 4.5.4 項の最後を見よ.

r のサイズの問題についてはアルゴリズムの計算量を議論する際に考えることにし, まずはアルゴリズムがなぜ正しいのかを述べよう. アルゴリズム 4.5.1 を支えているのは, 次の美しい素数の特徴付けである.

定理 4.5.2 (Agrawal, Kayal, Saxena). n を $n \geq 2$ なる整数, r を n と素な正の整数とし, n の $\mathbf{Z}_r^*$ での位数は $\lg^2 n$ よりも大きく, さらに

$$(x+a)^n \equiv x^n + a \pmod{x^r - 1, n} \tag{4.26}$$

が $0 \leq a \leq \sqrt{\varphi(r)} \lg n$ なるすべての整数 a に対して成り立っているとする. このとき, n が素因子 $p > \sqrt{\varphi(r)} \lg n$ をもてば, 適当な正の整数 m に対して $n = p^m$ が成り立つ. 特に, n が $[1, \sqrt{\varphi(r)} \lg n]$ 内に素因子をもたず, かつ冪乗数でないならば, n は素数である.

証明. n が素因子 $p > \sqrt{\varphi(r)} \lg n$ をもつと仮定し,
$$G = \{g(x) \in \mathbf{Z}_p[x] \ : \ g(x)^n \equiv g(x^n) \pmod{x^r - 1}\}$$

と置く. (4.26) より, $0 \le a \le \sqrt{\varphi(r)} \lg n$ なるすべての整数 a に対し, 多項式 $x+a$ は G に属する. G は乗法に関して閉じているから,

$$\prod_{0 \le a \le \sqrt{\varphi(r)} \lg n} (x+a)^{\epsilon_a}$$

も G に属する. ただし ϵ_a は非負の整数とする. $p > \sqrt{\varphi(r)} \lg n$ より, これらの多項式は ($\mathbf{Z}_p[x]$ の元として) すべて異なり, また 0 ではない. つまり G は多くの元をもつ. これらの事実は, すぐあとで用いられる.

さて, G は $x^r - 1$ を法とするいくつかの剰余類の和集合となっている. すなわち, $g_1(x) \in G$ と $g_2(x) \in \mathbf{Z}_p[x]$ が $g_2(x) \equiv g_1(x) \pmod{x^r - 1}$ をみたすならば $g_2(x) \in G$ が成り立つ. 実際, 各 x を x^n で置き換えることにより $g_1(x^n) \equiv g_2(x^n) \pmod{x^{nr} - 1}$ がわかるが, $x^r - 1$ は $x^{nr} - 1$ を割り切るから, この合同式は $x^r - 1$ を法としても成り立つ. よって

$$g_2(x)^n \equiv g_1(x)^n \equiv g_1(x^n) \equiv g_2(x^n) \pmod{x^r - 1}$$

と $g_2(x) \in G$ がわかる. 以上をまとめて

- 集合 G は乗法に関して閉じていて, $0 \le a \le \sqrt{\varphi(r)} \lg n$ に対して $x+a$ は G に属する. また, G は $x^r - 1$ を法とするいくつかの剰余類の和集合である.

次に

$$J = \{j \in \mathbf{Z} : j > 0, \text{ すべての } g(x) \in G \text{ に対して } g(x)^j \equiv g(x^j) \pmod{x^r - 1}\}$$

と置く. G の定義より $n \in J$ であり, 明らかに $1 \in J$ も成り立つ. さらに, 任意の $g(x) \in \mathbf{Z}_p[x]$ が $g(x)^p = g(x^p)$ をみたすことより, $p \in J$ もわかる. 容易にわかるように, J は乗法に関して閉じている. 実際, $j_1, j_2 \in J$ とし, $g(x) \in G$ を任意にとるとき, G は乗法に関して閉じているから $g(x)^{j_1} \in G$ であって, $j_1 \in J$ より $g(x)^{j_1} \equiv g(x^{j_1})$ $\pmod{x^r - 1}$ でもあるから, 上で述べたことから $g(x^{j_1}) \in G$ となる. したがって, $j_2 \in J$ より

$$g(x)^{j_1 j_2} \equiv g(x^{j_1})^{j_2} \equiv g((x^{j_2})^{j_1}) = g(x^{j_1 j_2}) \pmod{x^r - 1}$$

となり, $j_1 j_2 \in J$ がわかる. よって J も多くの元をもつ. 以上をまとめて

- 集合 J は $1, n, p$ を含み, 乗法に関して閉じている.

K を $x^r - 1$ の有限体 $\mathbf{F}_p$ 上の最小分解体とする. つまり, K は標数 p の有限体で, 1 の r 乗根をすべて含む最小のものである. よって, $\zeta \in K$ を 1 の原始 r 乗根とし, $h(x) \in \mathbf{F}_p[x]$ を ζ の最小多項式とすれば, $h(x)$ は $x^r - 1$ の既約な因子となっている. また, $K = \mathbf{F}_p(\zeta) \cong \mathbf{F}_p[x]/(h(x))$. $h(x)$ の次数 k は p の $\mathbf{Z}_r^*$ での位数に一致するのだが,

この事実が必要とされることはない．後に必要となるのは，x が代表する類を ζ に写すという準同型写像による環 $\mathbf{Z}_p[x]/(x^r-1)$ の像が K に一致する (この事実は $h(x) \mid x^r - 1$ から直ちに従う) ということである．この準同型写像による G の像を $\overline{G}$ で表す．すなわち
$$\overline{G} = \{\gamma \in K \ : \ \text{ある } g(x) \in G \text{ に対して } \gamma = g(\zeta)\}.$$
$g(x) \in G$ かつ $j \in J$ ならば $g(\zeta)^j = g(\zeta^j)$ となることを注意しておく．

n と p が生成する $\mathbf{Z}_r^*$ の部分群の位数を d とし，
$$G_d = \{g(x) \in G \ : \ g(x) = 0 \text{ または } \deg g(x) < d\}$$
と置く．$d \le \varphi(r) < r$ であるから，G_d の相異なる元は $x^r - 1$ を法として合同とはならない．また，先に述べた K への準同型写像を G_d に制限したものは 1 対 1 になる．すなわち，$g_1(x), g_2(x) \in G_d$ が $g_1(\zeta) = g_2(\zeta)$ をみたすのは $g_1(x) = g_2(x)$ であるときに限る．実際，$g_1(\zeta) = g_2(\zeta)$ とし，非負の整数 a, b に対して $j = n^a p^b$ と置けば，$j \in J$ となり，
$$g_1(\zeta^j) = g_1(\zeta)^j = g_2(\zeta)^j = g_2(\zeta^j).$$
a, b を動かすと，j は r を法として d 個の相異なる値をとるが，ζ は 1 の原始 r 乗根であるから，ζ^j も相異なる d 個の値をとる．つまり，多項式 $g_1(x) - g_2(x)$ は K の中に少なくとも d 個の相異なる根をもつ．ところが $g_1(x), g_2(x) \in G$ の次数は共に d 未満であるから，$g_1(x) = g_2(x)$ でなければならない．以上をまとめて

- G_d の相異なる多項式は $\overline{G}$ の相異なる元に対応する．

この原理を多項式 $g(x) = 0$ や
$$g(x) = \prod_{0 \le a \le \sqrt{d} \lg n} (x + a)^{\epsilon_a}$$
に適用する．ただし，ここでは ϵ_a は 0 または 1 とする．$d \le \varphi(r)$ であるから，これらの $g(x)$ は G に属する．また，$d > \lg^2 n$ であって，これより $\sqrt{d} \lg n < d$ が従うから，ϵ_a をすべて 1 にしない限り $g(x)$ は G_d に属する．よって G_d の元の個数は少なくとも
$$1 + (2^{\lfloor \sqrt{d} \lg n \rfloor + 1} - 1) > 2^{\sqrt{d} \lg n} = n^{\sqrt{d}}$$
となり，$\overline{G}$ の元の個数も $n^{\sqrt{d}}$ より多い．以上をまとめて

- $\#\overline{G} \ge \#G_d > n^{\sqrt{d}}$．

すでに述べたように $K \cong \mathbf{F}_p[x]/(h(x))$ で，$h(x)$ は $\mathbf{F}_p[x]$ に属する既約多項式であった．したがって $h(x)$ の次数を k と置けば $K \cong \mathbf{F}_{p^k}$ であって，$j \equiv j_0 \pmod{p^k - 1}$ なる正の整数 j, j_0 と $\beta \in K$ に対して $\beta^j = \beta^{j_0}$ が成り立つ．よって
$$J' = \{j \in \mathbf{Z} \ : \ j > 0, \ \text{ある } j_0 \in J \text{ に対して } j \equiv j_0 \pmod{p^k - 1}\}$$

4.5 Agrawal, Kayal, Saxena による素数判定法 (AKS 法)

と置くと，任意の $j \in J'$ と $g(x) \in G$ に対して $g(\zeta)^j = g(\zeta^j)$ が成り立つ．実際，$j \equiv j_0$ (mod $p^k - 1$) ($j_0 \in J$) とすれば，$g(\zeta)^j = g(\zeta)^{j_0} = g(\zeta^{j_0}) = g(\zeta^j)$．また，$J$ は乗法に関して閉じているから，J' も乗法に関して閉じている．さらに，$np^{k-1} \equiv n/p$ (mod $p^k - 1$) より $n/p \in J'$ がわかる．以上をまとめて

- 集合 J' は乗法に関して閉じていて，$1, p, n/p$ を含む．また，$j \in J'$ と $g(x) \in G$ に対して $g(\zeta)^j = g(\zeta^j)$．

a, b を $[0, \sqrt{d}]$ 内の整数として，$p^a(n/p)^b$ なる形の整数を考える．p と n/p は共に p と n が生成する $\mathbf{Z}_r^*$ の位数 d の部分群に属し，順序対 (a, b) の個数は d よりも多いから，相異なる $(a_1, b_1), (a_2, b_2)$ で $j_1 := p^{a_1}(n/p)^{b_1}$ と $j_2 := p^{a_2}(n/p)^{b_2}$ が r を法として合同であるようなものが存在する．このとき $\zeta^{j_1} = \zeta^{j_2}$ となるが，$j_1, j_2 \in J'$ でもあるから，$g(x) \in G$ とするとき

$$g(\zeta)^{j_1} = g(\zeta^{j_1}) = g(\zeta^{j_2}) = g(\zeta)^{j_2}.$$

すなわち，任意の $\gamma \in \overline{G}$ に対して $\gamma^{j_1} = \gamma^{j_2}$ が成り立つ．ところが，すでに見たように $\overline{G}$ の元の個数は $n^{\sqrt{d}}$ よりも多く，また $j_1, j_2 \le p^{\sqrt{d}}(n/p)^{\sqrt{d}} = n^{\sqrt{d}}$ であるから，多項式 $x^{j_1} - x^{j_2}$ が 0 でないとすれば根の個数が多過ぎることになる．したがって $j_1 = j_2$，つまり $p^{a_1}(n/p)^{b_1} = p^{a_2}(n/p)^{b_2}$ でなければならない．よって

$$n^{b_1 - b_2} = p^{b_1 - b_2 - a_1 + a_2}$$

となり，(a_1, b_1) と (a_2, b_2) が相異なることから，$b_1 \ne b_2$ がわかる．ゆえに，素因子分解の一意性から，n は p の冪であることがわかる． □

上に述べた証明では，講義録 [Agrawal 2003] にあるアイディアをいくつか用いた．アルゴリズム 4.5.1 の正当性は，定理 4.5.2 から直ちに従う (問題 4.26 を見よ)．

4.5.2 アルゴリズム 4.5.1 の計算量

アルゴリズム 4.5.1 のステップ [2 項合同式] において，ひとつの合同式

$$(x + a)^n \equiv x^n + a \pmod{x^r - 1, n}$$

の確認は r と $\ln n$ の多項式時間でできる．よって r が $\ln n$ の多項式で評価できることを示すことが重要である．そのことは次の定理から従う．

定理 4.5.3. 与えられた整数 $n \ge 3$ に対し，r を n の $\mathbf{Z}_r^*$ での位数が $\lg^2 n$ を超えるような最小の整数とする．このとき $r \le \lg^5 n$．

証明. r_0 を

$$N := n(n-1)(n^2-1)\cdots\left(n^{\lfloor \lg^2 n \rfloor} - 1\right)$$

を割り切らない最小の素数とする．このとき r_0 は n の $\mathbf{Z}_{r_0}^*$ での位数が $\lg^2 n$ を超えるような最小の素数であり，$r \leq r_0$ をみたす．また，[Rosser and Schoenfeld 1962] の不等式 (3.16) によれば，$x \geq 41$ ならば $[1, x]$ に含まれる素数をすべて掛け合わせたものは 2^x よりも大きい．より単純かつ強いものとして，問題 1.28 の Chebyshev 型の評価より，$x \geq 31$ ならば $\prod_{p \leq x} p > 2^x$ が成り立つことがわかる．さて，N を割り切る素数をすべて掛け合わせたものは N 以下であって，

$$N < n^{1+1+2+\cdots+\lfloor \lg^2 n \rfloor} = n^{\frac{1}{2}\lfloor \lg^2 n \rfloor^2 + \frac{1}{2}\lfloor \lg^2 n \rfloor + 1} < n^{\lg^4 n} = 2^{\lg^5 n}.$$

したがって，$\lg^5 n \geq 31$ であれば，素数 $r_0 \leq \lg^5 n$ で N を割り切らないものが存在する．不等式 $\lg^5 n \geq 31$ は $n \geq 4$ ならば成り立つが，$n = 3$ に対しては $r = 5$ となるから，この場合にも定理の主張は正しい． □

以上により，アルゴリズム 4.5.1 は n が素数であるか合成数であるかを多項式時間で判定することが証明された．すると，アルゴリズム 4.5.1 の実際の速さ，改良の可能性，あるいは実用性といった問題が浮かんでくる．

まず，アルゴリズム 4.5.1 を初等的で素朴なサブルーチンだけを用いて分析してみる．ステップ [2 項合同式] において，ひとつの合同式の確認に要するビット計算量は $O(r^2 \ln^3 n)$ である．よって全部の合同式の確認にかかる時間は $O(r^{2.5} \ln^4 n)$ となる．定理 4.5.3 より $r = O(\ln^5 n)$ であることを用いると，合同式の確認に要するビット計算量の合計は $O(\ln^{16.5} n)$ となる．アルゴリズムの残りのステップに要する時間がより小さな式を上界にもつことは容易にわかるから，$O(\ln^{16.5} n)$ が計算量の第 1 の評価となる．

初等的で素朴な方法が最良であることも少なくないが，大きな数や高次の多項式に対しては第 9 章で述べる方法を用いた方がよい．$(x+a)^n$ の $x^r - 1$ と n を法とする計算に冪階梯を使えば，次数が r 未満で係数が n 未満の多項式について法乗算を ($O(\ln n)$ 回) 行うだけで済む．つまり，律速段階である $(x+a)^n$ を計算する部分は $O((\ln n)(r \ln r)M(\ln n))$ 回のビット演算まで落とせる．ただし $M(b)$ は b ビットの整数同士の乗算に要するビット計算量を表す (例えばアルゴリズム 9.6.1 に続く説明を見よ)．よって，高速なアルゴリズムを用いれば，ステップ [2 項合同式] の合同式ひとつに要する時間は $\tilde{O}(r \ln^2 n)$ とできる．(記号 $\tilde{O}(f(n))$ は $c_1 f(n)(\ln f(n))^{c_2}$ なる形の上界をもつことを意味し，「柔かい O 記法」と呼ばれる．なお，$g(n) = \tilde{O}(f(n))$ であって $f(n)$ が無限大に発散するとき，任意の $\epsilon > 0$ に対して $g(n) = O(f(n)^{1+\epsilon})$ が成り立つ．) すると，全部の合同式ならびにアルゴリズム全体にかかるビット計算量の合計は $\tilde{O}(r^{1.5} \ln^3 n) = \tilde{O}(\ln^{10.5} n)$ となる．

もしも定理 4.5.3 よりもよい r の評価が得られるのであれば，アルゴリズム 4.5.1 のビット計算量の評価は改良することができる．例えば問題 4.29 を用いれば，$n \equiv \pm 3$

(mod 8) の場合にはアルゴリズムのビット計算量は $\tilde{O}(\ln^6 n)$ となることがわかる．ステップ [2 項合同式] のひとつの合同式の確認に要するビット演算を $r \ln^2 n$ から大幅に改善できる見込みは薄いため，アルゴリズム全体のビット計算量の増大度は $r^{1.5} \ln^3 n$ を下限とするのではないかと思われる (ただし他の素数判定法に関しても下限であるとは限らない)．また，アルゴリズムは $r > \lg^2 n$ であることを要求しているため，全体の計算時間を $\tilde{O}(\ln^6 n)$ よりも改良することは期待できない．なお，問題 4.30 から，ほとんどすべての素数 n に対して全体の計算時間は実際に $\tilde{O}(\ln^6 n)$ となることがわかる．(大抵の合成数 n に対しては，実行時間はもっと短い．)

しかし，最良のアルゴリズムを求めるという終わりなき探究においては，すべての n に対して $\tilde{O}(\ln^6 n)$ なる評価が得られるのかどうかが問題である．このことは，常に $r = \tilde{O}(\ln^2 n)$ とできるかという問題と同等であるかのようにも思われる．そのような結果は，より強い 2 つの予想から独立に従う．ひとつは，n が -1 でも平方数でもないならば (いまの場合この仮定はみたされている)，n を原始根とする素数 r は無数に多く存在するであろうという Artin 予想である．n を原始根とする素数 r で $r > 1 + \lg^2 n$ をみたすものは，アルゴリズム 4.5.1 で使うことができるが，その中に ($n > 2$ として) $2 \lg^2 n$ よりも小さいものが存在すると考えるのは妥当であると思われる．興味深いことに，[Hooley 1976] において一般 Riemann 予想の下で Artin 予想は証明されている (問題 2.39 のコメントを見よ)．$r < 2 \lg^2 n$ とできることが示せれば，その証明を補強する効果があるのかもしれない (問題 4.38 も参照のこと)．しかし，一般 Riemann 予想を仮定するのであれば，むしろ拡張 Riemann 予想だけを仮定してアルゴリズム 3.5.13 を用いれば，ビット計算量が $\tilde{O}(\ln^4 n)$ の確定的な素数判定法を得ることができる．

Artin 予想の他にも，Sophie Germain 素数 (素数 q で $r = 2q + 1$ もまた素数になるようなもの) に関する予想もある．そのような q が (無数に多くあるかどうかも不明なのであるが) もしも高い頻度で出現するのであれば，その中には $q > \lg^2 n$ で $q = \tilde{O}(\ln^2 n)$ かつ $r = 2q + 1$ が $n \pm 1$ を割り切らないようなものも存在するはずである ([Agrawal et al. 2004] を見よ)．そのような r はアルゴリズム 4.5.1 で使うことができる．実際，n の r を法とする位数が q か $2q$ であることを示せば十分であるが，そうでないとすると位数は 1 か 2 となり r が $n \pm 1$ を割り切らないことに反する．これらの予想により，アルゴリズム 4.5.1 の計算量が $\tilde{O}(\ln^6 n)$ であるという考えは，より一層強固なものになる．

[Fouvry 1985] の深い定理を用いれば，r は $r = O(\ln^3 n)$ をみたすように選べることも示せる ([Agrawal et al. 2004] を見よ)．よって，アルゴリズム全体のビット計算量は $\tilde{O}(\ln^{7.5} n)$ となる．これは素晴らしいことだが，Fouvry の定理を使うに当たっては不利な点もある．証明が難しいだけではなく実効的でないのである．すなわち，その証明からビット計算量の具体的な上界を得ることはできない．実効的でないことは Siegel の定理を利用したことに起因する．Siegel の定理からの帰結はすでに定理 1.4.6 で見たが，

後に 2 次形式の類数を議論する際に再び目にすることになる.

つまり，Fouvry の結果を用いれば，自然な限界である $\tilde{O}(\ln^6 n)$ に近づくことができるのだが，同時に時間の評価は実効的でなくなってしまう．続いては，この欠点がどうすれば除けるのかを考えることにしよう．

4.5.3　Gauss 周期を用いた素数判定法

定理 4.5.2 においては多項式 $x^r - 1$ を考えた．[Lenstra and Pomerance 2005] による次の結果では，より一般の多項式 $f(x)$ を問題にする．

定理 4.5.4. $n \geq 2$ を整数, $f(x) \in \mathbf{Z}_n[x]$ をモニックな d 次多項式 (ただし $d > \lg^2 n$) とし,

$$f(x^n) \equiv 0 \pmod{f(x)}, \quad x^{n^d} \equiv x \pmod{f(x)}, \tag{4.27}$$

ならびに

$$d \text{ の任意の素因子 } q \text{ に対して } x^{n^{d/q}} - x \text{ と } f(x) \text{ は互いに素} \tag{4.28}$$

とする．また，$0 \leq a \leq \sqrt{d} \lg n$ なる任意の整数 a に対して

$$(x+a)^n \equiv x^n + a \pmod{f(x)} \tag{4.29}$$

が成り立っているとする．このとき，n が素数 $p > \sqrt{d} \lg n$ で割り切れるのであれば, $n = p^m$ となるような正の整数 m が存在する．

$\mathbf{Z}_n$ 係数の多項式に関する互いに素という概念については定義 4.3.1 で述べてある．また，定理 4.5.4 においては，すべての多項式は (必要であれば係数を法 n で簡約して) $\mathbf{Z}_n$ 係数であることを注意しておく．

証明．定理 4.5.2 の証明とほぼ同じ方針で示す．p を n の素因子で $p > \sqrt{d} \lg n$ なるものとし，$x^r - 1$ の代わりに $f(x)$ を用いて

$$G = \{g(x) \in \mathbf{Z}_p[x] \,:\, g(x)^n \equiv g(x^n) \pmod{f(x)}\}$$

と置く．前と同様に $\mathbf{Z}_p[x]$ において $f(x) \mid f(x^n)$ が成り立つが，これは仮定 (4.27) による．したがって G は乗法に関して閉じていて，$f(x)$ を法とするいくつかの剰余類の和集合である．よって

$$J = \{j \in \mathbf{Z} \,:\, j > 0, \text{ すべての } g(x) \in G \text{ に対して } g(x)^j \equiv g(x^j) \pmod{f(x)}\}$$

が乗法に関して閉じていることは前と同様にして示せる．いま $f(x)$ の $\mathbf{Z}_p[x]$ における既約因子 $h(x)$ をひとつとる．K を $h(x)$ の $\mathbf{F}_p$ 上の最小分解体とし, $\zeta \in K$ を $h(x)$ の根とする．このとき有限体 $K = \mathbf{F}_p(\zeta)$ は x が代表する類を ζ に写すという準同型写像

による環 $\mathbf{Z}_p[x]/(f(x))$ の像に一致する．(4.28) より $\mathbf{Z}_p[x]$ において x は $f(x)$ と互いに素であるから，ζ は 0 ではない．そこで ζ の K^* における位数を r と置く．(4.28) により各素数 $q \mid d$ に対して $\zeta^{n^{d/q}} \neq \zeta$ がわかるから，そのような q について $\zeta^{n^{d/q}-1} \neq 1$．また，(4.27) と $\zeta \neq 0$ から $\zeta^{n^d-1} = 1$ もわかる．よって n の $\mathbf{Z}_r^*$ における位数はちょうど d である．

定理 4.5.2 の証明では，n と p が生成する $\mathbf{Z}_r^*$ の部分群の位数を d としたが，ここでの d は n だけが生成する部分群の位数である．しかし，現在の設定では 2 つの部分群は同じものである．すなわち，$p \equiv n^i \pmod{r}$ となるような非負の整数 i が存在する．この事実は以下のようにして確かめられる．まず，$f(x^n) \equiv 0 \equiv f(x)^n \pmod{f(x)}$ より，明らかに $f(x) \in G$．よって $f(\zeta)^j = f(\zeta^j)$ がすべての $j \in J$ に対して成り立つが，$f(\zeta) = 0$ であるから，各 ζ^j は K における $f(x)$ の根を与える．さて，ζ は位数 r で $f(x)$ は d 次であるから，$j \in J$ に代表される剰余類 $j \bmod r$ は高々 d 個しかない ($f(x)$ が有限体 K の中に次数を超える根をもつことはない)．ところが，n の冪だけでも d 個の剰余類を代表しているから，J に属する任意の数 (その中には p も含まれている) は r を法として n のある冪と合同である．(この議論と定理 4.3.3 との類似性に読者は気付いたであろうか．)

定理 4.5.2 の証明においては，$0 \leq a \leq \sqrt{\varphi(r)} \lg n$ なるすべての整数 a に対して $x + a \in G$ が成り立っていたが，実際に利用したのは $0 \leq a \leq \sqrt{d} \lg n$ に対して成り立つということだけである．いまの場合には後者の条件を仮定しているのであるから，ここから先は定理 4.5.2 の証明とまったく同様である． □

上で述べた証明では，優れた概説である [Granville 2004a] からいくつかのアイディアを頂戴した．

定理 4.5.2 では，r として $\lg^2 n$ にかなり近い数がとれると予想はしたものの，実際に証明できたのは $r \leq \lg^5 n$ (定理 4.5.3) に過ぎなかったという不自由さがあった．もっとも，実効的でない方法を許せばこの r の上界は $O(\ln^3 n)$ まで落とせる．しかし定理 4.5.4 では，$x^r - 1$ なる形の多項式だけを扱うという制約から解放され，$\deg f(x) > \lg^2 n$ と (4.27), (4.28) をみたすすべてのモニックな多項式 $f(x)$ を用いることができる．さて，定理 2.2.8 によれば，n が素数であるとき，(4.27) と (4.28) が成り立つためには $f(x)$ が $\mathbf{Z}_n[x]$ において既約であることが必要かつ十分である．また，容易にわかるように，指定された次数をもつモニックな既約多項式は数多く存在する ((2.5) や問題 2.12 を見よ)．そこで単に $d = \lfloor \lg^2 n \rfloor + 1$ として d 次の多項式 $f(x)$ をとれば，n が素数であればおそらくは既約なのだろうから，この $f(x)$ を使えばよいようにも思われる．

ところが話はそれほど簡単ではない．素数 p に対し，$\mathbf{F}_p$ 上の既約多項式の構成には，指定された次数の多項式を勝手にとって既約かどうかを調べるというランダムアルゴリズムが用いられ，この方法によれば多項式時間で既約多項式が得られることが期待できる．これはアルゴリズム 4.3.4 の考え方に他ならない．しかし，確定的なアルゴリズム

を望むとしたらどうだろうか．$\mathbf{F}_p[x]$ の既約な 2 次式を探すことは p を法とする平方非剰余を探すことと同値であることからわかるように，次数 2 の場合に限っても問題はやさしくない．拡張 Riemann 予想の下では (定理 1.4.5 を用いた) 多項式時間の確定的方法がわかっているが，そのような条件を仮定しない多項式時間アルゴリズムは知られていない．[Adleman and Lenstra 1986] には，これも拡張 Riemann 予想の下で，与えられた次数の既約多項式を $\ln p$ と次数の多項式時間で確定的に見つける方法が述べられている．そこには未解決の予想を仮定しない形の定理も考察されているが，その定理は小さな「誤差」を含んでいる．すなわち，本来は d 次の式を求めたいとするとき，彼らが述べたのは，(未解決の予想を仮定することなしに) $\ln p$ と d の多項式時間で p を法とする D 次既約多項式 (ただし $d \leq D = O(d \ln p)$) を見つける方法である．この結果は，[Lenstra and Pomerance 2005] において，p が十分大きく (下界は原理的には計算可能である) $d > (\ln p)^{1.84}$ である場合に，次数が $[d, 4d]$ に入るように改良された．(実効的であることにこだわらないのであれば，d の下界は少し緩めることができる．) また，そのような多項式を見つけるためのビット演算の回数は $\tilde{O}(d^{8/5} \ln n)$ と評価されている (記号 $\tilde{O}$ については 4.5.2 項で説明してある)．

いま $d = \lfloor \lg^2 n \rfloor + 1$ として，大きな n に対して最後に述べたアルゴリズムを実行したとする．n が素数であれば，アルゴリズムにより次数が $[d, 4d]$ に入る既約多項式が得られるであろう．n が合成数のときには，次数が $[d, 4d]$ に入り (4.27) と (4.28) をみたす多項式が得られるか，あるいはアルゴリズムが破綻するかのいずれかである．後者の場合 n は合成数であると証明されたことになる．また，(4.27) と (4.28) をみたす多項式が見つかったときには，必要とされる a に対して (4.29) を確かめることになるが，それに要する時間は $\tilde{O}(d^{3/2} \ln^3 n) = \tilde{O}(\ln^6 n)$ である．よって，n が素数か合成数であるかは，この時間内で決定される．

つまり，多項式の構成に [Lenstra and Pomerance 2005] と定理 4.5.4 を用いれば，n の確定的な素数判定法でビット演算の回数が $\tilde{O}(\ln^6 n)$ であるようなものが得られる．この多項式を構成する方法は非常に複雑であるため本書で完全には述べられないが，本質的な部分だけを説明しておく．この分野の多くのアイディアと同じく，話は Gauss まで遡る．

10 代の頃に，Gauss は正 n 角形が定木とコンパスだけを用いて作図できるような自然数 n をいくつか求め，作図可能であるのはそれらに限ると予想した (それが正しいことは P. Wantzel により 1836 年に示された)．Gauss が求めた n とは，整数 $n \geq 3$ で $\varphi(n)$ が 2 の冪であるようなものに他ならない (1.3.2 項の議論も参照のこと)．ここでは，この美しい定理そのものではなく，その証明の方が重要である．鍵となるのは，現在では Gauss 周期と呼ばれているものである．r を素数とし，$\zeta_r = e^{2\pi i/r}$ と置くと，ζ_r は 1 の原始 r 乗根である．d を $r-1$ の正の因子とし，

$$S = \{1 \leq j \leq r \ : \ j^{(r-1)/d} \equiv 1 \ (\mathrm{mod}\ r)\}$$

を r を法とした d 乗数よりなる $\mathbf{Z}_r^*$ の部分群とする．Gauss 周期とは

$$\eta_{r,d} = \sum_{j \in S} \zeta_r^j$$

により定義される，1 の r 乗根いくつかの和である．体 $\mathbf{Q}(\eta_{r,d})$ は $\mathbf{Q}(\zeta_r)$ の部分体で，$\mathbf{Q}$ 上 d 次である唯一のものである．さらに，$\eta_{r,d}$ は ζ_r のこの体へのトレースである．特に重要なのは，$\eta_{r,d}$ の $\mathbf{Q}$ 上の最小多項式 $f_{r,d}$ を求めることである．その多項式は整数係数のモニックな d 次式で，$\mathbf{Q}$ 上既約である．以下で述べるように，$f_{r,d}$ は具体的に書き下すことができる．w を r を法とする剰余類で $w^{(r-1)/d}$ の位数が d であるようなものとする．例えば，r の原始根 w はこの性質をもつが，そのような類は他にも多く存在する．このとき $S, wS, \ldots, w^{d-1}S$ は相異なる剰余類で，その和集合は $\mathbf{Z}_r^*$ 全体に一致する．また，$\eta_{r,d}$ の $\mathbf{Q}$ 上の共役元は $\sum_{j \in w^i S} \zeta_r^j$ で与えられ，

$$f_{r,d}(x) = \prod_{i=0}^{d-1} \left(x - \sum_{j \in w^i S} \zeta_r^j \right)$$

となる．

$f_{r,d}(x)$ は $\mathbf{Z}[x]$ 内のモニックな d 次多項式であるから，素数 p を法として還元しても d 次のままであるが，それが $\mathbf{Z}_p[x]$ においても既約であるとは限らない．しかし，次の結果のように，還元した後も既約であるための十分条件ならばわかっている．

補題 4.5.5 (Kummer). r を素数，d を $r-1$ の正の因子とし，p を素数で $p^{(r-1)/d}$ の r を法とする位数が d であるようなものとする．このとき $f_{r,d}(x)$ は $\mathbf{F}_p[x]$ においても既約である．

この結果の，$\eta_{r,d}$ とその共役元が $\mathbf{Q}(\eta_{r,d})$ の整数環の基底をなすことを利用した証明は，[Adleman and Lenstra 1986] で見ることができる．ここで与えるのは，それとは別の Gauss 和を用いた証明である．

証明．K を $(x^r - 1)(x^d - 1)$ の $\mathbf{F}_p$ 上の最小分解体とする．$\zeta_r = e^{2\pi i/r}$, $\zeta_d = e^{2\pi i/d}$ と置くとき，K は環 $\mathbf{Z}[\zeta_r, \zeta_d]$ の準同型による像と見なせる．ζ を ζ_r の K における像とし，ω を ζ_d の像とする．また，$\eta = \sum_{j \in S} \zeta^j$ を $\eta_{r,d}$ の像とする．$p^{(r-1)/d}$ の r を法とする位数が d であるという仮定により，η が $\mathbf{F}_p$ 上 d 次であることを示せば十分である ($f_{r,d}(\eta) = 0$ と $f_{r,d}(x)$ が d 次であることより，η が d 次であるならば $f_{r,d}(x)$ は $\mathbf{F}_p$ 上既約でなければならない)．ところが，η に p 乗 Frobenius 写像を i 回施せば η^{p^i} となるから，$\eta^{p^k} = \eta$ となるような最小の正の整数 k が $k = d$ であることを示せばよい．各 k について

$$\eta^{p^k} = \sum_{j \in S} \zeta^{p^k j} = \sum_{j \in p^k S} \zeta^j$$

となるから，$p^d \in S$ より $\eta^{p^d} = \eta$ となる．したがって $\eta^{p^k} = \eta$ となるような最小の k は d を割り切る．目標は $k = d$ を示すことであるから，$d > 1$ であるとしてよい．

χ を r を法とする位数 d の (厳密には任意の $a \not\equiv 0 \pmod{r}$ に対して $\chi(a^d) = 1$ をみたす) Dirichlet 指標で $\chi(p) = \zeta_d$ なるものとする．($p^{(r-1)/d}$ の r を法とする位数は d であるとしているから，これらの条件により χ は完全に定まる．) 次の Gauss 和を考えよう．

$$\tau(\chi) = \sum_{j=1}^{r-1} \chi(j) \zeta_r^j.$$

補題 4.4.1 の証明と同様にして (問題 4.21 も参照のこと) $|\tau(\chi)|^2 = r$ がわかるから，$\tau(\chi)$ の K での像は 0 ではない．上の Gauss 和の定義は

$$\tau(\chi) = \sum_{i=0}^{d-1} \sum_{j \in p^i S} \chi(j) \zeta_r^j = \sum_{i=0}^{d-1} \chi(p)^i \sum_{j \in p^i S} \zeta_r^j$$

と変形できるから，$\tau(\chi)$ とは $f_{r,d}(x)$ の複素数根を「ひねって」足し合わせたものであるとも見なせる．方程式を K 上で考えれば根は $\sum_{j \in p^i S} \zeta^j = \eta^{p^i}$ で与えられるが，$\eta^{p^{i_1}} = \eta^{p^{i_2}}$ となるのは $i_1 \equiv i_2 \pmod{k}$ であるときに限るから，$\tau(\chi)$ の K での像は

$$\sum_{i=0}^{d-1} \omega^i \sum_{j \in p^i S} \zeta^j = \sum_{i=0}^{d-1} \omega^i \eta^{p^i} = \sum_{m=0}^{k-1} \eta^{p^m} \sum_{l=0}^{d/k-1} \omega^{m+kl} = \sum_{m=0}^{k-1} \eta^{p^m} \omega^m \sum_{l=0}^{d/k-1} \omega^{kl}$$

となる．ところが $k < d$ であれば，最後の内側の和は 0 となり，$\tau(\chi)$ の K での像も 0 となって矛盾を生ずる．よって $k = d$ となり，証明は完了する． □

補題 4.5.5 の逆については，問題 4.31 で考察する．

いま，素数 r と $r - 1$ の正の因子 d の組が数多く得られたとし，それらを r_i, d_i ($i = 1, \ldots, k$) とする．η を Gauss 周期 η_{r_i, d_i} を掛け合わせたものとし，$f(x)$ を η の $\mathbf{Q}$ 上の最小多項式とする．$d_1, \ldots, d_k$ がどの 2 つも互いに素であれば，$f(x)$ の次数は $d_1 \cdots d_k$ となる．同じ仮定の下で，p をどの r_i とも異なる素数とするとき，$f(x)$ が p を法としても既約であるためには $i = 1, \ldots, k$ に対して $p^{(r_i-1)/d_i}$ の $\mathbf{Z}_{r_i}^*$ における位数が d_i となることが必要かつ十分であることを示すのは難しくない (問題 4.32 を見よ)．したがって，この手続きは p を法としても既約な多項式を生み出す一種の「機械」であるとも考えられる．この「機械」が求めるものと次数が近い多項式を製作することは，[Lenstra and Pomerance 2005] にある次の結果から従う．

定理 4.5.6. 原理的には計算可能な数 B で，以下の性質をもつものが存在する: 整数 $n > B$ と $d > (\ln n)^{1.84}$ に対し，平方因子をもたない整数 D が区間 $[d, 4d]$ 内に存在して，D の任意の素因子 q は次をみたす．

(1) $q < d^{3/11}$.
(2) 素数 $r < d^{6/11}$ で, $r \equiv 1 \pmod{q}$ と $r \nmid n$ をみたし, かつ n は r を法として q 乗剰余ではないようなものが存在する.

q は素数であるから, n が r を法として q 乗剰余ではないということは, $n^{(r-1)/q}$ の r を法とする位数が q であることと同値である.

定理 4.5.6 により, 求める性質をもつ数 D は確実に見つけることができる. 計算可能とされる下界 B は実際にはまだ計算されていないため, n が具体的に与えられたときに上のような D が $[d, 4d]$ 内に存在するかどうかを知ることはできない. しかし, d から始めて順に調べていけば, 最終的には適当な D で $O(d)$ なる評価をもつものが見つかるはずであり, この O 定数も原理的には計算可能である. D が見つかりさえすれば, Gauss 周期「機械」を用いて, D 次の多項式 $f(x)$ で n が素数である場合には既約となるようなものが構成できる.

よって, 定理 4.5.4 を土台として, 多項式の構成には Gauss 周期を利用すれば, 実行時間が $\tilde{O}(\ln^6 n)$ 回のビット演算 (しかも実効的) であるような確定的素数判定法を作ることができる. 鍵となるアイディアのいくつかはすでに説明してある. 証明 (なかでも定理 4.5.6 の証明) は相当に複雑で, 本書の範囲を超える. 詳しくは [Lenstra and Pomerance 2005] を見よ. 最後に, ここで述べたような Lenstra–Pomerance 版の Agrawal–Kayal–Saxena 素数判定法が実用性においてアルゴリズム 4.5.1 を上回ることはないことを注意しておく. 実際の計算では小さな r が常に見つかるため, アルゴリズムが重くなることはないからである. (ここで述べた方法を調べた限りにおいては, 確かにそうなっている.) さて, 新たな素数判定法の実用面での考察を始めた以上は, 確定的かどうかという問題や厳密なアルゴリズム解析よりも, この新しいアイディアが大きな素数の判定に実際に役立つのかどうかの方が重要である. 続いては, この問題を扱おう.

4.5.4 4 次多項式時間の素数判定法

アルゴリズム 4.5.1 で最も時間のかかるステップは, 非常に多くの a に対して合同式 $(x+a)^n \equiv x^n + a \pmod{x^r - 1, n}$ を確かめる部分である. したがって, 改良する箇所を探すとしたら, この部分が妥当であろう. 定理 4.5.4 では, 次数が低くできそうな多項式 $f(x)$ で $x^r - 1$ を置き換えるという改良を行った. それとは別に,「無料」で確かめられる 2 項合同式を得るというアイディアもある. 次の定理では, $x^r - 1$ を適当な b について $x^r - b$ で置き換えることにより, 2 項合同式をひとつだけ確認すればよいようにしている.

定理 4.5.7. n, r, b を整数で, $n > 1$, $r \mid n-1$, $r > \lg^2 n$, $b^{n-1} \equiv 1 \pmod{n}$, ならびに任意の素数 $q \mid r$ に対して $\gcd(b^{(n-1)/q} - 1, n) = 1$ をみたすものとする. このとき

$$(x-1)^n \equiv x^n - 1 \pmod{x^r - b, n} \tag{4.30}$$

であれば，n は素数または素数の冪である．

証明．p を n の素因子とし，$A = b^{(n-1)/r} \bmod p$ と置く．このとき A の $\mathbf{Z}_p^*$ における位数は r で，特に $r \mid p-1$ が成り立つ (Pocklington の定理 4.1.3 を見よ).

$$x^n = x \cdot x^{n-1} = x(x^r)^{(n-1)/r} \equiv Ax \ (\bmod \ x^r - b, p) \tag{4.31}$$

であるから，仮定より

$$(x-1)^n \equiv x^n - 1 \equiv Ax - 1 \ (\bmod \ x^r - b, p).$$

また，$(A^i x)^r - b \equiv x^r - b \ (\bmod \ p)$ より，$f(x) \equiv g(x) \ (\bmod \ x^r - b, p)$ ならば任意の整数 i に対して $f(A^i x) \equiv g(A^i x) \ (\bmod \ x^r - b, p)$ が成り立つ．よって，$f(x) = (x-1)^n$, $g(x) = Ax - 1$ として

$$(x-1)^{n^2} \equiv (Ax-1)^n \equiv A^2 x - 1 \ (\bmod \ x^r - b, p),$$

より一般に帰納法を用いて

$$(x-1)^{n^j} \equiv A^j x - 1 \ (\bmod \ x^r - b, p) \tag{4.32}$$

が任意の非負整数 j に対して成り立つことがわかる．

整数 c が $c^r \equiv 1 \ (\bmod \ p)$ をみたすとき，$c \equiv A^k \ (\bmod \ p)$ なる整数 k が存在する．実際，このことは p が素数であることと A の p を法とする位数が r であることから直ちに従う．よって

$$x^p = x \cdot x^{p-1} = x(x^r)^{(p-1)/r} \equiv b^{(p-1)/r} x \equiv A^k x \ (\bmod \ x^r - b, p)$$

となるような整数 k が存在し，$(A^k)^p \equiv A^k \ (\bmod \ p)$ より，任意の非負整数 i に対して

$$x^{p^i} \equiv A^{ik} x \ (\bmod \ x^r - b, p) \tag{4.33}$$

となることが帰納法により示せる．任意の $f(x) \in \mathbf{Z}_p[x]$ は $f(x)^{p^i} = f(x^{p^i})$ をみたすから，(4.32) と (4.33) より，任意の非負整数 i, j に対して

$$(x-1)^{p^i n^j} \equiv (A^j x - 1)^{p^i} \equiv A^j x^{p^i} - 1 \equiv A^{j+ik} x - 1 \ (\bmod \ x^r - b, p)$$

が成り立つ．よって，そのような i, j について

$$(x-1)^{p^i (n/p)^j} \equiv A^{j(1-k)+ik} x - 1 \ (\bmod \ x^r - b, p). \tag{4.34}$$

実際，両辺を p^j 乗したものは一致し，$\mathbf{Z}_p[x]/(x^r - b)$ において p^j 乗は 1 対 1 である．最後の主張は，一般に $f(x)$ が p を法として重複因子をもたないならば $\mathbf{Z}_p[x]/(f(x))$ において p 乗は 1 対 1 であるという事実から従う．いまの場合，$\mathbf{Z}_p[x]$ において $\gcd(x^r - b, rx^{r-1}) = 1$

であるから，確かに $x^r - b$ は重複因子をもっていない．

さて，$x - 1$ は $\mathbf{Z}_p[x]/(x^r - b)$ の単数を与える．実際，$A = b^{(n-1)/r}$ の p を法とする位数は $r > \lg^2 n \geq 1$ であるから $b \not\equiv 1 \pmod{p}$ で，これより $\mathbf{Z}_p[x]$ において $\gcd(x - 1, x^r - b) = \gcd(x - 1, 1 - b) = 1$ となることがわかる．S を $\{0, 1, \ldots, r - 1\}$ の真部分集合にわたって動かすとき

$$\prod_{j \in S}(A^j x - 1)$$

は $\mathbf{Z}_p[x]/(x^r - b)$ 内の相異なる多項式を与えるが，(4.32) より，それらはすべて $x - 1$ の冪でもある．したがって，E を $\mathbf{Z}_p[x]/(x^r - b)$ における $x - 1$ の (乗法的な) 位数とすると

$$E \geq 2^r - 1$$

が成り立つ．

$0 \leq i, j \leq \sqrt{r}$ をみたす整数 i, j を考えると，その中には相異なる組 (i_1, j_1), (i_2, j_2) で

$$j_1(1 - k) + i_1 k \equiv j_2(1 - k) + i_2 k \pmod{r}$$

をみたすものが存在する．このとき，$u_1 = p^{i_1}(n/p)^{j_1}$, $u_2 = p^{i_2}(n/p)^{j_2}$ と置けば

$$(x - 1)^{u_1} \equiv A^{j_1(1-k)+i_1 k}x - 1 \equiv A^{j_2(1-k)+i_2 k}x - 1 \equiv (x - 1)^{u_2} \pmod{x^r - b, p}$$

となり，これより

$$u_1 \equiv u_2 \pmod{E}$$

がわかる．ところが $u_1, u_2 \in [1, n^{\sqrt{r}}]$ であって，また $r > \lg^2 n$ なる仮定より $E > 2^r - 1 > n^{\sqrt{r}} - 1$ であるから，$u_1 = u_2$ でなければならない．よって，定理 4.5.2 の証明と同様にして，n は p の冪であることがわかる． □

上の定理は，本質的には [Bernstein 2003] と [Mihăilescu and Avanzi 2003] によって (独立に) 発見されたといえる．元々は，r が 2 の冪の場合に Berrizbeitia が示し，r が素数または素数の冪の場合に Cheng が示していた．

多項式や整数の高速な計算法を用いれば，合同式 (4.30) は $\tilde{O}(r \ln^2 n)$ 回のビット演算で確かめることができる (記号 $\tilde{O}$ については 4.5.2 項で説明してある)．よって，r を $r = O(\ln^2 n)$ となるように選べるのであれば，計算量が $\tilde{O}(\ln^4 n)$ であるような素数判定法の土台が得られることになる．このことに関しては 2 つの問題がある．ひとつは，すべての素数 n に対して $n - 1$ が $\lg^2 n < r = O(\ln^2 n)$ なる因子 r をもつとは限らないということである．それどころか，大部分の素数 n に対して $n - 1$ はそのような因子 r をもたないことが示せる．もうひとつは，そのような r がとれたとして，b として何を選ぶべきなのかという問題である．確かに，n が素数であれば b として使える数は多い．単に n の原始根としてもいいし，他の選び方もある．よって b はランダムな探索に

より容易に選べるようにも思える．しかし，拡張 Riemann 予想のような特別な仮定なしで，この類の問題を多項式時間で確定的に解く方法は，まだ知られていない．

そこで，差し当たり確定性については諦めることにしよう．いま n を素数とし，$n-1$ は $\lg^2 n < r = O(\ln^2 n)$ なる因子 r をもつと仮定する．このときには，高速なランダム探索により適切な b が選べ，n が冪乗数ではないことが示せて，定理 4.5.7 を用いて n が素数であることが $\tilde{O}(\ln^4 n)$ 回のビット演算で示される．Bernstein は，この判定法を実際に試し，ある 1000 ビットの数が素数であることを示している．この方法は，従来の Jacobi 和法や楕円曲線を利用した素数判定法と競合するものではないが，選択肢へと至る道は始まったばかりである．

次に，もっと深刻な問題にも目を向けることにしよう．すなわち，$n-1$ が因子 $r > \lg^2 n$ で比較的小さいものをもたない場合には，何をすべきなのだろうか．[Berrizbeitia 2002] では，$n+1$ が $\lg^2 n$ 程度のサイズの 2 の冪で割り切れる場合に，n の素数判定を高速に行う方法が示されている．読者は，ある種の類似性を感じ，本章が振り出しに戻ってしまったと思うかもしれない．われわれは $n-1$ 法の限界にぶつかったために $n+1$ 法へと導かれ，ついには有限体の利用へと至った．その際，比較的小さな整数 d に対して $n^d - 1$ の然るべき因子を探した．定理 4.3.5 において $x = \lg^2 n$ とすると，$n > 16$（すなわち $\lg^2 n > 16$）ならば，整数 $d < (2 \ln \ln n)^{c \ln \ln \ln (\ln^2 n)}$ が存在して，$n^d - 1$ が因子 $r > \lg^2 n$ をもち，さらに r の各素因子は d のある因子に 1 を加えたものであるようにできることがわかる．よって，必要であれば r の素因子をいくつか取り除いて，$\lg^2 n < r \leq (d+1) \lg^2 n$ であるとしても許されるであろう．以下に述べる結果では，r はもう少し大きく $r > d^2 \lg^2 n$ をみたすことを要求しているが，得られる結論に本質的な差はない．すなわち，$(\ln \ln n)^{O(\ln \ln \ln \ln n)}$ なる評価をもつ d が存在して，$n^d - 1$ は $d^2 \lg^2 n < r \leq (d+1) d^2 \lg^2 n$ なる因子 r をもつのである．次の結果は [Bernstein 2003] と [Mihăilescu and Avanzi 2003] による．この定理を用いることにより，上で述べたような r, d が与えられれば，高速な素数判定法を作り上げることができる．

定理 4.5.8. n, r, d を整数で，$n > 1$，$r \mid n^d - 1$，$r > d^2 \lg^2 n$ をみたすものとする．また $f(t)$ を $\mathbf{Z}_n[t]$ 内のモニックな d 次式とし，$R = \mathbf{Z}_n[t]/(f(t))$ と置く．さらに $b = b(t) \in R$ は $b^{n^d-1} = 1$ と $b^{(n^d-1)/q} - 1 \in R^*$（$q$ は r の任意の素因子）をみたすとする．このとき，$R[x]$ において

$$(x-1)^{n^d} \equiv x^{n^d} - 1 \pmod{x^r - b}$$

であれば，n は素数または素数の冪である．

定理 4.5.8 の証明は，定理 4.5.7 の証明とよく似ているため，概略だけを述べる．p を n の素因子とし，$h(t)$ を $f(t)$ の $\mathbf{Z}_p[t]$ における既約因子とする．有限体 $\mathbf{Z}_p[t]/(h(t))$ を K と置くと，これは環 R の準同型像である．また $N = n^d$，$P = p^{\deg h}$ と置けば

$P \mid p^d \mid N$ が成り立つ. b をその K における像と同一視して $A = b^{(N-1)/r}$ と置くと, 仮定により A の位数は r である. したがって, 整数 k が存在して, 任意の非負整数 j, i に対して

$$(x-1)^{N^j} \equiv A^j x - 1 \pmod{x^r - b}, \quad (x-1)^{P^i} \equiv A^{ik} x - x \pmod{x^r - b}$$

が成り立つ. ただし, 多項式は $K[x]$ に属していると見なす. このことは定理 4.5.7 の証明とまったく同様にして示され, さらには

$$(x-1)^{P^i(N/P)^j} \equiv A^{ik+j(1-k)} x - 1 \pmod{x^r - b}$$

も成り立つ. E を $K[x]/(x^r - b)$ における $x - 1$ の位数とすると, 前と同様の議論により $E \geq 2^r - 1$ となる. しかし, これも前と同じく, 相異なる整数の組 $(i_1, j_1), (i_2, j_2)$ が存在して, $U_l := P^{i_l}(N/P)^{j_l}$ ($l = 1, 2$) と置くとき, $U_l \in [1, N^{\sqrt{r}}]$ ならびに $U_1 \equiv U_2$ $\pmod{E}$ が成り立つようにできる. よって $U_1 = U_2$ となり, n は p の冪であることがわかる (N は n の冪で, P は p の冪だから). □

定理 4.3.3 が定理 4.5.8 に驚くほど似ていることがわかるであろう. 定理 4.3.3 の I, F, g には, それぞれ定理 4.5.8 の d, r, b が対応している.

定理 4.5.8 を用いれば, (素数であると厳密に判定された) 素数を出力することが期待される, 高速なランダムアルゴリズムを得ることができる.

アルゴリズム 4.5.9 (AKS 法の 4 次多項式時間版). $n > 1$ を与えられた整数とする. このランダムアルゴリズムは n が素数か合成数かの判定を試みる. 終了した限りにおいて判定は正しい.

1. [準備]

    n が平方数や高次の冪乗数の場合, return "n は合成数";

    $r \mid n^d - 1$ と $d^2 \lg^2 n < r \leq (d+1) d^2 \lg^2 n$ をみたす正の整数の組 r, d の中で rd^2 が最小のものを探す;

    モニックな d 次多項式 $f(t) \in \mathbf{Z}_n[t]$ を, n が合成数だと判明するか, $t^{n^d} \equiv t$ $\pmod{f(t)}$ かつ $t^{n^{d/q}} - t$ が $f(t)$ と互いに素 (q は d の任意の素因子) であるような $f(t)$ が見つかるまで, ランダムに選ぶ;

    d 次未満の多項式 $b(t) \in \mathbf{Z}_n[t]$ を, n が合成数だと判明するか, $b(t)^{n^{d-1}} \equiv 1$ $\pmod{f(t)}$ かつ $b(t)^{(n^d-1)/q} - 1$ が $f(t)$ と互いに素 (q は r の任意の素因子) であるような $b(t)$ が見つかるまで, ランダムに選ぶ;

2. [2 項合同式]

    $(x-1)^{n^d} \not\equiv x^{n^d} - 1 \pmod{x^r - b(t), f(t), n}$ である場合, return "n は合成数";
    return "n は素数";

いくつか注意を述べておく. d, r の探索は, 上で議論したように定理 4.3.5 が迅速な

発見を保証するため，確定的であると思われる．初めのランダム探索では，多項式 $f(t)$ がいくつかの性質をもつかを調べることになる．互いに素であるかどうかの判定にアルゴリズム 4.3.2 を利用すれば，そこで n が合成数であると証明されるかもしれない．n が素数であるときには，アルゴリズム 4.3.2 により n が合成数と判定されることはなく，既約な多項式を選びさえすれば求める性質をもつ $f(t)$ が見つかるはずである (アルゴリズム 2.2.10 を見よ)．n が素数で $f(t)$ が n を法として既約であるとき，環 $\mathbf{Z}_n[t]/(f(t))$ は有限体で，$b(t)$ を探すためには，この有限体の乗法群の生成元を見つければよい．よって $b(t)$ の探索は早く終わると思われる．ここでもアルゴリズム 4.3.2 を利用すれば，n が合成数と示されるかもしれない．

n が素数であるとき，ステップ [準備] の各項目の予想実行時間は，ステップ [2項合同式] におけるたったひとつの計算に要する $\tilde{O}(rd^2 \ln^2 n)$ で評価される．d は $(\ln \ln n)^{O(\ln \ln \ln \ln n)}$ なる上界をもつから，全体の予想実行時間は $(\ln n)^4 (\ln \ln n)^{O(\ln \ln \ln \ln n)}$ となる．この評価は $\tilde{O}(\ln^4 n)$ とは異なるが，$(\ln n)^{4+o(1)}$ という形をしている．そのため，Bernstein は「本質的には」4 次多項式時間のアルゴリズムと呼んでいる．

Agrawal–Kayal–Saxena 流の着想に基づく素数判定の実用化に興味があるならば，いまのところアルゴリズム 4.5.9 を出発点とするのがよい．このアルゴリズムが最もうまくいくのは $d = 1$ の場合であるから，初めのうちは，この場合について「素数であることを証明せよ」と例示されている数が実際に素数であると証明できるかどうかを調べることに専念するのがいいのかもしれない．

AKS の実装を考えている人には，以下に述べる注意が役に立つかもしれない．元々の AKS アルゴリズム 4.5.1 と最近の変形版のどちらの実装を考えるにしても，本書にある様々なアルゴリズムは重要であると思われる．例えば，法をもつ多項式の積の計算には 2 進セグメンテーション (アルゴリズム 9.6.1) の多項式を長整数で置き換える方法が使えそうである．AKS 流の方法において鍵となる多項式の冪の計算にもまったく同じ方法が使える可能性がある．文献 [Crandall and Papadopoulos 2003] は，AKS のあらゆる変形版に応用できる多くの概念を扱っていて，開発者への展望を与える．その中で，アルゴリズム 4.5.1 を直接用いることについて，ひとつの経験則が確立されている．すなわち，正しい高速なアルゴリズムを用いたとして，素数 p が実際に素数であることは (解決可能な p については) おおよそ

$$T(p) \approx 1000 \ln^6 p$$

回の CPU 演算で証明されるようである．この実験に基づく結果は，計算量の理論的な評価とも符合する．よって，例えば Mersenne 素数 $p = 2^{31} - 1$ の判定には，最も単純な AKS 法では 10^{11} 回ほどの演算 (最近の計算機にとってはわずかな時間であろう) を必要とする．また，計算の複雑さである T は，p のビット量が倍になると 2 桁近く増大することになる．[Bernstein 2003] では，AKS 法の最も簡単な変形版に関する上の評価を凌駕する実装が考察されている．その方法によれば，計算量は先に述べた「本質的」4

4.6 問題

4.1. 素数 $n > 200560490131$ の原始根の (n を法とする) 個数は $(n-1)/(2\ln\ln n)$ を超えることを示せ．次のようにして考えるとよい．
  (1) n の原始根の個数は $\varphi(n-1)$.
  (2) T 以下の素数すべての積 $P = \prod_{p \leq T} p$ が $P \geq m$ をみたすとき，
$$\frac{\varphi(m)}{m} \geq \prod_{p \leq T}\left(1 - \frac{1}{p}\right).$$

このようなアイディアを利用して，$200560490131 < n < 5.6 \cdot 10^{12}$ に対して上の不等式を示せ．
  (3) [Rosser and Schoenfeld 1962] にある評価
$$\frac{m}{\varphi(m)} < e^{\gamma}\ln\ln m + \frac{2.5}{\ln\ln m} \quad (m > 223092870)$$

を用いて証明を完成させよ．

4.2. 条件 (4.1) を「任意の素因子 $q \mid n-1$ に対し，整数 a_q で $a_q^{n-1} \equiv 1 \pmod{n}$ と $a_q^{(n-1)/q} \not\equiv 1 \pmod{n}$ をみたすものが存在する」で置き換えても，n は素数であることを示せ．

4.3. 素数 n と $n-1$ の完全な素因子分解が与えられたとし，問題 4.2 で a_q をランダムに選ぶことにより n が素数であると証明することを考える．すなわち，$[1, n-1]$ から a をランダムに選び，各素因子 $q \mid n-1$ に対して a が問題 4.2 の a_q として使えるかどうかを調べるという操作を繰り返す．すべての素因子 $q \mid n-1$ について a_q が見つかれば n の素数判定は完了である．このとき，n にはよらない定数 c が存在して，a をランダムに選ぶ回数の期待値は c を超えないことを示せ．

4.4. 乗法群 $\mathbf{Z}_n^*$ から $b_1, b_2, \ldots$ を独立かつ一様ランダムに選ぶとし，$g(n)$ を $b_1, \ldots, b_g$ により生成される部分群が $\mathbf{Z}_n^*$ に一致するような最小の数 g の期待値とする．このとき，問題 4.3 と同様に考えることにより，すべての素数 n に対して $g(n) < 3$ となることを示せ．また，n を素数と仮定しないときには，一般に何が言えるか？

4.5. 5 より大きい Fermat 数に対しては，Pepin テストにおいて 3 の代わりに 5 としてもよいことを示せ．

4.6. 1999年,R. Crandall, E. Mayer, J. Papadopoulos の3人は24番目の Fermat 数 F_{24} に Pepin テストを実行し,それが合成数であることを示した.この計算は,20世紀までに行われた,1ビットの答え (いまの場合,素数か否か) を得るための検証計算の中で,最も深いものであるといえる [Crandall et al. 1999]. (その後,C. Percival は円周率の2進法表示における1000兆番目の数が0であることを求めた.こちらの計算の方が F_{24} の決定よりもやや大規模である.) F_{24} は,現時点では最大の「純粋な Fermat 合成数」(合成数であると証明された F_n で,非自明な因子が見つかっていないもの) であるともいえる.純粋な合成数という概念については,問題 1.82 も参照のこと.

本書の執筆時点で,素性のはっきりしない Fermat 数で最小ものは F_{33} である.Pepin テストのためには F_{33} を法とする計算を全部で何回行う必要があるのか評価せよ.その結果と,20世紀までに世界中であらゆる目的で行われた計算の総量とを比べるとどうなるか? F_{33} の Pepin テストには何年を要するか? このことに関しては,表 1.3 に続く一連の注意も参照せよ.

以下の問題を考察せよ.
(1) Pepin テストを並列処理化する可能性 (2乗の繰り返し全体を効率的に並列化する方法は知られていないが,2乗を1回行うという操作の中で,各元を畳み込みと見なして並列計算機と中国式剰余定理を用いることならば可能である).
(2) F_n の素性が確定するのは Pepin テストの最終的な剰余が得られたときであるが,これは問題である.計算機というものは,証明を破綻させるようなハードウエアの誤作動やソフトウエアの不具合があっても計算を続けることがあるからである.ちなみに,ハードウエアの誤作動は実際に起きるものである.物理学によれば,結局いかなる計算機もエントロピー浴[*1]の中にあるのであって,誤りの確率は決して0とはならないのである.ソフトウエアの不具合については,異なる計算機の上で異なるコードを書いて互いに検証することが重要である.ひとりのプログラマにすべての機械の責任を負わせてはいけない!

後者の問題については「波面」法が有効である.2乗の繰り返しを波面,残りの計算を遅れと考える,この方法を用いて最速の計算機を使えば,Pepin テストを実行することができる.波面の計算機が Pepin の剰余を求めたら,その計算と並行して (やや遅い) 数台の計算機が連携して計算結果を確かめるのである.例えば,高速な波面の計算機が100万番目,200万番目,300万番目,400万番目の3の2冪乗,すなわち

$$3^{2^{1000000}}, \quad 3^{2^{2000000}}, \quad 3^{2^{3000000}}, \quad 3^{2^{4000000}}$$

を F_n を法として計算したとする.このとき,残りの遅い計算機は,各々ひとつの出力を2乗することを100万回だけ繰り返し,その結果が次の出力と一致していることを確かめるのである.

[*1] 訳註: 原文では entropy bath. 熱統計力学における「熱浴 (heat bath)」に掛けた造語.

4.7. Suyama による以下の定理を証明せよ ([Williams 1998] を参照のこと).
 (1) k を奇数とし, $N = k2^n + 1$ は Fermat 数 F_m を割り切るとする. このとき $N < (3 \cdot 2^{m+2} + 1)^2$ であれば N は素数であることを示せ.
 (2) Fermat 数 F_m が FR と分解されたとする. ここで, F の素因子分解は完全にわかっているとし, R は残りの分解できていない部分である. しかし, おそらく R は素数で, 分解は完全であると思われる. R が合成数であるときには, その事実を以下のテストにより暴けることが多い. すなわち, $r_1 = 3^{F_m - 1} \bmod F_m$, $r_2 = 3^{F-1} \bmod F_m$ と置くとき, $r_1 \not\equiv r_2 \pmod{R}$ であれば R は合成数である. (R を法とする計算は F_m を法とする計算で置き換えられることが多いため, この結果は使い勝手がよい. アルゴリズム 9.2.13 で述べているように, F_m による割り算は非常に簡単である.)

4.8. 問題 4.7 で述べた Suyama の結果は, 大きな Fermat 数の因子を求めるのに [Crandall et al. 1999] で実際に用いられた以下の考え方によく似ている. F_n を Pepin テストにかけられた数とし, 最終的な剰余

$$r = 3^{(F_n - 1)/2} \bmod F_n$$

が得られたとする. その一方で F_n の因子 f が見つかり, F_n が

$$F_n = fG$$

と分解されたとする.

$$x = 3^{f-1} \bmod F_n$$

と置くとき,

$$\gcd(r^2 - x, G) = 1$$

であれば G は素数でも素数の冪でもないことを示せ. 問題 4.7 では, gcd の中身を G を法として計算する前に, 比較的高速であるという理由で F_n を法として計算した. これらの事柄は, Pepin の剰余を, 将来また利用できるように, 大切に保存しておくことの重要性を示している.

4.9. Proth 型 $p = k2^n + 1$ のかなり大きい素数を見つける面白い方法がある. Suyama [Williams 1998] による次の定理を証明せよ. この形の数 p が Fermat 数 F_m を割り切り, $k2^{n-m-2} < 9 \cdot 2^{m+2} + 6$ であれば, p は素数である.

4.10. Proth による次の定理を証明せよ. $n > 1$, $2^k \mid n - 1$, $2^k > \sqrt{n}$ かつ $a^{(n-1)/2} \equiv -1 \pmod{n}$ となるような整数 a が存在するのであれば, n は素数である.

4.11. 定理 4.1.6 に基づくアルゴリズムでは, 整数係数の 3 次式の整数根を (存在する

場合に) 求める必要がある. まず手始めに, この計算が, Newton 法や分割統治法を用いて, どのようにすれば効率よく行えるのかを考えよ. より単純なアルゴリズム 9.2.11 を雛型にするとよい. また, 高次の多項式の整数根を高速に求める方法も考えよ.

試しに, 多項式が $x^k - a$ の場合を考えてみよう. このときには, アルゴリズム 9.2.11 において, ステップ [初期化] の $B(N)/2$ を $B(N)/k$ で置き換え, ステップ [Newton 反復] の反復計算を
$$y = \lfloor ((k-1)x + \lfloor N/x^{k-1} \rfloor)/k \rfloor$$
または類似の簡約公式で置き換えれば, 整数の k 乗根 $\lfloor N^{1/k} \rfloor$ を求めるように一般化できる.

4.12. 定理 4.2.4 を証明せよ.

4.13. $n-1$ の部分的な分解 (4.2) が B 以下の数による試し割り算により得られたとすると, R の素因子はすべて B より大きいということになる. a が (4.3) と $\gcd(a^F - 1, n) = 1$ をみたすとき, n の素因子は BF を超えることを示せ. 特に, $BF \geq n^{1/2}$ であれば n は素数である.

4.14. 定理 4.2.10 の仮定に加えて $R_1 R_2$ のすべての素因子は B を超えることがわかっているとする. ただし $n-1 = F_1 R_1$, $n+1 = F_2 R_2$ とする. また, 整数 a_1 で $a_1^{n-1} \equiv 1 \pmod{n}$, $\gcd(a_1^{F_1} - 1, n) = 1$ をみたすものと, (4.12) のような f, Δ で $\gcd(n, 2b) = 1$, $\left(\frac{\Delta}{n}\right) = -1$, $U_{n+1} \equiv 0 \pmod{n}$, $\gcd(U_{F_2}, n) = 1$ をみたすものが存在すると仮定し, F を F_1, F_2 の最小公倍数とする. このとき, 剰余 $n \bmod F$ が n の真の因子ではなく, かつ $BF > \sqrt{n}$ であれば, n は素数であることを示せ.

4.15. 定理 4.2.9 を証明せよ.

4.16. 問題 4.1 の方法を用いて次を示せ. $n > 892271479$ を素数とする. a, b を $\{0, 1, \ldots, n-1\}$ からランダムに選ぶ (ただし $a = b = 0$ は除く) とき, (4.12) により定まる f が $r_f(n) = n+1$ をみたすまでの試行回数の期待値を N とする. このとき $N < 4 \ln \ln n$ が成り立つ.

4.17. $n = 700001$ が素数であることを, まず $n-1$ の素因子分解を利用して示せ. 続いて $n+1$ の素因子分解を利用して同じことを示せ.

4.18. 4.2.3 項の終わり近くで触れた Coppersmith のアルゴリズムが $n-1$ 法, $n+1$ 法, 組み合わせ $n^2 - 1$ 法, 有限体を用いた素数判定法, および Gauss 和法の改良にどのように利用できるのか考察せよ.

4.19. $\mathbf{Z}_n[x]$ のすべてのイデアルが単項である (すなわち, ひとつの多項式の倍元の全

体に一致する) ためには n が素数であることが必要かつ十分であることを示せ.

4.20. q を奇素数とする. 記号は 4.4.1 項と定義 2.3.6 の通りとして, q で割り切れない整数 m に対し, $\chi_{2,q}(m) = \left(\frac{m}{q}\right)$ と $G(2,q) = G(1;q)$ を示せ. [*1]

4.21. q を奇素数, χ を法 q の主指標ではない指標とするとき, 補題 4.4.1 の証明を一般化して $|\tau(\chi)|^2 = q$ を示せ. すなわち, 補題 4.4.1 は法も位数も共に素数であるような指標に対するものであったが, ここでは素数を法とする位数が 1 でない任意の指標に対する一般化を求めているのである. また, q が素数であるかどうかに関わらず, 法 q の原始的な指標 χ に対しては $|\tau(\chi)|^2 = q$ となることを示せ.

4.22. n がアルゴリズム 4.4.5 のステップ [準備] とステップ [概素数判定] を通り抜けたとし, 各素因子 $p \mid I$ に対し, $w(p) = 1$ または $l(p,q) \neq 0$ なる q が存在すると仮定する. このときステップ [互いに素か確認] は省略できることを示せ. また, その場合にはステップ [因子の探索] の l として n がとれて, 中国式剰余定理を用いた計算は省略できることを示せ.

4.23. 記号は定義 4.4.4 の通りとするとき, α が環 $\mathbf{Z}_n[\zeta_p, \zeta_q]$ の単数であれば $\gcd(n, c(\alpha)) = 1$ となることを示せ. また, その逆は成り立たないことを示せ.

4.24. q を素数, χ を法 q の指標とし, χ の位数は $q-1$ であるとする. このとき χ は $\mathbf{Z}_q$ 上の単射を定めることを示せ. また, その逆も示せ.

4.25. 整数 $n \geq 2$ に対し, 多項式 $(x+1)^n$ と $x^n + 1$ が環 $\mathbf{Z}_n[x]$ において一致するためには, n が素数であることが必要かつ十分であることを示せ. より一般に, $\gcd(a,n) = 1$ であるとき, $\mathbf{Z}_n[x]$ において $(x+a)^n = x^n + a$ となるためには, n が素数であることが必要かつ十分であることを示せ.

4.26. 定理 4.5.2 を用いて, アルゴリズム 4.5.1 は n が素数か合成数かを正しく判定することを証明せよ.

4.27. 定理 4.5.2 の証明における集合 $\overline{G}$ は, $\{0\}$ と (乗法に関する) ひとつの巡回群との和集合であることを示せ.

4.28. 問題 3.19 と同様の方法により, $\ln^2 n$ よりも小さいすべての正の整数 a に対して $a^n \equiv a \pmod{n}$ が成り立つならば n は平方因子をもたないことを示せ. また, AKS の合同式 $(x+a)^n \equiv x^n + a \pmod{x^r - 1, n}$ から $(a+1)^n \equiv a+1 \pmod{n}$ を導け. 以上のことを用いて, 定理 4.5.2 の仮定の下で n が $\sqrt{\varphi(r)} \lg n$ よりも大きい素因子を

[*1] 訳註: 右辺の $G(1;q)$ は定義 2.3.6 の 2 次 Gauss 和である.

もてば，n はその素因子に一致することを示せ．この事実に基づき，アルゴリズム 4.5.1 をステップ [冪乗数テスト] を完全に省略した形に短くせよ．

4.29. $n \equiv \pm 3 \pmod 8$ ならば，アルゴリズム 4.5.1 のステップ [準備] における r は $8 \lg^2 n$ で上から評価されることを示せ．ヒント: r_2 を 2 の冪で n の $\mathbf{Z}_{r_2}^*$ における位数が $\lg^2 n$ を超えるような最小のものとするとき，$r_2 < 8\lg^2 n$ を示せ．

4.30. 問題 4.29 や定理 1.4.7 で示唆されたアイディアを一般化することにより，アルゴリズム 4.5.1 のステップ [準備] における r は，高々 $o(\pi(x))$ 個の素数 $n \le x$ を除いて，$\lg^2 n \lg \lg n$ で上から評価されることを示せ．また，このことを用いて，アルゴリズム 4.5.1 の計算時間は，(例外的な素数 $n \le x$ は高々 $o(\pi(x))$ 個であるという意味で) ほとんどすべての素数 n に対して，$\tilde{O}(\ln^6 n)$ であることを示せ．

4.31. 補題 4.5.5 の逆を証明せよ．すなわち，r, p を相異なる素数，$d \mid r-1$ とし，$f_{r,d}(x)$ は p を法として既約であるとするとき，$p^{(r-1)/d}$ の r を法とする位数は d であることを示せ．

4.32. $r_1, r_2, \ldots, r_k$ を素数，$d_1, d_2, \ldots, d_k$ をどの 2 つも互いに素な正の整数で $d_i \mid r_i - 1$ なるものとする．また $f(x)$ を $\eta_{r_1, d_1} \eta_{r_2, d_2} \cdots \eta_{r_k, d_k}$ の $\mathbf{Q}$ 上の最小多項式とする．このとき，どの r_i とも異なる素数 p に対し，$f(x)$ が p を法として既約であるためには，各 $p^{(r_i-1)/d_i}$ の r_i を法とする位数が d_i となることが必要かつ十分であることを示せ．

4.33. 本文中では証明の概略だけを述べた定理 4.5.8 に，完全な証明を与えよ．

4.7 研 究 問 題

4.34. できるだけ大きな x に対して，整数 $n \in [2, x]$ が素数かどうか厳密に判定する実用的なアルゴリズムを，以下の方針に沿って考えよ．

用いるのは確率的な素数判定法で，同時に (できれば非常に小さい) 例外の表を作る．あるいは，単純な判定法を簡単に組み合わせて，x 以下では例外が現れないものを構成する．例えば [Jaeschke 1993] では，341550071728321 以下の合成数で 20 より小さい素数を底とする強概素数テスト (アルゴリズム 3.5.2) をすべて通過するものは存在しないことが示されている．

4.35. ディオファントス方程式

$$n^k - 4^m = 1$$

を考えることにより，Fermat 数は冪乗数 n^k ($k > 1$) ではないことを証明せよ．Fermat

数については多くのことが知られているが,「Fermat 数は平方因子をもたないか」という問題は今日でも未解決である.また,Mersenne 数 M_n $(n > 0)$ も冪乗数ではないことを示せ.

4.36. 4.1.3 項で定義した関数 $M(p)$ を思い出そう.これは,Lucas 木を行き来して p を素数であると証明するために必要な乗算の回数であった.この関数について,「任意の素数 p に対して $M(p) = O(\lg p)$」を証明するか,反証を与えよ.

4.37. [Broadhurst] 問題 2.5 で定めた Fibonacci 数列 (u_n) の中には素数が現れることがある.Fibonacci 数に対する効率のよい素数判定法を考えよ.おそらくはすでに知られている判定法を用いることになるだろう.

ちなみに,D. Broadhurst によれば,$n = 35999$ までの u_n が素数かどうかはすべて決定されている (そして u_{35999} は素数である).さらに,u_{81839} は素数であることがわかっている.素数であると思われる 2 つの u_n ($n \in \{50833, 104911\}$) が実際に素数であると断言するためには,すなわち $n = 104911$ まで問題を解決するためには,まだ計算を必要とする.

4.38. 平方数ではない正の整数 n に対し,$1 + \lg^2 n < r = O(\ln^2 n)$ なる素数 r で n を原始根とするようなものが存在することを示せ.一般 Riemann 予想を仮定するのであれば,[Hooley 1976] における Artin 予想に関する議論が参考になるだろう.

4.39. 問題 4.28 で述べたように,アルゴリズム 4.5.1 のステップ [冪乗数テスト] は省略することができる.それでは,アルゴリズム 4.5.9 でも冪乗数テストを省くことができるか? 定理 4.5.6 の仮定から n が平方因子をもたないことが従うか?

5. 指数時間の素因子分解アルゴリズム

数世紀にわたる素因子分解の歴史のほとんどすべてにおいて，考え出されたアルゴリズムは指数時間，すなわち最悪の場合の実行時間が分解すべき数の冪 (指数は固定) であるようなものばかりであった．ところが 1970 年代の初めに準指数時間の素因子分解アルゴリズムが軌道に乗り始めた．次章で議論するこれらの方法は，n の分解に要する時間が $n^{o(1)}$ という形の評価をもつ．それなら，読者は本書になぜこの章が存在するのかと疑問に思うかもしれない．しかし，本章の内容を載せておくのには，いくつかの理由がある．

(1) 入力される数が小さい場合には，指数時間の素因子分解アルゴリズムが最適であることが多い．また，準指数時間の方法であっても，サブルーチンの中で小さめの数を分解する際には指数時間の方法で行うことがある．

(2) 準指数時間アルゴリズムの中には，指数時間アルゴリズムの直系の子孫になっているものが少なくない．例えば，準指数時間アルゴリズムである楕円曲線法は，指数時間アルゴリズムである $p-1$ 法から生まれた．指数時間アルゴリズムは，将来の発展のための原材料と思うこともできるし，市場用農作物の多彩な野性株と考えることもできる．

(3) 現在に至るまで，計算量が厳密に分析された確定的素因子分解アルゴリズムの中で最速のものは指数時間である．

(4) いくつかの分解アルゴリズムは，指数時間であるか準指数時間であるかに関わらず，離散対数を求める類似のアルゴリズムの土台となっている．また，ある種の離散対数問題では，指数時間のアルゴリズムしか見つかっていない．

(5) 多くの指数時間アルゴリズムは純粋で楽しい．

本章に価値があると納得して頂けたであろうか．

5.1 平方数

古くから知られている分解の手法として，分解したい数を連続しない平方数の差として表すというものがある．まずは，この方向に沿って考えていくことにしよう．

5.1.1 Fermat 法

n を $a^2 - b^2$ (a, b は非負の整数) の形に表すことができれば，$n = (a+b)(a-b)$ なる分解が直ちに得られる．$a - b > 1$ であれば，この分解は非自明である．さらに，奇数の分解はすべてこのようにして得ることができる．実際，奇数 n が $n = uv$ (u, v は正の整数) と分解されたとすると，$a = \frac{1}{2}(u+v)$ と $b = \frac{1}{2}|u-v|$ に対して $n = a^2 - b^2$ が成り立つ．

奇数 n が同程度の大きさの 2 つの整数の積である場合には，a, b の候補は限られるため，n の分解を見つけることはやさしい．例えば $n = 8051$ を考えると，n より大きい平方数で最小のものは $8100 = 90^2$ で，n との差は $49 = 7^2$ である．よって $8051 = (90+7)(90-7) = 97 \cdot 83$．

以上の議論をアルゴリズムとして定式化するため，数列 $\lceil \sqrt{n} \rceil$, $\lceil \sqrt{n} \rceil + 1, \ldots$ から数 a をとって $a^2 - n$ が平方数かどうかを調べることにする．もしも平方数であれば，それを b^2 として，$n = a^2 - b^2 = (a+b)(a-b)$ が得られる．奇数 n が合成数であれば，この手続きは $a = \lfloor (n+9)/6 \rfloor$ に至る前に非自明な分解を見つけて必ず終了する．最悪なのは $n = 3p$ (p は素数) の場合で，このときには非自明な分解を与える a は $(n+9)/6$ (対応する b は $(n-9)/6$) に限られる．

アルゴリズム 5.1.1 (Fermat 法). $n > 1$ を与えられた奇数とする．このアルゴリズムは，n の非自明な因子を見つけるか，n が素数であることを証明する．
1. [ループ]
    for($\lceil \sqrt{n} \rceil \leq a \leq (n+9)/6$) {
        if($b = \sqrt{a^2 - n}$ は整数) return $a - b$;   // アルゴリズム 9.2.11 を用いる．
    }
    return "n は素数";

最悪の場合には，アルゴリズム 5.1.1 は試し割り算よりもはるかに効率が悪い．しかし，アルゴリズム 5.1.1 にとって最悪の場合とは，実は試し割り算にとって最も簡単な場合で，その逆も正しい．よって 2 つの方法を組み合わせて用いるのがよい．

Fermat 法の高速化に使える技法は多い．例えば，合同式を用いれば $a^2 - n$ が平方数ではあり得ないような a の剰余類がわかる．具体的には，$n \equiv 1 \pmod{4}$ の場合には a は偶数ではあり得ず，$n \equiv 2 \pmod{3}$ の場合には $3 \mid a$ でなければならない．

他にも，ある数を掛けることによって計算が高速化できることもある．先に述べたように，n が同程度の大きさの 2 つの整数の積であれば，この分解をアルゴリズム 5.1.1 は素早く見つける．n がそのような性質をもたない場合であっても，kn が同程度の大きさの 2 つの整数の積となることがある．$kn = (a+b)(a-b)$ となったとき，$\gcd(a+b, n)$ や $\gcd(a-b, n)$ を計算すれば n の因子が得られるかもしれない．例えば $n = 2581$ とすると，アルゴリズム 5.1.1 は $a = 51$ から始まり，9 番目の $a = 59$ まで終了しない．$a = 59$ に至って $59^2 - 2581 = 900 = 30^2$ となり，$2581 = 89 \cdot 29$ が得られる．($n \equiv 1 \pmod 4$ と $n \equiv 1 \pmod 3$ に注意すれば，a は奇数かつ $3 \nmid a$ でなければならないから，$a = 59$ は 3 番目の数とできる．) しかし，アルゴリズム 5.1.1 を $3n = 7743$ に適用すれば，最初の a である $a = 88$ ($b = 1$ が対応) で終了し，$3n = 89 \cdot 87$ が得られる．あとは $89 = \gcd(89, n)$ と $29 = \gcd(87, n)$ に注意すればよい．

5.1.2 Lehman 法

上の例において，$n = 2581$ に掛けた 3 はどこから出てきたのだろうか．R. Lehman による次の方法では，掛ける数を自動的に探索している．

アルゴリズム 5.1.2 (Lehman 法). $n > 21$ を与えられた整数とする．このアルゴリズムは，n の非自明な因子を見つけるか，n が素数であることを証明する．

1. [試し割り算]
   n が非自明な因子 $d \leq n^{1/3}$ をもつか調べ，もつ場合には return d;
2. [ループ]
   for$\bigl(1 \leq k \leq \lceil n^{1/3} \rceil\bigr)$ {
      for$\bigl(\lceil 2\sqrt{kn} \rceil \leq a \leq \lfloor 2\sqrt{kn} + n^{1/6}/(4\sqrt{k}) \rfloor\bigr)$ {
         if$\bigl(b = \sqrt{a^2 - 4kn}$ は整数$\bigr)$ return $\gcd(a+b, n)$;
                                                    // アルゴリズム 9.2.11 を用いる．
      }
   }
   return "n は素数";

このアルゴリズムが正しいとすると，実行時間を評価するのはやさしい．まず，ステップ [試し割り算] には $O(n^{1/3})$ 回の演算が必要である．また，ステップ [ループ] ではアルゴリズム 9.2.11 を高々

$$\sum_{k=1}^{\lceil n^{1/3} \rceil} \left(\frac{n^{1/6}}{4\sqrt{k}} + 1 \right) = O(n^{1/3})$$

回適用することになるが，1 回の適用には $O(\ln \ln n)$ 回の演算を要する．よって，アルゴリズム 5.1.2 は，最悪の場合，サイズ n の整数の算術演算を全部で $O(n^{1/3} \ln \ln n)$

回行うことになる．続いては Lehman 法の正当性を示すことにしよう．

定理 5.1.3. Lehman 法 (アルゴリズム 5.1.2) は正しい．

証明. n はステップ [試し割り算] で分解されていないとしてよい．n が素数でないとすると，$n^{1/3}$ より大きい 2 つの素数の積に分解されなければならない．つまり $n = pq$ となるような素数 p, q で $n^{1/3} < p \leq q$ なるものが存在する．このとき，整数 $k \leq \lceil n^{1/3} \rceil$ で $k = uv$ なる分解をもつものが存在する．ただし u, v は

$$|uq - vp| < n^{1/3}$$

をみたす正の整数である．実際，よく知られているように ([Hardy and Wright 1979, Theorem 36] を見よ)，任意の $B > 1$ に対し，正の整数 u, v で $v \leq B$ および $|\frac{u}{v} - \frac{p}{q}| < \frac{1}{vB}$ をみたすものが存在する．この事実を $B = n^{1/6}\sqrt{q/p}$ に適用すれば，

$$|uq - vp| < \frac{q}{n^{1/6}\sqrt{q/p}} = n^{1/3}.$$

さらに，$\frac{u}{v} < \frac{p}{q} + \frac{1}{vB}$ と $v \leq B$ より

$$k = uv = \frac{u}{v}v^2 < \frac{p}{q}v^2 + \frac{v}{B} \leq \frac{p}{q} \cdot \frac{q}{p}n^{1/3} + 1 = n^{1/3} + 1$$

と $k = uv \leq \lceil n^{1/3} \rceil$ がわかる．

上の k, u, v に対して $a = uq + vp$，$b = |uq - vp|$ と置くと，$4kn = a^2 - b^2$．さらに $2\sqrt{kn} \leq a < 2\sqrt{kn} + \frac{n^{1/6}}{4\sqrt{k}}$ が成り立つ．実際，$uq \cdot vp = kn$ より $a = uq + vp \geq 2\sqrt{kn}$．また，$a = 2\sqrt{kn} + E$ とすれば，

$$4kn + 4E\sqrt{kn} \leq \left(2\sqrt{kn} + E\right)^2 = a^2 = 4kn + b^2 < 4kn + n^{2/3}$$

より $4E\sqrt{kn} < n^{2/3}$ がわかる．よって $E < \frac{n^{1/6}}{4\sqrt{k}}$．

最後に，ステップ [ループ] で a, b が得られたとき，$\gcd(a+b, n)$ は n の非自明な因子であることを示す．n は $(a+b)(a-b)$ を割り切るから $a + b < n$ を示せば十分であるが，

$$a + b < 2\sqrt{kn} + \frac{n^{1/6}}{4\sqrt{k}} + n^{1/3} < 2\sqrt{(n^{1/3}+1)n} + \frac{n^{1/6}}{4} + n^{1/3} < n.$$

最後の不等式は $n \geq 21$ で成り立つ． $\square$

k が因子をたくさんもつように選ぶといった類の，Lehman 法を高速化する方法は数多く存在する．詳しくは [Lehman 1974] を参照せよ．

5.1.3 因子の篩い分け

Fermat 法では a^2-n が平方数となるような整数 a を探した.それに続く方法として,a^2-n が平方数ではないような多くの a を役立てることを考えよう.例えば,$a^2-n=17$ という式から n に関する情報を引き出すことはできるだろうか.実はできるのである.すなわち,p を n の素因子とすれば $a^2 \equiv 17 \pmod{p}$ となるから,$p \neq 17$ であれば,p は剰余類 $\pm 1, \pm 2, \pm 4, \pm 8 \pmod{17}$ のいずれかに属さなければならない.つまり,全素数の半分が一挙に n の素因子の候補から外れる訳である.他の a に対しても同様に考えれば,n の素因子が属する剰余類を絞り込むことができる.その結果,n の素因子が属する剰余類について十分な情報が手に入り,素因子が完全に (かつ願わくば簡単に) 特定されることが期待できる.

この手の議論の問題点は,計算量が指数関数的に増大するということである.上の議論を k 個の a に対して行い,法 $m_1, m_2, \ldots, m_k$ について n の素因子が属する剰余類がわかったとする.話を簡単にするため m_i たちは相異なる素数であるとすると,n の素因子は m_i を法とする $\frac{1}{2}(m_i-1)$ 個の剰余類のいずれかに属する.このとき,素因子が属する $M = m_1 m_2 \cdots m_k$ を法とした剰余類の候補は $2^{-k}(m_1-1)(m_2-1)\cdots(m_k-1) = 2^{-k}\varphi(M)$ 個となる.この数は小さいが,同時に大きくもある.つまり,ランダムに選ばれた素数 p がこれらの剰余類のどれかに属する確率は 2^{-k} であるから,k が大きければ候補が一気に絞れて p を突き止められるはずである.ところが,求める合同式のすべてを同時にみたす小さな解を迅速に求める方法は知られていない.小さな解を見つけるために $2^{-k}\varphi(M)$ 個の解をすべて書き出すことは面倒な計算なのである.昔の計算機は,この問題を解くために自転車のチェーンやカードや光電管といった精巧な装置を必要とした.最近では,この手の問題を解くために作られた特殊用途の計算機もある.詳しくは [Williams and Shallit 1993] を見よ.

5.2 モンテカルロ法

発見的な方法の中には,乱数列であるかのように振る舞う数列を用いる興味深いものもある.そのような数列は,たとえ乱数種を用いていたとしても,真の乱数ではない.それにもかかわらず,このような方法はモンテカルロ法と呼ばれる.なお,本節で述べる方法は,本質的にはすべて J. Pollard による.

5.2.1 Pollard のロー法

1975 年,J. Pollard は画期的な分解アルゴリズムを考え出した [Pollard 1975].$\mathcal{S} = \{0, 1, \ldots, l-1\}$ として,f を $\mathcal{S}$ から $\mathcal{S}$ への乱数関数とする.$s \in \mathcal{S}$ をランダムにとり,数列

$$s,\ f(s),\ f(f(s)),\ \ldots$$

を考える．f は有限集合 $\mathcal{S}$ に値をとるから，やがて上の数列には同じ数が現れ，周期をもつ数列になる．この状況をギリシア文字の ρ (ロー) に喩えることができる．周期に入る前の部分を ρ の尻尾，周期の部分を ρ の丸い頭と見なしているのである．尻尾の長さや周期の長さはどのくらいになると予測できるだろうか．

この問題は，明らかに初等確率論における誕生日のパラドックスと関連があり，したがって尻尾の長さも周期の長さも共に $\sqrt{l}$ 程度であると予測できる．だが，なぜこのことが素因子分解にとって重要なのだろうか．

p を素数とし，$\mathcal{S} = \{0, 1, \ldots, p-1\}$ と置く．また，$\mathcal{S}$ から $\mathcal{S}$ への関数 f を $f(x) = x^2 + 1 \bmod p$ により定める．この関数が「十分に乱雑」であれば，ランダムにとった $s \in \mathcal{S}$ に f を反復適用して得られる数列 $(f^{(i)}(s))$ $(i = 0, 1, \ldots)$ は $O(\sqrt{p})$ 程度のステップに至る前に周期列となると予測できるだろう．すなわち，$f^{(j)}(s) = f^{(k)}(s)$ となるような $0 \leq j < k = O(\sqrt{p})$ が存在することが期待できる．

さて，n を分解したい整数とし，p を n の最小の素因子とする．まだ p が何であるかは不明であるため，上で述べたような数列を計算することはできない．しかし，$F(x) = x^2 + 1 \bmod n$ で定義される関数 F の値であれば計算できる．もちろん，求めたいのは，F の反復で現れる周期ではなく，$f(x) = x^2 + 1 \bmod p$ の反復で現れる周期である．どうすれば F を適用した結果だけから求める周期が現れたことがわかるだろうか．明らかに $f(x) = F(x) \bmod p$ であるから，上の j, k に対して $F^{(j)}(s) \equiv F^{(k)}(s) \pmod{p}$ が成り立つ．すなわち $\gcd\left(F^{(j)}(s) - F^{(k)}(s), n\right)$ は p で割り切れる．運がよければ，この最大公約数は n とは一致せず，その場合には n の非自明な因子が手に入ることになる．

Pollard のロー法は以上の要素だけで構成されている訳ではない．実は，$0 \leq j < k$ なるすべての組 j, k について $\gcd(F^{(j)}(s) - F^{(k)}(s), n)$ を計算するのは得策ではない．そのような計算を行ったら，試し割り算で素因子を探すよりも多くの時間がかかってしまう．実際，B を探索の上限とすると，組 j, k はだいたい $\frac{1}{2}B^2$ 個存在する．一方で，B が $\sqrt{p}$ 程度の大きさになるまでは，周期が現れることが期待できない．つまり，すべての組に対して調べるのとは違う，別なやり方が必要になる．その方法は，Floyd の周期発見法により与えられる．いま $l = k-j$ と置くと，任意の $m \geq j$ に対して $F^{(m)}(s) \equiv F^{(m+l)}(s) \equiv F^{(m+2l)}(s) \equiv \cdots$ $\pmod{p}$ が成り立つ．よって，$m = l\lceil j/l \rceil$ (これは l の倍数で j を超える最初のもの) の場合を考えれば，$F^{(m)}(s) \equiv F^{(2m)}(s) \pmod{p}$ ならびに $m \leq k = O(\sqrt{p})$ が得られるという訳である．

以上のように，数列 $\gcd(F^{(i)}(s) - F^{(2i)}(s), n)$ $(i = 1, 2, \ldots)$ を計算するというのが Pollard のロー法の基本的なアイディアで，n の最小の素因子を p とすると，n の非自明な分解は $O(\sqrt{p})$ 回のステップで発見されるはずである．

アルゴリズム 5.2.1 (Pollard のロー法)． n を与えられた合成数とする．このアルゴリズムは n の非自明な因子を探索する．

1. [乱数種の選択]

    ランダムに $a \in [1, n-3]$ を選ぶ;

    ランダムに $s \in [0, n-1]$ を選ぶ;

    $U = V = s$;

    $F(x) = (x^2 + a) \bmod n$ と定める;

2. [因子の探索]

    $U = F(U)$;

    $V = F(V)$;

    $V = F(V)$;   // $F(V)$ を 2 回適用するのは意図的.

    $g = \gcd(U - V, n)$;

    if($g == 1$) goto [因子の探索];

3. [乱数種が悪かった場合]

    if($g == n$) goto [乱数種の選択];

4. [成功]

    return g;   // 非自明な因子が見つかった.

Pollard のロー法の優れている点は，作業領域が少なくて済むということである．メモリに保存しておくのは，分解を考える数 n と U, V の (最新の) 値だけでよい．

主たるループであるステップ [因子の探索] では，法乗算 (2 乗算) 3 回と最大公約数の計算が行われている．実は，法乗算を 1 回増やせば最大公約数の計算を後ろに回すことができて，実行時間を少し節約することが期待できる．つまり，$U - V$ の n を法とする値を (全部掛け合わせて) 保存しておくという操作を k 回繰り返し，その積と n との最大公約数を計算するという方法もある．例えば $k = 100$ のとき，主たるループを法 2 乗算 3 回と法乗算 1 回にすれば，最大公約数を 1 回計算する手間は取るに足らないものになる．

ステップ [乱数種が悪かった場合] における最大公約数が n と一致することも実際に起こり得る．最大公約数の計算を後回しにするという，上で述べたアイディアを使った場合には，そうなる可能性も高くなる．しかし，この問題は最大公約数を計算するのに使われた U, V の値を保存しておくことにより回避することができる．最大公約数が n となった場合には，保存しておいた U, V の値に戻って $\gcd(U - V, n)$ の計算をひとつずつ行えばよい．

関数 $F(x)$ は様々に選ぶことができる．判断の主たる基準は，p を法とした F の反復において ρ の尻尾や頭が長くならないということで，この長さのことを [Guy 1976] は「(暦の) 差異[*1]」と呼んでいる．F が定める $\mathbf{Z}_p$ から $\mathbf{Z}_p$ への関数に関する素数 p の差異とは，$F^{(0)}(s), F^{(1)}(s), \ldots, F^{(k)}(s)$ がすべて異なるような s が存在する k のうち最

[*1] 訳註: 原文では epact. 太陽暦と太陰暦の日数差を意味する.

大のものをいう．(この定義は元々の定義に多少の変更を加えたもので，Guy は因子 p を発見するための反復の回数と定義していた．)

$F(x)$ として $ax+b$ のような貧相なものをとれば，素数 p の差異は ($a \not\equiv 1 \pmod{p}$ であれば) a の p を法とする乗法的な位数となり，$p-1$ の大きな因子となることが多い．($a \equiv 1 \pmod{p}$ かつ $b \not\equiv 0 \pmod{p}$ の場合であると差異は p となる．)

2 次関数 x^2+b の中にも，例えば $b=0$ の場合のように，貧相なものは存在する．それとは別の，見た目に反して貧相な関数としては，x^2-2 が挙げられる．実際，x が p を法として $y+y^{-1}$ の形の数であるとき，k 回の反復の後に得られるのは $y^{2^k}+y^{-2^k}$ である．

x^2+1 に関する p の差異を p の関数と見たとき，その増大度が十分緩やかであるのかどうかはわかっていないが，Guy は $O\left(\sqrt{p \ln p}\right)$ であろうと予想している．

n の素因子 p に関する何らかの情報が手に入った場合には，それを反映した高次の多項式を利用するのもいいかもしれない．例えば，Fermat 数 F_k のすべての素因子は，$k \geq 2$ であれば，2^{k+2} を法として 1 に合同であることがわかっている (定理 1.3.5 を見よ) から，F_k に Pollard のロー法を適用するのであれば F として $x^{2^{k+2}}+1$ を用いることが考えられる．それにより，x^2+1 を用いるのに比べて，F_k の素因子 p の差異が $\sqrt{2^{k+1}}$ 分の 1 程度になることが期待できる．そのことを実感するため，次のような確率的モデルを考えてみよう．(数値例にも符合する，より洗練された確率的モデルについては [Brent and Pollard 1981] を見よ．問題 5.2 も参照のこと．) x^2+1 を反復することは，平方剰余より 1 だけ大きい数のなす集合 (元の個数は $(p-1)/2$) におけるランダムウォークと考えることができる．x^2+1 の代わりに $x^{2^{k+2}}+1$ を用いると，2^{k+2} 冪剰余より 1 だけ大きい数のなす集合 (元の個数は $(p-1)/2^{k+2}$) の上を歩くことになる．誕生日のパラドックスによれば，大きさが m の集合の上でランダムウォークを $c\sqrt{m}$ 回程度行えば繰り返しが現れることが見込めるのであるから，$\sqrt{2^{k+1}}$ 分の 1 程度の改善は期待してよい．しかし，$x^{2^{k+2}}+1$ を使うに当たっては，主たるループで法 2 乗算 $3(k+2)$ 回と法乗算 1 回を行うことになるという，不利な点もある．ただし k が大きい場合には得るものの方が多い．この問題に関しては問題 5.24 を見よ．ここで述べたような加速法は，[Brent and Pollard 1981] での F_8 の分解 (Pollard のロー法で成し遂げられた分解の中で歴史上最も壮大なもの) において効果的に用いられた．Brent と Pollard の論文では，Floyd の周期発見法に代わるものとして，やや高速な周期発見法についても述べられている．反復計算で得られた値を保存しておいて，後に得られる値と比較するという方法である．

5.2.2 離散対数に対する Pollard のロー法

Pollard は離散対数の計算に対するロー法も考案したが，そこでは x^2+1 のような単純な多項式による反復は行われない [Pollard 1978]．有限巡回群 G と生成元 g に対し，G に対する離散対数問題とは，与えられた G の元を g^l (l は整数) の形に表すことをい

う．Pollard が考えたロー法は，群の演算が計算できて群の各元に番号付けができるのであれば，どのような群にも用いることができる．しかし，ここでは具体的に，p を法とする既約剰余類のなす群 $\mathbf{Z}_p^*$ を用いて説明することにしよう．ただし p は 3 より大きい素数である．

$\mathbf{Z}_p^*$ を整数の集合 $\{1, 2, \ldots, p-1\}$ と同一視する．g を生成元とし，任意に元 t をとる．目標は $g^l = t$ (すなわち $t = g^l \bmod p$) となるような整数 l を見つけることである．g の位数は $p-1$ であるから，答えは 1 個の整数ではなく $p-1$ を法とする剰余類なのであるが，もちろん正の整数 l で最小のものを求めたい訳である．

$p-1$ を法とした整数の 2 つ組の列 (a_i, b_i) と p を法とした整数の列 (x_i) で $x_i = t^{a_i} g^{b_i} \bmod p$ をみたすものを考えよう．ただし，初期値は $a_0 = b_0 = 0$, $x_0 = 1$ とし，第 i 項から第 $i+1$ 項は

$$(a_{i+1}, b_{i+1}) = \begin{cases} ((a_i + 1) \bmod (p-1), b_i), & 0 < x_i < \frac{1}{3}p \text{ の場合,} \\ (2a_i \bmod (p-1), 2b_i \bmod (p-1)), & \frac{1}{3}p < x_i < \frac{2}{3}p \text{ の場合,} \\ (a_i, (b_i + 1) \bmod (p-1)), & \frac{2}{3}p < x_i < p \text{ の場合,} \end{cases}$$

したがって

$$x_{i+1} = \begin{cases} tx_i \bmod p, & 0 < x_i < \frac{1}{3}p \text{ の場合,} \\ x_i^2 \bmod p, & \frac{1}{3}p < x_i < \frac{2}{3}p \text{ の場合,} \\ gx_i \bmod p, & \frac{2}{3}p < x_i < p \text{ の場合} \end{cases}$$

により定める．

3 等分された区間 $[0, p]$ のどこに x_i が入るのかは $\mathbf{Z}_p^*$ の群構造とは無関係そうであるから，数列 (x_i) は「乱数列」であると思っても許されるであろう．そうであれば，$j < k = O(\sqrt{p})$ なる整数 j, k で $x_j = x_k$ なるものが存在しそうである．そのような j, k が見つかれば，$t^{a_j} g^{b_j} = t^{a_k} g^{b_k}$ より，l を t の離散対数として，

$$(a_j - a_k)l \equiv b_k - b_j \pmod{(p-1)}$$

が得られる．$a_j - a_k$ が $p-1$ と互いに素であれば，この合同式から離散対数 l が求められる．$a_j - a_k$ と $p-1$ の最大公約数が $d > 1$ であるときには，l が $(p-1)/d$ を法として求まる．それを $l \equiv l_0 \pmod{(p-1)/d}$ とすると $l = l_0 + m(p-1)/d$ $(0 \leq m \leq d-1)$ であるから，d が小さい場合には，すべての候補を調べ尽くすことができる．

分解に用いられたロー法と同様に，ここでも Floyd の周期発見アルゴリズムが使える．すなわち，アルゴリズムの第 i 段階で x_i, a_i, b_i と x_{2i}, a_{2i}, b_{2i} の両方を計算するのである．$x_i = x_{2i}$ となったら成功である．そうでないときには，第 $i+1$ 段階として x_i, a_i, b_i から $x_{i+1}, a_{i+1}, b_{i+1}$ を計算し，x_{2i}, a_{2i}, b_{2i} から $x_{2i+2}, a_{2i+2}, b_{2i+2}$ を計算する．主たる作業は数列 (x_i) と (x_{2i}) の計算で，第 i 段階から第 $i+1$ 段階へと進むためには 3 回の法乗算を必要とする．分解する方の Pollard のロー法と同じく，わずかな作業領域しか必要としない．

[Teske 1998] には，離散対数に対するロー法で，3分割を20分割に変更した，やや込み入ったものが述べられている．数値実験によれば，彼女のランダムウォークでは20%ほどの改善が見られるそうである．

離散対数に対するロー法では，次に述べるラムダ法と連携して，分散処理が容易に行える．

5.2.3 離散対数に対する Pollard のラムダ法

Pollard は，離散対数に対するロー法を述べた論文 [Pollard 1978] の中で，「ラムダ法」と呼ばれる方法についても触れている．この名前は，ギリシア文字の λ (ラムダ) の形が，2本の道が1本に合流する様子を連想させることに由来する．離散対数を求めたい元 t と離散対数がわかっている元 T の両方を出発点とするランダムウォークを並行して行うというのがアイディアで，2つの歩みが出会ったら t の離散対数が計算できるという寸法である．Pollard はランダムウォークの動きをカンガルーのジャンプに喩えたため，アルゴリズムは「カンガルー法」と呼ばれることもある．求める離散対数が短い区間の中にあることがわかっている場合には，カンガルー法はその情報を役立てるのに向いている．われわれのカンガルーはチョコマカと動くのである．

ラムダ法の著しい特徴としては，計算を多くの機械に分散して行うのが比較的容易であるということが挙げられる．計算に参加するネットワーク上の拠点で，それぞれに r をランダムに選び，t^r を出発点とする (擬似) ランダムウォークを行うのである．ただし t は離散対数を求めたい元である．どの拠点でも，計算が簡単な同一の (擬似) 乱数関数 $f: G \to S$ を用いる．ここで，S は整数よりなる比較的小さな集合で，その平均が群 G の位数と同程度であるようなものである．また，$s \in S$ に対する冪 g^s は前もって計算しておく．このとき，t^r を出発点とする「ウォーク」とは

$$w_0 = t^r, \quad w_1 = w_0\, g^{f(w_0)}, \quad w_2 = w_1\, g^{f(w_1)}, \quad \ldots$$

のことである．いま，別な拠点で初期値 r' から計算した列 $w'_0, w'_1, w'_2, \ldots$ が列 $w_0, w_1, w_2, \ldots$ と「衝突」したとする．すなわち，$w'_i = w_j$ となるような i, j が存在したとする．このとき

$$t^{r'} g^{f(w'_0)+f(w'_1)+\cdots+f(w'_{i-1})} = t^r g^{f(w_0)+f(w_1)+\cdots+f(w_{j-1})}$$

より，$t = g^l$ であるとして，

$$(r' - r)l \equiv \sum_{\mu=0}^{j-1} f(w_\mu) - \sum_{\nu=0}^{i-1} f(w'_\nu) \pmod{n}$$

が得られる．ここで n は群 G の位数を表す．

この方法が用いられるのは，位数 n が素数である場合が多い．そのときには，各拠点の初期値 r が n を法として相異なるように選ばれている限り，上の合同式は容易に解け

て離散対数 l が求められる．このことは，ひとつの拠点の中で衝突が起きる (その場合には $r = r'$ である) という不運に見舞われない限り正しい．なお，拠点の個数が多い場合には，拠点を跨いだ衝突の方が拠点の中での衝突よりも起こりやすい．

5.2.2 項で述べた擬似乱数関数をラムダ法と連携して用いることもできる．このときには，すべての衝突が離散対数の計算に利用できる．すなわち，ひとつのウォークの中で衝突が生じたときには，ラムダ法からロー法へと移行すればよい．なお，求める離散対数が小さな区間に入ることがわかっている場合には，上の方法を用いれば計算時間は区間の幅の平方根程度になる．ただし，カンガルーが適切な区間の中だけを跳ね回るように，集合 S は平均が小さくなるようにとっておく必要がある．

中心となる計算機では，各拠点での計算結果を保存し，衝突が起きたかどうか見張っている必要がある．誕生日のパラドックスによれば，すべての列の長さが $O(\sqrt{n})$ 程度になれば衝突が生じることが期待できる．これから明らかなように，この方法では，中心となる計算機には大容量の記憶装置が要求される．[van Oorschot and Wiener 1999] に述べられている J.-J. Quisquater と J.-P. Delescaille (彼らは，そのアイディアを R. Rivest のものだと語っている) によるとされる以下のアイディアを用いれば，記憶装置に関する要求は大幅に軽減され，巨大な問題に対する実用的な手段が得られる．考えるのは「目印となる点」というものである．群の各元は整数 (実際には何個かの整数の組かもしれないが) に対応付けられていると仮定する．このとき，2 進法表示で特定の k 個の桁がすべて 0 であるようなものは，おおよそ $1/2^k$ 個存在する．ランダムウォークがそのような数 (これが目印となる点である) を通るのは平均して 2^k 回に 1 回である．また，2 つのランダムウォークが衝突するようなことがあれば，彼らはその後行動を共にし，次に目印に着くときには一緒に着くことになる．アイディアというのは，中心となる計算機には目印となる点だけを送ることにより，必要な記憶領域を 2^{-k} 程度に削減するということである．

注目すべき成功例としては，1998 年 3 月に行われた，位数が 97 ビットの素数 n であるような楕円曲線の群における離散対数の計算が挙げられる ([Escott et al. 1998] を見よ)．目的を遂行するために，16 の国に跨る 588 人よりなるグループが，約 1200 台の計算機を 53 日以上にわたって使用した．その際には，目印となる点を 186364 個用いて，およそ $2 \cdot 10^{14}$ 回の楕円曲線の加算が実行された．(目印を定義するために用いられた k は 30 で，中心となる計算機への報告は約 10 億歩に 1 回だけ行われた．) 2002 年には，楕円曲線における離散対数の計算が，109 ビット (10 進法表示では 33 桁) の素数について行われた (アルゴリズム 8.1.8 に続く注意を参照のこと)．

有限体の乗法群における離散対数については，準指数時間の方法があって (6.4 節を見よ)，かなり大きな場合でも扱うことができる．$\mathbf{F}_p$ における離散対数に関する現時点での記録は，2001 年に A. Joux と R. Lercier により計算された，p が 10 進法表示で 120 桁の素数 $\lfloor 10^{119}\pi \rfloor + 207819$ の場合である．彼らが求めたのは，この体における生成元 2 に関する 2 つの離散対数，すなわち $t = \lfloor 10^{119}e \rfloor$ の離散対数と $t + 1$ の離散対数

で，その方法は数体篩法に基づいている．

並列ロー法における最近の進展としては，暗号における離散対数の扱い [van Oorschot and Wiener 1999] や，(離散対数ではない) 本来の Pollard のロー法を並列化する試み [Crandall 1999d] がある．後者については，問題 5.24 や問題 5.25 を見よ．離散対数に対するロー法の最近の進展については，[Pollard 2000] や [Teske 2001] も参照のこと．離散対数問題全般に関する非常に便利な概説 [Odlyzko 2000] もある．

5.3 baby step と giant step

$G = \langle g \rangle$ を位数が n を超えない巡回群，$t \in G$ とし，$g^l = t$ となるような整数 l を求めることを考える．l は区間 $[0, n-1]$ の中から探すとしてよい．$b = \lceil \sqrt{n} \rceil$ として，$l = l_0 + l_1 b$ を l の b 進展開とする $(0 \leq l_0, l_1 \leq b-1)$．このとき $h = g^{-1}$ と置けば，$g^{l_1 b} = t g^{-l_0} = t h^{l_0}$．よって，$l_0, l_1$ は $\{g^0, g^b, \ldots, g^{(b-1)b}\}$ と $\{th^0, th^1, \ldots, th^{b-1}\}$ を計算して並べ替えることにより見つけることができる．いったん並べ替えを行ってしまえば，2 つのリストを見比べて同じものを見つけることは直ちにできる．(このアイディアはアルゴリズム 7.5.1 の擬似コードに書き下されている．) $g^{ib} = th^j$ であれば $l = j + ib$ ということになる．

改めて書いておくと次のようになる．

アルゴリズム 5.3.1 (離散対数に関する baby step giant step 法). g を生成元とする巡回群 G (その位数は n 以下であるとする) と $t \in G$ が与えられているとする．このアルゴリズムは，$g^l = t$ となるような整数 l を求める．(群の各元は，リストの並べ替えができるように，何らかの方法で数と対応付けられているとする．)

1. [区分の設定]
   $b = \lceil \sqrt{n} \rceil$;
   $h = \left(g^{-1}\right)^b$;   // 例えばアルゴリズム 2.1.5 を用いる．
2. [リストの作成]
   $A = \{g^i : i = 0, 1, \ldots, b-1\}$;
   $B = \{th^j : j = 0, 1, \ldots, b-1\}$;
3. [並べ替えと重複の探索]
   リスト A, B を並べ替える;
   重複箇所を探し，それを $g^i = th^j$ とする;   // アルゴリズム 7.5.1 を用いる．
   return $l = i + jb$;

アルゴリズムの仮定により，リスト A, B が実際に元を共有することは保証されている．また，リストを両方とも並べ替える必要はない．例えば，A を先に作って並べ替えておけば，順序付けられたリストを迅速に検索する手段があるという前提の下で，B の

元を計算しながら A との重複が調べられる.重複箇所が見つかったら B の元の計算を続ける必要はないため,平均して 50% ほどの労力が節約できる.

ステップ [リストの作成] では $O(\sqrt{n})$ 回の群演算が行われ,ステップ [並べ替えと重複の探索] では $O(\sqrt{n}\ln n)$ 回の比較が行われる.また,群の元を $O(\sqrt{n})$ 個格納しておく場所が必要である.群 G の大きさがわからない場合には,$k=1,2,\ldots$ について $n=2^k$ と置いてみればよい.その k に対して重複が見つからないときには,$k+1$ に対してアルゴリズムを繰り返すことになる.もちろん,それまでの計算結果は保存しておいて,新たな結果を書き加える訳である.よって,群 G の位数を m とすると,$O(\sqrt{m}\ln m)$ 回の計算と,群の元の格納庫が $O(\sqrt{m})$ だけあれば,確実に t の離散対数が求められる.

[Buchmann et al. 1997] と [Terr 2000] には,上のアイディアをより精密化したものが述べられている.ここで述べたものとは別の baby step giant step 法については,[Blackburn and Teske 1999] も参照のこと.

アルゴリズム 5.3.1 を 5.2.2 項で述べた離散対数に関するロー法と比べてみよう.ロー法の実行時間は $O(\sqrt{m})$ で,作業領域もわずかで済む.しかし,ロー法は発見的な方法であり,完全に厳密な方法である baby step giant step 法とは異なる.実際問題としては,ある時間内に計算が完了することが保証されていないというだけで,離散対数の計算に発見的方法を使わないという理由はない.よって,実用的にはロー法の方が baby step giant step 法よりも優れている.

しかし,7.5 節でも見るように,baby step giant step 法の背後にある簡潔で洗練されたアイディアは多くの場面で有用である.[Shanks 1971] で示されたように,素因子分解に利用することもできる.実は,baby step giant step 法のアイディアは,この論文により導入された.その舞台とは,与えられた判別式をもつ 2 元 2 次形式の類の群である.本章の最後の 5.6.4 項では,この方法を取り上げる.

5.4 Pollard の $p-1$ 法

p を奇素数とするとき,Fermat の小定理より $2^{p-1} \equiv 1 \pmod{p}$,したがって $p-1 \mid M$ であれば $2^M \equiv 1 \pmod{p}$ が成り立つ.よって,p が整数 n の素因子であるならば,p は $\gcd(2^M-1,n)$ を割り切る.この事実を利用して n の分解を求めるのが J. Pollard による $p-1$ 法である.彼のアイディアは,$p-1$ の形をした因子をたくさんもつ数 M を選ぶことにより,n の因子となりそうな素数 p を一挙に探すというものである.

正の整数 k に対し,$M(k)$ で $1,2,\ldots,k$ の最小公倍数を表すことにする.このとき,数列 $M(1)=1$, $M(2)=2$, $M(3)=6$, $M(4)=12$, $\ldots$ は次のようにして再帰的に計算することができる.すなわち,$M(k)$ はすでに計算できているとすると,$k+1$ が素数でも素数の冪でもない場合には $M(k+1)=M(k)$ で,$k+1=p^a$ (p は素数) の場合には $M(k+1)=pM(k)$.篩法による前処理 (3.2 節を見よ) では,設定した上限以下の素因子は完全に見つけることができるが,これを素数の冪へと拡張するのは容易で

ある.つまり,数列 $M(1), M(2), \ldots$ は極めて簡単に計算できる.次のアルゴリズムでは,最初に B 以下の素数冪を求め,それから $M(B)$ を直接計算している.

アルゴリズム 5.4.1 (基本的な Pollard の $p-1$ 法). 奇数の合成数 n と探索の上限 B が与えられているとする.このアルゴリズムは n の非自明な因子を探索する.
1. [素数冪の計算]
   例えばアルゴリズム 3.2.1 を用いて,B 以下の素数の列 $p_1 < p_2 < \cdots < p_m$ を求め,各 p_i に対して $p_i^{a_i} \leq B$ なる最大の整数 a_i を求める;
2. [冪乗の計算]
   $c = 2$;   // c はランダムに選んでもよい.
   for($1 \leq i \leq m$) {
       for($1 \leq j \leq a_i$) $c = c^{p_i} \bmod n$;
   }
3. [最大公約数の確認]
   $g = \gcd(c-1, n)$;
   return g;   // $1 < g < n$ であれば成功.

上の $p-1$ 法が失敗するのは,(1) $\gcd(c-1, n) = 1$ となったときと,(2) $\gcd(c-1, n) = n$ となったときである.この問題を例を用いて説明しよう.$n = 2047$ と $B = 10$ の場合を考える.このとき素数冪は $2^3, 3^2, 5, 7$ で,g として 1 が得られる.ところで,探索の上限は増やすことができる.B を 12 まで増やせば,素数冪として新たに 11 が加わる.そのとき g として得られるのは n そのものになってしまい,アルゴリズムは依然として機能しない.ステップ [最大公約数の確認] における最大公約数の計算の回数を多くしても,この n に対しては役に立たない.

この現象の元凶は $2047 = 2^{11} - 1 = 23 \cdot 89$ (そのため $\gcd(2^M - 1, n)$ は,$11 \mid M$ であれば n になり,そうでないときには 1 になる) という事実である.この種の原因によってアルゴリズムが失敗する場合には,上限の B を大きくしても改善は見込めない.しかし,初期値の $c = 2$ を $c = 3$ や別の数で取り替えてみるのは効果があるかもしれない.$c = 3$ としたときには,$\gcd(3^{M(B)} - 1, n)$ を計算することになる.だが,この方法も $n = 2047$ に対してはうまく機能せず,$c = 12$ として初めて $(\gcd(12^{M(8)} - 1, n) = 89$ となって) n の分解が見つかる.

最大公約数が n となって失敗する場合には,別の回避策もある.初期値の c はランダムに選び,素数冪のリストは 2 の冪が最後に来るように (つまり $p_1 = 3$, $p_2 = 5$, $\ldots$, $p_m = 2$ と) 並べ替えた上で,ステップ [冪乗の計算] は $1 \leq i \leq m-1$ に対して行い,ステップ [最大公約数の確認] では $0 \leq j \leq a_m$ に対して $\gcd(c^{2^j} - 1, n)$ の計算を繰り返し行うのである.n が 2 個以上の相異なる奇素数を因子にもつとき,ランダムに選んだ c に対し,最大公約数が n となって失敗する確率は高々 $1/2$ であることを示すのは難しくない.

なお，実際には最大公約数がnとなってしまうことは滅多に起きないことを注意しておく．圧倒的に多いのは最大公約数が1となって失敗する方である．この場合には，探索の上限Bを大きくするか，**第2段階**と呼ばれる方法を用いる (あるいは，それらを同時に行う) ことになる．

第2段階には様々な種類があり，以下で述べるのはそれらの原型である．新たな上限B'としてBよりもやや大きいものをとり，指数$M(1), M(2), \ldots, M(B)$に関する計算が終わったら，続けて指数$QM(B)$について計算を行うことにする．ただしQは区間(B, B')内の素数を動かす．この計算により，nの素因子pで$p - 1 = Qu$ (Qは区間(B, B')内の素数でuは$M(B)$の因子) となるようなものが発見できる可能性がある．指数$QM(B)$に関する計算は非常に簡単である．$Q_1 < Q_2 < \cdots$を(B, B')内の素数の列とする．$2^{Q_1 M(B)} \bmod n$は$2^{M(B)} \bmod n$から$O(\ln Q_1)$回のステップで計算できる．$2^{Q_1 M(B)} \bmod n$に$2^{(Q_2 - Q_1) M(B)} \bmod n$を掛けて$2^{Q_2 M(B)} \bmod n$を計算し，それに$2^{(Q_3 - Q_2) M(B)} \bmod n$を掛けて$2^{Q_3 M(B)} \bmod n$を計算する．以下も同様である．素数の間隔$Q_{i+1} - Q_i$は$Q_i$そのものと比べてはるかに小さく，間隔$d$として現れる多くの数に対する$2^{dM(B)} \bmod n$は前もって計算しておくことができる．よって，例えば$B' > 2B$であれば，1個のQ_iにつきわずか1回の法乗算で$2^{Q_i M(B)} \bmod n$が計算できることになる．基本的な$p - 1$法と同程度の時間を第2段階に割けるのであれば，B'はBよりもかなり大きめ，おそらくは$B \ln B$程度にとればよい．

さらなる高速化や誕生日のパラドックスの出現など，第2段階については多くの興味深い問題がある．詳しくは [Montgomery 1987, 1992a]，[Crandall 1996a] や問題 5.9 を見よ．

7.4節で見るように，Pollardの$p - 1$法の基本的なアイディアは，整数の分解に関するLenstraの楕円曲線法へと受け継がれていくことになる．

5.5 多項式評価法

いま仮に，関数$F(k, n) = k! \bmod n$の値が簡単に計算できるとしよう．すると，素因子分解も素数判定も随分とやさしいものになってしまう．例えば，Wilson–Lagrangeの定理 (定理 1.3.6) によれば，整数$n > 1$が素数であるためには$F(n - 1, n) = n - 1$が成り立つことが必要かつ十分である．また，$n > 1$が素数であることは，$F(\lceil \sqrt{n} \rceil, n)$が$n$と互いに素であることとも同値である．さらに，素因子分解も簡単にできる．2分探索法で$\gcd(F(k, n), n) > 1$をみたす最小の正整数k (もちろん，そのようなkとはnの最小の素因子である) を見つければよい．

いささか突飛なアイディアに思われるかもしれないが，この考えに基づいた，かなり高速な理論上の分解アルゴリズムが実際に存在するのである．それが以下に述べるPollard–Strassenの多項式評価法である (詳しくは [Pollard 1974] や [Strassen 1976] を参照のこと)．このアルゴリズムは，確定的な分解アルゴリズムの中では最も高速とさ

れている.

アイディアは次の通りである. $B = \lceil n^{1/4} \rceil$ とし, 多項式 $x(x-1)\cdots(x-B+1)$ を $f(x)$ と置く. このとき, 正の整数 j に対して $f(jB) = (jB)!/((j-1)B)!$ が成り立つから, $\gcd(f(jB), n) > 1$ をみたす最小の j をとれば, n の最小の素因子は区間 $((j-1)B, jB]$ に含まれる. その最大公約数が同じ区間に属し, かつ $j \geq 2$ であるときには, それは n の最小の素因子である. 最大公約数が jB よりも大きい場合には, 区間内の数について小さい方から順に n を割り切るかどうか調べることにより, n の最小の素因子が見つけられる. この最後の計算では, 高々 B 回の整数 (サイズは n) の算術演算を行うことになるから, 計算量は $O(n^{1/4})$ である. 前半の計算量はどうだろうか. $j = 1, 2, \ldots, B$ について $f(jB) \bmod n$ の計算ができてしまえば, あとは最大公約数を求めて 1 を超える最初のものを見つけるだけである.

アルゴリズム 9.6.7 を用いれば, $f(x)$ を $\mathbf{Z}_n[x]$ 内の多項式として (すなわち, 係数を法 n で簡約して) 計算し, $j = 1, 2, \ldots, B$ に対して $f(jB) \bmod n$ の値を求めることが, サイズ n の整数の算術演算 $O(B \ln^2 B) = O(n^{1/4} \ln^2 n)$ 回で行える. 後者の O 評価が (n の分解に要する) Pollard–Strassen の多項式評価法の計算量ということになる.

5.6 2 元 2 次 形 式

2 元 2 次形式の理論は 18 世紀の終わりに Lagrange や Legendre, Gauss によって豊かに発展したが, 現在に至っても計算整数論において重要な役割を演じている.

5.6.1 2 次形式の基本事項

整数 a, b, c に対し, 2 次形式 $ax^2 + bxy + cy^2$ が考えられる. これは変数 x, y に関する多項式なのであるが, 変数を省略して, 整数の順序付けた 3 つ組 (a, b, c) で表すこともある.

2 次形式 (a, b, c) が整数 n を表示するとは, $ax^2 + bxy + cy^2 = n$ となるような整数 x, y が存在することをいう. よって 2 次形式 (a, b, c) に付随して $\mathbf{Z}$ の部分集合, すなわち (a, b, c) に表示される数の全体が定まる. 2 次形式 (a, b, c) にある種の変数変換を行うと, 別な 2 次形式 (a', b', c') が得られるが, それらにより表示される数の集合は変化しないことがある. 特に, 整数 $\alpha, \beta, \gamma, \delta$ について, 変数変換

$$x = \alpha X + \beta Y, \quad y = \gamma X + \delta Y$$

を行うと

$$\begin{aligned}ax^2 + bxy + cy^2 &= a(\alpha X + \beta Y)^2 + b(\alpha X + \beta Y)(\gamma X + \delta Y) + c(\gamma X + \delta Y)^2 \\ &= a'X^2 + b'XY + c'Y^2\end{aligned} \tag{5.1}$$

となるから, 2 次形式 (a', b', c') が表示する数は 2 次形式 (a, b, c) も表示する. また,

$$X = \alpha' x + \beta' y, \quad Y = \gamma' x + \delta' y$$

なる整数 $\alpha', \beta', \gamma', \delta'$ が存在するとき，すなわち

$$\begin{pmatrix} \alpha & \beta \\ \gamma & \delta \end{pmatrix}, \quad \begin{pmatrix} \alpha' & \beta' \\ \gamma' & \delta' \end{pmatrix}$$

が互いに逆行列であるときには，その逆も成り立つ．整数を成分とする正方行列が (整数を成分とする) 逆行列をもつためには，その行列式が ± 1 であることが必要かつ十分である．よって，2 次形式 (a, b, c) と (a', b', c') が変数変換 (5.1) で結ばれているとき，$\alpha\delta - \beta\gamma = \pm 1$ であれば，それらが表示する数の集合は一致する．

　行列式として $+1$ と -1 の両方を考えても，$+1$ だけを考えるのと比べて自由度が格段に増える訳ではない．(例えば，行列式が -1 の変数変換により (a, b, c) から $(a, -b, c)$ や (c, b, a) が得られるが，$(a, -b, c)$ と (c, b, a) は行列式が $+1$ の変数変換で結ばれている．このことからもわかるように，$+1$ の場合だけを考えても一般性はほとんど失われない．) 2 つの 2 次形式が行列式 $+1$ の変数変換 (5.1) で結ばれているとき，それらは同値であるということにする．そのような変数変換はユニモジュラーな変換と呼ばれる．つまり，同値な 2 次形式とはユニモジュラーな変数変換で結ばれている 2 次形式である．

　2 次形式の同値は「同値関係」である．すなわち，(a, b, c) はそれ自身と同値であり，(a, b, c) が (a', b', c') と同値であればその逆も成り立ち，(a, b, c) が (a', b', c') と同値かつ (a', b', c') が (a'', b'', c'') と同値であれば (a, b, c) は (a'', b'', c'') と同値である．この事実の証明は読者への問題としておく (問題 5.10)．

　与えられた 2 つの 2 次形式が同値であるかどうかを具体的に判定することを考えよう．2 次形式 (a, b, c) に対し，整数 $b^2 - 4ac$ を (a, b, c) の判別式という．同値な 2 次形式は同じ判別式をもつ (問題 5.12 を見よ) から，2 つの 2 次形式の判別式が一致しなければ，それらは同値でないと直ちに判定できる．しかし，判別式が一致しても同値であるとは限らない．例えば，$x^2 + xy + 4y^2$ と $2x^2 + xy + 2y^2$ は共に判別式 -15 をもつが，前者は $(x = 1, y = 0$ として) 1 を表示するのに対して，後者は 1 を表示できない．よって，これらは同値ではない．

　もしも 2 元 2 次形式の各同値類の中に標準形と呼ぶべきものがあって，しかも標準形の計算が容易に行えるのであれば，2 つの 2 次形式が同値であるかどうかは簡単に判定できることになる．すなわち，それぞれの標準形を求めれば，標準形が一致すれば同値であり，そうでなければ同値ではないと結論付けられる．

　負の判別式をもつ 2 元 2 次形式については問題はやさしい．それどころか，2 元 2 次形式の理論全体が判別式の符号に応じて 2 つに分かれている．正の判別式をもつ 2 次形式は正の数も負の数も表示できるが，判別式が負である場合にはそうではない．(なお，判別式が 0 の 2 次形式はつまらない対象で，それらの研究は平方数の列の研究と本質的に同じである．)

　正の判別式をもつ 2 元 2 次形式の理論は，判別式が負の場合と比べるとやや難しい．

2次形式に関連した分解アルゴリズムには，判別式が正のものを利用するものもあれば，負のものを利用するものもある．以下では，話が複雑になるのを避けるため，主に判別式が負の場合について述べることにする．判別式が正の場合も含むアルゴリズムについては [Cohen 2000] を参照のこと．

さらに制限を追加する．負の判別式をもつ2元2次形式が正の数も負の数も表示することはないので，負の数を表示しない2次形式だけを考えることにする．(a,b,c) をそのような2次形式とすれば $(-a,-b,-c)$ は正の数を表示しない2次形式であるから，このように制限しても問題はない．以上の制約を換言すれば，$b^2 - 4ac < 0$ かつ $a > 0$ であるような2次形式 (a,b,c) だけを考えるということである．これらの条件は $c > 0$ を含むことを注意しておく．

負の判別式をもつ2次形式 (a,b,c) が簡約形式であるとは

$$-a < b \leq a < c \quad \text{または} \quad 0 \leq b \leq a = c \tag{5.2}$$

をみたすことをいう．

定理 5.6.1 (Gauss). 負の判別式をもつ相異なる簡約2次形式は同値ではない．また，負の判別式をもつ任意の2次形式 (a,b,c) （ただし $a > 0$）は，ある簡約形式に同値である．

定理 5.6.1 により，各同値類の中の標準形として簡約形式が選べることがわかる．定理の証明については，例えば [Rose 1988] を見よ．

続いて，与えられた2次形式に同値な簡約形式を求める方法を考えよう．その計算には，Gauss による極めて単純なアルゴリズムを利用すればよい．

アルゴリズム 5.6.2 (判別式が負の場合の簡約). (A, B, C) を与えられた2次形式とする．ただし A, B, C は $B^2 - 4AC < 0$ と $A > 0$ をみたす整数である．このアルゴリズムは (A, B, C) と同値な簡約2次形式を構成する．

1. [ループ]
    while($A > C$ または $B > A$ または $B \leq -A$) {
       if($A > C$) $(A,B,C) = (C,-B,A)$;   // 「(1)型」の取り替え．
       if($A \leq C$ かつ ($B > A$ または $B \leq -A$)) {
          条件
          $$-A < B^* \leq A,$$
          $$B^* \equiv B \pmod{2A},$$
          $$B^{*2} - 4AC^* = B^2 - 4AC$$
          をみたす B^*, C^* を求める;
          $(A,B,C) = (A, B^*, C^*)$;   // 「(2)型」の取り替え．

　　　　　}
　　}
2. [最終調整]
　　　if($A == C$ かつ $-A < B < 0$) $(A, B, C) = (A, -B, C)$;
　　　return (A, B, C);

　第1の係数 A は，(2) 型の取り替えでは変わらず，(1) 型の取り替えでは小さくなる．したがって (1) 型の取り替えは高々有限回しか行えない．また，(2) 型の取り替えが 2 回続けて行われることはない．よって，どのような入力に対してもアルゴリズムは終了する．出力された2次形式が入力されたものと同値であることの証明は，読者への問題 (問題 5.13) としておく．(これより，判別式が負で第1の係数が正であるような任意の2 次形式は簡約形式に同値であることがわかり，定理 5.6.1 の半分を示したことになる．)

5.6.2　2 次形式による表示を利用した分解法

　Fermat にまで遡る古くからの分解法として，分解したい数 n の 2 次形式 $(1, 0, 1)$ による (本質的に) 異なる表示を求めるという方法がある．つまり，n を 2 つの平方数の和として 2 通りに表すことを考える訳である．例えば，$65 = 8^2 + 1^2 = 7^2 + 4^2$ であるが，これから $8 \cdot 4 - 1 \cdot 7$ と 65 の最大公約数として非自明な因子である 5 が得られる．一般に
$$n = x_1^2 + y_1^2 = x_2^2 + y_2^2, \quad x_1 \geq y_1 \geq 0, \quad x_2 \geq y_2 \geq 0, \quad x_1 > x_2$$
であれば $1 < \gcd(x_1 y_2 - y_1 x_2, n) < n$ となる．実際，$A = x_1 y_2 - y_1 x_2$, $B = x_1 y_2 + y_1 x_2$ と置くと
$$AB \equiv 0 \pmod{n}, \quad 1 < A \leq B < n$$
が成り立ち，これより $1 < \gcd(A, n) < n$ がわかる．初めの合同式は $y_i^2 \equiv -x_i^2 \pmod{n}$ から $AB = x_1^2 y_2^2 - y_1^2 x_2^2 \equiv -x_1^2 x_2^2 + x_1^2 x_2^2 \equiv 0 \pmod{n}$ と従う．また，$A \leq B$ は明らかで，$y_1 x_2 < y_2 x_2 < y_2 x_1$ より $A > 1$ もわかる．さらに，相加相乗平均の関係 (特に等号成立条件) から
$$B = x_1 y_2 + y_1 x_2 < \tfrac{1}{2} x_1^2 + \tfrac{1}{2} y_2^2 + \tfrac{1}{2} y_1^2 + \tfrac{1}{2} x_2^2 = \tfrac{1}{2} n + \tfrac{1}{2} n = n.$$

　この分解法に関連して 2 つの問題が発生する．そもそも合成数は 2 つの平方数の和として 2 通りに表せるのだろうか．また，表すことが可能であったとしても，それは容易に見つけられるのだろうか．残念ながら，どちらの問題についても解答は否定的である．第 1 の問題については，2 つの平方数の和として (少なくとも 1 通りに) 表せる数のなす集合は漸近的に密度 0 をもつという定理がある．詳しく述べると，素因子分解したときに $p \equiv 3 \pmod{4}$ なる素数 p の奇数乗が現れるような数は 2 つの平方数の和としては表せないのであるが，ほとんどすべての自然数はそのような数なのである (問題 5.16

5.6 2元2次形式

を見よ). しかし，2 つの平方数の和として表せる数も大量に存在する. 例えば，p, q を $p, q \equiv 1 \pmod 4$ なる素数とすると，pq は 2 つの平方数の和として 2 通りに表すことができる．ただし，その表示を簡単に見つける方法は知られていない．

このような障害にもかかわらず，上で述べたアイディアは分解法を見つけ出すために利用され続けてきた．以下で説明する [McKee 1996] にあるアルゴリズムでは，n の分解が $O(n^{1/3+\epsilon})$ 回の計算で求められる ($\epsilon > 0$ は任意に固定).

2 次形式 (a, b, c) が正の整数 n を $ax^2 + bxy + cy^2 = n$ と表示するとき，$D = b^2 - 4ac$ を (a, b, c) の判別式とすると，$(2ax + by)^2 - Dy^2 = 4an$ が成り立つ．すなわち，$u^2 - Dv^2 \equiv 0 \pmod{4n}$ の解 u, v が得られる．このことは，判別式 D の 2 次形式による n の表示全体のなす集合から

$$\mathcal{S}(D, n) = \left\{ (u, v) : u^2 - Dv^2 \equiv 0 \pmod{4n} \right\}$$

への写像が得られることを意味する．直ちにわかるように，(5.1) の意味で同値な n の表示から得られる $\mathcal{S}(D, n)$ の元 $(u, v), (u', v')$ は $uv' \equiv u'v \pmod{2n}$ をみたす (問題 5.18 を見よ).

しばらく D と n を固定する．ただし $D < 0$ で，n は $\sqrt{|D|}$ 以下の素数では割り切れないとする．h を $h^2 \equiv D \pmod{4n}$ の解とし，$h^2 = D + 4An$ により A を定めると，2 次形式 (A, h, n) は $x = 0, y = 1$ に対して n を表示する．この表示から得られる $\mathcal{S}(D, n)$ の元は $(h, 1)$ である．さて，(A, h, n) を簡約化して，同値な簡約形式 (a, b, c) が得られたとする．この変換によって得られる n の表示を $ax^2 + bxy + cy^2 = n$ とし，それから得られる $\mathcal{S}(D, n)$ の元を (u, v) とする．このとき，先に述べたように $u \equiv vh \pmod{2n}$ が成り立つ．さらに v は n と互いに素である．実際，素数 p が $v(=y)$ と n を共に割り切ったとすると，p は $u = 2ax + by$ も割り切り，したがって $2ax$ も割り切る．ところで，x, y は $0, 1$ にユニモジュラーな変数変換を施したものであるから，$\gcd(x, y) = 1$ である．よって p は $2a$ を割り切る．ところが，(a, b, c) は簡約形式であるから，$0 < a \leq \sqrt{|D|/3}$ である (問題 5.14 を見よ). n に関する仮定より $p > \sqrt{|D|} \geq 2$ であるから，p が $2a$ を割り切ることはない．

いま，h_1, h_2 を $h^2 \equiv D \pmod{4n}$ の解で $h_1 \not\equiv \pm h_2 \pmod n$ なるものとする．このとき，上で述べたように，これらの解から $\mathcal{S}(D, n)$ の元 (u_i, v_i) が得られ，$u_i \equiv v_i h_i \pmod{2n}$ をみたす．また $v_1 v_2$ は n と互いに素である．さらに

$$1 < \gcd(u_1 v_2 - u_2 v_1, n) < n$$

が成り立つ．実際，$u_1^2 v_2^2 - u_2^2 v_1^2 \equiv D v_1^2 v_2^2 - D v_2^2 v_1^2 \equiv 0 \pmod{4n}$ より，$u_1 v_2 \not\equiv \pm u_2 v_1 \pmod n$ を示せばよいが，$u_1 v_2 \equiv u_2 v_1 \pmod n$ とすれば

$$0 \equiv u_1 v_2 - u_2 v_1 \equiv v_1 h_1 v_2 - v_2 h_2 v_1 \equiv v_1 v_2 (h_1 - h_2) \pmod n$$

から $h_1 \equiv h_2 \pmod n$ となって矛盾を生じる．同様に，$u_1 v_2 \equiv -u_2 v_1 \pmod n$ とす

れば $h_1 \equiv -h_2 \pmod{n}$ となって矛盾を生じる.

以上より,$4n$ を法とする D の平方根 h_1, h_2 で $h_1 \not\equiv \pm h_2 \pmod{n}$ をみたすものが存在すれば,それから $\mathcal{S}(D,n)$ の元 (u_1,v_1), (u_2,v_2) が得られ,そのとき $\gcd(u_1 v_2 - u_2 v_1, n)$ は n の非自明な因子を与えることがわかった.

そこで McKee は,$\mathcal{S}(D,n)$ の元 (u,v) を探すことにより,上で述べたような (u_1,v_1), (u_2,v_2) を見つけ出すことを提唱した.(u,v) としては,明らかに $u \geq 0$, $v \geq 0$ をみたすものだけを探せば十分である.

(a,b,c) が負の判別式 D をもち,$ax^2 + bxy + cy^2 = n$ であれば,対応する $\mathcal{S}(D,n)$ の元 (u,v) は $u^2 - Dv^2 = 4an$ をみたす訳であるから,$|u| \leq 2\sqrt{an}$ が成り立つことを注意しておく.さらに,(a,b,c) が簡約形式ならば $1 \leq a \leq \sqrt{|D|/3}$ が成り立つ.McKee は,$1 \leq a \leq \sqrt{|D|/3}$ なる a を固定した上で,$u^2 \equiv 4an \pmod{|D|}$ をみたす整数 u を $0 \leq u \leq 2\sqrt{an}$ なる範囲で探してはどうかと提案した.そのような u が見つかるごとに $(u^2 - 4an)/D$ が平方数かどうかを調べる訳である.D の素因子分解がわかっていれば,u が属するべき $|D|$ を法とする剰余類はすぐに求められる.また,そのような剰余類の個数は $|D|^\epsilon$ よりも少ない.各剰余類に対し,u は高々 $\lceil 1 + 2\sqrt{an}/|D| \rceil$ 項の等差数列の中から探すことになる.したがって,a を固定したとき,u の候補は高々 $|D|^\epsilon + 2\sqrt{an}/|D|^{1-\epsilon}$ に絞られる.これをすべての $a (\leq \sqrt{|D|/3})$ について足し合わせると $O(|D|^{1/2+\epsilon} + \sqrt{n}/|D|^{1/4-\epsilon})$.よって,$|D|$ が $n^{2/3}$ 程度となるような,都合のよい D が見つけられるのであれば,$O(n^{1/3+\epsilon})$ 回の手続きで n が分解できるようなアルゴリズムが得られることになる.

そのような都合のよい D は簡単に見つけられる.$x_0 = \lfloor \sqrt{n - n^{2/3}} \rfloor$ と置くと,$d = n - x_0^2$ は $n^{2/3} \leq d < n^{2/3} + 2n^{1/2}$ をみたす.そこで $D = -4d$ と置く.このとき 2 次形式 $(1, 0, d)$ はすでに簡約形式で,$x = x_0, y = 1$ に対して n を表示する.また,これから $\mathcal{S}(D,n)$ の元 $(2x_0, 1)$ が得られる.つまり,探すべき 2 個の元のうちのひとつは難なく手に入った.さらに,n が 2 個以上の奇素数 (ただし d を割り切らない) を因子にもつとき,$h^2 \equiv D \pmod{4n}$ は $h_1 \not\equiv \pm h_2 \pmod{n}$ なる解 h_1, h_2 をもつ.よって,上で述べた方法によって $\mathcal{S}(D,n)$ のもうひとつの元を見つければ,$(2x_0, 1)$ と合わせて,n の分解が得られることになる.

以上の議論をアルゴリズムにまとめると次のようになる.

アルゴリズム 5.6.3 (McKee テスト). $n > 1$ を与えられた整数とし,n は $3n^{1/3}$ より小さな素因子はもたないとする.このアルゴリズムは,n が素数か合成数かを判定し,合成数である場合には n の素因子分解を与える.(仮定より n の各素因子は $n^{1/3}$ よりも大きいから,非自明な分解は素因子分解を与えることに注意せよ.)

1. [平方数テスト]

    n が平方数 p^2 である場合,return 分解 $p \cdot p$;

    // 平方数かどうかの判定にはアルゴリズム 9.2.11 が使える.

2. [副次的分解]
   $x_0 = \lfloor \sqrt{n - n^{2/3}} \rfloor$;
   $d = n - x_0^2$;   // n の各素因子は $2\sqrt{d}$ より大きい.
   if($\gcd(n, d) > 1$) return 分解 $\gcd(n, d) \cdot (n / \gcd(n, d))$;
   試し割り算により d の素因子分解を求める;
3. [合同式]
   for($1 \le a \le \lfloor 2\sqrt{d/3} \rfloor$) {
       d の素因子分解と 2.3.2 項で述べた方法を用いて合同式 $u^2 \equiv 4an \pmod{4d}$ の
       解 $u_1, \ldots, u_t$ を求める;
       for($1 \le i \le t$) {   // $t = 0$ の場合, このループは実行しない.
           $0 \le u \le 2\sqrt{an}$ と $u \equiv u_i \pmod{4d}$ をみたすすべての整数 u に対し, アル
           ゴリズム 9.2.11 を用いて $(4an - u^2)/4d$ が平方数かどうか調べる;
           平方数が見つかった場合, それを v^2 として, $u \not\equiv \pm 2x_0 v \pmod{2n}$ であれ
           ば, goto [最大公約数の計算];
       }
   }
   return "n は素数";
4. [最大公約数の計算]
   $g = \gcd(2x_0 v - u, n)$;
   return 分解 $g \cdot (n/g)$;   // 分解は非自明で各因子は素数である.

定理 5.6.4. 入力された整数 $n > 1$ に対し, n の素因子のうち $3n^{1/3}$ 以下であるようなものは (試し割り算によって) 求め, それでも n の分解は完了していないときには, 分解されていない部分にアルゴリズム 5.6.3 を適用する. このようにして n は完全に素因子分解される. この方法によれば, 任意に固定した $\epsilon > 0$ に対し, $O(n^{1/3+\epsilon})$ だけの計算時間で n の完全な素因子分解が得られる.

ここで述べたものとは別の計算量をもつ McKee の方法については, 問題 5.21 を参照のこと.

5.6.3 合成と類群

D を平方数ではない整数, (a_1, b, c_1), (a_2, b, c_2) を判別式 D の 2 次形式とし, c_1/a_2 は整数であるとする. 2 番目の係数が一致していることより $a_1 c_1 = a_2 c_2$, すなわち $c_1/a_2 = c_2/a_1$ である. このとき, (a_1, b, c_1) で表示される数と (a_2, b, c_2) で表示される数との積は 2 次形式 $(a_1 a_2, b, c_1/a_2)$ により表示される. このことは, 恒等式

$$\left(a_1 x_1^2 + b x_1 y_1 + c_1 y_1^2 \right) \left(a_2 x_2^2 + b x_2 y_2 + c_2 y_2^2 \right) = a_1 a_2 x_3^2 + b x_3 y_3 + (c_1/a_2) y_3^2$$

から直ちに従う．ここで

$$x_3 = x_1 x_2 - (c_1/a_2) y_1 y_2, \quad y_3 = a_1 x_1 y_2 + a_2 x_2 y_1 + b y_1 y_2.$$

つまり，判別式が D であるような 2 次形式 (a_1, b, c_1), (a_2, b, c_2) を適当な意味で組み合わせることにより，新たな 2 次形式 $(a_1 a_2, b, c_1/a_2)$ を得ることができて，得られた 2 次形式の判別式も D となる．これが 2 次形式の合成の定義の起源である．

2 元 2 次形式 (a, b, c) は $\gcd(a, b, c) = 1$ をみたすとき**原始的**であるという．平方数ではない整数 D (ただし $D \equiv 0 \pmod 4$ または $D \equiv 1 \pmod 4$ とする) に対し，$\mathcal{C}(D)$ で判別式 D の原始的な 2 元 2 次形式の同値類全体のなす集合を表す．また，2 次形式 (a, b, c) が代表する同値類を $\langle a, b, c \rangle$ で表す．

補題 5.6.5. $\langle a_1, b, c_1 \rangle = \langle A_1, B, C_1 \rangle \in \mathcal{C}(D)$, $\langle a_2, b, c_2 \rangle = \langle A_2, B, C_2 \rangle \in \mathcal{C}(D)$, かつ c_1/a_2 と C_1/A_2 は共に整数であるとする．このとき $\langle a_1 a_2, b, c_1/a_2 \rangle = \langle A_1 A_2, B, C_1/A_2 \rangle$.

証明については，例えば [Rose 1988] を見よ．

補題 5.6.6. (a_1, b_1, c_1), (a_2, b_2, c_2) を判別式 D の原始的な 2 次形式とする．このとき，(a_1, b_1, c_1) に同値な 2 次形式 (A_1, B, C_1) と，(a_2, b_2, c_2) に同値な 2 次形式 (A_2, B, C_2) で，$\gcd(A_1, A_2) = 1$ をみたすものが存在する．

証明． まず，互いに素な整数 x_1, y_1 で $a_1 x_1^2 + b_1 x_1 y_1 + c_1 y_1^2$ が a_2 と素になるようなものが存在することを示す．そのために a_2 を $a_2 = m_1 m_2 m_3$ と分解する．ここで，m_1 のすべての素因子は c_1 の因子ではなく，m_2 のすべての素因子は a_1 の因子ではなく，m_3 のすべての素因子は $\gcd(a_1, c_1)$ の因子でもあるとする．$u_1 m_1 + v_1 m_2 m_3 = 1$ なる整数 u_1, v_1 をとり，$x_1 = u_1 m_1$ と置く．また，$u_2 m_2 + v_2 m_3 x_1 = 1$ なる整数 u_2, v_2 をとり，$y_1 = u_2 m_2$ と置く．このとき x_1, y_1 は求める性質をもつ．

ユニモジュラーな変数変換 $x = x_1 X - Y$, $y = y_1 X + v_2 m_3 Y$ により (a_1, b_1, c_1) から得られる 2 次形式を (A_1, B_1, C_1') とすると，$A_1 = a_1 x_1^2 + b_1 x_1 y_1 + c_1 y_1^2$ は a_2 と素である．B_1 と b_2 を関連付けるために，$r A_1 + s a_2 = 1$ なる整数 r, s をとり，$k = r(b_2 - B_1)/2$ と置く．(b_2 と B_1 の偶奇は共に D の偶奇と一致することに注意せよ．) そこで $B = B_1 + 2 k A_1$ と置くと $B \equiv b_2 \pmod{2 a_2}$ が成り立つ．このとき，問題 5.19 より，(A_1, B_1, C_1') が (A_1, B, C_1) と同値になるような整数 C_1 と，(a_2, b_2, c_2) が (A_2, B, C_2) と同値になるような整数 C_2 が存在する．よって $A_2 = a_2$ と置けばよい． □

判別式 D の原始的な 2 次形式 (a_1, b_1, c_1), (a_2, b_2, c_2) に対し，補題 5.6.6 により与えられる同値な形式をそれぞれ (A_1, B, C_1), (A_2, B, C_2) とし，同値類の間の演算を

$$\langle a_1, b_1, c_1 \rangle * \langle a_2, b_2, c_2 \rangle = \langle a_3, b_3, c_3 \rangle$$

により定める．ただし $a_3 = A_1 A_2$, $b_3 = B$, $c_3 = C_1/A_2$ とする．($A_1 C_1 = A_2 C_2$ と $\gcd(A_1, A_2) = 1$ により C_1/A_2 は整数である．）補題 5.6.5 により，同値類 $\langle a_3, b_3, c_3 \rangle$ は (A_1, B, C_1) や (A_2, B, C_2) の選び方には依存せず，したがって $*$ は $\mathcal{C}(D)$ の 2 項演算を定める．これが先に触れた 2 次形式の合成である．この演算は明らかに可換であり，結合律をみたすことも直ちに確かめられる．D が偶数の場合には $\langle 1, 0, -D/4 \rangle$ が $*$ に関する単位元となり，D が奇数の場合には $\langle 1, 1, (1-D)/4 \rangle$ が単位元となる．この単位元を 1_D で表す．さらに，$\langle a, b, c \rangle \in \mathcal{C}(D)$ に対して $\langle a, b, c \rangle * \langle c, b, a \rangle = 1_D$ が成り立つ（問題 5.20 を見よ）．以上より $\mathcal{C}(D)$ は $*$ に関してアーベル群をなすことがわかった．この群を判別式 D の原始的な 2 元 2 次形式の類群という．

上の議論を辿っていけば，2 次形式の合成のアルゴリズムを得ることができる．以下で述べるのは，[Shanks 1971] や [Schoof 1982] に載っている，比較的コンパクトな方法である．

アルゴリズム 5.6.7 (2 次形式の合成). (a_1, b_1, c_1), (a_2, b_2, c_2) を与えられた原始的な 2 次形式で同一の負の判別式をもつものとする．このアルゴリズムは $\langle a_1, b_1, c_1 \rangle * \langle a_2, b_2, c_2 \rangle = \langle a_3, b_3, c_3 \rangle$ となるような整数 a_3, b_3, c_3 を計算する．

1. [拡張 Euclid のアルゴリズム]
   $g = \gcd(a_1, a_2, (b_1+b_2)/2)$;
   $ua_1 + va_2 + w(b_1+b_2)/2 = g$ をみたす u, v, w を求める;
2. [結果]
   return
   $$a_3 = \frac{a_1 a_2}{g^2}, \quad b_3 = b_2 + 2\frac{a_2}{g}\left(\frac{b_1 - b_2}{2}v - c_2 w\right), \quad c_3 = \frac{b_3^2 - g}{4a_3};$$

（ステップ [拡張 Euclid のアルゴリズム] において g, u, v, w を見つけるには，まずアルゴリズム 2.1.4 を用いて $h = \gcd(a_1, a_2) = Ua_1 + Va_2$ なる整数 U, V を求め，続けて $g = \gcd(h, (b_1+b_2)/2)) = U'h + V'(b_1+b_2)/2$ なる整数 U', V' を求めて，$u = U'U$, $v = U'V$, $w = V'$ と置けばよい．）なお，(a_1, b_1, c_1), (a_2, b_2, c_2) が共に簡約形式であったとしても，上のアルゴリズムにより得られる (a_3, b_3, c_3) は必ずしも簡約形式になるとは限らないことを注意しておく．同値類 $\langle a_3, b_3, c_3 \rangle$ に含まれる簡約形式を求めるには，アルゴリズム 5.6.7 に続けてアルゴリズム 5.6.2 を用いればよい．

$D < 0$ の場合には，$\mathcal{C}(D)$ が有限群であることが定理 5.6.1 から直ちに従う．実際，$\mathcal{C}(D)$ の各類には簡約形式 (a, b, c) が一意的に対応する．つまり，$\mathcal{C}(D)$ の位数は，共通因子をもたない整数 a, b, c の組で (5.2) と $b^2 - 4ac = D$ をみたすものの個数に一致する．$|b| \leq a$ より $-D = 4ac - b^2 \geq 4ac - a^2$ で，さらに $a \leq c$ より $-D \geq 3a^2$ がわかるから，a は $0 < a \leq \sqrt{|D|/3}$ をみたす．また，a, b が定まれば c は自動的に決定され

る. よって, $h(D)$ で $C(D)$ の位数を表すとき, $h(D) \le \sum 2a < 2|D|/3$ が成り立つ.

$h(D)$ のよりよい評価は次のようにして得ることができる. $|b| \le \sqrt{|D|/3}$ と $b \equiv D \pmod{2}$ をみたす整数 b に対し, 対応する a の個数は $b^2 - D$ の (正の) 因子の個数を超えない. ところが n の因子の個数は $n \to \infty$ のとき $n^{o(1)}$ なる評価をもつから, $D \to -\infty$ のとき $h(D) \le |D|^{1/2+o(1)}$ となる.

上の評価はさらに改良できる. 有名な Dirichlet の類数公式 ([Davenport 1980] を見よ) によれば, $D < 0$ かつ $D \equiv 0, 1 \pmod{4}$ であるとき

$$h(D) = \frac{w}{\pi} L(1, \chi_D)\sqrt{|D|} \tag{5.3}$$

が成り立つ. ここで, $D = -3$ のとき $w = 3$, $D = -4$ のとき $w = 2$ で, それ以外のとき $w = 1$ である. χ_D は Kronecker 記号 $(D/\cdot)$ が定める指標を表す. すなわち, χ_D は完全乗法的で, 奇素数 p に対して $\chi_D(p)$ は Legendre 記号 (D/p) に一致する. また $\chi_D(2)$ は, D が偶数のときには 0, $D \equiv 1 \pmod{8}$ のときには 1, $D \equiv 5 \pmod{8}$ のときには -1 である. $L(s, \chi_D)$ は 1.4.3 項で述べた L 関数で, $L(1, \chi_D)$ は無限級数 $\sum \chi_D(n)/n$ の値である. 1918 年, I. Schur は $L(1, \chi_D) < \frac{1}{2}\ln|D| + \ln\ln|D| + 1$ を示した. これから $D \le -4$ に対して $\frac{w}{\pi}L(1, \chi_D) < \ln|D|$ がわかり, $h(D) < \sqrt{|D|}\ln|D|$ が得られる. $h(-3) = 1$ であるから, この不等式は $D = -3$ に対しても正しい. したがって, 上の評価はすべての $D < 0$ に対して成り立つ.

C. Siegel は $D \to -\infty$ のとき $h(D) = |D|^{1/2+o(1)}$ となることを示したが, その証明は実効的ではない. 例えば, 定理は $h(D) < 1000$ をみたす最大の $|D|$ の存在を保証するが, 定理の証明を読んでも具体的に上界を与えることはできない. D. Goldfeld や B. Gross, D. Zagier の仕事を経て, [Oesterlé 1985] ([Watkins 2004] も参照のこと) は不等式

$$h(D) > \frac{1}{7000} \ln|D| \prod_p \left(1 - \frac{\lfloor 2\sqrt{p} \rfloor}{p+1}\right)$$

(積は D の素因子 p で $p < \sqrt{|D|/4}$ をみたすもの全体にわたってとる) を示した. この不等式と $2^{k-1} \mid h(D)$ を組み合わせると, 例えば $-D > 10^{1.3 \cdot 10^{10}}$ であれば $h(D) > 1000$ が成り立つことがわかる. ただし k は D の相異なる奇素数の因子の個数を表す (補題 5.6.8 を参照のこと). これは下限からは程遠い結果であると思われるが, Siegel の定理だけからは得られない具体的な評価であることは確かである. 拡張 Riemann 予想よりは弱い未解決の予想, すなわち L 関数 $L(s, \chi)$ は 1/2 より大きな実の零点をもたないという予想の下で [Tatuzawa 1951] が示した不等式からは, $-D > 1.9 \cdot 10^{11}$ に対して $h(D) > 1000$ が成り立つことが従う. この劇的に改良された下界でも, おそらく下限よりは 100 倍は大きいと思われる. この 100 という因子の改良や, あるいは拡張 Riemann 予想への依存性からの脱却が望まれるところである.

[Watkins 2004] は, 計算の (および理論面での) 剛腕を駆使して, 特別な仮定なしで

$-D > 2384797$ に対して $h(D) > 100$ が成り立つことを示している.

次に紹介する $h(D)$ の公式は，$L(1,\chi_D)$ の無限和を有限和で置き換えているという点で興味深い (ただし $|D|$ が大きい場合には効率的とはいえない). Dirichlet によるこの公式 (詳しくは [Narkiewicz 1986] を見よ) は，$D < 0$ の場合には次のように述べられる. D を基本判別式 (これは $D \equiv 1 \pmod 4$ かつ D が平方因子をもたないか，$D \equiv 8, 12 \pmod{16}$ かつ $D/4$ が平方因子をもたないことを意味する) とするとき，

$$h(D) = \frac{w}{D} \sum_{n=1}^{|D|} \chi_D(n)\, n.$$

素晴らしい公式ではあるが，右辺は $|D|$ 項にもわたる和であるため，実際に $h(D)$ を計算するのに使えるのは $|D|$ が小さいとき (例えば $|D| < 10^8$ の場合) に限られる. このような級数の計算を高速化する方法は数多く存在する. 例えば [Cohen 2000] には，誤差関数を利用して，わずか $O(|D|^{1/2})$ 項の部分和を計算して $h(D)$ を求める方法が述べられている. この方法を用いれば $|D| \approx 10^{16}$ の場合でも計算ができる. また，負の判別式 D をもつ原始的な簡約形式 (a, b, c) を直接数え上げることにより，$O\left(|D|^{1/2+\epsilon}\right)$ だけの計算時間で $h(D)$ が求められることも証明できる. さらに Shanks の baby step giant step 法を用いれば，指数は $1/2$ から $1/4$ へと落とせる. $h(D)$ を求めるための計算量については，次項でも論じる.

5.6.4 特異形式と素因子分解

類群 $\mathcal{C}(D)$ の中で，それ自身が逆元になっているようなものをすべて求めるのは，そう難しいことではない. $D < 0$ の場合，そのような類に属する簡約形式は「特異」形式と呼ばれる. 特異形式は $(a, 0, c), (a, a, c), (a, b, a)$ のいずれかの形をしている. これらは判別式を互いに素な 2 つの数の積へと分解することと密接な関係をもっている.

ここでは分類の結果だけを述べることにし，証明は読者への問題としておく.

補題 5.6.8. D を負の判別式とする. D が偶数であるとき，判別式 D の特異形式は $(u, 0, v)$ に限る. ここで，u, v は $uv = -D/4,\ \gcd(u, v) = 1$ ならびに $0 < u \leq v$ をみたす整数である. ただし，$uv = -D/4,\ \gcd(u, v) = 1, 2$ かつ $u + v \equiv 2 \pmod 4$ なる u, v が存在するときには，

$$\left(\tfrac{1}{2}(u+v),\, v-u,\, \tfrac{1}{2}(u+v)\right) \quad (\tfrac{1}{3}v \leq u < v \text{ の場合}),$$
$$\left(2u,\, 2u,\, \tfrac{1}{2}(u+v)\right) \quad (0 < u < \tfrac{1}{3}v \text{ の場合})$$

も判別式 D の特異形式を与える. D が奇数であるとき，判別式 D の特異形式は

$$\left(\tfrac{1}{4}(u+v),\, \tfrac{1}{2}(v-u),\, \tfrac{1}{4}(u+v)\right) \quad (0 < \tfrac{1}{3}v \leq u \leq v \text{ の場合}),$$
$$\left(u,\, u,\, \tfrac{1}{4}(u+v)\right) \quad (0 < u \leq \tfrac{1}{3}v \text{ の場合})$$

に限る. ここで $uv = -D,\ \gcd(u, v) = 1$.

D が偶数のときの 2 次形式 $(1,0,-D/4)$ と,D が奇数のときの 2 次形式 $(1,1,(1-D)/4)$ は,共に特異形式であることに注意せよ.前項で述べたように,どちらも類 1_D に属する簡約形式である.これらは自明な分解 $-D/4=1(-D/4)$ あるいは $-D=1(-D)$ に対応する.また,$D \equiv 12 \pmod{16}$ かつ $D \leq -20$ であるとき,特異形式 $(2,2,(4-D)/8)$ は $-D/4$ の自明な分解に対応する.さらに,$D \equiv 0 \pmod{32}$ かつ $D \leq -64$ であるとき,特異形式 $(4,4,1-D/16)$ は分解 $-D/4 = 2(-D/8)$ に対応し,判別式 -32 の特異形式 $(3,2,3)$ は分解 $32/4 = 2 \cdot 4$ に対応する.しかし,それ以外の特異形式は,すべて $D/4$ や D の非自明な分解から得られる.D が k 個の相異なる奇素数を因子にもつとすると,補題 5.6.8 より,判別式 D の特異形式は 2^{k-1} 個存在することがわかる.ただし,$D \equiv 12 \pmod{16}$ のときには 2^k 個で,$D \equiv 0 \pmod{32}$ のときには 2^{k+1} 個である.

いま,正の奇数 n が少なくとも 2 個の相異なる素因子をもつとする.$n \equiv 3 \pmod 4$ であれば $D = -n$ は判別式であり,$n \equiv 1 \pmod 4$ であれば $D = -4n$ は判別式である.前者の場合には,$(1,1,(1+n)/4)$ 以外の特異形式が見つかれば n の非自明な分解が得られる.後者の場合にも,$(1,0,n)$ や $(2,2,(1+n)/2)$ 以外の特異形式が見つかれば n の非自明な分解が得られる.いずれの場合にも,特異形式がすべて見つかれば,それらを用いて n の素因子分解を求めることができる.

つまり,非自明な分解を見つけることは,実は特異形式を見つけることであるといってもよい.

そこで,与えられた負の判別式 D をもつ特異形式を見つける方法を考えることにしよう.$h = h(D)$ を類数,すなわち群 $\mathcal{C}(D)$ の位数とする (5.6.3 項を見よ).また,$h = 2^l h_0$ (h_0 は奇数) と分解しておく.このとき,$f = \langle a,b,c \rangle \in \mathcal{C}(D)$ に対して $F = f^{h_0}$ と置くと,$F = 1_D$ となるか,さもなければ $F, F^2, F^4, \ldots, F^{2^{l-1}}$ の中のどれかが位数 2 となる.位数 2 の類に属する簡約形式は特異形式である (これが特異形式の定義である) から,h と f がわかれば,特異形式は簡単に構成できる.構成された特異形式が 1_D に対応するか $(2,2,(1+n)/2)$ ($n \equiv 1 \pmod 4$ の場合) であったときには,その特異形式に対応する分解は自明なものである.そうでなければ非自明な分解が得られることになる.

ひとつの $f \in \mathcal{C}(D)$ で上の枠組が機能しなかったときには,別な f をとってやり直すのもいいだろう.類群の小さな生成系が判明しているのであれば,各生成元に対して上の方法を適用して n を分解することもできる.(この場合には,たくさんの特異形式が得られ,したがって幾通りもの n の分解が得られる.異なる分解の各因子の最大公約数を求めれば,n を完全に分解することもできる.) 小さな生成系が見つけられないときには,f をランダムに選ぶことになる.

上の方法によって n を分解する際の主たる障害は,適切な $f \in \mathcal{C}(D)$ を見つけることではなく,類数 h を求めることである.しかし,実際に必要なのは類群における f の位数だけであるから,それほど大きな障害ではない.

さて,しばらくの間このことは忘れて,類群の位数 h に目を向けることにしよう.すでに公式 (5.3) がある訳だから,何の問題があるのかと考える人もいるかもしれない.

しかし，この公式は無限和を含むため，実際に類数を計算しようとする際，十分な近似値を得るためにはどこまでの和をとればいいのか明らかではない．

類数公式 (5.3) に現れる無限和 $L(1, \chi_D)$ は

$$L(1, \chi_D) = \prod_p \left(1 - \frac{\chi_D(p)}{p}\right)^{-1}$$

(積はすべての素数 p にわたってとる) と無限積で表すこともできる．[Shanks 1971] と [Schoof 1982] では，拡張 Riemann 予想 (予想 1.4.2) の下で，

$$\tilde{L} = \prod_{p \leq n^{1/5}} \left(1 - \frac{\chi_D(p)}{p}\right)^{-1}, \quad \tilde{h} = (w/\pi)\sqrt{|D|}\,\tilde{L}$$

と置いたとき，計算可能な数 c で $|h - \tilde{h}| < cn^{2/5} \ln^2 n$ をみたすものの存在が証明されている．よって，$\tilde{L}$ をある精度で計算できれば，類数 h を $\tilde{h}$ によって $cn^{2/5} \ln^2 n$ 以内の誤差で評価することができる．続けて 5.3 節で述べた (7.5 節も参照のこと) Shanks の baby step giant step 法を用いれば，与えられた $f \in \mathcal{C}(D)$ の位数の倍数で区間 $(\tilde{h} - cn^{2/5} \ln^2 n, \tilde{h} + cn^{2/5} \ln^2 n)$ に入るようなものが $O(n^{1/5} \ln n)$ だけの時間で求められる．$\tilde{L}$ は $O(n^{1/5})$ 回のステップで計算できるから，f が適切に選べれば，サイズ n の整数の演算を $O(n^{1/5} \ln n)$ 回行えば n の分解が得られることになる．

分解アルゴリズムにおいて拡張 Riemann 予想を仮定することは，五分五分の賭けであるように思われる (仮定したアルゴリズムで分解できない数が見つかった場合には，予想を否定する方向に寄与したことになるが，そのことは数の分解を得ることよりはるかに価値があるだろう)．だが，拡張 Riemann 予想を仮定するのであれば，$L(1, \chi_D)$ の無限積の収束性とは別の，予想から従う他の情報にも目を向けるべきであろう．実際に収穫はある．すなわち，拡張 Riemann 予想を仮定すれば，計算可能な数 c' が存在して，判別式 D の原始的な簡約形式 (a, b, c) で $a \leq c' \ln^2 |D|$ をみたすものの類が $\mathcal{C}(D)$ を生成することがわかる ([Schoof 1982] を見よ)．つまり，上で述べた筋書きにおいて f の選び方が確定していなかったことは気にする必要がなくなり，単に $a \leq c' \ln^2 |D|$ なる (a, b, c) を代表元とするような f をすべてとってくればよいことになる．

以上の材料をまとめれば，サイズ n の整数の演算を $O\left(n^{1/5} \ln^3 n\right)$ 回行う確定的な分解アルゴリズムが得られる．このアルゴリズムの正当性は，いまだに証明されていない拡張 Riemann 予想の下で示される．

さらに Shanks は，拡張 Riemann 予想の下で，類数 h と類群 $\mathcal{C}(D)$ の群構造が $O\left(|D|^{1/5+\epsilon}\right)$ だけの時間で実際に計算できることを示している．

[Srinivasan 1995] は，h を $O\left(|D|^{2/5+\epsilon}\right)$ だけの誤差で近似するのに十分と思われる精度で，$L(1, \chi_D)$ の近似値を求める確率的アルゴリズムが存在することを示した．そのアルゴリズムも，続けて Shanks の baby step giant step 法が使える．Srinivasan の確率的な方法は $O\left(|D|^{1/5+\epsilon}\right)$ だけの時間で近似値を得ると期待されるため，予想実行時間

が $O(n^{1/5+\epsilon})$ であるような確率的な分解アルゴリズムを与える．このアルゴリズムは完全に厳密で，未解決な予想には依存していない．彼女の方法を用いれば $O(|D|^{1/5+\epsilon})$ だけの予測時間で類数や群構造も求められる．ただし，(検算が容易な) 分解のときとは異なり，Srinivasan の方法による類数の計算結果が正しいかどうかを確認する，簡単な方法は存在しない (ほぼ確実に正しいのであるが)．次章で見るように，より速く完全に厳密な確率的な分解アルゴリズムも存在する．しかし，類群 $\mathcal{C}(D)$ を計算する完全に厳密な確率的方法の中では，Srinivasan の方法が最速とされている．([Hafner and McCurley 1989] には準指数時間の確率的方法が述べられているが，計算量の評価に拡張 Riemann 予想が用いられている．)

5.7 問　　題

5.1. Lenstra のアルゴリズム 4.2.11 を出発点として，n を高々 $n^{1/3+o(1)}$ 回の演算で分解する確定的な素因子分解法を考えよ．

5.2. Pollard のロー法において，$\{0, 1, \ldots, p-1\}$ から $\{0, 1, \ldots, p-1\}$ への乱数関数 f として $x^2 + a \bmod p$ をとったとする．関数 f から，剰余類 i から $f(i)$ に向けて矢印を 1 本だけ引くことにより，p を法とする各剰余類を頂点とする有向グラフが得られる．このとき，相異なる剰余類を通る道 $r_1, r_2, \ldots, r_k$ で最長のものの長さの期待値のオーダーは $\sqrt{p}$ であることを示せ．次のようにして考えるとよい．$s_1, s_2, \ldots, s_j$ を相異なる剰余類を通る道とすると，$f(s_j) \notin \{s_1, \ldots, s_j\}$ となる確率は $(p-j)/p$ である．したがって，s から始まった道が j 回続けて相異なる点を通る確率は $(p-i)/p$ を $i = 1, 2, \ldots, j$ について掛け合わせたものである．よって，問題の期待値は $\sum_{j=0}^{p-1} \prod_{i=1}^{j} (p-i)/p$ となる ([Purdom and Williams 1968] を参照のこと)．

続いて，乱数関数 f が 2 対 1 (または，より一般に $2K$ 対 1) である場合について考察せよ (問題 5.24 を見よ)．この問題については，[Brent and Pollard 1981] および [Arney and Bender 1982] を参照のこと．

5.3. Pollard のロー法を分析する際，$\mathbf{Z}_n$ から $\mathbf{Z}_n$ への関数 $f(x) = x^2 + a$ が次の性質をもつことを用いた：n の各因子 d に対し，$u \equiv v \pmod{d}$ であれば $f(u) \equiv f(v) \pmod{d}$．任意の多項式 $f(x) \in \mathbf{Z}_n[x]$ は同じ性質をもつことを証明せよ．また，逆は成り立たないことを示せ．すなわち，正の整数 n と $\mathbf{Z}_n$ から $\mathbf{Z}_n$ への多項式では与えられない関数 f で上の性質をもつものが存在することを示せ．(そのような関数の存在を指摘してくれた K. Hare に感謝する．)

5.4. G を位数 n の巡回群とし，g をその生成元とする．G の元 t に対し，t の離散対数，すなわち $g^l = t$ となるような整数 l を求めたいとする．いま，何らかの方法により $g^b = t^a$ なる関係が得られたとする．このとき，求める離散対数は，適当な整数

$k \in [0, d-1]$ を用いて
$$l = ((bu + kn)/d) \bmod n$$
と表されることを示せ．ただし，$d = \gcd(a, n)$ で，u は $au + nv = d$ の解である．

この問題から，d がそれほど大きくない場合には，t の自明でない冪の離散対数を求めることと元々の離散対数問題とは本質的に同値であることがわかる．

5.5. G を有限巡回群とし，群の位数 n と n の素因子分解はわかっているとする．このとき，5.3 節で述べた Shanks の baby step giant step 法を用いれば，G における離散対数問題が $O\left(\sqrt{p}\ln n\right)$ だけの計算量で解けることを示せ．ただし p は n の素因子のうち最大のものを表す．必要とする記憶領域についても，同様な上界を求めよ．

5.6. 本章で見てきたように，Shanks の baby step giant step 法は次のように要約できる．まず baby step のリストと giant step のリストを作り，一方のリストを並べ替えた後に，もう一方のリストとの重複箇所を順に探す．すでに述べたように，この方法を用いれば離散対数問題 $g^l = t$ (g は位数 n の巡回群の生成元で，t はその群の元) は $O(n^{1/2} \ln n)$ 回の演算 (と元の比較) で解くことができる．しかし，ハッシュ表作成法と呼ばれる方法を用いれば，経験的には計算量を (少しだけ) 改良できて，実用上は極めて有効である．その方法は次のように要約できる．

(1) baby step のリストをハッシュ表形式で作る．

(2) giant step を続けながら，対応するハッシュ表と (素早く) 見比べて重複を探す．

この問題では，(計算機を用いて) 実際に離散対数問題を解いてもらう．アルゴリズム 5.3.1 とは異なり，計算量を効率よく落とすために，この例では計算機を生かすためのトリックを用いる．素数 $p = 2^{31} - 1$ に関する離散対数問題
$$g^l \equiv t \pmod{p}$$
を以下のように考えて解いてみよ．まず，アルゴリズム 5.3.1 と同様に $b = \lceil\sqrt{p}\rceil$ と置き，さらに baby step の「ハッシュ表」を作るためのパラメータとして $\beta = 2^{12}$ を選ぶ．各 $r \in [0, \beta-1]$ に対し，ハッシュ表の r 行目には，剰余 $g^j \bmod p$ ($j \in [0, b-1]$) のうち $r = (g^j \bmod p) \bmod \beta$ をみたすものをすべて並べる．つまり，ハッシュ表の各行に冪 $g^j \bmod p$ が並ぶかどうかは，その下位 $\lg\beta$ ビットだけで決まる．よって，(g を次々に掛けるという) 乗算を $\sqrt{p}$ 回ほど行えば，β 個の行よりなるハッシュ表が作れる．プログラムの確認用に例を挙げておくと，$g = 7$ とした場合，$r = 1271$ 行目は

$$((704148727, 507), (219280631, 3371), (896259319, 4844), \ldots)$$

となる．その意味は
$$7^{507} \bmod p = 704148727 = (\ldots 010011110111)_2,$$
$$7^{3371} \bmod p = 219280631 = (\ldots 010011110111)_2$$

といった具合である．baby step のハッシュ表ができたら，続いて giant step として $i \in [0, b-1]$ に対して tg^{-ib} を計算し，その下位 12 ビットに対応するハッシュ表の行と見比べて衝突が起きているかどうかを調べる．例えば $t = 31$ の場合，上のように考えれば，離散対数問題の解

$$7^{723739097} \equiv 31 \pmod{2^{31} - 1}$$

が直ちに得られる．

一般の離散対数問題を研究するための第一歩として，入力された p, g, l, t に対し，パラメータ β はどのように選ぶのが最適であるかを考えよ．ちなみに，ここで述べたようなハッシュ表を用いる方法は，記憶しておくのは本質的にリストの一方であって両方ではないという興味深い特徴をもつ．また，ハッシュ表に振り分けることをひとつの基本操作と見なした場合，アルゴリズムの計算量は $O(p^{1/2})$ となって因子 $\ln p$ が除かれる．さらに，一度ハッシュ表を作ってしまえば，(g を変えない限り) 別な離散対数の計算にも使えるという点も便利である．

5.7 (E. Teske). g を有限巡回群 G の生成元，$h \in G$ とし，$\#G = 2^m \cdot n$ ($m \geq 0$, n は奇数) とする．G 内の点列 (h_k) を

$$h_0 = g * h, \qquad h_{k+1} = h_k{}^2$$

により定める．ただし h_k の計算は $h_k = h_j$ ($j < k$) となるか $h_k = 1$ となるまで続ける．この点列が離散対数の計算に使えるかどうかを見ていくことにしよう．

(1) (α_k) と (β_k) をそれぞれ g と h に関する指数の列とする．すなわち $h_k = g^{\alpha_k} * h^{\beta_k}$．このとき，$\alpha_k$ と β_k の間の閉じた関係式を求めよ．
(2) ある k に対して $h_k = 1$ となる可能性のある $h \in G$ をすべて決定せよ．また，そうなるような k の最大値を求めよ．
(3) $\#G$ が素数の場合に，点列 (h_k) の周期 λ を決定せよ．
(4) この点列を離散対数の計算に利用することは勧められるか？ その理由は？

5.8. この問題で扱うのは，$p-1$ 法 (アルゴリズム 5.4.1) を実際に使用するときの計算手順である．
(1) $B = 1000$ を探索の上限とする基本アルゴリズムを用いて，次の分解を見つけよ．

$$n = 67030894509517639 = 179424673 \cdot 373587943.$$

(2) 373587942 の分解を調べ，上の B でうまくいった理由を説明せよ．
(3) 上で求めた 373587942 の分解を参考にして，このアルゴリズムの第 2 段階を記述せよ．今度は，まず $B = 100$ として因子を探し，第 2 段階の上限には $B' = 1000$ を用いよ．もちろん，このプログラムは初めのものよりも速くなるはずである．

(4) $B = 100$ と $B' = 3000$ を用いて (あるいは $B = 3000$ として第 2 段階なしで), $M_{67} = 2^{67} - 1$ の非自明な分解を見つけよ.
(5) アルゴリズム 5.4.1 において, 各素数 $p_i \leq B$ に対する整数 a_i のとり方を $p_i^{a_i} < n$ をみたす最大の整数と変更する. 変更後のアルゴリズムで $B = 100$ と $B' = 1000$ を用いて $n = 67030883744037259$ の分解を求めよ.

5.9. この問題では, 第 2 段階として有望な方法を述べ, 理論上の問題と計算上の問題を考えてもらう. これまでに見てきたように, 第 2 段階が意味をもつのは n が $p = zq + 1$ なる形の素因子 p をもっている場合である. ただし z は B スムーズで $q \in (B, B')$ は孤立した素数である. 第 2 段階の実装として, 次のような新しい方法がある ([Montgomery 1992a], [Crandall 1996a]). すなわち, 第 1 段階として本文中で述べたように $b = a^{M(B)} \bmod n$ を計算した後, 第 2 段階として

$$c = \prod_{g \neq h} \left(b^{g^K} - b^{h^K} \right) \bmod n$$

(g, h はある固定された範囲を動く) の形の積と $\gcd(n, c)$ を計算して, n の非自明な因子が現れることを期待する訳である. そこで, 幸運にも $g^K \equiv h^K \pmod{q}$ となって因子が見つかる (q, K や g, h の動く範囲に基づく) おおよその確率を求めて, なぜこの方法が孤立した素数 q の発見に役立つのかを説明せよ.

この「g^K 法」に関連して, どうすれば

$$b^{1^K}, b^{2^K}, b^{3^K}, \ldots, b^{A^K}$$

が迅速に計算できるのか, という問題が生じる (例によって各項は n を法として考える). そこで, 固定された K に対し, $\mathbf{Z}_n$ においてわずか $O(A)$ 回の計算を行って, 上のような「冪乗冪」の列を出力するようなアルゴリズムを見つけよ.

5.10. 2 次形式の同値は同値関係であることを示せ.

5.11. 2 つの 2 次形式 $ax^2 + bxy + cy^2$ と $a'x^2 + b'xy + c'y^2$ が表示する整数の集合が一致するとき, (a', b', c') と (a, b, c) は (5.1) のような関係 (ただし $\alpha, \beta, \gamma, \delta$ は $\alpha\delta - \beta\gamma = \pm 1$ をみたす整数) で結ばれているといえるか?

5.12. 同値な 2 次形式は同じ判別式をもつことを示せ.

5.13. アルゴリズム 5.6.2 で出力された 2 次形式は, 入力された 2 次形式と同値であることを示せ.

5.14. (a, b, c) を判別式 $D < 0$ をもつ簡約 2 次形式とするとき, $a \leq \sqrt{|D|/3}$ を示せ.

5.15. アルゴリズム 5.6.2 の計算量は, 入力 (A, B, C) に対して, $O(1 + \ln(\min\{A, C\}))$

であることを示せ．また，計算では $4AC$ を超えない整数しか扱われないことを示せ．

5.16. 正の整数 n が 2 つの平方数の和として表されるためには n を素因子分解したときに $p \equiv 3 \pmod 4$ なる素数 p の奇数乗が現れないことが必要かつ十分であることを示せ．また，$p \equiv 3 \pmod 4$ なる素数 p の逆数の総和は発散するという事実 (定理 1.1.5) を用いて，2 つの平方数の和として表せるような自然数全体のなす集合は漸近密度 0 をもつことを示せ (問題 1.10, 問題 1.91, ならびに問題 3.17 を参照のこと)．

5.17. p を $p \equiv 1 \pmod 4$ なる素数とするとき，p の 2 つの平方数の和としての表示を多項式時間で見つけるような確率的アルゴリズムが存在することを示せ．また，$p \equiv 5 \pmod 8$ の場合に，どうすればアルゴリズムを確定的にできるのかを考えよ．さらに，[Schoof 1985] にある，p を法とする -1 の平方根を多項式時間で求める確定的な方法を利用して，一般の場合に多項式時間のままでアルゴリズムを確定的にする方法を考えよ．

5.18. (a, b, c), (a', b', c') を同値な 2 次形式，n を正の整数，$ax^2 + bxy + cy^2 = n$ とし，変数変換により x, y は x', y' へと変換されるとする．このとき，$u = 2ax + by$, $u' = 2a'x' + b'y'$ と置くと，$uy' \equiv u'y \pmod{2n}$ が成り立つことを示せ．

5.19. 2 次形式 (a, b, c) と $b' \equiv b \pmod{2a}$ なる整数 b' に対し，(a, b, c) が (a, b', c') と同値となるような整数 c' が存在することを示せ．

5.20. $\langle a, b, c \rangle \in \mathcal{C}(D)$ とする．このとき，$\langle a, b, c \rangle$ が $\mathcal{C}(D)$ の単位元 1_D であるためには (a, b, c) が 1 を表示することが必要かつ十分であることを示せ．また，このことを用いて $\langle a, b, c \rangle * \langle c, b, a \rangle = 1_D$ を示せ．

5.21. [McKee 1999] にある，McKee の $O(n^{1/4+\epsilon})$ だけの計算量をもつ分解アルゴリズムについて調べ，実装することを考えよ．その方法は確率的で，よく知られた Fermat 法を最適化したものになっている．

5.22. Dirichlet の類数公式 (5.3) から，円周率 π に関する公式

$$\pi = 2 \prod_{p>2} \left(1 + \frac{(-1)^{(p-1)/2}}{p}\right)^{-1} = 4 \prod_{p>2} \left(1 - \frac{(-1)^{(p-1)/2}}{p}\right)^{-1}$$

を導け．また，この公式が意味をもつということから，$p = 4k+1$ の形の素数も $p = 4k+3$ の形の素数も共に無数に多く存在することを証明せよ (問題 1.7 と比べてみよ)．計算上の問題として，π の値を指定された小数位まで求めるためには，およそ何個の素数が必要となるか？

5.8 研 究 問 題

5.23. $p = 257$ に対する $x = x^2 - 1 \bmod p$ の反復適用で現れる周期の長さは $2, 7, 12$ の 3 通りに限ることを示せ．また，$p = 7001$ と $x = x^2 + 3 \bmod p$ については $3, 4, 6, 7, 19, 28, 36, 67$ の 8 通りに限ることを示せ．さらに，これらの反復から得られるグラフにおける連結成分の個数を求めよ．周期の長さとして現れる数の個数や連結成分の個数（こちらの方が常に多い）は $O(\ln p)$ であるといえるか？ある種の乱数関数に対しては類似の結果が証明されている ([Flajolet and Odlyzko 1990] を見よ)．

5.24. Pollard のロー法を $x = x^2 + a \bmod N$ ではなく

$$x = x^{2K} + a \bmod N$$

について行えば，N の素因子 p を見つけ出すまでの反復回数の期待値を $c\sqrt{p}$ から

$$\frac{c\sqrt{p}}{\sqrt{\gcd(p-1, 2K) - 1}}$$

まで落とせるという確率的な議論がある．このような計算量の節約について研究するのであれば，まずはこの議論を解明し，最大公約数の簡約 [Brent and Pollard 1981], [Montgomery 1987], [Crandall 1999d] を利用した実装可能性を検討するのがよいだろう．K について何らかの情報がわかっているのであれば，Pollard のロー法を Fermat 数や Mersenne 数に適用したときのように，高速化できる見込みがある．(K が小さいときには，$p \equiv 1 \pmod{2K}$ であることがわかっていたとしても，$x = x^{2K} + a$ で反復を行うのは逆効果かもしれない．1 回の反復に要する手間よりも周期が短くなる利益の方が大きいとは限らないからである．) しかし，K について何もわかっていないときには，計算量に関する実に難しい問題が発生する．

　未解決の興味深い問題を挙げておこう．いま M 台の計算機で Pollard のロー法を行うとし，K に関して特別なことはわかっていないとする．このとき，これらの計算機に値 $\{K_m : m \in [1, M]\}$ を割り当てる最良の方法は何だろうか．おそらくは単にすべての計算機に $K_m = 1$ を割り当てるというのが答えなのだろうが，別々の小さな素数を K_m とする方がいいのかもしれない．単独計算の枠組から並列計算の枠組に移行できた場合に，K の値をどのように取り直せばいいのかもはっきりしない．後者については問題 5.25 で議論する．ここで何がいいたいのかを直観的に説明すると次のような感じになる．McIntosh と Tardif が見つけた F_{18} の因子

$$81274690703860512587777 = 1 + 2^{23} \cdot 29 \cdot 293 \cdot 1259 \cdot 905678539$$

(これは楕円曲線法により発見された) は，Pollard のロー法でも，

$$x = x^{2^{23} \cdot 29} + a \bmod F_{18}$$

について反復計算を行う「幸運」な計算機があったとしたら見つけることができたはずである．どのような計算量の分析でも，反復計算 1 回あたりの演算回数は $O(\ln K_m)$ だけ増大するという，冪階梯の計算量に注意すること．

5.25. 以下の方針に従って，Pollard のロー法を並列化 (本文で述べたような離散対数の計算の並列化ではない) する方法を考えよ．M 台ある計算機のうちの j 台目では，初期値 $x_1^{(j)}$ から $x = x^2 + a \bmod N$ (a は共通のパラメータ) を反復して，Pollard の数列

$$\left\{ x_i^{(j)} : i = 1, 2, \ldots, n \right\}$$

を計算する．その結果，各 $j \in [1, M]$ について長さ n の列が得られる．このとき，積

$$Q = \prod_{i=1}^{n} \prod_{j=1}^{M} \prod_{k=1}^{M} \left(x_{2i}^{(j)} - x_i^{(k)} \right)$$

が (分解したい数 N を法として) 計算できたとすると，その積はおおよそ $n^2 M^2$ 個の因子をもつことが期待される．その理由を説明せよ．これより，N の因子 p を見つけるためには，$p^{1/2}/M$ 回ほどの反復計算を並行して行えばよいことがわかる．よって，問題は次に帰着される．上の積の計算を，何らかの高速な多項式評価法を用いることにより，並列化することは可能か？ いくつかの仮説を前提とすれば，答えは肯定的である．詳しくは [Crandall 1999d] を見よ．そこでは，M 台の計算機を用いて因子 p を見つけるためには

$$O\left(\sqrt{p} \, \frac{\ln^2 M}{M} \right)$$

回の並列計算を行えばよいとされている．

5.26. すでに述べたように，離散対数問題に対する Pollard のロー法は，必要とする記憶領域が極めて少ないという特徴をもっている．加えて，ロー法には数多くの変形版が存在するという特徴もある．この問題では，(計算用に最適化されてはいない) 極めて単純な変形版を用いて，離散対数問題

$$g^l \equiv t \pmod{p}$$

を具体的な場合について解いてもらう．ただし g は与えられた原始根である．まず，剰余類 $z \bmod p$ の擬似乱数関数を，例えば

$$f(z) = 2 + 3\theta(z - p/2)$$

のように定める．すなわち，$z < p/2$ に対しては $f(z) = 2$ で，それ以外の場合には

$f(z) = 5$ とする．この f を用いて，数列 $x_1 = t, x_2, x_3, \ldots$ を
$$x_{n+1} = g^{f(x_n)} x_n t$$
$(n \geq 1)$ により定義する．この方法の面白い所は，2 つの数列 (x_n) と $(w_n = x_{2n})$ (後者は前者の倍の速さで進行する) をそれぞれアルゴリズム 5.2.1 における U と V のように用いるということである．計算を繰り返すと，衝突
$$x_{2n} \equiv x_n \pmod{p}$$
が起きることが期待される．衝突が観測されれば
$$t^a \equiv g^b \pmod{p}$$
なる形の関係式が得られ，問題 5.4 の結果を用いれば，求める離散対数問題の解の見当がつく．以上の方法により，擬似乱数関数としては上の f を用いて，離散対数問題
$$11^{495011427} \equiv 3 \pmod{2^{31} - 1},$$
$$17^{1629} \equiv 3 \pmod{2^{17} - 1}$$
を計算機を使って解いてみよ．

興味深い研究問題として次のようなものがある．Pollard のロー法の変形版としては，どの程度の可能性が考えられるだろうか．ここまでに見てきたように，t や g の冪を組み合わせて Pollard の数列を作る方法は 1 通りではないが，さらには分数冪を考えることもできる．例えば，平方根を用いて数列を定義して，次のような衝突が起きることも考えられる．
$$\sqrt{g^{e_n} \cdots \sqrt{g^{e_2} \sqrt{g^{e_1} t}}} \equiv \sqrt{g^{e_{2n}} \cdots \sqrt{g^{e_2} \sqrt{g^{e_1} t}}} \pmod{p}.$$
ここで，指数 e_n はランダムに (ただし常に平方根がとれるように) 選ぶ．このときには，両辺を (何回か) 機械的に 2 乗すれば，先と同様に g, t の関係式が得られる．平方根の計算には時間を要するが，もしも何らかの理由により短時間で衝突が起きることが統計的にいえるのであれば，この手法は興味深いものになるだろう．

5.27. Pollard の $p - 1$ 法との関連で，次の問題を考えよ．n を冪乗数ではない合成数とし，整数 $m < n^2$ で n のある素因子 p に対して $p - 1 \mid m$ をみたすようなものが見つかったとする．このとき，この m を利用した確率的アルゴリズムによって，n の非自明な分解が得られることを示せ．また，このアルゴリズムは多項式時間で (サイズ n の整数の演算を高々 $\ln n$ の冪だけ行って) 終了すると見込まれることを示せ．

5.28. p を奇素数とし，集合
$$C_p = \{(x, y) \ : \ x, y \in [0, p-1]; \ x^2 + y^2 \equiv 1 \pmod{p}\}$$

に演算 ⊕ を
$$(x, y) \oplus (x', y') = (xx' - yy', xy' + yx') \bmod p$$
と定義して得られる「円周群」を考えよう．この円周群の位数は
$$\#C_p = p - \left(\frac{-1}{p}\right)$$
であることを示せ．また，その系として，$\#C_p$ は常に 4 で割り切れることを示せ．さらに，演算 ⊕ を複素数 (Gauss 整数) の乗算と関連付けて説明し，円周群と体 $\mathbf{F}_{p^2}$ の間の代数的な関係について調べよ．

次に，円周群を利用した「$p \pm 1$ 法」とでも呼ぶべき分解アルゴリズムを考えよ．行うことは，初期地点 $P_0 = (x_0, y_0)$ を決めて，楕円曲線法と同様に n 倍点 $[n]P_0$ を計算することである．初期地点を見つけるにはどうすればよいか？（このことに関しては，問題 5.16 も参照のこと．）また，考えた方法は標準的な $p-1$ 法と比べて効率的か？ 効率を評価する際には，2 倍点の計算は体の乗算 2 回だけで行えることに注意せよ．2 つの点の和を計算するためには何回の乗算が必要か？

続いて，「超球面群」分解法の可能性を考察せよ．考える群は，集合
$$H_p = \left\{(x, y, z, w) : x, y, z, w \in [0, p-1];\ x^2 + y^2 + w^2 + z^2 \equiv 1 \pmod{p}\right\}$$
に 4 元数体の乗算と同様にして演算を定めたものである．この超球面群の位数は
$$\#H_p = p^3 - p$$
であることを示せ．分解法の効率を判定するためには，少なくとも以下の問いに答える必要がある．この群の場合，初期地点 (x_0, y_0, w_0, z_0) を見つけるにはどうすればよいか？ 点の 2 乗や 2 点の積の計算には，体の乗算を何回行う必要があるか？

円周群や超球面群 (ならびにそれらの類似物) と，$\mathbf{F}_p$ の元を成分とする行列の群との代数的な関係について調べよ．例えば，$\mathbf{F}_p$ の元を成分とする行列式が 1 であるような正方行列の全体は群をなし，それを利用すれば何らかの分解アルゴリズムが作れなくはない．これらの関係は，円分体を利用した分解法との深い関係も含めて，よく知られている．しかし，一連の興味深い研究は次の問いに基づいている．すなわち，これらの群や行列のアイディアを利用した効率的な分解アルゴリズムというものが存在したとして，そのようなものを設計するにはどうすればよいのだろうか．例えば，すでに見てきたように，複素数の乗算は実数の乗算を 4 回ではなく 3 回反復すれば行える．また，巨大な行列の積の計算には，Strassen の再帰アルゴリズム [Crandall 1994b] や数論変換を用いた高速化 [Yagle 1995] のような高速化がある (問題 9.84 を見よ)．

5.29. Pollard–Strassen の多項式評価法を変更して，Fermat 数 $F_n = 2^{2^n} + 1$ の分解に利用することを考えよ．素因子としては $p = k2^{n+2} + 1$ なる形のものだけを探せばよ

いため，Pollard–Strassen 法で連続した整数の積を考えた代わりに

$$P = \prod_i \left(k_i 2^{n+2} + 1\right)$$

(すべて F_n を法として考える) なる形の積を考えるのである．ただし，整数の集合 $\{k_i\}$ は，最終的に $\gcd(F_n, P)$ を計算することを見越して巧妙に選んでおく．そこで，P を効率よく計算する方法を考えよ．何らかの形で $\{k_i\}$ に篩をかけておいたり，指数の $n+2$ を i に依存する形に変更するといった考察も興味深い．集合 $\{k_i\}$ を等差数列の非交和として表しておく (篩をかけた結果として得られるかもしれない) ことに意味はあるだろうか．実用上は，次の問題が解決すると有り難い．すなわち，この種の Pollard–Strassen 法の変形版を用いれば，従来の篩法 (単に $2^{2^n} \pmod{p}$ を様々な $p = k 2^{n+2} + 1$ に対して計算すること) を直接用いるよりも効率が向上する見込みはあるのだろうか．今までは，F_{20} の先や周辺では篩法を直接用いることが巨大な F_n の因子を見つける唯一の手段であったから，この問題に意味がない訳ではない．

6. 準指数時間素因子分解アルゴリズム

3つの現代的素因子分解法のうち2つ,2次篩法 (quadratic sieve, QS) と数体篩法 (number field sieve, NFS) をこの章は含む. (3つ目は楕円曲線法 (elliptic curve metod, ECM) で,7章で述べられる.) 2次篩法と数体篩法は Brillhart と Morrison による連分数法の直系で,連分数法は最初に現れた準指数時間素因子分解法であり,1970年代の初めに現れ,50桁程度の数は完全に分解した.その前は 20 桁程度がせいいっぱいだった. 2次篩法と数体篩法は,強力であり適用範囲が広いので,50桁より 150 桁に完全に分解できる範囲を広げた.他方楕円曲線法は分解すべき数がかなり大きくても,50桁程度の素因子を見つけることができる.この程度の回数実行すれば必ず成功するという厳密な (rigorous) 素因子分解法もそれ相当に技術の現状を示すので,少しこの章で検討する.また有限体の乗法群に対する準指数時間離散対数アルゴリズムも簡単に紹介する.

6.1 2 次 篩 法

最初に [Pomerance 1982] により2次篩法は導入されたけれど,[Morrison and Brillhart 1975] による連分数法を含むそれ以前の方法に負うところが大きい. 2次篩法や数体篩法の歴史などは [Pomerance 1996b] を参照.

6.1.1 基本2次篩法

n を奇数とし,k 個の異なる素因子があるとすると n を法としてちょうど 2^k 個の 1 の平方根がある.なぜなら,$k=1$ のときは明らかであるし,一般の場合は中国式剰余定理よりえられる. 2.1.3 項参照.この 2^k 個のうち 2 つは ± 1 である.他は n を分解するのに使える.すなわち もし $a^2 \equiv 1 \pmod{n}$ で,$a \not\equiv \pm 1 \pmod{n}$ ならば $\gcd(a-1, n)$ は n の自明でない約数である.$n|(a-1)(a+1)$ で,n がどちらの約数でもないならば,n の一部分が $a-1$ を割り,他の部分が $a+1$ を割る.

たとえば $a = 11$, $n = 15$ のとき $a^2 \equiv 1 \pmod{n}$ で $\gcd(a-1, n) = 5$ は自明でない 15 の約数である.

6.1 2 次 篩 法

次の 3 つの単純な作業を考えよう．偶数の約数を見つけること，自明でない冪乗数を因数分解すること，最大公約数を求めること．最初の作業についてはなにもいうことがない．2 番目は $\lfloor n^{1/k} \rfloor$ を計算し，その k 乗が n かどうかみればよい．ニュートン法により冪根は求められ，$k = \lg n$ まででよい．3 番目はアルゴリズム 2.1.2 がある．このように素因子分解の問題を冪乗でない奇数の合成数に対して，自明でない 1 の平方根をも求めることに「帰着」できる．「帰着」と書いたけれど，ほんとうは帰着になっていない．2 つは計算論的に同値である．冪乗でない奇数の合成数 n が分解できたら最大公約数を求めることより $n = AB$ と互いに素な 1 より大きい A, B が得られる．問題 6.1 参照．このとき a を中国式剰余定理を使って次の解とする：

$$a \equiv 1 \pmod{A}, \ a \equiv -1 \pmod{B}.$$

このように n を法とした 1 の自明でない平方根が得られる．

そこで n を冪乗でない奇数の合成数として，n を法としての自明でない 1 の平方根を求める仕事に着手しよう．これは xy が n と素で，$x \not\equiv \pm y \pmod{n}$, $x^2 \equiv y^2 \pmod{n}$ となる解を見つけることと同値である．このとき $xy^{-1} \pmod{n}$ は自明でない 1 の平方根となる．すでにみたように $x \not\equiv \pm y \pmod{n}$ である $x^2 \equiv y^2 \pmod{n}$ の解は n を分解する．

2 次篩法の基本的なアイディアは $x_i^2 \equiv a_i \pmod{n}$ の形の合同式を見つけることである．ここで $\prod a_i$ は平方数となるもので，それを y^2 とする．$x = \prod x_i$ とすると，$x^2 \equiv y^2 \pmod{n}$ となる．他の条件 $x \not\equiv \pm y \pmod{n}$ は基本的には無視する．もしこの条件が成立していれば，n が分解できる．もしそうでなければこの方法を続ける．多くの平方数の合同式を見つけることができるであろう．そしてある種の確率的独立性を仮定すれば，半分以上は n を分解する．2 次篩法はランダムアルゴリズムでないことに注意しよう．確率的独立というとき，発見的 (heuristic)，すなわち必ず解を何回かの試行錯誤の後，発見できることを意味する．この回数だけ繰り返せば必ず分解できるとは保証できないが，何回か努力すれば必ず解を発見できることを意味する．

$n = 1649$ の場合に試してみよう．この合成数は冪乗ではない．Fermat の方法のように x_i を $\sqrt{n}$ 以上より始めよう (5.1.1 項参照)：

$$41^2 = 1681 \equiv 32 \pmod{1649},$$
$$42^2 = 1764 \equiv 115 \pmod{1649},$$
$$43^2 = 1849 \equiv 200 \pmod{1649}.$$

Fermat の方法では 57^2 まで続けなければならない．しかし合同式をつなげる新しい方法では上記の 3 つでよい．事実 $32 \cdot 200 = 6400 = 80^2$ なので，次の式が得られる：

$$(41 \cdot 43)^2 \equiv 80^2 \pmod{1649}.$$

$41 \cdot 43 = 1763 \equiv 114 \pmod{1649}$ であり $114 \not\equiv \pm 80 \pmod{1649}$ に注意しよう．事実

$\gcd(114-80, 1649) = 17$ となり，$1649 = 17 \cdot 97$ が得られた．

この方法は大きな数にも使えるだろうか．$\lceil \sqrt{n} \rceil$ より始まる x の $x^2 \bmod n$ を考えよう．積が平方数になる部分集合を探したい．どのように探したら良いのだろうか．

検索に的を絞り，簡略化しよう．もしある $x^2 \bmod n$ が大きな素因子を 1 乗で持つならば，そして平方数をつくるための部分集合のなかに入れたならば，同じ大きな素因子を持つ他の $x'^2 \bmod n$ が必要になってしまう．例えば上記の 1649 のとき，2 番目の剰余は 115 となり，(他の剰余の因子と比べて) 比較的大きな因子 23 をもってしまう．よってこの剰余を捨てた．機械的に実行するには，例えば B を超える素因子をもつ $x^2 \bmod n$ を捨てるのはどうだろうか．すなわち B スムーズな数 (定義は 1.4.8) のみ集めればよい．重要な疑問は次の通り：

> 部分集合の数の積が平方数になるためには，どのくらい正の B スムーズな数が必要だろうか？

少し考えれば，これは線形代数の問題だと気づく．B スムーズな数 $m = \prod p_i^{e_i}$ に対して「指数ベクトル」を対応させよう．ここで $p_1, p_2, \ldots, p_{\pi(B)}$ は B までの素数で，指数は $e_i \geq 0$ である．指数ベクトルとは次の通り：

$$\vec{v}(m) = (e_1, e_2, \ldots, e_{\pi(B)}).$$

もし $m_1, m_2, \ldots, m_k$ がすべて B スムーズならば，$\prod_{i=1}^{k} m_i$ が平方数である必要十分条件は $\sum_{i=1}^{k} \vec{v}(m_i)$ の要素がすべて偶数となることである．

このことより指数ベクトルを法 2 で考えれば良い，すなわちベクトル空間 $\mathbf{F}_2^{\pi(B)}$ で考えればよいことがわかる．このベクトル空間のスカラーの体は $\mathbf{F}_2$ であり，ただ 2 つの要素 0, 1 しかない．よってこのベクトル空間の線形結合は，線形結合で書いたときに係数が 1 であるようなベクトルに対応する部分集合の元の和に他ならない．積が平方数になる部分集合を探すのはベクトルの集合の 1 次従属関係を探すことになった．

このことは 2 つの大きな利点がある．1 つ目はベクトル空間の次元より多くのベクトルは 1 次従属になることである．よって平方数を作るのに必要な B スムーズな数は多くて $\pi(B) + 1$ 個である．2 つ目は行列の基本変形のような能率の良いアルゴリズムがすでにあることである．よってベクトルの線形従属を見つけるにはそのベクトルからできる行列の行の基本変形をすればよい．

よって 1649 を大きな数にしたときの自明な問題は解けたように思える．どのくらい $x^2 \bmod n$ の剰余を集めればよいか，それらからどのように平方数を作るか，を系統的に扱えるようになった．

しかし，まだスムーズ性の限界 B をどのように選んだらよいか，Fermat の方法よりどのくらい速くできるのか，などの問題が残されている．

もしも B を小さく選んだら，B スムーズな剰余は多くはいらない．しかし B が小さすぎると，B スムーズという性質は特別なものになるので，B スムーズな数を見つける

のが難しくなる．そこでスムーズ性の限界 B に対する 2 つの力のバランスをとらなければならない：B スムーズな数を少しですませるように小さく，しかし，B スムーズな数がたびたび現れるように大きくしなければならない．

この問題を解くために，B スムーズな数がどのくらいの割合で現れるかを B と n の関数で表そう．たぶん (1.44) が使え，$x^2 \bmod n$ が B スムーズになる確率は約 u^{-u}，$u = \ln n / \ln B$ と仮定しよう．

2 つのことを考えなくてはならない．まず (1.44) ではある限界までのすべての数を考えていて，特定の部分集合を考えてはいない．それではわれわれの考えている部分集合には平均的にスムーズな数があるだろうか？ 2 つ目はわれわれの考えている数はどの範囲にあるだろうか，ということである．上記の段落では，n という限界を u を作るために使った．

われわれは発見的な因数分解法を見つけようとしているのだから，この 1 番目の問題はとりあえず無視してしまおう．もしこうして考え出された方法が実際に機能するなら，われわれの考えている特定の数の集合がランダムにとった部分集合と同じくらいスムーズな数を含んでいるという「予想」がある程度の正当性を持つことになるであろう．2 番目のことは少し考えると有利に解ける．$x^2 \bmod n$ の範囲は n より実際にはずっと小さくなる．

$x = \lceil \sqrt{n} \rceil$ より出発して，ある範囲まで大きくしたのを思い出そう．しかし $\lceil \sqrt{2n} \rceil$ までの範囲では $x^2 \bmod n$ の剰余は $x^2 - n$ という単純な式で与えられる．そして小さな $\epsilon > 0$ に対して，$\sqrt{n} < x < \sqrt{n} + n^\epsilon$ のとき，$x^2 - n$ は $n^{1/2+\epsilon}$ の大きさである．そこで発見的評価として，x が B スムーズな数になる可能性 u^{-u} の u を $\frac{1}{2} \ln n / \ln B$ まで下げるべきであろう．

最適な B の見積もりと必要な x の個数を見積もるために，u^{-u} を使う前にもう 1 つ考えることがある．すなわち x に対して $x^2 - n$ が B スムーズとなるか否かを調べるのに必要な時間である．それは約 $\pi(B)$ であろう．なぜなら B までの素数で割れるか否か調べるのが，B スムーズか否か調べる普通の方法だからである．しかし結果的に大きな違いをもたらすとても良い方法がある．つまり 3.2.5 項と 3.2.6 項での篩を使うのである．そうすると x に対しての平均的な仕事量は約 $\ln \ln B$ と非常に小さくなる．この篩では $x^2 - n$ がとりうる値のどれかを割る可能性のある素数と素数幕で篩を行う必要がある．ここで素数幕の底に出てくる素数 p は $x^2 - n \equiv 0 \pmod{p}$ が解けるものである．すなわち素数 $p = 2$ および奇素数 $p \leq B$ で Legendre 記号 $\left(\frac{n}{p}\right) = 1$ となるものである．そのような奇素数 p と適切な p 幕の各々に対して 2 つの剰余類で篩われる．K を篩に使う B までの素数の個数としよう．発見的に K は約 $\frac{1}{2}\pi(B)$ である．このとき $K+1$ 個の指数ベクトルを集められれば線形従属なものが得られる．

もしも B スムーズとなる x の確率が u^{-u} ならば，1 つ得るのに必要な x の回数は u^u であり，$K+1$ 個得るには $u^u(K+1)$ 回必要になる．1 つの x を扱う平均時間 $\ln \ln B$ を掛けよう．これらすべてがうまくいくと仮定すると，次の式となる．

$$T(B) = u^u(K+1)\ln\ln B, \text{ ここで } u = \frac{\ln n}{2\ln B}.$$

$T(B)$ を最小にするような B を n の関数として表そう．$K \approx \frac{1}{2}\pi(B)$ は $B/\ln B$ (定理 1.1.4 参照) の大きさなので，$\ln T(B) \sim S(B)$ を得る．ここで $S(B) = u\ln u + \ln B$ である．u の値を代入して，次の導関数を得る．

$$\frac{dS}{dB} = \frac{-\ln n}{2B\ln^2 B}(\ln\ln n - \ln\ln B - \ln 2 + 1) + \frac{1}{B}.$$

この等式を 0 とおくと $\ln B$ は $\sqrt{\ln n}$ の定数倍と $\sqrt{\ln n \ln\ln n}$ の定数倍の間にあることがわかる．よって $\ln\ln B \sim \frac{1}{2}\ln\ln n$ となる．そこで極値を与える B などの値は次のようになる．

$$\ln B \sim \frac{1}{2}\sqrt{\ln n \ln\ln n}, \quad u \sim \sqrt{\ln n / \ln\ln n}, \quad S(B) \sim \sqrt{\ln n \ln\ln n}.$$

そこで B の最適値は約 $\exp\left(\frac{1}{2}\sqrt{\ln n \ln\ln n}\right)$ であり，その B での必要な時間は約 B^2，つまり n を分解するのに必要な時間は約 $\exp\left(\sqrt{\ln n \ln\ln n}\right)$ となる．

この n の関数を次のように略記しよう：

$$L(n) = e^{\sqrt{\ln n \ln\ln n}}. \tag{6.1}$$

いままでの議論は線形代数にかかる時間を無視している．しかし，この時間も約 B^2 であることが示される (6.1.3 項参照)．いままでの発見的飛躍を認めると，冪でない奇数の合成数 n を分解する確定的アルゴルズムが得られた．必要な時間は $L(n)^{1+o(1)}$ である．この n の関数は準指数時間である．つまり $n^{o(1)}$ となり，これは第 5 章で得られた因数分解のどのアルゴリズムより n の関数としてゆっくり大きくなる．

6.1.2 基本 2 次篩法: 要約

基本 2 次篩法のアルゴリズムは述べた．要約を書こう．

アルゴリズム 6.1.1 (基本 2 次篩法). 冪でない奇数の合成数 n が与えられている．このアルゴリズムは n の自明でない分解を与える．

1. [初期化]
    $B = \lceil L(n)^{1/2} \rceil$;   // または適当に B を変える．
    $p_1 = 2$ および $a_1 = 1$ とする;
    奇素数 $p \leq B$ で，$\left(\frac{n}{p}\right) = 1$ なるものを探し，それらを $p_2, \ldots, p_K$ とする;
    $(2 \leq i \leq K)$ に対して $a_i^2 \equiv n \pmod{p_i}$ となる解 $\pm a_i$ を探す;
                    // そのような解をアルゴリズム 2.3.8 または 2.3.9 で見つける．
2. [篩]
    数列 $(x^2 - n)$, $x = \lceil\sqrt{n}\rceil, \lceil\sqrt{n}\rceil + 1, \ldots$ より B スムーズな数を $K+1$ 個まで篩い，その集合を S とする;
                    // 3.2.5, 3.2.6 項および注意 (2), (3), (4) 参照．

3. [線形代数]

for$((x, x^2 - n) \in S)$ {
  素因子分解 $x^2 - n = \prod_{i=1}^{K} p_i^{e_i}$ を行う;
  $\vec{v}(x^2 - n) = (e_1, e_2, \ldots, e_K);$ // 指数ベクトル.
}
$(K+1) \times K$ の行列を作る. その行は $\vec{v}(x^2 - n)$ を mod 2 で考えたもの;
線形代数のアルゴリズムを使い行ベクトルの和が 0 ベクトル (mod 2) となる自明でない組合せを探す, たとえば $\vec{v}(x_1) + \vec{v}(x_2) + \cdots + \vec{v}(x_k) = \vec{0}$ とする;

4. [素因子分解]

$x = x_1 x_2 \cdots x_k \bmod n;$
$y = \sqrt{(x_1^2 - n)(x_2^2 - n)\ldots(x_k^2 - n)} \bmod n;$
  // この平方根は $(x_1^2 - n)(x_2^2 - n)\ldots(x_k^2 - n)$ の素因子分解より直接計算する,
    (6) の注意参照.
$d = \gcd(x - y, n);$
return $d;$

このアルゴリズムについて, いくつかの注意がある:

(1) 実際には B の値は [初期化] の段階の値より小さくて良い. B の値は $L(n)^{1/2}$ くらいの大きさならば概して同じ計算量となり, より小さい計算量にしようとすれば [線形代数] の段階での行列の大きさを小さくしたり, [篩] の段階での 1 回の篩の単位を実際に使用する計算機のキャッシュの大きさに応じて決めなければならないなどの実際的な問題がある. 最適な B の値は科学というより, 技術であり, 実験により定めるのがよい.

(2) 篩を行うには [初期化] の段階で定めた各々の p_i に対してどの剰余類を篩うかを決めなければならない. (簡単にするためにこれらの素数の冪に対する篩は無視する. そのような篩はやさしい―たとえばアルゴリズム 2.3.11 が使える―しかし, それは B スムーズな数を探すのに, あまり貢献しないので無視してしまっても良い.) [初期化] の奇素数 p_i に対して, 合同式 $x^2 \equiv n \pmod{p_i}$ を解いた. [初期化] の段階でこの合同式が解ける p_i を選んでおいたのである. アルゴリズム 2.3.8 または 2.3.9 がこの合同式を解くのに使える. 1 つの解に対してその符号を反対にしたものが 2 番目の解として見つかる. よって奇数 p_i に対して, これらの 2 つの解に対応する剰余類を篩う. ($p_1 = 2$ に対しても篩ができるが, 2 や小さな素数に対しては行う必要はまったくない. 3.2.5 項の注意参照.)

(3) 大切な点は実際の篩に使う計算は 3.2.5 項で吟味したように, その素数の対数の近似値を使った加法で行える. 特にまずはじめの b 個の x の値に対して, ゼロに初期化した配列を用意する. そして x_i, x_i' を $\geq \lceil \sqrt{n} \rceil$ である $\pmod{p_i}$ で $a_i, -a_i$ に合同な一番小さな配列の場所より始めて, p_i ずつ飛びながら $\lg p_i$ (一番近い整

数にまるめて) を加えていく. もし十分集まらなければ, $\lceil\sqrt{n}\rceil+b$ に対応するところから始まる配列を初期化して同じように行う. B スムーズな値に対応するしきい値は $\lfloor\lg|x^2-n|\rfloor$ より 20 ほど小さく補正した値である. これは対数の近似値からくるものと, 小さな素数や素数冪を無視したことのための補正である. 報告されたどの値に対しても試し割り算を行い, B スムーズか否かを調べなければならない. この素因子分解は [線形代数] の段階で利用する. (行った実装が正しく動作するかを確かめるには, 対数の列と実際の因数分解を比較してみるのも役立つ.)

(4) $\lceil\sqrt{n}\rceil$ より大きく整数 x を動かすかわりに,「中心」を $\sqrt{n}$ とするのはどうだろう. 長所と短所がある. 長所は x^2-n の値が平均して小さくなることである. よってより B スムーズになる可能性が大きくなる. 短所はある値は負になることである. そして符号は平方数を作るには重要な要素である. 平方数は素数の指数が偶数になるだけではなく, 正にならなければいけない. この短所は容易に克服できる. 指数ベクトルを 1 つだけ大きくすればよい. たとえば 0 番目を正ならば 0 とし, 負ならば 1 とすればよい. ほかの座標と同じように 1 の数を偶数個にすればよい. これはベクトル空間の次元が K から $K+1$ となるので, 1 次従属になるようにするため集める数は 1 つ多くなる. 数が小さくなる長所に比べれば, この短所は小さい. よって負の値も許すようにしよう.

(5) [素因子分解] の段階で得られた d が n の真の約数か否かの問題を無視してきた. ある種のランダム性を仮定すると (実際には成立しないのであるが, 発見的仮定としてよいだろう), d が真の約数となる "確率" は 1/2 以上である. 問題 6.2 参照. 指数ベクトルの中で 1 次従属なものをもう少し多く見つけたら, そしてまた確率的独立性を仮定したら, 成功する公算は大きくなる. 例えば [篩] の段階で $K+11$ 個の B スムーズな数を求めておけば, 空間の次元は $K+1$ なので (負の値も許したので, 上記参照), 少なくとも 10 個の 1 次従属な組み合わせが見つかる. どれを使っても真の約数を見つけられない公算は 1/1000 以下であろう. この公算に不満足ならば, もっと多くの B スムーズな数を求めればよい.

(6) [素因子分解] の段階で 非常に大きくなりうる平方数, すなわち $Y^2=(x_1^2-n)(x_2^2-n)\cdots(x_k^2-n)$ の平方根を求めなければならない. しかし $y=Y \bmod n$ だけが知りたいのである. Y^2 の素因子分解を知っているので, Y の素因子分解を知っていることを利用する. Y の素因子分解に含まれる素数の冪の法 n での値をアルゴリズム 2.1.5 を使って計算する. つぎに法 n で掛け合わせすればよい. あとの数体篩法では平方根はこんなにやさしくはない.

次のいくつかの項で 2 次篩法の改良を考える.

6.1.3 高速行列法

$B=\exp\left(\frac{1}{2}\sqrt{\ln n \ln\ln n}\right)$ に対して, 2 次篩法の篩にかかる時間は (発見的に) $B^{2+o(1)}$ である. これで, 約 B の長さの約 B 個のベクトル (成分は 2 つの元からなる $\mathbf{F}_2$ の

元) が得られる．そしてベクトルの和が 0 である空でない部分集合を求めたい．2 次篩法を $B^{2+o(1)}$ の計算量で行うには，この時間以内で行う線形代数のサブルーチンが必要である．

行列が $B \times B$ の大きさのとき，Gauss の消去法を使うと和が 0 であるベクトルを求めるのに，$O(B^3)$ の時間がかかることに注意しよう．それにもかかわらず，小さめの数の素因子分解を行うとき，Gauss の消去法はよく使われる優れた方法である．より高い計算量が実際上問題にならないのは，いくつかの理由がある．

(1) $\mathbf{F}_2$ 成分の行列計算なので，コンピュータに適している．w を機械語の長さとしよう (古いコンピュータでは 8 または 16 ビットであり，新しいものでは 32 または 64 またはそれ以上)．1 行のうちの w 個の要素の固まりを 1 回の論理演算で行えて，時間がかからない．

(2) はじめの行列はとても疎なものなので，最初に「書き込む」とき，操作は少しですむ．これで時間が節約できる．

(3) 分解すべき数がそれほど大きくないとき，篩に行列操作より負荷をかけることができる．B を少し小さくし，篩に時間をかけ，行列操作を軽くする．B を大きくすると領域がたくさん必要になるが，これが，B を最良の選択より小さくする実際上のもう 1 つの理由である．

(2) に関して，Gauss の消去法を「聡明に」使い，疎らさをできるだけ保つとよい．[Odlyzko 1985] および [Pomerance and Smith 1992] 参照．これは構造的 Gauss 法と呼ばれることもある．

分解すべき数が大きくなると，2 次篩法 (そして，特に数体篩法; 6.2 節参照) の行列操作が無視できなくなる．Gauss の消去法の時間が無視できなくなり，行列操作のステップがボトルネックになっていないという仮定で導かれた全体の計算量評価を上回る．さらに巨大な行列を扱うためには大きく高価なコンピュータが必要になり，十分な時間を確保することが難しくなる．

Gauss の消去法に代わる疎行列を扱うには少なくとも 3 つの方法がある．その内の 2 つは数値解析でよく調べられている．それらは共役勾配法と Lanczos 法で，有限体を要素にもつ行列に適している．3 つ目は座標反復法 [Wiedemann 1986] である．これは，有限体の数列の，線形漸化式を見つける Berlekamp–Massey アルゴリズムを基礎にしている．

これらの方法は疎行列の 0 でない要素の番地のみを記憶することにより行われる．よって行列が N 個の 0 でない要素を持てば，必要な場所は $O(N \ln B)$ である．素因子分解の行列は行ごとに多くて $O(\ln n)$ 個の 0 でない要素を持つので，行列の段階で必要な行列を記憶するための場所は $O(B \ln^2 n)$ である．

Wiedemann および Lanczos 法のプログラムは何回実行すれば答えが出るのかがわかるように作れる．N を 0 でない要素の数とすると，この方法は $O(BN)$ の時間で行われる．このようにして，2 次篩法において，行列の段階で必要な時間は $B^{2+o(1)}$ となり，

篩の時間と同じになる．

共役勾配法と Lanczos 法の議論は [Odlyzko 1985] 参照．Lanczos 法の理論的な研究については [Teitelbaum 1998] 参照．実際上の Lanczos 法の改良は [Montgomery 1995] 参照．

6.1.4 大きな素数のバリエーション

上記および 3.2.5 項で述べたように，篩は時間のかからない操作である．試し割り算は試す素数の個数に比例して時間がかかるが，篩は素数が大きくなればなるほど時間がかからない．篩に必要な時間は素数 p に対し平均して $1/p$ に比例する．しかし，篩に使う素数 p のリストが大きくなれば，隠された時間のコストがふえる．1 つはコンピュータのメモリーに配列を全部入れることはできないので，分割しなければならないことである．もしこの分割する長さより素数 p が大きくなると，この切片ごとに時間がかかる．よってこの素数がこのしきい値を超えると，$1/p$ 原理が効かなくなり，これらの大きな素数ごとに同じ時間がかかる．篩は試し割り算と似てくる．他の隠された時間のコストは線形代数の段階に移ったとき，素数をたくさん使うと行列が大きくなることである．たとえば 10^6 個の素数を使うとする．これは篩の段階で起こりうる．すると 2 進法で符号化した行列は，10^{12} ビットとなるであろう．これは線形代数を行うにはとても大きい．6.1.3 項で述べたように疎行列を扱う線形代数のルーチンがあり，成分がほとんど 0 なので，1 が現れる場所だけをを記憶することもできる．それでも行列の大きさはやっかいなくらい大きくなりうるし，そのことによってスムーズさの大きさを制限する必要がでてくる．

6.1.1 項で述べたように，スムーズさの大きさの制限には 3 つ目の理由がある．もしそれを大きくすると線形従属なものを見つけるにはより多くの情報が必要になる．もっともな理由のようだが，もしわれわれが手にしているデータの中に 1 次従属なものがあれば，よりたくさんのデータを集めることによって，見つけにくくなることは起きうるだろうが，それを壊してしまうことはないだろう．したがって上の段階で述べた 2 つの問題をうまく処理できているのであれば，このスムーズさの大きさの制限をそれほど強い制限だと考えなくても良いであろう．

一番単純な大きな素数のバリエーションは，ほとんど B スムーズだけれど 1 つだけ大きな素因子を持つ数を許すことによって，このスムーズさの大きさの制限を緩和する，という安直な方法である．この大きな素数は (B, B^2) から選ぶことができる．1 つだけ B スムーズでない $(B, B^2]$ にある素数を選ぶことは B^2 スムーズな数とは異なる．B を約 $L(n)^{1/2}$ とすると，6.1.1 項で示したように，普通の B^2 スムーズな数で $n^{1/2+\epsilon}$ の近くの数は区間 $(B, B^2]$ に 1 個ではなくて多くの素因子を持つ．

そうではあっても大きな素数のバリエーションは以前にはなかった何かをもたらす．篩を行う際に B スムーズになりそうであるが実際はそうでない数も残すと 1 つだけ比較的大きな素因子を持つ数が発見できる．事実 B 以下の素数を取り去り，残りが 1 より

大きく B^2 以下ならば,残りの数は素数でなくてはならない.これが大きな素数のバリエーションのアイディアである.この篩は近似対数を用いるし,小さな素数を篩うことをしない曖昧さがあり (3.2.5 項参照),漏れたり,余分に集めたりするが,たいした問題でない.

1 つだけ離れた素因子を持つ数を集めてから,線形代数の段階でどうしたら良いだろうか.より長い指数ベクトルを用いると,行列が大きくなってしまう.とても簡単な方法がある.ただ大きな素因子の大きさでソートすればよいのである.もし 1 回しか現れなければ,平方数を作るのに役に立たないので,捨てる.ある大きな素数が k 回登場したとする: $x_i^2 - n = y_i P$, $i = 1, 2, \ldots, k$. すると

$$(x_1 x_i)^2 \equiv y_1 y_i P^2 \pmod{n}, \text{ここで } i = 2, \ldots, k.$$

よって $k \geq 2$ のとき,$k-1$ 個の $y_1 y_i$ の指数ベクトルを使うことができる.なぜなら P^2 の指数ベクトルへの影響は mod 2 で 0,つまり大きな素数を 2 乗すると B までの指数ベクトルが出てくる.候補数のソートはとても速くできるので,これは天からの贈り物のようである.

この方法は少し欠点があるが,大きなものではない.$y_1 y_i$ の指数ベクトルはスムーズな数から作った通常のものより疎ではない.よって疎であることを使う行列の技法は少し損なわれるが,たいしたことではない.よって 2 次篩法の主要な実装はすべてこの大きな素数のバリエーションを使っている.

大きな素数の対が得られるのはどのくらいだろうか.大きな素数はほとんど 1 回しか現れなくて,捨てることにならないだろうか.確率論の誕生日のパラドックスは十分多くの候補数があれば対が得られることを示す.経験上,初めのうちはほとんど対が得られないが,データが多くなると,誕生日のパラドックスが花開き,われわれの行列に多くの行を供給することになる.

実際上,また理論上から,素数がより大きくなると,対が得られにくくなることがわかっている.よって実際には $(B, 20B]$ または $(B, 100B]$ の範囲に制限する.

2 つ大きな素数を使うとよりよい結果が得られるのではないだろうか,と多くの人が提案した.この着想は [Lenstra and Manasse 1994] により発展し,実際に 2 つの大きな素数を使う方が効率が良くなることがわかった.画期的な出来事として,彼らは RSA129 チャレンジ数 (1.1.2 項参照) をこの 2 個の大きな素数のバリエーションで分解した.

1 個の大きな素数のバリエーションより 2 個のものは,いろいろな複雑さがある.もし $(1, B^2]$ の区間にある数が B より大きい素因子しか持たなければ,それは素数であろう.$(B^2, B^3]$ の区間にあり,B 以下の素因子を持たなければ,それは素数または B より大きい 2 つの素数の積であろう.2 個の大きな素数のバリエーションは B^3 程度の分解されない部分も含む数を集める.もし未分解な部分 m が B^2 を超えているなら,簡単な擬素数判定,たとえば $2^{m-1} \equiv 1 \pmod{m}$ を確かめる.3.4.1 項参照.もし m がこの合同式を満たすならば,それを捨てる.なぜならそんなに大きな素数は他に現れな

いからである．もし m がこの合同式より合成数とわかったら，Pollard のロー法などで分解する．5.2.1 項参照．これで B より大きな (しかしそれほど大きくない) 2 つの素因子を余分に持つ B スムーズな数を集めることになる．

これだけでも，単純な大きな素数のバリエーションより大変だが，もう 1 つある．集められた数の中から積が B スムーズ (ただし，それ以上の大きな素数は偶数冪) になる組み合わせを探さなければならない．たとえば $y_1P_1, y_2P_2, y_3P_1P_2$ なる組み合わせで，y_1, y_2, y_3 は B スムーズであり，P_1, P_2 は B を超える素数である．これらの積は $y_1y_2y_3P_1^2P_2^2$ となり，指数ベクトルは 法 2 で B スムーズな数 $y_1y_2y_3$ と同じになる．もちろんもっと複雑な組み合わせもある．2 つの大きな素数を持つものだけの組み合わせも (希ではあるが) ある．そのような組合せを探すことはそんなに単純ではないし，データが多くなるので圧倒されることもある．この問題は [Lenstra and Manasse 1994] で吟味されている．彼らはこの 2 個の大きな素数のバリエーションで 2 倍以上のスピードになることを発見した．しかし通常使われている B より小さい値を使ったことを認めている．数の大きさに応じてパラメータをどのように変えるかを実験するのは興味深いことである．

3 つの大きな素数を使うのはどうだろう．困難さはさらに大きくなるであろう．可能性はないわけではないが，それより B を大きくした方が良いだろう．

6.1.5 複多項式

基本 2 次篩法において x は $\sqrt{n}$ の近くの値にして，$x^2 - n$ が B スムーズになるものを探した．x を $\sqrt{n}$ の近くにするのは $x^2 - n$ を小さくし，スムーズになりやすくするためである．x が $\sqrt{n}$ に近いとき，$x^2 - n \approx 2\left(x - \sqrt{n}\right)\sqrt{n}$ となり，x が $\sqrt{n}$ より大きくなると，$x^2 - n$ も着実に高速に大きくなる．基本 2 次篩法は始め小さな値を返すように作られているが，続けると B スムーズなものができにくくなる．

2 次篩法の複多項式バリエーションは，この問題を $x^2 - n$ だけでなく，多くの多項式を使うことで対応する．いくつかの多項式を使う方法は独立に Davis, Holdridge, および Montgomery により提案された．[Pomerance 1985] 参照．Montgomery 法が少しいので，いまでは 2 次篩法でこれを使う．Montgomery 法の基本は変数 x の代わりにいろいろな x の 1 次式を使うことである．

a, b, c を $b^2 - ac = n$ となる整数とし，2 次式 $f(x) = ax^2 + 2bx + c$ を考える．すると

$$af(x) = a^2x^2 + 2abx + ac = (ax+b)^2 - n \tag{6.2}$$

より次の式が得られる；

$$(ax+b)^2 \equiv af(x) \pmod{n}.$$

もし a が平方数と B スムーズな数の積となって，$f(x)$ が B スムーズとなれば，$af(x)$ の指数ベクトルは，法 2 で求める行列のある行になる．さらに，奇素数 p が $f(x)$ を割る (そして n を割らない) ならば，$\left(\frac{n}{p}\right) = 1$ となり，基本 2 次篩法での条件と同じにな

る．(出てくる素数の集合が多項式によらないことは大切である．そうでなければより多くの列が必要になり，1次従属な関係を得るのに必要な行も多く必要になる．)

a, b, c は $b^2 - ac = n$ を満たし，a は平方数と B スムーズな数の積となるようにした．しかし，多項式 $f(x)$ を使う理由はその値が小さくなるであろうし，よってスムーズになりやすいからである．a, b, c にどのような条件を付ければ $f(x) = ax^2 + 2bx + c$ は小さくなるだろうか？これは篩う区間の大きさによる．あらかじめ x の範囲を $2M$ の長さの区間としよう．さらに (6.2) より係数 b が $|b| \leq \frac{1}{2}a$ として良いだろう (a は正と仮定)．よって x の $2M$ の長さの区間を $[-M, M]$ として良い．$f(x)$ のこの区間での最大値は端点であることに注意しよう．その最大値は約 $(a^2M^2 - n)/a$ となる．また $x = 0$ で最小値が約 $-n/a$ となる．この2つの値の絶対値がだいたい等しいとすると，$a^2M^2 \approx 2n$ となり，$a \approx \sqrt{2n}/M$ となる．

a がこの近似式を満たしていたら，$f(x)$ の絶対値は区間 $[-M, M]$ で $(M/\sqrt{2})\sqrt{n}$ 以内である．これは初めの多項式 $x^2 - n$ を基本2次篩法で行った場合と比較するべきである．区間 $[\sqrt{n} - M, \sqrt{n} + M]$ ではその値は約 $2M\sqrt{n}$ 以内である．よって $2\sqrt{2}$ 倍だけ節約できた．しかし実はもっと節約できている．基本2次篩法では値が大きくしていくと，M も大きくしなければならない．しかし複多項式では多項式を変えることができる．6.1.1 項の方法で解析すると，複多項式の場合，$M = B = L(n)^{1/2}$ と選べるが，単多項式の場合，$M = B^2 = L(n)$ となる．よって複多項式の場合，平均して B 倍だけ小さくできる．発見的な解析により，複多項式の場合の2次篩法は約 $\frac{1}{2}\sqrt{\ln n \ln \ln n}$ 倍速くなる．n が 100 桁ほどのとき，複多項式による2次篩法は約 17 倍速くなる．(この「思考実験」は実際には数値的に確かめられていないが，かなり速くなるのは確実である．)

しかし，主係数 a にはもうひとつの条件がある：b, c もそれに合わせて定まる．$b^2 \equiv n \pmod{a}$ が b について解ければ，$|b| \leq a/2$ とすることができて，$c = (b^2 - n)/a$ とすればよい．2.3.2 項の方法で，a が奇数で，その因数分解がわかっていて，a の各素因子 $p | a$ が $\left(\frac{n}{p}\right) = 1$ ならば，合同式は解ける．効果的なのは，$p \approx (2n)^{1/4}/M^{1/2}$ ほどの素数で $\left(\frac{n}{p}\right) = 1$ なるものより $a = p^2$ とすればよい．そのような a は次をすべて満たす：

(1) a は平方数と B スムーズな数の積．
(2) $a \approx \sqrt{2n}/M$．
(3) $b^2 \equiv n \pmod{a}$ なる b は能率良く求まる．

合同式 $b^2 \equiv n \pmod{a}$ は $a = p^2$ のとき，2つの解をもつ．しかし，2つの解は同値な多項式を与えるので，1つだけ，例えば $0 < b < \frac{1}{2}a$ を満たす解だけを使う．

6.1.6 同一の初期化

6.1.5 項において多項式を頻繁に変えると良いことを学んだ．どのくらい変えたら良いのだろうか．1つの制限は長さ $2M$ で，これは多項式が使う区間であり，少なくとも篩につかう上限 B である．これだけが制限ならば，M を $2M = B$ とすればよい．

50 桁から 150 桁ほどのとき, B は約 10^4 から 10^7 ほどである. 篩はとても速いので, B 個ごとに多項式を替えると, そのために時間を浪費してしまう. この問題を解決するためには, いわゆる「初期化の問題」を解かねばならない. すなわち 6.1.5 項でのように, 奇素数 $p \le B$ で $\left(\frac{n}{p}\right) = 1$ なるものと a, b, c に対して, 合同式

$$ax^2 + 2bx + c \equiv 0 \pmod{p}$$

を解かねばならない. 解を $r(p) \bmod p$ および $s(p) \bmod p$ (p は an を割らないと仮定) とすると,

$$r(p) = (-b + t(p))a^{-1} \bmod p, \ s(p) = (-b - t(p))a^{-1} \bmod p. \qquad (6.3)$$

ここで

$$t(p)^2 \equiv n \pmod{p}.$$

どの多項式に対しても同じ $t(p)$ を使い $r(p), s(p)$ を計算できる. よって (6.3) で行う主な仕事は $a^{-1} \bmod p$ を p に対して求め (たとえばアルゴリズム 2.1.4), 2 回の法 p の乗法を行うことである. もし p がたくさんあればこれを頻繁に行いたくない.

同一の初期化の着想はいくつかの多項式に対して同一の a を (6.3) において使うことである. 各 a に対し b は $b^2 \equiv n \pmod{a}$ かつ $0 < b < a/2$ と選ぶ. 6.1.5 項参照. その b に対して 2 次篩法で使う多項式 $ax^2 + 2bx + c$ は $c = (b^2 - n)/a$ とする. b の選びかたは a に対して 2^{k-1} 通りである. ここで, a は k 個の素因子を持つ (a を奇数とし, $p | a$ なる素数は $\left(\frac{n}{p}\right) = 1$) とする. 6.1.5 項で示したように a を素数の平方とすると b は 1 通りとなる. そのかわり, a を 10 個の異なる素数 p の積としよう. すると $512 = 2^9$ 通りの b の選び方がある. よって a に対して $a^{-1} \pmod{p}$ は 1 回だけ計算すれば 512 個の多項式に利用できる. さらに 10 個の a の素因子がどれも B を超えなければ, それらの素因子を平方にする必要はない. 行列の段階で処理できるからである.

事前計算を行って, その結果をファイルに保存しておけば, もっと節約できる. たとえば $2t(p)a^{-1} \bmod p$ をすべての必要とする素数 p に対して計算し, 記憶する. すると (6.3) の $r(p), s(p)$ は 1 回の乗算で計算できる. すなわち $-b + t(p)$ を記憶されている $a^{-1} \bmod p$ 倍し, 法 p で還元すれば $r(p)$ となる. 記憶されている $2t(p)a^{-1} \bmod p$ を引き, 必要ならば p を加えれば $s(p)$ が得られる.

この 1 回の乗算さえも消すことができる. b を Gray コード (問題 6.7 参照) を使いあちこち動かす. 事実, 中国式剰余定理 (2.1.3 項参照) より b は次の形となる: $B_1 \pm B_2 \pm \cdots \pm B_k$ (もし $a = p_1 p_2 \cdots p_k$ ならば, B_i は $B_i^2 \equiv n \pmod{p_i}$ および $B_i \equiv 0 \pmod{a/p_i}$ を満たす). もし 2^{k-1} 個の Gray コードを使った $B_1 \pm B_2 \pm \ldots \pm B_k$ を, あらかじめ $2B_i a^{-1} \bmod p$ をすべての p で事前に計算しておけば, 1 つの多項式での篩より次の多項式に移るとき, 時間のかからない加法と減法を p ごとにすればよい. メモリーが足りなければ, 記憶するのは一番よく使う $2B_i a^{-1} \bmod p$ だけでも良い. たとえば Gray コードにおいて 2 回のステップごとに呼び出される $i = k$ だけでもよい. そうすることによ

り，初期化の時間は半分になり，$\mod p$ の乗算 (そして少しの加法と減法) も半分になる．

同一の初期化の着想は [Pomerance et al. 1988] に簡単に記述されており，[Alford and Pomerance 1995] および [Peralta 1993] に詳述されている．[Contini 1997] において，いくつかの実験より同一の初期化は，複多項式を使った普通の 2 次篩法より 2 倍速く行えることが示された．

6.1.7　Zhang の特殊 2 次篩法

2 次篩法が速い理由は，小さな平方剰余をもつ多項式の列を使うことであり，平方剰余は n を分解するのに都合の良い 2 次合同式を与えるし，多項式が作る一連の値はスムーズな数をつくるための篩に適しているし，もちろん小さな値は法 n での乱数よりスムーズな数を得やすいためである．この方法を改良するための 1 つの方法は，より小さな平方剰余を持つ多項式を探すことである．最近，M. Zhang は特別な n の値に対するものを見つけた [Zhang 1998]．この方法を特殊 2 次篩法と名付けよう．

分解しようとしている n (奇数で，合成数で，冪でない) が次のように表せたとする．

$$n = m^3 + a_2 m^2 + a_1 m + a_0. \tag{6.4}$$

ここで m, a_2, a_1, a_0 は整数で，$m \approx n^{1/3}$．確かにどのような n もこのように表せる．ただ $m = \lfloor n^{1/3} \rfloor$, $a_1 = a_2 = 0$, $a_0 = n - m^3$ とすればよい．しかしこの表現 (6.4) は a_i の絶対値が小さいことが大切なので特別な n のみ有効であることを次に示す．

b_0, b_1, b_2 を整数値をとる変数とし，

$$x = b_2 m^2 + b_1 m + b_0$$

とする．ここで m は (6.4) の値である．

$$m^3 \equiv -a_2 m^2 - a_1 m - a_0 \pmod{n},$$
$$m^4 \equiv (a_2^2 - a_1) m^2 + (a_1 a_2 - a_0) m + a_0 a_2 \pmod{n}$$

なので，つぎの式を得る．

$$x^2 \equiv c_2 m^2 + c_1 m + c_0 \pmod{n}. \tag{6.5}$$

ここで

$$c_2 = (a_2^2 - a_1) b_2^2 - 2 a_2 b_1 b_2 + b_1^2 + 2 b_0 b_2,$$
$$c_1 = (a_1 a_2 - a_0) b_2^2 - 2 a_1 b_1 b_2 + 2 b_0 b_1,$$
$$c_0 = a_0 a_2 b_2^2 - 2 a_0 b_1 b_2 + b_0^2.$$

b_0, b_1, b_2 は自由変数なので，小さく，しかも $c_2 = 0$ と選べるであろう．事実，可能である．

$$b_2 = 2, \quad b_1 = 2b, \quad b_0 = a_1 - a_2^2 + 2a_2 b - b^2$$

とする．ここで b は任意の整数．b_0, b_1, b_2 のこれらの値により，

$$x(b)^2 \equiv y(b) \pmod{n} \tag{6.6}$$

となる．ここで

$$x(b) = 2m^2 + 2bm + a_1 - a_2^2 + 2a_2 b - b^2,$$
$$y(b) = \left(4a_1 a_2 - 4a_0 - \left(4a_1 + 4a_2^2\right) b + 8a_2 b^2 - 4b^3\right) m$$
$$+ 4a_0 a_2 - 8a_0 b + \left(a_1 - a_2^2 + 2a_2 b - b^2\right)^2.$$

提案は b を小さい値で走らせ，篩を使いスムーズな $y(b)$ を求め，指数ベクトルの行列より，(6.6) を使い法 n での 2 つの平方数の合同式を見つけ，n を分解する．もし a_0, a_1, a_2，および b がすべて $O(n^\epsilon)$ ならば，$0 \leq \epsilon < 1/3$，および $m = O\left(n^{1/3}\right)$ のとき，$y(b) = O(n^{1/3+3\epsilon})$ となる．6.1.1 項の計算量の解析より，発見的な計算時間は

$$L(n)^{\sqrt{2/3+6\epsilon}+o(1)}$$

である．ここで $L(n)$ は (6.1) で定義したものである．もし ϵ が十分小さいならば，これは 2 次篩法の発見的計算量を打ち負かす．

(6.4) を次のように拡張するのは有益であろう．

$$an = m^3 + a_2 m^2 + a_1 m + a_0.$$

a は $x(b), y(b)$ の表現のなかに現れない．ただ m の大きさに現れ，$(an)^{1/3}$ となる．

たとえば $2^{601} - 1$ を考えよう．2 つの素因子 3607 および 64863527 は見つかり n_0 を $2^{601} - 1$ の他の因子とすると，170 桁の合成数となり，素因子は見つかっていない．このとき，

$$2^2 \cdot 3607 \cdot 64863527 n_0 = 2^{603} - 2^2 = \left(2^{201}\right)^3 - 4$$

となるので，$a_0 = -4, a_1 = a_2 = 0, m = 2^{201}$ と置ける．この割り当てで合同式 (6.6) は

$$x(b) = 2m^2 + 2bm - b^2, \quad y(b) = (16 - 4b^3)m + 32b + b^4, \quad m = 2^{201}$$

となる．b の絶対値が大きくなれば $y(b)$ の主要部は $-4b^3 m$ となる．b が 2^{40} ほどになると予期するのは不合理というわけでもない．この場合 $|y(b)|$ の大きさは 2^{323} ほどになり，複多項式による 2 次篩法より良いわけではない．2 次篩法の場合，スムーズな数を求めるために必要な篩う数は $2^{20}\sqrt{n} \approx 2^{301}$ ほどの大きさとなる (篩の区間を多項式ごとに 2^{20} とした場合)．

しかし，複多項式で特殊 2 次篩を使うこともできる．たとえば上記の数 n_0 の場合，$b_0 = -2u^2, b_1 = 2uv, b_2 = v^2$ とする．これは

$$x(u,v) = v^2 m^2 + 2uvm - 2u^2, \quad y(u,v) = (4v^4 - 8u^3 v)m + 16uv^3 + 4u^4$$

を意味する．ここで u, v を互いに素な整数を動かす (u, v を互いに素とするのは，余分な関係式を避けるために大切である)．もし u, v を絶対値が 2^{20} 以下ならば，上記の b と同じ個数となり，$|y(u, v)|$ は 2^{283} となり，少し節約になる．(小さな節約もある．$\frac{n-1}{2}x(u,v), \frac{1}{4}y(u,v)$ を考えれば良い．)

u, v を使ったので,「複多項式」になるわけがはっきりしないかもしれない．まず1つの変数を固定して他の変数で篩えば良い．初めの変数ごとに，次の変数の多項式が得られる．

上記の解析で，2^{40} の篩の長さは n_0 の大きさとしては小さいであろう．長さを大きくした篩は特殊2次篩法を普通の2次篩法と比べて質の劣ったものにするであろう．

上記の特殊2次篩法が有用な素因子分解法かどうかはわからない (今のところ実際には実行されていない)．もし n がそんなに大きくなければ，$y(b)$ または $y(u, v)$ の中の m の係数が支配的になり，普通の2次篩法より質の劣ったものになる．もし n が大きくなれば，上記の例のように，特殊2次篩法は良くみえるが，特殊2次篩法を上回る他のアルゴリズムがある．それは数体篩法で，次の節で議論する．

6.2 数 体 篩 法

第5章で J. Pollard の創意に富むアイディアに会った．1988年 Pollard は Fermat 数のようなほとんど冪乗の数に適する素因子分解法を提案した ([Lenstra and Lenstra 1993] 参照)．ほどなくこの方法は一般の合成数に拡張された．今日，数体篩法 (NFS) は「たちの悪い」合成数の素因子分解法として，発見的には一番速いアルゴリズムとされている．

6.2.1 基本数体篩法: 戦略

2次篩法は分解する数を法として2次剰余が小さい数を作り出し，それがスムーズか否かを高速に篩うことができるので速い．2次篩法は作り出す剰余がより小さくなれば，よりスムーズになりやすいので，多くを集める必要がなくなり，速くなる．この線にそって考えれば，2次剰余である必要はなく，小さければよい．線形代数を使い，スムーズな数の集合より平方数を得る技法がある．2次篩法では片方がすでに平方数なので，合同式の一方のみ考えればよかった．数体篩法では合同式の両方に線形代数を使う．

しかし，法 n での2つの整数の合同式を考えるわけではない．むしろ，対 $\theta, \phi(\theta)$ を考える．ここで θ はある代数的な環 (整環) の元であり，ϕ はこの環より $\mathbf{Z}_n$ への準同型である．(これらの概念はすぐに説明する．) もし k 個の対 $\theta_1, \phi(\theta_1), \ldots, \theta_k, \phi(\theta_k)$ で，積 $\theta_1 \cdots \theta_k$ がその環のなかで平方数 γ^2 となり，整数の平方 v^2 で $\phi(\theta_1) \cdots \phi(\theta_k) \equiv v^2 \pmod{n}$ となるものがあったとする．すると $\phi(\gamma) \equiv u \pmod{n}$ となる整数 u より次

の式が得られる．

$$u^2 \equiv \phi(\gamma)^2 \equiv \phi(\gamma^2) \equiv \phi(\theta_1 \cdots \theta_k) \equiv \phi(\theta_1) \cdots \phi(\theta_k) \equiv v^2 \pmod{n}.$$

中間を取り去れば合同式 $u^2 \equiv v^2 \pmod{n}$ が得られ，n が $\gcd(u-v,n)$ により分解できる可能性がある．

数体篩法の戦略のアイディアは以上である．次に整環と準同型 ϕ の仕組みを議論しよう．奇数で冪でない合成数 n の分解を考えよう．

$$f(x) = x^d + c_{d-1}x^{d-1} + \cdots + c_0$$

を既約な $\mathbf{Z}[x]$ の多項式とし，α を f の根としよう．α の近似値を求める必要はない．ただ，f の根を表すシンボル "α" と思えばよい．整環は $\mathbf{Z}[\alpha]$ である．これはコンピュータの中では，順序のついた d 個の整数の組 $(a_0, a_1, \ldots, a_{d-1})$ である．この d 個の組で $a_0 + a_1\alpha + \cdots + a_{d-1}\alpha^{d-1}$ を表す．加法は座標ごとに行い，乗法は多項式の積で，ただ d 個の組へ $f(\alpha) = 0$ を使って直す．他の同値な方法は，この環 $\mathbf{Z}[\alpha]$ を $\mathbf{Z}[x]/(f(x))$ として表すことである．つまり，多項式計算を法 $f(x)$ で扱えばよい．

分解する数 n との関係は次のような整数 m を通して行われる．

$$f(m) \equiv 0 \pmod{n}.$$

このような m を知る必要があるが，とても単純に $f(x)$ および m が得られる．多項式の次数 d をまず定める．（あとで d をどのように選んだら，n を分解する計算時間が最小になるか発見的な議論をする．実験では 130 桁ほどの数の場合，$d=5$ が良い．）$m = \lfloor n^{1/d} \rfloor$ とし，n を m 進法で表し

$$n = m^d + c_{d-1}m^{d-1} + \cdots + c_0$$

とする．ここで $c_j \in [0, m-1]$ である．（問題 6.8 より，もし $1.5(d/\ln 2)^d < n$ ならば，$n < 2m^d$ となり，m^d 係数は上記の表現のように 1 となる．）そこで多項式 $f(x)$ を n の m 進表現より，$f(x) = x^d + c_{d-1}x^{d-1} + \cdots + c_0$ とする．この多項式はモニックであるが，既約でないかもしれない．そのときはすばらしい．$f(x) = g(x)h(x)$ と $\mathbf{Z}[x]$ の中で分解すれば，$n = g(m)h(m)$ が自明でない分解となる．[Brillhart et al. 1981] と問題 6.9 および 6.10 参照．多項式の分解は比較的やさしいので ([Lenstra et al. 1982], [Cohen 2000, p. 139] 参照)，まず f を $\mathbf{Z}[x]$ の中で分解してみるべきである．非自明な分解ができれば n が非自明に分解される．f が既約ならば数体篩法を続ける．

準同型 ϕ は $\mathbf{Z}[\alpha]$ より $\mathbf{Z}_n$ へ，$\phi(\alpha)$ が $m \pmod{n}$ の剰余類，と定める．すなわち ϕ は初めに $a_0 + a_1\alpha + \cdots + a_{d-1}\alpha^{d-1}$ を整数 $a_0 + a_1 m + \cdots + a_{d-1}m^{d-1}$ へ送り，次に法 n で直せばよい．ϕ を「2 段階」で考えるのは興味ぶかい．還元する前に整数 $a_0 + a_1 m + \cdots + a_{d-1}m^{d-1}$ を扱うからである．

これから考える元 θ は環 $\mathbf{Z}[\alpha]$ の中で $a - b\alpha$ の形のものである．ここで，$a, b \in \mathbf{Z}$ は

$\gcd(a,b) = 1$ を満たすものである．互いに素な整数 (a,b) の次の集合 $\mathcal{S}$ を探すこととなった：

$$\text{どれかの } \gamma \in \mathbf{Z}[\alpha] \text{ で} \prod_{(a,b) \in \mathcal{S}} (a - b\alpha) = \gamma^2,$$

$$\text{どれかの } v \in \mathbf{Z} \text{ で} \prod_{(a,b) \in \mathcal{S}} (a - bm) = v^2.$$

このとき u を $\phi(\gamma) \equiv u \pmod{n}$ なる整数とすると，$u^2 \equiv v^2 \pmod{n}$ となり，n を $\gcd(u-v, n)$ より分解する可能性が大きい．

6.2.2 基本数体篩法: 指数ベクトル

ではどのように対 (a,b) の集合 $\mathcal{S}$ を見つけるのだろうか．2 次篩法と似ている．2 次篩法のときは 1 つの変数がある区間を動いた．多項式の値のスムーズなものを篩い，このスムーズな値に指数ベクトルを割り当て，積が平方になるものを探した．数体篩法では 2 つの変数 a, b がある．特殊 2 次篩法のように (6.1.7 項参照) 最初の変数を固定し，他の変数で篩うことができる．次に初めの変数を変え，他の変数で篩うことを繰り返す．

では何を篩うか？ この疑問に答える前にやさしいことより始めよう．$a - b\alpha$ の積が $\mathbf{Z}[\alpha]$ の中で平方になることは無視して，$\mathcal{S}$ の 2 番目の性質，すなわち $a - bm$ の積が $\mathbf{Z}$ の中で平方になることを考えよう．m は最初に計算した固定された整数である．たとえば a, b は $0 < |a|, b \leq M$ である整数の組を動くとする．ここで M はある大きい限界である (十分な a, b の対が得られるぐらい)．つぎに次数 1 の斉次式 $G(a, b) = a - bm$ でスムーズな，たとえば B スムーズな数を篩う．対 (a, b) が $\gcd(a, b) > 1$ なら捨てる．$\pi(B) + 1$ 個以上そのような対が得られたら，法 2 での指数ベクトルより線形代数を使い，スムーズな $G(a, b)$ の積が平方になるものが見つかる．

ここまでは良い．しかし難しい問題が残っている: 対 (a, b) の集合は $a - b\alpha$ の積が $\mathbf{Z}[\alpha]$ の中で「同時に」平方でなければならない．

$f(x)$ の根を $\alpha_1, \ldots, \alpha_d$, ここで $\alpha = \alpha_1$ としよう．代数体 $\mathbf{Q}[\alpha]$ の中の元 $\beta = s_0 + s_1 \alpha + \cdots + s_{d-1} \alpha^{d-1}$ (ここで係数 $s_0, s_1, \ldots, s_{d-1}$ は有理数である) のノルムは複素数 $s_0 + s_1 \alpha_j + \cdots + s_{d-1} \alpha_j^{d-1}$, $j = 1, 2, \ldots, d$ の積として定義される．この複素数は $N(\beta)$ と書かれ，実は有理数である．なぜなら根 $\alpha_1, \ldots, \alpha_d$ の対称式であり，これらの根の基本対称式は $\pm c_j$, $j = 0, 1, \ldots, d-1$ となり，整数となるからである．特に s_j が整数ならば，$N(\beta)$ も整数になる．(あとで β のトレースも扱う．これは共役 $s_0 + s_1 \alpha_j + \cdots + s_{d-1} \alpha_j^{d-1}$, $j = 1, 2, \ldots, d$ の和である．)

このノルム関数 N は容易にわかるように乗法的である，つまり，$N(\beta \beta') = N(\beta) N(\beta')$ となる．大切な系として，どれかの $\gamma \in \mathbf{Z}[\alpha]$ で $\beta = \gamma^2$ ならば，$N(\beta)$ は整数 $N(\gamma)$ の平方である．

よって $\mathcal{S}$ の元 (a, b) による $a - b\alpha$ の積が $\mathbf{Z}[\alpha]$ で平方になるためには $N(a - b\alpha)$ の積

が $\mathbf{Z}$ の中で平方であることが必要である．十分であるかという問題はあとまわしにし，どのようにすると $N(a-b\alpha)$ の積が平方になるかを考えよう．

まず次の式

$$N(a-b\alpha) = (a-b\alpha_1)\cdots(a-b\alpha_d)$$
$$= b^d(a/b-\alpha_1)\cdots(a/b-\alpha_d)$$
$$= b^d f(a/b)$$

が $f(x) = (x-\alpha_1)\cdots(x-\alpha_d)$ より得られる．$F(x,y)$ を f を斉次化したもの，つまり

$$F(x,y) = x^d + c_{d-1}x^{d-1}y + \cdots + c_0 y^d = y^d f(x/y)$$

としよう．すると $N(a-b\alpha) = F(a,b)$ となる．よって $N(a-b\alpha)$ は2つの変数 a,b の多項式としてすぐ計算できる．

すなわち $N(a-b\alpha)$, $(a,b) \in \mathcal{S}$ の積を平方にするには，a,b を $|a|,|b| \leq M$ で動かし，B スムーズな値 $F(a,b)$ を篩い，指数ベクトルの行列より求める部分集合 $\mathcal{S}$ を探す．もし $\mathcal{S}$ がさらに $a-bm$ の積が $\mathbf{Z}$ の中で平方になるように望むならば，スムーズな $F(a,b)G(a,b)$ を集めればよい．これも a,b の多項式である．スムーズな数のために，座標の「2重」の指数ベクトルを用意する．初めは $F(a,b)$ の分解のため，2番目は $G(a,b)$ の分解のためである．長くなった指数ベクトルで行列をつくり，線形代数を法2で行う．以前は $\pi(B)+2$ 個のベクトルを集めれば良かったが，今度は $2\pi(B)+3$ 個のベクトルが必要になる．なぜなら，各々が $2\pi(B)+2$ 個の座標を持つからである．初めの半分が $F(a,b)$ の分解のため，後半が $G(a,b)$ の分解のためである．よって2倍の個数のベクトルを集めればよくて，そうすれば2つの仕事が同時に終わる．

十分であるか，の問題に戻ろう．それは $\beta \in \mathbf{Z}[\alpha]$ に対し $N(\beta)$ が $\mathbf{Z}$ の中で平方ならば，β は $\mathbf{Z}[\alpha]$ の中で平方であろうか，というものである．絶対にそんなことは言えない．やさしい例で示そう．$f(x) = x^2+1$ とし，根のシンボルを i としよう．すると $N(a+bi) = a^2+b^2$ となる．a^2+b^2 が $\mathbf{Z}$ の中で平方でも $a+bi$ が $\mathbf{Z}[i]$ の中で平方とは限らない．たとえば，a が平方数でない正の整数とする．すると $\mathbf{Z}[i]$ の中でも平方でない．しかし $N(a) = a^2$ は $\mathbf{Z}$ で平方である．

Gauss の整数環 $\mathbf{Z}[i]$ はよく調べられていて，$\mathbf{Z}$ と同じような美しい性質を持つ．Gauss の整数環は $\mathbf{Z}$ と同じように，一意分解整域である．$\mathbf{Z}[i]$ の素数は通常の $\mathbf{Z}$ の素数 p の「上にある」．もし素数 p が $1 \pmod 4$ ならば，a^2+b^2 と書け，$a+bi$ と $a-bi$ は2つの異なる $\mathbf{Z}[i]$ の素数で p の上にある．(各々は4つの「同伴」があり，それは4つの単数: $1,-1,i,-i$ を掛けたものである．同伴数は同じ素数と見なされる．つまり生成する単項イデアルが同じである．) もし通常の素数 p が $3 \pmod 4$ ならば，それは $\mathbf{Z}[i]$ の中でも素数である．さらに素数2の上にはただ1つの素数 $1+i$ (それと同伴数) がある．Gauss の整数についてさらに詳しいことは [Niven et al. 1991] 参照．

たとえば $5i$ は $\mathbf{Z}[i]$ の中で平方数ではない．なぜなら $(2+i)(1+2i)$ と素因子分解し，

$2+i$ と $1+2i$ は異なる素数である．(対照的に $2i$ は平方数で $(1+i)^2$ である．) しかし $N(5i) = 25$ は $\mathbf{Z}$ の中で平方数である．問題はノルム関数が異なる素数 $1+2i$ と $2+i$ で同じ値になることである．どうにかして異なる素数を区別したい．

もし数体篩法において，環 $\mathbf{Z}[\alpha]$ が一意分解整域ならば，だいぶ単純になる．ただ $a-b\alpha$ の素因子分解の指数ベクトルを作ればよい．ただし単数の問題がある．平方根を求めるには，「基本単数」の組を求めなければならない．そして，指数ベクトルの座標にこれらを加えなければならない．($\mathbf{Z}[i]$ の場合は基本単数は単純である．i があるだけで，素数を同伴の第 1 象限の数にすればよい．)

しかし数体篩法は，たとえ環 $\mathbf{Z}[\alpha]$ が一意分解整域でなくとも，単数群がわからなくとも，うまくいく．

素数 p に対して $R(p)$ を整数 $r \in [0, p-1]$ で $f(r) \equiv 0 \pmod{p}$ なるものの集合としよう．たとえば，$f(x) = x^2 + 1$ のとき，$R(2) = \{1\}$, $R(3) = \{\ \}$, $R(5) = \{2, 3\}$ となる．さて a, b が互いに素な整数のとき，

$F(a, b) \equiv 0 \pmod{p}$ の必要十分条件は，ある $r \in R(p)$ で $a \equiv br \pmod{p}$．

このように，$p | F(a,b)$ がわかると，$a \equiv br \pmod{p}$ となる情報 $r \in R(p)$ も得られる．(実際には集合 $R(p)$ は数 $F(a, b)$ を分解するための篩に使う．b を固定し，$F(a, b)$ を変数 a の多項式と思う．そして，素数 p で篩うとき，剰余類 $a \equiv br \pmod{p}$ を使う．) 指数ベクトルにこの情報も加える．$F(a, b)$ の分解のための指数ベクトルの座標は対 p, r をすべて含む．ここで p は素数 $\leq B$ で $r \in R(p)$ である．

ふたたび多項式 $f(x) = x^2 + 1$ を考えよう．$B = 5$ のとき，B スムーズとなる $\mathbf{Z}[i]$ の元 (つまり，$\mathbf{Z}[i]$ の元で，そのノルムが B スムーズな数) の指数ベクトルの 3 つの座標は 3 つの対 $(2, 1)$, $(5, 2)$, $(5, 3)$ に対応するものである．このとき

$$F(3, 1) = 10 \text{ の指数ベクトルは } (1, 0, 1),$$
$$F(2, 1) = 5 \text{ の指数ベクトルは } (0, 1, 0),$$
$$F(1, 1) = 2 \text{ の指数ベクトルは } (1, 0, 0),$$
$$F(2, -1) = 5 \text{ の指数ベクトルは } (0, 0, 1).$$

$F(3, 1)F(2, 1)F(1, 1) = 100$ は平方だけれど，指数ベクトルより $(3-i)(2-i)(1-i)$ は平方ではないことがわかる．なぜなら法 2 でのベクトルの和は $(0, 1, 1)$ となり，ゼロベクトルではない．では $(3-i)(2+i)(1-i) = 8 - 6i$ を考えよう．法 2 での指数ベクトルの和は $(0, 0, 0)$ となり，$8 - 6i$ は確かに $\mathbf{Z}[i]$ の中で平方である．

この方法はいつでも良いというわけではない．たとえば i は指数ベクトルとしてゼロベクトルを持つが，平方数ではない．この単数の部分だけが問題ならば，なんとかなる．しかし他にも問題がある．

$\mathcal{I}$ を代数体 $\mathbf{Q}[\alpha]$ の整数環としよう．つまり，$\mathcal{I}$ は $\mathbf{Z}[x]$ のモニックな多項式の根にな

るような $\mathbf{Q}[\alpha]$ の元からなる．集合 $\mathcal{I}$ は乗法と加法で閉じている．つまり，環である．
[Marcus 1977] 参照．$f(x) = x^2+1$ の場合，$\mathbf{Q}[i]$ の整数環はちょうど環 $\mathbf{Z}[i]$ となる．環 $\mathbf{Z}[\alpha]$ は $\mathcal{I}$ の部分集合であるが，真の部分集合になるときもある．たとえば $f(x) = x^2 - 5$ のとき，$\mathbf{Q}\left[\sqrt{5}\right]$ の整数環は $\mathbf{Z}\left[(1+\sqrt{5})/2\right]$ となり，$\mathbf{Z}\left[\sqrt{5}\right]$ を真に含む．

$a - b\alpha$ の指数ベクトルについて，まとめてみよう．$a - b\alpha$ が B スムーズとはそのノルム $N(a - b\alpha) = F(a,b)$ が B スムーズのことである．互いに素な a,b で $a - b\alpha$ が B スムーズのとき，指数ベクトル $\vec{v}(a - b\alpha)$ は要素 $v_{p,r}(a - b\alpha)$ を対 (p,r) に対して持つもので，p は B を超えない素数，$r \in R(p)$ である．(あとで，これらを含むもう少し長いベクトルを同じ記号 $\vec{v}(a - b\alpha)$ で表す．) ここで，もし $a \not\equiv br \pmod{p}$ ならば，$v_{p,r}(a - b\alpha) = 0$ と定義し，そうでなく $a \equiv br \pmod{p}$ ならば，$v_{p,r}(a - b\alpha)$ を $F(a,b)$ の中の p の指数と定義する．次の大切な結果がある．

補題 6.2.1. $\mathcal{S}$ を $a - b\alpha$ が B スムーズになるような互いに素な整数の組み a, b の集合とする．もし $\prod_{(a,b)\in\mathcal{S}}(a - b\alpha)$ が $\mathcal{I}$ ($\mathbf{Q}[\alpha]$ の整数環) の中で平方ならば，

$$\sum_{(a,b)\in\mathcal{S}} \vec{v}(a - b\alpha) \equiv \vec{0} \pmod{2}. \tag{6.7}$$

証明． $v_{p,r}(a - b\alpha)$ がどのような数か検討しよう．代数的整数論より環 $\mathcal{I}$ は Dedekind 整域であることは良く知られている．[Marcus 1977] 参照．特に $\mathcal{I}$ のゼロでないイデアルは一意的に素イデアル分解する．J をゼロでない $\mathcal{I}$ のイデアルとすると，$N(J)$ は商環 $\mathcal{I}/J$ の元の個数である．(ゼロイデアルのノルムはゼロと定義する．) ノルム関数は乗法的である．つまり，$N(J_1 J_2) = N(J_1)N(J_2)$ がどのような $\mathcal{I}$ のイデアル J_1, J_2 に対しても成り立つ．$\mathcal{I}$ の元のノルムとその元が生成する単項イデアルのノルムとの関係は $\beta \in \mathcal{I}$ ならば $N((\beta)) = |N(\beta)|$ である．

p を素数とし，$(p, a - b\alpha) \neq (1)$ としよう．これは $N(a - b\alpha) = F(a,b) \equiv 0 \pmod{p}$ と同値であり，$a \equiv br \pmod{p}$ となる $r \in R(p)$ がただ 1 つ定まることと同値である．$a - b\alpha \equiv br - b\alpha = b(r - \alpha) \pmod{p}$ より $(p, a - b\alpha) \subset (p, \alpha - r)$ となる．逆に，a, b が互いに素であることより $b \not\equiv 0 \pmod{p}$ となり，$cb \equiv 1 \pmod{p}$ となる整数 c があるので，$r - \alpha \equiv cb(r - \alpha) \equiv c(a - b\alpha) \pmod{p}$ より $(p, \alpha - r) \subset (p, a - b\alpha)$ となる．よって $(p, a - b\alpha) = (p, \alpha - r)$ である．

もし $r' \in R(p)$ が $r' \neq r$ ならば，$(p, \alpha - r)$ を割るイデアルは $(p, \alpha - r')$ を割るイデアルと異なる．すなわち $(p, \alpha - r')$ と $(p, \alpha - r)$ は互いに素である．これは整数 $r - r'$ が素数 p と素であることより得られる．

$(p, \alpha - r)$ を割る $\mathcal{I}$ の素イデアルを $P_1, \ldots, P_k$ とする．正の整数 $e_1, \ldots, e_k$ で次のようなものがある：$N(P_j) = p^{e_j}$, $j = 1, \ldots, k$. 普通は $k = 1, e_1 = 1$ であり，$(p, \alpha - r) = P_1$ となる．事実 p が $\mathcal{I}$ 内の $\mathbf{Z}[\alpha]$ の指数を割らなければ成り立つ．[Marcus 1977] 参照．しかし一般的に扱おう．

$P_1^{a_1} \cdots P_k^{a_k}$ が $(a-b\alpha)$ の素イデアル分解の中に現れたとする. $a-b\alpha$ のノルムの「p 部分」は $P_1^{a_1} \cdots P_k^{a_k}$ のノルムである. つまり

$$p^{v_{p,r}(a-b\alpha)} = N(P_1^{a_1} \cdots P_k^{a_k}) = p^{e_1 a_1 + \cdots + e_k a_k}.$$

$v_P(a-b\alpha)$ を $(a-b\alpha)$ の素イデアル分解の素イデアル P の指数としよう. すると上記より

$$v_{p,r}(a-b\alpha) = \sum_{j=1}^{k} e_j v_{P_j}(a-b\alpha).$$

さて, もし $\prod_{(a,b) \in \mathcal{S}}(a-b\alpha)$ が $\mathcal{I}$ の中で平方ならば, それが生成する単項イデアルはあるイデアルの平方である. よって $\mathcal{I}$ のすべての素イデアル P に対して $\sum_{(a,b) \in \mathcal{S}} v_P(a-b\alpha)$ は偶数である. これを $(p, \alpha-r)$ を割る素イデアル P_j に適用して,

$$\sum_{(a,b) \in \mathcal{S}} v_{p,r}(a-b\alpha) = \sum_{j=1}^{k} e_j \sum_{(a,b) \in \mathcal{S}} v_{P_j}(a-b\alpha).$$

右辺の内側の和は偶数なので左辺も偶数でなければならない[*1]. □

6.2.3　基本数体篩法: 計算量

数体篩法の完全な記述はまだしていないが, ここまで述べてきたおおまかな戦略によって速い素因子分解が導かれるのはなぜかを考えたり, パラメータの大きさがどれくらいになるかを知ることは, 価値があるだろう.

2次篩法および数体篩法において, スムーズな値を得るための篩にかける一連の数があった. 十分にスムーズな値が集まったら, 線形代数を使い, スムーズな値の指数ベクトルの和が法 2 で 0 になるものを探した. 次のように一般的に考えよう. X を上限とする正の乱数の整数列を考えよう. どのくらいあれば, そのある部分集合の元の積が平方になるだろうか. 6.1.1 項の発見的な解析によれば, 多くて $L(X)^{\sqrt{2}+o(1)}$ であり, そのためのスムーズの限界は $L(X)^{1/\sqrt{2}}$ である. ((6.1) の記号を使った.) この発見的な上限は次のように 2 方向の評価により, 厳密に証明されている.

定理 6.2.2 (Pomerance 1996a). $m_1, m_2, \ldots$ を $[1, X]$ の中の数列で, 独立に選ばれ, 一様に分布しているとする. N を $m_1, m_2, \ldots, m_N$ のある空でない部分集合の元の積が平方になるような最小値としよう. すると期待される N の値は $L(X)^{\sqrt{2}+o(1)}$ となる. しかも, さらに積に使う m_j が B スムーズ (ここで $B = L(X)^{1/\sqrt{2}}$) と要求しても, この期待値は同じである.

よってある意味で, スムーズさは人工的なものでなく, 必然的に求められるもので

[*1] 訳注: p が $\mathcal{I}$ 内の $\mathbf{Z}[\alpha]$ の指数を割らなければ, 逆も成り立つ.

ある．興味深いことに，N' を $m_1, m_2, \ldots, m_{N'}$ が「乗法的に従属」になる最小値とするとき，確率変数 N' に関して同一の定理がある．ここで乗法的に従属であるとは，すべてはゼロでない整数 $a_1, a_2, \ldots, a_{N'}$ があって，$\prod m_j^{a_j} = 1$ となることである．($\ln m_1, \ln m_2, \ldots, \ln m_{N'}$ が $\mathbf{Q}$ 上線形従属と言ってもよい．)

2次篩法の解析より，X の限界は $n^{1/2+o(1)}$ であり，これより2次篩法の計算量は $L(n)^{1+o(1)}$ となった．この計算量の評価は定理ではない．なぜなら，平方数を作るための数は乱数ではなかった．ただ解析しやすくするために乱数と仮定しただけである．

この仮定は計算量の解析にあまり害がないようである．平方数を作るための限界 X を定める．X を小さくすれば，計算量も小さくなる．数体篩法では扱う整数は多項式 $F(x,y)G(x,y)$ の値である．ここで $F(x,y) = x^d + c_{d-1}x^{d-1}y + \cdots + c_0 y^d$ および $G(x,y) = x - my$．$F(a,b)G(a,b)$ の形の数は2つの積になっていて，同じ大きさの乱数よりスムーズになりやすいことは無視しよう．漸近的な計算量にはあまり影響がないからである．

数体篩法において，m の限界を $n^{1/d}$ としよう．多項式 $f(x)$ の係数 c_j も $n^{1/d}$ で押さえられていて，調べる a, b は $|a|, |b| \leq M$ としよう．すると $|F(a,b)G(a,b)|$ の限界は $2(d+1)n^{2/d}M^{d+1}$ となる．この値を X とすると，定理6.2.2よりこのアルゴリズムを完了するには，$L(X)^{\sqrt{2}+o(1)}$ 個の対 a, b が必要と思ってよいだろう．よって M は $M^2 = L(X)^{\sqrt{2}+o(1)}$ を満たすべきである．これを $X = 2(d+1)n^{2/d}M^{d+1}$ に代入し，両辺の対数をとると，

$$\ln X \sim \ln(2(d+1)) + \frac{2}{d}\ln n + (d+1)\sqrt{\frac{1}{2}\ln X \ln\ln X}. \tag{6.8}$$

右辺において，3番目と比べて1番目は無視してよいだろう．d を固定してみよう．つまり，多項式 $f(x)$ の次数を固定して，数体篩法の計算量を $n \to \infty$ としながら解析をしよう．すると (6.8) の左辺と比べて右辺の最後の項は小さい．よって (6.8) は単純化されて，

$$\ln X \sim \frac{2}{d}\ln n.$$

よって d を固定したときの計算時間は

$$L(X)^{\sqrt{2}+o(1)} = L(n)^{\sqrt{4/d}+o(1)}.$$

つまり，数体篩法は $d = 5$ またはそれ以上でないと，2次篩法より良くない．

さて $n \to \infty$ のとき $d \to \infty$ としよう．よって (6.8) の最後の項の係数 $d+1$ を d としてもよいだろう．すると

$$\ln X \sim \frac{2}{d}\ln n + d\sqrt{\frac{1}{2}\ln X \ln\ln X}.$$

少し不正確だが，$\sim$ を $=$ に替え d を X が最小になるように選ぼう．(最適な X_0 は

$\ln X_0 \sim \ln X$ であろう.)「変数」d で微分して,

$$\frac{X'}{X} = \frac{-2}{d^2}\ln n + \sqrt{\frac{1}{2}\ln X \ln\ln X} + \frac{dX'(1+\ln\ln X)}{4X\sqrt{\frac{1}{2}\ln X \ln\ln X}}.$$

$X' = 0$ と置くと

$$d = (2\ln n)^{1/2}((1/2)\ln X \ln\ln X)^{-1/4}.$$

よって

$$\ln X = 2(2\ln n)^{1/2}((1/2)\ln X \ln\ln X)^{1/4}.$$

すると

$$(\ln X)^{3/4} = 2(2\ln n)^{1/2}((1/2)\ln\ln X)^{1/4}$$

となり,$\frac{3}{4}\ln\ln X \sim \frac{1}{2}\ln\ln n$ となる.代入して

$$(\ln X)^{3/4} \sim 2(2\ln n)^{1/2}((1/3)\ln\ln n)^{1/4}.$$

つまり

$$\ln X \sim \frac{4}{3^{1/3}}(\ln n)^{2/3}(\ln\ln n)^{1/3}.$$

よって数体篩法の計算時間は

$$L(X)^{\sqrt{2}+o(1)} = \exp\left(\left((64/9)^{1/3} + o(1)\right)(\ln n)^{1/3}(\ln\ln n)^{2/3}\right).$$

この発見的な計算量の近似式を得るための d の値は

$$d \sim \left(\frac{3\ln n}{\ln\ln n}\right)^{1/3}.$$

「無限大」において数体篩法は (発見的には) 2 次篩法よりとても良いことがわかった.この計算量の少なさがこのアルゴリズムに関する技術的な問題などを少しずつ解こう,という気持ちにさせてくれる.

もし多項式の係数を小さくできるならば,計算量も小さくなるであろう.特に多項式 $f(x)$ の係数が $n^{\epsilon/d}$ で押さえられていたら,上記の解析は固定された d に対して,計算量 $L(n)^{\sqrt{(2+2\epsilon)/d}+o(1)}$ を与える.そして $n \to \infty$ のとき $d \to \infty$ ならば,$\exp\left(\left((32(1+\epsilon)/9)^{1/3} + o(1)\right)(\ln n)^{1/3}(\ln\ln n)^{2/3}\right)$ となる.$\epsilon = o(1)$ の場合が「特殊」数体篩法である.6.2.7 項参照.

6.2.4 基本数体篩法: 障害物

計算量の次に数体篩法の戦略に戻ろう.要素 $(a,b) \in \mathcal{S}$ についての $(a-b\alpha)$ の積が $\mathbf{Z}[\alpha]$ で平方になるか否か容易に調べる方法を考えよう.補題 6.2.1 はまだ不十分で,いくつかの障害物がある.(6.7) が成り立っているとしよう.$\beta = \prod_{(a,b)\in\mathcal{S}}(a-b\alpha)$ と置こう.

(1) もし環 $\mathbf{Z}[\alpha]$ が $\mathcal{I}$ ($\mathbf{Q}(\alpha)$ の整数環) と等しいならば,少なくともイデアル (β) は $\mathcal{I}$ の中であるイデアル J の平方となる.しかし $\mathbf{Z}[\alpha] = \mathcal{I}$ ではないかもしれない.そのとき,(β) は $\mathcal{I}$ の中で,イデアルの平方でないかもしれない.
(2) 仮に $\mathcal{I}$ の中のイデアル J で $(\beta) = J^2$ となったとしても,J は単項イデアルでないかもしれない.
(3) 仮に $\gamma \in \mathcal{I}$ で $(\beta) = (\gamma)^2$ となったとしても,$\beta = \gamma^2$ でないかもしれない.
(4) 仮に $\gamma \in \mathcal{I}$ で $\beta = \gamma^2$ となったとしても,$\gamma \in \mathbf{Z}[\alpha]$ でないかもしれない.

この 4 つの障害は近寄りがたく思えるが,単純な 2 つの工夫で乗り越えられる.最後からはじめよう.次の補題は興味深い.

補題 6.2.3. $f(x)$ をモニックで既約な $\mathbf{Z}[x]$ の多項式で,α を根としよう.$\mathcal{I}$ を $\mathbf{Q}(\alpha)$ の整数環とし,$\beta \in \mathcal{I}$ としよう.すると $f'(\alpha)\beta \in \mathbf{Z}[\alpha]$.

証明. 証明は [Weiss 1963, Sections 3–7] による.$\beta_0, \beta_1, \ldots, \beta_{d-1}$ を多項式 $f(x)/(x-\alpha)$ の係数としよう.つまり,$f(x)/(x-\alpha) = \sum_{j=0}^{d-1} \beta_j x^j$.[Weiss 1963] の中の Euler の命題 3-7-12 により $\beta_0/f'(\alpha), \ldots, \beta_{d-1}/f'(\alpha)$ は $\mathbf{Q}$ 上 $\mathbf{Q}(\alpha)$ の基底になる.$\beta_j \in \mathbf{Z}[\alpha]$ であり,$\alpha^k \beta_j/f'(\alpha)$ のトレースは $j = k$ のとき 1 となり,そうでないとき 0 となる.(トレースの定義は 6.2.2 項参照.この定義よりトレースは $\mathbf{Q}$ 線形であり,値は $\mathbf{Q}$ の元であり,$\mathcal{I}$ の元に対しては値は $\mathbf{Z}$ の元となる.) $\beta \in \mathcal{I}$ とすると,有理数 $s_0, \ldots, s_{d-1}$ で $\beta = \sum_{j=0}^{d-1} s_j \beta_j / f'(\alpha)$ となる.よって $\beta \alpha^k$ のトレースは $k = 0, \ldots, d-1$ に対して s_k となる.よって $s_k \in \mathbf{Z}$,つまり,$f'(\alpha)\beta = \sum_{j=0}^{d-1} s_j \beta_j$ は $\mathbf{Z}[\alpha]$ の元である. □

この補題 6.2.3 を次のように使う.互いに素な整数の集合 $\mathcal{S}$ での積 $\prod_{(a,b) \in \mathcal{S}} (a - b\alpha)$ が $\mathbf{Z}[\alpha]$ の中で平方になることよりも,積が $\mathcal{I}$ の中で平方 γ^2 となることを考えよう.このとき,補題 6.2.3 により,$f'(\alpha)\gamma \in \mathbf{Z}[\alpha]$ となり,$f'(\alpha)^2 \prod_{(a,b) \in \mathcal{S}} (a - b\alpha)$ が $\mathbf{Z}[\alpha]$ の中で平方になる.

初めの 3 つの障害はとても異なるものだけれど,共通するのはよく研究されている群に関する問題だということである.障害 (1) は群 $\mathcal{I}/\mathbf{Z}[\alpha]$ に関するものであり,障害 (2) は $\mathcal{I}$ のイデアル類群,障害 (3) は $\mathcal{I}$ の単数群に関するものである.これらの群について,混乱した読者は代数的整数論の教科書を見ると良い.しかし次にわかるように単純な工夫がこれらの障害を克服する.さらに数体篩法をどのように実装するかを理解するためには,この単純な工夫のみ理解すればよい.よって混乱した読者は次のいくつかの段落を飛ばしてもよい.

障害 (1) について,$(\mathcal{I}$ の中のイデアルへの$)$ $\left(\prod_{(a,b) \in \mathcal{S}} (a - b\alpha)\right)$ の素イデアル分解は,すべては偶数冪でないかもしれないが,奇数冪となるイデアルは $\mathcal{I}$ の中での $\mathbf{Z}[\alpha]$ の指数を割るような素数の上にある.よってそのようなイデアルの個数は,この指数の (2 を底にした) 対数で押さえられる.

障害 (2) について，イデアル類の平方を法としたイデアル類を考えればよい．これは 2 群となり，そのランクはイデアル類群の 2 ランクとなり，イデアル類群の位数，すなわち類数の (2 を底にした) 対数で押さえられる．

障害 (3) について，単数群の平方を法にした単数群を考えればよい．これも 2 群となり，そのランクは $\leq d$ (d は $f(x)$ の次数) である (有名な Dirichlet の単数定理).

これらの障害の詳しい分析は [Buhler et al. 1993] 参照．これらの障害 (1), (2), (3) は異なるが，すべて「小さい」ということでわれわれは満足することにしよう．これらの障害を力づくで乗り越えることもできるが，美しい単純な回避法がある．次の回避法は Adleman のアイディアに基づく．しばしの間，正と負の区別ができない，しかし素因子分解はできるとしよう．すると 4 と -4 は 2 の偶数冪で他に素因子がないので平方数にみえる．しかし -4 は平方ではない．負であることを使わずに -4 が平方数でないことは，法 7 で平方でないことよりわかる．つまり Legendre 記号 $\left(\frac{-4}{7}\right) = -1$ よりわかる．もっと一般的に，q を奇素数とし，$\left(\frac{m}{q}\right) = -1$ ならば m は平方でない．Adleman のアイディアは定理ではない逆を使うことである．秘訣は確率的に考えることである．整数 m に対し k 個の異なる奇素数 q を $q < |m|$ の範囲で無作為に選ぶ．k 個のすべての素数 q に対して $\left(\frac{m}{q}\right) = 1$ とする．m が平方でない確率は (発見的に) 約 2^{-k} である．よって k が大きい (たとえば $k > \lg |m|$) ならば，m は本当に平方であると思ってようだろう．

このアイディアを代数的整数 $a - b\alpha$ に使いたい．次の結果は Legendre 記号を使うことを正当化する．

補題 6.2.4. $f(x)$ をモニックな既約な $\mathbf{Z}[x]$ の多項式で，α を f の根とする．q を奇素数とし，s を $f(s) \equiv 0 \pmod{q}$ および $f'(s) \not\equiv 0 \pmod{q}$ となる整数とする．$\mathcal{S}$ を互いに素な整数の対 (a, b) の集合で，q は $(a, b) \in \mathcal{S}$ に対する $a - bs$ を割らず，$f'(\alpha)^2 \prod_{(a,b)\in\mathcal{S}}(a - b\alpha)$ は $\mathbf{Z}[\alpha]$ で平方とする．このとき

$$\prod_{(a,b)\in\mathcal{S}} \left(\frac{a - bs}{q}\right) = 1. \tag{6.9}$$

証明． $\mathbf{Z}[\alpha]$ より $\mathbf{Z}_q$ への準同型 ϕ_q を $\phi_q(\alpha)$ が剰余類 $s \pmod{q}$ となるように定める．$f'(\alpha)^2 \prod_{(a,b)\in\mathcal{S}}(a - b\alpha) = \gamma^2$ がある $\gamma \in \mathbf{Z}[\alpha]$ で成り立つ．仮定より $\phi_q(\gamma^2) \equiv f'(s)^2 \prod_{(a,b)\in\mathcal{S}}(a - bs) \not\equiv 0 \pmod{q}$ となる．すると $\left(\frac{\phi_q(\gamma^2)}{q}\right) = \left(\frac{\phi_q(\gamma)^2}{q}\right) = 1$ および $\left(\frac{f'(s)^2}{q}\right) = 1$ より

$$\left(\frac{\prod_{(a,b)\in\mathcal{S}}(a - bs)}{q}\right) = 1$$

となり，(6.9) が成立する． □

ふたたび平方数であることの必要条件が得られた．十分条件を探したい．しかし，ほとんど求まっている．発見的にもし k が十分大きいならば，そして奇素数 $q_1, \ldots, q_k$

が $(a,b) \in \mathcal{S}$ に対しての $N(a-b\alpha)$ を割らず,$j=1,\ldots,k$ に対して $s_j \in R(q_j)$ が $f'(s_j) \not\equiv 0 \pmod{q_j}$ ならば

$$\sum_{(a,b)\in\mathcal{S}} \vec{v}(a-b\alpha) \equiv \vec{0} \pmod{2}$$

および

$$j=1,\ldots,k\text{ に対して}\prod_{(a,b)\in\mathcal{S}}\left(\frac{a-bs_j}{q_j}\right)=1$$

より

$$\text{ある}\gamma\in\mathcal{I}\text{に対して}\prod_{(a,b)\in\mathcal{S}}(a-b\alpha)=\gamma^2$$

が成り立つ.どのくらい大きくしたら十分だろうか.障害 (1), (2), (3) の次元は小さいので,k はそんなに大きくなくても良い.多項式 $f(x)$ を次数 d が $d^{2d^2} < n$ (n は分解する数) ならば,そして f の係数 c_j が $|c_j| < n^{1/d}$ ならば,最初の 3 つの障害の次元は $\lg n$ より小さい.[Buhler et al. 1993],定理 6.7 参照.$k=\lfloor 3\lg n \rfloor$ (k 個の素数 q_j はなるべく小さく選ぶ.) ならば十分であると予想されている.たぶんもっと小さな k で十分であろうが,アルゴリズムのこの部分はあまり時間がかからない.

対 q_j, s_j を指数ベクトルに追加して,成分を k 個増やす.もし $\left(\frac{a-bs_j}{q_j}\right)=1$ ならば,$a-b\alpha$ の指数ベクトルの q_j, s_j に対応する成分を 0 とする.もし Legendre 記号が -1 ならば,成分は 1 とする.(これは位数 2 の乗法群 $\{1,-1\}$ より位数 2 の加法群 $\mathbf{Z}_2$ への同型.) 拡張された指数ベクトルは必要条件だけでなく平方数を作るために (実際上) 十分条件を与える.

6.2.5 基本数体篩法: 平方根

前節のすべての障害を克服し,互いに素な対の集合 $\mathcal{S}$ で $f'(\alpha)^2 \prod_{(a,b)\in\mathcal{S}}(a-b\alpha)=\gamma^2$ が $\gamma \in \mathbf{Z}[\alpha]$ で成り立ち,また $\prod_{(a,b)\in\mathcal{S}}(a-bm)=v^2$ が $v \in \mathbf{Z}$ で成り立つものを構成したとしよう.これでほとんど終わったことになる.なぜなら u を $\phi(\gamma)\equiv u \pmod{n}$ なる整数とすれば,$u^2 \equiv (f'(m)v)^2 \pmod{n}$ となり,n を $\gcd(u-f'(m)v,n)$ より分解すればよいからである.

しかし 1 つ問題がある.前節の方法は上記の性質を持つ集合 $\mathcal{S}$ を見つけてくれる.しかし平方根 γ と v を見つけてくれない.$\mathbf{Z}[\alpha]$ の中と $\mathbf{Z}$ の中の平方は得られたが,その平方根を求めたいのである.

v に関してはやさしい.2 次篩法と同じに求めれば良い.指数ベクトルより v^2 の素因子分解が容易にわかり,v の素因子分解はもっと容易にわかる.整数 v を知る必要はなく,法 n での値がわかればよい.v を割る素数冪の法 n での値は高速にアルゴリズム 2.1.5 で求まる.$\mathbf{Z}_n$ での乗法により,$v \pmod{n}$ が求まる.

もっと難しく,もっと興味深いのは γ の計算である.もし γ が $a_0+a_1\alpha+\cdots+a_{d-1}\alpha^{d-1}$

と表されていたら，整数 u は $a_0+a_1m+\cdots+a_{d-1}m^{d-1}$ である．$u \pmod n$ だけを求めればよいので，$a_j \pmod n$ を求めればよい．これは助かる．なぜなら整数 $a_0,\ldots,a_{d-1}$ は非常に大きく，たぶんに残りのアルゴリズムのステップ数の平方根ぐらいの桁数になると考えられるからである．巨大な数の計算はしたくない．γ^2 だけ計算するにしても，第9章の高速乗算法を用いなければ6.2.3項の計算時間の限界にならない．これでは平方根などとんでもない話になる．

もし $\mathbf{Z}[\alpha] = \mathcal{I}$ で一意分解整域ならば，$v \pmod n$ を計算するようにできるであろう．しかし一般にはこの環は一意分解整域よりほど遠い．

[Buhler et al. 1993] に提示されている1つの方法は，素数 p を $f(x)$ が法 p で既約になるように選び，$\gamma \pmod p$ を求める．(すなわち γ の係数を法 p で求める．) 有限体 $\mathbf{Z}_p[x]/(f(x))$ での計算でよい．2.2.2項参照．アルゴリズム2.3.8で平方根が求まる．問題2.16参照．かなり容易に $a_0 \pmod p, \ldots, a_{d-1} \pmod p$ が求まるのであるから，次は異なる素数 p を使い，最後に中国式剰余定理で貼り合わせるのはどうだろうか？ 見たところでは問題がある．素数 p ごとに2つの平方根があり，どちらを選んでよいかわからない．k 個の素数を用いると 2^k 個の可能性のなかで，2つだけが正しい．ある素数 p の片方の解だけを用いるにしても，2^{k-1} の選択がある．k が大きいとたいして良くならない．

正しい符号を定める問題を乗り越えるために，少なくとも2つの方法がある．[Buhler et al. 1993] に提示されている方法は異なる素数と中国式剰余定理を使うのではなく，Hensel 構成を用いて固定された素数 p の高い累乗の合同式を求めることである．アルゴリズム2.3.11参照．p の累乗が係数 a_j の限界を超えたら，解は見つかったことになる．これは [Lenstra 1983] の多項式の素因子分解を求める方法より単純である．しかし Hensel 構成の最後のころは，一番大きな素数冪になり，巨大な数の計算になる．計算量を限界以内にするには，第9章の高速ルーチンを使わなければならない．

他の戦略として，[Couveignes 1993] に提示されているように，中国式剰余定理を d が奇数のときのみに次のように使う．この場合 -1 のノルムは -1 なので，γ のノルムが正になるようにして出発することができる．指数ベクトルより $N(\gamma)$ の素因子分解はわかるので，$N(\gamma) \pmod p$ も計算できる．ここで p は上記のように $f(x)$ がその素数を法として既約なものである．$\gamma_p^2 \equiv \gamma^2 \pmod p$ となる γ_p を計算するとき，γ_p または $-\gamma_p$ がノルムが $N(\gamma) \pmod p$ と合同になるように選ぶ．よって素数 p ごとに正しい符号が選べる．このアイディアは d が偶数次数のときはうまくいかないようだ．

結局，平方根を求める発見的に非常によく，計算時間にあまり影響を与えない方法があることがわかった．他のことも使った方法の詳細は [Montgomery 1994], [Nguyen 1998] 参照．

6.2.6 基本数体篩法: アルゴリズムのまとめ

前項のまとめとして簡潔な数体篩法の記述を行う．だいぶ複雑なので，言葉による説明も多く用いる．

アルゴリズム 6.2.5 (数体篩法). 奇数の合成数 n が累乗でないとする．このアルゴルズムは n の自明でない約数を返す．

1. [準備]
    $d = \lfloor (3\ln n/\ln\ln n)^{1/3} \rfloor;$ // この d は $d^{2d^2} < n$ をみたす．
    $B = \lfloor \exp((8/9)^{1/3}(\ln n)^{1/3}(\ln\ln n)^{2/3}) \rfloor;$
         // 好みに応じて d, B を調整することができる．
    $m = \lfloor n^{1/d} \rfloor;$
    n を m 進法で書く: $n = m^d + c_{d-1}m^{d-1} + \cdots + c_0;$
    $f(x) = x^d + c_{d-1}x^{d-1} + \cdots + c_0;$ // 多項式 f が定まる．
    [Lenstra et al. 1982] のアルゴリズムや [Cohen 2000, p. 139] のバリエーションを使い $f(x)$ を $\mathbf{Z}[x]$ の中で既約な多項式に分解する;
    もし $f(x)$ が $g(x)h(x)$ と自明でない分解をしたら，(自明でない) 分解 $n = g(m)h(m)$ を返す;
    $F(x, y) = x^d + c_{d-1}x^{d-1}y + \cdots + c_0 y^d;$ // 多項式 F が定まる．
    $G(x, y) = x - my;$
    すべての素数 $p \leq B$ に対して次の集合を計算する
    $$R(p) = \{r \in [0, p-1] : f(r) \equiv 0 \pmod{p}\};$$
    $k = \lfloor 3 \lg n \rfloor;$
    $R(q_j)$ が $f'(s_j) \not\equiv 0 \pmod{q_j}$ となるようなある要素 s_j を含むような最初の k 個の素数 $q_1, \ldots, q_k > B$ を計算する．k 個の対 (q_j, s_j) を記憶する;
    $B' = \sum_{p \leq B} \#R(p);$
    $V = 1 + \pi(B) + B' + k;$
    $M = B;$

2. [篩]
    篩を使い，$F(a,b)G(a,b)$ が B スムーズになるような互いに素な整数の対 $(a,b)(0 < |a|, b \leq M)$ の集合 $\mathcal{S}'$ を $\#\mathcal{S}' > V$ になるまで計算する．うまくいかないときは M を増やしやり直すか，[準備] に戻り B を増やす;

3. [行列]
         // $\#\mathcal{S}' \times V$ の 2 進行列を作ろう．(a,b) ごとに 1 行．
         // $\vec{v}(a - b\alpha)$ を計算しよう．これは $a - b\alpha$ の指数ベクトルで座標は V 個で次のようにする:

    最初の $\vec{v}$ のビットは $G(a,b) < 0$ ならば 1, そうでなければ 0 とする;

// 次の $\pi(B)$ ビットは素数 $p \leq B$ に対応する: p^γ を $|G(a,b)|$ の素因子分解の p 冪とする.

γ が奇数ならば p に対応するビットを 1 とし，そうでなければ 0 とする;

// 次の B' ビットは対 p, r に対応する．ここで p は B を超えない素数で，$r \in R(p)$. 記号 $v_{p,r}(a - b\alpha)$ は補題 6.2.1 の前で定義されている.

$v_{p,r}(a - b\alpha)$ が奇数ならば p, r に対応するビットを 1 とする．そうでなければ 0 とする;

// 次の k ビットは対 q_j, s_j に対応する.

q_j, s_j に対応するビットは $\left(\frac{a - bs_j}{q_j}\right)$ が -1 ならば 1 とする．そうでなければ 0 とする;
$\vec{v}(a - b\alpha)$ を行列の次の行として登録する;

4. [線形代数]

    線形代数の方法を用いて (6.1.3 項参照), $\mathcal{S}'$ の部分集合 $\mathcal{S}$ で $\sum_{(a,b)\in\mathcal{S}} \vec{v}(a - b\alpha)$ が 0 ベクトル (mod 2) なるものを探す;

5. [平方根]

    平方数 $\prod_{(a,b)\in\mathcal{S}}(a - bm)$ の素因子分解を使って, $\prod_{(a,b)\in\mathcal{S}}(a - bm) \equiv v^2 \pmod{n}$ となる $v \bmod n$ を求める;

    6.2.5 項のような方法を用いて, $\mathbf{Z}[\alpha]$ の中での $f'(\alpha)^2 \prod_{(a,b)\in\mathcal{S}}(a - b\alpha)$ の平方根 γ を求め, $\alpha \to m$ なる置き換えで $u = \phi(\gamma) \pmod{n}$ を計算する;

6. [因子分解]

    return $\gcd(u - f'(m)v, n)$;

アルゴリズム 6.2.5 が n の自明な約数を返したら, 行列の中の他の線形従属関係を見つけ, 再度試みる. 線形従属なものを使い果たしたら, より多くの行を得るための篩を行い, 線形従属なものを探せばよい.

6.2.7 数体篩法: さらなる考察

この項ではいくつかの改良を手短に述べる．

自由関係式

p を「因子基底」の素数, すなわち $p \leq B$ を満たす素数とする．指数ベクトルの p に対応する座標は $a - bm$ の素因子に対応するものと, $\#R(p)$ 個の $r \in R(p)$ に対応する座標である. ($R(p)$ は $f(r) \equiv 0 \pmod{p}$ なる $r \pmod{p}$ の集合である.) 平均して $\#R(p)$ は 1 であるが, 0 のときも (この場合 $f(x)$ は (mod p) で根がない), 最大で $f(x)$ の次数の d のときもある (この場合 $f(x)$ は d 個の異なる 1 次因子に (mod p) で分解する). 後者の場合, $\mathbf{Q}[\alpha]$ の整数環の中で, 素イデアル $(p, \alpha - r)$ の積は (p) となる.

p を $p \leq B$ なる素数で $R(p)$ が d 個の要素を持つとする．われわれの行列に新たな行

ベクトル $\vec{v}(p)$ をあらかじめ加えよう. p および $r \in R(p)$ なる対 p, r に対応する座標は 1 とし, 最後の k 個の q_j, $j = 1, \ldots, k$ に対応する $\vec{v}(p)$ の j 座標は $\left(\frac{p}{q_j}\right) = 1$ のとき 0, $\left(\frac{p}{q_j}\right) = -1$ のとき 1 とする. このようなベクトル $\vec{v}(p)$ は自由関係式と呼ばれる. なぜなら篩の前の事前計算の段階で得られるからである. 和が mod 2 で 0 ベクトルなるものが見つかったとする. 和は, 互いに素な a, b の部分集合 $\mathcal{S}$ と自由関係式よりなる部分集合 $\mathcal{F}$ からなる. w を $\mathcal{F}$ の自由関係式に対応する素数 p の積とする. すると次のようになるはずである.

$$\text{ある } \gamma \in \mathbf{Z}[\alpha] \text{ で,} \quad wf'(\alpha)^2 \prod_{(a,b)\in\mathcal{S}} (a - b\alpha) = \gamma^2,$$

$$\text{ある } v \in \mathbf{Z} \text{ で,} \quad wf'(m)^2 \prod_{(a,b)\in\mathcal{S}} (a - bm) = v^2.$$

このとき $\phi(\gamma) = u$ とすれば, 前のように $u^2 \equiv v^2 \pmod{n}$ が得られる.

自由関係式を使う利点は, 関係式がたくさんあれば, それだけ時間を使う篩が少なくてよいからである. さらに, ベクトル $\vec{v}(p)$ は通常のベクトル $\vec{v}(a, b)$ より疎らなので行列の段階が速くなる.

どのくらい自由関係式は得られるだろうか. 自由関係式は $\mathbf{Q}(\alpha)$ の中で完全に分解する素数 p に対応する. g を $f(x)$ の分解体 (すなわち $\mathbf{Q}(\alpha)$ のガロア閉包) の次数とする. Chebotarev の密度定理より $\mathbf{Q}(\alpha)$ の中で完全に分解する X 以下の素数 p の個数は近似的に $X \to \infty$ のとき, $\frac{1}{g}\pi(X)$ である. つまり平均すれば g 個の素数の中の 1 個が自由関係式に対応する. 因子基底の限界 B が大きくて, 近似式が使えるとしよう. (これはさらなるもう 1 つの発見的な仮定である. しかしながら無理のない仮定である.) よって約 $\frac{1}{g}\pi(B)$ 個の自由関係式が得られる. 分解体の次数 g は最小で $f(x)$ の次数 d であり, 最大 $d!$ である. g が小さければより多くの自由関係式が期待できる. 残念ながら普通は $g = d!$ となる. つまり, 多くの $\mathbf{Z}[x]$ の中の次数 d の既約な多項式 $f(x)$ の分解体の次数は $d!$ である. たとえば $d = 5$ のとき, もし多項式 $f(x)$ を [準備] 段階でアルゴリズム 6.2.5 のように選ぶと, 約 $\frac{1}{120}\pi(B)$ 個の自由関係式しか期待できない. われわれのベクトルへ約 $2\pi(B)$ 個の座標があるので, 自由関係式は篩の時間を 1 パーセントの半分しか節約できない. それでもそれは言ってみればただで手に入り, 節約になる.

特別な多項式 $f(x)$ は小さな分解体を持つ. たとえば, 九番目の Fermat 数 F_9 の場合, 多項式 $f(x) = x^5 + 8$ が使われた. その分解体の次数は 20 なので, 自由関係式は篩の時間を約 2.5% だけ節約に貢献している.

部分関係式

2 次篩法のように数体篩法の篩は $N(a - b\alpha) = F(a, b) = b^d f(a/b)$ および $a - bm$ が B スムーズなる対 a, b だけでなく, これらの多項式の値の片方または両方が B スムーズな数といくらか大きな素数の積になるものも, 探し出してくれる. もし $N(a - b\alpha)$ と

$a - bm$ が共にせいぜい1つだけ大きな素因子をもつときは,2次篩法において2つの大きな素因子をもつときと似てくる (6.1.4 項参照). $N(a - b\alpha)$ だけが2つの大きな素因子をもち $a - bm$ が B スムーズのときとか,その逆のときとか,両方が2つまでの大きな素因子をもつときも考えられている.このような場合には B のサイズを大きくしたほうが良さそうな気がする.

モニックでない多項式

アルゴリズム 6.2.5 において,多項式 $f(x)$ は [準備] 段階でモニックな f であった.上記の項で,多項式 $f(x)$ はモニックと仮定した.この場合, $f(x)$ の根を α とすると,環 $\mathbf{Z}[\alpha]$ は $\mathbf{Q}(\alpha)$ の整数環の部分環であった.実は $f(x)$ はもっと自由に選べる. $f(x) \in \mathbf{Z}[x]$ が既約だけが必要である. f を [準備] 段階のように選ぶ必要もなければ,モニックの必要もない. $f(x)$ の最高次の係数を割る素数は指数ベクトルのなかで少し特別扱いをしなければならない.しかし $f(x)$ の判別式を割る素数も同様であったし,それがアルゴリズム 6.2.5 (6.2.4 項で説明した) の [行列] 段階での平方剰余記号の追加が必要になる理由でもあった.つまりモニックでない多項式でも困難はない.

しかしなぜモニックでない多項式にこだわるのだろうか. 6.2.3 項で見たように,篩う数の大きさが小さくなれば,スムーズな数もより速く見つかる.数体篩法における篩にかける数の大きさは m および多項式 $f(x)$ の係数の大きさにより定まる.次数 d を固定する.モニック多項式にする場合, m および係数は $n^{1/d}$ で押さえられる.もしモニックでない多項式ならば, m を $\lceil n^{1/(d+1)} \rceil$ と選べる. n を m 進法で表して, $n = c_d m^d + c_{d-1} m^{d-1} + \cdots + c_0$ とする.よって多項式 $f(x) = c_d x^d + c_{d-1} x^{d-1} + \cdots + c_0$ が使える.係数 c_i は $n^{1/(d+1)}$ で押さえられるので, m および係数が約 $n^{1/(d^2+d)}$ 倍小さくなる.

無限大に近い数ならば,たいした違いではない:数体篩法の発見的な計算量は以前とほぼ同じである.(近似的には $\ln^{1/6} n$ 倍だけ速くなる.)しかしそんなに大きな数を扱っているわけではない.よってこの節約は大切である.

$f(x) = c_d x^d + c_{d-1} x^{d-1} + \cdots + c_0$ が $\mathbf{Z}[x]$ で既約で, $\alpha \in \mathbf{C}$ を根とする.すると $c_d \alpha$ は代数的整数である. $F(x) = x^d + c_{d-1} x^{d-1} + c_d c_{d-2} x^{d-2} + \cdots + c_d^{d-1} c_0$ の根になることが, $F(c_d x) = c_d^{d-1} f(x)$ よりわかるからである.もし $\mathcal{S}$ を互いに素な整数の対 a, b の集合で,

$$\prod_{(a,b) \in \mathcal{S}} (a - b\alpha)$$

が $\mathbf{Q}(\alpha)$ のなかで平方であって,さらに $\mathcal{S}$ が「偶数個」の対ならば,

$$F'(c_d \alpha)^2 \prod_{(a,b) \in \mathcal{S}} (ac_d - bc_d \alpha)$$

は $\mathbf{Z}[c_d \alpha]$ のなかで平方となるので, γ^2 と書ける. γ の底 $1, c_d \alpha, \ldots, (c_d \alpha)^{d-1}$ に関す

る係数 (法 n) を計算すれば，平方数の法 n に関する合同式が得られ，n が分解する可能性がある．($F(x,y) = y^d f(x/y)$ を $f(x)$ の同次式とすれば，$F(c_d x, c_d) = c_d F(c_d x)$ となり，$F_x(c_d \alpha, c_d) = c_d F'(c_d \alpha)$ となる．よって $F_x(c_d \alpha, c_d)$ を $F'(c_d \alpha)$ の代わりに使える．) つまり，モニックでない多項式でも困ったことは起こらない．$\mathcal{S}$ の元の個数を偶数にするには指数ベクトルを 1 ビットだけ多くし，その値をいつも 1 とすればよい．

係数 c_d は n と互いに素としたが，確かめることは簡単であるし，c_d は n より小さいので最大公約数が自明でなければ，n が分解できてしまう．さらに詳しいことと，同次式の使い方については，[Buhler et al. 1993, Section 12] 参照．

多項式を上手に選ぶことはとても大切で，155 桁である有名な RSA チャレンジ数が 1999 年に分解されたのもそのようなわけである．よって良い多項式を探すのに時間を掛ける価値がある．最近の戦略の詳しいことは [Murphy 1998, 1999] 参照．

多項式の対

前項の数体篩法の記述では実は 2 つの多項式を使っている．しかし強調されているのは，ある整数 m で $f(m) \equiv 0 \pmod{n}$ となる多項式 $f(x)$ だけである．より正確には f を同次化した式 $F(x,y) = y^d f(x/y)$ だけである．ここで，d は $f(x)$ の次数である．2 番目の多項式は自明なもので，$g(x) = x - m$ であり，その同次形式は $G(x,y) = yg(x/y) = x - my$ である．スムーズな数を探すために篩分けている数は原点近くの格子点での $F(x,y)G(x,y)$ の値である．

しかし，$g(x)$ の次数を 1 とする必要はない．2 つの異なる既約な (モニックでなくても良い) 多項式 $f(x), g(x) \in \mathbf{Z}[x]$ と整数 m で $f(m) \equiv g(m) \equiv 0 \pmod{n}$ となったとする．α を $f(x)$ の $\mathbf{C}$ における根とし，β を $g(x)$ の $\mathbf{C}$ における根とする．$f(x)$ と $g(x)$ の最高次の係数 c と C が n と互いに素とする．2 つの準同型 $\phi: \mathbf{Z}[c\alpha] \to \mathbf{Z}_n$ と $\psi: \mathbf{Z}[C\beta] \to \mathbf{Z}_n$ が $\phi(c\alpha) \equiv cm \pmod{n}$ と $\psi(C\beta) \equiv Cm \pmod{n}$ により定まる．

$\mathcal{S}$ が互いに素な整数 a, b の偶数個の対とし，$\gamma \in \mathbf{Z}[c\alpha]$ および $\delta \in \mathbf{Z}[C\beta]$ により次の式が成り立つとする．

$$F_x(c\alpha, c)^2 \prod_{(a,b) \in \mathcal{S}} (ac - bc\alpha) = \gamma^2, \quad G_x(C\beta, C)^2 \prod_{(a,b) \in \mathcal{S}} (aC - bC\beta) = \delta^2.$$

もし $\mathcal{S}$ が $2k$ 個の元をもつとし，$\phi(\gamma) \equiv v \pmod{n}$, $\psi(\delta) \equiv w \pmod{n}$ とすると

$$\left(C^k G_x(Cm, C)v\right)^2 \equiv \left(c^k F_x(cm, c)w\right)^2 \pmod{n}$$

となり，n が $\gcd(C^k G_x(Cm, C)v - c^k F_x(cm, c)w, n)$ より分解する可能性がある．

なぜ 1 より次数が大きい 2 つの多項式を使うと良いのだろう．答えは微妙なところにある．スムーズな数を求めるために篩にかける数の第一の望ましい性質はその大きさであるが，ある程度の意義をもつ第二の性質もある．もし x の近くの数が $x^{1/2}$ の近くの数の積ならば，無作為に選んだ x の近くの数よりもスムーズになりやすいであろう．そ

れが y スムーズ性ならば，$u = \ln x / \ln y$ とおくと，第二の効果は約 2^u で計られるであろう．すなわち，x の近くの数が $x^{1/2}$ の近くの数の積ならば，x の近くの無作為の数より約 2^u 倍だけ y スムーズになりやすい．数体篩法の 2 つの多項式が同じ次数で，同じ大きさの係数をもつならば，そのそれぞれの同次式は同じくらいの大きさの値になるであろう．スムーズな数のための篩う数はこの多項式の値の積なので，この 2^u 原理は意味をもつ．

しかしアルゴリズム 6.2.5 における「通常の」数体篩法ではスムーズである次の数の積を求めている：1 つは同次式 $F(a, b)$ であり，他方は 1 次式 $a - bm$ である．これらは同じ大きさではない．提案されているパラメータを使うと $F(a, b)$ は積の約 3/4 乗であり，$a - bm$ は積の約 1/4 乗である．そのような数が y スムーズになる確率は見直してみると，$\left(4/3^{3/4}\right)^u$ 倍である．

よって同じ次数が $d \approx \frac{1}{2}(3 \ln n / \ln \ln n)^{1/3}$ なる多項式を使い，係数の限界を約 $n^{1/2d}$ とすると，アルゴリズム 6.2.5 よりもスムーズさが約 $\left(3^{3/4}/2\right)^u$ 倍になる．さて u は約 $2(3 \ln n / \ln \ln n)^{1/3}$ なので，次数が d の 2 つの多項式を使うと約 $(1.46)^{(\ln n / \ln \ln n)^{1/3}}$ 倍になる．基本的な計算量は変わらないが，これは実際上ではかなりの時間節約である．

問題はいかに 2 つの多項式を見つけるかである．高速格子アルゴリズムを使った網羅的な検索以外には，このような多項式を見つける良い方法は提案されていない．たとえば $d = 3$ としよう．大きな整数 n に対して，異なる既約な次数 3 の多項式で係数がたとえば $n^{1/6}$ で押さえられていて，大きくなる可能性のある整数 m で，$f(m) \equiv g(m) \equiv 0 \pmod{n}$ となる $f(x), g(x)$ を求める良い方法は知られていない．数え上げの議論により，係数が約 $n^{1/8}$ で押さえられるそのような多項式が存在するはずであることはわかる．

特殊数体篩法 (SNFS)

数え上げの議論は，ほとんどの数 n に対して，アルゴリズム 6.2.5 の中の単純な戦略以外に多項式を求められないことを示している．しかしより良き多項式が見つかる多くの数があり，数体篩法の計算量をかなり減らせる．特殊数体篩法 (SNFS) は非常に良い多項式が見つかる場合の数体篩法である．

特殊数体篩法は主に多くの Cunningham 数 ($b^k \pm 1$, $b = 2, 3, 5, 6, 7, 10, 11, 12$ の形の数，[Brillhart et al. 1988] 参照) を分解するために使われた．9 番目の Fermat 数 $F_9 = 2^{512} + 1$ が [Lenstra et al. 1993a] により分解されたことはすでに述べた．彼らは多項式 $f(x) = x^5 + 8$ と整数 $m = 2^{103}$ より，$f(m) = 8F_9 \equiv 0 \pmod{F_9}$ を用いた．F_9 の因子 2424833 は見つかっていたが (1903 年に A. E. Western による)，これは無視された．つまり，F_9 の美しい形が使われた．数 $F_9/2424833$ はそんなに美しくない！

何が多項式を並はずれたものにするかといえば，係数が非常に小さいことである．$n = b^k \pm 1$ のとき，多項式を次のように作る．多項式 $f(x)$ の次数を 5 としよう．k を 5 で割り $k = 5l + r$ とし，r は余りとしよう．すると $b^{5-r}n = b^{5(l+1)} \pm b^{5-r}$ となる．よって多項式 $f(x) = x^5 \pm b^{5-r}$ を使い $m = b^{l+1}$ と選ぶ．k が大きいときは $f(x)$ の係

数は n と比べて非常に小さくなる.

$x^d + c$ の形の多項式を使う小さな利点は Galois 群の位数が $d\varphi(d)$ の約数となり，一般的な次数 d の多項式の $d!$ より小さい．自由関係式の個数は Galois 群の位数に逆比例することを思い出そう．よって $x^d + c$ の形の特別な多項式は一般の場合より自由関係式が有効に使える．

ときには非常に巧妙に多項式を選ぶことができる．$10^{193} - 1$ は 1996 年に M. Elkenbracht–Huizing および P. Montgomery により分解されたが，この場合を考えよう．多項式 $x^5 - 100$ と $m = 10^{39}$ の組み合わせや，$10x^6 - 1$ と $m = 10^{32}$ の組み合わせが考えられるが，それでも手に負えない．$10^{193} - 1$ は 9 で割れるが，次の因子もある．

$$773,\ 39373,\ 561470969,\ 639701219449517,\ 42744175560761134989\47,$$
$$26409540111952717487908689681403.$$

これらの因子で $10^{193} - 1$ を割った値を n とすると，まだ合成数で 108 桁である．2 次篩法や数体篩法を n に使えるかもしれないが，n の血統の良さを使うべきだろう．すなわち 10 は法 n で小さな指数を持つ．これより合同式 $\left(10^{64}\right)^3 \equiv 10^{-1} \pmod{n}$ が得られ，$\left(6 \cdot 10^{64}\right)^3 \equiv 6^3 \cdot 10^{-1} \equiv 108 \cdot 5^{-1} \pmod{n}$ となる．よって多項式 $f(x) = 5x^3 - 108$ と $m = 6 \cdot 10^{64}$ に対して，$f(m) \equiv 0 \pmod{n}$ となる．しかし m は 1 次式 $x - m$ を使うには大きすぎる．代わりに Elkenbracht–Huizing および Montgomery は 2 次式 $g(x)$ で小さな係数をもち $g(m) \equiv 0 \pmod{n}$ となるものを探した．そのために 3 つ組 (A, B, C) で $Am^2 + Bm + C \equiv 0 \pmod{n}$ となる格子点で，その長さが短いものを探した．そのようなベクトルを探す技法を使って A, B, C がすべて 36 桁以内なものを見つけた．$f(x)$ と $g(x) = Ax^2 + Bx + C$ を使って彼らは n を分解し 2 つの素数の積になることを見つけた．小さい方の素数は

$$4477982871312849280514083049652657828921749531810879\29$$

であった．

多くの多項式

数体篩法において，多くの多項式を使うことも考えられる．たとえば次数 d を固定し $m = \lceil n^{1/(d+1)} \rceil$ と置き，n を m 進法で表して，$n = c_d m^d + \cdots + c_0$ とし，$f(x) = c_d x^d + \cdots + c_0$ と置き，いろいろな小さな整数 j に対して $f_j(x) = f(x) + jx - mj$ と置く．小さな整数 k, j に対して $f_{j,k}(x) = f(x) + kx^2 - (mk - j)x - mj$ も考えられる．どれも m での値は n である．

そのような多項式より好ましいものを選ぶことができるであろう．例えば小さな素数を法とすると重根をもつようなものは，その同次式がスムーズになりやすいであろう．

これらを一緒に使うのはどうだろう．はっきりした障害がある．新しい多項式ごとに，素数がどのように分解するかという因子基底を拡張しなければならない．つまり，多項式ごとに，指数ベクトルの座標が必要になり，多くの多項式を使えば使うほど必要な指数ベクトルはより長くなってしまう．

[Coppersmith 1993] において 1 つの解決方法が (理論的に) 示されている．1 次形式 $a - bm$ には大きな因子基底を用い，いろいろな多項式には小さな因子基底を用いる．すなわち 1 次形式には B までの素数を使い，k 個の多項式には B/k までの素数を使う．さらに，a, b の対は，$a - bm$ が B スムーズとなり，1 つの多項式の同次式は (B/k) スムーズになるものを使う．B 個の関係式が得られたら，(たぶん) 平方数を作るのには十分であろう．

Coppersmith は最初に篩を 1 次形式 $a - bm$ が B スムーズとなるように使い，それから多項式の同次式ごとに a, b での値が B/k スムーズかどうか調べることを提案した．後半のチェックは楕円曲線法を使う (7.4 節参照)．スムーズさを調べる楕円曲線法 (ECM) は篩と比べ，実際上は効率は良くない．しかし，楕円曲線法を 2 次篩法とか数体篩法において篩の代わりに使ったとしても，全体として，発見的な計算量は変わらない．ただ 1 つの違いは $o(1)$ 表現だけである．Coppersmith のこの数体篩法のバリエーションはスムーズさを篩でチェックするのには向いていない．なぜなら，$a - bm$ がスムーズになるような a, b は変則的に散らばっているからである．(変数 j で $f_j(x)$ を篩おうとしても，篩が効力を出すほどには十分な配列が得られない．) それにもかかわらずスムーズさのために篩の代わりに楕円曲線法を使っても計算量は変わらない．

B^2 個の対 a, b が 1 次式 $a - bm$ に代入され，結局 $B^2 k$ 個の 1 次式と多項式のノルム形式の組み合わせができ，すべてが同時にスムーズ (初めは B スムーズ，次は B/k スムーズ) になるか否かチェックしたとしよう．もし多くて B^2/k 個の対 a, b が初めの篩で生き残るようにパラメータを選ぶと，すべての計算時間は B^2 より多くない．これは数体篩法の計算量を節約する．Coppersmith は発見的な推論で最善のパラメータを選べば，n を分解する計算時間は $\exp\big((c + o(1))(\ln n)^{1/3}(\ln \ln n)^{2/3}\big)$ であることを示した．ここで，

$$c = \frac{1}{3}\left(92 + 26\sqrt{13}\right)^{1/3} \approx 1.9019.$$

これは数体篩法をアルゴリズム 6.2.5 で行ったときの値 $c = (64/9)^{1/3} \approx 1.9230$ と同等である．前に言ったように Coppersmith の方法の小さくなった c を相殺する「太った」$o(1)$ がある．このため Coppersmith のバリエーションが優れたものになるためには，数千桁でなければならない．この大きさの数の分解が可能になるまでには数体篩法はずっと良い方法に代わられているだろう．しかし，Coppersmith の数体篩法のバリエーションは現在漸近的には一番速い発見的な方法である．

多くの多項式を使う実用的な利点もある．詳しくは [Elkenbracht–Huizing 1997] 参照．

6.3 厳密な素因子分解

今まで議論してきた素因子分解法はこのくらいで確実に答えが出るという厳密さはなかった.しかし次の章で説明する準指数的な楕円曲線法は厳密なものにとても近い.短い区間に存在するスムーズな数の分布に関する無理のない仮定を用いれば,楕円曲線法により合成数 n の最小の素因子 p を $\exp((2+o(1))\sqrt{\ln p \ln \ln p})$ 回の,n の大きさの整数の四則算法で見つけられることを [Lenstra 1987] は示した.ここで "$o(1)$" の項は $p \to \infty$ のとき,0 に近づく.よって楕円曲線法はただ 1 つの発見的「飛躍」しかない.これに対して 2 次篩法や数体篩法はいくつかの発見的飛躍がある.

厳密な一番速い素因子分解は何か,は興味深い.実用的な価値は必ずしもないが,この問題の尊厳を損なわないためには必要であろう.

最初の問題点は素因子分解法が確定的か確率的かというものである.無作為は強力な道具なので,確率的な分解法が確定的なものより計算量は少ないことが期待される.厳密に分析できる一番速い確定的な分解法は Pollard–Strassen 法である.これは 5.5 節で議論した高速多項式評価の技法を使っていて,n を分解する計算時間は $O\left(n^{1/4+o(1)}\right)$ となる.

拡張 Riemann 予想 (予想 1.4.2 参照) を仮定すると,n を分解する確定的な Shanks のアルゴリズムは計算時間が $O(n^{1/5+o(1)})$ で押さえられる.この方法は 5.6.4 項で議論した.

確定的なものは以上であるが,確率的なものはどうなるだろう.完全に厳密に解析できる準指数的な確率的素因子分解法は J. Dixon [Dixon 1981] の「無作為平方法」である.このアルゴルズムは無作為に整数 r を $[1,n]$ より選び,$r^2 \bmod n$ がスムーズになるものを求める.十分集まったら,2 次篩法のように,平方数の合同式を作り n を分解する.数 r を無作為に選んだので,剰余 $r^2 \bmod n$ がどのくらいスムーズになるかを厳密に解析できて,どのくらい平方数の合同式が作られ,n が分解するかがわかる.Dixon は n を分解するための期待される計算時間は $\exp\left((c+o(1))\sqrt{\ln n \ln \ln n}\right)$ で押さえられることを示した.ここで $c = \sqrt{8}$ とできる.すぐに Pomerance および後に B. Vallée により c は $\sqrt{4/3}$ となった.

現在,厳密な確率的分解法の一番少ない計算時間は $\exp((1+o(1))\sqrt{\ln n \ln \ln n})$ である.これは [Lenstra and Pomerance 1992] による「類群関係式法」を使った.それ以前に A. Lenstra が同じような方法で同じ結果を得たが,拡張 Riemann 予想を解析に使った.この計算量が発見的 2 次篩法での結果と同じであることは興味深い.しかし $o(1)$ の中に悪魔がいて,類群関係式法は実用にならない.

改良された無作為平方数法も類群関係式法も楕円曲線法をサブルーチンとしてスムーズな数を見つけるときに使っているのは興味深い.厳密なアルゴリズムの中にまだ厳密に解析されていないサブルーチンを使って良いのかと,疑問に思うだろう.答えは,サ

ブルーチンはいつも使っているとは限らず，必要なときのみ使うからである．厳密に楕円曲線法は x 以下の大部分の y スムーズな数を $y^{o(1)}\ln x$ 回の，x の大きさの整数の四則算法で判定することが示される．楕円曲線法を用いるとき例外的に頑固な数もあるが，それらはたぶんまれである．

スムーズ性のテストに関してすべての y スムーズな数 n を $y^{o(1)}\ln n$ 回の四則算法でわかる確率的アルゴリズムが [Lenstra et al. 1993b] により発表された．楕円曲線法と同じくらいの計算量であるが，楕円曲線法と異なり，完全に厳密な評価である．たぶん例外となる数はないであろう．

6.4 離散対数の指数計算法

第 5 章で，巡回群において，もしコンピュータで群の要素の表し方があり，演算も行えるならば，離散対数の計算を実行する一般的なアルゴリズムを示した．これは群の位数の平方根ほどのステップが必要な指数時間アルゴリズムであった．ある特定の群では離散対数計算が有利に行える．この章で素因子分解においてスムーズな数の有用性がいたるところ現れた．ある群では元がスムーズか否かの概念が定義できて，離散対数を準指数時間で計算することがしばしば可能である．基本的なアイディアは指数計算法に含まれている．

p を素数として，最初に指数計算法の解説を有限体 $\mathbf{F}_p$ の乗法群で行い，次に一般的な有限体で行う．

有限体の乗法群の離散対数を準指数時間で扱えるので，暗号学者は他の群を考えるようになった．たとえば，楕円曲線の群である (第 7 章参照)．

6.4.1 有限素体上の離散対数

大きな素数 p に対して乗法群 $\mathbf{F}_p^*$ を考えよう．この群は原始根 (定義 2.2.6) より生成される巡回群である．g を原始根とし，t をこの群の元とする．$\mathbf{F}_p^*$ に対する離散対数問題とは与えられた p, g, t に対して $g^l = t$ となる整数 l を見つけることである．正確には l は法 $p-1$ で定まる．よって $l \equiv \log_g t \pmod{p-1}$ と表す．

指数計算法が $\mathbf{F}_p^*$ でうまくいく理由は g と t を抽象群の元としてではなく，むしろ整数として扱えるからである．つまり方程式 $g^l = t$ を合同式 $g^l \equiv t \pmod{p}$ と思って良いからである．指数計算法は 2 つの段階からなる．初めは「関係式」を集めることである．つまり合同式 $g^r \equiv p_1^{r_1} \cdots p_k^{r_k} \pmod{p}$ を集めることである．ここで $p_1, \ldots, p_k$ は小さな素数である．この合同式は離散対数の合同式となる:

$$r \equiv r_1 \log_g p_1 + \cdots + r_k \log_g p_k \pmod{p-1}.$$

十分このような関係式が集まれば，線形代数を使い未知数 $\log_g p_i$ を解くことができる．この準備が中心部分で，t に対する離散対数問題の最終段階は単純である．もし関係式

$g^R t \equiv p_1^{\tau_1} \cdots p_k^{\tau_k} \pmod{p}$ が得られたら，次の式が得られる：

$$\log_g t \equiv -R + \tau_1 \log_g p_1 + \cdots + \tau_k \log_g p_k \pmod{p-1}.$$

これらの関係式は乱数 r, R を選ぶことより得られる．r からは剰余 $g^r \bmod p$ が求まり，これは小さな素数 $p_1, \ldots, p_k$ の積になるかもしれない．同様に R からは剰余 $g^R t \bmod p$ が得られる．もっとも 0 に近い剰余を選び，-1 も素因子の仲間にすれば，すこし利益になる．-1 の離散対数は $(p-1)/2$ と知られている．次に擬似コードで $\mathbf{F}_p^*$ 上の指数対数法をまとめよう．

アルゴリズム 6.4.1 ($\mathbf{F}_p^*$ 上の指数計算法).　素数 p と原始根 g とゼロでない剰余 $t \pmod{p}$ が与えられている．この確率的アルゴリズムは $\log_g t$ を求める．
1. [スムーズの限界を定める]
    スムーズの限界 B を選ぶ;　　　　　　　　　　// ほどよい B の選び方は本文を見よ.
    $[1, B]$ にある素数 $p_1, \ldots, p_k$ を見つける；
2. [一般関係式を求める]
    $g^r \bmod p$ が B スムーズになる乱数 r を $[1, p-2]$ の中より B 個選ぶ;
          // $g^r \bmod p$ が 0 にもっとも近いものを選ぶとすこし良くなる.
3. [線形代数]
    線形代数を使い，関係式より $\log_g p_1, \ldots, \log_g p_k$ を解く；
4. [特殊関係式を求める]
    0 にもっとも近い剰余 $g^R t \pmod{p}$ で B スムーズになる乱数 R を $[1, p-2]$ より選ぶ;
    [線形代数] の段階でえられた値 $\log_g p_1, \ldots, \log_g p_k$ より $\log_g t$ を求める;

この簡潔な記述より，いくつかの疑問点が生ずる：
(1) どのように B スムーズだとわかるか？
(2) 合成数 $p-1$ を法として，どのように線形代数を使うか？
(3) B 個の関係式は [線形代数] の段階ではほどよいものか？
(4) B の良い値は？
(5) 計算量はどのくらいか，本当に準指数的か？

疑問 (1) については試し割り算，Pollard のロー法 (アルゴリズム 5.2.1)，楕円曲線法 (アルゴリズム 7.4.2) などが使える．どれを使うかによって全体の計算量は変化するが，しかしどれを使っても計算量は準指数的である．

合成数 n に対して $\mathbf{Z}_n$ 上の行列演算を行うにはこつがいる．[線形代数] の段階では $p > 3$ ならば $n = p-1$ は合成数である．多項式の合同式を解くように，素数の法に還元するのが 1 つのアイディアである．q が素数のとき，$\mathbf{Z}_q$ 上の行列演算は有限体上の演算なので，普通の Gauss の消去法やより速い方法が使える．多項式の合同式のように素

数冪に対しては Hensel 構成が使える．その後で中国式剰余定理でまとめればよい．さらに，困難な素因子分解も必要ない．もし $p-1$ の大きな因子が合成数で，分解が困難なとき，この因子をあたかも素数のように扱えば良い．あるゼロでない剰余の逆数を求めるとき，求まればよいが，求まらなければその因子の約数がただで求まったことになる．よって行列演算で成功するときはもう良い．だめなら因子が分解したので，より小さな因子でやり直せばよい．

疑問 (3) について，$p_1, \ldots, p_k$ を $[1, B]$ のすべての素数とすると $g^r \equiv p_1^{r_1} \cdots p_k^{r_k}$ (mod p) の形の $\pi(B)$ 個以上の関係式があれば，これらの指数ベクトル $(r_1, \ldots, r_k)$ は加群 $\mathbf{Z}_{p-1}^k$ を張るであろう．よって B 個は少し多すぎる．さらにこのベクトルが加群を完全に張る必要はなく，段階 [特殊関係式を求める] で得られたベクトルがそれらのベクトルの生成する部分加群のなかに入ればよい．段階 [線形代数] ですべての $\log_g p_i$ を求める必要はない．特殊な関係式が求まった後で線形代数を実行すればよい．

最後の 2 つの疑問は一緒に答えられる．素因子分解の解析と同じようにして，B の望ましい値の近似値は $L(p)^c$ の形である．ここで $L(p)$ は (6.1) で定義されている．楕円曲線法のような速いスムーズ性のテストを使えば，$c = 1/\sqrt{2}$ となり，計算量は $L(p)^{\sqrt{2}+o(1)}$ となる．もし試し割り算のような遅いスムーズ性のテストを用いれば，c はより小さい $c = 1/2$ を選ぶべきで，計算量は $L(p)^{2+o(1)}$ となる．スムーズ性のテストを中間の速さで行えば c の値と計算量は中間となる．

最後にこの近似解析は荒いものである．より良い値は実際に実行して決めるべきである．有限素体上の指数計算法の詳細は [Pomerance 1987b] 参照．

6.4.2 離散対数，スムーズな多項式およびスムーズな代数的整数

何が $\mathbf{F}_p$ の指数計算法を成功に導いたかというと，$\mathbf{F}_p$ を $\mathbf{Z}_p$ と考え，群の元を整数として表したからである．$d > 1$ のとき，$\mathbf{F}_{p^d}$ は $\mathbf{Z}_{p^d}$ と同型にはならない．よって素体でない有限体の元を整数で表す良い方法はない．2.2.2 項でみたように，$\mathbf{F}_{p^d}$ を商環 $\mathbf{Z}_p[x]/(f(x))$ とみなせる．ここで $f(x)$ は $\mathbf{Z}_p[x]$ の中の次数 d の既約多項式である．よって $\mathbf{F}_{p^d}^*$ の元を $\mathbf{Z}_p[x]$ の中のゼロでない次数が d 次未満の多項式と見なせる．

多項式環 $\mathbf{Z}_p[x]$ は整数環 $\mathbf{Z}$ といろいろな面で似ている．ともに一意分解整域である．ここで $\mathbf{Z}_p[x]$ の中の「素元」とは次数が正のモニックな既約多項式である．ともに有限個の可逆元をもつ (剰余 $1, 2, \ldots, p-1$ modulo p が前の場合で整数 ± 1 が後の場合である)．またともに大きさという概念を持つ．$\mathbf{Z}_p[x]$ は順序環ではないが，多項式の次数という原始的な大きさの概念を持つ．よって多項式のスムーズさという概念を持つ．ある多項式が b スムーズとはそのすべての既約因子の次数が b 次以下と定める．定理 (1.44) の類似も言える．d 次未満の $\mathbf{Z}_p[x]$ の中で b スムーズな多項式の比は約 u^{-u} である．ここで $u = d/b$ であり，変数 p, d, b は大きいとする．

d が小さいときはこの式は意味がない．たとえば $d = 2$ のとき，すべての元は 1 スムーズであり，約 $1/p$ の多項式が 0 スムーズである．しかし d が大きいときは $\mathbf{Z}_{p^d}^*$ にお

ける離散対数問題に指数計算法はうまく働き，準指数時間である．[Lovorn Bender and Pomerance 1998] 参照.

$d > 1$ であるが d が大きくないときはどうなるだろうか．$\mathbf{F}_{p^d}$ の元を表す他の方法があり，この場合もうまくいく．K を有理数体上の次数 d の代数体とする．O_K を K の整数環とする．もし素数 p が K で惰性，つまり，イデアル (p) が O_K で素イデアルとする．すると商環 $O_K/(p)$ は $\mathbf{F}_{p^d}$ と同型となる．よって有限体の元を代数的整数と見なせる．数体篩法の素因子分解アルゴリズムで見たように，代数的整数がスムーズというのは意味がある．つまり y スムーズというのは，すべての素因子のノルムが y 以下ということにすればよい．

例として，$d = 2$ であり，p は 3 (mod 4) である素数としよう．$K = \mathbf{Q}[i]$ を Gauss 数体，つまり $\{a + bi : a, b \in \mathbf{Q}\}$ とする．すると O_K は $\mathbf{Z}[i] = \{a + bi : a, b \in \mathbf{Z}\}$，Gauss の整数環となる．$\mathbf{Z}[i]/(p)$ は有限体 $\mathbf{F}_{p^2}$ と同型になる．よって通常の整数の代わりに Gauss 整数 $a + bi$ を用いて指数計算法が使える．

$d = 2$ の場合には虚 2 次体を使って指数計算法が完全に厳密に行える．[Lovorn 1992] 参照．他の体を使ってもうまくいきそうだが指数計算法の解析には発見的な部分がある．

数体篩法と同じように，$d = 1$ を含んだ有限体 $\mathbf{F}_{p^d}$ に対する離散対数の発見的な方法もある．多くの場合，計算量は発見的に $\exp\left(c\left(\log p^d\right)^{1/3}\left(\log\log p^d\right)^{2/3}\right)$ の形になる．[Gordon 1993], [Schirokauer et al. 1996], および [Adleman 1994] 参照．これらは指数計算法の大きな一般化である．群の元の表し方に対して，スムーズの概念が使えるのがうまくいく理由である．この理由により，暗号学者は有限体の乗法群を避け，楕円曲線の群を好む．楕円曲線の群にはスムーズさの概念が見つかっていないので，指数計算法が使えない．この群に対して一般的に動く一番良い離散対数法でも指数時間がかかる．

6.5 問　題

6.1. 冪乗数でない合成数 n と自明でない分解 $n = ab$ が与えられているとする．自明でない互いに素な n の分解（すなわち互いに素な整数 A, B で共に 1 より大きく $n = AB$ となる分解）を与える効率の良いアルゴリズムを記述せよ．

6.2. n を冪乗数でない奇数の合成数とすると，$0 \le x, y < n$ であり，$x^2 \equiv y^2 \pmod{n}$ となる対 x, y の半分以上は $1 < \gcd(x - y, n) < n$ となることを示せ．

6.3. 2 次篩法を使うとき，n を分解する代わりに小さな整数 k を用いて kn を分解することがある．スムーズな数を篩うときの剰余は大きくなるが有意義な埋め合わせがある．k が篩に使う素数の集合を，より小さな素数の集合に変えることがある．2 次篩法を使うとき，次の数を分解するのに何を掛けたらよいか調べよ．

$$n = 1883199855619205203.$$

特に n を分解する時間と $3n$ を分解する時間を比べよ．(つまり，$3n$ を $3n = ab, 3 < a < b$ と分解する時間.) つぎに 2 次篩法を使い次の数を分解するのに何を掛けたらよいか調べよ．

$$n = 2156594172199979793984 3713963.$$

(もし本当にプログラムを作りたければ，実装上の問題点は問題 6.14 参照.)

6.4. この章の始めに述べたように，「小さな平方数」のアイディアを使った素因子分解法がたくさんある．2 次篩法や数体篩法はこのアイディアの強力な実現化であるが，他にそれほど強力ではないが，面白い方法があり，それは小さな剰余を素因子分解し，最終的に線形結合を 2 次篩法のときのように使うものである．初期のものの 1 つは Brillhart–Morrison の連分数法である ([Cohen 2000] の要約を参照). それは $\sqrt{n}$ (または小さな整数 k で $\sqrt{kn}$) の連分数展開を用いてたくさんの合同式 $Q \equiv x^2 \pmod{n}$, $Q \neq x^2, |Q| = O(\sqrt{n})$ を作る．Q を素因子分解し，$u^2 \equiv v^2 \pmod{n}$ となるものを作り出す．この方法の最初の勝利は 1974 年に Brillhart と Morrison (表 1.3 参照) による F_7 の分解である．この方法で作り出される平方剰余 Q は 2 次篩法で作り出されるものよりいくぶん優れているが，Q の列は篩にかけるようには作られていない．よって連分数法を実行するとき，たとえ Q が十分スムーズでなく，ついには捨てるものでも Q ごとにかなりの時間がかかる．

ここでは連分数法をこれ以上掘り下げない．代わりに，実証のためのいろいろな仕事や問いを並べる．分解する n を法として，「小さな平方数」を作り用いることを，実行や代数やときには余興を通して行う．Fermat 数 $n = F_k = 2^{2^k} + 1$ や Mersenne 数 $n = M_q = 2^q - 1$ はその特別な形により上手に扱えるのでこれらの数に的を絞るが，しかし強力な数体篩法の場合のように，これらの考えはより一般な合成数 n にも拡張できる．

(1) 次の合同式

$$258883717^2 \bmod M_{29} = -2 \cdot 3 \cdot 5 \cdot 29^2,$$
$$301036180^2 \bmod M_{29} = -3 \cdot 5 \cdot 11 \cdot 79,$$
$$126641959^2 \bmod M_{29} = 2 \cdot 3^2 \cdot 11 \cdot 79$$

を使って自明でない合同式 $u^2 \equiv v^2$ を作り，M_{29} の約数を見つけよ．

(2) 特別な形の数 $n = F_k, k \geq 2$ や $n = M_q, q \geq 3$ を法とすると，2 の平方根 $\sqrt{2}$ が存在する．さらに n が合成数であってもなくてもその平方根を具体的に書くことができる．次の数

$$2^{3 \cdot 2^{k-2}} - 2^{2^{k-2}}, \quad 2^{(q+1)/2}$$

が 2 の平方根であることをそれぞれ Fermat や Mersenne の場合に示せ．さらに

(-1) の原始 4 乗根を Fermat の場合に示せ．また $((q \bmod 4)$ によるが$)$ 2 の 4 乗根を Mersenne の場合に求めよ．ところでこのことは実際の応用がある．平方剰余のなかから 2 の冪を取り去ることができる．$\sqrt{2^k}$ の具体的な形があるからである．同様に Fermat の場合，平方剰余のなかから (-1) を取り去ることができる．

(3) 前の項目を用いて合同式
$$2(2^6 - 8)^2 \equiv (2^6 + 1)^2 \pmod{M_{11}}$$
を「手で」証明せよ．このことから M_{11} の因子を推定せよ．

(4) M_{43} を法として 2 の原始 4 乗根 ω が次の式を満たすのは運がよい．
$$\left(2704\omega^2 - 3\right)^2 \bmod M_{43} = 2^3 \cdot 3^4 \cdot 43^2 \cdot 2699^2.$$
この事実を用いて M_{43} の因子を見つけよ．

(5) $F_k, k \geq 2$ を法としての -1 の原始 4 乗根を ω とし，整数 a, b, c, d に対して次のように置く．
$$x = a + b\omega + c\omega^2 + d\omega^3.$$
a, b, c, d のある選び方によっては自動的に小さな平方数—それを小さな「記号による平方数」と呼ぼう—が得られるのは興味深い．もし
$$ad + bc = 0$$
という制限があれば，$x^2 \bmod F_k$ は ω の次数 3 次未満の多項式と書けることを示せ．たとえば，
$$\left(-6 + 12\omega + 4\omega^2 + 8\omega^3\right)^2 \equiv 4(8\omega^2 - 52\omega - 43)$$
となり，この合同式の係数はすべての Fermat 数で同じである (もちろん ω は Fermat 数による)．このアイディアを使い，与えられた定数 K に対していくつ「記号による平方数」で次の式を満たすものがあるかという下限を求めよ．
$$|x^2 \bmod F_k| < K\sqrt{F_k}.$$
同様に Mersenne 数 M_q を法としての小さな平方数の評価式を求めよ．

(6) 前項に従ってより一般的な奇数の合成数 $N = \omega^4 + 1$ を固定された 3 次式，例えば
$$x = -16 + 8\omega + 2\omega^2 + \omega^3$$
の平方を使って分解することを調べよ．(-1) はいつも法 N で平方であること，および次の式について論ぜよ．
$$x^2 \equiv 236 - 260\omega - \omega^2 \pmod{N}.$$

このようにして

$$N = 16452725990417$$

の真の因子をある平方数が x^2 に合同であるようにして見つけよ．もちろんこの N は容易に他の方法でも分解できるが，この例が示すように $\omega^4 + 1$ の形の数は小さな平方数を作ることにただちに影響を受ける．x の係数を工夫して，多くの $N = \omega^4 + 1$ が影響を受けやすいようにせよ．

小さな平方数を作るアイディアに関して，ある 3 次式を分解することについては [Zhang 1998] に述べられている．

6.5. 正の整数 n と $[1, n]$ の整数 a が与えられたとき，$x^2 \equiv a \pmod{n}$ が解を持つならば 1 つの解を返し，持たなければ持たないという答えを返す装置を持っていたとしよう．この合同式がいくつかの根をもつ場合は，その方法はわからないが，とのかくその内の 1 つを選んで返すとする．さらに答えを多項式時間で返すとしよう．すなわち n の対数の冪に定数を掛けた時間で返すとしよう．この装置を用いて多項式時間で素因子分解を行う確率的なアルゴリズムを示せ．逆に多項式時間で数が分解できるならば，この装置を作ることができることを示せ．

6.6. 分解しようとする N に対してある魔法のアルゴリズムで (そして多項式時間で) 次のような整数 x を見つけることができるとする．

$$\sqrt{N} < x < N - \sqrt{N}, \quad x^2 \bmod N < N^\alpha.$$

ここで α は固定された数．(連分数法や 2 次篩法は $\alpha \approx 1/2$.) さらにこの「小さな平方」剰余は $O(\ln^\beta N)$ 回の操作で見つかるとする．この魔法のアルゴリズムを使った素因子分解の (発見的な) 計算量を求めよ．

6.7. Gray コードとは k ビットの 2 進数の列で，次の数に移るとき，1 ビットだけが逆転するように並べたものである．2 次篩法の同一の初期化や他にも使われるそのようなコードは容易に排他的論理和 "$\wedge$" やシフト "$>>$" を次のようにエレガントに用いて作られることを示せ:

$$g(n) = n \wedge (n >> 1).$$

たとえば 3 ビットの Gray カウンターは次のようになる:

$$(g(0), \ldots, g(7)) = (000, 001, 011, 010, 110, 111, 101, 100).$$

確かに反復するごとに 1 ビットだけが反転している．

6.8. もし $n \geq 64$, $m = \lfloor n^{1/3} \rfloor$ ならば，$n < 2m^3$ であることを示せ．さらに一般的にもし d が正の整数で，$n > 1.5(d/\ln 2)^d$, $m = \lfloor n^{1/d} \rfloor$ ならば，$n < 2m^d$ であることを示せ．

6.9. 多項式の分解より整数の分解を導く次の結果は [Brillhart et al. 1981] により示された.

定理. n を正の整数とし, m を $m \geq 2$ なる整数とする. n を m 進法で $n = f(m)$ と表す. ここで $f(x) = c_d x^d + c_{d-1} x^{d-1} + \cdots + c_0$ であり, c_i は負でない m 未満の整数である. $f(x)$ が $\mathbf{Z}[x]$ で可約で $f(x) = g(x)h(x)$ となったとする. ここで, $g(x)$ も $h(x)$ も ± 1 でないとする. このとき $n = g(m)h(m)$ は自明でない n の分解である. 特に n が素数ならば $f(x)$ は既約である.

$m \geq 3$ のとき, 次の方針でこの定理を示せ.

(1) つぎの不等式を示せ.

$$\left|\frac{f(z)}{z^{d-1}}\right| \geq \operatorname{Re}(c_d z) + c_{d-1} - \sum_{j=2}^{d} \frac{c_{d-j}}{|z|^{j-1}}$$

つぎに $\operatorname{Re} z \geq m - 1$ のとき $f(z) \neq 0$ を示せ. (c_j は $0 \leq c_j \leq m-1$ を満たし, $c_d \geq 1$ であることを使え.)

(2) 根による多項式の分解を使い, $|g(m)| > |c| \geq 1$ を示せ. ここで c は $g(x)$ の最高次の係数である. 同様に $|h(m)| > 1$ となり, $n = g(m)h(m)$ は自明でない分解である.

6.10. $m = 2$ のとき問題 6.9 を示せ. ヒント: 問題 6.9 の (1) のような不等式をもう少し精密にしたものを用いて ($\operatorname{Re}(z) > 0$ に対して $\operatorname{Re}(c_{d-2}/z) \geq 0$ を用いる), f のどの根 ρ も $\operatorname{Re}(\rho) < 1.49$ であることを示せ. 次に $G(x) = g(x+1.49)$ とすると, $G(x)$ のすべての係数は同じ符号を持つ. このことより, $1 \leq |g(1)| = |G(-0.49)| < |G(0.51)| = |g(2)|$ および $|h(2)| > 1$ を導け. よって $n = g(2)h(2)$ は自明でない分解である.

6.11. 問題 6.9 を用いて $n = 187$ を $m = 10$ として分解せよ. $n = 4189, m = 29$ に対しても同様にせよ.

6.12. 6.1.7 項で構成した $x(u,v), y(u,v)$ を (6.4) を満たす n に拡張せよ.

6.13. 特殊数体篩法の次の計算量の限界の発見的議論を行え.

$$\exp\left((c + o(1))(\ln n)^{1/3}(\ln \ln n)^{2/3}\right)$$

ここで, $c = (32/9)^{1/3}$ である.

6.14. 真に強力な 2 次篩法を実装するための案内として, 実行可能な例をスケッチしてみよう. 特に 2 次篩法を実装しようとしている読者には, プログラムのチェックになるであろう. ところで最後の例を除いて以下の例は大きな数を扱える普通の数式処理システムで達成できる. そんなに工夫をしなくとも, 30 桁ほどの数は扱える.

(1) アルゴリズム 6.1.1 において，非常に小さな例 $n = 10807$ 扱おう．この n は実行可能な 2 次篩法の通常の適用範囲よりずっと小さいので，スムーズさの制限を $B = 200$ としよう．すると $k = 21$ 個のふさわしい素数があり，21×21 のビット行列が得られ，Gauss の消去法が使える．ところでこのような行列を扱うパッケージソフトがある．たとえば $Mathematica$ 言語は行列 m をただ 1 つの命令で扱える：

```
r = NullSpace[Transpose[m], Modulus->2];
```

(しかし D. Lichtblau が指摘しているように，低いレベルの命令の介入によって，たとえば (mod 2) 操作をビット演算を用いて能率化できる．) そのような命令で 3 つの 1 を持つ行が得られる．これより

$$3^4 \cdot 11^4 \cdot 13^4 \equiv 106^2 \cdot 128^2 \cdot 158^2 \pmod{n}$$

が得られ，n が分解できる．

(2) もう少し大きな合成数 $n = 7001 \cdot 70001$ を扱おう．B をアルゴリズム 6.1.1 で与えられた通りにすると，$B = 2305, k = 164$ となる．扱わねばならない 164×164 行列は今では手におえないほどでもない．前述と同じように n を分解せよ．

(3) Mersenne 数 $n = 2^{67} - 1$ をスムーズ限界を $B = 80000$ とし，$k = 3962$ として分解せよ．本格的な 2 次篩法の実装のためのテストとしてだけでなく，12 桁の分解は数秒または数分で 2 次篩法が行えることがわかる．これは初期の篩法や Pollard のロー法より遅いけれど，2 次篩法の漸近挙動を考えれば，大きな数になれば，やがて追い越すであろう．

(4) つぎのレピュニット数

$$n = \frac{10^{29} - 1}{9} = 11111111111111111111111111111$$

を $B = 40000$ を用いて分解せよ．このとき行列は約 2000×2000 の大きさになる．

(5) 上述で満足しないときは，アルゴリズム 6.1.1 を速いコンパイル言語で実行し，例えば 100 桁の合成数を分解せよ．

6.15. 問題 6.14 の精神で，次の具体的な数体篩法の例でアルゴリズム 6.2.5 を行う．案内とアルゴリズムのデバッグのために有用である．数体の中での平方根を求めるという障害があるので，問題のスケールに応じて異なる方法で切り抜ける．

(1) 簡単な $n = 10403$ より始めよ．可約になる多項式 f を発見せよ．この場合，最初の [準備] 段階で分解が終わり，篩がいらない．

(2) 与えられたままの初期化パラメータでアルゴリズム 6.2.5 を行い，$n = F_5 = 2^{32} + 1$ を分解せよ．(もちろんこの数には特殊数体篩法がふさわしいが，数体篩法の練習である．) この初期化パラメータより，$d = 2, B = 265, m = 65536, k = 96$，およ

び行列の次元が $V = 204$ となる．行列の扱いは問題 6.14 と同じになり，対 (a,b) の都合の良い集合 $\mathcal{S}$ が得られる．さてこの小さな合成数 n(および小さなパラメータ) では，[平方根] の段階で積 $\prod_{(a,b) \in \mathcal{S}}(a - b\alpha)$ は Gauss 整数となる．$\alpha = i$ となるからである．このような $(d = 2)$ である例では数体の中での平方根が非常に簡単に計算できる．Gauss 整数 $c + di$ の平方根は単純な連立方程式を解けばよい．このように，$d = 2$ のような小さな次数では，アルゴリズム 6.2.5 の [平方根] の段階がこのうえなく単純である．

(3) 平方根の障害に対する「セカンドギア」として，同じ合成数 $n = F_5$ に対して，$d = 4, B = 600$ というパラメータで行え．この選択は数体篩法でうまくいく．[平方根] のステップで $\alpha = \sqrt{i}$ として $(a - b\alpha)$ の積を展開すると，数体の中の

$$s_0 + s_1\alpha + s_2\alpha^2 + s_3\alpha^3$$

の形の元になり，この平方根を計算することになる．この計算のやさしい方法がある．例えば，問題 6.18 の符号反転巡回畳込みが使える．またはすぐあとの Vandermonde 法が使える．

(4) $n = 76409$ とし，$d = 2, B = 96$ とすると，多項式 $f(x) = x^2 + 233x$ が得られる．アルゴリズムの最後の近くで $(a - b\alpha)$ を展開すると，数体の中で平方根が簡単に計算でき，因数分解が終わる．

(5) 前の項のようにレピュニット数 $n = 11111111111$ を $d = 2, B = 620$ というパラメータで分解せよ．

(6) 次に $n = F_6 = 2^{64} + 1$ を $d = 4, B = 2000$ で行え．さらに便宜上 $k = 80$ とせよ．$\alpha = \sqrt{i}$ とした代数体の中での平方根を示されたどれかの方法を使って求めよ．

(7) 平方根の障害のための「サードギア」を試そう．レピュニット数 $n = (10^{17} - 1)/9 = 11111111111111111$ を $d = 3, B = 2221$ というパラメータで分解せよ．この場合，平方根は 1 の 3 乗根の体の中で行う．Vandermonde 行列を平方根のために用いるよい機会である．γ^2 を計算しよう．それは $f'(\alpha)^2 \prod_{(a,b) \in \mathcal{S}}(a - b\alpha)$ の形で，単にすべてを法 $f(\alpha)$ で計算すればよい．(そのような積は原理的にはいつでも計算できるが，大きな n では γ^2 の係数は手に負えなくなる．) Vandermonde 行列は次のように使う．平方根を取る要素を

$$\gamma^2 = s_0 + s_1\alpha + \cdots + s_{d-1}\alpha^{d-1}$$

と書く．次に (十分精度を上げて) d 個の f の根を求める．それらを $\alpha_1, \ldots, \alpha_d$ とし，根の冪による次の行列を作る．

$$H = \begin{pmatrix} 1 & \alpha_1 & \alpha_1{}^2 & \cdots & \alpha_1{}^{d-1} \\ 1 & \alpha_2 & \alpha_2{}^2 & \cdots & \alpha_2{}^{d-1} \\ \vdots & \vdots & \vdots & \ddots & \vdots \\ 1 & \alpha_d & \alpha_d^2 & \cdots & \alpha_d{}^{d-1} \end{pmatrix}.$$

次に十分精度を高めて平方根を計算せよ．すなわち次のベクトルを計算せよ．

$$\beta = \sqrt{Hs^T}.$$

ここで $s = (s_0, \ldots, s_{d-1})$ は γ^2 の係数のベクトルで，行列とベクトルの積の平方根は成分ごとに行う．さてアイディアは行列とベクトルの積

$$H^{-1} \begin{pmatrix} \pm \beta_0 \\ \pm \beta_1 \\ \vdots \\ \pm \beta_{d-1} \end{pmatrix}$$

で，± の曖昧さは 1 つ 1 つ計算し，H^{-1} を掛けることによって得られるベクトルがすべて整数を要素に持つまで行う．そのベクトルは数体の中での平方根であろう．この平方根計算法の実装の助けになるように，小さな例を作ろう．多項式 $f(x) = x^3 + 5x + 6$ と平方根を取るべき元 $\gamma^2 = 117 - 366x + 46x^2 \bmod f(x)$ を選ぼう．(これが本当に平方数であることは使う．) Vandermode 行列を f の根，すなわち $(\alpha_1, \alpha_2, \alpha_3) = \left(-1, \left(1 - i\sqrt{23}\right)/2, \left(1 + i\sqrt{23}\right)/2\right)$, を使って構成する．最初の行は $(1, -1, 1)$ となり，他の行の要素は複素数となる．この例に必要な精度は 12 桁である．それから (成分ごとに) 平方根を計算し，8 つの可能な (±) の組み合わせで

$$\gamma = H^{-1} \begin{pmatrix} \pm r_1 \\ \pm r_2 \\ \pm r_3 \end{pmatrix}, \quad \begin{pmatrix} r_1 \\ r_2 \\ r_3 \end{pmatrix} = \sqrt{H \begin{pmatrix} 177 \\ -366 \\ 46 \end{pmatrix}}$$

を計算し，1 つが

$$\gamma = \begin{pmatrix} 15 \\ -9 \\ -1 \end{pmatrix}$$

となり，

$$\left(15 - 9x - x^2\right)^2 \bmod f(x) = 117 - 366x + 46x^2$$

が得られる．

(8) 問題 6.14 と同じように数式処理システムだけである程度進むが，さらに大きな合成数については速いコンパイルされたプログラムを用いなければならない．まだ 30 桁ほどならば，インタープリタにより処理できる．レピュニット数 $n = (10^{29} - 1)/9$ を $d = 4, B = 30000$ で行い $k = 100$ とすると，まだ速いプログラムを使わずに分解できる．この場合，次数 4 の数体での平方根は説明したどの方法でもよく，γ^2 の力づくの計算ができる．(しかしすでに 3000 桁の精度が必要になり，平方根を取る段階でじらされ，説明した進んだ方法や問題 6.18 の方法がほしくなる．)

上記の具体的な仕事はさらに長い道を進めて真剣な数体篩法の実装のために，磨きを掛けるべきである．しかし，これらの比較的小さな合成数に対してもなすべきことがある．例えば，6.2.7項での自由関係式や他の最適化などは上記のような仕事にすら有効であるし，さらに大きな数では不可欠になる．

6.16. ここでは具体的な単純な離散対数問題を解き，指数計算法 (アルゴリズム 6.4.1) の実例としよう．素数 $p = 2^{13} - 1$ およびその原始根 $g = 17$ を用いて，例えば $g^l \equiv 5 \pmod{p}$ を解こう．次の合同式はコンピュータを用いて容易に得られる．

$$g^{3513} \equiv 2^3 \cdot 3 \cdot 5^2 \pmod{p},$$
$$g^{993} \equiv 2^4 \cdot 3 \cdot 5^2 \pmod{p},$$
$$g^{1311} \equiv 2^2 \cdot 3 \cdot 5 \pmod{p}.$$

(原理的には剰余の素因子のスムーズさの限界を定め，g の乱数冪を計算する．) 与えられた離散対数問題を線形代数を用い，次のような整数 a, b, c

$$g^{3513a + 993b + 1311c} \equiv 5 \pmod{p}$$

を見つけることにより解け．

6.6 研 究 問 題

6.17. 準指数的アルゴリズムを作れる可能性をもつ次のアイディアを研究せよ．まず面白い代数的な等式 [Crandall 1996a] を観察せよ．

$$F(x) = ((x^2 - 85)^2 - 4176)^2 - 2880^2$$
$$= (x-13)(x-11)(x-7)(x-1)(x+1)(x+7)(x+11)(x+13)$$

なので，F は本当に 8 個の単純な代数的因子を $\mathbf{Z}[x]$ の中にもつ．この形の他のものは，

$$G(x) = ((x^2 - 377)^2 - 73504)^2 - 50400^2$$
$$= (x-27)(x-23)(x-15)(x-5)(x+5)(x+15)(x+23)(x+27)$$

があり，他にも存在する．この形より，分解すべき数が $N = pq$ (たとえば素数は $p \approx q$) のとき，乱数 $x \pmod{N}$ より $\gcd(F(x) \bmod N, N)$ を計算すれば N は約 $\sqrt{N}/(2 \cdot 8)$ 回の F の値の計算より分解するだろう．(追加の 2 は p と q が因子としてあるからである．) F は法 N での 3 回の平方で計算でき，新しい F を積み上げるのに 1 回の乗法でよいので，単純な積の積み上げより $8/4 = 2$ 倍の利益がある．法での乗法より法での平方のほうが単純なことを使えば利益はさらに高まる．では適当な整数の集合 $\{a_j\}$ で

$$H(x) = (\cdots ((((x^2 - a_1)^2 - a_2)^2 - a_3)^2 - a_4)^2 - \cdots)^2 - a_k^2$$

と定めると，k 回の平方で (a_k^2 はあらかじめ保管しておく)2^k 個の代数的因子が得られるだろうか．このアイディアを進めれば，準指数的 (多項式時間でないにしても) 計算量の分解法が得られるだろうか．なにか障害があるだろうか．もう 1 つ問題となるのは，上記の 2 つの例 (F, G) は異なる根を持つので，$F(x)G(x)$ は 16 個の異なる因子を持つ．これを使うと利益が増すだろうかということである．すべての $F(x)G(x)$ の根は奇数なので，x を $x \pm 1$ とすることにより，新たな因子の群が得られるので，これを利益が上がるように使えないだろうか．

ところで他にも必要であると思われる回数よりも少ない回数の積で得られる等式がある．例えば，

$$\frac{(n+8)!}{n!} = \left(204 + 270n + 111n^2 + 18n^3 + n^4\right)^2 - 16(9+2n)^2$$

は 8 個の引き続く整数の積を 5 回の積 (定数との積は数えない) で得られる．この問題の最初にあげた平方をただ積み上げたものによる一般化がうまくいかなくても，まだ他に道はある．

理論的な結果として，例えば [Dilcher 1999] では，上にあげた形のより長く平方を積み上げるのは困難であると述べている．最近 D. Symes は ($k=4$) のときの (a_1, a_2, a_3, a_4) を係数にもつ等式

$$(((x^2 - 67405)^2 - 3525798096)^2 - 533470702551552000)^2 - 4692082091913216 00^2$$

を見つけた．数式処理システムを使えば，16 個の積になることがわかる．P. Carmody は最近 GP/Pari などを使えば，そのような 4 回の平方による等式がたくさん得られることを報告している．

6.18. 数体篩法に必要な，数体の中で平方根を求める方法でまだ知られていないものがあるだろうか．6.2.5 項で最先端の方法を示し，問題 6.15 で初等的な方法を示した．ここで，さらなるアイディアと方針を並べよう．

(1) 6.2.5 項の Hensel 構成は p 進 Newton 法である．他の Newton バリエーションはないだろうか．問題 9.14 のように少なくとも実数体の中では，逆数を用いなくても平方根は計算できる．さらに Newton 法で連立非線形方程式が解ける．しかもそのような連立非線形方程式は単に多項式を平方し，他の多項式と比べるだけである．(法 f の複雑さはあるが，Newton–Jacobian 行列の中に組み入れることができるであろう．)

(2) 簡単な形の多項式 $f(x) = x^d + 1$ に依存する数体の中で，「符号反転巡回畳み込み」で正確な平方根が求まる (以下の事柄に関連する技法は 9.5.3 項参照)．平方根があることがわかっている数が次のように書かれているとしよう．

$$\gamma^2 = \sum_{j=0}^{d-1} z_j \alpha^j.$$

ここで，α は (-1) の d 乗根である (つまり f の根). さて信号処理用語を用いれば，長さ d の信号 γ は

$$z = \gamma \times_{-} \gamma$$

と定まることになる．ここで $\times_{-}$ は符号反転巡回畳み込みを表し，z は係数 z_j より構成される信号である．しかし，高速変換法により，符号反転巡回畳み込みが扱える．

$$\Gamma_k = \sum_{j=0}^{d-1} \gamma_j \alpha^j \alpha^{-2kj}$$

により重み付き畳み込みの等式

$$z_n = \alpha^{-n} \frac{1}{d} \sum_{k=0}^{d-1} \Gamma_k^2 \alpha^{+2nk}$$

が得られる．逆畳み込みのアイディアは単純である：平方根を求めるとき，信号 z に対する上記の最後の等式より Γ_k^2 を求める．次に 2^{d-1} 個の符号 $\pm\sqrt{\Gamma_k^2}$, $k \in [1, d-1]$ を選び，γ_j をもう 1 つの信号 Γ の等式より求める．この符号反転巡回畳み込みは γ^2 の平方根 γ を正確に求めるであろう．研究問題は $f(x) = x^d + 1$ による数体は容易に扱えるが，この逆畳み込みを一般化できないだろうか．$f(x) = x^d + c$ ではどうだろう．もっと一般の f では？ これらの変換は浮動小数点計算でできるだろうか (高精度で計算しなければならない)，それとも誤差がない整数計算で可能だろうか．

(3) どのアイディアも係数の急速な増大をいかに押さえるかが重要であった．よって計算上は堅実な方法に思えても係数を制御することに気を使わねばだめである．一般的な提案として平行根のアルゴリズムを中国式剰余定理と結びつけることはどうか．つまりなんとかして小さなたくさんの素数を連立して扱うことである．よって並行処理も可能であろう．本文で示したように，Couveignes と Montgomery のアイディアは平方根の障害を十分低めて，とても一般的な数体篩法の実装に使われている．しかしもっと単純ではっきりした能率の良い方法はないだろうか．次数 d の偶奇性に依存しないで，なんとかして係数を制御して，中国式剰余定理による再構成も避ける方法はないだろうか．

7. 楕円曲線を使った方法

楕円曲線の歴史は優に 100 年を超える．その研究は当初は解析学の方面で発展したが，現在は抽象数論や計算数論における基本的な道具としての地位を確立している．素数の世界と同じように，楕円曲線の世界も驚くほど優雅で複雑で強力な側面をもっている．楕円曲線はその代数構造のみが興味の対象とされているわけではなく，素数や素因子分解の研究に関しても非常に強力な手段を提供するのである．応用範囲はそればかりに留まらない．例えば，暗号理論においては普通に使われるようになりつつある．このことは 8.1.3 項で議論する．

以下では，主に体 $\mathbf{F}_p$ (p は $p > 3$ なる素数) 上の楕円曲線に焦点をあてる．この分野は体 $\mathbf{F}_{p^k}$ ($k > 1$) あるいは (近年応用面でよく見られる) 体 $\mathbf{F}_{2^k}$ を用いた研究，さらには産業へと広大化しているが，本書の主題は素数なので議論を $\mathbf{F}_p$ に限定することにしたのである．他の体上での議論に興味がある読者は，例えば [Seroussi et al. 1999] およびその中の参考文献を参照されたい．

7.1 楕円曲線の基本事項

体 F に係数をもつ 2 変数 3 次多項式から定まる方程式を考える：

$$ax^3 + bx^2y + cxy^2 + dy^3 + ex^2 + fxy + gy^2 + hx + iy + j = 0. \tag{7.1}$$

左辺の多項式が実際に 3 次となるようにするために，a, b, c, d のうち少なくとも 1 つは 0 でないと仮定する．さらに，この多項式は絶対既約，すなわち，$\overline{F}[x, y]$ において既約であるとする．ただし，$\overline{F}$ は F の代数閉包である．(7.1) を満たす組 $(x, y) \in F \times F$ をこの方程式のアフィン解と呼ぶ．次に，射影解を定義しよう．そのために，まず $(x, y, z) \in F \times F \times F$ (ただし x, y, z のうちどれかは 0 でない) で次の方程式の解となるものをとる：

$$ax^3 + bx^2y + cxy^2 + dy^3 + ex^2z + fxyz + gy^2z + hxz^2 + iyz^2 + jz^3 = 0. \tag{7.2}$$

(x, y, z) が解となるのは，$t \in F$, $t \neq 0$ に対して (tx, ty, tz) が解となるとき，かつそのときに限ることに注意しよう．したがって，この場合それらをすべて同一視して 1 つの

解とみなし，記号 $[x, y, z]$ で表す．すなわち，(7.2) の2つの解 (x, y, z), (x', y', z') が同一であるとは，0でない $t \in F$ で $x' = tx, y' = ty, z' = tz$ となるものが存在することと定め，同一視したものを記号 $[x, y, z]$ で表すのである．

(7.2) の射影解は (7.1) のアフィン解とほとんど同じものである．具体的には，(7.1) の解 (x, y) は (7.2) の解 $[x, y, 1]$ と同一視でき，(7.2) の解 $[x, y, z]$ で $z \neq 0$ なるものは (7.1) の解 $(x/z, y/z)$ と同一視できる．解 $[x, y, z]$ のうち $z = 0$ であるものは対応するアフィン解がないので，「無限遠点」と呼ばれる．

方程式 (7.1), (7.2) はこのままの形で扱うのはやっかいなので，変数変換をするとよい．ただし，変数変換としては F に座標をもつ解を F に座標をもつ解に移し，かつ逆変換も同じ性質をもつものをとる．例えば，指数 3 の Fermat 方程式

$$x^3 + y^3 = z^3$$

を考える．体 F の標数が 2 でも 3 でもないとすると，$X = 12z, Y = 36(x-y), Z = x+y$ とおくことで，同値な方程式

$$Y^2 Z = X^3 - 432 Z^3$$

を得る．この変数変換の逆変換は $x = \frac{1}{72}Y + \frac{1}{2}Z$, $y = -\frac{1}{72}Y + \frac{1}{2}Z$, $z = \frac{1}{12}X$ である．

射影曲線 (7.2) は，F の代数閉包に範囲を広げても3つの偏微分係数がすべて 0 になるような点 $[x, y, z]$ が曲線上に存在しないとき，F 上「非特異」(もしくは「滑らか」)であるという．実は，F の標数が 2 でも 3 でもないとすると，非特異射影方程式 (7.2) で少なくとも1つの解 (x, y, z) (ただし，x, y, z のうちどれかは 0 でないとする) を $F \times F \times F$ にもつものは，その解から得られる点 $[x, y, z]$ を $[0, 1, 0]$ にうつす変数変換をうまくとることにより標準形

$$y^2 z = x^3 + axz^2 + bz^3, \quad a, b \in F \tag{7.3}$$

に変換される．しかも，(7.3) で与えられる曲線が $[0, 1, 0]$ を唯一の無限遠点としてもつことは明らかである．方程式をアフィン形で表すと

$$y^2 = x^3 + ax + b \tag{7.4}$$

となる．3次曲線をこの形に表したものを Weierstrass 型曲線とよぶ．x を $(x +$ 定数$)$ に置き換えて別の Weierstrass 型方程式

$$y^2 = x^3 + Cx^2 + Ax + B, \quad A, B, C \in F \tag{7.5}$$

に変換するほうが便利なこともある．

F の標数が 2 でも 3 でもなければ，曲線 (7.4) は $4a^3 + 27b^2 \neq 0$ のとき，かつそのときに限り非特異になる (問題 7.3)．曲線の式が (7.5) で与えられているときは，非特異であるための必要十分条件はより複雑な式になる．それは $4A^3 + 27B^2 - 18ABC - A^2C^2 + 4BC^3 \neq 0$

7.1 楕円曲線の基本事項

となることである.

(7.4), (7.5) どちらのアフィン形を扱っている場合でも，曲線を射影形にしたときに現れるただ1つの無限遠点 $[0,1,0]$ を O で表す.

ここで本章の議論の基礎となる定義を与えよう.

定義 7.1.1. 非特異 3 次曲線 (7.2) が体 F 上の楕円曲線であるとは，そのすべての係数が F に属し，かつ全座標が F に属するような点（座標のどれかは 0 でないとする）を少なくとも 1 つもつときにいう. F の標数が 2 でも 3 でもなければ，方程式 (7.4) は $4a^3 + 27b^2 \neq 0$ のときに，また，方程式 (7.5) は $4A^3 + 27B^2 - 18ABC - A^2C^2 + 4BC^3 \neq 0$ のときにそれぞれ F 上の楕円曲線を定める．これら 2 つの場合において，方程式を満たす点のうち座標がすべて F に属するもの全体の集合に無限遠点 O を付加したものを $E(F)$ で表す．したがって，(7.4) の場合は

$$E(F) = \left\{(x,y) \in F \times F : y^2 = x^3 + ax + b\right\} \cup \{O\}$$

となる．式 (7.5) で定義される場合も同様である．

われわれは標数が 2 でも 3 でもない場合を取り扱っているが，体 $\mathbf{F}_{2^m}$ のような場合には問題 7.1 の方程式 (7.11) の形に修正する必要がある（この点については，例えば [Koblitz 1994] にわかりやすい説明がある）．

(7.5) の形の式を用いる理由は，暗号理論や因数分解などでは計算上そちらの方がしばしば都合がよいからである．(7.4) の形の式は (7.5) で $C = 0$ とすれば得られるから，(7.5) に対する公式を与えておけば (7.4) に対する公式はそこから直ちに得ることができるであろう．大切なのは，方程式 (7.5) は余分なパラメータのためにより細かく条件指定されている，ということである．つまり，Weierstrass 型方程式 (7.4) はわれわれが考えている体上の楕円曲線の完全なる一般形を与えるが，計算上は (7.5) の形の方が便利なことがある．

次のようなパラメータのとり方はとりわけ実用上重要である．

(1) $C = 0$. これは直ちに Weierstrass 型曲線 $y^2 = x^3 + Ax + B$ を与える．このパラメータ表示は楕円曲線をもっと理論的に研究するときに標準的に使われる．

(2) $A = 1$, $B = 0$. 曲線は $y^2 = x^3 + Cx^2 + x$ である．このパラメータ表示は特に因数分解の実装 [Montgomery 1987], [Brent et al. 2000] の際に有用で，演算の高速化を可能にする．

(3) $C = 0$, $A = 0$. 3 次式は $y^2 = x^3 + B$ である．この表示は指定された位数（集合 E の元の数のこと．後で定義する）をもつ曲線を見出す際に有用で，やはり演算の高速化を可能にする．

(4) $C = 0$, $B = 0$. 3 次式は $y^2 = x^3 + Ax$ で，(3) と同様の利点をもつ．

次に定義する群演算により $E(F)$ はアーベル群になる．これにより楕円曲線がもつ強

大な力を手に入れることが可能になる．

定義 7.1.2. 体 F の標数は 2 でも 3 でもないとする．$E(F)$ を (7.5) で定義される F 上の楕円曲線とし，$P_1 = (x_1, y_1), P_2 = (x_2, y_2)$ を $E(F)$ の任意の 2 点とする（同じ点でも構わない）．また，O を無限遠点とし，可換な演算 + およびその逆演算 − を次のように定義する．

(1) $-O = O$.
(2) $-P_1 = (x_1, -y_1)$.
(3) $O + P_1 = P_1$.
(4) $P_2 = -P_1$ のとき $P_1 + P_2 = O$.
(5) $P_2 \neq -P_1$ のとき $P_1 + P_2 = (x_3, y_3)$. ただし，
$$x_3 = m^2 - C - x_1 - x_2,$$
$$-y_3 = m(x_3 - x_1) + y_1$$

とし，傾き m は次の式で定める：

$$m = \begin{cases} \dfrac{y_2 - y_1}{x_2 - x_1} & (x_2 \neq x_1 \text{ のとき}), \\ \dfrac{3x_1^2 + 2Cx_1 + A}{2y_1} & (x_2 = x_1 \text{ のとき}). \end{cases}$$

このようにして定めた加法・減法は，基礎体 F が実数体のときには興味深い幾何学的解釈がある．すなわち，この曲線上の 3 点は，それらの和が O となるとき，かつそのときに限り共線である．曲線と直線が接している場合には，接点において 2 重に交わっている（ただし，接点が変曲点のときは 3 重に交わっている）と考えれば，この解釈はそれらの場合にも通用する．なお，y 軸に平行な直線は無限遠点と交わっていると理解する．体が有限，例えば $F = \mathbf{F}_p$ のときには幾何学的解釈は明白ではない．なぜなら $\mathbf{F}_p$ は整数を法 p で類別したものであり，特に，傾き m を計算する際の除算とは法 p での逆元をかけることなのであるから．

素晴らしいことに，定義 7.1.2 の演算によりこの曲線は群をなす．しかもこの群は基礎体により定まる特殊な性質をもっている．これらの結果を定理として以下にまとめておく．

定理 7.1.3 (Cassels). 楕円曲線 $E(F)$ は，定義 7.1.2 で定めた演算によりアーベル群となる．F が有限体の場合，群 $E(\mathbf{F}_{p^k})$ は巡回群であるかまたは 2 つの巡回群の直積

$$E \cong \mathbf{Z}_{d_1} \times \mathbf{Z}_{d_2}$$

に同型となる．ただし $d_1 | d_2$ かつ $d_1 | p^k - 1$ である．

E がアーベル群になることを示すことは，結合則が多少面倒であるが，それ以外は難しくない（問題 7.7）．$E\left(\mathbf{F}_{p^k}\right)$ の構造についての記述は [Cassels 1966], [Silverman 1986], [Cohen 2000] に与えられている.

F が有限体ならば，$E(F)$ は必ず有限群となる．その位数 $\#E(F)$ はアフィン曲線上の点 (x,y) の個数に無限遠点の個数 1 を加えたものになるが，実はこの数が魅力的で深遠な問題を生み出すのである．実際，位数決定問題が素数判定，因数分解，暗号理論といった領域で生じる．

楕円曲線の点の整数倍算は以下のようにして自然な方法で定義される．点 $P \in E$ および正整数 n に対して，P の n 倍算を

$$[n]P = P + P + \cdots + P$$

と表す．ただし，右辺において P はちょうど n 回現れるものとする．$[0]P$ は群の単位元 O（無限遠点）であると定める．さらに，正整数 n に対して $[-n]P = -[n]P$ と定める．群論の初歩から，F が有限体であれば

$$[\#E(F)]P = O$$

であることがわかるが，これは楕円曲線の応用上最も重要な事実の 1 つである．位数決定問題に関しては 7.5 節で詳しく述べる．どんな群でも元の位数について考察することがあるだろう．楕円曲線の群においては，点 P の位数とは $[n]P = O$ となる最小の正整数 n のことである．ただし，そのような整数 n が存在しない場合は P は無限位数であるという．もし $E(F)$ が有限ならば，$E(F)$ の各点は $\#E(F)$ の約数を位数にもつ．

楕円曲線と因数分解は次の事実により根本的な繋がりをもつ．それは，因数分解したい合成数 n があれば，$\mathbf{Z}_n$ 上の楕円曲線を使ってその因数分解を試みることができるというものである．もちろん $\mathbf{Z}_n$ は体でないから，それは「不正な」楕円曲線であるのだが，おかしな群演算に遭遇したとき，そのことを用いて n の約数を見出そうというのである．この「擬楕円曲線」の考えは因数分解に関する H. Lenstra の楕円曲線法 (ECM) の出発点である．楕円曲線法は 7.4 節で詳しく論ずる．この素晴らしいアルゴリズムにとりかかる前に，まず体上の「合法的な」楕円曲線における演算について述べる．

7.2 楕円曲線上の演算

楕円曲線の基本事項については済んだので，本節では楕円曲線上の演算を行うアルゴリズムについて解説しよう．簡単のために $p > 3$ を素数として有限体 $\mathbf{F}_p$ 上で議論するが，アルゴリズムの構造は他の体上でもだいたい同様である．まず，与えられた曲線上の点 (x,y) を明示的に見出す簡単な方法から始めよう．これは，関連する x の 3 次式が法 p で平方数でなければならないことを用いる．

アルゴリズム 7.2.1 (楕円曲線上の点の探索). 素数 $p > 3$ に対して,楕円曲線 $E(\mathbf{F}_p)$ は 3 次式 $y^2 = x^3 + ax + b$ により定義されているとする.このとき,次のアルゴリズムは E 上の点 (x, y) を返す.

1. [ループ]
　　ランダムに $x \in [0, p-1]$ を選ぶ;
　　$t = (x(x^2 + a) + b) \bmod p$;　　　　　　　　　　// x のアフィン 3 次式.
　　if($\left(\frac{t}{p}\right) == -1$) goto [ループ];　　　　　　　　// アルゴリズム 2.3.5 による.
　　return $(x, \pm\sqrt{t} \bmod p)$;　// 平方根はアルゴリズム 2.3.8 または 2.3.9 による.

$(x, y) \in E(\mathbf{F}_p)$ ならば $(x, -y) \in E(\mathbf{F}_p)$ であるから,平方根はどちらであっても構わない.このアルゴリズムは確率的であるが,do ループをほんの数回繰り返すだけで終了すると期待できる.もうひとつ重要な結論として次のことがある.y 座標を必要としない問題に対しては,点 $(x, ?)$ が存在するかどうか,すなわち x が $E(F)$ のある点の x 座標かどうかはヤコビ記号 $\left(\frac{t}{p}\right)$ が -1 でないことだけ確かめればよい.

　与えられた曲線上の点を見出すこれらの方法は,素数判定や暗号理論において有用である.一方,見方を変えた「ランダムな曲線およびその曲線上のランダムな点の両方を見つけ出す方法はあるだろうか？」という興味深い問題がある.この問いは因数分解において重要であり,7.4 節において取り扱うこととする.そこでは合成数 n を法とする「擬楕円曲線」上の演算が必要である.

　ところで,曲線 E 上の 1 点 P,あるいは点の集合が与えられたとき,対ごとの和,および最も重要なことであるが,$[n]P$ をどのように求めればよいだろうか？　これらの演算を行っていくための方法がいくつかある.

選択 (1): アフィン座標.定義 7.1.2 で定めた群の基本演算を直接に利用する.この方法では一般に法 p での逆元の計算を必要とする.

選択 (2): 射影座標.群演算を射影座標 $[X, Y, Z]$ に対して用いると,法 p での逆元の計算が不要になる.$Z \neq 0$ のとき $[X, Y, Z]$ は曲線のアフィン点 $(X/Z, Y/Z)$ に対応する.点 $[0, 1, 0]$ は無限遠点 O である.

選択 (3): 修正射影座標.組 $\langle X, Y, Z \rangle$ を用いる.この点は,$Z \neq 0$ ならば曲線上のアフィン点 $(X/Z^2, Y/Z^3)$ に対応する.点 $\langle 0, 1, 0 \rangle$ は無限遠点 O に対応する.この座標系でも逆元計算は不要で,しかも射影座標より計算回数が少ない.

選択 (4): X, Z 座標 (Montgomery 座標と呼ばれることがある).座標 $[X : Z]$ を用いる.これは射影座標 $[X, Y, Z]$ から Y を落としたものである.$Z \neq 0$ のとき,$x = X/Z$ とおけばアフィン点の x 座標を復元できる.y の値については一般に 2 つの可能性があるが,確定しないでおく.この方法は整数倍算計算のどの段階でも y 座標が必要ないとき (そのような状況は因数分解や暗号理論の研究において生ずることがある),あるいは

座標自体が多項式で表されているような状況で楕円曲線上の演算を行わなければならないときに効果を発揮するようになる.

これらのうちどの手段が最善なのかは種々の細かな問題に依存する. 例えば, 基礎体を $\mathbf{F}_p$ として, もし法 p での逆元を高速に求められるなら (1) を選択してよいだろう. 他方, (1) の方法をすでに実装しているものの (遅い) 逆元計算にかかる時間を低減したいと思えば, (2) あるいは (3) に移り, アルゴリズムの流れに後述のような細かい変更を加えて計算すばよい. ゼロから実装していこうとするなら, (4) の方法がよいかもしれない. 特に非常に大きな数を楕円曲線法で因数分解するときにこれを選ぶとよい. そうすると合成数 n に対して法 n での逆元計算を完全に避けることができる.

楕円曲線上の具体的な計算に関しては, (1) の方法のときは演算結果は定義 7.1.2 から直接にわかるが, 議論の完全性のためにまずこの方法から始めることにする. 重要な注意：今後与えるアルゴリズムにおいて演算は基礎体 F 上で行うが, 合成数 n の因数分解の際のように「擬楕円曲線」を使った議論では環 $\mathbf{Z}_n$ を用いる必要がある. その場合 mod p の代わりに mod n での演算を行う. また, 拡大体 $\mathbf{F}_{p^k}$ 上で演算を行う場合は多項式演算もしくはそれと同等の代数演算を用いる.

アルゴリズム 7.2.2 (楕円曲線上の加算：アフィン座標). 楕円曲線 $E(F)$ (このアルゴリズムに先立つ注意参照) はアフィン方程式 $Y^2 = X^3 + aX + b, a, b \in F$ で与えられ, 体 F の標数は 2 でも 3 でもないとする. 点 P を組 (x, y, z) で表す. ただし, アフィン点に対しては $z = 1$ とし (x, y) はアフィン曲線上にあるとする. また無限遠点 O に対しては $z = 0$ とする (2 つの組 $(0, 1, 0), (0, -1, 0)$ は同一の点を表す). このアルゴリズムは -1 倍, 2 倍, 加算および減算を求める関数を与える.

1. [楕円曲線の -1 倍関数]
   $neg(P)$ return $(x, -y, z)$;
2. [楕円曲線の 2 倍関数]
   $double(P)$ return $add(P, P)$;
3. [楕円曲線の加算関数]
   $add(P_1, P_2)\{$
   　　if($z_1 == 0$) return P_2;　　　　　　　　　　　// $P_1 = O$ の場合.
   　　if($z_2 == 0$) return P_1;　　　　　　　　　　　// $P_2 = O$ の場合.
   　　if($x_1 == x_2$) {
   　　　　if($y_1 + y_2 == 0$) return $(0, 1, 0)$;　　　// すなわち, O を返す.
   　　　　$m = (3x_1^2 + a)(2y_1)^{-1}$;　　　　　　　// 体 F での逆元計算.
   　　} else {
   　　　　$m = (y_2 - y_1)(x_2 - x_1)^{-1}$;　　　　　// 体 F での逆元計算.
   　　}

$$x_3 = m^2 - x_1 - x_2;$$
　　return $(x_3, m(x_1 - x_3) - y_1, 1);$
}

4. [楕円曲線の減算関数]
　　$sub(P_1, P_2)$ return $add(P_1, neg(P_2));$

通常の射影座標を用いる方法 (2) の場合には，曲線 $Y^2 Z = X^3 + aXZ^2 + bZ^3$ および点 $P_i = [X_i, Y_i, Z_i]$ $(i = 1, 2)$ をとる．$P_1 \neq \pm P_2$ かつ P_1, P_2 がともに O でないとき，定義 7.1.2 (5) の加算規則は

$$P_3 = P_1 + P_2 = [X_3, Y_3, Z_3]$$

とおくと

$$X_3 = \alpha \left(\gamma^2 \zeta - \alpha^2 \beta\right),$$
$$Y_3 = \frac{1}{2} \left(\gamma \left(3\alpha^2 \beta - 2\gamma^2 \zeta\right) - \alpha^3 \delta\right),$$
$$Z_3 = \alpha^3 \zeta$$

と書ける．ここで，

$$\alpha = X_2 Z_1 - X_1 Z_2, \quad \beta = X_2 Z_1 + X_1 Z_2,$$
$$\gamma = Y_2 Z_1 - Y_1 Z_2, \quad \delta = Y_2 Z_1 + Y_1 Z_2, \quad \zeta = Z_1 Z_2$$

である．途中の計算結果 $\alpha^2, \alpha^3, \alpha^2 \beta, \gamma^2 \zeta$ を保持しておけば，$P_1 + P_2$ の座標は体において 14 回の乗算と 8 回の加算をすることで計算できる（1/2 を乗ずることは一般にシフト 1 回，またはシフト 1 回と加算 1 回で行われる）．加算規則 (5) により 2 倍点を計算する場合は，$[2]P \neq O$ であれば

$$[2]P = [2][X, Y, Z] = [X', Y', Z']$$

の射影座標表示は

$$X' = \nu(\mu^2 - 2\lambda\nu),$$
$$Y' = \mu \left(3\lambda\nu - \mu^2\right) - 2Y^2 \nu^2,$$
$$Z' = \nu^3$$

となる．ここで，
$$\lambda = 2XY, \quad \mu = 3X^2 + aZ^2, \quad \nu = 2YZ$$

とおいた．したがって，2 倍算は体において乗算を 13 回と加算を 4 回行えば完了する．加算と 2 倍算どちらの場合も，体における逆元の計算は不要である．

7.2 楕円曲線上の演算

　射影座標を使っていて，与えられたアフィン点 (u,v) から出発するときは，末尾に 1 を追加して $[u,v,1]$ とすることで簡単に射影点を得ることができる．もし最終的に $[X,Y,Z]$ をアフィン点として表したいのであれば，それが無限遠点でないなら，Z^{-1} を計算したのち (XZ^{-1}, YZ^{-1}) を得る．

　選択 (3) でも体における逆元の計算が不要であることを確かめよう．選択 (2) と比べて，選択 (3) による加算は高コストになるが，2 倍算については低コストになる．整数倍算 $[n]P$ において 2 倍算の回数は加算のおよそ 2 倍と期待されるから，(2) よりも (3) を選ぶほうがおそらく望ましいということがわかる．さて，$\langle X,Y,Z \rangle$ は $Z \neq 0$ のとき $y^2 = x^3 + ax + b$ 上のアフィン点 $(X/Z^2, Y/Z^3)$ と解釈し，$\langle 0,1,0 \rangle$ は無限遠点と解釈したことを思い出そう．この場合も，曲線上のアフィン点 (u,v) を修正射影座標に変換したければ，末尾に 1 を付け加えて $\langle u,v,1 \rangle$ とすればよい．さらに，修正射影座標で表された点 $\langle X,Y,Z \rangle$ が無限遠点でないときにそれに対応するアフィン点を求めたければ，Z^{-1}, Z^{-2}, Z^{-3} を計算し，その上でアフィン点 (XZ^{-2}, YZ^{-3}) を求める．次のアルゴリズムは選択 (3) の修正射影座標を用いた代数演算を実行する．

アルゴリズム 7.2.3 (楕円曲線上の加算：修正射影座標). F は標数 $\neq 2,3$ なる体とし，$E(F)$ をアフィン方程式 $y^2 = x^3 + ax + b$ で与えられる F 上の楕円曲線とする（ただし，アルゴリズム 7.2.2 の前に述べた注意も参照のこと）．点 P を修正射影座標で $P = \langle X,Y,Z \rangle$ と表す．$\langle 0,1,0 \rangle, \langle 0,-1,0 \rangle$ はともに無限遠点 $P = O$ である．このとき，このアルゴリズムは点の -1 倍，2 倍，加算および減算を求める関数を与える．

1. [楕円曲線の -1 倍関数]

    $neg(P)$ return $\langle X, -Y, Z \rangle$;

2. [楕円曲線の 2 倍関数]

    $double(P)$ {

    　　if($Y == 0$ or $Z == 0$) return $\langle 0,1,0 \rangle$;

    　　$M = (3X^2 + aZ^4)$; $S = 4XY^2$;

    　　$X' = M^2 - 2S$; $Y' = M(S - X') - 8Y^4$; $Z' = 2YZ$;

    　　return $\langle X', Y', Z' \rangle$;

    }

3. [楕円曲線の加算関数]

    $add(P_1, P_2)$ {

    　　if($Z_1 == 0$) return P_2;　　　　　　　　　　　　　　// $P_1 = O$ の場合．

    　　if($Z_2 == 0$) return P_1;　　　　　　　　　　　　　　// $P_2 = O$ の場合．

    　　$U_1 = X_2 Z_1^2$; $U_2 = X_1 Z_2^2$;

    　　$S_1 = Y_2 Z_1^3$; $S_2 = Y_1 Z_2^3$;

    　　$W = U_1 - U_2$; $R = S_1 - S_2$;

    　　if($W == 0$) {　　　　　　　　　　　　　　　　　　　　// x 座標が一致．

            if($R == 0$) return $double(P_1)$;
            return $\langle 0, 1, 0 \rangle$;
        }
        $T = U_1 + U_2;\ M = S_1 + S_2;$
        $X_3 = R^2 - TW^2;$
        $Y_3 = \frac{1}{2}((TW^2 - 2X_3)R - MW^3);$
        $Z_3 = Z_1 Z_2 W;$
        return $\langle X_3, Y_3, Z_3 \rangle$;
    }

4. [楕円曲線の減算関数]

    $sub(P_1, P_2)$ {
        return $add(P_1, neg(P_2));$
    }

強調しておくが，どの加算アルゴリズムでも，$\mathbf{Z}_n$ で計算しているときには計算過程で法 n より大きい数が表れたら必ず法 n で簡約しておく．選択 (3)（修正射影座標）のアルゴリズムは明らかに選択 (1)（アフィン座標）より乗算回数が多いが，すでに述べたように，この方法を使えば逆元の計算を避けることができる（問題 7.9）．アルゴリズム 7.2.3 を実装する際，途中の計算結果のうちいくつかはさらに使うことがあるので保持しておくべきである．上に示したアルゴリズム中にはそのことが明示されていないものもある．特に，加算関数において X_3 を求めるときに使われた値 W^2 は，Y_3 を求めるときに必要な W^3 の値を求める際に呼び出される．TW^2 の値についても同様である．このような注意を払っておくと，関数 $double()$ における体乗算は 10 回になる．（a が小さいとき，あるいは特に $a = -3$ としたとき，乗算回数は 10 回からさらに減らすことができる（問題 7.10）．）一方，一般の加算関数 $add()$ では体乗算は 16 回必要であるが，条件 $Z_1 = 1$ のもとでは必要な乗算は大きく減って 11 回だけとなる．この補助条件は非常によく用いられ，実際，ある種の整数倍算階梯ではこの条件のもとで内部計算を行うようになっている．（アルゴリズム 7.2.3 の前に議論した通常の射影座標の場合も，$Z_1 = 1$ と仮定すると一般の加算に対して必要な乗算回数は 14 から 11 に減る．）

楕円曲線上の演算に関する (1), (2), (3) の方法について述べてきたが，ここでようやく整数倍算，すなわち整数 n および点 $P \in E$ に対して $[n]P$ を求めるという重要な問題について論じる時が来た．もちろん，この計算の際にアルゴリズム 2.1.5 を使うことができる．しかしながら，2 倍算は 2 つの異なる点の加算よりはるかに低コストであり，しかも減算にかかるコストは加算と同じであるから，ここでは計算法として修正 2 進階梯，いわゆる加減算階梯を選択する．アルゴリズム 2.1.5 のような標準的な 2 進階梯と比べて，この方法はほとんどの n について 2 倍算と加減算演算の比が大きく，また楕円曲線上の計算の際の呼び出し回数が少ない．このような方法は群における逆元計算が

容易なとき（楕円曲線については単に y 座標の符号を反転させるだけでよい）はいつでも有効である．（整数倍算に対するさらに別の階梯手法を後にアルゴリズム 7.2.7 として示す．）

アルゴリズム 7.2.4 (楕円曲線上の整数倍算：加減算階梯). 関数 $double()$, $add()$, $sub()$ はアルゴリズム 7.2.2 もしくは 7.2.3 のどちらか一方で定義されたものとする．このアルゴリズムは，非負整数 n および点 $P \in E$ に対して整数倍算 $[n]P$ を計算する．$m = 3n$ の B ビット 2 進記をビットの列 $(m_{B-1}, \ldots, m_0)$ で，また n の B ビット 2 進表記を (n_j) で（左側を 0 で埋めて B ビットにしておくことで）表すことにする．$n = 0$ については $B = 0$ と解釈する．

1. [初期化]
   if($n == 0$) return O;   // 無限遠点．
   $Q = P$;

2. [$3n, n$ のビットを比較]
   for($B - 2 \geq j \geq 1$) {
       $Q = double(Q)$;
       if($(m_j, n_j) == (1, 0)$) $Q = add(Q, P)$;
       if($(m_j, n_j) == (0, 1)$) $Q = sub(Q, P)$;
   }
   return Q;

このアルゴリズムが正しく動作することの証明は後に問題 9.30 で扱う．最良の階梯構成法について調べることは未解決問題を多く含む興味深い研究分野である．この点に関しては問題 9.77 を参照のこと．

選択 (4) を使った楕円曲線上の演算について述べる前に，非常に有用な概念を導入する．それは選択 (4) のみならずはるか広範囲に影響を及ぼすものである．

定義 7.2.5. $E(F)$ は体 F 上の楕円曲線で，式 $y^2 = x^3 + Cx^2 + Ax + B$ により定義されているとする．g を F の 0 でない元とするとき，g による E の 2 次ひねりとは式 $gy^2 = x^3 + Cx^2 + Ax + B$ で定義される F 上の楕円曲線のことである．変数変換 $X = gx, Y = g^2 y$ を行うと，ひねった曲線の Weierstrass 型方程式は $Y^2 = X^3 + gCX^2 + g^2 AX + g^3 B$ となる．

状況により，曲線を $gy^2 = x^3 + Cx^2 + Ax + B$ の形のままにしておくほうがよいこともあれば，同値な Weierstrass 型方程式を使いたいこともあるだろう．

直ちにわかるように，g, h が体 F の 0 でない元であれば楕円曲線の g による 2 次ひねりは gh^2 による 2 次ひねりに群として同型となる．（実際，hy を新たに Y とすれば

よい．これらの群が同型となることは簡単に確認できる．）有限体 $\mathbf{F}_q$ の場合，g が $\mathbf{F}_q$ の平方元でなければ，h が $\mathbf{F}_q$ の 0 以外の元を動くとき gh^2 は $\mathbf{F}_q$ のすべての非平方元を動く．したがって，$\mathbf{F}_q$ 上では楕円曲線 $E(\mathbf{F}_q)$ の 2 次ひねりは自身を除けばただ 1 つである．$E(\mathbf{F}_q)$ の非自明な 2 次ひねりは，どの非平方元でひねったか特に興味がない場合などには，$E'(\mathbf{F}_q)$ と表されることがある．

さて，選択 (4) に進もう．座標系は Y を落とした斉次座標である．われわれは，ひねった曲線 $gy^2 = x^3 + Cx^2 + Ax + B$（定義 7.2.5）に対してこの方法を論ずることにする．まずアフィン座標を使って詳しく述べよう．P_1, P_2 は楕円曲線 $E(F)$ 上のアフィン点で，かつ $P_1 \neq \pm P_2$ とする．x_+, x_- をそれぞれ $P_1 + P_2$ と $P_1 - P_2$ の x 座標とすると，それらを表す式が定義 7.1.2 から（g があるときにも定義を一般化することにより）得られる．それらの積をとると P_1, P_2 の y 座標は偶数乗でしか現れないので，曲線の定義式 $gy^2 = x^3 + Cx^2 + Ax + B$ を用いて x の式に置き換えられる．ちょっとした奇跡として，最終的に項の相殺がかなり起こる傾向があり，またパラメータ g も消滅してしまう．[Montgomery 1987, 1992a] に与えられている結果を以下に述べておこう．ただしここでは (7.5) で定義された曲線の 2 次ひねりに対する形に一般化してある．

定理 7.2.6 (一般化された Montgomery 恒等式). 3 次式

$$gy^2 = x^3 + Cx^2 + Ax + B$$

で定まる楕円曲線 E およびともに O でない 2 点 $P_1 = (x_1, y_1)$, $P_2 = (x_2, y_2)$ に対して，$P_1 \pm P_2$ の x 座標をそれぞれ $x_\pm$ で表す．このとき $x_1 \neq x_2$ ならば

$$x_+ x_- = \frac{(x_1 x_2 - A)^2 - 4B(x_1 + x_2 + C)}{(x_1 - x_2)^2}$$

であり，$x_1 = x_2$ かつ $2P_1 \neq O$ ならば

$$x_+ = \frac{(x_1^2 - A)^2 - 4B(2x_1 + C)}{4(x_1^3 + Cx_1^2 + Ax_1 + B)}$$

である．

定理において g は無関係である，つまり x 座標を用いて表された右辺の式は g に依存しないということに注意しよう．実際のところ，g を使うのは初めの y 座標が必要になったときぐらいである．しかしもちろん Montgomery のパラメータ表示の大事な点は y 座標を無視することにある．さて，$C = 0$ とすると通常の Weierstrass 型方程式 (7.4) になる．しかしながら，Montgomery が注意しているように $B = 0$ の場合が特に快適で，例えばこのとき簡単な関係式

$$x_+ x_- = \frac{(x_1 x_2 - A)^2}{(x_1 - x_2)^2}$$

7.2 楕円曲線上の演算

が成り立つ．以下にこの種の関係式がどのようにして楕円曲線上の演算の効率化をもたらすのかを見てみよう．

アイディアは，異なる2点 P_1, P_2 を加えるときはいつも事前に $P_1 - P_2$ がどんな点かわかるような加算連鎖を使って $[n]P$ を求めるというものである．このマジックは3.6.3項ですでに議論した Lucas チェーンによって実現される．いまの記法では，途中の各段階で組 $[k]P, [k+1]P$ があり，これより組 $[2k]P, [2k+1]P$ または組 $[2k+1]P, [2k+2]P$ を構成する．どちらにするかは対応する n のビットによって決める．いずれの場合も，2倍算を1回と加算を1回実行する．しかも，加えられる2点の差がわかっている．すなわち，それは P 自身である．

逆元計算を避けるために，選択 (2) の斉次座標で Y 座標を除いたものを用いる．座標は斉次だから，$Z \neq 0$ のとき組 $[X:Z]$ から決まるのは比 X/Z だけである．無限遠点は組 $[0:0]$ として識別される．楕円曲線 (7.5) 上の点 P_1, P_2 が斉次座標で与えられ，しかも P_1, P_2 は O でなく，かつ $P_1 \neq P_2$ としよう．

$$P_1 = [X_1, Y_1, Z_1], \ P_2 = [X_2, Y_2, Z_2],$$
$$P_1 + P_2 = [X_+, Y_+, Z_+], \ P_1 - P_2 = [X_-, Y_-, Z_-]$$

とすれば，$X_- \neq 0$ のとき定理 7.2.6 を用いるとすぐに

$$\begin{aligned} X_+ &= Z_- \left((X_1 X_2 - A Z_1 Z_2)^2 - 4B(X_1 Z_2 + X_2 Z_1 + C Z_1 Z_2) Z_1 Z_2 \right), \\ Z_+ &= X_- (X_1 Z_2 - X_2 Z_1)^2 \end{aligned} \quad (7.6)$$

ととれることがわかる．これらの式より，組 X_+, Z_+ は6つの量 $X_1, Z_1, X_2, Z_2, X_-, Z_-$ の関数として定義され，Y_1, Y_2 はまったく無関係となる．この関数を

$$[X_+ : Z_+] = addh([X_1 : Z_1], [X_2 : Z_2], [X_- : Z_-])$$

と書く．関数名にある "h" は $[X:Z]$ の斉次 (homogeneous) 性を強調するためのものである．$addh$ の定義は $X_- Z_- \neq 0$ なる任意の場合に容易に拡張できる．すなわち，$[X_1:Z_1], [X_2:Z_2]$ のうち1つは $[0:0]$ でも構わない．もし $[X_1:Z_1] = [0:0]$ かつ $[X_2:Z_2]$ が $[0:0]$ でなければ，$addh([0:0],[X_2:Z_2],[X_2:Z_2])$ を $[X_2:Z_2]$ と定義すればよい（したがって，この値の定義の際は上の等式は使わない）．$[X_2:Z_2] = [0:0]$ かつ $[X_1:Z_1]$ が $[0:0]$ でないときも同様である．$P_1 = P_2$ の場合は，2倍算関数

$$[X_+ : Z_+] = doubleh([X_1 : Z_1])$$

を得る．ただし，

$$\begin{aligned} X_+ &= \left(X_1^2 - A Z_1^2\right)^2 - 4B(2X_1 + C Z_1) Z_1^3, \\ Z_+ &= 4 Z_1 \left(X_1^3 + C X_1^2 Z_1 + A X_1 Z_1^2 + B Z_1^3 \right) \end{aligned} \quad (7.7)$$

である．関数 $doubleh$ は $[X_1 : Z_1] = [0:0]$ を含むすべての場合で正しく動作する．P

を楕円曲線上の点として，例えば $[13]P$ についてどのように $[X:Z]$ を計算するのか見てみよう．いま仮に $[k]P = [X_k : Y_k]$ とおく．

$$[13]P = ([2]([2]P) + ([2]P + P)) + ([2]([2]P + P))$$

である．これは次のように計算される：

$$[X_2 : Z_2] = doubleh([X_1 : Z_1]),$$
$$[X_3 : Z_3] = addh([X_2 : Z_2], [X_1 : Z_1], [X_1 : Z_1]),$$
$$[X_4 : Z_4] = doubleh([X_2 : Z_2]),$$
$$[X_6 : Z_6] = doubleh([X_3 : Z_3]),$$
$$[X_7 : Z_7] = addh([X_4 : Z_4], [X_3 : Z_3], [X_1 : Z_1]),$$
$$[X_{13} : Z_{13}] = addh([X_7 : Z_7], [X_6 : Z_6], [X_1 : Z_1]).$$

（厳密に言えば，$X_1 \neq 0$ であることを仮定しなければならない．）一般には次のアルゴリズムを用いる．このアルゴリズムは Lucas チェーンを計算するアルゴリズム 3.6.7 を本質的に含んでいる．

アルゴリズム 7.2.7 (楕円曲線上の整数倍算：Montgomery 法)．このアルゴリズムは上に述べた関数 $addh()$ および $doubleh()$ を用い，非負整数 n および $E(F)$ の点 $P = [X : 任意 : Z]$ で $XZ \neq 0$ なるものに対して整数倍算を計算し，$[n]P$ の $[X:Z]$ 座標を返す．$n > 0$ の B ビット 2 進表記をビットの列 $(n_{B-1}, \ldots, n_0)$ と表すことにする．

1. [初期化]
    if($n == 0$) return O;　　　　　　　　　　　　　　　　　　　　// 無限遠点．
    if($n == 1$) return $[X : Z]$;　　　　　　　　　　　　　　　　　　// 当初の P を返す．
    if($n == 2$) return $doubleh([X : Z])$;
2. [Montgomery の加算/2 倍算階梯開始]
    $[U : V] = [X : Z]$;　　　　　　　　　　　　　　　　　　　　　　// 座標をコピー．
    $[T : W] = doubleh([X : Z])$;
3. [n のビットに関するループ．最上位の 1 ビット下位から開始]
    for($B - 2 \geq j \geq 1$) {
      if($n_j == 1$) {
        $[U : V] = addh([T : W], [U : V], [X : Z])$;
        $[T : W] = doubleh([T : W])$;
      } else {
        $[T : W] = addh([U : V], [T : W], [X : Z])$;
        $[U : V] = doubleh([U : V])$;
      }

}
4. [最終計算]
　　if($n_0 == 1$) return $addh([U:V],[T:W],[X:Z])$;
　　return $doubleh([U:V])$;

　$addh()$ と $doubleh()$ の関数の形からわかるように，Montgomery 法は $B=0$ のとき効率的なアルゴリズムになる．特に，関数 $addh()$, $doubleh()$ はともに 9 回の乗算で計算できる．$B=0, A=1$ の場合，演算回数はさらに減る．
　すでに注意したように，$[n]P$ のアフィン x 座標を得るには体において XZ^{-1} を計算しなければならない．もちろん，n が非常に大きいとしても，この 1 回の逆元計算が相対的に高コストというわけではない．しかしこのような逆元計算は時に完全に避けることができる．例えば，後に取り上げる因数分解の研究の際のように，楕円曲線の群において $[n]P=[m]P$ となるかどうかを知りたいときにはたすきがけ $X_nZ_m - X_mZ_n$ が消えるかどうかを見れば十分で，それは逆元計算のない作業である．同様に，次の事実はたいへん便利である．もし $[n]P=O$ となったら $[n]P$ に対する Z の値は 0 であり，さらに整数倍した $[mn]P$ についても Z の値は 0 である．そのため，O に達したら正確に整数倍算を求める必要はない．$Z=0$ であるという事実は整数倍算関数を次々適用する過程でうまい具合に伝播していくのである．
　われわれはこれまでにアルゴリズム 7.2.7 において $[n]P$ の x 座標だけが処理されること，そしてある種の実装においては y の値を無視しても問題ないことを見てきた．y 座標が隠されているため，2 つの任意の点の和を上記の斉次座標を使う方法で求めるのは容易でない．しかし何もできないわけではなく，2 点の和が与えられた第 3 の点に一致する可能性があるかどうかを高速に判定する有用な結果がある．すなわち，2 点 P_1, P_2 の x 座標のみが与えられたときに，次のアルゴリズムを使って組 $P_1 \pm P_2$ に対する 2 つの x 座標を決定することができる．ただし，どちらが + に伴う座標でどちらが − に伴う座標なのかはわからない．

アルゴリズム 7.2.8 (y 座標を考慮しない和と差 (**Crandall**))．3 次式

$$y^2 = x^3 + Cx^2 + Ax + B$$

で定められた楕円曲線 E に対して，2 点 P_1, P_2 の x 座標 x_1, x_2 が与えられ，かつそれらは等しくないとする．このアルゴリズムは $P_1 \pm P_2$ の x 座標を根にもつ 2 次多項式を返す．
1. [係数をつくる]
　　$G = x_1 - x_2$;
　　$\alpha = (x_1x_2 + A)(x_1 + x_2) + 2(Cx_1x_2 + B)$;
　　$\beta = (x_1x_2 - A)^2 - 4B(x_1 + x_2 + C)$;

2. [2 次多項式を返す]
   return $G^2 X^2 - 2\alpha X + \beta$;
   // この多項式は x_+, x_- ($P_1 \pm P_2$ の x 座標) で消える.

判別式 $4(\alpha^2 - \beta G^2)$ は基礎体の平方元だから,もし $P_1 \pm P_2$ の x 座標の組を明示したければ,この体内で
$$\left(\alpha \pm \sqrt{\alpha^2 - \beta G^2}\right) G^{-2}$$
を計算すればよい.しかしこのようにして得た x_+, x_- について,根号の前のどちらの符号がどちらの座標に合致するのかはやはり特定されない(問題 7.11 参照).ともかくこのアルゴリズムを使うと,y 座標が不明な 3 点が与えられたときに $P_3 = P_1 \pm P_2$ となるかどうかの判定が可能になる.この方法はディジタル署名などの暗号技術への応用に有用である [Crandall 1996b].なお,上記アルゴリズムで扱わなかった $x_1 = x_2$ の場合は直ちにわかる.すなわち,$P_1 \pm P_2$ のうち一方は O であり,他方の x 座標は定理 7.2.6 の後半に与えた形になる.楕円曲線上の演算について,これ以上のことは [Cohen et al. 1998] を参照されたい.楕円曲線上の演算に対する効率的な階梯の問題については後に 9.3 節で論ずる.

7.3　Hasse, Deuring, Lenstra の定理

魅力的かつ困難な問題のひとつとして有限体上の楕円曲線群の位数,すなわち有限体 F に対して楕円曲線 $E_{a,b}(F)$ 上の点を O を含めて数えた個数の決定問題がある.簡潔なアルゴリズム 7.2.1 のところで観察したように,体を $\mathbf{F}_p$ ($p > 3$ は素数) とするとき,(x, y) がこの楕円曲線上の点であれば付随する x の 3 次式はこの体の平方元でなければならない.これより直ちに位数 $\#E$ の正確な式を書くことができる.Legendre 記号を用いると,それは

$$\#E(\mathbf{F}_p) = p + 1 + \sum_{x \in \mathbf{F}_p} \left(\frac{x^3 + ax + b}{p}\right) \tag{7.8}$$

である.右辺は,3 次式 (mod p) の解を与える点 (x, y) (mod p) の個数に無限遠点の寄与としての 1 を加えたものになっている.この等式は,次のようにして体 $\mathbf{F}_{p^k}$ に一般化できる:

$$\#E(\mathbf{F}_{p^k}) = p^k + 1 + \sum_{x \in \mathbf{F}_{p^k}} \chi(x^3 + ax + b).$$

ここで χ は $\mathbf{F}_{p^k}$ の 2 次指標である.(すなわち,$u \neq 0$ がこの体において平方元なら $\chi(u) = 1$,そうでなければ $\chi(u) = -1$ とし,また $\chi(0) = 0$ とする.) H. Hasse による名高い結果を次に述べる.

定理 7.3.1 (Hasse). $E_{a,b}(\mathbf{F}_{p^k})$ の位数 $\#E$ は

$$\left|(\#E) - (p^k + 1)\right| \leq 2\sqrt{p^k}$$

を満たす.

これは楕円曲線論およびその応用におけるまさに核心となる著しい結果である. $\mathbf{F}_p$ に対する Hasse の不等式から,

$$p + 1 - 2\sqrt{p} < \#E < p + 1 + 2\sqrt{p}$$

である. この不等式ともうひとつの関係式 (7.8) の間には興味深い関係が見受けられる. すなわち, Legendre 記号 $\left(\frac{x^3+ax+b}{p}\right)$ を「ランダムウォーク」, つまり, 値 ± 1 をコイン投げの表裏とみなすのである. ただし, $\left(\frac{0}{p}\right) = 0$ の場合は除外する. ランダムなコイン投げを n 回行った後の出発点からの距離の絶対値の期待値は $\sqrt{n}$ に比例することが確率論からわかる. 確かに, Hasse の定理より $\#E_{a,b}(\mathbf{F}_p)$ がとりうる値は点 p からのランダムウォークとして「正しい」大きさになっている. しかし, より掘り下げた発見的考察の段階では用心が要る. 1.4.2 項で言及したように, ランダムウォークでは n ステップ後の出発点からの距離と $\sqrt{n}$ の比は $\ln \ln n$ の程度で発散することが期待されるからである. Hasse の定理は比が 2 で抑えられるといっているからこのようなことは起こりえない. 実際, Legendre 記号にはランダム性からの逸脱を示す微妙な統計学的特徴がある (問題 2.41).

[Deuring 1941] に与えられた定理から, 各整数 $m \in (p + 1 - 2\sqrt{p}, p + 1 + 2\sqrt{p})$ に対して $\#E_{a,b}(\mathbf{F}_p) = m$ となる組 (a, b) が集合

$$\{(a, b) \ : \ a, b \in \mathbf{F}_p; 4a^3 + 27b^2 \neq 0\}$$

の中に存在する. Deuring の定理が実際に述べていることは, 位数 m の曲線の個数は同型の差を除けば $(p + 1 - m)^2 - 4p$ のいわゆる Kronecker 類数になるというものである. [Lenstra 1987] では, Hasse と Deuring によるこれらの結果を用いて体 $\mathbf{F}_p$ 上の曲線の位数に関する確率論的結果を導いている. このことに関して以下に述べる.

因数分解, 素数判定および暗号理論への応用の際, われわれはランダムな楕円曲線を選び出すこと, そしてその位数がスムーズであるとか, 容易に因数分解可能であるとか, あるいは素数であるというような特定の数論的性質をもつ可能性に関心がある. ランダムな曲線を選ぶ方法としては 2 通りが可能である. ひとつは a, b をランダムに選ぶだけで済ませる方法である. しかし, ときには曲線上にランダムな点をとっておきたいこともある. 有限体上の本当の楕円曲線を扱っているなら, その上の点はアルゴリズム 7.2.1 で簡単に見つかる. 一方, n が合成数のとき $\mathbf{Z}_n$ 上ではこのアルゴリズム中の平方根計算のために呼び出された関数は使えなさそうだ. けれども, 曲線が完全に定義される前に点を選んでしまうことで, アルゴリズム 7.2.1 を全面的に回避し, なおかつランダム

な曲線とその上の1点を見つけることができるのである！　すなわち，a をランダムに選び，ついで点 (x_0, y_0) をランダムに選び，それから (x_0, y_0) が曲線 $y^2 = x^3 + ax + b$ 上にのるように b を選べばよい．$b = y_0^2 - x_0^3 - ax_0$ である．

ランダムな曲線を見出すこれら2つの方法により，曲線の位数が特定の性質を有する可能性に関する問題を定式化することができる．p を3より大きい素数とし，$\mathcal{S}$ を Hasse の区間 $(p+1-2\sqrt{p},\ p+1+2\sqrt{p})$ に属するいくつかの整数からなる集合とする．例えば，$\mathcal{S}$ としてはこの区間に属する整数のうち適当な B に対して B スムーズとなるもの（1.4.5項）全体の集合とか，この区間に属する素数全体の集合あるいは素数の2倍となるもの全体の集合がとれる．$N_1(\mathcal{S})$ を，組 $(a,b) \in \mathbf{F}_p^2$ のうち $4a^3 + 27b^2 \neq 0$ かつ $\#E_{a,b}(\mathbf{F}_p) \in \mathcal{S}$ となるものの個数とする．$N_2(\mathcal{S})$ を，組 $(a, x_0, y_0) \in \mathbf{F}_p^3$ のうち $b = y_0^2 - x_0^3 - ax_0$ に対して $4a^3 + 27b^2 \neq 0$ かつ $\#E_{a,b}(\mathbf{F}_p) \in \mathcal{S}$ となるものの個数とする．これらの数 $N_1(\mathcal{S}), N_2(\mathcal{S})$ について，何が期待できるだろうか？　$N_1(\mathcal{S})$ に関しては，a, b について当初 p^2 通りの選び方があり，それぞれについて $\#E_{a,b}(\mathbf{F}_p)$ が長さ $4\sqrt{p}$ の区間 $(p+1-2\sqrt{p},\ p+1+2\sqrt{p})$ に属している．よって，$N_1(\mathcal{S})$ はおよそ $\frac{1}{4}(\#\mathcal{S})p^{3/2}$ になりそうである．同様に，$N_2(\mathcal{S})$ はおよそ $\frac{1}{4}(\#\mathcal{S})p^{5/2}$ になりそうだ．言い換えると，それぞれの場合についてわれわれは，曲線の位数が集合 $\mathcal{S}$ に属する確率は $(p+1-2\sqrt{p},\ p+1+2\sqrt{p})$ からランダムに選んだ整数が $\mathcal{S}$ に属する確率にほぼ等しいと期待したことになる．次の定理はこれがほとんど正しいことを示している．

定理 7.3.2 (Lenstra).　ある正の数 c が存在して，もし $p > 3$ が素数で $\mathcal{S}$ が区間 $(p+1-2\sqrt{p},\ p+1+2\sqrt{p})$ に属する3つ以上の整数の集合ならば，

$$N_1(\mathcal{S}) > c(\#\mathcal{S})p^{3/2}/\ln p, \quad N_2(\mathcal{S}) > c(\#\mathcal{S})p^{5/2}/\ln p.$$

この定理は [Lenstra 1987] で証明されており，また上界も下界と同じ近似オーダーで与えられている．

7.4　楕円曲線法

H. Lenstra による楕円曲線法 (ECM) は卓越した鮮やかさと実用上の重要性をもつ準指数時間の因数分解法である．鮮やかなのは言うまでもないであろう．実用面での重要性は，2次篩法や数体篩法とは違って，楕円曲線法の計算量が因数分解したい数 n の最小素因子のサイズに強く依存し，n 自体にはさほど依存しないという事実にある．そのため，近年非常に大きな整数の約数がたくさん見つかるようになってきている．これらの数の多くは，2次篩法や数体篩法が扱える範囲をはるかに超えるほど大きい．

本節の終わりのほうで，楕円曲線法が近年収めたいくつかの成功例に触れる．それらはこの方法の大きな力を裏づけるものである．

7.4.1 基本楕円曲線法アルゴリズム

楕円曲線法のアルゴリズムは，前節までに展開してきた楕円曲線上の演算に関する概念の多くを利用する．しかし，われわれは $E_{a,b}(\mathbf{Z}_n)$ 上で計算を行っていく．それは，n が合成数のときは本当は楕円曲線とはいえないものである．

定義 7.4.1. $\gcd(n,6) = 1$ とし，環 $\mathbf{Z}_n$ の元 a, b は判別式条件 $\gcd(4a^3 + 27b^2, n) = 1$ を満たすとする．このとき，この環上の擬楕円曲線とは集合

$$E_{a,b}(\mathbf{Z}_n) = \{(x,y) \in \mathbf{Z}_n \times \mathbf{Z}_n : y^2 = x^3 + ax + b\} \cup \{O\}$$

のことである．ただし O は無限遠点とする．（したがって定義 7.1.1 から $\mathbf{F}_p = \mathbf{Z}_p$ 上の楕円曲線もまた擬楕円曲線である．）

（曲線が (7.5) の形で与えられていても，それに対応する判別式条件を満たしていれば擬楕円曲線とみなす．）7.1 節で見たように，n が素数のときは無限遠点は曲線上の射影点のうち対応するアフィン点がない唯一の例外的な点である．n が合成数のときは対応するアフィン点がない射影点がほかにもあるが，擬楕円曲線の定義においてはやはり射影解 $[0, 1, 0]$ に対応する点のみを例外点とする．定義におけるこの（意図的な）点の間引きのために，擬楕円曲線 $E_{a,b}(\mathbf{Z}_n)$ は（n が合成数のとき）定義 7.1.2 の演算のもとで群をなさない．特に，2 点 P, Q で $P + Q$ が定義されないものがある．このことは定義 7.1.2 において傾き m を求める際に見出される．なぜならば n が合成数のときは $\mathbf{Z}_n$ は体でないので，$\mathbf{Z}_n$ の非可逆な非零元の逆元計算を要求されうるからである．「擬楕円曲線」と名づけた動機はこの群演算の不成立にあるが，幸いにもこの概念には強力な応用がある．具体的には，アルゴリズム 2.1.4（拡張ユークリッド互除法）は $\mathbf{Z}_n$ の非零元の逆元計算を要求されると，その元が実際には非可逆であったならば，代わりに n の非自明な約数を与える．この逆元計算の失敗を経て合成数 n を因数分解できるであろう，というのが Lenstra が得た独創的な着想である．

ちなみに，擬楕円曲線上の整数倍乗の概念はどの加算連鎖を使うかに依存することを注意しておく．例えば，$[5]P$ を $P \to [2]P \to [4]P \to [5]P$ と求めていけば完璧に計算できるかも知れないが，もしそれを $P \to [2]P \to [3]P \to [5]P$ と求めていこうとしたら加算に失敗するかも知れない．ただし，もし $[k]P$ に達する 2 つの異なる加算連鎖がともに計算に成功すれば，それらは同じ結果になる．

アルゴリズム 7.4.2 (Lenstra の楕円曲線法 (ECM)). n は合成数で，しかも $\gcd(n, 6) = 1$，かつ累乗数ではないとする．このとき，このアルゴリズムは n の非自明な約数を探す．続編となる新しい楕円曲線法におけるさらなるアルゴリズムの段階を考慮して，「第 1 段階の上限」と呼ばれる調整可能なパラメータ B_1 を設定する．

1. [上限 B_1 の選択]
    $B_1 = 10000$;   //「第 1 段階の上限」B_1 の初期値として現実的なら何でもよい.
2. [曲線 $E_{a,b}(\mathbf{Z}_n)$ および点 $(x,y) \in E$ の探索]
    ランダムに $x, y, a \in [0, n-1]$ を選ぶ;
    $b = (y^2 - x^3 - ax) \bmod n$;
    $g = \gcd(4a^3 + 27b^2, n)$;
    if($g == n$) goto [曲線 $E_{a,b}(\mathbf{Z}_n) \ldots$];
    if($g > 1$) return g;   // 約数が見つかった.
    $E = E_{a,b}(\mathbf{Z}_n)$; $P = (x,y)$;   // 擬楕円曲線とその上の点.
3. [素冪乗数]
    for($1 \leq i \leq \pi(B_1)$) {   // 素数 p_i に関するループ.
        $p_i^{a_i} \leq B_1$ を満たす最大の整数 a_i を求める;
        for($1 \leq j \leq a_i$) {   // j は単なるカウンタである.
            $P = [p_i]P$. 加算の際, 傾きの分母となるべき d について d^{-1} を求めようとし
            たが代わりに非自明な $g = \gcd(n, d)$ が得られた場合は停止し, g を返す;
                                                         // 約数が見つかった.
        }
    }
4. [失敗]
    場合により B_1 の値を増やす;   // 以下の本文を見よ.
    goto [曲線 $E_{a,b}(\mathbf{Z}_n) \ldots$];

n が合成数のときは擬楕円曲線でしかないが, 基本楕円曲線法で不正な演算 (具体的には, 定義 7.1.2 の傾きの計算に必要な逆元計算) が行われれば, それはある素数 $p|n$ に対して正真正銘の楕円曲線 $E_{a,b}(\mathbf{F}_p)$ 上の関係式

$$[k]P = O, \quad \text{ただし } k = \prod_{p_i^{a_i} \leq B_1} p_i^{a_i}$$

の成立を示唆する. しかも, Hasse の定理 7.3.1 から位数 $\#E_{a,b}(\mathbf{F}_p)$ は区間 $(p+1-2\sqrt{p}, p+1+2\sqrt{p})$ 内にあることがわかっている. どうやら乗数 k が $\#E(\mathbf{F}_p)$ で割れれば因子の発見を期待できそうだ. そしてこの位数が B_1 スムーズであればこのことは実際に起こりうる. (位数が B_1 スムーズであるためには各素因子が高々 B_1 であることだけが条件だが, 上式では位数の各素冪因子が高々 B_1 であるというより強い条件に置き換わっているので, これは完全に正確というわけではない. a_i を定義する不等式を $p_i^{a_i} \leq n + 1 + 2\sqrt{n}$ にとりかえてもよいが, 実際にはそのようにすると大変なコストがかかるわりに成果が乏しい.) それゆえ, 第 1 段階の上限 B_1 を隠れた素因子 p により定まる実在の曲線の群位数に関するスムーズ性の上界とみなすことができる.

7.4 楕円曲線法

　楕円曲線法と Pollard の $p-1$ 法（アルゴリズム 5.4.1）の違いは何だろうか. $p-1$ 法では 1 つの群 $\mathbf{Z}_p^*$（その位数は $p-1$ である）だけがあり，この群の位数が B スムーズであればうまくいく. 楕円曲線法を用いるときは，多数の楕円曲線の群からランダムに選ぶことができ，曲線を選び直すごとに新たに成功の可能性が生まれるのである.

　これらのことをもとに，楕円曲線法の計算量の発見的評価をしてみよう. 因数分解したい数 n は合成数で，6 と互いに素，かつ累乗数ではないとする. p を n の最小素因子とし，q を n の別の素因子とする. アルゴリズム 7.4.2 において，ステップ [曲線 $E_{a,b}(\mathbf{Z}_n)\ldots$] で a, b, P を選び，ある $l \leq \pi(B_1)$, $a' \leq a_l$ に対して

$$k = p_l^{a'} \prod_{i<l} p_i^{a_i}$$

と定めたときに，もし

$$E_{a,b}(\mathbf{F}_p) \text{ 上で } [k]P = O, \quad E_{a,b}(\mathbf{F}_q) \text{ 上で } [k]P \neq O$$

となっていれば n の分解に成功する. これら 2 つのことが起こる可能性は第 1 の事象に支配されるから第 2 の事象は無視することにする. 上に述べたように，第 1 の事象は $\#E_{a,b}(\mathbf{F}_p)$ が B_1 スムーズならば起こりうる. 定理 7.3.2 から，成功する確率 $prob(B_1)$ は

$$c \frac{\psi(p+1+2\sqrt{p}, B_1) - \psi(p+1-2\sqrt{p}, B_1)}{\sqrt{p} \ln p}$$

より大きい. ここで記号 $\psi(x,y)$ は (1.42) のとおりとする. ステップ [素冪乗数] で，楕円曲線上の加算は 1 つの曲線につきおよそ B_1 回行われるから，$B_1/prob(B_1)$ が最小になるように B_1 を選びたい. 確率 $prob(B_1)$ がほぼ

$$c \frac{\psi(\frac{3}{2}p, B_1) - \psi(\frac{1}{2}p, B_1)}{p \ln p}$$

に等しいと仮定すれば 1.4.5 項で述べた評価が使え，最小となるのは

$$B_1 = \exp\left((\sqrt{2}/2 + o(1))\sqrt{\ln p \ln \ln p}\right)$$

のときで，かつこの B_1 の値に対する計算量の評価 $B_1/prob(B_1)$ は

$$\exp\left((\sqrt{2} + o(1))\sqrt{\ln p \ln \ln p}\right)$$

で与えられる（問題 7.12）. もちろん，われわれは初めは p を知らないから，ステップ [上限 B_1 の選択] でまず直観により妥当な B_1 の値を選ぶしかない. そのため，B_1 の値として 10000 という低いところから始め，それからステップ [失敗] で場合によってはこの値を増加させるわけである. 実際にはどうするかというと，1 つの B_1 の値でいくら走らせても成功せず，大きい値が必要だと悟ったら 2 倍ほど大きくする，という手続きを繰り返していく. もちろん，ステップ [失敗] で因数分解の試みを中止して完全にあき

らめるという選択もある．楕円曲線法において B_1 の値が次第に増加していき，最終的に上に示した臨界圏に達したときには因数分解に成功すると思われ，そのときは小さい B_1 で不首尾のまま消費された時間は相対的に無視できる．

さて，要約すると，最小素因子が p である n の非自明な因数分解を楕円曲線法で与えるときの発見的期待計算量は，(6.1) の記号を用いると n のサイズの整数の演算で $L(p)^{\sqrt{2}+o(1)}$ 回となる．（誤差 $o(1)$ は p が限りなく大きくなるにつれて 0 に限りなく近づくことを表す．）したがって，n の最小素因子が大きいほど演算回数が増加すると予想される．最悪となるのは n がほぼ等しい 2 素数の積のときである．この場合，期待計算量は $L(n)^{1+o(1)}$ と表すことができ，ちょうど 2 次篩法の発見的計算量（6.1.1 項）と同じになる．しかしながら，楕円曲線法では基本的な計算がより複雑になるので，最悪の場合の数に対しては一般に 2 次篩法あるいは数体篩法を用いるほうがよい．もし因数分解したい数 n が最悪の場合であるのか不明なときは，通常は楕円曲線法を最初に試し，それにかなりの時間を費しても答えを得られなかったときだけ 2 次篩法あるいは数体篩法を用いるべきである．しかし，もし n があまりにも大きくて 2 次篩法や数体篩法が使えないことが事前にわかっているなら，現時点では楕円曲線法が唯一の選択肢となる．でも，ひょっとしたら幸運をつかめるかもしれないのだ！　運がよければ，因数分解したい数が実際に楕円曲線法で発見可能なサイズの素因子をもっていてくれたり，あるいは楕円曲線法実行時に思ったよりも早く幸運なパラメータを探し当て，感動的な因子を見つけられることもあるだろう．つまり，楕円曲線法は成功事象が起こるのを当てこんでいるため期待計算量の変動が大きいという面白い特徴をもつ．

興味深いことに，楕円曲線法の発見的計算量評価は，Hasse の区間内の整数がスムーズである確率とより大きい区間 $(p/2, 3p/2)$ 内の標準的な整数がそうである確率とが一致するという仮定を 1 つ加えた以外は完全に厳密に行われている．[Lenstra 1987] を参照のこと．

以下では，楕円曲線法の最適化をいくつか述べる．これらの改良は計算量の評価に実質的な影響を与えないが，実用上はかなりの助けとなる．

7.4.2　楕円曲線法の最適化

楕円曲線法のもととなった Pollard の $p-1$ 法（5.4 節）と同様に，楕円曲線法も自然に第 2 段階へと延長される．アルゴリズム 7.4.2 の後に与えた注意に照らして，B_1 を実用的な範囲でどのように選んでも位数 $\#E_{a,b}(\mathbf{F}_p)$ が B_1 スムーズでなく，したがって基本アルゴリズムが因子の発見に失敗する見込みだと仮定する．ただし，たまたま B_1 より大きい素数 q により

$$\#E(\mathbf{F}_p) = q \prod_{p_i^{a_i} \leq B_1} p_i^{a_i}$$

となっているかもしれない．このような上限を超えた素数が位数の因数分解の未知部分に 1 つだけ存在するときは，$(B_1, q]$ に属する各素数を次々と乗じていく必要はなく，代

7.4 楕円曲線法

わりに楕円曲線法の第 1 段階アルゴリズム 7.4.2 を「生き延びた」点

$$Q = \left[\prod_{p_i \leq B_1} p_i^{a_i} \right] P$$

を使って

$$[q_0]Q, \; [q_0 + \Delta_0]Q, \; [q_0 + \Delta_0 + \Delta_1]Q, \; [q_0 + \Delta_0 + \Delta_1 + \Delta_2]Q, \ldots$$

を調べていけばよい.ここで q_0 は B_1 より大きい最小の素数で,Δ_i は q_0 以降の隣接素数の階差を表す.いくつかの点

$$R_i = [\Delta_i]Q$$

を今回に限り記憶しておけば,適切な R_i に関する楕円曲線上の加算を次々に行うことで B_1 より大きい素数を速く処理していくことができるという考え方である.この方法には,素数 q を点に乗ずると楕円曲線上の演算が $O(\ln q)$ 回必要であるが,あらかじめ計算しておいた R_i との加算では当然ながら 1 回の演算で済むという利点がある.

この「第 2 段階」の最適化およびその改良以外にも,次のような効率化が考えられる.
(1) ランダムに曲線を選ぶことが容易な特別なパラメータ表示.
(2) 位数が 12 または 16 で割れることがわかっている曲線の選択 [Montgomery 1992a], [Brent et al. 2000].
(3) 長整数演算および楕円曲線上の代数演算自体の高速フーリエ変換などによる高速化.
(4) 第 2 段階に適用される,「FFT 拡張」のような高速なアルゴリズム.これは実質的に事前計算しておいた x 座標の集合に適用される多項式評価法である.

こういった効率化をこの場でいちいち行ってアルゴリズムを次々と与えていくのはやめて,上記の効率化を手短に論じ,それからそれらの多くを含む実用的なアルゴリズムを 1 つだけ与えることにしよう.

上記 (1) の効率化に関して述べると,われわれの最終的なアルゴリズムには y 座標が一切必要ないという顕著な特色がある.つまり,そのアルゴリズムでは Montgomery のパラメータ表示

$$gy^2 = x^3 + Cx^2 + x$$

を用い,整数倍算はアルゴリズム 7.2.7 を使って実行する.したがって,点は斉次形 $P = [X, 任意, Z] = [X : Z]$(記法は 7.2 節を参照)で表し,われわれは剰余 X, Z (mod n) を追跡するだけでよい.アルゴリズム 7.2.7 の後に述べたように,$p|n$ とするとき $\mathbf{F}_p$ 上の曲線での計算中に無限遠点 O が出現したかどうかは分母 Z が消えることで判別され,しかも分母の消滅はその後に関数 $addh()$, $doubleh()$ の値を求めている間ずっと伝播していく.したがって,このパラメータ表示において継続的に $\gcd(n, Z)$ を調べ,もしこれがひとたび 1 より大きくなったら,それはたぶん隠れている素因子 p であろう.実際には,Z 座標は「蓄積」しておき,gcd は例えば第 1 段階終了後と,後述

のように第 2 段階終了後にもう 1 回という程度でめったにとらない.

(2) の効率化については, Suyama により Montgomery のパラメータ表示のもとでは位数 $\#E$ は 4 で割れることが示されている. しかも, さらに条件をつけて位数が 8, 12, または 16 で割れるようにすることができる. (2) の効率化に関しては次の便利な結果 [Brent et al. 2000] を活用すると効果的である.

定理 7.4.3 (ECM 曲線の構成). 楕円曲線 $E_\sigma(\mathbf{F}_p)$ は 3 次式

$$y^2 = x^3 + C(\sigma)x^2 + x,$$

により定義されているとする. ここで C は体のパラメータ $\sigma \neq 0, 1, 5$ に対し次のように定める :

$$u = \sigma^2 - 5,$$
$$v = 4\sigma,$$
$$C(\sigma) = \frac{(v-u)^3(3u+v)}{4u^3 v} - 2.$$

このとき E_σ の位数は 12 で割れる. しかも, E またはその 2 次ひねり E' (定義 7.2.5 参照) の上の点で x 座標が $u^3 v^{-3}$ であるものが存在する.

これよりランダムに σ を選ぶだけで所期の性質をもつ曲線が新たに生成されるので, まず $X/Z = u^3/v^3$ により x 座標を斉次化してアルゴリズム 7.2.7 を用いる. 因数分解の計算中ずっと y 座標は無視し続ける. しかも, やはり y 座標を無視できることから, 開始点が E またはその 2 次ひねりのどちら上にあってもまったく構わない.

(3) の効率化については, 第 2 段階の計算を減らす方法に関していくつか考え方がある. ひとつは「誕生日のパラドックス」を用いる巧妙な手法である. 要は, 点のランダムな整数倍算により座標集合をつくって一致を調べるという方法で, 計算上しばしば有利となる [Brent et al. 2000]. 一方, 単純にある「第 2 段階の上限」$B_2 > B_1$ までのすべての上限を超えた素数 q を調べるだけ, すなわち, リストの一致を調べる特別な手法を何ら用いないという方針の考え方もある. いま, 各上限を超えた素数候補に対する計算量が漸近的にたった 2 回 (またはそれ以下) の乗算 (mod n) にまで減る非常に実用的な方法を述べる. すでに議論したように, q_n, q_{n+1} を連続する素数とすると, ある時点で $[q_n]Q$ が計算されていれば, 格納されている整数倍点 $[\Delta_n]Q$ をそれに加えて次の点 $[q_{n+1}]Q$ を得ることができるが, この方法で必要な楕円曲線上の演算は 1 つの素数 q_m につき 1 回だけである. これは素晴らしいことであるが, 楕円曲線上の演算は乗算 (mod n) にコストがかかることを思い起こそう. われわれは, 以下のようにその計算量を簡単に, しかも劇的に減らすことができる. ある素数 r に対して $[r]Q = [X_r : Z_r]$ がわかっており, かつ階差による整数倍点 $[\Delta]Q = [X_\Delta : Z_\Delta]$ の集合が事前計算で格納さ

れているとする. ここで Δ はある比較的小さな有限集合 $\{2, 4, 6, \ldots\}$ 上を走る. このとき r に近いが r より大きい素数 s について, それが上限を超えた素数であること, すなわち「どんぴしゃり」

$$[s]Q = [r+\Delta]Q = O$$

であることは, たすきがけ

$$X_r Z_\Delta - X_\Delta Z_r$$

が n と非自明な最大公約数をもつかどうかを調べることで検証できる. ゆえに, 十分な数の $[\Delta]Q$ といくつかの予備的な点 $[r]Q$ があれば, 上限を超えた素数の候補1つにつき3回の乗算 (mod n) で調べることができる. 実際, たすきがけに伴う2回の乗算のほかに, 積 $\prod(X_r Z_\Delta - X_\Delta Z_r)$ に新たにたすきがけを付加する分として1回の乗算が必要である. この積は最終的に n との最大公約数をとるために用いる. ところで,

$$X_r Z_\Delta - X_\Delta Z_r = (X_r - X_\Delta)(Z_r + Z_\Delta) + X_\Delta Z_\Delta - X_r Z_r$$

であることに着目すると作業はさらに削減できる. つまり, 値 $X_\Delta, Z_\Delta, X_\Delta Z_\Delta$ を事前計算で格納しておき, 十分に間隔を空けたいくつかの素数 r に対する値 $X_r, Z_r, X_r Z_r$ を用いることで, 第2段階のコストを上限を超えた素数の候補1つにつき漸近的に2回の乗算 (mod n) にまで減らすことができる. 2回のうち1回は上の恒等式の右辺の分で, 1回はたすきがけ付加の分である.

[Brent et al. 2000] に例示されているように, 楕円曲線法の第2段階の作業を減らす巧妙な方法がまだまだある. そのうちのひとつは上の (3) の効率化に関連していて, 要するに変換に基づく乗算 (9.5.3項参照) の考えを様々な恒等式にもちこむというものである. これらの方法は n が十分大きいとき, すなわち, 初等的な筆算より変換に基づく乗算のほうが優位になるような大きさを n がもつときに最適である. たすきがけに関する前述の恒等式では, (例えば離散フーリエ変換などの) 変換

$$\hat{X}_r, \hat{Z}_r$$

を格納しておけば, 積 $(X_r - X_\Delta)(Z_r + Z_\Delta)$ にかかるコストはもはや (変換に基づく) 乗算から生じる 1/3 のみである. この劇的な低減が起こるのは, いま触れたただ1回の積がスペクトル空間で行われるために漸近的にコストがなくなるからで, 1/3 とは逆変換にかかるコストである. 同様の考察が積の付加にも当てはまる. このようにして, 上限を超えた素数の候補1つにつき乗算を約1回にまで減らすことができる. 同じ方針で, 楕円曲線上の演算それ自体が変換を用いて効率化される. いま議論中の Montgomery のパラメータ表示のもとでは, 曲線上の演算に関する関数は式 (7.6), (7.7) で与えられるとおりうまい具合に簡単になるが, さらに変換に基づく乗算を用いると $addh()$ に必要な6回の乗算を変換に基づく乗算4回に削減でき, $doubleh()$ でも同様の削減が可能である (アルゴリズム 7.4.4 のあとの注意参照).

(4) の効率化に関して述べると，第 2 段階における Montgomery の多項式評価法（高速フーリエ変換（FFT）を使って大きな多項式の値を求めることから，「FFT 拡張」と呼ばれることもある）は基本的には 2 つの点集合

$$S = \{[m_i]P : i = 1, \ldots, d_1\}, \quad T = \{[n_j]P : j = 1, \ldots, d_2\}$$

を計算する．ここで P は楕円曲線法の第 1 段階を生き延びた点で，$d_1 | d_2$，かつ整数 m_i, n_j はある $m_i \pm n_j$ が（ただ 1 つの）上限を超えた素数 q で割れることを期待して注意深く選ぶ．この幸運な状況になっているかどうかはリスト S 中のある点の x 座標とリスト T 中のある点の x 座標が一致するかどうか調べればわかる．ここで，一致とはこれらの座標の差と n が非自明な最大公約数をもつという意味である．この一致の問題を，アルゴリズム 7.5.1 とは別の形に表しておこう．アルゴリズム 7.5.1 は並べ換えなどで場合により相当量のメモリを必要とする可能性があるので，d_1 次多項式

$$f(x) = \prod_{s \in S} (x - X(s)) \bmod n$$

を定義してこの多項式の値を d_2 個の点 $x \in \{X(t) : t \in T\}$ で求めるという手法も考えられる．ここで $X(\ )$ は点のアフィン x 座標を返す関数である．もしくは，この $f(x)$ と $g(x) = \prod_t (x - X(t))$ の最大公約因子を求めてもよい．いずれにしても，点集合 S, T の間の一致を $O\left(d_2^{1+\epsilon}\right)$ 回の環演算で探索できるので，$d_1 d_2$ 回の比較を実際に行うことを考えれば利益がある．ちなみに，Montgomery の考え方の先駆けとして Pollard の $p-1$ 法の拡張に関する [Montgomery and Silverman 1990] の手法がある.

このような高度に効率的な第 2 段階の計算を用いたとしても，経験から言える目安としては，第 2 段階においてかける時間は全体の数分の一（例えば 1/4 から 1/2 程度で，種々の細かなことに依存する）程度にとどめるべきである．この基準は最近になり楕円曲線法使用者たちの間に生まれた．その妥当性は各段階におけるあらゆる演算の機械依存の計算量に帰着する．こういった諸々のことから，現実には第 2 段階の上限は第 1 段階の上限に比べて大きさの度合いを 2 つ上げた

$$B_2 \approx 100 B_1$$

程度にするべきだろう．これはなかなか現実的な基準で，一般に楕円曲線法に関する自由度を十分に引き下げる．かくして，両段階とも実行されても 1 つの曲線の解決に要する時間は B_1 のみで決まる関数となる．その上，B_1 として望ましいと考えられる値の一覧表が，n の隠れている因子がもつ「と思われる」サイズの観点からいろいろつくられている [Silverman and Wagstaff 1993]，[Zimmermann 2000].

さて，高速化された楕円曲線法のひとつの形を披露しよう．これは因数分解における一定のマイルストーンに到達した形といえ，現在広く使われているものである．なしうる効率化をすべて与えたわけではないが，われわれは前述の巧妙な取り扱いの多くを装

備するべく努力してきた．実用的な実装をつくり上げるのに十分なのは確かである．次に述べる楕円曲線法の改良版には，Brent, Crandall, Montgomery, Woltman, それに Zimmermann による様々な効率化が組み入れられている．

アルゴリズム 7.4.4 (逆元計算のない楕円曲線法)． 因数分解したい合成数 n は $\gcd(n,6) = 1$ を満たすとする．これは n の非自明な約数を見つけるためのアルゴリズムで，逆元計算がなく，長整数の法乗算のみを必要とする（なお，アルゴリズムのあとの本文を参照のこと）．

1. [基準選択]
    $B_1 = 10000;$ // 第 1 段階の上限（必ず偶数）．
    $B_2 = 100B_1;$ // 第 2 段階の上限（必ず偶数）．
    $D = 100;$ // 全記憶容量は n のサイズの整数およそ $3D$ 個分．

2. [曲線 E_σ をランダムに選択]
    ランダムに $\sigma \in [6, n-1]$ を選ぶ; // 定理 7.4.3 による．
    $u = (\sigma^2 - 5) \bmod n;$
    $v = 4\sigma \bmod n;$
    $C = ((v-u)^3(3u+v)/(4u^3v) - 2) \bmod n;$
    // 注：C は曲線 $y^2 = x^3 + Cx^2 + x$ を定める．
    // いまのところは C は分子/分母の形で保持．
    $Q = [u^3 \bmod n : v^3 \bmod n];$ // 開始点 $[X:Z]$．

3. [第 1 段階の実行]
    for($1 \leq i \leq \pi(B_1)$) { // 素数 p_i に関するループ．
      $p_i^a \leq B_1$ を満たす最大の整数 a を見つける;
      $Q = [p_i^a]Q;$ // アルゴリズム 7.2.7 を用いる．場合により高速フーリエ
                                        変換による高速化を使う（この後の本文を見よ）．
    }
    $g = \gcd(Z(Q), n);$ // 点は $Q = [X(Q) : Z(Q)]$ の形．
    if($1 < g < n$) return $g;$ // n の非自明な約数を返す．

4. [第 2 段階] // 逆元計算のない第 2 段階．
    $S_1 = doubleh(Q);$
    $S_2 = doubleh(S_1);$
    for($d \in [1, D]$) { // このループでは $S_d = [2d]Q$ を求める．
      if($d > 2$) $S_d = addh(S_{d-1}, S_1, S_{d-2});$
      $\beta_d = X(S_d)Z(S_d) \bmod n;$ // 積 XZ も計算し，格納する．
    }
    $g = 1;$
    $B = B_1 - 1;$ // B は奇数．

```
    T = [B - 2D]Q;                              // アルゴリズム 7.2.7 を用いる.
    R = [B]Q;                                   // アルゴリズム 7.2.7 を用いる.
    for(r = B; r < B_2; r = r + 2D) {
        α = X(R)Z(R) mod n;
        for(素数 q ∈ [r+2, r+2D]) {            // 素数に関するループ.
            δ = (q - r)/2;                     // 次の素数までの距離.
                            // 次のステップで変換による高速化ができることに注意.
            g = g((X(R) - X(S_δ))(Z(R) + Z(S_δ)) - α + β_δ) mod n;
        }
        (R, T) = (addh(R, S_D, T), R);
    }
    g = gcd(g, n);
    if(1 < g < n) return g;                    // n の非自明な約数を返す.
5. [失敗]
    goto [曲線 E_σ ...];                       // または上限 B_1, B_2 を増加させる, など.
```

上に示した第 2 段階の実装では, D 個の階差に関する整数倍点 $[2d]Q$ およびそれらそれぞれに対する積 XZ が必要だから, 格納された n のサイズの整数は合計で $3D$ 個となる. 上記の第 2 段階は, 上限を超えた素数の候補ごとに (例えば, n およびメモリのパラメータ D が大きいときに) 漸近的に法 n で 2 回の乗算だが, これはもし第 2 段階で長整数の逆元計算 (上に掲げたアルゴリズムにはまったく含まれない) を厭わなければさらに低減できる. また, 楕円曲線を選択するたびに何度も上限を超えた素数を再計算するのもおそらく無駄なことである. 空き領域があるのなら, これらの素数はステップ [基準選択] で篩を使ってあらかじめ計算しておくとよい. アルゴリズム中に明記しなかったが, 点の前の符号を変えても x 座標は同じだから, たすきがけ $XZ' - X'Z$ と n が非自明な最大公約数をもつかどうかで実際には 2 点 $P \pm P'$ について O になるかどうかを調べていることになると気づけば, 別の効率化ができる. つまり, もし 2 素数 q', q が「中心値」r から等距離にある, すなわち q', r, q が等差数列をなすなら, 1 つのたすきがけを調べることで実質的に両方の素数が解決されるのである.

細部にわたる最適化はまだできるが, われわれは上で説明したことを取捨して, 楕円曲線法の実用的な改良版をアルゴリズム 7.4.4 の形で与えた. このアルゴリズムを超えるさらに多くの最適化が [Montgomery 1987, 1992a], [Zimmermann 2000], および [Woltman 2000] でなされ, 相当の高速化を見た. Zimmermann による様々な効率化は 1998 年に $2^{1071} + 1$ の 49 桁の因子の発見となって結実した. Woltman は (特に $n = 2^m \pm 1$ の場合に) アルゴリズム 3.6.7 のような Lucas 数列加算連鎖を用いた整数倍算に対し離散荷重変換 (DWT) アルゴリズム 9.5.17, 9.5.19 の改良版を実装したし, 楕円曲線上の演算自体をスペクトル空間で実行する FFT 干渉の技法が [Crandall and

Fagin 1994], [Crandall 1999b] で使われている．以前の議論にならうと，2倍算または加算の演算（それぞれ，アルゴリズム 7.2.7 の $doubleh(), addh()$）は 4 回の乗算と同値の計算量で実行できる．つまり，格納してある変換のおかげで，これらの演算はそれぞれ 12 回の高速フーリエ変換のみを必要とし，この変換は 3 回でアルゴリズム 7.2.7 にあるような整数乗算 1 回と同値になるから，4 回の乗算に同値と結論するわけである．これらの方針に従い，C. Curry と G. Woltman は $M_{677} = 2^{677} - 1$ の 53 桁の素因子の発見に成功した．その際に用いられたデータは ECM アルゴリズムを試すときに貴重であるから，以下にパラメータを明示しておこう．Curry は，種

$$\sigma = 8689346476060549$$

を用い，各段階の上限を

$$B_1 = 11000000, \ B_2 = 100 B_1$$

と設定して $2^{677} - 1$ の因数分解

$$1943118631 \cdot 53113271713934602108 1 \cdot 9781465839886377655362 17 \cdot$$
$$5362511269192384350811794231151642817302190330034456 7 \cdot P$$

を得た．ここで最後の因子 P は素数であることがわかっている．楕円曲線法を用いた懸命な努力の成果であるこの美しい例（これは本書執筆時点までに楕円曲線法で見つかった最大因子のひとつを含む）は，上述の 53 桁の p（および種 σ）に対する位数 $\#E(\mathbf{F}_p)$

$$2^4 \cdot 3^9 \cdot 3079 \cdot 152077 \cdot 172259 \cdot 1067063 \cdot 3682177 \cdot 3815423 \cdot 8867563 \cdot 15880351$$

をみるとなお一層美しく映るようになる．実際，この $\#E$ の最大素因子は B_1 より大きく，Curry と Woltman の報告によると果たして M_{677} の 53 桁の因子は第 2 段階で見つかっている．彼らは精巧なアルゴリズムを用いたのだが，上のパラメータをあと知恵として使ってしまえば，アルゴリズム 7.4.4 によりまさにこの因子を見つけて M_{677} を分解できるはずであることを注意しておく．別の成功例は $b = 6^{43} - 1$ としたときの $n = b^4 - b^2 + 1$ の 54 桁の因子で，2000 年 1 月に N. Lygeros と M. Mizony により発見された．こういった因数分解には，53 桁の素因子の発見に関して上に述べたのと同じく群位数などに関する「概観」が与えられている [Zimmermann 2000]．（楕円曲線法のもっと最近の成功例は第 1 章を参照．）

ほかにも，前に触れた Montgomery を創始者とする多項式評価法により成功がもたらされた．彼はこの方法を使って $5^{256} + 1$ の 47 桁の因子を見出したのだが，しばらくの間これは楕円曲線法により見つかった大きな素因子の世界記録であった．多項式評価の手法はかなりのメモリを必要とするが，すでに述べたように第 2 段階の計算を劇的に速くすることができる．

楕円曲線法の実装（相当に満足のいく実装への訓練）に着手したい読者のために，こ

こにもう 1 つの結果をアルゴリズム 7.4.4 の記号を使って記しておく．1.3.2 項に掲げた 33 桁の Fermat 因子

$$168768817029516972383024127016961 \mid F_{15}$$

は 1997 年に Crandall と C. van Halewyn により見出された．そのときのパラメータは次のとおりである．第 1 段階の上限として $B_1 = 10^7$，第 2 段階の上限として $B_2 = 50B_1$ を選び，そして成功をもたらす楕円曲線 E_σ を与える幸運な選択は $\sigma = 253301772$ であった．33 桁の素因子 p が見つかった後で，Brent は $E_\sigma(\mathbf{F}_p)$ の位数が

$$\#E_\sigma(\mathbf{F}_p) = (2^5 \cdot 3 \cdot 4889 \cdot 5701 \cdot 9883 \cdot 11777 \cdot 5909317) \cdot 91704181$$

であることを示した．ここで括弧内は位数のスムーズ部分で，91704181 は上限を超えた素数である．結果を見れば B_1 は約 600 万に「とることができた」し，B_2 は約 1 億にとることができた．しかしもちろん，C. Siegel が述べているように「問題の真の難しさは，それが解ける前にはわからない」のである．[Brent et al. 2000] は他の Fermat 数に対して最近見つかった因子に関するパラメータの値を与えている．そういったデータはアルゴリズムのデバッグの際にはたいへん貴重である．実際，既知の曲線位数の因数分解を用い，点 P から始めていくつかの素数をかけるだけの非常に速いプログラム点検ができ，それにより因子がきちんと見つかればプログラムは正しいと判断できる．

これまで述べてきたとおり，n 自体が非常に大きくても隠れている素因子がそんなに大きくないときには楕円曲線法は殊に適している．実際のところは，楕円曲線法で見つかった素数は 30 桁のあたりでは非常に少なく，40 桁のあたりではさらに減り，60 桁になるとこれまで見つかった例がない[*1]．

7.5　楕円曲線上の点の数え上げ

7.3 節で見たように，有限素体 $\mathbf{F}_p$ 上定義された楕円曲線の上の点の個数は区間 $\left((\sqrt{p}-1)^2, (\sqrt{p}+1)^2\right)$ 内に属する整数である．この節では，実際にこの整数を見出すにはどうすればよいのかを論じる．

7.5.1　Shanks–Mestre 法

小さな素数，例えば 1000 以下の素数 p に対しては，$\#E_{a,b}(\mathbf{F}_p)$ を求めるには和 (7.8) を直接計算すればよい．しかしこの方法は，(次々と多項式評価を行う高速アルゴリズムのような) 特別な効率化を一切しなければ，$O(p)$ 個の $(p-1)/2$ 乗数に対する $O(p\ln p)$

[*1] (訳注) 2008 年 6 月時点では 60 桁以上の素因子は 10 個以上見つかっている．初めての例は 2005 年 4 月に B. Dodson により見出された．それは 66 桁の素数である．彼は 2006 年 8 月に 67 桁の素因子も発見しており，それが楕円曲線法による 2008 年 6 月時点での世界記録である．なお，1.1.2 項の記述および問題 7.14 も参照のこと．

回の体演算が必要である．E 上の点 P を選んで各 $n \in (p+1-2\sqrt{p}, p+1+2\sqrt{p})$ に対して $[n]P$ を求め，$[n]P = O$ となるものを探すという漸近的にましな方法をとってもよい．（これは P の位数の倍数を見出しているだけであることに注意しよう．P の位数の倍数が区間 $(p+1-2\sqrt{p}, p+1+2\sqrt{p})$ 内にただ 1 つしかないという状況であれば，それは群位数に一致する．この事象は起こっても不思議はない．）しかし，この手法は $O(\sqrt{p}\ln p)$ 回の体演算（O 定数は楕円曲線上の演算のためにかなり大きくなる）が必要で，例えば 10^{10} より大きな p に対してはこの方法は鈍重になる．楕円曲線上の具体的な演算を伴わない，より高速な $O\left(\sqrt{p}\ln^k p\right)$ アルゴリズムもある（問題 7.26 参照）が，それらもいまの文脈で最近興味をもたれている素数，例えば $p \approx 10^{50}$ 以上（このおおまかなしきい値は主に実用的な暗号によって決まる）に対してはもはや使えない．しかし何もできないわけではなく，位数計算の限界をより好ましい水準に引き上げる巧みな現代的アルゴリズムおよびその効率化が存在する．

曲線の位数を求めるための簡潔で多くの場合実用的な $O(p^{1/4+\epsilon})$ アルゴリズムを与えよう．基本的な考え方にはアルゴリズム 5.3.1，すなわち（離散対数に関する）Shanks の baby step giant step 法ですでに出会っている．このアルゴリズムは，本質的には「長さ N の数のリスト $A = \{A_0, \ldots, A_{N-1}\}, B = \{B_0, \ldots, B_{N-1}\}$ に対して，$A \cap B$ が空であるか調べるのにどれくらいの演算（比較）回数が必要だろうか？ そして，もし空でないなら $A \cap B$ は何であろうか？」という問いに対する驚くべき答えを活用する．単純に A_1 を各 B_i と比べ，次いで A_2 を各 B_i と比べ，などという方法をとったら計算量は当然 $O(N^2)$ となり非効率である．以下の手順はそれよりはるかによい．

(1) リスト A, B を例えば非減少順序に並べ換える．
(2) 並べ換えたリストを追跡し，すべての比較結果を記録する．

よく知られているように，並べ換えステップ (1) では $O(N \ln N)$ 回の演算（比較）が必要なのに対し，追跡ステップ (2) は $O(N)$ 回の演算だけで完了する．リストの共通部分は非常にわかりやすい概念だが，それを求めるための明確かつ一般的なアルゴリズムを提示することは有益と思われる．以下の解説で，入力 A, B は多重集合，すなわち要素の重複を許す集合であるが，出力 $A \cap B$ は重複がない集合である．リストの並べ換え関数 $sort()$ は多重集合を非減少順序に並べ換えるものとする．例えば，$sort(\{3, 1, 2, 1\}) = \{1, 1, 2, 3\}$ である．

アルゴリズム 7.5.1 (2 つのリストの共通部分の計算)．　有限個の数からなる集合 $A = \{a_0, \ldots, a_{m-1}\}, B = \{b_0, \ldots, b_{n-1}\}$ に対して，このアルゴリズムは共通部分 $A \cap B$ を狭義増加順序に並べて返す．要素の重複は取り除かれる．例えば，$A = \{3, 2, 4, 2\}, B = \{1, 0, 8, 3, 3, 2\}$ とすると $A \cap B$ の結果は $\{2, 3\}$ である．

1. [初期化]

    $A = sort(A);$ 　　　　　　　　　　　　　　　　　　　// 非減少順序に並べ換え．
    $B = sort(B);$

```
        i = j = 0;
        S = { };                                              // 共通部分を空集合に初期化.
2. [追跡段階]
        while((i < #A) and (j < #B)) {
            if(a_i ≤ b_j) {
                if(a_i == b_j) S = S ∪ {a_i};                 // 一致したら S に追加.
                i = i + 1;
                while((i < (#A) - 1) and (a_i == a_{i-1})) i = i + 1;
            } else {
                j = j + 1;
                while((j < (#B) - 1) and (b_j == b_{j-1})) j = j + 1;
            }
        }
        return S;                                              // 共通部分 A ∩ B を返す.
```

アルゴリズムは一般の濃度の場合にも使える設計になっており，$\#A = \#B$ でなくてもよい．すでに述べた並べ換えの計算量からわかるように，このアルゴリズムの全計算量は $O(Q \ln Q)$, $Q = \max\{\#A, \#B\}$ である．なお，リストの共通部分を求めるこれとは別の手法がある（問題 7.13）．

さて，リストの共通部分を使って曲線の位数を求める Shanks の方法を述べる．点 $P \in E$ に関して次のような関係が見つかったとしよう．

$$[p + 1 + u]P = \pm[v]P.$$

$-(x, y) = (x, -y)$ であるから，これは $[p + 1 + u]P$ と vP の x 座標が一致することといっても同じである．上の等式より

$$[p + 1 + u \mp v]P = O$$

である．左辺の乗数はもちろん点 P の位数の倍数であるが，それが曲線の位数となるかどうかはまだわからない．整数 $W = \lceil p^{1/4}\sqrt{2} \rceil$ をとり，整数 k で $|k| < 2\sqrt{p}$ を満たすものを $k = \beta \pm \gamma W$ と表す．ここで β は $[0, W - 1]$ を走り，γ は $[0, W]$ を走るものとする．（文字 β, γ を用いたのは，それぞれ Shanks の baby step と giant step を想起させるためである．）このようにして点の集合

$$\{[p + 1 + \beta]P : \beta \in [0, \ldots, W - 1]\}$$

から x 座標のリスト A をつくり（$\#A = W$ である），点の集合

$$\{[\gamma W]P : \gamma \in [0, \ldots, W]\}$$

から別の x 座標のリスト B をつくる（$\#B = W+1$ である）．両者の共通要素が見つかれば，$[p+1+\beta \mp \gamma W]P$ のどちら（もしくは両方）が無限遠点であるか直接確認することができる．baby step giant step 法による点集合の生成には楕円曲線上の演算が $O\left(p^{1/4}\right)$ 回必要で，共通部分を求めるアルゴリズムには $O\left(p^{1/4} \ln p\right)$ 回のステップがあるから，全体の計算量は $O\left(p^{1/4+\epsilon}\right)$ となる．

残念ながら，点を O にする乗数を見つけただけでは完全ではない．そのような乗数が2つ以上存在することもあるからである（これが，共通部分のすべての要素を返すようにアルゴリズム 7.5.1 を記述した理由である）．しかしながら，選んだ点が $4\sqrt{p}$ より大きい位数をもてば，このアルゴリズムを使って Hasse の区間内から位数の唯一の倍数を見つけることができ，それが曲線の位数になる．曲線の群のどの点も小さい位数しかもたない場合は，1点のみを使うだけでは Shanks の方法で群位数を求めることはできない．局面を打開する方法が2つある．ひとつは，さらにいくつか点を選んで Shanks の方法を繰り返し，巡回群とは限らないより大きな部分群を構成する方法である．もし部分群の位数が Hasse の区間内に倍数を1つだけもつなら，この倍数が曲線の位数になる．もうひとつは J. Mestre による次の結果 [Cohen 2000], [Schoof 1995] をもとにした，はるかに実装が簡単な方法である．

定理 7.5.2 (Mestre). 楕円曲線 $E(\mathbf{F}_p)$ と $\mod p$ での平方非剰余による2次ひねり $E'(\mathbf{F}_p)$ に対して，
$$\#E + \#E' = 2p+2$$
が成り立つ．$p > 457$ のとき，E, E' のうち少なくとも一方は位数が $4\sqrt{p}$ より大きい点をもつ．さらに，もし $p > 229$ ならば，少なくとも一方の曲線には，$[m]P = O$ となる整数 $m \in (p+1-2\sqrt{p}, p+1+2\sqrt{p})$ がただ1つであるような点 P が存在し，したがってそれが曲線の位数となる．

関係式 $\#E + \#E' = 2p+2$ は簡単に確かめられる（問題 7.16）．定理の主張で重要なのは Hasse の区間における m の唯一性に関する部分である．定理を満たす点 P の個数については，（p および楕円曲線によらない）正の定数 c が存在して，その個数が $cp/\ln \ln p$ より多いことが再び簡単な議論からわかる（問題 7.17 参照）ので，定理を満たす点はかなり多い．ここでのアイディアは Shanks の方法を E 上で用い，もし（点の位数の倍数が Hasse の区間内に複数個あるために）うまくいかなければそれを E' 上で用い，それがもしうまくいかなければ E 上で用い，という具合にしていこうというものである．定理によると，これをある程度続ければいずれはうまくいくはずである．p がだいたい 10^{30} までのときは，これは曲線 $E(\mathbf{F}_p)$ に対する効率的な位数計算アルゴリズムとなる．以下のアルゴリズムでは，点 P の x 座標を $x(P)$ で表す．x 座標がすべて比 X/Z で与えられている便利な状況では，いつもどおり分母が $Z = 0$ ということで無限遠点と識別する．

アルゴリズム 7.5.3 (Shanks–Mestre による曲線の位数計算). 楕円曲線 $E = E_{a,b}(\mathbf{F}_p)$ が与えられたとき，このアルゴリズムはその位数 $\#E$ を返す．関数 $ind(S, s)$ は，リスト $S = \{s_1, s_2, \ldots\}$ と要素 $s \in S$ に対して $s_i = s$ となる添数 i を返すものとする．また，リストを返す関数 $shanks()$ はアルゴリズムの最後に定義される．この関数はグローバルな 2 つの座標リスト A, B に変更を加える．

1. [p の大きさの照合]
   if($p \leq 229$) return $p + 1 + \sum_x \left(\frac{x^3+ax+b}{p}\right)$; // 式 (7.8).

2. [Shanks の検索を初期化]
   平方非剰余 $g \pmod p$ を見つける;
   $W = \lceil p^{1/4}\sqrt{2} \rceil$; // giant step パラメタ．
   $(c, d) = (g^2 a, g^3 b)$; // 2 次ひねりの係数．

3. [Mestre ループ] // 定理 7.5.2 を満たす P を見つける．
   ランダムに $x \in [0, p-1]$ を選ぶ;
   $\sigma = \left(\frac{x^3+ax+b}{p}\right)$;
   if($\sigma == 0$) goto [Mestre ループ];
   // これ以降は $\sigma = \pm 1$ のどちらかで固定される．
   if($\sigma == 1$) $E = E_{a,b}$; // E を当初に与えられた曲線に設定する．
   else {
       $E = E_{c,d}$;
       $x = gx$; // E を 2 次ひねりに設定し，対応して x をとり直す．
   }
   点 $P \in E$ で $x(P) = x$ となるものをとる;
   $S = shanks(P, E)$; // Shanks の共通部分を求める．
   if($\#S \neq 1$) goto [Mestre ループ]; // 一致が唯一の場合のみが対象．
   s を，S の (唯一の) 要素とする;
   $\beta = ind(A, s)$; $\gamma = ind(B, s)$; // 唯一の一致要素の添数を得る．
   $t = \beta \pm \gamma W$ 中の符号を，$[p+1+t]P == O$ となるようにとる;
   return $p + 1 + \sigma t$; // もとの曲線 $E_{a,b}$ の位数が求められた．

4. [関数 $shanks()$]
   $shanks(P, E)$ { // P は曲線 E 上の点とする．
       $A = \{x([p+1+\beta]P) : \beta \in [0, W-1]\}$; // baby step.
       $B = \{x([\gamma W]P) : \gamma \in [0, W]\}$; // giant step.
       return $A \cap B$; // アルゴリズム 7.5.1 による．
   }

ランダムな x による点 P の割り当ては 3 次式の平方根 y を使って $P = (x, y, 1)$ としてもよいし，あるいは Montgomery のパラメータ表示 (したがって，y 座標を回避する)

が望ましい場合は $P = [x:1]$ としてもよい．(後者のパラメータ表示では，定理 7.2.6 と整合する記法を用いるためにアルゴリズムを若干修正する必要がある．) 同様に，関数 shanks() において，アルゴリズム 7.2.7 (もしくは関数 addh(), doubleh() のより効率的で精密な適用) により点の整数倍算を $[X:Z]$ の形で求め，それから数 XZ^{-1} よりリスト A, B を構成してもよい．さらに，組 (x, z) のリストに対して baby step giant step の類似を計算することで，手続き全体を逆元計算不要なものに書き換えることを考えてもよい．この場合，$x = x'$ の形ではなく $xz' = zx'$ の形の一致を探す．

Shanks–Mestre の方法を適用するための条件 $p > 229$ は不自然ではない．$p = 229$ に対しては 1 元 s からなる一致の集合が存在しないことがある (問題 7.18)．

7.5.2 Schoof 法

計算量が $O(p^{1+\epsilon})$ から $O(p^{1/2+\epsilon})$ までの範囲の位数計算法と $O(p^{1/4+\epsilon})$ の位数計算法は済んだので，次に Schoof による鮮やかな位数計算アルゴリズムにとりかかる．このアルゴリズムは固定された k に対し多項式時間の計算量 $O(\ln^k p)$ をもつ．Schoof の基本的な考え方は，十分に多くの小さな素数 l に対して位数 $\#E \pmod{l}$ を決定し，それをもとにして中国式剰余定理から求めるべき位数を復元しようというものである．まず比較的自明な場合である $\#E \pmod 2$ を調べてみよう．群の位数が偶数となるのは，位数 2 の元が存在するときかつそのときに限る．位数 2 の点は $P = (x, 0)$ の形であるから，曲線の位数が偶数となるための必要十分条件は 3 次式 $x^3 + ax + b$ が $\mathbf{F}_p$ に根をもつことである．これはアルゴリズム 2.3.10 のように最大公約因子を使って確かめられる．

小さな素数 $l > 2$ に対する $\#E \pmod l$ を考察するために，有限体上の楕円曲線に関する手段をもういくつか導入しよう．楕円曲線 $E(\mathbf{F}_p)$ 上の点で，座標が $\mathbf{F}_p$ の代数閉包 $\overline{\mathbf{F}}_p$ に属するものを考える．$\overline{\mathbf{F}}_p$ の各元にその p 乗を対応させると $\mathbf{F}_p$ の元を固定するような $\overline{\mathbf{F}}_p$ の体自己同型が得られる．これを点 $(x, y) \in E(\overline{\mathbf{F}}_p)$ の座標に適用して得られる点はやはり $E(\overline{\mathbf{F}}_p)$ に属し，しかも点の加算を定める式にも適用してみればわかるように，この写像は $E(\overline{\mathbf{F}}_p)$ の群自己同型 Φ を与えることがわかる．Φ は Frobenius 自己準同型としてよく知られている．すなわち，$(x, y) \in E(\overline{\mathbf{F}}_p)$ に対して $\Phi(x, y) = (x^p, y^p)$ で，また $\Phi(O) = O$ である．$\mathbf{F}_p$ 上で定義された点を考えているのになぜ $\mathbf{F}_p$ の代数閉包が必要なのか疑問に思うことだろう．次の美しい定理が関係を述べている．すなわち，もし $E(\mathbf{F}_p)$ の位数が $p + 1 - t$ であれば，各点 $P \in E(\overline{\mathbf{F}}_p)$ に対して

$$\Phi^2(P) - [t]\Phi(P) + [p]P = O$$

が成り立つのである．つまり，Frobenius 自己準同型は 2 次方程式を満たし，跡 (多項式 $x^2 - tx + p$ の根の和) はまさに $E(\mathbf{F}_p)$ の位数を決める数 t となる．

次に，任意の正整数 n に対して，$E(\overline{\mathbf{F}}_p)$ の点 P で $[n]P = O$ となるもの全体を $E[n]$ とおく．これは位数が n の約数である点，すなわち，n ねじれ点の全体である．$E[n]$ は $E(\overline{\mathbf{F}}_p)$ の部分群であり，かつ Φ は $E[n]$ をそれ自身に写す．これらは簡単であるが重要

な事実である．したがって，任意の $P \in E[n]$ に対して

$$\Phi^2(P) - [t \bmod n]\Phi(P) + [p \bmod n]P = O. \tag{7.9}$$

この式を使って，剰余 $t \bmod n$ が (7.9) を満たす正しい値になるまで試行錯誤の方法で計算していく，というすばらしいアイディアが Schoof [Schoof 1985], [Schoof 1995] により与えられた．この計算には等分多項式が用いられる．等分多項式は整数倍算計算と n ねじれ点の識別どちらにも使うことができる．

定義 7.5.4. 楕円曲線 $E_{a,b}(\mathbf{F}_p)$ に対して，次のように等分多項式 $\Psi_n(X,Y) \in \mathbf{F}_p[X,Y]/(Y^2 - X^3 - aX - b)$ を定める：

$$\Psi_{-1} = -1, \quad \Psi_0 = 0, \quad \Psi_1 = 1, \quad \Psi_2 = 2Y,$$
$$\Psi_3 = 3X^4 + 6aX^2 + 12bX - a^2,$$
$$\Psi_4 = 4Y\left(X^6 + 5aX^4 + 20bX^3 - 5a^2X^2 - 4abX - 8b^2 - a^3\right)$$

とおき，引き続き

$$\Psi_{2n} = \Psi_n \left(\Psi_{n+2}\Psi_{n-1}^2 - \Psi_{n-2}\Psi_{n+1}^2\right)/(2Y),$$
$$\Psi_{2n+1} = \Psi_{n+2}\Psi_n^3 - \Psi_{n+1}^3\Psi_{n-1}.$$

等分多項式の構成の際，Y の冪指数は式 $Y^2 = X^3 + aX + b$ を用いて 1 以下にしておく．等分多項式に関する計算上重要な性質は以下のとおりである．

定理 7.5.5 (等分多項式の性質). 等分多項式 $\Psi_n(X,Y)$ は，n が奇数のとき X の多項式になり，n が偶数のとき X の多項式と Y との積になる．n が p で割れない奇数のときは $\deg(\Psi_n) = (n^2-1)/2$ で，n が p で割れない偶数のときは X に関する Ψ_n の次数は $(n^2-4)/2$ である．点 $(x,y) \in E(\overline{\mathbf{F}}_p) \setminus E[2]$ が $[n]P = O$ を満たすためには，$\Psi_n(x) = 0$ (n が奇数)，$\Psi_n(x,y) = 0$ (n が偶数) となることが必要十分である．さらに，$(x,y) \in E(\overline{\mathbf{F}}_p) \setminus E[n]$ ならば，

$$[n](x,y) = \left(x - \frac{\Psi_{n-1}\Psi_{n+1}}{\Psi_n^2}, \frac{\Psi_{n+2}\Psi_{n-1}^2 - \Psi_{n-2}\Psi_{n+1}^2}{4y\Psi_n^3}\right).$$

最後の主張において，$y = 0$ とすれば n は奇数でなければならない ($y = 0$ なら位数 2 であるが，$(x,y) \notin E[n]$ と仮定している) から，y^2 は第 2 座標の有理式の分子を割る．この場合，この有理式を 0 とするのが自然である．

奇素数 $l \neq p$ をとると，$[0, l-1]$ に属する整数 t で次の等式をすべての $(x,y) \in E[l] \setminus \{O\}$ に対して成り立たせるものがただ 1 つ存在する：

$$\left(x^{p^2}, y^{p^2}\right) + [p \bmod l](x,y) = [t]\left(x^p, y^p\right). \tag{7.10}$$

実際，これは (7.9)，および定理 7.5.5 より $E(\overline{\mathbf{F}}_p)$ が確かに位数 l の点を含むことから直ちに従う．もしこの一意に定まる整数 t を求めることができたら，$E(\mathbf{F}_p)$ の位数は l を法として $p+1-t$ に合同であることがわかる．

この関係式が計算上重要なのは，t をいろいろ選んでどれがうまくいくか等分多項式を使って吟味できるからである．作業は以下のようにする．

(1) 点は $\mathbf{F}_p[X, Y]$ に属する多項式の組である．
(2) E 上の点だから，法 $Y^2 - X^3 - aX - b$ で絶えず還元して Y の冪指数を 1 以下に保つことができる．また，$E[n]$ に属する点を考えているので，多項式 Ψ_n でも還元して X の冪をも抑制することができる．最後に，係数は $\mathbf{F}_p$ に属しているから，係数を法 p で還元することができる．これら 3 種類の還元はどの順に行ってもよい．
(3) X, Y の高次の冪については，アルゴリズム 2.1.5 のような冪階梯を用い，途中で適切に多項式剰余をとって継続的に次数を下げておく．
(4) (7.10) の左辺の加算は定義 7.1.2 の公式を使って計算する．

一見，(基本となる楕円曲線上の演算の定義から) 多項式逆演算が必要に思われる．これはアルゴリズム 2.2.2 を使って実行することもできるが，以下に述べることから実際にはその必要はない．以前扱った楕円曲線上の加算アルゴリズムにおいて，座標表示をうまくとることで逆元計算が回避できることを見た．実際上は，アルゴリズム 7.2.3 の射影座標表示もしくはその「有理式版」で作業すると便利であることがわかる．ここでは後者の表示について述べる．と言うのは，等分多項式を伴う計算，とりわけ定理 7.5.5 に述べた点の整数倍がもつ性質に関する計算についてはそちらのほうが適しているからである．点を $P = (U/V, F/G)$ とする．ここで U, V, F, G はすべて X, Y に関する 2 変数多項式である．射影座標を用いるやり方については問題 7.29 で触れる．どちらの方針でも，Schoof のアルゴリズムにおいて点の表示は**必ず**特定の形に単純化される．例えば以下のアルゴリズムでは有理式表示 $P = (U/V, F/G)$ を用いるが，等分多項式の性質からこれは必ず

$$P = (N(X)/D(X), YM(X)/C(X))$$

と表すことができる．ここでこれら 4 つの多項式は上記 (2) の意味で $\bmod \Psi_n$ と $\bmod p$ で還元されているものとする．実際の計算では，$\deg(\Psi_n)$ が非常に大きくなって通常の多項式演算が困難となるから，アルゴリズム 9.6.1 により (問題 9.70 も参照) 高次多項式の乗算を効率化しておくとたいへん好都合である．これらの高次多項式に対しアルゴリズム 9.6.4 を用いて多項式剰余を実行すればなお一層効率化できる．

アルゴリズム 7.5.6 (曲線の位数に関する Schoof アルゴリズム)．$p > 3$ を素数とする．曲線 $E_{a,b}(\mathbf{F}_p)$ に対してその位数を $\#E = p + 1 - t$ と書くとき，このアルゴリズムは

$t \pmod{l}$ の値を返す．ここで l は (p よりはるかに小さい) 素数で，$\prod l > 4\sqrt{p}$ となるように十分多くとっておく．正確な曲線の位数はこのアルゴリズムをこれらの l に対して実行し，それから中国式剰余定理を使って正確な t の値を回復することで得られる．アルゴリズムで使用する l の値の範囲を $L \geq l$ と定めたとき，等分多項式 $\Psi_{-1}, \ldots, \Psi_{L+1} \bmod p$ を事前に計算しておき，かつ，アルゴリズム 9.6.4 を使うのでそれぞれ (最高次係数の法 p での逆数をかけて) モニックにしておく．

1. [$l = 2$ の場合]
 if($l == 2$) {
  $g(X) = \gcd(X^p - X, X^3 + aX + b);$
            // 最大公約因子は $\mathbf{F}_p[X]$ においてとる．
  if($g(X) \neq 1$) return 0;   // $t \equiv 0 \pmod 2$, すなわち位数 $\#E$ は偶数．
  return 1;   // $\#E$ は奇数．
 }

2. [式 (7.10) の検討]
 $\overline{p} = p \bmod l;$
 $u(X) = X^p \bmod (\Psi_l, p);$
 $v(X) = (X^3 + aX + b)^{(p-1)/2} \bmod (\Psi_l, p);$
          // すなわち，$v(X) = Y^{p-1} \bmod (\Psi_l, p)$．
 $P_0 = (u(X), Yv(X));$ // $P_0 = (X^p, Y^p)$．
 $P_1 = (u(X)^p \bmod (\Psi_l, p), Yv(X)^{p+1} \bmod (\Psi_l, p));$ // $P_1 = (X^{p^2}, Y^{p^2})$．
 例えば定理 7.5.5 を使い，有理式 $(N(X)/D(X), YM(X)/C(X))$ の形に $P_2 = [\overline{p}](X, Y)$ を割り当てる；
 if($P_1 + P_2 == O$) return 0;   // $t \equiv 0 \pmod l$ に対して $\#E = p + 1 - t$．
 $P_3 = P_0;$
 for($1 \leq k \leq l/2$) {
  if(($P_1 + P_2$) と P_3 の X 座標が一致) {
   if(Y 座標も一致) return k;   // Y 座標の照合．
   return $l - k$;
  }
  $P_3 = P_3 + P_0;$
 }

上の ($P_1 + P_2$) と P_3 の間の座標の一致に関するテストでは，

$$(N_1/D_1, YM_1/C_1) + (N_2/D_2, YM_2/C_2) = (N_3/D_3, YM_3/C_3)$$

が成立するかどうかを調べている．この関係式の確認には，もちろん通常の加算規則を用いる．左辺の多項式 $P_1 + P_2$ は (アルゴリズム 7.2.2 の加算を座標が多項式の比である

状況で用いて）計算して整理すると $(N'/D', YM'/C')$ の形に書き表すことができるから，これを $(N_3/D_3, YM_3/C_3)$ と比較する．そのためにはたすきがけ $(N_3D' - N'D_3)$，$(M_3C' - M'C_3)$ がともに mod (Ψ_l, p) で消えるかどうか調べればよい．$P_1 + P_2 = O$ であるかどうかは $M_1/C_1 = -M_2/C_2$ が成り立つかどうかで確かめられ，これも簡単なたすきがけの関係で表せる．いま記述している実装全体を多項式乗算と mod (Ψ_l, p) での還元のみで済ませようというわけである．しかも，すでに述べたように，多項式乗算，多項式剰余ともかなりの効率化が可能である．

アルゴリズム 7.5.6 を実装してみたい読者のために，デバッグに使えるようなやさしい例を以下に与えておこう．$p = 101$ および $\mathbf{F}_p$ 上の曲線

$$Y^2 = X^3 + 3X + 4$$

に対してアルゴリズムを適用する．l として $l = 2, 3, 5, 7$ をとれば $t \bmod 2 = 0$, $t \bmod 3 = 1$, $t \bmod 5 = 0$, $t \bmod 7 = 3$ となるから $\#E = 92$ であることがわかる．（$l = 5$ については，それ以外の素数の積が $4\sqrt{p}$ より大きいので実はとばすことができた．）途中段階の例えば $l = 3$ に対する計算は次のようになる．

$$\Psi_3 = 98 + 16X + 6X^2 + X^4,$$
$$\left(X^{p^2}, Y^{p^2}\right) = \left(32 + 17X + 13X^2 + 92X^3, \ Y(74 + 96X + 14X^2 + 68X^3)\right),$$
$$[2](X, Y) = \left(\frac{12 + 53X + 89X^2}{16 + 12X + 4X^3}, \ Y\frac{74 + 10X + 5X^2 + 64X^3}{27 + 91X + 96X^2 + 37X^3}\right),$$
$$(X^p, Y^p) = \left(70 + 61X + 83X^2 + 44X^3, \ Y(43 + 76X + 21X^2 + 25X^3)\right).$$

座標中の各多項式はみな mod (Ψ_3, p) で還元してある．（$[2](X, Y)$ を求めたのはステップ [式 (7.10) の検討] の $\overline{p}$ が 2 だからである．）第 3 の点は第 1，第 2 の点の加算になっていることが確かめられ，したがって $t \bmod 3 = 1$ を得る．

アルゴリズムの記述を明快にするためにあえて省略した重要な高速化がある．素冪を用いても同様にうまくいくのである．言い換えると，アルゴリズムで直接 $l = q^a$ を使って（$l = 2$ に対しては最大公約因子をとったが，$l = 4, 8, 16, \ldots$ のときはそれは行わない）計算をいくらか減らすことができる．すべての素冪 l （ただし，各素数に対して 1 つずつとる）にわたる積が $4\sqrt{p}$ より大きいことだけが必要である．

われわれは，この基本 Schoof 法で素冪 $l < 100$ を用いることで，素数 $p \approx 10^{80}$ に対して位数計算に成功してきた．いくつかの文献には，l が例えば 30 よりだいぶ大きいとそれを使うのはほぼ不可能であると述べられているが，前述の高速化（特に第 9 章で扱う高次多項式乗算および剰余アルゴリズム）により，Schoof の素数 l を 100 まであるいはそれ以上の範囲でとることが可能になる．

アルゴリズム 7.5.6 を中国式剰余定理が飽和するまでずっと実行するのではなく（すなわち，位数を求めるためにかなりたくさんの小さな素数 l を扱うのではなく），Shanks-Mestre の手法を使って曲線の位数に一致する数に関する新しい知識に基づく計算をする

ことで，この大まかな限界 10^{80} をさらに押し上げることは可能である．しかしながら，Shanks–Mestre 法を併用した効率化でどこまで行けるかというと，Schoof アルゴリズムのみを用いて解決した 80 桁にせいぜい 10 とか 20 程度の十進桁数が追加できるだけであり，そのことはまさに Schoof のアルゴリズムの威力を証明している．こういったことから，従来の Schoof の実装を高速化することはその上に Shanks–Mestre をのせることよりも実用的な意味をもつ．

ところで，はるかに大きな素数に対しては位数計算はできるだろうか？ 実は，Schoof アルゴリズムから Schoof–Elkies–Atkin (SEA) 法（[Atkin 1986, 1988, 1992] および [Elkies 1991, 1997] 参照．また，計算の高速化については [Morain 1995], [Couveignes and Morain 1994], [Couveignes et al. 1996] 参照．）への転換が空前の位数計算能力をもたらした．Elkies は，l のうちのいくつか（実際には l のうちのおよそ半数で，a, b, p に依存する）に対して，Ψ_l を割るある多項式 f_l で次数がわずか $(l-1)/2$ のものが使えること，さらには Schoof の関係式 (7.10) が簡約できることを見つけ，本質的な改良を得た．Elkies の方法では固有値 λ すなわち

$$(X^p, Y^p) = [\lambda](X, Y)$$

となる λ を探す．ただし，計算はすべて mod (f_l, p) で行う．見つかったら

$$t \equiv \lambda + p/\lambda \pmod{l}$$

より $\#E = p + 1 - t$ を得る．f_l の次数がかなり小さいため，この重要な発見により計算量評価はもとの Schoof 法の計算量 $O(\ln^8 p)$ [Schoof 1995] から $O(\ln^6 p)$ へと，$\ln p$ の冪が効果的に引き下げられる．（ただし，これは整数を初等的な筆算で直接計算したときの評価なので，ln の冪はさらに下げることができる．）SEA 法の能力には確かに目覚ましいものがある．例えば，Atkin はこのような高速化を使って 1992 年に十進 200 桁をもつ最小の素数

$$\begin{aligned}p = {}& 10000000000000000000000000000000000000000000000000\backslash \\ & 00000000000000000000000000000000000000000000000000\backslash \\ & 00000000000000000000000000000000000000000000000000\backslash \\ & 00000000000000000000000000000000000000000000000153\end{aligned}$$

および 3 次式

$$Y^2 = X^3 + 105X + 78153$$

で定義される $\mathbf{F}_p$ 上の曲線に対して位数

$$\begin{aligned}\#E = {}& 10000000000000000000000000000000000000000000000000\backslash \\ & 00000000000000000000000000000000000000000000000000\backslash\end{aligned}$$

7.5 楕円曲線上の点の数え上げ

0678975028800422411808031436546027764192804964188 8\
3999159139296003221063056176002905085861368963175 3

を求めた．面白いことに，この曲線が「ランダムに」選択された（素数 p はそうでないにしても）ことは同意するに難くない．曲線を定める $(a, b) = (105, 78153)$ はフランスの住所からとったものなのである [Schoof 1995]．その後，Morain はさらなる計算の高速化を与え，ある 500 桁の素数 p に対して $\mathbf{F}_p$ 上のある曲線の位数を見出した [Morain 1995]．

ごく最近，A. Enge, P. Gaudry と F. Morain は 1500 桁の素数 $p = 10^{1499} + 2001$ に対して F_p 上の曲線

$$y^2 = x^3 + 4589x + 91128$$

の位数計算に成功した[*1]．彼らは新しい手法（未出版であるが）を用いて SEA 法に必要なモジュラー方程式を効率的に生成している．

強力な Schoof アルゴリズムおよびその拡張に関してここで扱ったことはほんの氷山の一角に過ぎない．言及すべきことはまだまだある．[Seroussi et al. 1999] は楕円曲線の実用的な位数計算に関する最新の素晴しい文献である．また，SEA 法の様々な実装が報告されている [Izu et al. 1998], [Scott 1999]．

おおもとの論文 [Schoof 1985] には，位数計算法の応用として，整数 D を固定したときに D の法 p での平方根を（ランダムでなく確定的）多項式時間で得る方法が与えられている．実用面では通常使われるランダムアルゴリズム 2.3.8, 2.3.9 のほうがずっとよいが，Schoof のこの手法によって平方根計算は少なくとも D を固定したとき確定的多項式時間計算量であることがはっきりする．

ついでながら，ここで愉快な逸話に触れずにはおられない．[Elkies 1997] でも言及されているが，Schoof の崇高なる位数計算アルゴリズムは，最初の投稿版ではどういうわけか重要でないとの審査意見がついて却下された．ところが，"... square roots mod p" で終わる標題に修正したところ，ありがたいことに修正版 [Schoof 1985] はようやく出版されたのである．

素数 p に対する $E(\mathbf{F}_p)$ の位数計算に関して SEA 法は本書執筆時点ではいまだに希望の砦であるが，素数 p が小さいときの曲線 $E(\mathbf{F}_{p^d})$ についてはいくつかの新たな，しかも注目すべき進展があった．実際，R. Harley は 2002 年に，標数 p を固定したとき位数計算にかかる時間が

$$O(d^2 \ln^2 d \ln \ln d)$$

であることを示し，巨大な体 $\mathbf{F}_{2^{130020}}$ 上の曲線の位数計算に成功した．他の方向での進展は T. Satoh による標準持ち上げや，さらに p 進版の算術幾何平均の応用がある．

[*1] （訳注）この結果は 2005 年 3 月に報告された．同年 12 月末には，2005 年とのお別れとして 2005 桁の素数 $p = 10^{2004} + 4863$ に対して同様の計算に成功したことを報告している．さらに，2006 年 11 月には記録を 2500 桁の素数 $p = 10^{2499} + 7131$ にまで伸ばしている．

Harleyのサイトにある文献[Harley 2002]をよく読めば，この新しい代数的な試みにおける熱気を感じとることができる．

7.5.3　Atkin–Morain法

われわれは，与えられた曲線 $E = E_{a,b}(\mathbf{F}_p)$ に対して $\#E$ を求める問題に取り組んできた．これのいわば逆問題が素数判定や暗号理論において非常に重要になる．すなわち，目的に適う位数 $\#E$ を見つけ，それからその位数をもつ曲線を特定することができるか，という問題である．例えば，素数位数，素数の2倍の位数，あるいは2の高い冪で割れる位数が考えられる．ある種の曲線の位数は，前にアルゴリズム2.3.13で扱った表示 $4p = u^2 + |D|v^2$ から直接に書き出すことができ，さらにその曲線を定義するパラメータ a, b も（通常はより労力を要するが）得ることができるから，上の問題は曲線の位数を「閉じた形」に表す方法を調べることといってもよい．これらのことは1980年代後半のA. O. L. Atkinによる画期的な業績およびその後の彼とF. Morainとの共同研究において発案された．

考え方を理解するには楕円曲線に関する理論的なことがらをもう少し掘り下げておく必要がある．より徹底した議論については，[Atkin and Morain 1993b], [Cohen 2000], [Silverman 1986] を参照のこと．

複素数体 $\mathbf{C}$ 上で定義された楕円曲線 E の自己準同型について考える．それらは群 E からそれ自身への，有理式で表される群準同型である．自己準同型全体の集合 $\mathrm{End}(E)$ は自然に環をなす．加法は楕円曲線上の加算を用いて，乗法は合成で定義する．すなわち，ϕ, σ を $\mathrm{End}(E)$ の要素とするとき，$\phi + \sigma$ は点 P を $\phi(P) + \sigma(P)$ に写す E の自己準同型（行き先の"+"は楕円曲線上の加算）で，$\phi \cdot \sigma$ は P を $\phi(\sigma(P))$ に写す E の自己準同型である．

整数 n に対して，E の点 P を $[n]P$ に写す写像 $[n]$ は $\mathrm{End}(E)$ に属する．実際，これは群準同型であり，しかも定理7.5.5より $[n]P$ の座標は P の座標の有理式で表されるからである．したがって，環 $\mathrm{End}(E)$ は整数環 $\mathbf{Z}$ に同型な環を含む．実は，$\mathrm{End}(E)$ は通常は $\mathbf{Z}$ に一致する．整数と対応しない自己準同型をもつ E も存在するが，環 $\mathrm{End}(E)$ は $\mathbf{Z}$ よりはるかに大きくなることはない．すなわち，$\mathbf{Z}$ と同型でなければ，それは虚2次体の整環に同型となることがわかっている．（整環とは，代数体の整数環の有限指数の部分環のことである．）このような場合，E は虚数乗法をもつ，あるいはCM曲線であるという．

E は有理数体上で定義された楕円曲線で，複素数体上で考えたとき $\mathbf{Q}(\sqrt{D})$ の整環による虚数乗法をもつとしよう．ここで D は負の整数である．素数 $p > 3$ が E の判別式を割らなければ，係数を法 p で還元して E を $\mathbf{F}_p$ 上で考えることができる．p が $\mathbf{Q}(\sqrt{D})$ のある代数的整数のノルムである場合は群 $E(\mathbf{F}_p)$ の位数は容易に求められる．その際 E の定義式の係数さえ不要で，D と p だけあれば Cornacchia–Smith のアルゴリズム2.3.13を用いて簡単に計算できてしまう．係数の計算はやや難しいから，必要

に応じて行えばよい．もし位数がわれわれの目的に適さないとわかった場合は，この追加計算は省くことができる．基本的にはこれが Atkin と Morain の方法の狙いである．

ここで虚2次体およびその双対となる負の判別式をもつ2元2次形式に関する概念を復習しておこう．いくつかのことは5.6節で述べた．(負の)判別式 D は曲線の位数計算に関係があるが，それは次のように定義される．

定義 7.5.7. 負の整数 D が基本判別式であるとは，D の奇数部分に平方因子がなく，かつ $|D| \equiv 3, 4, 7, 8, 11, 15 \pmod{16}$ であるときにいう．

簡単に言えば，これらは虚2次体の判別式である．各基本判別式に付随して類数 $h(D)$ が定まる．5.6.3項で見たように，$h(D)$ は判別式 D の簡約2元2次形式のなす群 $\mathcal{C}(D)$ の位数である．5.6.4項で Shanks の baby step giant step 法を使って $h(D)$ を求める方法を述べた．次に述べるアルゴリズムは類数計算と，随意の選択肢として簡約形式の集合の作成および D に対応する Hilbert 類多項式の計算を行う．多項式は $h(D)$ 次で $\mathbf{Z}$ に係数をもち，$\mathbf{Q}(\sqrt{D})$ 上の分解体は類群 $\mathcal{C}(D)$ に同型な Galois 群をもつ．この分解体は $\mathbf{Q}(\sqrt{D})$ の Hilbert 類体と呼ばれるもので，$\mathbf{Q}(\sqrt{D})$ の最大不分岐アーベル拡大になっている．Hilbert 類体において素数 p が完全分解するための必要十分条件は，$4p = u^2 + |D|v^2$ を満たす整数 u, v が存在することである．特に，Hilbert 類体は有理数体 $\mathbf{Q}$ 上 $2h(D)$ 次だから，$4p$ がそのように表せる素数 p は，素数全体のうち $1/2h(D)$ の割合になる [Cox 1989]．

われわれの計算には不変量やモジュラー形式の理論に現れる関数（美しいが複雑な理論に立ち入ることは避けて一刻も早いアルゴリズムの作成を優先する）

$$\Delta(q) = q \left(1 + \sum_{n=1}^{\infty} (-1)^n \left(q^{n(3n-1)/2} + q^{n(3n+1)/2} \right) \right)^{24}$$

が必要である [Cohen 2000], [Atkin and Morain 1993b]．($\Delta(q)$ はこれとは別の美しい表示 $q \prod_{n \geq 1} (1 - q^n)^{24}$ をもつが，以下では取り扱わない．最初に与えた $\Delta(q)$ の表示のほうが指数が2次関数的に増加するので計算にのせやすい．)

アルゴリズム 7.5.8 (類数と Hilbert 類多項式). (負の) 基本判別式 D に対して，このアルゴリズムは類数 $h(D)$，Hilbert 類多項式 $T \in \mathbf{Z}[X]$ (その次数は $h(D)$) および判別式 D の簡約形式 (a, b, c) の集合 (その要素数は $h(D)$) のうち必要なものを任意にとってそれらの組を返す．

1. [初期化]
   $T = 1$;
   $b = D \bmod 2$;
   $r = \lfloor \sqrt{|D|/3} \rfloor$;

```
        h = 0;                                        // 類数を 0 に設定.
        red = { };                                    // 原始的簡約形式の集合を空に設定.
2. [b に関するループ]
        while(b ≤ r) {
            m = (b² − D)/4;
            for(1 ≤ a and a² ≤ m) {
                if(m mod a ≠ 0) continue;
                                                      // a|m 以外は for ループに continue 文を適用.
                c = m/a;
                if(b > a) continue;                   // for ループに continue 文を適用.
3. [多項式計算選択時の設定]
```
$\tau = (-b + i\sqrt{|D|})/(2a);$ // 精度に注意（下の本文参照）.
$f = \Delta(e^{4\pi i \tau})/\Delta(e^{2\pi i \tau});$ // 精度に注意.
$j = (256f + 1)^3/f;$ // 精度に注意.

4. [a|m のもとでの検査開始]
```
            if(b == a or c == a or b == 0) {
                T = T ∗ (X − j);
                h = h + 1;                            // 類の算入.
                red = red ∪ (a, b, c);                // 新しい形式.
            } else {
                T = T ∗ (X² − 2 Re(j)X + |j|²);
                h = h + 2;                            // 類の算入.
                red = red ∪ (a, ±b, c);               // 2 つの新しい形式.
            }
        }
        b = b + 2;
    }
```
5. [必要なものを返す]
  return $h, round(\text{Re}(T(x))), red$ （の組合せ）;

このアルゴリズムは浮動小数の精度の問題を除けばあらゆる点で直接的である．関数 Δ の値は複素数の引数 q に対して求めなければならないのであるが，アルゴリズムを実行するのに十分な精度は本質的には十進桁数で

$$\delta = \frac{\pi\sqrt{|D|}}{\ln 10} \sum \frac{1}{a}$$

であることが理論的にわかる．ここで和は判別式 D の原始的な簡約形式 (a, b, c) にわたる [Atkin and Morain 1993b]．したがって，ステップ [多項式計算選択時の設定] の計

算は δ より少し多い桁数（[Cohen 2000] のように $\delta+10$ でよいだろう）で行わなければ
ならない．いくつかの 1 次および 2 次因子を使って得られた多項式 $T(x)$ は最終的には
整数係数となるべきであるから，最後の $round(\mathrm{Re}(T(x)))$ では T を展開し，係数を丸
めて $T \in \mathbf{Z}[X]$ となるようにしてから出力する．アルゴリズム 7.5.8 は，まず簡約形式
だけを計算し，$\sum 1/a$ を評価して必要な精度を求め，それからもう一度戻って今度は類
多項式を計算するという方法をとってもよい．いずれにしても，$\sum 1/a$ は $O\left(\ln^2 |D|\right)$
となる．

いくつかの判別式 D に対する Hilbert 類多項式 T_D を与えておこう：

$$T_{-3} = X,$$
$$T_{-4} = X - 1728,$$
$$T_{-15} = X^2 + 191025X - 121287375,$$
$$T_{-23} = X^3 + 3491750X^2 - 5151296875X + 12771880859375.$$

多項式の次数は下の類数と一致している．これらの多項式にはほかにも興味深い特徴が
いくつかある．ひとつは定数項が必ず立方数になることである．また，T_D の係数は判別
式のリストを進んでいくにつれて急速に大きくなる．Atkin–Morain は，手続きが多少
複雑になるが Weber 多項式というものを導入して，特別な場合に対しては係数があまり
にも大きくならないようにしている．このような改良については [Morain 1990], [Atkin
and Morain 1993b] に記述がある．

Atkin–Morain の位数決定法では，判別式は類数順に並べておくとよいだろう．これ
は基本的に計算量が増大していく順序である．アルゴリズム 7.5.8 を（多項式計算をせ
ずに）走らせると，

$$h(D) = 1 \quad (D = -3, -4, -7, -8, -11, -19, -43, -67, -163);$$
$$h(D) = 2 \quad (D = -15, -20, -24, -35, -40, -51, -52, -88, -91, -115,$$
$$\qquad\qquad -123, -148, -187, -232, -235, -267, -403, -427);$$
$$h(D) = 3 \quad (D = -23, -31, -59, \ldots)$$

となる．深遠なる理論の帰結として，$h(D) = 1, 2$ に対してはここに与えた判別式がす
べてであることが知られている [Cox 1989]．現時点では $h(D) \leq 16$ に対して完全なリ
ストが得られており [Watkins 2004]，また任意に指定された h の値に対して完全なリス
トを計算する方法が少なくとも原理的には知られている．このようなリストを実際に決
定することは計算面で極めて興味深い問題である．

Atkin–Morain 法を使うために，判別式を上のように最小の $h(D)$ から始まるように
並べておく．曲線の位数に一致する数は，表示

$$4p = u^2 + |D|v^2$$

を使って求める．以下のアルゴリズムからわかるように，表示が見つかれば位数に一致する数は p, u, v の簡単な式で表せる．それらは $D = -3, -4$ に対してはそれぞれ 6 個と 4 個あり，それ以外の D に対しては 2 個ある．上のような $4p$ の表示はアルゴリズム 2.3.13 を使って探す．p が素数のとき，条件 $\left(\frac{D}{p}\right) = 1$ のもとで $4p$ がそのように表される「確率」は，前に述べたように $1/h(D)$ である．次のアルゴリズムでは，判別式のリストを有限の長さにしておくか，アルゴリズムを指定した時間だけ走らせることにする．

アルゴリズム 7.5.9 (位数と曲線の生成に関する CM 法). 基本判別式のリスト $\{D_j < 0 : j = 1, 2, 3, \ldots\}$ を，類数 $h(D)$ が増加する順に，また同じ類数をもつものについては $|D|$ が増加する順に並べておく．素数 $p > 3$ が与えられたとする．このアルゴリズムは，各 D_j に付随する CM 曲線について，それらの位数に一致する数や曲線を定めるパラメータ（どちらも随意に選択可）を報告する.

1. [平方非剰余の計算]
    ランダムに平方非剰余 $g \pmod{p}$ を見つける；
    if($p \equiv 1 \pmod{3}$ and $g^{(p-1)/3} \equiv 1 \pmod{p}$)
        goto [平方非剰余の計算]；
            // $D = -3$ の場合は，g は法 p で 3 乗非剰余でなければならない．
    $j = 0$;
2. [判別式に関するループ]
    $j = j + 1$;
    $D = D_j$;
    if($\left(\frac{D}{p}\right) \neq 1$) goto [判別式に関するループ]；
3. [$4p$ を表示する 2 次形式を探す]
    アルゴリズム 2.3.13 を使って表示 $4p = u^2 + |D|v^2$ を得る．ただし，見つからない
        場合は goto [判別式に関するループ]；
4. [随意選択：曲線の位数]
    if($D == -4$) report $\{p + 1 \pm u,\ p + 1 \pm 2v\}$;   // 4 つの位数.
    if($D == -3$) report $\{p + 1 \pm u,\ p + 1 \pm (u \pm 3v)/2\}$;   // 6 つの位数.
    if($D < -4$) report $\{p + 1 \pm u\}$;   // 2 つの位数.
5. [随意選択：曲線のパラメータ]
    if($D == -4$) return $\{(a, b)\} = \{(-g^k \bmod p, 0) : k = 0, 1, 2, 3\}$;
    if($D == -3$)
        return $\{(a, b)\} = \{(0, -g^k \bmod p) : k = 0, 1, 2, 3, 4, 5\}$;
6. [$D < -4$ に対する続き]
    Hilbert 類多項式 $T \in \mathbf{Z}[X]$ をアルゴリズム 7.5.8 を用いて計算；
    $S = T \bmod p$;   // 多項式 $\in \mathbf{F}_p[X]$ に還元.
    S の 1 つの根 $j \in \mathbf{F}_p$ をアルゴリズム 2.3.10 を用いて得る；

$c = j(j-1728)^{-1} \bmod p$;
$r = -3c \bmod p$;
$s = 2c \bmod p$;

7. [曲線のパラメータを2組返す]
   return $\{(a,b)\} = \{(r,s),(rg^2 \bmod p, sg^3 \bmod p)\}$;

Atkin–Morain法では, 曲線の方程式を, $D = -4, -3$に対しては平方非剰余g($D=-3$の場合はこれは3乗非剰余でもあるとする) を用いてそれぞれ

$$y^2 = x^3 - g^k x, \ k = 0,1,2,3,$$
$$y^2 = x^3 - g^k, \ k = 0,1,2,3,4,5$$

(すなわち, これら2つのDに対応する曲線の同型類の個数はそれぞれ4,6)で与えるが, それら以外の判別式Dに該当する曲線およびその2次ひねりについては, ステップ$[D < -4$に対する続き$]$で与えたcを用いて

$$y^2 = x^3 - 3cg^{2k}x + 2cg^{3k}, \ k = 0,1$$

で与えると定めている. この方法は, 次のアルゴリズム7.5.10のような閉じた形の解法というよりはもっと一般性がある解法なのだが, 実装が難しい. それは主にHilbert類多項式の計算があるためである.

この方法の大きな特徴は, 曲線を定めるパラメータを計算する前に曲線の位数となる数がわかるということである. したがって, 素数判定および暗号理論への応用の際, 面倒な(a,b)の計算にとりかかる前に曲線の位数を調べることができ, 位数が興味あるものであったならば, これらのパラメータを計算すればよい. この件については7.6節および8.1節で再び取り上げる.

アルゴリズム7.5.9を使った例をひとつ挙げよう. Mersenne素数

$$p = 2^{89} - 1$$

に対して曲線$E_{a,b}(\mathbf{F}_p)$および位数をいくつか求めたい. アルゴリズムのステップ$[4p$を表示する2次形式を探す$]$で, アルゴリズム2.3.13により$4p$の表示が数多く見つかる. これらのうちいくつかは次のとおりである:

$$4p = 48215832688019^2 + 3 \cdot 7097266064519^2$$
$$= 37064361490164^2 + 163 \cdot 2600275098586^2$$
$$= 35649086634820^2 + 51 \cdot 4860853432438^2$$
$$= 27347149714756^2 + 187 \cdot 3039854240322^2$$
$$= 28743118396413^2 + 499 \cdot 1818251501825^2.$$

これらの表示において判別式は順に $D = -3, -163, -51, -187, -499$ で，繰り返しになるが，ほかにも多くの D をこの p に対してとることができる．表示が上のように与えられたとき，最初に 2 乗されている数を u とすれば，付随する曲線の位数は一般に

$$p + 1 \pm u$$

と表される．ただし $D = -3$ の場合は位数となる数はこれら以外にもある．アルゴリズムの詳しい働きを見るために，上の $D = -499$ の場合を考える．このとき，ステップ [随意選択：曲線のパラメータ] で

$$\begin{aligned}T_{-499} =\ & 46711331823999547827986731544374413109 49376 \\ & - 6063717825494266394722392560011051008x \\ & + 3005101108071026200706725969920x^2 \\ & + x^3\end{aligned}$$

を得る．この多項式の定数項は確かに立方数であるから，計算結果は正しいと判断してよいだろう．さて，この 3 次式は直ちに $\bmod p$ で還元されて

$$\begin{aligned}S = T_{-499} \bmod p =\ & 4894760082413781812491 46744 \\ & + 356560280230433613294194825x \\ & + 166270576558338910192 1015x^2 \\ & + x^3\end{aligned}$$

となる．この例からもわかるように，あらかじめ Hilbert 類多項式 $T_{-D} \in \mathbf{Z}[X]$ を格納しておくようにすれば，ある p について新規に調べるとき直ちに還元 $S \in \mathbf{F}_p[X]$ を得ることができる．次に，アルゴリズム 2.3.10 を用いて $S = T \bmod p$ の根 j を探すと，1 つの根が

$$j = 4313021278160456153394 51868$$

であるとわかる．この値を使って曲線のパラメータを求めるのだが，

$$c = j/(j - 1728) \bmod p = 544175025087910210133176287$$

だから，2 つの定義式は最終的に次のようになる（平方非剰余 g は -1 にとれる）：

$$y^2 = x^3 + 224384983664339781949157472 x \pm 469380030533130282816790463.$$

また，これらの位数は

$$\#E = 2^{89} \pm 28743118396413$$

となる．なお，どちらの曲線がどちらの位数をもつかは通常簡単な計算でわかる．すなわち，与えられたパラメータ a, b に対しては $\#E$ の候補のうちで $\#E$ に一致するものは

7.5 楕円曲線上の点の数え上げ

1つしかないわけだから，点 $P \in E$ をとって位数候補による整数倍算が O になるか検証すればよい．実際，$p > 457$ であれば，定理 7.5.2 より E 上の点 P で $[\#E']P \neq O$（E' は E をひねった曲線）となるものがあるか，または E' 上の点 Q で $[\#E]Q \neq O$ となるものがある．したがって，まず曲線のうちの1つからランダムに点を選び，次に別の曲線からランダムに点を選び，としていけばすぐにどの曲線がどの位数をもつかを見出すことができるだろう．いずれにしても，Atkin–Morain の手法をもとにしたアルゴリズムの多くは上のような点の整数倍算を利用することができ，また曲線の位数を完全に突き止める必要はない．

判別式が大きくなる（すなわち，類数が大きくなる）と多項式の計算は困難になる．例えば，精度の問題がアルゴリズム 7.5.8 において浮動小数演算を行うときに生ずる．したがって，小さな $|D|$ に対しては曲線を与える具体的なパラメータを確定させて，類多項式の計算が不要になるようにしたい．そこで，$h(D) = 1, 2$ なるすべての D に対してそのようなパラメータを表 7.1 にまとめておいた．

D	r	s
-7	125	189
-8	125	98
-11	512	539
-19	512	513
-43	512000	512001
-67	85184000	85184001
-163	151931373056000	151931373056001
-15	$1225 - 2080\sqrt{5}$	5929
-20	$108250 + 29835\sqrt{5}$	174724
-24	$1757 - 494\sqrt{2}$	1058
-35	$-1126400 - 1589760\sqrt{5}$	2428447
-40	$54175 - 1020\sqrt{5}$	51894
-51	$75520 - 7936\sqrt{17}$	108241
-52	$1778750 + 5125\sqrt{13}$	1797228
-88	$181713125 - 44250\sqrt{2}$	181650546
-91	$74752 - 36352\sqrt{13}$	205821
-115	$269593600 - 89157120\sqrt{5}$	468954981
-123	$1025058304000 - 1248832000\sqrt{41}$	1033054730449
-148	$499833128054750 + 356500625\sqrt{37}$	499835296563372
-187	$91878880000 - 1074017568000\sqrt{17}$	4520166756633
-232	$1728371226151263375 - 11276414500\sqrt{29}$	1728371165425912854
-235	$7574816832000 - 190341944320\sqrt{5}$	8000434358469
-267	$3632253349307716000000 - 12320504793376000\sqrt{89}$	3632369580717474122449
-403	$16416107434811840000 - 4799513373120384000\sqrt{13}$	33720989998872514077
-427	$564510997315289728000 - 5784785611102784000\sqrt{61}$	609691617259594724421

表 7.1 類数 1, 2 に対する CM 曲線を具体的に与えるパラメータ

アルゴリズム 7.5.10 (CM 曲線を与える具体的なパラメータ：類数 1, 2). 素数 $p > 3$ が与えられたとき，このアルゴリズムは $\mathbf{F}_p$ 上の CM 曲線 $y^2 = x^3 + ax + b$ を報告する．位数はアルゴリズム 7.5.9 の [随意選択：曲線の位数] を用いて得られる．パラメータ (a, b) の決定は類数 $h(D) = 1, 2$ なるすべての判別式 D に対して行う．

1. [すべての判別式のリスト]

    $\Delta = \{-3, -4, -7, -8, -11, -19, -43, -67, -163,$
    $\qquad -15, -20, -24, -35, -40, -51, -52, -88, -91, -115, -123,$
    $\qquad -148, -187, -232, -235, -267, -403, -427\};$

2. [表示に関するループ]

    for($D \in \Delta$) {

    アルゴリズム 2.3.13 を使って，$4p = u^2 + |D|v^2$ と表せるか調べる．できなければ，次の D に移る;

    アルゴリズム 7.5.9 のステップ [平方非剰余の計算] のようにして，p に対する平方非剰余 g を求める;

3. [$D = -3, -4$ の場合]

    if($D == -3$) return $\{(a, b)\} = \{(0, -g^k) : k = 0, \ldots, 5\};$
    $\hspace{12em}$ // 6 つの曲線 $y^2 = x^3 - g^k$.

    if($D == -4$) return $\{(a, b)\} = \{(-g^k, 0) : k = 0, \ldots, 3\};$
    $\hspace{12em}$ // 4 つの曲線 $y^2 = x^3 - g^k x$.

4. [$h(D) = 1, 2$ となる他のすべての D に対するパラメータ]

    表 7.1 から組 (r, s) を選ぶ．平方根 $(\bmod\ p)$ が必要なときはアルゴリズム 2.3.9 を使う;

5. [曲線を定めるパラメータを返す]

    report $\{(a, b)\} = \{(-3rs^3 g^{2k}, 2rs^5 g^{3k}) : k = 0, 1\};$
    $\hspace{6em}$ // 定義方程式は $y^2 = x^3 - 3rs^3 g^{2k} x + 2rs^5 g^{3k}$.

    }

このアルゴリズムに関連していくつか注意しておく．アルゴリズム 7.5.10 のパラメータは，もちろん Hilbert 類多項式をアルゴリズム 7.5.8 で計算し，それを用いて求めてもよい．しかし，これらのパラメータを一覧表にまとめておけば CM 曲線をすぐに構成できるから，プログラミング上の無駄を最小限にすることができる．$\mathbf{F}_p$ 上で確かに楕円曲線となるための条件 $4a^3 + 27b^2 \neq 0$ はいちいち確かめなくてよい．また，アルゴリズムの中で使われる平方根 $(\bmod\ p)$ は必ず存在する．さらには，表に与えたパラメータ r, s は因数分解に関して興味深い性質をもつ傾向がある．特に，s の値は非常にスムーズな数になりやすい（これらに関する詳細については問題 7.15 参照）．

アルゴリズム 7.5.10 が即座に曲線および位数を生成することを確認しておこう．例として素数 $p = (2^{31} + 1)/3$ をとる．アルゴリズム 2.3.13 を使うと類数が 2 以下の判

7.5 楕円曲線上の点の数え上げ

別式のうち $D = -3, -7, -8, -11, -67, -51, -91, -187, -403, -427$ の10個に対して表示 $4p = u^2 + |D|v^2$ が見つかる．アルゴリズム 7.5.10 によるパラメータ a, b および位数の計算結果を以下の表にまとめておいた．

この計算において，平方非剰余（かつ $D = -3$ の場合はさらに 3 乗非剰余）として 5 をとった．アルゴリズム 7.5.10 は曲線を定めるパラメータの組 (a, b) のうちどれが（アルゴリズム 7.5.9 の [随意選択：曲線の位数] で計算した）どの位数と対応するのかまでは示さないが，前述のとおりこれは大きな問題ではない．曲線上の点 P で位数候補を乗じても無限遠点にならないものが見つかれば，その候補は別の曲線の位数であることがわかるからである．$p = (2^{31} + 1)/3$ の例では，このようにして位数を曲線と符合させている．

D	E	$\#E$
-3	$y^2 = x^3 + 0x + 715827882$	715861972
	$y^2 = x^3 + 0x + 715827878$	715880649
	$y^2 = x^3 + 0x + 715827858$	715846561
	$y^2 = x^3 + 0x + 715827758$	715793796
	$y^2 = x^3 + 0x + 715827258$	715775119
	$y^2 = x^3 + 0x + 715824758$	715809207
-7	$y^2 = x^3 + 331585657x + 632369458$	715788584
	$y^2 = x^3 + 415534712x + 305115120$	715867184
-8	$y^2 = x^3 + 362880883x + 649193252$	715784194
	$y^2 = x^3 + 482087479x + 260605721$	715871574
-11	$y^2 = x^3 + 710498587x + 673622741$	715774393
	$y^2 = x^3 + 582595483x + 450980314$	715881375
-67	$y^2 = x^3 + 265592125x + 480243852$	715785809
	$y^2 = x^3 + 197352178x + 616767211$	715869959
-51	$y^2 = x^3 + 602207293x + 487817116$	715826683
	$y^2 = x^3 + 22796782x + 131769445$	715829085
-91	$y^2 = x^3 + 407640471x + 205746226$	715824963
	$y^2 = x^3 + 169421413x + 664302345$	715830805

$$
\begin{aligned}
-187 \quad & y^2 = x^3 + 389987874x + 525671592 \quad && 715817117 \\
& y^2 = x^3 + 443934371x + 568611647 \quad && 715838651 \\
\\
-403 \quad & y^2 = x^3 + 644736647x + 438316263 \quad && 715881357 \\
& y^2 = x^3 + 370202749x + 386613767 \quad && 715774411 \\
\\
-427 \quad & y^2 = x^3 + 370428023x + 532016446 \quad && 715860684 \\
& y^2 = x^3 + 670765979x + 645890514 \quad && 715795084
\end{aligned}
$$

ただし，原理上はもう少し踏み込んで理論的に位数と曲線を対応づけることが可能で，$h(D) = 1$ なる判別式 D に対しては [Rishi et al. 1984]，[Padma and Ventkataraman 1996] に曲線および位数の式が具体的に与えられている．Stark は，多くのこうした結果より前に $4p = u^2 + |D|v^2$ のときの正確な曲線の位数 $p + 1 - u$ を Jacobi 記号 $\left(\frac{u}{|D|}\right)$ と関連づけて表した．この結果の興味深い改良が [Morain 1998] に与えられている．

7.6 楕円曲線素数判定法 (ECPP)

4.1 節では，$n-1$ の部分的な因数分解から n の素数判定法が得られることを見た．楕円曲線の群の位数は Hasse の定理 7.3.1 の範囲でさまざまに変動するが，これを素数判定に応用できないだろうか．実際それが可能であることが，Pocklington の定理 4.1.3 の楕円曲線における類似を与える定理により示される．

定理を述べる前に，擬楕円曲線 $E(\mathbf{Z}_n)$ の定義 7.4.1 をよく思い出しておこう．また，定義の後に述べた，擬楕円曲線上の整数倍算に関する注意事項もよく思い出した上で，次の主要な結果に進もう．

定理 7.6.1 (Goldwasser–Kilian の ECPP 定理). $n > 1$ を 6 と互いに素な整数とし，$E(\mathbf{Z}_n)$ を擬楕円曲線，s, m を $s | m$ なる正整数とする．ある点 $P \in E$ について $[m]P$ の計算が実行可能で

$$[m]P = O$$

が成り立ち，かつ s を割る各素数 q に対して $[m/q]P$ の計算が実行可能で

$$[m/q]P \neq O$$

が成り立つとする．このとき，n を割る各素数 p に対して

$$\#E(\mathbf{F}_p) \equiv 0 \pmod{s}.$$

さらに，もし $s > \left(n^{1/4} + 1\right)^2$ ならば，n は素数である．

証明. p を n の素因子とする．定理で仮定した擬楕円曲線上の計算を法 p で還元すれば，P を $E(\mathbf{F}_p)$ の点と考えたときの位数は s で割れることがわかる．これは最初の主張を証明している．しかも，$s > \left(n^{1/4}+1\right)^2$ ならば $\#E(\mathbf{F}_p) > \left(n^{1/4}+1\right)^2$ である．一方，Hasse の定理 7.3.1 より $\#E(\mathbf{F}_p) < \left(p^{1/2}+1\right)^2$ だから $p^{1/2} > n^{1/4}$，したがって $p > n^{1/2}$ を得る．n の任意の素因子が $n^{1/2}$ より大きいから，n は素数でなければならない． □

7.6.1 Goldwasser–Kilian の素数判定法

定理 7.6.1 をもとに，Goldwasser と Kilian は，「ほとんどの」素数 n に対して期待計算量が多項式時間となる素数判定アルゴリズムを示した．このことはすべての素数 n に対して成り立つと予想されている．すなわち，数 n の素数判定に要する期待演算数は，ある絶対定数 k に対して $O\left(\ln^k n\right)$ となると考えられている．彼らのアイディアは，曲線の位数で十分大きな概素数を因子にもつものを見つける操作を再帰的に行えば，いずれは概素因子の素数性を証明できるであろうというものである．各再帰段階では，最後を除き s を曲線の位数の概素因子にとって定理 7.6.1 を用いる．そうすると概素数は段階を追うごとに小さくなり，最後には素数であることが試し割り算で証明できるほど小さくなるだろうというわけである．そうなれば今度はそれ以前のすべての段階を次々と正当化し，最初に与えられた数 n の素数性を立証することになる．

アルゴリズム 7.6.2 (Goldwasser–Kilian の素数判定法). 素数である可能性が強い非平方数 $n > 2^{32}$（特に $\gcd(n,6) = 1$ かつおそらく n は概素数判定を通過している）が与えられたとき，このアルゴリズムは n の素数性の問題をより小さな数 q のそれに還元することを試みる．このアルゴリズムは "n は合成数" もしくは "q が素数ならば n は素数" いずれかの判定結果を返す．ここで q は n より小さい整数である．

1. [$\mathbf{Z}_n$ 上の擬楕円曲線を選択]

    $\gcd(4a^3 + 27b^2, n) = 1$ なる $(a,b) \in [0, n-1]^2$ をランダムに選ぶ；

2. [曲線の位数計算]

    アルゴリズム 7.5.6 を用いて，n が素数であれば $\#E_{a,b}(\mathbf{Z}_n)$ を与える整数 m を計算する（ただし，このアルゴリズムで位数計算がうまくいかなければ，return "n は合成数"）；

    // n が合成数なら，$t \pmod{l}$ の各候補が棄却されるか，最後に復元した曲線の位数が区間 $\left(n+1-2\sqrt{n}, n+1+2\sqrt{n}\right)$ に属さなくなってアルゴリズム 7.5.6 が破綻することがある．

3. [因数分解の試み]

    $m = kq$ の形の分解を試みる．ただし，$k > 1$ かつ q は $\left(n^{1/4}+1\right)^2$ より大きい概素数．基準の時間内に終わらなければ，goto [$\mathbf{Z}_n$ 上の擬楕円曲線を選択]；

4. $[E_{a,b}(\mathbf{Z}_n)$ 上の点を選択]

$x \in [0, n-1]$ のうち $Q = (x^3 + ax + b) \bmod n$ が $\left(\frac{Q}{n}\right) \neq -1$ を満たすものをランダムに選ぶ;

アルゴリズム 2.3.8 または 2.3.9 を $(a = Q, p = n$ として) 用い,仮に n が素数なら $y^2 \equiv Q \pmod{n}$ となるはずの整数 y を見つける;

if($y^2 \bmod n \neq Q$) return "n は合成数";

$P = (x, y)$;

5. [点の計算]

整数倍算 $U = [m/q]P$ を計算 (ただし,どこかで不正な逆元計算が生じたら,return "n は合成数");

if($U == O$) goto [$E_{a,b}(\mathbf{Z}_n)$ 上の点を選択];

$V = [q]U$ を計算 (ただし,不正な逆元計算は上と同様に処理);

if($V \neq O$) return "n は合成数";

return "q が素数ならば n は素数";

アルゴリズム 7.6.2 が正しいことは定理 7.6.1 から直接従う.ただし,q が定理の s の役を果たす.

実際には,このアルゴリズムを繰り返し適用して,最後の数 q が試し割り算により素数であることが示せる小ささになるまでの推論の連なりを導き出すことになるだろう.もし途中のどこかで q が合成数になったら,1 段階引き返してアルゴリズムを再適用すればよい.Goldwasser–Kilian 法を繰り返していくと,正確な素数判定が得られるだけでなく素数証書も生成される.この証書は再帰に従って連なっていく n, a, b, m, q, P の組からなる鎖

$$(n = n_0, a_0, b_0, m_0, q_0, P_0), \; (q_0 = n_1, a_1, b_1, m_1, q_1, P_1), \ldots$$

と考えられる.証書の大事な点は,素数であることが証明されたもともとの n と一緒に,あるいは,それに付随して発行することができるということである.そのため,この簡潔なリストを利用することで,途中のいろいろな段階で定理 7.6.1 を使って n が素数であることを検証することができる.通常,証明の再現は最初の証書作成にかかる時間よりはるかに短くて済む.多くの素数性の証明は結果点検の際,再度ゼロから実行しなければならないから,証書がもつこの特徴は重要である.

アルゴリズム 7.6.2 における曲線上の演算は,7.2 節で述べたように Y を省いた Montgomery 座標 $[X : Z]$ を使って高速化できることを指摘しておこう.

読者による実装試験を支援するために,ここで例をひとつ詳しく記しておく.素数 $p = 10^{20} + 39$ をとる.アルゴリズム 7.6.2 の初回は $n = p$ とし,ステップ [$\mathbf{Z}_n$ 上の擬楕円曲線を選択] でランダムなパラメータとして

$$a = 69771859804340235254, \quad b = 10558409492409151218$$

7.6 楕円曲線素数判定法 (ECPP)

を得る．このとき $4a^3 + 27b^2$ は n と互いに素である．n がもし本当に素数なら $E_{a,b}(\mathbf{Z}_n)$ の位数となるはずの数は，アルゴリズム 7.5.6 を用いると

$$m = \#E = 99999999985875882644 = 2^2 \cdot 59 \cdot 1182449 \cdot q$$

であることがわかる．ここで $2, 59, 1182449$ は素数であり（アルゴリズムで暗に示したしきい値 2^{32} 以下になる），$q = 358348489871$ は概素数である．次に，ステップ $[E_{a,b}(\mathbf{Z}_n)$ 上の点を選択] でランダムに選択した点は

$$P = [X : Z] = [31689859357184528586 : 1]$$

である．ここで実際の計算を簡単にするために Montgomery 座標を採用し，整数倍算にはアルゴリズム 7.2.7 を用いる．その結果

$$U = [m/q]P = [69046631243878263311 : 1] \neq O,$$
$$V = [q]U = O$$

がわかるから，q が素数であれば p も素数である．そこで，$n = 358348489871$ としてアルゴリズム 7.6.2 を再実行する．その際に得られた関連する値は

$$a = 34328822753, \quad b = 187921935449,$$
$$m = \#E = 358349377736 = 2^3 \cdot 7 \cdot 7949 \cdot 805019$$

で，m のすべての因子がしきい値 2^{32} 以下になる．ランダムに選んだ点

$$P = [X : Z] = [245203089935 : 1]$$

に対して，$q = 805019$ とすれば，

$$U = [m/q]P = [260419245130 : 1] \neq O,$$
$$V = [q]P = O.$$

これよりもとの $p = 10^{20} + 39$ が素数であることが従う．関係する数はこの素数に対する素数証書としてまとめられる．より大きな数では，どんなに頑張っても都合のよい因数分解をもつ m にめぐり会えないかもしれないことに留意しなければならない．もっとも，予想ではそのような事態はめったにないのだが．

アルゴリズム 7.6.2 の計算量の研究は興味深い．首尾は，ステップ [因数分解の試み] にあるような形の分解をもつ曲線の位数が見つかる可能性にかかっている．位数で $m = 2q$ （q は素数）となるものが見つかることすらめでたいことなのである．そういうわけで，もし正定数 A, c に対して

$$\pi\left(x + 1 + 2\sqrt{x}\right) - \pi\left(x + 1 - 2\sqrt{x}\right) > A\frac{\sqrt{x}}{\ln^c x}$$

となるならこのアルゴリズムの期待ビット計算量は $O\left(\ln^{9+c} n\right)$ であることが定理 7.3.2 を介して示される（[Goldwasser and Kilian 1986] 参照）．この不等式は $A = c = 1$ および十分に大きなすべての x に対して成り立つと予想されている．しかも，解析的整数論においてこのような不等式は通常は成立することが示されているので，Goldwasser–Kilian の判定法（アルゴリズム 7.6.2）は通常はうまくいって多項式時間で結果を出すことが証明できる．この議論の不十分さを取り除くため，[Adleman and Huang 1992] は x に近い長さ $x^{3/4}$ の区間にある素数について十分によくわかっていることに注目して，期待計算量が多項式時間で保証される方法を与えることに成功した．彼らの方法では，証書の鎖が同様に生成される．さらに注目すべきことには，鎖における最初のいくつかの素数はサイズが増大し，最終的に許容できる大きさに減衰する．減衰は上のように Goldwasser–Kilian の判定法で行われる．増大は「ランダム性の獲得」が目的である．当初の候補 n に対しては Goldwasser–Kilian の判定法がうまくいかないかもしれない（これは，曲線の位数の分解がうまくいかないとか分解にかなりの時間がかかるといったことからも明らかであろう）．それゆえ，n の素数性をより大きな数のそれに「還元」する最初の数段階は，与えられた数 n を新しいランダムな数に置き換えて Goldwasser–Kilian の判定法がうまく機能するようにするひとつの方法である．この新しい過程は種数 2 の超楕円曲線の Jacobi 多様体を介して行われる．

7.6.2　Atkin–Morain の素数判定法

Goldwasser–Kilian のアルゴリズム 7.6.2 は，大きな n に対しては位数計算の段階が原因で著しく動作緩慢になる．Atkin はこの難局に対する素晴しい解決策を編み出し，Morain とともに非常に効率的な楕円曲線素数判定法 (ECPP) を実装した [Atkin and Morain 1993b]．現在はこの方法が広く用いられている．この楕円曲線素数判定法を実際に実行する方法はいくつかあり，ここではそのうちのひとつを与える．

アイディアは，今回も「閉じた形の」曲線の位数もしくは少なくとも位数を比較的速く求められる方法をつくることである．アルゴリズム 7.5.10 のような閉じた形のものも使えるかもしれないが，おそらく定理 7.6.1 に適した位数を見つけられずに「ガス欠状態」になるだろう．一方，アルゴリズム 7.5.9 に見られるように，虚数乗法をもつ曲線を探すというのが Atkin–Morain の手法である．このように，首尾の鍵を握る段階（アルゴリズム 7.6.2 の [曲線の位数計算]）は，Atkin–Morain の位数および曲線を求めるアルゴリズム 7.5.9 の活用への入口となる．ざっと見る限り，次のアルゴリズム 7.6.3 はアルゴリズム 7.6.2 に非常によく似ている．違いは，まず目的に適う曲線の位数を探し，それが見つかってから対応する楕円曲線を構成することと，どちらの計算もアルゴリズム 7.5.9 を用いるので Schoof のアルゴリズム 7.5.6 が不要になることである．

アルゴリズム 7.6.3 (Atkin–Morain の素数判定法)．素数である可能性が強い非平方数 $n > 2^{32}$（特に $\gcd(n, 6) = 1$ かつおそらく n は概素数判定を通過している）が与えられ

たとき，このアルゴリズムは n の素数性の問題をより小さな数 q のそれに還元することを試みる．このアルゴリズムは "n は合成数" もしくは "q が素数ならば n は素数" いずれかの判定結果を返す．ここで q は n より小さい整数である．（アルゴリズム 7.6.2 と同様の構造に注意．）

1. [判別式の選択]

    基本判別式 D のうちで，$\left(\frac{D}{n}\right) = 1$ かつアルゴリズム 2.3.13 により $u^2 + |D|v^2 = 4n$ の解が見つかったものを，$h(D)$ が増加する順に選び，曲線の位数になりうる数 m をつくる：
    $$m \in \{n+1 \pm u,\ n+1 \pm 2v\}\ (D = -4),$$
    $$m \in \{n+1 \pm u,\ n+1 \pm (u \pm 3v)/2\}\ (D = -3),$$
    $$m \in \{n+1 \pm u\}\ (D < -4);$$

2. [位数の分解]

    位数になりうる数 m のうち，$m = kq$ と分解するものを探す．ただし，$k > 1$ かつ q は概素数 $> (n^{1/4}+1)^2$ である．（基準の時間内に終わらなければ，goto [判別式の選択]）；

3. [曲線のパラメータの取得]

    アルゴリズム 7.5.9 でパラメータ生成を選択して，n が実際に素数なら位数 m の楕円曲線を与えることになるパラメータ a, b を計算する；

4. [$E_{a,b}(\mathbf{Z}_n)$ 上の点の選択]

    $x \in [0, n-1]$ のうち $Q = (x^3 + ax + b) \bmod n$ が $\left(\frac{Q}{n}\right) \neq -1$ を満たすものをランダムに選ぶ；

    アルゴリズム 2.3.8 または 2.3.9 を ($a = Q, p = n$ として) 用い，仮に n が素数なら $y^2 \equiv Q \pmod{n}$ となるはずの整数 y を見つける；

    if($y^2 \bmod n \neq Q$) return "n は合成数"；

    $P = (x, y)$；

5. [点の演算]

    整数倍算 $U = [m/q]P$ を計算（ただし，どこかで不正な逆元計算が生じたら，return "n は合成数"）；

    if($U == O$) goto [$E_{a,b}(\mathbf{Z}_n)$ 上の点の選択]；

    $V = [q]U$ を計算（ただし，不正な逆元計算は上と同様に処理）；

    if($V \neq O$) return "n は合成数"；

    return "q が素数ならば n は素数"；

ステップ [判別式の選択] において，求めるべき u, v がたとえ存在していても，n が合成数のときはアルゴリズム 2.3.13 が必ずそれらを探しあてるという保証はない．その場合には次の D に移って u, v を探す．いくら D をとりかえてもうまくいかなければ，諦めざるを得ない．

アルゴリズムの詳しい実行例を述べよう．アルゴリズム 7.5.9 の後で調べた Mersenne 素数 $p = 2^{89} - 1$ をとる．虚数乗法をもつ曲線の判別式は $D = -3$ がとれる．この D に対して曲線の位数となる数は 6 つある．この例では，位数として $p + 1 + u$ をとると素数判定が再帰的に機能する．実際，この選択により次のようにうまく各段階の計算が進んでいく：

$$p = 2^{89} - 1,$$
$$D = -3: \ u = 34753815440788, \ v = 20559283311750,$$
$$\#E = p + 1 + u = 2^2 \cdot 3^2 \cdot 5^2 \cdot 7 \cdot 848173 \cdot p_2,$$
$$p_2 = 1158362851294447871,$$
$$D = -3: \ u = 557417116, \ v = 225559526,$$
$$\#E = p_2 + 1 + u = 2^2 \cdot 3 \cdot 7 \cdot 37 \cdot 65707 \cdot p_3,$$

かつ $p_3 = 567220573$ で，これが素数であることは試し割り算で示せる．上の概略では $p = 2^{89} - 1$ の素数証書の最も重要な「根幹部分」を与えた．証書全体はもちろんアルゴリズム 7.6.3 の実在の曲線のパラメータ（ステップ [曲線のパラメータの取得] から）およびその上の開始点（ステップ [$E_{a,b}(\mathbf{Z}_n)$ 上の点の選択] から）を必要とする．

Goldwasser–Kilian 法と比べて，Atkin–Morain 法の計算量ははっきりしない．ただし，発見的評価では N が素数であることを証明するための演算回数は多項式時間，例えば $O(\ln^{4+\epsilon} N)$ である（7.6.3 項参照）．新たな困難は，分解を試す対象たる潜在的な曲線の位数の分布が不明であることから生ずる．とはいえ，実際に使ってみるとこの方法は優れており，また Goldwasser–Kilian 法と同様に完全かつ簡明な素数証書を発行してくれる．1.1.2 項で触れたように，Morain はアルゴリズム 7.6.3 を改良し，2000 桁を大きく超える「ランダムな」素数について，それが素数であることが証明できるようになった．さらなる改良については次節で述べる．

7.6.3 高速楕円曲線素数判定法 (fastECPP)

素数判定法の新たな進展により，途方もなく大きな数の素数判定が可能になった．例えば，2004 年 7 月に，Leyland 数（自然数 $x > 1, y > 1$ によって $x^y + y^x$ の形に表される数のこと）

$$N = 4405^{2638} + 2638^{4405}$$

が素数であることが証明された．これは 15071 桁の数である．この "fastECPP" 法は J. Shallit による漸近的な改良に基づいており，それにより N が素数であることを証明するためのビット計算量が発見的には $O(\ln^{4+\epsilon} N)$ となる．

基本的な考え方は，小さな平方根の基をつくり，この基から判別式をつくるというものである．N を吟味中の概素数とし，$L = \ln N$ とおく．判別式 D を調べていったとき，アルゴリズム 7.6.3 で使えるものを見つけるのに必要な試行回数は $O(L^2)$ である

と期待される．上の方法の代わりにサイズが $O(L)$ の小さな素数の集合をつくっておき，p,q をそこからとって $-D = (-p)(q)$ なる形の判別式をつくっていくこともできる．このようにしてステップ [判別式の選択] が高速化され，アルゴリズム 7.6.3 全体の演算数に関する当初の計算量 $O(\ln^{5+\epsilon} N)$ の 5 は 4 に落ちる．

詳細および様々な素数判定の記録については [Franke et al. 2004] および（特にfastECPP の理論に関して）[Morain 2004] を参照のこと．

7.7 問　　題

7.1. 座標変換
$$(x,y) \mapsto (\alpha x + \beta y + \gamma, \delta x + \epsilon y + \zeta)$$
で，曲線
$$y^2 + axy + by = x^3 + cx^2 + dx + e \tag{7.11}$$
を Weierstrass 方程式 (7.4) に変換するものを求めよ．その際，体の標数が 2 でも 3 でもないことはどこで必要になるか述べよ．

7.2. 曲線
$$Y^2 = X^3 + CX^2 + AX + B$$
は
$$y^2 = x^3 + (A - C^2/3)x + (B - AC/3 + 2C^3/27)$$
に同型であることを示せ．したがって Montgomery 曲線 ($B=0$) は必ず Weierstrass 方程式 (7.4) に変換できる．この逆は正しくない．曲線
$$y^2 = x^3 + ax + b$$
が Montgomery 曲線 ($B=0$) に変換可能となるためのパラメータ a,b に関する条件を述べよ．この結果について，例えば暗号理論や位数計算における応用を述べよ．

7.3. (7.4) で与えられる曲線が標数 $\neq 2,3$ の体 F 上で非特異となるための必要十分条件は $4a^3 + 27b^2 \neq 0$ であることを示せ．

7.4. 標数 $p > 3$ のとき，曲線
$$Y^2 = X^3 + CX^2 + AX + B$$
が非特異であるための必要十分条件は
$$\Delta = 4(A - C^2/3)^3 + 27(B - AC/3 + 2C^3/27)^2 \neq 0$$
であることを示せ．特に，計算上重要な Montgomery 曲線

$$Y^2 = X^3 + CX^2 + X$$

については，これが非特異となるのは $C^2 \neq 4$ のとき，かつそのときに限る．

7.5. $p > 3$ とする．$\mathbf{F}_p$ 上の楕円曲線

$$Y^2 = X^3 + CX^2 + AX + B$$

に対して，E の j 不変量を

$$j(E) = 256 \frac{(3A - C^2)^3}{\Delta}$$

で定める．ここで判別式 Δ は問題 7.4 で与えたものである．小さな素数を選んで，曲線の位数と j 不変量との対応表を作成せよ．素数は，手計算か計算機を少し使って表が作れる程度のものでよい．（曲線の位数は公式 (7.8) を使って求められる．）このような実験上の証拠をもとに，曲線の位数と j 不変量の値との間に成り立つと思われる関係を述べよ．j 不変量と曲線の同型に関する美しい理論についての優れた概説が [Seroussi et al. 1999] およびそこに挙げられた多くの参考文献，特に [Silverman 1986] に与えられている．

7.6. 本問では，楕円積分と楕円関数を楕円曲線論と関連づけることを目的として，それらに関する美しい古典理論のほんの一端を取り上げる．入門的な参考文献として [Namba 1984]，[Silverman 1986]，[Kaliski 1988] を挙げておく．両者間のひとつの本質的な関係が，楕円積分

$$Z(x) = \int_x^\infty \frac{ds}{\sqrt{4s^3 - g_2 s - g_3}}$$

とその逆関数である Weierstrass 関数

$$\wp_{g_2, g_3}(Z) = x$$

により記述される．微分方程式

$$\wp(z_1 + z_2) = \frac{1}{4} \left(\frac{\wp'(z_1) - \wp'(z_2)}{\wp(z_1) - \wp(z_2)} \right)^2 - \wp(z_1) - \wp(z_2)$$

および

$$\wp'(z)^2 = 4\wp^3(z) - g_2 \wp(z) - g_3$$

を導け．また，パラメータ g_2, g_3 とパラメータ a, b との関係を求め，これら微分方程式とアフィン代数曲線での議論を並行させよ．

7.7. 定理 7.1.3 の前半を示せ．すなわち，$E_{a,b}(F)$ はそこに定義された演算によりアーベル群となることを証明せよ．数式処理システムを用いると，特に一番面倒な結合則

$(P_1 + P_2) + P_3 = P_1 + (P_2 + P_3)$ を示す際に役立つだろう．

7.8. 位数が平方因子をもたないアーベル群は巡回群であることを示せ．したがって，曲線の位数 $\#E$ に平方因子がないなら，群 E は巡回群となる．この事実は暗号理論への応用において重要である [Kaliski 1991], [Morain 1992].

7.9. 2 倍算と（異なる点の）加算の効率の違いを考慮に入れて，アルゴリズム 7.2.2 とアルゴリズム 7.2.3 における乗算の回数を比較せよ．このことから，逆元計算が k 回の乗算より速く，したがって第一のアルゴリズムが優越するためのしきい値 k を決定せよ．これに関連して，問題 7.25 も参照のこと．

7.10. アルゴリズム 7.2.3 の 2 倍算における演算回数は，パラメータを $a = -3$ とするとさらに低減されることを示せ．[Solinas 1998] において，「法 p で，$a = p-3$ なる楕円曲線に変換できるものの割合は，$p \equiv 1 \pmod 4$ ならばおよそ 1/4 で，$p \equiv 3 \pmod 4$ ならばおよそ 1/2 である」と述べられているが，このことを示せ．2 倍算に関するわずかな能率向上でありつまらないことに見えるが，2 倍算は標準的な整数倍算階梯の相当な部分を占めるから，実際には常に注意を払っておきたい．

7.11. アルゴリズム 7.2.8（楕円曲線上の加算判定法）が正しく動作することを示せ．まず，$P_1 \pm P_2$ のそれぞれの座標 $x_\pm$ に対して，定義 7.1.2 および定理 7.2.6 を用いて和 $x_+ + x_-$ と積 $x_+ x_-$ が満たす代数関係式を示せ．得られた関係式は y にまったく依存しないはずである．そこで，これらの和と積の関係式から，2 次の関係式を導け．

7.12. アルゴリズム 7.4.2 の後で議論した，楕円曲線法の発見的期待計算量の上界を導け．

7.13. 本文でも簡単に触れたが，楕円曲線法の第 2 段階に関連する，2 つのリスト間の一致をアルゴリズム 7.5.1 を使わずに見つける方法について考えよう．多項式

$$f(x) = \prod_{i=0}^{m-1}(x - A_i)$$

をつくり，B の n 個の要素 $x = B_j, j = 0, \ldots, n-1$ においてその値を求める．f の零点がこの方法で見つかれば，両リスト間の一致（ある B_j と A_i が等しい）が得られるところがポイントである．$A \cap B$ を見出すためのこの多項式法の計算量を求めよ．この方法では，一致が重複して生じたときどのように扱えばよいか？ 5.5 節および 9.6.3 項の関連事項にも留意すること．

7.14. 楕円曲線法による因数分解の「世界記録」の傾向を分析し，いつ頃 70 桁の因子を楕円曲線法で見つけられそうか見積もってみよ．（例えば [Zimmermann 2000] では

それを 2010 年と目論んでいる．）

7.15. 以下のようにして，アルゴリズム 7.5.10 に関連する主張を示せ．まず，一覧表に与えられたパラメータ r, s の計算法を示せ．そのためには，類多項式は高々 2 次であることを用い，また定義方程式 $y^2 = x^3 + Rx/S + T/S$ は両辺に S^6 をかけることで分母 S を除くことができることに留意する．次に，平方剰余の相互法則を用いて，一覧表中のパラメータに具体的に書かれた平方根はどれも確かに存在することを示せ．これに関しては，p に対して表示 $4p = u^2 + |D|v^2$ が得られていると仮定する．第三に，$4a^3 + 27b^2$ が $\bmod p$ で 0 にならないことを示せ．これは個別に確かめてもよいが，アルゴリズム 7.5.9 にさかのぼって求めたいパラメータ a, b の実際のつくり方を確認するほうが簡単である．最後に，表中の s を因数分解し，それらが非常にスムーズになる傾向があることを確かめよ．この性質はどう説明したらよいだろうか？

7.16. 楕円曲線 $E_{a,b}(\mathbf{F}_p)$ に対して，E の 2 次ひねり E' とは 3 次式
$$y^2 = x^3 + g^2 ax + g^3 b$$
で定義される曲線のことであった．ただし，$\left(\frac{g}{p}\right) = -1$ である．曲線 E, E' の位数について，次の関係式が成り立つことを示せ：
$$\#E + \#E' = 2p + 2.$$

7.17. 有限アーベル群 G の元の最大位数が m であるとする．絶対定数 $c > 0$（すなわち，c は m にも G にも依存しない）が存在して，位数 m である G の元の割合が少なくとも $c/\ln\ln(3m)$ となることを示せ．（3 があるのは単に $\ln\ln$ が必ず正の値になるようにするためである．）この結果は定理 7.5.2 の後の記述および第 3 章のいくつかの結果と関連がある．

7.18. $p = 229$ に対して，$\mathbf{F}_p$ 上の曲線 E, E' の定義式がそれぞれ
$$y^2 = x^3 - 1,$$
$$y^2 = x^3 - 8$$
で与えられているとする．後者は前者の 2 次ひねりである．このとき $\#E = 252, \#E' = 208$ であることおよびそれぞれの群構造が
$$E \cong \mathbf{Z}_{42} \times \mathbf{Z}_6,$$
$$E' \cong \mathbf{Z}_{52} \times \mathbf{Z}_4$$
であることを示せ．これより各点 $P \in E$ について $[252]P = [210]P = O$ であり，同様

に各点 $P \in E'$ について $[208]P = [260]P = O$ が成り立つ．したがって，どちらの曲線上のどの点も Hasse の区間に $[m]P = O$ となる m を複数もつことがわかる．上記のことおよび Mestre の定理に関するその他の特殊事例については，[Schoof 1995] 参照．

7.19. 本問では Schoof のアルゴリズム 7.5.6 の演算数に関する計算量を詳しく調べる．初等的な多項式の乗算（これの体演算の計算量は，演算対象の次数を d, e とすると $O(de)$）を用いたとき，Schoof のもともとの方法に対する演算数に関する計算量の上界 $O\left(\ln^8 p\right)$ を導け．Schoof–Elkies–Atkin (SEA) 法ではこれが $O\left(\ln^6 p\right)$ に減る理由を述べよ．（SEA 多項式の次数が素数 l に対して $O(l^2)$ ではなく $O(l)$ であることさえ知っていれば，このことは導ける．）整数だけでなく多項式についても高速乗算法（アルゴリズム 7.5.6 の後の本文を参照）を用いた場合や，できれば Shanks–Mestre 法を併用した効率化を使った場合についても，計算量の上界がどうなるか記述せよ．最後に，n ビットの素数 p に対して曲線の位数を求めるためのビット計算量については何が言えるか？

7.20. 楕円曲線論を使って，環における立方数の和に関するある種の結果を導くことができる．Hasse の定理 7.3.1 を用いて，素数 $p > 7$ に対し $\mathbf{F}_p$ の各元は 2 つの立方数の和であることを示せ．次に，素冪について調べ，以下の予想を証明せよ（これは数値的に動機づけられた予想で，D. Copeland に教わった）：d_N を環 $\mathbf{Z}_N$ において立方数の和として表せる数の密度とする．このとき，

もし $63|N$ ならば $d_N = 25/63$ で，それ以外のとき，
もし $7|N$ ならば $d_N = 5/7$,
もし $9|N$ ならば $d_N = 5/9$
で，残りの場合は $d_N = 1$ である．

問題の拡張：より高次の冪和について研究せよ（問題 9.80 参照）．

7.21. Schoof のアルゴリズムをよく理解するために，本問では記号を使った練習をしてみよう．曲線の位数について，以下のように「記号的 Schoof アルゴリズム」とも呼ぶべき方法で厳密な結果が得られることがある．$p > 3$ に対して楕円曲線 $E_{0,b}(\mathbf{F}_p)$ を考える．これは 3 次式

$$y^2 = x^3 + b$$

で定義される曲線である．この形の任意の曲線の位数 (mod 3) を記号計算のみで求めたい．すなわち，Schoof の実装に関連する通常の数値計算は行わない．計算機の助けなしで，以下のことがらを証明せよ（ただし，数式処理システムを検算に用いるとよいだろう）．

(1) 等分多項式 Ψ_3 に対して，

$$x^4 \equiv -4bx \pmod{\Psi_3}.$$

(2) $k > 0$ に対して,
$$x^{3k} \equiv (-4b)^{k-1}x^3 \pmod{\Psi_3}.$$

この還元をもとにして,Frobenius 自己準同型による像を決定しよう.

(3) 上のことから x^p は
$$x^p \equiv (-4b)^{\lfloor p/3 \rfloor} x^{p \bmod 3} \pmod{\Psi_3}$$

と表される.ここで,$p \bmod 3 = 1$ または 2 である.

(4) x^{p^2} について次の合同式が成り立つ:
$$x^{p^2} \equiv (-4b)^{(p^2-1)/3} x \pmod{\Psi_3}.$$

$p \equiv 2 \pmod{3}$ のときはこの合同式は $x^{p^2} \equiv x$ となり,b に依存しない.

(5) 二項展開と (2) の合同式より,一般に正整数 d および $\gamma \not\equiv 0 \pmod{p}$ に対して次の等式が成り立つ:
$$(x^3 + \gamma)^d \equiv \gamma^d \left(1 - \frac{x^3}{4b} \left((1 - 4b/\gamma)^d - 1 \right) \right) \pmod{\Psi_3}.$$

(6) $y^p \equiv y(x^3 + b)^{(p-1)/2}$ より,y^p は次の合同式を満たす:
$$y^p \equiv y b^{(p-1)/2} q(x) \pmod{\Psi_3}.$$

ここで $p \equiv 1, 2 \pmod{3}$ のときそれぞれ $q(x) = 1, (1 + x^3/(2b))$ とする.

(7) 以上より,常に次が成立する:
$$y^{p^2} \equiv y \pmod{\Psi_3}.$$

上の準備のもとに,定理 7.5.5 から $p \equiv 2 \pmod{3}$ ならば b の値に関わらず
$$\#E \equiv p + 1 \equiv 0 \pmod{3}$$
であることを導け.最後に,$p \equiv 1 \pmod{3}$ について,b に依存して定まるパラメータ c_i により
$$(c_1 x, y) + [1](x, y) = t(c_2 x, y c_3)$$
となることから,曲線の位数 (mod 3) は $b \pmod{p}$ で決まる 2 次指標を用いて次のように表されることを示せ:
$$\#E \equiv p + 1 + \left(\frac{b}{p} \right) \equiv 2 + \left(\frac{b}{p} \right) \pmod{3}.$$

研究問題:この「記号的」Schoof アルゴリズムはどこまで推し進めることができるか(問題 7.30 参照)?

7.22. アルゴリズム 7.5.10 の後に挙げた例における素数 $p = \left(2^{31}+1\right)/3$ および曲線の位数について，ECPP 法で p が素数であると判定するにはどの位数を用いるのが最もよいか？

7.23. ECPP 法の適当な変種を用いて，問題 1.87 に述べた 10 個の連続する素数がどれも確かに素数であることを証明せよ．

7.24. 本問では，ECPP 法の考え方を Fermat 数 $F_m = 2^{2^m} + 1$ の素数判定に応用する．表示
$$4F_m = u^2 + 4v^2$$
を考えることで，もし F_m が素数ならば，4 つの曲線 $(\bmod\ F_m)$
$$y^2 = x^3 - 3^k x; \quad k = 0,1,2,3$$
の位数は（必要なら適当に順序を入れ換えて）
$$2^{2^m} + 2^{2^{m-1}+1} + 2,$$
$$2^{2^m} - 2^{2^{m-1}+1} + 2,$$
$$2^{2^m},$$
$$2^{2^m} + 4$$
となることを証明せよ．F_7（もしくはより大きな Fermat 数）については，4 つのうちの 1 つの曲線上にこれら 4 つの位数のいずれでも零化されない点 P があることを計算機を使って示し，それによりこの Fermat 数が合成数であることを証明せよ．計算にはアルゴリズム 7.2.7 の Montgomery 座標を使い，曲線上から開始点を選ぶ際 x 座標の検証のみで済ますことができるようにするべきだろう（アルゴリズム 7.2.1 の後の本文参照）．さもなくば，合成数 F_m に対しては y 座標を得ようとしてもたいてい平方根の計算すらできないから，本問そのものが破綻する．

もちろん，合成数の除外に関してはよく知られた Pepin の素数判定法（定理 4.1.2）がはるかに効率的であるが，CM 曲線の概念の活用をここでは求めている．ちなみに，上記の手続きを $F_4 = 65537$ に対して行うと，4 つのそれぞれの曲線は 4 つの位数のうちのどれかで零化される点をもつことがわかる．したがって，65537 はいま述べている意味で「概」素数とみなすことができる．ECPP アルゴリズム 7.5.9 に従ってあと少しだけ計算すると，この最大の既知 Fermat 素数に対する素数判定が完了する．

7.8 研 究 問 題

7.25. アルゴリズム 7.2.2, 7.2.3, 7.2.7 間の計算量の得失を評価するために，体における逆元計算の計算量を調べよ．式 $x_3 = m^2 - x_1 - x_2,\ y_3 = m(x_1 - x_3) - y_1$ をじっ

と見るにつけ，逆元計算のコストさえなければアフィン座標を用いる方法が間違いなく優れているのにと感じる．しかし，既知の逆元計算法はかなりコストがかかる．実際には，逆元計算にかかる時間は法乗算にかかる時間より大きさの度合いが 1 つか 2 つ上がる傾向があることがわかる．[De Win et al. 1998] は（暗号では標準的な素数 $p \approx 2^{200}$ を法とする）逆元計算のコストを乗算 20 回分に減らすことさえとても難しいと解説している．一方で，まだわかっていないことがある．特別な形の素数や参照テーブルについてはどうだろうか？　参照の考え方は，逆元がすでにわかっている z に対して $xy \equiv z \pmod{p}$ となるような y が見つかれば $x^{-1} \bmod p = yz^{-1} \bmod p$ が得られる，という簡単な事実に由来する．計算量の問題に関しては，アルゴリズム 9.4.5 および問題 2.11 を参照のこと．

別の研究方針は，k-ary（binary の対語）gcd に対する興味深い Sorenson 法 [Sorenson 1994] が法逆元を計算するための拡張形式をもつことから，その実装を試みることである．

7.26. p は素数で，$c \not\equiv 0, 1 \pmod{p}$ とするとき，楕円曲線 $E(\mathbf{F}_p)$ を

$$y^2 = x(x+1)(x+c)$$

で定義する．位数を与える式 (7.8) を直接用いて，$\#E = p + 1 - T$ であることを示せ．ただし，T は，$Q = (p-1)/2$ において

$$T = \sum_{n=0}^{Q} c^n \binom{Q}{n}^2$$

と定め，かつこの和は法 p で考えることで $(-2\sqrt{p}, 2\sqrt{p})$ 内に値をとると解釈する．（式 (7.8) における Legendre 記号を $(p-1)/2$ 乗数で表し，x について和をとってみよ．）次に，Gauss の超幾何関数 F に対して

$$T \equiv F(1/2, 1/2, 1; c)|_Q \pmod{p}$$

が成り立つことを示せ．ここで，右辺の記号は超幾何級数 $F(A, B, C; z)$ の z^Q の項までの和を表す．また，Q 次の Legendre 多項式 P_Q により形式的に

$$T = (1-c)^{Q/2} P_Q \left(\frac{1 - c/2}{\sqrt{1-c}} \right)$$

と表せることを示せ．

このような特殊級数の変換に関する既知の性質を使って，曲線の位数を閉じた形に記述してみよ．例えば，$p \equiv 1 \pmod{4}$ とすると

$$P_Q(0) = \binom{Q}{Q/2}$$

であり，p を $p = a^2 + b^2$ と表せば曲線の位数は $\#E = p + 1 \pm 2a$ となることが導かれ

る．実は，この種の研究は代数的整数論と関係がある．例えば，いまの文脈では二項係数 (mod p) の研究 [Crandall et al. 1997] が役に立つ．

高速級数評価法 [Borwein and Borwein 1987]（およびアルゴリズム 9.6.7 参照）を用いて，超幾何級数は $O\left(\sqrt{p}\ln^2 p\right)$ 回の体演算で値を求められることを示せ．このことから，少なくとも特定の形の楕円曲線に対しては，これまでとは異なる位数計算アルゴリズムを得る．その計算量は本質的に，剰余記号を使った素朴な計算法と Shanks–Mestre のアルゴリズムの間にある．さらにもうひとつ研究手段となりうるものを挙げよう．問題 2.42 の離散算術幾何平均が，項を途中で打ち切った超幾何級数 (mod p) にある意味で応用される可能性も十分にある．なぜかと言えば，実数を引数とする古典的な算術幾何平均が上の超幾何関数などの値を迅速に求める方法を与えるからである [Borwein and Borwein 1987]．

ちなみに，楕円曲線の位数計算において近年算術幾何平均の深みある応用がなされている．7.5.2 項の末尾を参照のこと．

7.27. 問題 7.26 の方針に従い，素数 $p \equiv 1 \pmod 8$ に対して 3 次式

$$y^2 = x^3 + \frac{3}{\sqrt{2}}x^2 + x$$

で定義される楕円曲線 E の位数は

$$\#E = p + 1 - \left(2^{(p-1)/4}\binom{\frac{p-1}{2}}{\frac{p-1}{4}} \bmod \pm p\right)$$

となることを示せ．ただし，記号 $\bmod_\pm$ は 0 に最も近い符号つき剰余を表す．このことは Fermat 数の因数分解に応用できるだろうか？ わかっていることをいくつか挙げよう．合成数 F_n の任意の素因子は $\equiv 1 \pmod 8$ であり，また Fermat 数 $F_n > 5$ を任意にとったとき，法 F_n での $3/\sqrt{2}$ として $3(2^{3m/4} - 2^{m/4})^{-1}, m = 2^n$ がとれる．しかも，これは F_n の任意の素因子を法としても成立する．関連することがらについては，[Atkin and Morain 1993a] を参照のこと．そこでは，潜在的な因子 p がある種の合同式を満たすことがわかっているときに好都合な曲線の構成法が示されている．

7.28. [Peralta and Okamoto 1996] に与えられた楕円曲線法の変種を実装せよ．この方法は素数 p と奇数 q により $n = pq^2$ と表される合成数に対して効果を発揮する．$x_1 \equiv x_2 \pmod p$ であるかどうかの判定には，ランダムに r を選び，Jacobi 記号に関する等式

$$\left(\frac{x_1 + r}{n}\right) = \left(\frac{x_2 + r}{n}\right)$$

が成り立つかどうかを調べるという確率的な方法を用いる．この判定が p を知らないままに行えることは注目すべきである．

7.29. 以下は，Schoof の位数計算アルゴリズム 7.5.6 に関連する非常に興味深い研究方

針である．まず，次の座標表示の1つをとったときに，このアルゴリズムに対して時間とスペース（メモリ）の得失を吟味せよ．(a) 有理式による表示 ($N(x)/D(x), yM(x)/C(x)$)（アルゴリズムではこれを使った），(b) 射影座標表示 ($X(x,y), Y(x,y), Z(x,y)$)（アルゴリズム 7.2.3 で計算する），または (c) アフィン座標表示．これらはどれを選んでも同じ漸近的計算量をもつが，ここで問題にしているのは O 定数など実装上の利点についてである．

このような分析により，「標準」Schoof アルゴリズム 7.5.6 だけでなく，その高性能版である SEA アルゴリズムに関する実際のパッケージが作られていった．いくつかのパッケージは非常に効率的で，200ビットの p に対する曲線の位数をほんの数分で求めることができる．例えば，[Scott 1999] の実装では射影座標を用い，かつ多項式乗算に Shoup 法（問題 9.70 参照）を，SEA 法への拡張には事前に計算した多項式を用いている．

ところで，もうひとつ非常に興味深い選択肢がある．アルゴリズム 7.2.7 と同じように Montgomery 座標を用いるというもので，Schoof の関係式

$$\left(x^{p^2}, y^{p^2}\right) + [k](x,y) = [t](x^p, y^p)$$

は x 座標のみで分析される．すなわち，x^{p^2} を計算し（y の冪は計算しない），等分多項式を使って $[k](x,y)$ の x 座標を求め（$[t]$ についても同様），そしてアルゴリズム 7.2.8 を用いて2通りの t の値を求める．これが済んだら「部分 CRT」の手続きに入る．これはそれ自体が興味ある研究対象である．このやり方では，それぞれの小さな素数 l に対して $t \bmod l$ は確定せず，t の値の組が求まる．一見小さな素数が2倍必要に見えるが，実際はその必要はない．曲線の位数はランダムな点を O にするから，もし n 個の小さな素数 $l_1, \ldots, l_n$ があれば，高々 2^n 回の整数倍算の実行でどれが本物かを確かめることができる．これは n が大きいとかなりきついともいえるが，しかし大きな l のうちいくつかについてのみ x 座標の計算をするだけで済む可能性もある．さて，研究問題は次のとおりである．（Montgomery の方法による）x 座標の計算のほうが (x,y) を完全に求めるよりはコストがかからないことを考慮すれば，得られたあいまいな t の値をどのように処理するのが最善か？　上記の 2^n 法のほかに，部分 CRT 分解から始める Shanks–Mestre 法は考えられるか？　この分析の間に $t=0$ となることがあるが，その場合 $(p+1 \pm t) \bmod l$ に関するあいまいさがなくなる利点があることに留意すること．

7.30. 問題 7.21 において，楕円曲線の位数に関する Schoof の計算を「記号的に」行う方法の概略を述べた．再び mod 3 でみたとき，曲線

$$y^2 = x^3 + ax$$

でも同じことが実行可能か調べよ．また，難しくなるが，a, b がともに 0 でない曲線についても調べよ．小さな素数 $l > 3$ でこういったことは可能だろうか．

7.31. アルゴリズム 7.5.10 を用いた比較的簡単な素数判定プログラムを作成せよ．こ

の場合，$h(D) = 1, 2$ なる判別式 D に対応する曲線のみを検索する．明らかに，この手法はこれらの判別式に対する楕円曲線がほとんど即座に生成されるという利点をもつ．主たる不利益は，もちろん，吟味中の大きな概素数に対して，非常に限られた曲線の位数の集合の中で因数分解に多大な努力を注がなければならないことである（楕円曲線素数判定法の因数分解部に特別重きをおいて，楕円曲線法による因数分解を検討するはめになるかもしれない）．それでもなお，数百ビット以下の素数に対してはこれは優れた手法である．理由としては，浮動小数を伴う類多項式の計算も大規模に多項式を保存しておくことも平方根を求める精巧なルーチンも不要であることが挙げられる．

7.32. ECPP 法における楕円曲線上の計算を若干簡素化する方法がある．ECPP アルゴリズム 7.6.2 あるいは 7.5.9 で Montgomery 座標（アルゴリズム 7.2.7）を用いて，整数倍 $(X', Z') = [m/q](X, Z)$ が無限遠点でないか，および $\gcd(Z', n)$ を計算して n の因子が出てこないかを調べることで候補 n の素数判定を行えることを確かめよ．

次に，Montgomery 座標を用いたとき ECPP アルゴリズムにはどのような高速化が生じるか述べよ．例えば，点の探索は，曲線上の点の x 座標が求まるだけでよいから計算が簡単になる，など．

7.33. 本問では，一風変わった形の「迅速 ECPP」法を扱う．これは（十分に幸運ならば）うまく機能してほとんど即座に素数判定を下すことができる方法である．系 4.1.4 のように，もし概素数 n について $n - 1 = FR$ の分解済み部分 F が $\sqrt{n}$ より大きい（この下限はより小さな値に改良されている）場合は，素数判定は即座に結果を出す．代わりの条件として，同じく "FR" 分解が得られており，幸運にも次の式が成り立っている場合を考える：

$$R = \alpha F + \beta.$$

ただし，基本判別式 $-|D|$ に対して表示 $4\alpha = \beta^2 + |D|\gamma^2$ が存在するものとする．これらの条件のもとで，もし n が素数ならば，判別式 $-|D|$ に対する CM 曲線 E で位数が

$$\#E = \alpha F^2$$

となるものが存在することを示せ．したがって，F がほぼ $n^{1/4}$ 程度に小さくても n に対して ECPP 法が機能する可能性がある．

次に，McIntosh–Wagstaff 概素数 $n = (2^q + 1)/3$ は必ず判別式 $D = -8$ に関する 2 次形式で表示されることを示し，対応する曲線の位数を求めよ．これらのことを用いて，$(2^{313} + 1)/3$ に対応する曲線の位数として $\#E = (2/3)h^2$（ただし h は

$3^2 \cdot 5 \cdot 7 \cdot 13^2 \cdot 53 \cdot 79 \cdot 157 \cdot 313 \cdot 1249 \cdot 1613 \cdot 2731 \cdot 3121 \cdot 8191 \cdot 21841 \cdot 121369 \cdot 22366891$

である）がとれることに注意して，$(2^{313} + 1)/3$ が素数であることを示せ．

次のことは，同じ系列に属する面白い問題である．もし

$$n = 2^{2r+2m} + 2^{r+m+1} + 2^{2r} + 1$$

が素数ならば，曲線 E で位数が

$$\#E = 2^{2r}(2^{2m} + 1)$$

となるものが存在することを示せ．こういったことと，m が奇数のときの $2^{2m}+1$ について 2^d+1 の形の既知の約数を詳しく調べることで，

$$n = 2^{576} + 2^{289} + 2^2 + 1$$

が素数であることを示せ．

「迅速」素数判定に関する詳細については，[Pomerance 1987a] およびある種の3元形式の個数に関する [Williams 1998, p. 366] の議論を参照のこと．

7.34. アルゴリズム 7.4.4 のような楕円曲線法の手法で因子を見つけた後で興味がわくのは，「因子が発見できたときの実際の群位数はどんな数か？」という問題である．

[Brent et al. 2000] では，段階の上限に関する「バックトラック」を最大素数が見つかるまで行い，その次に大きい素数が見つかるまで行い，というように群位数が完全に分解されるまで行う手法をとっている．

それとは別に，単にアルゴリズム 7.5.6 などにより位数を求める方法がある．その準備として，以下のことがらを確かめよ．まず，曲線を定理 7.4.3 に従って構成したとき，有理的な開始点 $x/z = u^3/v^3$ について

$$x^3 + Cx^2 z + xz^2 = \left(\sigma^2 - 5\right)^3 \left(125 - 105\sigma^2 - 21\sigma^4 + \sigma^6\right)^2$$

が成り立つことを示せ．次に，曲線の位数は $(\frac{\sigma^3 - 5\sigma}{p}) = 1$ なら

$$y^2 = x^3 + ax + b$$

の位数に，$(\frac{\sigma^3 - 5\sigma}{p}) = -1$ ならその2次ひねりの位数に一致することを示せ．ここで，パラメータ a, b は

$$\gamma = \frac{(v-u)^3(3u+v)}{4u^3 v} - 2,$$
$$a = 1 - \frac{1}{3}\gamma^2,$$
$$b = \frac{2}{27}\gamma^3 - \frac{1}{3}\gamma$$

から計算する．これらのことから，因子 p を見出した曲線の位数を求める直接的なアルゴリズムが得られる．すなわち，初めに選んだ種 σ を使って必要なら体のパラメータ u, v をもう一度計算し，次いで上の式からアフィン曲線を与えるパラメータの組 (a, b) を求めれば，それを Schoof のアルゴリズムで直接使うことができるというわけである．

この方法の具体例を挙げよう．McIntosh–Tardif が発見した F_{18} の因子

$$p = 81274690703860512587777$$

が種 $\sigma = 16500076$ を用いて見つかった．上の公式から

$$a = 26882295688729303004012,$$
$$b = 10541033639146374421403$$

で，アルゴリズム 7.5.6 より曲線の位数は

$$\#E = 81274690703989163570820$$
$$= 2^2 \cdot 3 \cdot 5 \cdot 23 \cdot 43 \cdot 67 \cdot 149 \cdot 2011 \cdot 2341 \cdot 3571 \cdot 8161$$

と求まる．このうち 2 つの大きな素因子に着目すると，実は各段階の上限が $B_1 = 4000$, $B_2 = 10000$ でも因子を発見できていたはずであることがわかる．R. McIntosh と C. Tardif は実際には上限としてそれぞれ 100000, 4000000 を用いた．これは楕円曲線法を用いるときの常で，分解後のあと知恵とでも言うべきものはずいぶんと低コストになる．なお，所期のとおり Brent のパラメータ表示から確かに位数が 12 で割れる曲線が得られていることにも留意しておこう．

十分に高い精度をもつソフトウェアを所有している読者向けに，上で述べたことの有効な検証となる例をもう 1 つ与えておく．F_{21} の既知の素因子 $p = 4485296422913$ をとり，Brent パラメータ $\sigma = 1536151048$ に対して楕円曲線の群位数 $(\bmod\ p)$ を求め，因子 p を見出すには上限 $B_1 = 60000$, $B_2 = 3000000$（実際には当初このあと知恵に関する例を推進するためにこの組が用いられた）で十分であることを示せ．

8. 遍在する素数

素数はついに正当な実用的な応用を暗号の分野で見つけた，とよく言われる．暗号に適合していることには反論はないが，雄大な素数の他の応用もたくさんある．かなりの応用は産業的である——数値解析とか応用数学とか応用科学などである．しかし「概念的なフィードバック」もある．そこでは純粋整数論ではないが，理論的に使われる．この利益を求める分野では，最初は素数などとは独立しているようなアルゴリズムのなかで素数は使われる．素数は多くのまったく異なる思考の分野に現れるので，どこにでも存在すると思うのが公平である．

8.1 暗号理論

一見したところ，ある計算が非常に困難であるので素数は暗号に応用される．困難な問題とは素因子分解と離散対数問題である．暗号の分野でこれらの問題の実用的な例を論じ，楕円曲線版を論じよう．

8.1.1 Diffie–Hellman の鍵交換

記念碑的な論文 [Diffie and Hellman 1976] のなかで，著者はある群作用が一方向性関数の働きをすることを述べた．与えられた整数 $x \geq 0$ と $\mathbf{F}_p^*$ の元 g に対して

$$h = g^x$$

の計算は (たえず (mod p) で簡約していくと) 計算量は $O(\ln x)$ となる．これに反し，g, h, p が与えられたとき，x を求めることはもっともむずかしい．x は指数であり，未知の x を求めることは対数のようなので，離散対数 (DL) 問題と呼ばれる．初めの冪乗計算は多項式時間の計算量であるが，離散対数問題に対するこのような能率的な一般的な方法は知られていない．離散対数問題のアルゴリズムのいくつかは第 5 章および [Schirokauer et al. 1996] で議論されている．

指数のこの一方向性関数の性質のすぐ使える暗号への応用はとても単純なので，文章で述べよう．たとえばあるコンピュータシステムとか情報通信路へ入るパスワードを構

成員に与えたいとしよう．ある素数 p と原始根 g を定める．構成員はパスワードとして秘密の整数 x を定め，$h = g^x \bmod p$ を計算し，その h の値をシステムに記録する．よって使用者の配列には h の値の配列が対応する．さてそのシステムに入りたいとき，使用者はただパスワード x を入力する．システムはこの指数を計算し使用者の h と比べる．この仕組みはとても単純である．h よりパスワード x を推測することが困難だからである．

そんなにわかりやすくはないが，エレガントな応用として 2 人が共通の暗号鍵を交換する Diffie–Hellman 鍵交換法がある．$\mathbf{F}_p^*$ 上で説明するが，他の巡回群でもよい．

アルゴリズム 8.1.1 (Diffie–Hellman 鍵交換). アリスとボブの 2 人が素数 p と生成元 $g \in \mathbf{F}_p^*$ を定める．このアルゴリズムはアリスとボブが互いの秘密の鍵を推論することが (離散対数の困難さのために) できないのに共通の鍵 $(\bmod p)$ を持つことができるものである．

1. [アリスは公開鍵を生成する]
  アリスは乱数 $a \in [2, p-2]$ を選ぶ;   // アリスの秘密鍵
  $x = g^a \bmod p$;   // x がアリスの公開鍵
2. [ボブは公開鍵を生成する]
  ボブは乱数 $b \in [2, p-2]$ を選ぶ;   // ボブの秘密鍵
  $y = g^b \bmod p$;   // y がボブの公開鍵
3. [各々は共通の鍵を作る]
  ボブは $k = x^b \bmod p$ を計算する;
  アリスは $k = y^a \bmod p$ を計算する;   // 2 つの k の値は同じ

この共通鍵生成がうまくいくのは

$$(g^a)^b = (g^b)^a = g^{ab}$$

による．この基本 Diffie–Hellman 鍵交換の考えにはいくつかの大切な特徴がある．まずアリスとボブは乱数を避けることができる[*1]．記憶しやすい言葉とかスローガンを選び，それぞれの秘密の値 a, b とできる．次に公開鍵 $g^a, g^b \bmod p$ は (離散値数の困難さのもとで) 文字通り公開することができる．3 番目にこのように作られた共通の鍵の使い方は，長いメッセージ，例えば DES [Schneier 1996] のような普通の暗号文の集まりを暗号化したり復号化するときに使われる．離散対数が高速に解かれれば Diffie–Hellman の仕組みは容易に破れるが，逆に g^a と g^b より g^{ab} がわかるとき，離散対数問題は容易に解かれるか否かはわかっていない．

[*1] 訳注：実はこれは危険である．

8.1.2 RSA 暗号システム

Diffie–Hellman のアイディアのすぐ後,今は普及している RSA 暗号システムが Rivest, Shamir,および Adleman [Rivest et al. 1978] により発明された.

アルゴリズム 8.1.2 (RSA 秘密/公開鍵生成). このアルゴリズムでは RSA 暗号システムのために個人の秘密鍵と対応する公開鍵を生成する.
1. [素数を選ぶ]
    一般的に安全な基準(テキストを参照)のもとで,2 つの異なる素数 p, q を選ぶ;
2. [公開鍵を作る]
    $N = pq$;
    $\varphi = (p-1)(q-1)$;   // N の Euler 関数
    φ と素な整数の乱数を $E \in [3, N-2]$ より選ぶ;
    (N, E) を公開鍵とする;   // この鍵を公開する.
3. [秘密鍵を作る]
    $D = E^{-1} \bmod \varphi$;
    D を秘密鍵とする;   // D を秘密にする.

まず最初に $N = pq$ の分解が困難なので,公開された整数 N から秘密の素数 p, q はわからない.しかし $[1, n-1]$ にある $DE \equiv 1 \pmod{\varphi}$ となる整数 D, E がわかったならば,N は (確率的に) 多項式時間で分解できる [Long 1981] (問題 5.27 参照).上記のアルゴリズムにおいて,ほとんど同じ大きさの秘密の素数 p, q を選ぶことが普通であるが,安全性を高めるためにさらなる検証をすすめる暗号学者もいる.事実,ある p, q の選び方には,いろいろな欠点があることを文献から探し出すことができる.[Williams 1998, p. 391] に簡潔だが啓発的な一覧表がある.それは p, q の大きさや整数論的な性質によって安全性をそこなう可能性のあるものがリストアップされている.文献 [Bressoud and Wagon 2000, p. 249] は RSA の落とし穴を表にしてある.RSA のいろいろな安全性に関して問題 8.2 を参照.

合成数 $N = pq$ の分解が困難であるので,破ることが難しいこの公開鍵を用い,文の暗号化は次のように行える:

アルゴリズム 8.1.3 (RSA 暗号化/復号化). アリスはアルゴリズム 8.1.2 による秘密鍵 D_A と公開鍵 (N_A, E_A) を持っているとする.他の人 (ボブ) が文 x ($[0, N_A)$ にある整数) をいかに暗号化し,アリスがその文をいかに復号化するかを述べる.
1. [ボブの暗号化]
    $y = x^{E_A} \bmod N_A$;   // ボブはアリスの公開鍵を用いる.
    ボブはアリスに y を送る;

2. [アリスの復号化]

アリスは暗号文 y を受け取る；
$x = y^{D_A} \bmod N_A$;   // アリスはもとの文 x を得る．

このアルゴリズム 8.1.3 が働くためには次の式が成り立たなければならない．

$$x^{DE} \equiv x \pmod{N}.$$

これは D の作り方より $DE = 1 + k\varphi$ となり，$x^{DE} = x(x^{\varphi})^k \equiv x \cdot 1^k = x \pmod{N}$ が $\gcd(x, N) = 1$ のとき得られる．さらに $\gcd(x, N) > 1$ のときでも $x^{DE} \equiv x \pmod{N}$ は容易に得られる．

さてこの RSA の仕組みを用いて多くの人が電話帳にそれぞれの番号を公開するようにそれぞれの公開鍵 (N_i, E_i) を公開したとしよう．どの人も他の人 j に公開されている (N_j, E_j) を使い暗号文を送ることができる．しかし受取人 j はだれから暗号文が送られてきたか，わかるだろうか．次の電子署名を使えば確かにできる．

アルゴリズム 8.1.4 (RSA 署名：単純版). アリスは秘密鍵 D_A と公開鍵 (N_A, E_A) をアルゴリズム 8.1.2 を用いて持っているとしよう．他の人（ボブ）が秘密鍵 D_B と公開鍵 (N_B, E_B) を用いてメッセージ x ($[0, \min\{N_A, N_B\}]$ にある整数) に署名ができることを示す．

1. [ボブは署名をつけて暗号化する]

   $s = x^{D_B} \bmod N_B$;   // ボブはメッセージより署名を作る．
   $y = s^{E_A} \bmod N_A$;   // ボブはアリスの公開鍵を用いる．
   ボブはアリスに y を送る；

2. [アリスは復号する]

   アリスは署名付き暗号文 y を受け取る；
   $s = y^{D_A} \bmod N_A$;   // アリスは秘密鍵を使う．
   $x = s^{E_B} \bmod N_B$;   // アリスはボブの公開鍵を用いて復号する．

アリスは最後にボブの公開鍵を使ったことに注意しよう．ボブだけが秘密鍵 D_B を知っているので，この暗号文を作ることができる．確かにエレガントな署名だが，弱点もある．例えばある偽造者が分解した文 $x = x_1 x_2$ を用意して，なんとかしてボブがアリスにそれぞれの文 x_1, x_2 に対応する署名文 y_1, y_2 を送らせたとしよう．偽造者はあとでボブのふりをしてアリスに $y = y_1 y_2$ を送ることができる．これは x に対する署名文である．ある意味で，アルゴリズム 8.1.4 はあまりにも対称性をもっている．このような問題は署名の段階で文の縮小化を行うハッシュ関数を用いることで解決する [Schneier 1996], [Menezes et al. 1997]．SHA-1 のような標準によりハッシュ関数の標準版 H は得られる．ハッシュ関数とは x が平文のとき，$H(x)$ は整数である (x よりずっと小さ

い). 署名を破ったり，にせの署名のうちある種のものはこれにより抑えられる．ハッシュ関数を含んだ署名は次のようなものである:

アルゴリズム 8.1.5 (署名付き RSA 暗号化: 実用版). ボブは秘密鍵 D_B と公開鍵 (N_B, E_B) をアルゴリズム 8.1.2 を使って得ているとする．アリスはボブの平文 x (適当な区間にある整数) をいかに復元し，ボブの署名を確かめるかを示す．標準アルゴリズム SHA-1 のような文を縮小するハッシュ関数 H は使えるとする．

1. [ボブは署名を付けて暗号化する]
   $y = x^{E_A} \mod N_A;$ // ボブはアリスの公開鍵を用いて暗号化する．
   $y_1 = H(x);$ // y_1 は平文 x の「ハッシュ」である．
   $s = y_1^{D_B} \mod N_B;$ // ボブは署名 s を作る．
   ボブは (y, s) (すなわち文と署名) をアリスへ送る;
2. [アリスの復号化]
   アリスは (y, s) を受け取る;
   $x = y^{D_A} \mod N_A;$ // アリスは復号化して x を得る．
3. [アリスは署名を調べる]
   $y_2 = s^{E_B} \mod N_B;$
   もし $(y_2 == H(x))$ ならばアリスは署名を受け入れる;
      そうでなければアリスは署名を拒否する;

このアルゴリズムの暗号化を含まない実用的な変種もある．すなわち平文の安全は必要ではないが，本物かどうかだけが大切なとき，単に (x, s) をアリスに送ればよい．ハッシュ関数の代わりに余剰関数と呼ばれるものを使うこともある．その関数は例えば [Menezes et al. 1997] にある．

8.1.3 楕円曲線暗号システム (ECC)

1980 年代のなかごろ，他のすばらしい暗号化が出現した．それは暗号システムのなかで楕円曲線を使うものである [Miller 1987], [Koblitz 1987]．基本的には楕円曲線暗号 (ECC) は公開された曲線 $E_{a,b}(F)$ を使う．ここで F は有限体である．普通は素数 p による $F = \mathbf{F}_p$ または適当な整数 k による $F = \mathbf{F}_{2^k}$ である．他の体でもほぼ同じなので，$\mathbf{F}_p$ で話を進めよう．中心的なアイディアは点 $P, Q \in E$ がある整数 k で

$$Q = [k]P$$

のとき，楕円離散対数 (EDL)，つまり k を取り出すことは，一般には難しいことにある．楕円対数問題に対して，多くの文献があるが，その中の 1 つは [Lim and Lee 1997] である．この中で，この群の位数の性質 (素数か否か，どのように分解するか) がセキュリティ上，大切であることが説明されている．

Diffie–Hellman の鍵交換手順 (アルゴリズム 8.1.1 参照) はどのような巡回群でも使えるが,つぎのアルゴリズムは楕円曲線群での Diffie–Hellman 手順である.

アルゴリズム 8.1.6 (楕円曲線鍵交換). アリスとボブの 2 人が公開楕円曲線 E と公開点 $P \in E$, その位数は n であること (多くの場合 n は素数または大きな素因子を持つ),を同意している.このアルゴリズムは共通鍵を作る.

1. [アリスは公開鍵を生成]
   アリスは乱数 $K_A \in [2, n-2]$ を選ぶ;   // アリスの秘密鍵.
   $Q = [K_A]P$;   // 点 Q はアリスの公開鍵.
2. [ボブは公開鍵を生成]
   ボブは乱数 $K_B \in [2, n-2]$ を選ぶ;   // ボブの秘密鍵.
   $R = [K_B]P$;   // 点 R はボブの公開鍵.
3. [2 人はただ 1 つの共通鍵を生成]
   ボブは点 $K = [K_B]Q$ を計算;
   アリスは点 $K = [K_A]R$ を計算;   // 結果は一致する.

共通鍵が一致するのは次の群の法則による.

$$[K_B]([K_A]P) = [K_B K_A]P = [K_A K_B]P = [K_A]([K_B]P).$$

ボブがアリスの秘密鍵 K_A を見つけることの困難さは楕円離散対数によるだろう.つまり,もし楕円離散対数がやさしいならば,楕円曲線鍵交換は安全ではない.逆も正しいと思われている.楕円曲線暗号を実行するとき,秘密鍵は整数で,約 p の大きさ (しかし p より大きくない—群の位数 $\#E$ は p よりほんの少しだけしか大きくなれないことを思い出そう) であるが,公開鍵と共通鍵は楕円曲線の点であることに注意しよう.典型的に,共通鍵の一部分,たとえば x 座標の一部のビットがブロック暗号の鍵として使われる.

楕円離散対数問題に関する大切な結果は「MOV 定理」と呼ばれているものである.それは $\mathbf{F}_p$ 上の楕円離散対数問題は基本的には,ある B による $\mathbf{F}_{p^B}^*$ 上の通常の離散対数問題と同値である,というものである [Menezes et al. 1993].楕円曲線暗号系の安全性に関する実用的な見積もりがあり,MOV しきい値と呼ばれている—[Solinas 1998] 参照.実際上は MOV しきい値 B は「約 10」であるが,もちろん有限体上の離散対数問題の計算量の広く行われている評価による.しかし位数が $\#E = p+1$ である「超特異」曲線は特に解きやすく,楕円離散対数の計算量はある $k \leq 6$ である $\mathbf{F}_{p^k}$ 上の離散対数問題の計算量より悪くはないことが知られている [Menezes et al. 1993].そのような曲線はあらかじめ除外しておく.

$\#E = p$ のとき,p 進算術に基づく Semaev–Smart–Satoh–Araki 攻撃と呼ばれるものがある.(1998 年の発表 [Smart 1999] は暗号の分野で人目につく波紋を引き起こし

たが，理論的なことはもっと古くに知られていた; [Semaev 1998], [Satoh and Araki 1998] 参照). 楕円乗算の実時間測定を利用する方法などのより最近の攻撃は多くの文献で議論されている．たとえば V. Müller のサイト [Müller 2004] 参照．

ところで素数の位数をもつ楕円曲線をいかに見つけるかは興味深い．1つの方法は単に無作為に曲線を作り，アルゴリズム 7.5.6 により位数を算定することである．他にアルゴリズム 7.5.9 や 7.5.10 を使い構成可能な位数を計算し，素数の位数が見つかったならば，その位数の曲線を生成する．これらの基本的な方法の良い変種がある (問題 8.27 参照)．ある暗号学者は位数 $\#E = fr$ を採用することに注意しよう．ここで f は小さい素数の積でよいが r は大きな素数である．そのような曲線で素数の位数 r の点を見つけたい．これは簡単にできる:

アルゴリズム 8.1.7 (素数位数の点を見つける). 素数 r に対し，位数 $\#E = fr$ の楕円曲線 $E_{a,b}(\mathbf{F}_p)$ が与えられているとき，このアルゴリズムは位数 r の点 $P \in E$ を見つけ出す．
1. [出発点を見つける]
 無作為に点 $P \in E$ をアルゴリズム 7.2.1 により選ぶ;
2. [乗数を検査]
 $Q = [f]P$;
 if($Q == O$) goto [出発点を見つける];
 Q を返す; // 位数 r の点.

このアルゴリズムは確かに自明であるが暗号理論への応用に大切である．1つの応用は楕円署名である．標準的な楕円曲線電子署名は次のようになる．最初に素数位数の点を用意しておく:

アルゴリズム 8.1.8 (楕円曲線電子署名アルゴリズム (ECDSA)). このアルゴリズムは鍵を生成し，署名し，文を確認する機能を提供する．文は整数で M と表す．また適当なハッシュ関数 h が手元にあるとする．
1. [アリスは鍵を生成する]
 アリスは曲線 E を選ぶ．その位数は $\#E = fr$，r は大きな素数;
 アリスはアルゴリズム 8.1.7 を使い，位数 r の点 $P \in E$ を見つける;
 アリスは無作為に $d \in [2, r-2]$ を選ぶ;
 $Q = [d]P$;
 アリスは公開鍵 (E, P, r, Q) を公開する; // 秘密鍵は d.
2. [アリスは署名する]
 アリスは無作為に $k \in [2, r-2]$ を選ぶ;
 $(x_1, y_1) = [k]P$;
 $R = x_1 \bmod r$;

if($R == 0$) goto [アリスは署名する];
$s = k^{-1}(h(M) + Rd) \bmod r$;
if($s == 0$) goto [アリスは署名する];
アリスの署名は対 (R, s) であり，文 M と共に送る;

3. [ボブは確認する]
ボブはアリスの公開鍵 (E, P, r, Q) を得る;
$w = s^{-1} \bmod r$;
$u_1 = h(M)w \bmod r$;
$u_2 = Rw \bmod r$;
$(x_0, y_0) = [u_1]P + [u_2]Q$;
$v = x_0 \bmod r$;
if($v == R$) ボブは署名を受け入れる;
　　else ボブは署名を拒否する;

このアルゴリズムは古い電子署名の標準である DSA に習って作られていて，DSA の自然な楕円曲線版である．最近の詳しいことは [Johnson et al. 2001] で論じられている．技術的に言えば，ハッシュ関数値 $h(M)$ は別の標準である SHA-1 ハッシュ関数 [Jurišić and Menezes 1997] で実行されることを想定している．この著者は安全性の問題についても言及している．彼らは 1024 ビットの電子署名システムは 160 ビットの楕円曲線電子署名システムとほぼ同じ安全性がある，と結論している．もしそうならば，楕円離散対数問題に対する困難さを裏付けている．

「Certicom チャレンジ」に関する楕円離散対数の最近の記録は 2002 年に C. Monico たちにより解かれたもので，109 ビットの素数 p による $\mathbf{F}_p$ 上の楕円曲線に関するものである．次の挑戦問題は 131 ビットの素数によるもので，109 ビットに比べると，2 千倍難しいようだ．

ついでながら楕円曲線による ElGamal 構成という他の署名もある．上記の楕円電子署名と同様に面白いが，標準的でないので書かないが，本質的にはアルゴリズム 8.1.10 に含まれる．また理論的には [Koblitz 1987] にある．

今まで RSA 暗号化に関連して述べてきたのは，RSA や楕円曲線暗号といった手のこんだ方法では鍵交換だけを行い，そうして共有された鍵で DES のような高速ブロック暗号を使うのが実際に都合が良いということである．しかし平文を直接楕円曲線に埋め込む，というすばらしい方法もある．この方法は楕円曲線の代数のみですべてが進む．

定理 8.1.9 (平文埋め込み定理). E を素数 $p > 3$ に関する $\mathbf{F}_p$ 上の楕円曲線とし，つぎの式で表されるとする．
$$y^2 = x^3 + ax + b.$$
X を $[0, p-1]$ にある整数とする．すると X は E または次の式で表されるひねった曲

線 E' のある点の x 座標となる. $gy^2 = x^3 + ax + b$, ここで g は $\left(\frac{g}{p}\right) = -1$ である. さらに $p \equiv 3 \pmod 4$ ならば,

$$s = X^3 + aX + b \bmod p,$$
$$Y = s^{(p+1)/4} \bmod p$$

とおくと, (X, Y) は E, E' のどちらかの点で, それは

$$Y^2 \equiv s, -s \pmod p$$

により定まる. また E' の定義方程式は次のようにできる. $-y^2 = x^3 + ax + b$.

この定理は定理 7.5.2 や問題 7.16 で出会ったひねり代数と同様に証明できる. そして, 次の直接-埋め込みアルゴリズムに導かれる:

アルゴリズム 8.1.10 (直接埋め込み楕円曲線暗号). このアルゴリズムは楕円曲線代数だけを使って暗号化と復号化を行うものである. つまり, 中間の暗号文はなく, 直接平文を曲線に埋め込むものである. アリスとボブは公開曲線 $E_{a,b}(\mathbf{F}_p)$ とひねった曲線 E' とその上のそれぞれの公開点 P, P' を使うことに同意しているとする. さらにボブはそれぞれの公開鍵 $P_B = [K_B]P, P'_B = [K_B]P'$ をアルゴリズム 8.1.6 などで作ったとする. アリスがボブへの暗号化したい平文 ($[0, \ldots, p-1]$ にある整数) を X と表す.

1. [アリスは平文 X を暗号化する]
アリスは定理 8.1.9 により X が x 座標になるように (もし必要なら y 座標 Y も計算して) 曲線 E または E' を決める. 両方に X があるならば, E を選ぶ; // 問題 8.5 参照.
どちらの曲線 E, E' になるか, に従ってアリスは次のように定める:
$\quad d = 0$ または 1; // 選んだ曲線のビット.
$\quad Q = P$ または P';
$\quad Q_B = P_B$ または P'_B.
アリスは乱数 $r \in [2, p-2]$ を選ぶ;
$\quad U = [r]Q_B + (X, Y)$; // 平文を隠すために楕円曲線上で加える.
$\quad C = [r]Q$; // 元に戻すための「手がかり」.
アリスは (暗号文, 手がかり, ビット) の集まりを (U, C, d) として送る;
2. [ボブは復号して, 平文 X を得る]
ボブは d を調べ, どちらの曲線を使うかを決める;
$\quad (X, Y) = U - [K_B]C$; // 秘密鍵を使い, 楕円曲線上の引き算.
ボブは x 座標より平文 X を復元する;

この方法は ElGamal の埋め込み法であるが, ここでは [Koblitz 1987], [Kaliski 1988] の改良をもう少しよくしたものをのせた. 定理 8.1.9 の最後の部分はアルゴリズム 8.1.10

が $p \equiv 3 \pmod 4$ のとき，能率的に進むことを示している．とくにアルゴリズム 8.1.10 を実行するとき，さらに 2 つの改良ができる．最初はもし，Montgomery 座標 (アルゴリズム 7.2.7) をいつも使い，アルゴリズム 7.2.8 を注意深く使うならば，y 座標は必要ない．2 番目は「手がかり」の点 C は通信量を 2 倍にするが，注意深く乱数交換プロトコルを設定すれば，乱数 r それ自身を両方が同時に持つことができる．(著者はこの観察が U. S. 特許 [Crandall and Garst 2001] にあることを B. Garst より教わった．) 詳しくは問題 8.3 参照．きちんと行われれば，初めのデータをあまり大きくせずに直接埋め込みがエレガントに行われる．

8.1.4 コイン投げのプロトコル

暗号では，プロトコルとは関係ある人が行うべき処置を明確に述べているアルゴリズムである．すでに鍵交換や関連あるプロトコルを述べた．次に整数論的なプロトコルの面白い教養的な応用を述べる．電話でいかに公平にコイン投げをすることができるだろうか．あるいは n 人がネットワークで盲目の状態でポーカーをすることができるだろうか．一番悪い状態を仮定する．つまりだれも他の人を信じず，しかし片方がコインを投げ，相手が表か裏かを言うようにして決定がなされなければならない．合同式のある性質を使うと，そのような遠隔投げが可能であることがわかる．

ところでコイン投げのプロトコルを公平にしようという動機は明らかである．例えば互いに敵意をもった 2 人が，電話での会話でどちらにも偏らないコイン投げを行い重要なことを決めることを想像しよう．片方が表がでたからこちらの勝ちだ，と言ってもどうにもならない．どちらも嘘偽りがないことが確かめられなければならない．これは合成数の合同式を巧みに用いることによって可能である．次に [Bressoud and Wagon 2000] のアイディアに基づいた単純なプロトコルを述べる:

アルゴリズム 8.1.11 (コイン投げのプロトコル). アリスとボブは情報網だけを使って「公平なコイン投げ」をしようとする．次のようにボブが正しく言い当てたらボブの勝ちとなり，そうでなければアリスの勝ちとする.

1. [アリスは素数を選ぶ]

   アリスは大きな素数 $p < q$ をえらび，整数 $n = pq$ をつくり，無作為に $\left(\frac{n}{r}\right) = -1$ となるような素数 r を選ぶ;

2. [アリスはボブに部分的な情報を送る]

   アリスはボブに n および r を送る;

3. [ボブは選ぶ]

   ボブは「n の小さい方の素因子が法 r の平方剰余」であるか，「大きい方の n の素因子が法 r の平方剰余」であるかを選び，アリスにこのことを伝える;

4. [アリスは勝者を発表する]

   アリスはボブが正しいか否か発表し，ずるをしていないことがボブにわかるようにボ

ブに素数 p, q を伝える;

このアルゴリズムの暗号としての完全さを調べることは興味深い．問題 8.8 参照．上記のアルゴリズムは勝者と敗者という点から述べられているが，アリスが勝てば "0" とし，ボブが勝てば "1" を定める方法としても使える．コイン投げのプロトコルに関していろいろな変形がある．例えば，[Schneier 1996] にあるプロトコルで，アリスは法 $n = pq$ でのある数の 4 つの平方根を計算し，法 n での無作為な平方を生成しているボブに送るというものがある．この筋書きはアルゴリズム 8.1.11 のようには単純でないが，興味深い問題に関係している．たとえば奇妙な Micali の筋書きを扱うように拡張できる．そこではボブは意図的に負ける [Schroeder 1999]．他に Blum 整数とか積 pq は多くの平方根を許すことに基づいたアルゴリズムがある (問題 8.7 参照)．これらのアイディアはポーカーゲームのプロトコルに拡張できる．そこでは多くの人がどのような手を持っているか宣言できる [Goldwasser and Micali 1982]．

8.2 乱数生成

乱数を生成する問題はコンピュータの夜明け (1940 年代) の時代までさかのぼる．機械による計算で乱数を作ることは，J. von Neumann の言葉によれば，「罪の状態の中に」住むようなものだ，と言われている．機械はいろいろの意味で乱数に近いものを作り出すが，通常の機械が作るものは確定的である．よってチューリング機械と逐次プログラムでは，無作為性が疑わしい．どのような技術でより良く乱数が作れるか考えるとき，(確率論的に真に乱数でないにしても) エキゾチックな例がある: マイクロ波を遠い天空から受け，初期の宇宙からの暗黒放射に耳を傾け，数量化し，それを乱数のビットの流れとする．宇宙は真に無作為であるとは主張しないが，予想できない信号であると期待できる．

現代，真の無作為性の問題はより大切になった．それは暗号システムにおいて乱数またはできるだけ乱数らしい数が必要になる．盗み聞きをする人には乱数のように見えるものを作り出す確定的な生成器が単純な暗号システムで使うことができる．無作為にビットの流れを作り，暗号化のためにメッセージとの排他的論理和を作る．復号化は同じ無作為ビットの流れとの排他的論理和をふたたび作る．この暗号システムは次のような弱点がなければ破られない．たとえば，メッセージが無作為ビットの流れより長かったり，同じビットの流れを他のメッセージに使ったり，盗み聞きをする人が乱数生成法の特別な知識があったり，などなど．そのような落とし穴にもかかわらず，暗号の基本的な信条がある: なんとかして盗み聞きをする人がわからないものを使う．

新しく乱数生成法が発展するごとに古いものは無作為性が十分でなく不安定でまたモンテカルロシミュレーションは誤った結果を生ずるように見える．乱数生成の簡単な旅行をしよう．いつものように素数の介入を見よう．

8.2.1 合同式法

乱数生成事業の主役は線形合同式法であった．この方法は整数の次の反復を使う．

$$x_{n+1} = (ax_n + b) \bmod m$$

ここで a, b, m は整数の定数で $m > 1$ である．この反復は最初の「種」，例えば x_0 で火を点けられる．今日までずっとこの方法の有効性とか関係ある方法などが研究されている．1つの変種は乗法合同式法で，反復が

$$x_{n+1} = (cx_n) \bmod m$$

である．ここで種 x_0 は m と互いに素である．応用として関数 $random()$ は実区間 $[0,1)$ の値を返すが，それは単に x_n/m とすればよい．

上記のような反復は結局は周期的である．乱数生成法においては周期が長いことが望ましい．線形合同式法の周期は最大 m であり，乗法合同式法では最大 $m-1$ である．あるパラメータの制限のもとで線形の場合は (x_n) の最大周期は m となり，乗法の場合は $m-1$ となる．生成法の基本的な性質は次の定理である．

定理 8.2.1 (Lehmer). 線形合同式法

$$x_{n+1} = (ax_n + b) \bmod m$$

の周期が m になる必要十分条件は

(1) $\gcd(b, m) = 1$,
(2) $p|m$ であるすべての素数に対して $p|a-1$,
(3) $4|m$ のとき $4|a-1$．

さらに乗法合同式法

$$x_{n+1} = (cx_n) \bmod m$$

では周期が $m-1$ になる必要十分条件は

(1) m は素数,
(2) c は m の原始根,
(3) $x_0 \not\equiv 0 \pmod{m}$．

線形法はいくつかの欠点はあるが，多くのコンピュータシステムで使われている．
はじめに具体的な標準的な線形合同式法を示そう：

アルゴリズム 8.2.2 (32 ビット乱数生成法 (Knuth, Lewis)). このアルゴリズムは種と統計的にかなり良い振る舞いをする生成元を作る乱数生成関数である．法として $M = 2^{32}$ とし，速く計算するために，$M-1$ との論理「積」(&) を使う．はじめに $seed()$ をよび，次に乱数を得るために，次々に $random()$ をよぶ．

1. [seed の手順]

    seed() {
        はじめの種 x を選ぶ;   // x は $[0, M-1]$ にある整数.
        return;
    }

2. [random 関数]

    random() {
        $x = (1664525x + 1013904223) \,\&\, (M-1)$;
        return x;   // 新しい乱数.
    }

$M-1$ との論理積は単に下位の 32 ビットを取ることである．同様に評判の良い生成法は

$$x_{n+1} = (16807 x_n) \bmod M_{31}$$

である．ここで $M_{31} = 2^{31} - 1$ は Mersenne 素数である．この方法は多くの実験によるテスト [Park and Miller 1988], [Press et al. 1996] を通過するのに成功している．

興味ある合同式法の最適化が [Wu 1997] に転記されている．反復は

$$x_{n+1} = \left((2^{30} - 2^{19})x_n\right) \bmod M_{61}$$

で与えられる．ここで M_{61} は Mersenne 素数であり，高速な算法を与える．

アルゴリズム 8.2.3 (高速 61 ビット乱数生成法). このアルゴリズムは種を与え，法 $M = 2^{61} - 1$ と乗数 $c = 2^{30} - 2^{19}$ の Wu による乱数生成関数を提供する．この法による乗法を原理的には用いるが，つぎの具体的な方法ではそれを加法/減法, 左/右シフト (それぞれ $<<$ / $>>$), および論理「積」(&) で代用している．

1. [seed の手続き]

    seed() {
        はじめの種 x を選ぶ;   // x は $[1, M-1]$ にある整数.
        return;
    }

2. [random 関数]

    random() {
        $x = (x >> 31) + ((x << 30)\&M) - (x >> 42) - ((x << 19)\&M)$;
        if$(x < 0)$ $x = x + M$;
        return x;   // 新しい乱数.
    }

8.2 乱数生成

　シフトと論理積演算のおかげでこのアルゴリズムは乗法も除法もない．さらにこの方法はある定評ある統計的テストをうまくパスする [Wu 1997]．もちろんこの方法は拡張できる．しかしパラメータは注意して選ばねばならない．例えば，c, M は c が素数 M の原始根になるように選ばねば長い周期が得られない．もう1つ注意がある．ごく最近，このタイプのアルゴリズム 8.2.3 の中には弱点があることがわかった．特別なテストは良くこなすが，うまくいかないビット母集団がある [L'Ecuyer and Simard 1999]．そうだとしても，この方法を使う良い理由がある．スピードが速く，プログラム化が容易で，すべてではなくとも統計的なテストを能率良くこなす．

　合同式法の変種はたくさんある．興味深い発展は非常に長い周期を持つものに関してである．そのようなものとして，行列とベクトルの乗法を用いる乱数生成法がある．$\mathbf{T}$ を $k \times k$ 行列とし，$\vec{x}$ を k 個の成分のベクトルとする．生成法の反復において，$\vec{x} = \mathbf{T}\vec{x}$ を次のベクトルとする．

定理 8.2.4 (Golomb). 素数 p に対して $\mathbf{M}_k(p)$ を正則な $k \times k$ 行列 $(\bmod\, p)$ の群とし，$\vec{x}$ を $\mathbf{Z}_p^k$ の零でないベクトルとする．すると反復列

$$\vec{x},\ \mathbf{T}\vec{x},\ \mathbf{T}^2\vec{x},\ \ldots$$

が $p^k - 1$ の周期を持つ必要十分条件は $\mathbf{T} \in \mathbf{M}_k(p)$ の位数が $p^k - 1$ となることである．

　この簡潔な定理は今までのように反復法を構成するのに使えるが，[Golomb 1982] および [Marsaglia 1991] が示したように長い周期を得るより能率的な方法がある．具体的なアルゴリズムより始めよう．

アルゴリズム 8.2.5 (長周期乱数生成法).
このアルゴリズムは整数 $b \geq 2$ および $r > s > 0$ を入力し，擬似乱数の反復列を，r 個の以前の値と桁上がりビット c より作り出す．種としてのベクトル $\vec{v}$ は，最初の r 個の成分は $[0, b-1]$ にあり，最後の成分は $c = 0$ または 1 とする．

1. [種の生成]

    $seed()$ {

    　　パラメータとして，$b \geq 2$ および $r > s > 0$ を選ぶ;

    　　種のベクトルを初期化する: $\vec{v} = (v_1, \ldots, v_r, c)$;

    　　return;

    }

2. [関数 $random$]

    $random()$ {

    　　$x = v_s - v_r - c$;　　　　　　　　　　// 新しい x をそれ以前の値の関数とする．

    　　if$(x < 0)$ {

```
        x = x + b;
        c = 1;                                          // '借り' が発生.
    } else c = 0;
    $\vec{v} = (x, v_1, \ldots, v_{r-1}, c)$;                          // 古い $v_r$ は捨てる.
    return $x$;                                         // 新しい乱数.
}
```

このアルゴリズムは控えめに言っても強い印象を与える．例えば，パラメータを $b = 2^{64}, r = 30, s = 6$ とし，反復を

$$x_0 = v_6 - v_{30} - c$$

としてアルゴリズム 8.2.5 を使うと周期は

$$P \approx 10^{578}/(13 \times 128) \approx 6 \times 10^{574}$$

となることが，次の定理よりわかる：

定理 8.2.6 (Marsaglia). アルゴリズム 8.2.5 の乱数生成法の周期は mod $b^r - b^s + 1$ での b の位数となる．よって $\varphi(b^r - b^s + 1)$ の約数となる．

よって具体的な上記の周期は φ の引数が素数なので確かに

$$\varphi\left(2^{64 \cdot 30} - 2^{64 \cdot 6} + 1\right) = 2^{64 \cdot 30} - 2^{64 \cdot 6} \approx 10^{578}$$

を 13×128 で割った数となる．この方法で作られた数が再び現れても，しかしそれに続く数は普通は繰り返さない．それは，ベクトル $\vec{v}$ がこのアルゴリズムの中での周期の鍵であり，b^r 個のベクトル $\vec{v}$ の可能性があるからである．上記の Marsaglia の定理はこの直観に合う．

他の反復法は離散指数法 (冪法とも知られるもの) で，与えられた g, x_0, N より次の式で定める．

$$x_{n+1} = g^{x_n} \pmod{N}.$$

[Blum et al. 1986], [Lagarias 1990], [Friedlander et al. 2001], [Kurlberg and Pomerance 2004] により研究され，安全に関するいくつか厳密な結果が知られている．なるべく少ない計算で安全な無作為ビットを生成することは興味深い．x_n より 1 ビットを選べば，ある意味で安全であると知られているが，時間がかかる．[Patel and Sundaram 1998] において，ほとんどすべての x_n のビットは暗号的に安全であり，時間が少なくなることが示されている．

他の方法もある．シフトレジスタ，カオス，セルオートマトン (CA) などなど．ある方法は，特に合同式法は，たとえ線形でなく多項式を使っても暗号的に「破られる」

[Lagarias 1990]. この方面の研究者を悩ますジレンマは離散指数法のように離散対数問題より保証される「安全」な方法が遅いことである．ところである方法を粉砕したり信頼性を与えたりするいろいろな無作為性の標準的なテストがある [Menezes et al. 1997]．

安全性の問題に関して V. Miller のアイディアによる楕円曲線の加法を用いる線形合同式法がある．有限体上の楕円曲線 E に対して整数 a と点 $B \in E$ を選び，反復

$$P_{n+1} = [a]P_n + B \tag{8.1}$$

を行う．ここで加法は楕円曲線上の加法で，種は点 $P_0 \in E$ である．乱数として P_n の x 座標が使える．この方法は前の線形合同法のようには破られない．a を 2 の冪に選ぶと乗法がやさしくなる．またアルゴリズム 7.2.8 も使える．つまり，$[a]P \pm B$ の x 座標だけを計算する．この場合，平方根は必要であるが本当の点の加法は必要ない．

ところで楕円曲線を使う乱数生成の他の方法も [Gong et al. 1999] にあり，古いシフトレジスタや符号語のアイディアが $\mathbf{F}_{2^m}$ 上の曲線に拡張されている (問題 8.29 参照)．

同様に無作為ビット生成について議論しよう．確かに生成された乱数の最後のビットを使うこともできる．しかし楕円曲線上の点を見つけるための Legendre 記号の値

$$\left(\frac{x^3 + ax + b}{p}\right) = \pm 1$$

は使えないだろうか．x はある区間を動けばランダムウォークの ± 1 として使えるだろう．線形合同法よりの x を Legendre 記号に代入すればさらに良いものが得られるだろう．

そのような無作為ビット生成法は単純な排他的論理和法と比べるべきだろう．例えば，[Press et al. 1996] には原始多項式 (mod 2)

$$x^{18} + x^5 + x^2 + x + 1$$

に基づくものがある．(有限体 F 上の原始多項式とは既約で，その根がその根で作られる有限体の乗法群の生成元になるものである．)「現在の」ビットを x_{-1} とし，それ以前の 17 ビットを $x_{-2}, x_{-3}, \ldots, x_{-18}$ とすれば，新しい x_0 を得るためには

$$x_0 = x_{-18},$$
$$x_{-5} = x_{-5} \wedge x_0,$$
$$x_{-2} = x_{-2} \wedge x_0,$$
$$x_{-1} = x_{-1} \wedge x_0$$

とすればよい．ここで "$\wedge$" は排他的論理和 (2 つの元から成る体の加法) である．それからシフトし，新しい x_{-1} が x_0 となるようにすればよい．具体的なアルゴリズムは次のようになる:

アルゴリズム 8.2.7 (単純で速い無作為ビット生成法). このアルゴリズムは種と $\mathbf{F}_2$ 上の多項式 $x^{18} + x^5 + x^2 + x + 1$ に基づく無作為ビット生成関数である.

1. [種の生成]

    seed() {
        $h = 2^{17}$;   // 2 進法の 100000000000000000
        $m = 2^0 + 2^1 + 2^4$;   // 2 進法のマスク 10011
        最初の整数の種 x を $[1, 2^{18} - 1]$ より選ぶ;
        return;
    }

2. [0 または 1 を返す関数 $random$]

    random() {
        if$((x \ \& \ h) \neq 0)$ {   // x, h のビットごとの「積」を 0 と比べる.
            $x = ((x \wedge m) << 1) \mid 1$;   // 「排他的論理和」($\wedge$) および「和」($\mid$)
            return 1;
        }
        $x = x << 1$;
        return 0;
    }

文献 [Press et al. 1996] には 100 次までの多項式 (mod 2) がリストされている.

乱数生成において, 素数に伴う概念上のフィードバックもある. 素数そのものを乱数生成に使う一方, この本にあるような多くのアルゴリズムは乱数に頼っている. しかし, 無作為性に関する統計的な要求を棚上げすると, まったく新しい乱数の使用法がある. 次に説明する準モンテカルロ法である.

8.3 準モンテカルロ法

20 世紀の後半, 金融市場の解析に素数が使われることを Gauss, Euler, Legendre の時代に誰が想像できたろうか. 暗号に使うということではなく準モンテカルロ法である. それは特別なモンテカルロ (つまり統計的に動機づけられた) 解析である. モンテカルロ計算は応用科学の方面には浸透している.

モンテカルロ計算の要点は例えば多重積分のとき, 大きな連続 (ときには離散) 空間より無作為に見本を取ることである. すると「平均的な」結果は本当の値に近いであろう. 整数論—特に素数論—が準モンテカルロ法に使われるのは興味深い. 準モンテカルロは今までのモンテカルロと違い, はっきりした無作為性を求めていない. 無作為列として, 強くは統計的な無作為性を求めず, むしろ一様性を求める.

無作為と準モンテカルロとの違いを単純化して強調すると, 無作為は塊になったり隙

間ができたりするが，準モンテカルロは塊にならないように，互いに避け，その前の隙間を占領しようとする．このような理由で準モンテカルロは—空間の次元や問題にもよるが—数値積分やミニマックス問題や統計的な見積もりに優れている[*1]．

8.3.1 ディスクレパンシー理論

D 次元の領域 R での積分

$$I = \int\int \cdots \int_R f(\vec{x})\, d^D\vec{x}$$

を計算したいが，良い方法がないとしよう．モンテカルロ流に総数 N 個の「無作為」ベクトル $\vec{x} = (x_1, \ldots, x_D)$ を積分領域より選び，被積分関数値を加えて平均値を出し，R の体積を掛け，得られた近似値 I' を本当の値 I の代わりとする．統計の一般論より誤差は

$$|I' - I| = O\left(\frac{1}{\sqrt{N}}\right)$$

である．ここで O の定数は次元 D や被積分関数 f や領域 R による．冪 $N^{-1/2}$ が次元 D と独立なのは興味深い．対照的に「格子」法と呼ばれるものは，R を格子に分けてその格子点を使って計算すると，

$$|I' - I| = O\left(\frac{1}{N^{1/D}}\right)$$

となり，大きな D では不満足な結果である．事実，格子法は 1 次元と 2 次元の数値積分では意味があるが，それ以外では被積分関数が良い性質を持っていたりする場合以外，実用的でない．長い間モンテカルロ法が $D \geq 3$ 次元のとき使われてきた理由はよくわかる．

しかしモンテカルロの驚くべき改良がある．このとき誤差は

$$|I' - I| = O\left(\frac{\ln^D N}{N}\right)$$

となり，ときには実装によるが，$\ln^{D-1}$ が代わりに現れる (少しあとで議論する)．アイディアは低ディスクレパンシー列，つまり準モンテカルロ列のあるクラスを使うことである (ある著者は低ディスクレパンシー列を $|I' - I|$ が上記のようになるものとして定義する．問題 8.32 参照)．準モンテカルロ列が今までの意味では無作為でないことをふたたび強調する．事実，準モンテカルロ列の点は互いに避け合っている (問題 8.12 参照)．

ディスクレパンシーの定義から始めて準モンテカルロ法の旅に出発しよう．ここで領域 R のベクトルの成分は実数である．

[*1] 訳注：この節に関する日本語文献をあげておく．手塚集：超一様分布列の数理，「確率計算の新しい手法」岩波書店 2003 年所収．

定義 8.3.1. P を N 個の点からなる (単位 D 立方体) 領域 $R = [0,1]^D$ の部分集合とする. R のルベーグ可測領域の族 F に関する P のディスクレパンシーの定義は (D_N も D_N^* も次元 D と混同しないように)

$$D_N(F;P) = \sup_{\phi \in F} \left| \frac{\chi(\phi;P)}{N} - \mu(\phi) \right|$$

である. ここで $\chi(\phi;P)$ は ϕ のなかにある P の点の個数であり, μ はルベーグ測度を意味する. P の極値的ディスクレパンシーは

$$D_N(P) = D_N(G;P)$$

と定義する. ここで G は $\prod_{i=1}^{D}[u_i, v_i]$ の形をした領域の族である. さらに P の星ディスクレパンシーは

$$D_N^*(P) = D_N(H;P)$$

で定義する. ここで H は $\prod_{i=1}^{D}[0, v_i]$ の形をした領域の族である. 最後に $S \subset R$ が可算無限列 $S = (\vec{x}_1, \vec{x}_2, \ldots)$ のとき, いろいろなディスクレパンシー $D_N(S)$ はいつも S の最初の N 個の点に関するものとする.

この定義は記号が多いが少し考えれば, どのような領域からの部分集合 P が求められ, 公平に評価されるかがわかる. 見たところ, 単純な均一な格子点が最適なディスクレパンシーを与えると思われるが, そのような直観は 1 次元より大きいところでは間違っていることが次にわかる. ディスクレパンシーの意味に対する洞察を得るには次の定理をじっくり考えればよい. 可算無限集合 S が $R = [0,1]^D$ が均一分布しているための必要十分条件は星ディスクレパンシー (あるいは極値的ディスクレパンシー) が $N \to \infty$ のとき消えることである. 星ディスクレパンシーと極値的ディスクレパンシーはそんなに違わない. 事実どのような P に対しても,

$$D_N^*(P) \leq D_N(P) \leq 2^D D_N^*(P)$$

となる. このような結果は [Niederreiter 1992], [Tezuka 1995] にある.

ディスクレパンシー特に星ディスクレパンシー D^* の重要性は次の中心的な結果より明らかである. その結果は準モンテカルロ積分の中心である. ここで Hardy–Krause の有界変動を使う. それは関数 f の変化の見積もり $H(f)$ である. はっきりした H の定義は必要ない ([Niederreiter 1992] 参照). なぜなら, 準モンテカルロの様子は全体の変動項の残りの部分によるからである:

定理 8.3.2 (Koksma–Hlawka). $R = [0,1]^D$ においての関数 f の有界変動を $H(f)$ とし, S を定義 8.3.1 の通りとすると,

$$\left| \frac{1}{N} \sum_{\vec{x} \in S} f(\vec{x}) - \int_{\vec{r} \in R} f(\vec{r})\, d^D \vec{r} \right| \leq H(f) D_N^*(S)$$

となる．さらに，次のような意味でこの不等式は最適である．どのような N 点 $S \subset R$ とどのような $\epsilon > 0$ に対しても，$H(f) = 1$ となる関数 f で不等式の左辺が $D_N^*(S) - \epsilon$ より大きくなるものが存在する．

この美しい結果は多重積分の誤差と星ディスクレパンシー D_N^* を直接結びつけている．正確な準モンテカルロ列の探求はディスクレパンシーで決まる．ついでにこの定理 8.3.2 を理論的に超えるものの中で，Wozniakowski の単位立方体においての誤差の平均の評価がある．[Wozniakowski 1991] で議論されているように，統計的な積分の誤差の平均はディスクレパンシーと深く関係があり，今ひとたびディスクレパンシーの重要性がわかる．さらにとても良い新しい結果があり，実際の準モンテカルロの実験がディスクレパンシーが示すものより時々かなり正確になることを説明している．

準モンテカルロ列 S は小さな D^* なるもので，そのような S を作るのに，整数論が役立つ．最初に注意すべきことは，点集合のディスクレパンシーと無限列のディスクレパンシーの微細な違いである．例えば，$D = 1$ 次元としよう．点集合

$$P = \left\{ \frac{1}{2N}, \frac{3}{2N}, \ldots, 1 - \frac{1}{2N} \right\}$$

は $D_N^*(P) = 1/(2N)$ となる．他方 $D_N^*(S) = O(1/N)$ となる可算無限列 S は存在しない．事実，[Schmidt 1972] により S 可算無限ならば，無限に多くの N に対して

$$D_N^*(S) \geq c \frac{\ln N}{N}$$

となる．ここで c は N や S によらない定数である．$c = 3/50$ [Niederreiter 1992] とすることができる．大切な点は，無限準モンテカルロ列は，任意の長さのものを引き出せるが，誤差には注意しなければならないことである．上記の点集合 P は N によるので，ディスクレパンシーが $1/(2N)$ となる．

8.3.2 特定の準モンテカルロ列

低ディスクレパンシーの列を作ろう．素数 p に対して，整数の p 進表現を用いて実用的な列を作ることが目標である．もう少し一般的な B 進表現から始める．2次元以上では，互いに素な底を用いる．

定義 8.3.3. 整数底 $B \geq 2$ に対して，van der Corput 列とは

$$S_B = (\rho_B(n)), \quad n = 0, 1, 2, \ldots$$

のことである．ここで ρ_B は逆桁関数で，$n = \sum_i n_i B^i$ に対し，

と定義する.

この列は心に描きやすいし,実際に作ることもやさしい. 例えば,底 $B = 2$ の van der Corput 列を作るのに, 2 進表現

$$n = 0, 1, 10, 11, 100, \ldots$$

を用いると,

$$S = (0.0, 0.1, 0.01, 0.11, 0.001, \ldots)$$

となる. 記号を使うと,

$$n = n_k n_{k-1} \ldots n_1 n_0$$

より $\rho_B(n) \in S$ は

$$\rho_B(n) = 0.n_0 n_1 \ldots n_k$$

となる. この van der Corput 列は

$$D_N^*(S_B) = O\left(\frac{\ln N}{N}\right)$$

となることが,知られている. ここで O 定数は B のみで定まり, $B = 3$ のとき最小になり, B が大きくなれば増加する [Faure 1981].

$D > 1$ 次元のとき,準モンテカルロ列を van der Corput 列を使って,次のように構成できる.

定義 8.3.4. $\bar{B} = \{B_1, B_2, \ldots, B_D\}$ を組ごとに互いに素な $B_i > 1$ である底とする. $\bar{B}$ を底とする Halton 列とは

$$S_{\bar{B}} = (\vec{x}_n), \quad n = 0, 1, 2, \ldots$$

である. ここで

$$\vec{x}_n = (\rho_{B_1}(n), \ldots, \rho_{B_D}(n)).$$

つまり, Halton 列のそれぞれの座標は互いに素な特定の底を用いたベクトルである. 例えば,準モンテカルロ列を $(D = 3)$ 次元の立方体のなかで,素数底 $\{B_1, B_2, B_3\} = \{2, 3, 5\}$ を用いて作ると, $n = 0, 1, 2, \ldots$ に対して,

$$\vec{x}_0 = (0,\ 0,\ 0),$$
$$\vec{x}_1 = (1/2,\ 1/3,\ 1/5),$$
$$\vec{x}_2 = (1/4,\ 2/3,\ 2/5),$$

$$\vec{x}_3 = (3/4,\ 1/9,\ 3/5)$$

となる．これらの点が立方体の中で，どこに置かれるかは興味深い．次の点はまだ占領されていない領域に落ちようとする．このことに比べると通常のモンテカルロ法では点が多くなると，群がったり，隙間をそのままにしたりする．

Halton 列は準モンテカルロ列の 1 つであるが，次元の関数としてのディスクレパンシーに関する定理を示そう．

定理 8.3.5 (Halton ディスクレパンシー). $S_{\bar{B}}$ を底 $\bar{B}$ に関する Halton 列とすると，星ディスクレパンシーは次のようになる．

$$D_N^*(S_{\bar{B}}) < \frac{D}{N} + \frac{1}{N} \prod_{i=1}^{D} \left(\frac{B_i - 1}{2 \ln B_i} \ln N + \frac{B_i + 1}{2} \right).$$

少し複雑な証明は [Niederreiter 1992] にある．この定理は

$$D_N^*(S_{\bar{B}}) = O\left(\frac{\ln^D N}{N} \right)$$

の中の O における定数をはっきりと表している．さらに底が大きくなればディスクレパンシーも大きくなることを示している．N 点 Hammersley 点集合と呼ばれるものは，最初の $\vec{x}_n$ の座標が $x_0 = n/N$ であり，$\vec{x}_n$ の残りは $(D-1)$ 次元 Halton ベクトルとなるものである．これは N 依存であり無限列にならないが，この Hammersley 集合のディスクレパンシーは少し良く，

$$D_N^* = O\left(\frac{\ln^{D-1} N}{N} \right)$$

となり，N 依存集合のほうが少し計算量が減ることを示している．

8.3.3 ウォール街の素数？

良い準モンテカルロ列かどうか調べるのに，単位 D 球の体積を調べるのも面白い．Halton 準モンテカルロ列は次元 D が 10 ぐらいまでなら良い結果を出す．Halton 列の長所は並行処理ができることである．次のアルゴリズムは n 番目の項へ飛んで始めることのできるものである．能率良くするために，番号の表現は絶えず新しくしている．

アルゴリズム 8.3.6 (準モンテカルロ列の高速生成). このアルゴリズムは D 次元 Halton 列ベクトルを生成するものである．$p_1, \ldots, p_D$ を最初の D 個の素数とする．出発番号を n とすると，$seed()$ は $\vec{x}_n$ を作る．この成分を $\vec{x}_n[1], \ldots, \vec{x}_n[D]$ とする．すると関数 $random()$ はベクトル列 $\vec{x}_{n+1}, \vec{x}_{n+2}, \ldots$ を生成する．ただし，番号の上限を N とする．能率を良くするために，番号 n の各桁 $(d_{i,j})$ は最初に計算され，関数 $random()$ を呼ぶごとに走行距離計のように，更新する．

1. [*seed* 手順]

```
seed(n) {                                    // n は望まれている出発番号.
    for(1 ≤ i ≤ D) {
        K_i = ⌈ln(N+1)/ln p_i⌉;              // 精度限界.
        q_{i,0} = 1;
        k = n;
        x[i] = 0;                            // x⃗ はベクトル x⃗_n.
        for(1 ≤ j ≤ K_i) {
            q_{i,j} = q_{i,j-1}/p_i;         // q_{i,j} = p_i^{-j}.
            d_{i,j} = k mod p_i;             // d_{i,j} は底 p_i での n の各桁.
            k = (k - d_{i,j})/p_i;
            x[i] = x[i] + d_{i,j} q_{i,j};
        }
    }
    return;                                  // x⃗_n は (x[1],...,x[D]) である.
}
```

2. [関数 *random*]

```
random() {
    for(1 ≤ i ≤ D) {
        for(1 ≤ j ≤ K_i) {
            d_{i,j} = d_{i,j} + 1;           //走行距離計を増やす.
            x[i] = x[i] + q_{i,j};
            if(d_{i,j} < p_i) break;         // 桁上がりが処理できたら終わり.
            d_{i,j} = 0;
            x[i] = x[i] - q_{i,j-1};
        }
    }
    return (x[1],...,x[D]);                  // 新しい x⃗.
}
```

このアルゴリズムは，走行距離計のように底 p_m の各桁を定義 8.3.4 に合わせて段階的に増やしている．番号 j の底 p_i による最大桁数が K_i であることに注意．j の最大値 N より K_i は定まる．逆桁表現の精度を定めるためにもこの値は大切である．

アルゴリズム 8.3.6 は普通は浮動小数を使う．つまり $n_{i,j}$ の桁の逆数 $q_{i,j}$ を浮動小数として記憶する．しかし $q_{i,j}$ のために整数冪を記憶しておいても悪いことはない．例えば $N = 1000$ としてベクトル $\vec{x}_0,\ldots,\vec{x}_{999}$ が使えるとする．$D = 2$ 次元とし，素数 $2, 3$ を使う．すると $seed(701)$ を呼ぶとベクトル x は次のようになる．

$$\vec{x}_{701} = (757/1024, 719/729).$$

つぎに $random()$ を 9 回呼ぶと,

$$\vec{x}_{710} = (397/1024, 674/729)$$

となり，直接 $seed(710)$ を呼んだときの $\vec{x}_{710}$ と完全に同じになる．

アルゴリズム 8.3.6 は本当に速い．システムに組み込まれている乱数生成関数より速い．この長所は数値積分以外でも使える．偏らずに分布している $[0,1)$ にある乱数が必要なときを考えよう．システムの乱数は自然な乱数らしさがあるとき，塊になったり，空いているところができたりする．多くの統計的研究では，どの区間にも偏らない乱数が必要になり，そんなとき，高速準モンテカルロアルゴリズムを使うべきである．

アルゴリズム 8.3.6 を使い多重積分をしてみよう：

アルゴリズム 8.3.7 (準モンテカルロ多重積分)． 次元 D と $R = [0,1]^D$ において可積分関数 $f : R \to R$ が与えられたとき，このアルゴリズムは N_0 個の準モンテカルロベクトルを $(\vec{x}_0, \vec{x}_1, \ldots, \vec{x}_n, \ldots, \vec{x}_{n+N_0-1}, \ldots)$ の n 番目より始めて多重積分

$$I = \int_{\vec{x} \in R} f(\vec{x}) \, d^D \vec{x},$$

を計算する．アルゴリズム 8.3.6 の番号は上限 $N \geq n + N_0$ とする．
1. [アルゴリズム 8.3.6 で初期化]
    $seed(n);$ // 準モンテカルロを $\vec{x} = \vec{x}_n$ より始める．
    $I = 0;$
2. [準モンテカルロ積分を実行]
           // 関数 $random()$ は準モンテカルロベクトル (アルゴルズム 8.3.6) を更新．
    for$(0 \leq j < N_0)$ $I = I + f(random());$
    return $I/N_0;$ // 積分の見積もり．

このアルゴリズムの応用を 1 つ与えよう．半径 1 の D 球の体積を評価するために，f として Heaviside 関数 θ (これは正の引数には 1，負の引数には 0，0 の引数には 1/2) を用いて，

$$f(\vec{x}) = \theta(1/4 - (\vec{x} - \vec{y}) \cdot (\vec{x} - \vec{y}))$$

とする．ここで $\vec{y} = (1/2, 1/2, \ldots, 1/2)$ である．よって f は半径 1/2 の球 (R にある最大の球) の外側では消える．I をアルゴルズム 8.3.7 の出力とすると，単位 D 球の体積は $2^D I$ と評価される．

前にほのめかしたように，準モンテカルロアルゴリズムを直系モンテカルロと比べることは面白いことである．すばらしいことに準モンテカルロ法は並行処理ができる．アルゴリズム 8.3.7 において，例えば M 個の機械を出発するときの種を異にして，合計す

れば NM 個のベクトルを実現できる．最初に種の関数があるので可能である．10 億個の点での積分は 100 個の機械を使い，現状のままのアルゴリズムを $N = 10^7$ として進める．最初の機械 0 は $n = 0$ (つまり $seed(0)$ を呼ぶ)，次は $n = N$，機械 99 は $n = 99N$ として出発する．最後に 100 個の機械の見積もりの平均値を取る．

代表的な数値比較がある．円周率 π を準モンテカルロ法で計算し，直系モンテカルロと比べる．単位 D 球の体積は

$$V_D = \frac{\pi^{D/2}}{\Gamma(1+D/2)}$$

であることに注意して，$V_D(N)$ を N 個のベクトルで計算した結果とし，π_N を V_D より得られる「実験した」π の値とする．収束の様子と並行処理の様子を表そう．素数 $p = 2, 3, 5$ を使い，単位 3 球の体積を評価する．アルゴリズム 8.3.7 の結果は表 8.1 で示した．

$N/10^6$	π_N
1	3.14158
2	3.14154
3	3.14157
4	3.14157
5	3.14158
6	3.14158
7	3.14158
8	3.141590
9	3.14158
10	3.1415929

表 8.1 素数底での準モンテカルロ (Halton) 列による π の近似値．素数 $p = 2, 3, 5$ を使い，単位 3 球の体積を $N = 10^6$ より $N = 10^7$ まで増やした点で準モンテカルロで計算．正しくない位まで表示した．

表の左の列は単位 D 立方体に入る点の個数，2 番目の列はだんだん増える点での π の近似値である．区間 10^6 ごとに別の機械で計算したものをまとめ，右列では N までの値の平均値である．例えば，$\pi_{5 \cdot 10^6}$ は $5 \cdot 10^6$ 個の点の結果であり，言い換えれば 5 個の機械が 10^6 個の点で計算したものの平均である．つまり $seed(n)$ を 5 個の異なる機械で呼ぶわけである．どのように直系モンテカルロと比べれば良いのだろうか．おおまかに言えば，最後の ($N = 10^7$) の列に対する直系モンテカルロの値は 3 行目の右のものであろう (なぜなら $\log_{10} \sqrt{N}$ は約 3.5 である)．この準モンテカルロの直系に対する優位は 100 万ほどの点と適度の次元の典型的なものである．

ウォール街の件，つまり金融工学に進もう．もし非常に大きな次元 D の積分が困難であろうと思うとき，危機管理理論や金融工学の他の局面に関する計算を調べるとよい．例えば，金融工学に現れる次の形をした 25 次元の積分

$$I = \int \cdots \int_{\vec{x} \in R} \cos|\vec{x}| \; e^{-\vec{x}\cdot\vec{x}} \, d^D\vec{x}$$

は [Papageorgiu and Traub 1997] において分析され，漸近評価 $O((\ln^D N)/N)$ は $D = 25$ のときは $O(1/\sqrt{N})$ より良いわけではないが，驚くことに準モンテカルロ法 (このケースの場合，Faure 列を使った) は直系モンテカルロ法より優れているようだと結論した．他の例として，[Paskov and Traub 1995] は次元 $D = 360$ を扱った．2 人の著者は次のように指摘している．その積分は (ファイナンスの言葉を使うと副抵当義務である CMO を含む) 良いテストケースであった．なぜなら被積分関数は計算量があり，「できるだけ少ない点で調べるのが決定的である」と著者は言う．[Boyle et al. 1995] や多くの研究者がほのめかしているように，実際に行われる計算では準モンテカルロが直系モンテカルロを高次元 D で上回る．ファイナンスの世界からではない数値解析研究者が準モンテカルロ法のより困難な積分に挑戦するのはうなずける．ファイナンスの被積分関数は滑らかなことが多いのである．

　準モンテカルロ技法と同じように興味ある議論が準モンテカルロ文献のなかで煮詰まってきた．ある著者は Halton 列—素数底の準モンテカルロ列—は例えば Sobol 列 [Bratley and Fox 1988] とか Faure 列 [Niederreiter 1992] に劣ると信じている．この主張は適用範囲に強く依存する．劣ることの理論的な動機もある．[Faure 1982] の定理によると，星ディスクレパンシーがある Faure 列のとき

$$D_N^* \leq \frac{1}{D!} \left(\frac{p-1}{2\ln p}\right)^D \frac{\ln^D N}{N}$$

となる．ここで p は D 以上の最小の素数である．D 次元 Halton 列は最初の D 個の素数より作られるが，この Faure 限界は次の素数を含む．しかし定理 8.3.5 の限界はかなり悪い．考えられるのは，これらの限界が最良のものでないことである．ともかく素数がふたたびディスクレパンシーと準モンテカルロの適用のなかに現れた．

　準モンテカルロの誤差が $O\left((\ln^D N)/N\right)$ であり，大きな D や小さな N などでは直系モンテカルロの $O\left(1/\sqrt{N}\right)$ より大きい．よってある研究者は無条件には準モンテカルロ法を勧めない．定理 8.3.5 などや上記の Faure 限界などにもかかわらず，O 項の前の定数を知らないことが問題になる．最近の進展はこの問題にふれている．1 つの発展は「飛ぶ」Halton 列である．この技法は D 次元 Halton 列の成分の間にある関係を破ることである．2 つの方法でなされる．最初は整数の逆桁表示を入れ替えることである．次は底となる素数 $p_0, \ldots, p_{D-1}$ と異なる素数 p_D を選び，Halton 列の p_D 番目ごとのベクトルだけを使う．これで Halton 列を $D = 40$ から 400 [Kocis and Whiten 1997] へと改良する，と主張している．異なる素数 $p_D = 409$ とすると，きわだって良いと言っているのは興味深い．他の発展として [Crandall 1999a] にあるのは縮小された素数の集合を使い，—D が大きくとも—低い次元の Halton 列を D 次元にある曲線のパラメータに使う．精密化された定理 8.3.5 の限界より，高次元の中で，少ない素数だ

けを使う技法には統計的には良さがあると思われる.

ディスクレパンシーの概念は古いが，たえず準モンテカルロ集合の生成に適する新しいアイディアが現れる. 1つの見込みがあるものとして, (t,m,s) 網と呼ばれるものがある [Owen 1995, 1997a, 1997b], [Tezuka 1995], [Veach 1997]. これは「最少に埋める」点の雲のようなものである. 例えば $N = b^m$ 個の点の集合が s 次元の中にあるとき, (t,m,s) 網とは体積 b^{t-m} のすべての調整された立方体の中にちょうど b^t 個の点があることである. 他に素数とディスクレパンシーの間の面白い関係もある ([Joe 1999] およびその中の文献を参照). 「整数論的ルール」の概念は次の形の近似を含む：

$$\int_{[0,1]^D} f(\vec{x})\,d^D\vec{x} \approx \frac{1}{p}\sum_{j=0}^{p-1} f\left(\left\{\frac{j\vec{K}}{p}\right\}\right).$$

ここで $\{\vec{y}\}$ は $\vec{y}$ の小数部分より作られたベクトルであり, $\vec{K}$ は成分が p と素な定まったベクトルである. p の代わりに合成数でもよいが, L_2 ディスクレパンシーと呼ばれるものを使うと，誤差は素数 p のときが特に良い. このように準モンテカルロはたえず発達している. これから整数論や素数が準モンテカルロ理論の中にまた現れるであろう.

この節の終わりに，なぜ準モンテカルロの実験はそれほどうまくいくのか，という新しい結果を示そう. [Sloan and Wozniakowski 1998] の中で，ある誤差は (Traub が準モンテカルロを次元 $D = 360$ でファイナンスの中で使ったように) $O(1/N)$ のように振る舞い, 次元 D に関係がない理由を示した. 実際に示したのはある被積分関数のクラスがあり，適当な低ディスクレパンシー列では誤差がある実数 $\rho \in [1,2]$ で $O(1/N^\rho)$ となることである.

8.4 ディオファントス問題

ここではディオファントス問題について議論する. おおざっぱに言えば，いろいろな方程式の整数解を探すことである. すでに Fermat 予想については言及した. それは

$$x^p + y^p = z^p$$

の解を探すのに，計算による攻撃で p の下限を 100 万以上にどのように高めたか，ということであった (1.3.3 項，問題 9.68 参照). A. Wiles による Fermat 予想のすばらしい証明のことを別にすれば，計算機にとって面白い問題である. 他の多くの冒険は理論とコンピュータの健全な混合である.

例えば, Catalan 方程式がある. これは素数 p,q および正の整数 x,y での

$$x^p - y^q = 1$$

の解を求めるもので，知られているただ 1 つの解は

$$3^2 - 2^3 = 1$$

である．言い直すととなりあっている素数冪を求めることである．Catalan 予想の解説は [Ribenboim 1994] にあるが，最近のものは [Mignotte 2001] および [Metsänkylä 2004] にある．代数体の対数線形形式の理論を使い R. Tijdeman は 1976 年に Catalan 方程式は有限個しか解がないことを示した．事実

$$y^q < e^{e^{e^{e^{730}}}}$$

となる [Guy 1994]．よって Catalan 予想は巨大な計算に帰せられた．Tijdeman のすばらしい定理のあと，M. Langevin は $p,q < 10^{110}$ を示した．この限界はだんだん小さくなり，この本の初版のときは $\min\{p,q\} > 10^7$ および $\max\{p,q\} < 7.78 \times 10^{16}$ が知られていた．さらに具体的な判定基準があり，例えば，重 Wieferich 条件が Mihăilescu により得られている：もし p,q が Catalan の指数で，対 2,3 以外ならば，

$$p^{q-1} \equiv 1 \pmod{q^2} \text{ かつ } q^{p-1} \equiv 1 \pmod{p^2}$$

となる．十分に頑強な計算で Catalan 予想が終わるだろうと思われたが，計算でない巧妙さによってこの問題は終了した．

[Mihăilescu 2004] に完全な Catalan 予想の証明があり，8 と 9 以外には続いている冪数はない．冪数の差が 2 となる解も無限にはないだろうと予想されている．差がもっと大きくなる場合も解は有限個であると予想されている．このことに関して問題 8.20 を参照．

Fermat 予想と Catalan 予想に関連して，ディオファントス方程式

$$x^p + y^q = z^r \tag{8.2}$$

がある．ここで x,y,z は正の互いに素な整数で，指数 p,q,r は正の整数で $1/p + 1/q + 1/r \leq 1$ を満たすものとする．Fermat–Catalan 予想は有限個の冪 x^p, y^q, z^r のみが (8.2) を満たすだろう，と主張している．知られているすべての例は

$$1^p + 2^3 = 3^2 \quad (p \geq 7),$$
$$2^5 + 7^2 = 3^4,$$
$$13^2 + 7^3 = 2^9,$$
$$2^7 + 17^3 = 71^2,$$
$$3^5 + 11^4 = 122^2,$$
$$33^8 + 1549034^2 = 15613^3,$$
$$1414^3 + 2213459^2 = 65^7,$$
$$9262^3 + 15312283^2 = 113^7,$$

$$17^7 + 76271^3 = 21063928^2,$$
$$43^8 + 96222^3 = 30042907^2.$$

(後半の 5 つの例は F. Beukers および D. Zagier により見つかった．) (8.2) は $p, q, r \geq 3$ のとき解はない，という Tijdeman および Zagier の予想の証明に対して，現金の賞 (Beal 賞) がある：[Bruin 2003] および [Mauldin 2000] 参照．[Darmon and Granville 1995] により $1/p + 1/q + 1/r \leq 1$ となる p, q, r を固定したとき，(8.2) は有限個しか互いに素な解 x, y, z がないことは知られている．ある p, q, r では，解は上の表にあるものしかないことが知られている．特に指数の組 $\{2,3,7\}$, $\{2,3,8\}$, $\{2,3,9\}$, $\{2,4,5\}$ では表にあるものだけである．さらに多くの指数の組では自明な解しかないことが知られている．これらの結果は Bennett, Beukers, Bruin, Darmon, Ellenberg, Kraus, Merel, Poonen, Schaefer, Skinner, Stoll, Taylor, Wiles を含む多くの人によってなされた．最近の結果は [Bruin 2003] および [Beukers 2004] 参照．

Fermat–Catalan 予想は Masser の有名な abc 予想の特別な場合である．n の平方因子を持たない約数のなかで最大な数を $\gamma(n)$ と記す．abc 予想とは，固定された $\epsilon > 0$ に対し，互いに素な正の整数の組み a, b, c で

$$a + b = c, \quad \gamma(abc) < c^{1-\epsilon}$$

を満たすものが高々有限個しかない，というものである．最近の abc 予想の結果は [Granville and Tucker 2002] 参照．

ディオファントス方程式に関する多くの結果は非常に深いけれど，平方剰余などを使う良い練習問題もある．例えば，

$$y^2 = x^3 + k \tag{8.3}$$

は，もし $k = (4n-1)^3 - 4m^2$, $m \neq 0$ であり，m を割る素数がどれも 3 (mod 4) でなければ，解はない (問題 8.13 参照).

特別な方程式の解析ではなく，ディオファントス方程式の深い一般的な理論がある．長い年月の研究物語はすばらしい．基本的な問は前世紀の初めに出された Hilbert の「第 10 問題」であり，それは任意のディオファントス方程式に解があるか否かを決定する一般的なアルゴリズムを求めるものである．この問を攻撃する大切なものはディオファントス的集合の概念である．それは正の整数の集合 S で，ある $\mathbf{Z}$ に係数をもつ多変数の多項式 $P(X, Y_1, \ldots, Y_l)$ があり，$x \in S$ である必要十分条件は $P(x, y_1, \ldots, y_l) = 0$ が y_j について正の整数解をもつことである．H. Putnam の定理 (1960) を証明するのはやさしい．[Ribenboim 1996, p. 189] 参照．その定理は正の整数の集合 S がディオファントス的である必要十分条件は，ある整数係数の多変数多項式 Q があり，引数に負でない整数を代入したとき正になる値の集合が S となるときである．

このディオファントス的集合を武器として，Putnam に導かれた数学基礎論学者 Davis, Robinson, および Matijasevič は次の衝撃的な結果を得た．素数の集合はディオファン

トス的である．つまりいくつかの変数の整数係数の多項式 P があり，変数が負でない整数全体を動いたとき，P の正の値の集合がまさしく素数の集合となる．

そのような多項式の 1 つとして Jones，佐藤，和田，および Wiens が 1976 年に与えたものは ([Ribenboim 1996] 参照)

$$(k+2)\Big(1-(wz+h+j-q)^2-((gk+2g+k+1)(h+j)+h-z)^2$$
$$-(2n+p+q+z-e)^2-(16(k+1)^3(k+2)(n+1)^2+1-f^2)^2$$
$$-(e^3(e+2)(a+1)^2+1-o^2)^2-(a^2y^2-y^2+1-x^2)^2$$
$$-(16r^2y^4(a^2-1)+1-u^2)^2$$
$$-(((a+u^4-u^2a)^2-1)(n+4dy)^2+1-(x+cu)^2)^2$$
$$-(n+l+v-y)^2-(a^2l^2-l^2+1-m^2)^2-(ai+k+1-l-i)^2$$
$$-(p+l(a-n-1)+b(2an+2a-n^2-2n-2)-m)^2$$
$$-(q+y(a-p-1)+s(2ap+2a-p^2-2p-2)-x)^2$$
$$-(z+pl(a-p)+t(2ap-p^2-1)-pm)^2\Big)$$

である．次数は 25 であり 26 個の変数なので，都合良くアルファベット全部が変数に使われる．そのような素数を表す多項式の面白い結果として，どのような素数 p も素数であることの証明を含めて，$O(1)$ だけの四則算法で表される．つまり上記の多項式の 26 個の変数の値により p が与えられる．しかし，ビット算法の数は巨大である．

Hilbert の「第十問題」はついに解かれた—答えはそのようなアルゴリズムは存在しない—Matijasevič の証明の最終段階はリストできる集合はどれもディオファントス的である，というものである．しかし半世紀以上の間このドラマの主役は素数の集合であった [Matijasevič 1971], [Davis 1973].

ディオファントス問題はすべての整数論に支えられてはいるが，いまなお数学者や数学愛好者の間ですばらしいドラマチックなものである．この分野の全体像をみるにはネットワーク上の [Weisstein 2005] などを使えばよい．コンピュータの立場からのディオファントス方程式に関する推薦すべき本は [Smart 1998] である．

8.5 量子計算

この節で 21 世紀に最有力なコンピュータの話題を簡単に議論しようと思う．量子計算は今までに考えられた手順とはまったく異なるものである．最初に考えなければならないことは古典的なチューリング機械と量子チューリング機械の違いである．古いチューリング機械のモデルは今日のコンピュータであるが，量子チューリング機械は小さな原子の段階の実験による仮のものしかない．（自然は何十億年ものあいだ動いている巨大な

量子チューリング機械とも思える.)チューリング機械の主要な性質は「直列的」であり,プログラムにより確定的に進む.(確率的に動くチューリング機械もあるが,単純化して避けよう.)これに反して量子チューリング機械は真に前例のないような効率を得るために自然界の「並行性」を利用する.この並行性はもちろん量子力学の法則に従う自然界の性質である.この性質は多くの直観に反したものを含む.量子論の学生が知っているように,ミクロの世界の現象はマクロの世界では起こらない.粒子と波の2重性(電子は波か,粒子か,両方か?),振幅や確率や干渉の概念—波としてではなく,粒子の性質として—などなど.次の項でできたての量子計算の簡単な紹介をしよう.

8.5.1 量子チューリング機械入門

まだ量子チューリング機械は「実用になる」問題を1つも解決していない実験段階なので,量子チューリング機械より何が期待できるかを類推によって説明しよう.ホログラフィを考えよう.それによって固い3次元物体が立体映像「ホログラム」として平面の上に投影される.何が実際になされるか,というと,3次元フーリエ変換が「計算され」,それによってホログラムが作られる.光は1ナノ秒(10^{-9}秒)に約30cm進むので,レーザー光線が目的物(例えばチェスの駒)にいつぶつかるか正確にわかり,反射光線が照合光線と混ざり合い「巨大な高速フーリエ変換が数ナノ秒で自然になされ」ホログラムが出来る.定性的であるが著しいことは,$O(N \ln N)$アルゴリズム(Nは正確なホログラムを作るのに十分な点の数)が$O(1)$で行われることである.O記号を使うのは少し滑稽であるが,このホログラフィの光波の干渉は並列で行われることに注目したい.ホログラムの光の強さはチェスの駒のすべての点により定まる.これがホログラフィの並行処理であり,量子チューリング機械はこの効果を想起させる.

実験室でのホログラムの組み立てが量子チューリング機械といっているのではない.大切なものが抜けている.まず現代の量子チューリング機械理論は量子干渉の原理以外に確率的振る舞いとユニタリ行列変換を含む理論がある.さらに,実用的な量子チューリング機械は単に光学の実験に関係があるというだけではなく,大きな数の素因子分解のようなチューリング機械には困難な仕事にも関係がある.たくさんのアイディアがあるが,量子チューリング機械の概念は有名なR. Feynmanにより開拓され,量子力学モデルは伝統的なチューリング機械による計算を指数関数的に早めることが述べられている.Feynmanは具体的な量子チューリング機械のモデルを独特の量子レジスターを基礎にして考案した [Feynman 1982, 1985].最初の正式な定義は [Deutsch 1982, 1985] によりなされ,現在の扱い方は多かれ少なかれそれに従っている.素人と数学者の間を行くすばらしい説明は [Williams and Clearwater 1998],物理の技術的な面と関連する整数論的なことは [Ekert and Jozsa 1996],量子計算の非常にやさしい扱いは [Hey 1999],および課程レベルは [Preskill 1999] を見よ.

レーザー光線が自然に高速フーリエ変換を行うアイディアへ,量子の味を少し加えよう.量子論において量子振動子と呼ばれるものがある.ポテンシャル関数$V(x) = x^2$が

8.5 量子計算

与えられたとき，Schrödinger 方程式は，t を時間とするとき，波動関数 $\psi(x,t)$ がこのポテンシャルの影響のもとで，どのように動くかを定めるものである．古典的な類似は単純なバネの上の重りのように周期 τ の滑らかな振動子である．量子モデルは振動子があるが，次のような驚くべき現象を表す．$1/4\tau$ 周期のあと初めの波動関数はそのフーリエ変換に進化する．これは次のことを暗示する．なんとか量子チューリング機械に初期関数 $\psi(x,0)$ を入力すると，あとで $\psi(x,\tau/4)$ を高速フーリエ変換として読むことができる．(ついでながらこのアイディアは Riemann-ζ 表現 (8.5) の議論の根底にある．) つまりレーザーホログラムの類似が量子力学にある．波動関数 ψ は複素振幅であり，$|\psi|^2$ が確率密度であるので，量子論の確率的な性質が姿を現してきた．

定量的なことに進み，この項の準備をし，量子チューリング機械の具体的な概念を書こう．整数論のアルゴリズムに特に必要なことであるが，最初に指数的な個数の数を「多項式的に」量子チューリング機械に保管することを述べよう．例えば——量子レジスタと呼ばれるものの中に——すべての整数 $a \in [0, q-1]$ をわずか $\log_2 q$ 個の量子ビットの中に保管することを考えよう．不可能と思えるが，量子の世界は非常に常識はずれであることを思い出そう．心に描いた方がわかりやすい．$q = 2^d$ としよう．よって d 個の量子ビットからなる量子レジスタを作ろう．d 個のアンモニア分子の列を想像しよう．化学の記号では NH_3 であり，3 個の水素と 1 個の窒素を頂点に持つ 4 面体と考えよう．窒素の頂点が 3 つの水素より上にあるか下にあるかに従って，「上」または「下」，1 または 0 と考えよう．よって，どのような d ビットの 2 進数も方向づけられた分子の集まりで表される．しかし長さ d のすべての 2 進数を同時に表すにはどうしたらよいだろうか．量子の驚くべき性質によって簡単にできる：アンモニア分子は $1, 0$ 両方の状態を同時に表すことができる．1 つの方法は最少のエネルギー状態——基底状態と呼ばれる——は幾何学的には対称であるので，基底状態にあるアンモニアは「半分ずつ」$0, 1$ の状態の分子を持っている．理論的な記号では基底状態にあるアンモニア量子ビットは：

$$\phi = \frac{1}{\sqrt{2}} \left(|0\rangle + |1\rangle \right)$$

と表される．ここでブラケット記号 $|\ \rangle$ は標準的なものである (前に紹介した量子理論の文献を参照)．この記号は抽象 Hilbert 空間の状態を思い起こさせる．そして内積だけが計ることのできる数となる．例えば，基底状態 ϕ が $|0\rangle$ の状態であると見つける確率は内積の 2 乗で

$$|\langle 0 | \phi \rangle|^2 = \left| \frac{1}{\sqrt{2}} \langle 0 | 0 \rangle \right|^2 = \frac{1}{2}$$

より 50 パーセントの割合で窒素が「下」にあると計られる．では d 量子ビット (分子) からできる量子レジスタに戻ろう．もしそれぞれの分子が基底状態 ϕ であるとしよう．するとある意味ですべての d ビットの 2 進数が表されている．事実，このレジスタの状態を [Shor 1999] のように表すと

$$\psi = \frac{1}{2^{d/2}} \sum_{a=0}^{2^d-1} |a\rangle$$

となる．ここで $|a\rangle$ は 2 進法での a のビットに合わせた順序づけられた分子の状態である．例えば $d=5$ のとき，$|10110\rangle$ は窒素が「上，下，上，上，下」と並んでいることを意味する．これは魔法ではなく，このレジスタが $a \in [0, 2^d-1]$ の状態だとわれわれが見つける確率が $1/2^d$ であるということである．このような意味ですべての整数 a が保管されている——すべての a はこのレジスタの中に「重ね合わせ」として存在する．

すべての整数 $a \in [0, q-1]$ を含む状態が与えられたとき，ユニタリ作用素で量子ビットに作用することができる．例えば 2 つの状態の 0 番目と 7 番目の量子ビットを行列作用素で変えることができる．物理的な類推として，2 つの光線が入力し，偏光フィルターをもつ偏光子を通して上か下に偏光され 2 つの光線が出力される．そのようなユニタリ変換は全体的に見れば状態の振幅を再分配して確率を保つ．

適当なユニタリ作用素をいくつか使うと，$q > n$ で x が (mod n) での剰余のとき，つぎの状態をふたたび重ね合わせとして作ることができる．

$$\psi' = \frac{1}{2^{d/2}} \sum_{a=0}^{2^d-1} |x^a \bmod n\rangle.$$

今度はこのレジスタが $|b\rangle$ の状態で見つかる確率は，b がある a 乗の法 n の剰余でなければ零となる．

この簡単な概念のスケッチの最後に分割統治のアルゴリズム，つまり高速フーリエ変換が簡潔な量子チューリング機械形式で与えられることを注意しよう．ユニタリ作用素を対にして特別な順序で使うことにより次の状態を作ることができる．

$$\psi'' = \frac{1}{\sqrt{q}} \sum_{c=0}^{q-1} e^{2\pi i a c/q} |c\rangle$$

これより興味ある多くのアルゴリズムが量子チューリング機械を用いて——少なくとも原理的には——多項式時間の計算量でできる．とりあえず，加法，乗法，除法，法による冪，高速フーリエ変換は $O(d^\alpha)$ の時間でできることを注意しよう．ここで d はレジスタにある量子ビットの個数であり，α は適当な数である．前述の文献にこれらすべてのことが詳しく述べられている．だれも現実の量子チューリング機械を作っていないが——ただ原子サイズのものが実験室で作られている——しかしわれわれは d ビットの多くの整数の並行処理を d の冪の時間でできるようになることを期待する．

8.5.2　素因子分解の Shor 量子アルゴリズム

簡潔に量子チューリング機械の概念を説明したように，整数論に関係する量子アルゴリズムを簡潔に述べよう．[Shor 1994, 1999] は n を素因子分解するには乱数の (mod n) での位数を求めれば，次の命題でできることに気づいた．

8.5 量子計算

命題 8.5.1. 奇数 $n > 1$ がちょうど k 個の異なる素因子をもつとする．$\mathbf{Z}_n^*$ より無作為に選んだ数 y の位数を r とする．r が偶数で $y^{r/2} \not\equiv -1 \pmod{n}$ となる確率は少なくとも $1 - 1/2^{k-1}$ である．

（より強い結果は問題 8.22 を参照．）この命題の意味することは——少なくとも原理的には——n を分解するには「少しの」整数 y とその偶数の位数 r を見つければよい．そのとき

$$\gcd(y^{r/2} - 1, n)$$

より n の真の因子が見つかりやすい．なぜなら $y^r - 1 = (y^{r/2} + 1)(y^{r/2} - 1) \equiv 0 \pmod{n}$ よりうまくいく確率は少なくとも $1 - 1/2^{k-1}$ であり，これは n が素数とか素数冪でなければ $1/2$ より大きい．

よって Shor のアルゴリズムは法 n での乱数の位数を求めることとなった．今までのチューリング機械では無力である——離散対数問題そのものであるから．しかし量子チューリング機械では自然に並行処理が行われ，位数を求めることは困難ではない．Shor のアルゴリズムを [Williams and Clearwater 1998]，[Shor 1999] の扱い方で述べよう．適切な機械はまだできていないが，もしできたら，次のアルゴリズムはうまく働くことが期待できる．もちろん今までのチューリング機械で実行しても良いが，結果は指数関数的な能率化を量子チューリング機械に求めることになる．

アルゴリズム 8.5.2 (Shor の量子アルゴリズムによる素因子分解). 素数でも素数冪でもない奇数 n が与えられたとき，このアルゴルズムは n の真の因子を量子計算で与える．

1. [初期化]
   $q = 2^d$ を $n^2 \leq q < 2n^2$ となるように選ぶ；
   d 量子ビットの量子レジスタを次の状態で埋める：

   $$\psi_1 = \frac{1}{\sqrt{q}} \sum_{a=0}^{q-1} | \, a \, \rangle \, ;$$

2. [基底を選ぶ]
   乱数 $x \in [2, n-2]$ を n と素になるように選ぶ；
3. [すべての冪を生成]
   量子冪を ψ_1 に適用し 2 番目のレジスタを次のように埋める

   $$\psi_2 = \frac{1}{\sqrt{q}} \sum_{a=0}^{q-1} | \, x^a \bmod n \, \rangle \, ;$$

4. [量子高速フーリエ変換を行う]
   2 番目のレジスタに高速フーリエ変換を行い，次を得る

$$\psi_3 = \frac{1}{q} \sum_{a=0}^{q-1} \sum_{c=0}^{q-1} e^{2\pi i ac/q} \mid c \rangle \mid x^a \bmod n \rangle;$$

5. [x^a の周期性を調べる]

ψ_3 を観測し，今までのチューリング機械を補助に使い，$x^r \equiv 1 \pmod{n}$ となる最少の r を推測する;

6. [解決]

if(r odd) goto [基底を選ぶ];

命題 8.5.1 を使い n の真の因子を求める．失敗したら goto [基底を選ぶ];

このアルゴルズムの最終段階は意図的に簡略化されている．詳細は [Shor 1999] において見事に展開されている．[... の周期性を調べる] 段階の中心となるアイディアは，高速フーリエ変換段階の後，最終状態 $\mid c \rangle \mid x^k \bmod n \rangle$ が次の確率

$$P_{c,k} = \left| \frac{1}{q} \sum_{\substack{a=0 \\ x^a \equiv x^k \pmod{n}}}^{q-1} e^{2\pi i ac/q} \right|^2 = \left| \frac{1}{q} \sum_{b=0}^{\lfloor (q-k-1)/r \rfloor} e^{2\pi i (br+k)c/q} \right|^2 \quad (8.4)$$

で観測されることである．この表現は r 従属の値 c の「スパイク波形」を示し，これより—これは量子チューリング機械の状態を観測することにより得られるものであるが—補助計算を行うことにより周期 r を推測することができる．問題 8.22, 8.23, 8.24, 8.36 にはより適切な情報がある．最後の問題で述べるように，離散対数問題も量子チューリング機械を使えば多項式時間で解ける．

ところでまだ作られてはいないが量子コンピュータだけが話題になるものではない．最近 A. Shamir は「きらめき」装置で素因子分解できることを述べた [Shamir 1999]．この装置は特別な用途の光電子工学の処理装置で 2 次篩法や数体篩法に適している．他に将来動くであろうものに「DNA 計算」があり，それは大昔より進化した非常に複雑な生命体のすばらしい機能を利用するものである [Paun et al. 1998]．そんなに数学的でなくてよく，教養として将来の計算，DNA，分子，そして量子計算についてのやさしい解説は MIT 雑誌 *Technology Review* 5 月-6 月 2000 年を参照．

8.6　素数についての興味深い逸話的な学際的な文献

素数の実用的な応用が，暗号や統計や他のコンピュータの分野に現れたように，工学，物理，化学，生物学などの雑多な分野に応用がある．それ以外にもより一般的な教養のような背景のなかで，素数を意識している面白い逸話がある．科学的な関連を超えて，教養的な関連もある．学際的な例で 1 冊の本を埋め尽くすこともできるが，いろいろな分野の代表的な例の簡単な紹介でこの章を終えよう．

8.6 素数についての興味深い逸話的な学際的な文献

学際的な分野での先駆者の 1 人は M. Schroeder で，彼の 10 年以上にわたる執筆は工学と整数論の関連で読者を魅了し続けている [Schroeder 1999]．少し例を挙げると，体 $\mathbf{F}_q$ が誤り訂正コードと関連したり，体上の離散フーリエ変換が音響学に関連したり，Möbius の μ 関数や他の関数が科学のなかで関連したり，などなど．いかに彼方まで学際的な関連がおよぶかということを伝えるために，Schroeder の観察を伝えよう．Einstein の一般相対論を正当化する天文の実験が弱い信号を含んでいるため誤り訂正コード（よって有限体）が必要になった．この話が示すのは，文化や科学における成果が時としてあるレベルで素数に依存しているということである．学際的な素数の調査の楽しいレクリエーション的な話は [Caldwell 1999] にある．

生物学では素数が次の吉村 [Yoshimura 1997] の文中に現れている．標準的な整数論ではなく，直観の推論に依存して，素数がいかに教養の中に現れたかを示すために一部を引用しよう：

> 周期ゼミ (17 年ゼミ) はびっくりするほど同期して，まとまった場所に現れ，昆虫としては異常に長い (17 および 13 年) 生命サイクルをもっている．起源と同期の維持に関するいろいろな説明はあるが，素数の生命サイクルの起源に関する満足のいく説明はない．私は氷河期の寒い気候による強制された発育上の遅延という進化論的な仮定を提案する．この提案より，成虫になる数が少なく，幼虫の期間が非常に長く，交尾する機会が制限されたことにより同期して狭い場所に現れることがわかる．素数 (13 および 17) は他の同期サイクルを持つセミと交わり，共倒れにならないようなサイクルである．

吉村の前にさかのぼる文献はなぜ 13 および 17 年の生命サイクルが進化したのかという少なくとも 3 つの異なる説明を伴っているのは興味深い．どの理論も素数の約数が少ないことを利用するべきであり，そのことは文献からはっきりしている (例えば [Yoshimura 1997] に引用されている文献を参照)．これらの素数の生命サイクルの進化の議論を伝えるために，2 年 (偶数) の周期を持つ捕食者を想像するとよい．2 年は生産と死のサイクルである．この周期は 13 または 17 年を割らないので，捕食者はいつもかなり飢えている．このような議論ばかりではない——この議論は捕食がむしろ内部の競争によるものであるとか，素数サイクルの種自身の適合性などが含まれていない——しかし約数が少ないことがどの進化の議論にもいつも現れている．一言でいえば，約数が多い生命サイクルは死滅する[*1]．

他の立派な素数の出現は——今度は分子生命学において——[Yan et al. 1991] においてである．これらの著者は遺伝に関してのアミノ酸の配列は素数の 2 進表現を思わせる型を示していると推論している．一部分を書くと

> 加法で得られた数は素数であったりなかったりするが，乗法で得られる数は素数

[*1] 訳注：吉村仁「素数ゼミの謎」文芸春秋 (2005 年) 参照．

ではない (「合成数」が整数論用語). このように素数はより生産的である. 素数の生産性と分割不可能性は 64 より小さい素数がアミノ酸と同等であると推論される. つまりアミノ酸は生きている分子の Euclid 単位である.

この著者たちはディオファントス規則を理論に入れようとしている. われわれは合成数は素数に比べて情報が少なく (重大ではない) という広く行き渡っている考えを批判するつもりはなく, むしろ, 遺伝コードと関係があることを指摘したい.

次に物理学の特別な分野に素数が関与していることを簡単に述べよう. すでに量子計算と整数論の問題との関係についてふれた. それ以外に, Hilbert–Pólya 予想の魅惑的な歴史がある. それは Riemann のゼータ関数の臨界線 $\mathrm{Re}(s) = 1/2$ 上の零点が神秘的な (複素) Hermite 作用素の固有値である, というものである. 第 1 章で見たように, この線上のどのような結果も—たとえ一部分でも—素数と関係がある. ある行列の固有値の分布の研究は何十年ものあいだ理論物理学の中心問題の 1 つであった. 1970 年度の初め, F. Dyson (ランダム行列の仕事の物理分野での第一人者) と H. Montgomery (ゼータ関数の臨界線上の零点を研究している整数論学者) との会話の機会があった. そして, ランダム行列の固有値は臨界零点と密接な関係にあることを理解しあった. 結果として, ζ に起因する神秘的な作用素は Gauss のユニタリ集合の要素であると広く予想されている. そのような理論の適切な $n \times n$ 行列 G は $G_{aa} = x_{aa}\sqrt{2}$ であり, $a > b$ に対しては $G_{ab} = x_{ab} + iy_{ab}$ となり, さらに Hermite 条件 $G_{ab} = G_{ba}^*$ を満たす; ここで x_{ab}, y_{ab} は単位分散で平均が零の Gauss 乱数変数である. [Odlyzko 1987, 1992, 1994, 2005] の仕事は引き続く臨界零点の統計量は大きなそのような行列 G の固有値の分布と実験的には同値であることを示している. 特に, $\{z_n : n = 1, 2, \ldots\}$ を ζ の臨界零点の虚数部が正なものを小さい順に並べたものとする. ζ 関数の深い理論より次の量

$$\delta_n = \frac{z_{n+1} - z_n}{2\pi} \ln \frac{z_n}{2\pi}$$

は平均値が 1 であることが知られている. しかし δ のコンピュータによる度数分布図はある Gauss のユニタリ集合の行列の固有値の統計量と同じになる. そのような比較は $N \approx 10^{20}$ である z_N の近くの 10^8 個の零点でなされた ([Odlyzko 2005] はかなり大きな値の近くの 10^{10} 個の零点で行った). もう疑う余地がない. Riemann の臨界零点 (対数因子で計ったもの) がちょうど固有値となる作用素があるであろう. しかしこの状態はみかけほど単純なものではない. その 1 つに Odlyzko はそのフーリエ変換

$$\sum_{N+1}^{N+40000} e^{ixz_n}$$

をプロットした. それは Gauss のユニタリ集合の固有値の期待される (x の) 減衰を示していない. 事実, 素数冪 $x = p^k$ での頻度はスパイク波形となった. これは数論方面からは期待されている. しかし物理方面からは, 臨界零点は「長い範囲の相互関係」が

いえるので，臨界零点は乱数 Gauss のユニタリ集合の固有値からではなく，カオス力学システムに適合しているまだ知られていないハミルトニアンから起こるであろうといえる．これに関連して，すばらしい多くの仕事が—M. Berry などにより—「量子カオス論」という題目で立ち上がった [Berry 1987].

Riemann ζ と物理の概念の他の関連もある．例えば，[Borwein et al. 2000] において Riemann ζ と量子振動子の面白い関連がある．特に Crandall により 1991 年に観察されたように，量子波動関数 $\psi(x,0)$—滑らかで x 軸を横切る零点がない—が存在し，Schrödinger 方程式の下で有限時間 T の後，発展して「しわの寄った」波動関数 $\psi(x,T)$ となり，無限個の零点を持ち，その零点はちょうど臨界線上の $\zeta(1/2+ix)$ の零点となる．事実，特別な時間 T のとき，具体的な固有関数展開は

$$\psi(x,T) = f\left(\frac{1}{2}+ix\right)\zeta\left(\frac{1}{2}+ix\right) = e^{-x^2/(2a^2)}\sum_{n=0}^{\infty}c_n(-1)^n H_{2n}(x/a) \qquad (8.5)$$

となる．ここで a は正の実数で数列 (c_n) は a により定まる実数で H_m は標準 Hermite 多項式で m 次である．$f(s)$ は s に関する解析関数で零点をもたない．n 和を丸めて例えば N までとし，数値計算をすると—次数 $2N$ の多項式の零点—かなり正確に臨界零点となる．例えば，$N=27$ (よって 54 次の多項式) のとき，実験結果は [Borwein et al. 2000] にあり，最初の 7 つの臨界零点が得られ，最初は 10 桁の精度があった．このように Riemann の臨界零点が Hessenberg 行列の固有値 (これは特別な多項式の零点) として原理的には近似できる．Riemann 予想に関連してすばらしいことが次のように起こる．上記の Hermite 和を $n=N$ で丸めると，$2N$ 個の複素根が得られる．しかし，この $2N$ 個の零点のうち少しだけが実数である (つまり，Riemann 臨界線上の $\frac{1}{2}+ix$)．実験によると大きな N では残りの多項式の零点は臨界線上から十分離れて「追い払われる」．Riemann 予想は Hermite 展開の言葉に直されると，多項式の実でない根が実軸より離れて追放されることになる．このように Riemann 予想は量子力学の言葉に直され，この学際的な接近は実り多くなるだろう．

工学との関係で，1 つの逸話を言わずにはいられない．今では奇妙に思うかもしれないが，科学者であり技師であった van der Pol は 1940 年代，ものすごい勇気を持ってある面白いフーリエ分解の「アナログ」表示を行った．van der Pol が使った積分は $s=\sigma+it,\ \sigma\in(0,1)$ において有効な次の関係である [Borwein et al. 2000]:

$$\zeta(s) = s\int_{-\infty}^{\infty} e^{-\sigma\omega}\left(\lfloor e^{\omega}\rfloor - e^{\omega}\right)e^{-i\omega t}\,d\omega.$$

Van der Pol は実際に電気回路を作り，アナログ形式で $\sigma=1/2$ に必要な変換を実行した [van der Pol 1947]．現在のディジタル世界では，この面白い積分の評価に van der Pol が例えば高速フーリエ変換を有効に使ったかどうかはわからない．しかし，少し推論すれば，原理的にはアナログ回路—つまりとても高精度な回路—が存在して素数を感じ，あるいはそのような数を認識できるのかもしれない．

この簡潔な学際的な概観において一言注意しなければならない．理論物理学者がいつも素数とか Riemann ζ に関する信じられている予想を正当化しようと努力している，と思ってはいけない．例えば，[Shlesinger 1986] の研究において，もし ζ の臨界線上の振る舞いが，ある「フラクタルランダムウォーク」に対応していたならば，(つまり，臨界零点が Levy 飛行を確率的に正確に定めるならば，) Riemann 予想が否定されないかぎり，確率の基本法則が破られる，と論じられている．

最近，素数のフラクタルの世界における構造に関係する——主に計算機による——学際的な活動に波乱があった．例えば，[Ares and Castro 2004] において，スピン物理システムと Sierpiński ガスケットフラクタルに関して素数の隠れた構造を説明する試みがあった (問題 8.26 参照)．素数の新しい性質への魅力的な入り口が [van Zyl and Hutchinson 2003] にある．固有値 (エネルギーレベル) が素数である量子ポテンシャルが扱われている．上記のポテンシャルのフラクタル次元が約 1.8 であることが見つかり，これはとても不規則であることを示す．そのような発展は見たところ理論的で，抽象的と思えるかもしれないが，しかし最近の計算はそのような学際的な仕事に駆り立てられることを強調したい．

しかし，物理に現れる素数は Riemann ζ にいつも結びつけるべきではない．実際，[Vladimirov et al. 1994] は理論物理における p 進体展開に関する 1 冊の本を書いた．その中に次の文がある：

p 進体を使った数理物理の形式化の仕事は興味深い企てで，応用はわからないが，標準的な数理物理の形式化のより深い理解を促す．次の原理があると思われる．基本物理法則は体の選び方によらない記述ができるであろう．

(圏点は彼らによる．) この引用文はこの節の学際的なテーマを反映する．この興味深い文献のなかに，p 進量子引力と p 進 Einstein 相対方程式に関するさらなる言及を見つけることができる．

物理学者はときどき「素数実験」を行う．例えば，[Wolf 1997] は成分 x_j がある区間にある素数の個数を表す $x = (x_0, x_1, \ldots, x_{N-1})$ という信号を取り上げた．特に M を区間の固定された長さとして，

$$x_j = \pi((j+1)M) - \pi(jM)$$

をとりあげた．そして離散フーリエ変換

$$X_k = \sum_{j=0}^{N-1} x_j e^{-2\pi ijk/N}$$

を考えた．0 番目のフーリエ成分は

$$X_0 = \pi(MN).$$

面白いことは、この特別な信号が "$1/f$" 雑音のスペクトル (添え字 k に関して) を示すことである. それを「ピンク」雑音とよぼう. 特に Wolf は

$$|X_k|^2 \sim \frac{1}{k^\alpha} \tag{8.6}$$

と主張する. ここで指数は $\alpha \sim 1.64\ldots$. これは度数領域 (つまりフーリエ添え字 k に関して) において指数法則が分数冪であることを意味する. Wolf はたぶんこれは素数が「自己組織化されたきわどい状態」にあり、素数の間の (偶数の) 飛びは自然界の「長さ」のスケールにはないことを意味すると主張する. そのような性質はよく知られた複素システムの中に受け継がれ、$1/k^\alpha$ 雑音を示すことが知られている. 指数法則は漸近的な意味で完全ではないかもしれないが、Wolf は M, N の広い範囲で成り立つことを見つけた. 例えば、$M = 2^{16}, N = 2^{38}$ のとき、認めざるをえないほどの直線上に $(\ln|X_k|^2, \ln k)$ があり、傾きは ≈ -1.64 である. この指数に関しての筋の通った理論があろうとなかろうと (大きな素数の範囲では成り立たない経験的な出来事かもしれないが)、魅惑的なここでの考えが複素システムと素数を結びつける (問題 8.33 参照).

8.7 問　　題

8.1. 数 65537 を思い出すために次の覚え歌を暗唱せよ、と R. Brent が言ったのは何を意味するか、定量的に説明せよ.

"Fermat prime, maybe the largest."

同様に J. Pollard の次の覚え歌は Fermat 数のどの因子に対応するものだろうか.

"I am now entirely persuaded to employ rho method, a handy trick, on gigantic composite numbers."

8.2. 長年の間に RSA 暗号システムに対する様々な攻撃が発達した. 初歩的なものもあるが、整数論の深い概念を含むものもある. 次の RSA 攻撃を分析せよ.
(1) セキュリティプロバイダーが安易に考え、同じ法 $N = pq$ を U 人の使用者に配ったとする. 信用されている権威者が各々の使用者 $u \in [1, U]$ に秘密鍵 D_u および公開鍵 (N, E_u) を定めたとする. なぜこのシステムが安全でないかを考えよ.
(2) アリスが愚かな (人を疑わない) ボブに偽の (例えばボブに有害な) 文 x に次のように署名させたとする. アルゴリズム 8.1.4 を使うことにして、アリスは乱数 r を選び、ボブに「乱数」文 $x' = r^{E_\text{B}} x \bmod N_\text{B}$ に署名させ、それを送り返させたとする. アリスは $s^{E_\text{B}} \bmod N_\text{B} = x$ となる s を容易に計算することができ、有害な x の署名されたものを手に入れることができることを示せ.
(3) 小さな秘密指数に対する [Wiener 1990] による攻撃を考えよう. $q < p < 2q$ によ

る法 $N = pq$ を用いた RSA を考えよう. 通常の条件 $ED \bmod \varphi(N) = 1$ 以外に秘密指数を $D < N^{1/4}/3$ により制限しよう. まず次の式を示せ.

$$|N - \varphi(N)| < 3\sqrt{N}.$$

次の式を満たす整数 k が存在することを示せ.

$$\left| \frac{E}{N} - \frac{k}{D} \right| < \frac{1}{2D^2}.$$

秘密鍵 D は (公開鍵 N, E がわかっているので) 多項式時間 ($\ln N$ の冪の演算回数) で得られることを示せ.

(4) タイミング攻撃と呼ばれるものも発達した. もしある機械が x^D を計算するのに冪階梯を用いたとき, 平方や乗法にかかる時間が異なるがそれぞれ定まっているとしよう. すると指数 D を拾い出すことができる. ある暗号システムに多くの i に対する署名 $x_i^D \bmod N$ を求め, それにかかる時間 T_i を記憶しておくとする. 同様に x_i^3 にかかる時間 $\{t_i\}$ も記録しておく. $\{t_i\}$ と $\{T_i\}$ の関係をどのように使うと指数 D が求まるかを述べよ.

上記でほんの少し RSA 攻撃の考えを述べた. 格子簡約に基づく攻撃もあり [Coppersmith 1997] 素因子分解と RSA 攻撃の間の (不完全な) 関係の面白い問題もある [Boneh and Venkatesan 1998]. 一般的なことに関する概説もある [Boneh 1999]. この問題のいくつかのアイデアを提供した D. Cao に感謝する.

8.3. アルゴリズム 8.1.10 を用いて埋め込まれた暗号文を送るとき, y 座標や手がかりになる点は基本的に必要ではない. アルゴリズム 7.2.8 や Miller 生成元である方程式 (8.1) を鑑み, y 座標やデータの展開も必要でない直接埋め込みの具体的な詳しいアルゴリズムを考えよ (符号ビット d などわずかのものは送って良い). 少しの「偶奇性ビット」, 例えばアルゴリズム 7.2.8 において, 2 つの平方根を特定するようなものも送って良い.

8.4. 平文である整数 $X \in \{0, \ldots, p-1\}$ から何とかして数え上げ, $X^3 + aX + b$ が $(\bmod\ p)$ で平方剰余になるようにして, ただ 1 つの曲線に埋め込め. そのような方法は [Koblitz 1987] にある.

8.5. アルゴリズム 8.1.10 において, X が両方の曲線 E, E' の x 座標になるのはどのようなときか?

8.6. Montgomery 法 (アルゴリズム 7.2.7) を暗号化モードで使うとき, Y 座標にアクセスすることはない. 実際は Montgomery (X, Z) ペアに対して, $Y^2 = (X/Z)^3 + c(X/Z)^2 + a(X/Z) + b$ なので, Y には 2 つの可能性がある. アリスがボブにこの曲線上の点 (X, Y) を送るとき, どのように「点圧縮」をすればよいか述べよ. つまり, ボブに X 座標とどのような少しのビットを送ればよいか.

しかし，アリスが正確な情報を送る前に，彼女はどちらが正しい Y なのか知らねばならない．Montgomery (X, Z) 代数が使われ，しかし Y がどうにかして復元されるような暗号案 (例えば，鍵交換) を設計せよ．(Y が必要な理由は，単に今の工業規格が必要としているからである)．[Okeya and Sakurai 2001] の興味ある仕事はこの設計問題に関連がある．事実そのような問題は (チップやスマートカードに能率的に楕円曲線暗号を振り当てることに関係して) 最近の文献にたくさんある．インターネット検索では楕円曲線暗号最適化についてのとても多くの文献がある．1 つは [Berta and Mann 2002] およびその中の参考文献である．

8.7. もし n が 2 つの異なる素数の積ならば，法 n で平方根は 4 つあり，$\pm a, \pm b$ という形をしていることを使って，コイン投げのプロトコルを工夫せよ．平方剰余に対して平方根を計算することは，もし n の素因子分解を知っていれば，やさしい．逆に 4 つの平方根を知れば，たちまち n が分解できる．問題 2.26 の Blum 整数に注目せよ．これはコイン投げプロトコルに良く使われる．文献として [Schneier 1996] および [Bressoud and Wagon 2000, p. 146]．

8.8. アルゴリズム 8.1.11 の暗号的弱点を探究せよ．例えば，ボブが n を素因子分解できたら，だますことができるであろう．よって公平のためにアリスが送ってくる数 n は分解が困難なものを選ぶであろう．アリスはボブがある素数を選ぶように仕向けることができるであろうか．ある範囲の素数より無作為に p, q, r をアリスが選ぶことをボブが推測できるとき，チャンスを生かす方法はあるだろうか．わざと負けるような方法があるだろうか．

8.9. アルゴリズム 8.1.11 の後，コイン投げプロトコルはポーカーのような集団ゲームにも拡張できるといわれている．具体的なプロトコルを (テキストのアルゴリズムや問 8.7 などより) 選び，「電話ポーカー」を具体的に設計せよ．親子電話を使い，1 人に 5 枚のカードを配ったり，持ち札を結局は主張したり，などなど．コイン投げができるならば，ポーカーゲームもできることは直感的に明らかであるが，この問題は本格的なポーカーゲームのデザインをはっきりとさせることである．

8.10. アルゴリズム 8.1.8 はうまく進むことを示せ．偽の署名が通り抜ける可能性や偽造することの困難さについて考えよ．

8.11. 一方向性関数を使って乱数を生成せよ．どのような適当な一方向性関数も使えることがわかる．文献として [Håstad et al. 1999]; 他に [Lagarias 1990]．

8.12. 次元 $D = 2$ のときの Halton 列による高速準モンテカルロアルゴリズム 8.3.6 を実行せよ．また単位正方形の中に，数千個の点の雲をプロットせよ．単純な乱数によるプロットと比べ，見たところどのように異なるか批評せよ．

8.13. k に関する条件の下で方程式 (8.3) に関する主張を証明せよ。ディオファントス方程式 (mod 4) より $x \equiv 1 \pmod 4$ を示せ。(mod 4) による分析を続け，Legendre 記号 $\left(\frac{-4m^2}{p}\right)$ が $p \equiv 3 \pmod 4$ に出会うまで続けよ (例えば [Apostol 1976, Section 9.8] を参照)．

8.14. もし $c = a^n + b^n$ ならば，$x = ac, y = bc, z = c$ は $x^n + y^n = z^{n+1}$ の解であることに注目せよ。より一般的に，もし $\gcd(pq, r) = 1$ ならば，Fermat–Catalan 方程式 $x^p + y^q = z^r$ は無限個の正の解を持つことを示せ。これは Fermat–Catalan 予想の反例になぜならないか。$\gcd(p,q,r) \geq 3$ のとき，正の解がないことを示せ。$\gcd(p,q,r) = 1$ または 2 のときはどうなるか。(著者は最後の問の答えをしらない．)

8.15. Fermat–Catalan 予想を確信させるような議論を作り上げよ。例えば p, q, r がすべて少なくとも 4 のときのものがある: S を正整数の 4 冪またはそれ以上の冪の集合とする。問題 8.14 のような安易な理由がない限り，S の 2 つの元の和が S の元になる傾向はない。式 $a + b - c$ を考えよ。ここで $a \in S \cap [t/2, t]$, $b \in S \cap [1, t]$, $c \in S \cap [1, 2t]$ および $\gcd(a, b) = 1$ である。この数 $a + b - c$ は区間 $(-2t, 2t)$ にあり，0 になる確率は $1/t$ の大きさであろう。よってこのような a, b, c に対して $a + b = c$ の解の個数はせいぜい $S(t)^2 S(2t)/t$ であろう。ここで $S(t)$ は $S \cap [1, t]$ の元の個数である。さて $S(t) = O(t^{1/4})$ なので，期待される個数は $O(t^{-1/4})$ となる。t が 2 の冪を動くとすると，解の数の合計は $O(1)$ となる．

8.16. 問 8.15 のように，abc 予想を確信させる議論を作れ．

8.17. abc 予想は $\epsilon = 0$ のとき間違いであることを示せ。事実，$a + b = c$ および $\gamma(abc) = o(c)$ なる無限に多くの互いに素な三つ組み a, b, c が存在することを示せ (前のように $\gamma(n)$ は n の最大平方自由な約数である)．

8.18. (Tijdeman) abc 予想は Fermat–Catalan 予想を含むことを示せ．

8.19. (Silverman) abc 予想は Wieferich 素数でない素数 p が無限に存在することを含むことを示せ．

8.20. $q_1 < q_2 < \ldots$ を冪の列とせよ。つまり，$q_1 = 1, q_2 = 4, q_3 = 8, q_4 = 9$, と続く。$n$ が大きくなるとき，差 $q_{n+1} - q_n$ が無限大になるか否かはわかっていない。しかし，abc 予想の下では正しいことを示せ。事実 abc 予想の下では，任意の $\epsilon > 0$ に対して $q_{n+1} - q_n > n^{1/12 - \epsilon}$ が十分大きなすべての n で成り立つことを示せ．

8.21. 整数係数の 2 変数の多項式があり，変数に正の整数を代入したものは，すべての正の合成数の集合であることを示せ。次にすべての正の整数は 4 つの平方数の和であ

る，という Lagrange の定理 (問 9.41 参照) を使い，整係数の 8 変数の多項式があり，変数に整数を代入するとすべての正の合成数が得られることを示せ．

8.22. 命題 8.5.1 の整数 n が異なる素因子 $p_1,\ldots,p_k$ を持ち，$2^{s_i}\|p_i-1$ および $s_1 \leq \cdots \leq s_k$ とする．適切な確率は

$$1-2^{-(s_1+\cdots+s_k)}\left(1+\frac{2^{s_1 k}-1}{2^k-1}\right)$$

であり，この値は $1-2^{1-k}$ より小さくないことを示せ (問 3.15 と比べよ)．

8.23. Shor の素因子分解法の詳細の一部を次のように完成せよ．関係式 (8.4) により確率 $P_{c,k}$ を与えた．これは複合状態 $|c\rangle|x^k\rangle$ の中に量子チューリング機械があることの確率である．この確率が (固定された k と c が動く変数として) スパイク模様をいかに示すかを量的に説明せよ．これはディオファントス近似

$$\left|\frac{c}{q}-\frac{d}{r}\right|\leq\frac{1}{2q}$$

の解 d に対応するものである．次に (観測された) 適切な c の値より簡約された d/r をいかに求めるか述べよ．もし $\gcd(d,r)$ が 1 ならば，この手続きでこのアルゴリズムの正確な周期 r が得られることに注意せよ．ところで無作為な 2 つの整数が互いに素である確率は $6/\pi^2$ である．

アルゴリズム 8.5.2 の最後に起こる量子チューリング機械のスペクトル的な行動を (もちろん古典的チューリング機械を使って) 次の例を使って模倣せよ．$n=77$ とし，よって [初期化] のステップでは $q=8192$ とせよ．$x=3$ と選べ (これはあとから都合良く決めたものであるが)．[周期性を調べる] 段階で $r=30$ がわかる．もちろん量子チューリング機械では高速に物理的にこの周期を計れる．量子チューリング機械の動きを模倣するために (古典的) 高速フーリエ変換使い，式 (8.4) より c に対する確率 $P_{c,1}$ をプロットしてグラフを作れ．ある c の値に対して強いスパイク模様を見るであろう．その 1 つは $c=273$ である．つぎの関係式

$$\left|\frac{273}{8192}-\frac{d}{r}\right|\leq\frac{1}{2q}$$

より $r=30$ が得られる (連分数法に関する文献より適切な近似値 d/r を見つける方法がわかる)．最後に n の素因子を $\gcd(x^{r/2}-1,n)$ より導け．これらの策謀はアルゴリズム 8.5.2 の書かれていない細部の香りを示すためのものである．それ以上にこの例は量子チューリング機械の模倣のより完全な舗装をしている (問 8.24 参照)．啓蒙的な現象として，この小さな n の素因子分解のチューリング機械による模倣ですら，高速フーリエ変換を行うと何千ものビットが必要になるのに，本当の量子チューリング機械では 1 ダースぐらいの量子ビットしか必要でないだろう．

8.24. アルゴリズム 8.5.2 をいままでの簡潔な概説といろいろな文献 (問 8.23 の考察を含む) を合体させて，詳しい形にすることはとても教育的な問題である．

　教育的なはしごをさらに登ることになるが，次の仕事は量子チューリング機械を普通のチューリング機械のプログラムで標準的な言葉で模倣することである．もちろん多項式時間の素因子分解ではないが，チューリング機械は量子チューリング機械が出来ることは出来る．ただし，指数的に遅くなる．問 8.23 に沿った値を入力するのも良いだろう．非常に深く模倣し，量子干渉を実際に模倣することも可能であるし，ただ古典的な計算と高速フーリエ変換を使い，アルゴリズム 8.5.2 の代数的なステップを実行することもできる．

8.8 研究問題

8.25. 物理学者 D. Broadhurst の次の主張を証明または否定せよ．数
$$P = \frac{2^{903}5^{682}}{514269}\int_0^\infty dx\, \frac{x^{906}\sin(x\ln 2)}{\sinh(\pi x/2)}\left(\frac{1}{\cosh(\pi x/5)} + 8\sinh^2(\pi x/5)\right)$$
は整数であり，しかも素数である．この種の積分は多重ゼータ関数の理論に現れ，理論物理に応用され，事実，量子場理論に応用される．

　この本の第 1 版のあと，Broadhurst は公開されている素数判定のパッケージを使い P は本当に素数であることを示した．さらなる研究問題として，このような三角積分で表されるもっと大きな数の表現を見つけ，素数であることを示せ．

8.26. ここでは素数とフラクタルの関係を調査する．成分が
$$P_{i,j} = \binom{i+j}{i}$$
となる無限次元 Pascal 行列 P を考えよう．ここで，i および j は共に 0, 1, 2, 3, ... と動く．よって古典的な二項係数の Pascal 三角形は P の左上に頂点を持つように次のように配置されている．
$$P = \begin{pmatrix} 1 & 1 & 1 & 1 & \cdots \\ 1 & 2 & 3 & 4 & \cdots \\ 1 & 3 & 6 & 10 & \cdots \\ 1 & 4 & 10 & 20 & \cdots \\ \vdots & \vdots & \vdots & \vdots & \ddots \end{pmatrix}.$$

この P 行列は多くの興味深い性質を持つ ([Higham 1996, p. 520] 参照)．しかしこの問題では素数を法とするフラクタル構造に集中する．

　行列 $Q_n = P \bmod n$ と定義する．ここで各成分ごとに mod 作用を行う．さて Q_n

の零成分を黒く塗り，他は白く塗った図を想像せよ．さらに無限次元の Q_n 行列を有限の正方形に圧縮したと想像せよ．白い布地に黒の穴がたくさんある「雪片」となるだろう．さて素数の法 p としたとき，mod 行列は Q_p となり，「雪片」のフラクタル次元は

$$\delta = \frac{\ln(p(p+1)/2)}{\ln p}$$

となることを論ぜよ．技術的にはこれは「箱次元」で，これらの次元の定義などは [Crandall 1994b] およびその中の文献を参照せよ．(ヒント: δ を得る基本的な方法は Q_p の $p^k \times p^k$ 左上部分行列の零でない要素の個数をこの部分行列の大きさ p^{2k} と比べることである.) 例えば法 2 での Pascal 三角形の次元は $\delta = (\ln 3)/(\ln 2)$ となり，法 3 での三角形の次元は $\delta = (\ln 6)/(\ln 3)$ である．$p = 2$ の場合，有名な Sierpiński のガスケットとなり，フラクタルの理論でよく研究されている．そのような「ガスケット」は「線より多く，平面より少ない」ことになる．このはっきりしない声明を次元 δ の大きさを考え，量的な言葉ではっきりさせよ．

このフラクタル次元を拡張せよ．例えば素数 p に対して Q_p の左上 $p \times p$ 部分行列の零でない成分の個数はいつも三角数となる (三角数とは $1 + 2 + \ldots + n = n(n+1)/2$ の形の数である)．質問はどのような合成数 n に対して左上 $n \times n$ 部分行列の零でない元の個数が三角数になるであろうか．また明らかに困難な質問もある．「灰色の目盛り」でのフラクタル次元はなんだろうか．つまりガスケットを作る白/黒画素の代わりに本当の $[0, p-1]$ にある剰余で Q_p の要素の重さを使って δ が計算できるだろうか．

8.27. 楕円曲線暗号において素数の位数を持つ楕円曲線を作ることが大切である．Schoof 法，アルゴリズム 7.5.6 をどのように適用し，曲線の位数を「篩分け」て素数の位数を持つものを見つけるのか述べよ．つまり曲線のパラメータ a, b を無作為に選び，小さな素数 L を使い $p+1-t$ が合成数と確かめられたら「ノックアウト」する．Schoof アルゴリズムの計算時間が $O\left(\ln^k p\right)$ と仮定して，ただ 1 つの素数位数をもつの楕円曲線を探すための篩の計算量を見積もれ．ところで極大な冪 $L = 2^a, 3^b$，などをそのような篩として使うのは全体として能率的でないだろう (これらは Schoof アルゴリズムでうまく働くと説明したけれど)．なぜか．ここでのいくつかの計算量の問題は問題 7.29 およびこの章の関連ある問題に予示されていることに注意せよ．

素数の位数をもつ曲線を見つける「Schoof 篩」を実装したとする．次の例はソフトウェアのテストに役立つだろう:

$$p = 2^{113} - 133, \quad a = -3, \quad b = 10018.$$

つぎの法を使い (効率的なアプローチとして必要ではないと言ったが，素数冪も含まれる)

$$7, 11, 13, 17, 19, 23, 25, 27, 29, 31, 32, 37, 41, 43,$$

この曲線の位数をもつ曲線 $\#E = p + 1 - t$ は，$t \bmod L$ の値として

$$2, 10, 3, 4, 6, 11, 14, 9, 26, 1, 1, 10, 8, 8,$$

となり，素数の位数は次のようになる．

$$\#E = 10384593717069655112027224311117371.$$

位数 $p+1-t$ およびひねった位数 $p+1+t$ が共に素数になる曲線を探すのはより困難である．素数とは対照的に双子素数を見つけるのが困難であることに似ている．研究問題として，解析的整数論を使い，ある正の定数 c があり，大部分の素数 p に対して，少なくとも $c\sqrt{p}/\ln^2 p$ 個の整数 t が $0 < t < 2\sqrt{p}$ にあり，$p+1 \pm t$ は共に素数となることを示せ．

8.28. 乱数生成器を厳しくテストするソフトウェアを作れ．基本的なアイディアは単純である：例えば整数の入力列を仮定する．しかし実装するのは難しい．スペクトルテスト，衝突テスト，一般的な統計テスト，正則テストなどがある．アイディアは生成された流れに「得点」を与えるもので，そのようにして「良い」乱数生成器を選ぶものである．もちろん良いという基準は前後関係による．例えば計算物理の数値積分に使う乱数生成器は，暗号には悪い生成器であろう．1 つの言い伝えがある：カオスによる生成器は危険だ．そのために，生成された擬乱数列のフラクタル次元や Lyapunov 指数を測り点数表に加えても良いだろう．

8.29. 楕円曲線を用いた乱数生成器を調べよ．反復 (8.1) の後に示されたようにするのも良いだろう．また奇数標数の体上の曲線に適した形で Gong–Berson–Stinson 生成法 ([Gong et al. 1999]) を入れるのも良いだろう．

8.30. Marsaglia の例よりも長い周期を持つ乱数生成器の可能性を調べよ．例えば [Brent 1994] は $q \equiv \pm 1 \pmod{8}$ とすると，どの Mersenne 素数 $M_q = 2^q - 1$ に対しても，次数 M_q の原始 3 項多項式があり，それは Fibonacci 生成器となり，周期が少なくとも M_q となるだろう，と注意している．知られている例は $q = 132049$ であり，本当に長い周期である！

8.31. 定義 8.3.1 は技巧的であり，ディスクレパンシー D_N, D_N^* の研究は不完全であるが，興味深い不等式がある．$x_j \in [0,1]$ である列 $P = (x_0, x_1, \ldots)$ に対してみごとな Leveque の定理は [Kuipers and Niederreiter 1974]

$$D_N \leq \left(\frac{6}{\pi^2} \sum_{h=1}^{\infty} \frac{1}{h^2} \left| \frac{1}{N} \sum_{n=0}^{N-1} e^{2\pi i h x_n} \right|^2 \right)^{1/3}.$$

ある意味でこの限界は最良である：列 $P = (0, 0, \ldots, 0)$ は等号を与える．研究問題は，Leveque の限界が計算できる興味ある列を作ることである．例えば，もし列 P が線形合

同式法 (各々の x_n は法で割って正規化して) で得られたとき，Leveque 限界はどうなるか？ フーリエ和の知識を準モンテカルロの研究に向けることができるのは興味深い.

8.32. 準モンテカルロ分野での興味深く困難な次の未解決問題がある．低ディスクレパンシーの準モンテカルロ列は

$$D_N^* = O\left(\frac{\ln^D N}{N}\right)$$

であるが，知られている下からの次元 D での限界は [Veach 1997]

$$D_N^* \geq C(D)\left(\frac{\ln^{D/2} N}{N}\right).$$

$\ln^{D/2}$ と $\ln^D$ の違いは次元 D が大きいと非常に異なるので，この隙間を小さくすることが困難な問題である．

8.33. Wolf の指数法則 (8.6) を導く [Wolf 1997] の実験を説明する理論を作れ．(何か深い理論があるという保証は何もないことに注意．この主張されている法則は特別な数値計算から得られたものである!) 例えば，離散変換を連続的に近似する次の積分の (大きな k の) 漸近的な振る舞いを考えよ:

$$I(k) = \int_a^b \frac{e^{ikx}}{\ln(c+x)}\,dx,$$

ここで a, b, c は固定された正の定数である．この場合，実験的な $1/k^{1.64}$ 指数法則 ($|I|^2$ に対して) を説明できるだろうか．

8.34. Riemann 予想に関係がある最近の文献に示されている，とても新しい方向がある．次の研究は Riemann 予想の概略を示した第 1 章に置くべきかもしれないが，学際的な香りがするので，ここがちょうどよい.

次の Riemann 予想と同値なものを研究方向で考えよ．初めは計算として，次に理論的なものとして:

(1) Riemann 予想と同値な昔からの Riesz 条件 [Titchmarsh 1986, Section 14.32] がある．すなわち

$$\sum_{n=1}^{\infty} \frac{(-x)^n}{\zeta(2n)(n-1)!} = O\left(x^{1/4+\varepsilon}\right).$$

ζ の引数は整数しか現れないという興味深い特色に注意しよう．質問を 1 つ: この和を評価するなにか価値はあるだろうか．ζ の「再生利用」評価と呼ばれる方法で，得られる価値はあるだろうか．これは等差数列の引数より得られる ζ の巨大な集合を評価する技法である [Borwein et al. 2000].

(2) [Balazard et al. 1999] は次の式を証明した.

$$I = \int \frac{\ln|\zeta(s)|}{|s|^2} \, ds = 2\pi \sum_{\text{Re}(\rho) > 1/2} \ln\left|\frac{\rho}{1-\rho}\right|,$$

ここで積分は臨界線上で行い, ρ は臨界帯の中の臨界線の右側の零点で重複点も数えたものである. よって単純な "$I = 0$" は Riemann 予想と同値である. 1 つの仕事は I を $\text{Im}(s) \in [-T, T]$ と制限したときの $I(T)$ の振る舞いをプロットすることである. そして $I(T) \to 0$ と減衰することを調べよ. 他の質問は理論と計算の混ざったものである: もし 1 つの例外点 $\rho = \sigma + it$, $\sigma > 1/2$ (それとその共役点) があったならば, そしてある高さ T まで数値積分が適切な精度で計算されたならば, その単純根の位置について何が言えるだろうか. 挑戦的な質問: Riemann 予想が成り立つとき, 次の評価ができる正の数 α は何か.

$$I(T) = O(T^{-\alpha}) \,?$$

予想 [Borwein et al. 2000] は $\alpha = 2$ である.

(3) 次の標準的な関数に関する Riemann 予想と同値なものがある.

$$\xi(s) = \frac{1}{2} s(s-1) \pi^{-s/2} \Gamma(s/2) \zeta(s).$$

じれったい結果として [Pustyl'nikov 1999] の中に, ただ 1 つの点 $s = 1/2$ でのすべての $n = 2, 4, 6, \ldots$ で成り立つ条件

$$\frac{d^n \xi}{ds^n}\left(\frac{1}{2}\right) > 0$$

は Riemann 予想と同値である, という結果がある. 面白い計算問題は多くの導関数の値を求めることである. 1 つでも負になれば, Riemann 予想を滅ぼすだろう. 他の Riemann 予想と同値なもの [Lagarias 1999] は:

$$\text{Re}\left(\frac{\xi'(s)}{\xi(s)}\right) > 0$$

が $\text{Re}(s) > 1/2$ のときはいつでも成り立つことである. グラフを描いたり, 計算で分析するのも面白いであろう. 次に [Li 1997], [Bombieri and Lagarias 1999] の仕事は, Riemann 予想と同値な正となる条件

$$\lambda_n = \sum_\rho \left(1 - \left(1 - \frac{1}{\rho}\right)^n\right) > 0$$

がすべての $n = 1, 2, 3, \ldots$ で成り立つことである. この定数 λ_n は $\ln \xi(s)$ の導関数より $s = 1$ の値として計算できる. ふたたび, いろいろ計算することは面白い.

もっと詳しいことや，これらの計算による探求や，他の新しい Riemann 予想と同値なものは [Borwein et al. 2000] にある．

8.35. $1/p + 1/q + 1/r \leq 1$ のときの Fermat–Catalan 方程式 $x^p + y^q = z^r$ の互いに素な正の解の探索の限界ははっきりしない．この探索の限界はこの章で述べられた 10 個の解を確かに含むがそんなに高くないであろう．z^r が 10^{25} またはもう少し高くまで探索せよ．この計算に助けになることとして，解がない三つ組み p, q, r は調べるべきでない．例えば，もし 2 および 3 が $\{p, q, r\}$ の中にあるならば，3 番目は少なくとも 10 である．[Beukers 2004] および [Bruin 2003] を参照して解がない最新の情報を探せ．また [Bernstein 2004c] を参照して，標準的な場合にきちんと解を求めるようにせよ．

8.36. 量子チューリング機械のための他の素因子分解や離散対数アルゴリズムを調べよ．ここに (確かめられていない) アイディアがある．

5.5 節の Pollard–Strassen 法は確定的に N を $O(N^{1/4})$ 回の演算で素因子分解するアルゴリズムを使う．しかし，必要な多項式の評価の普通の方法は高速フーリエ変換のようだ．実際問題として，ときどき高速フーリエ変換を含む．量子チューリング機械の強力な並行処理を使って，興味深い確定的アルゴリズムに効果のある Pollard–Strassen 法への道はないだろうか．

同様に Pollard のロー法, ECM, QS, NFS の素因子分解の並行処理を含む問題を扱った．そして並行処理が現れたときは量子チューリング機械を使う望みがある，という良き法則がある．

離散対数問題に対して，ロー法およびラムダ法は並行処理を含む．事実，[Shor 1999] の離散対数への接近はすでに扱った衝突法に似ている．しかしもっと実行しやすいものもあるだろう．例えば，非常に速い量子チューリング機械による離散対数/素因子分解の解法は単純さに賛同して普通は使われない方法で行われる，というのは正当な理由がない．ロー法は平方や加法以外使われていないことに注意しよう．(量子チューリング機械に実装する素因子分解アルゴリズムのいろいろな候補は最後には古典的な gcd 演算を使う．) ロー法の中心的な部分は周期性の現象にあり，量子チューリング機械は抜群の周期性の探知器である．

9. 長整数の高速演算アルゴリズム

　素数や素因子分解の計算を可能とするために本章では「高速」アルゴリズムを扱う．現代では，多倍長整数演算（すなわち，整数を複数に分割し，分割したそれぞれに対して演算した結果を再統合して最終的な結果を得ること）の実現は非常に重要である．

　本章では多倍長整数の加減算の概念はすでに理解しているとし，乗算から話を始める．乗算はその初等的方法から真の拡張が導かれる最も簡単な算術アルゴリズムだろう．

9.1　小学校で習う筆算

9.1.1　乗　　算

　小学校で習う初等的筆算による長整数の乗算法は，われわれの文明において最も標準的な技術の１つである．本章では著しい効率を持つ現代的な高速乗算法に後には話題を移すが，扱う整数がさほど大きくない場合やそれ自身に何かしらの強化策を取りうるときなどに筆算は依然として有用である．筆算の典型アルゴリズムでは，まず掛け合わせる２つの整数を上下２段に書き，桁ごとの乗算結果が書かれた平行四辺形を作る．最終的な乗算結果を得るには桁上げを考慮しつつこの平行四辺形の各列ごとに値を足し合わせればよい．掛け合わされる整数 x, y が与えられた底 (base)（基数 (radix) ともいう） B を用いて共に D 桁のとき，平行四辺形に書かれた値の個数からこれらの乗算に必要な演算数は $O(D^2)$ である．ここで「演算」とは絶対値が B で抑えられた整数同士の加算または乗算を意味する．この桁ごとの基本的な乗算を「サイズ B 乗算」と呼ぶことにする．

　筆算の形式的な解説はシンプルではあるものの，特に後に述べる拡張への視野を開く．まず２つの定義を与える．

定義 9.1.1.　非負整数 x が非負整数 $0 \leq x_i < B$ を用いて

$$x = \sum_{i=0}^{D-1} x_i B^i$$

と表されるとき，この式を満足する最短の整数列 (x_i) を x の B 進表現と呼ぶ．

定義 9.1.2. 非負整数 x が非負整数 $-\lfloor B/2 \rfloor \leq x_i \leq \lfloor (B-1)/2 \rfloor$ を用いて

$$x = \sum_{i=0}^{D-1} x_i B^i$$

と表されるとき，この式を満足する最短の整数列 (x_i) を x の平衡 B 進表現と呼ぶ．

非負整数 x, y の積 $z = xy$ の計算を考えよう．筆算に現れる平行四辺形を観ると，これの各列ごとに値を足し合わせることで整数

$$w_n = \sum_{i+j=n} x_i y_j \tag{9.1}$$

が得られることがわかる．ここで i, j はそれぞれ x, y の対応する桁の添字すべてにわたる．さて列 (w_n) は一般に積 z の B 進表現にはならない．残された手順は w_n の桁上げ加算である．初等的筆算が桁上げ演算に関する最良の理解である．すなわち，ある列の和 w_n は z_n だけではなく，場合によってはより上位の桁にも影響を与える．したがって，例えば w_0 が $B+5$ のとき z_0 は 5 であるが，さらに z_1 に 1 を加える必要があり桁上げが起こる．

このような桁上げの概念はむろん初等的ではあるが，これを詳しく述べた理由は，このような考察がここで述べた基本的な乗算の現代的な拡張への強力な筋道を示しているからである．実際上は桁上げ演算はより細心の注意を必要としプログラマにとっては乗算アルゴリズムの中でもっとも面倒な部分である．

9.1.2　2 乗算

計算的な観点から乗算と 2 乗算の関係は興味深い．任意の積 xy と比較して演算 xx はより高い冗長性を伴うことが予想され，2 乗算は一般の乗算より容易に行えるはずである．実際この直観は正しい．x が D 桁の B 進表現で与えられているとしよう．さらに (9.1) を

$$w_n = \sum_{i=0}^{n} x_i x_{n-i} \tag{9.2}$$

と書き直せることに注意しよう．ここで $n \in [0, D-1]$ である．しかし，この w_n に対する和は一般に反射対称性を持つ．したがって，これを

$$w_n = 2 \sum_{i=0}^{\lfloor n/2 \rfloor} x_i x_{n-i} - \delta_n \tag{9.3}$$

と書ける．ここで δ_n は n が奇数のとき 0 であり，n が偶数のとき $x_{n/2}^2$ である．各列の要素 w_n に必要なサイズ B 乗算の回数は一般の乗算と比較し明らかに約半分である．

むろん積 $z = x^2$ の各桁の最終的な値 z_n を得るために w_n に対し桁上げ演算を実行する必要がある．しかし最も現実的な例においては，この2乗算は多倍長乗算と比較し実際に約2倍高速である．この2乗算に関する文献の中にはとても読みやすい解説もある．例えば，[Menezes et al. 1997] を参照せよ．

一般の乗算が2乗算の2倍以上の計算量を必要としないことを示すエレガントかつ単純な論拠として下式を考える．

$$4xy = (x+y)^2 - (x-y)^2 \qquad (9.4)$$

これは乗算を2回の2乗算と1回の4による除算によって実現可能であることを示している．ここで4による除算は（2ビット右シフトで実現されるので）自明であるとする．この観測は厳密に学術的ではないが，実際のいくつかのシナリオでこの代数的手法が利用される（問題 9.6 を参照せよ）．

9.1.3 除算 (div) と剰余算 (mod)

素数や素因子分解の研究において除算と剰余算は頻繁に現れる．これらの演算はしばしば乗算との組合せで出現し，実際この組合せは以降に記述されるいくつかのアルゴリズムで利用される．素数 p に対し $xy \pmod{p}$ を計算したり，素因子分解の研究において分解すべき N に対し $xy \pmod{N}$ を計算することはよくある．

以下の初等的な観測により，剰余を除算から得ることが可能である．以降では $x \bmod N$ で $x \pmod{N}$ の最小非負剰余を表す．また x/N を越えない最大の整数 $\lfloor x/N \rfloor$ を商とする．（いくつかのプログラミング言語ではこれら演算のそれぞれを "$x\%N$"，"x div N" と書く．また，別の言語では整数除算 "x/N" がちょうどここでいう商を表す．さらに別の言語では "Floor$[x/N]$" が商を表す．）整数 x と正整数 N に対しここで与えた記法は下式で与えられる基本関係式を満足する．

$$x \bmod N = x - N \lfloor x/N \rfloor \qquad (9.5)$$

q と r を各々除算と剰余算の結果と考えると，この関係式は剰余除算分解 $x = qN + r$ と同値となる．以上により商から剰余演算の結果が得られるので，以降では除算のアルゴリズムの記述のみを行う．

筆算による乗算からの類推により自然に長除算の初等的方法が得られる．この簡明なアルゴリズムに対する熟考は拡張に対する見通しを拓く．与えられた底 B における長除算の標準的な手順では，最初に被除数 x に対する除数 N の左揃えが行われる．すなわち，$m = B^b N \le x < B^{b+1} N$ を満足する底の冪 B^b を求め，$\lfloor x/m \rfloor$ を求めるのであるが，これは $[1, B-1]$ に値を採ることが保証される．当然ながらこの商は最終的な商の底 B における最上位桁の値となる．次に，x を $x - m\lfloor x/m \rfloor$ で置き換え，m を B で割る（すなわち，m を1桁下にずらす）．以上の操作を繰り返せば最終結果が得られる．この概略はある種の底 B に対し除算が比較的単純であることを示している．実際，2進

表現 ($B=2$) を採用した場合には乗算をまったく利用せずに完全な除算アルゴリズムを構成可能である．特に加減算，ビットシフト（左シフトは 2 倍を意味し，右シフトは 2 による割り算を意味する）以外にはほとんど算術演算を持たない計算機上で，この方法は実用上重要である．このアルゴリズムを以下に示す．

アルゴリズム 9.1.3 (初等的 2 進除算). 与えられた正整数 $x \geq N$ に対し，このアルゴリズムは除算を実行し $\lfloor x/N \rfloor$ を出力する．（$x \bmod N$ をも出力する場合については問題 9.7 を参照せよ．）
1. [初期化]
　　$2^b N \leq x < 2^{b+1} N$ を満足する整数 b を一意に決定する；
　　　　// N の 2 進表現の逐次左シフトにより実現される．より良い方法として，x と
　　　　　N のビット長を比較し一括シフトすることも考えられる．
　　$m = 2^b N;\ c = 0;$
2. [b ビットの繰り返し]
　　for($0 \leq j \leq b$) {
　　　　$c = 2c;$
　　　　$a = x - m;$
　　　　if($a \geq 0$) {
　　　　　　$c = c + 1;$
　　　　　　$x = a;$
　　　　}
　　　　$m = m/2;$
　　}
　　return c;

同様の 2 進的な方法を標準的な「法乗算 (mul-mod)」$(xy) \bmod N$ にも利用可能である．ここでは [Arazi 1994] に従った方法を示す：

アルゴリズム 9.1.4 (2 進法乗算). $0 \leq x, y < N$ を満足する正整数 $x,\ y,\ N$ に対し，このアルゴリズムは $(xy) \bmod N$ を出力する．x は定義 9.1.1 で与えた 2 進表現で与えられているとする．したがって x の 2 進ビット列は $(x_0, \ldots, x_{D-1})$ であり，$x_{D-1} > 0$ が最上位ビットである．
1. [初期化]
　　$s = 0;$
2. [D ビットの繰り返し]
　　for($D - 1 \geq j \geq 0$) {
　　　　$s = 2s;$

        if($s \geq N$) $s = s - N$;
        if($x_j == 1$) $s = s + y$;
        if($s \geq N$) $s = s - N$;
    }
    return s;

2進除算アルゴリズムと2進法乗算アルゴリズムは啓蒙的ではあるが，基本的かつ現実的な欠点に直面することとなる．すなわち，これらのアルゴリズムは手頃で強力なコンピュータで通常利用可能な多ビット演算の利点を享受できない．われわれは単位時間に1ビットの演算ではなくレジスタに収まる範囲の多ビット演算を行いたいのである．この理由から通常は $B = 2$ より大きな底が利用される．そして現代の多くの除算実装では [Knuth 1981, p. 257] に記述された「アルゴリズム D」が引き合いに出される．これは標準的な長整数除算に見事なチューニングを施したものである．このアルゴリズムは，擬似コードが2進アルゴリズム (9.1.3) より複雑ではあるが実際のプログラムにおいては大きく効率向上される良い例である．

9.2 法演算の拡張

9.1.3項で論じた初等的除算と剰余算アルゴリズムのすべてはある種の除算を伴う．9.1.3項で与えられた2進アルゴリズムにおいては，この除算は自明である．すなわち，$0 \leq a < 2b$ のとき $\lfloor a/b \rfloor$ はむろん0か1である．また，$B = 2$ より大きな底に対するKnuth のアルゴリズム D では小さな商を概算している．しかし，いかなる明示的な除算をも必要としない，より現代的なアルゴリズムが存在する．これらのアルゴリズムの優位性は以下の2点にある．第1は相対的に複雑な長除算を利用せずに完全な数論プログラムを書けることであり，第2はすべての算術演算の最適化を乗算最適化に集中可能なことである．

9.2.1 Montgomery 法

[Montgomery 1985] に記された観察は計算の領域，特に（後に観るように，変数が巨大ではない）法冪 (x^y) mod N の高速化において重要な地位を占めるようになった．初めに「素朴な」法乗算が（減算を勘定に入れず）1回の乗算と1回の除算により構成されることに注目しよう．本章で論ずる他の方法と同様に Montgomery 法の趣旨は除算ステップの困難さをより低くし，場合によってはこれを消去することにある．

2進数に対する Hensel の逆数計算の一般化である Montgomery 法は，適切に選択された R に対する (xR^{-1}) mod N の計算を以下の定理によって行う．

定理 9.2.1 (Montgomery). N, R を互いに素な正整数とする．また $N' =$

$(-N^{-1}) \bmod R$ とする.このとき任意の整数 x に対し

$$y = x + N((xN') \bmod R)$$

は R で割り切れる.また

$$y/R \equiv xR^{-1} \pmod{N} \tag{9.6}$$

である.さらに $0 \le x < RN$ のとき,差 $y/R - ((xR^{-1}) \bmod N)$ は 0 か N である.

後にみるように,定理 9.2.1 は冪階梯などで数回以上の法 N 乗算を実行するときに最も有効である.これらの場合,補助変数 N' は計算を始めるときに一度だけ計算すればよい.応用でしばしば現れるように N が奇数で R が 2 冪で与えられた場合,"mod R" 演算や y を得るための R による除算は自明となる.加えて,この場合 Newton 法を利用した N' の計算が存在する(問題 9.12 を参照せよ).N が奇数で R が 2 冪で与えられた場合には,基本 Montgomery 演算のビット演算への書き換えが助けとなる.$R = 2^s$ とし,& でビットごとの論理積演算,>> c で c ビット右シフトを表す.すると,式 (9.6) の左辺を

$$y/R = (x + N * ((x * N') \& (R-1))) >> s \tag{9.7}$$

と書き換え可能である.この計算には 2 回の乗算が必要である.

以上により,$0 \le x < RN$ に対し,$(xR^{-1}) \bmod N$ を少ない回数(2 回)の乗算によって計算する方法が得られたこととなる.むろんこれは剰余結果 $x \bmod N$ ではないが,Montgomery 法は冪 $(x^y) \bmod N$ に上手く適合する.なぜならば,剰余系 $\{x : 0 \le x < N\}$ 上の R^{-1} や R による乗算結果は $(\bmod\ N)$ の完全剰余系に入るからである.したがって,$(\bmod\ N)$ での結果を得るために,冪演算を 1 回の最初の法乗算と Montgomery 乗算の連続呼び出しにより異なる法の下で計算可能である.これらの着想を精密化にするために,以下に示す定義を導入する.

定義 9.2.2. $\gcd(R, N) = 1$ と $0 \le x < N$ に対し,$\overline{x} = (xR) \bmod N$ を x の (R, N)-剰余という.

定義 9.2.3. $M(a, b) = (abR^{-1}) \bmod N$ を 2 整数 a, b の Montgomery 乗算という.

これらの定義から,必要な事実を以下の定理にまとめることができる.

定理 9.2.4 (Montgomery 則). R, N を定義 9.2.2 の通りとし,$0 \le a, b < N$ とする.このとき,$a \bmod N = M(\overline{a}, 1)$ と $M(\overline{a}, \overline{b}) = \overline{ab}$ が成立する.

この定理は Montgomery 冪演算法を与える.例えば,定理の系として下式を得る.

$$M(M(M(\overline{x},\overline{x}),\overline{x}),1) = x^3 \bmod N \tag{9.8}$$

一般の Montgomery 冪演算法の概念を明示するために，適切なアルゴリズムを次に示す．

アルゴリズム 9.2.5 (Montgomery 積). N を奇数，$R = 2^s > N$ とするとき，このアルゴリズムは，整数 $0 \leq c, d < N$ に対し，$M(c,d)$ を出力する．
1. [Montgomery の法関数 M]
   $M(c,d)$ {
    $y = cd;$
    $z = y/R;$ // 定理 9.2.1 から得られる．
2. [結果調整]
    if$(z \geq N)$ $z = z - N;$
    return $z;$
   }

仮定より $cd < RN$ なので，このアルゴリズムの [結果調整] ステップは常に正しく動作する．R を 2 の冪にとる唯一の重要な理由は $z = y/R$ の評価に高速演算を利用可能なことにある．

アルゴリズム 9.2.6 (Montgomery 冪乗算). このアルゴリズムは $0 \leq x < N, y > 0$ とアルゴリズム 9.2.5 で選択した R に対し $x^y \bmod N$ を出力する．ここでは y の 2 進ビット列を $(y_0, \ldots, y_{D-1})$ と表す．
1. [初期化]
    $\overline{x} = (xR) \bmod N;$ // 何らかの剰余除算を用いる．
    $\overline{p} = R \bmod N;$ // 何らかの剰余除算を用いる．
2. [冪階梯]
    for$(D-1 \geq j \geq 0)$ {
     $\overline{p} = M(\overline{p}, \overline{p});$ // アルゴリズム 9.2.5 を用いる．
     if$(y_j == 1)$ $\overline{p} = M(\overline{p}, \overline{x});$
    }   // ここで $\overline{p} = \overline{x^y}$ となっている．
3. [最終冪導出]
    return $M(\overline{p}, 1);$

ここで述べた冪階梯は主に $M()$ の利用法を説明するためのものであり，本章では後に一般の冪階梯についてさらに言及する．

ここで述べた冪演算の速度向上は $M()$ 関数（特に $z = y/R$ の計算）に集約される．z

を得るために式 (9.7) に現れる 2 回の乗算が必要であることに注意しよう．さらに話はこれで終わらない．実際 Montgomery 法演算を（漸近的に大きな N に対し）1 回のサイズ N 乗算に落とすことが可能である．（別の言いかたをすれば，複合演算 $M(x*y)$ は漸近的に 2 回のサイズ N 乗算を必要とし，そのうちの 1 回を "$*$" に対する乗算と考えられる．）最適化の詳細は入り組んでおり，$M()$ 関数の内部乗算ループの様々な方法が知られている [Koç et al. 1996], [Bosselaers et al. 1994]．しかし，これらはどれも少なくとも式 (9.7) の無駄な演算（すなわち右シフトによって完全に消去される 2 回の乗算結果の数ビット）に着目している．このシフト演算の性質については次節で再び取りあげる．Montgomery 演算の実際の実装においては，語長の底 $B = 2^b$ をとれ，都合の良い $R = B^k$ を利用できる．アルゴリズム 9.2.5 の z の値を k 回のループとコンピュータにとって非常に都合の良い (mod B) 演算から得ることが可能であり，漸近的に最適計算量を与える語長指向ループが [Menezes et al. 1997] に示されている．

9.2.2 Newton 法

2 進的方法から一般の底表現に移行することで除算を最適化可能ではあるものの，9.1 節では除算を加減算とビットシフトによって実現可能であることをみた．そして，固定された法の下で Montgomery 剰余を用いた冪乗が漸近的に効率的であることをみた．一般的な除算と剰余算が乗算のみで実現可能であり，Montgomery 法の特殊な事前計算のような最適化除算法に付随する小さな除算演算さえ不要となることは興味深く，ひょっとすると最初の驚きかもしれない．

このような一般除算・剰余算手法への 1 つのアプローチは方程式解のための標準的な Newton 法を逆数に関する問題に適用することである．実数領域の逆数計算から始めよう．$f(x) = 0$ を解くときには x の（巧みな）初期推定を行い，この推定値を x_0 とする．そして，$n = 0, 1, 2 \ldots$ に対し

$$x_{n+1} = x_n - f(x_n)/f'(x_n) \qquad (9.9)$$

を反復する．（もし初期推定 x_0 が十分に良いならば，）列 (x_n) は解に収束する．したがって，実数 $a > 0$ の逆数を求めるためには，$1/x - a = 0$ を解けばよく，このときの適切な反復は

$$x_{n+1} = 2x_n - ax_n^2 \qquad (9.10)$$

である．この逆演算のための Newton 反復が成功すると仮定すると（問題 9.13 を参照せよ），乗算のみで任意精度の実数 $1/a$ を得ることが可能であることがわかる．一般の実除算 b/a の計算は単純に b と逆数 $1/a$ を乗ずれば良い．したがって，実数の一般除算をこのようにして乗算のみで実行可能である．

この Newton 法を整数除算に適用可能だろうか？　これは整数除算に対する一般化逆数を注意深く定義することで可能となる．まず関数 $B(N)$ を導入する．これは非負整数 N の 2 進表現のビット数として定義される．また $B(0) = 0$ とする．したがって，

$B(1) = 1$, $B(2) = B(3) = 2, \ldots$ である．次に，実数に対する逆数 $1/a$ の代わりに一般化逆数を定める．すなわち，整数 N の一般化逆数を適切な大きさの 2 冪を N で割った数の整数部分として定義する．

定義 9.2.7. 正整数 N に対し一般化逆数 $R(N)$ を $\lfloor 4^{B(N-1)}/N \rfloor$ と定義する．

この定義に現れる特殊な冪は，目的とする一般的な除算アルゴリズムを動作させるためにある．次に，乗算，加算，減算のみに基づく $R(N)$ の高速な計算法を与える．

アルゴリズム 9.2.8 (一般化逆数計算). このアルゴリズムは正整数 N に対し $R(N)$ を出力する．
1. [初期化]
    $b = B(N-1)$; $r = 2^b$; $s = r$;
2. [離散 Newton 反復]
    $r = 2r - \lfloor N \lfloor r^2/2^b \rfloor / 2^b \rfloor$;
    if($r \leq s$) goto [結果調整];
    $s = r$;
    goto [離散 Newton 反復];
3. [結果調整]
    $y = 4^b - Nr$;
    while($y < 0$) {
        $r = r - 1$;
        $y = y + N$;
    }
    return r;

アルゴリズム 9.2.8 は最終出力の（while($y < 0$) ループ形式の）「修復」を必要とすることに注意せよ．以下の定理の証明でみるように，これはアルゴリズムを正確に構成するための鍵である．

定理 9.2.9 (反復一般化逆演算). 逆数計算アルゴリズム 9.2.8 は正しく動作する．すなわち，その出力は $R(N)$ である．

証明．
$$2^{b-1} < N \leq 2^b$$
である．$c = 4^b/N$ とする．したがって $R(N) = \lfloor c \rfloor$ である．

9.2 法演算の拡張

$$f(r) = 2r - \left\lfloor \frac{N}{2^b} \left\lfloor \frac{r^2}{2^b} \right\rfloor \right\rfloor$$

とし $g(r) = 2r - Nr^2/4^b = 2r - r^2/c$ とする．$f(r)$ の定義から床関数を消去して得られた $g(r)$ と $N/2^b \leq 1$ より，任意の r に対し

$$g(r) \leq f(r) < g(r) + 2$$

を得る．

次に $g(r) = c - (c-r)^2/c$ より

$$c - (c-r)^2/c \leq f(r) < c - (c-r)^2/c + 2$$

を得る．したがって，任意の r に対し $f(r) < c+2$ である．さらに，$r < c$ のとき

$$f(r) \geq g(r) = 2r - r^2/c > r$$

である．したがって，反復 $2^b, f(2^b), f(f(2^b)), \ldots$ の列は値 s が $c \leq s < c+2$ に達するまで増加し続ける．[結果調整] ステップに渡される r は $r = f(s)$ である．もし $c \geq 4$ ならば，この r は $\lfloor c \rfloor \leq r < c+2$ を満足し，また $N=1,2$ の場合を除き $c \geq 4$ である．$N=1,2$ の場合は，N が 2 冪なのでアルゴリズムは $r = N$ で直ちに停止する．したがって，アルゴリズムは常に主張通り出力 $\lfloor c \rfloor$ で停止する． □

アルゴリズム 9.2.8 の Newton 反復のステップ数は $O(\ln(b+1)) = O(\ln\ln(N+2))$ である．さらに，[結果調整] ステップの while ループの反復数は高々 2 である．

反復一般化逆演算を利用して，乗算，加算，減算，2 進シフトのみによる法演算を導くことが可能である．

アルゴリズム 9.2.10 (除算が不要な法演算). このアルゴリズムは任意の非負整数 x に対し $x \bmod N$ と $\lfloor x/N \rfloor$ とを出力する．一般化逆数 $R = R(N)$ の事前計算のみを必要とする．この事前計算にはアルゴリズム 9.2.8 を用いる．

1. [初期化]
    $s = 2(B(R) - 1)$;
    $div = 0$;
2. [簡約ループ]
    $d = \lfloor xR/2^s \rfloor$;
    $x = x - Nd$;
    if($x \geq N$) {
        $x = x - N$;
        $d = d + 1$;
    }

```
div = div + d;
if(x < N) return (x, div);                    // x が剰余, div が商である.
goto [簡約ループ];
```

上記アルゴリズムは本質的に Barrett 法である. 通常の Barrett 法 [Barrett 1987] は x を普通に現れる範囲, すなわち $0 \leq x < N^2$ にとるが, 上記アルゴリズムでは基本式

$$x \bmod N \sim x - N\lfloor xR/2^s \rfloor \tag{9.11}$$

を再帰的に用いることで x の制限を緩和している. ここで "$\sim$" は s を適切に選択すること, すなわち誤差を N の小さな倍数にとることを意味する. 右シフトのビット数 s を特定の値にとった, アルゴリズム 9.2.10 に適用可能な多くの拡張が存在する. また, s の別の興味深い選択法が存在する. 実際, 右シフトを

$$x \bmod N \sim x - N\lfloor R\lfloor x/2^{b-1}\rfloor /2^{b+1}\rfloor \tag{9.12}$$

のように「分割」すると利点があることが [Bosselaers et al. 1994] によって観察された. ここで $b = B(R) - 1$ である. このような分割は関連する乗算を幾分簡略化可能である. 実際, $j = 0, 1, 2$ に対し

$$\lfloor R\lfloor x/2^{b-1}\rfloor /2^{b+1}\rfloor = \lfloor x/N \rfloor - j \tag{9.13}$$

である. したがって, この左辺をアルゴリズム 9.2.10 の d に用いることで while ループを高々 2 回に抑えることができる. また, x の長さが $2b$ 程度, R の長さが b 程度であることより, 明らかな計算時間の短縮がなされる. このようにアルゴリズム 9.2.10 の乗算 xR の結果は大体 $2b \times b$ ビットであるが, (9.12) に示された乗算結果は $b \times b$ ビット程度である. xR の幾らかのビットは消去されるので (シフトは対応する下位ビットを完全に消去する), 初等的筆算のループにおいて, そこに現れる平行四辺形をより小さな配列に効果的に切り出すことが可能である. このような考察の下で, $0 \leq x < N^2$ に対し $x \bmod N$ の計算量は漸近的に (大きな N に対し) サイズ N 乗算と同一となり, $0 \leq x, y < N$ に対し標準演算 $(xy) \bmod N$ の計算量は 2 回のサイズ N 乗算となる.

Algorithm D [Knuth 1981], Montgomery 法と Barrett 法 [Bosselaers et al. 1994], [Montgomery 1985], [Arazi 1994], [Koç et al. 1996] などさまざまな研究が長期間にわたって正統的に行われており, 法除算アルゴリズムの研究には終わりがないようにみえる. 例えば, 変数が大きいとき, (冪演算などの) 暗号演算に適した [Koç and Hung 1997] の符号予測法がある. Montgomery 法と (適当な修正を施した) Barrett 法は漸近的には同じ計算量を持つが, それぞれの方法が優位となる変数の範囲は具体的な実装に依存する. 暗号応用においては Barrett 法と比較し Montgomery 法の方が優れているという報告がいくつかある. この理由の 1 つはループの詳細な調整が必要な Barrett 法と比較し Montgomery 法が容易に漸近最適計算量に達することにある. しかし例外

もある．例えば，[De Win et al. 1998] は，多分（準最適レベルの）実装の容易さのために，Barrett 法を採用し，本質的に Montgomery 法と同等の計算量を達成している．Montgomery 法の逆元計算が非常に大きな変数を必要とする場合も例外に当る．（冪階梯と異なり）ただ 1 回きりの法演算を必要とするときには Montgomery 法が忌むべきものであることも事実である．アルゴリズム 9.2.8 と 9.2.10 の共用が長整数演算の一般的な非常に良い選択であることは明らかだろう．例えば素因子分解においては固定した N に対し $(xy) \bmod N$ を頻繁に実行することが度々あり，このとき 1 回の一般化逆数 $R(N)$ の計算が除算が不要な法演算に必要な設定のすべてである．

除算と剰余算アルゴリズムのいくつかの新たな着想について簡潔に述べておく．1 つの着想は G. Woltman による．彼は，x が N と比較して非常に大きな（実際上困難な）場合について，Barrett の除算アルゴリズム 9.2.10 を拡張する方法を発見した．彼の拡張の 1 つはこのような場合において桁精度を変更することである．別の拡張に [Burnikel and Ziegler 1998] にある興味深い Karatsuba 的な再帰的除算がある．この方法は除算と剰余算の計算量が同じではないという興味深い特性を持つ．

Newton 法は除算問題を越えて応用されるが，1 つの重要な例は $\lfloor \sqrt{N} \rfloor$ の計算である．$\sqrt{a}$ に対する（実領域）Newton 反復

$$x_{n+1} = \frac{x_n}{2} + \frac{a}{2x_n} \tag{9.14}$$

により，平方根の整数部分導出アルゴリズムを得る．

アルゴリズム 9.2.11 (平方根の整数部分). このアルゴリズムは正整数 N に対し $\lfloor \sqrt{N} \rfloor$ を出力する．
1. [初期化]
    $x = 2^{\lceil B(N)/2 \rceil}$;
2. [Newton 反復]
    $y = \lfloor (x + \lfloor N/x \rfloor)/2 \rfloor$;
    if($y \geq x$) return x;
    $x = y$;
    goto [Newton 反復];

アルゴリズム 9.2.11 を与えられた正整数 N が平方であることの判定に利用可能である．これは，$x = \lfloor \sqrt{N} \rfloor$ の計算後に $x^2 = N$ の成立を確認すれば良い．N が平方であるならばそのときに限りこの等式が成立する．むろん，例えば多数の小さな素数 p に対する $\left(\frac{N}{p}\right)$ の判定や 8 を法とした N の剰余を判定するなどの N が完全平方であることを非常に高速に判断する別の方法もある．

アルゴリズム 9.2.11 は $O(\ln \ln N)$ 回の反復が必要である．このことや他の Newton 法応用に関連し多くの興味深い計算量的な論点がある．とりわけ，Newton 反復の経過

と共に桁精度を劇的に変化させることや Newton 反復のループの変更は多くの場合有効である（問題 9.14 と 4.11 を参照せよ）．

9.2.3 特　殊　な　法

N が特殊な形をしているとき法演算の相当な効率向上が可能である．前項で与えた Barrett 法が高速なのは mod 2^q 演算を利用したからである．本項では，法 N が 2 冪に近いとき，現代の計算機の 2 進的性質を利用し非常に有効な演算を実現可能であることをみる．特に

$$N = 2^q + c$$

形式の N は効率的な mod N 演算に通ずる．ここで $|c|$ はある意味で「小さい」ものとする．（また，c が負であっても良い．）これらの拡張は Mersenne 素数 $p = 2^q - 1$ と Fermat 数 $F_n = 2^{2^n} + 1$ の研究の中で特に重要である．しかし，ここで記述する方法は任意の q に対する $2^q \pm 1$ にも同様に適用可能である．すなわち素数性や特殊構造を持つなど，法 N が付加的な特性を持つかどうかはこの項の法アルゴリズムに何ら影響を与えない．適切な結論を以下の定理で与える．

定理 9.2.12 (特殊形式法演算). c を整数，q を正整数とする．$N = 2^q + c$ と任意の整数 x に対し

$$x \equiv (x \bmod 2^q) - c\lfloor x/2^q \rfloor \pmod{N} \tag{9.15}$$

が成立する．さらに，$c = -1$ のとき（この場合を Mersenne ケースと呼ぶ），法 N の下での 2^k による乗算は k ビット左巡回シフトと同値である．（したがって $k < 0$ のときは右巡回シフトとなる．）$c = +1$ のとき（この場合を Fermat ケースと呼ぶ），正の k に関する 2^k による乗算は，巡回シフトによって折り返されたビットの符号反転と桁上げ調整を行うことを除き，k ビット左巡回シフトの $(-1)^{\lfloor k/q \rfloor}$ 倍と同値である．

最初に，最も簡単に解析可能な定理の最後の主張について議論する．

$$2^k = 2^{k \bmod q} 2^{q\lfloor k/q \rfloor}$$

と $2^q \equiv -c \pmod{N}$ より，この主張は実際には $k \in [1, q-1]$ と $-k$ に関するものである．例として，$N = 2^{17} - 1 = 131071 = 11111111111111111_2$, $x = 8977 = 10001100010001_2$ に対し，積 $2^5 x \pmod{N}$ を考える．この乗算結果は x の 5 ビット左巡回シフト $110001000100010_2 = 25122$ によって得られる．これらの 2 冪による乗算に関する結果はいくつかの数論変換などにとって有意義である．特に当該の根が 2 冪のときに，乗算の代わりにシフト演算に基づき，$n = 2^m + 1$ に対する環 $\mathbf{Z}_n$ 上の離散 Fourier 変換 (discrete Fourier transform, DFT) 演算を実行することが可能である．

定理 9.2.12 の最初の結果は c の「最小性」の下で $x \bmod N$ の非常に高速な計算を可

9.2 法演算の拡張

能とする.初めに Mersenne 素数 $N = 2^7 - 1 = 127$ に対する $x = 13000 \bmod N$ の例を与える.2進表現 $13000 = 11001011001000_2$ はこの道筋を明るくする.以下に示すように,定理に従いそれぞれが N を越えないように x を2分割する.(ここの合同式はすべて法 N に関する.)

$$x \equiv 11001011001000 \bmod 10000000 + \lfloor 11001011001000/10000000 \rfloor$$
$$\equiv 1001000 + 1100101 \equiv 10101101 \equiv 101101 + 1 \equiv 101110$$

$101110_2 = 46 < N$ より,所望の結果 $13000 \bmod 127 = 46$ を得る.このように N が Mersenne 数 $N = 2^q - 1$ の場合には手順は特に単純である.すなわち,x の上位ビット列(x の 2^q に対応するビットとより上のビットの列)を下位ビット列(x の下位 q ビットの列)に加えれば良い.

特殊形式法演算の一般的な手順を以下に示す.便宜上,ビットごとの論理積演算を &,右シフトを >>,左シフトを << と表す.

アルゴリズム 9.2.13 (特殊形の法に対する高速法演算). $B(|c|) < q$, $N = 2^q + c$ と仮定する.このアルゴリズムは $x > 0$ に対し $x \bmod N$ を出力する.この方法は一般に $|c|$ が小さいときにより効率的となる.

1. [簡約]
    while($B(x) > q$) {
    　$y = x >> q$;　　　　　　　　　　　　　　// $= \lfloor x/2^q \rfloor$
    　$x = x - (y << q)$;　　　// または $x = x \& (2^q - 1)$,または $x = x \bmod 2^q$
    　$x = x - (y << q)$;　　　// または $x = x \& (2^q - 1)$,または $x = x \bmod 2^q$
    　$x = x - cy$;
    }
    if($x == 0$) return x;

2. [調整]
    $s = \mathrm{sgn}(x)$;　　　　　　　　　　　// $x <, =, > 0$ に従い $-1, 0, 1$ と定義
    $x = |x|$;
    if($x \geq N$) $x = x - N$;
    if($s < 0$) $x = N - x$;
    return x;

このアルゴリズムが停止し,正しい結果 $x \bmod N$ を出力することを示すのは難しくない.

この方法は(c による)「小さな」乗算のみを必要とするので応用は広範にわたる.最近の新しい Mersenne 素数の発見には,この法演算が長大な Lucas–Lehmer 素数判定の中で利用されている.さらに,$p = 2^q + c$ であり,かつもし格段の効率を望むならば,本

質的に mod 演算を利用せずに楕円演算を実行可能な $p \equiv -1 \pmod 4$（例えば，p は任意の Mersenne 素数や $2^q + 7$ 形式の素数などにとる）を満足する p を利用した $\mathbf{F}_{p^k}$ 上の楕円曲線に基づく特許済みの暗号スキーム [Crandall 1994a] すらある．このような体は最適拡大体 (optimal extension fields, OEFs) と呼ばれ，指数 k と F_{p^k} 演算のための既約多項式の巧みな選択によってさらなる改良を達成可能である．高速 mod 演算によりこのような曲線の位数がより高速に計算されることも事実である．さらにもう 1 つの特殊法簡約の応用が Fermat 数の素因子分解の中にある．この方法は $n = 13, 15, 16, 18$ に対する F_n の新たな因子の最近の発見において用いられている [Brent et al. 2000]．このような大きな Fermat 数に対し計算時間は膨大であり，アルゴリズムのあらゆる拡張は，それが法演算であろうがなかろうが，常に有り難い．Pepin 素数判定に非常に多くの $\pmod{F_n}$ 演算を必要とするような，非常に大きな F_n が最近この方法で評価された．また，F_{22}, F_{24} が合成数であることの証明には本章で後に議論する高速乗算とともに本項の特殊形式の法演算が用いられた [Crandall et al. 1995], [Crandall et al. 1999]．

特殊形式の高速演算の一般化はまだまだ興味深い．Proth 型の数

$$N = k \cdot 2^q + c$$

を考えよう．[Gallot 1999] の高速法簡約法を次に与える．これは k と c が低精度（すなわち，単精度）のときに適している．

アルゴリズム 9.2.14 (Proth 型の法に対する高速法演算). 法 $N = k \cdot 2^q + c$ であり，ビット長 $B(|c|) < q$（であり，c は正でなくとも良い）と仮定する．このアルゴリズムは $0 < x < N^2$ に対し $x \bmod N$ を出力する．一般にこの方法はより小さい k, $|c|$ に対してより効果的である．

1. [補助関数 n の定義]
    n(y) {
        return Ny;   // $Ny = ((ky) << q) + cy$ と計算
    }
2. [商の近似]
    $y = \lfloor \frac{x >> q}{k} \rfloor$;
    $t = n(y)$;
    if($c < 0$) goto [極切替];
    while($t > x$) {
        $y = y - 1$;
        $t = n(y)$;
    }
    return $x - t$;
3. [極切替]

```
while(t ≤ x) {
    y = y + 1;
    t = n(y);
}
y = y - 1;
t = n(y);
return x - t;
```

この種の巧妙な簡約は Fermat 数の新たな因子の発見や Proth 型の素数の素数性証明などにおいて利用されたソフトウェアに実装されている．

9.3 冪　　　乗

x^y や最も標準的な $x^y \pmod{N}$ に関連し多くの定理が知られていることから，冪乗算は素数や素因子分解の研究にとって特に重要である．以降では，冪 y やときには x の構造も利用した様々なアルゴリズムを与える．すでに 2.1.2 項やアルゴリズム 2.1.5 において重要な事実を垣間見た．すなわち，$(x^y) \bmod N$ は $(y-1)$ 回の $\pmod{N}$ 乗算に展開可能ではあるが，一般により良い冪計算法が存在する．それは標準的な計算手法である冪階梯である．冪階梯を同等の再帰アルゴリズムの非再帰（または展開した）実現であると考えることが可能である．しかし，指数ビットの事前計算や指数の底を変えた展開などによりさらに多くの拡張が可能である．そこで，初めに冪階梯の種類をまとめておく．

(1) 再帰的冪階梯（アルゴリズム 2.1.5）
(2) 「右向き展開」と「左向き展開」2 進階梯
(3) 窓階梯：これはいくつかのビットパターン，代替底展開を利用する．単純な例としてアルゴリズム 7.2.7 のステップ [ビットにわたるループ ...] に現れる 3 進展開がある．また，一般にこれを幾分良くできる [Müller 1997]，[De Win et al. 1998]，[Crandall 1999b].
(4) 固定 x 階梯：これは固定された x と多くの異なる y に対し x^y を計算ときに用いる．
(5) 加算連鎖と Lucas 階梯：アルゴリズム 3.6.7 に示された．これに関する興味深い文献として [Montgomery 1992b], [Müller 1998] が挙げられる．
(6) [Yacobi 1999] に示された指数ビット列の実際の圧縮に基づく新たな方法

この節では基本的な 2 進階梯（とこれの様々な変形）から始め，窓階梯，代替底，固定 x 階梯と続ける．

9.3.1 基本 2 進階梯

次に 2 形式の 2 進階梯を与える. 第 1 の (アルゴリズム 2.1.5 と同値な)「右向き」形式は第 2 の「左向き」形式と (ある種の方法で入力を制限した場合を除き) 計算量的に同値である.

アルゴリズム 9.3.1 (右向き 2 進階梯冪乗演算). このアルゴリズムは x^y を計算する. $y > 0$ の 2 進表現を $(y_0, \ldots, y_{D-1})$ とする. ここで $y_{D-1} = 1$ が最上位ビットである.
1. [初期化]
   $z = x$;
2. [最上位ビットの 1 ビット下位から始める y のビット列に関する反復]
   ```
   for(D − 2 ≥ j ≥ 0) {
     z = z²;                  // 法演算のときはここで modN を行う.
     if(yⱼ == 1) z = zx;       // 法演算のときはここで modN を行う.
   }
   return z;
   ```

このアルゴリズムは指数 y の全ビットにわたり走ることで冪 x^y を構成する. 実際, 2 乗算の回数は $D-1$ であり, 演算 $z = z * x$ の回数は冪 y の 1 が立ったビット数より 1 少ない. この演算数がアルゴリズム 2.1.5 と同一であることに注意せよ. 右向きと左向きのどちらが再帰形式と等しいかの記憶法として, アルゴリズム 9.3.1 と 2.1.5 のみが固定された乗数 x による乗算を必要とすることに注目することが挙げられる.

しかし, ある種相補的な冪演算の実行方法が存在する. この代替手法は以下の関係式で例示される.

$$x^{13} = x * (x^2)^2 * (x^4)^2$$

これには, (x^4 は中間項 $(x^2)^2$ として得られるので,) 2 回の乗算と 3 回の 2 乗算を必要とする. 実際, この例ではより直接的に指数の 2 進展開をみることができる. 一般形式は

$$x^y = x^{\sum y_j 2^j} = x^{y_0} (x^2)^{y_1} (x^4)^{y_2} \cdots \tag{9.16}$$

である. ここで y_j は y の各ビットである. 連続する x の 2 乗を記録する必要がある「左向き」階梯がこのアルゴリズムに対応する.

アルゴリズム 9.3.2 (左向き 2 進階梯冪乗演算). このアルゴリズムは x^y を計算する. $y > 0$ の 2 進表現を $(y_0, \ldots, y_{D-1})$ とする. ここで $y_{D-1} = 1$ が最上位ビットである.
1. [初期化]
   $z = x$; $a = 1$;
2. [最下位ビットから始める y のビット列に関する反復]

```
for(0 ≤ j < D - 1) {
    if(y_j == 1) a = za;              // 法演算のときはここで mod N を行う.
    z = z^2;                           // 法演算のときはここで mod N を行う.
}
return az;                             // 法演算のときはここで mod N を行う.
```

　この方法も $D-1$ 回の 2 乗算と ($a = z*1$ に対する自明な乗算を除き) 直前のアルゴリズムと同じ回数の乗算を必要とすることが見て取れる.

　一見して演算数は一致しているが, 最初に与えたアルゴリズム 9.3.1 には演算 $z = zx$ の被乗数 x が固定されていることに起因する優位性がある. 例えば, 素数判定のように $x = 2$ のような小さな整数の $(\mathrm{mod}\ N)$ の下での高冪が必要なとき乗算を高速に実現可能である. 実際, $x = 2$ に対し演算を $z = z + z$ で置き換え, これらの乗算を削除することが可能である. このような優位性は y の 2 進ビット列のすべてが 1 のときに最も効果がある.

　これらの観察から冪階梯の漸近的計算量に関する論点が導かれる. この研究は興味深くまた多くの道が開かれている. 幸運なことに上で与えた基礎的な 2 進階梯に関しては多くの疑問に答えることができる. S は (冪演算を行う代数系上の) 2 乗算のコスト, M は乗算コストを表すこととする. 上で与えた冪階梯の計算量 C が漸近的に

$$C \sim (\lg y)S + HM$$

であるのは明らかである. ここで H は冪 y の 2 進表現における 1 の立ったビット数を表す. ランダムな指数に対しては 2 進表現の半分が 1 であることが期待されるので, 平均計算量は

$$C \sim (\lg y)S + (\tfrac{1}{2} \lg y)M$$

である. (9.4) を用いることで, 多くの場合 $S \sim M/2$ とでき, 平均計算量を $C \sim (\lg y)M$ と簡略化可能であることに注意せよ. 評価 $S \sim M/2$ は一般に真というわけではない. 1 つの事実として, このような評価においては法演算を行わず直接的な 2 乗算と乗算のみを行っていることが仮定されている. しかし法演算を行わない場合にさえ論点が存在する. 例えば, (本章で後に示すような非常に大きな変数に対する) FFT 乗算に対しては, 比 S/M は $2/3$ のように, より大きくなってしまう. また, [Cohen et al. 1998] に報告されているように, いくつかの現実的な (初等的筆算による法演算の) 実装において比 S/M は 0.8 程度である. どのようなサブルーチンを利用しようとも算術演算のより少ない回数の実行がむろん望ましいが, 次項でみるようにさらなる演算数の削減が可能である.

9.3.2 冪階梯の拡張

素因子分解の研究と暗号理論において，冪階梯に多くの時間を必要とすることは常識的に正しい．素因子分解においては，多くの方法のステージ 1 はほとんど冪演算を行っているに過ぎない．（ECM の場合の楕円上の整数倍算は冪演算の類推により行える．）暗号理論においては，ディジタル署名などを行う際に秘密鍵から公開鍵を生成するために冪演算が必要である．このような関連技術の計算量において冪階梯演算が支配的であるので，冪階梯を可能な限り最適化することは重要な課題である．

ときに「窓」と呼ばれる冪階梯の興味深い拡張がある．2 進ではなく 4 進で展開し冪 x^2, x^3 を事前計算すると，冪 y の 2 ビットを常に $1 = x^0, x^1, x^2, x^3$ のどれか 1 個による乗算と 2 回の 2 乗をレジスタ値の左 2 ビットシフトにより処理可能である．例として x^{79} を（$79 = 1001111_2 = 1033_4$ を既知として）考えよう．指数 $y = 79$ を 4 進表現を用いて表現すると，冪

$$x^{79} = \left(x^{4^2} x^3\right)^4 x^3$$

を得る．この計算は（S, M で 2 乗算と乗算のコストを表せば）$6S + 2M$ を必要とする．他方，右向き階梯アルゴリズム 9.3.1 はこの冪を 4 進法より多い $6S + 4M$ で

$$x^{79} = \left(\left(\left(x^{2^3} x\right)^2 x\right)^2 x\right)^2 x$$

と計算する．4 進法に対しては事前計算 x^2, x^3 の計算コストを考慮していないので，その利点はさほど明確ではない．しかし，暗号応用のように指数 79 がより大きいときは多くの場合においてその利点が見出される．

まだ議論していない多くの詳細な考察があるが，それらに触れる前に応用的な着想の多くを含む一般的な窓階梯アルゴリズムを与える．

アルゴリズム 9.3.3 (窓階梯)． このアルゴリズムは x^y を計算する．$y > 0$ の（定義 9.1.1 で与えられた）$B = 2^b$ 進表現 $(y_0, \ldots, y_{D-1})$ が与えられていると仮定する．したがって，各ビットは $0 \leq y_i < B$ を満足する．ここで最上位ビット $y_{D-1} \neq 0$ であるとする．また，$\{x^d : 1 < d < B; d \text{ は奇数}\}$ は事前計算済みであると仮定する．

1. [初期化]

    $z = 1$;

2. [各桁にわたるループ]

    for($D - 1 \geq i \geq 0$) {

    　　$y_i = 2^c d$ と表現せよ；ここで d は奇数か 0 である．

    　　$z = z(x^d)^{2^c}$;　　　　　　　　　　　　　// x^d はテーブル参照

    　　if($i > 0$) $z = z^{2^b}$;

    }

    return z;

9.3 冪乗

なぜ x の奇数冪のみを事前計算すれば良いのかをみるための例として $y = 262 = 406_8$ をとる．この 8 進表現より

$$x^{262} = \left(\left(x^4\right)^8\right)^8 x^6$$

を得るが，x^3 が事前計算済みであれば，x^3 を適切な箇所に挿入可能であり，アルゴリズム 9.3.3 より冪が

$$x^{262} = \left(\left(\left(x^4\right)^8\right)^4 x^3\right)^2$$

と与えられることがわかる．したがって，奇数冪のみを事前計算すれば十分である．この方法の優位性を示す別の例が 16 進表現にある．すなわち，任意の指数中に現れる 4 ビット列：1100, 0110, 0011 は x^3 と適切な 2 乗算の系列によって処理可能である．

さらに詳細に進み（本質的には B 進法である）「窓」の記述に移ろう．すなわち，冪 y の処理全体を見越して，多少の付加的な効率向上のために特別な系列の発見を試みよう．このような「スライド窓」法は [Menezes et al. 1997] に示されている．これには，効率向上のために定義 9.1.2 の平衡底表現を利用することも可能である．冪 y の各桁の値を

$$-\lfloor B/2 \rfloor \leq y_i \leq \lfloor (B-1)/2 \rfloor$$

に制限し，この制限された範囲の d に対し奇数冪 x^d を事前計算すると，負の指数に対する冪を効率的に計算できる場合には有意な効率向上が生ずる．楕円曲線上の整数倍算の場合において点 P と指数 k に対して「冪演算」$[k]P$ を考えると，楕円曲線上の加法により $[d]P$ から $[-d]P$ は直ち得られるので，この演算には事前計算とそして整数倍算

$$\{[d]P \ : \ 1 < d < \lfloor B/2 \rfloor; \ d \text{ は奇数} \}$$

のみが必要である．このようにして，楕円曲線上の整数倍算に対する高効率な窓法を構成可能である．より多くの考察に関しては問題 9.77 を参照せよ．

底 $B = 2^b$ に関するアルゴリズム 9.3.3 において，事前計算を無視すると，（大きな y に関する）漸近的な要求コストは $Db \sim \lg y$ 回の 2 乗算（すなわち，y の各ビットに対し 1 回の 2 乗算）であると推定できる．すなわち，2 乗算に関しては基本 2 進階梯と比較した優位性はない．しかし，相異点は乗算回数にある．基本 2 進階梯では（漸近的な）乗算回数は 1 の立ったビット数であるのに対し，このアルゴリズムでは b ビットに高々 1 回の乗算を必要とするのみであり，ランダムな B 進展開のある桁が 0 である確率から，実際平均 $1 - 2^{-b}$ 回の乗算を必要とするだけである．したがって，窓アルゴリズムの平均漸近計算量は

$$C \sim (\lg y)S + (1 - 2^{-b})\frac{\lg y}{b} M$$

となる．$b = 1$ のとき，これは基本 2 進展開の $C \sim (\lg y)S + (\frac{1}{2} \lg y)M$ と同一である．窓サイズ b を増加させたとき，乗算コストは無視できるようになるが，事前計算のコス

トが支配的となるのが事実である．しかし，実際には $b=3$ または $b=4$ を選択することで冪階梯計算のコストは著しく削減される．

以上の事前計算に関する考察より，x を再利用する場合の冪階梯の興味深い拡張が得られる．すなわち，固定された x に対し冪 x^y を多くの y に関し計算するとき，固定された x に対する固定された冪を計算・記録し効率向上のために用いることができる．

アルゴリズム 9.3.4 (x^y に対する固定 x 階梯)．　このアルゴリズムは x^y を計算する．$y > 0$ の (2 進に限らない) $B = 2^b$ 進表現 $(y_0, \ldots, y_{D-1})$ が与えられていると仮定する．ここで最上位ビット $y_{D-1} \neq 0$ であるとする．また，$(B-1)(D-1)$ 個の値

$$\{x^{iB^j} : i \in [1, B-1]; j \in [1, D-1]\}$$

は事前計算済みであると仮定する．
1. [初期化]
　　$z = 1$;
2. [各桁にわたるループ]
　　for($0 \le j < D$) $z = zx^{y_j B^j}$;
　　return z;

このアルゴリズムは，事前計算を除き，明らかに

$$C \sim DM \sim \frac{\lg y}{\lg B} M$$

回の演算を必要とする．したがって，「固定された」値 x に対しては因子 $(\lg B)^{-1}$ の分だけ高効率である．現実の正確な設定と要求に依存し，$(x^{B^j}$ のみを記憶した) より小さな参照テーブルを用いたり，(すべての可能な値が出てこない場合に) y の B 進での各桁の値の範囲にしたがって for() ループの範囲の制限を緩和するなどのさらなる拡張が可能である．削減された冪集合 x^{B^j} のみを記憶した場合，[各桁にわたるループ] ステップの for() ループが入れ子になることに注意せよ．また，加算連鎖と呼ばれる手法を利用する固定した y に対するアルゴリズムも存在し，指数が変動しないときへも拡張できる．固定された x と固定された y は共に暗号理論に応用を見出せる．例えば，固定された x の秘密鍵 y 乗で公開鍵を得る場合に対して固定された x に関する拡張は有益である．同様に公開鍵 $(x = g^h)$ がたびたび鍵 y によって冪乗されるとき，固定された y に関する手法は一層効果的だろう．

9.4　gcd と逆元計算の拡張

2.1.1 項では gcd と逆元計算の重要な古典的アルゴリズムについて議論した．特にここでは，扱う整数が非常に大きいときに利用される方法や（シフトなどの）何らかの演算が相対的に効率的なときに用いられる方法などの，より現代的な方法を調査する．

9.4.1 2進gcdアルゴリズム

1930年代にD. LehmerによってEuclidアルゴリズムの真の拡張が行われた．この方法は，Euclidループ中の除算のすべてが全精度を必要とするわけではなく，統計的にはその多くが単精度（すなわち小さな変数）の除算で済むことを利用した．ここではLehmer法を示さないが，Lehmerが素因子分解などにおける効率向上のための古いアルゴリズムの拡張方法を示したことに敬意を払う．（Lehmer法の詳細については [Knuth 1981] を参照せよ．）

1960年代にR. SilverとJ. Terzian [Knuth 1981] によって，また独立に [Stein 1967] によって，2進的方法がgcdアルゴリズムに効果を与えることが示された．以下に示す関係は実際にエレガントなアルゴリズムを示唆する．

定理9.4.1 (Silver, Terzian, Stein). 整数 x, y に対し，

x, y が共に偶数ならば $\gcd(x, y) = 2\gcd(x/2, y/2)$;

x が偶数，y が奇数ならば $\gcd(x, y) = \gcd(x/2, y)$;

（Euclidアルゴリズムと同様に）$\gcd(x, y) = \gcd(x - y, y)$;

u, v が共に奇数ならば $|u - v|$ は $\max\{u, v\}$ より小さい偶数

これらの観察から以下のアルゴリズムが与えられる．

アルゴリズム9.4.2 (2進gcd). 以下のアルゴリズムは正整数 x, y の最大公約数を出力する．任意の正整数 m に対し，$v_2(m)$ は m の2進表現の最下位ビットから連続した0の個数を表す．すなわち，$2^{v_2(m)} \| m$ である．($m/2^{v_2(m)}$ が m の最大奇数因子であり，最下位から連続した0を消去するシフト演算によってこれを計算可能であることに注意せよ．また，便宜上 $v_2(0) = \infty$ とすることに注意せよ．)

1. [gcdに含まれる2冪]
    $\beta = \min\{v_2(x), v_2(y)\};$ // $2^\beta \| \gcd(x, y)$
    $x = x/2^{v_2(x)};$
    $y = y/2^{v_2(y)};$

2. [2進gcd]
    while($x \neq y$) {
        $(x, y) = (\min\{x, y\}, |y - x|/2^{v_2(|y-x|)});$
    }
    return $2^\beta x;$

実際の多くの計算機上で，2進アルゴリズムはEuclidアルゴリズムより高速であることが多い．また，Lehmerの拡張はこの2進法にも適用可能である．

より最近の拡張も存在する．実際，gcdの拡張は提案され続けているようにみえる．

Sorenson は法 $k > 2$ による簡約を用いた "k-ary" 法を提案した．Sorenson 法のより新しい拡張も存在する．これは，ハードウェア乗算を行う典型的な最近の計算機上で，ここで示した 2 進 gcd よりも 5 倍以上高速であると主張されている [Weber 1995]．Weber 法は複雑であり非標準的な法簡約のためにいくつかの特殊関数を必要とする．さらに，gcd がボトルネックとなるような場合への適用は難しいと考えられている．ごく最近，[Weber et al. 2005] はある範囲の大きさの変数に対し理想的な選択となりうる新たな法 gcd アルゴリズムを提案した．

Euclid アルゴリズムの計算量が $O(n^2)$ であるのに対し，Sorenson 法の変形の計算量が $O(n^2/\ln n)$ であることは興味深い．加えて，Sorenson 法は gcd のみならず逆元をも得るための拡張形式を持つ．古典的な Euclid アルゴリズムと同様に，この効率的な 2 進的方法に対しても拡張形式が得られるのかを考えよう．実際，逆元を与える拡張 2 進 gcd が存在する．[Knuth 1981] によれば，この方法は M. Penk による．

アルゴリズム 9.4.3 (2 進 gcd, 逆元計算への拡張). 正整数 x, y に対し，このアルゴリズムは $ax + by = g = \gcd(x, y)$ を満足する整数の 3 つ組 (a, b, g) を出力する．x, y の 2 進表現が与えられていると仮定する．また，アルゴリズム 9.4.2 にある冪 β を用いる．

1. [初期化]
    $x = x/2^\beta; y = y/2^\beta;$
    $(a, b, h) = (1, 0, x);$
    $(v_1, v_2, v_3) = (y, 1 - x, y);$
    if(x が偶数) $(t_1, t_2, t_3) = (1, 0, x);$
        else {
            $(t_1, t_2, t_3) = (0, -1, -y);$
            goto [偶数判定];
        }
2. [t_3 の 2 等分]
    if(t_1, t_2 共に偶数) $(t_1, t_2, t_3) = (t_1, t_2, t_3)/2;$
        else $(t_1, t_2, t_3) = (t_1 + y, t_2 - x, t_3)/2;$
3. [偶数判定]
    if(t_3 が偶数) goto [t_3 の 2 等分];
4. [最大値再設定]
    if($t_3 > 0$) $(a, b, h) = (t_1, t_2, t_3);$
        else $(v_1, v_2, v_3) = (y - t_1, -x - t_2, -t_3);$
5. [減算]
    $(t_1, t_2, t_3) = (a, b, h) - (v_1, v_2, v_3);$
    if($t_1 < 0$) $(t_1, t_2) = (t_1 + y, t_2 - x)$
    if($t_3 \neq 0$) goto [t_3 の 2 等分];

return $(a, b, 2^\beta h)$;

基本 2 進 gcd アルゴリズムと同様に，このアルゴリズムも実際の計算機上の実装において効率的であることが多い．（例えば，y が素数である場合のように）変数のどれかの特性がわかっている場合には，このアルゴリズムや関連アルゴリズムの拡張ができる（問題を参照せよ）．

9.4.2 特殊逆元アルゴリズム

変数 x, y の特性に依存した逆元計算に関する拡張 gcd アルゴリズムの変形が提案され続けている．その 1 つの例は [Thomas et al. 1986] に示された素数 p に対する逆元 $x^{-1} \bmod p$ 計算アルゴリズムである．実際には，このアルゴリズムは任意の法に対し動作する．（正しい逆元を出力するか，逆元が存在しないときは 0 を出力する．）しかし，このアルゴリズムの考案者は鍵となる値 $\lfloor p/z \rfloor$ が簡単に計算可能な法 p に関してのみ考慮していた．

アルゴリズム 9.4.4 (法逆元計算).（素数の）法 p と $x \not\equiv 0 \pmod{p}$ に対し，このアルゴリズムは $x^{-1} \bmod p$ を出力する．
1. [初期化]
    $z = x \bmod p$;
    $a = 1$;
2. [ループ]
    while($z \neq 1$) {
        $q = -\lfloor p/z \rfloor$;   // この計算が高速のときアルゴリズムは最良の状態となる．
        $z = p + qz$;
        $a = (qa) \bmod p$;
    }
    return a;   // $a = x^{-1} \bmod p$

このアルゴリズムは実装に都合良く単純である．さらに，（ある範囲の素数に対し）拡張アルゴリズム 2.1.4 より幾らか高速であると主張されている．加えて，このアルゴリズムの考案者は $p = 2^q - 1$ が Mersenne 素数の場合に対する $\lfloor p/z \rfloor$ の興味深い高速計算法を示している．法 p が合成数の場合のこのアルゴリズムの研究は興味深い課題であろう．特に，p が小さな素因子を持たないとき，このアルゴリズムは逆元を計算できるだろうか？

p が Mersenne 素数であることに着目したさらに別の逆元計算法が考えられる．以下に示すアルゴリズムは法の特殊形式を利用した興味深い試みである．

アルゴリズム 9.4.5 (Mersenne 素数を法とした逆元計算). 素数 $p = 2^q - 1$ と $x \not\equiv 0$ (mod p) に対し,このアルゴリズムは $x^{-1} \bmod p$ を出力する.

1. [初期化]
    $(a, b, y, z) = (1, 0, x, p);$
2. [簡約]
    $2^e \| y$ を満足する e を求める;
    $y = y/2^e;$ // 下位の連続した 0 のシフト
    $a = (2^{q-e}a) \bmod p;$ // 定理 9.2.12 に従った巡回シフト
    if($y == 1$) return a;
    $(a, b, y, z) = (a + b, a, y + z, y);$
    goto [簡約];

9.4.3 巨大変数に対する再帰的 gcd アルゴリズム

最初に [Knuth 1971] によって示されたように,ともにサイズ N の 2 数の gcd の計算に対する標準的ビット計算量 $O(\ln^2 N)$ は再帰的縮小手法により真に削減される.後にこのような再帰的手法により計算量を

$$O(M(\ln N) \ln \ln N)$$

に削減する手法が確立された.ここで $M(b)$ は b ビット整数の乗算のビット計算量を表す.後に示す $M(b)$ の既知の最良上界を用いると再帰的 gcd アルゴリズムの計算量は

$$O\left(\ln N (\ln \ln N)^2 \ln \ln \ln N\right)$$

となる.[Schönhage 1971], [Aho et al. 1974, pp. 300–310], [Bürgisser et al. 1997, p. 98], [Cesari 1998], [Stehlé and Zimmermann 2004] など,再帰的手法の研究は数十年にわたり行われてきた.事前調整 CRT などのこれまでに扱った様々なアルゴリズムと同様に,再帰的 gcd は初等的筆算を効率化のために利用できない.

本項では 2 種類の再帰的 gcd アルゴリズムを与える.1 つは 1970 年代に提案されたオリジナルアルゴリズム (Knuth–Schönhage gcd または KSgcd と呼ぶ) であり,もう 1 つは,より新しい Stehlé–Zimmermann によって提案された純粋に 2 進的な方法 (SZgcd と呼ぶ) である.この 2 方法は共に同じ漸近計算量を持つが,実装の詳細においては大幅に異なる.

再帰的 gcd は (2 進 gcd や Lehmer によるその拡張などの) 他の方法と比較し,入力 x, y が十分に大きいとき,すなわち数万ビットの領域において,実際により効率的である.(上記しきい値は計算機や再帰下層での標準 gcd の利用などの種々の選択に強く依存する.) 応用例として,逆元計算が不要な ECM アルゴリズム 7.4.4 を思い出そう.これは gcd を必要とする.もし (いまだ誰も成功していない) Fermat 数 F_{24} の因子の発見を試みる場合には gcd にサイズが 160 万ビットの入力が必要である.これは上記計

9.4 gcd と逆元計算の拡張

算量の再帰的 gcd がその他の方法と比較して効率上根本的に支配的な領域である．本項で後にいくらかの具体的な時間見積りを与える．

標準的な gcd の剰余列と商の列が以下の意味で極端に異なることが KSgcd 法の基本的な着眼点である．x, y のサイズが共に N であるとする．Euclid アルゴリズム 2.1.2 より，$j \geq 0$ に対し j 回ループの後に得られる組を (r_j, r_{j+1}) とする．したがって，剰余列は $(r_0 = x,\ r_1 = y,\ r_2, r_3, \ldots)$ と定義される．同様に，

$$r_j = q_{j+1} r_{j+1} + r_{j+2}$$

によって定められる陰な商の列 $(q_1, q_2, \ldots)$ を考える．本質的に，標準的 gcd はある r_k で剰余が 0 になるまでこのような商–剰余関係を繰り返す．r_k が 0 のとき，r_{k-1} が gcd である．ここで q の列と r の列の極端な相違に議論を移す．[Cesari 1998] にエレガントかつ明確に述べられているように，剰余列のビット総数の期待値は $O(\ln^2 N)$ である．したがって，すべての r_j を参照する任意の gcd アルゴリズムの計算量は最良で 2 次多項式時間になる．一方，商列 $(q_1, \ldots, q_{k-1})$ は相対的に小さな元からなる傾向がある．再帰の考え方は q_j を知ることで任意の r_j をほぼ線形時間で得られるという事実からきている [Cesari 1998]．

ここで剰余–商系列の例を示そう．(後に示す再帰手法の実例のために，ここではほどよい大きさの x, y を選択する．)

$$(r_0, r_1) = (x, y) = (31416, 27183)$$

とする．ここで

$$r_0 = q_1 r_1 + r_2 = 1 \cdot r_1 + 4233,$$
$$r_1 = q_2 r_2 + r_3 = 6 \cdot r_2 + 1785,$$
$$r_2 = q_3 r_3 + r_4 = 2 \cdot r_3 + 663,$$
$$r_3 = q_4 r_4 + r_5 = 2 \cdot r_4 + 459,$$
$$r_4 = q_5 r_5 + r_6 = 1 \cdot r_5 + 204,$$
$$r_5 = q_6 r_6 + r_7 = 2 \cdot r_6 + 51,$$
$$r_6 = q_7 r_7 + r_8 = 4 \cdot r_7 + 0$$

であり，明らかに $\gcd(x, y) = r_7 = 51$ である．この商列は $(1, 6, 2, 2, 1, 2, 4)$ であり，実際これらは有理数 x/y の連分数展開の元であることに注意しておく．この例の傾向は典型的である．すなわち，多くの商が小さな値になることが期待される．

既知の商から剰余項を得る方法を形式化するために，$i < j$ に対し以下に示す行列記法を用いる．

$$\begin{pmatrix} r_j \\ r_{j+1} \end{pmatrix} = \begin{pmatrix} 0 & 1 \\ 1 & -q_j \end{pmatrix} \cdots \begin{pmatrix} 0 & 1 \\ 1 & -q_{i+1} \end{pmatrix} \begin{pmatrix} r_i \\ r_{i+1} \end{pmatrix}$$

アルゴリズムの着想は，ベクトル $G(x,y)^T$ がある列ベクトル $(r_j, r_{j+1})^T$ であるような行列 G を計算するために，概して小さな q を用いることである．ここで r_j のビット長は x のほぼ半分である．そして，入力が高速であるとみなせるまで標準的 gcd を通してこれを繰り返す．以下に示すアルゴリズムにおいて，メイン関数 rgcd() が呼ばれたとき，(ステップ [入力サイズの縮小] において) 積の結果 $G(u,v)^T$ が非常に小さい要素の列ベクトルとなるように行列 G の更新を行う hgcd() の呼び出しがある．上の例の計算を進めると，途中で

$$G = \begin{pmatrix} 0 & 1 \\ 1 & -2 \end{pmatrix} \begin{pmatrix} 0 & 1 \\ 1 & -2 \end{pmatrix} \begin{pmatrix} 0 & 1 \\ 1 & -6 \end{pmatrix} \begin{pmatrix} 0 & 1 \\ 1 & -1 \end{pmatrix} = \begin{pmatrix} 12 & -15 \\ -32 & 37 \end{pmatrix}$$

と

$$G \begin{pmatrix} r_0 \\ r_1 \end{pmatrix} = \begin{pmatrix} 12 & -15 \\ -32 & 37 \end{pmatrix} \begin{pmatrix} 31416 \\ 27183 \end{pmatrix} = \begin{pmatrix} 663 \\ 459 \end{pmatrix} = \begin{pmatrix} r_4 \\ r_5 \end{pmatrix}$$

を得る．この方法では，hgcd() の1回の呼び出しで剰余階梯を急激に降下することができる．典型的な例では，より小さな変数 r_4 と r_5 に対し標準的 gcd を利用する．非常に大きな初期変数に対して，剰余階梯を十分に降下するために数回の再帰処理が行われる．ここで r_j の基本ビット長は1回の再帰処理の度におおよそ半分になる．

次に示す擬似コードは [Buhler 1991] の実装を参考にした．(注意：便宜上，多くのソフトウェアと同様に gcd(0,0) = 0 とする．)

アルゴリズム 9.4.6 (再帰的 gcd). 非負整数 x, y に対し，このアルゴリズムは $\gcd(x,y)$ を出力する．最上位関数 rgcd() は再帰の底で呼ばれる (Euclid アルゴリズムや2進アルゴリズムなどの) 標準的な gcd 関数 cgcd() と再帰関数 hgcd() を呼び出す．hgcd() は「小さな gcd」関数 shgcd() を呼ぶ．G は大域行列であり，その他の内部変数は (再帰手順の標準的な意味における) 局所変数である．

1. [初期化]
 $lim = 2^{256}$;   // cgcd() のしきい値; 効率によって調整せよ．
 $prec = 32$;   // shgcd() のビット長のしきい値; 効率によって調整せよ．
2. [行列を出力する small-gcd 関数 shgcd の設定]
 $shgcd(x,y)$ {   //局所変数 u, v, q, A を用いた短い gcd
  $A = \begin{pmatrix} 1 & 0 \\ 0 & 1 \end{pmatrix}$;
  $(u,v) = (x,y)$;
  while($v^2 > x$) {
   $q = \lfloor u/v \rfloor$;
   $(u,v) = (v, u \bmod v)$;
   $A = \begin{pmatrix} 0 & 1 \\ 1 & -q \end{pmatrix} A$;

    }
    return A;
}

3. [大域行列 G を修正する再帰手順 $hgcd$]

    $hgcd(b, x, y)$ {   // 局所変数 u, v, q, m, C
        if($y == 0$) return;
        $u = \lfloor x/2^b \rfloor$;
        $v = \lfloor y/2^b \rfloor$;
        $m = B(u)$;   // B は標準的なビット長関数
        if($m < prec$) {
            $G = shgcd(u, v)$;
            return;
        }
        $m = \lfloor m/2 \rfloor$;
        $hgcd(m, u, v)$;   // 再帰
        $(u, v)^T = G(u, v)^T$;   // 行列-ベクトル乗算
        if($u < 0$) $(u, G_{11}, G_{12}) = (-u, -G_{11}, -G_{12})$;
        if($v < 0$) $(v, G_{21}, G_{22}) = (-v, -G_{21}, -G_{22})$;
        if($u < v$) $(u, v, G_{11}, G_{12}, G_{21}, G_{22}) = (v, u, G_{21}, G_{22}, G_{11}, G_{12})$;
        if($v \neq 0$) {
            $(u, v) = (v, u)$;
            $q = \lfloor v/u \rfloor$;
            $G = \begin{pmatrix} 0 & 1 \\ 1 & -q \end{pmatrix} G$;   // 行列-行列乗算
            $v = v - qu$;
            $m = \lfloor m/2 \rfloor$;
            $C = G$;
            $hgcd(m, u, v)$;   // 再帰
            $G = GC$;
        }
        return;
    }

4. [最上位関数 $rcgcd$ の構成]

    $rgcd(x, y)$ {   // 局所変数 u, v を用いた最上位関数
        $(u, v) = (x, y)$;

5. [入力サイズの縮小]

        $(u, v) = (|u|, |v|)$;   // 各要素の絶対値

      if$(u < v)$ $(u, v) = (v, u)$;
      if$(v < lim)$ goto [分岐];
      $G = \begin{pmatrix} 1 & 0 \\ 0 & 1 \end{pmatrix}$;
      $hgcd(0, u, v)$;
      $(u, v)^T = G(u, v)^T$;
      $(u, v) = (|u|, |v|)$;
      if$(u < v)$ $(u, v) = (v, u)$;
      if$(v < lim)$ goto [分岐];
      $(u, v) = (v, u \bmod v)$;
      goto [入力サイズの縮小];
6. [分岐]
      return $cgcd(u, v)$;   // 再帰を終了し代替 gcd へ
}

全体関数 $rgcd(x, y)$ により x, y の最大公約数を計算するときには，アルゴリズムの実際の応用によってしきい値 lim と $prec$ を選択する必要がある．G. Woltman は記憶域の再利用とその他の注意深い管理を本質とする，メモリー利用が高効率なアルゴリズム 9.4.6 の実装を行った．彼は標準的な gcd アルゴリズムを利用した場合には数日掛かるだろう Fermat 数 F_{24} に関連したランダムな gcd の計算を最新の PC 上で 1 時間以内で計算できたことを 2000 年に報告している．これは非常に早い時期の再帰的手法の実際の成功例である．この例から，このアルゴリズムは複雑ではあるものの，特に入力の大きさが Fermat 数 F_{20} やそれを越える興味深い「純粋な合成数」のような巨大な数の因子の探索において確かに効果があることがわかる．

もう 1 つの再帰的手法である SZgcd はつい最近開発された．これは 2 進シフトと長整数の乗算のみにより構成される再帰的 2 進 gcd である．この目覚しい発見はアルゴリズム 9.4.6 と理論上同一の計算量を持つ．しかし，後述のアルゴリズムの GNU MP を用いた実装は 2^{24} ビットの 2 数の gcd を最新の PC 上で 45 秒で計算すると [Zimmerman 2004] が報告している．アルゴリズム 9.4.6 の 2000 年時点の結果は，2004 年の計算機によって数分程度短縮可能だろうが，この新しい SZgcd の方が完全に優位である．しかし，本節の初めに明確に述べた理論的計算量は，両方のアルゴリズムに適用されるものであることを思い出そう．後者で利用する 2 進演算が単純かつ高速であることが，より小さな O 定数をもたらしているのである．（また，SZgcd の方が計算量理論に厳密に沿うことが容易であることも [Stehlé and Zimmermann 2004] により観察されている．）

SZgcd の基本的な着想は有理数を通常の正整数ではなく

$$(\pm 1/2, \pm 1/4, \pm 3/4, \pm 1/8, \pm 3/8, \pm 5/8, \pm 7/8, \pm 1/16, \pm 3/16, \ldots)$$

の要素を用いて連分数展開することにある．典型的な分数展開が $525/266$ などの有理数

に対して以下のように例示される．（D. Bernstein によって例が示された.）

$$525 = (1/2)266 + 392;$$
$$266 = (-3/4)392 + 560;$$
$$392 = (-1/2)560 + 672;$$
$$560 = (-1/2)672 + 896;$$
$$672 = (3/4)896 + 0$$

ここで gcd(525, 266) は 896 の奇数部分，すなわち 7 である．各ステップにおいては，剰余の 2 冪部分が増加するように分数の「商」が選択されている．したがって，以下に示すアルゴリズムは完全に 2 進的であり，特にベクトルシフトなどのような高速 2 進演算が可能な計算機に適している．アルゴリズム 9.4.7 の $divbin$ は上記の形の除算をただ 1 回繰り返し，また第 1 整数が第 2 整数の最大 2 冪因子で割り切れないときには，これを常に適用可能であることに注意せよ．

Stehlé–Zimmermann に従い，符号つき法簡約 x cmod m を m を法とした x の $[-\lceil m/2 \rceil + 1, \lfloor m/2 \rfloor]$ の中の一意な剰余と定義する．アルゴリズム 9.4.2 と同様に，関数 v_2 は最下位から連続して 0 が立ったビット数を出力する．前述のアルゴリズムと同様に，$B(n)$ は非負整数 n の 2 進表現のビット数を表す．

アルゴリズム 9.4.7 (Stehlé–Zimmermann の再帰的 2 進 gcd). 非負整数 x, y に対し，このアルゴリズムは gcd(x, y) を出力する．最上位関数 $SZgcd()$ は再帰的ハーフ 2 進関数 $hbingcd()$ を呼ぶ．また，変数が十分に小さいときには標準的な 2 進 gcd を呼ぶ．

1. [初期化]
$thresh = 10000;$ // チューニング可能な 2 進 gcd へのしきい値
2. [gcd を出力する最上位関数の設定]
$SZgcd(x, y)$ { // ローカル変数 u, v, k, q, r, G
　　$(u, v) = (x, y);$
　　if$(v_2(v) < v_2(u))$ $(u, v) = (v, u);$
　　if$(v_2(v) == v_2(u))$ $(u, v) = (u, u + v);$
　　if$(v == 0)$ return $u;$
　　$k = v_2(u);$
　　$(u, v) = (u/2^k, v/2^k);$
3. [簡約]
　　if$((B(u)$ or $B(v) < thresh)$ return 2^k gcd$(u, v);$ // アルゴリズム 9.4.2
　　$G = hbingcd(\lfloor B(u)/2 \rfloor, u, v);$ // G は 2×2 行列
　　$(u, v)^T = G(u, v)^T;$ // 行列-ベクトル乗算
　　if$(v == 0)$ return $2^{k-v_2(u)}u;$

$(q, r) = divbin(u, v);$
$(u, v) = (v/2^{v_2(v)}, r/2^{v_2(v)});$
if$(v == 0)$ return $2^k u;$
goto [簡約];
}

4. [ハーフ 2 進除算関数]

$divbin(x, y)$ {　　　　　　　// 2 次元ベクトルを出力. q, r はローカル変数
　　$r = x;$
　　$q = 0;$
　　while$(v_2(r) \leq v_2(y))$ {
　　　　$q = q - 2^{v_2(r)-v_2(x)};$
　　　　$r = r - 2^{v_2(r)-v_2(y)} y;$
　　}
　　$q = q \text{ cmod } 2^{v_2(y)-v_2(x)+1};$
　　$r = x + qy/2^{v_2(y)-v_2(x)};$
　　return $(q, r);$
}

5. [(再帰的) ハーフ 2 進 gcd 関数]

$hbingcd(k, x, y)$ {　　　// 行列を出力する. $G, u, v, k_1, k_2, k_3, q, r$ はローカル変数
　　$G = \begin{pmatrix} 1 & 0 \\ 0 & 1 \end{pmatrix};$
　　if$(v_2(y) > k)$ return $G;$
　　$k_1 = \lfloor k/2 \rfloor;$
　　$k_3 = 2^{2k_1+1};$
　　$u = x \bmod k_3;$
　　$v = y \bmod k_3;$
　　$G = hbingcd(k_1, u, v);$　　　　　　　　　　　　　　　　　　　　　// 再帰
　　$(u, v)^T = G(x, y)^T;$
　　$k_2 = k - v_2(v);$
　　if$(k_2 < 0)$ return $G;$
　　$(q, r) = divbin(u, v);$
　　$k_3 = 2^{v_2(v)-v_2(u)};$
　　$G = \begin{pmatrix} 0 & k_3 \\ k_3 & q \end{pmatrix} G;$
　　$k_3 = 2^{2k_2+1};$
　　$u = \left(v 2^{-v_2(v)}\right) \bmod k_3;$
　　$v = \left(r 2^{-v_2(v)}\right) \bmod k_3;$

$G = hbingcd(k_2, u, v)G;$
return $G;$
}

アルゴリズム 9.4.7 の性能を発揮させるための演算に関する暗黙のアドバイスについては問題 9.20 の最終段落を参照せよ．加えて，これら再帰的 gcd の大幅に削減された計算量には，長整数に対する効率的な乗算が必要であることに注意せよ．この乗算が行列乗算に現れるかその他の部分に現れるかに関わらず，しきい値を利用すべきである．すなわち，小さい変数に対しては初等的筆算を，大きな変数に対しては Karatsuba か Toom–Cook 乗算を，そして巨大な変数に対しては最適なものの 1 つである FFT ベースの乗算を利用すべきだろう．言い換えると，実装の際には本項の冒頭で与えた計算量に現れる乗算の計算量 $M(N)$ に対する深い検討が必要である．これら種々の高速乗算については本章で後に扱う (9.5.1, 9.5.2 項)．

アルゴリズム 2.1.4 やアルゴリズム 9.4.3 に類似した，法逆元計算を可能とする漸近的に高速な拡張形式がこれらの再帰的 gcd アルゴリズムにも存在するか否かは自然な疑問であるが，[Stehlé and Zimmermann 2004] や [Cesari 1998] に示されているように，これらは存在する．

9.5 長整数乗算

数百，数千（場合によっては数百万）桁の数を扱うときの現代的な乗算法が存在する．実際に初等的筆算では，ある領域の乗算を行うことができない．これはむろんサイズ N の 2 数に対する筆算のビット計算量が $O\left(\ln^2 N\right)$ であることによる．本節で後に議論するように現代的な変換と畳み込み手法によりこの計算量を

$$O(\ln N (\ln \ln N)(\ln \ln \ln N))$$

に削減することが可能である．

長整数演算技術は特に最近多くの改良が重ねられている．ちょうど高速フーリエ変換 (FFT) の工学応用と同様に，新たな取り組み，新たな改良，そして計算整数論への新たな応用は終わることのないように見える．本節では辞書的な説明ではなく広範に及ぶ豊饒かつ魅惑的なこの分野の概要を与える．理論的側面からの乗算法の興味深い報告が [Bernstein 1997] にある．また，[Crandall 1994b, 1996a] は現代的な実装について歴史的な文献を挙げ議論している．

9.5.1 Karatsuba 法と Toom–Cook 法

Karatsuba によって観察されたように，整数を分割し標準的な乗算法を各部分に適用することで長整数乗算の速度向上を図ることが可能である．彼の再帰的手法においては，

数が $x_0, x_1 \in [0, W-1]$ によって W 進表現と同値な分割形式

$$x = x_0 + x_1 W$$

で表現されていると仮定し，また底のサイズが x のサイズの 1/2 程度であるとする．したがって，x は「サイズ W^2」の整数である．おおむねこのサイズの 2 数 x, y に対して Karatsuba の関係式が

$$xy = \frac{t+u}{2} - v + \frac{t-u}{2}W + vW^2 \tag{9.17}$$

で与えられる．ここで

$$t = (x_0 + x_1)(y_0 + y_1),$$
$$u = (x_0 - x_1)(y_0 - y_1),$$
$$v = x_1 y_1$$

である．したがって，サイズ W^2 乗算 xy は 3 回のサイズ W 乗算（と，最終結果の W 進表現を得るための最終桁上げ調整）のみから得られる．これは原理的に 1 つの利点である．なぜならば，筆算によるサイズ W^2 乗算は 3 回ではなく 4 回のサイズ W 乗算と同等の計算量を必要とするからである．Karatsuba の関係式を t, u, v に適用し，さらに再帰的にこれを繰り返すと，サイズ N 乗算の漸近計算量が

$$O\left((\ln N)^{\ln 3/\ln 2}\right)$$

ビット演算で与えられることが示される．これは初等的筆算の理論的な改良となっている．「理論的な改良」といったのは，計算機上での実装にはオーバーヘッドが生じ，メモリー配置や部分積の再結合などに必要な時間によって，Karatsuba 法が実際の代替手段とならない可能性があるからである．しかし，計算機や実装に依存したある範囲の変数に対しては，Karatsuba 法が筆算の性能を越えることが通常である．

これに対し関連した方法である Toom–Cook 法の計算量はサイズ N 乗算の乗法部分に関し（すなわち，アルゴリズムに現れる加算をすべて無視した場合），理論的に $O\left(\ln^{1+\epsilon} N\right)$ となる．しかし，この方法が長整数乗算の最終的な結論とならない理由がある．第 1 に大きな N に対しては加算回数も考慮されるべきであり，第 2 に計算量評価において（2 進シフトで実現可能な 1/2 との乗算などの）定数乗算が低コストであると仮定していることである．確かに，小さな定数による乗算は低コストだが，Toom–Cook 法に現れる定数は N の増大と共に急激に増大する．それでもこの方法は理論的に興味深いし，また語長乗算が加算と比較して非常に低速な計算機上などでの現実的な応用を持つ．Toom–Cook の基本的な着想は，2 多項式

$$x(t) = x_0 + x_1 t + \ldots + x_{D-1} t^{D-1}, \tag{9.18}$$
$$y(t) = y_0 + y_1 t + \ldots + y_{D-1} t^{D-1} \tag{9.19}$$

に対する積 $z(t) = x(t)y(t)$ が（例えば代入の列 $(z(j))$, $j \in [1-D, D-1]$ のように）これらの多項式に $2D-1$ 個の独立した t の値を代入して得られた値により完全に決定されることにある.

アルゴリズム 9.5.1 (シンボリック Toom–Cook 乗算). 与えられた D に対し，このアルゴリズムは D 桁整数 $\times D$ 桁整数の（シンボリック）Toom–Cook 法を構成する.

1. [初期化]
   $D-1$ 次文字係数多項式 $x(t), y(t)$ を (9.18) により構成する;
2. [代入]
   $j \in [1-D, D-1]$ の各々に対し，$z(j) = x(j)y(j)$ をシンボリックに評価する; したがって，各々の $z(j)$ は多項式 x と y の文字係数の項により構成された多項式となる.
3. [再構成]
   $2D-1$ 個の等式により構成される以下の線形系を係数 z_j に関しシンボリックに解く：
   $z(t) = \sum_{k=0}^{2D-2} z_k t^k$, $t \in [1-D, D-1]$;
4. [関係式の出力]
   $2D-1$ 個の関係式を出力する; それぞれの関係式は多項式 x, y の文字係数からなる多項式 z_j により構成される.

このアルゴリズムの出力は多項式の積 $z(t) = x(t)y(t)$ の係数を元の多項式の係数によって与える式の集合である. それぞれの多項式を底 B の D 桁の整数表現とすれば，これは整数乗算を意味することとなる.

Toom–Cook の着想を強調するため，Toom–Cook 法のすべての乗算はアルゴリズム 9.5.1 の [代入] ステップに現れることを注意しておく. 次にこのような乗算を 5 回必要とする具体的なアルゴリズムを与える. 前述のシンボリックアルゴリズムは次のアルゴリズムに用いる関係式を生成するために利用される.

アルゴリズム 9.5.2 ($D=3$ の Toom–Cook 整数乗算). B 進表現で
$$x = x_0 + x_1 B + x_2 B^2,$$
$$y = y_0 + y_1 B + y_2 B^2$$
と与えられた整数 x, y に対し，このアルゴリズムは長さ 3 の列の非巡回畳み込みの理論的最小値である $2D-1=5$ 回の乗算を用いて B 進表現された積 $z = xy$ の各桁を出力する.

1. [初期化]
   $r_0 = x_0 - 2x_1 + 4x_2$;
   $r_1 = x_0 - x_1 + x_2$;
   $r_2 = x_0$;

$$r_3 = x_0 + x_1 + x_2;$$
$$r_4 = x_0 + 2x_1 + 4x_2;$$
$$s_0 = y_0 - 2y_1 + 4y_2;$$
$$s_1 = y_0 - y_1 + y_2;$$
$$s_2 = y_0;$$
$$s_3 = y_0 + y_1 + y_2;$$
$$s_4 = y_0 + 2y_1 + 4y_2;$$

2. [Toom–Cook 乗算]
    for$(0 \leq j < 5)$ $t_j = r_j s_j;$
3. [再構成]
    $$z_0 = t_2;$$
    $$z_1 = t_0/12 - 2t_1/3 + 2t_3/3 - t_4/12;$$
    $$z_2 = -t_0/24 + 2t_1/3 - 5t_2/4 + 2t_3/3 - t_4/24;$$
    $$z_3 = -t_0/12 + t_1/6 - t_3/6 + t_4/12;$$
    $$z_4 = t_0/24 - t_1/6 + t_2/4 - t_3/6 + t_4/24;$$
4. [桁上げ調整]
    carry = 0;
    for$(0 \leq n < 5)$ {
        $v = z_n + carry;$
        $z_n = v \bmod B;$
        $carry = \lfloor v/B \rfloor;$
    }
    return $(z_0, z_1, z_2, z_3, z_4, carry);$

　ここでサイズ B^2 乗算を 3 回のサイズ B 乗算に削減可能な Karatsuba 法の「利得」を 4/3 とすれば，サイズ B^3 乗算を 5 回の B 乗算に削減可能なアルゴリズム 9.5.2 の利得は 9/5 である．再帰的に用いられた場合（例えば，[Toom–Cook 乗算] ステップは再帰的に Toom–Cook アルゴリズムを呼ぶことで計算可能である）サイズ N の 2 数の乗算の計算量はどちらのアルゴリズムも

$$O\left((\ln N)^{\ln(2D-1)/\ln D}\right)$$

回の（N と独立な固定サイズの）小さな数の乗算に削減される．Toom–Cook 次数 $d = D - 1$ が十分に高いときに，任意の $\epsilon > 0$ に対してこの計算量を $O\left(\ln^{1+\epsilon} N\right)$ 回の小さな乗算に削減可能である．しかし，この計算量が加算の回数と定数係数乗算を無視していることを強く注意しておく（問題 9.37, 9.78 と 9.5.8 項を参照せよ）．

　Toom–Cook 法を（他の畳み込み手法と共に後に述べる）非巡回畳み込み手法とみなすことが可能である．Karatsuba 法と Toom–Cook 法のより詳しい内容については，

[Knuth 1981], [Crandall 1996a], [Bernstein 1997] を参照せよ.

9.5.2 フーリエ変換アルゴリズム

計算量が $O\left(\ln^{1+\epsilon} N\right)$ 回の固定された小さなサイズの数の乗算である (が,加算回数が多くなるだろう) 乗算法の議論を終え,すべての演算の計算量が少ない乗算手法に焦点を移そう.これらの手法は離散フーリエ変換 (discrete Fourier transform, DFT) の概念から得られる.ここでは,乗算アルゴリズムを得るのに十分な,これの詳細を与える.

変換理論と信号処理技術との整合性のために,ここでは「信号」を単にある要素列であると考える.本章の以降にわたり,信号は多項式系数の列か一般的な要素列であるとする.また,この信号を「信号長」 D に対し $x = (x_n)$, $n \in [0, D-1]$ と書く.

第 1 の本質的な概念は,乗算がある種の畳み込みであることにある.後にこの変換についてより詳しく構成していくが,ここでは DFT が畳み込み問題に現れる自然な変換であることをみよう.DFT が畳み込みをより低コストな直積に変換する特性を持つことを示すために,これの定義を与えることから始める.

定義 9.5.3 (離散フーリエ変換 (DFT)). x を D^{-1} が存在する任意の代数系の元を要素とする長さ D の信号とする.g をこの代数系上の 1 の原始 D 乗根 (すなわち,$k \equiv 0 \pmod{D}$ ならばそのときに限り $g^k = 1$ を満たす元) とする.このとき,x の離散フーリエ変換は

$$X_k = \sum_{j=0}^{D-1} x_j g^{-jk} \tag{9.20}$$

を要素とする信号 $X = DFT(x)$ であり,また逆変換 $DFT^{-1}(X) = x$ は

$$x_j = \frac{1}{D} \sum_{k=0}^{D-1} X_k g^{jk} \tag{9.21}$$

で与えられる.

変換 DFT^{-1} が逆変換として正しく定義されることは練習問題とする.DFT^{-1} の重要な具体例を以下に挙げる.

複素数体 DFT: $x, X \in \mathbf{C}^D$, $e^{2\pi i/D}$ などの 1 の原始 D 乗根 g

有限体 DFT: $x, X \in \mathbf{F}_{p^k}^D$,同一の体上の 1 の原始 D 乗根 g

整数環 DFT: $x, X \in \mathbf{Z}_N^D$,同一の環上の 1 の原始 D 乗根 g,$\mathbf{Z}_N$ 上に D^{-1}, g^{-1} が存在することが必要

上記は標準的な例であり他にも多くの可能性が考えられる.その 1 つの例として 2 次体上の DFT が定義できる (問題 9.50 を参照せよ).

第 1 の複素数体の場合，実際の実装では，（後にみるように，信号の要素が実数のみからなる場合は大幅な最適化を行うものの）複素数を扱うために浮動小数点演算を用いる．第 2 の有限体の場合，すべての項目が $(\bmod\ p)$ で簡約された体演算を用いる．第 3 の環上の DFT の場合，$N = 2^n - 1$ と $N' = 2^n + 1$ とに対して同時に用いられることがある．このとき，n が N, N' の両方と互いに素であるならば，$g = 2, D = n, D' = 2n$ とできる．

これ以外の多くの変換も存在することを述べておく．これらの多くは DFT の複素指数基底の代わりに別の基底関数を用いることで得られ，多くは高速なアルゴリズムであり，また実数信号を仮定することもある，などである．これらの変換は本書の範囲を越えるが，いくつかは畳み込みに適しているのでその中の少数を以下に挙げる．Walsh–Hadamard 変換：加算のみにより構成され乗算を必要としない．離散コサイン変換 (discrete cosine transform, DCT)：実信号に適用される DFT の実乗算版．様々なウェーブレット変換：ときとして $(O(N \ln N))$ ではなく $O(N)$ の非常に高速なアルゴリズムを与える．実数 FFT：実信号に対し cos か sin のどちらか一方のみを利用．実信号 Hartley 変換など．これらのいくつかについて [Crandall 1994b, 1996a] で議論されている．

ここで DFT と有名な高速フーリエ変換 (fast Fourier transform, FFT) のほとんど自明な相異点を明らかにしておく．FFT は分割統治法に分類される演算であり，定義 9.5.3 で与えられた DFT を計算するものである．FFT はアルゴリズム中に典型的には $X = FFT(x)$ という形式で現れ，これは DFT を計算することを意味する．同様に演算 $FFT^{-1}(x)$ は逆 DFT を返す．"FFT" はある意味で誤称なので，違いを明確に述べておく：DFT はある種の和（すなわち，代数的な量）であり，FFT はアルゴリズムである．この差異の類似を挙げる：この本において，同値類 $x \pmod{N}$ は理論的なものだが，x の法 p による簡約 $x \bmod p$ は演算である．同様に $X = FFT(x)$ は信号 x に対しあるアルゴリズムによる FFT 演算を行い $DFT(x)$ を得ることを意味する．（ほとんど自明な差異を記述した別の理由として，FFT を DFT のある種の「近似」であると誤解している学生がいることが挙げられる．確かに，主に FFT の演算数が削減されていることによる丸め誤差のために，FFT には正確な DFT の総和計算と比較しより高い精度を必要とすることがある．）

FFT アルゴリズムの基本概念は Gauss まで遡るが，これの現代理論の誕生は次に与える Danielson–Lanczos 恒等式に帰すると考えるものもいる．この恒等式は信号長 D が偶数のときに適用される．

$$DFT(x) = \sum_{j=0}^{D-1} x_j g^{-jk} = \sum_{j=0}^{D/2-1} x_{2j} \left(g^2\right)^{-jk} + g^{-k} \sum_{j=0}^{D/2-1} x_{2j+1} \left(g^2\right)^{-jk} \quad (9.22)$$

この美しい恒等式は信号長 D の DFT の和が長さ $D/2$ の 2 個の総和に分解されることを意味する．このように Danielson–Lanczos 恒等式から変換計算の再帰的方法が想起される．以下で与える再帰的 FFT に自然に現れる回転因子と呼ばれる元 g^{-k} に注意し

よう．このアルゴリズムとそれに続いて記述されるアルゴリズムにおいて $len(x)$ は信号 x の長さを表す．また，$(a_j)_{j\in J}$ で表される複数要素の結合は，j が与えられた J の中で増加するにつれて，それが指す要素が左から右方向へ動く自然な要素結合を意味する．同様に，$U \cup V$ は要素列 V を U の右に結合することを意味する．

アルゴリズム 9.5.4 (再帰的 FFT). DFT (定義 9.5.3) が存在する長さ $D\,(=2^d)$ の信号 x に対し，このアルゴリズムは $FFT(x)$ の呼び出しを通して DFT(x) を計算する．$len()$ は信号長関数である．また，再帰の中で 1 の冪根 g の位数はその時点の信号長と同一となる．

1. [再帰 FFT 関数]

```
FFT(x) {
    n = len(x);
    if(n == 1) return x;
    m = n/2;
    X = (x_{2j})_{j=0}^{m-1};                    // x の偶数添字部分
    Y = (x_{2j+1})_{j=0}^{m-1};                  // x の奇数添字部分
    X = FFT(X);
    Y = FFT(Y);                                  // 1/2 長の再帰呼び出し 2 回
    U = (X_{k mod m})_{k=0}^{n-1};
    V = (g^{-k} Y_{k mod m})_{k=0}^{n-1};        // 1 の n 乗根 g
    return U + V;                                // 恒等式 (9.22) の実現
}
```

興味の対象である代数領域においてこのアルゴリズムの演算数が

$$O(D \ln D)$$

であり，この評価が乗算と加減算の両方に有効であることが簡単な考察から示される．$D \ln D$ は分割統治法の典型的な計算量である．このような計算量を持つ別の例としていくつかの高速ソート法がある．この再帰アルゴリズムは教育的であり応用も持つ．しかし圧倒的多数の FFT 実装は [Cooley and Tukey 1965] によって最初に提案された巧妙なループ手法を用いている．Cooley–Tukey アルゴリズムは，ある「ビットスクランブル」置換が長さ $D = 2^d$ の信号 x の要素に対して与えられたとき，FFT を都合の良いネストループによって実現可能であることを用いている．このスクランブルは逆順 2 進再インデクシング（すなわち x_j を j の逆順 2 進表現 k を添字とする x_k で置換すること）によって行われる．例えば，信号長 $D = 2^5$ に対する $5 = 00101_2$ の逆順 2 進表現が $10100_2 = 20$ であるので x_5 はスクランブルによってスクランブル前の x_{20} で置き換えられる．この添字のビットスクランブルを，原理的に各添字の操作による新たなスクランブル表の作成によって実現可能であるが，通常はより効率的な 2 要素置換の列を用

いた局所的なスクランブルが用いられる．この方法は次に示すアルゴリズムに用いられている．

　Cooley–Tukey アルゴリズムの最重要な性質は DFT の結果を得るために FFT を局所的処理 (すなわち原信号 x の要素対要素の置換) により実現できることにある．これはメモリー効率の非常に良い方法であり，この特性により多くの場合において Cooley–Tukey とその関連アルゴリズムが用いられている．ビットスクランブルによって，Cooley–Tukey アルゴリズムから局所的かつ (DFT の自然な) 順序に従った FFT が導かれる．歴史的にみて，Cooley–Tukey アルゴリズムは「時間デシメーション」(decimation-in-time, DIT) に分類される．これは Danielson–Lanczos の分割恒等式 (9.22) のような時間領域 (すなわち原信号の添字) の間引き (デシメーション) を意味する．一方，Gentleman–Sande FFT は「周波数デシメーション」(decimation-in-frequency, DIF) に分類される．これは変換後の要素 X_k の添字に対して時間デシメーションと同様の操作を行っていることに相当する．

アルゴリズム 9.5.5 (局所的正順序ループビットスクランブル FFT). 与えられた $D = 2^d$ 要素の信号 x に対し，以下の関数はネストループを用いて FFT を実行する．主要な FFT アルゴリズムである時間デシメーション (Cooley–Tukey) 形式と周波数デシメーション (Gentleman–Sande) 形式とを併記する．これらの形式は数式的にも，また 1 の冪根と環または体演算を定めることで数論的な変換法としても利用可能である．

1. [Cooley–Tukey 時間デシメーション FFT]

    $FFT(x)$ {

    　　$scramble(x);$

    　　$n = len(x);$

    　　for($m = 1;\ m < n;\ m = 2m$) {　　　　　　　// m は 2 冪の中で増加

    　　　　for($0 \leq j < m$) {

    　　　　　　$a = g^{-jn/(2m)};$

    　　　　　　for($i = j;\ i < n;\ i = i + 2m$)

    　　　　　　　　$(x_i, x_{i+m}) = (x_i + ax_{i+m}, x_i - ax_{i+m});$

    　　　　}

    　　}

    　　return $x;$

    }

2. [Gentleman–Sande 周波数デシメーション FFT]

    $FFT(x)$ {

    　　$n = len(x);$

    　　for($m = n/2;\ m \geq 1;\ m = m/2$) {　　　　// m は 2 冪の中で減少

    　　　　for($0 \leq j < m$) {

$$a = g^{-jn/(2m)};$$
        for($i = j;\ i < n;\ i = i + 2m$)
            $(x_i, x_{i+m}) = (x_i + x_{i+m}, a(x_i - x_{i+m}));$
        }
    }
    $scramble(x);$
    return $x;$
}

3. [局所スクランブル関数]

    $scramble(x)$ {   // 局所逆2進要素スクランブル
    $n = len(x);$
    $j = 0;$
    for($0 \le i < n - 1$) {
        if($i < j$) $(x_i, x_j) = (x_j, x_i);$ // 要素の交換
        $k = \lfloor n/2 \rfloor;$
        while($k \le j$) {
            $j = j - k;$
            $k = \lfloor k/2 \rfloor;$
        }
        $j = j + k;$
    }
    return;
}

後述の方法で畳み込み演算を行い，必要なFFTを特定の順番で実行することでスクランブル関数が不要になることに注意せよ．

Gentleman–Sande形式の（スクランブル関数を省略する）修正が初めに行われ，Cooley–Tukey形式の（初期スクランブルを省略する）修正が次に行われた．スクランブルは位数2の演算なのでこれらの修正が可能である．

幸運にも，スクランブルの使用を望まない場合や（例えばベクトル計算機などのように）隣接メモリーアクセスが重要な場合に適したStockham FFTがある．これは，ビットスクランブルを利用せず，また本質的にデータメモリーを連続走査する内部ループを持つ．このアルゴリズムの計算量はデータコピーの分増加する．Stockham FFTの洗練された典型的実装例が[Van Loan 1992]に示されているが，ベクトル計算機に適した変形も存在する．この特殊版は原データとその分割コピーの間を行き来するので「ピンポン」FFTと呼ばれる．以下に示すアルゴリズムは[Papadopoulos 1999]に基づく．

アルゴリズム 9.5.6 (ビットスクランブルのない正順序「ピンポン」**FFT**). 与えられた長さ $D = 2^d$ の信号 x に対し, Stockham FFT を実行する. ただし原信号 x と外部コピーデータ y には代替形式が用いられる. 手順中の X, Y はそれぞれ (複素) 信号 x, y へのポインタを表し, 通常のポインタ演算にしたがって演算される. 例えば初期状態では $X[0]$ は x の第1要素 x_0 だが, ポインタ X に 4 が加えられると $X[0] = x_4$ となる. 冪指数 d が偶数のときはポインタ X が FFT の結果を与え, d が奇数のときは Y が結果を与える.

1. [初期化]
    $J = 1$;
    $X = x$; $Y = y$;   // ポインタ割り当て
2. [外ループ]
    for($d \geq k > 0$) {   // 変数 k と j はともにダミーカウンタ
        $m = 0$;
        while($m < D/2$) {
            $a = e^{-2\pi i m/D}$;
            for($J \geq j > 0$) {
                $Y[0] = X[0] + X[D/2]$;
                $Y[J] = a(X[0] - X[D/2])$;
                $X = X + 1$;
                $Y = Y + 1$;
            }
            $Y = Y + J$;
            $m = m + J$;
        }
        $J = 2 * J$;
        $X = X - D/2$;
        $Y = Y - D$;
        $(X, Y) = (Y, X)$;   // ポインタの交換!
    }
3. [ピンポン奇偶判定]
    if(d が偶数) return (X の指す複素データ);
    return (Y の指す複素データ);

ループ変数 j が (J から) 連続的に減少するのでベクトル計算機上ですべてのデータをベクトルとして一括処理可能であることが, このアルゴリズムのループの利点である. さらに順方向 FFT が実装されていれば逆 FFT は非常に単純に実行可能である. 逆 FFT の 1 つの方法として定義 9.5.3 から g を g^{-1} に置き換えて最後に $1/D$ による正規化を行うことが考えられる. しかし複素数体を用いている場合には $g^{-1} = g^*$ であるので,

もし望むならば，FFT^{-1} を以下の手順でも実現可能である．

$x = x^*$;　　　　　　　　　　　　　　　　　　　　　　// 信号の複素共役
$X = FFT(x)$;　　　　　　　　　　　　　　　// 通常の根 g を用いた通常の FFT
$X = X^*/D$;　　　　　　　　　　　　　// 最終的な複素共役写像と正規化

Cooley-Tukey FFT と Gentleman-Sande FFT は複素数体上で最も良く利用され，このときの根は $g = e^{2\pi i/D}$ であるが，これらの手法は有限環や有限体上の演算を用いた数論変換にもまた有効である．複素数体の場合においても有限体の場合においても，変換する信号が実成分のみからなることはよく起こる．このような信号を「純実」と呼ぶ．これは複素信号 $x \in C^D$ に対し，各 $j \in [0, D-1]$ において $x_j = a_j + 0i$ であることを意味する．例えば $p \equiv 3 \pmod 4$ に対する $\mathbf{F}_{p^2}$ のように，同様の信号の類を持つ体が存在する．このような体上で任意の元は $x_j = a_j + b_j i$ と表現されるので，信号 $x \in \mathbf{F}_{p^2}^D$ は任意の b_j が 0 のときに純実であるといえる．純実信号のポイントは純実信号に対する FFT の計算量が通常の計算量と比較し一般に 1/2 程度にできることにある．これは情報理論的立場から道理に適っている．実際，純実信号にはちょうど半分のデータが含まれている．したがって，純実信号の 1/2 長の部分信号の虚数部分に残りの半分を埋め込むこと（すなわち $j \in [0, D/2 - 1]$ に対し複素信号

$$y_j = x_j + ix_{j+D/2}$$

を構成すること）が FFT の計算量削減の基本手法である．ここで信号 y は長さ $D/2$ となる．したがって，1/2 長の複素 FFT を実行後に，原信号 x に対する正しい DFT を再構成するために何らかの等式を用いることとなる．数論変換に対する純実信号手法の例として，[Crandall 1997b] による巡回畳み込みへの応用が，分割基底数式擬似コードとともに，アルゴリズム 9.5.22 に与えられている．（符号反転巡回手法の議論については問題 9.51 を参照せよ．）

加えて分割基底 FFT と呼ばれる低計算量 FFT も存在する．これは Danielson-Lanczos 等式よりも複雑な恒等式を用いる．さらに Sorenson による分割基底実信号 FFT もある．これは非常に効率的であり広く利用されている [Crandall1994b]．広大な FFT の分野は特定の目的に最適化された FFT で満たされ，全編にわたり FFT アルゴリズムの構成に関係する書籍さえ出版されている．例えば，[Van Loan 1992] を参照せよ．

20 世紀の終わりになってさえ FFT の新たな最適化に関する膨大な数の論文が毎年出版され続けている．ここでのテーマは長整数演算に対する FFT 実装なので，最後に並列 FFT アルゴリズムを与えてこの項を終える．このアルゴリズムは少なくとも 2 つの現実的状況において非常に便利である．第 1 の状況は信号データが莫大であり，なおかつ FFT を制限されたメモリー量の中で実行しなければならない場合である．つまり信号がディスク上にあり計算機の RAM 容量を越えている場合である．これの着想は信号の断片をディスクなどのより大きな記憶域から「スプール」し，それを処理した後に最終的

なFFTを得るために全体を正しく結合することにある.分割された変換の各断片の多くの部分に計算が現れるので,それぞれのプロセッサが断片化されたFFT処理を行うことで,このアルゴリズムを並列に用いることも可能である.以下に示すアルゴリズムは,特に実際のメモリー利用に関し,多くの研究者によって研究されている [Agarwal and Cooley 1986], [Swarztrauber 1987], [Ashworth and Lyne 1988], [Bailey 1990]. このアルゴリズムの本質的な着想は [Gentleman and Sande 1966] に遡るようだが,膨大な数のFFTに関する研究が20年もの間これらの起源を忘れ去らせていたようである.

並列FFTアルゴリズムは,長さ $D = WH$ のDFTを $H \times W$ 行列の行と列を辿ることで実行可能であることから,すべてを以下に示す x のDFT X の代数的簡約から得られる.

$$X = DFT(x) = \left(\sum_{j=0}^{D-1} x_j g^{-jk}\right)_{k=0}^{D-1}$$

$$= \left(\sum_{J=0}^{W-1}\sum_{M=0}^{H-1} x_{J+MW} g^{-(J+MW)(K+NH)}\right)_{K+NH=0}^{D-1}$$

$$= \left(\sum_{J=0}^{W-1}\left(\sum_{M=0}^{H-1} x_{J+MW} g_H^{-MK}\right) g^{-JK} g_W^{-JN}\right)_{K+NH=0}^{D-1}$$

ここで g, g_H, g_W はそれぞれ位数 WH, H, W の1の冪根である.また,添字 $(K+NH)$ は $K \in [0, H-1]$, $N \in [0, W-1]$ に値をとる.以下のアルゴリズムで示されるように,最終行の2重総和を行列の行と列のFFTであるとみなせる.

アルゴリズム 9.5.7 (並列「4ステップ」FFT). x を長さ $D = WH$ の信号とする.効率化のために,入力信号 x を列方向順序に要素を配置した行列 T と考える.すなわち,$j \in [0, W-1]$ に対し T の第 j 列は H 個の要素 $(x_{jH+M})_{M=0}^{H-1}$ により構成される.また,便宜上,アルゴリズム中においてFFT演算は行列の各行に対して適用されるものとする.(行列 U の第 k 行を $U^{(k)}$ と書く.)最終的なDFTも列方向順序で得られる.

1. [T の各行に対する H 回の長さ W 局所FFT]
    for$(0 \leq M < H)$ $T^{(M)} = DFT\left(T^{(M)}\right)$;
2. [行列の転置とねじり]
    $(T_{JK}) = (T_{KJ} g^{-JK})$;
3. [新たな T の各行に対する W 回の長さ H 局所FFT]
    for$(0 \leq J < W)$ $T^{(J)} = DFT\left(T^{(J)}\right)$;
4. [列方向順序要素列として $DFT(x)$ を出力]
    return T;   // $T_{MJ} = DFT(x)_{JH+M}$

入力データ x を要求された列方向順序に辞書式配置し,最終的に辞書式にDFT形式

に再変換することで，すべての変換法（問題 9.53 を参照せよ）が利用可能である．言い換えると，入力データが辞書式に並べられているとき，アルゴリズム 9.5.7 を長さ WH の標準 FFT として用いるためにデータの置換をアルゴリズムの前後で 1 回ずつ行えば良い．ここで小さな例を挙げる．アルゴリズム 9.5.7 を用いて長さ $N = 4 = 2 \cdot 2$ の FFT を求める場合を考える．1 の原始 4 乗根 g を $g = e^{2\pi i/4} = i$ と選ぶ．また列方向順序で与えられた入力データを

$$T = \begin{pmatrix} x_0 & x_2 \\ x_1 & x_3 \end{pmatrix}$$

とする．アルゴリズムの第 1 ステップでは $H = 2$ 行に対し長さ $W = 2$ の FFT を実行し，

$$T = \begin{pmatrix} x_0 + x_2 & x_0 - x_2 \\ x_1 + x_3 & x_1 - x_3 \end{pmatrix}$$

を得る．そして，転置と位相行列

$$(g^{-JK}) = \begin{pmatrix} 1 & 1 \\ 1 & -i \end{pmatrix}$$

との直積によるねじりを行い

$$T = \begin{pmatrix} x_0 + x_2 & x_1 + x_3 \\ x_0 - x_2 & -i(x_1 - x_3) \end{pmatrix}$$

を得る．以上より各行に対する FFT が

$$T = \begin{pmatrix} X_0 & X_2 \\ X_1 & X_3 \end{pmatrix}$$

と得られる．ここで $X_k = \sum_j x_j g^{-jk}$ である．これは通常の DFT の各要素に対応し，T の最終形式はまた列方向順序になっている．

画像処理などで利用される 2 次元 FFT とこのアルゴリズムの相異点は簡明である．すなわち，この 4 ステップ（標準行方向順序に対して事前変換と最終変換を行う場合は 6 ステップ）FFT はステップ [行列の転置とねじり] で位相因子による「ねじり」を必要とする．一方，2 次元 FFT は位相因子によるねじりを必要としない代わりに単純にすべての行に対し局所 FFT を実行した後にすべての列に対し局所 FFT を実行する．

もちろんアルゴリズム 9.5.7 を繰り返す場合には信号とその変換を常に列方向順序で保存することで効率化を図ることができる．さらに，信号長 $N = 2^n$ に対し，n が偶数のとき行列の次元を $W = H = \sqrt{N} = 2^{n/2}$，$n$ が奇数のとき $W = 2H = 2^{(n+1)/2}$ とすることができる．このとき，行列は正方かほぼ正方となる．さらにこのとき，ねじりに g^{+JK} を用いることと N による最終除算以外は，上記と同様の手順で計算される逆 FFT FFT^{-1} に対し，行列の次元を $W' = H'$ または $H' = 2W'$ とできる．したがって，畳み込み問題などにおいて，順方向 FFT の出力行列を（これが正方行列でない場

合でさえも）逆 FFT の入力とできる．これとは別に畳み込み自体について，DIF/DIT 構成と g の冪のビットスクランブルを用いた J. Papadopoulos による興味深い最適化や転置の代わりに高速でメモリー使用が少ない列ごとの FFT を用いた Mayer の非常に高速かつ大きな FFT の実装が知られている．これらについては [Crandall et al. 1999] を参照せよ．

このアプローチの興味深い副産物の 1 つに行列転置の基本的な問題の研究がある．[Bailey 1989] の議論は保存された行列の置換に関する [Fraser 1976] のアルゴリズムの興味深い小さな例を与える．また，[Van Loan 1992, p. 138] は研究途上の高速置換の実現可能性について示している．このようなアルゴリズムは長整数演算の別の応用も持つ．これについては 9.5.7 項を参照せよ．

次に A. Dutt と V. Rokhlin によって発見されて以来加速的に重要性を増している方法に話題を移そう．彼らの原論文 [Dutt and Rokhlin 1993] の主結果は長さ D の

$$X_k = \sum_{j=0}^{D-1} x_j e^{-2\pi i k \omega_j / D} \tag{9.23}$$

型の非正規 FFT がすべて $[0, D)$ に値をとることである．ここで ω_j の（非正規）周波数は既知であるとする．$g = e^{-2\pi i/D}$ に対する標準的な DFT (9.20) と比較すると，この X_k の形式において $\omega_j = j$ とすることで標準的な場合が得られることがわかる．すでに 10 年前には知られていた重要な結果として，絶対精度 ϵ に対するこの非正規 FFT の計算量が

$$O\left(D \ln D + D \ln \frac{1}{\epsilon}\right)$$

演算で与えられることがある．つまり，この非正規 FFT 法は標準的な正規 FFT と大体同じ効率を持つ．この効率的なアルゴリズムは（複数の重力をある種の畳み込みとみなせるので）N 体重力力学のような異分野や Riemann ゼータ関数の計算（例えば問題 1.62 を参照せよ）に応用される．

次に示すアルゴリズムでは，多くの文献に挙げられている方法に以下の変形を施す．第 1 に，多くの文献では $j, k \in [-D/2, D/2 - 1]$ に対し (9.23) の和を計算しているが，ここでは議論の一貫性の観点から $j, k \in [0, D-1]$ に対し和を計算する．第 2 に，高速かつ（精度に関し）堅牢なアルゴリズムを選択するが，最小計算量のものを考えない．堅牢であることは計算数論における厳密計算にとって重要である．第 3 に，Gauss 関数や窓関数などの特定関数の評価に依存しないアルゴリズムを選択する．上記を適用することの欠点は，長さ D の標準 FFT を複数回実行しなければならないことである．しかし，この回数は必要精度の対数にのみ依存する．

以下では，誤差 ϵ は式 (9.23) で与えられた真の DFT X_k と与えられたアルゴリズムで計算した X'_k の

$$|X_k - X'_k| \le \epsilon \sum_{j=0}^{D-1} |x_j|$$

で与えられる差を意味することとする．以下では (9.23) の X_k を誤差 $\epsilon < 2^{-b}$（すなわち，b ビット精度）で計算可能な，計算量

$$O\left(\frac{b}{\lg b} D \ln D\right) \tag{9.24}$$

演算のアルゴリズムを与える．このアルゴリズムは

$$B = \left\lceil \frac{2b}{\lg b} \right\rceil \quad \text{に対し} \quad \frac{2\pi^B}{8^B B!} < 2^{-b} \tag{9.25}$$

であることに基づく．この不等式はアルゴリズムの誤差 ϵ の厳密な上界を与える（問題 9.54 を参照せよ）．

アルゴリズム 9.5.8（非正規 FFT）． x を長さ $D \equiv 0 \pmod{8}$ の信号とする．$(\omega_j \in [0, D) : j \in [0, D-1])$ を実周波数とする．これらが整数である必要はない．与えられたビット精度 b（誤差 $\epsilon < 2^{-b}$）に対し，このアルゴリズムは DFT (9.23) の近似 X'_k を出力する．

1. [初期化]
   $B = \lceil \frac{2b}{\lg b} \rceil$;
   for($j \in [0, D-1]$) {
   $\quad \mu_j = \lfloor \omega_j + \frac{1}{2} \rfloor$;
   $\quad \theta_j = \omega_j - \mu_j$; // したがって，$|\theta_j| \le 1/2$
   }

2. [$8B$ 回の標準 FFT の実行]
   for($K \in [0, 7]$) {
   $\quad$ for($\beta \in [0, B-1]$) {
   $\quad\quad s = (0)_0^{D-1}$; // 長さ D の零信号
   $\quad\quad$ for($j \in [0, D-1]$) {
   $\quad\quad\quad \mu = \mu_j \bmod D$;
   $\quad\quad\quad s_\mu = s_\mu + x_j e^{-2\pi i K \omega_j / 8} \theta_j^\beta$;
   $\quad\quad$ }
   $\quad\quad F_{K,\beta} = FFT(s)$; // したがって，$(F_{K,\beta,m} : m \in [0, D-1])$ が変換信号
   $\quad$ }
   }

3. [近似変換の構成]

$$X' = \cup_{K=0}^{7} \left(\sum_{\beta=0}^{B-1} F_{K,\beta,m}(-2\pi im/D)^\beta \frac{1}{\beta!} \right)_{m=0}^{D/8-1}$$
return X';   // 非正規 DFT (9.23) の近似

アルゴリズム 9.5.8 の記述は少し簡略化されている．しかし，この擬似コードは数式処理系上の実装には十分なものである．最後の長さ $D/8$ の信号の右方向結合はいくつかのプログラム言語により計算量通り実現される．加えて，シンボリックな書法がアルゴリズムの動作原理を多少覆ってはいるものの，巧妙な指数操作を用いた $e^{-2\pi i(\mu_j+\theta_j)k/D}$ の θ_j の冪による Taylor 展開から，このアルゴリズムの動作原理を理解できる．幸運かつ奇妙な事実として，任意の入力 x に関し変換信号長を固定した 8 の因子で削減することができる．これは不等式 (9.25) の効用である．結論として，b ビットの精度を得るためには約 $16b/\lg b$ 回の標準 FFT を必要とする．これは最悪の場合の値であり，実際にはアルゴリズム 9.5.8 に b を与えると b ビットより高い精度の結果が得られることが多い．

Dutt–Rokhlin の先駆的研究の後，[Ware 1998]，[Nguyen and Liu 1999] などにより，より高い精度，高速化やその他の拡張などの多くの研究がなされた．さらに，単位ノルム信号に対し最悪ケース誤差を最小化する研究も行われている [Fessler and Sutton 2003]．しかし，Dutt–Rokhlin から派生した研究の基本的発想は同一である．すなわち，X' の計算を信号長の総和が少し長い複数回の正規標準FFT の計算に変換することである．

本項の最後に現実的な実行速度となった「ギガ要素」FFT に触れる．例えば，[Crandall et al. 2004] は以下に示す各々の場合の理論と実装について議論している．

- （アルゴリズム 9.5.7 による）長さ 2^{30} の 1 次元 FFT
- $2^{15} \times 2^{15}$ の 2 次元 FFT
- $2^{10} \times 2^{10} \times 2^{10}$ の 3 次元 FFT

このような巨大なサイズの信号においては高速行列置換，キャッシュに適したメモリー利用，浮動小数点演算のベクトル化など興味深い難問が残っている．倍精度浮動小数点演算を用いた長さ 2^{30} の 1 次元 FFT が最新のハードウェアクラスタを用いて 1 分以内で計算されることが，効率の最低ラインである．（2, 3 次元 FFT もほぼ同じ速度であるが，技術的な理由により通常は 2 次元 FFT が最も速い．）

これらの最新の結果は計算数論に対して 10 億桁の数の乗算がハードウェアクラスタを用いてほぼ 1 分で計算できることを意味する．これらの観測は次に述べる問題への適切な解答に依存している．すなわち，このような巨大 FFT の誤差は非自明であり，アルゴリズムには正確な結果からのずれを生ずるある種のランダムウォーク的な多数の加算/乗算が存在する．興味深いことに，長さ D の FFT を $O(\ln D)$ ステップの D 次元ランダムウォークとしてモデル化可能である．そこで，[Crandall et al. 2004] は FFT の誤差の量的上界を報告している．このような上界の先駆けは E. Mayer と C. Percival

によってなされた．

9.5.3 畳み込み理論

x で信号 $(x_0, x_1, \ldots, x_{D-1})$ を表す．ここで例えば x の要素を定義 9.1.1 や 9.1.2 の各桁として定義可能である．（必ずしも要素がなんらかの桁である必要はない．以下に述べる理論はより一般的な場合を扱う．）まず，信号の畳み込み基本演算を定義する．以下では，信号 x, y はともに長さ D であると仮定する．次の定義に現れる総和において，指数 i, j のそれぞれは $\{0, \ldots, D-1\}$ にわたる．

定義 9.5.9. 長さ D の信号 x, y に対し D 個の要素

$$z_n = \sum_{i+j \equiv n \pmod{D}} x_i y_j$$

により構成される信号 $z = x \times y$ を x, y の巡回畳み込みという．また，D 個の要素

$$v_n = \sum_{i+j=n} x_i y_j - \sum_{i+j=D+n} x_i y_j$$

により構成される信号 $v = x \times_{-} y$ を x, y の符号反転巡回畳み込みといい，$n \in \{0, \ldots, 2D-2\}$ に対し

$$u_n = \sum_{i+j=n} x_i y_j$$

であり，$u_{2D-1} = 0$ である $2D$ 個の要素により構成された信号 $u = x \times_A y$ を x, y の非巡回畳み込みという．さらに，非巡回畳み込み u の最初の D 個の要素により構成された信号 $x \times_H y$ を x, y の半巡回畳み込みという．

これらの基本的な畳み込みは以下の定理に深く関連する．以下の定理において，2 信号の和 $c = a + b$ は要素ごとに加算を行うものとする．すなわち，任意の添字 n に対し $c_n = a_n + b_n$ である．同様に，数 q と信号 a のスカラー信号積 qa は信号 (qa_n) である．また，信号 a の添字の小さな $1/2$ 長の要素により構成される部分信号を $L(a)$，添字が大きな $1/2$ 長部分信号を $H(a)$ とそれぞれ書く．すなわち，同一長の 2 信号の自然な右方向結合 $c = a \cup b$ に対し，$L(c) = a$, $H(c) = b$ である．

定理 9.5.10. x, y を同一長 D の信号とする．このときそれぞれの畳み込みには以下の関係が成立する．（信号の存在領域に 2^{-1} が存在することを仮定する．）

$$x \times_H y = \frac{1}{2}((x \times y) + (x \times_{-} y)),$$

$$x \times_A y = (x \times_H y) \cup \frac{1}{2}((x \times y) - (x \times_{-} y))$$

また，長さ D が偶数であり，$j \geq D/2$ に対し $x_j, y_j = 0$ のとき

$$L(x) \times_A L(y) = x \times y = x \times_- y$$

である．

これらの相互関係により，いくつかのアルゴリズムがより一般的に利用可能となる．例えば，巡回畳み込みと符号反転巡回畳み込みの組は半巡回畳み込みや非巡回畳み込みなどの計算に利用可能である．定理の最後の主張には「ゼロパディング」の概念を用いている．これは長さ D の信号の後ろに D 個の 0 を加えるものである．したがって，パディングされた 2 信号に対し非巡回畳み込みは巡回畳み込みや符号反転巡回畳み込みと同一となる．

畳み込みと前項の DFT とは次に示すの有名な定理によって結びつけられる．以下では，直積演算 $*$ に対し信号 $z = x * y$ の要素は $z_n = x_n y_n$ であるとする．

定理 9.5.11 (畳み込み定理). x, y を同一長 D の信号とする．このとき，x, y の巡回畳み込みは

$$x \times y = DFT^{-1}(DFT(x) * DFT(y))$$

を満足する．すなわち，

$$(x \times y)_n = \frac{1}{D} \sum_{k=0}^{D-1} X_k Y_k \, g^{kn}$$

である．

この強力な定理によって，2 信号の巡回畳み込みを 3 回の DFT 変換 (1 回は逆変換)，ある信号の自分自身との畳み込みを 2 回の DFT 変換で実現可能である．DFT の計算量は $O(D \ln D)$ であるので，定理 9.5.11 に現れる計算量 $O(D)$ の直積は漸近的に無視できる．

長整数演算に対する FFT の直接的かつエレガントな応用の 1 つは定理 9.5.11 の DFT を実行し非巡回畳み込みにより乗算を行うことである．Strassen が 1960 年代にこれの先駆的研究を行い，後に [Schönhage and Strassen 1971] によって最適化が行われた (9.5.6 項を参照せよ)．この乗算の基本的着想は，整数 x, y が B 進表現の各桁を要素とする長さ D の信号として表現されているとき整数乗算 xy は長さ $2D$ の非巡回畳み込みになることにある．定理 9.5.11 は非巡回畳み込みではなく巡回畳み込みについて述べたものだが，定理 9.5.10 からゼロパディング信号に対して巡回畳み込みを実行することで乗算を行えることがわかる．この着想から複素数体上の以下の方法が導びかれる．通常はこの方法を浮動小数点演算を用いた高速フーリエ変換 (FFT) による DFT 計算によって実現する．

アルゴリズム 9.5.12 (基本 FFT 乗算). 高々 D 桁の B 進表現 (定義 9.1.1) で与えられた非負整数 x, y に対し，このアルゴリズムは積 xy の B 進表現を出力する．(このアルゴリズムで標準的に用いられる FFT は浮動小数点演算を用いる．したがって丸め誤差に注意が必要である．)

1. [初期化]

    x, y をそれぞれゼロパディングし長さを $2D$ とする; したがってパディング後の信号に対する巡回畳み込みは x, y の非巡回畳み込みとなる．

2. [変換の適用]

    $X = DFT(x);$ // FFT アルゴリズムを利用

    $Y = DFT(y);$

3. [直積]

    $Z = X * Y;$

4. [逆変換]

    $z = DFT^{-1}(Z);$

5. [各桁の四捨五入]

    $z = round(z);$ // 要素ごとの四捨五入

6. [底 B での桁上げ調整]

    $carry = 0;$

    for($0 \leq n < 2D$) {

     $v = z_n + carry;$

     $z_n = v \bmod B;$

     $carry = \lfloor v/B \rfloor;$

    }

7. [最終桁調整]

    $carry > 0$ を z の最上位桁の値とするか，z の上位の 0 の列を削除する;

    return $z;$

 このアルゴリズムは一般性を意図して記述され，変換，四捨五入，桁上げ調整から構成される FFT 乗算の原理だけをカバーしている．詳細の非常に多くについてここでは述べられない．また，(いくつかは後に述べるが) 多くの拡張についても触れない．しかしこれらの細かい点以上に，浮動小数点演算の精度には常に注意を払う必要があることを強く警告しておく．上記一般アルゴリズムの鍵となるステップは信号 z の要素ごとの四捨五入である．FFT の浮動小数点誤差が大きいとき，畳み込み z の要素は誤った値に四捨五入されることがある．

 アルゴリズム 9.5.12 から直ちに得られる現実的な拡張として定義 9.1.2 の平衡表現を用いることが考えられる．この表現を用いることで浮動小数点誤差は著しく削減される [Crandall and Fagin 1994], [Crandall et al. 1999]．この誤差削減現象は完全に解明

されているわけではない.しかし,平衡表現により各桁の絶対値がより小さいことと,信号の統計平均(工学用語でいうところの「直流 (DC) 成分」)が非常に小さくなり,いくつかの DFT 成分がキャンセルされることが働いていると考えられる.

FFT 乗算のさらなる拡張と純整数畳み込み問題に話題を移す前に,畳み込みが長整数演算と無関係な数論問題にも現れることを注意すべきである.例として素数の篩と正則性への畳み込みの応用を取り上げ,この項を終わる.

(比較してはるかに深みに欠けるものの)有名な Goldbach 予想を連想させる以下の定理を考えよう.

定理 9.5.13. $N = 2 \cdot 3 \cdot 5 \cdots p_m$ を連続した素数の積とする.このとき,十分に大きな任意の偶数 n はともに N と素な a, b により $n = a + b$ と書ける.

興味深いことに,この定理は畳み込み理論を用いて問題なく証明できる.ただし,中国式剰余定理を用いた証明(問題 9.40 を参照せよ)もあるので,離散畳み込みの例としてこの定理が取り上げられることはほとんどない.証明の基本的な着想は $\gcd(j, N) = 1$ のときに $y_j = 1$,そうでないときに $y_j = 0$ で定義される長さ D の信号 y を考えることにある.すると,非巡回畳み込み $y \times_A y$ から,どの $n < D$ が $a + b$ 形式の表現を持つかが正確にわかり,さらにこの畳み込みの第 n 要素は可能な $a + b$ 表現の個数になる.

余談ではあるが,奇素数 $p = 3, 5, 7, 11, 13, \ldots$ に対し添字 $(p-3)/2$ のときに 1 が立っている無限長信号

$$G = (1, 1, 1, 0, 1, 1, 0, 1, 1, 0, \ldots)$$

の非巡回畳み込み $G \times_A G$ が零要素を持たないとき Goldbach 予想が成立することを注意しておく.このとき,この非巡回畳み込みの第 n 要素はちょうど $2n + 6$ の Goldbach 表現の個数となる.

定理 9.5.13 に話題を戻そう.前述の信号 y の長さ N の DFT Y を考察することは都合が良い.この DFT は以下に示す有名な総和となる.

$$Y_k(N) = c_N(k) = \sum_{\gcd(j,N)=1} e^{\pm 2\pi i j k/N} \qquad (9.26)$$

ここで j は $[0, N-1]$ の範囲で N と素な整数全体にわたる.したがって,ここでは指数の符号に注意を払う必要はない.$c_N(k)$ は Ramanujan 和の標準記号であり,この和は乗法的性質を有することが知られている [Hardy and Wright 1979].1.4.4 項において,Ramanujan 和が離散畳み込み理論への応用を持つことは指摘済みである.定理 9.5.13 の証明(問題 9.40 を参照せよ)は読者に任せるが,証明の要点を述べておく.第 1 に,関係式 (9.26) の総和を,N の因子に関連した有限和を「篩」に掛けた結果であるとみなすことが可能である.これは興味深い級数代数を引き起こす.第 2 に,y の長さ N の巡

回畳み込みは閉形式で与えられる．すなわち，

$$(y \times y)_n = \varphi_2(N, n) = \prod_{p|N}(p - \theta(n,p)) \tag{9.27}$$

である．ここで $\theta(n,p)$ は，$p|n$ のとき 1 であり，そうでないとき 2 である．したがって，$0 \leq n < N$ に対し，この積表現は n か $n+N$ のどちらかが N と素な a,b によって表される数を示している．問題 9.40 で議論するように，この推論を完成させるためには，適当な範囲の n に対して $n+N$ の表現が n 自身の表現より小さいことを示すために，符号反転畳み込み（または，篩）の助けが必要である．

ここで畳み込みのさらに別の応用について述べる．1847 年に E. Kummer は，$p > 2$ が正則素数のときに Fermat 予想，すなわち

$$x^p + y^p = z^p$$

が $xyz \neq 0$ を満足する整数解を持たないことを示した．（加えていえば，Fermat 予想は現在では A. Wiles により定理となっている．しかし，ここで用いた技法はこれに先んじていたし，また Vandiver 予想などの残された問題に対して今だ応用を持っている．）さらに，p は偶数添字の任意の Bernoulli 数

$$B_2, B_4, \ldots, B_{p-3}$$

を割り切らないときに正則である．これらの Bernoulli 数に対し以下に示すエレガントな合同関係が成立することが Shokrollahi により 1994 年に発見された．これについては [Buhler et al. 2000] を参照されたい．

定理 9.5.14. g を奇素数 p の原始根とし，$j \in [0, p-2]$ に対し

$$c_j = \left\lfloor \frac{(g^{-1} \bmod p)(g^j \bmod p)}{p} \right\rfloor g^{-j}$$

とする．このとき，$k \in [1, (p-3)/2]$ に対し，

$$\sum_{j=0}^{p-2} c_j g^{2kj} \equiv \left(1 - g^{2k}\right) \frac{B_{2k}}{2kg} \pmod{p} \tag{9.28}$$

が成立する．

Shokrollahi の関係式は長さ $p-1$ の $\mathbf{F}_p$ 上の DFT を含む．以下に述べる 2 つの問題を除き，これに FFT アルゴリズムを適用可能である．第 1 の問題は標準 FFT の最良の長さが 2 冪であることである．第 2 の問題は特に p が大きいとき精度を（保証するために）非常に大きくとらない限り浮動小数点演算を利用できないことである．しか

し，DFT を畳み込みにより実行することができるので（アルゴリズム 9.6.6 を参照せよ），2 冪長の畳み込みによって正則素数を決定するための Shokrollahi の手順を任意素数の非正則性を正確に発見するために用いることができる．後にみるように「シンボリック FFT」によってこれが実現される．Nussbaumer 畳み込みにおいて明らかになるように，これには浮動小数点演算を必要とせず，したがって純整数演算に適している．Shokrollahi 恒等式と Nussbaumer 畳み込みはともにすべての正則素数 $p < 12000000$ を決定するために利用された [Buhler et al. 2000].

9.5.4 離散荷重変換法

（対象とする整数が $2^{1000000}$ を越えるような）最近の素数判定や素因子分解に対し重要性が立証されている，DFT に基づく畳み込みの 1 つの変形に離散荷重変換 (discrete weighted transform, DWT) がある．この変換の定義を以下に与える．

定義 9.5.15 (離散荷重変換 (DWT)). x を長さ D の信号とする．a を任意の a_j が可逆な長さ D の信号とし，この a を荷重信号と呼ぶ．このとき，離散荷重変換 $X = DWT(x, a)$ は各要素が

$$X_k = \sum_{j=0}^{D-1} (a * x)_j g^{-jk} \tag{9.29}$$

で与えられる信号である．また，これの逆変換 $DWT^{-1}(X, a) = x$ は

$$x_j = \frac{1}{Da_j} \sum_{k=0}^{D-1} X_k g^{jk} \tag{9.30}$$

で与えられる．さらに，2 信号の巡回荷重畳み込み $z = x \times_a y$ は

$$z_n = \frac{1}{a_n} \sum_{j+k \equiv n \pmod{D}} (a * x)_j (a * y)_k \tag{9.31}$$

で与えられる．

明らかに，DWT は単純に $a_j x_j$ を要素とする直積信号 $a * x$ の DFT である．DWT の注目すべき利点は適切な荷重信号によって変換の代替利用に適したものになることである．いくつかの場合において，DWT により標準 FFT 乗算アルゴリズム 9.5.12 に必要なゼロパディングが不要になる．まず，重要な結果を挙げる．

定理 9.5.16 (荷重畳み込み定理). x, y を長さ D の信号，a を同一長の荷重信号とする．このとき，x, y の巡回荷重畳み込みは

$$x \times_a y = DWT^{-1}(DWT(x, a) * DWT(y, a), a)$$

を満足する．すなわち，

$$(x \times_a y)_n = \frac{1}{Da_n} \sum_{k=0}^{D-1} (X * Y)_k g^{kn}$$

である．

　この定理により FFT アルゴリズムが荷重畳み込みに利用可能となる．特にこの方法によって巡回畳み込みのみならず符号反転巡回畳み込みも計算できる．なぜならば，A を 1 の原始 $2D$ 乗根とし荷重信号を

$$a = (A^j), \quad j \in [0, D-1]$$

と選択すると，恒等式

$$x \times_{-} y = x \times_a y \tag{9.32}$$

が得られるからである．この恒等式は，この場合の巡回荷重畳み込みが符号反転巡回畳み込みになることを意味している．複素数体のように 1 の D 乗根 g が同一体上に平方根を持つときは単純に $A^2 = g$ とすれば符号反転巡回畳み込みが得られる．また A が 1 の原始 $4D$ 乗根のとき直角畳み込みが得られる [Crandall 1996a]．

　これらの観察から最近の素因子分解研究に用いられる重要なアルゴリズムが導かれる．すなわち，DWT を用いることでゼロパディングが不要となるのである．Fermat 数 $F_n = 2^{2^n} + 1$ を法とする 2 数の法乗算を考えよう．この計算はむろん F_n の因子分解計算において非常に大きな時間を占める．$F_n = B^D + 1$ を満足する D と 2 冪の底 B を選び，長さ D の畳み込みにより $(xy) \bmod F_n$ を計算する方法には少なくとも以下に示す 3 通りがある．

(1) 長さが $2D$ となるように x, y にゼロパディングを行い，巡回畳み込みを行う．そして，必要に応じ桁上げ調整し，結果を法 F_n で簡約する．

(2) 1 の原始 $2D$ 乗根 A を荷重生成元として長さ D の荷重畳み込みを行い，必要に応じ桁上げ調整する．

(3) 長さ $D/2$ の「折り畳んだ」信号 $x' = L(x) + iH(x)$ を作る．同様に y' を作る．そして，1 の原始 $4D$ 乗根 A を荷重生成元として荷重畳み込みを行い，桁上げ調整する．

　方法 (1) には 9.2.3 項の Fermat 数による高速還元アルゴリズムとともにアルゴリズム 9.5.12 を用いることができるが，後に述べる純整数 Nussbaumer 畳み込みを用いることもできる．方法 (2) は符号反転手法であり荷重畳み込みを法 F_n の下での乗算とみなすことができる．したがって，法演算は不要である（問題 9.42 を参照せよ）．方法 (3) は直角畳み込み手法であり，これもまた法演算は不要である（問題 9.43 を参照せよ）．方法 (2) も方法 (3) もゼロパディングを必要とせず，また方法 (3) では（複素演算を犠牲

にして）信号長を 1/2 としていることに注意せよ．以下に方法 (3) のアルゴリズムを示す．これはアルゴリズム 9.5.12 と同様にしばしば浮動小数点演算を用いて実装される．

アルゴリズム 9.5.17 (Fermat 数を法とする DWT 乗算). 与えられた Fermat 数 $F_n = 2^{2^n} + 1$ と正整数 $x, y \not\equiv -1 \pmod{F_n}$ に対し，このアルゴリズムは $(xy) \bmod F_n$ を出力する．B, D は $F_n = B^D + 1$ を満たし，x, y は B を底とした表現の各桁により構成された長さ D の信号であるとする．また，1 の原始 $4D$ 乗根 A が存在すると仮定する．

1. [初期化]
   $E = D/2;$ // 信号長の 2 等分と信号の「折り畳み」
   $x = L(x) + iH(x);$ // 長さ E の信号
   $y = L(y) + iH(y);$
   $a = (1, A, A^2, \ldots, A^{E-1});$ // 荷重信号
2. [変換の適用]
   $X = DWT(x, a);$ // 長さ E の効率的な FFT アルゴリズムによる．
   $Y = DWT(y, a);$
3. [直積]
   $Z = X * Y;$
4. [逆変換]
   $z = DWT^{-1}(Z, a);$
5. [信号の伸長]
   $z = \text{Re}(z) \cup \text{Im}(z);$ // z の信号長は D
6. [四捨五入]
   $z = round(z);$ // 桁ごとの四捨五入
7. [底 B の下での桁上げ調整]
   $carry = 0;$
   for($0 \leq n < D$) {
       $v = z_n + carry;$
       $z_n = v \bmod B;$
       $carry = \lfloor v/B \rfloor;$
   }
8. [法による最終調整]
   $carry > 0$ を z の最上位桁の値とする;
   $z = z \bmod F_n;$ // 別の桁上げループまたは特殊形式法簡約法による．
   return $z;$

[底 B の下での桁上げ調整] と [法による最終調整] ステップでは再構成された整数 z が正であることを仮定しており，平衡桁表現を用いるときには負の桁（と負の桁上げ）の

正しい構成に注意を払う必要がある．

このアルゴリズムは $F_{13}, F_{15}, F_{16}, F_{18}$ の新たな因子の発見 [Brent et al. 2000]（1.3.2 項の Fermat 数の表を参照されたい），F_{22}, F_{24} が合成数であることの立証や，その他の F_n の様々な因子の発見 [Crandall et al. 1995], [Crandall et al. 1999] に用いられた．より最近，[Woltman 2000] は Fermat 数に対する素因子分解の効率向上のためにこのアルゴリズムの実装を行った（アルゴリズム 7.4.4 に続く注意を参照せよ）．

また，8 個の Mersenne 素数 $2^{1398269} - 1, 2^{2976221} - 1, 2^{3021377} - 1, 2^{6972593} - 1, 2^{13466917} - 1, 2^{20996011} - 1, 2^{24036583} - 1, 2^{25964951} - 1$ の発見に DWT の別の変形が用いられた（表 1.2 を参照せよ）．最後の素数はこれまで（2005 年 4 月現在）に明示的に知られている最大の素数である．これらの発見のために，有志のネットワークが $p = 2^q - 1$ を法とする膨大な数の 2 乗算を含む巨大な Lucas–Lehmer テストを実行した．この変形アルゴリズムは，無理数を底とした展開を連想させる特殊な桁表現を用いるので無理数底離散荷重変換 (irrational-base discrete weighted transform, IBDWT) と呼ばれる [Crandall and Fagin 1994], [Crandall 1996a]．これに用いられた桁表現はある無理数の底による展開と等しくなる．$p = 2^q - 1$ として，整数 x が底に $B = 2$ により

$$x = \sum_{j=0}^{q-1} x_j 2^j$$

と表現されるとする．このとき x は長さ q の信号 (x_j) となる．整数 y に関しても同様に考える．すると巡回畳み込み $x \times y$ は $(xy) \bmod p$ の桁上げ調整前の各桁を要素とする．したがって，原理的に Mersenne 素数を法とした標準 FFT 乗算をゼロパディングを用いずにこのように実行できる．しかし，この方法には 2 つの問題がある．その 1 つはこの方法に用いる演算が計算機上で都合の良いワード演算ではなく完全な 2 進演算であることであり，もう 1 つは長さ q の FFT を利用する必要があることだが，これは確かに可能である（問題 9.47, 9.48 を参照せよ）．しかし，通常 2 冪長の FFT のほうがより効率的であり，明らかにより普及している．

$1 < D < q$ を 2 冪として無理数底 $B = 2^{q/D}$ で整数 x を表現できればゼロパディング不要な Mersenne 法乗算に関する上記 2 つの障害は解決される．これは表現

$$x = \sum_{j=0}^{D-1} x_j 2^{qj/D}$$

と y に関する同様の表現から，$(xy) \bmod p$ と $x \times y$ の同値を導くことで理解できる．（ここで B 進表現の各桁もまた無理数である．）こうして，信号長が 2 冪となり，また各桁を（整数ではないものの）ワード長にできる．以下の定理により，ある不定底表現を用いてこの無理数底展開を模倣可能である．

定理 9.5.18 (Crandall). （素数には限らない）$p = 2^q - 1$ と整数 $0 \leq x, y < p$ に対

し，信号長 $1 < D < q$ を選択する．不定底表現

$$x = \sum_{j=0}^{D-1} x_j 2^{\lceil qj/D \rceil} = \sum_{j=0}^{D-1} x_j 2^{\sum_{i=1}^{j} d_i}$$

によって x を信号 $(x_0, \ldots, x_{D-1})$ とみなす．ここで

$$d_i = \lceil qi/D \rceil - \lceil q(i-1)/D \rceil$$

であり，各桁の要素 x_j は $[0, 2^{d_j+1} - 1]$ の範囲に値をとる．また，y についても同様とする．さらに長さ D の荷重信号 a を

$$a_j = 2^{\lceil qj/D \rceil - qj/D}$$

とする．このとき巡回荷重畳み込み $x \times_a y$ は整数信号であり桁上げ調整前の $(xy) \bmod p$ の不定底表現となる．

この定理は [Crandall and Fagin 1994], [Crandall 1996a] で証明と議論が行われている．証明の唯一の非自明な部分は荷重畳み込み $x \times_a y$ の各要素が実際に整数となることを示すことである．この定理から直ちに以下のアルゴリズムが導かれる．

アルゴリズム 9.5.19 (Mersenne 数を法とする IBDWT 乗算). 与えられた（素数には限らない）Mersenne 数 $p = 2^q - 1$ と正整数 x, y に対し，このアルゴリズムは，浮動小数点 FFT によって，不定底表現の $(xy) \bmod p$ を出力する．ここでは定理 9.5.18 の記法に従い，また $\lfloor 2^{q/D} \rfloor$ が適切な語長サイズ（すなわち許容範囲を越える数値誤差を生じないような十分小さいサイズ）の信号長 $D = 2^k$ を仮定する．

1. [底表現の初期化]
   定理 9.5.18 に従い不定底表現 (x_j) の各桁から信号 x を作る; y についても同様にする;
   定理 9.5.18 にしたがって荷重信号 a を作る;
2. [変換の適用]
   $X = DWT(x, a);$ // 長さ D の浮動小数点 FFT による．
   $Y = DWT(y, a);$
3. [直積]
   $Z = X * Y;$
4. [逆変換]
   $z = DWT^{-1}(Z, a);$
5. [四捨五入]
   $z = round(z);$ // 桁ごとの四捨五入

6. [不定底の下での桁上げ調整]
    $carry = 0$;
    for($0 \leq n < len(z)$) {
        $B = 2^{d_{n+1}}$;   // 第 n 桁のサイズ
        $v = z_n + carry$;
        $z_n = v \bmod B$;
        $carry = \lfloor v/B \rfloor$;
    }
7. [最終法簡約]
    $carry > 0$ を z の最上位桁の値とする;
    $z = z \bmod p$;   // 桁上げループまたは特殊形式法簡約による.
    return z;

この方法は少々複雑なので例で補う．Mersenne 数 $p = 2^{521} - 1$ を法とする乗算を考えよう．$q = 521$ とし信号長 $D = 16$ を選ぶ．すると定理 9.5.18 の信号 d を

$$d = (33, 33, 32, 33, 32, 33, 32, 33, 33, 32, 33, 32, 33, 32, 33, 32)$$

とみなすことができる．また，荷重信号は

$$a = \big(1, 2^{7/16}, 2^{7/8}, 2^{5/16}, 2^{3/4}, 2^{3/16}, 2^{5/8}, 2^{1/16}, 2^{1/2}, 2^{15/16},$$
$$2^{3/8}, 2^{13/16}, 2^{1/4}, 2^{11/16}, 2^{1/8}, 2^{9/16}\big)$$

で与えられる．典型的な浮動小数点 FFT 実装では，この a はむろん厳密ではない要素によって与えられる．しかし，(近似計算はアルゴリズム 9.5.19 の [四捨五入] ステップより前のみで行われているように) 定理 9.5.18 において荷重畳み込みは厳密な整数からなる．したがって，行うべきことは信号長 D を可能な限り小さくとることである．(小さくとるほど DWT を行う FFT が速くなる．) 厳密な部分とそうでない部分を含む丸め誤差に関する観察が [Crandall and Fagin 1994] とその参考文献中にあるものの，丸め誤差に関する厳密な定理を得ることは難しい．より最近の話題として，とても便利な本 [Higham 1996] や一般化 IBDWT に関する論文 [Percival 2003] などが挙げられる．一般化 IBDWT に関しては問題 9.48 を参照せよ．

9.5.5 数 論 変 換 法

定義 9.5.3 の DFT は複素数体以外の体や環上でも定義可能である．ここで有限環と有限体上の変換の例を与える．初等的観察として，任意の環や体上でその上の必要な演算が用意されている限り関係 (9.20) と (9.21) を定める DFT には変更が必要ないことがわかる．特に扱っている代数領域上に D^{-1} と 1 の原始 D 乗根 g が存在する場合，長さ D の数論的 DFT は畳み込み定理 9.5.11 により長さ D の巡回畳み込みを可能とする．

前記制限の下で，数論変換はディジタル信号処理分野の高速アルゴリズムに関する応用を得る．文献の中からこの変換の純粋な畳み込み以外の興味深い応用を見出せる．典型的な例は数論変換の古典的代数演算 [Yagle 1995] への利用である．また，さらに他の応用が [Madisetti and Williams 1997] にまとめられている．

最初の例として，扱う代数領域が $\mathbf{F}_p$ の場合を取り上げる．素数 p と因子 $d|p-1$ に対し，$\mathbf{F}_p$ 上の変換

$$X_k = \sum_{j=0}^{(p-1)/d-1} x_j h^{-jk} \bmod p \tag{9.33}$$

を考える．ここで h は位数 $(p-1)/d$ の $\mathbf{F}_p$ の元である．原則的に法演算は部分和の計算後に行われるか，総和をすべて計算した後に行われるか，これらの組合せにより行われるか，のどれかである．そこで，便宜上記号 "mod p" で X_k を区間 $[0, p-1]$ に簡約することを表す．ここで逆変換は

$$x_j = -d \sum_{k=0}^{(p-1)/d-1} X_k h^{jk} \bmod p \tag{9.34}$$

で与えられる．この式の定数因子はちょうど $((p-1)/d)^{-1} \bmod p \equiv -d$ となる．これらの変換を畳み込みの精度向上のために利用可能である．この方法の着想は適切な素数集合 $\{p_r\}$ に対して畳み込みの各要素の $(\bmod\ p_r)$ での値を構成し，これらから中国式剰余定理によって畳み込みを再構成することにある．

アルゴリズム 9.5.20 (CRT 素数集合を用いた整数畳み込み)． 区間 $0 \le x_j, y_j < M$ の整数要素を持つ長さ $N = 2^m$ の与えられた 2 信号 x, y に対し，このアルゴリズムは互いに素な素数 $p_1, p_2, \ldots, p_q$ を法とした CRT を介して巡回畳み込み $x \times y$ を出力する．

1. [初期化]
    $r = 1, \ldots, q$ に対し $\prod p_r > NM^2$ を満足する
    $p_r = a_r N + 1$ 形式の素数の集合を求める;
    for($1 \le r \le q$) {
        p_r に関する原始根 g_r を求める;
        $h_r = g_r^{a_r} \bmod p_r$;   // h_r は 1 の N 乗根
    }
2. [素数集合にわたるループ]
    for($1 \le r \le q$) {
        $h = h_r;\ p = p_r;\ d = a_r$;   // DFT の準備
        $X^{(r)} = DFT(x)$;   // 関係式 (9.33) による．
        $Y^{(r)} = DFT(y)$;
3. [直積]
        $Z^{(r)} = X^{(r)} * Y^{(r)}$;

4. [逆変換]
$$z^{(r)} = DWT^{-1}(Z^{(r)});\qquad\text{// 関係式 (9.34) による.}$$
}
5. [要素の再構成]

　　求められた関係式 $z_j \equiv z_j^{(r)} \pmod{p_r}$ からアルゴリズム 2.1.7 や 9.5.26 などの CRT 再構成法を用いて各要素 z_j を区間 $[0, NM^2)$ の中で求める;

　　return z;

通常の FFT バタフライに整数演算を利用 (し, バタフライ演算のたびに $\pmod{p_r}$ で簡約) することで, このアルゴリズムを長さ 2^m 以外の DFT にも利用可能である. この手法は [Montgomery 1992a] において種々の因数分解の実装に用いられた. 順方向 DFT (9.33) を周波数デシメーションで実行し, 逆 DFT (9.34) を時間デシメーションで実行すると, アルゴリズム 9.5.5 の FFT に *scramble* 関数が必要なくなることに注意せよ.

有用な数論変換の第 2 の例は離散 Galois 変換 (discrete Galois transform, DGT) [Crandall 1996a] と呼ばれる変換である. これは Mersenne 素数 $p = 2^q - 1$ に対して構成された $\mathbf{F}_{p^2}$ を利用する. このような体は乗法群の位数が

$$|\mathbf{F}_{p^2}^*| = p^2 - 1 = 2^{q+1}(2^{q-1} - 1)$$

であり, $k \leq q+1$ に対し 1 の原始 $N = 2^k$ 乗根が存在するという好ましい性質を有する. したがって, 長さ N の離散変換を

$$X_k = \sum_{j=0}^{N-1} x_j h^{-jk} \bmod p \tag{9.35}$$

と定義できる. ここで素数 $p \equiv 3 \pmod{4}$ に対する $\mathbf{F}_{p^2}$ の性質から,

$$N = 2^k,$$
$$x_j = \operatorname{Re}(x_j) + i\operatorname{Im}(x_j),$$
$$h = \operatorname{Re}(h) + i\operatorname{Im}(h)$$

として, すべての演算を複素 (Gauss) 整数 $\pmod{p}$ と関連づけられる. ここで X_k もまた Gauss 整数 $\pmod{p}$ であり, また h は乗法位数 N の $\mathbf{F}_{p^2}$ の元である. 幸運なことにこの適切な位数の元を求める方法が知られている [Creutzburg and Tasche 1989].

定理 9.5.21 (Creutzburg と Tasche). q を奇数, $p = 2^q - 1$ を Mersenne 素数とする. このとき,
$$g = 2^{2^{q-2}} + i(-3)^{2^{q-2}}$$
は位数 2^{q+1} の $\mathbf{F}_{p^2}^*$ の元である.

この定理から以下に示す整数畳み込みアルゴリズムが得られる．このアルゴリズムは複素演算削減に関する拡張を示している．特に整数信号が実信号であることを利用して要素の虚数部を消去し，変換長を半分にしている．

アルゴリズム 9.5.22 (DGT による畳み込み (Crandall)). 区間 $[0, M]$ の整数要素により構成された長さ $N = 2^k \geq 2$ の 2 信号 x, y に対し，このアルゴリズムは整数畳み込み $x \times y$ を出力する．「離散 Galois 変換 (DGT)」を用いる．

1. [初期化]
    $p > NM^2$, $q > k$ を満足する Mersenne 素数 $p = 2^q - 1$ を選択;
    定理 9.5.21 により位数 2^{q+1} の元 g を計算;
    $h = g^{2^{q+2-k}}$;   // h の位数は $N/2$

2. [信号の 1/2 長への折り畳み]
    $x = (x_{2j} + ix_{2j+1})$, $j = 0, \ldots, N/2 - 1$;
    $y = (y_{2j} + iy_{2j+1})$, $j = 0, \ldots, N/2 - 1$;

3. [長さ $N/2$ の変換]
    $X = DFT(x)$;   // 根 h を利用した分割基底 FFT $(\bmod\ p)$ による．
    $Y = DFT(y)$;

4. [特殊直積]
    for($0 \leq k < N/2$) {
    $Z_k = (X_k + X_{-k}^*)(Y_k + Y_{-k}^*) + 2(X_k Y_k - X_{-k}^* Y_{-k}^*) - h^{-k}(X_k - X_{-k}^*)(Y_k - Y_{-k}^*)$;
    }

5. [長さ $N/2$ の逆変換]
    $z = \frac{1}{4} DFT^{-1}(Z)$;   // 根 h を用いた分割基底 FFT $(\bmod\ p)$ による

6. [長さ 2 倍の信号伸長]
    $z = ((\mathrm{Re}(z_j), \mathrm{Im}(z_j)))$, $j = 0, \ldots, N/2 - 1$;
    return z;

このアルゴリズムの実装には（整係数の）複素 FFT $(\bmod\ p)$，複素乗算 $(\bmod\ p)$，体上の冪演算のための 2 進階梯のみが必要である．分割基底 FFT は標準的な浮動小数点 FFT に用いられるが，"i" が定義されているので，このアルゴリズムにも利用できる [Crandall 1997b]．

DGT 畳み込みには重要な性質がさらに存在する．すなわち，すべての法演算に Mersenne 素数が用いられるので，以前に指摘した特殊法形式の演算と同様に相当な効率向上が望める．

9.5.6 Schönhage 法

FFT を長整数乗算に用いるという Strassen の着想に基づく [Schönhage and Strassen 1971], [Schönhage 1982] の先駆的な研究は，環 $\mathbf{Z}_{2^m+1}$ 上で整数演算のみで数論変換が実現可能であるという事実に着目している．これは Fermat 数変換 (Fermat number transform, FNT) と呼ばれることがあり，以下に示すようにある種の符号反転巡回畳み込みとして用いられる．(この方法の明解な解説を与えてくれた P. Zimmermann に感謝する.)

アルゴリズム 9.5.23 (高速乗算 $(\bmod\ 2^n + 1)$ (Schönhage)). 与えられた 2 整数 $0 \leq x, y < 2^n + 1$ に対し，このアルゴリズムは $xy \bmod (2^n + 1)$ を出力する．

1. [初期化]

    n を割り切る長さ $D = 2^k$ の FFT を選択;

    $n = DM$ とし，D が n' を割り切る，すなわち $n' = DM'$ を満足する再帰長 $n' \geq 2M + k$ を設定;

2. [分解]

    x と y をそれぞれ M ビット長の D 個の部分に分解し，それぞれの部分を配列 $A_0, \ldots, A_{D-1}, B_0, \ldots, B_{D-1}$ として保存する; ここで配列の各要素は法 $(2^{n'} + 1)$ の下で簡約されているとみなし，各要素を $n' + 1$ ビットとする．

3. [A, B に重み付けし DWT を準備]

    for($0 \leq j < D$) {

      $A_j = (2^{jM'} A_j) \bmod (2^{n'} + 1)$;

      $B_j = (2^{jM'} B_j) \bmod (2^{n'} + 1)$;

    }

4. [局所シンボリック FFT]

    $A = DFT(A)$;   // $2^{2M'}$ を $\bmod(2^{n'} + 1)$ の D 乗根として用いる．

    $B = DFT(B)$;

5. [直積]

    for($0 \leq j < D$) $A_j = A_j B_j \bmod (2^{n'} + 1)$;

6. [逆 FFT]

    $A = DFT(A)$;   // 次のループの添字反転を介した逆変換

7. [正規化]

    for($0 \leq j < D$) {   // $A_D = A_0$ とする．

      $C_j = A_{D-j}/2^{k+jM'} \bmod (2^{n'} + 1)$;   // 反転とねじり

8. [符号調整]

      if($C_j > (j+1)2^{2M}$) $C_j = C_j - (2^{n'} + 1)$;

    }   // C_j は負のこともある．

9. [合成]

底 $B = 2^M$ に関しアルゴリズム 9.5.17 の [底 B の下での桁上げ調整] ステップと [法による最終調整] ステップを実行し以下の結果を得る.
$xy \bmod (2^n + 1) = \sum_{j=0}^{D-1} C_j 2^{jM} \bmod (2^n + 1)$;

x か y が 2^n のとき, [分解] ステップでは対応する A_{D-1} か B_{D-1} が 2^M と等しくなり $M+1$ ビットとなる. [... DWT を準備] ステップでは, $2^{n'} \equiv -1 (\bmod 2^{n'} + 1)$ より乗算をシフトと減算のみで実現可能である. [直積] ステップでは, 初等的筆算や Karatsuba アルゴリズムを用いたりこの Schönhage アルゴリズムを再帰的に用いることが可能である. [正規化] ステップではまた 2 冪による除算をシフトと減算のみで実現可能である. したがって本質的に乗算を必要とするのは [直積] ステップのみであり, この方法が低計算量を実現している本質的な理由はここにある. 符号反転巡回畳み込み信号 C を得るための 2 つの FFT を, 例えばアルゴリズム 9.5.5 の各部分を適切な順番で実行するなど, DIF, DIT の順で実行しビットスクランブルを除去することが可能である.

アルゴリズム 9.5.23 は任意の Fermat 数を法とした法乗算が可能であり, これは他の節で述べるように本書において重要な応用を持つ. 積 $xy \bmod 2^n + 1$ が x, y の整数としての積と同じ値になるように, $n \geq \lceil \lg x \rceil + \lceil \lg y \rceil$ とし, x, y に適切なゼロパディングを施すことで, Schönhage アルゴリズムを整数 x と y の一般的な乗算に用いることが可能である. (要するに, 適切なゼロパディングを施した符号反転巡回畳み込みは, 本質的に乗算である非巡回畳み込みになる.) 実際, Schönhage は「適切な数」, すなわち $k - 1 \leq \nu \leq 2k - 1$ に対して $n = \nu 2^k$ の使用を推奨した. 例えば $688128 = 21 \cdot 2^{15}$ は適切な数である. この適切な数を用いると $k = \lceil n/2 \rceil + 1$ のとき $n' = \lceil \frac{\nu+1}{2} \rceil 2^k$ もまた適切な数であるという特性を利用できる. ここで実際に $n' = 11 \cdot 2^8 = 2816$ である. むろん, このアルゴリズムは, 初めに法乗算に係わる 2 冪因子が失われてしまうが, 再帰呼び出しにおいて法は $2^M + 1$ の形式をしているので, 依然として 9.5.8 項で述べる漸近的計算量を持つ.

9.5.7 Nussbaumer 法

偶数長 D の巡回畳み込みが長さ D の巡回畳み込みと符号反転巡回畳み込みに分解可能であることは重要な性質である. この性質を表す等式を示す:

$$2(x \times y) = [(u_+ \times v_+) + (u_- \times_- v_-)] \cup [(u_+ \times v_+) - (u_- \times_- v_-)] \qquad (9.36)$$

ここで

$$u_\pm = L(x) \pm H(x),$$
$$v_\pm = L(y) \pm H(y)$$

である. 巡回畳み込みに関するこの再帰式は多項式代数を用いて証明される (問題 9.42 を参照せよ). [Nussbaumer 1981] の賢明な観察により, この再帰式から浮動小数点演

算を利用しない効率的な畳み込み手法が導かれた．したがって，このアルゴリズムには丸め誤差問題が存在せず，長整数演算を必要とする厳密な計算機証明に利用されている．

FFT が信号長を間引きながら計算を進めていくように，高速な符号反転巡回畳み込みアルゴリズムさえあれば巡回畳み込みが実現可能であることが前述の再帰式から明らかである．ここで R は 2 を消去可能な，すなわち $2x = 2y$ ならば $x = y$ であるような，環であるとする．（これは Nussbaumer 畳み込みの実行に必要である．）符号反転巡回畳み込みに対し，その長さを $D = 2^k$ とし，また D は $m|r$ を満足する m, r によって $D = mr$ と分解されるものとする．ここで符号反転巡回畳み込みは $(\bmod\ t^D + 1)$ の下で多項式乗算と同値となり（問題 9.42 を参照せよ），以下に示すように，ある意味で演算を分解可能である．

定理 9.5.24 (Nussbaumer). $D = 2^k = mr, m|r$ とする．このとき，R の元を要素とする長さ D の信号の符号反転巡回畳み込みは，信号要素を多項式係数に対応付けることで，多項式環

$$S = R[t]/(t^D + 1)$$

上の乗算と同値となる．さらにこの環は

$$T[t]/(z - t^m)$$

と同型である．ここで T は多項式環

$$T = R[z]/(z^r + 1)$$

であり，$z^{r/m}$ は -1 の T 上の m 乗根である．

Nussbaumer の着想は DWT を連想させる方法に -1 の冪根を利用し符号反転巡回畳み込みを実現したことにある．

定理 9.5.24 の趣旨を明らかにするために，多項式の明示的な扱いを示そう．

$$x(t) = x_0 + x_1 t + \cdots + x_{D-1} t^{D-1}$$

とし，信号 y についても同様とする．ここで x_j, y_j は R の元とする．$x \times_{-} y$ が環 S 上の乗算 $x(t)y(t)$ と同値であることに注意しよう．ここで $x(t)$ を

$$x(t) = \sum_{j=0}^{m-1} X_j(t^m) t^j$$

と分解し，また $y(t)$ についても同様に分解し，多項式 X_j, Y_j を環 T の元とみなせば，

$$X_j(z) = x_j + x_{j+m} z + \cdots + x_{j+m(r-1)} z^{r-1}$$

が得られる．Y_j についても同様である．したがって（全部で）$2m$ 個の X と Y の多項式が得られる．これらは x,y の (r,m) 置換となっている 2 つの配列に置かれる．次に乗算 $x(t)y(t)$ を巡回畳み込み

$$Z = (X_0, X_1, \ldots, X_{m-1}, 0, \ldots, 0) \times (Y_0, Y_1, \ldots, Y_{m-1}, 0, \ldots, 0)$$

によって計算する．ここで入力信号はともに長さ $2m$ にゼロパディングされているとする．1 の原始 $2m$ 乗根 $z^{r/m}$ を用いて Z をシンボリックDFT で計算可能なことがここの鍵である．すなわち，原始根の冪による乗算は係数多項式の変換にすぎないので，多項式に関する演算のみで通常の FFT バタフライ演算を実現可能である．言い換えれば，定理 9.2.12 により，この多項式演算において適切な根の冪による乗算がある種のシフト演算と同一視できることを意味する．

通常の DFT ベースの畳み込みの鍵となる直積ステップにおいて，直積演算はそれ自身を長さ r の符号反転巡回畳み込みとみなすことが可能である．これは多項式 X_j, Y_j がともに変数 $z = t^m$ に関し次数 $r-1$ であり，したがって $z^r = t^D = -1$ であることによる．畳み込み Z を完成させるために，最後に根 $z^{-r/m}$ による逆 DFT が行われる．符号反転巡回畳み込み $x \times_- y$ の要素を t の各自の係数とすることで，このゼロパディングされた結果を環 S 上の乗算とみなせる：

$$x(t)y(t) = \sum_{j=0}^{2m-2} Z_j(t^m) t^j \tag{9.37}$$

アルゴリズム 9.5.25 (Nussbaumer の巡回畳み込みと符号反転巡回畳み込み)． 環 R の要素を持つ長さ $D = 2^k$ の信号 x, y を仮定する．また，R 上で 2 を消去可能であるとする．このアルゴリズムは巡回畳み込み $(x \times y)$ または符号反転巡回畳み込み $(x \times_- y)$ を出力する．符号反転巡回畳み込み関数 neg は，例えば初等的筆算や Karatsuba 乗算を用いた「小さな」符号反転巡回畳み込みルーチン $smallneg$ を呼ぶ．この $smallneg$ は信号長のあるしきい値によって呼ばれる．

1. [初期化]
    $r = 2^{\lceil k/2 \rceil}$;
    $m = D/r$;   // m は r を割り切る．
    $blen = 16$;   // $smallneg$ のしきい値（要調整）
2. [再帰的巡回畳み込み関数 cyc]
    $cyc(x, y)$ {
        恒等式 (9.36) から長さ $1/2$ の（符号反転）巡回畳み込みにより畳み込みを得る;
    }
3. [再帰的符号反転巡回畳み込み関数 neg]
    $neg(x, y)$ {
        if($len(x) \leq blen$) return $smallneg(x, y)$;

4. [置換]

    $2m$ 個の長さ r の配列 X_j, Y_j を作成する;

    X, Y にゼロパディングを施す; したがってそれぞれは $2m$ 個の多項式からなる.
    根 $g = z^{r/m}$ により長さ $2m$ の（シンボリック）DFT を 2 回実行し，変換 $\hat{X}, \hat{Y}$
    を得る;

5. [再帰的直積演算]

    for$(0 \leq h < 2m)$ $\hat{Z}_h = neg(\hat{X}_h, \hat{Y}_h)$;

6. [逆変換]

    $\hat{Z}$ に対して根 $g = z^{-r/m}$ により長さ $2m$ の（シンボリック）逆 DWT を実行し
    Z を得る;

7. [逆置換と調整]

    等式 (9.37) から，環 S ($t^D = -1$ によって簡約された多項式環) 上で $n \in [0, D-1]$
    に対して t^n の係数 z_n を計算する;

    return (z_n);   // x, y の符号反転巡回畳み込みを出力
}

 Nussbaumer アルゴリズムの実装の詳細については [Crandall 1996a] に記述がある．この中ではアルゴリズムの拡張についても議論されている．その 1 つは X, Y に対するゼロパディングの除去であり（問題 9.66 を参照せよ），もう 1 つは X_j, Y_j の構成が 2 次元配列の置換と等しいことから，この置換を「局所化」することでメモリーを大幅に削減するものである．局所的置換法については [Knuth 1981] に示されている．またアルゴリズム 9.5.7 に関連した [Fraser 1976] のアルゴリズムも興味深い話題である．

9.5.8 乗算アルゴリズムの計算量

 これまでに示した高速乗算法の計算量をまとめるために用語の統一を行う．以降では，一般に乗算の入力変数 x, y がサイズ $N = 2^n$ であること，すなわち n ビットであることと，D 桁であることは同値であるとする．したがって，例えば，桁表現の底が $B = 2^b$ のとき，

$$Db \approx n$$

であり，これは n ビットの変数が D 個の信号要素に分割されることを意味する．ビット計算量の上界と演算量の上界を区別する必要性からこの記法は有益である．

 初等的筆算，Karatsuba 法，Toom–Cook 乗算は乗算回数に対するビット演算計算量がいずれも $O(n^\alpha) = O(\ln^\alpha N)$ の形をしていることを思い出そう．（膨大になる可能性のある Toom–Cook の加算のビット演算量については注意が必要なので，ここでは乗算についてのみを考える．）例えば初等的筆算は $\alpha = 2$ であるが，Karatsuba 法と Toom–Cook 法はこの α がより低い値となる．

 そして Schönhage–Strassen FFT 乗算アルゴリズム 9.5.12 を得た．これの計算量の

自然な記述は突如としてこれまでと異なったものとなる．すなわち計算量は

$$O(D \ln D)$$

演算であり，通常この演算は浮動小数点演算を表す．（加算も乗算もこの形式で評価される．）しかしビット計算量は $O((n/b)\ln(n/b))$ とはならない．すなわち計算量評価に $D = n/b$ を代入できない．なぜならば，大きな桁の浮動小数点演算はより手間がかかるからである．これらを正確に解析すると，基本 FFT 乗算に対する Strassen の上界

$$O(n(C \ln n)(C \ln \ln n)(C \ln \ln \ln n) \cdots)$$

ビット演算が得られる．ここで C は定数であり，$\ln \ln \cdots$ の列はこれが 1 以下になったときに停止するものとする．

次の評価に移る前に，このビット計算量は漸近的に最適でないにもかかわらず，長整数演算一般の偉大な結果のいくつかが基本 Schönhage–Strassen FFT と浮動小数点演算によって得られたことを注意しておく．

いま，Schönhage のアルゴリズム 9.5.23 において，固定された信号長 D に対する（小さな乗算による）桁演算がより大きな変数に対してはより複雑になる問題を取り上げる．アルゴリズム中の再帰の解析を最上位の再帰の観察から始めると，これは 2 回の（シフトと加算のみで構成される非常に簡単な）DFT と直積により構成されている．このような詳細な解析によって，これまでに知られた最良の計算量

$$O(n(\ln n)(\ln \ln n))$$

ビット演算が導かれる．これは次に議論する Nussbaumer 法の計算量と漸近的に同一である．

次に（問題 9.67 でみるように）Nussbaumer 畳み込みの計算量が

$$O(D \ln D)$$

の環 R 上の演算であることが理解できる．環演算と浮動小数点演算の計算量とが同一であるとみなせば，この計算量は浮動小数点 FFT 法と同一の計算量となる．しかし浮動小数点 FFT 法と違い，Nussbaumer 法では底 B を適切に選択する必要がある．底 $B \sim n$ を考えると $b \sim \ln n$ であり，この場合 $D = n/\ln n$ を有効に選択できる．これから整数乗算に対する Nussbaumer 法は $O(\ln n)$ ビットの数 $O(n \ln \ln n)$ 回の加算と $O(n)$ 回の乗算を必要とすることがわかる．したがって，Nussbaumer 法の計算量は漸近的に Schönhage 法と同一の $O(n \ln n \ln \ln n)$ ビット演算である．このような Nussbaumer と Schönhage–Strassen アルゴリズムの原型の計算量に関する議論が [Bernstein 1997] にある．

9.5 長整数乗算

アルゴリズム	最適な B	計算量
基本 FFT, 固定底	...	$O_{\text{op}}(D \ln D)$
基本 FFT, 変数底	$O(\ln n)$	$O(n(C \ln n)(C \ln \ln n) \ldots)$
Schönhage	$O(n^{1/2})$	$O(n \ln n \ln \ln n)$
Nussbaumer	$O(n/\ln n)$	$O(n \ln n \ln \ln n)$

表 9.1 高速乗算アルゴリズムの計算量.乗数・被乗数は共に n ビットであり,最上位再帰において,それぞれが b ビットの $D = n/b$ 桁に分割される.したがって,桁のサイズ(すなわち底)は $B = 2^b$ である.O_{op} は演算数に関する計算量を表し,それ以外のすべての計算量はビット計算量を表す.

9.5.9 中国式剰余定理の応用

2.1.3 項において中国式剰余定理 (Chinese remainder theorem, CRT) について述べ,事前計算によって与えられた CRT データを再構成するための方法であるアルゴリズム 2.1.7 を与えた.ここでは事前計算に対する優位性のみならず高速乗算法を用いることによる優位性をも有する方法について述べる.

アルゴリズム 9.5.26 (事前計算を利用した高速 CRT 再構成). 定理 2.1.6 の記法を用いて,積が M である固定された法 $m_0, \ldots, m_{r-1}$ を仮定する.ここで計算の便宜上 $r = 2^k$ とする.このアルゴリズムは剰余列 (n_i) から n を求める.このために部分積表 (q_{ij}),部分剰余表 (n_{ij}) が計算される.このアルゴリズムは固定された m_i に対し新たな (n_i) を再入力し新たな n を計算可能である.

1. [事前計算]
   for($0 \leq i < r$) {　　　　　　　　　　　　　　　　　// M_i とその逆の構成
   　　$M_i = M/m_i$;
   　　$v_i = M_i^{-1} \bmod m_i$;
   }
   for($0 \leq j \leq k$) {　　　　　　　　　　　　　　　　// 部分積の構成
   　　for($0 \leq i \leq r - 2^j$) $q_{ij} = \prod_{a=i}^{i+2^j-1} m_a$;
   }
2. [剰余 (n_i) の再入力箇所]
   for($0 \leq i < r$) $n_{i0} = v_i n_i$;
3. [再構成ループ]
   for($1 \leq j \leq k$) {
   　　for($i = 0; i < r; i = i + 2^j$) {
   　　　　$n_{ij} = n_{i,j-1} q_{i+2^{j-1}, j-1} + n_{i+2^{j-1}, j-1} q_{i, j-1}$;
   　　}
   }
4. [$[0, M-1]$ の中で一意に定まる n の出力]

return $n_{0k} \bmod q_{0k}$;

第1フェイズの事前計算は最初に与えられた (n_i) に対する初期化として一度行えばよい．また，本章で議論してきた高速分割統治法によって (q_{ij}) の事前計算を実行可能である（例えば問題 9.74 を参照せよ）．アルゴリズム 9.5.26 の計算例として $r = 8 = 2^3$ とし 8 個の法 $(m_1, \ldots, m_8) = (3, 5, 7, 11, 13, 17, 19, 23)$ を選ぼう．これらの法に対し [事前計算] フェイズに用いる $M = \prod_{i=1}^{8} m_i = 111546435$ が得られる．これから $M_1, \ldots, M_8$ がそれぞれ

37182145, 22309287, 15935205, 10140585, 8580495, 6561555, 5870865, 4849845

と計算され，さらに
$$(v_1, \ldots, v_8) = (1, 3, 6, 3, 1, 11, 9, 17)$$
と表

$$(q_{00}, \ldots, q_{70}) = (3, 5, 7, 11, 13, 17, 19, 23),$$
$$(q_{01}, \ldots, q_{61}) = (15, 35, 77, 143, 221, 323, 437),$$
$$(q_{02}, \ldots, q_{42}) = (1155, 5005, 17017, 46189, 96577),$$
$$q_{03} = 111546435$$

が得られる．ここで，固定された j と $i \in [0, r-2^j]$ に対し q_{ij} が定まることに注意せよ．CRT の法 m_i が変更されないかぎり，以上で与えた q の表の計算までは一度だけ実行すればよい．この性質は重要である．いま，未知の n に対する剰余 n_i が

$$(n_1, \ldots, n_8) = (1, 1, 1, 1, 3, 3, 3, 3)$$

と与えられたとする．これらに対し [再構成ループ] ステップの後に

$$n_{0k} = 878271241$$

が得られ，これを $\bmod\ q_{03}$ で簡約し正しい結果 $n = 97446196$ が得られる．実際に

$$97446196 \bmod (3, 5, 7, 11, 13, 17, 19, 23) = (1, 1, 1, 1, 3, 3, 3, 3)$$

となることは容易に確認される．

それぞれが b ビットの r 個の法 m_i に対し，アルゴリズム 9.5.26 の事前計算を除く計算量は，高速乗算を仮定したとき

$$O(br \ln r \ln(br) \ln \ln(br))$$

ビット演算で与えられる [Aho et al. 1974, pp. 294–298]．

9.6 多項式演算

多項式の乗算と除算は長整数の乗算，除算と完全に同一というわけではない．しかし1変数多項式演算に対して前節の着想を多少異なった方法で適用することが可能である．

9.6.1 多項式乗算

多項式乗算を非巡回畳み込みと同一視することができる．したがって2個の多項式の積を1回の巡回畳み込みと1回の符号反転巡回畳み込みで実現可能である．これは単純に多項式の各係数を要素として構成した信号に定理9.5.10を適用すれば実現される．または単純に長さを2倍にするゼロパディングを施し1回の巡回畳み込み（または，符号反転巡回畳み込み）を実行してもよい．

しかし一般的な整数乗算アルゴリズムを利用可能な場合に対して，興味深い（また，たいていの場合非常に効率的な）多項式乗算アルゴリズムが存在する．この方法は，多項式係数を適切に配置して長整数を構成し，すべての演算を多倍長整数演算によって行うものである．ここでは（$(\bmod\ p)$の環上の多項式に対しては無意味な制約ではあるが）すべての多項式係数が非負であるとして，このアルゴリズムを与える．

アルゴリズム 9.6.1 (高速多項式乗算: 2進セグメンテーション). 与えられた非負整係数の2多項式 $x(t) = \sum_{j=0}^{D-1} x_j t^j$ と $y(t) = \sum_{k=0}^{E-1} y_k t^k$ に対し，このアルゴリズムは z の各係数を要素とする信号として多項式の積 $z(t) = x(t)y(t)$ を出力する．

1. [初期化]
   $2^b > \max\{D, E\} \max\{x_j\} \max\{y_k\}$ を満足する b を選択;
2. [2進セグメンテーション整数の構成]
   $X = x(2^b)$;
   $Y = y(2^b)$;
   // これらの X, Y は，十分な数の0からなる2進配列に各係数をビット列として書き込み適切に補正することで構成される．
3. [乗算]
   $u = XY$;   // 整数乗算
4. [係数信号の再構成]
   for($0 \le l < D + E - 1$) {
     $z_l = \lfloor u/2^{bl} \rfloor \bmod 2^b$;   // 次の b ビットの取り出し
   }
   return $z = \sum_{l=0}^{D-E-2} z_l t^l$;   // u の b 進表現の各桁が結果の係数となる．

長整数乗算が手元にある場合には多項式乗算を構成するためにさほど大きな追加作業

を必要としないという意味でこの方法は優れた方法である．次数 D の $\mathbf{Z}_m[X]$ の 2 多項式（係数が m で簡約された多項式）の乗算のビット計算量評価はさほど難しくない．すなわち，

$$O\left(M\left(D\ln\left(Dm^2\right)\right)\right)$$

である．ここで $M(n)$ は n ビットの 2 整数の乗算のビット計算量を表す．

加えて，環上の多項式乗算を高速整数畳み込みによって実現した場合（この場合は非巡回畳み込みで十分であり，したがってゼロパディングされた巡回畳み込みによって実現されることを思い出そう），異なる計算量評価が得られる．Nussbaumer アルゴリズム 9.5.25 を用いた場合は計算量が $O(M(\ln m) D \ln D)$ ビット演算で与えられる．これら多項式乗算の様々な計算量評価の比較は興味深い話題である（問題 9.70 を参照せよ）．

9.6.2　高速多項式逆演算と高速多項式剰余演算

$x(t) = \sum_{j=0}^{D-1} x_j t^j$ を多項式とする．$x_0 \neq 0$ のとき，$x(t)$ の形式逆元

$$1/x(t) = 1/x_0 - (x_1/x_0^2)t + (x_1^2/x_0^3 - x_2/x_0^2)t^2 + \cdots$$

が存在する．これは逆計算ですでに利用した Newton 法によって計算可能である．ここでは $x_0 = 1$ の場合の手法を記述する．これから一般の場合への拡張は容易に推察できる．以下では

$$z(t) \bmod t^k$$

で（後に扱う）多項式剰余を表すが，この場合の多項式剰余は単純な切り詰めとなる．すなわち剰余演算の結果は多項式 $z(t)$ の t^{k-1} までの項により構成された多項式となる．ここで次数 t^N までの $1/x(t)$ の冪級数展開として切り詰め逆多項式

$$R[x, N] = x(t)^{-1} \bmod t^{N+1}$$

を定義する．

アルゴリズム 9.6.2 (高速多項式逆演算)． $x(t)$ を定数項 $x_0 = 1$ である多項式とする．このアルゴリズムは要求された次数 N に対し切り詰め逆多項式 $R[x, N]$ を出力する．
1. [初期化]
　　$g(t) = 1;$ 　　　　　　　　　　　　　　　　　　// 次数 0 の多項式
　　$n = 1;$ 　　　　　　　　　　　　　　　　　　　// 次数の精度に関する変数
2. [Newton ループ]
　　while($n < N + 1$) {
　　　　$n = 2n;$ 　　　　　　　　　　　　　　　　// 次数精度を 2 倍
　　　　if($n > N + 1$) $n = N + 1;$
　　　　$h(t) = x(t) \bmod t^n;$ 　　　　　　　　　　// 単純な切り詰め

$$h(t) = h(t)g(t) \bmod t^n;$$
$$g(t) = g(t)(2 - h(t)) \bmod t^n; \qquad\qquad // \text{Newton 反復}$$
}
return $g(t)$;

　直ちに強調されるべきな点は演算 $f(t)g(t) \bmod t^n$ が原理的に積の単純な切り詰めであることである．（このときの変数は漸近的に次数 n である．）これは乗算ループ内において高次の項を扱う必要がないことを意味する．したがって，畳み込み理論の言葉でいえば，「半巡回」畳み込みを行うことになり，また一般的な変換を用いるときにも切り詰めによる利益がある．

　典型的な Newton 法においては，Newton ループを 1 回操作するたびに動的な次数精度 n が 2 倍になる．ここでアルゴリズムの動作をみるための例を与える．

$$x(t) = 1 + t + t^2 + 4t^3$$

として，与えたアルゴリズムにより $R[x, 8]$ を求める．1 回の Newton ループを終えるたびに $g(t)$ の値は

$$\begin{aligned}
&1 - t, \\
&1 - t - 3t^3, \\
&1 - t - 3t^3 + 7t^4 - 4t^5 + 9t^6 - 33t^7, \\
&1 - t - 3t^3 + 7t^4 - 4t^5 + 9t^6 - 33t^7 + 40t^8
\end{aligned}$$

となる．実際に $g(t)$ の最終出力とアルゴリズムに入力した $x(t)$ との積は $1 + 43t^9 - 92t^{10} + 160t^{11}$ となり $g(t)$ の最終出力が $O(t^8)$ の下で正しい結果を与えていることが示される．

　多項式剰余（簡約演算）は「逆数」を利用した幾つかの整数簡約アルゴリズムと多くの部分で同じ方法で実現可能である．しかし，被除多項式を除多項式で割り，適切な剰余を一意に得ることが常に可能というわけではない．これは多項式の係数環に依存するものだが，除多項式の最高次係数が係数環上で可逆であれば除算，剰余算ともに実行可能である（2.2.1 項の議論を参照せよ）．一般化は容易であるので，議論の見通しをよくするため，ここでは除多項式がモニック（すなわち最高次係数が 1 の多項式）であるとする．$x(t)$ を多項式，$y(t)$ をモニック多項式とすると，

$$x(t) = q(t)y(t) + r(t)$$

を満足し，かつ $r = 0$ または $\deg(r) < \deg(x)$ を満足する 2 多項式 $q(t), r(t)$ が一意に存在する．ここで

$$r(t) = x(t) \bmod y(t)$$

と書き，$q(t)$ を商，$r(t)$ を剰余とみなす．加えて，例えば多項式 gcd などの幾つかの多項式演算に関しては係数は体の元であるとする．しかし多くの多項式演算は係数が体の元であることを必要としない．高速多項式剰余アルゴリズムを示す前に，記法を幾つか導入する．

定義 9.6.3 (多項式の反転と多項式指数関数). $x(t) = \sum_{j=0}^{D-1} x_j t^j$ を多項式とする．x の次数 d における反転を，多項式

$$rev(x, d) = \sum_{j=0}^{d} x_{d-j} t^j$$

で定義する．ここで $j > D - 1$ に対し $x_j = 0$ である．また，多項式指数関数を

$$ind(x, d) = \min\{j \ : \ j \geq d;\ x_j \neq 0\}$$

で定義する．またこの式の j に関する集合が空のとき $ind(x, d) = 0$ とする．

例えば，

$$rev(1 + 3t^2 + 6t^3 + 9t^5 + t^6, 3) = 6 + 3t + t^3,$$
$$ind(1 + 3t^2 + 6t^3, 1) = 2$$

である．剰余アルゴリズムを以下に与える．

アルゴリズム 9.6.4 (高速多項式剰余). 多項式 $x(t)$ とモニック（最高次係数が 1 の）多項式 $y(t)$ が与えられているものとする．このアルゴリズムは多項式剰余 $x(t) \bmod y(t)$ を出力する．

1. [初期化]
   if($\deg(y) == 0$) return 0;
   $d = \deg(x) - \deg(y)$;
   if($d < 0$) return x;
2. [反転]
   $X = rev(x, \deg(x))$;
   $Y = rev(y, \deg(y))$;
3. [逆計算]
   $q = R[Y, d]$;   // アルゴリズム 9.6.2 による．
4. [乗算と簡約]
   $q = (qX) \bmod t^{d+1}$;   // 乗算と d 次を越える項の切り詰め
   $r = X - qY$;
   $i = ind(r, d+1)$;

$\quad r = r/t^i;$
$\quad$ return $rev(r, \deg(x) - i);$

このアルゴリズムが正しいことの証明は多少複雑である．しかし，$r = X - qY$ の計算は Barrett 法における一般化整数逆演算の操作に類似しており，このアルゴリズムに Barrett 整数剰余の基本発想が用いられていることは明らかである．

Barrett 法と同様にアルゴリズム 9.6.4 の計算量は全手順において多項式乗算で抑えられる．したがって，この方法による多項式剰余演算は多項式乗算と同一の計算量を持つ．

高速多項式 gcd 演算は興味深い話題である．これに対し，Euclid 整数 gcd アルゴリズム，すなわちアルゴリズム 2.2.2 の直接的な類推が考えられる．さらに，驚くべきことに，複雑な再帰アルゴリズム 9.4.6 は，整数と比較し多項式に対してより簡単になることが知られている [Aho et al. 1974, pp. 300–310]．複数の著者により再帰 gcd が提案されているが，多項式 gcd に対しては [Moenck 1973] が原論文であることを指摘しておく．高速多項式 gcd においては，内部の多項式簡約演算に本項で述べた高速多項式剰余アルゴリズムを利用することが仮定されている．

9.6.3 多項式の評価

本項では多項式の代入手法について議論する．基本問題は多項式 $x(t) = \sum_{j=0}^{D-1} x_j t^j$ を n 個の体要素 $t_0, \ldots, t_{n-1}$ において評価することである．$(x(t_0), x(t_1), \ldots, x(t_{n-1}))$ のすべての要素に関する評価は

$$O\left(n \ln^2 \min\{n, D\}\right)$$

体演算で可能である．ここで問題を以下で与える基本的な 3 つの場合に分けて考える．

(1) $t_0, \ldots, t_{n-1}$ が等差数列として与えられている場合
(2) $t_0, \ldots, t_{n-1}$ が等比数列として与えられている場合
(3) $t_0, \ldots, t_{n-1}$ が任意の場合

むろん (3) は他の場合を含む．しかし (1), (2) に関しては特別な拡張が可能である．

アルゴリズム 9.6.5 (等差数列に対する多項式の評価)． $x(t) = \sum_{j=0}^{D-1} x_j t^j$ とする．このアルゴリズムは n 個の評価値 $x(a), x(a+d), x(a+2d), \ldots, x(a+(n-1)d)$ を出力する．(n が D より非常に大きいとき最も効率的となる．)

1. [最初の D 個に関する評価]
$\quad$ for$(0 \leq j < D)$ $e_j = x(a + jd);$
2. [差分表の構成]
$\quad$ for$(1 \leq q < D)$ {
$\quad\quad$ for$(D - 1 \geq k \geq q)$ $e_k = e_k - e_{k-1};$

3. [表操作]
    $E_0 = e_0$;
    for($1 \leq q < n$) {
        $E_q = E_{q-1} + e_1$;
        for($1 \leq k < D-1$) $e_k = e_k + e_{k+1}$;
    }
    return (E_q), $q \in [0, n-1]$;

このアルゴリズムの変形が Wilson 素数の探索に利用された．（問題 9.73 を参照せよ．この問題では計算量に関しても議論されている．）

次に評価点列が等比数列で与えられている場合を考える．すなわち，ある定数 T に対し $t_k = T^k$ とする．この場合，$k \in [0, D-1]$ に対し任意の総和 $\sum x_j T^{kj}$ を計算する必要がある．この総和を

$$\sum_j x_j T^{kj} = T^{-k^2/2} \sum_j \left(x_j T^{-j^2/2}\right) T^{(-k-j)^2/2}$$

にしたがって変換し，右辺の総和の陰な畳み込みによって左辺の総和を計算する Bluestein トリックと呼ばれる手法がある．しかし，ある状況においては，2 乗の 1/2 を避けるために三角数 $\Delta_n = n(n+1)/2$ の特性を利用したより都合のよい方法がある．この方法に必要となる三角数の性質を以下に挙げる．

$$\Delta_{\alpha+\beta} = \Delta_\alpha + \Delta_\beta + \alpha\beta,$$
$$\Delta_\alpha = \Delta_{-\alpha-1}$$

Bluestein トリックの一変形が

$$\sum_j x_j T^{kj} = T^{\Delta_{-k}} \sum_j \left(x_j T^{\Delta_j}\right) T^{-\Delta_{-(k-j)}}$$

と導かれる．したがって，暗に含まれた畳み込みは定数 T の整数冪のみを用いて実現可能である．さらに，信号 x をより長いゼロパディングされた信号に注意深く埋め込み添字を振り直すことで以下のアルゴリズムに示されるように効率的な巡回畳み込みを利用可能である．

アルゴリズム 9.6.6 (等比数列に対する多項式の評価)．$x(t) = \sum_{j=0}^{D-1} x_j t^j$ とし T を可逆な定数とする．$k \in [0, D-1]$ に対し，このアルゴリズムは数列 $\left(x(T^k)\right)$ を出力する．
1. [初期化]
    $N \geq 2D$ を満足する $N = 2^n$ を選択;

for$(0 \leq j < D)$ $x_j = x_j T^{\Delta_j}$;　　　　　　　　　　　// 信号 x に荷重

$x = (x_j)$ にゼロパディングを施し長さ N とする;

$y = (T^{-\Delta_{N/2-j-1}})$, $j \in [0, N-1]$;　　　　　　　　// 対称信号 y の構成

2. [長さ N の巡回畳み込み]

$z = x \times y$;

3. [評価結果の最終構成]

return $(x(T^k)) = (T^{\Delta_{k-1}} z_{N/2+k-1})$, $k \in [0, D-1]$;

　このアルゴリズムでは1回の畳み込み演算ですべての $x(T^k)$ が評価される.したがって,すべての評価に必要な計算量は明らかに $O(D \ln D)$ である.実際のDFTが等比数列に関する多項式評価(すなわち (x_j) のDFTが数列 $(x(g^{-k}))$)であることは重要な点の1つである.ここで g は変換に用いる適切な1の冪根である.したがって,アルゴリズム9.6.6は可逆な g が存在すれば等比数列に関する多項式評価の計算量がゼロパディングなどの小さな計算を除き本質的にFFTの計算量で与えられることを示している.同様に任意のFFTを2冪長の畳み込みに利用可能であり,この畳み込みはパディングされた長さのFFTを高々3回必要とする.(同様の手法で,信号 y の対称性からさらに最適化できる.)

　多項式の評価に関する第3の最も一般的な場合の議論を,多項式剰余によって評価手順を削減可能であることを示すところから始める.$x(t)$ を $D-1$ 次多項式であるとし,点 $t_0, t_1, \ldots, t_{D-1}$ で評価されるものとする.議論を簡略化するために D を2冪とする.次数が本質的に x の半分の2多項式

$$y_0(t) = (t-t_0)(t-t_1)\ldots(t-t_{D/2-1}),$$
$$y_1(t) = (t-t_{D/2})(t-t_{D/2+1})\ldots(t-t_{D-1})$$

を定義すると,元の多項式を商–剰余形式で

$$x(t) = q_0(t)y_0(t) + r_0(t) = q_1(t)y_1(t) + r_1(t)$$

と書ける.これは評価結果 $x(t_j)$ が ($j < D/2$ に対し) $r_0(t_j)$ であるか ($j \geq D/2$ に対し) $r_1(t_j)$ であるかのどちらかになることを意味する.したがって,$D-1$ 次多項式 x の評価はより簡単な問題(すなわち(大体) $D/2$ 次の多項式の約 $D/2$ 個の点における評価)の2回の実行に置き換えられる.この再帰アルゴリズムを以下に示す.

アルゴリズム 9.6.7 (任意の点集合における多項式の評価).　$x(t) = \sum_{j=0}^{D-1} x_j t^j$ とする.このアルゴリズムは再帰関数 $eval$ により任意の点 $t_0, \ldots, t_{D-1}$ のすべての評価値 $x(t_j)$ を出力する.T は数列 $(t_0, \ldots, t_{D-1})$ を表すものとする.また,便宜上 $D = 2^k$ であるとするが,他の D に対する一般化も簡単に得られる(問題9.76を参照せよ).

1. [しきい値の設定]
    $\delta = 4$;   // または標準的代入のしきい値が最良
2. [再帰 $eval$ 関数]
    $eval(x, T)$ {
        $d = len(x)$;
3. [再帰終了のしきい値を確認]
                // 次に，小さな場合に対して t_i における通常の多項式評価を用いる．
        if($len(T) \leq \delta$) return $(x(t_0), x(t_1), \ldots, x(t_{d-1}))$;
4. [信号を 1/2 長に分割]
    $u = L(T)$;   // 信号の下半分
    $v = H(T)$;   // 上半分
5. [1/2 長多項式の構成]
    $w(t) = \prod_{m=0}^{d/2-1}(t - u_m)$;
    $z(t) = \prod_{m=0}^{d/2-1}(t - v_m)$;
6. [法簡約]
    $a(t) = x(t) \bmod w(t)$;
    $b(t) = x(t) \bmod z(t)$;
    return $eval(a, u) \cup eval(b, v)$;
    }

$w(t), z(t)$ の意図は w, z をその係数の信号とするために積を拡張することにある．積を拡張するためのこれらの演算をアルゴリズムの計算量評価に含める必要がある（問題 9.75 を参照せよ）．この流れに沿ったアルゴリズム 9.6.7 の特に効率的な実装は多項式剰余木を構成することである．すなわち，[1/2 長多項式の構成] ステップの多項式がそれ自身を 1/2 にした多項式から計算可能であることなどの事実が利用される．

アルゴリズム 9.6.7 の利用を望む読者のために，これの動作例を与える．階乗 64! を，通常の連続した整数の逐次的な乗算によらず，多項式

$$x(t) = t(1+t)(2+t)(3+t)(4+t)(5+t)(6+t)(7+t)$$
$$= 5040t + 13068t^2 + 13132t^3 + 6769t^4 + 1960t^5 + 322t^6 + 28t^7 + t^8$$

の 8 点

$$T = (1, 9, 17, 25, 33, 41, 49, 57)$$

における評価とそれらの積によって計算することを考えよう．アルゴリズムは完全に再帰的であり，これを追うことは簡単ではない．しかし，[しきい値設定] ステップで $\delta = 2$ とし，1/2 長の多項式 w, z と多項式剰余の結果 a, b を書き出すと以下のようになる．最初の $eval$ において，

$$w(t) = 3825 - 4628t + 854t^2 - 52t^3 + t^4,$$
$$z(t) = 3778929 - 350100t + 11990t^2 - 180t^3 + t^4,$$
$$a(t) = x(t) \bmod w(t)$$
$$= -14821569000 + 17447650500t - 2735641440t^2 + 109600260t^3,$$
$$b(t) = x(t) \bmod z(t)$$
$$= -791762564494440 + 63916714435140t - 1735304951520t^2$$
$$+ 16010208900t^3$$

が得られ，a, b のそれぞれに対しさらに $eval$ が再帰実行される．これをさらに追うと，再帰実行順に

$$w(t) = 9 - 10t + t^2,$$
$$z(t) = 425 - 42t + t^2,$$
$$a(t) = -64819440 + 64859760t,$$
$$b(t) = -808538598000 + 49305458160t$$

と

$$w(t) = 1353 - 74t + t^2,$$
$$z(t) = 2793 - 106t + t^2,$$
$$a(t) = -46869100573680 + 1514239317360t,$$
$$b(t) = -685006261415280 + 15148583316720t$$

とが得られる．($\delta = 2$ なので) これ以上の再帰は行われず，Horner 法などの標準手法によって 4 個の $t = t_i$ それぞれにおける $a(t), b(t)$ が直接に評価される．以上から $eval$ の最終出力は数列

$$(x(t_0), \ldots, x(t_7)) = (40320, 518918400, 29654190720, 424097856000,$$
$$3100796899200, 15214711438080, 57274321104000, 178462987637760)$$

となる．実際にこれら 8 個の値の積は期待どおり 64! となる．この例のような最終的にはすべての評価値の積によって結果を得る「積」演算では，$eval$ の最終フェイズで 2 信号の共通集合を返す必要はなく，「積」$eval(a, u) * eval(b, v)$ を返せばよいことに注意せよ．この手法を選択する場合には [再帰終了のしきい値を確認] ステップの戻り値もまた $x(t_i)$ の積とする必要がある．

ところで，多項式係数は上の例でみたように常に膨張するというわけではない．1 つには素因子分解などの場合において典型的にはすべての係数が計算過程のあらゆる箇所

で法 N で簡約されることがある．また，$n < D$ に対し $t_0,\ldots,t_{n-1}$ などの D 次多項式 $x(t)$ のより少ない点における評価を行う方法が存在する．これは，まず単純に多項式 s を剰余

$$s(t) = x(t) \bmod \left(\prod_{j=0}^{n-1}(t - t_j)\right)$$

として計算し，この（だいたい n 次の）s を n 点 t_i で評価するものである．

9.7 問　　題

9.1. B 進表現と平衡 B 進表現が一意であること，すなわち任意の非負整数 x に対しそれぞれの定義にしたがって必ず唯一の表現が存在することを示せ．

9.2. 乗算から本章を始めたが，少なくとも一度は単純な（特に符号付きの）加減算をみることは有意義である．
  (1) B 進表現された非負整数 x, y に対し，和 $x + y$ を計算する桁ごとの演算から構成されるアルゴリズムを明示せよ．ここで結果もまた B 進で表現されるものとする．
  (2) 任意符号の整数の一般的な和と差を得るために必要なアルゴリズムは (1) の加算アルゴリズムと $x \geq y \geq 0$ に対する差 $x - y$ の計算であることを示し，符号付整数演算の概念を示せ．（すなわち，任意の和／差演算は，非負整数の加算または減算と結果の符号決定によって実現可能である．）
  (3) B 進表現された符号付き整数の加算と減算アルゴリズムを完成せよ．

9.3. 非負整数 x, y が平衡 B 進表現で与えられているとする．桁ごとの演算により構成された和 $x + y$ の計算アルゴリズムを明示せよ．ここで各桁の和も含め常に平衡 B 進表現で表現されていることとする．次に，平衡表現に対する矛盾のない乗算アルゴリズムを示せ．

9.4. 子供達が知っているように，$3 \cdot 5 = 5 + 5 + 5$ のように乗算を加算のみで実現可能である．以下で行うように幾つかの場面（特に古い計算機のような語長乗算のコストが特に高い一部の計算機上など）において，この単純な概念を現実的に利用可能である．ここでは記憶域を利用した長整数乗算の計算量削減トリックを学ぶ．$B = 2^b$ 進表現で D 桁の整数を考える．この整数のサイズは 2^n であるとする．したがって $n \approx bD$ である．以下の課題において，「語長」演算（語長乗算，語長加算）を演算への 2 入力のサイズが B（b ビット）の演算と定義する．
  (1) 語長乗算結果の平行四辺形を構成し各列ごとに語長加算を行う標準的な初等的筆算が $O(D^2)$ 回の語長乗算と $O(D^2)$ 回の語長加算を必要とすることを示せ．
  (2) 上記平行四辺形の各行の候補が高々 B 個であることに注意し，すべての行候補を $O(BD)$ 回の語長乗算と $O(D^2)$ の語長加算によって事前計算する方法を示せ．

(3) 乗算を利用せず連続した加算のみですべての行候補の事前計算を行えることを示し，乗算を $O(D^2 + BD)$ 回の語長加算で実現できることを示せ．

(4) 上記 (1) の筆算が $O(n)$ ビットの一時記憶を必要とすることを示せ．また，(2)，(3) の方法に必要な記憶量を示せ．

サンプルプログラムを作成したい場合に実現可能な手法がある．すなわち，長整数を $B = 256 = 2^8$ 進表現で表し，上記 (2) の方法で 256 個の行候補を事前計算し，これを用いて通常の平行四辺形を作成する手法である．このような手法は他の長整数乗算法より遅いことが多いが，すでに述べたように，特に語長乗算が遅い計算機においてはこれらの発想が助けとなろう．

9.5. w_n の関係式 (9.3) を用いて多倍長乗算と比較し約 1/2 の時間で計算可能な多倍長 2 乗算アルゴリズム（または，実際のプログラム）を明示せよ．少し変形した総和を利用すれば δ_n の項の明示的な減算が不要となることに注意せよ．基本的な点は筆算に現れる平行四辺形を効果的に（約）半分に切断することができるということである．この問題は考えているほどに自明ではない．すなわち，列に関する和が巨大になる可能性があるので，これに付随する精度の考察が必要である．

9.6. 恒等式 (9.4) を用いて，テーブル参照と加減算とシフトのみにより構成されテーブル記憶域が高々 2^{21} ビットである，高々 15 ビットの x, y に対し積 xy を計算するプログラムを作成せよ．（ヒント：恒等式は参照テーブル作成後に用いる．）

9.7. $x \bmod N$ も出力するように 2 進除算アルゴリズム 9.1.3 を変形せよ．式 (9.5) を利用できるが，アルゴリズムの局所変数を利用し N による乗算を削減する方法が存在することに注意せよ．

9.8. 単純な法乗算に対する Arazi の方法（アルゴリズム 9.1.4）が $(xy) \bmod N$ を出力することを証明せよ．

9.9. 底 $B = 2^k$, $k > 1$ に対しアルゴリズム 9.1.3 に類似のアルゴリズムを構成せよ．また，これは乗算を利用せずに実現できるだろうか？

9.10. 定理 9.2.1 を証明せよ．そして，差 $y/R - (xR^{-1}) \bmod N$ が $\{0, N, 2N, \ldots, (1 + \lfloor x/(RN) \rfloor)N\}$ に含まれることを証明せよ．

9.11. 定理 9.2.4 を証明せよ．そして式 (9.8) を立方の場合として含む一般冪に関する系を構成し，この系を証明せよ．

9.12. Montgomery 則を利用する場合，剰余 $N' = (-N^{-1}) \bmod R$ を事前計算する必要がある．$R = 2^s$ かつ N が奇数の場合に対し，a を $-N$ として，$-N \bmod 8$ を初期

値とした Newton 反復 (9.10) を R を法として合同になるまで繰り返すと，列 (x_n) が急速に N' に収束することを示せ．特に小さな 2 冪に関する初期の反復がどのように行われるかを示し，初等的な乗算と 2 乗算を仮定したときに全体の計算が約 4/3 回の s ビット乗算と約 1/3 回の s ビット 2 乗算で実現されることを示せ．さらに，必要となる各々の積の一部が法簡約によって消去され，必要な計算がさらに削減されることを示せ．この方法を古典的な逆元計算と比較せよ．

9.13. すでに示唆したように Newton 反復は効率的であるが，巧妙な初期値の設定を必要とする．実数の逆計算の式 (9.10) に対し x に関する Newton 反復が $1/a$ に収束する a の初期値の範囲を厳密に示せ．

9.14. すでにみたように Newton 反復を用いて除算を乗算単独で実現可能である．これと同じ考えで開平計算を導くことが可能である．以下に与える連結された Newton 反復を考察しよう．

$x = y = 1;$
do {
    $x = x/2 + (1+a)y/2;$
    $y = 2y - xy^2;$
    $y = 2y - xy^2;$
}

ここで "do" は単純に適切な回数の括弧内の繰り返しを意味する．y に関する反復は故意に重複していることに注意せよ．この手法が形式的に $\sqrt{1+a}$ の変数 x による 2 項展開を生成することを示し，do ループを k 回繰り返したときに得られる正しい項の数を示せ．

次にいくつかの実数値平方根をこの方法で計算せよ．ここで発散を防ぐために $|a|$ をあまり大きくとれないことに注意せよ．（結果の形式的な正しさは収束を自動的に保証するものではない．）

そしてこの着想を開平に用いることの可能性について考察せよ．これは除算を必要とするアルゴリズム 9.2.11 の代替手法となるかもしれない．$\sqrt{n/4^q} = 2^{-q}\sqrt{n}$ などのように開平される n に対して発散を制御化に置くことの考察はこの問題を考える上での助けとなろう．

加えるに，逆数の平方根に対する標準的な実領域 Newton 反復が自動的に除算不要の形式となることは興味深いが，上述と同様の変数の組を用いた手法を正分数冪計算に利用する必要があるだろう．

9.15. Cullen 数は $C_n = n2^n + 1$ と定義される．$2^{C_n - 1} \not\equiv 1 \pmod{C_n}$ などの関係式を利用し，合成数である Cullen 数に特化した Montgomery 冪演算プログラムを示

せ．例えば法 $N = C_{245}$ に関する冪演算アルゴリズムにおいて $R > N$ となる R として $R = 2^{253}$ を利用可能である．この方法により例えば C_{141} が 2 進擬素数であることを観察できるだろう．（これは実際素数である．）Cullen 素数のより大きな例に Wilfrid Keller の C_{18496} がある．Cullen 数のさらなる知見については問題 1.83 も参照せよ．

9.16. $1/3$ を本文中の Newton 逆演算によって実数として求めることを考える．（したがって結果は $0.3333\ldots$ である．）初期値 $x_0 = 1/2$ に対して $n > 0$ 回反復した後の x_n が

$$x_n = \frac{2^{2^n} - 1}{3 \cdot 2^{2^n}}$$

であることを証明せよ．このようにして Newton ループの 2 次収束特性が得られる．閉形式表現が Newton 反復に対してさえ与えられることはそれ自身興味深いが，このような閉形式はまれである．これ以外の閉形式を示せ．

9.17. 本文中のシフトを用いた拡張を仮定し，アルゴリズム 9.2.8 の漸近計算量をサイズ N 乗算に関して評価せよ．次に，一般化逆数演算を用いない場合の $0 \leq x, y < N$ に対する合成演算 $(xy) \bmod N$ の漸近計算量を示せ．そして，一般化逆数演算を用いた場合の計算量を示せ．（これは事前計算を無視した Montgomery 演算 $(xy) \bmod N$ と漸近的に同一である．）Newton–Barrett の手法を利用した実際のプログラムでは，一般的な簡約手順の中で逆が求まったかどうかをチェックし，もし求まっていない場合には一般化逆演算アルゴリズムを呼び出すなどが可能であることを付言しておく．

9.18. 与えられた x, N に対し，アルゴリズム 9.2.13 の漸近計算量を様々なサイズの整数 c による乗算の回数に関して評価せよ．例えば，初等的筆算を仮定すると，演算 yc のビット計算量は $O(\ln y \ln c)$ で与えられる．議論の対象である特殊形式簡約が（長整数除算や Newton–Barrett 法などの）広く知られた他の方法と同等の計算量となる（$N = 2^q + c$ と比較した）$|c|$ のサイズを示せ．この方法が最も有用なのは c が機械語長サイズに収まるときであることを付言しておく．

9.19. $ax + by = g$ の解が不要で逆元のみが必要な場合（すなわち実際にはアルゴリズムのすべての手順が必要ない場合）に対しアルゴリズム 9.4.3 を簡単化せよ．

9.20. 再帰的 gcd アルゴリズム 9.4.6, またはより新しいアルゴリズム 9.4.7（次の段落を参照せよ）を実装せよ．様々なサイズの（ほぼ同一サイズの）x, y に対する $rgcd(x, y)$ 計算において，計算が最速となるようにパラメータ lim と $prec$ を最適化せよ．非常に大雑把ではあるが，数千ビットを越えると $rgcd()$ が $cgcd()$ より効率的であることがわかるだろう．（アルゴリズム 9.4.6 の行列 G のような大域変数と $hgcd()$ の x, y のような局所変数をともにプログラム言語で利用できるとき，本文中のアルゴリズムをプログラムに変換することはさほど冗長な作業ではないだろう．）

アルゴリズム 9.4.7 に対しては別の最適化手法が必要となる．例えば，典型的には下位の連続した 0 の数の計算や巨大な数のビットシフトに対する良い方法がないときにはアルゴリズム 9.4.6 の方が高速である．一方，これらの手段が与えられているときにはアルゴリズム 9.4.7 が優位になる．

9.21. アルゴリズム 9.2.10 が正しく動作することを証明せよ．また，関係式 (9.12) で具体化された分割シフトの着想とそれに続くコメントを用いたバージョンを示せ．この考察のループ構成に関する良い文献として [Menezes et al. 1997] がある．

また，アルゴリズム 9.2.10 において s をより小さく $s = 2B(N-1)$ と設定できるという [Oki 2003] に示された予想について調査せよ．

9.22. アルゴリズム 9.2.11 が正しく動作することを証明せよ．繰り返しループの間 x が確実に減少し続けることは観察の助けとなろう．そして停止したときのステップ数の評価 $O(\ln \ln N)$ を証明せよ．また各ステップで精度変更を行い適切に調整したアルゴリズムのビット計算量が $O\left(\ln^2 N\right)$ であることを示せ．これらの着想の多くは [Alt 1979] の議論まで遡る．

9.23. アルゴリズム 9.2.11 の x の初期化はどこまで一般化できるだろうか？

9.24. アルゴリズム 9.2.11 を用いて与えられた整数 N が平方数であるかどうかを決定する（非常に）単純なアルゴリズムを示せ．この問題に対し，例えば初めにいくつかの小さな法に関し平方剰余性を調べる [Cohen 2000] などの，より効率的な方法が存在することに注意せよ．

9.25. 種々の Mersenne 数 $2^q - 1$ の素数判定のために，Lucas–Lehmer テストに対してアルゴリズム 9.2.13 を実装せよ．特殊形式法簡約を適用した場合には Lucas–Lehmer テストに一般的な乗算は不要であり 2 乗算のみが必要となることに注意せよ．

9.26. アルゴリズム 9.2.13 が正しく動作すること，すなわち正しい結果を返し停止することを証明せよ．

9.27. 2 冪に関する指数（2 進ビット位置）$a, b, \ldots$ が疎である（すなわち 1 の立ったビットが少ない）法
$$p = 2^a + 2^b + \cdots + 1$$
に対する高速法簡約アルゴリズムを示せ．また，2 冪に関する指数が疎であり例えば $p = 2^a \pm 2^b \pm \cdots \pm 1$ などの負号を許した場合に対する一般化を示せ．これらのアルゴリズムに関連する論文として [Solinas 1999] と [Johnson et al. 2001] がある．

9.28. Fermat 数変換 (FNT) や他の数論変換のようないくつかの計算には 2 冪による乗算が必要である．定理 9.2.12 の原理により，法 $N = 2^m + 1$ と $x \in [0, N-1]$ と（正

9.7 問題

負のどちらをもとりうる）任意の整数 r に対し $(x2^r) \bmod N$ を高速計算するアルゴリズムを示せ．要求は，計算する剰余の全ビットを標準的な非負形式で示すことで，定理が参照している桁上げ調整を高速実行するアルゴリズムを示すことである．（むろん，平衡2進表現や負の桁を許した他の表現を利用する場合を除く．）

9.29. アルゴリズム 9.3.1 で示した手法に対して，式 (9.16) の形の文字式で与えられた冪等式を示せ．

9.30. アルゴリズム 7.2.4 が正しく動作することを証明せよ．$n = 0011_2$ とそれに対応する $m = 1001_2$（したがって n を4ビットと考える）などのような小さな例題を追うことが助けとなる．計算量を「右向き」階梯アルゴリズム 9.3.1 の楕円曲線演算への自明な修正アルゴリズムと比較し，「加減算」手法に現実的な利点があるかどうかを決定せよ．

9.31. 2進 gcd と拡張2進アルゴリズムに対し，y が素数で $x^{-1} \bmod y$ のみを計算する場合の演算削減による速度向上手法を示せ．各アルゴリズムの [初期化] ステップの後には y が奇数であるという知識によって，いくつかの内部変数を削減できることが鍵である．この方法によって，入力 x, y に対し内部変数を4個のみ用いて x の逆元を計算するアルゴリズムを完成せよ．

9.32. アルゴリズム 9.4.4 を p が合成数の場合に拡張できるだろうか？

9.33. アルゴリズム 9.4.4 と 9.4.5 が正しく動作することを証明せよ．アルゴリズム 9.4.5 に関し，純2冪数の Mersenne 素数を法とする逆元を観察することが助けとなる．

9.34. ビットシフト演算に深く依存した特殊形式法アルゴリズム 9.2.13 の趣旨の下で，実際のシフト演算を表示するようにアルゴリズム 9.4.5 を修正せよ．特に Mersenne 素数を法とした場合，法演算のみならず2冪による乗算も簡略化される．これらの簡略化を用いてアルゴリズムを修正せよ．

9.35. 多項式個（すなわち，$\lg^\beta N$ 個）の並列プロセッサを用いてサイズ N の2数の gcd を多項式時間（すなわち，計算時間が $\lg^\alpha N$ のある冪）で計算できるだろうか？ 興味深い文献として [Cesari 1998] を挙げる．これによれば，現在のところこのような手法が可能であるかどうかは知られていないとのことである．

9.36. Karatsuba 法を用いた完全な整数乗算アルゴリズムを示し，この方法の再帰的性質を示せ．その際，最終的に任意の桁が底のサイズを越えてしまったときに必要となる桁上げ処理を適切に扱うこと．

9.37. $D=3$ の Toom–Cook 法（すなわち，アルゴリズム 9.5.2）に対する Karatsuba 法と同様の再帰により，サイズ N の 2 整数の乗算が本文中の主張，すなわち $O((\ln N)^{\ln 5/\ln 3})$ 回の語長乗算で実現されることを示せ．（加算のみならず，アルゴリズム 9.5.2 の [再構成] ステップに現れる定数乗算も計算量評価に入れないこととする．）

9.38. r_i, s_i が最も効率よく計算されるようにアルゴリズム 9.5.2 の [初期化] ステップを書き直せ．

9.39. 長さ N の非巡回畳み込みが，（例えば $4x$ は乗算を利用せず左シフトのみで実現可能であるので，定数乗算を除き）$2N-1$ 回の乗算で実現できることをすでにみた．これから，符号反転巡回畳み込みには $2N-1$ 回の乗算が必要なものの，巡回畳み込みが $2N-d(N)$ 回の乗算で実現できることが導かれる．ここで d は（n の因子数を表す）標準因子関数である．（これらの驚くべき結果は主に S. Winograd による．古いが素晴らしい書籍 [McClellan and Rader 1979] を参照されたい．）ここではこれに関連するいくつかの問題を扱う．
  (1) 2 個の複素数 $a+bi, c+di$ の乗算が 3 回の実乗算によって実現されることを示せ．
  (2) 長さ 4 の符号反転巡回畳み込みを 9 回の乗算で実現し，現れるすべての定数乗算と定数除算の定数が 2 冪である（したがって，純粋にシフト演算で実現可能な）アルゴリズムを示せ．理論上の最小値はむろん乗算 7 回だが，この 9 回乗算バージョンは定数演算に関し上記の利点を有する．
  (3) Toom–Cook の手法を用いて乗算を 7 回のみ利用する長さ 4 の符号反転巡回畳み込みアルゴリズムを示せ．
  (4) Karatsuba 乗算的な手法を用いて漸近計算量が $O\left((\ln D)^{\ln 3/\ln 2}\right)$ より小さい長さ $D>2$ の符号反転巡回畳み込みを構成できるだろうか？
  (5) 43 回の乗算で実現される Walsh–Hadamard 変換を用いた長さ 16 の巡回畳み込みを示せ [Crandall 1996a]．この長さに対し乗算回数の理論的な最小値は 27 回ではあるものの，Walsh–Hadamard 手法は骨の折れる定数係数を持たない．この図式は Winograd の計算量（N の線形関数）と変換に基づく手法の計算量（$N \ln N$）の橋渡しにも現れる．実際，43 は $16 \lg 16$ と比較してさほど大きくない．加えるに，Walsh–Hadamard の真の計算量はいまだ知られていない．

9.40. 以下の記述に沿い，畳み込み手法によって定理 9.5.13 を証明せよ．$N = 2 \cdot 3 \cdot 5 \cdots p_m$ を連続した素数の積とし，
$$r_N(n) = \#\{(a,b) \ : \ a+b=n; \gcd(a,N) = \gcd(b,N) = 1; a,b \in [1, N-1]\}$$
とする．$r_N(n)$ は以下で評価する表現数である．ここで $\gcd(n,N)=1$ を満足するビットに対し $y_n=1$, そうでないビットに対し $y_n=0$ として長さ N の信号 y を定める．巡回畳み込み

9.7 問題

$$R_N(n) = (y \times y)_n$$

を定義し，$n \in [0, N-1]$ に対し

$$R_N(n) = r_N(n) + r_N(N+n)$$

を示せ．この式は巡回畳み込み $R_N(n)$ が n の表現数と $N+n$ の表現数の和を与えることを意味する．次に，(9.26) で与えられる Ramanujan 和 Y が y の DFT であり，したがって

$$R_N(n) = \frac{1}{N} \sum_{k=0}^{N-1} Y_k^2 e^{2\pi i k n / N}$$

であることを示せ．そして，R が乗法的 (すなわち互いに素な N_1, N_2 に対して $N = N_1 N_2$ であるならば $R_N(n) = R_{N_1}(n) R_{N_2}(n)$) であることを証明せよ．さらに，

$$R_N(n) = \varphi_2(N, n)$$

と結論付けよ．ここで φ_2 は本文の定理 9.5.13 の後の定義に従うものとする．以上により，$r_N(n) + r_N(N+n)$ に対する閉形式が得られた．ここで n が偶数のとき φ_2 が正であることに注意せよ．次に，$a + b = n$ (すなわち，n が表現可能) ならば $2N - n$ もまた表現可能であることを示せ．そして，任意の偶数 $n \in [N/2 + 1, N - 1]$ に対し $r_N(n) > 0$ ならば，十分に大きい任意の偶数が表現可能であることを示せ．ここで示すべきことは，$[N/2+1, N-1]$ に含まれる偶数 n に対し $r_N(n+N)$ が $\varphi_2(N, n)$ と比較し十分に小さいことである．そして最後に，$a + b = N + n$ から $b > n$ を導き，要素数

$$\#\{b \in [n, N] : b \not\equiv 0, n \pmod{N}\}$$

について考察せよ．この要素数評価によって，適切な正定数 C と偶数 $n \in [N/2+1, N-1]$ に対し

$$r_N(n) \geq C \frac{n}{(\ln \ln N)^2} - 2^{m+1}$$

であると結論付けよ．これは十分に大きな積 N に対して定理 9.5.13 が成立することを示す．また $N = 2, 6, 30$ のような小さな N に対しては，$n < 2N$ を満足する有限個の場合の各々について確認することで取り扱い可能である．

直接的な篩手法を通じて定理を実証可能であることに注意せよ．別の方法として，φ_2 の関数として R_N を得るために中国式剰余定理を用いることが考えられる．ここで以下の興味深い問題を与える．明らかに一種の篩に関する議論であるとみなすことのできる ($r_N(N+n)$ の上界に対する) 上記の議論を，符号反転巡回畳み込み $y \times_- y$ に関する代数操作によって完全に避けることができるだろうか？　本文中で仄めかしたように，これには指数和に関するいくらかの興味深い解析を必要とする．符号反転巡回畳み込みに対する都合の良い閉形式は知られていないが，これが得られると表現 $n = a + b$ の正確な数も閉形式から得られる．

9.41. 畳み込み原理の注意深い応用を通して平方和に伴う厳密かつ興味深い結果をエレガントに得ることが可能である．これの本質的な着想は x_{n^2} のみが 1 で他の要素が 0 の信号を考えることにある．p を奇素数とし，

$$\hat{x}_k = \sum_{j=0}^{(p-1)/2} \left(1 - \frac{\delta_{0j}}{2}\right) e^{-2\pi i j^2 k/p}$$

と定義する．ここで $i = j$ のとき $\delta_{ij} = 1$ であり，そうでないときは $\delta_{ij} = 0$ である．$\hat{x}_0 = p/2$ であり，$k \in [1, p-1]$ に対し

$$\hat{x}_k = \frac{\omega_k}{2}\sqrt{p}$$

であることを示せ．ここで $p \equiv 1, 3 \pmod{4}$ に対し，それぞれ $\omega_k = \left(\frac{k}{p}\right), -i\left(\frac{k}{p}\right)$ である．着想はこれらすべてを定理 2.3.7 の系として示すことにある．（より一般的な Gauss 和の定理は補題 4.4.1 やそれに続く展開のように素数判定に繋がる．）さて，$n \in [0, p-1]$ に対し $R_m(n)$ を m 個の整数 $a_j \in [0,(p-1)/2]$ の平方の和による表現

$$a_1^2 + a_2^2 + \cdots + a_m^2 \equiv n \pmod{p}$$

の個数と定義する．ただし，任意の零要素 a_j に対して 1/2 の荷重が行われるものとする．例えば，表現 $0^2 + 3^2 + 0^2$ の荷重は 1/4 である．ある信号と自分自身との適切な m 重畳み込みを考えることで，

$$R_2(n) = \frac{1}{4}\left(p + \left(\frac{-1}{p}\right)(p\delta_{0n} - 1)\right),$$

$$R_3(n) = \frac{1}{8}\left(p^2 + \left(\frac{-n}{p}\right)p\right),$$

$$R_4(n) = \frac{1}{16}\left(p^3 + p^2\delta_{0n} - p\right)$$

を示せ．（手計算で確認できる典型的なテストケースとして $p = 23$ とすると，$R_4(0) = 12673/16$ であり，また任意の $n \not\equiv 0 \pmod{p}$ に対して $R_4(n) = 759$ である．）

これらの厳密な関係式から以下を示せ．
(1) 任意の素数 $p \equiv 1 \pmod 4$ は 2 個の平方数の和であるが，$p \equiv 3 \pmod 4$ は 2 個の平方数の和で表現できない（問題 5.16 を参照せよ）．
(2) $mp = a^2 + b^2 + c^2 + d^2$ を満たす $0 < m < p$ が存在する．

結果 (2) から直ちに Lagrange の定理（すなわち任意の非負整数は 4 個の平方数の和で表現できること）が導かれる．(2) を満足する最小の m が $m = 1$ であることを Lagrange の降下法を利用して示すことが可能であり，したがって任意の素数は 4 個の平方数の和で表現できる．すると最終段階は任意の 2 整数 a, b が 4 個の平方数の和で表現できるならば ab も表現可能なことを証明することとなる．これの詳細は [Hardy and Wright

1979] に記述されている．

3 個の平方数の和については何が言えるだろうか？　任意の非負整数が 3 個の三角数 (すなわち $k(k+1)/2, k \geq 0$ 形式の整数) の和で表現できることを意味する，より難しく有名な Gauss の定理 "$num = \Delta + \Delta + \Delta$" を示すために，畳み込みを用いることは興味深い挑戦だろう．この定理は 3 (mod 8) と合同な任意の整数が 3 個の平方数の和で表現できることと同値である．（実際，3 個の平方数の和で表現できない整数は $4^a(8b+7)$ 形式に限られる．）このような挑戦として，例えば R_2 に対する上記関係式から任意の $p \equiv 7$ (mod 8) が奇妙にも $m < p$ に対し表現 $mp = a^2 + b^2 + c^2$ を持つことなどがどのように示されるのかは知られていない．（例えば，7 は 3 個の平方数の和ではないが，14 は 3 個の平方数の和である．）

9.42. 長さ D の 2 信号の巡回畳み込みが 2 多項式の乗算すなわち

$$x \times y \equiv x(t)y(t) \pmod{t^D - 1}$$

と同値であることを示せ．ここで "$\equiv$" は左辺の信号の各要素が右辺の多項式の各係数に対応付くことを表す．次に，符号反転巡回畳み込み $x \times_- y$ が (mod $t^D + 1$) の下での多項式乗算と同値であることを示せ．これらの事実と多項式に対する中国式剰余定理を用いて，Nussbaumer 畳み込みに利用される恒等式 (9.36) を導け．

9.43. 問題 9.42 と同様の趣旨の下で，より一般な荷重畳み込み $x \times_a y$ の多項式による記述を与えよ．ここで，ある生成元 A に対して $a = (A^j)$ とする．

9.44. Lucas–Lehmer テストによって $p = 2^{521} - 1$ が素数であることを証明するためにアルゴリズム 9.5.19 を実装せよ．この構成の基本は素数判定の間，すべてに対して固有の不定底表現を保つことにある．（言い換えれば，アルゴリズム 9.5.19 の出力形式をアルゴリズムの再帰呼び出しの入力としてそのまま利用可能にするということである．）

新たな巨大 Mersenne 素数のような大きな素数に対して，研究者は不定底の典型的な桁サイズ q/D がだいたい 16 ビットかそれ以下になるように設定している．これは浮動小数点誤差を可能な限り抑える．

9.45. $3^{(F_n-1)/2} \equiv -1 \pmod{F_n}$ であることと F_n が素数であることが同値であることを利用した Pepin テストを用いて様々な Fermat 数の特性を決定するために，アルゴリズム 9.5.17 を実装せよ．このアルゴリズムは素因子分解にも利用可能である [Brent et al. 2000]．（Fermat 数を用いた演算に対して，問題 9.55 で述べる平衡底による誤差削減手法もまたこのアルゴリズムに応用可能である．）この方法は 1993 年の F_{22} の分解 [Crandall et al. 1995] と F_{24} の分解 [Crandall et al. 1999] に利用された．

9.46. ゼロパディングされた信号の巡回畳み込みによって長整数乗算を実現するためにアルゴリズム 9.5.20 を実装せよ．適切な CRT 素数の組も利用した整数の符号反転巡

回畳み込みに DWT 法を利用可能だろうか？

9.47. 演算に用いる体が 1 の立方根を含むとき $D = 3 \cdot 2^k$ に対して 3 個の独立した長さ 2^k の畳み込みを再結合することで長さ D の巡回畳み込みを実現可能なことを示せ．（問題 9.43 を参照し，このような D に対し文字式 $t^D - 1$ の因数分解を考察せよ．）この手法は実際に G. Woltman による新たな Mersenne 素数の発見に利用された．（これには長さ $3 \cdot 2^k$ の IBDWT が利用された．）

9.48. [Percival 2003] の着想を実現せよ．すなわち Proth 型の数 $k \cdot 2^n \pm 1$ を法とした法演算にアルゴリズム 9.5.19 を一般化せよ．これの基本は素数の積 $\prod_{p|ab} p$ が十分に小さい場合，$a \pm b$ を法とする演算に対し効果的な誤差制御が可能なことにある．Percival の手法において，法 $a - b$ の高速法演算に

$$x = \sum_{j=0}^{D-1} x_j \prod_{p^k \| a} p^{\lceil kj/D \rceil} \prod_{q^m \| b} q^{\lceil -mj/D \rceil + mj/D}$$

に現れる素数の積を利用するために定理 9.5.18 の不定底表現を一般化可能である．

これらの着想とアルゴリズム 9.2.14 の高速法演算との融合は Mersenne/Fermat 数の話題に限らず有効な手法となることに注意せよ．実際，[Dubner and Gallot 2002] に記述された一般化 Fermat 数の探索においてこのような手法が利用されている．

9.49. FFT 関連の文献の中に Sorenson FFT と呼ばれる特に効率的な実信号変換がある．これは，本質的に最小計算量の FFT を実現するために $\sqrt{2}$ を利用した，実信号に対して知られた分割底変換であり，また特殊なデシメーションを利用した手法である．しかしメモリー，マシンキャッシュ，プロセッサ性能などによって，現在のところ実際の計算量はより劣ったものとなってしまう．

ここで $n = 2^m + 1$ とし m を 4 の倍数としたときに，環 $\mathbf{Z}_n$ に対して $2 \in \mathbf{Z}_n$ の平方根が

$$\sqrt{2} = 2^{3m/4} - 2^{m/4}$$

で与えられることを示せ．そして，法 n の Sorenson 変換を標準的な Sorenson 変換と上記 $\sqrt{2}$ によって単純に実現できるかどうかを決定せよ．（Sorenson 実信号 FFT の詳細コードは [Crandall 1994b] に記載されている．）

9.50. 信号要素 x_j と位数 N の根 h が体 $\mathbf{Q}(\sqrt{5})$ 上に存在することを除き通常の DFT 形式

$$X_k = \sum_{j=0}^{N-1} x_j h^{-jk}$$

で与えられる変換について調査せよ．上記の体は黄金比 $\phi = (\sqrt{5} - 1)/2$ を含むので，この変換を「黄金分割 2 次体」上の数論変換 (NTT) と呼ぶ．以下では，上記の信号要

素と根が整数 a, b によって $a + b\phi$ と表現されるように環 $\mathbf{Z}[\phi]$ に制限して考察する．初めにこの環上の乗算が 3 回の整数乗算で実現されることを示せ．次に，根を黄金比 ϕ の冪としたときの体 $\mathbf{F}_p(\sqrt{5})$ 上でのこのような変換の可能な長さを示せ．そして，(N を偶数として) 変換

$$\mathbf{X}_k = \sum_{j=0}^{N/2-1} \mathbf{H}^{-jk} \mathbf{x}_j$$

について考察せよ．ここでベクトル要素は $\mathbf{x}_j = (a_j, b_j)$ であり，原信号の要素は $x_j = a_j + b_j \phi$ であるとする．また，行列 $\mathbf{H}$ は

$$\mathbf{H} = \begin{pmatrix} 1 & 1 \\ 1 & 0 \end{pmatrix}$$

で与えられる．この行列変換が前述の DFT の定義と同値であるとの認識の下で，$\mathbf{H}$ の冪が Fibonacci 数を用いて

$$\mathbf{H}^n = \begin{pmatrix} F_{n+1} & F_n \\ F_n & F_{n-1} \end{pmatrix}$$

で与えられ，この n 乗が分割統治法によって $O(\ln n)$ 回の行列乗算で計算できることを示せ．以上をまとめ，この行列に基づく数論変換の計算量を導出せよ．Galois 変換 (DGT) を連想させるこの斬新な変換は [Dimitrov et al. 1995], [Dimitrov et al. 1998] に記述されており，さらにこれは実際に現実的な実数値に対して意味のあるものとして提案されている．

9.51. 巡回畳み込みに対するアルゴリズム 9.5.22 に従い，半分の長さの信号を用いた結合 DGT/DWT 法，すなわち長さ D の整数信号の長さ $D/2$ の複素 DGT によって，符号反転巡回畳み込みに対する同様のアルゴリズムを示せ．

これを実現するためには，長さ $D/2$ の荷重畳み込みのために $\mathbf{F}_{p^2}$ 上の i の $D/2$ 乗根が必要となる．ここで p は Mersenne 素数である．[Crandall 1997b] に実装の助けとなる詳細な記述がある．

9.52.

$$X_k = \sum_{j=0}^{D-1} x_j g^{-jk} \pmod{f_n}$$

で定義される Fermat 数変換 (Fermat number transform, FNT) を調査せよ．ここで $f_n = 2^n + 1$ であり，また g は乗法位数 D の $\mathbf{Z}_n$ 上の要素であり，通常はこれを 2 冪にとる．g を 2 冪としたとき，信号長 D をどのようにとり得るだろうか？ FNT の利点は高速実装時の内部バタフライに乗算を必要としないことであり，明らかな欠点は信号長が制限されることである．この FNT には Schönhage アルゴリズム 9.5.23 に現れること以外に計算数論の応用があるだろうか？

9.53. アルゴリズム 9.5.7 などにおいては効率的な行列転置が必要となる．行列が正方のときこれは難しくないが，そうでない場合問題は自明ではない．もし元の行列をコピーしそれを転置しながら書き戻すことが許されるならば，任意の行列に対して問題が自明となることに注意せよ．しかし，この方法はコピーのためのメモリーを必要とすると共に本来不要な長いメモリージャンプを必要とする．

そこで一般的な局所的転置アルゴリズムを示せ．これは行列コピーを行わずすべてをできうるかぎり「ローカル」に保持する（すなわちある意味でメモリージャンプを最小化するアルゴリズムを意味する）．[Van Loan 1992], [Bailey 1990] などを参照せよ．

9.54. アルゴリズム 9.5.8 の各ステップの計算量を解析し以下の問に答えよ．(1) 本文中に示した計算量が X'_k に対して成立することを示せ．(2) 上界 (式 (9.24)) のより詳細な O 定数を示せ．(3) 不等式 (9.25) を証明せよ．(4) この不等式から本文中に示された計算量を導け．

この問題に興味のある読者は，Gauss の数列に現れる周波数 e^{icz} を展開するための Dutt-Rokhlin 法 [Dutt and Rokhlin 1993] の巧みな様子を研究・改良するとよいだろう．

9.55. 平衡桁表現（定義 9.1.2）を用いてアルゴリズム 9.5.12 を書き直せ．重要な変更は桁上げ調整に集約されることに注意せよ．本文中でアルゴリズムの後に記述された事象，すなわち平衡桁表現を用いることで誤差が削減されることについて研究せよ．これについていくつかの数値実験と理論的な予測が知られている．([Crandall and Fagin 1994], [Crandall et al. 1999] とこれらの文献に記載された参考文献を参照せよ．) しかし，この誤差の上界については理論的にも実際的にもわずかなことしか知られていない．

9.56. 奇数 q に対し $p = 2^q - 1$ とし $x \in \{0, \ldots, p-1\}$ としたとき，$x^2 \bmod p$ を 2 回のサイズ $q/2$ 乗算で計算できることを示せ．(ヒント: $x = a + b2^{(q+1)/2}$ と表現し，x の 2 乗を

$$(a+b)(a+2b) \ \text{と} \ (a-b)(a-2b)$$

に関連付けよ．) すでに（筆算による）2 乗算が乗算のだいたい半分の計算量になることを知っているので，この興味深い手法には実際にはなにも新規性がないが，この方法はすでに知っていた方法と別手法で速度を 2 倍にしているし，式 (9.3) に対する議論に現れるループに関する細かな調整も不要である．

9.57. アルゴリズム 9.5.20 に必要な $p_1, \ldots, p_r$ は常に存在するか？ また，これらをどのように発見すればよいだろうか？

9.58. アルゴリズム 9.5.20 で示唆したように，このアルゴリズム中に現れる $x \times y$ の任意の畳み込み要素が実際に NM^2 で抑えられることを証明せよ．このアルゴリズムの

長整数乗算への応用に対し平衡表現を利用できるだろうか？ すなわち，上界を低くするために法 p の下での任意の整数が $[-(p+1)/2, (p-1)/2]$ にあると考え，CRT に必要な素数の数を削減できるだろうか？

9.59. g が平方根 $h^2 = g$ を持つ場合の離散素数底変換 (9.33) に対し，以下の問に厳密に解答せよ．入力信号が $x = \left(h^{j^2}\right)$, $j = 0, \ldots, p-1$ と与えられたときの変換要素 X_k の閉形式を示せ．この X_k に固有の単純さに注意し，通常の複素 FFT を用いたときに変換要素の絶対値 $|X_k|$ が便利な特性を持つ，N 個の複素数要素により構成された類似の信号 x を発見せよ．(このような信号は「チャープ」信号と呼ばれ，特殊な絶対値特性を持った数値を必要とする FFT のテストのために高い利用価値を持つ．)

9.60. Mersenne 素数 $p = 2^{127} - 1$ に対して $\mathbf{F}_{p^2}^*$ 上の 1 の原始 64 乗根 $a + bi$ を明示せよ．

9.61. $a + bi$ を $\mathbf{F}_{p^2}^*$ の最大位数 $p^2 - 1$ の原始根とする．(ただし $p \equiv 3 \pmod{4}$ とする．したがって "i" が存在する．) このとき $a^2 + b^2$ が $\mathbf{F}_p^*$ の最大位数 $p-1$ の原始根であることを示せ．また逆は真だろうか？

$6 + i$ が $\mathbf{F}_{p^2}^*$ の原始根となるいくつかの Mersenne 素数 $p = 2^q - 1$ を示せ．

9.62. DGT 整数畳み込みアルゴリズム 9.5.22 が正しく動作することを証明せよ．

9.63. ゼロパディングによる長整数乗算のための DGT 整数畳み込みアルゴリズム 9.5.22 に Mersenne 素数 $p = 2^{89} - 1$ を利用し信号 x, y の各桁の底を $B = 2^{16}$ としたときに x, y のとりうる最大値を示せ．(各桁の値の範囲を $[-2^{15}, 2^{15} - 1]$ とした) 平衡桁表現を用いたときの最大値も示せ．

9.64. CRT 再構成により整数畳み込みを実現するために Mersenne 素数の集合を用いたアルゴリズム 9.5.22 を利用する方法を再構成の詳細とともに示せ．(偶然にも Mersenne 素数集合に対する CRT 再構成は非常に単純である．)

9.65. Schönhage アルゴリズム 9.5.23 にみられるような再帰への見解を含めてアルゴリズム 9.5.22 の計算量を解析せよ．またこの計算量を表 9.1 の値と比較せよ．

9.66. アルゴリズム 9.5.25 に現れるゼロパディングを不要にするために DWT の着想を利用する方法を記述せよ．特に，長さ $2m$ の巡回畳み込みではなく，長さ m の巡回畳み込みと長さ m の符号反転巡回畳み込みを利用する方法を示せ．-1 の原始 m 乗根が存在するので DWT を符号反転巡回畳み込みに利用できるためこれは可能である．この方法は計算量を大幅に削減するものではないが必要メモリー量を削減することに注意せよ．

9.67. Nussbaumer アルゴリズム 9.5.25 の計算量が $O(D \ln D)$ 演算であることを証明せよ．そしてこのアルゴリズムの（多少複雑な）ビット計算量を解析せよ．このビット計算量解析を始める 1 つの手順として，9.5.8 項の計算量の表と親和性のある最適な底 B を決定することがある．

9.68. Nussbaumer アルゴリズム 9.5.25 は奇素数 p に対する $(\mathrm{mod}\ p)$ の（すなわち環 R を $\mathbf{F}_p$ としたときの）巡回畳み込みと符号反転巡回畳み込みにも利用可能である．これはすべての R 上の演算を $(\mathrm{mod}\ p)$ によって行うことのみで実現されるので与えられたアルゴリズムの構成を変更する必要はない．

Shokrollahi の DFT を実現するために畳み込みを利用し，このような Nussbaumer アルゴリズムの実装を用いていくつかの大きな指数 p に対して Fermat 予想を立証せよ．DFT を畳み込みに変換する手法はいろいろ知られている．その 1 つに Bluestein の再添字手法があり，DFT を多項式評価と考える手法もある．また（信号長が素数冪の場合に対する）Rader の手法も知られている．さらに，2 冪でない長さの畳み込みを，より長いがより利便性の高い畳み込みに埋め込み可能なことが知られている．（このような変換と畳み込みの間の相互作用に関しては [Crandall 1996a] を参照せよ．）始めにこの DFT の長さを $(p-1)/2$ とできることに注意すると，定理 9.5.14 を利用可能である．法 p の Nussbaumer 法を利用した 2 冪長の巡回畳み込みによってこの DFT を評価せよ．最近の A. Wiles による Fermat 予想の証明における壮観な理論的成功とは別に，$p < 12000000$ を満足するすべての指数に対して数値計算が行われている [Buhler et al. 2000]．さらに，Shokrollahi の基準によって正しいことを示せる最大素数が $p = 671008859$ であることを付言しておく [Crandall 1996a]．

9.69. $(\mathrm{mod}\ p)$ の係数を持つ多項式の乗算に対しアルゴリズム 9.6.1 を実装せよ．高次多項式の乗算のみならず高次多項式の乗算に依存した冪演算をも必要とする楕円曲線の位数計算に関する Schoof アルゴリズムに対してこの実装は有益である．

9.70. 本文中に示されたアルゴリズム 9.6.1 の 2 種類の計算量を証明せよ．D, p の選択やメモリー制限などの与えられた条件の下で Nussbaumer 畳み込みと 2 進セグメンテーションとのどちらを選択する方がより効果的であるかを記述せよ．

さらなる解析のために多項式乗算のための Shoup 法 [Shoup 1995] を考慮するとよい．これは CRT 畳み込みを基礎とした独自の計算量評価を持つ方法である．計算量の観点からみて上記の 2 種類の方法のどちらが Shoup 法に近いだろうか？

9.71. $x(t), y(t)$ を $(\mathrm{mod}\ p)$ の係数を持ち次数 $\approx N$ の多項式とする．（アルゴリズム 9.6.2 を呼ぶ）アルゴリズム 9.6.4 による多項式剰余演算 $x \bmod y$ の p と N に関する漸近ビット計算量を示せ．（係数の積に対する整数乗算の計算量を仮定する必要がある．）同一の法に対する多数の整数の簡約のように，同一の法多項式 $y(t)$ に関して多数の多

項式簡約を実行するとき，切り詰め逆元 $R[y, \ ]$ の計算を 1 回実行するだけでよいだろうか？

9.72. ここでは $(\bmod p)$ の下での Bernoulli 数の別の関係式を調べる．次に示す定理を証明せよ．$p \geq 5$ を素数とし，a は p と素であるとする．また $d = -p^{-1} \bmod a$ とする．このとき $[2, p-3]$ に含まれる m に対して

$$\frac{B_m}{m}(a^m - 1) \equiv \sum_{j=0}^{p-1} j^{m-1}(dj \bmod a) \pmod{p}$$

が成立する．次に系

$$\frac{B_m}{m}(2^{-m} - 1) \equiv \frac{1}{2}\sum_{j=1}^{(p-1)/2} j^{m-1} \pmod{p}$$

を証明せよ．以上より，興味深い結論である $p \equiv 3 \pmod 4$ ならば $B_{(p+1)/2}$ は $(\bmod p)$ で 0 ではないことを示せ．このような総和公式は現実的な価値があるが，総和に現れる添字が $[0, p-1]$ の中の少数の整数のみにより構成されるより効率的な形式も存在する．[Wagstaff 1978], [Tanner and Wagstaff 1987] を参照せよ．

9.73. アルゴリズム 9.6.5 が正しく動作することを証明せよ．そして，積形式

$$x(t) = t(t+d)(t+2d)\cdots(t+(n-1)d)$$

で与えられた多項式を与えられた 1 点 t_0 で評価する問題に対するこのアルゴリズムの修正を示せ．これの着想は最適な $G < n$ を選択しループ

$\quad\text{for}(0 \leq j < G) \quad a_j = \prod_{q=0}^{G-1}(t_0 + (q+Gj)d);$

から始めることにある．この方法により $O(G^2 + n/G)$ 回の乗算と $O(n+G^2)$ 回の加算によって $x(t_0)$ を計算するアルゴリズムに到達せよ．上記の for() ループの（再び全体アルゴリズムによって操作可能な形式の）部分積の再帰実現により $O(n^{\phi+\epsilon})$ 回の乗算で $x(t_0)$ を計算可能なことを示せ．この手法において加算は何回必要だろうか？

例えば大きな p の素数性を $(p-1)! \equiv -1 \pmod p$ をテストすることで判定可能なので，最後にこれらのアルゴリズムを用いて大きな階乗計算を実現せよ．これの基本発想は，$(m^2)!$ のすべての積を計算するときに，

$$(t+1)(t+2)\cdots(t+m)$$

の $\{0, m, 2m, \ldots, (m-1)m\}$ での評価を利用することにある．Wilson 素数の探索に $(\bmod\ p^2)$ の下での演算と共にこの手法が用いられた [Crandall et al. 1997]．

9.74. 与えられた体要素 t_k に対し多項式 $x(t)$ が積形式

$$x(t) = \prod_{k=0}^{D-1}(t-t_k)$$

で与えられているとする．2個ごとの積の積み上げを考えることで，$O\left(D\ln^2 D\right)$ 回の体演算で x が $x(t) = x_0 + x_1 t + \cdots + x_{D-1}t^{D-1}$ と展開されることを示せ．

9.75. アルゴリズム9.6.7が正しく動作することを証明し，部分多項式計算と多項式剰余がすべて「初等的筆算」で行われたときの（環演算に関する）計算量を評価せよ．そして，多項式剰余には筆算を用いるが，部分多項式計算に高速乗算（問題9.74を参照せよ）を利用したときの計算量を評価せよ．さらに，高速乗算と（アルゴリズム9.6.4の）高速除算を共に用いたときの計算量を示せ．

これの1つの拡張として，多項式剰余木（3.3節を参照せよ）に関するいくつかの新たな著しい結果と D. Bernstein による伸縮多項式剰余木 [Bernstein 2004a] について調査せよ．適切な修正が施されたアルゴリズム9.6.7とともにこれらの方法を利用した場合，計算量が確かに $O\left(D\ln^{2+o(1)} D\right)$ となり，また長整数乗算に対するFFT演算に記憶域を利用するなどにより O 定数も削減される．

9.76. アルゴリズム9.6.7においては D が2冪であることが必要だが，この条件を緩和する方法を調べよ．1つの方法は，むろん，元の多項式が多数の零係数を持つと仮定し，x の次数を2冪より1小さいものと考え，評価点集合 T の要素数も2冪であると考えることである．別の方法として [再帰終了のしきい値を確認] ステップを $len(T)$ が奇数であることの判定に変更することがある．この種のアプローチでは信号を $1/2$ 長にしていくことを再帰中で保証する．

9.8 研 究 問 題

9.77. すでに精通しているように冪階梯の拡張は多くの点で未解決であり複雑である．この問題では冪階梯の拡張に伴ういくつかの興味深い問題を扱う．逆元計算が可能なとき（または楕円演算において点の逆演算が可能なとき），加減算階梯によって状況はより興味深いものとなる．例えば，加減算階梯アルゴリズム7.2.4は以下に示す興味深い「確率的な」解釈を持つ．x を $(0, 1)$ に値をとる実数，y を $3x$ の端数部 $y = 3x - \lfloor 3x \rfloor$ とする．また x, y の排他的論理和を

$$z = x \wedge y$$

と書く．これは x と y をビット列とみなして各ビットごとに排他的論理和演算を行うことで z が得られることを意味する．次に示す予想について調査せよ．x, y がランダムに選ばれたとき，確率1で z の $1/3$ のビットは1である．もしこれが正しいならば，2乗

演算コストを S, 乗算コストを M と書いたとき, アルゴリズム 7.2.4 が $(S+M/3)b$ で実現されることを意味する. ここで b はアルゴリズムの入力変数の 2 進ビット数を表す. この結果を標準的な 2 進階梯アルゴリズム 9.3.1, 9.3.2 と比較せよ. また, 底 $B = 3$ の場合の一般的な窓階梯アルゴリズム 9.3.3 と比較せよ. (これに答える中で, 加減算階梯がある種の窓階梯と同一であるのかそうでないのかを決定すること.)

次に, 実際の階梯の厳密な2倍演算の回数と加算の回数を示せ. 例えば, 右向き 2 進階梯のより厳密な計算量評価は

$$C \sim (b(y) - 1)S + (o(y) - 1)M$$

である. ここで $b(y)$ は y の 2 進ビット数を表し, $o(y)$ は 1 が立っているビット数を表す. この理論を事前計算の計算量も含めた窓階梯の計算量評価に拡張せよ. このようにして, 典型的な暗号応用 (すなわち例えば 192 ビット素数を法とした 192 ビットの x, y に対する x^y の計算) においてどの冪階梯が最適であるのかを定量的に述べよ.

次に, 楕円曲線上の整数倍算を計算する底 $B = 16$ の階梯を実装せよ. これはアルゴリズム 9.3.3 にあるように指数を 4 ビットごとに処理するものである. 本文中で窓階梯の後に記述したように, $P, 3P, 5P, 7P$ のみがテーブルに必要であることに注意せよ. また, むろんこれらの点の計算もまた効率的な方法で事前計算しなければならない.

次に, [Müller 1997], [De Win et al. 1998], [Crandall 1999b] とこれらの参考文献に示された冪階梯手法を研究せよ. (そして, この種の拡張の研究を通じてこの分野の研究がいかに入り組んでいるかを学習せよ.) 改良の 1 つの例として, 指数展開において保証された数の 0 を他の桁の間に挿入する方法が考えられている. その上, 高圧縮率を持つ指数の有効性も知られている [Yacobi 1999]. このような研究には底に依存した圧縮率の可能性に関して反論もある. 指数の圧縮率と冪演算の最適効率との厳密な関連の確認は興味深い研究課題である.

9.78. 問題 9.37 のような計算量の観点からみて, D が大きいときの再帰 Toom–Cook 法の本質的なビット計算量は $O\left(\ln^{1+\epsilon} N\right)$ となる. しかし, すでに知っているように, 必要な加算回数は急激に増加する. Toom–Cook に必要な加算回数を示し, 非常に小さい乗算の計算量と非常に大きい加算計算量のトレードオフについて議論せよ. すでに問題 9.38 でみたように, 加算に関する最適化手法が存在することにも注意せよ.

これは難しい問題だが, これの実際の価値は明らかである. 例えば, 1 回の大きな再帰乗算の中で Toom–Cook 手法を用いることに対する妨げは何もない. 明らかに, このような混合手法を最適化するためには他のオーバーヘッドと同様に乗算と加算回数の影響について知る必要がある. 他のオーバーヘッドにはシフト演算と整数を Toom–Cook 法に利用する係数に分解するためのデータ移動がある.

9.79. 信号

$$G = (1, 1, 1, 0, 1, 1, 0, 1, 1, 0, \ldots)$$

とそれ自身の非巡回畳み込みによって，Goldbach 予想を数値的にどこまで確認できるだろうか？（本文中に述べたように，$2n+3$ が素数ならばそのときに限り信号要素 $G_n = 1$ である．）この畳み込みに基づく手法により，x を越えないすべての偶数に対して Goldbach 予想を確認するために必要な計算量を示せ．この予想は $x = 4 \cdot 10^{14}$ までのすべての偶数について確認されている [Richstein 2001]．また，FFT に基づいた実際の計算が 10^8 程度まで行われている [Lavenier and Saouter 1998]．次の問いは興味深い．任意の整数の 2 個の素数ビットに 1 が立つことが相対的に稀であることを知った上で，素数ビットに 1 が立っている（$b = 16$ または 32 として）b ビット整数の配列の純整数畳み込みによって Goldbach 表現を解決できるだろうか？

9.80. 畳み込み手法を $\mathbf{Z}_N$ 上の高次和の問題に適用可能である．そして，より複雑な条件は興味深い研究分野を導くだろう．問題 9.41 では平方数の和を扱ったが，より高次の冪が表れたときには畳み込みやスペクトル演算が問題となる．

ここで述べた研究に乗り出すために k 乗指数和すなわち

$$U_k(a) = \sum_{x=0}^{N-1} e^{2\pi i a x^k / N}$$

の考察から始めよ．（平方と立方の場合については 問題 1.66 に記載されている．）$\mathbf{Z}_N$ 上の s 個の k 乗数の和による n の表現の個数を $r_s(n)$ と書く．

$$\sum_{n=0}^{N-1} r_s(n) = N^s$$

が成立するが，また一方

$$\sum_{n=0}^{N-1} r_s(n)^2 = \frac{1}{N} \sum_{a=0}^{N-1} |U_k(a)|^{2s}$$

も成立することを証明せよ．この関係式によっていくつかの興味深い上界と結論が与えられる．実際，冪 $|U|^{2s}$ のスペクトル和は，これが上記で抑えられているとき，$\mathbf{Z}_N$ 上の表現可能な要素数の下界を与える．言い換えると，スペクトル振幅 $|U|$ の上界は，解析学の力を借りて，上記環上の表現数を効果的に「制御」するのである．

次に，多岐にわたる選択の手始めとして，問題 1.44, 1.66 の着想と結果を用いて，素数 p に対して $\mathbf{Z}_p$ の要素の中で 2 個の立方の和で書ける要素の比率の下界となる正定数 c が存在することを示せ．

明らかに，楕円曲線理論は問題 7.20 の方法によって（N が合成数の場合の環 $\mathbf{Z}_N$ に対してさえも）2 個の立方和問題を完全に解決する．しかし，ここでは畳み込みとスペクトルの概念だけを用いる．十分に大きな素数 p に対して c をどこまで大きくできるだろうか？ 1 つの方法として，まず問題 1.66 の上界 "$p^{3/4}$" から，$\mathbf{Z}_p$ の任意の要素が 5

9.8 研 究 問 題

個の立方の和であることを示し,次に最良の上界 "$p^{1/2}$" によって,よりシャープな結果を得ることが考えられる.このスペクトル的な手法は合成数 N に対して適用可能だろうか？ この場合には適切なフーリエ指数 a に対する上界 "$N^{2/3}$" を利用可能である（例えば,[Vaughan 1997, Theorem 4.2] を参照せよ).

続いて,次に示す定理の簡単な証明を発見せよ.N が素数のとき $a \not\equiv 0 \pmod{N}$ に対し

$$|U_k(a)| < c_k N^{1-\epsilon_k}$$

を満足する正定数 c_k, ϵ_k が任意の k に対して存在する.次にこの結果から,素数 N に対する $\mathbf{Z}_N$ の任意の要素が s 個の k 乗の和となるような s が,任意の k に対して（k のみに依存して）定まることを示せ.立方の場合に対して問題 1.66 で用いた,Weyl の手法を再帰的に利用すれば,上で与えられた $|U|$ の上界の構成はさほど難しくない.（下に示す文献のいくつかには $\epsilon_k \approx 1/k$ を導く方法が記述されている.）

合成数 N に対して固定された s が存在するだろうか？ 様々な k に対して s を実際に求めることができるだろうか？（上記の立方の場合に対して $s=5$ を求めたときに,上界定数を適切に定める必要があったことを思い出そう.）このような研究においては,一般的な U の和の上界を求めなければならないが,これは実際に得られる.[Vinogradov 1985], [Ellison and Ellison 1985], [Nathanson 1996], [Vaughan 1997] を参照せよ.しかし s を実際に求めることは難しい.すなわち,上界定数を明示的に追う必要があり,理論的,歴史的な理由で多くの文献はこのような詳細な探索に対して気を配っていない.

この研究領域の最も魅力的な側面の 1 つは理論と計算との融合にある.すなわち,もし上記の k 乗の問題に対し上界変数 c_k, ϵ_k が得られたならば,「十分に大きな」N を理論的に扱えるが,この理論限界以下の任意の N を取り扱うための計算も必要となるだろう.実際に定数 c_k が大きいときや少々 ϵ_k が小さいときには計算が特に重要である.このような観点の下で,20 世紀の解析学者による指数和の一般上界を構成するための多くの努力を今では計算の立場でみることが可能となっている.

これらの研究はむろん著名な Waring 予想を連想させる.この予想は固定された数 s の非負整数の k 乗による表現可能性について主張している.（例えば,問題 9.41 の Lagrange の 4 平方数定理は一般的な Waring 予想の $k=2, s=4$ に対する特殊例の証明と同値である.）完全な Warning 予想はこれとは異なる成果である.なぜならば,指数和がすべての環要素にわたるのではなく指数 $x \approx \lfloor N^{1/k} \rfloor$ 辺りまでの値しかとらないので,上界を求める手順はより複雑になる.このような障害にもかかわらず,与えられた k に対する s の Waring の（歴史的には連続積分を必要とした）古典的な評価の離散畳み込み法のみを用いた拡張が構成された.（1909 年に D. Hilbert が巧妙な組合せ論的アプローチによって Waring 予想を証明した.また鋭敏で強力な連続的手法が多くの文献に示されている.例えば [Hardy 1966], [Nathanson 1996], [Vaughan 1997] を参照せよ.）加えて,Waring 予想に類似した有限体に対する多くの問題が完全に解決されて

いる．例えば [Winterhof 1998] を参照せよ．

9.81. アルゴリズム 9.5.7 の下地となっているある種の行列手法を用いることで DFT を利用せずに大きな畳み込みを行う方法があるだろうか？ すなわち，よく行われるように畳み込みへの入力信号を巨大な（例えばディスク）媒体に記録し，計算は（だいたい行列の行や列のサイズに相当する）比較して小さなメモリ上で行うことで小さな部分ごとに畳み込み演算を行えるだろうか？

この流れに沿って，任意の信号に対する標準的な 3 回の FFT による畳み込みを構成せよ．ただし，アルゴリズム 9.5.7 の行列形式による類似を利用し，また不要な変換を行わないこととする．ヒント：通常の直積（スペクトル積）の後に逆 FFT を行形式 FFT として直ちに実行可能なように最初の FFT を構成せよ．

転置をまったく必要としない FFT 手法が E. Mayer により構成されたことを付言する．この手法はメモリ利用に関する通常の問題が生じない列形式の FFT を利用している．Mayer の議論については [Crandall et al. 1999] を参照せよ．

9.82. [Craig–Wood 1998] によって指摘された素数

$$p = 2^{64} - 2^{32} + 1$$

は CRT に基づく畳み込みにとって都合のよい性質を持つ．これらの利点の幾つかについて調査せよ．例えば，法 p の下での数論変換の可能な長さを示すことで，（いくつかの FFT にとって都合のよい）小さな絶対値を持つ位数 64 の要素などを示せ．

9.83. ここに驚くべき結果がある．Mersenne 素数を法とした長さ 8 の巡回畳み込みはたった 8 回の乗算で実現される．これは驚くべきことである．なぜならば，問題 9.39 で観たように Winograd の上界による乗算回数は $2 \cdot 8 - 4 = 12$ だからである．むろん，Mersenne 素数を法としていることで問題が若干変わっていることがこのパラドックスの原因である．

この現象を明らかにするために，まず p を Mersenne 素数とし $\mathbf{F}_{p^2}$ 上に 1 の 8 乗根が存在することを示せ．ここで，この根はシンボリックに十分に単純，すなわち整数乗算を利用せずに DGT を実行可能とするものとする．次に，2 個の整数信号 x, y の巡回畳み込みを行うための長さ 8 の DGT を示せ．そして，直積 $X * Y$ を 2 回の実乗算と 3 回の複素乗算によって実現可能な，十分な対称性を変換信号 X, Y が持つことを示せ．これは 11 回の乗算を必要とする．

長さ 8 以上に対する Winograd の上界に同様の「例外」が存在するかどうかは未解決問題である．

9.84. $n \times n$ 行列の乗算を長さ n^3 の畳み込みによって実現可能であることを示した [Yagle 1995] の興味深い観測について検討せよ．長さ n の畳み込みを $O(n \ln n)$ より高

速に実行することはできないので，これは特段驚くべきことではない．しかし，Yagle は利用する畳み込みが疎であることを示した．これは数論変換にさえ影響を与える興味深い展開を導く．

A. 擬似コード

　この本のすべてのアルゴリズムはこの本に特有の擬似コードで書かれている．その擬似コードは「日本語とC言語の融合」[*1]とでも表現すべきものである．われわれが使ったこの擬似コードの設計の動機はまえがきに要約されているが，そこでわれわれが希望として述べたのは，この融合された擬似コードを読むことによって，読者がアルゴリズムを理解し，プログラマーがそれをプログラム化することができるということである．まえがきでは，この本のアルゴリズムの *Mathematica* での実装がネットワークから取得可能であることも述べた．

　この補遺の目的は，C 言語の既製のリファレンスにあるような総合的な文法の扱いではない．そのかわりに，以下ではいくつかの実例にそって，擬似コードの命令文の解釈を解説することにする．

日本語とコメント

　擬似コードに出てくる複雑な数学的な操作については，日本語で記述をすることにした．日本語での記述を導入した技術的な動機は次の例で明らかになる．C 言語の文

if((n== floor(n)) && (j == floor(sqrt(j))*floor(sqrt(j)))) ...,

は "n が整数であって，かつ j が平方ならば" ということを意味するが，この本ではこれを次のように記述する．

　　　if($n, \sqrt{j} \in \mathbf{Z}$) ...

つまり条件文の中には黒板に書くような数式をとり入れることにしたのである．またインデントに関しても特有の方法を採用している．もし，次のような文

　　　　すべての S の擬素数に対して，等式 (X) を適用; 等式 (Y) を適用;

を許すと (実際には使ってはいない)，熱心なプログラマーにとって，等式 (Y) をすべての擬素数について適用するのか，あるいは (X) のループの後にただ 1 回だけ適用するの

[*1] 訳注：この部分では訳された擬似コードに整合するように一部原著を変更して訳出してある．

かが曖昧になってしまうであろう．(Y) がループの後で 1 回だけ適用されることをはっきりさせるために，

> すべての S の擬素数に対して，等式 (X) を適用;
> 等式 (Y) を適用;

と書くことにした．このように 1 行下げて書くことによって，(Y) が擬素数のループの後に，一度だけ呼び出されることがはっきりする．したがって，日本語の文が長くて，改行が起こってしまうときには，インデントを行う．例えば

> アルゴリズム 2.3.5 を用い，$t^2 - a$ が平方非剰余 $(\bmod p)$ になるようなランダムな整数 $t \in [0, p-1]$ を見つける;
> $x = (t + \sqrt{t^2 - a})^{(p+1)/2}$;
> ...;

この例では，決められた範囲にあるランダムな整数 t を条件がみたされるまで探し続け，それが見つかったとき次のステップに移って計算をしてその結果を x に代入することになる．

擬似コードのコメントには日本語が次の形で使われる (コメントは擬似コードとは違って，右寄せで書かれる).

> $x = (t + \sqrt{t^2 - a})^{(p+1)/2}$; // $\mathbf{F}_{p^2}$ での四則を使う

大事なのは，コメントは "//" で始まって，それは擬似コードとして実行はされないということである．例えば，上のコメントはこの操作をするのにあらかじめ $\mathbf{F}_{p^2}$ での計算を行うサブルーチンがあるとよいというアドバイスを与えている．コメントは他にも擬似コードに使われる記法を説明したり，実行上必要な情報を与えることにも使われる．

変数への代入および条件文

われわれはよく使われる代入文 $x := y$ を採用せずに，単に x を y と同じものとするという意味で簡単な表現 $x = y$ を採用した．(したがって，擬似コードの中の代入文に使われる記号 = は対称律をみたさない．つまり，代入 $x = y$ と $y = x$ は同じ意味ではない.) この代入文は表面上は等式にも見えるので，条件文の中の等号を $x == y$ と書いて，x と y が等しいかどうかをテストするときに使う (この等しいかどうかのテストに使われる記号 == は対称である). 典型的な代入文は次のようなものである．

> $x = 2$;   // 変数 x は 2 になる．
> $x = y = 2$;   // x も y も 2 になる．
> $F = \{\ \}$;   // F は空集合．
> $(a, b, c) = (3, 4, 5)$; // a は 3 に，b は 4 に c は 5 になる．

ベクトルの形をした一斉に代入を行う文では最初に等号の右辺にあるベクトルがある値を持っているとして，その次にその値を左辺のベクトルに渡すものとする．例えば，

$$(x, y) = (y^2, 2x);$$

は，右辺のすべての成分がある値を持っていて，その次に左辺のベクトルがそのすべての成分で右辺と同じ値を持つようになるということを意味するものとする．つまり，この例は次の文と同じ意味になる (ただし x, y も隠された関数の呼出しを行っていないとする)．

$t = x;$ // 変数 t は一時変数である．
$x = y^2;$
$y = 2t;$

これを見ると，ベクトルの記法が効率的なのは明らかであろう．代入の繰り返し

$x = y^2;$
$y = 2x;$

や

$y = 2x;$
$x = y^2;$

が上述のベクトル記法の代入と違うものであることは注意すべきである．またこの 2 つのプログラムもやっていることがそれぞれ異なる．

 この本では丸括弧で ((x_n) のように) 順序のある列を表し，中括弧で ($\{X, a, \alpha\}$ のように) 集合を表すことにしているので，それに合うように列やベクトルなどへの代入が表されている．例えば $\vec{v} = (0, 1, 0)$ は順序通りの代入で，3 つの多項式の集合は $S = \{x^2+1, x, x^3-x\}$ のように表され，順序は大切ではない．さらに $S = \{x^2+1, x, x, x^3-x\}$ は前と同じことである．集合記号は重複度を記録しないからである．列への代入と集合への代入の区別は，最近の言語での中括弧の寛大な使用を考えると，大切である．*Mathematica* 言語では中括弧は "リスト" なので，ベクトル (列) としても，集合としても，ベクトル演算 (行列ベクトルのように) も，集合としての (和，共通部分などの) 作用にも利用できる．同様に C 言語では中括弧を使って "float $x[3] = \{1.1, 2.2, 3.3\};$" のようにベクトル x に順序の流儀で代入される．この場合，擬似コードでは例えば $x = (1.1, 2.2, 3.3)$ と表す．

 if() 文の条件文にはしばしば通常の数学の記法を使う．いくつかの例を示そう：

if($x == y$) task();   // x, y が等しいか内容を変えずにテスト．
if($x \geq y$) task();   // x が y 以上かテスト．
if($x|y$) task();   // x が y を割るかテスト．
if($x \equiv y \pmod{p}$) task();   // x, y は法 p で合同かテスト．

合同条件は $x \equiv\equiv y \pmod{p}$ と書かないことに注意しよう．この場合，代入文と間違われないからである．しかし，$x == y \bmod p$ と書くこともできる．本文で説明したように，$y \bmod p$ は $y - p\lfloor y/p \rfloor$ という整数を意味するからである．このように x がこの整数に等しいかとか，x にこの整数を代入することもできる (この場合，$x = y \bmod p$ と書ける)．

他の条件形式として，while() 文がある．例として，

```
while(x ≠ 0) {
    task1();
    task2();
    ...;
}
```

これは x が 0 か否かをループに入る前に調べられ，それからループの中がすべて実行される．x が 0 になるまで繰り返され，0 になったとき終わる．

1 つの変数の値を変えるものとして，次の作用もある．

$x = x + c;$ // x は c だけ増える．
$x = cx;$ // x は c 倍になる．
$x = x << 3;$ // x(整数) は 3 ビット左へシフト．$x = 8x$ と同じ．
$x = x >> 3;$ // 右へシフト，$x = \lfloor x/8 \rfloor$ と同じ．
$x = x \wedge 37;$ // x と $0\ldots0100101$ のビットごとの排他的論理和．
$x = x \,\&\, 37;$ // x と $0\ldots0100101$ のビットごとの積．

For() ループ

この本では for() ループは至る所にあり，仕事を繰り返し実行するときに使われる．ふたたび例を使って説明しよう．日本語 C ループのすべてを挙げるのではなく，よく使われる場合のみにしよう．

for($a \le x < b$) task();   // すべての整数 $x \in [a, b)$ を昇順に．
for($a \ge x \ge b$) task();   // すべての整数 $x \in [b, a]$ を降順に．
for($x \in [a, b)$) task();   // すべての整数 $x \in [a, b)$ を昇順に．

上記の相対的な a, b の大きさは昇順か降順に正しいと仮定されている．たとえばループが ($a \ge \ldots$) と始まれば b は a を超えてはいけない (もし超えていれば，ループは空と解釈される)．また初めと 3 番目の for() の例は同じである．言ったばかりであるが，3 番目は設計規則に従っている．さらに a も b も整数である必要はない．よって最初の for() ループで "$x = a, a+1, a+2, \ldots, b-1,$" とコメントできなかった．ただし，$a, b$ が整数で $a < b$ ならばできた．同様に数学的な記法を使った for() の条件文の例として

$$\text{for}(1 \leq a \text{ かつ } a^2 \leq m) \text{ task}(); \qquad // \ a = 1, 2, \ldots, \lfloor\sqrt{m}\rfloor \text{ の順に仕事を実行}.$$

アルゴリズム 7.5.8 はこの例である．他の混合日本語 C の例は:

$$\text{for}(\text{素数 } p|F) \text{ task}(); \qquad // \ F \text{ を割るすべての素数 } p \text{ で実行}.$$
$$// \text{ 特別な指示がなければ } p \text{ の値は昇順}.$$
$$\text{for}(p \in \mathcal{P}, p \in \mathcal{S}) \text{ task}(); \qquad // \text{ すべての素数 } p \in \mathcal{S} \text{ で決められた順に実行}.$$
$$\text{for}(\text{奇数 } j \in [1,C]) \text{ task}(); \qquad // \ C \text{ を超えない } j = 1,3,5,\ldots \text{ で実行}.$$

アルゴリズム 3.2.1, 4.1.7, 7.4.4 は上記のような for() 構文を含む．より一般的なループ制御は標準的な C 構文を使う．特に変数が自明でない量だけ飛ぶ例を示そう．

$$\text{for}(j = q;\ j < B;\ j = j + p) \text{ task}(); \qquad // \text{ C スタイルなループ}.$$

q は整数として，上記のループは j が $q, q+p, q+2p, \ldots, q+kp$ という値を取ることを意味する．ここで k は $(B-q)/p$ 未満の最大の整数である．アルゴリズム 3.2.1 はこのより一般的な C ループを使った例である．ところでプログラマーでない人のために，正確にこの一般的なループはいつ実行されるのかという疑問を払いのける一般的な目安がある．上記の for() ループにおいて次のように言うことができる: この task() は中間の条件が満たされなければ絶対に実行されない，つまり，もし $j \geq B$ ならば，内側のループはそのような j では実行されずにループは終わる．もう 1 つの規則は増加 $j = j+p$ は内側のループが終わった後に行われることである (擬似コードでは内側では走行変数に影響を与えない，と仮定されている)．よって内側のループが終わった後，j は p だけ増し，それから中間の条件が調べられる．

プログラムの制御

擬似コードは一番上より実行される．ただし，呼び出すことのできる関数/手続きが一番上に置かれることもある．その場合は置かれる順は関連がなく，関数/手続きが定義されたあとの最初のラベルより実行される．どの場合も角括弧 [ ] の中のラベルに続いて擬似コードが次のように現れる.

3. [p が素数か否かテストする]
　　　インデントされた文;
　　　インデントされた文;
　　　…;

下方向へ文が連続的に実行される (もちろん goto [他のラベル] がなければの話．下の "goto" 参照)．上記の [p が素数か否かテストする] のようなラベルそのものはラベルの箇所では実行されないのに注意しよう (このことは "//" により区切られたコメントでも同様である)．上記の例では素数判定はラベルのあとの字下げされた文により行われる．

このように日本語で与えられたラベルは，それに続く次のラベルまでの擬似コードの

主題のつもりである．下方向のひと続きの文が絶対的である．例えば上記のラベルは [次に p が素数か否かテストする] と解釈される．関数/手続きの定義の場合はラベルは [次に関数/手続きを定義する] ことを意味する．

ある場合には擬似コードは "goto" 文を使って "goto [p が素数か否かテストする]" のように単純化される．これは示されたラベルへ行き，その新しいラベルから下方向へ実行することを指示している．

すべての擬似コードループは中括弧 { と } を使い，これは内側のループの初めと終わりを意味する．この中括弧の使用は集合を示すものと別である．また関数や手続きのための作用の集まりを示す中括弧の使用も (次の章を参照) 集合の記法と独立である．

関数と返り値/戻り値

擬似コードによって設計された関数は一般的には次の形である．

$func(x)$ {
    ...;
    ...;
    return y;
}

近代的な言語と同じように，$func(x)$ を呼ぶことは三角関数や平方根と同じように値 y を得る．一方，手続きは同じ構文であるが，(関数と違って) 返り値はない．しかし，手続きの内部でいくつかの変数は値を得る．また return 文は終了をあらわす．例えば

if($x \neq y$) return x^3;
return x^4;

では "else" 構文は x^4 の場合に必要ではない．なぜなら関数/手続きでは if() 文の要求に応じて直ちに終了するからである．同様に return 文は while() または for() ループの中から直ちに出ることを意味する．

最後になるが，report 文は次のように使われる．関数/手続きからの返り値の代わりに，report 文は単に値を取り次ぐだけである—それを印刷したり，他の実行中のプログラムへ報告したりするのである．次の関数は report/return の使用の良い例である (この関数は約数の数を計算するサブルーチン $d(n)$ を使っている):

$mycustom\pi(x)$ {   //x を超えないすべての素数を報告 (そして数える！).
    $c = 0$;   //この c は素数の個数.
      for($2 \leq n \leq x$) {
          if($d(n) == 2$) {
              $c = c + 1$;

             report n;   //"print" n のように，しかしループは続ける．
          }
       }
       return c;
   }

素数は小さい順に報告され，$mycustom\pi(x)$ の返り値は普通の $\pi(x)$ となる．

参 考 文 献

[Adleman and Huang 1992] L. Adleman and M.-D. Huang. *Primality testing and abelian varieties over finite fields*, volume 1512 of *Lecture Notes in Mathematics*. Springer–Verlag, 1992.

[Adleman 1994] L. Adleman. The function field sieve. In L. Adleman and M.-D. Huang, editors, *Algorithmic Number Theory: Proc. ANTS-I, Ithaca, NY*, volume 877 of *Lecture Notes in Computer Science*, pages 108–121. Springer–Verlag, 1994.

[Adleman and Lenstra] L. Adleman and H. Lenstra, Jr. Finding irreducible polynomials over finite fields. In *Proc. 18th Annual ACM Symposium on the Theory of Computing*, pages 350–355, 1986.

[Adleman et al. 1983] L. Adleman, C. Pomerance, and R. Rumely. On distinguishing prime numbers from composite numbers. *Ann. of Math.*, 117:173–206, 1983.

[Agarwal and Cooley 1986] R. Agarwal and J. Cooley. Fourier transform and convolution subroutines for the IBM 3090 vector facility. *IBM Journal of Research and Development*, 30:145–162, 1986.

[Agrawal 2003] M. Agrawal. PRIMES is in P.
http://www.fields.utoronto.ca/audio/02-03/agrawal/agrawal/.

[Agrawal et al. 2002] M. Agrawal, N. Kayal, and N. Saxena. PRIMES is in P.
http://www.cse.iitk.ac.in/news/primality.html.

[Agrawal et al. 2004] M. Agrawal, N. Kayal, and N. Saxena. PRIMES is in P. *Ann. of Math.*, 160:781–793, 2004.

[Aho et al. 1974] A. Aho, J. Hopcroft, and J. Ullman. *The Design and Analysis of Computer Algorithms*. Addison–Wesley, 1974. (邦訳：A. V. エイホ，J. E. ホップクロフト，J. D. ウルマン（野崎昭弘，野下浩平他訳）．アルゴリズムの設計と解析．サイエンス社，1970 年).

[Alford et al. 1994a] W. Alford, A. Granville, and C. Pomerance. There are infinitely many Carmichael numbers. *Ann. of Math.*, 139:703–722, 1994.

[Alford et al. 1994b] W. Alford, A. Granville, and C. Pomerance. On the difficulty of finding reliable witnesses. In L. Adleman and M.-D. Huang, editors, *Algorithmic Number Theory: Proc. ANTS-I, Ithaca, NY*, volume 877 of *Lecture Notes in Computer Science*, pages 1–16. Springer–Verlag, 1994.

[Alford and Pomerance 1995] W. Alford and C. Pomerance. Implementing the self-initializing quadratic sieve on a distributed network. In *Number-theoretic and algebraic methods in computer science (Moscow, 1993)*, pages 163–174. World Scientific, 1995.

[Alt 1979] H. Alt. Square rooting is as difficult as multiplication. *Computing*, 21:221–232, 1979.

[Apostol 1986] T. Apostol. *Introduction to Analytic Number Theory*, 3rd printing. Springer–Verlag, 1986.

[Arazi 1994] B. Arazi. On primality testing using purely divisionless operations. *The Computer Journal*, 37:219–222, 1994.

[Archibald 1949] R. Archibald. Outline of the history of mathematics. *Amer. Math. Monthly*, 56, 1949. The second Herbert Ellsworth Slaught Memorial Paper: supplement to no. 1 issue, 114 pp.

[Ares and Castro 2004] S. Ares and M. Castro. Hidden structure in the randomness in the prime number sequence. *Condensed Matter Abstracts*, 2004. http://arxiv.org/abs/cond-mat/0310148.

[Arney and Bender 1982] J. Arney and E. Bender. Random mappings with constraints on coalescence and number of origins. *Pacific J. Math.* 103:269–294, 1982.

[Artjuhov 1966/67] M. Artjuhov. Certain criteria for the primality of numbers connected with the little Fermat theorem (Russian). *Acta Arith.*, 12:355–364, 1966/67.

[Ashworth and Lyne 1988] M. Ashworth and A. Lyne. A segmented FFT algorithm for vector computers. *Parallel Computing*, 6:217–224, 1988.

[Atkin 1986] A. Atkin. Schoof's algorithm. Unpublished manuscript, 1986.

[Atkin 1988] A. Atkin. The number of points on an elliptic curve modulo a prime (i). Unpublished manuscript, 1988.

[Atkin 1992] A. Atkin. The number of points on an elliptic curve modulo a prime (ii). Unpublished manuscript, 1992.

[Atkin and Bernstein 2004] A. Atkin and D. Bernstein. Prime sieves using binary quadratic forms. *Math. Comp.*, 73:1023–1030, 2004.

[Atkin and Morain 1993a] A. Atkin and F. Morain. Finding suitable curves for the elliptic curve method of factorization. *Math. Comp.*, 60:399–405, 1993.

[Atkin and Morain 1993b] A. Atkin and F. Morain. Elliptic curves and primality proving. *Math. Comp.*, 61:29–68, 1993.

[Bach 1985] E. Bach. *Analytic Methods in the Analysis and Design of Number-Theoretic Algorithms.* A 1984 ACM Distinguished Dissertation. The MIT Press, 1985.

[Bach 1990] E. Bach. Explicit bounds for primality testing and related problems. *Math. Comp.*, 55:355–380, 1990.

[Bach 1991] E. Bach. Toward a theory of Pollard's rho method. *Inform. and Comput.*, 90:139–155, 1991.

[Bach 1997a] E. Bach. The complexity of number-theoretic constants. *Inform. Process. Lett.*, 62:145–152, 1997.

[Bach 1997b] E. Bach. Comments on search procedures for primitive roots. *Math. Comp.*, 66(220):1719–1727, 1997.

[Bach and Shallit 1996] E. Bach and J. Shallit. *Algorithmic Number Theory*, volume I. MIT Press, 1996.

[Baillie and Wagstaff 1980] R. Baillie and S. Wagstaff, Jr. Lucas pseudoprimes. *Math. Comp.*, 35:1391–1417, 1980.

[Bailey 1990] D. Bailey. FFTs in external or hierarchical memory. *J. Supercomp.*, 4:23–35, 1990.

[Bailey and Crandall 2001] D. Bailey and R. Crandall. On the random character of fundamental constant expansions, *Experiment. Math.*, 10:175–190, 2001.

[Bailey and Crandall 2002] D. Bailey and R. Crandall. Random generators and normal numbers. *Experiment. Math.*, 11:527–546, 2002.

[Bailey et al. 2004] D. Bailey, J. Borwein, R. Crandall, and C. Pomerance. On the binary expansions of algebraic numbers. *J. Théor. Nombres Bordeaux*, 16:487–518, 2004.

[Balasubramanian and Nagaraj 1997] R. Balasubramanian and S. Nagaraj. Density of Carmichael numbers with three prime factors. *Math. Comp.*, 66:1705–1708, 1997.

[Balazard et al. 1999] M. Balazard, E. Saias, and M. Yor. Notes sur la fonction ζ de Riemann. II. *Adv. Math.*, 143:284–287, 1999.

[Balog 1989] A. Balog. On a variant of the Piatetski-Shapiro prime number theorem. In *Groupe de travail en théorie analytique et élementaire des nombres, 1987–1988*, volume 89-01 of *Publ. Math. Orsay*, pages 3–11. Univ. Paris XI, Orsay, 1989.

[Barrett 1987] P. Barrett. Implementing the Rivest Shamir and Adleman public key encryption algorithm on a standard digital signal processor. In A. Odlyzko, editor, *Advances in Cryptology, Proc. Crypto '86*, volume 263 of *Lecture Notes in Computer Science*, pages 311–323. Springer–Verlag, 1987.

[Bateman et al. 1989] P. Bateman, J. Selfridge, and S. Wagstaff, Jr. The new Mersenne conjecture. *Amer. Math. Monthly*, 96:125–128, 1980.

[Bays and Hudson 2000a] C. Bays and R. Hudson. Zeroes of Dirichlet L-functions and irregularities in the distibution of primes. *Math. Comp.*, 69:861–866, 2000.

[Bays and Hudson 2000b] C. Bays and R. Hudson. A new bound for the smallest x with

$\pi(x) > \text{li}(x)$. *Math. Comp.*, 69:1285–1296, 2000.

[Bernstein 1997] D. Bernstein. Multidigit multiplication for mathematicians, 1997. http://cr.yp.to/arith.html#m3.

[Bernstein 1998] D. Bernstein. Bounding smooth integers (extended abstract). In [Buhler 1998], pages 128–130.

[Bernstein 2003] D. Bernstein. Proving primality in essentially quartic time. http://cr.yp.to/ntheory.html#quartic.

[Bernstein 2004a] D. Bernstein. Scaled remainder trees. http://cr.yp.to/papers.html#scaledmod.

[Bernstein 2004b] D. Bernstein. Factorization myths. http://cr.yp.to/talks.html#2004.06.14.

[Bernstein 2004c] D. Bernstein. Doubly focused enumeration of locally square polynomial values. In *High primes and misdemeanours: lectures in honour of the 60th birthday of Hugh Cowie Williams*, volume 41 of Fields Inst. Commun., pages 69–76. Amer. Math. Soc., 2004.

[Bernstein 2004d] D Bernstein. How to find smooth parts of integers. http://cr.yp.to/papers.html#smoothparts.

[Bernstein 2004e] D. Bernstein. Fast multiplication and its applications. In J. Buhler and P. Stevenhagen, editors *Algorithmic number theory*, a Mathematical Sciences Research Institute Publication. Cambridge University Press, 2008.

[Berrizbeitia 2002] P. Berrizbeitia. Sharpening "PRIMES is in P" for a large family of numbers. http://arxiv.org/find/grp_math/1/au:+Berrizbeitia/0/1/0/all/0/1.

[Berry 1997] M. Berry. Quantum chaology. *Proc. Roy. Soc. London Ser. A*, 413:183–198, 1987.

[Berta and Mann 2002] I. Berta and Z. Mann. Implementing elliptic-curve cryptography on PC and Smart Card. *Periodica Polytechnica, Series Electrical Engineering*, 46:47–73, 2002.

[Beukers 2004] F. Beukers. The diophantine equation $Ax^p + By^q = Cz^r$. http://www.math.uu.nl/people/beukers/Fermatlectures.pdf.

[Blackburn and Teske 1999] S. Blackburn and E. Teske. Baby-step giant-step algorithms for non-uniform distributions. Unpublished manuscript, 1999.

[Bleichenbacher 1996] D. Bleichenbacher. *Efficiency and security of cryptosystems based on number theory*. PhD thesis, Swiss Federal Institute of Technology Zürich, 1996.

[Blum et al. 1986] L. Blum, M. Blum, and M. Shub. A simple unpredictable pseudorandom number generator. *SIAM J. Comput.*, 15:364–383, 1986.

[Bombieri and Iwaniec 1986] E. Bombieri and H. Iwaniec. On the order of $\zeta(1/2+it)$. *Ann. Scuola Norm. Sup. Pisa Cl. Sci. (4)*, 13:449–472, 1986.

[Bombieri and Lagarias 1999] E. Bombieri and J. Lagarias. Complements to Li's criterion for the Riemann hypothesis. *J. Number Theory*, 77:274–287, 1999.

[Boneh 1999] D. Boneh. Twenty years of attacks on the RSA cryptosystem. *Notices Amer. Math. Soc.*, 46:203–213, 1999.

[Boneh and Venkatesan 1998] D. Boneh and R. Venkatesan. Breaking RSA may not be equivalent to factoring. In *Advances in Cryptology, Proc. Eurocrypt '98*, volume 1514 of *Lecture Notes in Computer Science*, pages 25–34. Springer–Verlag, 1998.

[Borwein 1991] P. Borwein. On the irrationality of $\sum(1/(q^n+r))$. *J. Number Theory*, 37:253–259, 1991.

[Borwein and Borwein 1987] J. Borwein and P. Borwein. *Pi and the AGM: A Study in Analytic Number Theory and Computational Complexity*. John Wiley and Sons, 1987.

[Borwein et al. 2000] J. Borwein, D. Bradley, and R. Crandall. Computational strategies for the Riemann zeta function. *J. Comp. App. Math.*, 121:247–296, 2000.

[Bosma and van der Hulst 1990] W. Bosma and M.-P. van der Hulst. *Primality proving with cyclotomy*. PhD thesis, University of Amsterdam, 1990.

[Bosselaers et al. 1994] A. Bossalaers, R. Govaerts, and J. Vandewalle. Comparison of three modular reduction functions. In D. Stinson, editor, *Advances in Cryptology, Proc. Crypto '93*, volume 773 in Lecture Notes in Computer Science, pages 175–186. Springer–Verlag, 1994.

[Boyle et al. 1995] P. Boyle, M. Broadie, and P. Glasserman. Monte Carlo methods for security pricing. Unpublished manuscript, June 1995.

[Bratley and Fox 1988] P. Bratley and B. Fox. ALGORITHM 659: Implementing Sobol's quasirandom sequence generator. *ACM Trans. Math. Soft.*, 14:88–100, 1988.

[Bredihin 1963] B. Bredihin. Applications of the dispersion method in binary additive problems. *Dokl. Akad. Nauk. SSSR*, 149:9–11, 1963.

[Brent 1979] R. Brent. On the zeros of the Riemann zeta function in the critical strip. *Math. Comp.*, 33:1361–1372, 1979.

[Brent 1994] R. Brent. On the period of generalized Fibonacci recurrences. *Math. Comp.*, 63:389–401, 1994.

[Brent 1999] R. Brent. Factorization of the tenth Fermat number. *Math. Comp.*, 68:429–451, 1999.

[Brent et al. 1993] R. Brent, G. Cohen, and H. te Riele. Improved techniques for lower bounds for odd perfect numbers. *Math. Comp.*, 61:857–868, 1993.

[Brent et al. 2000] R. Brent, R. Crandall, K. Dilcher, and C. van Halewyn. Three new factors of Fermat numbers. *Math. Comp.*, 69: 1297–1304, 2000.

[Brent and Pollard 1981] R. Brent and J. Pollard. Factorization of the eighth Fermat number. *Math. Comp.*, 36:627–630, 1981.

[Bressoud and Wagon 2000] D. Bressoud and S. Wagon. *A Course in Computational Number Theory*. Key College Publishing, 2000.

[Brillhart et al. 1981] J. Brillhart, M. Filaseta, and A. Odlyzko. On an irreducibility theorem of A. Cohn. *Canad. J. Math.*, 33:1055–1059, 1981.

[Brillhart et al. 1988] J. Brillhart, D. Lehmer, J. Selfridge, B. Tuckerman, and S. Wagstaff, Jr. *Factorizations of $b^n \pm 1$, $b = 2, 3, 5, 6, 7, 10, 11, 12$ up to high powers*. Second edition, volume 22 of *Contemporary Mathematics*. Amer. Math. Soc., 1988.

[Bruin 2005] N. Bruin. The primitive solutions to $x^3 + y^9 = z^2$. *J. Number Theory*, 111:179–189, 2005.

[Buchmann et al. 1997] J. Buchmann, M. Jacobson, Jr., and E. Teske. On some computational problems in finite groups. *Math. Comp.*, 66:1663–1687, 1997.

[Buell and Young 1988] D. Buell and J. Young. The twentieth Fermat number is composite. *Math. Comp.*, 50:261–263, 1988.

[Buhler 1991] J. Buhler, 1991. Private communication.

[Buhler 1998] J. Buhler, editor. *Algorithmic Number Theory: Proc. ANTS-III, Portland, OR*, volume 1423 of *Lecture Notes in Computer Science*. Springer–Verlag, 1998.

[Buhler 2000] J. Buhler, R. Crandall, R. Ernvall, T. Metsänkylä, and M. Shokrollahi. Irregular primes and cyclotomic invariants to 12 million. *J. Symbolic Comput.*, 11:1–8, 2000.

[Buhler et al. 1993] J. Buhler, H. Lenstra, Jr., and C. Pomerance. Factoring integers with the number field sieve. In A. Lenstra and H. Lenstra, Jr., editors, *The development of the number field sieve*, volume 1554 of *Lecture Notes in Mathematics*, pages 50–94. Springer–Verlag, 1993.

[Bürgisser et al. 1997] P. Bürgisser, M. Clausen, and M. Shokrollahi. *Algebraic Complexity Theory*. Springer–Verlag, 1997.

[Burnikel and Ziegler 1998] C. Burnikel and J. Ziegler. Fast recursive division. Max-Planck-Institut für Informatik Research Report MPI-I-98-1-022, 1998. http:www.algorilla.de/Download/FastRecursiveDivision.ps.gz.

[Burthe 1996] R. Burthe. Further investigations with the strong probable prime test. *Math. Comp.*, 65:373–381, 1996.

[Burthe 1997] R. Burthe. Upper bounds for least witnesses and generating sets. *Acta Arith.*, 80:311–326, 1997.

[Caldwell 1999] C. Caldwell. Website for prime numbers, 1999. http://primes.utm.edu/. (邦訳：C. K. カルドウェル (SOJIN 編訳). 素数大百科. 共立出版, 2004 年).

[Canfield et al. 1983] E. Canfield, P. Erdős, and C. Pomerance. On a problem of Oppenheim concerning "factorisatio numerorum". *J. Number Theory*, 17:1–28, 1983.

[Cassels 1966] J. Cassels. Diophantine equations with special reference to elliptic curves. *J. London Math. Soc.*, 41:193–291, 1966.

[Cesari 1998] G. Cesari. Parallel implementation of Schönhage's integer GCD algorithm. In [Buhler 1998], pages 64–76.

[Chen 1966] J. Chen. On the representation of a large even integer as the sum of a prime and the product of at most two primes. *Kexue Tongbao*, 17:385–386, 1966.

[Cochrane 1987] T. Cochrane. On a trigonometric inequality of Vinogradov. *J. Number Theory*, 27:9–16, 1987.

[Cohen 2000] H. Cohen. *A Course in Computational Algebraic Number Theory*, volume 138 of *Graduate Texts in Mathematics*. Springer–Verlag, 2000.

[Cohen et al. 1998] H. Cohen, A. Miyaji, and T. Ono. Efficient elliptic curve exponentiation using mixed coordinates. In *Advances in Cryptology, Proc. Asiacrypt '98*, volume 1514 of *Lecture Notes in Computer Science*, pages 51–65. Springer–Verlag, 1998.

[Contini 1997] S. Contini. *Factoring integers with the self-initializing quadratic sieve.* Masters thesis, U. Georgia, 1997.

[Cooley and Tukey 1965] J. Cooley and J. Tukey. An algorithm for the machine calculation of complex Fourier series. *Math. Comp.*, 19:297–301, 1965.

[Copeland and Erdős 1946] A. Copeland and P. Erdős. Note on normal numbers. *Bull. Amer. Math. Soc.*, 52:857–860, 1946.

[Coppersmith 1993] D. Coppersmith. Modifications to the number field sieve. *J. Cryptology*, 6:169–180, 1993.

[Coppersmith 1997] D. Coppersmith. Small solutions to polynomial equations, and low exponent RSA vulnerabilities. *J. Cryptology*, 10:233–260, 1997.

[Coppersmith et al. 2004] D. Coppersmith, N. Howgrave-Graham, and S. Nagaraj. Divisors in residue classes, constructively, 2004.

http://eprint.iacr.org/2004/339.ps.

[Couveignes 1993] J.-M. Couveignes. Computing a square root for the number field sieve. In A. Lenstra and H. Lenstra, Jr., editors, *The development of the number field sieve*, volume 1554 of *Lecture Notes in Mathematics*, pages 95–102. Springer–Verlag, 1993.

[Couveignes and Morain 1994] J.-M. Couveignes and F. Morain. Schoof's algorithm and isogeny cycles. In L. Adleman and M.-D. Huang, editors, *Algorithmic Number Theory: Proc. ANTS-I, Ithaca, NY*, volume 877 of *Lecture Notes in Computer Science*, pages 43–58. Springer–Verlag, 1994.

[Couveignes et al. 1996] J.-M. Couveignes, L. Dewaghe, and F. Morain. Isogeny cycles and the Schoof–Atkin–Elkies algorithm. Unpublished manuscript, 1996.

[Cox 1989] D. Cox. *Primes of the Form $x^2 + ny^2$*. John Wiley and Sons, 1989.

[Craig-Wood 1998] N. Craig-Wood, 1998. Private communication.

[Crandall 1994a] R. Crandall. Method and apparatus for public key exchange in a cryptographic system., 1994. U.S. Patents #5159632 (1992), #5271061 (1993), #5463690 (1994).

[Crandall 1994b] R. Crandall. *Projects in Scientific Computation*. TELOS/Springer–Verlag, 1994. (邦訳：R. E. クランドール（水谷正大，森真訳）. サイエンス・プログラミング：より進んだ科学計算へのアプローチ．シュプリンガー・フェアラーク東京，1998 年).

[Crandall 1996a] R. Crandall. *Topics in Advanced Scientific Computation*. TELOS/Springer–Verlag, 1996.

[Crandall 1996b] R. Crandall. Method and apparatus for Digital Signature Authentication, 1996. U. S. Patent #5581616.

[Crandall 1997a] R. Crandall. The challenge of large numbers. *Scientific American*, pages 58–62, February 1997.

[Crandall 1997b] R. Crandall. Integer convolution via split-radix fast Galois transform, 1997. http://www.perfsci.com.

[Crandall 1998] R. Crandall. Recycled (simultaneous) evaluations of the Riemann zeta function. Unpublished manuscript, 1998.

[Crandall 1999a] R. Crandall. Applications of space-filling curves. Unpublished manuscript, 1999.

[Crandall 1999b] R. Crandall. Fast algorithms for elliptic curve cryptography. Unpublished manuscript, 1999.

[Crandall 1999c] R. Crandall. Alternatives to the Riemann–Siegel formula. Unpublished manuscript, 1999.

[Crandall 1999d] R. Crandall. Parallelization of Pollard-rho factorization, 1999. http://www.perfsci.com.

[Crandall et al. 1997] R. Crandall, K. Dilcher, and C. Pomerance. A search for Wieferich and Wilson primes. *Math. Comp.*, 66:433–449, 1997.

[Crandall et al. 1995] R. Crandall, J. Doenias, C. Norrie, and J. Young. The twenty-second Fermat number is composite. *Math. Comp.*, 64 210:863–868, 1995.

[Crandall and Fagin 1994] R. Crandall and B. Fagin. Discrete weighted transforms and large integer arithmetic. *Math. Comp.*, 62:305–324, 1994.

[Crandall et al. 2003] R. Crandall, E. Mayer, and J. Papadopoulos. The twenty-fourth Fermat number is composite. *Math. Comp.*, 72:1555–1572, 2003.

[Crandall and Garst 2001] R. Crandall, Method and apparatus for fast elliptic encryption with direct embedding, U. S. Patent #6307935, 2001.

[Crandall et al. 2004] R. Crandall, E. Jones, J. Klivington, and D. Kramer. Gigaelement FFTs on Apple G5 clusters. http://www.apple.com/acg.

[Crandall and Papadopoulos 2003] R. Crandall and J. Papadopoulos. On the Implementation of AKS-class Primality Tests. http://www.apple.com/acg.

[Creutzburg and Tasche 1989] R. Creutzburg and M. Tasche. Parameter determination for complex number-theoretic transforms using cyclotomic polynomials. *Math. Comp.*, 52:189–200, 1989.

[Damgård et al. 1993] I. Damgård, P. Landrock, and C. Pomerance. Average case error estimates for the strong probable prime test. *Math. Comp.*, 61:177–194, 1993.

[Darmon and Granville 1995] H. Darmon and A. Granville. On the equations $z^m = F(x,y)$ and $Ax^p + By^q = Cz^r$. *Bull. London Math. Soc.*, 27:513–543, 1995.

[Davenport 1980] H. Davenport. *Multiplicative Number Theory* (second edition). Springer–Verlag, 1980.

[Davis 1973] M. Davis. Hilbert's tenth problem is unsolvable. *Amer. Math. Monthly*, 80:233–269, 1973.

[De Win et al. 1998] E. De Win, S. Mister, B. Preneel, and M. Wiener. On the performance of signature schemes based on elliptic curves. In [Buhler 1998], pages 252–266.

[Deléglise and Rivat 1996] M. Deléglise and J. Rivat. Computing $\pi(x)$: the Meissel, Lehmer, Lagarias, Miller, Odlyzko method. *Math. Comp.*, 65:235–245, 1996.

[Deléglise and Rivat 1998] M. Deléglise and J. Rivat. Computing $\psi(x)$. *Math. Comp.*, 67:1691–1696, 1998.

[Deshouillers et al. 1998] J.-M. Deshouillers, H. te Riele, and Y. Saouter. New experimental results concerning the Goldbach conjecture. In [Buhler 1998], pages 204–215.

[Deuring 1941] M. Deuring. Die Typen der Multiplikatorenringe elliptischer Funktionenkörper. *Abh. Math. Sem. Hansischen Univ.*, 14:197–272, 1941.

[Deutsch 1982] D. Deutsch. Is there a fundamental bound on the rate at which information can be processed? *Phys. Rev. Lett.*, 42:286–288, 1982.

[Deutsch 1985] D. Deutsch. Quantum theory, the Church–Turing principle, and the universal quantum computer. *Proc. Roy. Soc. London Ser. A*, 400:97–117, 1985.

[Dickson 1904] L. Dickson. A new extension of Dirichlet's theorem on prime numbers. *Messenger of Math.*, 33:155–161, 1904.

[Diffie and Hellman 1976] W. Diffie and M. Hellman. New directions in cryptography. *IEEE Trans. Inform. Theory*, 22:644–654, 1976.

[Dilcher 1999] K. Dilcher. Nested squares and evaluation of integer products, *Experiment. Math.*, 9:369–372, 2000.

[Dimitrov et al. 1995] V. Dimitrov, T. Cooklev, and B. Donevsky. Number theoretic transforms over the golden section quadratic field. *IEEE Trans. Sig. Proc.*, 43:1790–1797, 1995.

[Dimitrov et al. 1998] V. Dimitrov, G. Jullien, and W. Miller. A residue number system implementation of real orthogonal transforms. *IEEE Trans. Sig. Proc.*, 46:563–570, 1998.

[Ding et al. 1996] C. Ding, D. Pei, and A. Salomaa. *Chinese Remainder Theorem: Applications in Computing, Coding, Cryptography*. World Scientific, 1996.

[Dixon 1981] J. Dixon. Asymptotically fast factorization of integers. *Math. Comp.*, 36:255–260, 1981.

[Dress and Olivier 1999] F. Dress and M. Olivier. Polynômes prenant des valeurs premières. *Experiment. Math.*, 8:319–338, 1999.

[Dubner et al. 1998] H. Dubner, T. Forbes, N. Lygeros, M. Mizony, and P. Zimmermann. Ten consecutive primes in arithmetic progression, 1998. http://listserv.nodak.edu/archives/nmbrthry.html.

[Dubner and Gallot 2002] H. Dubner and Y. Gallot. Distribution of generalized Fermat numbers. *Math. Comp.* 71:825–832, 2002.

[Dudon 1987] J. Dudon. The golden scale. *Pitch*, I/2:1–7, 1987.

[Dutt and Rokhlin 1993] A. Dutt and V. Rokhlin. Fast Fourier Transforms for Nonequispaced Data. *SIAM J. Sci. Comput.* 14:1368–1393, 1993.

[Edwards 1974] H. Edwards. *Riemann's Zeta Function*. Academic Press, 1974.

[Ekert and Jozsa 1996] A. Ekert and R Jozsa. Quantum computation and Shor's factoring algorithm. *Rev. Mod. Phys.*, 68:733–753, 1996.

[Elkenbracht-Huizing 1997] M. Elkenbracht-Huizing. *Factoring integers with the Number Field Sieve*. PhD thesis, University of Leiden, 1997.

[Elkies 1991] N. Elkies. Explicit isogenies. Unpublished manuscript, 1991.

[Elkies 1997] N. Elkies. Elliptic and modular curves over finite fields and related computational issues. In J. Teitelbaum, editor, *Computational Perspectives on Number Theory (Chicago, IL, 1995)*, volume 7 of *AMS/IP Stud. Adv. Math.*, pages 21–76. Atkin Conference, Amer. Math. Soc., 1998.

[Ellison and Ellison 1985] W. Ellison and F. Ellison. *Prime Numbers*. John Wiley and Sons, 1985.

[Engelsma 2004] T. Engelsma. Website for k-tuple permissible patterns, 2004. http://www.opertech.com/primes/k-tuples.html.

[Erdős 1948] P. Erdős. On arithmetical properties of Lambert series. *J. Indian Math. Soc. (N.S.)*, 12:63–66, 1948.

[Erdős 1950] P. Erdős. On almost primes. *Amer. Math. Monthly*, 57:404–407, 1950.

[Erdős and Pomerance 1986] P. Erdős and C. Pomerance. On the number of false witnesses for a composite number. *Math. Comp.*, 46:259–279, 1986.

[Erdős et al. 1988] P. Erdős, P. Kiss, and A. Sárközy. A lower bound for the counting function of Lucas pseudoprimes. *Math. Comp.*, 51:315–323, 1988.

[Escott et al. 1998] A. Escott, J. Sager, A. Selkirk, and D. Tsapakidis. Attacking elliptic curve cryptosystems using the parallel Pollard rho method. *RSA Cryptobytes*, 4(2):15–19, 1998.

[Estermann 1952] T. Estermann. *Introduction to Modern Prime Number Theory*. Cambridge University Press, 1952.

[Faure 1981] H. Faure. Discrépances de suites associées à un système de numération (en dimension un). *Bull. Soc, Math. France*, 109:143–182, 1981.

[Faure 1982] H. Faure. Discrépances de suites associées à un système de numération (en dimension s). *Acta Arith.*, 41:337–351, 1982.

[Fessler and Sutton 2003] J. Fessler and B. Sutton. Nonuniform Fast Fourier Transforms Using Min–Max Interpolation. *IEEE Trans. Sig. Proc.*, 51:560–574, 2003.

[Feynman 1982] R. Feynman. Simulating physics with computers. *Intl. J. Theor. Phys.*, 21(6/7):467–488, 1982.

[Feynman 1985] R. Feynman. Quantum mechanical computers. *Optics News*, II:11–20, 1985.

[Flajolet and Odlyzko 1990] P. Flajolet and A. Odlyzko. Random mapping statistics. In *Advances in cryptology, Eurocrypt '89*, volume 434 of *Lecture Notes in Comput. Sci.*, pages 329–354, Springer–Verlag, 1990.

[Flajolet and Vardi 1996] P. Flajolet and I. Vardi. Zeta Function Expansions of Classical Constants, 1996.
http://pauillac.inria.fr/algo/flajolet/Publications/landau.ps.

[Forbes 1999] T. Forbes. Prime k-tuplets, 1999.
http://www.ltkz.demon.co.uk/ktuplets.htm.

[Ford 2002] K. Ford. Vinogradov's integral and bounds for the Riemann zeta function. *Proc. London Math. Soc. (3)*, 85:565–633, 2002.

[Fouvry 1985] E. Fouvry. Théorème de Brun–Titchmarsh: application au théorème de Fermat. *Invent. Math.*, 79:383–407, 1985.

[Fraser 1976] D. Fraser. Array permutation by index-digit permutation. *J. ACM*, 23:298–309, 1976.

[Franke et al. 2004] J. Franke, T. Kleinjung, F. Morain, and T. Wirth. Proving the primality of very large numbers with fastECPP. In *Algorithmic number theory: Proc. ANTS VI, Burlington, VT*, volume 3076 of *Lecture Notes in Computer Science*, pages 194–207. Springer–Verlag, 2004.

[Friedlander and Iwaniec 1998] J. Friedlander and H. Iwaniec. The polynomial $X^2 + Y^4$ captures its primes. *Ann. of Math.*, 148:945–1040, 1998.

[Friedlander et al. 2001] J. Friedlander, C. Pomerance, and I. Shparlinski. Period of the power generator and small values of Carmichael's function. *Math. Comp.* 70:1591–1605, 2001.

[Frind et al. 2004] M. Frind, P. Jobling, and P. Underwood. 23 primes in arithmetic progression. http://primes.plentyoffish.com.

[Furry 1942] W. Furry. Number of primes and probability considerations. *Nature*, 150:120–121, 1942.

[Gabcke 1979] W. Gabcke. *Neue Herleitung und explizite Restabschätzung der Riemann–Siegel Formel*. PhD thesis, Georg-August-Universität zu Göttingen, 1979.

[Gallot 1999] Y. Gallot, 1999. Private communication.

[Galway 1998] W. Galway, 1998. Private communication.

[Galway 2000] W. Galway. *Analytic computation of the prime-counting function*. PhD thesis, U. Illinois at Urbana-Champaign, 2000.

[Gardner 1977] M. Gardner. Mathematical games: a new kind of cipher that would take millions of years to break. *Scientific American*, August 1977. (邦訳：M. ガード

ナー（一松信訳）．落し戸暗号の謎解き．丸善，1992 年に所収）．

[Gentleman and Sande 1966] W. Gentleman and G. Sande. Fast Fourier transforms—for fun and profit. In *Proc. AFIPS*, volume 29, pages 563–578, 1966.

[Goldwasser and Kilian 1986] S. Goldwasser and J. Kilian. Almost all primes can be quickly certified. In *Proc. 18th Annual ACM Symposium on the Theory of Computing*, pages 316–329, 1986.

[Goldwasser and Micali 1982] S. Goldwasser and S. Micali. Probabilistic encryption and how to play mental poker keeping secret all mental information. In *Proc. 14th Annual ACM Symposium on the Theory of Computing*, pages 365–377, 1982.

[Golomb 1956] S. Golomb. Combinatorial proof of Fermat's 'little theorem'. *Amer. Math. Monthly*, 63, 1956.

[Golomb 1982] S. Golomb. *Shift Register Sequences,* (revised version). Aegean Park Press, 1982.

[Gong et al. 1999] G. Gong, T. Berson, and D. Stinson. Elliptic curve pseudorandom sequence generators. In *Proc. Sixth Annual Workshop on Selected Areas in Cryptography*, Kingston, Canada, August 1999.

[Gordon 1993] D. Gordon. Discrete logarithms in $GF(p)$ via the number field sieve. *SIAM J. Discrete Math.*, 16:124–138, 1993.

[Gordon and Pomerance 1991] D. Gordon and C. Pomerance. The distribution of Lucas and elliptic pseudoprimes. *Math. Comp.*, 57:825–838, 1991. Corrigendum *ibid.* 60:877, 1993.

[Gordon and Rodemich 1998] D. Gordon and G. Rodemich. Dense admissible sets. In [Buhler 1998], pages 216–225.

[Gourdon and Sebah 2004] X. Gourdon and P. Sebah. Numbers, constants and computation, 2004.
http://numbers.computation.free.fr/Constants/constants.html.

[Graham and Kolesnik 1991] S. Graham and G. Kolesnik. *Van der Corput's method of exponential sums*, volume 126 of *Lecture Note Series*. Cambridge University Press, 1991.

[Grantham 1998] J. Grantham. A probable prime test with high confidence. *J. Number Theory*, 72:32–47, 1998.

[Grantham 2001] J. Grantham. Frobenius pseudoprimes. *Math. Comp.* 70:873–891, 2001.

[Granville 2004a] A. Granville. It is easy to determine if a given number is prime. *Bull. Amer. Math. Soc.*, 42:3–38, 2005.

[Granville 2004b] A. Granville. Smooth numbers: computational number theory and beyond. In J. Buhler and P. Stevenhagen, editors *Algorithmic number theory*, a Mathematical Sciences Research Institute Publication. Cambridge University Press, 2008.

[Granville and Tucker 2002] A. Granville and T. Tucker. It's as easy as *abc*. *Notices Amer. Math. Soc.* 49:1224–1231, 2002.

[Green and Tao 2004] B. Green and T. Tao. The primes contain arbitrarily long arithmetic progressions. *Ann. of Math.*, 167:481–547, 2008.

[Guy 1976] R. Guy. How to factor a number. In *Proceedings of the Fifth Manitoba Conference on Numerical Mathematics (Univ. Manitoba, Winnipeg, Man., 1975)*, volume 16 of *Congressus Numerantium*, pages 49–89, 1976.

[Guy 1994] R. Guy. *Unsolved Problems in Number Theory*. Second edition, volume I of *Problem Books in Mathematics. Unsolved Problems in Intuitive Mathematics*. Springer–Verlag, 1994.（邦訳：R. ガイ（一松信監訳）．数論における未解決問題集．シュプリンガー・フェアラーク東京，1990 年）．

[Hafner and McCurley 1989] J. Hafner and K. McCurley. A rigorous subexponential algorithm for computation of class groups. *J. Amer. Math. Soc.*, 2:837–850, 1989.

[Halberstam and Richert 1974] H. Halberstam and H.-E. Richert. *Sieve Methods*, volume 4 of *London Mathematical Society Monographs*. Academic Press, 1974.

[Hardy 1966] G. Hardy. *Collected Works of G. H. Hardy*, Vol. I. Clarendon Press, Oxford, 1966.

[Hardy and Wright 1979] G. Hardy and E. Wright. *An Introduction to the Theory of Numbers*. Fifth edition. Clarendon Press, Oxford, 1979.（邦訳：G. H. ハーディ，E. M. ライト（示野信一，矢神毅訳）．数論入門．シュプリンガー・フェアラーク東京，2001 年）．

[Harley 2002] R. Harley. Algorithmique avancée sur les courbes elliptiques. PhD thesis, University Paris 7, 2002.

[Håstad et al. 1999] J. Håstad, R. Impagliazzo, L. Levin, and M. Luby. A pseudorandom generator from any one-way function. *SIAM J. Computing*, 28:1364–1396, 1999.

[Hensley and Richards 1973] D. Hensley and I. Richards. Primes in intervals. *Acta Arith.*, 25:375–391, 1973/74.

[Hey 1999] T. Hey. Quantum computing. *Computing and Control Engineering*, 10(3):105–112, 1999.

[Higham 1996] N. Higham. *Accuracy and Stability of Numerical Algorithms*. Second edition. SIAM, 2002.

[Hildebrand 1988a] A. Hildebrand. On the constant in the Pólya–Vinogradov inequality. *Canad. Math. Bull.*, 31:347–352, 1988.

[Hildebrand 1988b] A. Hildebrand. Large values of character sums. *J. Number Theory*, 29:271–296, 1988.

[Honaker 1998] G. Honaker, 1998. Private communication.

[Hooley 1976] C. Hooley. *Applications of Sieve Methods to the Theory of Numbers*, volume 70 of *Cambridge Tracts in Mathematics*. Cambridge University Press, 1976.

[Ivić 1985] A. Ivić. *The Riemann Zeta-Function*. John Wiley and Sons, 1985.

[Izu et al. 1998] T. Izu, J. Kogure, M. Noro, and K. Yokoyama. Efficient implementation of Schoof's algorithm. In *Advances in Cryptology, Proc. Asiacrypt '98*, volume 1514 of *Lecture Notes in Computer Science*, pages 66–79. Springer–Verlag, 1998.

[Jaeschke 1993] G. Jaeschke. On strong pseudoprimes to several bases. *Math. Comp.*, 61:915–926, 1993.

[Joe 1999] S. Joe. An average L_2 discrepancy for number-theoretic rules. *SIAM J. Numer. Anal.*, 36:1949–1961, 1999.

[Johnson et al. 2001] D. Johnson, A. Menezes, and S. Vanstone. The elliptic curve digital signature algorithm (ECDSA). *International Journal of Information Security*, 1:36–63, 2001.

[Jurišić and Menezes 1997] A. Jurišić and A. Menezes. Elliptic curves and cryptography. *Dr. Dobb's Journal*, pages 26–36, April 1997.

[Kaczorowski 1984] J. Kaczorowski. On sign changes in the remainder-term of the prime-number formula. I. *Acta Arith.*, 44:365–377, 1984.

[Kaliski 1988] B. Kaliski, Jr. *Elliptic Curves and Cryptography: a Pseudorandom Bit Generator and other Tools*. PhD thesis, Massachusetts Institute of Technology, 1988.

[Kaliski 1991] B. Kaliski, Jr. One-way permutations on elliptic curves. *J. Cryptology*, 3:187–199, 1991.

[Keller 1999] W. Keller. Prime factors $k.2^n + 1$ of Fermat numbers F_m and complete factoring status, 1999. http://www.prothsearch.net/fermat.html.

[Knuth 1971] D. Knuth. The analysis of algorithms. In *Actes du Congrès International des Mathématiciens (Nice 1970)*, Volume 3, pages 269–274. Gauthier-Villars, 1971.

[Knuth 1981] D. Knuth. *Seminumerical Algorithms* (Second edition), volume 2 of *The Art of Computer Programming*. Addison–Wesley, 1981.（クヌース（有澤誠，和田英一監訳）. The Art of Computer Programming (2) 日本語版 Seminumerical algorithms. Ascii Addison Wesley programming series. アスキー，2004年）.

[Knuth and Trabb Pardo 1976] D. Knuth and L. Trabb Pardo. Analysis of a simple factorization algorithm. *Theoret. Comput. Sci.*, 3:321–348, 1976–77.

[Koblitz 1987] N. Koblitz. Elliptic curve cryptosystems. *Math. Comp.*, 48:203–209, 1987.

[Koblitz 1994] N. Koblitz. *A Course in Number Theory and Cryptography*. Springer–Verlag, 1994. 邦訳：N. コブリッツ（櫻井幸一訳）．数論アルゴリズムと楕円暗号理論入門．シュプリンガー・フェアラーク東京，1997年）．

[Koç et al. 1996] Ç. Koç, T. Acar, and B. Kaliski, Jr. Analyzing and comparing Montgomery multiplication algorithms. *IEEE Micro*, 16:26–33, 1996.

[Koç and Hung 1997] Ç. Koç and C. Hung. Fast algorithm for modular reduction. *IEEE Proc.: Computers and Digital Techniques*, 145(4), 1998.

[Kocis and White 1997] L. Kocis and W. Whiten. Computational investigations of low-discrepancy sequences. *ACM Trans. Math. Soft.*, 23:266–294, 1997.

[Konyagin and Pomerance 1997] S. Konyagin and C. Pomerance. On primes recognizable in deterministic polynomial time. In *The Mathematics of Paul Erdős, I*, volume 13 of *Algorithms and Combinatorics*, pages 176–198. Springer–Verlag, 1997.

[Korobov 1992] N. Korobov, *Exponential Sums and their Applications*, Kluwer Academic Publishers, 1992.

[Kuipers and Niederreiter 1974] L. Kuipers and H. Niederreiter. *Uniform Distribution of Sequences*. John Wiley and Sons, 1974.

[Kurlberg and Pomerance 2004] P. Kurlberg and C. Pomerance. On the periods of the linear congruential and power generators. *Acta Arith.*, 119:149–169, 2005.

[Lagarias 1990] J. Lagarias. Pseudorandom number generators in cryptography and number theory. In C. Pomerance, editor, *Cryptology and computational number theory*, volume 42 of *Proc. Sympos. Appl. Math.*, pages 115–143. Amer. Math. Soc., 1990.

[Lagarias 1999] J. Lagarias. On a positivity property of the Riemann ξ-function. *Acta Arith.*, 89:217–234, 1999.

[Lagarias et al. 1985] J. Lagarias, V. Miller, and A. Odlyzko. Computing $\pi(x)$: the Meissel–Lehmer method. *Math. Comp.*, 44:537–560, 1985.

[Lagarias and Odlyzko 1987] J. Lagarias and A. Odlyzko. Computing $\pi(x)$: an analytic method. *J. Algorithms*, 8:173–191, 1987.

[Languasco 2000] A. Languasco. Some refinements of error terms estimates for certain additive problems with primes. *J. Number Theory*, 81:149–161, 2000.

[Lavenier and Saouter 1998] D. Lavenier and Y. Saouter. Computing Goldbach

Partitions Using Pseudo-random Bit Generator Operators on a FPGA Systolic Array. *Lecture Notes in Computer Science*, Springer–Verlag, 1482:316–325, 1998.

[L'Ecuyer and Simard 1999] P. L'Ecuyer and R. Simard. Beware of linear congruential generators with multipliers of the form $a = \pm 2^q \pm 2^r$. *ACM Trans. Math. Soft.*, 25:367–374, 1999.

[Lehman 1974] R. Lehman. Factoring large integers. *Math. Comp.*, 28:637–646, 1974.

[Lehmer 1964] E. Lehmer. On the infinitude of Fibonacci pseudo-primes. *Fibonacci Quart.*, 2:229–230, 1964.

[Lenstra 1983] A. Lenstra. Factoring polynomials over algebraic number fields. In *Computer algebra (London, 1983)*, volume 162 of *Lecture Notes in Computer Science*, pages 245–254. Springer–Verlag, 1983.

[Lenstra and Lenstra 1993] A. Lenstra and H. Lenstra, Jr., editors. *The development of the number field sieve*, volume 1554 of *Lecture Notes in Mathematics*. Springer–Verlag, 1993.

[Lenstra et al. 1982] A. Lenstra, H. Lenstra, Jr., and L. Lovasz. Factoring polynomials with rational coefficients. *Math. Ann.*, 261:515–534, 1982.

[Lenstra et al. 1993a] A. Lenstra, H. Lenstra, Jr., M. Manasse, and J. Pollard. The factorization of the ninth Fermat number. *Math. Comp.*, 61:319–349, 1993.

[Lenstra and Manasse 1994] A. Lenstra and M. Manasse. Factoring with two large primes. *Math. Comp.*, 63:785–798, 1994.

[Lenstra 1981] H. Lenstra, Jr. Primality testing algorithms (after Adleman, Rumely and Williams). In *Bourbaki Seminar 33 (1980/81)*, volume 901 of *Lecture Notes in Mathematics*, exp. 576. Springer–Verlag, 1981.

[Lenstra 1984] H. Lenstra, Jr. Divisors in residue classes. *Math. Comp.*, 42:331–340, 1984.

[Lenstra 1985] H. Lenstra, Jr. Galois theory and primality testing. In *Orders and their applications (Oberwolfach, 1984)*, volume 1142 of *Lecture Notes in Mathematics*, pages 169–189. Springer–Verlag, 1985.

[Lenstra 1987] H. Lenstra, Jr. Factoring integers with elliptic curves. *Ann. of Math.*, 126:649–673, 1987.

[Lenstra 1991] H. Lenstra, Jr., 1991. Private communication.

[Lenstra et al. 1993b] H. Lenstra, Jr., J. Pila, and C. Pomerance. A hyperelliptic smoothness test. I. *Philos. Trans. Roy. Soc. London Ser. A*, 345:397–408, 1993. Special issue compiled and edited by R. Vaughan: Theory and applications of numbers without large prime factors.

[Lenstra and Pomerance 1992] H. Lenstra, Jr. and C. Pomerance. A rigorous time bound for factoring integers. *J. Amer. Math. Soc.*, 5:483–516, 1992.

[Lenstra and Pomerance 2005] H. Lenstra, Jr. and C. Pomerance. Primality testing with Gaussian periods. Preprint, 2005.

[Li 1997] X. Li. The positivity of a sequence of numbers and the Riemann hypothesis. *J. Number Theory*, 65:325–333, 1997.

[Lindqvist and Peetre 1997] P. Lindqvist and J. Peetre, On the remainder in a series of Mertens, *Exposition. Math.*, 15:467–478, 1997.

[Lim and Lee 1997] C. Lim and P. Lee. A key recovery attack on discrete log-based schemes using a prime order subgroup. In *Advances in Cryptology, Proc. Crypto '97*, volume 1294 of *Lecture Notes in Computer Science*, pages 249–265. Springer–Verlag, 1997.

[Long 1981] D. Long. Random equivalence of factorization and computation of orders. Princeton U. Dept. Elec. Eng. and Comp. Sci. Technical Report 284, 1981.

[Lovorn 1992] R. Lovorn. *Rigorous, subexponential algorithms for discrete logarithms over finite fields.* PhD thesis, U. Georgia, 1992.

[Lovorn Bender and Pomerance 1998] R. Lovorn Bender and C. Pomerance. Rigorous discrete logarithm computations in finite fields via smooth polynomials. In J. Teitelbaum, editor, *Computational Perspectives on Number Theory (Chicago, IL, 1995)*, volume 7, pages 221–232. Atkin Conference, Amer. Math. Soc., 1998.

[Madisetti and Williams 1997] V. Madisetti and D. Williams, editors. *The Digital Signal Processing Handbook*. CRC Press, 1997.

[Marcus 1977] D. Marcus. *Number Fields*. Springer–Verlag, 1977.

[Marsaglia 1991] G. Marsaglia. The mathematics of random number generators. In S. Burr, editor, *The Unreasonable Effectiveness of Number Theory*, volume 46 of *Proc. Sympos. Appl. Math.*, pages 73–90. American Math. Soc., 1991.

[Matijasevič 1971] Y. Matijasevič. Diophantine representations of the set of prime numbers. *Dokl. Akad. Nauk SSSR*, 12:354–358, 1971.

[Mauldin 1999] R. Mauldin. The Beal conjecture and prize, 1999. http://www.math.unt.edu/~mauldin/beal.html.

[McClellan and Rader 1979] J. McClellan and C. Rader. *Number Theory in Digital Signal Processing*. Prentice–Hall, 1979.

[McKee 1996] J. McKee. Turning Euler's factoring method into a factoring algorithm. *Bull. London Math. Soc.*, 28:351–355, 1996.

[McKee 1999] J. McKee. Speeding Fermat's factoring method. *Math. Comp.*,

68:1729–1737, 1999.

[Menezes et al. 1993] A. Menezes, T. Okamoto, and S. Vanstone. Reducing elliptic curve logarithms to a finite field. *IEEE Trans. Inform. Theory*, 39:1639–1646, 1993.

[Menezes et al. 1997] A. Menezes, P. van Oorschot, and S. Vanstone. *Handbook of Applied Cryptography*. CRC Press, 1997.

[Mignotte 2001] M. Mignotte. Catalan's equation just before 2000. In M. Jutila and T. Metsänkylä, editors, *Number Theory (Turku, 1999)*. de Gruyter, 247–254.

[Mihăilescu and Avanzi 2003] P. Mihăilescu and R. Avanzi. Efficient 'quasi-deterministic' primality test improving AKS. http://www-math.uni-paderborn.de/~preda/.

[Mihăilescu 2004] P. Mihăilescu. Primary cyclotomic units and a proof of Catalan's conjecture. *J. Reine Angew. Math.* 572:167–195, 2004.

[Miller 1976] G. Miller. Riemann's hypothesis and tests for primality. *J. Comput. System Sci.*, 13:300–317, 1976.

[Miller 1987] V. Miller. Use of elliptic curves in cryptography. In H. Williams, editor, *Advances in Cryptology, Proc. Crypto '85*, volume 218 of *Lecture Notes in Computer Science*, pages 417–426. Springer–Verlag, 1987.

[Mills 1947] W. Mills. A prime-representing function. *Bull. Amer. Math. Soc.*, 53:604, 1947.

[Moenck 1973] R. Moenck. Fast computation of GCDs. In *Proc. 5th Annual ACM Symposium on the Theory of Computing*, pages 142–151, 1973.

[Monier 1980] L. Monier. Evaluation and comparison of two efficient probabilistic primality testing algorithms. *Theoret. Comput. Sci.*, 12:97–108, 1980.

[Montgomery and Vaughan 1973] H. Montgomery and R. Vaughan. The large sieve. *Mathematika* 20:119–134, 1973.

[Montgomery 1985] P. Montgomery. Modular multiplication without trial division. *Math. Comp.*, 44:519–521, 1985.

[Montgomery 1987] P. Montgomery. Speeding the Pollard and elliptic curve methods of factorization. *Math. Comp.*, 48:243–264, 1987.

[Montgomery 1992a] P. Montgomery. *An FFT Extension of the Elliptic Curve Method of Factorization*. PhD thesis, University of California, Los Angeles, 1992.

[Montgomery 1992b] P. Montgomery. Evaluating recurrences of form $X_{m+n} = f(X_m, X_n, X_{m-n})$ via Lucas chains. Unpublished manuscript, 1992.

[Montgomery 1994] P. Montgomery. Square roots of products of algebraic numbers. In W. Gautschi, editor, *Mathematics of Computation 1943–1993*, volume 48 of *Proc. Sympos. Appl. Math.*, pages 567–571. Amer. Math. Soc., 1994.

[Montgomery 1995] P. Montgomery. A block Lanczos algorithm for finding dependencies over $GF(2)$. In *Advances in Cryptology, Eurocrypt '95*, volume 921 of *Lecture Notes in Computer Science*, pages 106–120, 1995.

[Montgomery and Silverman 1990] P. Montgomery and R. Silverman. An FFT extension to the $P-1$ factoring algorithm. *Math. Comp.*, 54:839–854, 1990.

[Morain 1990] F. Morain. *Courbes elliptiques et tests de primalité*. PhD thesis, Université Claude Bernard-Lyon I, 1990.

[Morain 1992] F. Morain. Building cyclic elliptic curves modulo large primes. Unpublished manuscript, 1992.

[Morain 1995] F. Morain. Calcul du nombre de points sur une courbe elliptique dans un corps fini: aspects algorithmiques. *J. Théor. Nombres Bordeaux*, 7:255–282, 1995. Les Dix-huitèmes Journées Arithmétiques (Bordeaux, 1993).

[Morain 1998] F. Morain. Primality proving using elliptic curves: an update. In [Buhler 1998], pages 111–127.

[Morain 2004] F. Morain. Implementing the asymptotically fast version of the elliptic curve primality proving algorithm. http://www.lix.polytechnique.fr/Labo/Francois.Morain.

[Morrison and Brillhart 1975] M. Morrison and J. Brillhart. A method of factoring and the factorization of F_7. *Math. Comp.*, 29:183–205, 1975. Collection of articles dedicated to Derrick Henry Lehmer on the occasion of his seventieth birthday.

[Müller 1998] V. Müller. Efficient algorithms for multiplication on elliptic curves. Proceedings of GI–Arbeitskonferenz Chipkarten, TU München, 1998.

[Müller 2004] V. Müller. Publications Volker Müller, 2004. http://lecturer.ukdw.ac.id/vmueller/publications.php, 2004.

[Murphy 1998] B. Murphy. Modelling the yield of number field sieve polynomials. In [Buhler 1998], pages 137–150.

[Murphy 1999] B. Murphy. *Polynomial selection for the number field sieve integer factorisation algorithm*. PhD thesis, Australian National University, 1999.

[Namba 1984] M. Namba. *Geometry of Projective Algebraic Curves*, volume 88 of *Monographs and Textbooks in Pure and Applied Mathematics*. Marcel Dekker, 1984.

[Narkiewicz 1986] W. Narkiewicz. *Classical Problems in Number Theory*. PWN-Polish Scientific Publishers, 1986.

[Nathanson 1996] M. Nathanson. *Additive Number Theory: The Classical Bases*, volume 164 of *Graduate Texts in Mathematics*. Springer–Verlag, 1996.

[Nguyen 1998] P. Nguyen. A Montgomery-like square root for the number field sieve. In

[Buhler 1998], pages 151–168.

[Nguyen and Liu 1999] N. Nguyen and Q. Liu. The Regular Fourier Matrices and Nonuniform Fast Fourier Transforms. *SIAM J. Sci. Comput.*, 21:283–293, 1999.

[Nicely 2004] T. Nicely. Prime constellations research project, 2004. http://www.trnicely.net/counts.html.

[Niederreiter 1992] H. Niederreiter. *Random Number Generation and Quasi-Monte-Carlo Methods*, volume 63 of *CBMS-NSF Regional Conference Series in Applied Mathematics*. SIAM, 1992.

[Niven et al. 1991] I. Niven, H. Zuckerman, and H. Montgomery. *An Introduction to the Theory of Numbers*. Fifth edition. John Wiley and Sons, 1991.

[Nussbaumer 1981] H. Nussbaumer. *Fast Fourier Transform and Convolution Algorithms*. Springer–Verlag, 1981. (邦訳：H. J. ヌスバウマー (佐川雅彦, 本間仁志訳). 高速フーリエ変換のアルゴリズム. 科学技術出版社, 1989 年).

[Odlyzko 1985] A. Odlyzko. Discrete logarithms in finite fields and their cryptographic significance. In *Advances in Cryptology, Proc. Eurocrypt '84*, volume 209 of *Lecture Notes in Computer Science*, pages 224–313. Springer–Verlag, 1985.

[Odlyzko 1987] A. Odlyzko. On the distribution of spacings between zeros of the zeta function. *Math. Comp.*, 48:273–308, 1987.

[Odlyzko 1992] A. Odlyzko. The 10^{20}-th zero of the Riemann zeta function and 175 million of its neighbors, 1992. http://www.research.att.com/~amo.

[Odlyzko 1994] A. Odlyzko. Analytic computations in number theory. In W. Gautschi, editor, *Mathematics of Computation 1943–1993*, volume 48 of *Proc. Sympos. Appl. Math.*, pages 441–463. Amer. Math. Soc., 1994.

[Odlyzko 2000] A. Odlyzko. Discrete logarithms: The past and the future. *Designs, Codes, and Cryptography*, 19:129–145, 2000.

[Odlyzko 2005] A. Odlyzko. The 10^{22}-nd zeros of the Riemann zeta function. In M. van Frankenhuysen and M. L. Lapidus, editors, *Dynamical, Spectral, and Arithmetic Zeta Functions*, volume 290 of *Contemporary Mathmatics*. pages 139–144. Amer. Math. Soc., 2001.

[Odlyzko and te Riele 1985] A. Odlyzko and H. te Riele. Disproof of the Mertens conjecture. *J. Reine Angew. Math.*, 357:138–160, 1985.

[Odlyzko and Schönhage 1988] A. Odlyzko and A. Schönhage. Fast algorithms for multiple evaluations of the Riemann zeta-function. *Trans. Amer. Math. Soc.*, 309:797–809, 1988.

[Oesterlé 1985] J. Oesterlé. Nombres de classes des corps quadratiques imaginaires. In *Séminaire Bourbaki (1983/84)*, Astérisque No. 121–122, pages 309–323, 1985.

参 考 文 献

[Oki 2003] H. Oki, 2003. Private communication.

[Okeya and Sakurai 2001] K. Okeya and K. Sakurai. Efficient Elliptic Curve Cryptosystems from a Scalar Multiplication Algorithm with Recovery of the y-Coordinate on a Montgomery-Form Elliptic Curve. In Ç. K. Koç, D. Naccache, C. Paar (,editors,). *Third International Workshop on Cryptographic Hardware and Embedded Systems*—CHES 2001. *Lecture Notes in Computer Science* 2162:126, Springer–Verlag, 2001.

[Owen 1995] A. Owen. Randomly permuted (t, m, s)-nets and (t, m, s)-sequences. In *Monte Carlo and Quasi-Monte Carlo Methods in Scientific Computing*, volume 106 of *Lecture Notes in Statistics*, pages 299–317. Springer–Verlag, 1995.

[Owen 1997a] A. Owen. Monte Carlo variance of scrambled net quadrature. *SIAM J. Numer. Anal.*, 34:1884–1910, 1997.

[Owen 1997b] A. Owen. Scrambled net variance for integrals of smooth functions. *Ann. Statist.*, 25:1541–1562, 1997.

[Padma and Venkataraman 1996] R. Padma and S. Venkataraman. Elliptic curves with complex multiplication and a character sum. *J. Number Theory*, 61:274–282, 1996.

[Papadopoulos 1999] J. Papadopoulos, 1999. Private communication.

[Papageorgiu and Traub 1997] A. Papageorgiu and J. Traub. Faster evaluation of multidimensional integrals. *Computers in Physics*, 11:574–578, 1997.

[Parberry 1970] E. Parberry. On primes and pseudo-primes related to the Fibonacci sequence. *Fibonacci Quart.*, 8:49–60, 1970.

[Park and Miller 1988] S. Park and K. Miller. Random number generators: good ones are hard to find. *Comm. ACM*, 31:1192–1201, 1988.

[Paskov and Traub 1995] S. Paskov and J. Traub. Faster valuation of financial derivatives. *J. Portfolio Management*, 22:113–120, 1995.

[Patel and Sundaram 1998] S. Patel and G. Sundaram. An efficient discrete log pseudo random generator. In H. Krawczyk, editor, *Advances in Cryptology, Proc. Crypto '98*, volume 1462 of *Lecture Notes in Computer Science*, pages 304–317. Springer–Verlag, 1998.

[Paulos 1995] J. Paulos. High 5 jive. *Forbes*, 156:102, October 1995.

[Paun et al. 1998] G. Paun, G. Rozenberg, and A. Salomaa. *DNA Computing: New Computing Paradigms*. Springer–Verlag, 1998. (邦訳： G. パウン, G. ローゼンバーグ, A. サローマ（横森貴, 榊原康文, 小林聡訳）. DNA コンピューティング — 新しい計算パラダイム. シュプリンガー・フェアラーク東京, 1999 年).

[Peralta 1993] R. Peralta. A quadratic sieve on the n-dimensional hypercube. In

Advances in Cryptology, Proc. Crypto '92, volume 740 of *Lecture Notes in Computer Science*. Springer–Verlag, 1993.

[Peralta and Okamoto 1996] R. Peralta and E. Okamoto. Faster factoring of integers of a special form. *IEICE Transactions on Fundamentals of Electronics, Communications and Computer Sciences*, E79-A:489–493, 1996.

[Percival 2003] C. Percival. Rapid multiplication modulo the sum and difference of highly composite numbers. *Math. Comp.* 72:387–395, 2003.

[Peterson 2000] I. Peterson. Great computations. *Science News*, 157(10):152–153, March 4, 2000.

[Pinch 1993] R. Pinch. The Carmichael numbers up to 10^{15}. *Math. Comp.*, 61:381–391, 1993.

[Pollard 1974] J. Pollard. Theorems on factorization and primality testing. *Proc. Cambridge Philos. Soc.*, 76:521–528, 1974.

[Pollard 1975] J. Pollard. A Monte Carlo method for factorization. *Nordisk Tidskr. Informationsbehandling (BIT)*, 15:331–334, 1975.

[Pollard 1978] J. Pollard. Monte Carlo methods for index computation (mod p). *Math. Comp.*, 32:918–924, 1978.

[Pollard 2000] J. Pollard. Kangaroos, Monopoly and discrete logarithms. *J. Cryptology*, 13:437–447, 2000.

[Pomerance 1981] C. Pomerance. On the distribution of pseudoprimes. *Math. Comp.*, 37:587–593, 1981.

[Pomerance 1982] C. Pomerance. Analysis and comparison of some integer factoring algorithms. In H. Lenstra, Jr. and R. Tijdeman, editors, *Computational methods in number theory, Part I*, volume 154 of *Math. Centre Tracts*, pages 89–139. Math. Centrum, 1982.

[Pomerance 1985] C. Pomerance. The quadratic sieve factoring algorithm. In *Advances in cryptology, Proc. Eurocrypt '84*, volume 209 of *Lecture Notes in Computer Science*, pages 169–182. Springer–Verlag, 1985.

[Pomerance 1986] C. Pomerance. On primitive divisors of Mersenne numbers. *Acta Arith.*, 46:355–367, 1986.

[Pomerance 1987a] C. Pomerance. Very short primality proofs. *Math. Comp.*, 48:315–322, 1987.

[Pomerance 1987b] C. Pomerance. Fast, rigorous factorization and discrete logarithm algorithms. In *Discrete Algorithms and Complexity*, pages 119–143. Academic Press, 1987.

[Pomerance 1996a] C. Pomerance. Multiplicative independence for random integers. In

Analytic Number Theory, Vol. 2 (Allerton Park, IL, 1995), volume 139 of Progr. Math., pages 703–711. Birkhäuser, 1996.

[Pomerance 1996b] C. Pomerance. A tale of two sieves. Notices Amer. Math. Soc., 43:1473–1485, 1996.

[Pomerance and Smith 1992] C. Pomerance and J. Smith. Reduction of huge, sparse matrices over finite fields via created catastrophes. Experiment. Math., 1:89–94, 1992.

[Pomerance et al. 1988] C. Pomerance, J. Smith, and R. Tuler. A pipeline architecture for factoring large integers with the quadratic sieve algorithm. SIAM J. Comput., 17:387–403, 1988. Special issue on cryptography.

[Prachar 1978] K. Prachar. Primzahlverteilung, volume 91 of Grundlehren der Mathematischen Wissenschaften. Springer–Verlag, 1978. Reprint of the 1957 edition.

[Pratt 1975] V. Pratt. Every prime has a succinct certificate. SIAM J. Comput., 4:214–220, 1975.

[Preskill 1999] J. Preskill. Course notes, Phys 229, Calif. Inst. of Tech., 1999. http://www.theory.caltech.edu/people/preskill/ph229/.

[Press et al. 1996] W. Press, S. Teukolsky, W. Vettering, and B. Flannery. Numerical Recipes in C. Cambridge University Press, 1996. (邦訳：W.H. プレス他（丹慶勝市他訳）．ニューメリカルレシピ・イン・シー日本語版 – C 言語による数値計算のレシピ．技術評論社，1993 年).

[Pritchard 1981] P. Pritchard. A sublinear additive sieve for finding prime numbers. Comm. ACM, 24:18–23, 1981.

[Pritchard et al. 1995] P. Pritchard, A. Moran, and A. Thyssen. Twenty-two primes in arithmetic progression. Math. Comp., 64:1337–1339, 1995.

[Purdom and Williams 1968] P. Purdom and J. Williams. Cycle length in a random function. Trans. Amer. Math. Soc. 133:547–551, 1968.

[Pustyl'nkov 1999] L. Pustyl'nikov. On a property of the classical zeta-function associated with the Riemann conjecture on zeros. Russian Math. Surveys, 54:162–163, 1999.

[Rabin 1976] M. Rabin. Probabilistic algorithms. In Algorithms and Complexity (Proc. Sympos., Carnegie-Mellon Univ., Pittsburgh, PA, 1976), pages 21–39. Academic Press, 1976.

[Rabin 1980] M. Rabin. Probabilistic algorithm for testing primality. J. Number Theory, 12:128–138, 1980.

[Ramaré 1995] O. Ramaré. On Šnirel'man's constant. Ann. Scuola Norm. Sup. Pisa Cl. Sci. (4), 22:645–706, 1995.

[Ramaré and Rumely 1996] O. Ramaré and R. Rumely. Primes in arithmetic progressions. *Math. Comp.*, 65:397–425, 1996.

[Ribenboim 1994] P. Ribenboim. *Catalan's Conjecture: Are 8 and 9 the Only Consecutive Powers?* Academic Press, 1994.

[Ribenboim 1996] P. Ribenboim. *The New Book of Prime Number Records.* Springer–Verlag, 1996. (邦訳：P. リーベンボイム (吾郷孝視訳編). 素数の世界 — その探索と発見 (第2版). 共立出版, 2001年).

[Richstein 2001] J. Richstein. Verifying the Goldbach conjecture up to $4 \cdot 10^{14}$. *Math. Comp.*, 70:1745–1749, 2001.

[Riesel and Göhl 1970] H. Riesel and G. Göhl. Some calculations related to Riemann's prime number formula. *Math. Comp.*, 24:969–983, 1970.

[Rishi et al. 1984] D. Rishi, J. Parnami, and A. Rajwade. Evaluation of a cubic character sum using the $\sqrt{-19}$ division points of the curve $Y^2 = X^3 - 2^3 \cdot 19X + 2 \cdot 19^2$. *J. Number Theory*, 19:184–194, 1984.

[Rivest et al. 1978] R. Rivest, A. Shamir, and L. Adleman. A method for obtaining digital signatures and public-key cryptosystems. *Comm. ACM*, 21:120–126, 1978.

[Rose 1988] H. Rose. *A Course in Number Theory.* Clarendon Press, Oxford, 1988.

[Rosser 1939] J. Rosser. The n-th prime is greater than $n \log n$. *Proc. London Math. Soc.*, 45:21–44, 1939.

[Rosser and Schoenfeld 1962] J. Rosser and L. Schoenfeld. Approximate formulas for some functions of prime numbers. *Illinois J. Math.*, 6:64–94, 1962.

[Rotkiewicz 1973] A. Rotkiewicz. On the pseudoprimes with respect to the Lucas sequences. *Bull. Acad. Polon. Sci. Sér. Sci. Math. Astronom. Phys.*, 21:793–797, 1973.

[Rumely 1993] R. Rumely. Numerical computations concerning the ERH. *Math. Comp.*, 61:415–440, S17–S23, 1993.

[Ruzsa 1999] I. Ruzsa. Erdős and the integers. *J. Number Theory*, 79:115–163, 1999.

[Saouter 1998] Y. Saouter. Checking the odd Goldbach conjecture up to 10^{20}. *Math. Comp.*, 67:863–866, 1998.

[Satoh and Araki 1998] T. Satoh and K. Araki. Fermat quotients and the polynomial time discrete log algorithm for anomalous elliptic curves. *Comment. Math. Univ. St. Paul.*, 47:81–92, 1998. Errata, *ibid.* 48:1999, 211–213.

[Schinzel and Sierpiński 1958] A. Schinzel and W. Sierpiński. Sur certaines hypothèses concernant les nombres premiers. *Acta Arith.*, 4:185–208, 1958. Erratum, *ibid.* 5:259, 1958.

[Schirokauer et al. 1996] O. Schirokauer, D. Weber, and T. Denny. Discrete logarithms: the effectiveness of the index calculus method. In *Algorithmic Number Theory: Proc. ANTS II, Talence, France*, volume 1122 of *Lecture Notes in Computer Science*, pages 337–361. Springer–Verlag, 1996.

[Schmidt 1972] W. Schmidt. Irregularities of distribution. VII. *Acta Arith.*, 21:45–50, 1972.

[Schneier 1996] B. Schneier. *Applied Cryptography*. John Wiley and Sons, 1996. (邦訳：B. シュナイアー（山形浩生監訳）. 暗号技術大全. ソフトバンクパブリッシング, 2003年).

[Schoenfeld 1976] L. Schoenfeld. Sharper bounds for the Chebyshev functions $\theta(x)$ and $\psi(x)$. II. *Math. Comp.*, 30:337–360, 1976. Corrigendum, *ibid.* 30:900, 1976.

[Schönhage 1971] A. Schönhage. Schnelle Berechnung von Kettenbruchentwicklungen. *Acta Informatica*, 1:139–144, 1971.

[Schönhage 1982] A. Schönhage. Asymptotically fast algorithms for the numerical multiplication and division of polynomials with complex coefficients. In *Computer Algebra, EUROCAM '82, Marseille*, volume 144 of *Lecture Notes in Computer Science*, pages 3–15. Springer–Verlag, 1982.

[Schönhage and Strassen 1971] A. Schönhage and V. Strassen. Schnelle Multiplikation grosser Zahlen. *Computing (Arch. Elektron. Rechnen)*, 7:281–292, 1971.

[Schoof 1982] R. Schoof. Quadratic fields and factorization. In H. Lenstra, Jr. and R. Tijdeman, editors, *Computational methods in number theory, Part I*, volume 154 of *Math. Centre Tracts*, pages 235–286. Math. Centrum, 1982.

[Schoof 1985] R. Schoof. Elliptic curves over finite fields and the computation of square roots mod p. *Math. Comp.*, 44:483–494, 1985.

[Schoof 1995] R. Schoof. Counting points on elliptic curves over finite fields. *J. Théor. Nombres Bordeaux*, 7:219–254, 1995. Les Dix-huitèmes Journées Arithmétiques (Bordeaux, 1993).

[Schoof 2004] R. Schoof. Four primality testing algorithms. In J. Buhler and P. Stevenhagen, editors *Algorithmic number theory*, a Mathematical Sciences Research Institute Publication. Cambridge University Press, 2008.

[Schroeder 1999] M. Schroeder. *Number Theory in Science and Communication*, volume 7 of *Springer Series in Information Sciences*. Springer–Verlag, 1999. Corrected printing of the third (1997) edition.

[Scott 1999] M. Scott, 1999. Private communication.

[Selfridge and Hurwitz 1964] J. Selfridge and A. Hurwitz. Fermat numbers and Mersenne numbers. *Math. Comp.*, 18:146–148, 1964.

[Semaev 1998] I. Semaev. Evaluation of discrete logarithms in a group of p-torsion points of an elliptic curve in characteristic p. *Math. Comp.*, 67:353–356, 1998.

[Seroussi et al. 1999] G. Seroussi, N. Smart, and I. Blake. *Elliptic Curves in Cryptography*, volume 265 of *London Math. Soc. Lecture Note Series*. Cambridge University Press, 1999. (邦訳：I. F. ブラケ，G. セロッシ，N. スマート（鈴木治郎訳）. 楕円曲線暗号. ピアソン・エデュケーション，2001年).

[Shamir 1999] A. Shamir. Factoring large numbers with the TWINKLE device (extended abstract). In Ç. Koç and C. Paar, editors, *Cryptographic Hardware and Embedded Systems, First International Workshop, CHES '99, Worcester, MA*, volume 1717 of *Lecture Notes in Computer Science*, pages 2–12. Springer–Verlag, 1999.

[Shanks 1971] D. Shanks. Class number, a theory of factorization, and genera. In *1969 Number Theory Institute, Stony Brook, N.Y.*, volume 20 of *Proc. Sympos. Pure Math.*, pages 415–440. Amer. Math. Soc., 1971.

[Shanks and Schmid 1966] D. Shanks and L. Schmid. Variations on a theorem of Landau. Part I. *Math. Comp.*, 20:551–569, 1966.

[Shlesinger 1986] M. Shlesinger. On the Riemann hypothesis: a fractal random walk approach. *Physica*, 138A:310–319, 1986.

[Shor 1994] P. Shor. Algorithms for quantum computation: discrete logarithms and factoring. In *Proc. 35th Annual Symp. Found. Comp. Sci.*, pages 124–134, 1994.

[Shor 1999] P. Shor. Polynomial-time algorithms for prime factorization and discrete logarithms on a quantum computer. *SIAM Review*, 41:303–332, 1999.

[Shoup 1992] V. Shoup. Searching for primitive roots in finite fields. *Math. Comp.*, 58:369–380, 1992.

[Shoup 1995] V. Shoup. A new polynomial factorization algorithm and its implementation. *J. Symbolic Comput.*, 20:363–397, 1995.

[Silva 2005] T. Silva. Goldbach conjecture verification. http://www.ieeta.pt/~tos/goldbach.html, 2005.

[Silverman 1986] J. Silverman. *The Arithmetic of Elliptic Curves*, volume 106 of *Graduate Texts in Mathematics*. Springer–Verlag, 1986.

[Silverman and Wagstaff 1993] R. Silverman and S. Wagstaff, Jr. A practical analysis of the elliptic curve factoring algorithm. *Math. Comp.*, 61:445–462, 1993.

[Sloan and Wozniakowski 1998] I. Sloan and H. Wozniakowski. When are quasi-Monte Carlo algorithms efficient for high dimensional integrals? *Complexity*, 14:1–33, 1998.

[Smart 1998] N. Smart. *The algorithmic resolution of Diophantine equations*, volume 41 of *London Mathematical Society Student Texts*. Cambridge University Press, 1998.

[Smart 1999] N. Smart. The discrete logarithm problem on elliptic curves of trace one. *J. Cryptology*, 12:193–196, 1999.

[Solinas 1998] J. Solinas. Standard specifications for public key cryptography. Annex A: Number-theoretic background. *IEEE P1363 Draft(s)*, 1998–2004. http://grouper.ieee.org/groups/1363/.

[Solinas 1999] J. Solinas. Generalized Mersenne numbers, 1999. http://www.cacr.math.uwaterloo.ca/techreports/1999/corr99-39.ps.

[Sorenson 1994] J. Sorenson. Two fast GCD algorithms. *J. Algorithms*, 16:110–144, 1994.

[Srinivasan 1995] A. Srinivasan. *Compuations of Class Numbers of Quadratic Fields*. PhD thesis, U. Georgia, 1995.

[Stehlé and Zimmermann 2004] D.Stehlé and P.Zimmermann. A Binary Recursive gcd Algorithm. http://www.loria.fr/ stehle/downloads/antsgcd.pdf, and http://www.loria.fr/~stehle/BINARY.html.

[Stein 1967] J. Stein. Computational problems associated with Racah algebra. *J. Comp. Phys.*, 1:397–405, 1967.

[Strassen 1977] V. Strassen. Einige Resultate über Berechnungskomplexität. *Jahresber. Deutsch. Math.-Verein.*, 78:1–8, 1976/77.

[Stuart 1996] I. Stuart. The magic of seven: signifies creation, the sum of the spiritual three and the material four. *British Medical Journal*, 313(7072), December 21 1996.

[Sun and Sun 1992] Z.-H. Sun and Z.-W. Sun. Fibonacci numbers and Fermat's last theorem. *Acta Arith.*, 60:371–388, 1992.

[Swarztrauber 1987] P. Swarztrauber. Multiprocessor FFTs. *Parallel Computing*, 5:197–210, 1987.

[Tanner and Wagstaff 1987] J. Tanner and S. Wagstaff, Jr. New congruences for the Bernoulli numbers. *Math. Comp.*, 48:341–350, 1987.

[Tatuzawa 1952] T. Tatuzawa. On a theorem of Siegel. *Jap. J. Math.*, 21:163–178, 1951.

[Teitelbaum 1998] J. Teitelbaum. Euclid's algorithm and the Lanczos method over finite fields. *Math. Comp.*, 67:1665–1678, 1998.

[Terr 2000] D. Terr. A modification of Shanks' baby-step giant-step algorithm. *Math. Comp.*, 69:767–773, 2000.

[Teske 1998] E. Teske. Speeding up Pollard's rho method for computing discrete logarithms. In [Buhler 1998], pages 541–554.

[Teske 2001] E. Teske. On random walks for Pollard's rho method. *Math. Comp.*, 70:809–825, 2001.

[Tezuka 1995] S. Tezuka. *Uniform Random Numbers: Theory and Practice*. Kluwer Academic Publishers, 1995.

[Thomas et al. 1986] J. Thomas, J. Keller, and G. Larsen. The calculation of multiplicative inverses over $GF(P)$ efficiently where P is a Mersenne prime. *IEEE Trans. Comp.*, C-35:478–482, 1986.

[Titchmarsh 1986] E. Titchmarsh and D. Heath-Brown. *The Theory of the Riemann Zeta-function*. Oxford University Press, 1986.

[Trevisan and Carvalho 1993] V. Trevisan and J. Carvalho. The composite character of the twenty-second Fermat number. *J. Supercomputing*, 9:179–182, 1995.

[van de Lune et al. 1986] J. van de Lune, H. te Riele, and D. Winter. On the zeros of the Riemann zeta function in the critical strip. IV. *Math. Comp.*, 46:667–681, 1986.

[van der Corput 1922] J. van der Corput. Verscharfung der Abschätzungen beim Teilerproblem. *Math. Ann.*, 87:39–65, 1922.

[van der Pol 1947] B. van der Pol. An electro-mechanical investigation of the Riemann zeta function in the critical strip. *Bull. Amer. Math. Soc.*, 53, 1947.

[Van Loan 1992] C. Van Loan. *Computational Frameworks for the Fast Fourier Transform*, volume 10 of *Frontiers in Applied Mathematics*. SIAM, 1992.

[van Oorschot and Wiener 1999] P. van Oorschot and M. Wiener. Parallel collision search with cryptanalytic applications. *J. Cryptology*, 12:1–28, 1999.

[van Zyl and Hutchinson] B. van Zyl and D. Hutchinson. Riemann zeros, prime numbers, and fractal potentials. *Nonlinear Sciences Abstracts*, 2003. http://arxiv.org/abs/nlin.CD/0304038.

[Vaughan 1977] R. Vaughan. Sommes trigonométriques sur les nombres premiers. *C. R. Acad. Sci. Paris Sér. A-B*, 285:A981–A983, 1977.

[Vaughan 1989] R. Vaughan, A new iterative method in Waring's problem, *Acta Arith.*, 162:1–71, 1989.

[Vaughan 1997] R. Vaughan. *The Hardy–Littlewood Method*. Second edition, volume 125 of *Cambridge Tracts in Mathematics*. Cambridge University Press, 1997.

[Veach 1997] E. Veach. *Robust Monte Carlo methods for light transport simulation*. PhD thesis, Stanford University, 1997.

[Vehka 1979] T. Vehka. Explicit construction of an admissible set for the conjecture that sometimes $\pi(x+y) > \pi(x) + \pi(y)$. *Notices Amer. Math. Soc.*, 26, A-453, 1979.

[Vinogradov 1985] I. Vinogradov. *Ivan Matveevič Vinogradov: Selected Works*. Springer–Verlag, 1985. L. Faddeev, R. Gamkrelidze, A. Karacuba, K. Mardzhanishvili, and E. Miščenko, editors.

[Vladimirov et al. 1994] V. Vladimirov, I. Volovich, and E. Zelenov. *p-adic Analysis and Mathematical Physics*, volume 1 of *Series on Soviet and East European Mathematics*. World Scientific, 1994.

[von zur Gathen and Gerhard 1999] J. von zur Gathen and J. Gerhard. *Modern computer algebra*. Cambridge University Press, 1999. (邦訳：J. フォン ツァ ガ テン，J. ゲルハルト（山本慎他訳）．コンピュータ代数ハンドブック．朝倉書店, 2006 年).

[Wagstaff 1978] S. Wagstaff, Jr. The irregular primes to 125000. *Math. Comp.*, 32:583–591, 1978.

[Wagstaff 1993] S. Wagstaff, Jr. Computing Euclid's primes. *Bull. Inst. Combin. Appl.*, 8:23–32, 1993.

[Wagstaff 2004] S. Wagstaff, Jr. The Cunningham project. http://www.cerias.purdue.edu/homes/ssw/cun/index.html.

[Ware 1998] A. Ware. Fast Approximate Fourier Transforms for Irregularly Spaced Data. *SIAM Rev.*, 40:838–856, 1998.

[Warren 1995] B. Warren. An interesting group of combination-product sets produces some very nice dissonances. *The Journal of the Just Intonation Network*, 9(1):1, 4–9, 1995.

[Watkins 2004] M. Watkins. Class numbers of imaginary quadratic fields. *Math. Comp.* 73:907–938, 2004.

[Watt 1989] N. Watt. Exponential sums and the Riemann zeta-function. II. *J. London Math. Soc.*, 39, 1989.

[Weber 1995] K. Weber. The accelerated GCD algorithm. *ACM Trans. Math. Soft.*, 21:111–122, 1995.

[Weber et al. 2005] K. Weber, V. Trevisan, and L. Martins. A modular integer GCD algorithm. *Journal of Algorithms*, 54:152–167, 2005.

[Wedeniwski 2004] S. Wedeniwski. Zetagrid, 2004. http://www.zetagrid.net.

[Weiss 1963] E. Weiss. *Algebraic Number Theory*. McGraw–Hill, 1963.

[Weisstein 2005] E. Weisstein. Mathworld, 2005. http://www.mathworld.wolfram.com.

[Wellin 1998] P. Wellin, 1998. Private communication.

[Weyl 1916] H. Weyl. Über die Gleichverteilung von Zahlen mod. Eins. *Math. Ann.*, 77, 1916.

[Wiedemann 1986] D. Wiedemann. Solving sparse linear equations over finite fields. *IEEE Trans. Inform. Theory*, 32:54–62, 1986.

[Wieferich 1909] A. Wieferich. Zum letzten Fermat'schen Theorem. *J. Reine Angew. Math.*, 136:293–302, 1909.

[Wiener 1990] M. Wiener. Cryptanalysis of short RSA secret exponents. *IEEE Trans. Inform. Theory*, 36:553–558, 1990.

[Williams 1998] H. Williams. *Édouard Lucas and Primality Testing*, volume 22 of *Canadian Mathematical Society Series of Monographs and Advanced Texts*. John Wiley and Sons, 1998.

[Williams and Clearwater 1998] C. Williams and S. Clearwater. *Explorations in Quantum Computing*. TELOS/Springer–Verlag, 1998. (邦訳：C. P. ウィリアムズ, S. H. クリアウォータ (西野哲朗, 荒井隆, 渡邉昇訳). 量子コンピューティング: 量子コンピュータの実現へ向けて. シュプリンガー・フェアラーク東京, 2000 年).

[Williams and Shallit 1993] H. Williams and J. Shallit. Factoring integers before computers. In W. Gautschi, editor, *Mathematics of Computation 1943–1993*, volume 48 of *Proc. Sympos. Appl. Math.*, pages 481–531. Amer. Math. Soc., 1994.

[Winterhof 1998] A. Winterhof, On Waring's problem in finite fields, *Acta Arith.*, 87:171–177, 1998.

[Wolf 1997] M. Wolf. $1/f$ noise in the distribution of prime numbers. *Physica A*, 241:493–499, 1997.

[Woltman 2000] G. Woltman. Great Internet Mersenne prime search (GIMPS), 2000. http://www.mersenne.org.

[Wozniakowski 1991] H. Wozniakowski. Average case complexity of multivariate integration. *Bull. Amer. Math. Soc. (N.S.)*, 24:185–194, 1991.

[Wu 1997] P. Wu. Multiplicative, congruential random-number generators. *ACM Trans. Math. Soft.*, 23:255–265, 1997.

[Yacobi 1999] Y. Yacobi. Fast exponentiation using data compression. *SIAM J. Comput.*, 28:700–703, 1999.

[Yagle 1995] A. Yagle. Fast algorithms for matrix multiplication using pseudo-number-theoretic transforms. *IEEE Trans. Sig. Proc*, 43:71–76, 1995.

[Yan et al. 1991] J. Yan, A. Yan, and B. Yan. Prime numbers and the amino acid code: analogy in coding properties. *J. Theor. Biol.*, 151(3):333–341, 1991.

[Yoshimura 1997] J. Yoshimura. The evolutionary origins of periodical cicadas during ice ages. *American Naturalist*, 149(1):112–124, 1997.

[Yu 1996] G. Yu. The differences between consecutive primes. *Bull. London Math. Soc.*,

28:242–248, 1996.

[Zhang 1998] M. Zhang. Factorization of the numbers of the form $m^3 + c_2 m^2 + c_1 m + c_0$. In [Buhler 1998], pages 131–136.

[Zhang and Tang 2003] Z. Zhang and M. Tang. Finding strong pseudoprimes to several bases. II. *Math. Comp.*, 72: 2085–2097, 2003.

[Zhang 2002] Z. Zhang. A one-parameter quadratic-base version of the Baillie–PSW probable prime test. *Math. Comp.*, 71: 1699–1734, 2002.

[Zimmermann 2000] P. Zimmermann. The ECMNET project, 2000. http://www.loria.fr/~zimmerma/records/ecmnet.html.

[Zimmermann 2004] P. Zimmermann, 2004. Private communication.

[Zinoviev 1997] D. Zinoviev. On Vinogradov's constant in Goldbach's ternary problem. *J. Number Theory*, 65:334–358, 1997.

訳者による日本語文献の追加

本書のように網羅的に素数とその計算について書かれた日本語の文献は見あたらないが，以下の本には本書と重なる内容が扱われているので，必要に応じて参考にするとよい．

[内山 1970] 内山三郎. 素数の分布. 宝文館出版, 1970 年.

[岡本・太田 1995] 岡本龍明, 太田和男 (共編). 暗号・ゼロ知識証明・数論. 共立出版, 1995 年.

[木田・牧野 1994] 木田祐司・牧野潔夫. UBASIC によるコンピュータ整数論. 日本評論社, 1994 年. http://www.rkmath.rikkyo.ac.jp/~kida/kima.htm.

[高木 1971] 高木貞治. 初等整数論講義 (第 2 版). 共立出版, 1971 年.

[中村 2009] 中村憲. 数論アルゴリズム. 朝倉書店, 2009 年.

[松本 2005] 松本耕二. リーマンのゼータ関数. 朝倉書店, 2005 年.

[和田 1987] 和田秀男. コンピュータと素因子分解 (改訂版). 遊星社, 1999 年.

索　引

A

abc 予想 (abc conjecture), 434, 448
Acar, T. (with Koç et al.), 463, 466
Adleman, L. (エイドルマン), 212, 213, 219, 220, 230, 231, 309, 324, 390, 408
Adleman, L. (with Rivest et al.), 408
Agarwal, R., 498
Agrawal, M., 220, 225, 227, 233, 238
Aho, A., 480, 524, 529
AKS 法 (Agrawal, Kayal, Saxena (AKS) test), viii, 220, 221
Alford, W., 148, 149, 156, 297
Alt, H., 538
Amdahl Six, 27
Ankeny, N., 48
Apostol, T., 448
APR 法 (Adleman, Pomerance, Rumely (APR) test), 213
Araki, K. (荒木純道), 412
Arazi, B., 459, 466, 535
Arch, S., ix
Archibald, R., 7
Ares, S., 444
Armengaud, J., 26
Arney, J., 274
Artin 定数 (Artin constant), 90
Artin 予想 (Artin conjecture), 227, 245
Artjuhov, M., 150
Ashworth, M., 498
Atkin, A., 5, 187, 374, 376–379, 390, 401

Atkin–Bernstein の定理 (Atkin–Bernstein theorem), 188
Atkin–Morain 法 (Atkin–Morain primality test), 145, 376, 379, 381, 383, 390, 392
Atkins, D., 3
Avanzi, R., 235, 236

B

baby step giant step 法 (baby-steps giant-steps method), 257, 258, 271, 273, 365, 367, 368, 377
Bach, E., ix, 47, 48, 73, 78, 89, 90, 126, 156
Backstrom, R., 5
Bailey, D., ix, 36, 59, 65, 498, 500, 546
Baillie, R., 166, 182
Baker, R., 42
Balasubramanian, R., 157
Balazard, M., 454
Ballinger, R., 16
Balog, A., ix, 84
Barnick, M., ix
Barrett, P., 466, 467, 529
Barrett 法 (Barrett method), 466–468
Bateman, P., ix, 28, 29
Bays, C., 67
Beal 賞 (Beal prize), 434
Beeger, N., 181
Bender, E., 274
Bennett, M., 434
Berlekamp のアルゴリズム (Berlekamp

algorithm), 117
Berlekamp–Massey のアルゴリズム
    (Berlekamp–Massey algorithm), 291
Bernoulli (ベルヌーイ) 数 (Bernoulli
    numbers), 507, 549
Bernstein, D., viii, ix, 82, 142–145, 187,
    235, 236, 238, 455, 485, 487, 491, 522,
    550
Berrizbeitia, P., 235, 236
Berry, M., 443
Berson, T. (with Gong et al.), 421, 452
Berta, I., 447
Bertrand の仮説 (Bertrand postulate), 62
Beukers, F., ix, 434, 455
Blackburn, S., 258
Bleichenbacher, D., ix, 163, 186
Bluestein トリック (Bluestein trick), 530,
    548
Blum, L., 420
Blum, M., 420
Blum 整数 (Blum integers), 124, 416, 447
Bombieri, E., 50, 454
Boneh, D., 446
Bonfim, O., ix
Borwein, J., ix, 129, 401
Borwein, P., 59, 76, 90, 129, 176, 189, 401,
    443, 453–455
Bosma, W., 220
Bosselaers, A., 463, 466
Bouniakowski, V., 19
Boyle, P., 431
Bradley, D., ix
Bradley, D. (with Borwein et al.), 76, 90,
    176, 189, 443, 453–455
Bragdon, N., ix
Bragdon, P., ix
Bratley, P., 431
Bredihin, B., 83
Brent, R., ix, 28, 33, 43, 75, 76, 253, 274,
    279, 337, 357–359, 361, 364, 404, 445,
    452, 470, 511, 543
Brent のパラメータ表示 (Brent
    parameterization (for ECM)), 404,
    405
Bressoud, D., ix, 91, 120, 408, 415, 447
Brigham Young 大学 (Brigham Young
    University), 91
Brillhart, J., 33, 192, 204, 284, 300, 317,
    325, 328
Brillhart–Morrison の連分数法
    (Brillhart–Morrison method), 284, 325
Broadhurst, D., ix, 245, 450
Broadie, M. (with Boyle et al.), 431
Bruin, N., ix, 434, 455
Brun, V., 18, 49
Brun 定数 (Brun constant), 18, 90
Brun の定理 (Brun theorem), 18, 72
Brun の篩法 (Brun sieve method), 20–22,
    69, 70
Brun–Titchmarsh 不等式
    (Brun–Titchmarsh inequality), 49
Buchmann, J., 258
Buell, D., 33
Bugeaud, Y., ix
Buhler, J., x, 309–311, 316, 482, 507, 508,
    548
Buhler, L., ix
Bürgisser, P., 480
Burnikel, C., 467
Burthe, R., 153, 157

C

C 言語 (C language), vii, 558
Caldwell, C., 16, 27, 57, 441
Cameron, M., 26
Campbell, G., ix
Campbell, M., ix
Canfield, E., 55
Cao, D., ix
Carmichael, R. (カーマイケル), 147, 148
Carmichael 数 (Carmichael numbers), 72,
    147–149, 180–183
Carmody, P., ix, 16
Carvalho, J., 33
Cassels, J., 339

Castro, M., 444
Catalan (カタラン) 予想 (Catalan
　　problem), ix, 432, 433
Catmull, E., ix
Cauchy–Schwarz (コーシー・シュワルツ)
　　の不等式 (Cauchy–Schwarz
　　inequality), 70
Cesari, G., 480, 481, 487, 539
Chebotarev の密度定理 (Chebotarev
　　density theorem), 314
Chebyshev, P. (チェビシェフ), 11, 62, 226
Chebyshev の定理 (Chebyshev theorem),
　　11, 20, 61, 62, 65, 70
Chein, E., 28
Chen, J.-r., 17, 21
Cheng, Q., 235
Cheng, Y., 68
Clarkson, R., 26
Clausen, M. (with Bürgisser et al.), 480
Clearwater, S., 436, 439
Clement, P., 73
Cochrane, T., 128
Cohen, G. (with Brent et al.), 28
Cohen, H., ix, 44, 96, 117–120, 263, 271,
　　300, 312, 325, 339, 350, 367, 376, 377,
　　379, 473, 538
Colquitt, W., 25
Contini, S., 297
Cooklev, T. (with Dimitrov et al.), 545
Cooley, J., 493, 498
Cooley–Tukey FFT, 493–495, 497
Copeland, A., 64
Copeland, D., ix, 397
Coppersmith, D., ix, 208, 242, 319, 446
Coppersmith のアルゴリズム
　　(Coppersmith algorithm)
　　Coppersmith による NFS のバリエー
　　　　ション (Coppersmith's NFS
　　　　variant), 319
　　格子基底簡約に関する Coppersmith ア
　　　　ルゴリズム (Coppersmith
　　　　algorithm for lattice basis
　　　　reduction), 208

Cornacchia–Smith のアルゴリズム
　　(Cornacchia–Smith algorithm), 119,
　　376
Cosgrave, J., ix, 27, 34
Couveignes, J., 311, 334, 374
Cox, D., 377, 379
Craig-Wood, N., 554
Cramér, H., 42, 43
Crandall, R. (クランドール), 6, 33, 34, 36,
　　37, 59, 65, 67, 76, 92, 176, 188, 219,
　　238, 240, 241, 257, 260, 277, 279, 280,
　　282, 332, 350, 361–364, 401, 415, 431,
　　443, 451, 470, 471, 487, 491, 492, 497,
　　500, 502, 505, 509, 511–513, 515, 516,
　　521, 540, 543–546, 548, 549, 551, 554
Crandall, R. (with Borwein et al.), 76, 90,
　　176, 189, 443, 453–455
Crandall, R. (with Brent et al.), 33, 337,
　　357–359, 364, 404, 470, 511, 543
Creutzburg, R., 515
Cullen 数 (Cullen numbers), 86, 536, 537
Cunningham 数 (Cunningham numbers),
　　5, 317
Curry, C., 363

D

Damgård, I., 153, 181
Danielson–Lanczos 恒等式
　　(Danielson–Lanczos identity), 492,
　　494, 497
Darmon, H., ix, 434
Davenport, H. (ダーベンポート), 41, 47,
　　48, 54, 74, 128, 139, 270
Davis, M., 294, 434, 435
Day, T., ix
de la Vallée Poussin, C., 11
De Win, E., 400, 467, 471, 551
Deléglise, M., 13, 77, 169, 174
Delescaille, J.-P., 256
Denny, T. (with Schirokauer et al.), 324,
　　406
DES, 407, 413

Deshouillers, J., 21
Deuring, M., 350, 351
Deuring の定理 (Deuring theorem), 350, 351
Deutsch, D., 436
Dewaghe, L. (with Couveignes et al.), 374
DGT ベースの畳み込み (DGT-based convolution), 545
Dickman の関数 (Dickman function), 55, 172
Dickman の定理 (Dickman theorem), 54
Dickson, L., 19
Diffie, W. (ディフィー), 406
Diffie–Hellman 鍵交換 (Diffie–Hellman key exchange), 406–408, 411
Diffie–Hellman 乱数生成器 (Diffie–Hellman random-number generator), 420
Dilcher, K., ix, 36, 333
Dilcher, K. (with Brent et al.), 33, 337, 357–359, 364, 404, 470, 511, 543
Dilcher, K. (with Crandall et al.), 36, 37, 92, 219, 401, 549
Dimitrov, V., 545
Ding, C., 98, 127
Dirichlet (ディリクレ), 40, 46
Dirichlet 指標 (Dirichlet characters), 45–47, 213, 232
Dirichlet の類数公式 (Dirichlet class number formula), 270, 271, 278
Dixon, J., 320
DNA 計算 (DNA computing), 440
Dodson, B., 5
Doenias, J., ix
Doenias, J. (with Crandall et al.), 33, 470, 511, 543
Donevsky, B. (with Dimitrov et al.), 545
Doxiadis, A., 70
Dress, F., 59
DSA, 413
Dubner, H., 34, 35, 88, 544
Dutt, A., 500, 502, 546
Dyson, F., 442

E

ECDSA, 412, 413
Edwards, H., 41, 78
Effinger, G., ix
Einstein, A. (アインシュタイン), 441
Ekert, A., 436
ElGamal, T. (エルガマル), 413, 414
Elkenbracht-Huizing, M., 318, 319
Elkies, N., ix, 374, 375
Ellenberg, J., 434
Ellison, F., 54, 66, 77, 84, 553
Ellison, W., 54, 66, 77, 84, 553
Enge, A., 375
Engelsma, T., ix, 91
Eratosthenes の篩 (sieve of Eratosthenes), 49, 56, 69, 134–140, 170, 171, 180, 187
Erdős, P., 15, 43, 59, 62, 64, 86, 146, 148, 149, 166, 182
Erdős, P. (with Canfield et al.), 55
Erdős–Kac theorem, 92, 93
Erdős–Turán conjecture, 15
Escott, A., 256
Essick, J., ix
Estermann, T., 54
Euclid (ユークリッド), 7, 8, 28, 57, 100, 442
Euclid のアルゴリズム (互除法) (Euclid algorithm for gcd), 95, 96, 121, 209, 477, 478
Euclid の定理 (Euclid theorems), 2, 7, 56
Euclid–Euler の定理 (Euclid–Euler theorem), 27
Euler, L. (オイラー), 11, 15, 20, 21, 23, 28, 31, 38, 39, 308, 422
Euler 因子 (Euler factors), 38
Euler 関数 (Euler totient function), 14, 105, 140, 151, 172, 191, 408
Euler 擬素数 (Euler pseudoprimes), 183, 184
Euler 積 (Euler product), 80, 174
Euler 定数 (Euler constant), 29, 90, 179

Euler の規準 (Euler criterion), 25, 109, 112, 183, 191, 202
Euler の多項式 (Euler's polynomials), 59
Euler の定理 (Euler's theorems), 25, 31, 38, 45, 190, 212

F

Fagin, B., 363, 505, 511–513, 546
Faure, H., 426, 431
Faure 列 (Faure sequence), 431
Fermat, P. (フェルマ), 31, 35, 191, 264
Fermat 擬素数 (Fermat pseudoprimes), 145–147, 149, 180, 184
Fermat 合同式 (Fermat congruence), 146
Fermat 商 (Fermat quotient), 35, 37
Fermat 数 (Fermat numbers), 3, 4, 24, 31–35, 72, 92, 93, 149, 180, 191, 192, 199, 201, 239–241, 244, 245, 253, 279, 282, 299, 314, 317, 325, 326, 336, 364, 399, 401, 445, 468, 470, 471, 509–511, 518, 543
Fermat 数変換 (Fermat number transform), 517, 538, 545
Fermat 素数 (Fermat primes), 31, 35, 72, 86, 399, 445
Fermat テスト (Fermat tests), 147, 165, 181
Fermat の小定理 (Fermat's little theorem), 35, 145, 146, 149, 150, 156, 160, 179, 190, 215, 258
Fermat の予想 (Fermat 数に関する) (Fermat conjecture), 31
Fermat 法 (Fermat method of factoring), 247, 250, 278, 285, 286
Fermat 予想 (Fermat's last theorem (FLT)), 35, 36, 432, 507, 548
Fermat–Catalan 予想 (Fermat–Catalan conjecture), ix, 433, 434, 448
Fessler, J., ix, 502
Feynman, R., 436
Fibonacci 擬素数 (Fibonacci pseudoprimes), 158, 166, 183, 185

Fibonacci 数 (Fibonacci numbers), 36, 121, 158, 162, 166, 208, 245
Fibonacci 乱数生成器 (Fibinacci random-number generator), 452
Filaseta, M. (with Brillhart et al.), 300, 328
Findley, J., 26
Fix, J., ix
Flajolet, P., 279
Flannery, B. (with Press et al.), 418, 421, 422
Floyd の周期発見法 (Floyd cycle-finding method), 251, 253, 254
Forbes, T., 34, 87
Forbes, T. (with Dubner et al.), 88
Ford, K., 51
Fouvry, E., 227
Fox, B., 431
Franke, J., 5, 393
Fraser, D., 500, 521
Friedlander, J., 20, 420
Frind, M., 88
Frobenius 擬素数 (Frobenius pseudoprimes), 161, 162, 164–167, 169, 183, 184, 186
Frobenius 自己準同型 (Frobenius endomorphism), 369
Frobenius 自己同型 (Frobenius automorphism), 160, 161, 169, 210, 231
Frobenius テスト (Frobenius test), 161, 162, 165, 167, 169
Furry, W., 73

G

Gabcke, W., 75
Gage, P., 25
Gallot, Y., 16, 34, 35, 71, 470, 544
Galois 群 (Galois group), 210, 211, 318, 377
Galois 理論 (Galois theory), 169
Galway, W., ix, 76, 177, 188

Galway 関数 (Galway functions), 178, 185
Gandhi の公式 (Gandhi formula), 56
Gardner, M., 3
Garner アルゴリズム (Garner algorithm), 99
Garst, B., ix, 415
Gaudry, P., 375
Gauss, C. (ガウス), 11, 12, 16, 31, 50, 112, 128, 230, 261, 263, 422, 492
Gauss 周期 (Gaussian period), 228, 230, 231, 233
Gauss 数体 (field of Gaussian rationals), 324
Gauss 整数 (Gaussian integers), 282, 302, 324, 515
Gauss の円問題 (Gauss circle problem), 188
Gauss の消去法 (掃出し法) (Gaussian elimination), 291, 322
Gauss のユニタリ集合 (Gaussian unitary ensemble (GUE)), 442
Gauss の乱数変数 (Gaussian random variable), 442
Gauss 和 (Gauss sums), 124, 213–216, 219, 231, 232, 242, 542
Gauss 和テスト (Gauss sums test), 213, 216, 219, 242
Gazzoni, D., 89
Gentleman, W., 498
Gentleman–Sande FFT, 494, 495, 497
Gerhard, J., 107
Gerlach, H., 182
Gesley, M., ix
Glasserman, P. (with Boyle et al.), 431
Göhl, G., 189
Goldbach, C., 20
Goldbach 予想 (Goldbach conjecture), 20–22, 51, 54, 70, 79, 81, 506, 552
Goldfeld, D, 270
Goldston, D, 43
Goldwasser, S., 387, 390, 416
Goldwasser–Kilian, 392
Goldwasser–Kilian 法 (Goldwasser–Kilian test), 387, 388, 390, 392
Golomb, S., 179, 419
Golomb–Marsaglia 乱数生成器 (Golomb–Marsaglia random-number generator), 419
Gong, G., ix, 421, 452
Gong–Berson–Stinson 乱数生成器 (Gong–Berson–Stinson random-number generator), 421, 452
Gordon, D., 91, 166, 324
Gourdon, X., 13, 14, 17, 43
Govaerts, R. (with Bosselaers et al.), 463, 466
Graff, M., 3
Graham, S., 50, 66, 124, 127
Grantham, J., 161, 166–169, 186
Grantham-Frobenius テスト (Grantham-Frobenius test), 161
Granville, A., ix, 42, 43, 55, 148, 182, 229, 434
Granville, A. (with Alford et al.), 148, 149, 156
Granville の等式 (Granville identity), 92
Gray コード (Gray code), 296, 327
Green, B., ix, 15
Griffiths, D., ix
Gross, B., 270
Guy, R., 8, 86, 252, 433

H

H 仮説 (hypothesis H), 19, 20
Hadamard, J., 11
Hafner, J., 274
Hagis, P., 28
Haglund, J., 182
Hajratwala, N., 26
Halberstam, H., 17, 18, 20, 21
Halton sequence, 426, 427, 430, 431, 447
Hammersley point set, 427
Hardy, G. (ハーディ), 40, 51, 52, 54, 98, 134, 249, 506, 542, 553
Hardy 関数 (Hardy function), 74

Hardy–Krause の有界変動 (Hardy–Krause bounded variation), 424
Hardy–Littlewood の凸性予想 (Hardy–Littlewood convexity conjecture), 23
Harley, R., ix, 375
Harman, G., 42
Hartley 変換 (Hartley transform), 492
Hasibar, E., ix
Hasse, H. (ハッセ), 350, 351, 367
Hasse の定理 (Hasse theorem), 350, 351, 354, 356, 367, 386, 397
Håstad, J., 447
Hayes, D., ix
Heath-Brown, D., 51, 157
Heaviside 関数 (Heaviside function), 175, 429
Hellman, M. (ヘルマン), 406
Hensel, K. (ヘンゼル), 118
Hensel リフト (Hensel lifting), 311, 323
Hensley, D., 23, 91
Hensley と Richards の結果, 91
Hermite 作用素 (Hermitian operator), 442
Hermite 多項式 (Hermite polynomials), 443
Herranen, K., 34
Hessenberg 行列 (Hessenberg matrix), 443
Hey, T., 436
Higham, N., 450, 513
Hilbert, D. (ヒルベルト), 377
Hilbert 空間 (Hilbert space), 437
Hilbert の第 10 問題 (Hilbert's tenth problem), 24, 434, 435
Hilbert 類体 (Hilbert class field), 377
Hilbert 類多項式 (Hilbert class polynomial), 377, 379–382, 384
Hilbert–Pólya 予想 (Hilbert–Pólya conjecture), 442
Hildebrand, A., 128
Hill, D., ix
Hofmann, U., ix
Holdridge, D., 294
Honaker, G., 88

Hooley, C., 86, 126, 227, 245
Hopcroft, J. (with Aho et al.), 480, 524, 529
Horner 法 (Horner's rule), 533
Howgrave-Graham, N., ix
Howgrave-Graham, N. (with Coppersmith et al.), 208
Huang, J., ix
Huang, M., 220, 390
Hudson, R., 67
Hung C., 466
Hurwitz, A. (フルヴィッツ), 33
Hutchinson, D., 444

I

Impagliazzo, R. (with Håstad et al.), 447
Indlekofer, K.-H., 16
Ivić, A., 41, 78
Iwaniec, H., 20, 50
Izu, T. (伊豆哲也), 375

J

Jacobi, C. (ヤコビ), 128
Jacobi 記号 (Jacobi symbol), 45, 109, 159, 183, 200, 340, 386, 401
Jacobi 和 (Jacobi sums), 213, 236
Jacobi 和テスト (Jacobi sums test), 213, 219, 220
Jacobson Jr., M. (with Buchmann et al.), 258
Jaeschke, G., 186, 244
Járai, A., 16
Jarvis, N., 91
Jobling, P. (with Frind et al.), 88
Jobs, S., ix
Joe, S., 432
Johnson, D., 413, 538
Jones, A., ix
Jones, E., 502
Jones, J., 435
Jozsa, R., 436

Jullien, G. (with Dimitrov et al.), 545
Jurišić, A., 413

K

k 個組素数予想 (prime k-tuples conjecture), 19, 23, 28, 71, 91
Kaczorowski, J., 67
Kaliski Jr., B., ix, 394, 395, 414
Kaliski Jr., B. (with Koç et al.), 463, 466
Karatsuba, A. (カラツバ), 467, 487
Karatsuba 法 (Karatsuba method), 487, 488, 490, 518, 520, 521, 539, 540
Kayal, N., 220, 233, 238
Kayal, N. (with Agrawal et al.), 220, 227
Keller, J. (with Thomas et al.), 479
Keller, W., ix, 34, 71, 537
Kerchner III, C., 71
Kida, M. (木田雅成), ix
Kilian, J., 387, 390
Kim, K., ix
Kiss, P. (with Erdős et al.), 166
Kleinjung, T., 5
Kleinjung, T. (with Franke et al.), 393
Klivington, J., ix, 502
Knuth, D. (クヌース), 96, 179, 460, 466, 477, 478, 480, 491, 521
Knuth のアルゴリズム D (Algorithm D (of Knuth)), 460, 466
Koblik, K., ix
Koblik, S., ix
Koblitz, N., 337, 410, 413, 414, 446
Koç C., 463, 466
Kocis, L., 431
Kogure, J. (with Izu et al.) (小暮淳), 375
Kohel, D., ix
Kolesnik, G., 50, 66, 124
Konyagin, S., 55, 193
Korobov, N., 79
Korselt, A., 148
Korselt の判定法 (Korselt criterion), 180
Kramer, D., ix, 502
Kraus, A., 434

Kronecker 記号 (Kronecker symbol), 270
Kronecker 類数 (Kronecker class number), 351
Kruppa, A., ix, 34
Kuipers, L., 65, 66, 452
Kummer, E. (クンマー), 231, 507
Kurlberg, P., 420
Kurowski, S., ix, 26

L

L 関数 (Dirichlet L-functions), 45–47
Lagarias, J., 169, 172, 174, 176, 177, 420, 421, 447, 454
Lagarias–Odlyzko 等式 (Lagarias–Odlyzko identity), 176
Lagrange の降下法 (Lagrange descent), 542
Lagrange の定理 (Lagrange theorem), 210, 449, 542
Lamé の定理 (Lamé theorem), 96, 121
Lanczos 法 (Lanczos method), 291
Landau, E., 90
Landau, S., ix
Landau–Ramanujan 定数 (Landau–Ramanujan constant), 90
Landrock, P. (with Damgård et al.), 153, 181
Langevin, M., 433
Languasco, A., 80
Larsen, G. (with Thomas et al.), 479
Lavenier, D., 552
Lee, P., 410
Legendre, A. (ルジャンドル), 12, 13, 58, 128, 261, 422
Legendre 記号 (Legendre symbol), 108–112, 127, 128, 158, 159, 169, 191, 200, 270, 287, 309, 310, 350, 351, 400, 421, 448
Legendre 多項式 (Legendre polynomial), 400
Legendre の関係式 (Legendre relation), 58
Lehman, R., 248, 249
Lehman 法 (Lehman method), 248, 249

索　引　603

Lehmer, D., 166, 169, 172, 180, 181, 183, 191, 192, 204, 477, 480
Lehmer, D. (with Brillhart et al.), 317
Lehmer, E., 180, 181
Lehmer 法 (gcd 計算の) (Lehmer method (for gcd)), 477
Lenstra Jr,. H., 205
Lenstra Jr., H., ix, 35, 64, 85, 120, 182, 183, 205, 208–210, 213, 228, 230–233, 260, 274, 299, 320, 339, 350–353, 356
Lenstra Jr., H. (with Buhler et al.), 309–311, 316, 507, 508, 548
Lenstra Jr., H. (with Lenstra et al.), 33, 300, 312, 317
Lenstra, A., ix, 3, 33, 208, 293, 294, 299, 300, 311, 312, 317, 320, 321
Lenstra の楕円曲線法 (Lenstra ECM), 3, 33, 141, 246, 260, 279, 282, 284, 319–323, 339, 341, 352–364, 395, 401, 403–405, 455, 474, 480
Lenstra 法 (因子分解の) (Lenstra's method of deterministic factoring), 274
Leveque の定理 (Leveque theorem), 452
Levich, M., ix
Levin, L. (with Håstad et al.), 447
Levy 飛行 (Levy flight), 444
Leyland, P., 3, 5, 392
lg, 30
li(x), 12
li$_0$(x), 66
Li, S., 146, 186
Li, X., 454
Lichtblau, D., ix, 329
Lieman, D., ix
Lifchitz, H., 16
Lim, C., 410
Lindelöf 仮説 (Lindelöf hypothesis), 50, 51
Lindemann, I., ix
Lindqvist, L., 90
Littlewood, J., 51, 67, 87
Liu, Q., 502
Loebenberger, D., ix
Long, D., 408

Lovasz, L., 208
Lovasz, L. (with Lenstra et al.), 300, 312
Lovorn Bender, R., 324
Luby, M. (with Håstad et al.), 447
Lucas, E., 31, 190–192, 196
Lucas 木 (Lucas tree), 197–199
Lucas 擬素数 (Lucas pseudoprimes), 158, 161, 162, 164–167, 183, 184
Lucas 数 (Lucas numbers), 115, 125, 214
Lucas チェーン (Lucas chain), 163, 347, 362
Lucas テスト (Lucas test), 161, 162, 165, 167
Lucas の定理 (Lucas theorem), 190–192, 196
Lucas–Lehmer テスト (Lucas–Lehmer test), 4, 25, 27, 85, 199, 201, 202, 469, 511, 538, 543
Lucas–Lehmer (素数判定) 法 (Lucas–Lehmer test), 4, 25, 27, 85, 199, 201, 202, 469, 511, 538, 543
Lyapunov 指数 (Lyapunov exponents), 452
Lygeros, N. (with Dubner et al.), 88
Lyne, A., 498

M

Madisetti, V., 514
Maier, H., 43
Mairson, 139
Manasse, M., 293, 294
Manasse, M. (with Lenstra et al.), 33, 317
Mann, X., 447
Marcus, D., 304
Marsaglia, G., 419, 452
Marsaglia の定理 (Marsaglia theorem), 420
Martin, M., ix
Masser, D., 434
Mathematica, vii, 329, 556, 558
Matijasevič, Y., 434, 435
Mauldin, R., 434
Mayer, E., ix, 5, 26, 34, 240, 500, 502, 554
Mayer, E. (with Crandall et al.), 34, 240,

241, 470, 500, 505, 511, 543, 546, 554
Mayer FFT, 500
McClellan, J., 540
McCurley, K., 274
McGuckin, F., ix
McIntosh, R., 33, 36, 405
McIntosh と Tardif が発見した約数
 (McIntosh–Tardif factor), 279, 405
McIntosh–Wagstaff 概素数
 (McIntosh–Wagstaff probable prime), 403
McKee, J., 265, 278
McKee テスト (McKee test), 266
Meissel, E., 169, 172
Mellin 変換 (Mellin transform), 176–178, 185
Menezes, A., 99, 103, 115, 117, 124, 409–411, 413, 421, 458, 463, 475, 538
Merel, L., 434
Mersenne, M. (メルセンヌ), 28, 29
Mersenne 数 (Mersenne numbers), 4, 24, 25, 28, 29, 31, 32, 58, 71, 85, 89, 122, 199, 201, 279, 325, 326, 468, 469, 511–513, 538
Mersenne 素数 (Mersenne primes), 4, 24–28, 34, 35, 59, 71, 72, 85, 86, 89, 126, 201, 202, 381, 392, 418, 452, 468–470, 479, 511, 515, 516, 539, 543–545, 547, 554
Mersenne 畳み込み (Mersenne convolution), 554
Mertens 関数 (Mertens function), 41, 42
Mertens 定数 (Mertens constant), 40, 89, 90
Mertens の定理 (Mertens theorem), 30, 40, 140, 179
Mertens 予想 (Mertens conjecture), 44
Mestre, J., 367
Mestre の定理 (Mestre theorems), 397
Metsänkylä, T., 433
Micali, S., 416
Micali の筋書き (Micali scenario), 416
Mignotte, M., ix, 433

Mihăilescu, P., ix, 235, 236, 433
Miller の素数判定法 (Miller primality test), 157
Miller, G., 151, 156, 220
Miller, K., 418
Miller, V., x, 169, 410, 421
Miller, V. (with Lagarias et al.), 169, 172, 174
Miller, W.(with Dimitrov et al.), 545
Miller の楕円曲線を使った乱数生成
 (Miller's method for random-number generation using elliptic curves), 421
Miller–Rabin のランダム合成数テスト
 (Miller–Rabin Random compositeness test), 151
Mills, W., 24, 84
Mills 定数 (Mills constant), 83
Mister, S. (with De Win et al.), 400, 467, 471, 551
Mitchell, D., x
Mitchell, V., x
Mitra, T., x
Miyaji, A. (with Cohen et al.) (宮地充子), 350, 473
Mizony, M. (with Dubner et al.), 88
Möbius (メビウス) 関数 (Möbius function μ), 41, 42, 44, 106, 172, 441
Moenck, R., 529
Monico, C., 413
Monier, L., 151, 168, 182
Monier–Rabin の定理 (Monier–Rabin theorem), 168
Montgomery, H. (モンゴメリー), 49, 442
Montgomery, H. (with Niven et al.), 302
Montgomery, P., x, 163, 260, 277, 279, 292, 294, 311, 318, 334, 337, 346, 349, 357–363, 393, 399, 402, 403, 415, 446, 460–463, 466, 467, 471, 515, 535–537
Montgomery 曲線 (Montgomery curve), 393
Montgomery 座標 (Montgomery coordinates), 340, 388
Montgomery の FFT 拡張 (Montgomery's

索　引

FFT extension), 357, 360
Montgomery のパラメータづけ
(Montgomery parameterization), 346,
389, 446
Montgomery 冪乗算 (Montgomery
powering), 461, 462
Montgomery 法 (除算・剰余算に関する)
(Montgomery method (for div/mod)),
460
Moore, W., x
Morain, F., 5, 87, 374–379, 386, 390, 392,
393, 395, 401
Morain, F. (with Couveignes et al.), 374
Morain, F. (with Franke et al.), 393
Moran, A. (with Pritchard et al.), 88
Morrison, M., 33, 284, 325
Morrison の定理 (Morrison theorem), 200
MOV しきい値 (MOV threshold), 411
Müller, V., x, 412
Murphy, B., 316

N

Nagaraj, S., 157
Nagaraj, S. (with Coppersmith et al.), 208
Namba, M. (難波誠), 394
Narkiewicz, W., 271
Nathanson, M., 54, 70, 553
Nebe, G., x
Nelson, H., 25
Neubauer, G., 44
Newman, M., 8
Newton 逆演算 (Newton reciprocation),
537
Newton 法 (Newton method), 222, 242,
461, 463, 465, 467, 526, 527, 536, 537
Newton 法で平方根を求めること (Newton
square-rooting), 119, 193, 195, 208,
222, 242, 536, 538
Nguyen, N., 502
Nguyen, P., 311
Nicely, T., 17, 18
Niederreiter, H., 65, 66, 424, 425, 427,
431, 452
Niven, I., 302
Noro, M. (with Izu et al.) (野呂正行), 375
Norrie, C. (with Crandall et al.), 33, 470,
511, 543
Novarese, P., 26
Nowak, M., 26
Nowakowski, R., 8
Nussbaumer, H., 518, 520–522, 548
Nussbaumer 畳み込み (Nussbaumer
convolution), 508, 509, 518, 520, 522,
543, 548
Nyman, B., 43

O

O 記法 (big-O notation), 9
Odlyzko, A., x, 43, 44, 67, 76, 77, 86, 169,
174, 176, 177, 257, 279, 291, 292, 442
Odlyzko, A. (with Brillhart et al.), 300,
328
Odlyzko, A. (with Lagarias et al.), 169,
172, 174
Okamoto, E. (岡本栄司), 401
Okamoto, T. (with Menezes et al.) (岡本
龍明), 411
Okeya, K. (桶屋勝幸), 447
Oki, H., x, 538
Olivier, M., 59
Ono, T. (with Cohen et al.) (小野貴敏),
350, 473
Orem, F., x
Owen, A., 432

P

$p+1$ 法 ($(p+1)$ method), 281
Padma, R., 386
Papadopoulos, J., x, 34, 238, 240, 495
Papadopoulos, J. (with Crandall et al.),
34, 240, 241, 470, 500, 505, 511, 543,
546, 554
Papadopoulos, P., 500

Papageorgiu, A., 431
Parberry, E., 166
Park, S., 418
Parnami, J. (with Rishi et al.), 386
Paskov, S., 431
Patel, S., 420
Patson, N., x
Paun, G., 440
Peetre, J., 90
Pei, D. (with Ding et al.), 98
Penk, M., 478
Pepin, T., 191
Pepin テスト (Pepin test), 32–34, 190–192, 199, 239–241, 399, 470
Pepin の判定法 (Pepin test), 191, 239, 543
Peralta, R., 297, 401
Percival, C., 240, 502, 513, 544
Perez, A., x
Perron の公式 (Perron formula), 175
Peterson, I., 6
Piatetski-Shapiro の定理 (Piatetski-Shapiro theorem), 66
Pila, J. (with Lenstra et al.), 321
Pinch, R., 149
Pintz, J., 42, 43
Pocklington の定理 (Pocklington theorem), 192, 234, 386
Pollard $(p-1)$ 法 (Pollard $(p-1)$ method), 258–260, 355, 356, 360
Pollard, J., x, 33, 141, 250, 251, 253–255, 257, 258, 260, 274, 279, 282, 299, 445
Pollard, J. (with Lenstra et al.), 33, 317
Pollard の数列 (Pollard sequence), 280, 281
Pollard の並列ロー法 (Pollard parallel rho (ρ) method), 257
Pollard のロー法 (Pollard rho (ρ) method), 33, 250–254, 274, 279–281, 294, 322, 455
Pollard–Strassen 法 (Pollard–Strassen method), 261, 282, 283, 320, 455
Pólya–Vinogradov inequality, 128
Pomerance, C. (ポメランス), 8, 29, 36, 55, 145, 148, 149, 166, 182, 185, 199, 213, 219, 228, 230, 232, 233, 284, 291, 294, 297, 305, 320, 323, 404, 420
Pomerance, C. (with Adleman et al.), 212, 213, 220
Pomerance, C. (with Alford et al.), 148, 149, 156
Pomerance, C. (with Buhler et al.), 309–311, 316, 507, 508, 548
Pomerance, C. (with Canfield et al.), 55
Pomerance, C. (with Crandall et al.), 36, 37, 92, 219, 401, 549
Pomerance, C. (with Damgård et al.), 153, 181
Pomerance, C. (with Friedlander et al.), 420
Pomerance, C. (with Lenstra et al.), 321
Poonen, B., 434
Powell, A., x
Powell, J., x
Powell, L., x
Prachar, K., 69
Pratt, V., 196, 198
Preneel, B. (with De Win et al.), 400, 467, 471, 551
Preskill, J., 436
Press, W., 418, 421, 422
Pritchard, P., 88, 139
Proth, F., 191, 241
Proth 型の数 (Proth form), 27, 241, 470, 471
Purdom, P., 274
Pustyl'nikov, L., 454
Putnam, H., 434

Q

Quisquater, J.-J., 256

R

Rabin, M. (ラビン), 151, 152, 168, 220
Rader, C., 540, 548
Rajwade, A. (with Rishi et al.), 386

Ramanujan, V. (ラマヌジャン), 90, 183
Ramanujan 和 (Ramanujan sum), 52, 64, 80, 506, 541
Ramaré, O., 22, 48
Rankin, R., 43
Renze, J., x, 208
Ribenboim, P., x, 5, 21, 28, 44, 60, 84, 199, 433–435
Richards, I., 91
Richert, H., 17, 18, 20, 21
Richstein, J., 21, 552
Riemann, B. (リーマン), 38, 41, 42, 188
Riemann ゼータ関数 (Riemann zeta function), 10, 38–41, 44, 49, 50, 73, 74, 77, 90, 172, 174, 185, 187, 188, 437, 442–444, 500
Riemann 予想 (Riemann hypothesis (RH)), viii, 13, 41–43, 47, 48, 51, 67, 68, 73–75, 77, 78, 443, 444, 453–455
Riemann 予想の素数定理による形 (Prime number theorem form of the Riemann hypothesis), 74
Riemann–Siegel の公式 (Riemann–Siegel formula), 74–76, 176
Riesel, H., 189
Ringrose, C., 127
Rishi, D., 386
Rivat, J., 13, 77, 169, 174
Rivest, R. (リベスト), 256, 408
Robinson, J., 434
Robinson, R., 25, 183
Rodemich, G., 91
Rokhlin, V., 500, 502, 546
Rose, H., 263, 268
Rosser, J., 45, 179, 226, 239
Rotkiewicz, A., 166
Rozenberg, G. (with Paun et al.), 440
RSA 暗号 (RSA cryptosystem), 3, 408
RSA 暗号化 (RSA encryption), 409, 413
RSA 署名 (RSA signature), 409, 410, 445
RSA チャレンジ (RSA challenge), 3, 293, 316
Rumely, R., 22, 48, 213, 219

Rumely, R. (with Adleman et al.), 212, 213, 220
Ruzsa, I., 92

S

Sager, J. (with Escott et al.), 256
Saias, E. (with Balazard et al.), 454
Sakurai, K. (櫻井幸一), 447
Salomaa, A. (with Ding et al.), 98
Salomaa, A. (with Paun et al.), 440
Salzberg, B., x
Sande, G., 498
Saouter, Y., 22, 70, 552
Saouter, Y. (with Deshouillers et al.), 21
Sárközy, A. (with Erdős et al.), 166
Sato, D. (佐藤大八郎), 435
Satoh, T. (佐藤孝和), 375, 412
Saxena, N., 220, 233, 238
Saxena, N. (with Agrawal et al.), 220, 227
Schaefer, E., 434
Schinzel, A., x, 19
Schirokauer, O., 324, 406
Schmid, L., 90
Schmidt, W., 425
Schneier, B., 407, 409, 416, 447
Schoenfeld, L., 45, 67, 179, 226, 239
Schönhage, A., 43, 77, 176, 480, 504, 517, 518, 522, 547
Schönhage–Strassen のアルゴリズム (Schönhage–Strassen algorithm), 522
Schoof, R., 114, 120, 219, 269, 273, 278, 367, 369, 370, 373–375, 397, 401, 402, 451
Schoof のアルゴリズム (Schoof algorithm), 369, 371, 375, 390, 397, 398, 404, 451, 548
Schrödinger 方程式 (Schrödinger equation), 437
Schroeder, M., 416, 441
Schulmeiss, T., x
Schur, I. (シューア), 270
Scientific American, 3

Scott, M., 375, 402
Scott, S., 34
SEA 法 (Schoof–Elkies–Atkin (SEA) variant), 374, 375, 397, 402
Seamons, J., x
Sebah, P., 14, 17, 43
Selberg の篩 (Selberg sieve), 70
Selfridge, J., 28, 33, 89, 93, 150, 185, 192, 204
Selfridge, J. (with Bateman et al.), 29
Selfridge, J. (with Brillhart et al.), 317
Selfridge 予想 (Selfridge conjecture), 92, 93
Selfridge–Hurwitz 剰余 (Selfridge–Hurwitz residues), 33
Selkirk, A. (with Escott et al.), 256
Semaev, I., 412
Seroussi, G., 335, 375, 394
SHA-1 ハッシュ関数 (SHA-1 hash function), 409, 410, 413
Shafer, M., 26
Shallit, J., x, 47, 48, 73, 78, 90, 250, 392
Shamir, A. (シャミア), 408, 440
Shamir, A. (with Rivest et al.), 408
Shanks, D., 8, 90, 258, 269, 271, 273, 365, 366, 377
Shanks–Mestre の方法 (Shanks–Mestre method), 364, 368, 369, 373, 374, 397, 401, 402
Shlesinger, M., 444
Shnirel'man, G., 22, 70, 71
Shnirel'man 定数 (Shnirel'man constant), 22
Shokrollahi, M., x, 507, 508, 548
Shokrollahi, M. (with Bürgisser et al.), 480
Shokrollahi の関係式 (Shokrollahi relation), 507, 508
Shokrollahi 離散フーリエ変換 (Shokrollahi DFT), 548
Shor, P., 437–440, 455
Shor の量子素因子分解アルゴリズム (Shor algorithm (for quantum factoring)), 438, 439, 449

Shoup, V., 126, 548
Shoup 法 (Shoup (polynomial) method), 402, 548
Shparlinski, I. (with Friedlander et al.), 420
Shub, M. (with Blum et al.), 420
Siegel, C. (ジーゲル), 227, 270, 364
Siegel–Walfisz の定理 (Siegel–Walfisz theorem), 49
Sierpiński, W., 19, 86
Sierpiński ガスケット (Sierpiński gasket), 444, 451
Sierpiński 数 (Sierpiński numbers), 86
Sierpiński の定理 (Sierpiński theorem), 86
Silva, T., 21
Silver, R., 477
Silverman, J., 339, 376, 394, 448
Silverman, R., 360
Skewes 数 (Skewes number), 66, 67
Skinner, C., 434
Sloan, I., 432
Slowinski, D., 25, 26
Smarandache–Wellin 数 (Smarandache–Wellin numbers), 87
Smart, N., 411, 435
Smith, J., 291
Smith, J. (with Pomerance et al.), 297
Sobol, I., 431
Solinas, J., x, 395, 411, 538
Solovay, R., 183
Solovay–Strassen 素数判定法 (Solovay–Strassen test), 183
Somer, L., x
Sophie Germain 素数 (Sophie Germain primes), 71, 79, 227
Sorenson, J., 400, 478, 497, 544
Sorenson FFT, 544
Sorenson 法 (gcd 計算のための) (Sorenson method (for gcd)), 400, 478
Spence, G., 26, 85
Srassen, V., 183
Srinivasan, A., 273, 274
Srinivasan の確率的な方法 (Srinivasan

probabilistic method), 273
SSSA 攻撃 (SSSA attack), 411
Stark, H., 386
Stehlé, D., viii, x, 480, 484, 487
Stein, J., 477
Stinson, D. (with Gong et al.), 421, 452
Stirling の公式 (Stirling formula), 61
Stockham FFT, 495, 496
Stoll, M., 434
Strassen, V. (ストラッセン), 183, 260, 282, 504, 517
Strassen の再帰アルゴリズム (Strassen recursion), 282
Sun, Z.-H., 37
Sun, Z.-W., 37
Sun-Zi (孫子), 98
Sundaram, G., 420
Sundquist, R., 27
Sutton, B., 502
Suyama, H. (陶山弘実), 241, 358
Suyama の定理 (Suyama theorem), 32, 241
Swarztrauber, P., 498
Symes, D., x, 333
Szemerédi, E., 15

T

Tang, M., 186
Tanner, J., 549
Tao, T., ix, 15
Tardif, C., 33, 405
Tasche, M., 515
Tatuzawa, T. (竜沢周雄), 270
Taylor, R., 434
te Riele, H., 44
te Riele, H. (with Brent et al.), 28
te Riele, H. (with Deshouillers et al.), 21
te Riele, H. (with van de Lune et al.), 43, 76
Technology Review, 440
Teitelbaum, J., 292
Terr, D., x, 258
Terzian, J., 477

Teske, E., x, 255, 257, 258
Teske, E. (with Buchmann et al.), 258
Teukolsky, S. (with Press et al.), 418, 421, 422
Tevanian, A., x
Tezuka, S. (手塚集), 424, 432
Thomas, J., 479
Thompson, R., x
Thyssen, A. (with Pritchard et al.), 88
Tijdeman, R., 433, 434, 448
Titchmarsh, E., 49, 78, 188, 453
Tonelli, A., 112
Toom–Cook 乗算 (Toom–Cook method), 487–490, 521, 540, 551
Toplic, M., 88
Trabb Pardo, L., 179
Traub, J., 431, 432
Trevisan, V., 33
Trott, M., x
Tsapakidis, D. (with Escott et al.), 256
Tucker, T., 434
Tuckerman, B. (with Brillhart et al.), 317
Tukey, J., 493
Tuler, R. (with Pomerance et al.), 297
Turán, P., 15

U

Ullman, J. (with Aho et al.), 480, 524, 529
Underwood, P. (with Frind et al.), 88

V

Vallée, B., 320
Valor, G., 26
van de Lune, J., 43, 76
van der Corput, J., 50, 425, 426
van der Corput 列 (van der Corput sequence), 426
van der Hulst, M., 220
van der Pol, B., 443
van Halewyn, C., 364
van Halewyn, C. (with Brent et al.), 33,

337, 357–359, 364, 404, 470, 511, 543
Van Loan, C., 495, 497, 500, 546
van Oorschot, P., 256, 257
van Oorschot, P. (with Menezes et al.),
    99, 103, 115, 117, 124, 409, 410, 421,
    458, 463, 475, 538
van Zyl, B., 444
Vandewalle, J. (with Bosselaers et al.),
    463, 466
Vandiver 予想 (Vandiver conjecture), 507
Vanstone, S. (with Menezes et al.), 99,
    103, 115, 117, 124, 409–411, 421, 458,
    463, 475, 538
Vaughan, R., 49, 53, 54, 64, 79, 553
Veach, E., 432, 453
Vehka, T., 91
Venkatesan, R., 446
Vettering, W. (with Press et al.), 418, 421,
    422
Vinogradov, I., 21, 22, 51, 54, 72, 553
Vinogradov の一様分布定理 (Vinogradov
    equidistribution theorem), 65, 66
Vinogradov の 3 項 Goldbach 予想に関する
    定理 (Vinogradov's ternary-Goldbach
    theorem), 22, 80
Vinogradov の評価 (Vinogradov
    estimates), 80
Vladimirov, V., 444
Volovich, I. (with Vladimirov et al.), 444
von Koch, H., 42
von Mangoldt, H., 42, 188
von Neumann, J., 416
von zur Gathen, J., 107

W

Wada, H. (和田秀男), 435
Wagon, S., x, 91, 120, 408, 415, 447
Wagstaff Jr., S., x, 5, 8, 28, 166, 182, 185,
    360, 549
Wagstaff Jr., S. (with Bateman et al.), 29
Wagstaff Jr., S. (with Brillhart et al.), 317
Wall–Sun–Sun 素数 (Wall–Sun–Sun
    primes), 5, 36, 37
Walsh–Hadamard 変換 (Walsh–Hadamard
    transform), 492, 540
Wang, Y., 21
Wantzel, P., 230
Ware, A., 502
Waring の問題 (Waring problem), 553
Washington, L., 85
Wassing, H., 16
Watkins, M., x, 270, 379
Watt, N., 50
Weber, D. (with Schirokauer et al.), 324,
    406
Weber, K., 478
Weber 多項式 (Weber polynomial), 379
Wedeniwski, S., 44
Weierstrass 関数 (Weierstrass function),
    394
Weierstrass 方程式 (Weierstrass form),
    336, 337, 345, 393
Weiss, E., 308
Weisstein, E., 84, 88, 435
Wellin, P., x, 88
Welsh, Jr., L., 25
Western, A., 317
Weyl, H. (ワイル), 50
Weyl の定理 (Weyl theorem), 49, 66
Wheeler, N., x
Whiten, W., 431
Wiedemann, D., 291
Wieferich, A., 35
Wieferich 素数 (Wieferich primes), 5,
    35–37, 72, 433, 448
Wiener, M., x, 256, 257, 445
Wiener, M. (with De Win et al.), 400,
    467, 471, 551
Wiens, D., 435
Wieting, T., x
Wiles, A., 432, 434, 507, 548
Williams, C., 436, 439
Williams, D., 514
Williams, H., 191, 241, 250, 404, 408
Williams, J., x, 274

Willmore, D., 26
Wilson 商 (Wilson quotient), 36, 37, 72
Wilson 素数 (Wilson primes), 5, 36, 37,
  72, 73, 91, 92, 530, 549
Wilson の定理 (Wilson theorem), 24, 37
Wilson–Lagrange の定理
  (Wilson–Lagrange theorem), 36, 72,
  73, 260
Winkler, P., x
Winograd, S., 540
Winograd の上界 (Winograd complexity),
  540, 554
Winter, D. (with van de Lune et al.), 43,
  76
Winterhof, A., 554
Wirth, T., 5
Wirth, T. (with Franke et al.), 393
Wolf, M., 444, 445, 453
Wolfram, S., x
Woltman, G., x, 4, 26, 27, 361–363, 467,
  484, 511, 544
Wozniakowski, H., 425, 432
Wright, E., 40, 52, 98, 134, 249, 506, 542
Wu, P., 418, 419
Wu 乱数生成器 (Wu random-number
  generator), 418
Wylde, A., x

Y

Yacobi, Y., 471, 551
Yagle, A., 282, 514, 554
Yan, A., 441
Yan, B., 441
Yan, J., 441
Yerkes, A., x
Yildirim, C., 43
Yokoyama, K. (with Izu et al.) (横山和弘),
  375
Yor, M. (with Balazard et al.), 454
Yoshimura, J. (吉村仁), 441
Young J. (with Crandall et al.), 33, 470,
  511, 543

Young, J., 27, 33, 34
Yu, G., 50

Z

Zaccagnini, A., x
Zagier, D., 270, 434
Zelenov, E. (with Vladimirov et al.), 444
Zhang, M., 297, 327
Zhang, Z., x, 168, 186
Zhang の特殊 2 次篩法, 297
Ziegler, J., 467
Zimmermann, P., viii, x, 3, 5, 13, 360–363,
  395, 480, 484, 487
Zimmermann, P. (with Dubner et al.), 88
Zinoviev, D., 22
Zuckerman, H. (with Niven et al.), 302

あ 行

新しい Mersenne 予想 (new Mersenne
  conjecture), 28, 29, 89
アフィン空間での解 (affine solutions), 336
アフィン座標 (affine coordinates), 340, 346
アーベル群 (abelian group), 339, 394–396
アボガドロ定数 (Avogadro number), 67
暗号プロトコル (cryptographic protocols),
  415
暗号理論 (cryptography), 4, 105, 124, 335,
  339, 340, 351, 365, 376, 381, 393, 406,
  412, 422, 474, 476, 551
アンモニア分子 (ammonia molecule), 437

一意分解整域 (unique factorization domain
  (UFD)), 311
一様分布 (equidistribution), 49, 65, 66, 79,
  424, 429
一般 Riemann 予想 (generalized Riemann
  hypothesis (GRH)), 29, 47, 126, 128,
  227, 245
インテル (Intel), 18

ウォール街 (Wall Street), 427, 430

索　引

演算計算量 (operation complexity), 10, 95, 103, 114, 277, 280, 397, 523
円周群 (circle group), 282
円周法 (circle method), 51

黄金分割 (golden mean), 544
黄金分割変換 (golden-section transform), 545
大きな素数のバリエーション (large-prime variations of sieving), 292, 294
オーストラリア国立大学 (Australian National University), 8

か　行

解析的整数論 (analytic number theory), 8, 22, 37, 44, 45, 49, 51, 76, 212, 390, 452
概素数 (probable prime), 84, 146, 149, 150, 152, 153, 157, 165, 166, 217, 244, 387, 389, 391, 403
可換環 (commutative ring), 101
拡張 Riemann 予想 (extended Riemann hypothesis (ERH)), 22, 47–49 , 52, 114, 152, 156, 157, 220, 227, 230, 236, 270, 273, 274, 320
確定的アルゴリズム (deterministic algorithm), 213, 216, 220, 221, 260, 278, 375
荷重畳み込み (weighted convolution), 508, 512
仮説に基づいた議論 (heuristic), 12
加法的整数論 (additive number theory), 20, 21, 51, 553
カンガルー法 (kangaroo method), 255
簡潔な証明書 (succinct certificate), 196
完全数 (perfect number), 27, 28, 63, 64

危機管理理論 (risk management), 430
擬素数 (pseudoprime), 72, 145–147, 149–151, 158, 159, 166, 167, 180, 181, 183, 185, 187, 537
擬素数判定法 (pseudoprime testing), 162, 190

擬楕円曲線 (pseudocurves), 339, 341, 353, 354, 386, 387
基底状態 (ground states), 437
既約多項式 (irreducible polynomial), 104–107, 122, 211, 300
強概素数 (strong probable prime), 150
強擬素数 (strong pseudoprime), 151, 153, 155, 156, 183
行列 (matrix), 168, 322
行列演算での FFT (FFT in matrix operations), 498
行列作用素 (matrix operators), 438
行列式 (determinant), 262
行列の基本変形 (matrix reduction), 286
行列を使った畳み込み (convolution using matrices), 554
行列を使った乱数発生法 (matrix and random numbers), 419
虚数乗法をもつ楕円曲線 (complex multiplication (CM) curves), 376, 380, 384, 399
虚二次体 (imaginary quadratic fields), 377
きらめき装置 (twinkle device), 440

群の自己同型 (group automorphism), 369

計算経済学 (computational finance), 430
計算時間 (running time), 10
計算整数論 (computational number theory), 24, 47, 86, 261, 335, 487, 545
計算量 (complexity (computational)), 9, 10, 122, 389, 395, 524, 530
原始根 (primitive root), 45, 105, 227, 231, 235, 245
原始多項式 (primitive polynomial), 421
厳密な (rigorous), 284
厳密な素因子分解法 (rigorous factoring), 320

コイン投げ (coin flip), 42, 127, 128, 351
コイン投げのプロトコル (coin-flip protocol), 415, 416, 447
公開鍵暗号 (public-key cryptography), 127

工業水準素数 (industrial-grade prime), 152, 153
構造的 Gauss 法 (structured Gauss methods), 291
高速行列法 (fast matrix methods), 282, 288, 290
高速楕円曲線素数判定法 (fast elliptic curve primality proving (fastECPP)), 392
高速フーリエ逆変換 (inverse fast Fourier transform), 496, 499, 517, 554
高速フーリエ変換 (fast Fourier transform (FFT)), 10, 82, 127, 142, 176, 361, 363, 436–440, 443, 449, 450, 455, 473, 487, 492–500, 504–509, 511, 513, 515–520, 522, 523, 544, 547, 552, 554
誤差関数 (error function), 271
互除法 (Euclid algorithm for gcd), 95, 96, 121, 209, 477, 478
暦の差異 (epact), 252
混沌とした振舞い (chaotic behavior), 177

さ 行

再帰的 gcd における行列 (matrices in recursive gcd), 483
最小公倍数 (least common multiple (lcm)), 121
最大公約数 (greatest common divisor (gcd)), 94
　拡張 2 進 gcd アルゴリズム (extended binary gcd), 478
　逆元計算のための拡張 gcd (extended gcd for inverse), 101, 118, 122, 529
　高速 2 進再帰的 gcd (fast-binary recursive gcd), 484
　再帰的 gcd (recursive gcd), 480, 482, 485, 537
　多項式の gcd (polynomial gcd), 100–102, 107, 528
　2 進 gcd アルゴリズム (binary gcd), 123, 477–480, 539
最適拡大体 (optimal extension field (OEF)), 470
座標反復法 (Wiedmann method (for coordinate recurrence)), 291
三角数 (triangular numbers), 451, 530
3 項 Goldbach 予想 (ternary Goldbach problem), 21, 22, 70, 79, 80
3 次元フーリエ変換 (3-dimensional Fourier transform), 436
算術幾何平均 (arithmetic–geometric mean (AGM)), 128, 375
算術級数の素数定理 (Dirichlet's theorem on arithmetic progressions), 14, 19, 20, 40, 46, 64, 309
時間デシメーション FFT (decimation-in-time FFT (DIT)), 494, 500, 515
四元数環 (quaternion (in hypercomplex multiplication)), 282
四捨五入 (rounding (round())), 378, 379, 505, 513
指数計算法 (index-calculus), 321, 323, 332
指数和 (exponential sums), 49–52, 66, 69, 78, 80, 81, 111, 124, 541, 552
実効的な (effective), 227, 229, 233, 270
指標 (character), 45
シフト楕円曲線による乱数生成 (random-number generation by shift registers on elliptic curves), 421
射影座標 (projective coordinates), 340
車輪 (wheel), 132, 133
周波数デシメーション FFT (decimation-in-frequency FFT (DIF)), 500, 515
主根 (principal root), 123, 129
主指標 (principal character), 45
巡回畳み込み (cyclic convolution), 497, 503, 504, 509, 511, 513, 518–520, 540, 543–545
準指数時間素因子分解法 (subexponential factoring algorithms), 284
純粋な合成数 (genuine composite), 33, 85, 240, 484

準モンテカルロ法 (quasi-Monte Carlo (qMC)), 422–427, 429–432, 447, 453
証拠 (witness), 151
乗法合同式法による乱数生成器 (multiplicative congruential random-number generator), 417
証明書 (certificate)
  簡潔な証明書 (succinct certificate), 196
  素数であることの証明書 (certificate of primality), 388–390 , 392
剰余木 (remainder tree), 143, 144, 550
除算と剰余算 (div and mod), 458
初等整数論の基本定理 (fundamental theorem (of arithmetic)), 2, 7, 8, 38, 58
初等整数論の基本問題 (fundamental problem of arithmetic), 2
迅速素数判定法 (rapid primality test), 404

数学ゲーム (Mathematical Games), 3
数体篩法 (number field sieve (NFS)), 3, 4, 33, 145, 257, 284, 290, 291, 299–301, 303, 305–307, 310, 312–320, 324, 325, 352, 356, 440, 455
数体篩法における 2 進行列 (binary matrix in NFS), 312
数論変換法 (number-theoretical transform methods), 513
スムーズな数 (smooth numbers), 54, 82, 133, 137–139, 141, 286–290, 292, 294, 295, 297–299, 301–306, 312, 314–325, 352, 354–356, 384, 396

整数環離散フーリエ変換 (integer-ring DFT), 491
正の配分 (positive portion), 15
積の木 (product tree), 142, 144
セルオートマトン (cellular automata (CA)), 420
セルオートマトン乱数生成器 (cellular-automata-based random-number generator), 420
(信号の) ゼロパディング (zero padding (of signals)), 504
線形合同式による乱数生成器 (linear congruential random-number generator), 417, 418, 421

素因子表 (factor tables), 136, 138
素因子分解 (法) (factoring), 297, 339
  Fermat 法 (Fermat method of factoring), 247, 250, 278, 285, 286
  Lehman 法 (Lehman method), 248, 249
  Lenstra の楕円曲線法 (Lenstra ECM), 3, 33, 141, 246, 260, 279, 282, 284, 319–323, 339, 341, 352–364, 395, 401, 403–405, 455, 474, 480
  Lenstra 法 (Lenstra's method of deterministic factoring), 274
  $p+1$ 法 (($p+1$) method), 281
  Pollard $(p-1)$ 法 (Pollard $(p-1)$ method), 258–260, 355, 356, 360
  Pollard の並列ロー法 (Pollard parallel rho (ρ) method), 257
  Pollard のロー法 (Pollard rho (ρ) method), 33, 141, 250–254, 279, 280, 294, 322, 455
  Pollard–Strassen 法 (Pollard–Strassen method), 261, 282, 283, 320, 455
  因数表 (factor tables), 136, 138
  大きな素数のバリエーション (large-prime variations of sieving), 292, 294
  厳密な素因子分解法 (rigorous factoring), 320
  準指数時間素因子分解法 (subexponential factoring algorithms), 284
  数体篩法 (number field sieve (NFS)), 3, 4, 33, 145, 284, 290, 291, 299–301, 303, 305–307, 310, 312–320, 324, 325, 352, 356, 440, 455
  超球面群分解法 (hyperspherical group factoring), 282

索　引　615

特殊数体篩法 (special number field
　　sieve (SNFS)), 3, 307, 317
2 次形式を利用した分解法 (factoring
　　with quadratic forms), 264
2 次篩法 (quadratic sieve (QS)), 145,
　　284, 285, 288, 290, 291, 293–295,
　　298, 299, 305–307, 310, 315, 319,
　　320, 325, 327, 352, 356, 440, 455
　　複多項式法 (multiple polynomials
　　　　variation of QS), 294, 299
　　連分数法 (continued fraction method),
　　　　33, 284, 325, 327, 449
素階乗 (primorial), 56
素数証明法 (primality proving), 190, 340,
　　376, 399, 435
素数定理 (prime number theorem (PNT)),
　　11, 12, 39–44, 48, 58, 60, 63, 65, 68,
　　73, 74, 77, 121, 135, 140, 149, 153, 169
　　コンピュータ科学者のための素数定理
　　　　(prime number theorem for
　　　　computer scientists), 63
　　算術級数の素数定理 (prime number
　　　　theorem for residue classes), 14,
　　　　48
素数の数え上げ (prime counting), 169
　　解析的方法 (analytic method of prime
　　　　counting), 169, 174
　　組合せ論的方法 (combinatorial method
　　　　of prime counting), 169
　　別の方法 (alternative methods of
　　　　prime counting), 188
素数の生命サイクル (prime life cycles), 441
素数判定法 (primality testing), 119, 388
　　AKS 法 (Agrawal, Kayal, Saxena
　　　　(AKS) test), viii, 220, 221
　　APR 法 (Adleman, Pomerance,
　　　　Rumely (APR) test), 213
　　Atkin–Morain 法 (Atkin–Morain
　　　　primality test), 145, 376, 379,
　　　　381, 383, 390, 392
　　Frobenius テスト (Frobenius test),
　　　　161, 162, 165, 167, 169
　　Gauss 和テスト (Gauss sums test),
　　　　213, 216, 219, 242
　　Goldwasser–Kilian 法
　　　　(Goldwasser–Kilian test), 387,
　　　　388, 390, 392
　　Grantham-Frobenius テスト
　　　　(Grantham-Frobenius test), 161
　　Jacobi 和テスト (Jacobi sums test),
　　　　213, 219, 220
　　Lucas テスト (Lucas test), 161, 162,
　　　　165, 167
　　Lucas–Lehmer テスト (Lucas–Lehmer
　　　　test), 4, 25, 27, 85, 199, 201, 202,
　　　　469, 511, 538, 543
　　McKee テスト (McKee test), 266
　　Miller の素数判定法 (Miller primality
　　　　test), 157
　　Miller–Rabin のランダム合成数テスト
　　　　(Miller–Rabin Random
　　　　compositeness test), 151
　　Pepin テスト (Pepin test), 32–34,
　　　　190–192, 199, 239–241, 399, 470
　　Solovay–Strassen 素数判定法
　　　　(Solovay–Strassen test), 183
　　高速楕円曲線素数判定法 (fast elliptic
　　　　curve primality proving
　　　　(fastECPP))), 392
　　迅速素数判定法 (rapid primality test),
　　　　404
　　素数証明法 (primality proving), 190,
　　　　340, 376, 399, 435
　　楕円曲線素数判定法 (elliptic curve
　　　　primality proving (ECPP)), 5,
　　　　339, 351, 386, 390, 399, 403
　　試し割り算法 (trial division), 133
　　部分分解を用いる判定法 (primality
　　　　proving using partial
　　　　factorization), 192
　　有限体を利用した素数判定法 (finite
　　　　field primality test), 208
素数を表す式 (prime-producing formulae),
　　23, 56

た 行

代数的整数論 (algebraic number theory), 304, 401
楕円曲線 (elliptic curve), 335, 337, 339, 340, 345, 346, 369, 375, 376, 397, 403, 412, 421
楕円曲線暗号 (elliptic curve cryptography (ECC)), 410, 411, 413, 414, 451
楕円曲線演算のための FFT (FFT for elliptic algebra), 357
楕円曲線上の点の数え上げ (point counting on elliptic curves), 364, 367
楕円曲線素数判定法 (elliptic curve primality proving (ECPP)), 5, 236, 339, 351, 386, 390, 399, 403
楕円曲線電子署名 (elliptic curve signature), 412
楕円曲線の加法 (additive operation on elliptic curves), 339, 341, 343–345, 353, 359, 421, 474, 475
楕円曲線への平文の埋め込み (elliptic curve embedding), 413
楕円曲線法 (elliptic curve factoring method (ECM)), 4, 33, 246, 260, 279, 282, 284, 319–323, 339, 341, 352–364, 395, 401, 403–405, 455, 474, 480
楕円離散対数 (elliptic discrete logarithm (EDL)), viii, 256, 410, 411, 413
多項式環 (polynomial ring), 101
多項式逆算 (polynomial inversion), 526
多項式時間 (polynomial time), 11, 90, 333, 369, 375, 387, 406, 438, 440, 450
多項式の演算 (arithmetic of polynomials), 100, 525
多項式のかけ算 (polynomial multiplication), 525, 526
多項式の根を求めること (root finding of polynomials), 115
多項式の剰余算 (polynomial remaindering), 103, 526
多項式の評価 (polynomial evaluation), 260, 320, 357, 360, 363, 529
多重対数関数 (polylogarithm), 180
畳み込み (convolution), 52, 81, 503, 506
種 (seed), 417, 421
試し割り算法 (trial division), 130–134, 190
単純連分数 (simple continued fractions), 96
誕生日のパラドックス (birthday paradox), 251, 260, 293, 358

中国式剰余定理 (Chinese remainder theorem (CRT)), 98–100, 117, 122, 123, 126, 127, 154, 217, 240, 243, 284, 285, 296, 311, 323, 369, 372, 373, 402, 506, 514, 515, 523, 524, 543, 547, 548, 554
チューリング機械 (Turing machine), 435, 436, 439, 440, 449, 450
超幾何級数 (hypergeometric series), 401
超球面群 (hyperspherical group), 282
超球面群分解法 (hyperspherical group factoring), 282
長整数乗算 (large-integer multiplication), 487
直角畳み込み (right-angle convolution), 503, 509

ディオファントス解析 (Diophantine analysis), 119, 244, 432, 434, 435, 442, 448, 449
ディオファントス表示 (quadratic Diophantine representations), 119
ディスクレパンシー理論 (discrepancy theory), 423
ディズニー (Disney), 6
転置行列 (transposed matrix), 500, 546

等差数列の中の素数 (primes in arithmetic progression), ix, 5, 14, 69, 71, 79, 88
等分多項式 (楕円曲線の) (division polynomial), 370, 371
特異形式 (ambiguous form), 271, 272
特殊数体篩法 (special number field sieve (SNFS)), 3, 307, 317

特殊 2 次篩法 (special quadratic sieve (SQS)), 297, 299
トレース (trace), 301

な 行

2 元 2 次形式 (binary quadratic forms), 261
2 次形式 (quadratic forms), 261, 264
2 次形式を利用した分解法 (factoring with quadratic forms), 264
2 次篩法 (quadratic sieve (QS)), 145, 284, 285, 288, 290, 291, 293–295, 298, 299, 305–307, 310, 315, 319, 320, 325, 327, 352, 356, 440, 455
2 次篩法における 2 進行列 (binary matrix in QS), 288
2 乗算 (squaring), 457
2 進除算 (binary divide), 460
2 進セグメンテーション (binary segmentation), 525

ノルム (norm), 301

は 行

発見的 (heuristic), 12, 285
発見的アルゴリズム (heuristic algorighm), 12
ハッシュ関数 (hash function), 409
ハミルトニアン (Hamiltonian), 443
パラレル FFT (parallel FFT), 497–499
半巡回畳み込み (half-cyclic convolution), 527
判別式 (discriminant), 126, 160, 161, 168, 169, 258, 262–265, 268, 269, 271, 272, 277, 315, 350, 353, 376–381, 383, 386, 392, 403

ピクサー社 (Pixar), 6
非巡回畳み込み (acyclic convolution), 489, 490, 503–506, 518, 525, 540
非正規 FFT (nonuniform FFT), 76, 501
筆算・初等的計算法 (grammar-school methods), 122, 359, 397, 456–458, 466, 487, 488, 518, 520, 521, 534, 535, 537
ビット計算量 (bit complexity), 10, 11, 96, 114, 115, 121, 123, 390, 397, 480, 487, 522, 523, 526, 537, 538, 548, 551
ひねった曲線 (twist curve), 346, 396, 414
非平方剰余 (quadratic nonresidues), 114, 115, 126, 127, 230
ピンポン FFT (ping-pong FFT), 495, 496

複多項式法 (multiple polynomials variation of QS), 294, 299
副抵当義務 (collateralized mortgage obligation (CMO)), 431
符号反転巡回畳み込み (negacyclic convolution), 333, 503, 507, 509, 517–521, 525, 540, 541, 543–545, 547, 548
双子素数 (twin-prime pairs), 15, 17, 18, 21, 43, 69, 90
浮動小数点 FFT (floating-point FFT), 512, 513, 516, 522
部分分解を用いる判定法 (primality proving using partial factorization), 192
フラクタルランダムウォーク (fractal random walk), 444
フーリエ解析 (Fourier analysis), 49, 69, 176, 442, 453
篩 (sieving), 85, 86, 134, 136–139, 170–172, 186, 250, 283, 287, 289–293, 296, 298, 303, 314, 317, 319, 451, 506, 507, 541
分割基底 FFT (split-radix FFT), 497, 516

平方因子を持たない数 (squarefree number), 29
平方根 (square roots), 111, 112, 114, 115, 119, 125, 467
平方剰余 (quadratic residues), 108, 128, 297
平方剰余の相互法則 (quadratic reciprocity), 124
冪階梯 (powering ladders), 115, 280, 421,

446, 461, 471, 474, 539, 550
Montgomery 階梯 (Montgomery
  ladder), 348
固定 x 階梯 (fixed-x ladder), 471, 476
再帰階梯 (recursive powering
  algorithm), 97
スライド窓法 (sliding-window
  method), 475
楕円曲線の加減算階梯 (elliptic curve
  addition-subtraction ladder), 344,
  345, 539
2 進階梯 (binary ladder), 115, 471, 472
平方階梯 (squaring ladder), 333
冪階梯と中国式剰余定理の組合せ
  (powering ladders and CRT), 123
窓階梯 (windowing ladder), 471, 474
冪法による乱数生成器 (power
  random-number generator), 420
ペンティアム (Pentium computer chip), 18

ホログラフィー (holography), 436

ま 行

無限遠点 (point at infinity), 336
無作為ビット生成器 (bit-wise
  random-number generator), 420, 421
無理数底離散荷重変換 (irrational-base
  discrete weighted transform
  (IBDWT)), 26, 511, 512, 544

目印となる点 (distinguished points), 256

モニックな多項式 (monic polynomial), 106,
  315, 371
モルの法則 (mole rule), 6
モンテカルロ法 (Monte Carlo), 250, 416,
  422, 423, 427, 429–431

や 行

ヤコビ多様体 (Jacobian varieties), 390

有限体 (finite fields), 103
有限体の離散対数 (discrete logarithm in
  finite fields), 321
有限体離散フーリエ変換 (finite-field DFT),
  491
有限体を利用した素数判定法 (finite field
  primality test), 208

ら 行

ラムダ法 (lambda method), 255, 455
乱数生成器 (random-number generators),
  416, 417, 419, 452
ランダムアルゴリズム (random algorithm),
  112, 152, 220, 237, 375
ランダムウォーク (random walk), 44, 127,
  253, 351
ランダム行列 (random matrix), 442

離散荷重変換 (discrete weighted transform
  (DWT)), 508–513, 515, 517–519, 521,
  544, 547
離散 Galois 変換 (discrete Galois transform
  (DGT)), 515, 516, 545, 547, 554
離散コサイン変換 (discrete cosine
  transform (DCT)), 492
離散算術幾何平均 (discrete
  arithmetic–geometric mean
  (DAGM)), 129, 401
離散対数 (discrete logarithm (DL)), viii,
  112, 257, 275, 276, 280, 321, 324, 332,
  406, 407, 411, 421, 439, 440, 455
  カンガルー法 (kangaroo method), 255
  指数計算法 (index-calculus), 321, 323,
    332
  数体篩法 (number field sieve), 257, 324
  楕円離散対数 (elliptic discrete
    logarithm (EDL)), viii, 256, 410,
    411, 413
  有限体の離散対数 (discrete logarithm
    in finite fields), 321
  ラムダ法 (lambda method), 255, 455
離散対数問題でのハッシュ表の利用

(hash method), 275, 276
ロー法 (rho (ρ) method), 253, 257, 280, 281, 455
離散フーリエ逆変換 (inverse discrete Fourier transform), 520
離散フーリエ変換 (discrete Fourier transform (DFT)), 111, 359, 441, 444, 468, 491–494, 497–499, 504–508, 513–517, 520–522, 531, 541, 544, 545, 548, 554
量子計算 (quantum computation), 435
量子高速フーリエ変換 (quantum fast Fourier transform (FFT)), 439
量子振動子 (quantum oscillator), 436
量子チューリング機械 (quantum Turing machine (QTM)), 435–440, 449, 450, 455
臨界零点 (critical zeros), 77, 442, 443

レピュニット数 (repunit), 123, 181, 329
連分数の測度論 (measure theory (of continued fractions)), 96
連分数法 (continued fraction method), 33, 284, 325, 327, 449

ロー法 (rho (ρ) method), 253, 257, 280, 281, 455

監訳者略歴

和田　秀男
1940 年　愛知県に生まれる
1965 年　東京大学大学院数物系研究科修士課程修了
現　在　上智大学名誉教授
　　　　理学博士

素数全書
──計算からのアプローチ──

定価はカバーに表示

2010 年 9 月 10 日　初版第 1 刷
2014 年 5 月 25 日　　　第 2 刷

監訳者　和　田　秀　男
発行者　朝　倉　邦　造
発行所　株式会社 朝 倉 書 店

東京都新宿区新小川町 6-29
郵便番号　162-8707
電　話　03(3260)0141
ＦＡＸ　03(3260)0180
http://www.asakura.co.jp

〈検印省略〉

© 2010〈無断複写・転載を禁ず〉　　　中央印刷・渡辺製本

ISBN 978-4-254-11128-6　C 3041　　　Printed in Japan

JCOPY 〈(社)出版者著作権管理機構 委託出版物〉

本書の無断複写は著作権法上での例外を除き禁じられています．複写される場合は，そのつど事前に，(社)出版者著作権管理機構（電話 03-3513-6969，FAX 03-3513-6979，e-mail: info@jcopy.or.jp）の許諾を得てください．

好評の事典・辞典・ハンドブック

数学オリンピック事典	野口　廣 監修	B5判 864頁
コンピュータ代数ハンドブック	山本　慎ほか 訳	A5判 1040頁
和算の事典	山司勝則ほか 編	A5判 544頁
朝倉 数学ハンドブック［基礎編］	飯高　茂ほか 編	A5判 816頁
数学定数事典	一松　信 監訳	A5判 608頁
素数全書	和田秀男 監訳	A5判 640頁
数論＜未解決問題＞の事典	金光　滋 訳	A5判 448頁
数理統計学ハンドブック	豊田秀樹 監訳	A5判 784頁
統計データ科学事典	杉山高一ほか 編	B5判 788頁
統計分布ハンドブック（増補版）	蓑谷千凰彦 著	A5判 864頁
複雑系の事典	複雑系の事典編集委員会 編	A5判 448頁
医学統計学ハンドブック	宮原英夫ほか 編	A5判 720頁
応用数理計画ハンドブック	久保幹雄ほか 編	A5判 1376頁
医学統計学の事典	丹後俊郎ほか 編	A5判 472頁
現代物理数学ハンドブック	新井朝雄 著	A5判 736頁
図説ウェーブレット変換ハンドブック	新　誠一ほか 監訳	A5判 408頁
生産管理の事典	圓川隆夫ほか 編	B5判 752頁
サプライ・チェイン最適化ハンドブック	久保幹雄 著	B5判 520頁
計量経済学ハンドブック	蓑谷千凰彦ほか 編	A5判 1048頁
金融工学事典	木島正明ほか 編	A5判 1028頁
応用計量経済学ハンドブック	蓑谷千凰彦ほか 編	A5判 672頁

価格・概要等は小社ホームページをご覧ください．